Einführung
in die
Sonderstahlkunde

Von

Dr.-Ing. Ed. Houdremont
Betriebsdirektor der Fried. Krupp A.-G., Essen

Mit 577 Textabbildungen
und 138 Zahlentafeln

Berlin
Verlag von Julius Springer
1935

ISBN-13: 978-3-642-47196-4   e-ISBN-13: 978-3-642-47534-4
DOI: 10.1007/978-3-642-47534-4

Herrn Professor

Dr.-Ing. Dr. phil. h. c. Paul Goerens

in dankbarer Verehrung

gewidmet

Vorwort.

Als der Wunsch an mich herangetragen wurde, ein Buch über Sonderstähle zu schreiben, lag als Grundlage hierfür eine Niederschrift zu Vorlesungen an der Technischen Hochschule Aachen über dieses Gebiet vor. Zum weiteren Ausbau und zur Niederlegung in Buchform veranlaßte mich Herr Professor Dr.-Ing. Durrer anläßlich von Gastvorlesungen an der Technischen Hochschule Berlin unter dem Hinweis, daß die gewählte Art der Behandlung des vorliegenden Stoffes geeignet sei, jedem, der sich mit Fragen der Sonderstähle befaßt, das Einfühlen in dieses, besonders durch die Vielzahl vorhandener Legierungen, verwirrende Gebiet zu erleichtern. Es ist daher Wert darauf gelegt worden, in den folgenden Ausführungen den jetzigen Stand der Erkenntnisse niederzulegen unter möglichster Hervorhebung größerer systematischer Gesichtspunkte, die als zusammenfassende Richtlinien und Leitfäden dienen sollen. Ebenso ist mehr Gewicht darauf gelegt worden, die spezifische Wirkung der einzelnen Legierungselemente zu schildern, als einfach jede in der Weltliteratur vorkommende Stahlzusammensetzung, die oft gar keine größere Verwendung gefunden hat, aufzuzählen.

Die Wiedergabe von Schrifttumsangaben erfolgt nur insoweit, als Ergebnisse zur Erläuterung an den einzelnen Stellen entnommen wurden und es zweckdienlich schien, zum weiteren Einzelstudium auf die Originalarbeiten zu verweisen. Es ist mit Absicht vermieden worden, auf das gesamte vorliegende Schrifttum einzugehen. Allein die reine Aufzählung desselben würde zu einem Buch für sich führen und das Eingehen auf die Einzelergebnisse eine klare Darstellung im obigen Sinne praktisch unmöglich machen. Hierfür kann auf entsprechende Zusammenstellungen, z. B. die klassischen in größeren Zeitabschnitten zusammengefaßten Inhaltsverzeichnisse von „Stahl und Eisen" verwiesen werden.

Der Name Sonderstähle ist gegenüber dem sonst vielfach gebrauchten Wort „Edelstähle" gewählt worden, weil hierdurch die besonderen Aufgaben, denen diese Stähle gerecht werden müssen, gekennzeichnet werden. Abgesehen davon hat der Name Edelstähle bereits in starkem Maße eine rein kaufmännische Bedeutung erlangt. Es soll noch erwähnt werden, daß eine genaue Trennung zwischen Sonderstählen und den anderen sogenannten Massenstählen nicht möglich ist, wie dies auch noch in dem einleitenden Abschnitt hervorgehoben wird. Selbst eine strenge Unterscheidung von legierten Sonderstählen und anderen Stählen ist nicht durchführbar, weil manche Massenstähle als Verunreinigung, herrührend aus den zu ihrer Herstellung verwendeten Rohstoffen, bis zu 0,25% Legierungselemente, wie Chrom, Nickel, Mangan usw., enthalten können, andererseits manchen Sonderstählen nur 0,1 bis 0,2% Legierungselement absichtlich zugesetzt werden, um bestimmte, genau begrenzte Wirkungen zu erzielen. Man könnte den legierten Sonderstahl allenfalls definieren als einen Stahl, dem zur Erzielung genau bestimmter Wirkungen absichtlich ein gewisser Legierungsgehalt zugesetzt wird.

Ein wesentliches Verdienst an diesem Buch gebührt meinen treuen Mitarbeitern, den Herren Dr.-Ing. H. Bennek, H. Kallen und insbesondere Herrn Dr.-Ing. H. Schrader, der mir bereits bei der Vorbereitung der Hochschulvorlesungen in unermüdlichem Eifer bei der Zusammenstellung der Abbildungen, Zahlentafeln usw. behilflich war. Ihnen möchte ich an erster Stelle hier nochmals meinen herzlichsten Dank aussprechen. Ebenso danke ich der Fried. Krupp A.-G., Essen, für die freundliche Überlassung von Unterlagen, sowie dem Verlag Julius Springer, Berlin, für die große Sorgfalt bei der Herstellung dieses Buches.

Essen, im April 1935.

Eduard Houdremont.

Inhaltsverzeichnis.

Seite

I. Das Gebiet der Sonderstähle.

Unter Sonderstählen versteht man Eisen- und Stahllegierungen, die sich durch besondere Eigenschaften aus dem Rahmen der normalen Massenstähle, die in den großen gemischten Hüttenwerken erzeugt werden, hervorheben. Das Besondere dieser Eigenschaften kann bedingt sein durch die Art der Zusammensetzung, die Art der Herstellung oder die Art der Behandlung. Einer dieser drei Umstände genügt bereits, um einen Stahl als Sonderstahl zu kennzeichnen. Sehr oft und nahezu in den meisten Fällen treten die drei Kennzeichen gleichzeitig auf. Letzteres gilt insbesondere für die sog. legierten Stähle mit höheren Prozentgehalten an Fremdstoffen. Man wird selbstverständlich diesen Stählen keinen höheren Legierungsgehalt beimengen, ohne bei der Herstellung, der Weiterverarbeitung und Behandlung alle Gesichtspunkte zu berücksichtigen, die eine volle Ausnützung des Vorteils der Legierung versprechen. Da aber in vielen Fällen eines der drei genannten Kennzeichen in den Vordergrund tritt, könnte man das Gebiet der Sonderstähle unterteilen in:

Sonderstähle der Zusammensetzung,

Sonderstähle der Herstellung,

Sonderstähle der Behandlung.

Sonderstähle der Zusammensetzung. Es gibt eine große Reihe von Stählen, die durch ihre Zusammensetzung allein als Sonderstähle gekennzeichnet sind. Hierzu gehören vor allem die Legierungen des Eisens mit hochwertigen Metallen, wie Chrom, Nickel, Wolfram, Molybdän, Vanadin usw. Als Beispiel eines solchen Sonderstahles braucht nur auf die bekannten Schnellstahllegierungen mit etwa 18% W, 4% Cr und Beimengung von Kobalt, Molybdän, Vanadin usw. hingewiesen zu werden. Es ist selbstverständlich, daß bei derartigen hochlegierten Stählen schon bei der Herstellung und Behandlung der Eigenart der Legierung Rechnung getragen wird.

Sonderstähle der Herstellung. Eine ganze Reihe von Stählen gleicher Zusammensetzung — z. B. reine Kohlenstoffstähle mit geringen Zusätzen von Mangan und Silizium — werden entweder in der Thomasbirne, Bessemerbirne, im Siemens-Martin-Ofen oder im Elektroofen bzw. im Tiegelofen erzeugt.

Die Wahl der Herstellungsart wird meist durch den Verwendungszweck und die Ansprüche, die sich aus diesem Verwendungszweck ergeben, bestimmt. Beispielsweise werden Stähle mit Kohlenstoffgehalten von 0,6% bis 0,8% und Mangangehalten von etwa 0,6% bis 1% in großen Mengen für Massenprodukte, wie Schienen harter Qualität usw., hergestellt. Ihre Erzeugung erfolgt in der Thomasbirne oder in Siemens-Martin-Öfen großen Fassungsvermögens. Stähle gleicher Zusammensetzung können aber auch Verwendung finden für die Herstellung von Gesenken, Sägeblättern, Schnittwerkzeugen, Feilen usw. Bei der

Herstellung der Werkstoffe für letztere Verwendungszwecke wird man aber bereits auf Spezial-Siemens-Martin-Öfen, Elektroöfen, unter Umständen sogar auf Tiegelöfen zurückgreifen. Eine besondere Gruppe in derselben Zusammensetzung stellten z. B. die Bessemer- und sauren S.M.-Stähle für Feilen, Pflugschare, Werkzeuge usw. dar. Der Name „Sonderstahl" ergibt sich also in diesem Falle rein auf Grund der Herstellungsart.

Ein typisches Beispiel für die Beeinflussung der Eigenschaften durch die Art der Herstellung ist der sog. „Zementstahl", bei dem der gewünschte C-Gehalt durch Zementation von besonders reinem Flußeisen erreicht wird.

Sonderstähle der Behandlung. Für eine größere Anzahl von Verwendungszwecken stellt man aus wirtschaftlichen Gründen den Stahl in großen S.M.-Ofeneinheiten oder sogar in der Thomasbirne her und erzielt die gewünschten Eigenschaften durch spezielle Behandlung nach dem Schmelzen, z. B. beim Gießen, Walzen oder Schmieden, durch besondere Wärmebehandlung nach dem Fertigschmieden oder Fertigwalzen, Verarbeitung in Kaltwalzwerken, Ziehen usw. Ein treffendes Beispiel hierfür sind weiche Flußeisenqualitäten, die z. B. zu Tiefziehblechen verarbeitet werden. Wenn man bei diesen Flußeisenarten auch bereits bei der Herstellung Wert auf besondere Sauberkeit in der Schmelzführung legt, so werden die gewünschten Eigenschaften doch erst endgültig durch Walz- und Glühbehandlung erzielt.

Auch die bereits vorher erwähnten Stähle mit etwa 0,6% C und 0,8% Mn, die als Bessemerstähle eine große Verbreitung für Gesenke gefunden hatten, wurden durch besondere Behandlung beim Gießen, insbesondere aber durch besonders sorgfältiges Schmieden mit darauffolgender zweckentsprechender Wärmebehandlung erst den an sie gestellten Anforderungen voll gerecht.

Wie aus dieser kurzen Einleitung hervorgeht, ist das Gebiet der Sonderstähle ein außerordentlich weitverzweigtes. Wollte man es ganz erfassen, so wäre man gezwungen, die gesamte Stahlherstellung, -verarbeitung und -behandlung zu beschreiben. Ich beschränke mich daher im folgenden darauf, nur die Sonderstähle der Zusammensetzung zu besprechen und bei entsprechender Gelegenheit auf Besonderheiten der Herstellung und der Behandlung zu verweisen.

II. Reines Eisen.

Das die Grundlage für die gesamte Stahltechnik bildende Element Eisen kann, in höchstem Reinheitsgrad hergestellt, bereits als Sondermetall angesprochen werden, da reines Eisen nach einem in der Eisengroßindustrie üblichen Herstellungsverfahren nicht gewonnen werden kann.

Reines Eisen gewinnt man heute durch Elektrolyse als Elektrolyteisen oder auf dem Wege des Carbonylverfahrens als Carbonyleisen. Auch diese technisch reinen Eisen enthalten Spuren von Fremdstoffen, wie Wasserstoff, Sauerstoff, Kohlenstoff, und es muß hingestellt bleiben, inwieweit diese geringsten Beimengungen die Eigenschaften des Eisens beeinflussen können (s. Fußnote zu den physikalischen Eigenschaften reinsten Eisens). Wenn im folgenden von Eigenschaften des reinen Eisens gesprochen wird, so handelt es sich immer um Eigenschaften dieser praktisch herstellbaren Eisensorten größter Reinheit.

Mechanische Eigenschaften. Die mechanischen Eigenschaften reinsten Eisens sind in Zahlentafel 1 enthalten. Wie aus diesen Zahlen hervorgeht, ist das Eisen

Zahlentafel 1. Mechanische Eigenschaften von reinstem Eisen.

	Elektrolyteisen[1] im gegluhten Zustand	Carbonyleisen[2]
Brinellhärte	50—70	56—80
Streckgrenze	10—14 kg/mm²	11—17 kg/mm²
Zugfestigkeit	18—25 „	20—28 „
Dehnung $1 = 10d$	50—40%	40—30%
Einschnürung	80—70 „	80—70 „
Elastizitätsmodul E	21000 kg/mm²	20700 kg/mm²
Dehnungszahl $\alpha = \dfrac{1}{E}$	0,000048 mm²/kg	
Torsionsmodul G	8200 kg/mm²	
Kerbzähigkeit bei 20°		16—20 mkg/cm²
Probeabmessung 10 · 10 · 100 mm		
Schlagquerschnitt 10 · 5 „		
Kerbdurchmesser 1,3 „		

ein weiches, gut dehnbares Metall. Seine Verformbarkeit durch Tiefziehen erreicht nahezu die des Kupfers. Reinstes Carbonyleisen ergab z. B. im Vergleich zu Kupfer und handelsüblichen Flußeisen die in Abb. 1 wiedergegebenen Tiefziehwerte. Leider sind diese Werte höchster Tiefziehfähigkeit an Glühtempera-

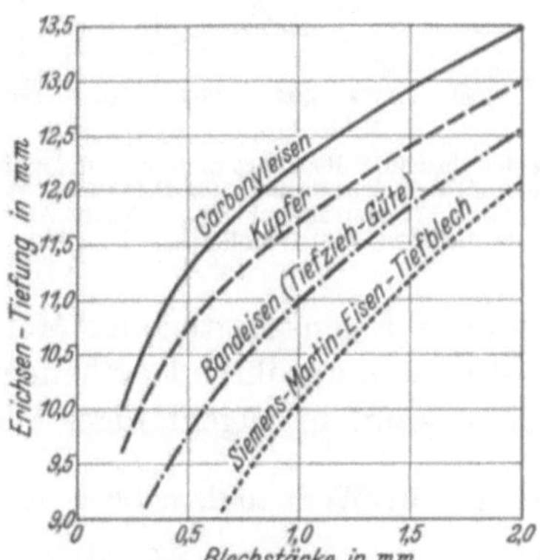

Abb. 1. Tiefziehfähigkeit von Carbonyleisen im Vergleich zu handelsüblichen Flußeisensorten und Kupfer. [Nach Duftschmidt, Schlecht u. Schubardt: Stahl u. Eisen 52. Jg. (1932) S. 847.]

Abb. 2. Starke Grobkornbildung bei längerer Glühung von Carbonyleisen durch 60 stündige Zementation bei 850°. [Nach Duftschmidt u. Houdremont: Stahl u. Eisen 51. Jg. (1931) S. 1613.]

turen unterhalb der Umwandlung gebunden und daher meist mit einem gewissen grobkristallinen Zustand verknüpft; Gegenstände, aus diesem weichsten, auf höchste Tiefziehfähigkeit behandelten Carbonyleisen gezogen, erhalten daher infolge ihrer Grobkörnigkeit das unschöne sog. krispelige Aussehen der Oberfläche. Das grobkristalline Gefüge von Carbonyleisen beruht auf dem unbehinderten

---

[1] Werkstoffhandbuch A. 105 S. 2.

[2] Nach Duftschmidt, Schlecht u. Schubardt: Stahl u. Eisen 52. Jg. (1932) S. 848.

Reines Eisen.

Kristallisationsvermögen des so gewonnenen Eisens, das, im Gegensatz zu geschmolzenem, in seinem Kristallwachstum nicht so stark durch Verunreinigungen behindert ist. Ein Beispiel, bis zu welcher Korngröße man durch Ausglühen bei 850° C gelangen kann, zeigt Abb. 2.

Physikalische Eigenschaften. Für die technische Verwendbarkeit reinen Eisens sind seine physikalischen Eigenschaften von Bedeutung. Einen Überblick hierüber gibt Zahlentafel 2.

Zahlentafel 2. Physikalische Eigenschaften reinsten Eisens.

	Für reinste Eisensorten	Carbonyleisen	Weicheisen†††
Spezifisches Gewicht . . . . , ...	$7{,}876$ g $\cdot$ cm^{-3}*	—	$7{,}85$ g $\cdot$ cm^{-3}
Spezifischer elektrischer Widerstand bei 20° . . .	$0{,}099$ Ohm mm² $\cdot$ m^{-1}*	—	$0{,}11$ Ohm mm² $\cdot$ m^{-1}
Wärmeleitfähigkeit λ zwischen 0 und 100°	$0{,}133$ cal $\cdot$ cm^{-1} $\cdot$ sec^{-1} $\cdot$ ° C^{-1}**	—	$0{,}13$ cal $\cdot$ cm^{-1} $\cdot$ sec^{-1} $\cdot$ ° C^{-1}
Lineare Wärmeausdehnungszahl β zwischen 0 und 100°	$12{,}5 \cdot 10^{-6}$*	—	$0{,}12 \cdot 10^{-6}$
Mittlere spezifische Wärme c_p zwischen 0 und 100° .	$0{,}111$ cal $\cdot$ g^{-1}*	—	—
Koerzitivkraft	$0{,}025$ Oerstedt***	$0{,}08$ Oerstedt††	$0{,}5$ bis $2{,}0$ Oerstedt
Remanenz	zwischen 13000 bis 850 Gauß†	6000 Gauß††	8 bis 10000 Gauß
Anfangspermeabilität μ_0	4000***	3000††	200 bis 500
Maximal-Permeabilität μ_{max}	180000***	20000††	5000 bis 10000
Sättigung $4\pi J_\infty$	21600 Gauß*	22000 Gauß††	21500 Gauß
Hysteresisverlust (für $B_{max} = 14000$)	190 Erg $\cdot$ sec $\cdot$ cm^{-3} pro cycl.***	—	3000 bis 10000 Erg $\cdot$ sec $\cdot$ cm^{-3} pro cycl.

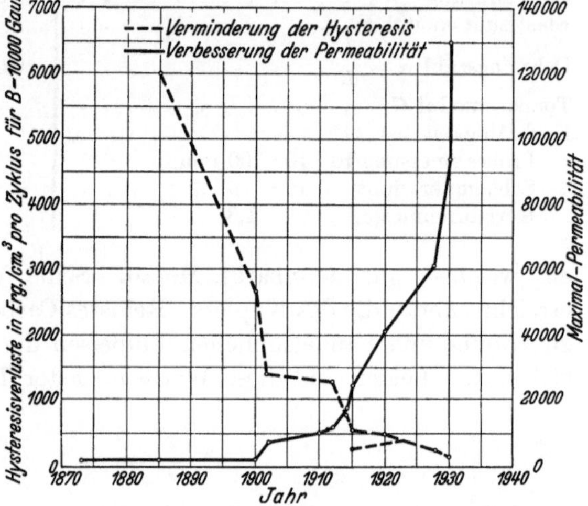

Abb. 3. Wirkung des im Laufe der Jahre gesteigerten Reinheitsgrades von Eisen auf die Verbesserung der Permeabilität und die Herabsetzung des Hysteresisverlustes. [Nach Ziegler: Met. Progr. Bd. 24 (1933) Oktoberheft S. 28.]

Die physikalischen Eigenschaften der Metalle sprechen am stärksten auf ihren Reinheitsgrad an. Beim Eisen kann in augenfälliger Weise

* Nach Stäblein: Werkstoffhandbuch A. 105 S. 1/2.

** Für schwedisches Eisen nach Honda u. Simidu: Sci. Rep. Tôhoku Univ. Bd. VI (1917) S. 219. Bei Eisen höherer Reinheit 20—30% höhere Werte.

*** Nach Cioffi: Physic. Rev. Bd. 39 (1932) S. 364. An in Wasserstoff geglühtem Elektrolyteisen ermittelt.

† Bei kleiner Koerzitivkraft verursacht die geringste unvermeidliche Unsicherheit in der Scherung der magnetischen Kurven starke Schwankungen der berechneten Remanenz.

†† Nach Duftschmidt, Schlecht u. Schubardt: Stahl u. Eisen 52. Jg. (1932) S. 848.

††† Gemessen an Kruppschen Weicheisensorten.

verfolgt werden, wie die steigende Technik in der Herstellung reinsten Eisens mit fortschreitend vermindertem Gehalt an Verunreinigungen eine stetige Verbesserung, vor allem der magnetischen Eigenschaften (Koerzitivkraft, Permeabilität usw.) erzielte. Abb. 3 zeigt den erreichten Fortschritt im Laufe der Jahre an Hand der Permeabilität und des Hysteresisverlustes reinen Eisens. Es handelt sich hierbei um laboratoriumsmäßig hergestelltes reines Eisen.

Von besonderem Interesse sind vor allem die magnetischen Eigenschaften. Die niedrige Koerzitivkraft des reinen Eisens macht es zur Verwendung als Transformatoren- und Dynamoblech geeignet. Infolge seiner im Verhältnis zu dem bisher hauptsächlich verwendeten Siliziumeisen (s. später) besseren Biegefähigkeit ergeben sich Vorteile bei der Verarbeitung; jedoch muß das Material auf dünnere Blechstärken verwalzt werden, um denselben Widerstand wie beim Siliziumeisen zu erreichen. In größerem Maße findet Carbonyleisenpulver Verwendung in gepreßten Kernen (Pupinspulen, Hochfrequenztechnik). Ein weiterer kleinerer Verwendungszweck ist die Herstellung spektroskopisch reinen Eisens als Eichsubstanz für die Spektralanalyse.

Chemische Eigenschaften. In der chemischen Spannungsreihe der Elemente nimmt das Eisen den Platz zwischen Kupfer und Zinn ein, ist somit als ein von allen Säuren leicht angreifbares Metall gekennzeichnet. Von Interesse ist im chemischen Sinne das Verhalten reinsten Eisens gegenüber konzentrierter rauchender Salpetersäure. Taucht man einen Stab in diese Säure ein, so kommt der zunächst einsetzende Angriff nach kurzer Zeit zum Stillstand; das Eisen hat sich passiviert und es findet kein weiterer Angriff mehr statt. Die Passivierung des Eisens in dieser stark oxydierenden Säure wird hervorgerufen durch die Bildung einer Oxydhaut, die das Metall oberflächlich überzieht und dem weiteren Angriff der Säure entgegenwirkt. Diese Eigenschaft des Eisens gewinnt für die Technik erst größere Bedeutung in Stählen mit Zusätzen von Chrom, Silizium usw., worauf noch später eingegangen wird. In der chemischen Industrie findet reines Eisen als „ferrum reductum" zur Aktivierung chemischer Prozesse Verwendung.

Die nach den üblichen Schmelzverfahren hergestellten reinen Eisenarten sind das sog. Weicheisen und das Armcoeisen. Diese weichen Eisensorten haben einen Reinheitsgrad von über 99,6% und Gehalte an Verunreinigung, wie sie in Zahlentafel 3 wiedergegeben sind. Wegen ihrer großen Weichheit wurden diese Legierungen während der Kriegszeit als Ersatz für Kupfer, z. B. in Lokomotivfeuerbüchsen, Geschoßführungsringen usw., verwendet. Ihrer magnetischen Eigenschaften wegen

Zahlentafel 3.
Chemische Zusammensetzung reinster Eisensorten.

	C	Si	Mn	P	S
Armcoeisen	0,011	0,02	0,017	0,05	0,028
Weicheisen	0,04	0,04	0,10	0,02	0,035
Elektrolyteisen[1] . . .	0,0	0,0	0,0	0,0	0,013
Carbonyleisen	0,01	0,02	0,02	0,01	0,007

finden die technischen Weicheisensorten weitgehende Verwendung als Polschuhe für elektrodynamische und elektromagnetische Lautsprecher. Besonders hohe Ansprüche werden an die magnetisch aktiven Eisenteile von Selbstwählerrelais gestellt.

---

[1] Nach dem Fischerschen Verfahren hergestellt. Vgl. Wüst, Durrer u. Meuthen: Forsch.-Arb. Ing.-Wes. Heft 204.

Umwandlungen bei höheren Temperaturen. Die große Bedeutung, die das Eisen in der Technik gewonnen hat, beruht nicht auf den Eigenschaften des Metalls bei Raumtemperatur, sondern auf den Veränderungen, die das reine Eisen beim Erwärmen auf höhere Temperaturen erfährt.

Nimmt man Erwärmungs- und Abkühlungskurven von reinem Eisen von Raumtemperatur bis zum Schmelzpunkt auf (s. Abb. 4), so stellt man an verschiedenen Punkten sprunghafte Veränderungen des Temperaturverlaufes fest. Man hat diese Punkte mit A_2, A_3, A_4 bezeichnet, wobei die bei der Erwärmung festgestellten Punkte noch durch ein angegliedertes „c", die bei der Abkühlung gefundenen durch ein angegliedertes „r", also z. B. Ac_2 oder Ar_2, bezeichnet werden.

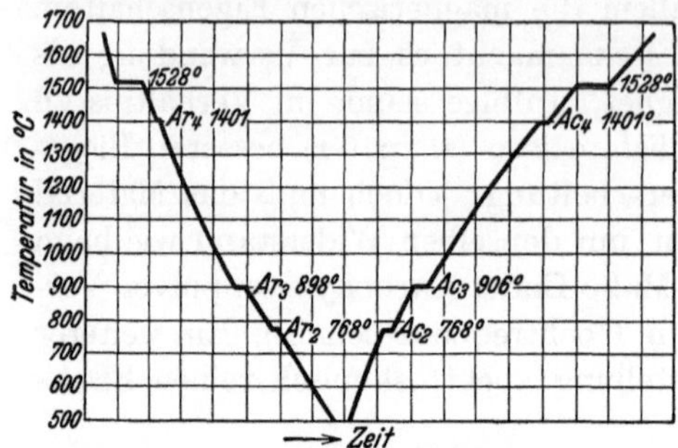

Abb. 4. Schematische Erhitzungskurve (rechts) und Abkühlungskurve (links) von reinem Eisen. (Entnommen aus Oberhoffer: Das technische Eisen, S. 10. Berlin: Julius Springer 1925.)

Die erste, bei 768° festgestellte Unstetigkeit „A_2" wurde früher als Phasenveränderung gedeutet. Man bezeichnete das bei Raumtemperatur beständige Eisen als α-Eisen, das zwischen A_2 und A_3 beständige als β-Eisen. Durch die Untersuchungen der letzten Jahrzehnte ist jedoch einwandfrei erwiesen, daß beim A_2-Punkt keine Phasenveränderung erfolgt; das sog. β-Eisen ist mit dem α-Eisen wesensgleich. Der A_2-Punkt ist gekennzeichnet durch den Verlust der Magnetisierungsfähigkeit des α-Eisens. Dieser Verlust ist kein sprunghafter, sondern, wie die Abb. 5 zeigt, erfolgt die Abnahme der Magnetisierungsintensität allmählich. Diese allmähliche und kontinuierliche Abnahme der Magnetisierbarkeit ist bereits ein Beweis gegen einen plötzlichen Phasenwechsel. Ein weiterer Beweis wird durch die röntgenographischen Untersuchungen gebracht, die deutlich zeigen, daß zwischen α- und β-Eisen keine Veränderung des Raum-

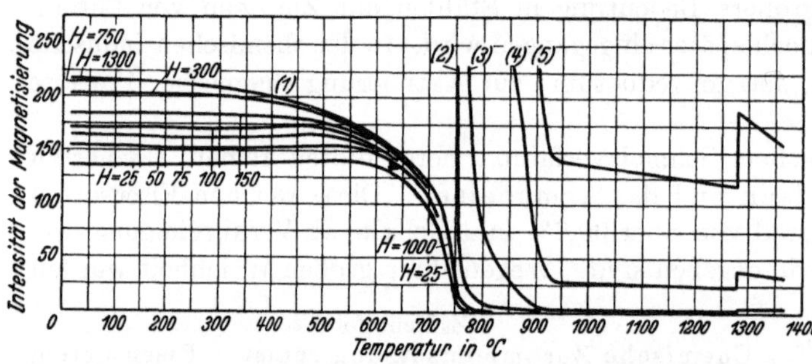

Abb. 5. Veränderung der Magnetisierungsintensität von weichem Flußeisen mit der Temperatur für verschiedene Feldstärken. (Nach Curie: Œuvres Pierre Curie, S. 312. Paris: Gauthier-Villars 1908.) Bei den mit (2), (3), (4), (5) bezeichneten Kurven ist die Ordinate 10-, 100-, 1000-, 5000-fach vergrößert.

gitters erfolgt. Den Verlust der Magnetisierungsfähigkeit kann man sich vielleicht dadurch erklären, daß die kinetische Bewegungsenergie der kleinsten Teilchen mit steigender Temperatur wächst. Infolgedessen ist von einer bestimmten Temperatur an durch von außen auf das Eisen wirkende Richtungskräfte, wie sie beim Magnetisierungsprozeß auftreten, eine Richtung der kleinsten Teilchen nicht mehr möglich.

Anders verhält es sich mit dem A_3-Punkt. Dieser Punkt ist durch sprunghafte Veränderung der Eigenschaften gekennzeichnet. Entsprechend einer

Phasenveränderung erfolgt hierbei eine Umlagerung des Raumgitters, die bei röntgenographischen Untersuchungen klar zum Ausdruck kommt, und zwar lagert sich das unterhalb A_3 beständige raumzentrierte Würfelgitter des α-Eisens in ein entsprechendes flächenzentriertes um (Abb. 6). Die neugebildete Phase bezeichnet man mit γ-Eisen. Der Gitterparameter wird von 2,86 auf $3,6 \cdot 10^{-8}$ Å vergrößert. Da die Besetzung der Atomebenen beim flächenzentrierten Würfel dichter ist als beim raumzentrierten, hat das γ-Eisen ein kleineres Volumen als das α-Eisen. Die Umwandlung erfolgt somit unter sprunghaften Volumenveränderungen[1] (Abb. 7). Aus dieser Abbildung gehen auch die Veränderungen einiger anderer Eigenschaften beim A_3-Punkt hervor.

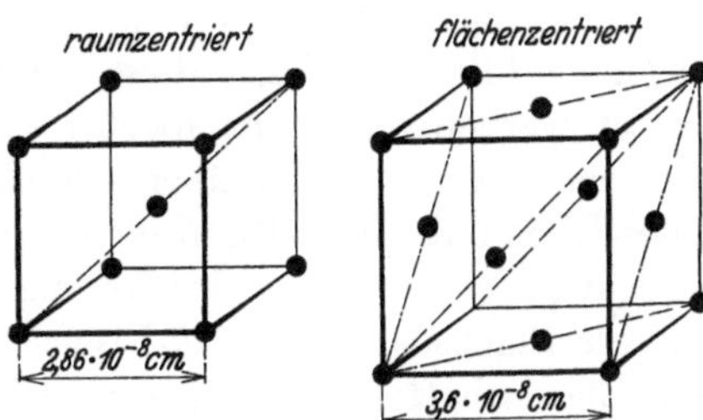

Abb. 6. Atomanordnung von α- und γ-Eisen. [Nach Westgren u. Lindh: Physik. Chem. Bd. 98 (1921) S. 200.]

Die **wichtigste Eigenschaftsveränderung** beim Übergang vom α- in γ-Eisen ist die Erhöhung der Lösungsfähigkeit für verschiedene Stoffe. Die hierunter besonders wichtige Vergrößerung des Lösungsvermögens für Kohlenstoff bildet die Grundlage für die gesamte Entwicklung der Stahltechnik.

Erwähnenswert ist auch der Umstand, daß bei Aufnahme von Umwandlungskurven schon bei verhältnismäßig langsamer Erwärmungs- und Abkühlungsgeschwindigkeit der Ac_3-Punkt bei höherer Temperatur gefunden wird als der Ar_3-Punkt (Abb. 4 und 7). Die γ—α-Umwandlung ist somit unterkühlungsfähig und weist eine mit der Abkühlungsgeschwindigkeit veränderliche Hysteresis auf. Da diese Abhängigkeit von der Abkühlungsgeschwindigkeit durch verschiedene Legierungselemente weitgehend

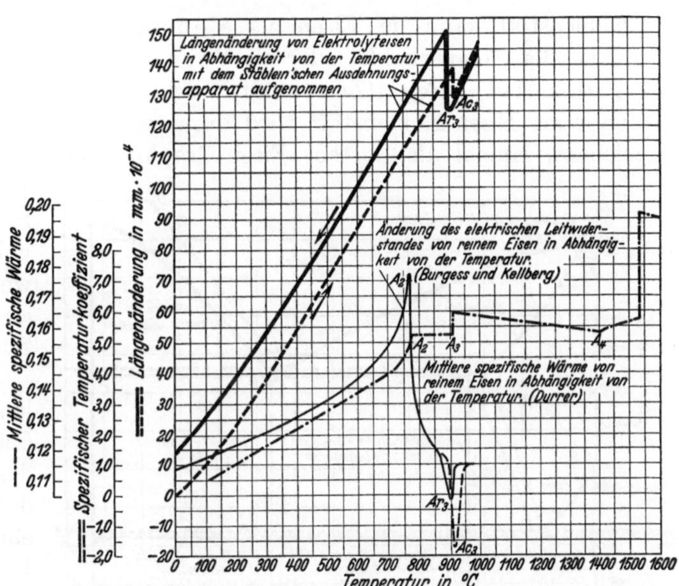

Abb. 7. Änderung physikalischer Eigenschaften von reinem Eisen in Abhängigkeit von der Temperatur. (Z. T. nach Burgess u. Kellberg: Wash. Acad. Sci. 1914 S. 436 und Wüst, Durrer u. Meuthen: Forsch.-Arb. Ing.-Wes. Heft 204, vgl. H. Esser u. W. Bungardt: Arch. Eisenhüttenwes. 8 (1934/35) S. 37/38.)

---

[1] Nach Yensen [Science Bd. 68 (1928) S. 376] soll die A_3-Umwandlung eine Folge von Verunreinigungen, insbesondere von Kohlenstoff sein. Er glaubt gefunden zu haben, daß mit steigendem Reinheitsgrad die A_3-Umwandlung sich zu höheren, die A_4-Umwandlung sich zu tieferen Temperaturen verschiebt. Hieraus wird der Schluß gezogen, daß absolut reines Eisen umwandlungsfrei sein soll.

beeinflußbar ist, ist auch diese Eigenart für die Wärmebehandlungstechnik besonders wichtig geworden.

Eine weitere Umwandlung des Eisens erfolgt bei einer Temperatur von ungefähr 1400° C. Auch diese Umwandlung muß als Phasenveränderung gedeutet werden. Es geht hierbei das flächenzentrierte γ-Eisen wieder in das raumzentrierte δ-Eisen über. Nach röntgenographischen Untersuchungen ist das δ-Eisen mit dem α-Eisen identisch. Diese Übereinstimmung kommt nicht nur in dem gleichen Aufbau des Raumgitters zum Ausdruck, sondern auch dadurch, daß die Eigenschaften des δ-Eisens eigentlich in gewissem Sinne die Fortsetzung der Eigenschaften des α-Eisens in entsprechend höheren Temperaturen darstellen. Es vergrößert sich z. B. der Parameter des δ-Eisens gegenüber dem des α-Eisens nur um den Betrag, der durch die Wärmeausdehnung im Temperaturbereich 900—1400° C bedingt ist.

III. Eisen-Kohlenstoff-Legierungen.

A. Das System Eisen-Kohlenstoff.

Kohlenstoff kann im Eisen als elementarer Kohlenstoff in Form von Graphit oder Temperkohle, oder als Verbindung von Eisen und Kohlenstoff als Eisenkarbid = Fe_3C (Zementit) vorkommen. Das Schaubild des Zweistoffsystems Eisen-Kohlenstoff wird deswegen meist in doppelter Ausführung gezeichnet, einmal als System Eisen-Graphit und einmal als System Eisen-Eisenkarbid (Abb. 8). Das System selbst kann als bekannt vorausgesetzt werden[1]; es genügt daher an dieser Stelle eine kurze Zusammenfassung.

Mit steigendem Kohlenstoffgehalt sinkt der Schmelzpunkt von dem des reinen Eisens längs der Linie ABC bis zu einem eutektischen Punkt Eisenkarbid - Eisen — Punkt C — ab (Eutektikum Ledeburit). Die Linie ABC stellt somit die Liquiduslinie dar. Bei Beginn der Erstarrung findet eine Entmischung der Schmelze und der erstarrenden Phase entsprechend den Linien AH und IE statt. Diese Linien bezeichnet man als Soliduslinien. Der Unterschied zwischen der Solidus- und Liquiduslinie ist von technischer

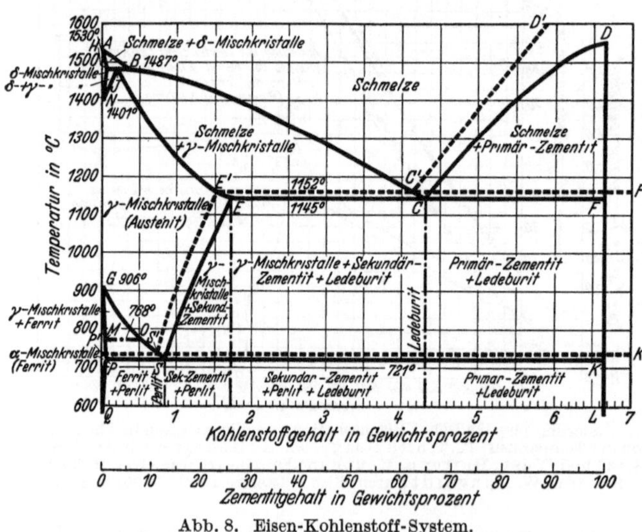

Abb. 8. Eisen-Kohlenstoff-System.

findet eine Entmischung der Schmelze und der erstarrenden Phase entsprechend den Linien AH und IE statt. Diese Linien bezeichnet man als Soliduslinien. Der Unterschied zwischen der Solidus- und Liquiduslinie ist von technischer

---

[1] Vgl. Bericht Nr. 180 des Werkstoffausschusses des Vereins deutscher Eisenhüttenleute.

Bedeutung, da durch die Größe dieses Unterschiedes in einem gewissen Sinne die Seigerungs-, d. h. die Entmischungsfähigkeit bei der Erstarrung gekennzeichnet wird. Da nach beendeter Erstarrung nicht immer die Möglichkeit eines vollkommenen Diffusionsausgleiches gegeben ist, spielen diese Seigerungen, die als primäre Seigerungen bezeichnet werden, in der Stahltechnik eine große Rolle.

Im festen Zustand wird durch Zusatz von Kohlenstoff das Temperaturgebiet der Existenz der γ-Phase erweitert, wie dies aus den auseinanderstrebenden Linien NI und GOS hervorgeht. Zusatz von Kohlenstoff erhöht also den A_4-Punkt und erniedrigt den A_3-Punkt.

Bei höheren Temperaturen finden Umsetzungen zwischen γ- und δ-Eisen längs der Linien HN und IN statt, wobei sowohl im δ-Eisen wie im γ-Eisen der Kohlenstoff sich in fester Lösung befindet. Das Gebiet $GOSEIN$ stellt das Gebiet der festen Lösung von Kohlenstoff im γ-Eisen dar. Die maximale Löslichkeit von Kohlenstoff im γ-Eisen beträgt rund 1,7% und fällt mit sinkender Temperatur bis zum Punkt S auf etwa 0,9% ab. Die Linie ES gibt somit die Temperatur der Ausscheidung von Eisenkarbid an.

Da der A_3-Punkt mit steigendem C-Gehalt erniedrigt wird, bezeichnet die Linie GOS den Beginn der α-Eisen-Ausscheidung. Im Punkt S erfolgt gleichzeitig Ausscheidung von α-Eisen und Eisenkarbid. Diesen eutektischen Punkt bezeichnet man als Perlitpunkt; er erhält die Kennzeichnung A_1 (Ac_1 für die Erwärmung, Ar_1 für die Abkühlung). Die magnetische Umwandlung am A_2-Punkt wird durch Kohlenstoff wenig verändert, sie verläuft horizontal entsprechend der Linie MO. Vom Punkt O, also von höheren C-Gehalten ab, fällt die magnetische Umwandlung A_2 mit dem A_3-Punkt zusammen. Während die Legierung mit etwa 0,9% C im Punkt S einen einheitlichen Umwandlungspunkt A_1 und A_3, also $A_{1,3}$ aufweist, zeigen Legierungen mit höherem und tieferem C-Gehalt entsprechend der ES-Linie bzw. der GOS-Linie einen Knickpunkt, der entweder die Ausscheidung von Zementit oder von α-Eisen andeutet, sowie einen Haltepunkt entsprechend dem Perlitpunkt A_1. Die Ausscheidung von Zementit gibt keinen sehr deutlichen Knick in der Haltepunktkurve, während die Ausscheidung von α-Eisen sich meist deutlich abzeichnet. Die Stähle mit weniger als 0,9% C zeigen also bei der Abkühlung aus dem Gebiet der festen Lösung zuerst die A_3-Umwandlung. Infolge der Ausscheidung von α-Eisen reichert sich der verbleibende γ-Mischkristall an Kohlenstoff an, bis beim Punkte S (A_1) die Bildung des Eutektikums Perlit erfolgt. Diese Legierungen sind also durch zwei getrennte Umwandlungspunkte gekennzeichnet. Die A_1-Umwandlung liegt entsprechend der Linie PSK für alle Eisen-Kohlenstoff-Legierungen bei praktisch gleicher Temperatur.

Die Linie MPQ gibt schließlich die Löslichkeit für Kohlenstoff im α-Eisen an. Wie aus dem Vergleich dieser Linie mit der ES-Linie hervorgeht, ist der Unterschied in der Löslichkeit für Kohlenstoff im α- und γ-Eisen sehr beträchtlich. Das γ-Eisen und seine festen Lösungen mit Kohlenstoff bezeichnet man als Austenit, das α- sowie das δ-Eisen als Ferrit.

Hervorzuheben ist noch, daß das Eisenkarbid selbst eine magnetische Umwandlung bei 220° besitzt, ähnlich der A_2-Umwandlung des reinen Eisens. Es handelt sich hier somit nicht um eine Phasenveränderung des Karbids.

Gefügeaufbau der Eisen-Kohlenstoff-Legierungen.

Die in dem Schaubild des binären Systems Eisen und Eisenkarbid dargestellten Umwandlungen bedingen die Ausbildung verschiedener Gefüge, die für

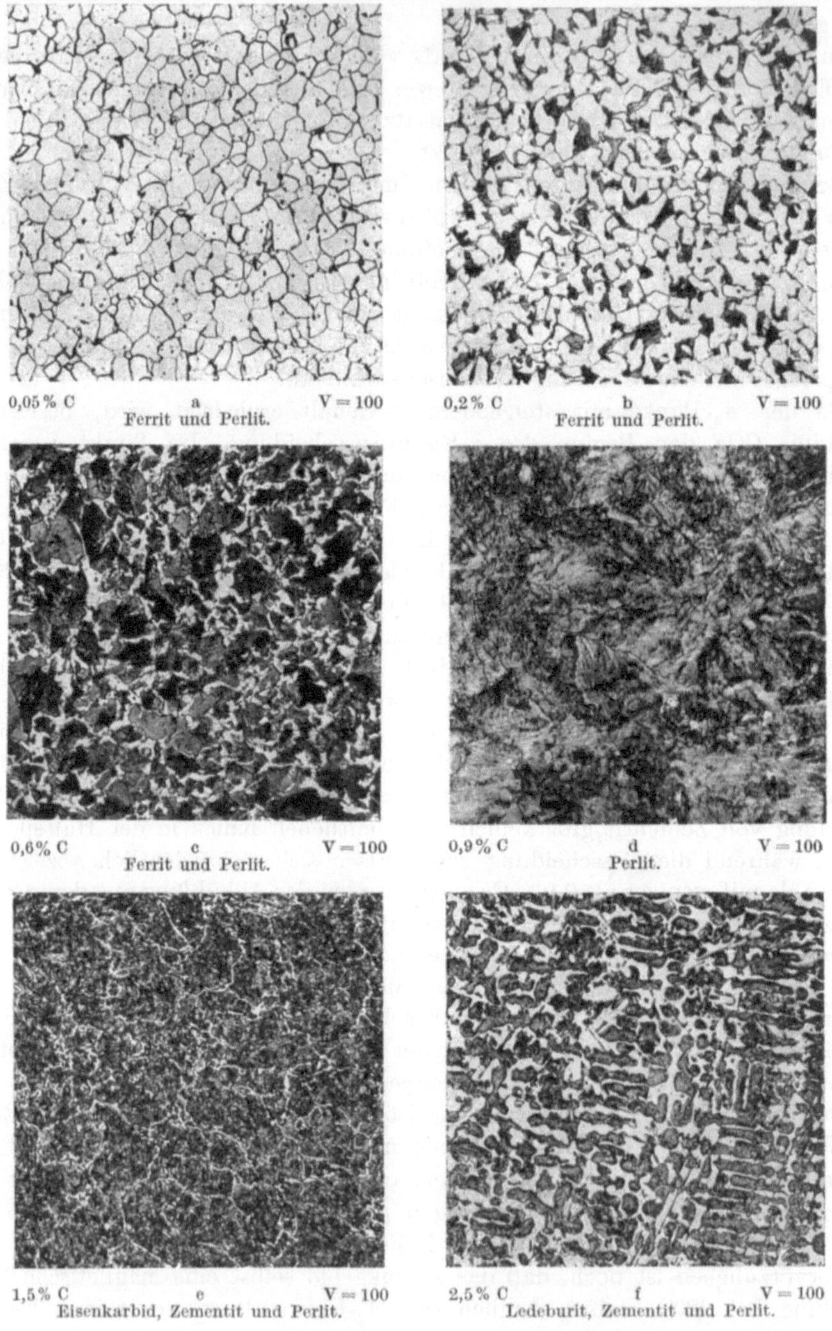

Abb. 9. Gefüge von Eisen-Kohlenstoff-Legierungen.

einige technische Kohlenstoffstähle in Abb. 9 gezeigt sind. Eisenlegierungen mit weniger als 0,9% C bestehen aus Ferrit mit steigenden Mengen von Perlit bei steigendem Kohlenstoffgehalt. Eisen mit 0,9% C besteht vollkommen aus dem Eutektoid Perlit. Bei Kohlenstoffgehalten über 0,9% besteht das Gefüge aus primär abgeschiedenem Zementit und Perlit; bei einem Kohlenstoffgehalt über 1,7% tritt außerdem das Eutektikum Ledeburit auf.

Die Ausbildung des Eutektoids Perlit ist noch abhängig von der Abkühlungsgeschwindigkeit im Gebiet der A_1-Abkühlung. Beim Erkalten eines Stahlstückes nicht zu großer Abmessungen mit beispielsweise 0,9% C an Luft tritt das Eutektoid in lamellarer Form auf, Abb. 10a. Bei sehr langsamer Abkühlung (z. B. im Ofen oder im Innern sehr großer Schmiedestücke auch bei Luftabkühlung) ballen sich die einzelnen Lamellen des Eisenkarbids in globularer Form, d. h. dem Zustand kleinster Oberflächenspannung, zusammen (Abb. 10b).

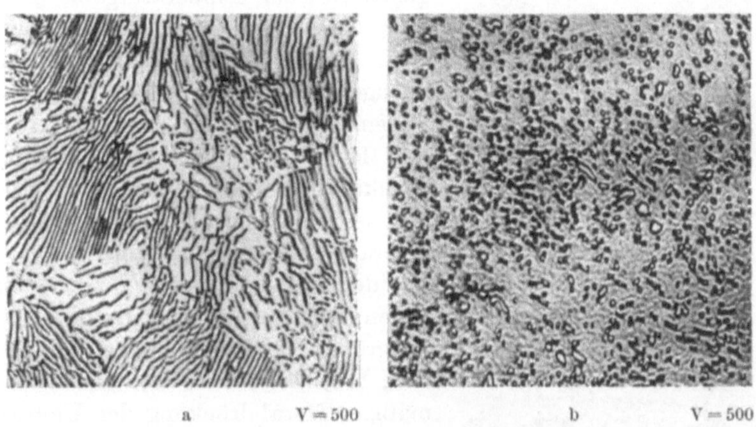

Abb. 10. Unterschiede in der Perlitausbildung (lamellar und globular). Stahl mit 0,9% C.

Bei beschleunigter Abkühlung treten noch weitere Veränderungen in der Ausbildungsform des Perlits ein, die aber seine metallographischen Kennzeichen so weitgehend beeinflussen, daß man diese Gefügearten bereits als selbständige Strukturelemente bezeichnen muß. Hierauf wird in den folgenden Abschnitten näher eingegangen.

a) Veränderung des Gefüges der Eisen-Kohlenstoff-Legierungen bei veränderter Abkühlungsgeschwindigkeit.

Bereits bei der eingangs erwähnten A_3-Umwandlung bei reinem Eisen wurde darauf hingewiesen, daß diese Umwandlung beim Abkühlen bei tieferer Temperatur erfolgt als beim Erwärmen, also mit einer Hysteresis verbunden ist, deren Größe von der Abkühlungsgeschwindigkeit abhängt. Das gleiche gilt für die A_1-Umwandlung. Auch diese findet man bei der Abkühlung bei tieferen Temperaturen als bei der Erwärmung. Die Nutzbarmachung dieser Erscheinung bei A_3 und A_1 ist die Grundlage für die Wärmebehandlung der Eisen-Kohlenstoff-Legierungen geworden.

Betrachtet man die Umwandlung eines Stahles mit 0,9% C, bei dem A_1 und A_3 zusammenfällt, etwas näher, so kann man sie in drei verschiedene Vorgänge auflösen:

1. das γ-Eisen geht in α-Eisen über;

2. es findet eine Ausscheidung von Eisenkarbid infolge seiner unterschiedlichen Löslichkeit im γ- und α-Eisen statt;

3. das Eisenkarbid ballt sich in kugeliger Form zusammen.

Kühlt man den Stahl aus dem γ-Gebiet sehr langsam ab, so liegt der Ar_1-Punkt nur um einige Grad tiefer als der Ac_1-Punkt, der Stahl verweilt lange genug auf Temperaturen dicht unterhalb A_1, und alle drei Vorgänge können sich vollkommen abspielen.

Abb. 11. Sorbit und Ferrit.   V = 200

Bei Steigerung der Abkühlungsgeschwindigkeit vergrößert sich die Hysteresis der A_1-Umwandlung, letztere wird zu etwas tieferen Temperaturen verschoben, wobei gleichzeitig das Temperaturgebiet dicht unterhalb der Umwandlung rascher durchlaufen wird. Beide Umstände bewirken, daß der obengenannte Vorgang 3, d. h. das Zusammenballen des Karbids und somit die Überführung von lamellarem in körnigen Perlit, unterdrückt wird. Der ausgeschiedene Perlit wird um so feiner, je stärker die Umwandlung durch Unterkühlung zu tieferen Temperaturen verschoben wird und je kürzere Zeit für die Umwandlung und nach der Umwandlung zur Verfügung steht. Hierbei kann die Struktur so fein werden, daß sie nur noch bei äußerst starker Vergrößerung im Mikroskop auflösbar ist. Man bezeichnet diese Gefügeart, die sich bei mäßiger Herabdrückung der Umwandlungstemperatur bildet, mit Sorbit, der also als sehr fein verteilter lamellarer Perlit angesprochen werden muß (Abb. 11).

Weitere Erhöhung der Abkühlungsgeschwindigkeit und somit Herabsetzung der Umwandlungstemperatur bis z. B. 550—600° bewirkt eine so feine Verteilung der Zementitlamellen im α-Eisen, daß das Gefüge mikroskopisch nur unter günstigsten Umständen mit besonderen Hilfsmitteln auflösbar wird. Man bezeichnet es als Abschrecktroostit (Abb. 12). Als Maß für die Abkühlungsgeschwindigkeit wählt man meist die in

V = 200

Abb. 12. Abschrecktroostit (neben Martensit).

der Zeiteinheit erfolgte Temperaturabnahme innerhalb des Umwandlungsgebietes.

Erhöht man die Abkühlungsgeschwindigkeit noch über das für die Troostitbildung notwendige Maß hinaus, so findet der unter 2 aufgeführte Vorgang nicht mehr statt, sondern wird ebenfalls unterdrückt; die Umwandlung von γ- in α-Eisen erfolgt, das Eisenkarbid bzw. der Kohlenstoff hat aber keine Zeit mehr, sich auszuscheiden, sondern bleibt zwangsweise im Gitter des α-Eisens verteilt. Das auf diese Art und Weise erhaltene Gefüge bezeichnet man mit Martensit (Abb. 13).

Gleichzeitig findet eine sprungweise Herabsetzung des Ar-Punktes statt. Der Umwandlungspunkt, der bei der Troostitbildung noch bei etwa 550° lag, wird ersetzt durch einen solchen bei etwa 250° (Abb. 14). Während man den oberen Sorbit-Troostit-Punkt mit Ar' kennzeichnet, erhält der Martensitpunkt die Bezeichnung Ar''. Die Geschwindigkeit, die erforderlich ist, um die Troostitbildung zu unterdrücken und eine einheitliche Martensitumwandlung zu erzielen, bezeichnet man als kritische Abkühlungsgeschwindigkeit.

Das Verschwinden der Ar'-Umwandlung und das Erscheinen der Ar''-Umwandlung erfolgt aber nicht bei einer genau bestimmten Abkühlungsgeschwindigkeit, vielmehr treten beide Umwandlungen, wie Abb. 14 zeigt, in einem gewissen Geschwindigkeitsbereich gemeinsam auf. Ein Stahl, dessen Abkühlungsgeschwindigkeit in diesem Bereich lag, weist ein Gefüge auf, das teils aus Troostit,

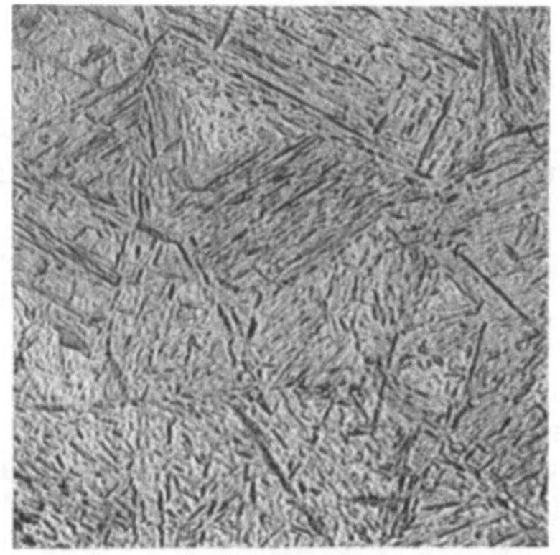

Abb. 13. Martensit.   V = 200

teils aus Martensit besteht (Abb. 12). Man spricht aus diesem Grunde auch von einer oberen und unteren kritischen Abkühlungsgeschwindigkeit. Die untere kritische Abkühlungsgeschwindigkeit ist gekennzeichnet durch das erste Auftreten der Ar''-Umwandlung, die obere durch das Verschwinden der Ar'-Umwandlung.

Das gleichzeitige Auftreten beider Umwandlungen findet eine Erklärung durch die in neuerer Zeit erfolgte genauere Bestimmung der Zusammenhänge zwischen Umwandlungsgeschwindigkeit und Umwandlungstemperatur. Wenn auch aus früheren Untersuchungen von Portevin und Chevenard[1] eine gewisse Abhängigkeit der Umwandlungsgeschwindigkeit von der Umwandlungstemperatur hätte abgeleitet werden können, so hat man erst in neuerer

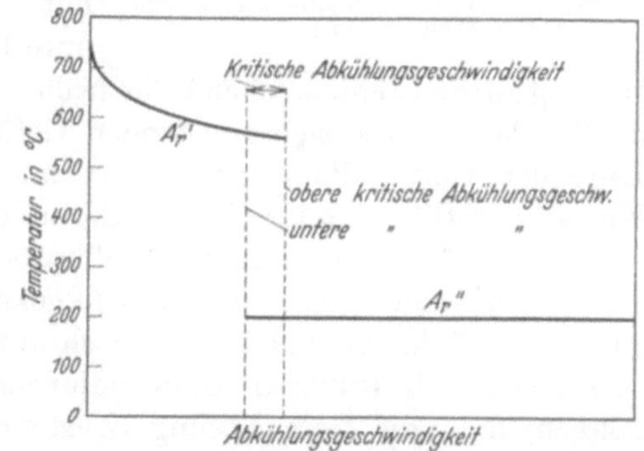

Abb. 14. Schematische Darstellung der Abhängigkeit der Umwandlungstemperatur von der Abkühlungsgeschwindigkeit (gleichzeitiges Auftreten von Ar' und Ar''). (Nach H. J. Wiester: Dissert. Berlin, 1932.)

Zeit den Begriff der Umwandlungsgeschwindigkeit stärker in den Vordergrund gerückt. Genauere Untersuchungen über die für einzelne Umwandlungsvorgänge erforderliche Zeit bei bestimmten Temperaturen, die den reziproken Wert der Umwandlungsgeschwindigkeit bei der betreffenden Temperatur darstellt, sind in neuerer Zeit von Davenport, Bain, Wever und Engel,

---

[1] Portevin u. Chevenard: Vortrag vor dem Iron and Steel Inst. 1921, vgl. Stahl und Eisen Bd. 42 (1922) S. 270.

sowie Hanemann und Wiester[1] ausgeführt worden. Als Ergebnis dieser Untersuchungen ergibt sich beispielsweise für einen Stahl mit etwa 1,6% Kohlenstoff die in Abb. 15 gekennzeichnete Abhängigkeit von Temperatur und Umwandlungsgeschwindigkeit. Wie diese Abbildung zeigt, ist dicht unterhalb der A_1-Umwandlung die Umwandlungsgeschwindigkeit sehr gering, um dann aber mit sinkender Temperatur sehr schnell auf einen Höchstbetrag anzusteigen und bei noch weiterem Herabsinken der Umwandlungstemperatur wieder zu einem Mindestbetrag abzunehmen. Nach einer gewissen Unterschreitung der Umwandlungstemperatur spielt sich die Umwandlung mit so großer Geschwindigkeit ab, daß sie bereits in kurzer Zeit vollständig verläuft, während bei tieferen Temperaturen für die geringere Umwandlungsgeschwindigkeit entsprechend längere Zeiten zur Verfügung stehen müssen. In diesem ersten Gebiet großer Umwandlungsgeschwindigkeit dicht unterhalb A_1 vollzieht sich, wie oben an Hand der Gefügebilder ausgeführt, die Umwandlung des γ-Eisens in α-Eisen und vor allem die Ausscheidung des Eisenkarbids. Da die Ausscheidung und Zusammenballung des Eisenkarbids im wesentlichen einen Diffusionsvorgang darstellt und die Diffusionsvorgänge sich bei höherer Temperatur rascher abspielen als bei tiefer, ist der Verlauf der Kurve für die Umwandlungsgeschwindigkeit in diesem Bereich verständlich. Das Gebiet mit großer Umwandlungsgeschwindigkeit unterhalb A_1 bezeichnet man als Umwandlungsgebiet 1, entsprechend der früher gewählten Bezeichnung Ar', oder auch als Perlitstufe. Die sich ergebenden Gefüge in diesem Gebiet sind, je nach der Lage der Umwandlungstemperatur und der zur Verfügung stehenden Zeit: Körniger Perlit, streifiger Perlit, Sorbit oder Troostit.

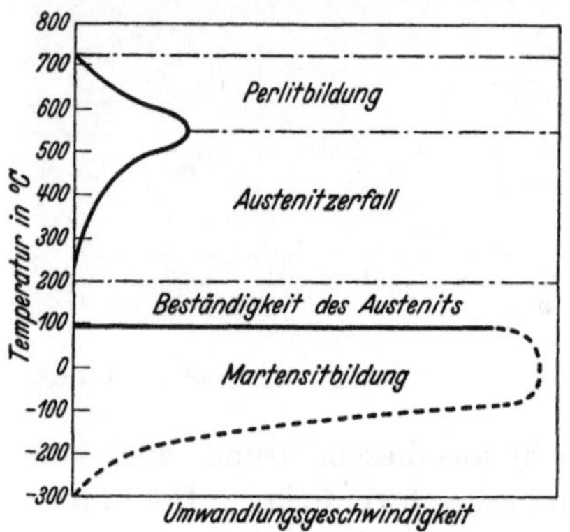

Abb. 15. Schematische Darstellung der Geschwindigkeit der Austenitumwandlung für einen Stahl mit 1,6% C. [Nach Hanemann u. Wiester: Arch. Eisenhüttenwes. 5. Jg. (1932) S. 381.]

In Abb. 15 ist das Temperaturgebiet bei etwa 200° durch eine außerordentlich geringe Umwandlungsgeschwindigkeit gekennzeichnet. Kühlt man den als Beispiel gewählten Stahl mit 0,9% C so rasch auf 200° ab, z. B. in einem Blei-Zinnbad von 200°, daß keinerlei Umwandlungen im Umwandlungsgebiet 1 erfolgen können, d. h. die feste Lösung (Austenit) bis zu dieser Temperatur erhalten bleibt, wird sich der Umwandlungsvorgang nur sehr langsam abspielen. Man wird den austenitischen Zustand über einen längeren Zeitraum bei dieser Temperatur erhalten können (beispielsweise etwa 20 Minuten). Verfolgt man einen derart abgeschreckten Stahl in seinem Verhalten zu tieferen Temperaturen hin, so stellt man fest, daß unterhalb 200° eine Umwandlung der festen austenitischen Lösung wiederum sehr plötzlich und mit großer Geschwindigkeit erfolgt. Dieses erneute plötzliche Ansteigen der Umwandlungsgeschwindigkeit

[1] Davenport u. Bain: Amer. Inst. min. metallurg. Engr. Techn. Publ. Nr. 348, Cl. C. Iron and Steel 1930 Nr. 56. — Wever u. Engel: Mitt. Kais.-Wilh.-Inst. Eisenforschg., Düsseld. Bd. 12 (1930) S. 93/114; Stahl und Eisen Bd. 50 (1930) S. 1308/11. — Hanemann u. Wiester, Arch. Eisenhüttenwes. 5. Jg. (1931/32) S. 377/82.

ist ebenfalls in Abb. 15 eingetragen. Man bezeichnet dieses Temperaturgebiet als Umwandlungsgebiet 2, entsprechend dem früheren Index Ar''. Das Ergebnis dieser Umwandlung ist der durch tetragonalen Gitteraufbau gekennzeichnete Martensit.

Die Umwandlung im Gebiet 2 unterscheidet sich von der im Umwandlungsgebiet 1 dadurch, daß sie praktisch keine Unterkühlungsfähigkeit zeigt. Dieser Unterschied ist in der verschiedenen Natur der beiden Umwandlungsvorgänge begründet. Die perlitische Umwandlung im Umwandlungsgebiet 1 ist, wie bereits hervorgehoben, im wesentlichen von Diffusionsvorgängen abhängig und somit den gesetzmäßigen Beziehungen zwischen Keimzahl und Diffusionsgeschwindigkeit unterworfen. Dicht unterhalb der Umwandlung wird die Keimzahl sehr gering sein, und hieraus erklärt sich auch die verhältnismäßig geringe Umwandlungsgeschwindigkeit. Nach einer gewissen Unterkühlung tritt eine größere Anzahl von Keimen auf; infolge der hohen Diffusionsgeschwindigkeit spielt sich dann bei genügender Keimzahl der Vorgang nun mit großer Geschwindigkeit ab. Bei weiterem Absinken der Umwandlungstemperatur sinkt die Umwandlungsgeschwindigkeit infolge der Abnahme der Diffusionsgeschwindigkeit und evtl. auch der Keimzahl, letzteres insbesondere bei weitgehender Unterkühlung.

Im Gegensatz zu den Kristallisationsvorgängen im Umwandlungsgebiet 1, die in erster Linie durch Diffusionsvorgänge bedingt sind, stellt die Martensitbildung ein einfaches „Umklappen" des Austenitgitters dar. Die Martensitbildung ist also nicht von den für normale Umwandlungsvorgänge bestimmenden Gesetzen über Kristallisationsgeschwindigkeit und Kernzahl abhängig. Die Martensitbildung ist infolgedessen nicht unterkühlungsfähig, sondern verläuft bei jeder Temperatur mit gleicher sehr hoher Geschwindigkeit. Das Studium der Martensitbildung hat also zur Entdeckung eines neuen Typs der Umwandlung geführt (Schiebungs-Umwandlung[1]). Das unterschiedliche Verhalten in der Unterkühlungsfähigkeit zwischen Ar' und Ar'' veranschaulicht Abb. 15. Der gestrichelte Kurvenast in Abb. 15 bedeutet nicht, daß die Umwandlungsgeschwindigkeit des Martensits mit fallender Temperatur abnimmt, sondern soll andeuten, daß die Umwandlung bei tiefen Temperaturen „einfriert"; d. h. also, die Martensitumwandlung geht mit fallender Temperatur unvollständig, aber mit gleicher Geschwindigkeit vor sich.

Da die Martensitumwandlung im Umwandlungsgebiet 2 weitgehend unabhängig von der Abkühlungsgeschwindigkeit ist, so muß es zur Erzielung des martensitischen Endzustandes belanglos sein, ob man nach Unterdrückung des Umwandlungsgebietes 1, also z. B. sehr rascher Abkühlung auf Temperaturen von 250°, die weitere Abkühlung durch das Umwandlungsgebiet 2 rasch oder weniger rasch vornimmt. Die Geschwindigkeit, mit der durch das Umwandlungsgebiet 2 abgekühlt wird, wird lediglich bestimmend sein für den Grad der Gitteränderung. Der Übergang vom flächenzentrierten Austenitgitter in das kubische Raumgitter des α-Eisens erfolgt über ein tetragonales Gitter. Die Kristallisation des Martensits ist dadurch gekennzeichnet, daß zwar die Eisenatome, ähnlich wie bei der γ-α-Umwandlung, ihre Lage zueinander verändern, das Kohlenstoff-

---

[1] G. Wassermann: Arch. Eisenhüttenwes. Bd. 6 (1932/33) S. 347.

atom aber an seinem Platz verbleibt. Das zuerst von E. C. Bain[1] angeführte Bild (Abb. 16) veranschaulicht diesen Vorgang am deutlichsten. Im kubisch-flächenzentrierten Austenitgitter befindet sich das Kohlenstoffatom in der Würfelmitte. Man kann sich, wie in Abb. 16a durch stärkere Linien angedeutet, bereits im kubisch-flächenzentrierten Austenitgitter ein tetragonal-raumzentriertes Gitter vorgebildet denken, dessen Achsenverhältnis $c : a$ im Austenit $= 3{,}62 : 2{,}56 = 1{,}41$ beträgt. Bei der Martensitumwandlung wird dieses vorgebildete tetragonal raumzentrierte Gitter in der c-Achse gestaucht und dehnt sich längs der a-Achsen aus, bis das Achsenverhältnis auf $3{,}04 : 2{,}84 = 1{,}07$ verkleinert worden ist

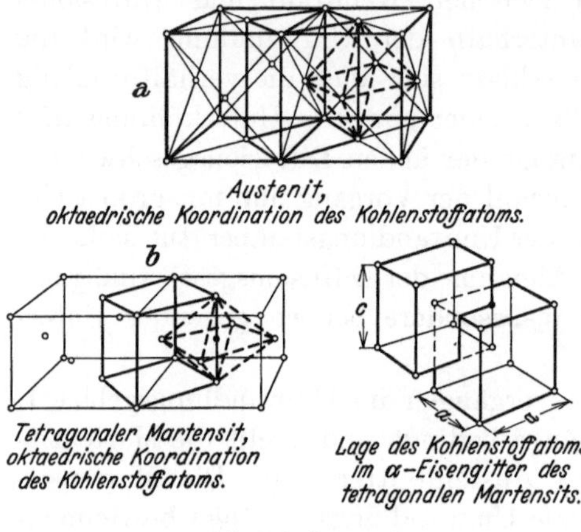

Austenit,
oktaedrische Koordination des Kohlenstoffatoms.

Tetragonaler Martensit,
oktaedrische Koordination
des Kohlenstoffatoms.

Lage des Kohlenstoffatoms
im α-Eisengitter des
tetragonalen Martensits.

Kubischer Martensit,
tetraedrische Koordination des Kohlenstoffatoms.

Abb. 16. Koordination eines Kohlenstoffatoms in Austenit und Martensit. (Nach Engel: Untersuchungen über die Stahlhärtung. Ingeniørvidensk. Skr. 1931 Nr. 30 S. 154.)

(Abb. 16b). Das ursprünglich in der Würfelmitte gelegene Kohlenstoffatom bleibt in seiner Lage und verhindert, daß die Stauchung und Aufweitung des Gitters sofort bis zur Bildung des kubisch-raumzentrierten α-Eisengitters mit dem Achsenverhältnis $c = a = 2{,}86$ Å vor sich geht. Abb. 16b stellt also das tetragonale Gitter des in der zweiten Stufe gebildeten Martensits dar. Schon beim Anlassen auf etwa 100° geht dieses tetragonale Gitter in die kubische Form des α-Eisens über, wobei sich das Kohlenstoffatom nach der Anschauung von N. Engel[2] in der in Abb. 16c angedeuteten Weise einlagert, d. h. an die Stelle, wo ihm im kubisch-raumzentrierten Gitter am meisten Raum zur Verfügung steht. Das Ergebnis ist der kubische Martensit. Beide Martensitformen, die tetragonale sowie die kubische, sind somit als Zwangszustände bezüglich der Verteilung des Kohlenstoffs im Raumgitter anzusehen, da das Kohlenstoffatom keine gesetzmäßige, zur Aufnahme eines Fremdatoms vorgesehene Stelle im Gitter einnimmt. Die Frage, ob bei der Durchschreitung des Umwandlungsgebietes 2 tetragonaler oder kubischer Martensit entsteht, hängt davon ab, ob der neugebildete tetragonale Martensit noch lang genug auf erhöhter Temperatur verweilt, um sich in den kubischen umzuwandeln. Kühlt man also nach der obenerwähnten Unterdrückung des Umwandlungsgebietes 1 (durch Abschreckung auf 250°) durch das Umwandlungsgebiet 2 sehr rasch, z. B. in Wasser, ab, so erfolgt die Gitterumlagerung nur bis zum tetragonalen Raumgitter. Kühlt man indessen langsam ab, so findet infolge einer gewissen Anlaßwirkung bereits die vollständigere Umlagerung in den kubischen Martensit statt, wie dies röntgeno-

---

[1] Trans. Amer. Inst. min. metallurg. Engr. Bd. 70 (1929) S. 25—46; vgl. auch H. Hanemann, U. Hofmann u. H. J. Wiester: Arch. Eisenhüttenwes. Bd. 6 (1932/33) S. 203.

[2] Ingeniørvidenskabelige Skrifter A. Nr. 30/31 S. 152ff.

graphisch nachgewiesen werden konnte. Metallographisch unterscheiden sich die beiden Martensitzustände dadurch, daß der tetragonale Martensit beim Ätzen mit Pikrinsäure weiß gefärbt wird, der kubisch-raumzentrierte, vielleicht auch bereits als Anlaßmartensit zu bezeichnende Zustand dagegen dunkel (Abb. 17).

Der Begriff der kritischen Abkühlungsgeschwindigkeit, der weiter oben durch Erreichung des Martensitzustandes gekennzeichnet war, ist also lediglich verknüpft mit dem Begriff derjenigen Geschwindigkeit, die notwendig ist, die Umwandlung im Gebiet 1 zu unterdrücken.

Auf Grund der genauen Kenntnis der Umwandlungsgeschwindigkeit bei den verschiedenen Temperaturen ergibt sich auch jetzt zwanglos eine Erklärung für

<table>
<tr><td>a   V = 500</td><td>b   V = 500</td></tr>
<tr><td>Austenit und weißer tetragonaler Martensit nach Abloschung von 1050° in Wasser.</td><td>Austenit und dunkler (zerfallener) kubisch-raumzentrierter Martensit nach Abloschung von 1050° in Wasser und Anlassen auf 150°.</td></tr>
</table>

Abb. 17. Weiße und dunkle Martensitnadeln.

das gleichzeitige Auftreten von Ar' und Ar'' (Troostit und Martensit) bei bestimmten Abkühlungsgeschwindigkeiten. Kühlt man einen Stahl mit steigender Abkühlungsgeschwindigkeit ab, so muß kurz vor Erreichung der kritischen Abkühlungsgeschwindigkeit, die zur vollständigen Unterdrückung des Umwandlungsgebietes 1 führt, eine Abkühlungsgeschwindigkeit erreicht werden, bei der der Umwandlungsvorgang 1 wohl noch eben beginnen kann, aber einerseits infolge der geringen zur Verfügung stehenden Zeit und andererseits der geringen Umwandlungsgeschwindigkeit bei diesen tieferen Temperaturen nicht mehr vollständig abläuft. Nach einer beginnenden Troostitabscheidung im Umwandlungsgebiet 1 kann der Umwandlungsvorgang erst im Umwandlungsgebiet 2 unter Martensitbildung zu Ende gehen.

Anmerkung: An dieser Stelle wären noch die Vorgänge zu erwähnen, die sich zwischen Umwandlungsgebiet 1 und 2 oder, besser gesagt, im unteren Temperaturbereich des Umwandlungsgebietes 1 dicht oberhalb der Temperatur der Martensitkristallisation abspielen. Da die Zementitbildung, wie erwähnt, durch Diffusionsvorgänge bedingt ist, wird sie im unteren Bereich des Umwandlungsgebietes 1 nicht mehr vor sich gehen können. Hält man unterkühlten Austenit längere Zeit bei diesen Temperaturen, so daß er sich trotz der geringen Umwandlungsgeschwindigkeit umwandelt, so zerfällt er, ohne Zementit oder Martensit zu bilden, zu einer noch nicht genau bekannten Zwischenstufe, die nach ihrem Röntgenbild und ihrer Härte Ähnlichkeit mit dem durch Anlassen gebildeten kubischen

Martensit hat und im folgenden als „Zwischengefüge“ bezeichnet wird. Wever und Lange[1] gelang es nachzuweisen, daß, falls die Umwandlung oberhalb 400° verläuft, die dem Zementit entsprechende magnetische Umwandlung bei 200° beobachtet werden kann. Verläuft die Umwandlung unterhalb 400°, so nimmt mit fallender Temperatur der Umwandlung bis zu 200° die Intensität dieser magnetischen Unstetigkeit immer mehr ab, um schließlich in der Nähe von 200° gleich Null zu werden. Mit anderen Worten: Die Zementitbildung nimmt immer mehr ab, und es entstehen andere — wegen der behinderten Diffusionsfähigkeit des Kohlenstoffs kohlenstoffreichere — Karbide, die die magnetische Umwandlung des Zementits nicht aufweisen. Bei legierten Stählen, die Sonderkarbide enthalten, z. B. Chromstählen, sind ähnliche Abhängigkeiten zwischen Karbidzusammensetzung und Ausscheidungstemperatur (Umwandlungstemperatur) beobachtet worden (siehe S. 306).

Bei chromlegierten Stählen konnten Wever und Lange feststellen, daß zwischen dem Bereich der Zementitbildung und dem Bereich der Ausbildung des „Zwischengefüges“ ebenfalls noch ein deutliches Minimum der Umwandlungsgeschwindigkeit auftritt, so daß man hier drei scharf getrennte Umwandlungsstufen unterscheiden kann:

Umwandlung 1: Zementit,
Umwandlung 2: Martensit,

dazwischen

Umwandlung 1a: Bildung des Zwischengefüges mit Sonderkarbid.

Ob sich diese mit Hilfe feinster Methoden auch bei anderen, insbesondere Kohlenstoffstählen, feststellen lassen, oder ob sich hier die Vorgänge kontinuierlich aneinander anschließen, muß vorerst dahingestellt bleiben. Es läge ·jedoch nahe anzunehmen, daß die in Chromstählen beobachteten Erscheinungen im wesentlichen durch ihre Neigung zur Karbidbildung und die bekannte geringe Diffusionsgeschwindigkeit des Kohlenstoffs in derart legierten Stählen bedingt sind.

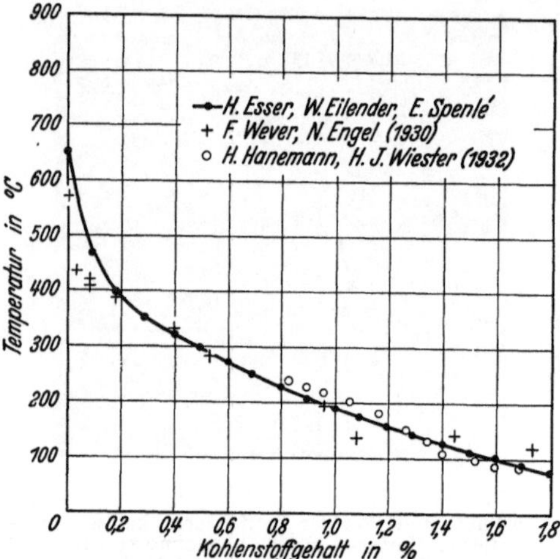

Abb. 18. Temperatur des Beginns der Martensitkristallisation in Abhängigkeit vom C-Gehalt. [Nach H. Esser, W. Eilender und E. Spenlé: Arch. Eisenhüttenwes. Bd. 6 (1932/33) S. 389.]

Bringt man sich die schlechte Diffusionsfähigkeit des Kohlenstoffs in Chromstählen schon bei den normalen Temperaturen der Zementation in Erinnerung, so wird es durchaus wahrscheinlich, daß die Möglichkeit zur Diffusion und damit zur direkten Karbidbildung aus dem Austenit schon bei erheblich höheren Temperaturen als bei Kohlenstoffstählen völlig unterbunden wird. Hierdurch kann bei karbidbildenden Elementen leichter ein Temperaturbereich auftreten, in dem die Umwandlungsgeschwindigkeit zwischen Gebiet 1 und Gebiet 1a praktisch gleich Null wird, so daß hier ein scharf ausgeprägtes Zwischengebiet 1a der Umwandlungsgeschwindigkeit auftritt. Für die prinzipielle Deutung der Umwandlungsvorgänge erscheinen jedoch diese heute noch bestehenden Unklarheiten von nicht wesentlicher Bedeutung.

Die Lage der Ar''-Umwandlung ist, wie bereits gesagt, nach Erreichung der kritischen Abkühlungsgeschwindigkeit weitestgehend unabhängig von der Abkühlungsgeschwindigkeit. Erst durch Veränderung der Legierung gelingt es, auch diese Umwandlung zu tieferen Temperaturen herabzudrücken. Das Legierungselement, das in diesem Zusammenhang an erster Stelle interessiert, ist Kohlenstoff.

---

[1] Mitt. Kais.-Wilh.-Inst. Eisenforschg., Düsseld. Bd. 15 (1933) S. 263/69 — Stahl u. Eisen 1934 S. 113.

Wie aus Abb. 18 hervorgeht, sinkt die Temperatur des Beginns der Martensitumwandlung mit steigendem Kohlenstoffgehalt. Da der Ablauf der Martensitumwandlung, wie in Abb. 15 gestrichelt angedeutet, um so unvollständiger wird, je tiefer der Beginn der Umwandlung liegt, erfolgt die Martensitbildung bei Kohlenstoffgehalten von mehr als 0,6% immer unvollkommener und es bleiben mit wachsendem Kohlenstoffgehalt zunehmende Mengen „Restaustenit" im Gefüge zurück (Abb.19).

Ganz gelingt die Unterdrückung der $\gamma \to \alpha$-Umwandlung bei reinen Eisen-Kohlenstoff-Legierungen nicht. Erforderlich ist hierzu eine weitere Herabsetzung des Ar''-Punktes durch Legierungselemente, wie z. B. Mangan. Mangan-Kohlenstoff-Stähle können daher durch Ablöschen vollkommen austenitisch gemacht werden. Durch die Herabsetzung des Ar''-Punktes befinden sie sich bei Raumtemperatur zwischen den Umwandlungsgebieten 1 und 2, also in einem Zustand geringster Umwandlungsgeschwindigkeit. Infolgedessen können

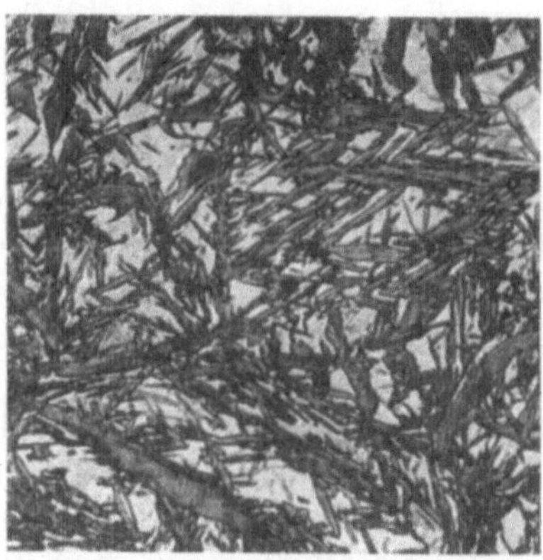

Abb. 19. Austenit neben Martensit.

derartige Stähle bei Raumtemperatur praktisch als stabil-austenitisch bezeichnet werden, da ihre Umwandlungsgeschwindigkeit unendlich klein ist. Das Gefüge eines derartigen Stahles zeigt Abb. 20.

Dadurch, daß sich diese Stähle, die bei Raumtemperatur ganz oder teilweise austenitisch sind, zwischen den Umwandlungsgebieten 1 und 2 befinden, ist es verständlich, daß sie bei weiterer Abkühlung unter Raumtemperatur, z. B. Abkühlung in flüssiger Luft usw., nun das Umwandlungsgebiet 2 durchschreiten und somit auch jetzt noch eine Umwandlung von Austenit in Martensit erfahren. Es ist hervorzuheben, daß die beim Eintauchen eines Stahlstückes in flüssige Luft entstehenden Spannungen ebenfalls die Umwandlung Austenit → Martensit begünstigen.

Bei manchen legierten Stählen tritt oft noch eine Verdoppelung des Ar''-Punktes auf. Man unterscheidet dann noch zwischen Ar'' (obere Umwandlung) und Ar''' (untere Umwandlung). Meist beobachtet man den Ar'''-Punkt bei Stählen mit solchen Legierungselementen, die stabile Karbide bilden,

Abb. 20. Austenit im Manganhartstahl
(12% Mn).

wie Chrom, Wolfram, Molybdän usw. Beim Erwärmen in das Gebiet der festen Lösung tritt nur allmählich eine Lösung dieser stabilen Karbide ein, die Homogenisierung der Kristalle erfolgt daher nur langsam (s. später unter „Diffusionsglühung"). Infolge dieser bestehenden Kristallseigerung, also Existenz verschieden hoch legierter fester Lösungen nebeneinander, könnte das Vorhandensein zweier verschiedener Umwandlungen Ar'' und Ar''' erklärt werden. Man kann aber auch annehmen, daß in diesen Legierungen mehrere Sonderkarbide verschiedener Art nebeneinander vorliegen. Jedes Sonderkarbid hat, ähnlich wie Zementit, einen Temperaturbereich, in dem es sich besonders schnell ausscheidet und daher umwandlungsbestimmend sein kann. Hierdurch können Verdoppelungen der Umwandlungspunkte vorkommen, indem das Ausscheidungsbestreben verschiedener Sonderkarbide mehrere Bereiche größter Umwandlungsgeschwindigkeit hervorruft. Auf S. 18 ist bereits auf die drei Umwandlungsbereiche bei Chromstählen hingewiesen worden, vgl. ferner S. 306.

Im Mikrogefüge besitzt der auf Martensit gehärtete Stahl kein einheitliches Aussehen. Da das α-Eisen einen gewissen Anteil an Kohlenstoff, etwa 0,04%, in fester Lösung enthalten kann, wird insbesondere bei tiefen Kohlenstoffgehalten ein Teil des abgeschreckten Gefüges aus dieser idealen festen Lösung bestehen, während daneben die sog. Martensitnadeln im Gefüge enthalten sein werden. Da außerdem die Temperatur der Ar''-Umwandlung (Martensitumwandlung) mit steigendem Kohlenstoffgehalt fällt, wird der entstandene Martensit in um so geringerem Maße zerfallen sein, je höher der Kohlenstoffgehalt ist, d. h. je niedriger seine Umwandlungstemperatur war. Bis zu Kohlenstoffgehalten von etwa 0,4% wird man daher einen zerfallenen raumzentrierten kubischen Martensit (dunklen Martensit) vorliegen haben, während bei höheren Kohlenstoffgehalten, z. B. 0,9%, in der Hauptsache der tetragonale, im Schliffbild weiße, Martensit auftritt. Bei höherem Kohlenstoffgehalt bleibt neben dem Martensit dann, wie bereits erwähnt, Austenit zurück (Abb. 19).

Bei eutektoiden Kohlenstoff- und Schnelldrehstählen findet man nach Ablöschen von Temperaturen dicht oberhalb A_1 den Martensit nicht in nadeliger Form nach Abb. 13, sondern fein polyedrisch und zuweilen scheinbar strukturlos (vgl. Abb. 297b). Diese besondere Ausbildungsform wird metallographisch als Hardenit bezeichnet.

Zusammenfassend kann man also sagen, daß durch die Erhöhung der Abkühlungsgeschwindigkeit bei gleichzeitiger Veränderung der Zusammensetzung der Stähle die $A_{1,3}$-Umwandlung in ihren drei verschiedenen Vorgängen — Zementitzusammenballung, Zementitausscheidung, γ-α-Umwandlung — teilweise oder ganz unterdrückt werden kann, wobei die betreffenden Gefügebilder aus körnigem Perlit, lamellarem Perlit, Sorbit, Troostit, Martensit oder Austenit bestehen. Mit Ausnahme des körnigen Perlits sind alle diese Gefügezustände zwangsweise durch besondere Abkühlungsbedingungen erzeugt. Mit der Veränderung des Gefüges gehen Hand in Hand auch die Veränderungen der Eigenschaften.

b) Veränderung der Eigenschaften in Abhängigkeit von der Abkühlungsgeschwindigkeit.

Solange die Umwandlung im Gebiet 1 (Ar') erfolgt, ändern sich die physikalischen Eigenschaften, wie Dichte, elektrischer Widerstand, Wärmeleitfähigkeit usw., nur wenig. Dies ist verständlich, da ja das Gefüge nach wie vor aus Ferrit und Zementit besteht und nur der Verteilungsgrad der beiden Phasen verschieden ist. Auf den Verteilungsgrad des Karbids reagieren vor allem die Koerzitivkraft und der elektrische Leitwiderstand. Beide werden mit feinerer

Verteilung erhöht. Die größte Veränderung durch den Übergang von körnigem Perlit zu Troostit erleidet die Härte.

Die Härte eines Metalles kann man definieren als den Widerstand, den der betreffende Werkstoff dem Eindringen eines anderen Werkstoffes entgegensetzt. Auf dieser Definition beruhen die meisten Härteprüfverfahren, wie Brinellhärteprüfung, Rockwellhärteprüfung usw. Bei der Härteprüfung, z. B. mittels Brinellkugel, wird das zu prüfende Metall verformt. Bei der Verformung gleiten die Kristalle auf bestimmten bevorzugten Gitterebenen, den sog. Gleitflächen. Je freier sich diese Gleitflächen ausbilden können, um so leichter wird sich der Werkstoff verformen, d. h. um so weicher wird er sein. Durch die Zwischenlagerung von harten Teilen, wie Eisenkarbiden, wird der hemmungslosen Ausbildung von Gleitlinien ein Widerstand entgegengesetzt. Dieser Widerstand wird um so größer, je feiner die Verteilung der Eisenkarbide über die Grundmasse ist. Es

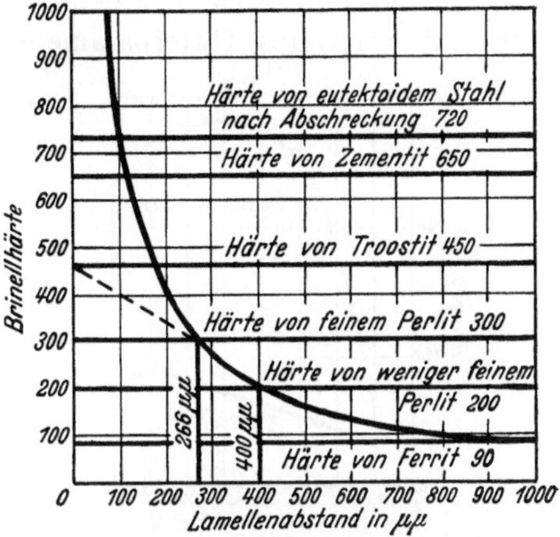

Abb. 21. Abhangigkeit der Härte vom Lamellenabstand. (Nach Belaiew: Trans. Iron and Steel Inst. Sept. 1931.)

muß somit bei ein und demselben Stahl körniger Perlit weicher als lamellarer, lamellarer Perlit weicher als Sorbit und Sorbit weicher als Troostit sein. In Übereinstimmung hiermit zeigt Abb. 21 bei einem Stahl mit 0,9 % C die Härte in den verschiedenen Gefügezuständen.

Wesentlich stärker sind dagegen die Eigenschaftsveränderungen, die an die Martensitbildung gebunden sind. Der Martensit stellt einen Zwangszustand dar, dadurch gekennzeichnet, daß in seinem Gitter die Kohlenstoff- bzw. Karbidteilchen zwangsweise eingeschlossen sind, ohne daß ihnen ein gesetzmäßiger Platz im Gitter, wie dies im γ-Eisen der Fall ist, zukommt. Durch diese verteilten Kohlenstoffatome findet eine Zerrung des α-Eisengitters statt, die sich in einer Vergrößerung des spezifischen Volumens von Martensit gegenüber Perlit äußert. Daß diese Volumenvergrößerung mit dem Kohlenstoff zusammenhängt, geht daraus hervor, daß sie dem

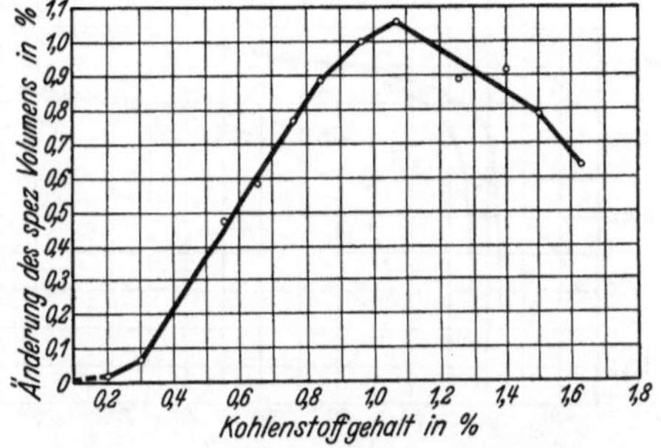

Abb. 22. Änderung des spezifischen Volumens durch Harten in Abhangigkeit vom Kohlenstoffgehalt. [Nach Maurer: Mitt. Kais.-Wilh.-Inst. Eisenforschg., Dusseld. 1. Jg. (1920) S. 39—86 — Stahl u. Eisen 43. Jg. (1923) S. 538.]

Kohlenstoffgehalt des betreffenden Stahles bis zum eutektoiden Gehalt von 0,9 % C nahezu proportional ist (Abb. 22). Die Abbildung zeigt, daß bei höherem Kohlenstoffgehalt die Volumenveränderungen infolge Anwesenheit von überschüssigen Karbiden und insbesondere auch infolge der Bildung von Austenit wieder geringer werden.

Die Haupteigenschaft des Martensits ist die außerordentlich hohe Härte, die er sowohl gegenüber dem perlitischen als auch dem austenitischen Zustand aufweist. Abb. 23 zeigt in Abhängigkeit vom Kohlenstoffgehalt den außerordentlichen Härteanstieg kritisch abgeschreckter Eisen-Kohlenstoff-Legierungen gegenüber dem geglühten Zustand. Für diese beträchtliche Erhöhung der Härte sind die verschiedensten Theorien entwickelt worden, die sie teils auf hohe Kornfeinheit, teils auf verzerrtes Gitterparameter,

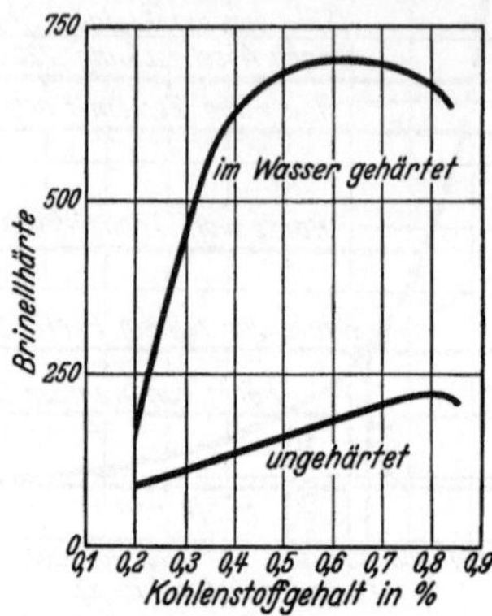

Abb. 23. Einfluß des Härtens auf die Brinellhärte von C-Stählen. [Nach Guillet: La trempe et le revenu des produits métallurgiques. Paris: Gaston Doin 1921, entnommen aus Oberhoffer: Das technische Eisen (1925) S. 66.]

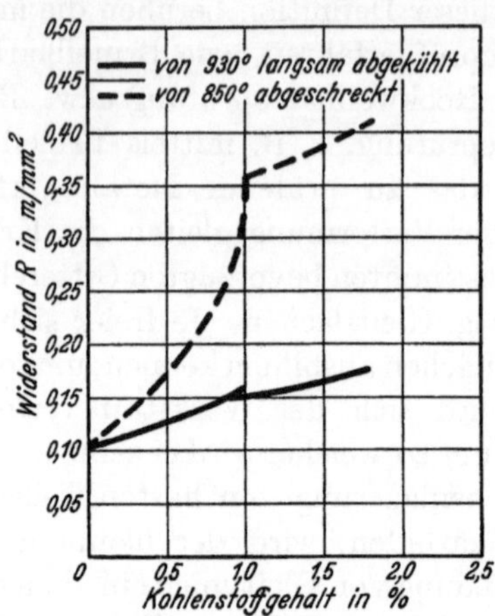

Abb. 24. Veränderung des elektrischen Leitwiderstandes von Kohlenstoffstählen verschiedenen C-Gehaltes beim Harten. [Nach Gumlich: Wiss. Abh. physik.-techn. Reichsanst. Bd. 4 (1918) S. 328.]

auf Spannungen usw. zurückführen[1]. Von einer kritischen Stellungnahme zu diesen Theorien soll hier mit Absicht abgesehen werden. Es genügt die Vorstellung, daß der martensitische Zustand ein Zwangszustand ist, bei welchem

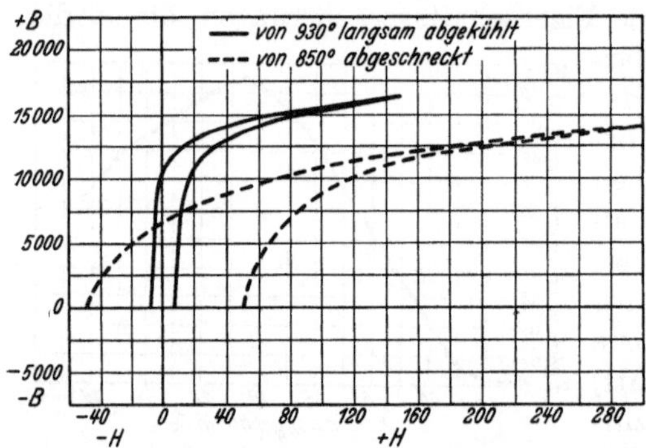

Abb. 25. Hysteresisschleife eines Kohlenstoffstahles mit 0,9% C im gehärteten und normalisierten Zustand. [Nach Zahlenangaben von Gumlich: Wiss. Abh. physik.-techn. Reichsanst. Bd. 4 (1918) S. 407.]

Fremdatome im Gitter des α-Eisens verteilt sind. Infolge dieser zwangsweisen unregelmäßigen Verteilung können sich Gleitebenen nach gesetzmäßigen kristallographischen Ebenen nicht oder nur sehr schwer ausbilden. Daher leistet der Martensit einem eindringenden Körper bei der Härteprüfung erhöhten Widerstand, ist also mit anderen Worten härter. Da man bei richtiger Wahl der Abkühlungsgeschwindigkeit in Eisen-Kohlenstoff-Legierungen durch Abschrecken Martensit und somit größte Härte erzeugen kann, bezeichnet man das schnelle Abkühlen aus dem γ-Gebiet als Härten.

Entsprechend der Verteilung des Kohlenstoffs im α-Gitter, die praktisch einer festen Lösung gleichkommt, ist auch die Leitfähigkeit des martensitischen gegenüber dem perlitischen Zustand vermindert (Abb. 24). Auch im

---

[1] Es sei hier auf die klassische Arbeit von Ed. Maurer verwiesen, die die Grundlage für die modernen Härtetheorien wurde [Mitt. Kais.-Wilh.-Inst. Eisenforschg., Düsseld. Bd. 1 (1920) S. 39 — Stahl u. Eisen Bd. 43 (1923) S. 538].

martensitischen Zustande ist die Leitfähigkeit von der Menge des verteilten Stoffes, also hier von dem Kohlenstoffgehalt, abhängig und nimmt mit steigendem C-Gehalt ab.

Von besonderer Bedeutung sind die **magnetischen Eigenschaften** des Martensits. Abb. 25 zeigt die Hysteresisschleife eines Kohlenstoffstahles mit 0,9% C im geglühten (perlitischen) und gehärteten (martensitischen) Zustand. Wie hieraus hervorgeht, erfährt vor allem die Koerzitivkraft, d. h. die Gegenkraft, die angewendet werden muß, um einen magnetisierten Körper von seiner Induktion zu befreien, eine wesentliche Vergrößerung durch die Härtung. Diese Vergrößerung ist wiederum abhängig vom Kohlenstoffgehalt. Die in Abb. 26 wiedergegebenen Werte zeigen, daß mit zunehmendem Kohlenstoffgehalt bis zu 1,1%

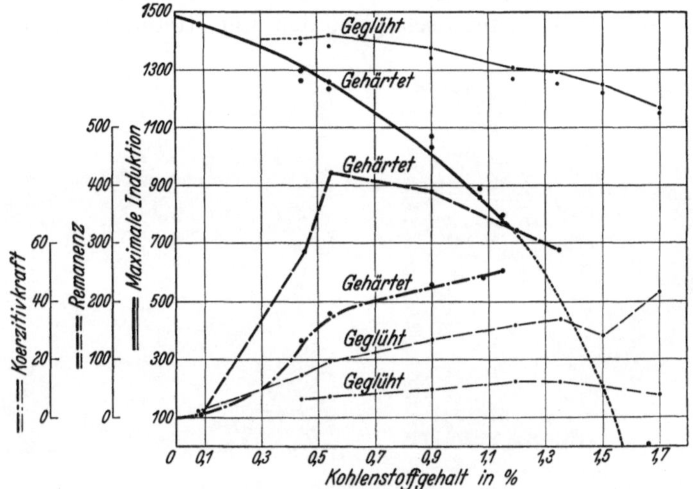

Abb. 26. Einfluß des Härtens auf die magnetischen Eigenschaften von C-Stählen. (Nach Benedicks: Thèse Upsala 1904; Remanenz in Maxwell $= \dfrac{\text{Gauß}}{4\,\pi}$.)

die Koerzitivkraft ansteigt; bei höherem Kohlenstoffgehalt fällt sie wieder etwas ab. Man sieht hier deutlich die Ähnlichkeit mit der Volumenveränderung. Bei dem Stahl mit ungefähr 1,1% C werden im gehärteten Zustand weder überschüssige Karbide vorhanden sein, noch wesentliche Mengen Austenit gebildet werden. Wir haben also hier Martensit in reinster Ausbildung, d. h. dem höchsten Zwangszustand vorliegen. Es scheint also auch die Koerzitivkraft ein Maß für den als Martensit gekennzeichneten Zwangszustand zu sein. Man kann sich vorstellen, daß für die Richtung der kleinsten Teilchen im magnetischen Sinne eine um so größere Feldstärke nötig ist, je größer der Zwangszustand ist, in dem sich jene befinden. Ist aber das Richten einmal erfolgt, so ist auch wiederum eine größere Kraft erforderlich, um die Entmagnetisierung hervorzubringen. In Übereinstimmung hiermit steht, daß sowohl zum Magnetisieren als zum Entmagnetisieren gehärteter Stähle größere Kräfte erforderlich sind als bei denselben Stählen im ausgeglühten Zustand.

Die praktische Nutzanwendung aus der Veränderung der magnetischen Eigenschaften ist die, daß für permanente Magnete nur gehärtete Stähle Verwendung finden können, da es hier auf höchste Koerzitivkraft ankommt.

Eigenschaften des Austenits: Wenn auch bei unlegierten Kohlenstoffstählen reiner Austenit nicht erhalten wird, so soll doch in Kürze auf die Eigenschaften des stabilen Austenits hingewiesen werden. Er zeigt bei Raumtemperatur ähnliche Eigenschaften wie das γ-Eisen oberhalb A_3, nämlich flächenzentriertes Raumgitter, wegen der dichteren Atombesetzung geringeres spezifisches Volumen, unmagnetisches Verhalten und, wie alle Mischkristalle, schlechtere Leitfähigkeit und gute Verformbarkeit, Weichheit und Dehnbarkeit. Außerdem ist gegenüber Martensit und Ferrit der höhere Wärmeausdehnungskoeffizient erwähnenswert.

c) Gefüge- und Eigenschaftsveränderungen gehärteter Stähle beim Anlassen.

Beim Wiedererwärmen (Anlassen) eines Stahles, der durch Abschrecken teils martensitisch, teils austenitisch geworden war, treten wiederum Gefüge-

Abb. 27. Beim erstmaligen Anlassen in Martensit umgewandelter Rest-Austenit, der beim zweimaligen Anlassen in Anlaßtroostit zerfällt.

und somit Eigenschaftsveränderungen auf. Die hohe Abkühlungsgeschwindigkeit hat bestimmte Vorgänge unterdrückt, weil bei den betreffenden Temperaturen nicht genügend Zeit zum Ablauf der Reaktionen vorhanden war. Es ist somit zu erwarten, und es entspricht auch den Tatsachen, daß beim Erwärmen auf bestimmte Temperaturen sich jetzt diejenigen Vorgänge abspielen, die sonst bei längerem Halten auf diesen Temperaturen während der Abkühlung eingetreten wären. Ein Gefüge, das aus Austenit und tetragonalem Martensit besteht, wird beim Erwärmen auf Temperaturen von über 100° zuerst die Umwandlung des tetragonalen (weißen) Martensits in den kubisch-raumzentrierten (dunklen) Martensit erfahren. Entsprechend der geringen Reaktionsgeschwindigkeit des bei Raumtemperatur stabil gewordenen Austenits spielt sich die Austenitumwandlung erst bei längerem Halten auf Anlaßtemperatur oder Erwärmen auf höhere Temperaturen (in die Nähe des Ar''-Punktes) ab. Eine Beschleunigung kann die Austenitumwandlung durch zusätzliche Spannungen, also z. B. Kaltverformung, erfahren. Es wird sich hierbei ein Martensit bilden, der aber sofort in den für die jeweilige Temperatur normalen Zerfallszustand übergehen wird. Die große Stabilität des Austenits kommt besonders bei den hochlegierten Stählen zum Ausdruck. Erwärmt man derartige Stähle, die im Gefüge neben Martensit Austenit aufweisen, so beginnt zuerst der Martensit sich zu zersetzen. Der Restaustenit zerfällt dagegen sehr langsam und erfährt oft erst beim Abkühlen von der Anlaßtemperatur, also beim nochmaligen Durchschreiten des Umwandlungsgebietes 2 eine Umwandlung in Martensit. Eingeleitet wird die Umwandlung insbesondere bei sonderkarbidhaltigen Stählen durch Ausscheidung von Karbiden, also Kohlenstoffverarmung des Austenits. Erst beim zweiten Anlassen zersetzt sich der neugebildete Martensit dann ebenfalls, und das Gefüge wird einheitlich. Abb. 27 veranschaulicht das Gefüge eines derartigen Stahles nach einmaligem und zweimaligem Anlassen. — Bei höherer Anlaßtemperatur zerfällt der Martensit dann in Anlaßtroostit, der schließlich in körnigen Perlit übergeht.

Wie sich die einzelnen Vorgänge bei einem Stahl mit etwa 1% C abspielen, zeigen die Versuche von Träger[1] (Abb. 28). Bei etwa 100° findet der erste

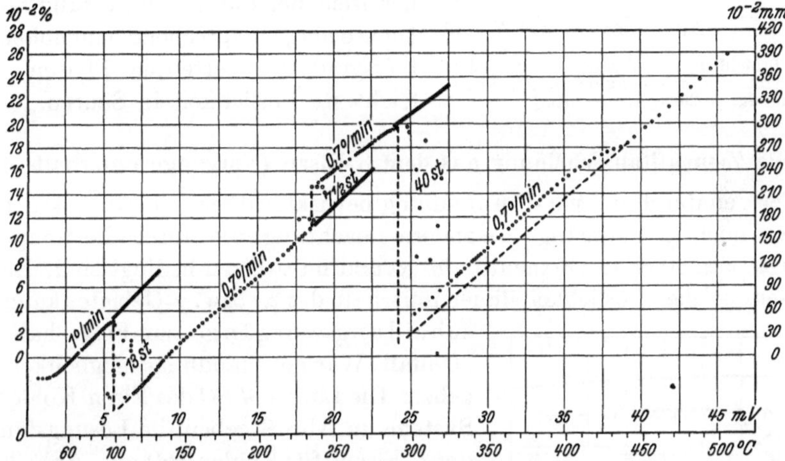

Abb. 28. Längenänderung wahrend des Anlassens eines gehärteten Stahles mit 0,97% C. [Nach Träger: Stahl u. Eisen 46. Jg. (1926) S. 1508—1514 — Z. VDI 71. Jg. (1927) S. 892.]

Anlaßvorgang im Martensit statt. Entsprechend dem größeren Volumen des tetragonalen Martensits erfährt dieser beim Übergang von tetragonalem zum kubisch-raumzentrierten Gitter eine Volumenverminderung. Bei weiterer Erwärmung geht bei etwa 240° die Zersetzung des Restaustenits in Martensit unter Volumenvergrößerung vor sich. Bei ungefähr 300° tritt die weitestgehende Zersetzung des Martensits unter weiterer Volumenverminderung ein. Oberhalb dieser Temperatur wandelt sich der gebildete Troostit langsam in Perlit um, ohne größere Unstetigkeiten in der Veränderung der Dichte aufzuweisen. Hand in Hand mit den Gefügeveränderungen gehen die Veränderungen der Eigenschaften, insbesondere fällt die Härte entsprechend den einzelnen Anlaßvorgängen ab (Abb. 29).

Durch Abschrecken mit darauffolgendem Anlassen ist es somit möglich, in Eisen-Kohlenstoff-Legierungen die verschiedensten Härte- und somit Festigkeitsstufen zu erhalten. Die Nutzbarmachung dieser Wärmebehandlung bezeichnet man in der Stahltechnik mit Vergüten.

---

[1] Stahl u. Eisen 46. Jg. (1926) S. 1508—1514 — Z. VDI 71. Jg. (1927) S. 891.

In ähnlicher Weise erfahren die übrigen physikalischen Eigenschaften beim Anlassen rückläufige Veränderungen. Durch Anlassen auf 100° macht sich zuerst eine etwas steigende Tendenz der Koerzitivkraft bemerkbar, bei höherer Temperatur fällt sie dann regelmäßig ab. Der häufig beobachtete Anstieg durch Anlassen auf 100° könnte darauf hindeuten, daß die Koerzitivkraft, wie von Köster[1] erstmalig gezeigt wurde, ein Maßstab für den Verteilungsgrad der im α-Eisen zwangsweise verteilten Phasen ist und der kubische Martensit den für die Koerzitivkraft optimalen Verteilungsgrad darstellen würde.

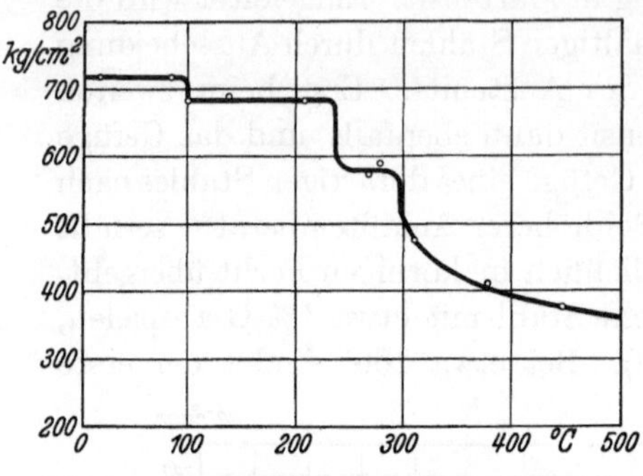
Abb. 29. Brinellhärte in Abhängigkeit von der Anlaßtemperatur. [Nach Träger: Stahl u. Eisen 46. Jg. (1926) S. 1508—1514.]

Der Anlaßtroostit ist schließlich gekennzeichnet durch den Zustand höchster Dichte und, entsprechend dem hohen Feinheitsgrad der verteilten Phasen, durch leichteste Löslichkeit in Säuren.

d) Die Zementitausscheidung aus dem α-Eisen (Vorgänge unterhalb A_1).

Außer den durch die γ-α-Umwandlung bewirkten Eigenschaftsveränderungen verdienen noch die Vorgänge besondere Beachtung, die durch die temperaturabhängige Löslichkeit des Zementits im α- und im γ-Eisen bedingt sind. Das Vorhandensein solcher Löslichkeitslinien innerhalb des α- bzw. γ-Gebietes kann Ausscheidungsvorgänge zur Folge haben, die ebenfalls Wärmebehandlungsmöglichkeiten ergeben. Die Linien MPQ des Eisen-Kohlenstoff-Systems in Abb. 8 geben die Lösungsfähigkeit des α-Eisens für Kohlenstoff an. Abb. 30 zeigt diese Ecke des Eisen-Kohlenstoff-Diagramms im vergrößerten Maßstabe. Wie man hieraus ersieht, ist die Lösungsfähigkeit bei der Temperatur des A_1-Punktes etwa 0,04%, während sie bei Raumtemperatur auf 0,006% absinkt.

Löscht man einen Stahl mit beispielsweise 0,04% C von 700° in Wasser ab, so gelingt es, die bei 700° beständige feste Lösung von Kohlenstoff im α-Eisen auch bei Raumtemperatur zu erhalten. Hierbei tritt keine Härtesteigerung ein, da es sich ja im Gegensatz zur Martensitbildung um eine echte feste Lösung

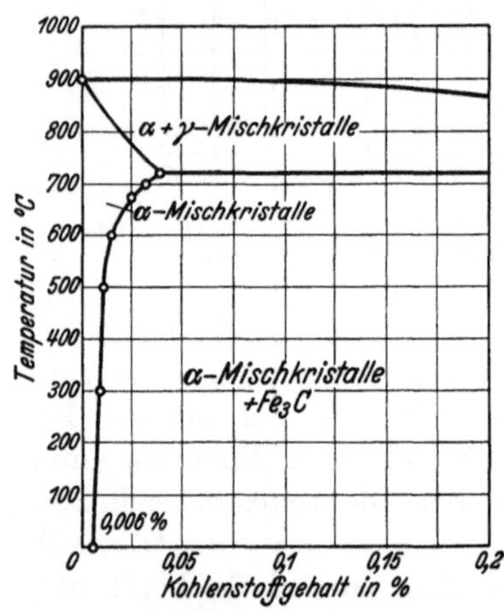

Abb. 30. Löslichkeit des Kohlenstoffs im α-Eisen. [Nach Köster: Arch. Eisenhüttenwes. 2. Jg. (1929) S. 503.]

handelt, ähnlich wie bei dem durch Ablöschen erzeugten stabilen Austenit. Bei langsamer Abkühlung scheidet sich dagegen Eisenkarbid längs der Löslichkeitslinie aus. Dementsprechend werden die Eigenschaften im abgeschreckten und langsam abgekühlten Zustand verschieden sein. Am deutlichsten prägt sich dieser Unterschied im spezifischen Gewicht und in der Leitfähigkeit aus (Abb. 31).

---

[1] Arch. Eisenhüttenwes. 2. Jg. (1929) S. 503.

Läßt man eine von 680° C abgeschreckte Eisen-Kohlenstoff-Legierung längere Zeit bei Raumtemperatur liegen, so beginnt die feste Lösung sich unter Ausscheidung feinster Eisenkarbide zu zersetzen. Schneller spielt sich der Vorgang bei erhöhter Temperatur, z. B. 160°, ab. Infolge der niedrigen Temperaturen erfolgt diese Ausscheidung des Eisenkarbids im hochdispersen Zustand. Die Folge hiervon ist ein Zwangszustand, der in den Eigenschaftsveränderungen dem martensitischen Zustande ähnlich ist. An erster Stelle wirkt sich dies infolge behinderter Ausbildung der Gleitebenen in der Härte und Festigkeit aus, d. h. es findet durch den bei Raumtemperatur sehr langsam erfolgenden Ausscheidungsvorgang ein stetiger langsamer Anstieg der Härte und Festigkeit bei gleichzeitigem Abfall der Einschnürung, Dehnung und Zähigkeit statt (Abb. 32). Wie aus dieser Abbildung hervorgeht, genügen bereits die sehr kleinen vorhandenen Mengen Eisenkarbid, um eine Härtesteigerung von 50% hervorzurufen. Beim Erwärmen auf 160° gelingt es, gleiche Wirkungen bereits innerhalb weniger Stunden zu erzielen.

Bei der Martensitbildung ist der entstandene Zwangszustand im Gitter außer durch hohe Härte vor allem durch die Veränderungen der magnetischen Eigenschaften gekennzeichnet. Da bei der beginnenden hochdispersen Zementitausscheidung aus dem

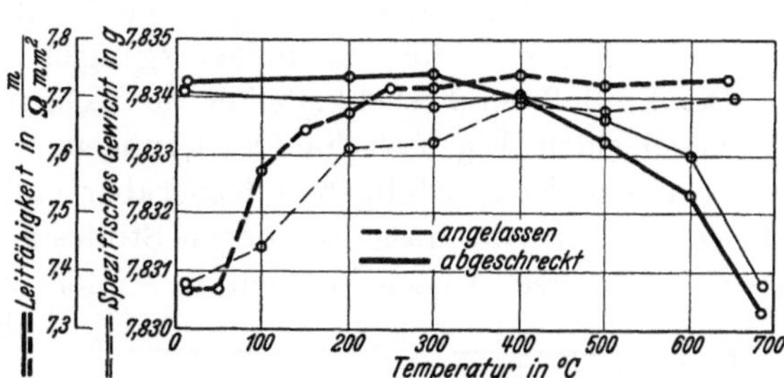

Abb. 31. Spezifisches Gewicht und elektrische Leitfähigkeit von weichem C-Stahl, der von 680° abgelöscht und bei T° angelassen (— — —) bzw. ausgeglüht und bei T° abgeschreckt (———) wurde. [Nach Köster: Arch. Eisenhüttenwes. 2. Jg. (1929) S. 503.]

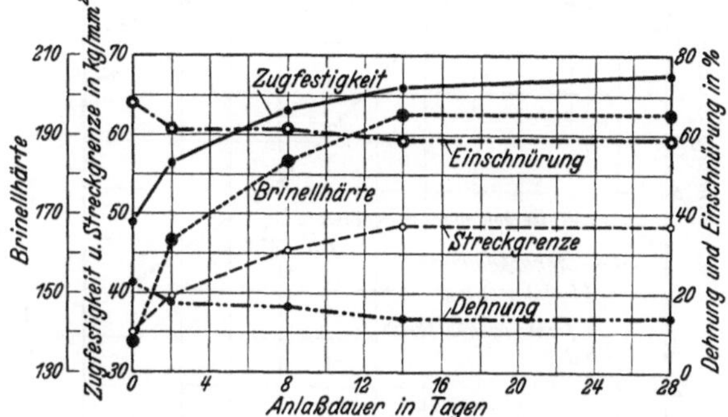

Abb. 32. Zeitliche Änderung der Festigkeitseigenschaften eines von 680° abgeschreckten weichen Kohlenstoffstahles bei Zimmertemperatur. [Nach Köster: Arch. Eisenhüttenwes. 2. Jg. (1929) S. 503.]

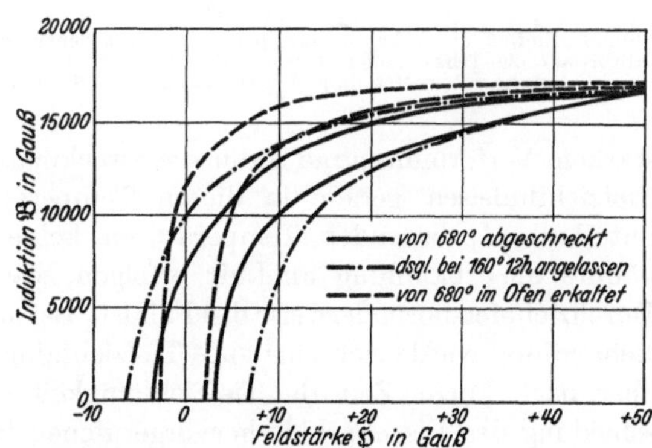

Abb. 33. Änderung der Induktionsschleife eines von 680° abgeschreckten weichen Kohlenstoffstahles durch Anlassen bei 160°. [Nach Köster: Arch. Eisenhüttenwes. 2. Jg. (1929) S.503.]

α-Eisen weitestgehend ähnliche Gitterverspannungen vorliegen, müssen auch die magnetischen Eigenschaften in gleichem Sinne beeinflußbar sein. Wie stark die Analogie ist, zeigt am besten Abb. 33. Im abgelöschten sowie ausgeglühten Zustand ist die Koerzitivkraft verhältnismäßig gering. Nach 12stündigem Anlassen abgeschreckter Proben auf 160° steigt sie aber ungefähr auf das Doppelte. Man sieht auch hier, daß die Koerzitivkraft augenscheinlich einem bestimmten Dispersitätsgrad einer ausgeschiedenen Phase, d. h. einem entsprechenden Gitterspannungszustand, entspricht. Ähnliche Erscheinungen zeigen sich bei allen bisher beobachteten Ausscheidungsvorgängen im α-Eisen.

Der Einfluß der Löslichkeitslinie für Kohlenstoff im α-Eisen und die hieraus hervorgehenden Eigenschaftsveränderungen machen sich nur bei verhältnismäßig tiefem Kohlenstoffgehalt bemerkbar und sind entsprechend der geringen Menge gelösten oder ausgeschiedenen Stoffes gering. Am stärksten wirken sich kritisch disperse Ausscheidungen in diesen geringen Mengen außer in den physikalischen Eigenschaften auf die Erhöhung der Streckgrenze und Verminderung der Kerbzähigkeit aus. Bei höher gekohlten Stählen über 0,4% C wird der Effekt durch die große Menge vorhandenen ausgeschiedenen Eisenkarbids überdeckt.

Im Einzelfalle kann die Karbidlöslichkeit und Ausscheidung im α-Eisen bei der Wärmebehandlung von tiefgekohltem Flußeisen für Tiefziehzwecke von technischer Wichtigkeit sein. Bei dünnen Abmessungen, z. B. Blechen, genügt eine Luftabkühlung von 650—680°, um den Kohlenstoff in fester Lösung bzw. im Zustande mehr oder weniger beginnender Ausscheidung zu halten. Bei genügend

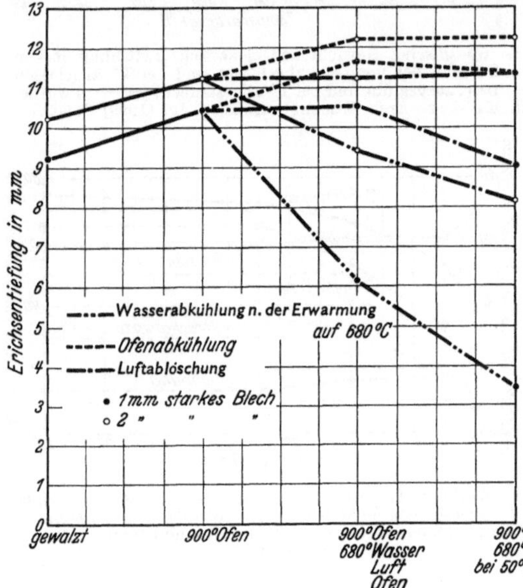

Abb. 34. Einfluß der Abkühlungsart bei einer Wärmebehandlung unterhalb A_1 auf die Tiefziehfähigkeit von Tiefziehblechen. [Nach Houdremont: Rev. Métallurg. Bd. 29 (1932) Nr. 3 S. 133.]

starkem Verformungsgrad kann die zweckmäßigste Glühtemperatur für weiches Tiefziehflußeisen gerade in diesen Temperaturbereich fallen. Da bei diesen unterhalb A_1 liegenden Temperaturen keine Umwandlung zu befürchten ist, könnte die Abkühlung an Luft erfolgen, wie dies z. B. beim Glühen in einem Durchziehofen normalerweise der Fall ist. Bei der Prüfung unmittelbar nach dieser Behandlung würde sich eine gute Tiefziehfähigkeit ergeben. Beim Lagern würde aber nach kurzer Zeit die Tiefziehfähigkeit entsprechend der durch die Ausscheidung des Eisenkarbids hervorgerufenen Härtesteigerung und verminderten Formänderungsfähigkeit abnehmen. Die Tiefziehwerte eines derart behandelten Bleches gehen aus Abb. 34 hervor. Beim Glühen von tiefgekohlten Blechen bei 650—680° ist es also wichtig, für eine langsame Abkühlung zu sorgen.

Die Veränderungen der Eigenschaften unterhalb A_1 durch die veränderte Kohlenstofflöslichkeit im α-Eisen zeigen, daß es beim Vorhandensein derartiger Löslichkeitslinien ohne Phasenveränderung möglich ist, ähnliche Erscheinungen bezüglich Härtung usw. zu erzielen, wie dies bei Anwesenheit von zwei verschiedenen Phasen mit verschiedener Löslichkeit (γ-Eisen, α-Eisen) der Fall ist. Letztere Art der Härtungsmöglichkeit bezeichnet man mit **Umwandlungs-härtung**, erstere mit **Ausscheidungshärtung**.

e) Die Karbidausscheidung im γ-Gebiet.

Im Zusammenhang mit den geschilderten Möglichkeiten von Ausscheidungshärtungen verdient auch die Linie *ES* im Eisen- Eisenkarbidsystem, die die steigende Löslichkeit des Zementits mit der Temperatur im γ-Eisen angibt, besondere Beachtung. Es liegt hier ebenfalls eine Linie veränderter Löslichkeit innerhalb derselben Phase vor. Würde die γ-Phase bis zur Raumtemperatur stabil sein, so müßten auch hier infolge dieser veränderten Löslichkeit des Eisenkarbids ähnliche Ausscheidungserscheinungen beobachtet werden, wie dies durch die Ausscheidung von Eisenkarbid im α-Eisen der Fall ist. Bei rein austenitischen legierten Stählen läßt sich eine derartige Ausscheidungshärtung durch Karbide nachweisen. Bei gewöhnlichen, bei Raumtemperatur nicht austenitischen Stählen tritt der interessante Fall ein, daß neben einer Löslichkeitsveränderung infolge Phasenwechsel gleichzeitig noch in der γ-Phase selbst eine veränderte Löslichkeit der ausscheidenden Phase (Fe_3C) mit steigender Temperatur vorliegt. Bei reinen Eisen-Kohlenstoff-Legierungen, bei denen sich längs der Linie *ES* Eisenkarbid ausscheidet, gewinnt diese Linie keine erhöhte Bedeutung. Bemerkbar macht sich ihr Einfluß nur darin, daß beim Abschrecken von Eisen-Kohlenstoff-Legierungen mit höherem Kohlenstoffgehalt

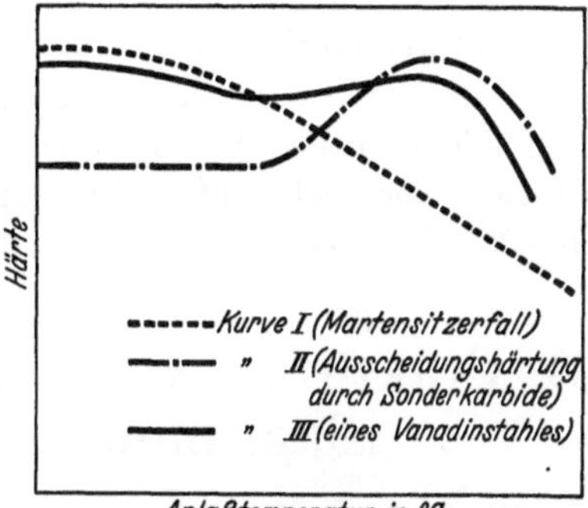

Abb. 35. Schematische Darstellung der beim Anlassen hochabgeschreckter Vanadinstähle sich überlagernden Vorgänge. [Nach Houdremont, Bennek u. Schrader: Arch. Eisenhuttenwes. 6. Jg. (1932) S. 29.]

oberhalb dieser Linie die Austenitmenge in der Grundmasse steigt; d. h. durch das Inlösunggehen des Kohlenstoffes längs dieser Linie wird die feste Lösung bei Raumtemperatur stabiler. Beim Anlassen jedoch ist von der Ausscheidung des bei *ES* gelösten Karbids keine hervortretende Wirkung zu erwarten, weil wegen der Gleichartigkeit der Phasen diese Ausscheidung gleichzeitig mit derjenigen des am Perlitpunkt gelösten eutektoiden Karbids erfolgt.

Eine andere Bedeutung erlangt aber diese Linie bei Stählen mit Sonderkarbiden, die längs einer ähnlichen Linie bzw. — in Mehrstoffsystemen — Fläche in Lösung gehen. Diese Sonderkarbide scheiden sich jetzt als besondere Phase nach anderen Gesetzen aus als das Eisenkarbid. Ist in solchen Stählen neben dem Sonderkarbid auch noch Eisenkarbid vorhanden, so können sich zwei Vorgänge überdecken. Nach dem Ablöschen von hohen Temperaturen sind beide Karbide in Lösung; beim Anlassen scheidet sich das Eisenkarbid bei den für Eisenkarbid normalen Temperaturen aus, während das erst bei höheren Temperaturen in Lösung gegangene Sonderkarbid seinen eigenen Ausscheidungsvorgang beibehält. Hätte man es nur mit der Ausscheidung des Eisenkarbids zu tun, so ergäbe sich infolge der Ausscheidung und weiteren Zusammenballung des Karbids ein Abfallen der Härte nach Kurve *I* in Abb. 35. Würde nur die Ausscheidung des Sonderkarbids erfolgen — ohne γ-α-Umwandlung —, so würde sich der Ausscheidungsvorgang in der Härte nach Kurve *II* auswirken. Sind beide Arten von Karbid vorhanden, so überdecken sich die Vorgänge nach Kurve *III*. Tritt die γ-α-Umwandlung ein, so entsteht durch das Sonderkarbid beim Ablöschen Martensit mit hoher Anfangshärte. Die verspätete Sonderkarbidausscheidung und Zusammenballung äußert sich dann nicht so sehr in einem erneuten Härteanstieg, als in einem Bestehenbleiben der Martensithärte bis zur Ausscheidungstemperatur der Sonderkarbide. Man erhält durch diese Kombination einen Stahl, der beim Abschrecken eine hohe Härte annimmt und auch beim Anlassen auf höhere Temperaturen seine Härte beibehält. Die Kurve *III* ist charakteristisch für eine Kombination von Umwandlungs- und Ausscheidungshärtung. Näheres hierüber wird noch bei den karbidbildenden Elementen, insbesondere bei den Eisen-Chrom-, Eisen-Vanadium-, ferner auch den Eisen-Kupfer-Stählen besprochen.

Die Ausscheidungshärtung durch stabile Karbide allein kann man am besten bei rein austenitischen Stählen verfolgen. Der Vorgang verläuft rein nach dem oben gekennzeichneten Vorgang *II*. Nach dem Ablöschen befinden sich die Karbide in fester Lösung. Durch Anlassen auf Temperaturen von 500—800° scheiden sie sich unter Steigerung der Zugfestigkeit aus. Dieserhalb sei auf das Kapitel der austenitischen Chrom-Nickel-Stähle verwiesen.

B. Praktische Nutzanwendung des Eisen-Kohlenstoff-Diagramms. (Die Wärmebehandlung.)

Die praktische Nutzanwendung des Eisen-Kohlenstoff-Diagramms, insbesondere der sich ergebenden Veränderungen durch mehr oder weniger schnelle Abkühlung von Eisen-Kohlenstoff-Legierungen mit und ohne darauffolgendes Anlassen, ist in dem Begriff Wärmebehandlung zusammengefaßt.

Bei der Wärmebehandlung des Stahles kann man drei verschiedene Arten unterscheiden:

1. Glühen;
2. Härten;
3. Vergüten.

1. Glühen.

Das Glühen kann man unterteilen in:

a) Diffusionsglühen zur Beseitigung von Primärseigerungen;

b) Weichglühen (Glühen zur Erleichterung der Bearbeitbarkeit);

c) Umwandlungsglühen oder Normalglühen (Glühen zwecks Erleichterung der Bearbeitbarkeit und Verbesserung des Gefüges);

d) Spannungsfreiglühen und Rekristallisationsglühen.

a) Diffusionsglühen.

Die beträchtliche Temperaturdifferenz zwischen Solidus- und Liquiduslinie im Eisen-Kohlenstoff-Diagramm bedingt eine Unterschiedlichkeit im Kohlenstoffgehalt der zuerst erstarrenden Kristalle gegenüber der Schmelze und infolgedessen eine gewisse Seigerung des erstarrten Werkstoffes. Außer Kohlenstoff wirken auch noch andere Zusätze seigerungserhöhend, wie z. B. Phosphor und Schwefel.

Die Ursache für diese Seigerungen ist darin begründet, daß bei der Erstarrung und der darauffolgenden Abkühlung nicht die nötige Zeit zum vollkommenen Diffusionsausgleich zur Verfügung steht; Zweck des Diffusionsglühens ist es, diesen Ausgleich teilweise herbeizuführen und somit eine größere Gleichmäßigkeit des gegossenen Werkstoffes zu erzielen (Abb. 36). Der Einfluß der Glühung erstreckt sich auf die Seigerung innerhalb eines Kristalles selbst (Kristallseigerung), insbesondere aber auf geseigerte Zonen in den Korngrenzen. Bricht man z. B. Gußstücke aus Stahl im rohgegossenen Zustand, so erfolgt der Bruch

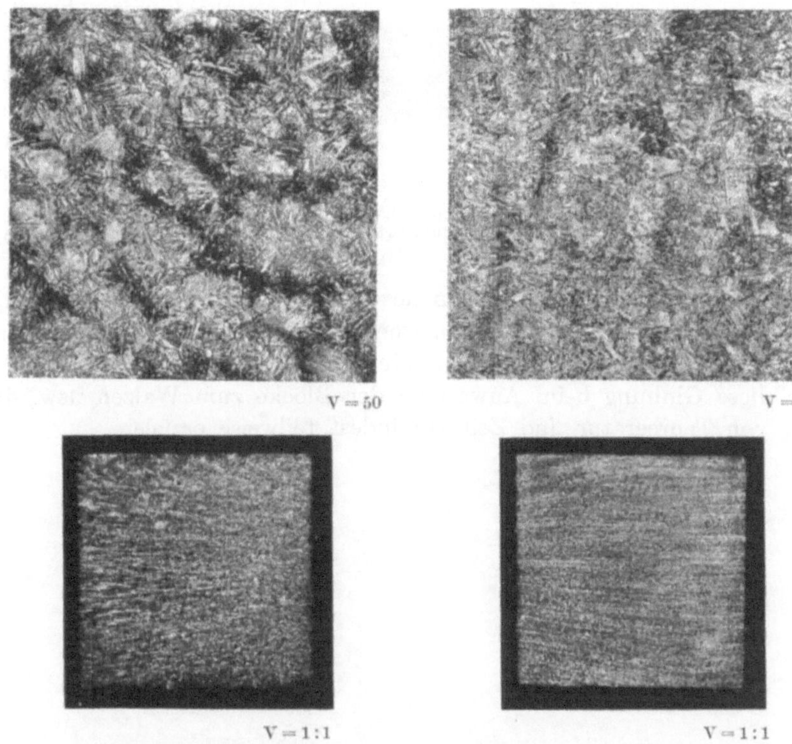

Normal verarbeitet vergütet   Vor der Vergütung bei 1100° geglüht

Abb. 36. Gefügeausgleich durch Diffusionsglühung bei einem 4% Mangan enthaltenden Flußeisen.

meist längs der Korngrenzen, da diese infolge der dort ausgeseigerten Bestandteile eine gewisse Schwächung des Gusses bilden. Glüht man dieselben Gußstücke gleich nach dem Gießen bei hoher Temperatur, je nach der Stahllegierung 1050—1300°, nach, so werden diese Ausseigerungen durch Diffusion weitgehend ausgeglichen. Der nachfolgende Bruch erfolgt nicht mehr interkristallin in den Korngrenzen, sondern intrakristallin durch die Körner hindurch. Abb. 37 zeigt deutlich den feinkörnigen intrakristallinen Bruch einer diffusionsgeglühten Chrom-Nickel-Gußscheibe im Vergleich zu der ungeglühten.

Besonders deutlich wirkt eine Diffusionsglühung auf die Verteilung von Sulfideinlagerungen. Im gegossenen Zustand sammeln sich die Sulfidteilchen, falls die sich bildenden Sulfide tieferen Schmelzpunkt haben als der metallische Grundstoff, als Eutektikum in Netzform an, z. B. bei Nickelstählen oder in Ab-

wesenheit von Mangan auch bei reinen Eisenlegierungen. Diese Anordnung
bewirkt, da beim nachherigen Anwärmen zum Schmieden oder Walzen ein vor-
zeitiges Schmelzen eintritt, ein Brüchigwerden des Materials bei der Verarbeitung

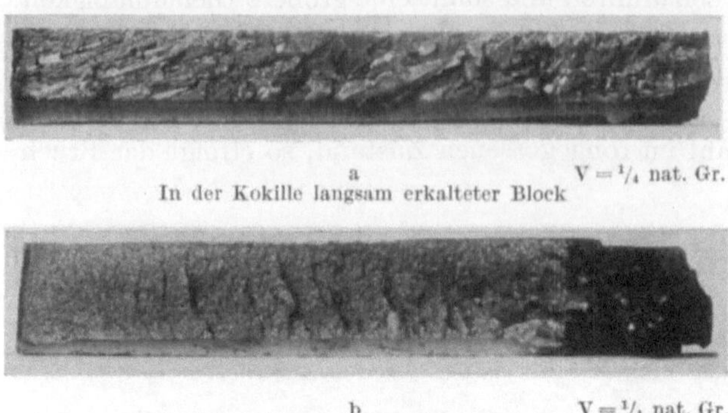

Abb. 37. Wirkung einer Nachglühung auf die Bruchbeschaffenheit von
Chrom-Nickel-Stahl im Gußzustand. [Nach Houdremont: Kruppsche
Mh. 11. Jg. (1930) S. 276.]

(Rotbruch). Durch Diffusionsglühung bei Temperaturen von 1100 bis 1150° lassen sich in Einzelfällen je nach der Natur der Sulfide diese Ausscheidungen beseitigen; gleichzeitig verhindert man hierdurch die obengenannte Erscheinung des Rotbruchs[1] (s. auch unter Schwefel). Metallographisch läßt sich der Vorgang, wie in Abb. 38 gezeigt, verfolgen.

Die Diffusionsglühung wendet man deswegen praktisch an bei Stählen, die
hohen Schwefelgehalt besitzen (Automatenstähle) oder sonst hochlegiert sind,
bei denen also die Primärseigerungen eine wesentliche Rolle spielen. Meist
läßt sich diese Glühung beim Anwärmen der Blöcke zum Walzen usw. durch
Regelung von Temperatur und Zeit zumindest teilweise erzielen.

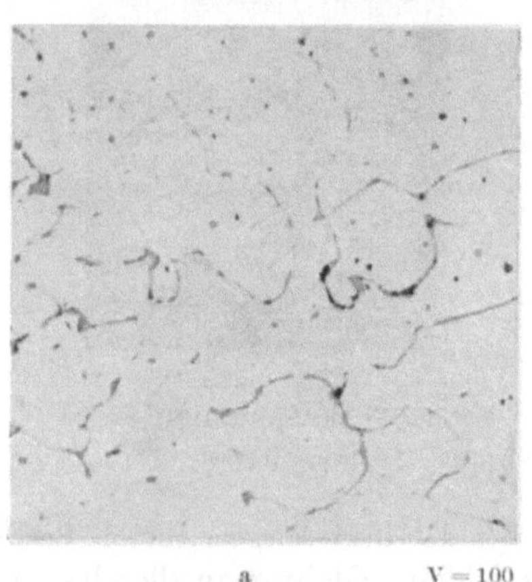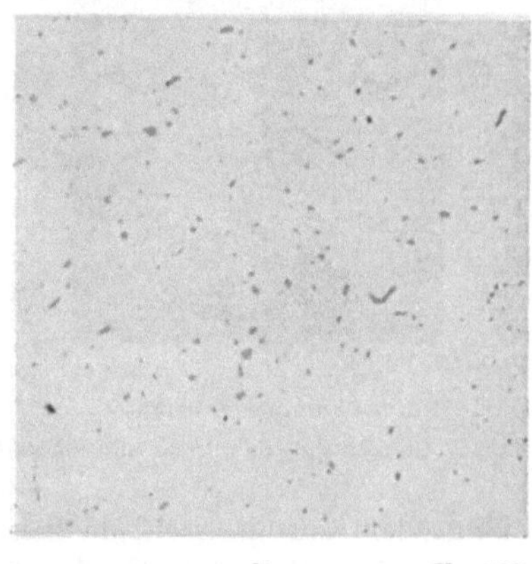

Abb. 38. Verteilung von Schwefel durch Diffusionsglühung. [Nach Niedenthal und Bennek: Arch.
Eisenhüttenwes. 7. Jg. (1933/34) S. 683/86.]

b) Weichglühen.
(Glühen zur Erleichterung der Bearbeitbarkeit.)

Gegossene oder geschmiedete Stahlstücke erleiden nach der Formgebung
meist eine mehr oder minder willkürliche Abkühlung, die durch die Verschiedenheit der Abmessungen und der Abkühlungsbedingungen gegeben ist. Das Gefüge

---

[1] Niedenthal u. Bennek: Arch. Eisenhüttenwes. 7. Jg. (1933/34) S. 683—686.

solcher Stücke ist daher sehr unterschiedlich und kann schwanken zwischen körnigem Perlit bis Sorbit, in einzelnen Fällen — bei hochlegierten Stählen — sogar bis Troostit-Martensit. Entsprechend der verschiedenen Härte dieser Gefüge ist auch die Möglichkeit der Bearbeitbarkeit verschieden. In diesem Sinne unterscheiden sich bereits lamellarer und körniger Perlit, da der Meißel bei der Arbeit durch die Perlitlamellen einem größeren Verschleiß ausgesetzt ist als beim Bearbeiten des körnigen Perlits. Bei Vergleich der beiden Gefüge in Abb. 10 ist es auch leicht verständlich, daß der Meißel beim Bearbeiten des lamellaren Perlits einen größeren Widerstand finden muß[1].

Das einfache Weichglühen strebt die Erzeugung eines gleichmäßig körnigen Perlits an und besteht daher in einem Glühen dicht unterhalb Ac_1. Es ist somit eine Art Anlaßglühen nach dem Schmieden, Walzen, Gießen zwecks Erleichterung der Bearbeitbarkeit. Selbstverständlich wird durch eine solche Glühung das Schmiede-, Guß- oder Walzgefüge in seiner Korngröße nicht beeinflußt, Unterschiede in der Bearbeitbarkeit infolge wechselnder Korngröße also nicht ausgeglichen, sondern es wird lediglich der karbidische Bestandteil in globulare Form übergeführt. Zur Erzielung einer guten Bearbeitbarkeit genügt bei den meisten Stählen ein mehrstündiges Verweilen auf einer Temperatur, die ungefähr 10—25° unterhalb Ac_1 liegt. Bei Anstrebung höchster mechanischer Eigenschaften in den fertigen Stahlstücken ist dieses Glühen nicht zu empfehlen. Man wird sich nur in einzelnen Fällen damit begnügen, wenn es sich im wesentlichen darum handelt, Stücke schnell für eine Bearbeitungsoperation auszuglühen. Infolge der unterhalb der Umwandlungstemperatur liegenden Glühtemperatur kann die Abkühlung hierbei auch an Luft erfolgen, sofern nicht niedriggekohlte Stähle in dünnen Abmessungen vorliegen, bei denen die Löslichkeit des Eisenkarbids im α-Eisen und die damit verbundenen Ausscheidungsvorgänge eine Rolle spielen können (s. S. 26 ff.). Bei mechanisch betriebenen Durchlauföfen kann dadurch an Baulänge gespart werden. Das Hauptverwendungsgebiet dieser Glühart ergibt sich deswegen bei Massenartikeln, die vor der endgültigen Wärmebehandlung nur für die Bearbeitbarkeit auf möglichst schnelle Art und Weise weichgeglüht werden sollen.

c) Umwandlungsglühen oder Normalglühen.
(Glühen zwecks Erleichterung der Bearbeitbarkeit und Verbesserung des Gefüges.)

Das Umwandlungsglühen erfolgt stets im Gebiet der festen Lösung oberhalb der A_3-Umwandlung. Durch das Überschreiten von Ac_3 bei der Erwärmung und das Unterschreiten von Ar_3 bei der Abkühlung durchläuft der Stahl eine zweimalige Umwandlung, bei der eine vollkommene Gefügeumlagerung — „Umkristallisation" — stattfindet. Durch diese Art der Glühung wird somit nicht nur die Ausbildung des Zementits beeinflußt, sondern es tritt gleichzeitig eine wesentliche Veränderung des Schmiede-, Walz- oder Gußgefüges ein. Den Erfolg einer solchen Glühung zeigt Abb. 39.

Die Widmannstättensche Struktur, die im Kern großer Schmiedestücke oder bei Stahlformgußstücken nach dem Erkalten vorgefunden wird, wird durch

---

[1] Bei von Natur weichen Stählen, z. B. niedriggekohlten Stahlsorten, wird durch Glühen auf körnigen Perlit vielfach eine für die Bearbeitung zu große Weichheit und Zähigkeit erzielt, so daß derart geglühtes Material beim Bearbeiten schmiert. Zur Vermeidung dieser Schwierigkeit ist möglichst lamellar perlitisches Gefüge anzustreben (s. S. 37).

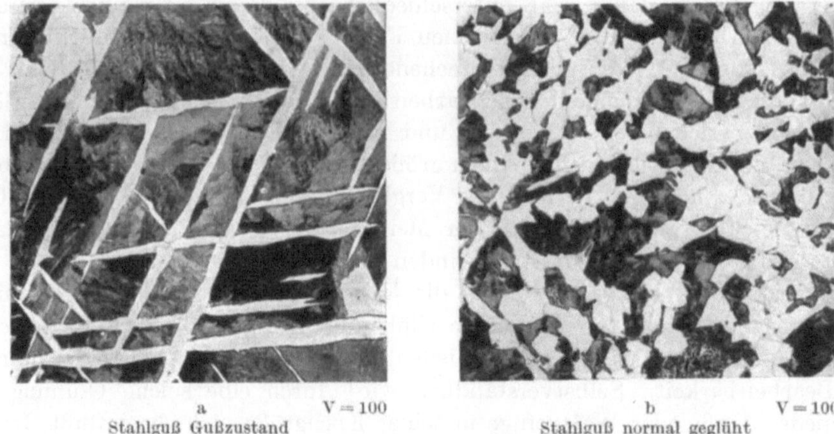

Abb. 39. Umwandlung von Gußgefüge durch normalisierende Glühung.

eine derartige Glühung vollkommen umgewandelt, und an ihre Stelle tritt nach der Glühbehandlung eine feinkörnige gleichmäßige Verteilung von Perlit und

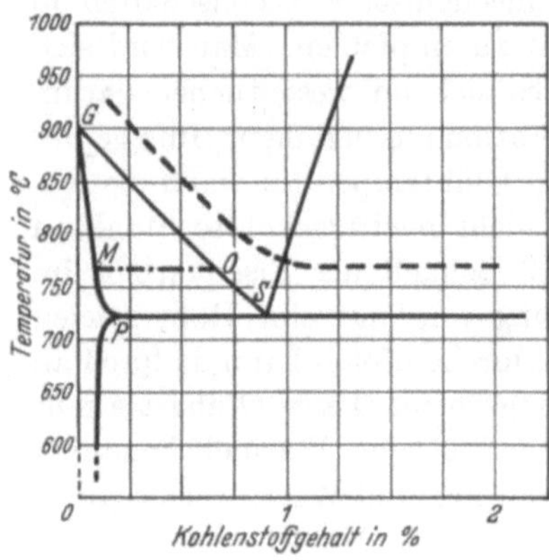

Abb. 40. Schematische Darstellung der für Eisen-Kohlenstoff-Legierung gebräuchlichen Normalisierungstemperaturen im Vergleich zur Lage der Umwandlungen.

Ferrit. Bei sehr großen Schmiedestücken oder Stahlformgußstücken, bei denen im Kern nach dem Abkühlen außerordentlich grobe Kristallisation vorliegen kann, wird man sich nicht immer damit begnügen, diese Umwandlungsglühung einmal auszuführen, sondern wird durch zweimaliges Über- und Unterschreiten des Umwandlungsgebietes eine höchstmögliche Kornfeinheit anstreben.

Die Feinheit des Kornes, die bei der Umwandlungsglühung erzielt werden kann, ist abhängig von der Höhe der Glühtemperatur, der Dauer der Erwärmung und der Abkühlungsgeschwindigkeit. Die Glühtemperatur soll nicht allzu hoch über der Umwandlungstemperatur liegen, da jede weitere Temperatursteigerung Kornvergröberung bewirkt. Gleichfalls im Sinne des Kristallwachstums wirkt ein zu langes Verweilen auf der Glühtemperatur. Entsprechend der Lage der Umwandlungspunkte richten sich deswegen die

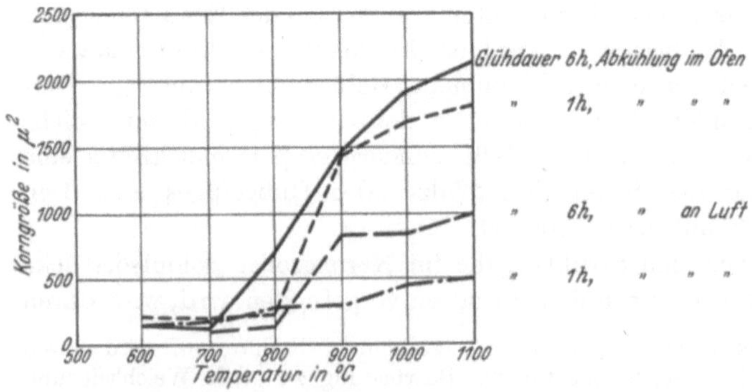

Abb. 41. Kornveränderung in Abhängigkeit von Gluhtemperatur, Gluhdauer und Abkühlungsgeschwindigkeit fur normalisiertes Flußeisen mit 0,15 % C.

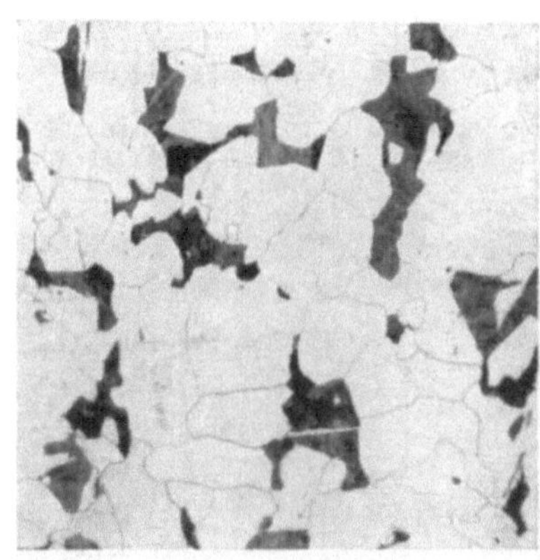

Schmiedezustand gegluht

Festigkeit: 40 kg/mm²
Kerbzähigkeit : 3 mkg/cm² (große Charpyprobe)

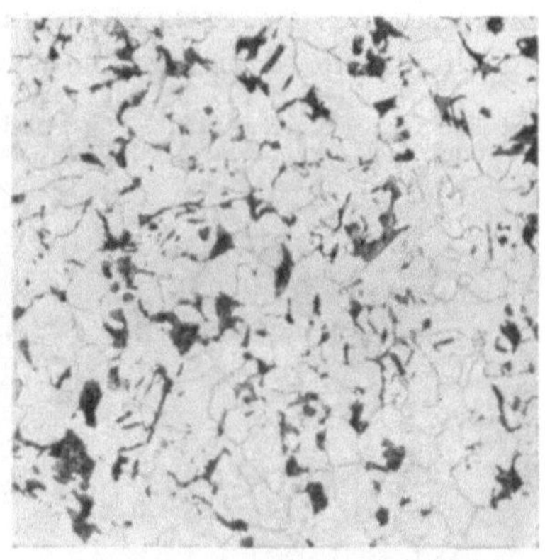

luftvergütet

Festigkeit: ∼40 kg/mm²
Kerbzähigkeit : 7 mkg/cm² (große Charpyprobe)

Abb. 42. Wirkung der Abkuhlungsgeschwindigkeit auf die Kornfeinheit großer Schmiedestücke von 1180 mm ∅ aus Stahl mit 0,2% C und 0,6% Mn. [Nach Maurer u. Korschan: Stahl u. Eisen 54. Jg. (1933) S. 246.]

Glühtemperaturen nach dem Kohlenstoffgehalt. Schematisch ist dieser Zusammenhang in Abb. 40 wiedergegeben.

Den Einfluß der Überhitzung und Überzeitung auf die Kornveränderung veranschaulicht Abb. 41.

Die endgültige Korngröße hängt nicht nur von Glühdauer und -temperatur ab, sondern auch von der Abkühlung in dem Sinne, daß mit steigender Abkühlungsgeschwindigkeit, solange diese die kritische Abkühlungsgeschwindigkeit nicht erreicht, ein feineres Korn entsteht. Maßgebend hierfür sind die von Tammann[1] angegebenen Gesetzmäßigkeiten bezüglich Keimbildung und Kristallisationsgeschwindigkeit.

Dementsprechend wird man je nach dem gewünschten Endzweck die Abkühlung nach dem Umwandlungsglühen langsam (im Ofen) oder schnell (an Luft, Öl, Wasser) erfolgen lassen.

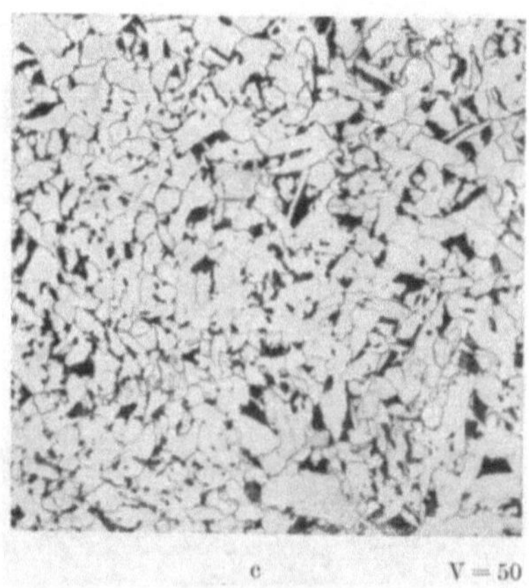

olvergutet

Festigkeit: 40 kg/mm²
Kerbzahigkeit : 8 mkg/cm² (große Charpyprobe)

Abb. 43. Aufreißen in den Zahnflanken („Schmieren") von kohlenstoffarmem, weichem Flußeisen beim Bearbeiten.

---

[1] Tammann, G.: Lehrb. d. Metallographie Leipzig: Leopold Voss (1932), 4. Aufl. S. 4 ff.

Den Vorgang des Ausglühens oberhalb der Umwandlung mit nachfolgender Luftabkühlung bezeichnet man mit Normalisieren oder Normalglühen.

Oberflächenaussehen eines Chrom-Nickel-Stahles mit 0,27% C, 2,1% Ni, 1,02% Cr bei einer Festigkeit von 70 kg/mm² nach Abdrehen mit 1,4 mm Vorschub, 2,0 mm Spantiefe bei einer Schnittgeschwindigkeit von:

1 m/Min.   9 m/Min.

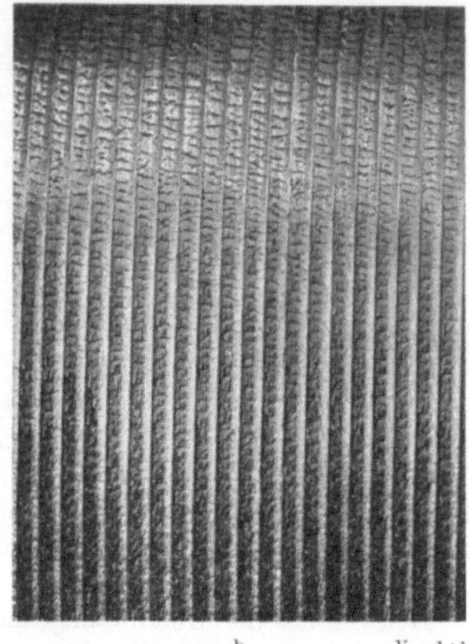

a   V = 1 : 1   b   V = 1 : 1

46 m/Min.

Abb. 44. Verbesserung der Oberflachenbeschaffenheit beim Drehen durch Erhohung der Schnittgeschwindigkeit.

c   V = 1 : 1

Den Einfluß von Umwandlungsglühen mit Ofenabkühlung, Luftnormalisierung sowie Ölabkühlung nach dem Umwandlungsglühen zeigt in seiner Wirkung auf das Gefüge Abb. 42. Entsprechend der Gefügeverfeinerung zeigt auch die Zähigkeit bei verhältnismäßig gleichbleibender Festigkeit eine beträchtliche Steigerung. Die Kerbzähigkeitswerte sind jeweils bei den Gefügebildern vermerkt. Bei dem Werkstoff handelt es sich um einen Kohlenstoffstahl mit etwa 0,2% C, 0,6% Mn.

Während bei der Ofenabkühlung durch Regulierung der Abkühlungsgeschwindigkeit gleichzeitig mit der Kornverfeinerung eine Bildung von körnigem Perlit und somit die beste Bearbeitbarkeit erzielt werden kann, ist dies beim Normalisieren und Ölablöschen meist nicht der Fall. Zur Erzielung körnigen Perlits und höchster Weichheit nach dem Normalisieren usw. ist daher noch ein Ausglühen unterhalb A_1 erforderlich.

Weiches Flußeisen neigt im körnig geglühten Zustande bei der Bearbeitung infolge zu großer Weichheit und Zähigkeit leicht zum Schmieren (Abb. 43) und ergibt daher unsaubere Bearbeitungsflächen. Zweckmäßig ist hier eine Normalisierung, da die durch die Luftabkühlung erzielte etwas höhere Festigkeit für die Erzielung sauberer und leichter Bearbeitbarkeit günstiger ist. Hieraus geht hervor, daß der Begriff höchster Weichheit nicht immer mit bester Bearbeitbarkeit gleichbedeutend ist. Allerdings muß hervorgehoben werden, daß die Frage des Schmierens beim Bearbeiten nicht nur von der Weichheit des betreffenden Werkstoffes, sondern auch von der Schnittgeschwindigkeit beim Bearbeiten abhängt (Abb. 44) und die Sauberkeit der Schnittfläche normalerweise mit steigender Schnittgeschwindigkeit zunimmt[1].

Die Umwandlungsglühung kann gleichzeitig den Zweck haben, sekundäre Seigerungen zu beseitigen. Wird z. B. ein Stahl mit tiefem C-Gehalt (0,15% C)

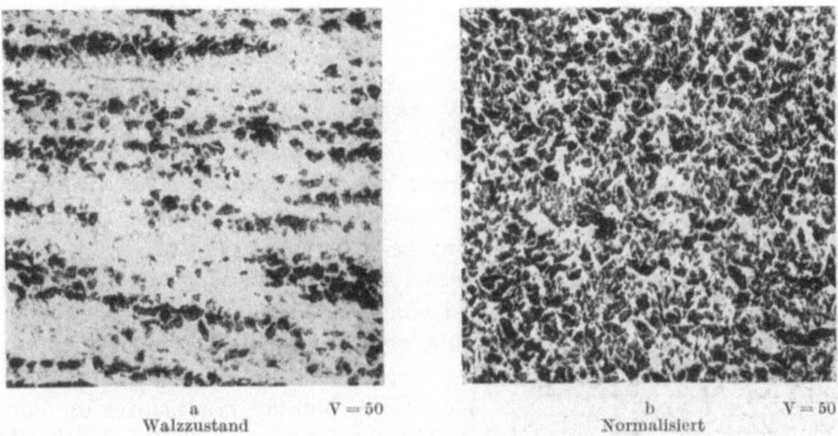

Abb. 45. Beseitigung von Zeilenstruktur durch Umwandlungsglühen bei einem Kohlenstoffstahl mit 0,15% C.

zwischen A_3 und A_1 fertiggewalzt oder -geschmiedet, so wird infolge des heterogenen Gefüges bei der Formgebung (Ferrit und Austenit) der Perlit und Ferrit nach Abkühlung in streifiger Form angeordnet sein (sekundäre Zeilenstruktur). Auch diese Zeilenstruktur kann durch die Umwandlungsglühung beseitigt werden (Abb. 45).

d) Spannungsfreiglühen und Rekristallisationsglühen.
(Kaltverformung.)

In vielen Fällen ist es notwendig, Glühungen vorzunehmen, um Spannungen, die in Stahlstücken vorhanden sind, zu beseitigen. Infolge verschiedener Abkühlung nach dem Schmieden, bei der Wärmebehandlung (s. Kapitel über Härten), infolge von Richtoperationen an Stangen usw. können Spannungen von ganz erheblicher Höhe im Stahl verbleiben. Diese Spannungen können Beträge von der Höhe der Streckgrenze und darüber hinaus erreichen. Bei Verwendung derartiger Teile als Bauelemente ist es selbstverständlich, daß die Spannungen für die Beanspruchung von Bedeutung sein können, da man nie weiß, welcher Art die in einem Stück vorhandenen Spannungen sind, daher

---

[1] Rapatz: Arch. Eisenhüttenwes. 3. Jg. (1929/30) S. 717.

nicht übersehen kann, ob sie den auftretenden Betriebsbeanspruchungen
hinzuzufügen oder von ihnen abzuziehen sind. Um vorhandene Spannungen
zu beseitigen, ist es notwendig, die betreffenden Stücke auf höhere Temperaturen zu erwärmen. Den Vorgang der Spannungsverminderung bei höheren

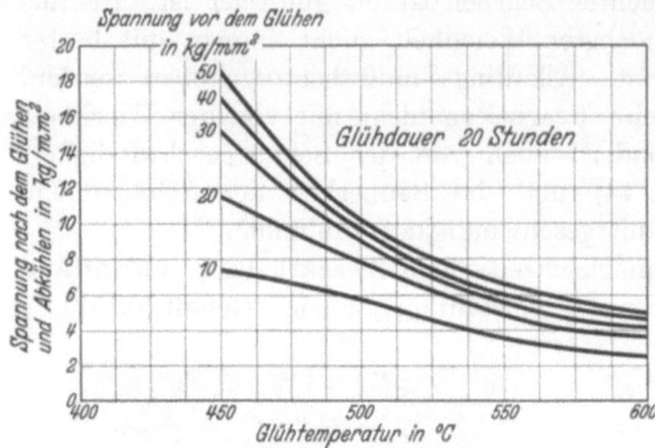

Abb. 46. Verminderung der Eigenspannungen durch Glühen. [Nach
Mailänder: Kruppsche Mh. 1931 S. 145.]

Temperaturen kann man leicht
verfolgen. Man belastet einen
Zerreißstab in der Zerreiß-
maschine bei Raumtemperatur
mit einem bestimmten Maß an
elastischen Spannungen und
erwärmt ihn bei dieser Belastung auf höhere Temperaturen. Infolge des Absinkens
der Streckgrenze bei der Erwärmung wird der Stab sich
automatisch dadurch ent-
lasten, daß er zu fließen beginnt und sich plastisch verformt. Hieraus kann man be-

reits schließen, daß die Eigenspannungen in einem Stahlstück nach Erwärmung
auf bestimmte Temperaturen nicht wesentlich höher sein können als die Warmstreckgrenze bzw. Dauerstandfestigkeit bei dieser Temperatur. Da die Dauerstandfestigkeit der meisten Stähle, es sei hier einstweilen von rein austenitischen
Stählen abgesehen, bei Temperaturen von 600° sehr niedrig liegt — bei etwa
4 kg/mm² und darunter — sinken durch Ausglühen bei 600° diese Eigenspannungen

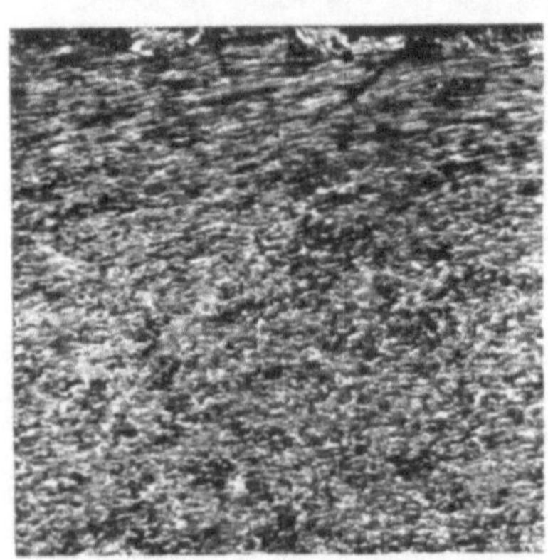

Abb. 47. Verschieden starke Streckung von
Rand und Kern bei gezogenem Draht.

auf ungefähr diesen Wert ab. Abb. 46 zeigt
nach Versuchen von Mailänder die Verminderung der Eigenspannungen durch Glühen
bei verschiedenen Vorspannungen. Man sieht,
daß nach dem Spannungsfreiglühen bei Glühtemperaturen von 450° aufwärts bereits eine
wesentliche Verminderung der Eigenspannungen eintritt. Dementsprechend erfolgt
das Spannungsfreiglühen von Konstruktionsteilen, bei denen man noch Restspannungen
vermutet, in dem Temperaturbereich von
450° bis etwa 650°; in jedem Falle nicht
oberhalb der bei etwa vorher erfolgtem Vergüten angewendeten Anlaßtemperatur, da
sonst die durch Vergüten erzielten Eigenschaften verändert werden würden.

Einen ganz besonderen Fall des Spannungsfreiglühens stellt das Rekristallisationsglühen nach Kaltverformung dar. Die meisten Stähle sind auch
bei Raumtemperatur verformungsfähig, insbesondere wenn sie im weichgeglühten
Zustand vorliegen. Hiervon macht man in der Technik weitestgehend Gebrauch
beim Kaltwalzen, Kaltziehen, Kalthämmern usw. Die einzelnen Kristalle erfahren bei dieser Verformung eine wesentliche Streckung, die mit Gitterspan-

nungen und daher auch mit Verfestigungserscheinungen verbunden ist. Infolge der inneren Kristallreibung und des reibenden Einflusses des Zieheisens oder der Walzen, der sich nicht über den ganzen Querschnitt gleichmäßig erstreckt, enthält ein derartig verformter Stahl oft noch erhebliche Spannungsunterschiede zwischen den einzelnen Querschnittszonen (Abb. 47). Als Beispiel hierfür lassen sich die bei kaltgezogenen Stücken auftretenden Zugspannungen im Kern und Druckspannungen in der Randzone anführen, die unter Umständen zum Abreißen des Kernes führen können (Überziehen)[1]. Durch Erwärmen auf höhere Temperaturen, beispielsweise 450°, lassen sich, wie oben bereits erwähnt, diese Spannungen weitgehend vermindern, ohne daß hierbei schon wesentliche Änderungen im Gefüge entstehen. Die bei diesen Temperaturen eingetretene Spannungsverminderung und -entlastung des durch die Kaltverformung

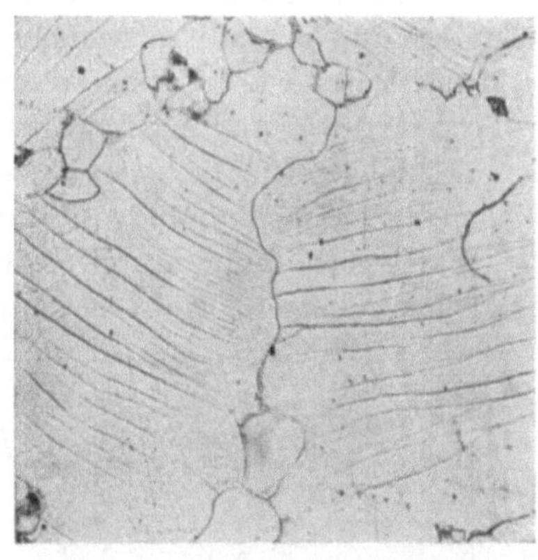

Abb. 48. Gleitlinien in Ferrit als Folge von Kaltverformung.

verfestigten Kristalls bezeichnet man auch mit Kristallerholung. Beim nachträglichen Erwärmen auf höhere Temperaturen können sich die Folgen der Kaltverformung in erheblichen Gefügeveränderungen bemerkbar machen, und zwar bilden sich die bei der Kaltverformung langgestreckten Kristallite beim Erwärmen auf höhere Temperaturen wieder in gleichachsig ausgebildete um; gleichzeitig tritt eine vollkommene Entspannung ein. Diesen Vorgang bezeichnet man mit Rekristallisation.

Hervorgerufen werden diese Gefügeveränderungen durch die außerordentlich tief eingreifende Wirkung der Kaltverarbeitung auf das Gefüge. Solange der Verformungsgrad nur gering ist, entstehen in den Kristallen Gleitebenen, die darauf hindeuten, daß Teile des Kristalles an bestimmten Flächen gewissermaßen abgerutscht und in einer neuen Gleichgewichtslage zum Ruhen gekommen sind. Derartige Gleitebenen gibt Abbildung 48 wieder.

Bei stärkeren Verformungsgraden treten nicht nur in einzelnen Kristallkörnern Gleitlinien auf, sondern es erfolgt eine Zerknüllung der Kristallflächen bzw. Gleitlinien, wie sie Abb. 49 zeigt.

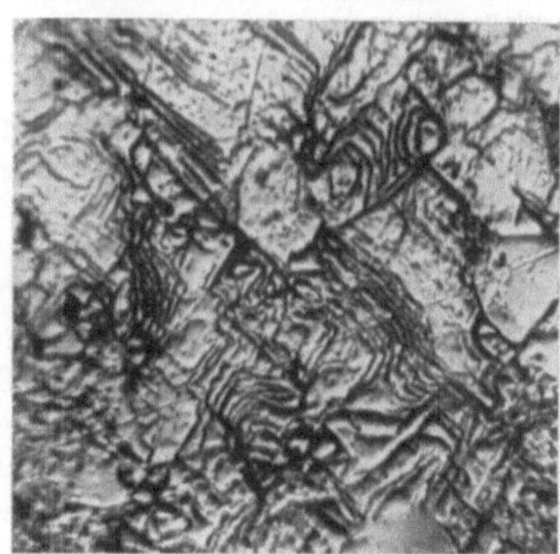

Abb. 49. Gleitlinienzerknüllung bei starker Verformung.

---

[1] Die Frage der Spannungsverteilung im kaltgezogenen Werkstück — Druck in der Randzone und Zug im Kern oder umgekehrt — ist abhängig vom Grad der Kaltreckung, der Abnahme je Zug in Beziehung zum Durchmesser, dem Ziehwinkel des Zieheisens u. a. m.

Da die Gleitlinien sich bevorzugt nach einzelnen kristallographischen Ebenen ausbilden, ist es selbstverständlich, daß bei Vielkristallproben zuerst diejenigen Kristallkörner eine Verformung erfahren, deren Gleitebenen in einem bestimmten günstigsten Verhältnis zur Kraftrichtung stehen. Je schwächer also der Verformungsgrad ist, um so weniger Kristalle werden sich an der Verformung beteiligen. Bei stärkerer Verformung werden auch weniger günstig gelagerte Kristalle verformt werden, somit also eine größere Anzahl Störungen ihres ursprünglichen Gleichgewichtszustandes erfahren. Die Folgen dieser Störungen sind Gitterverzerrungen und Spannungen, die bei der Kaltreckung, ähnlich wie bei der Martensitbildung, durch Volumenvergrößerung und Härtesteigerung zum Ausdruck gelangen. Auf die weitgehende Analogie der Härtung durch Kaltverformung und der Martensithärte hat vor allem Maurer[1] hingewiesen. Die große Ähnlichkeit in der Härtesteigerung und Volumenveränderung gehärteter Stähle im Vergleich zu kaltgezogenem Stahl zeigt Abb. 50. Man sieht hieraus, daß es auch durch Kaltverformung möglich ist, Volumenveränderungen bis zu 1% zu erzielen, wobei Härtung, ähnlich der Martensithärte, auftritt.

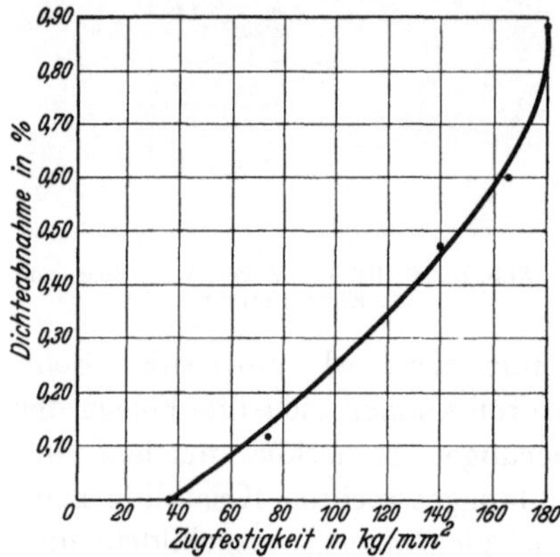

Abb. 50. Dichteabnahme von kaltgerecktem weichem Eisen in Abhängigkeit von der Zugfestigkeit. [Nach Houdremont u. Burklin: Stahl u. Eisen 47. Jg. (1927) S. 90.]

Die nach derartigen Verformungen in den Kristallen vorhandenen Spannungen haben das Bestreben, sich auszugleichen. Der Spannungsausgleich und insbesondere eine Neueinformung der Kristalle gelingt aber erst dann, wenn durch Erwärmung der betreffenden Stahlstücke die kinetische Energie der kleinsten Teilchen im Kristallgitter einen bestimmten Betrag erreicht hat. Je höher die Spannungen sind, unter denen die einzelnen Teilchen stehen, bei um so niedrigerer Temperatur wird das erwähnte Neueinformen (Rekristallisieren) in eine neue Art von Kristallen vor sich gehen. Hieraus geht hervor, daß der Beginn der Rekristallisation bei um so tieferer Temperatur erfolgen muß, je stärker der Verformungsgrad, d. h. je stärker der Spannungszustand war. Da mit der Stärke des Verformungsgrades die Anzahl der gestörten Kristallkörner wächst, so steigert sich auch die Anzahl der Rekristallisationskeime. Aus der Tatsache, daß die Größe und Anzahl der neugebildeten Kristalle stets im Sinne der Tammannschen Kristallisationstheorie von Keimzahl und Kristallisationsgeschwindigkeit abhängig ist, ergibt sich, daß das rekristallisierte Gefüge um so feinkörniger wird, je stärker der Verformungsgrad, also je höher die Keimzahl war. Das neugebildete Korn wird weiter um so feiner, je niedriger die Rekristallisationstemperatur ist, da die Kristallisationsgeschwindigkeit der neuen Körner mit steigender Temperatur wächst. Hohe Verformungsgrade ergeben somit den Rekristallisationsbeginn bei tieferen Temperaturen und führen zu feinkörnigem Rekristallisationsgefüge. Geringe Verformungsgrade bedingen hingegen höhere Rekristallisationstemperaturen und

---

[1] Mitt. Kais.-Wilh.-Inst. Eisenforschg., Düsseld. 1. Jg. (1920) S. 39.

führen infolge geringer Keimbildung bei bestimmten „kritischen" Temperaturen zu einer Grobkornbildung. Das erzielte Rekristallisationskorn steht somit in direktem Zusammenhang mit Verformungsgrad und Rekristallisationstemperatur.

Die Abhängigkeit von Verformung und Rekristallisation zeigt Abb. 51 bei einem rein ferritischen Chromstahl ohne γ-Umwandlung. Wie aus diesem Bild hervorgeht, ergibt sich die stärkste Grobkornbildung beim geringsten Verformungsgrad und der höchsten Glühtemperatur. Bei derartigen Legierungen ohne Umwandlung läßt sich höchste Kornfeinheit durch Glühen nach Verformungen also nur dadurch erzielen, daß

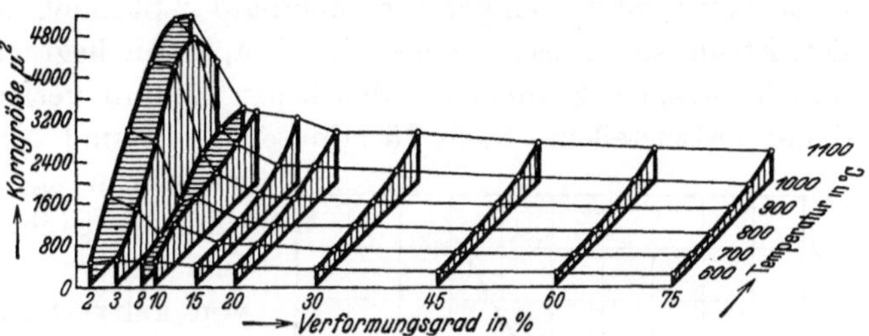

Abb. 51. Abhängigkeit der Korngröße von Kaltverformungsgrad und Glühtemperatur bei einem ferritischen Chromstahl mit 30 % Cr. [Nach Houdremont: Kruppsche Mh. 11. Jg. (1930) S. 281.]

man gleichzeitig hohe Verformungsgrade mit günstigster Glühtemperatur anwendet.

Bei Eisen-Kohlenstoff-Legierungen mit γ-Umwandlung, z. B. Flußeisen mit etwa 0,1 % C, fällt das Gebiet der Grobkornbildung bei Reckgraden, die niedriger als 8—10 % sind, aus, da die erforderlichen kritischen Glühtemperaturen für geringere Reckgrade bereits im Gebiet der γ-Umwandlung liegen würden. Die durch die eingetretene Umwandlung bewirkte Gefügeverfeinerung läßt die sonst eintretende starke Grobkornbildung bei Reckgraden von 4—5 % nicht in Erscheinung treten. Erst bei Reckgraden von etwa 10 % ergibt sich eine Grobkornbildung dicht unterhalb der A_3-Umwandlung zwischen 700° und 800° (Abb. 52). Auf Grund des durch die eingetretene Umwandlung behinderten Kristallwachstums oder, besser gesagt, der neu eingetretenen Gefügeverfeinerung, hat man bei Eisen von einem sog. Rekristallisationsschwellenwert

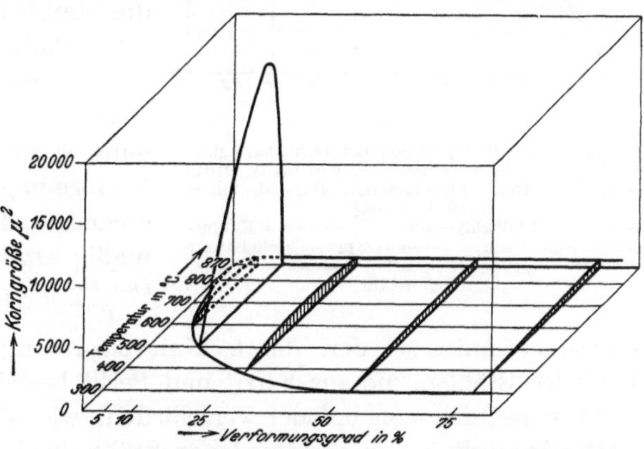

Abb. 52. Rekristallisationsdiagramm von Weicheisen mit 0,08 % C, 0,02 % Si, 0,13 % Mn, 0,002 % P und 0,35 % S. [Nach Oberhoffer u. Jungbluth: Stahl u. Eisen 42. Jg. (1922) S. 1513.]

bei etwa 10 % Kaltverformung gesprochen. Hierunter verstand man die bei weichem Flußeisen auftretende Grobkornbildung, die infolge kritischer Reckung von 10 % und darauffolgender kritischer Glühung bei etwa 700—800° durch die Rekristallisation eintritt, während man bei höheren und niedrigeren Verformungsgraden kleinere Korngrößenwerte erhält. Es ist verständlich, daß sich diese Rekristallisationsschwelle bei Metallen ohne Umwandlung, also auch bei rein ferritischen und austenitischen Stählen nicht gezeigt hat.

Aufgabe des Spannungsfreiglühens im Sinne der Rekristallisationsglühung muß es sein, ein möglichst einwandfreies, d. h. feinkörniges, Gefüge zu erzielen.

Hierzu ist es erforderlich, daß man bei den einzelnen Glühungen nicht nur die Glühtemperatur, sondern auch den vorhergehenden Verformungsgrad in den Kreis der Betrachtungen mit einbezieht. Auch muß die Glühzeit berücksichtigt werden, da ihre Verlängerung bei höheren Temperaturen im Sinne einer Erhöhung der Glühtemperatur wirkt. Normalerweise ist der Rekristallisationsvorgang bei einer bestimmten Temperatur innerhalb 2 Stunden beendet; die erforderliche Zeit ist um so kürzer, je höher die Temperatur liegt. Bei 730° ist bei Flußeisen und ferritischen Stählen ein deutlicher Einfluß verlängerter Rekristallisationsdauer festzustellen. Nach 15 Minuten z. B. sind die gestreckten Körner neu eingeformt, sie erfahren aber bei Verlängerung der Glühdauer auf etwa 2 Stunden eine weitere Vergröberung. Beim Glühen von kaltverformten Flußeisen im kontinuierlichen Ofen lassen sich — gleichen Reckgrad vorausgesetzt — mit etwas erhöhten Temperaturen (700°) und kurzen Glühzeiten, z. B. von 5 Minuten, gleich gute Ergebnisse wie bei 2stündigem Glühen bei 600—630° erzielen.

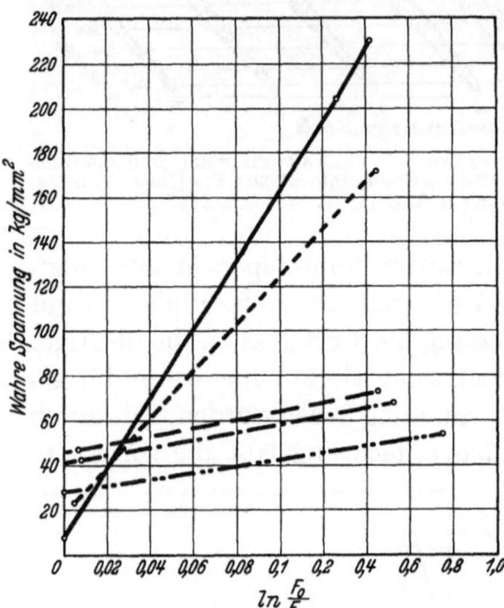

Abb. 53. Verfestigungsfähigkeit verschieden legierter Stähle. [Nach Körber u. Rohland: Mitt. Kais.-Wilh.-Inst. Eisenforschg., Dusseld. Bd. 5 (1924) S. 59.] — ·· — = Elektrolyteisen; — · — = Kruppsches Weicheisen; — — = 2proz. Nickelstahl; — — — — = 25proz. Nickelstahl; ——— = 15proz. Manganstahl.

Durch die Kaltverformung erfahren die Stähle wesentliche Veränderungen ihrer Eigenschaften. Man bezeichnet die Steigerung der Härte und Festigkeitseigenschaften als Folge der Volumenvergrößerung durch Kaltverformung mit Kaltverfestigung. Die Kaltverfestigung steht in Zusammenhang mit dem Verformungsgrad, d. h. dem pro Volumeneinheit verdrängten Volumen. Rechnungsmäßig ergibt sich als Verformungsgrad: $\dfrac{ln \cdot Fo}{F}$. Hierbei bedeutet Fo den Anfangsquerschnitt, F den durch Kaltverformung bedingten Endquerschnitt[1]. Bei allen Stählen, die aus Ferrit und Perlit bestehen, ist der Verfestigungsgrad nicht wesentlich voneinander verschieden, wie sich dies aus der Neigung der Verfestigungslinie der verschiedenen Stähle in Abb. 53 ergibt. Stähle mit austenitischem Gefüge (z. B. der 25proz. Nickel- und der 12proz. Manganstahl) zeigen eine stärkere Kaltverfestigung als ferritische; es zeigt sich das in der Größe des Verfestigungswinkels (Verfestigungskoeffizient). Mit der ansteigenden Verfestigung steigt auch die Streckgrenze, die nach einem gewissen Kaltreckungsgrad nahezu mit der Festigkeit zusammenfällt, da das Verformungsvermögen, das zwischen Streckgrenze und Festigkeit bei normalen Zerreißversuchen im Verlauf der Spannungsdehnungslinie zum Ausdruck kommt, durch die Kaltverformung vorweggenommen wird. Gleichzeitig fällt infolgedessen die Dehnung wesentlich ab. Bekanntlich addiert sich beim Zerreißversuch die Dehnung

---

[1] Siebel, E. Houdremont u. H. Kallen: Werkstoffausschußbericht Nr. 71 (1925) Ver. d. Eisenhüttenleute.

aus einer zuerst über den ganzen Stabquerschnitt gleichmäßig sich ergebenden und derjenigen an der Einschnürstelle. Durch die Kaltverformung wird die gleichmäßige Dehnung vorweggenommen und es bleibt nur die Dehnung an der Einschnürstelle übrig. Bei schwachen Reckgraden, z. B. beim Ziehen von weichem Flußeisen von 16 mm auf 15 mm Durchmesser, fällt die Dehnung infolge dieser Vorwegnahme der gleichmäßigen Dehnung von etwa 30% auf 7—8% ab. Dieser letztere Betrag an Dehnung entspricht etwa der Einschnürungsdehnung. Wie aber aus dem Verhalten der Einschnürung und Kerbzähigkeit hervorgeht — die Einschnürung ging bei diesem Versuch von 71% auf 69%, die Kerbzähigkeit von 22 auf 18 mkg/cm² zurück —, fällt dagegen die Formänderungsfähigkeit des Werkstoffes nur unwesentlich ab. Es ist also unbedingt verfehlt, bei kaltgezogenem Material die Dehnung in direkten Zusammenhang mit der Zähigkeit oder Formänderungsfähigkeit des Werkstoffes bringen zu wollen. In Einzelfällen — besonders bei reinen Werkstoffen mit gut ausgebildetem Kristallisationsvermögen und auch gewisser Grobkörnigkeit — kann durch das Kaltrecken eine Verbesserung der Kerbzähigkeit eintreten, da die Reckung eine Art Sehne- (Zeilen-) Bildung bewirkt. Für die Bewertung von kaltgezogenem oder gewalztem Material sollten diese Zusammenhänge zwischen Kaltverformung, Dehnung, Kerbzähigkeit usw. mehr als bisher berücksichtigt und eine starre Beurteilung an Hand der Dehnung allein vermieden werden.

Von besonderem Interesse sind auch die durch Kaltverformung bedingten Veränderungen der **magnetischen Eigenschaften**. Auf die Analogie zwischen Kalthärtung, Martensithärtung und Ausscheidungshärtung im α-Eisen ist bereits hingewiesen worden.

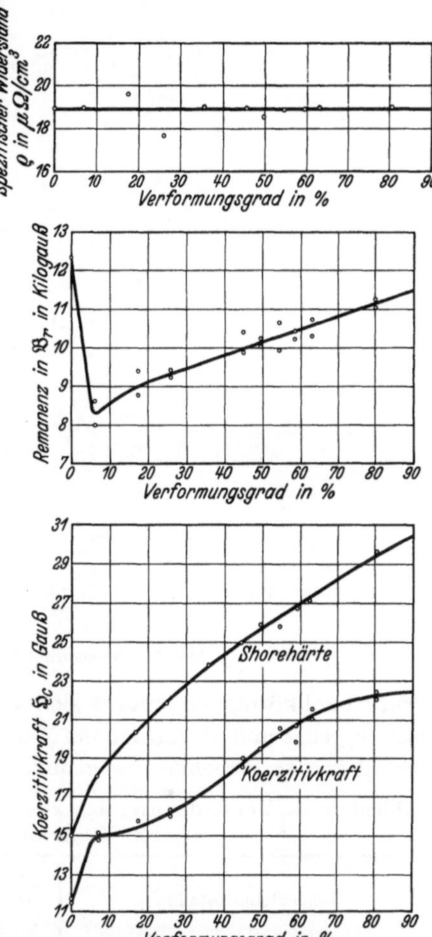

Abb. 54. Abhängigkeit des spezifischen elektrischen Widerstandes, der Koerzitivkraft und Remanenz vom Verformungsgrad bei kaltgewalzten Bändern. [Nach Meßkin: Arch. Eisenhüttenwes. 3. Jg. (1929) S. 418.]

den. Gerade die Untersuchung der magnetischen Eigenschaften bestätigt die Ähnlichkeit der Vorgänge in weitgehendem Maße. Auch bei kaltverfestigtem Material haben wir einen auf äußere mechanische Einflüsse zurückzuführenden Zwangszustand mit Gitterstörungen vorliegen, der sich nach der bisherigen Auffassung in einer Erhöhung der Koerzitivkraft äußern muß. Wie weitgehend dies tatsächlich der Fall ist, zeigt Abb. 54. Auch andere physikalische Eigenschaften erleiden ähnliche Veränderungen[1].

Durch rekristallisierendes Glühen bei verschiedenen Temperaturen ändern sich im allgemeinen alle Eigenschaften wieder im rückläufigen Sinne und er-

---

[1] Meßkin: Arch. Eisenhüttenwes. 3. Jg. (1929/30) S. 417/25.

reichen schließlich den Zustand des unverformten geglühten Materials; nur wird das rekristallisierte Material bei geringen Verformungsgraden und kritischer Rekristallisationsglühung (zu hohe Temperatur) grobkörnig (Abb. 55).

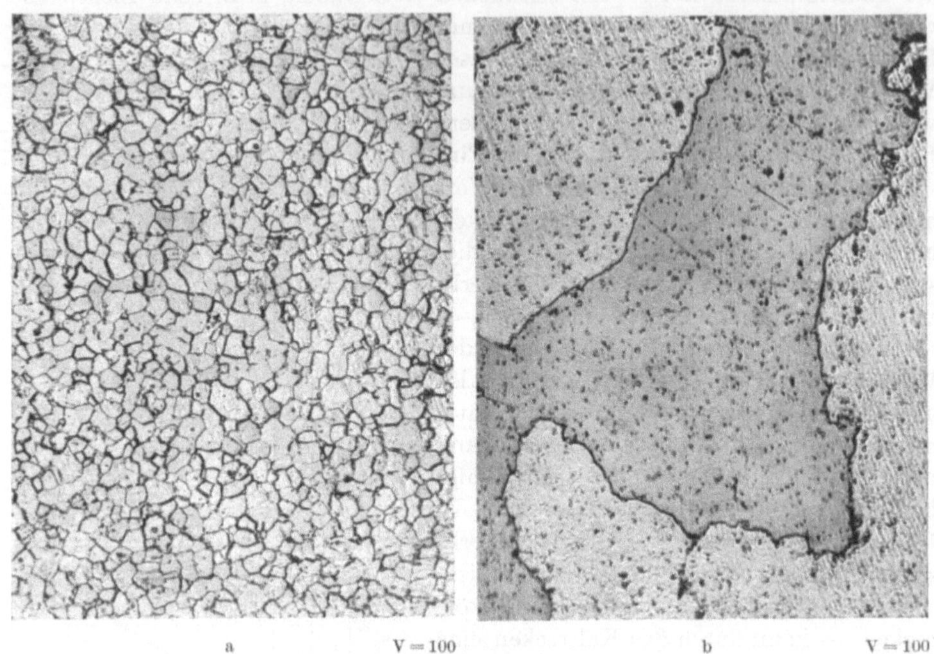

Abb. 55. Grobkornbildung bei kritischer Rekristallisation.

Diese Grobkörnigkeit äußert sich vor allem in einem Abfall der Zähigkeit und Streckgrenze und, in geringerem Maße, der Zugfestigkeit (Zahlentafel 4). Der starke Abfall in der Streckgrenze grobkörnig rekristallisierten Stahles erleichtert die

Zahlentafel 4. Veränderung der Festigkeitseigenschaften von Weicheisen durch kritische Rekristallisation [nach Fischer[1]].

Behandlungszustand	Streck-grenze kg/mm²	Zug-festigkeit kg/mm²	Dehnung $l = 5 \times d$ %	Ein-schnurung %	Kerbzähigkeit für Probeform $3 \times 3 \times 16$ cm³ mkg/cm²
Geglüht	21	31	50	79	13
Bis zur Mitte zwischen Streckgrenze und Festigkeit gereckt, dann bei 730° 6 Stunden geglüht (kritisch rekristallisiert)	13	28	32	78	4
Von 910° an Luft normalisiert (umkristallisiert)	23	32	43	80	18
Vergütet	22	31	53	85	über 33
Bis zur Mitte zwischen Streckgrenze und Festigkeit gereckt, dann bei 730° 6 Stunden geglüht (kritisch rekristallisiert)	9	28	36	72	3
Von 910° an Luft normalisiert (umkristallisiert)	23	32	42	81	20

[1] Kruppsche Mh. 4. Jg. (1923) S. 100.

Verformungsfähigkeit bei nachfolgenden Kaltziehoperationen. Auf die hohe Tiefziehfähigkeit grobkörnigen Carbonyleisens ist auf Seite 3 (Abb. 1) hingewiesen worden. Auch Pomp[1] stellt den geringen Formänderungswiderstand beim Kaltziehen kritisch rekristallisierter Stähle fest.

An dem Abfall der Verfestigung bei verschiedenen Glühtemperaturen kann man ebenfalls das Eintreten der Kristallerholung verfolgen (Abb. 56). Für den praktischen Ziehereibetrieb ergibt sich hieraus die Folgerung, nach Feststellung des entsprechenden Kurvenverlaufes für den jeweils bearbeiteten Stahl die Glühtemperatur nach erfolgtem Kaltziehen dem Festigkeitsabfall anzupassen[2].

Einige Hinweise auf praktische Anwendung der Rekristallisationsglühung: Die übliche Behandlung für kalt zu ziehendes oder zu walzendes Material ist folgende: Rohglühen des schwarzgewalzten Bandes oder Drahtes dicht oberhalb der Umwandlung mit langsamer Abkühlung durch das Umwandlungsgebiet und rekristallisierendes Zwischenglühen nach den einzelnen Kaltverformungen dicht unterhalb A_1.

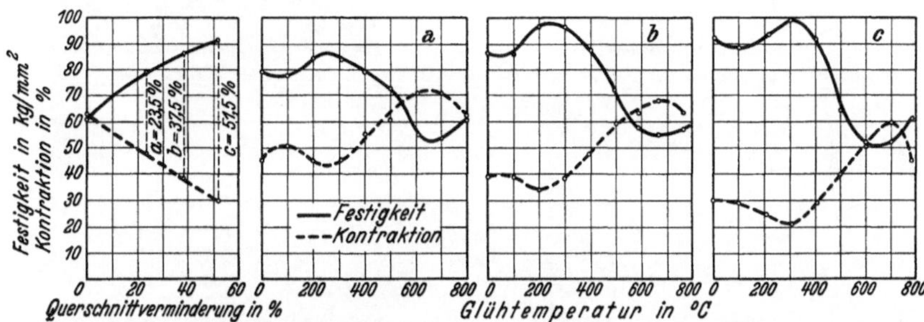

Abb. 56. Veränderung von Festigkeit und Einschnurung durch Kaltziehen und nachträgliche Gluhung bei einem Stahl mit 0,68% C und 0,50% Mn. [Nach Schneider u. Houdremont: Stahl u. Eisen 44. Jg. (1924) S. 1684.]

Von besonderer Wichtigkeit ist eine einwandfreie Behandlung bei der Herstellung von Tiefziehblechen höchster Güte, wie Karosserieblechen usw. Ein grobkörniges Karosserieblech ergibt beim Tiefziehen gegenüber einem feinkörnigen, richtig geglühten Blech eine narbige krispelige Oberfläche (Abb. 57). Bleche mit derartigen Schönheitsfehlern können für hochwertige Zwecke keine Verwendung finden. Es ist daher notwendig, bei der Herstellung von Blechen höchster Tiefziehqualität auf die Zusammenhänge bei der Rekristallisation, d. h. Verformungsgrad, Glühtemperatur, Glühzeit usw. besonders zu achten. Auf Grund der Erkenntnisse über die Rekristallisationsvorgänge haben sich daher folgende Verfahren zur Herstellung von Karosserieblechen herausgebildet:

Das schwarzgewalzte Blech wird vor dem Kaltwalzen einer Umkristallisationsglühung (also oberhalb A_3) unterworfen und hierauf kalt zur Erzielung besserer Oberfläche auf die gewünschte Abmessung heruntergewalzt. Bei Kaltverformungen unter 20% wird es sich empfehlen, nach der Kaltwalzung nochmals eine Glühung oberhalb des Umwandlungspunktes vorzunehmen. Bei sehr starker Kaltverformung, z. B. 30%, wird dagegen eine Rekristallisationsglühung bei 650—750° ein ähnlich gutes Ergebnis liefern. Demnach ergibt sich für Qualitätstiefziehblech folgende Behandlung[3]:

---

[1] Pomp: Mitt. Kais.-Wilh.-Inst. Eisenforschg., Düsseld. Bd. 16 (1934) S. 9—13.

[2] Schneider u. Houdremont: Stahl u. Eisen 1924 S. 1681.

[3] Marke, E.: Arch. Eisenhüttenwes. 2. Jg. (1928/29) S. 177.

Schwarzgewalztes Blech: Glühen, besser normalisieren bei 930°.
Kaltgewalztes Blech:

   a) bei Kaltwalzgraden von 5—10%, normalisieren bei 930°,

   b) bei Kaltwalzgraden über 20%, glühen bei 650—750°.

Bei b ergeben sich bei 650° lange Glühzeiten von mindestens 2 Stunden, bei 750° weniger lange Zeiten. Aus dem Einfluß der Zeit auf den Glühvorgang

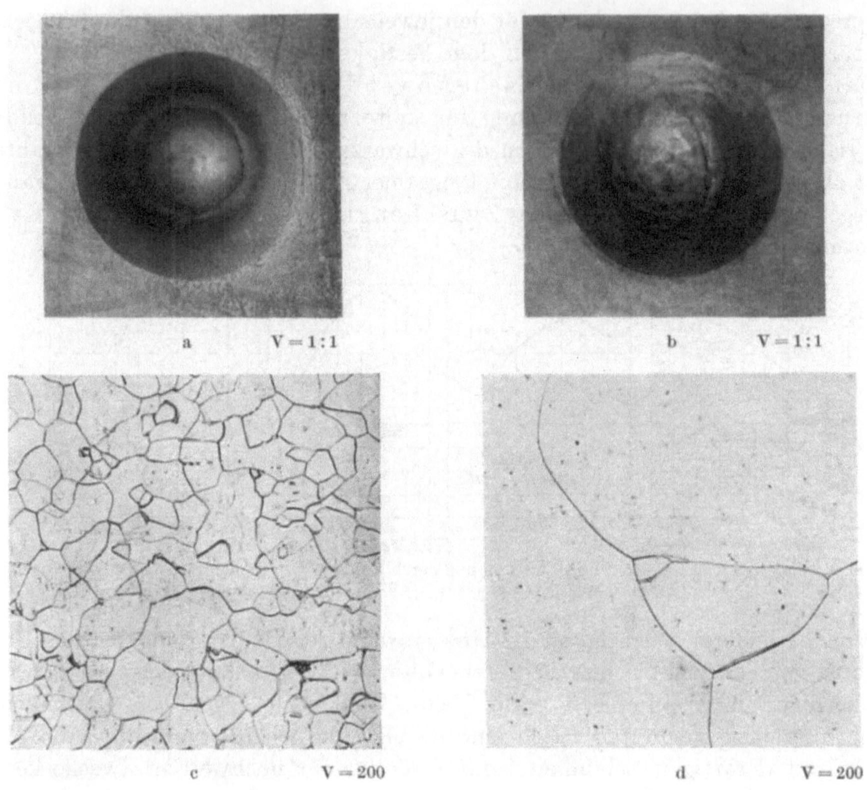

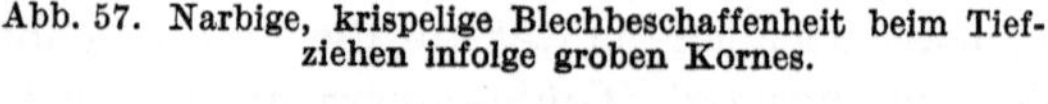

Abb. 57. Narbige, krispelige Blechbeschaffenheit beim Tiefziehen infolge groben Kornes.

ergibt sich die Notwendigkeit, hochwertige Bleche für Kaltziehzwecke nicht in großen Stapeln zu glühen, sondern Einzelglühung vorzunehmen. Bei Glühung in großen Stapeln ist das Durchziehen des Stapels auf gleichmäßige Temperatur mit sehr langen Glühzeiten verbunden (Abb. 58). Hierbei ist es unvermeidlich, daß die obersten Bleche und der Rand des Blechstapels länger auf Temperatur bleiben als die Mitte. Die Folgen sind ungleichmäßige Kornausbildung zwischen Rand und Mitte.

Von praktischer Bedeutung ist außerdem der Einfluß der durch Kaltverformung erzielten Spannungen auf die Umwandlungsvorgänge.

Kaltverformungen beschleunigen alle Umwandlungen in Stahllegierungen. Die Umwandlung von Austenit und Martensit wird beispielsweise so stark beeinflußt, daß durch starkes Kaltrecken bei Raumtemperatur ziemlich stabil austenitische Stähle, wie 25proz. Nickelstahl, rostfreie austenitische Chrom-Nickel-Stähle (18/8) zum Teil martensitisch werden. Ähnlich wirken Spannungen auf nach der Härtung verbleibende Restaustenitmengen in anderen Stahllegierungen. Ebenso werden der Zerfall des Martensits sowie Ausscheidungsvorgänge durch Kaltreckung beschleunigt. Auch bei Gefügezuständen, die sich weitgehend im Gleichgewicht befinden, wie beispielsweise lamellarer Perlit, wirken die durch Kaltverformungen erzeugten Spannungen noch im oben an-

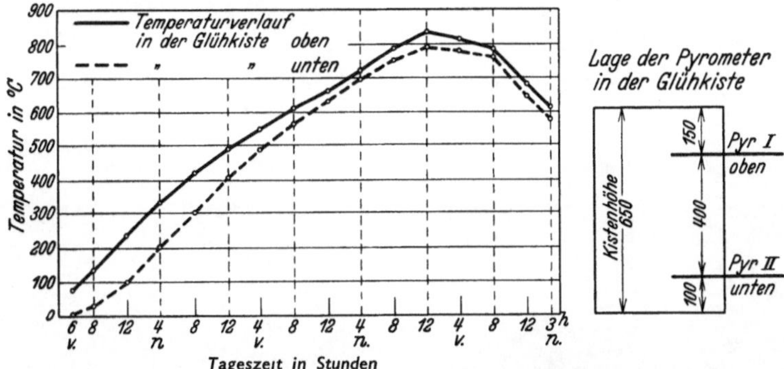

Abb. 58. Temperaturverlauf in der Glühkiste beim Glühen von Transformatoreneisen. (Nach Eichenberg u. Oertel: Werkstoffausschußbericht 1926 Nr. 87 S. 3.)

gegebenen Sinne, indem sie beim Glühen den Übergang vom lamellaren in den körnigen Perlit erleichtern.

Bei der Kaltverarbeitung hochgekohlter Stähle, z. B. Werkzeugstähle (1% C), Silberstahl (1% C, 1% W), ist letzteres von Bedeutung. Wie bereits angedeutet, werden die schwarzgewalzten Stähle einer Glühung dicht oberhalb der Umwandlungstemperatur (etwa 750°) unterworfen mit langsamer Durchschreitung des Umwandlungsintervalls zwecks Erzielung höchster Weichheit und Kaltverformbarkeit. Nach den einzelnen Kaltzieh- oder Kaltwalzoperationen·genügt eine rekristallisierende Glühung unterhalb A_1 (etwa 680°), wobei man beobachten kann, daß sich der Perlit durch die Glühung stärker zusammenballt als dies ohne Kaltverformung der Fall wäre. Gleichzeitig damit verbunden ist die Erzielung eines Zustandes höchster Weichheit. Von besonderer Wichtigkeit kann dieser Einfluß bei der Herstellung von kaltgewalztem Bandstahl mit höherem Kohlenstoffgehalt (0,9 bis 1,4% C) sein, z. B. für Rasierklingen, Tuchscherenmesser usw. Da die durch Kaltwalzen herzustellenden Dimensionen zum Teil, z. B. beim Rasierklingenbandstahl, außerordentlich dünn sind, kann das Herunterwalzen auf die Endabmessung infolge der hohen Kaltverfestigung nur nach Vornahme verschiedener Zwischenglühungen erfolgen. Man hat es hierbei in der Hand, durch die Wahl der Glühtemperatur und der Glühzeit die Körnigkeit des Perlits und somit die Weichheit des Materials verschieden zu beeinflussen. Während z. B. bei Tuchscherenmesserbandstahl, der noch eine starke Kaltverformung bei der Her-

stellung der Messer erfährt, das Glühen auf die hierfür erforderliche höchste
Weichheit, also ziemlich grobkörnigen Perlit, abgestellt ist, wird man bei Rasier-

Beurteilt am Gefüge.

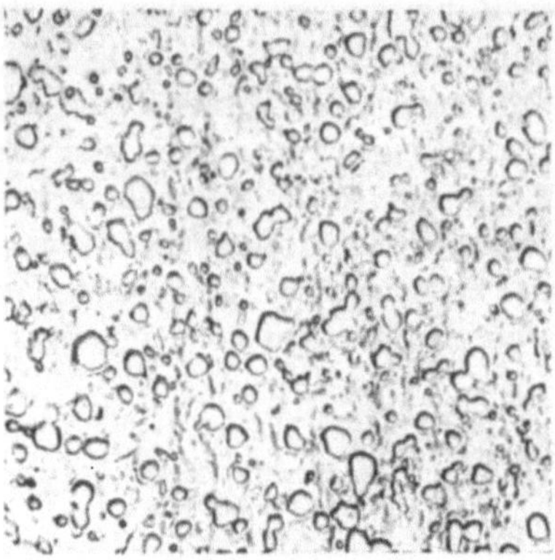

a   V = 1000
680° 8 Stunden

b   V = 1000
700° 2 Stunden

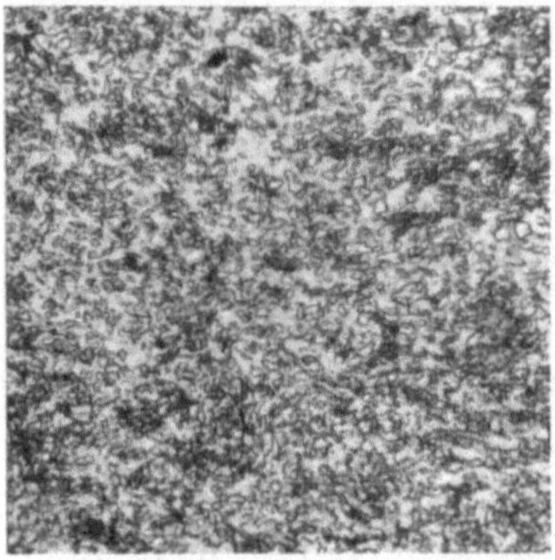

c   V = 1000
740° 5 Minuten

d   V = 1000
740° 1 Stunde

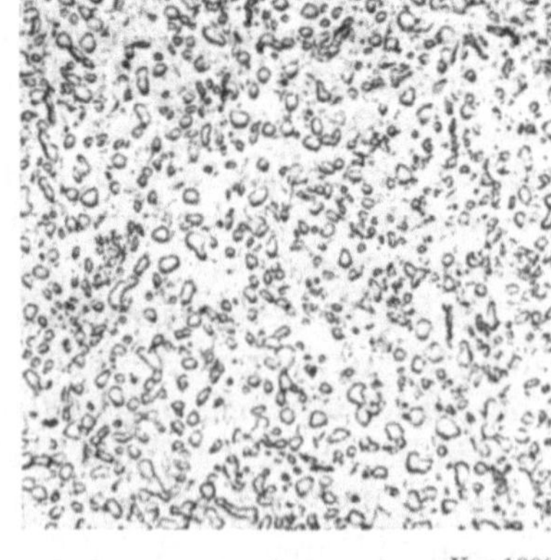

e   V = 1000
Gewalzt, dann 700° 4 Stunden

Beurteilt an der Härte.

Glühdauer	Brinellhärte bei einer Glüh-temperatur von			
	680°	700°	720°	740°
5 Minuten . .	270	275	282	217
10 ,, . .	255	255	255	217
30 ,, . .	255	239	229	217
1 Stunde . .	255	229	229	207
2 Stunden . .	244	217		
4 ,, . .	229	207		
8 ,, . .	187	187		

Abb. 59. Einfluß von Glühtemperatur und
Gluhzeit auf die Karbidzusammenballung bei
Rasierklingenbandstahl mit einem Gehalt von
1,3% C und 0,2% Cr.

klingenbandstahl wegen der notwendigen Stanzarbeit am gewalzten Material und der bei zu großer Weichheit leicht auftretenden Erscheinung der Gratbildung und des Klebens gern auf allzu große Weichheit verzichten und eine gewisse Feinkörnigkeit des körnigen Perlits anstreben. Die Feinkörnigkeit des Perlits ist hier auch von ganz besonderer Bedeutung für die nachfolgende Härtung. Da die Erwärmung auf Härtetemperatur von dünnem Rasierklingenbandstahl nur sehr kurze Zeit beträgt und betragen darf, ergibt sich bei feinerer Verteilung des Karbids eine bessere Härtung als bei grober Ausbildung. Grobkörniger Zementit bedarf längerer Erwärmungszeit auf Härtetemperatur, um in Lösung zu gehen und entsprechend einwandfreie Härtung zu ergeben als feinkörnigerer. Besonders deutliche Unterschiede kann man beobachten zwischen grobkörnigem perlitischem, lamellar perlitischem und troostosorbitischem Gefüge. In welchem Maße durch Wahl verschiedener Rekristallisationstemperaturen und -zeiten das Gefüge kaltgewalzten Rasierklingenbandstahles beeinflußt wird, zeigt Abb. 59.

Die durch Kaltbearbeitung erleichterte Zusammenballung des Zementits geht so schnell vor sich, daß das Glühen bei derartigem kaltgewalztem Bandstahl, der eine feine Karbidverteilung aufweisen soll, am gleichmäßigsten im Durchziehofen erfolgt. Beim Glühen von aufgerollten Ringen in Töpfen oder Muffeln wird man nie verhüten können, daß die Außenwindungen länger auf Temperatur sind als die Innenwindungen. Infolgedessen werden sich hierdurch ungleichmäßige Zusammenballungen des Zementits und somit eine ungleichmäßige Glühwirkung ergeben.

e) Besonderheiten beim Glühen.

Fehler beim Glühen können entstehen durch schlechtes Anwärmen, durch Wahl einer falschen Glühtemperatur, durch unzweckmäßige Glühzeiten, ungeeignete Glühatmosphäre, fehlerhafte Abkühlung.

Bei zu schnellem Erwärmen — insbesondere gilt dies für Stahlstücke größerer Abmessungen — können infolge starker Wärmeausdehnung in der zu schnell erwärmten Außenzone beträchtliche Zugkräfte auf den Kern des Stückes ausgeübt werden. Die Folge hiervon können sog. Schrumpfrisse im Kern der Stücke sein, die sich bei stabähnlichen Gebilden meistens als Querrisse ausbilden (Abb. 60). Derartige Fehler kommen vor, wenn kalte Stahlstücke in einen zu heißen Ofen gelegt werden oder nach Einlegen größerer Stücke zu schnell, z. B. mit Stichflammen, aufgeheizt wird. Es ist deswegen zweckmäßig, in einen kalten, zumindest nur schwach angewärmten Ofen einzulegen und erst nach einer gewissen Vorwärmung der Stücke eine weitere Temperatursteigerung vorzunehmen, insbesondere bei größeren Stahlstücken, da nur bei diesen die Spannungen durch ungleichmäßige Erwärmung ein beträchtliches Maß annehmen können. Diese Vorsichtsmaßnahmen sind besonders bei austenitischen Stahlen mit großen Ausdehnungskoeffizienten und schlechter Wärmeleitfähigkeit zu beachten.

Eine ungleichmäßige Erwärmung während des gesamten Glühvorganges führt zu einem ungleichmäßigen Gefüge und zu Unregelmäßigkeiten der mechanischen Eigenschaften innerhalb eines Stahlstückes.

Von besonderer Wichtigkeit ist die Innehaltung der richtigen Glühtemperatur und der richtigen Glühzeit. Sowohl durch Überschreiten der Glühtemperatur als auch der Glühzeit findet eine Kornvergröberung statt, die sich vor allem in der Verminderung der Zähigkeitswerte des geglühten Stahles äußert.

Abb. 60. Schrumpfriß in einer Walze, der sich in Form eines Dauerbruches erweitert hat.

Die durch lange Glühung bei hoher Temperatur hervorgerufene Kornvergröberung, wie sie z. B. beim Zementieren eintreten kann, zeigt Abb. 61. Bei grober Kornausbildung und verhältnismäßig schneller Abkühlung kommt es ferner, besonders bei kohlenstoffarmen Stählen, häufig vor, daß sich der Ferrit nicht an den Korngrenzen, sondern in kristallographischer Orientierung nadelförmig innerhalb des Kornes ausscheidet (Widmannstättensche Struktur, Abb. 62). Es sei hier jedoch betont, daß die nadlige Struktur allein kein Kennzeichen von Überhitzungen ist, da sie auch bei richtiger Glühbehandlung und feinem Korn durch entsprechend schnelle Abkühlung auftreten kann. Nur in Verbindung mit grobem Korn darf sie als solches gewertet werden.

Der Einfluß zu langer Glühdauer auf die Zusammenballung der Karbide ist schon früher besprochen worden; ebenso wurde die Gefährlichkeit kritischer Glühung nach vorangegangener Kaltverformung hinsichtlich der Grobkorn-

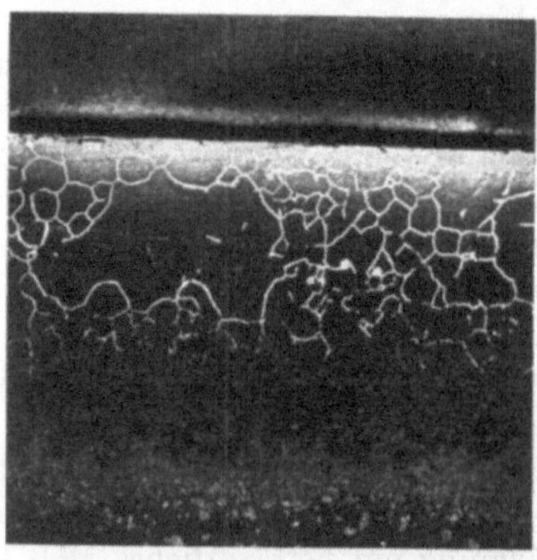

V = 10

Abb. 61. Starke Kornvergröberung infolge Anwendung langer Glühzeiten bei hohen Temperaturen (Zementation).

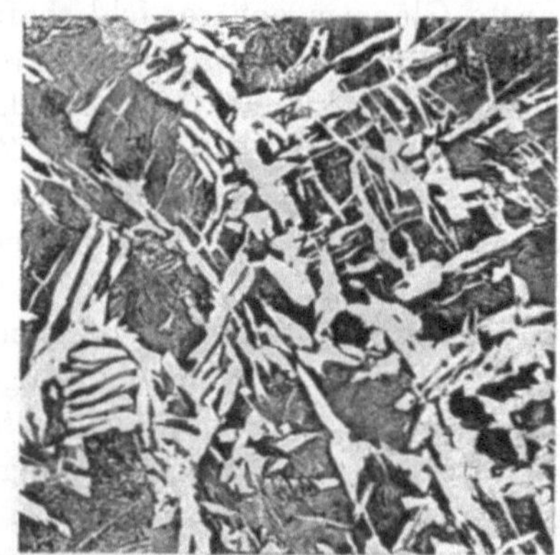

V = 100

Abb. 62. Widmannstättensche Struktur im Überhitzungsgefüge.

bildung durch Rekristallisation bereits erwähnt (s. Abb. 55 u. 57). Diese wird nicht nur bei niedriggekohlten Stählen beobachtet; sie ist jedem bekannt, der sich mit dem Glühen von Werkzeugstahl mit z. B. 0,9—1% C, und zwar nicht nur im kaltgezogenen oder kaltgewalzten, sondern auch im einfach schwarzgewalzten Zustand beschäftigt hat. Das Fertigwalzen von derartigen Stählen erfolgt vor allem bei dünneren Abmessungen bereits bei ziemlich tiefen Temperaturen. Die Abnahmen in den letzten Stichen sind meist gering — Fertigkalibrier- und Polierstiche —, so daß die Bedingungen für grobkörnige Rekristallisation vorliegen. Glüht man nur auf Weichheit — körnigen Perlit — dicht unterhalb des Umwandlungspunktes, so wird man vielfach in Bruchproben die grobkristalline rekristallisierte Struktur feststellen können. Normalisierende Umwandlungsglühung ist daher angezeigt und erzeugt den gewünschten gleichmäßig feinkörnigen Glühzustand. Pomp[1] hat versuchsmäßig die kritische Kornvergröberung derartiger Stähle nach Reckungen von 8—20% und Glühen unterhalb A_1 festgestellt.

Die bisher beschriebenen Überhitzungs- und Überzeitungserscheinungen sind nachträglich durch ein einwandfreies Umwandlungsglühen durchweg zu beseitigen. Dies ist jedoch nicht mehr möglich, wenn bei der Glühung durch Ein-

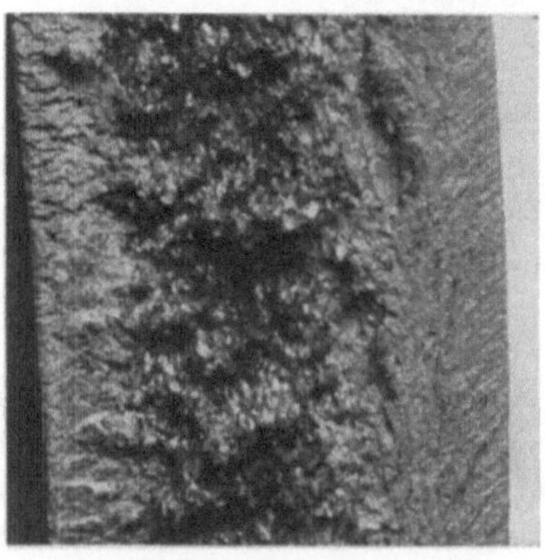

Eindringen von Oxyden in die Randschichten   Glitzernde Korner im Bruch
Abb. 63. Verbrennungserscheinungen im Schliff und im Bruch.

dringen von Sauerstoff oder Schwefel in die Korngrenzen eine Verbrennung erfolgt. Das grobe Korn wird dann durch die entstehenden Oxyd- bzw. Sulfidhäutchen fixiert; selbst wenn innerhalb dieser Häutchen eine Umkristallisation eintritt, bleiben die Stahleigenschaften mangelhaft. Beispiele einer Verbrennung zeigt die Abb. 63. Derartiges Verbrennen tritt meist nur dann ein, wenn durch Stichflammen usw. eine starke Überhitzung bis nahe an den Schmelzpunkt vorkommt.

Eine besondere Erscheinung ergibt sich auch beim Glühen zwischen Ac_1 und Ac_3. Liegt die Glühtemperatur bei niedrig gekohlten Stählen zwischen diesen beiden Punkten, so wird nur ein gewisser Anteil Ferrit in Lösung gehen und ein anderer Anteil unverändert zurückbleiben. Kühlt man nun von diesen Temperaturen ab, so bleiben die nicht in Lösung gegangenen Ferritanteile unverändert, es entstehen aber aus den Anteilen der festen Lösung deutlich ausgeprägte Ferritsäume, von denen die Perlitinseln umgeben sind (Abb. 64).

Um eine Glühung einwandfrei durchzuführen, ist es notwendig, richtige Temperaturmessungen während der Glühung nicht nur im Ofen, sondern auch am Werkstück selbst auszuführen. Gleichzeitig ist eine genaue Kenntnis der Abhängigkeit der Erwärmungszeit von dem Querschnitt der einzelnen Stücke

---

[1] Pomp: Mitt. Kais.-Wilh.-Inst. Eisenforschg., Düsseld. Bd. 16 (1934) S. 10.

erforderlich. Die Erwärmungszeiten bei verschiedenen Querschnitten unter sonst gleichen Ofenbedingungen ergeben sich aus Abb. 65. Diese Werte können sich selbstverständlich nur auf eine Ofenart und Beheizungsart beziehen. Es genügt aber, bei anderen Ofenarten einen oder zwei Versuche durchzuführen, um den Anschluß an die obigen Kurven zu bekommen.

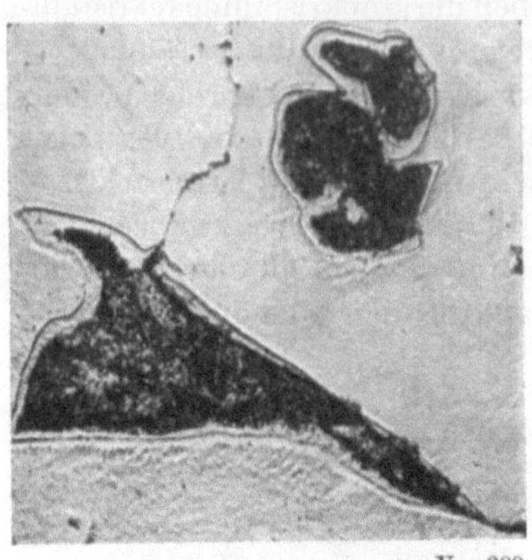

Abb. 64. Perlit von Ferrithofen umsäumt in kaltgerecktem Weicheisen, das längere Zeit bei 760° geglüht ist. [Entnommen aus Goerens „Einführung in die Metallographie". 6. Auflage. 1932 S. 323.]

Um mit Sicherheit eine gleichmäßige Temperatur in einem Werkstück zu erlangen, findet man des öfteren die Gewohnheit vor, Stücke zuerst 30—40° über die richtige Glühtemperatur zu erwärmen und dann auf die normale Glühtemperatur zurückgehen zu lassen. Bei dem Zurückgehen wird vor allem bei größeren Stücken der Ausgleich zwischen der etwas heißeren Randschicht und dem kälteren Kern angestrebt. Bei untereutektoiden sowie rein eutektoiden Stählen braucht ein derartiger Temperaturausgleich keinen besonderen Schaden hervorzurufen, da beim Durchschreiten der Umwandlungstemperatur wieder eine gewisse Kornverfeinerung eintritt, wenn die Überhitzung nicht zu groß war. Anders verhält es sich bei übereutektoiden Stählen. Bei hochkarbidhaltigen Stählen wird durch die Erwärmung über die niedrigste Glühtemperatur hinaus eine gewisse Grobkörnigkeit erzeugt, die durch Ausscheidung von Zementit in den Korngrenzen beim Abkühlen auf die richtige Glühtemperatur fixiert und

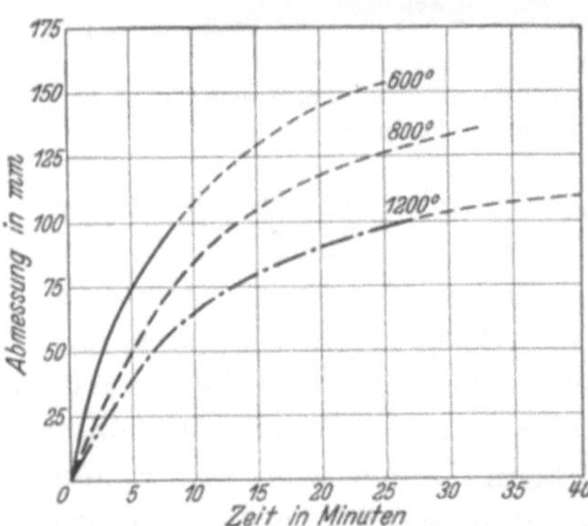

Abb. 65. Einfluß des Querschnittes auf die Anwärmdauer in einem Salzbad bei verschiedenen Temperaturen.

beim nächstfolgenden Durchschreiten der Umwandlungstemperatur nicht mehr verändert wird. Infolgedessen können sich durch diese Art der Glühung Kornvergröberungen ergeben, die schädlich sind.

Ein weiterer Punkt, der bei der Glühung Beachtung verdient, ist die Frage der Glühatmosphäre. Mit an erster Stelle interessiert der Einfluß des in allen Verbrennungsgasen vorhandenen Sauerstoffs. Die oxydierende Wirkung von Heizgasen macht sich vor allem in einer mehr oder weniger starken Verzunderung der Oberfläche bemerkbar. Will man des besseren Aussehens wegen Zunderbildung vermeiden, so muß der Zutritt von Verbrennungsgasen und Luft zum Glühgut soweit als möglich verhindert werden. (Einpacken in Glühkästen oder Blechrohre, die mit Lehm verschlossen werden; Zusatz von etwas Holzkohle usw.) Durch die Wirkung der Glühatmosphäre können aber auch andere Oxydationserscheinungen auftreten, von denen vor allem die Entkohlung hervorzuheben ist. Genau wie eindringender Sauerstoff beim flüssigen Stahl zuerst den Kohlenstoff entfernt, ehe er das Eisen oxydiert, findet auch in der festen Lösung die Oxydation des Kohlenstoffs unter Umständen vor der des Eisens statt; d. h. ein Stahl, der in das Gebiet der festen Lösung erwärmt wird, kann je nach den Oxydationsbedingungen entkohlen oder verzundern bzw. es kann beides eintreten. Abb. 66 zeigt eine Randentkohlung. Bei Werkzeugstählen, die später gehärtet werden müssen, bewirkt eine derartige Entkohlung ungleichmäßige und unvollständige Oberflächenhärtung.

Um eine solche Entkohlung hervorzurufen, ist es notwendig, daß der Sauerstoff langsam in das Eisen eindringt. Ist die Oxydationsgeschwindigkeit geringer als die Diffusionsgeschwindigkeit des Kohlenstoffs, so entsteht Entkohlung; ist die Oxydationsgeschwindigkeit hingegen größer als die Diffusionsgeschwindigkeit, muß eine Verzunderung auftreten, da jetzt infolge des schnell zudringenden Sauerstoffs Kohlenstoff und Eisen gleichzeitig oxydieren. Hieraus geht zur Genüge hervor, daß stark oxydierende Ofenatmosphären, bei denen die Oxydationsgeschwindigkeit die Diffusionsgeschwindigkeit um ein erhebliches Maß überschreitet, zwar eine stärkere Verzunderung bewirken, aber praktisch keine Entkohlung hervorrufen. Diese Erkenntnis hat man sich beim Glühen von hochgekohlten Werkzeugstählen zunutze gemacht, insbesondere bei der Wärmebehandlung von kalt zu ziehendem Silberstahl (1% C, 1% W), der oft vor der Härtung keine oder nur geringe Oberflächenbearbeitung erfährt. Während noch vor mehreren Jahren die warmgewalzten Ringe nur im Topf oder in der geschlossenen Muffel geglüht wurden, um eine einwandfreie Oberfläche zu erzielen, werden sie heute vielfach in der offenen Muffel geglüht. Man nimmt dabei die stärkere Verzunderung in Kauf, wenn man

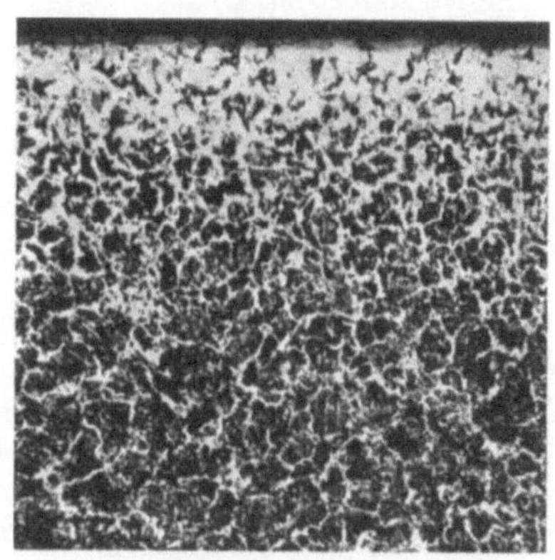

V = 100

Abb. 66. Entkohlte Randzone.

die gerade bei diesem Stahl außerordentlich unangenehme Entkohlung vermeiden kann. Außerdem wirkt sich die etwas stärkere Verzunderung günstig beim Blankbeizen aus, da der besser aufgelockerte Zunder in der höheren Oxydationsstufe leichter löslich ist als die festhaftende eisenreiche Oxydschicht, die sich beim Glühen in schwach oxydierender Atmosphäre ergibt. Zu langes Beizen eines solchen schwerbeizbaren Materials führt sonst leicht zu Beizporen.

Auch das Schützen von Glühgut durch Verschließen der Topföffnungen mit Lehm und Holzkohle kann infolge der unter diesen Umständen leicht möglichen Schaffung einer schwachoxydierenden Atmosphäre gefährlich sein. Will man unbedingt eine Entkohlung vermeiden, so muß man so große Mengen Holzkohle anwenden, daß beim Glühen in gewissem Sinne bereits eine zementierende Atmosphäre geschaffen wird (s. u.). Besonders gefährlich sind auch schwach reduzierende Atmosphären, wenn sie Wasserstoff enthalten. Wasserstoff, insbesondere feuchter, gilt mit als das schärfste Entkohlungsmittel.

Bei Entkohlung oberhalb A_1, aber unterhalb der A_3-Umwandlung beobachtet man eine eigenartige, säulenartige Ausbildung der entkohlten Kristalle, die auch als Zapfenkorn bezeichnet wird (Abb. 67). Diese Kristallausbildung kommt dadurch zustande, daß durch die Entkohlung eine Verminderung des Kohlenstoffgehaltes des bei der entsprechenden Temperatur vorliegenden γ-Mischkristalles erfolgt, die entsprechend der Unterschreitung der *GOS*-Linie im Eisenkohlenstoffdiagramm eine Ausscheidung von Ferrit bedingt. Die nach dem Innern zu fortschreitende Entkohlung hat ein in gleicher Richtung fortgesetztes Anwachsen der Ferritausscheidung und damit die Bildung der säulenförmigen Kristalle zur Folge. Der oberhalb der A_3-Umwandlung entkohlte γ-Mischkristall erfährt dagegen bei der Abkühlung eine Umkristallisation; es entstehen also in diesem Falle gleichachsige, nicht gerichtete Ferritkörner.

Im Gegensatz zu den Entkohlungserscheinungen kann beim Glühen in Anwesenheit aufkohlender Gase, die beispielsweise durch Abdeckung mit genügender Menge Holzkohle usw. entstehen, die Gefahr einer Aufkohlung eintreten (Abb. 68). Aufkohlungen können ebenfalls schädlich werden, weil die Karbidbildung in der Randschicht besonders bei Stücken mit geringem Querschnitt leicht eine zu große Sprödigkeit der Randschicht und Rißbildung usw. herbeiführen kann.

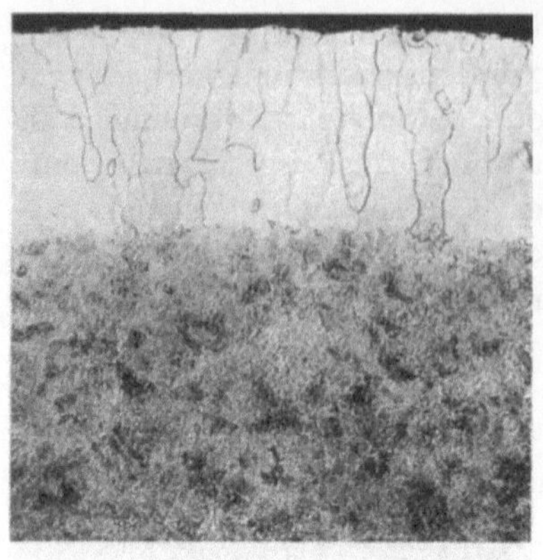

Abb. 67. Zapfenbildung bei Entkohlung.

Fehler beim Glühen können schließlich noch durch falsche Abkühlung entstehen. So ist es beim Glühen auf körnigen Perlit nötig, zumindest in der Nähe der Umwandlung sehr langsam abzukühlen, weil sonst wieder mit Bildung von lamellarem Perlit gerechnet werden muß. Beim Spannungsfreiglühen wird

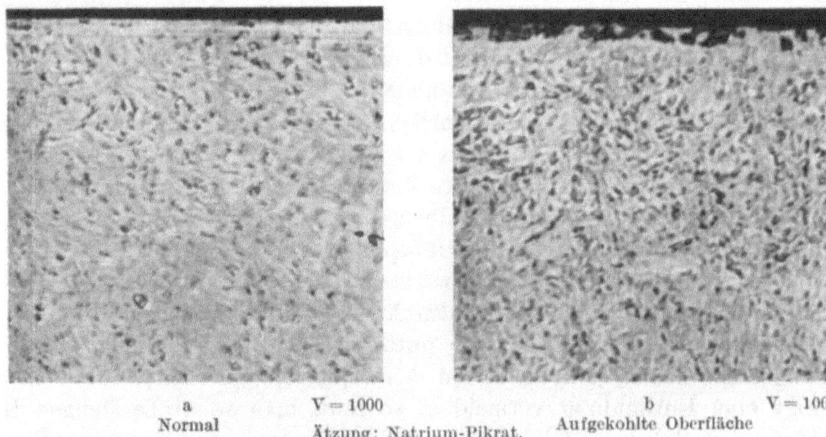

Abb. 68. Aufkohlung in Federbandstahl.

man stets noch bis zu Temperaturen von 200—300° herab langsam im Ofen abkühlen, um das Auftreten neuer Spannungen durch ungleichmäßiges Abkühlen von höheren Temperaturen mit Sicherheit zu verhindern.

2. Härten.

Unter Härten versteht man das Ablöschen aus dem Gebiet der festen Lösung mit dem Ziel, Martensitbildung hervorzurufen, d. h. den Stahl in den größtmöglichen Härtezustand überzuführen. Man kann zwei Arten von Härtung unterscheiden:

a) Die normale Härtung, bestehend aus einem Ablöschen mehr oder weniger hochgekohlter Stähle.

b) Die sogenannte Einsatzhärtung, d. h. Ablöschen nach erfolgter Aufkohlung der Randzone durch Diffusion.

a) Die normale Härtung.

Maßgebend für die Martensitbildung ist die kritische Abkühlungsgeschwindigkeit, d. h. diejenige Geschwindigkeit, die notwendig ist, um das Umwandlungsgebiet 1 (Ar') zu unterdrücken. Je nach der Zusammensetzung des betreffenden Stahles verändert sich die kritische Abkühlungsgeschwindigkeit und damit die Wahl der Abkühlungsart. Die notwendige Abkühlungsgeschwindigkeit ist auch weitgehend von den Abmessungen des Werkstückes abhängig. Die Veränderung der Abkühlungsgeschwindigkeit erreicht man praktisch durch Anwendung verschiedener Ablöschmittel. Die hauptsächlich angewendeten Ablöschmittel sind in fallender Folge der Abschreckwirkung Wasser, Öl und Luft; eine Zusammenstellung verschiedenster Abschreckmittel, nach der Reihenfolge ihrer Abschreckwirkung geordnet, zeigt Abb. 69.

Die schroffe Abschreckwirkung des Wassers kann noch erhöht werden durch Zusätze, die die Wärmeleitfähigkeit des Wassers heraufsetzen, wie z. B. Schwefelsäure und Kochsalz. Maßgebend für die Ablöschwirkung ist aber nicht nur die Wärmeleitfähigkeit, sondern auch der Verdampfungspunkt. Je niedriger der Verdampfungspunkt liegt, um so leichter bilden sich um das zu härtende Stahlstück kleine isolierende Dampfbläschen, die die Abschreckwirkung vermindern. Die Gefahr der Dampfblasenbildung ist, abgesehen von der Lage des Verdampfungspunktes, um so höher, je größer das abzuschreckende Stahlstück und je geringer die Bewegung des Ablöschmittels ist. Hieraus geht bereits hervor, daß zum einwandfreien Härten größerer Stahlstücke eine sehr energische Bewegung des Ablöschbades erforderlich ist, da die Bewegung des Ablöschmittels gleichzeitig im Sinne einer erhöhten Wärmeleitfähigkeit wirkt. Ebenso kann durch Zusätze von den Verdampfungspunkt heraufsetzenden Stoffen, wie z. B. Natronlauge, trotz verschlechterter Wärmeleitfähigkeit eine verbesserte Härtewirkung, insbesondere größere Gleichmäßigkeit, erzielt werden.

Die Härtewirkung ist aber nicht nur von dem Abschreckmittel, sondern auch in einem gewissen Sinne von der Abschrecktemperatur abhängig. Besonders leicht läßt sich diese Erscheinung bei legierten Stählen verfolgen. Abb. 70 zeigt den Einfluß verschiedener Härtemittel und Härtetemperaturen auf die erzielte Härte bei einem 5proz. Nickelstahl mit 0,5% C. Wie hieraus ersichtlich, liegt die beste Härtetemperatur für Wasser bei 750°, für Öl oder Preßluft bei etwa 900°, während bei Abkühlung an Luft die beste Härtewirkung erst bei 1100° erzielt wird. Zur Erklärung dieses Einflusses der Härtetemperatur kann man sich vorstellen, daß die Unterdrückung des Umwandlungsgebietes 1 (Ar') bei um so geringerer Abkühlungsgeschwindigkeit möglich wird, je keimfreier die feste Lösung ist; eine Erwärmung zu höheren Temperaturen wirkt aber zweifelsohne im Sinne einer Homogenisierung der festen Lösung. Insbesondere bei sonderkarbidhaltigen Stählen geht mit steigenden Temperaturen ein steigender

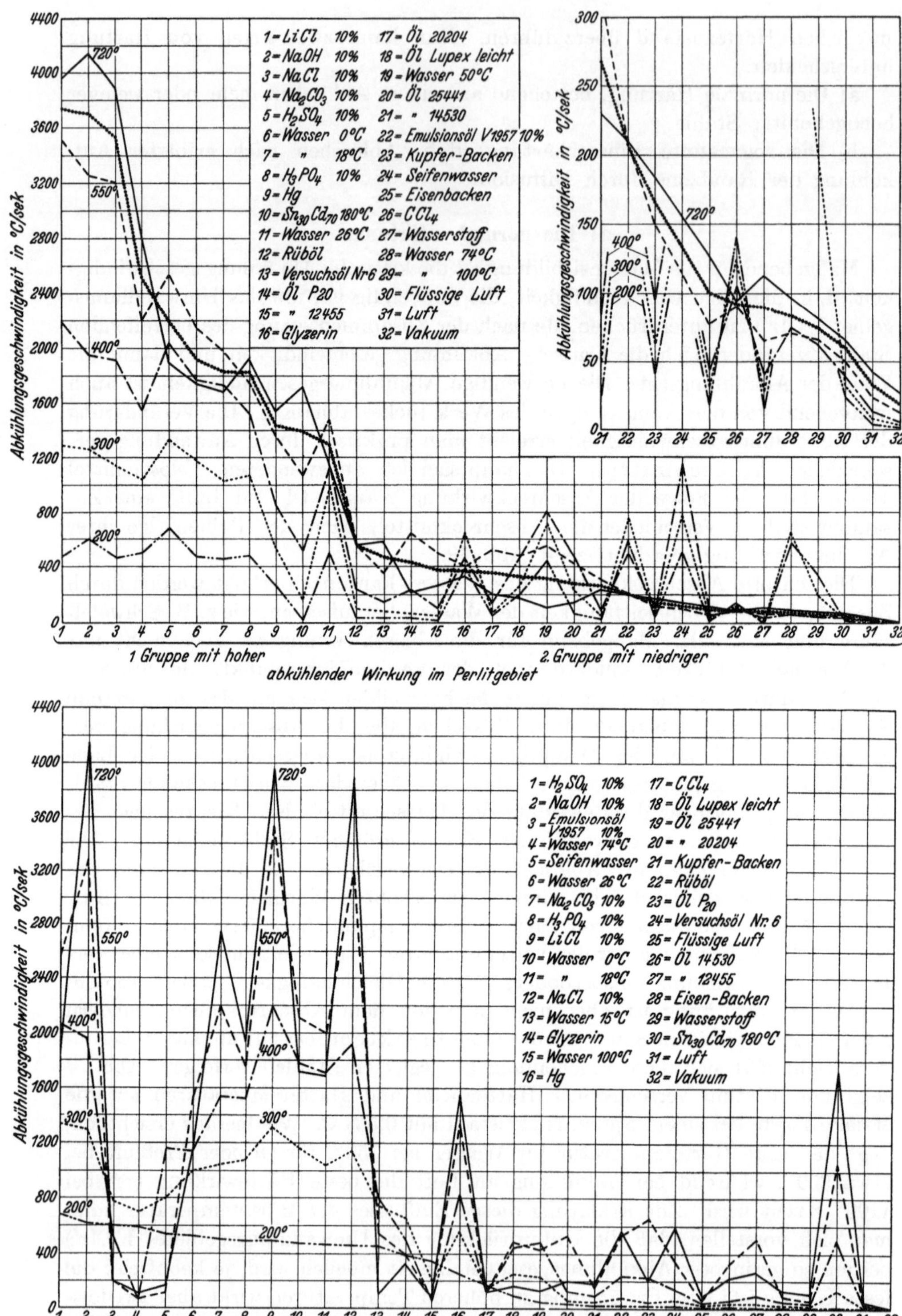

Abb. 69. Abkühlungsvermögen verschiedener Härtemittel. Oben nach der Wirkung in der Perlitstufe (rund 700°): unten nach der Wirkung in der Martensitstufe (rund 200°) geordnet. [Nach Wever: Arch. Eisenhüttenwes. 5. Jg. (1932) S. 373.] (Durch Abkühlung einer 4 mm Kugel aus Chrom-Nickel ermittelt.)

Anteil von Karbid in Lösung (s. a. unter „Vanadium") und somit wird eine Unterdrückung des Umwandlungsgebietes 1 bei steigender Ablöschtemperatur leichter möglich. Außer der Höhe der Abschrecktemperatur wird bei solchen Stählen aber auch die Beschaffenheit des Ausgangsgefüges insofern eine wesentliche Rolle spielen, als ein feinverteiltes Karbid leichter zu lösen ist als grob zusammengeballte Karbidanhäufungen. Ob außer Kohlenstoff nicht auch noch chemisch schwer bestimmbare kleinste Mengen anderer Fremdstoffe in Lösung gehen und im gleichen Sinne wirken, muß einstweilen dahingestellt bleiben. Auch die mit steigender Ablöschtemperatur zunehmende Kristallkorngröße steigert die Härtefähigkeit. Jede Korngrenze stellt einen atomaren Spannungszustand zwischen zwei Kristallen dar und wirkt somit umwandlungsfördernd. Je höher ein Stahl erhitzt wird, um so grobkörniger wird er, um so weniger Korngrenzen sind vorhanden, um

so größer wird seine Härtefähigkeit. Sehr deutlich geht der Einfluß steigender Korngröße und die damit verbundene geringere Impfwirkung der Korngrenzen aus Abb. 71 hervor. Es wurden Proben von zwei unlegierten Werkzeugstählen mit etwa 1% Kohlenstoff zunächst von normaler Härtetemperatur (780° C) abgeschreckt. Beide Stähle zeigten nach dieser Behandlung einen feinkörnigen Härtebruch und eine verhältnismäßig geringe Durchhärtung von 5,5 bzw. 2,5 mm, entsprechend ihren verschiedenen Herstellungs-

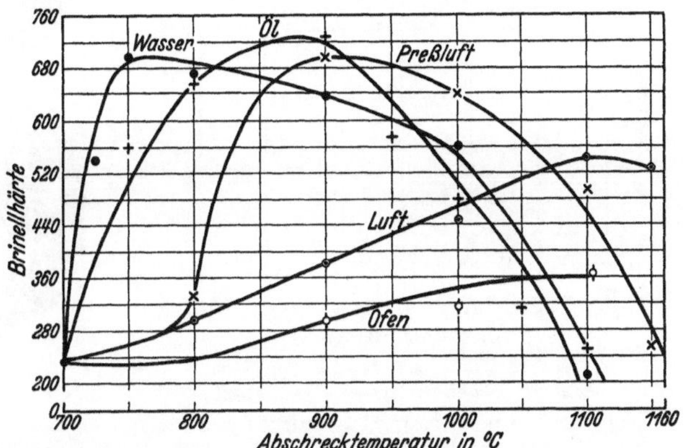

Abb. 70. Brinellhärten eines Nickelstahles mit 0,5% C, 5% Ni bei wechselnden Härtetemperaturen in verschiedenen Abschreckmitteln abgelöscht. [Nach Jungbluth: Stahl u. Eisen 1922 S. 1394.]

verfahren. Die Stähle wurden sodann eine Stunde bei 1100° C geglüht und in Wasser abgeschreckt; hierdurch trat eine starke Kornvergröberung ein und die Härtetiefe stieg erheblich an. Vergleichsproben wurden zunächst 1 Stunde bei 1100° C geglüht und kühlten von dieser Temperatur im Ofen auf die normale Härtungstemperatur von 780° C. ab. Von dieser Temperatur abgelöscht, zeigten die Stähle genau so starke Durchhärtung wie die von 1100° C gehärteten Proben. Der Versuch zeigt, daß die verstärkte Durchhärtung bei höherer Abschrecktemperatur nicht etwa eine Folge größerer Abkühlungsgeschwindigkeit ist, wie man, verleitet durch das höhere Temperaturgefälle, öfter irrtümlicherweise annahm. Im Sinne einer Erhöhung des Temperaturgefälles könnte nur eine Senkung der Temperatur des Abschreckmittels wirken, nicht aber eine Erhöhung der Härtetemperatur, denn die Geschwindigkeit, mit der das Umwandlungsgebiet durchlaufen wird, ist unabhängig davon, ob die Abschrecktemperatur 800° oder etwa 1000° ist. Bei höheren Anfangstemperaturen könnte infolge des höheren Wärmeinhaltes der Stücke höchstens eine Verlangsamung der Abkühlung eintreten. Maßgeblich für die erwähnte Wirkung ist ausschließlich die durch das Verweilen auf höherer Temperatur eintretende Kornvergröberung und Homogenisierung. Der Versuch zeigt gleichzeitig, daß der im Abschnitt „Glühen" erwähnte Brauch, Stücke zwecks besseren Temperaturausgleichs über Härtetemperatur zu erwärmen und sie dann im Ofen zurückgehen zu lassen, mitunter zu uner-

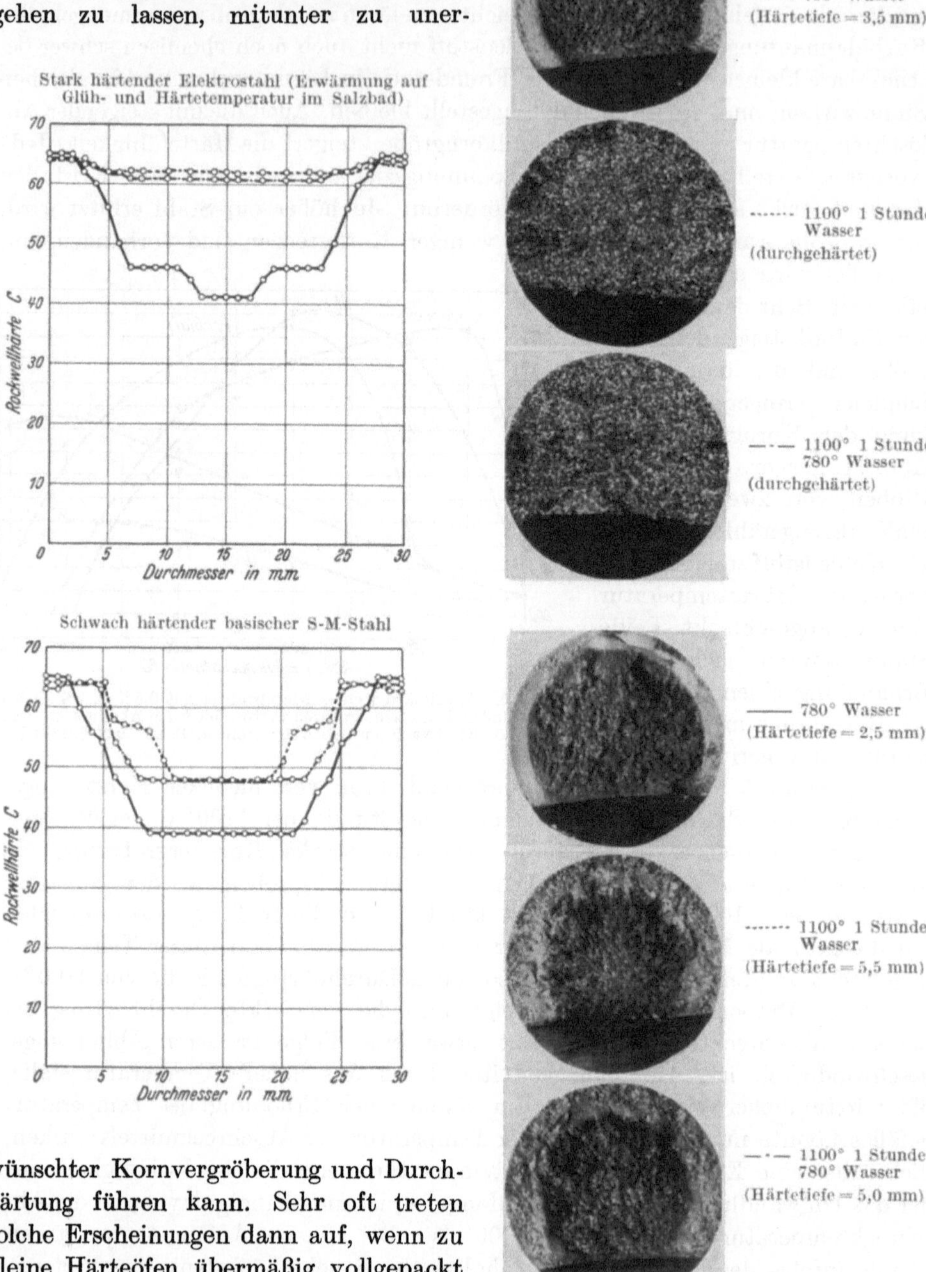

Abb. 71. Einfluß der Kornvergröberung auf die Durchhärtung bei 2 unlegierten Werkzeugstählen mit 1% C verschiedener Herstellungsart.

wünschter Kornvergröberung und Durchhärtung führen kann. Sehr oft treten solche Erscheinungen dann auf, wenn zu kleine Härteöfen übermäßig vollgepackt werden. Die hierdurch erforderliche größere Wärmezufuhr bedingt meistens ungleichmäßige Erwärmung und teilweise

Überhitzung der eingesetzten Stücke, auch wenn im Augenblick der Härtung
eine vollkommen gleichmäßige Temperatur im Ofen erzielt wird.

Durchhärtung. Die größte Abkühlungsgeschwindigkeit tritt beim Abschrecken
an der Oberfläche der Stahlstücke auf, da diese unmittelbar mit dem Kühlmittel
in Berührung steht. Je weiter die Teile von der Oberfläche des Stahlstückes
entfernt sind, um so geringer wird die Abkühlungsgeschwindigkeit, so daß es
bei dickeren Stücken vorkommen kann, daß außen bereits Temperaturen von
300° und darunter erreicht sind, während im Kern das Material noch dunkelrot
glühend ist, also eine Temperatur von etwa 600° aufweist. Da die Abkühlungsgeschwindigkeit vom Rand zur Mitte abnimmt, wird
es für eine bestimmte Stahlzusammensetzung immer
einen bestimmten Querschnitt geben müssen, in dem
die kritische Abkühlungsgeschwindigkeit im Kern
unterschritten wird und der Stahl also nicht mehr
härtet. Wir erhalten dann im abgeschreckten Zustand
einen martensitischen Rand und einen zäheren Kern,
der aus Troostit bis Sorbit bestehen kann. Diese Erscheinung der nicht vollkommenen Durchhärtung tritt
bei allen reinen Kohlenstoffstählen bereits bei Abmessungen von etwa 10 mm aufwärts ein. Bei legierten
Stählen, die eine geringere kritische Abkühlungsgeschwindigkeit erfordern, wird bei demselben Ablöschmittel, also z. B. Wasser, noch im ganzen Querschnitt des betreffenden Stahlstückes die kritische Abkühlungsgeschwindigkeit erreicht und man erhält
Durchhärtung. Durch Legierungselemente kann
die kritische Abkühlungsgeschwindigkeit so weit herabgesetzt werden, daß sogar bei milderen Ablöschmitteln, wie Öl oder Luft, vollkommene Durchhärtung
erzielt wird. Wie die Verhältnisse liegen, zeigt die Darstellung in Abb. 72.

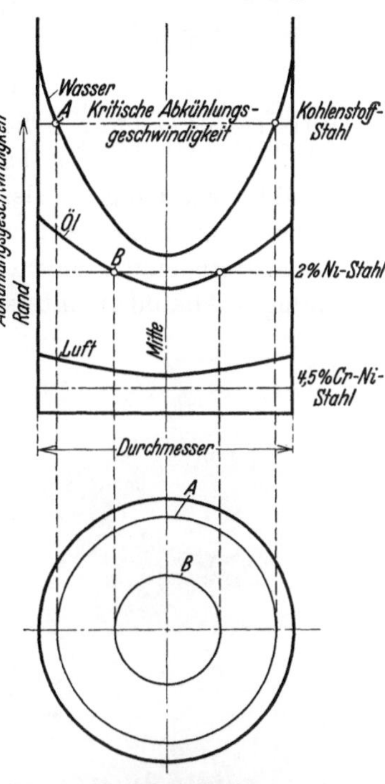

Abb. 72. Einfluß der Legierung auf
das Durchhärtungsvermögen von
Stählen.

Es sind in dieser Abbildung schematisch verschiedene Abkühlungsgeschwindigkeiten über den Durch-
messer — schwarz ausgezogen — aufgetragen. Die stärkste Abkühlwirkung
am Rand wird durch Wasser erzielt, wobei gleichzeitig die größten Unterschiede zwischen Kern und Rand auftreten können. Ein Kohlenstoffstahl
wird beim Ablöschen bis zu einer Tiefe durchhärten, bei der die kritische Abkühlungsgeschwindigkeit (im Punkte A) erreicht wird. Wir bekommen einen
Härterand entsprechend der Ringzone A. Bei einem höher legierten Nickelstahl oder mittellegierten Chrom-Nickel-Stählen genügt schon Ölablöschung
zur Erreichung der kritischen Geschwindigkeit. Im Punkte B wird aber
wiederum nach dem Kern zu die kritische Abkühlungsgeschwindigkeit unterschritten, wir erhalten einen Härterand entsprechend der Kreiszone bis B und
einen kleineren troostitischen Kern. Bei Wasserhärtung würde vollkommene
Durchhärtung dieser Stähle erfolgen. Bei Lufthärtung, z. B. von hochlegiertem
Cr-Ni-Stahl, oder dem extremsten Fall, der Ofenhärtung sehr hochlegierter
Stähle, werden die Unterschiede zwischen Rand und Kern am geringsten; unter

Umständen wird hier die kritische Abkühlungsgeschwindigkeit im ganzen Querschnitt erzielt, es erfolgt vollkommene Durchhärtung.

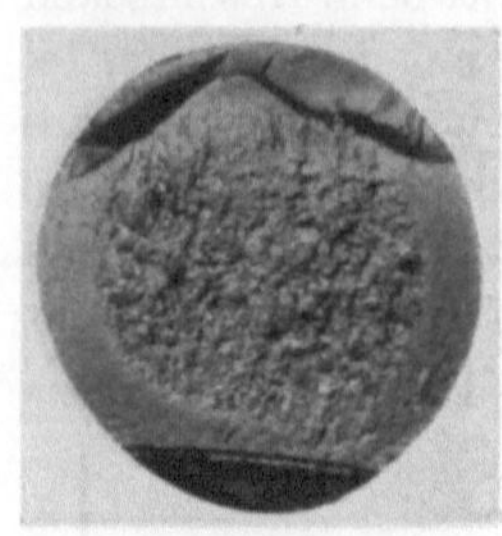

Abb. 73. Härtebruch eines Kohlenstoffstahles mit Härterandschicht und zähem Kern. $V = 1:1$

Die nicht vollkommene Durchhärtung bei Kohlenstoffstahl kann man schon an Bruchproben erkennen, bei denen sich der harte Martensitrand von dem zähen Troostitkern abhebt. Infolge des gleichzeitigen Auftretens von Ar'' und Ar' in einer gewissen Tiefe und der Anlaßwirkung in der Übergangszone, die diese durch von innen nachströmende Wärme erfährt, erhält man einen milden Übergang vom Härterand zum zähen Kern (Abb. 73).

Da eine Erhöhung der Ablöschtemperatur im Sinne einer Verbesserung der Härtbarkeit wirkt, ist es erklärlich, daß mit steigender Ablöschtemperatur die Durchhärtung bei ein und demselben Stahl zunimmt (Abb. 74).

Härtespannungen. Beim Ablöschen von Stählen müssen Spannungen entstehen, und zwar kann zwischen a) Kristallgitterspannungen, b) Spannungen durch Gefügeunterschiede und c) rein thermischen Spannungen durch ungleichmäßiges Abkühlen unterschieden werden.

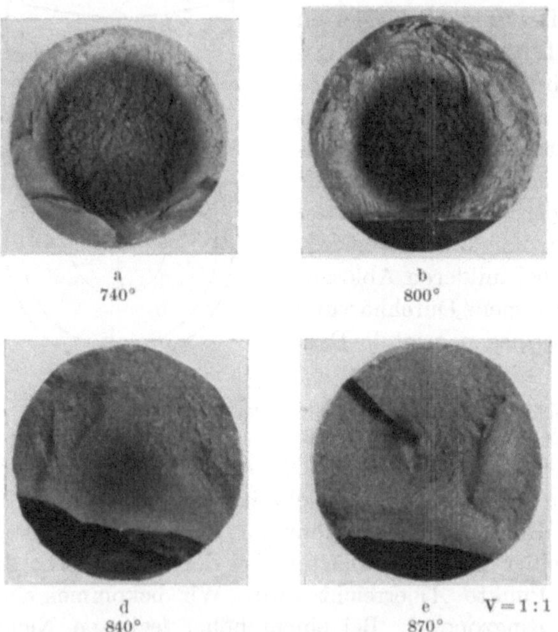
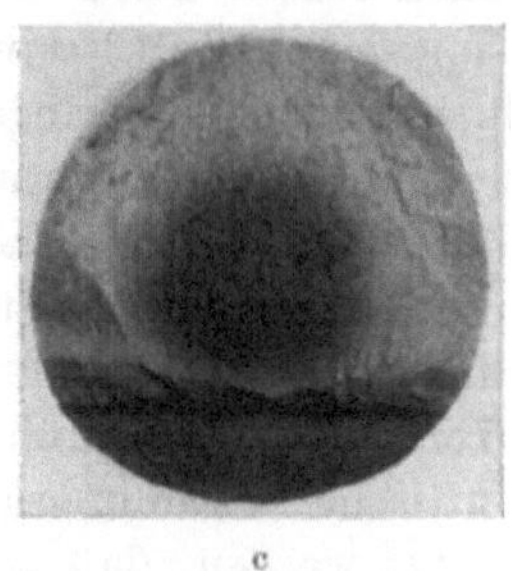

Abb. 74. Veränderung der Härtetiefe mit der Ablöschtemperatur bei einem Werkzeugstahl mit 0,99% C, 0,43% Si, 0,43% Mn.

a) Wie bereits erwähnt, tritt bei der Bildung von Martensit durch die zwangsweise Verteilung des Kohlenstoffes im Kristallgitter eine Volumenvergrößerung auf, die gleichzeitig einen Maßstab für die im Gefüge vorhandenen Spannungen ergibt. Entsprechend der Volumenvergrößerung steigen die Spannungen mit der Höhe des Kohlenstoffgehaltes an. Da diese Spannungen aber innerhalb des Kristallgitters selbst auftreten und jedes Stahlstück sich aus einem Haufwerk gegeneinander regellos gerichteter Kristalle zusammensetzt, brauchen sich die Kristallgitterspannungen über makroskopische Raumbereiche nicht auszuwirken, sondern heben sich größtenteils selbst auf. Ein im Gefüge gleichmäßiger Stahl, z. B. eine luft- oder ofenhärtbare Legierung, die durch den ganzen Querschnitt vollkommen martensitisch wird, weist zwischen den einzelnen Querschnittsteilen Rand und Kern keine wesentlich verschiedenen Spannungszustände auf; sie würde also beim schrittweisen Abschleifen keine wesentlichen Längenänderungen ergeben, dagegen könnte bei röntgenographischen Untersuchungen die gleichmäßige Verspannung des Gitters festgestellt werden. Infolgedessen wird bei luft- und ofenhärtbaren Stählen, vorausgesetzt, daß sie im Rand und Kern gleichmäßig härten, ein ungleichmäßiger Verzug beim Härten, der meistens eine Andeutung für auftretende orientierte Spannungen ist, fast völlig vermieden. Der Fall, daß Stahllegierungen bei der Härtung vollkommen gleichmäßig martensitisch werden, ist selten. Meist verläuft die Härtung entweder unvollkommen, so daß geringe Mengen Troostit im Gefüge zurückbleiben, oder es entsteht Restaustenit. Die im Härtegefüge durch örtlich verschiedene Volumenvergrößerung bei der Martensitbildung entstehenden Spannungen können so groß werden, daß sich mikroskopisch feine Risse im Härtungsgefüge ausbilden.

b) Tritt bei gehärteten Stahlstücken außen Martensit und innen Troostit auf, so bilden sich — wenn man von den unter c) beschriebenen Abkühlungsspannungen absieht — orientierte Spannungen zwischen Rand- und Kernzone aus. Infolge des größeren Volumens der gehärteten Randzone wird eine Zugbeanspruchung auf den Kern aus-

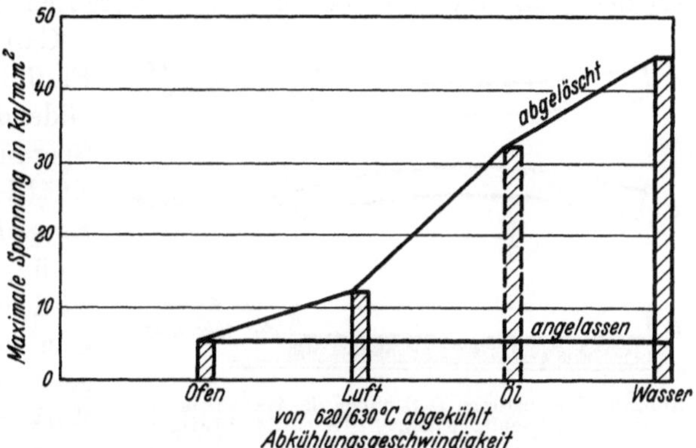

Abb. 75. Ablöschspannungen in einem vergüteten Knuppel eines Kohlenstoffstahles mit 0,8 % C nach Abkuhlung in verschiedenen Abschreckmitteln. [Nach Stäblein.]

geübt, während der Rand selbst unter Druckspannung steht. Es liegen hier gerichtete Spannungszustände vor, die um so größer sein werden, je stärker die Unterschiede in der Ausbildung des Martensitrandes und des nichtgehärteten Kernes sind. Durchhärtende Stähle enthalten daher, wie erwähnt, weniger gerichtete Spannungen als Stähle mit Härterand.

c) Eine weitere Art von Spannungen schließlich tritt in jedem abgelöschten Metallstück auf, ganz gleich, ob es Umwandlungen im Gefüge erfährt oder nicht. Die Ursache dieser Spannungen ist auf die unterschiedliche Abkühlung in verschiedenen Querschnittszonen beim Abschrecken zurückzuführen. Beim Ablöschen kühlt die Randzone zuerst ab und versucht sich zusammenzuziehen, so daß in ihr Zugspannungen entstehen. Solange die Temperatur des Metallstückes hoch genug ist, wird das Bestreben vorhanden sein, diesen Spannungen durch plastische Formänderungen nachzugeben. Bei einer vollkommen gleichen Form, wie z. B. einer Kugel, würde eine plastische Formänderung unmöglich sein, da die Außenzone, z. B. beim Ablöschen in Wasser, sehr schnell in den Bereich übergeführt wird, in dem irgendwelche plastische Formänderungen nicht mehr möglich sind, der Kern selbst aber keine Möglichkeit hat, nach irgendeiner Richtung zu fließen. Bei der weiteren Abkühlung des Kernes wird dieser sich entsprechend seinem thermischen Aus-

dehnungskoeffizienten zusammenziehen wollen, infolge der Starrheit der abgekühlten Randzone wird er aber an der Zusammenziehung verhindert werden,
mit anderen Worten, im abgeschreckten Zustande ist die Randzone eines Stückes
für den Kern zu groß. Die Folge hiervon sind gerichtete Spannungen von
erheblicher Größe, und zwar jetzt in der Außenzone Druck, in der Innenzone
Zug. Die Größe der auftretenden Spannungen steht in direktem Zusammenhang
mit der Schroffheit des Ablöschmittels (Abb. 75).

Infolge der auftretenden Spannungen treten bei Stücken, die nicht einer Kugel
entsprechen, durch das Ablöschen allein erhebliche Verformungen ein; z. B. erfolgt
bei großen zylindrischen Schmiedestücken, die im Kern eine Bohrung besitzen,
durch den auf die Kernzone beim Ablöschen ausgeübten Druck ein Zudrücken der
Bohrung. Bei Stücken von 800 mm Durchmesser und 80 mm Bohrung kann man
beobachten, daß nach dreimaligem Vergüten die Bohrung verschwunden ist, es
sei denn, daß die Innenbohrung beim Vergüten selbst stark gekühlt wird.

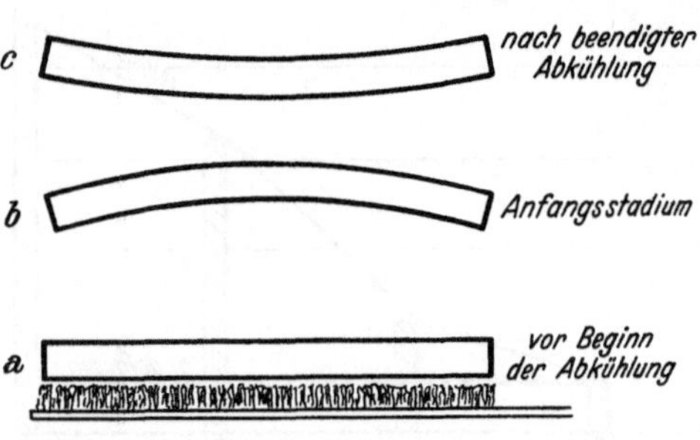

Abb. 76. Schematische Darstellung des Verhaltens einseitig abgelöschter Knüppel. [Nach Stablein.]

Ganz anschaulich kann man sich den
Einfluß der Abkühlung auf die sich ausbildenden Formänderungen und somit
Spannungen nach einem Versuch von
Stäblein (Abb. 76) vor Augen führen.
Ein auf höhere Temperatur erwärmter
Knüppel, z. B. Weicheisen, Flußeisen,
wird gemäß Abb. 76a über eine Brause
gebracht und von unten her ab-
gebraust. Infolge der abkühlenden
Wirkung erfolgt zuerst eine Zusammenziehung der unteren Fläche und
ein Verziehen nach Abb. 76b; die obere noch warme Fläche wird plastisch defor-
miert. Bei weiterer Abkühlung zieht sich nun die obere Seite ebenfalls zusammen
und bewirkt eine Krümmung nach der entgegengesetzten Richtung gemäß Abb. 76c
unter Hervorrufung ganz beträchtlicher elastischer Spannungen.

Dieses Beispiel eines unterhalb des Umwandlungspunktes abgelöschten
Stahlstückes zeigt bereits deutlich die während der Abkühlung eintretende
Spannungsumkehrung. Während beim Ablöschen eines Metallstückes zuerst
Zugspannungen in der Außenzone auftreten, sind nach vollendeter Abkühlung Druckspannungen in der Randzone vorhanden. Für den Kern
gelten die umgekehrten Verhältnisse. Die Umkehrung der Zug- in Druckspannungen bzw. umgekehrt erfolgt bei verschiedenen Temperaturen, je nach
dem Ablöschmittel, der Abmessung und der Temperaturungleichmäßigkeit
des Stückes usw. Zum mindesten wird sich die Randzone und Kernzone
jeweils in anderen Temperaturgebieten befinden, wenn die Spannungsumkehrung eintritt.

Noch verwickelter werden die Verhältnisse, wenn nicht nur reine Ablöschspannungen entstehen, sondern bei Stählen mit Umwandlung gleichzeitig noch
Umwandlungsspannungen zu den reinen Ablöschspannungen hinzutreten. Da
auch die Umwandlungstemperatur von der Abkühlungsgeschwindigkeit abhängig
ist, werden die hierdurch hervorgerufenen Spannungen sich entweder vor oder
nach der Spannungsumkehrung im positiven oder negativen Sinne überlagern.

Ebenso spielt für den endgültigen Spannungszustand nach vollendeter Abkühlung der Fließwiderstand bei den Temperaturen, bei denen die Spannungen auftreten, noch eine Rolle, da durch das Fließen ein Spannungsausgleich stattfinden kann. Je niedriger der Fließ- bzw. Formänderungswiderstand bei der betreffenden Temperatur ist, um so stärker wird der Spannungsausgleich durch Fließen erfolgen. Einen guten Überblick über die sehr verwickelten Verhältnisse geben die Arbeiten von Bühler und Scheil[1], sowie von Buchholtz und Bühler[2].

Wie man hieraus ersieht, können die auftretenden Spannungen zu starkem Verzug gehärteter Stücke führen, der je nach ihrer Form verschieden sein muß. Insbesondere wird starker Verzug bei einseitiger Abkühlung in Erscheinung treten. Beim Härten von langen Scherenmessern von 2—3 m Länge kann man des öfteren feststellen, daß sie sich um mehrere Zentimeter in der Länge verziehen. Hierbei ist zu beachten, daß der Verzug um so größer ist, je mehr Spannungen in den Stücken vorhanden sind. So ist es kennzeichnend, daß derartige Scherenmesser sich stärker verziehen, wenn sie direkt aus dem Schmiedezustand gehärtet werden, als wenn sie nach dem Schmieden vorab einer Ablöschbehandlung und nachfolgendem Ausglühen unterworfen worden sind und dann erst gehärtet werden. Zu diesen reinen Ablöschspannungen kommen beim Härten von Werkzeugstählen noch die gerichteten Spannungen infolge verschiedener Gefügeausbildung hinzu. Daß auch diese verschiedene Gefügeausbildung von wesentlichem Einfluß auf die Art des Verzuges sein kann, geht aus den Vielhärtungsproben der Abb. 77 hervor. Man sieht deutlich, daß der niedriggekohlte

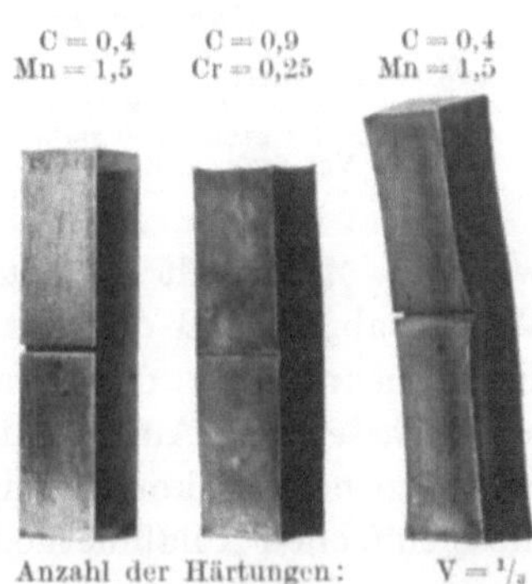

Abb. 77. Einfluß der Legierung auf das Verziehen.

Manganstahl gegenüber dem höher gekohlten Chromstahl einen stärkeren Verzug aufweist und vor allem beim Härten eine Längung erfährt, während der Chromstahl einen geringeren Verzug mit dem Bestreben einer Verkürzung aufweist.

Eine Folge auftretender Spannungen können Rißbildungen bei oder nach der Härtung sein. Da die Spannungen um so stärker sind, je komplizierter die Form des betreffenden Werkstückes und je schroffer das Abkühlmittel ist, ergibt sich zur Vermeidung von Verzug und Härterissen zwangsläufig die Notwendigkeit, für komplizierte Stahlteile, insbesondere Werkzeuge, von der schrofferen Wasserhärtung zur milderen Ölhärtung oder Luftabkühlung überzugehen und die Art der Legierung derart zu wählen, daß ihre kritische Abkühlungsgeschwindigkeit für diese Härtebehandlung ausreicht.

Die bei schroffer Abkühlung erzeugten Spannungen bewirken auch bei längerem Lagern gehärteter Stücke noch nachträglich eintretenden Verzug, der durch Feinmessung ohne weiteres festgestellt werden kann. Von Wichtigkeit ist dieser Verzug, der sich im Laufe der Zeit einstellt, insbesondere bei gehärteten Feinmeßwerkzeugen. Wie groß die Veränderungen sein können, zeigt Abb. 78.

Stähle für Feinmeßwerkzeuge müssen daher vor der Verwendung gealtert werden, sei es durch längeres Lagern oder vor allem durch Anlassen. Spannungen

[1] Arch. Eisenhüttenwes. Bd. 6 (1933) S. 283—288.
[2] Arch. Eisenhüttenwes. Bd. 5 (1932) S. 413—418 und Bd. 6 (1933) S. 335—338.

werden mit steigender Temperatur vermindert; zum beträchtlichen Teil tritt dies schon beim Anlassen auf niedrige Temperaturen von 100—200° ein. Da hierbei noch kein wesentlicher Härteverlust entsteht, sollten prinzipiell alle schroff abgelöschten Werkzeuge durch Auskochen in Wasser oder Öl bei Temperaturen von 100—200° angelassen werden. Hierbei ist es vorteilhaft, die Dauer der Anlaßzeit so lang wie möglich zu wählen. In vielen Fällen begnügt man sich bei

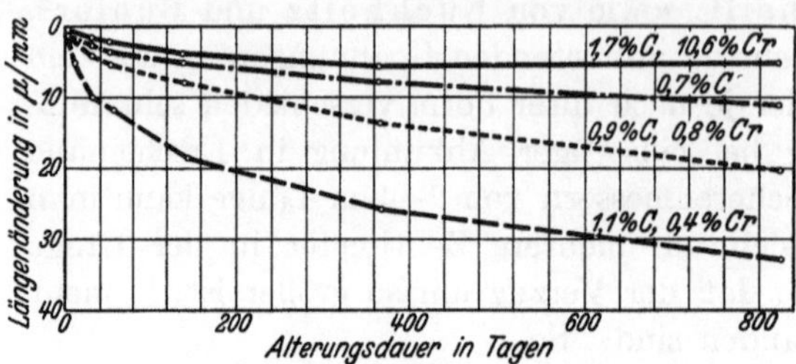

Abb. 78. Längenänderung beim Lagern in Raumtemperatur für verschiedene Stähle. [Nach Weber: Die naturliche und künstliche Alterung des gehärteten Stahles. Berlin: Julius Springer 1926. Vgl. Stahl u. Eisen 46. Jg. (1926) S. 1437.]

kleineren Werkzeugen damit, sie über einem Feuer anzulassen und schätzt die Temperatur an Hand der an einer blankgeriebenen Stelle eines Werkzeuges sich bildenden Anlauffarbe. Hierauf sind die Bezeichnungen „anlassen auf gelb, dunkelgelb usw." zurückzuführen. Bei besonders komplizierten Werkzeugen wird man oft die Eigenwärme des Werkzeuges zum Anlassen verwenden. Man kühlt die betreffenden Werkzeuge beim Härten nur kurze Zeit in Wasser ab, so daß der Kern noch nicht auf Raumtemperatur abkühlt. Beim Herausnehmen aus dem Wasser bewirkt die dem Kern innewohnende Wärme ein Anlassen der Außenschicht. Nach Erzielung der gewünschten Anlaßfarbe läßt man nun vollkommen in Wasser abkühlen. Selbstverständlich wird durch diese einfachen Anlaßmethoden nicht dieselbe sichere und gleichmäßige Wirkung erzielt wie beim Auskochen im Wasser- oder Ölbade bei genau bestimmten Temperaturen. Bei diesen Anlaßvorgängen findet eine Umwandlung des weißen tetragonalen Martensits in dunklen Martensit und bei höheren Temperaturen ein Zerfall des Martensits statt.

Einige praktische Gesichtspunkte beim Härten. Beim praktischen Härten wendet man die verschiedensten Mittel und Kniffe an, um besondere Wirkungen zu erzielen. Auf die Bewegung des Abschreckmittels — Wasserstrudel, Ölstrudel, Preßluft — ist bereits hingewiesen worden. Beim Härten von Gesenken, die z. B. zum Schlagen von Stahlteilen dienen, ist es üblich, die gravierte Fläche, die besonders

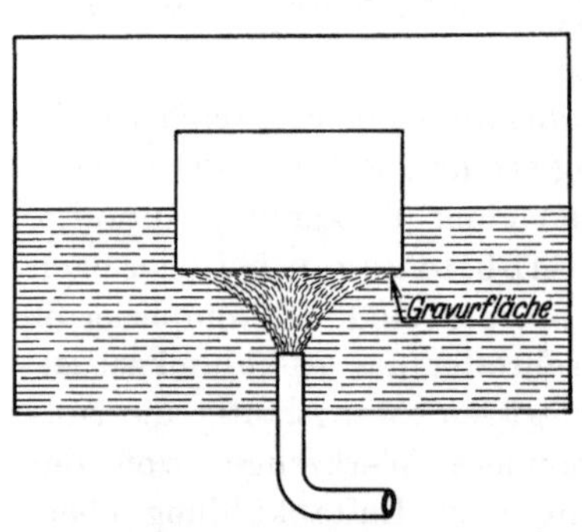

Abb. 79. Darstellung der Hartung eines Gesenkes im Wasserstrudel.

verschleißfest sein muß, härter zu halten als die Rückseite, die eine zähe Rücklage für die gehärtete Fläche ergeben soll. Dies wird dadurch erreicht, daß man die Gesenke mit der gravierten Fläche über einem Wasserstrudel oder Ölstrudel härtet (Abb. 79). Bei der Wasserhärtung kann man hierbei die Rückseite aus dem Wasser herausragen lassen, so daß sie praktisch keine oder nur sehr geringe Ablöschwirkung erfährt. Gleichzeitig kann durch frühzeitige Unterbrechung der Härtung die Eigenwärme zum Anlassen der Härtungsflächen ausgenutzt werden. Eine entsprechende Wirkung läßt sich auch durch Abblasen der Arbeitsfläche mit Preßluft bei lufthärtenden Stählen erzielen. Eine ähnliche Art der Härtung nimmt man auch bei Preßluft-döppern, Steinhämmern usw. vor, bei denen nur die Arbeitsflächen und die hinteren Schaftteile bis zum Übergang in den dickeren Querschnitt gehärtet werden sollen (Abb. 80). Auch hierbei empfiehlt es sich, durch die Eigenwärme nach einer bestimmten Abkühlzeit einen Anlaßvorgang herbeiführen und nicht vollkommen in der Abschreckflüssigkeit erkalten zu lassen. Durch Abdecken bestimmter Teile mit Asbest, Lehm, Draht, Feilspänen usw. lassen sich noch beim Härten gewisse Stellen weich halten. Außerdem können solche Ab-deckungen den Zweck haben, besonders empfindliche Querschnittsübergänge gegen zu schroffe Abkühlung zu schützen und dadurch der Entstehung von Härterissen vorzubeugen.

Bei Stücken mit sehr starken Querschnittsunterschieden werden häufig bei Massenanfertigungen Härtemaschinen benutzt, die auf die jeweils zu fertigenden Teile zugeschnitten sind und den Zweck haben, die Abschreckwirkung den Abmessungen der Stücke wei-testgehend anzupassen (z. B. Zahnradhärtemaschine von Gleason).

Stufenhärtung. Bei der Besprechung der Umwand-lungsvorgänge in Eisen-Kohlenstoff-Legierungen bei der Abkühlung aus der festen Lösung wurde darauf hingewiesen, daß zwischen Umwandlungsgebiet 1 (Perlit-Troostit) und Umwandlunsgebiet 2 (Martensit) ein Temperaturbereich geringer Umwandlungsgeschwin-digkeit liegt. Infolge dieser geringen Umwandlungs-geschwindigkeit ist es möglich, Stahllegierungen schnell durch Umwandlungsgebiet 1 auf diese Temperatur abzukühlen und sie dann langsam durch das Um-wandlungsgebiet 2 auf Raumtemperatur abkühlen zu lassen. Diese Art der Härtung bezeichnet man mit

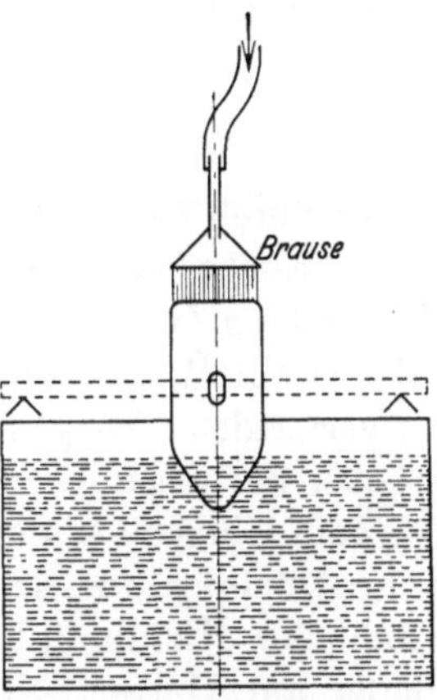

Abb. 80. Örtliche Härtung eines Steinhammers.

„Stufenhärtung", so genannt, weil die Härtung in zwei Stufen vor sich geht:

1. Abkühlung zur Unterdrückung der Umwandlung 1;

2. Abkühlung von der Zwischentemperatur auf Raumtemperatur zur Er-zielung der Umwandlung 2.

Als Abschreckbäder kommen Metall- oder Salzbäder oder beispielsweise konzentrierte Natronlaugelösungen in Frage, die auf die gewünschte Temperatur geringer Umwandlungsgeschwindigkeit gebracht werden. Da das Temperatur-gefälle bei der Stufenhärtung geringer ist als bei der direkten Ablöschung bis auf Raumtemperatur, werden auch die reinen Ablöschspannungen und damit der Verzug unter Umständen geringer. Angewandt wird die Stufenhärtung praktisch vorläufig nur bei höher legierten Stählen, die vielfach von Härte-temperatur in Bleibädern (s. später Schnelldrehstahl) von 450—600° abgelöscht werden.

Härteeinrichtungen. Während man zum Glühen meist Kohle-, Koks-, Gas-oder elektrisch-beheizte Öfen verwendet, von denen sowohl die elektrisch-als auch die gas-beheizten Öfen wegen ihrer leichten Temperaturregelbarkeit einen gewissen Vorzug verdienen, verwendet man zum Härten außer den ge-nannten Ofenarten noch vielfach Salz- und Metallbäder.

Für das Härten ergeben sich gerade bei Metall- und Salzbädern viele Vorteile, die in der guten Wärmeübertragung begründet sind. Da die Erwärmungen in diesen Bädern sehr schnell vor sich gehen, können dickere Stücke nicht im kalten Zustande in heiße Bäder eingeführt werden. Es empfiehlt sich, sie in einem anderen Ofen, je nach der Höhe der Härtetemperatur, vorzuwärmen. Um zu starkes Verschlagen der Badtemperatur beim Einbringen der zu härtenden Stücke zu verhindern, darf der Inhalt der Bäder nicht zu klein sein.

Über die gebräuchlichsten Salzbäder und ihre Temperaturbereiche gibt Zahlentafel 5 Aufschluß. Die Salzbäder besitzen den Nachteil, daß sie nach einer gewissen Zeit infolge des sich lösenden Zunders Sauerstoff aufnehmen, der im geschmolzenen Zustande in kürzester Zeit außerordentlich starke Entkohlungen hervorrufen kann. Dieser Nachteil wird behoben durch Zusatz von Borax, Zyankali oder feingepulverter Kohle.

Zahlentafel 5. Gebräuchliche Salzbader.

Angewandte Temperaturen	Zusammensetzung
250— 600°	1 T. Natriumnitrat + 1 T. Kaliumnitrat
540— 870°	3 T. Kalziumchlorid + 1 T. Natriumchlorid
680—1000°	2 T. Kaliumchlorid + 1 T. Bariumchlorid
1000—1300°	Bariumchlorid

Im letzteren Falle besteht bei zu reichlicher Verwendung von Kohle die Gefahr einer leichten Aufkohlung (s. a. später Kapitel über Schnelldrehstähle). Borax ist auch ein billiges Mittel, um beim Härten aus Muffeln die Entkohlung und Verzunderung zu vermeiden. Es genügt hierzu ein Aufstreuen auf die vorgewärmten Stahlstücke, um einen Überzug und somit die schützende Wirkung zu erzielen.

Zum Glühen verwendet man nur selten Salz- oder Metallbäder, da die Stücke zum Abkühlen aus dem Bad genommen werden müssen, also ziemlich schnell abkühlen. Hierdurch beschränkt sich die Anwendungsmöglichkeit der genannten Bäder auf Härten, Normalisieren oder auf Weichglühen unterhalb A_1. Verwendung finden z. B. Bleibäder zum Ausglühen von Drahtmaterial in Ringen vor dem Blankbeizen, wobei der Vorteil in der geringen Verzunderung und geringen Entkohlung der gegen die Atmosphäre gut geschützten Oberfläche liegt. Da Bleioxyd an Eisen im Gegensatz zu Blei selbst leicht haftet, ist es wichtig, die Oberfläche des Bleies durch Aufgabe von Holzkohle oder dünnen Salzschichten vor Oxydation zu schützen. Hierdurch werden auch die Bleiverluste auf ein Minimum beschränkt. Die obere Anwendungsgrenze für Bleibäder liegt wegen der Gefahr der Bildung giftiger Bleidämpfe bei etwa 850°.

Fehler bei der Härtung. Die Fehler, die beim Härten gemacht werden können, überdecken sich zum Teil mit den Fehlern beim Glühen, z. B. zu schnelles, ungleichmäßiges Erwärmen, Überhitzen, Überzeiten, Entkohlen, ungleichmäßige Abkühlung usw.

Das Überzeiten und Überhitzen äußert sich in einer Vergröberung der Martensitnadeln und des Härtebruchkornes, wie der Vergleich eines gut und eines überhitzt gehärteten Stahles in Abb. 81 erkennen läßt. Infolge solcher grobkörniger Härtung werden nicht nur die gehärteten Teile empfindlicher im Gebrauch, sondern können auch schon beim Härten aufreißen (Abb. 82). Hierbei verlaufen die Risse mit Vorliebe durch die grob ausgebildeten Korngrenzen. Häufig wird dem Überzeiten nicht genügend Beachtung geschenkt. Gerade bei Stählen, bei denen man auf besondere Feinheit der Härteschicht

Wert legt, z. B. Gewindeschneideisen, muß man diesem Punkte Aufmerksamkeit widmen. Besonders verstößt hiergegen das Verfahren, große Öfen mit klein-

stückigem Härtegut vollzu-
packen, wodurch lange und ungleichmäßige Liegezeiten unvermeidlich sind. Die Ofengröße
muß dem Gewicht der Einzel-
werkstücke einigermaßen angepaßt sein.

Beim Härten entkohlter
Werkzeuge erlangen diese nicht
die gewünschte Härte an der
Oberfläche. Ein gewisses Maß

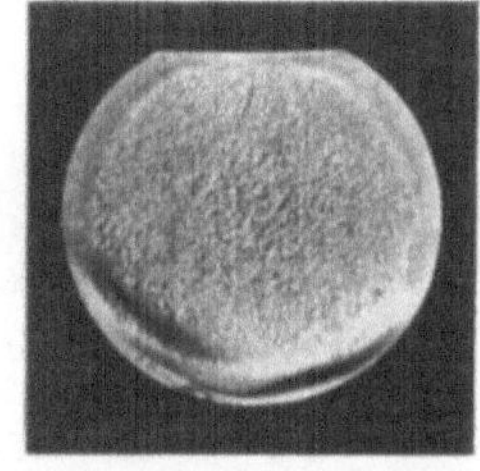
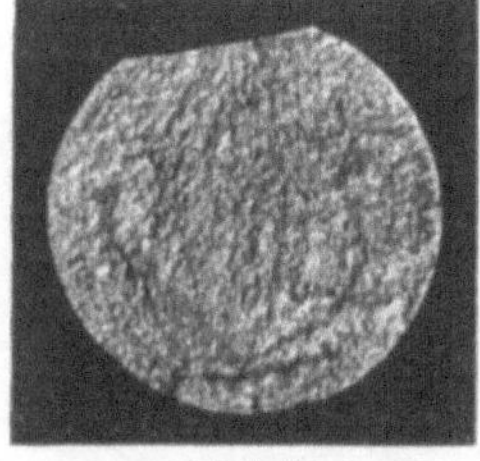

780° Wasser, gut gehärtet   950° Wasser, überhitzt gehärtet
Abb. 81. Wirkung einer Überhitzung beim Härten auf die Beschaffenheit des Härtebruchgefüges.

von Entkohlung kann durch Abschleifen unschädlich gemacht werden.

Ungleichmäßige Abkühlungen können auch bei gleichmäßig auf Temperatur

gebrachten Werkzeugen beim Ablöschen entstehen, z. B. in Wasser
durch Dampfblasenbildung, anhaf-
tenden Zunder, Anfassen mit der
Härtezange usw. Insbesondere bei
Teilen, die feine Einarbeitungen
aufweisen, wie gravierte Matrizen,
Münzstempel, setzen sich an den
eingearbeiteten Vertiefungen leicht
Dampfblasen fest, falls nicht dafür
Sorge getragen wird, daß das Wasser den betreffenden Teilen mit der
nötigen Energie zugeführt wird
(Wasserstrahl). In diesem Sinne ist

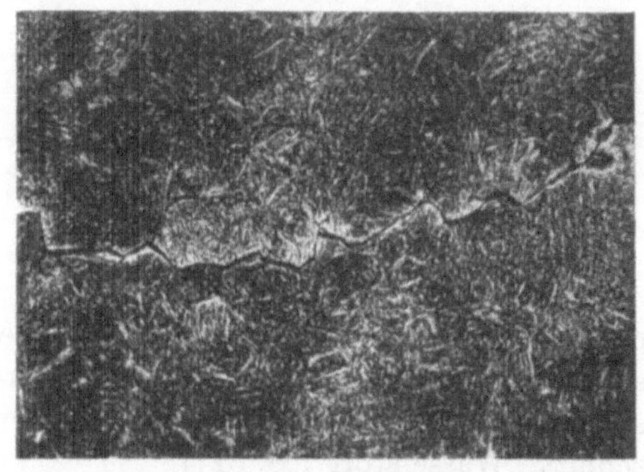

Abb. 82. Härteriß infolge überhitzter Härtung.

die Entfernung von Zunder nach dem Erwärmen auf Härtetemperatur kurz vor dem Ablöschen von Wichtigkeit, insbesondere bei solchen Stählen, die infolge

ihrer Legierung (Si,
Al, Cr) zur Bildung
festanhaftender Zun-
derschichten neigen.
Außerdem müssen
Härtezangen dem be-
treffenden Werkstück
soweit wie möglich
angepaßt sein bzw.
derartig feine Schnei-
den besitzen, daß eine
Behinderung der Ab-
kühlung hierdurch

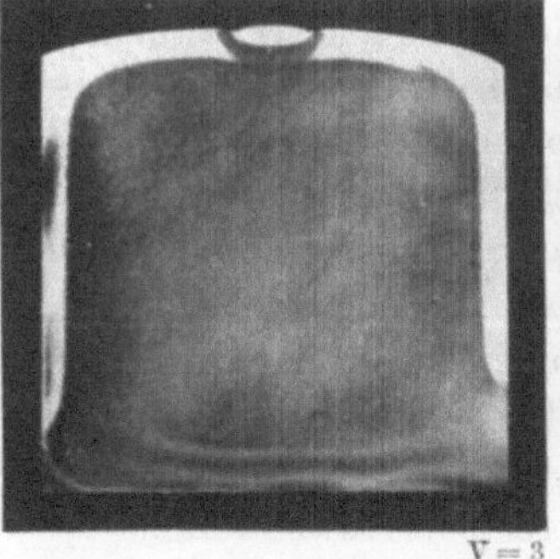
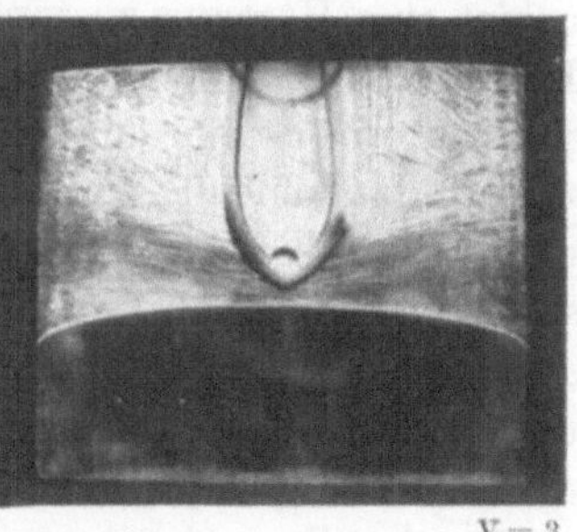

Abb. 83. Weiche Flecken in der Härterandschicht infolge Festsetzens von
Dampfblasen beim Ablöschen.

nicht eintreten kann. Ungleichmäßige Härtung durch Dampfblasenbildung zeigt z. B. Abb. 83. Ungenügende Härte kann auch durch Unterhärtung, d. h. Wahl einer zu tiefen Härtetemperatur, entstehen.

Bei gehärteten Stahlstücken können auch Fehler auftreten, die nicht mehr auf die Härtung selbst zurückzuführen sind, sondern mit dem infolge der Härtung vorhandenen Spannungszustand zusammenhängen. Erwähnenswert sind hier Fehler durch Schleifen und Beizen. Infolge des erhöhten Spannungszustandes der gehärteten Schicht können durch die plötzliche und ungleichmäßige Erwärmung beim Schleifen feine Netzrisse auftreten, die als Schleifrisse bekannt sind (Abb. 84). Bei unvorsichtigem Schleifen können sie bis zu Abblätterungen führen. Ähnliche Erscheinungen bilden sich aus bei unvorsichtigem Beizen und beim Kochen gehärteter Stücke in starker Säure, wie dies des öfteren unvorsichtigerweise zur Kontrolle auf Risse bei gehärteten Stahlstücken getan wird. Da die Wirkung eines

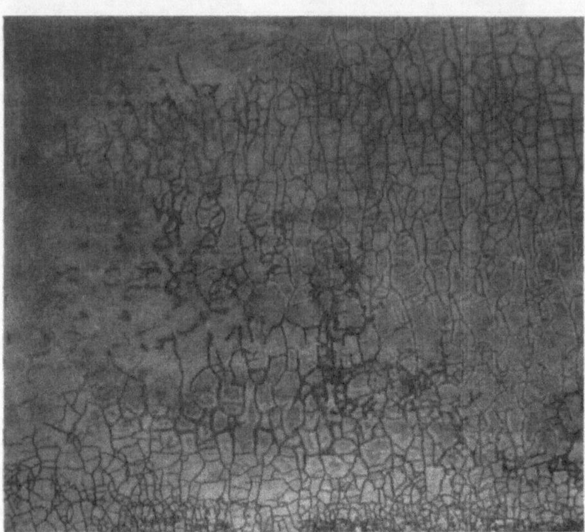

Abb. 84. Schleifrisse.   V = 1 : 1

derartigen allzu starken Säureangriffs beim Beizen gehärteter Stücke zu Ausschuß führen muß, soll man solche Kontrollen nach dem Anlassen und nur mit schwachen Säuren vornehmen, am besten aber ganz darauf verzichten (s. Abschnitt „Wasserstoff", S. 517).

b) Einsatzhärtung.

A. Einfluß von Zementationstemperatur, -zeit und Einsatzmittel.

Während bei der direkten Härtung die Stähle vom Schmelzvorgang her so viel Kohlenstoff enthalten müssen, daß bei Abschreckung aus dem Austenitgebiet eine Härtung zustande kommt, benutzt man bei der Einsatzhärtung die Lösungsfähigkeit und hohe Diffusionsgeschwindigkeit von Kohlenstoff im γ-Eisen, um Stähle mit ursprünglich niedrigem Kohlenstoffgehalt in der Randzone aufzukohlen. Einsatzstähle besitzen also von der Herstellung her einen **niedrigen Kohlenstoffgehalt**, der durch die Zementation in der **Randschicht** erhöht wird. Die Aufkohlung wird erreicht durch Glühen in Kohlenstoff abgebenden Mitteln, wobei eine wesentliche Zementationswirkung nur dann erfolgt, wenn der Kohlenstoff gasförmig, also als Kohlenoxyd, Kohlenwasserstoff oder Zyanverbindung vorliegt. Für die Zementation kommen feste, flüssige und gasförmige Zementationsmittel zur Anwendung.

Einige gebräuchliche **feste** Zementationsmittel sind in Zahlentafel 6 angeführt.

Für die Verwendung als **flüssige** Zementationsmittel werden von Giolitti[1] die in Zahlentafel 7 enthaltenen Gemische angegeben. Von flüssigen Zemen-

---

[1] Giolitti, F.: La cémentation de l'acier. S. 397. Paris: Hermann et fils 1914.

<table>
<tr><td colspan="3">

Zahlentafel 6.
Feste Zementationsmittel.

</td><td colspan="3">

Zahlentafel 7.
Flüssige Zementationsmittel[1].

</td></tr>
<tr>
<td>1</td><td>Holzkohle . . . .</td><td>60 Teile</td>
<td>1</td><td>Pulveris. Ferrozyankalium</td><td>2 Teile</td>
</tr>
<tr>
<td></td><td>Bariumkarbonat . . . . .</td><td>40 „</td>
<td></td><td>Pulveris. Kaliumbichromat</td><td>1 „</td>
</tr>
<tr>
<td>2</td><td>Holzkohle . . . .</td><td>90 „</td>
<td></td><td>Dextrin zur Erzeugung einer teigigen Masse</td><td></td>
</tr>
<tr>
<td></td><td>Kochsalz . . . .</td><td>10 „</td>
<td>2</td><td>Zyankalium . . . .</td><td>5 „</td>
</tr>
<tr>
<td>3</td><td>Mit mineralischen Ölen imprägnierter Koks</td><td></td>
<td></td><td>Natriumborat . . . . . .</td><td>2 „</td>
</tr>
<tr>
<td></td><td></td><td></td>
<td></td><td>Kaliumnitrat . . . . . .</td><td>2 „</td>
</tr>
<tr>
<td>4</td><td>Steinkohle . . . .</td><td>5 „</td>
<td></td><td>Bleiazetat . . . .</td><td>1 „</td>
</tr>
<tr>
<td></td><td>Lederabfälle . . . . . .</td><td>5 „</td>
<td>3</td><td>Tierkohle . . . .</td><td>20 „</td>
</tr>
<tr>
<td></td><td>Kochsalz . . . .</td><td>1 „</td>
<td></td><td>Hornspäne . . . .</td><td>6 „</td>
</tr>
<tr>
<td></td><td>Sägemehl . . . .</td><td>15 „</td>
<td></td><td>Kaliumnitrat . . . . . .</td><td>8 „</td>
</tr>
<tr>
<td>5</td><td>Lederabfälle . . . . . .</td><td>10 „</td>
<td></td><td>Kochsalz. . . . .</td><td>40 „</td>
</tr>
<tr>
<td></td><td>Ferrozyankalium. . . . .</td><td>2 „</td>
<td></td><td>Leim . . . .</td><td>5 „</td>
</tr>
<tr>
<td></td><td>Sägemehl . . . .</td><td>10 „</td>
<td>4</td><td>Hornspane . . . .</td><td>16 „</td>
</tr>
<tr>
<td>6</td><td>Koks. . . . .</td><td>50 „</td>
<td></td><td>Chinarinde . . . .</td><td>8 „</td>
</tr>
<tr>
<td></td><td>Braunkohle . . . .</td><td>45 „</td>
<td></td><td>Ferrizyankalium . . . . .</td><td>4 „</td>
</tr>
<tr>
<td></td><td>Kalziumkarbonat . . . .</td><td>5 „</td>
<td></td><td>Kaliumnitrat . . . . . .</td><td>2 „</td>
</tr>
<tr>
<td></td><td>Bariumkarbonat . . . . .</td><td>15 „</td>
<td></td><td>Kochsalz . . . .</td><td>2 „</td>
</tr>
<tr>
<td></td><td></td><td></td>
<td></td><td>Grüne Seife . . . .</td><td>30 „</td>
</tr>
</table>

tationsmitteln hat eine praktische Bedeutung das Durferritbad[2] erhalten. In diesem Zusammenhang wäre fernerhin als ein bei niedrigeren Temperaturen ziemlich tief zementierendes flüssiges Zementationsmittel das Perlitonbad[3], zu nennen.

Als gasförmiges Zementationsmittel findet hauptsächlich das Leuchtgas Verwendung, das vielfach auch für gemischte Zementation gebraucht wird, und zwar so, daß die Stücke in Holzkohle eingepackt werden und Leuchtgas durchgeleitet wird. Einen gewissen Anwendungsbereich haben neuerdings auch die sog. Vergasungspulver gefunden. Es handelt sich hierbei um stark Gas entwickelnde Zementationspulver, die vorwiegend aus einer Grundsubstanz von Braunkohle, Steinkohle und Holzkohle mit wesentlich höheren als für die festen Zementationsmittel üblichen Zusätzen an Karbonaten, wie Bariumkarbonat, nebst Ammoniak abgebenden Beimengungen bestehen. Die von diesen Mitteln entwickelten Gase, die unter Umständen in einer besonderen Kammer erzeugt und über die aufzukohlenden Teile geleitet werden können, besitzen eine zementierende Wirkung, ähnlich wie gasförmige Zementationsmittel. (Allerdings wird ihre Verwendbarkeit auf geringe Zementationstiefen von 1—3 mm beschränkt sein.)

Die Aufnahme des Kohlenstoffs ist abhängig von der Zementationstemperatur, der Zementationszeit, dem Zementationsmittel und der Legierung des zu zementierenden Stahles. Die Wirkung einer Zementationsbehandlung beurteilt man zweckmäßig nach der absoluten Tiefe der zementierten Schicht und der Höhe des Randkohlenstoffgehaltes. Der Einfluß von Zementationstemperatur, -zeit und -mittel muß zur vollständigen Erfassung der erzielbaren Wirkung immer nach diesen beiden Gesichtspunkten beurteilt werden.

---

[1] Giolitti, F.: La cémentation de l'acier. S. 397. Paris: Hermann et fils 1914.

[2] C. 5 und C. 3 Bad. Durferritgesellschaft, Frankfurt a. M.

[3] Deutsche Houghton-Fabrik, Magdeburg-Buckau.

Einfluß der Temperatur auf Randkohlenstoffgehalt und Zementationstiefe.
Der Einfluß der Temperatur auf den Randkohlenstoffgehalt muß in einem
gewissen Zusammenhang mit der Löslichkeitslinie für Kohlenstoff im Eisen-
Kohlenstoff-Diagramm stehen. Zementiert man ein weiches Flußeisen bei
Temperaturen dicht unterhalb oder direkt bei A_1, so wird infolge der geringen
Löslichkeit für Kohlenstoff im α-Eisen an der Randzone eine stärkere Kohlenstoffanreicherung stattfinden, die zur direkten Bildung einer reinen Karbid-
schicht an der Außenzone führen kann. Bereits in Abb. 68 wurde darauf hingewiesen, wie beim Glühen unterhalb A_1 in Kohlenstoff abgebenden Mitteln
eine starke Karbidanreicherung an
den Randzonen auftreten kann. Bei
tiefen Zementationstemperaturen
gelegentlich ermittelte Randkohlenstoffgehalte bei einem Chrom-
Nickel-Stahl sind aus Zahlentafel 8
ersichtlich.

Zahlentafel 8. Anhäufungen von Rand-
kohlenstoff bei Anwendung niedriger
Zementationstemperaturen.

Zementations-behandlung	Kohlenstoff in der äußersten Randzone von 0,05 mm Starke bei		
	Kohlen-stoffstahl	Nickelstahl	Chrom-Nickel-Stahl
780° 24 Stunden	0,98	1,41	2,49
750° 48 „	0,99	1,47	2,92

Bei Zementationstemperaturen,
die dicht oberhalb A_1 liegen, wird
bei einem weichen Flußeisen das Gefüge noch größtenteils ferritisch sein, und nur
der mengenmäßig geringe perlitische Gefügeanteil ist bereits in den γ-Zustand
übergegangen. Durch die Kohlenstoffaufnahme findet eine weitere Umsetzung von
α- in γ-Eisen entsprechend der Linie GOS im Eisen-Kohlenstoff-Diagramm statt.
Dementsprechend kann die Kohlenstoffaufnahme mit fortschreitender Umwandlung des Gefüges bis zur
Löslichkeitsgrenze des Kohlenstoffgehaltes im Austenit
ansteigen.

Bei einer Zementations-
temperatur oberhalb A_3 wird
sich die Aufnahmefähigkeit
für Kohlenstoff sofort nach
der Löslichkeitslinie für
Kohlenstoff im γ-Eisen richten. Es findet somit mit
steigender Zementations-
temperatur auch eine Er-
höhung des Randkohlen-

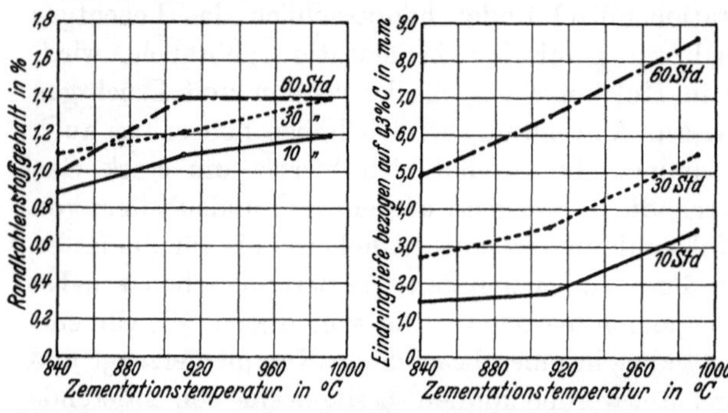

Abb. 85. Veränderung von Randkohlenstoffgehalt und Eindringtiefe
mit Zementationstemperatur und -dauer bei einem Kohlenstoffeinsatzstahl (Zementationsmittel: Holzkohle-Bariumkarbonat 60:40). [Nach
Houdremont u. Schrader: Arch. Eisenhuttenwes. demnächst.]

stoffgehaltes annähernd entsprechend der ES-Linie im Eisen-Kohlenstoff-Diagramm statt. Wie aus Abb. 85 hervorgeht, steigt der Randkohlenstoffgehalt von
0,9% bei 10 stündiger Zementation bei 840° auf 1,20% bei 980/1000°. Bei
weiterer Steigerung der Zementationstemperatur bis beispielsweise 1100°, wie sie
bei reinem Einsatzflußeisen in der Praxis selten vorkommt, findet infolge der
hohen Diffusionsgeschwindigkeit bei dieser Temperatur keine weitere wesentliche
Erhöhung des Randkohlenstoffgehaltes mehr statt, so daß bei diesen reinen
Eisen-Kohlenstoff-Legierungen ein Randkohlenstoffgehalt von 1,4% beim Zementieren oberhalb A_3 als höchsterreichbarer Randkohlenstoffgehalt anzusprechen ist.

Zusammenfassend kann man bezüglich des Randkohlenstoffgehaltes in Abhängigkeit von der Temperatur sagen, daß unterhalb A_1 starke Karbidschichten in der Randzone auftreten können, während dann oberhalb A_1 und A_3 der Randkohlenstoffgehalt sich nach der *ES*-Linie im Eisen-Kohlenstoff-Diagramm verschiebt; für den Einfluß der Zementationstemperatur auf den Randkohlenstoffgehalt ergibt sich somit die in Abb. 86 wiedergegebene schematische Darstellung.

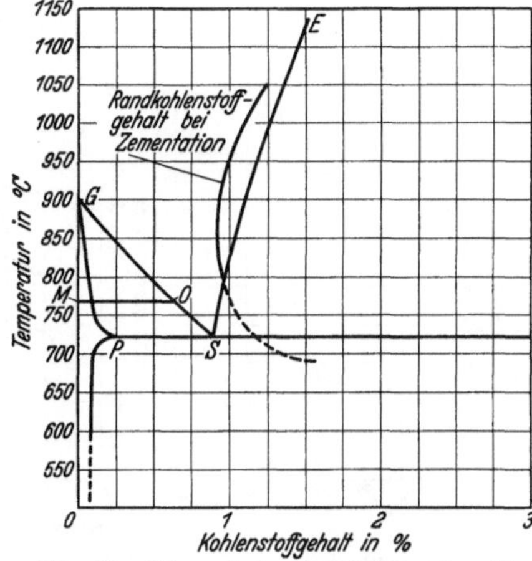

Abb. 86. Schematische Darstellung der Abhängigkeit des Randkohlenstoffgehaltes von der Zementationstemperatur.

Diese Gesetzmäßigkeiten gelten für die in der Praxis üblichen Zementationszeiten. Es muß darauf aufmerksam gemacht werden, daß z. B. bei legierten Stählen mit stark karbidbildenden Elementen, deren Karbide eine geringere Diffusionsfähigkeit haben als Eisenkarbid, stärkere Randkohlenstoffgehalte auftreten können, weil auch hier, ähnlich wie beim Zementieren unterhalb A_1 bei unlegierten Flußeisensorten, infolge der gehemmten Diffusionsfähigkeit Karbidanreicherungen in der Randzone erfolgen. Über den Einfluß der einzelnen Legierungselemente auf die Zementation wird jeweils bei dem betreffenden Element noch näher eingegangen.

Der Einfluß der Temperatur auf die Zementationstiefe äußert sich eindeutig in einer Erhöhung der letzteren mit steigender Zementationstemperatur, da durch Steigerung der Temperatur die Diffusionsfähigkeit für Kohlenstoff in der festen Lösung erhöht wird. Die entsprechende Wirkung zeigen Abb. 85 und 87, in denen auch die Einwirkung der Zementationszeit bei verschiedenen Temperaturen auf die Zementationstiefe wiedergegeben ist.

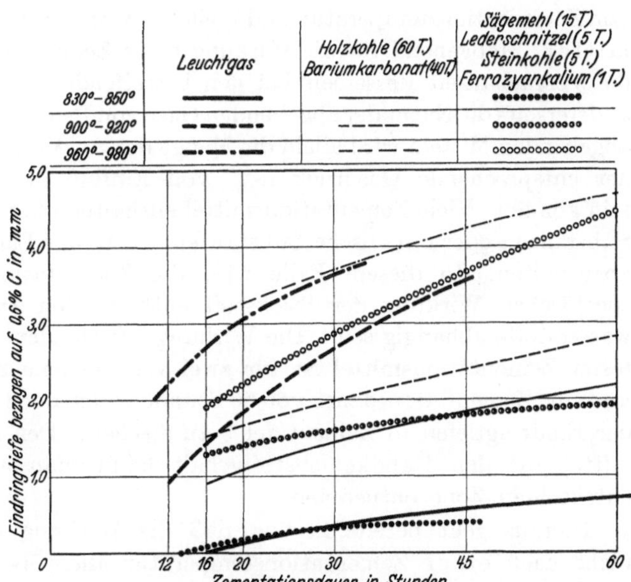

Abb. 87. Abhängigkeit der Zementationstiefe von Temperatur und Zeit für einen Chrom-Nickel-Wolfram-Stahl mit 4,3 % Nickel bei Anwendung verschiedener Zementationsmittel.

Einfluß der Zeit auf Randkohlenstoffgehalt und Zementationstiefe. Eine Erhöhung der Zementationszeit wirkt sich, wie aus Abb. 88 hervorgeht, auch in einer Erhöhung des Randkohlenstoffgehaltes aus. Je höher die Zementationstemperatur ist, um so mehr gleicht sich aber der Einfluß der Zeit aus. Bei einer

Zementationstemperatur von annähernd 1000° ist im Randkohlenstoffgehalt bei Zementationszeiten von 30 und 60 Stunden praktisch kein Unterschied mehr vorhanden. Viel stärker ist naturgemäß der Einfluß der Zementationszeit auf die Zementationstiefe, wie dies aus Abb. 85 und 87 zu ersehen ist.

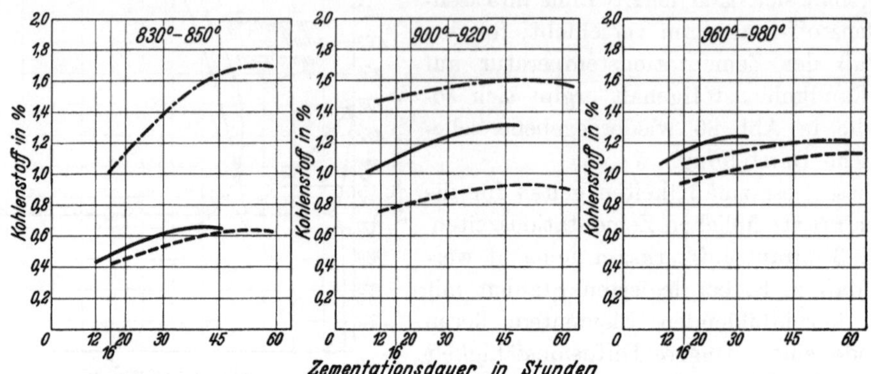

Leuchtgas.   Holzkohle (60 T.) + Bariumkarbonat (40 T.).   Sägemehl (15 T.).
Lederschnitzel (5 T.).   Steinkohle (5 T.).   Ferrozyankalium (1 T.).

Abb. 88. Abhängigkeit des Randkohlenstoffgehaltes in 0,2 mm Tiefe von Zementationsdauer und Temperatur für einen Chrom-Nickel-Wolfram-Stahl mit 4,3% Ni bei Anwendung verschiedener Zementationsmittel.

Einfluß des Zementationsmittels. Die Abb. 85 und 87 zeigen auch die Änderungen im Randkohlenstoffgehalt und in der Zementationstiefe in Abhängigkeit von Zementationstemperatur und -zeit bei Veränderung der Zementationsmittel. Maßgebend für die Wirkung eines Zementationsmittels wird einerseits die Vergasbarkeit desselben bei den betreffenden Temperaturen sein, während andererseits die Natur der abgebenden Gase von Bedeutung ist. Bei nur Kohlenstoff abgebenden Mitteln wird allein die Menge des zur Verfügung stehenden CO-Gases, der entsprechende Gasdruck usw. von Einfluß auf die Zementationswirkung sein können. Viele Zementationsmittel enthalten aber auch Stickstoff abgebende Substanzen oder organische Substanzen, die in der Lage sind, Kohlenwasserstoff abzuspalten. In diesem Falle wird die Zementationswirkung auch von der spezifischen Wirkung der Stickstoff enthaltenden Zyangase und der Kohlenwasserstoffe abhängig sein. Die Wirkung verschiedener technisch gebräuchlicher fester Zementationsmittel ist für zwei verschiedene Zementationstemperaturen und eine Zementationsdauer von 60 Stunden auch noch aus der Gegenüberstellung der Eindringtiefen in Zahlentafel 9 zu ersehen. Den Einfluß der Zementationsmittel auf den Randkohlenstoffgehalt kann man aus der Breite der übereutektoiden Zone entnehmen.

Hieraus geht bereits hervor, daß die Wirkung eines Zementationsmittels nicht nach einer Zementationstemperatur allein beurteilt werden kann, wie an weiteren Beispielen auch noch später gezeigt wird. Erwähnenswert ist die Tatsache, daß das Gemisch von Holzkohle und Bariumkarbonat in dem vorliegenden Verhältnis von 60 : 40 sich als besonders scharfes Zementationsmittel erweist, das sehr stark randaufkohlend wirkt im Gegensatz zu den vielfach in der Literatur vertretenen Ansichten, daß dieses Mittel im Vergleich mit organischen Zementationsmitteln als mild wirkend anzusprechen sei (s. S. 75). Von Interesse ist fernerhin bei Zementationspulvern der Einfluß verschiedener

Zahlentafel 9. Zementationswirkung verschiedener fester Einsatzmittel.

Zementationsmittel	Zementations-temperatur	Eindringtiefe in mm		
		übereutek-toide Zone	eutektoide Zone	Gesamttiefe
Brockhaus schwarz	850°	0	0,45	2,0
„ weiß	850°	0	0,65	2,4
Leopoldin	850°	0	0,30	2,2
45 Teile Koks				
45 „ Braunkohle	850°	0	0,70	2,2
5 „ Kalk				
15 „ Bariumkarbonat				
Holzkohle und Bariumkarbonat 60 : 40, Erbsen-größe	850°	0	1,10	2,70
Holzkohle und Bariumkarbonat, pulverförmig	850°	0	1,30	3,0
Organisches Zementationsmittel:				
15 Teile Sägemehl				
5 „ Steinkohle	850°	0	1,2	3,0
5 „ Lederabfälle				
1 „ Ferrozyankalium				
Brockhaus schwarz	920°	0	1,25	3,20
„ weiß	920°	1,4	1,3	3,70
Leopoldin	920°	0,7	1,3	2,90
45 Teile Koks				
45 „ Braunkohle	920°	0,8	0,75	2,85
5 „ Kalk				
15 „ Bariumkarbonat				
Holzkohle und Bariumkarbonat 60 : 40, Erbsen-größe	920°	1,35	0,75	3,05
Holzkohle und Bariumkarbonat 60 : 40, pulver-förmig	920°	1,4	0,7	3,55
Organisches Zementationsmittel:				
15 Teile Sägemehl				
5 „ Steinkohle	920°	0,6	1,5	3,0
5 „ Lederabfälle				
1 „ Ferrozyankalium				

Körnigkeit. Das feinkörnige Gemisch von Holzkohle und Bariumkarbonat zementiert infolge der größeren Reaktionsfähigkeit besser als das grobkörnige. Es ergibt sich hieraus die Schlußfolgerung, daß Zementationsmittel nicht in allzu grober Körnung verwendet werden sollen.

Als flüssige Zementationsmittel insbesondere für kurze Zementations-zeiten haben in der letzten Zeit Zyansalzbäder Bedeutung erlangt. Die bei ver-schiedenen Zementationstemperaturen für zwei technisch gebräuchliche Einsatz-härtebäder[1] erzielbaren Eindringtiefen sind aus Abb. 89 zu entnehmen. Be-merkenswert ist, daß bei den angewandten Zementationsbehandlungen eine stark übereutektoide Zone und unzulässige Zementitbildung am Rande nicht zu beobachten ist. Ein Vergleich der beiden Zementationsmittel läßt erkennen, daß das Perlitonbad bei der niedrigsten Zementationstemperatur eine gering-fügig bessere Tiefenwirkung besitzt, während bei der mittleren Zementations-temperatur für die Gesamteindringtiefe praktisch gleiche Verhältnisse vorliegen,

---

[1] Es handelt sich bei Zementationsmittel 1 um das Durferrit-C 5-Bad der Durferrit-Gesellschaft, Frankfurt a. M., bei dem Zementationsmittel 2 um das Perliton Tief-Zemen-tierungssalz der Deutschen Houghton-Fabrik, Magdeburg-Buckau.

dagegen die eutektoide Zone beim Durferrit-C5-Bad etwas tiefer ist. Bei den höchsten Zementationstemperaturen verliert das Perliton an aufkohlender Wirkung, was auf eine Zersetzung des Bades zurückzuführen ist, die im Gebrauch durch ein starkes Schäumen in Erscheinung trat. Ein Vergleich der mit diesen Zyansalzbädern erzielten Eindringtiefen mit den für Holzkohle und Bariumkarbonat erhaltenen (s. Abb. 87) ergibt folgendes: Bei den niedrigsten Zementationstemperaturen von etwa 830—850° ist der Unterschied in der Tiefenwirkung nicht so sehr erheblich. Dagegen wird bei höheren Zementationstemperaturen von etwa 920° bei Zementation in flüssigen Zyansalzbädern eine tiefere Zementation erhalten als mit Holzkohle und Bariumkarbonat, das als verhältnismäßig scharf kohlendes festes Zementationsmittel anzusprechen ist. Die Zyansalzbäder haben sich hauptsächlich bewährt für die Zementation von Stücken

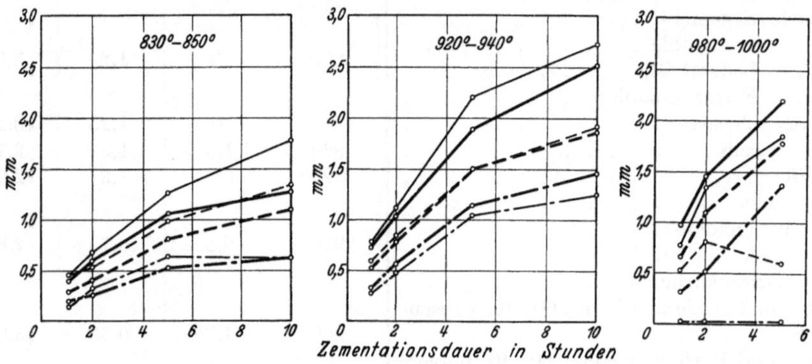

Abb. 89. Zementationswirkung flüssiger Zementationsbäder bei verschiedenen Zementationstemperaturen und Zeiten (Kohlenstoffeinsatzstahl).

— · — Eutektoide Zone. ———— Gesamteindringtiefe (mikroskopisch gemessen). — — — Härtetiefe (im Bruch gemessen). ———— Durferrit C 5. ———— Perliton.

mit geringeren Zementationstiefen, da bei längeren Zementationszeiten mit einer stärkeren Zersetzung der Bäder und damit geringerer Wirkung zu rechnen ist. Bei den Zyansalzbädern wird nicht nur Kohlenstoff, sondern zum Teil auch Stickstoff in die Randzone aufgenommen; dadurch findet gleichfalls eine gewisse Steigerung der Härte in der Zementationsschicht statt.

Infolge der Einfachheit der Handhabung verdienen gasförmige Zementationsmittel, vor allem das Leuchtgas, für die Zementation besondere Beachtung. Die Verwendung reiner Kohlenwasserstoffe schaltet praktisch für die Zementation aus, da diese während der Zementation in Berührung mit Eisenstücken eine außerordentlich starke Kohlenstoffabscheidung zur Folge haben, die so undurchlässig werden kann, daß eine weitere Zementationswirkung unterbunden wird. Beim Leuchtgas tritt dieser Übelstand infolge der vorliegenden Verdünnung der Kohlenwasserstoffe mit nicht Kohlenstoff abspaltenden Gasen nur in geringem Maße in Erscheinung. Bei verhältnismäßig kohlenwasserstoffreichem Leuchtgas wird die Abscheidung von Kohlenstoff durch eine vorhergehende Überleitung des Leuchtgases über erwärmte Vorwärmkammern, die mit Eisenstücken gefüllt sind, verhindert. Die für die Zementation schädliche Abscheidung auf den zu zementierenden Stücken wird in den Vorwärmkammern vorweggenommen. Weiterhin ist gebräuchlich, die zu zementierenden Stücke in Holzkohle einzupacken und dann Leuchtgas durchzuleiten. In diesem Falle fällt der abgespaltene Kohlenstoff auf den Holzkohlestücken und nicht auf den zu zementierenden Teilen aus. Durch Beimengungen von Kohlensäure und Wasserdampf zum Leuchtgas besteht weiterhin die Möglichkeit, eine Abscheidung von Kohlenstoff durch Vergasung und Neubildung von Kohlenoxyd weitgehend zu vermeiden.

Die Leuchtgaszementation ergibt auch bei größeren Stücken, wie z. B. Panzerplatten[1], eine sehr gleichmäßige Wirkung und besitzt den Vorteil der Sauberkeit und einfachen Handhabung. In der Literatur findet man vielfach Angaben, daß gerade Leuchtgas und Kohlenwasserstoff besonders scharf wirkende Zementationsmittel sind. Es lohnt daher, vergleichend die Wirkung von Leuchtgas und zwei festen Zementationsmitteln, einer Holzkohle/Bariumkarbonat-Mischung (60 : 40) und eines organischen Zementationsmittels, an Hand eines Chrom-Nickel-Wolfram-Einsatzstahles mit 4,3% Ni, 1% Cr, 1% W in bezug auf Randkohlenstoffgehalt und Zementationstiefe zu verfolgen.

In Abb. 87 und 88 ist die Wirkung der drei verschiedenen Zementationsmittel auf Randkohlenstoffgehalt und Zementationstiefe in Abhängigkeit von Temperatur und Zeit festgehalten. Es erweist sich das Zementationsmittel Holzkohle und Bariumkarbonat als wesentlich schärfer randaufkohlend als Leuchtgas und das organische Zementationsmittel, und zwar gilt dies hauptsächlich für die niedrigste Zementationstemperatur. Bei der mittleren Zementationstemperatur liegt der Randkohlenstoffgehalt für Leuchtgaszementation zwischen den mit den beiden festen Zementationsmitteln erzielbaren, während bei der höchsten Zementationstemperatur eine weitgehende Angleichung stattgefunden hat.

Die bei der tiefsten Zementationstemperatur mit dem scharf aufkohlenden Holzkohle-Bariumkarbonatpulver erhaltenen Randkohlenstoffgehalte liegen höher als bei der höchsten Temperatur. Die Anwesenheit karbidbildender Elemente, wie Chrom und Wolfram, die das Einsetzen einer starken Karbidbildung am Rande verursachen, für die ein Diffusionsausgleich erst bei höheren Temperaturen zustande kommt, bedingen diese Veränderung im Verhalten gegenüber Zementation von Kohlenstoffeinsatzstählen. Man ersieht hieraus, daß Aufkohlungsgeschwindigkeit und Diffusionsgeschwindigkeit für den Randkohlenstoffgehalt maßgebend sind und die letztere von der Legierung des Stahles beeinflußt wird. Ausschlaggebend ist, daß die Diffusionsgeschwindigkeit von stabilen Karbiden, wie Chrom- und Wolframkarbiden, im Vergleich zu Eisenkarbiden verhältnismäßig gering ist, während infolge der starken Affinität dieser Elemente zum Kohlenstoff das Reaktionsvermögen mit Kohlenstoff abgebenden Gasen verstärkt wird. Als praktisch wichtig ist hieraus zu entnehmen, daß es beim Zementieren derartiger Stähle nicht immer richtig ist, das am schärfsten kohlende Mittel zu verwenden, wenn die Erzielung großer Zementationstiefe beabsichtigt ist, aber ein hoher Randkohlenstoffgehalt vermieden werden soll.

Abgesehen von der unterschiedlichen Wirkung der Zementationsmittel auf den Randkohlenstoffgehalt, kann man auch einen wesentlichen Unterschied in der Wirkung auf die Zementationstiefe beobachten. Neben der Abhängigkeit der Zementationstiefe von Zementationsdauer und Temperatur ist als wesentlich zu entnehmen, daß das Leuchtgas bei niedrigen Zementationstemperaturen eine wesentlich geringere Zementationstiefe ergibt als Holzkohle und Bariumkarbonat und bei dieser

---

[1] Siehe hierzu Ehrensberger: Stahl u. Eisen Bd. 42 (1922) S. 1229, 1276, 1320.

Zementationsbehandlung sich kaum wesentlich von dem organischen Zementationsmittel in seiner Wirkung unterscheidet. Dies letztere Zementationsmittel kann auch bei höheren Temperaturen die Wirkung von Holzkohle-Bariumkarbonat nicht erreichen, während bei Leuchtgaszementation für eine mittlere Zementationstemperatur eine Steigerung der Zementationswirkung zu beobachten ist, die so weit geht, daß dieses Mittel Holzkohle-Bariumkarbonat gleichzusetzen ist. Bei der höchsten Zementationstemperatur gleicht sich die Wirkung der Zementationsmittel ziemlich weitgehend an, weil in der Hauptsache die Diffusionsgeschwindigkeit im Mischkristall maßgebend ist. Bei dem durchweg schwächer zementierenden organischen Zementationsmittel ist bei kürzeren Zementationszeiten auch für die höchste Temperatur eine schwächere Wirkung festzustellen, dagegen ist bei den längeren Zeiten dann ebenfalls die Neigung eines Ausgleichs der verschiedenen Wirkung der Zementationsmittel zu bemerken.

Außer der geschilderten Wirkung der verschiedenen Zementationsmittel und des Einflusses von Temperatur und Zeit auf den Randkohlenstoffgehalt und die Eindringtiefe sind auch die Verhältnisse noch abhängig von der Legierung des zu zementierenden Stahles. Es kommen also zu den genannten drei Einflüssen die vielfachen Veränderungsmöglichkeiten durch die Wirkung der Legierung hinzu. Auf Einzelheiten wird später bei der Behandlung der verschiedenen Legierungselemente eingegangen.

B. Einfluß der Zementation auf die Stahleigenschaften.

Durch den Zementationsvorgang werden die Eigenschaften des zementierten Stahles weitgehend verändert. Die Beeinflussung erstreckt sich nicht nur auf die aufgekohlte Randschicht, sondern auch auf das in seiner Zusammensetzung nicht veränderte Kernmaterial.

Beeinflussung der Randzone. Der Kohlenstoffgehalt des Randes fällt naturgemäß vom Rand ausgehend allmählich nach der Kernzone zu ab. Dieser Abfall wird um so allmählicher sein, je größer die Diffusionsgeschwindigkeit bei der Zementationstemperatur; je höher also die Einsatztemperatur war. Ein allmählicher Übergang ist erstrebenswert, um bei den nachfolgenden Härteoperationen schroffe Unterschiede in der Volumenveränderung und somit Spannungen zwischen Kern- und Randzone zu vermeiden.

Besondere Beachtung ist derjenigen Zone zuzumessen, die mehr als 1% Kohlenstoff enthält, also übereutektoid ist. Wird die Zementation bei einer Temperatur oder Zeit vorgenommen, bei der der Kohlenstoffgehalt der äußersten Randschicht über 1% ansteigt, so scheidet sich der überschüssige Zementit in den Korngrenzen ab und fixiert sie. Da eine wirtschaftliche Zementation bei Anstrebung tieferer Einsatzschichten Temperaturen von mehr als 850°, bei sehr großen Tiefen sogar eine Überschreitung von 900° erfordert und je nach der Zementationstiefe auch entsprechend lange Zeiten gewählt werden müssen, tritt als Begleiterscheinung der Zementation eine Kornvergröberung durch Überhitzung bzw. Überzeitung ein. Vielfach läßt sich das Fortschreiten der Kornvergröberung in der zementierten Randschicht durch Unterschiede in der Ausbildung und der Größe des Zementitnetzwerkes verfolgen. So zeigt beispielsweise Abb. 90, daß im Zementitnetzwerk am äußersten Rand ein verhältnismäßig feines Korn vorliegt, während es nach dem Kern zu erheblich gröber wird. Es erklärt sich diese Anordnung daraus, daß bei der Zementation in der äußersten Randzone die Kohlenstoffanreicherung bis zum übereutektoiden Gehalt verhältnismäßig rasch vor sich geht, da hier die Zementitbildung hauptsächlich durch Reaktion der eindringenden Gase mit dem Mischkristall zustande kommt. Die Anreicherung an Kohlenstoff erfolgt daher in der Randzone so schnell, daß die Zeit zur Kornvergröberung fehlt und infolge der einmal eingetretenen Zementitanreicherungen in den Korngrenzen eine Vergröberung auch später nicht mehr erfolgen kann. Für weiter nach innen liegende Zonen dagegen sind wesentlich längere Zeiten zur Aufkohlung auf einen ungefähr gleichen Kohlenstoffgehalt erforderlich, da hier der Kohlenstoffgehalt durch die wesentlich langsamer verlaufende Diffusion eingebracht werden muß. Es hat hier also das Korn Gelegenheit, infolge der Überzeitung weiter zu wachsen, ehe eine Fixierung der Korngrenzen durch den Zementit erfolgt.

Abgesehen von der Sprödigkeit, die durch die Karbideinlagerungen selbst verursacht wird, wirkt die Kornvergröberung noch verstärkend. Infolge dieser hohen Sprödigkeit kann es leicht vorkommen, daß sich später in dieser Schicht Risse ausbilden. Dies tritt insbesondere nach erfolgter Härtung beim Schleifen oder Beizen ein. Abb. 91

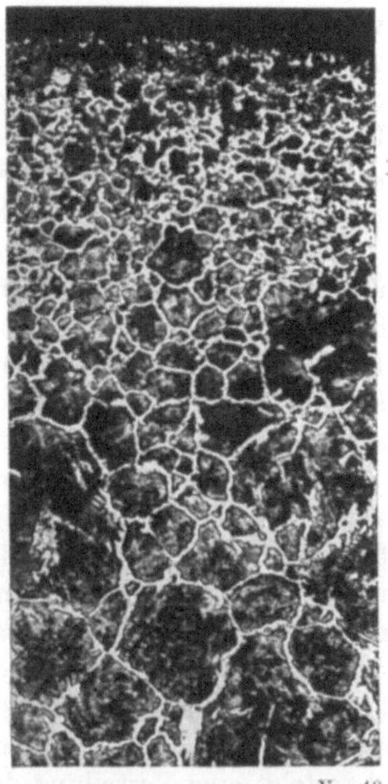

Abb. 90. Unterschiede in der Korngröße des Zementitnetzes einer Einsatzschicht (äußerster Rand feinkörnig, nach dem Innern zu gröberes Korn).

zeigt derartige Risse entlang den Zementitadern in der übereutektoiden Zone eines einsatzgehärteten Stahles, gleichzeitig feine Ausbröckelungen der spröden Karbideinlagerungen. Für hochwertige zementierte Stücke ergibt sich somit die Forderung, daß der Kohlenstoffgehalt der Randzone den eutektoiden Gehalt von etwa 0,9% möglichst nicht überschreiten soll. Bei geringeren Einsatztiefen von z. B. 1 mm, wie sie u. a. für Teile im Automobilbau, insbesondere Zahnräder, gebräuchlich sind, bereitet eine derartige Zementation bei Wahl der geeigneten Zementationsmittel und Zementationsbedingungen keine Schwierigkeiten.

Beim Zementieren auf größere Zementationstiefen ist eine Überschreitung des Randkohlenstoffgehaltes von etwa 0,9% durch Anwendung von milder wirkenden Zementationsmitteln bei längeren Zementationszeiten zu verhindern.

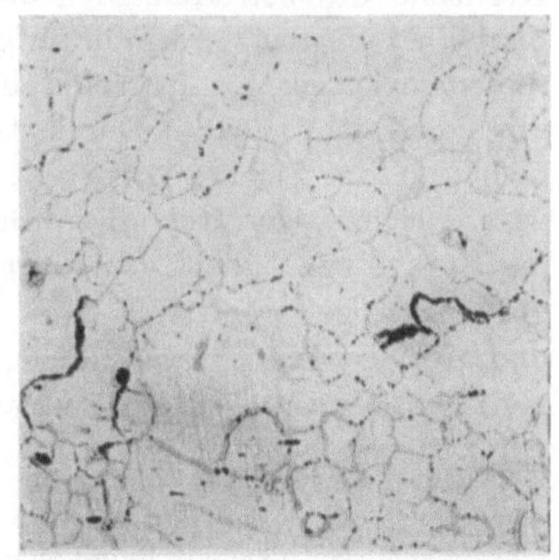

Abb. 91. Risse bzw. Ausbröckelungen an Zementitadern.

Bei Tiefen von über 3 mm macht jedoch die lange Zementationszeit ein derartiges Verfahren unwirtschaftlich. Infolgedessen wird

zur Beschleunigung des Zementationsvorganges eine erhöhte Zementationstemperatur und übereutektoide Aufkohlung angewandt und durch eine nachfolgende Nachbehandlung eine weitgehende Beseitigung der Ansammlung von
Karbiden in den Korngrenzen angestrebt. Dies kann geschehen durch homogenisierendes Glühen und Ausgleichen des übereutektoiden Kohlenstoffgehaltes, weiterhin durch eine Glühung, die eine Zusammenballung des
Korngrenzenzementits zum Ziele hat. Das zuverlässigste Verfahren, das
jedoch nur in den seltensten Fällen anwendbar ist, ist eine Zerstörung des
Korngrenzenzementits durch Nachschmieden.

Diese Art der Verfeinerung der Randzone durch Schmieden kann
nur bei einfachen Rund- und Flachstücken erfolgen. Die Zementation erfolgt
in vorgeschmiedetem Zustand und kann bei sehr hohen Temperaturen (1100 bis
1150°) vorgenommen werden, so daß in verhältnismäßig kurzer Zeit große Zementationstiefen erzielt werden können. Diese sind erforderlich, weil beim Nachschmieden eine Verminderung mit der Querschnittsabnahme erfolgt[1].

Die Glühung auf körnigen Zementit gelingt bei reinen Eisen-Kohlenstoff-Stählen verhältnismäßig einfach durch längeres Glühen um den A_1-Punkt
herum. Noch leichter ist eine körnige Verteilung des Karbids dadurch zu erreichen, daß eine Erwärmung des Stahles über die Zementationstemperatur vorgenommen wird und die gesamten Karbide in feste Lösung übergeführt werden.
Danach wird in Wasser oder in Öl rasch abgekühlt. Durch diese rasche Abkühlung der homogenen festen Lösung wird eine Abscheidung des Zementits
an den Korngrenzen verhindert, und bei einem darauffolgenden Ausglühen bei
A_1 erfolgt eine Verteilung des Zementits in feinkörniger globularer Ausbildung.
Bei einem so vorbehandelten Stahl liegen die überschüssigen Karbide nach der
Schlußhärtung von normaler Temperatur oberhalb A_1, z. B. 760—780°, in
körniger Verteilung in der gehärteten martensitischen Randzone.

Diese Art der Wärmebehandlung — Ablöschen von Temperaturen 20—30°
oberhalb der Zementationstemperatur, zumindest oberhalb des A_3-Punktes der
Kernzone des betreffenden Stahles, Zwischenglühen bei A_1 und nachfolgende
Schlußhärtung bei der für die aufgekohlte Randzone günstigsten Härtetemperatur
(bei unlegiertem Kohlenstoffstahl also beispielsweise 760°) — bezeichnet man
mit Doppelhärtung. Durch das erste Ablöschen von hoher Temperatur kann
nicht nur das Zementitnetzwerk in der Randzone beseitigt werden, sondern es
wird gleichzeitig durch diese Behandlung die bestmögliche Kornverfeinerung
im Kerngefüge erzielt, das durch das lange Verweilen auf hoher Temperatur
grobkörnig geworden war. Für die Randzone hingegen mit hohem C-Gehalt
und tiefliegendem Umwandlungspunkt ist diese erste Ablöschung eine überhitzte
Härtung. Man bevorzugt deswegen für die erste Ablöschung meist Öl als milderes

---

[1] Erwähnenswert ist, daß eine Zerstörung der Korngrenzenkarbide durch Nachschmiedung das geeignetste Mittel zur Beseitigung unzulässiger Sprödigkeit der Einsatzschicht auch bei höherem Randkohlenstoffgehalt infolge Zementation bei hohen Temperaturen und langen Zeiten darstellen muß. Es wird hierbei bereits durch die Erwärmung
auf Schmiedetemperatur ein gewisser Ausgleich durch Diffusion erhalten. Praktische Verwendung findet ein derartiges Verfahren bei der Herstellung von Zementstahl, der als niedrig
gekohlter Stahl erschmolzen und auf die Gehalte von Werkzeugstahl aufzementiert wird.
Die nach der Zementation vorgenommene Verschmiedung bedingt dann einen einwandfrei
feinkörnigen Materialzustand.

Abschreckmittel. Statt die eingesetzten Stücke zuerst im Zementationskasten abkühlen zu lassen und dann die Doppelhärtung vorzunehmen, kann man eine ähnliche Wirkung erreichen durch Erhöhung der Einsatztemperatur zum Schluß der Zementationsdauer und rasche Abkühlung (Luft, Öl) von dieser Temperatur im Anschluß an die Zementation. Bei komplizierten Teilen ist allerdings dieses Verfahren kaum anwendbar, da es zur Voraussetzung eine schnelle Abkühlung von hohen Temperaturen (über 900°) hat. Die hierdurch für die Randzone bedingte überhitzte Härtung und schroffe Abkühlung birgt die bekannten Gefahren des Verziehens und Reißens in sich.

Bei tief zementierten legierten Stahlen, insbesondere solche mit einem Gehalt an karbidbildenden Elementen, wie Chrom, Molybdän usw., gelingt es nicht, die bei der Zementation gebildeten Karbide durch die oben geschilderten Verfahren in Lösung oder zum Zusammenballen zu bringen, insbesondere da bei derartig legierten Stahlen infolge der hohen Affinität dieser Elemente zum Kohlenstoff der Randkohlenstoffgehalt häufig weit über die Sättigungsgrenze des Mischkristalls angereichert wird. Infolgedessen ist man auf ein homogenisierendes Glühen, also ein Ausgleichen des hohen Randkohlenstoffs, angewiesen. Ein derartiges Diffusionsglühen erfolgt in einer neutralen Atmosphäre, beispielsweise Stickstoffatmosphäre oder nach Einpacken in Gußeisenspänen bzw. in verbrauchten Zementationsmitteln. Eine oxydierende Atmosphäre ist nach Möglichkeit wegen der Gefahr der Entkohlung auszuschalten. Es muß selbstverständlich vermieden werden, daß die Verteilung des Kohlenstoffgehaltes so weit getrieben wird, daß der Randkohlenstoffgehalt unter den gewünschten

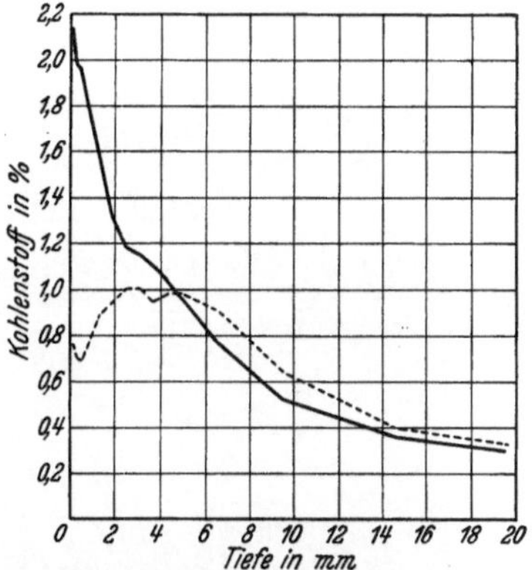

Abb. 92. Veränderung des Randkohlenstoffgehaltes durch Diffusionsglühung bei einem Chrom-Nickel-Stahl mit 0,3% C, 3,8% Ni, 1,8% Cr.

—— Verlauf der Kohlenstoffgehalttiefekurven nach 120stündiger Zementation bei etwa 980° in Leuchtgas; - - - - bei gleicher Zementationsbehandlung, 40 Stunden in Stickstoff nachgegluht.

Gehalt herabsinkt und damit eine Einbuße der Härtefähigkeit eintritt. Der bei Glühung in neutraler Atmosphäre stattfindende Diffusionsausgleich wirkt sich außer in einer Verminderung des Randkohlenstoffgehaltes am äußersten Rand in einer Verbreiterung der Zementationstiefe aus, da neben der Diffusion des höchsten Kohlenstoffgehaltes nach außen hin auch eine Abwanderung nach dem Kern zu erfolgt. Der Einfluß einer derartigen Glühung, die Verbreiterung der Zementationstiefe und Verminderung des Randkohlenstoffgehaltes ist in Abb. 92 für einen zementierten Chrom-Nickel-Stahl wiedergegeben. Das grobe Zementitnetzwerk eines derartigen Stahles und seine allmähliche Auflösung durch die Diffusionsglühung ist in Abb. 93a—f gezeigt. Wie aus Abb. 93b zu ersehen, genügt eine Diffusionsglühung von 80 Stunden bei 950° noch nicht, um die Karbide restlos zu verteilen. Die Korngrenzen erscheinen immer noch schwarz geätzt und lassen feine Reste von Karbiden erkennen. Bei stärkerer Vergrößerung (Abb. 93e) ist deutlich der Lösungsvorgang der Karbide zu verfolgen, die ähnliche Anfressungen aufweisen, wie in Wasser sich auflösender Zucker. Erst nach 60stündiger Glühdauer bei 1000° gelingt es, die Karbide vollkommen zu beseitigen. Allerdings ist auch hier noch keine vollkommene Homogenität

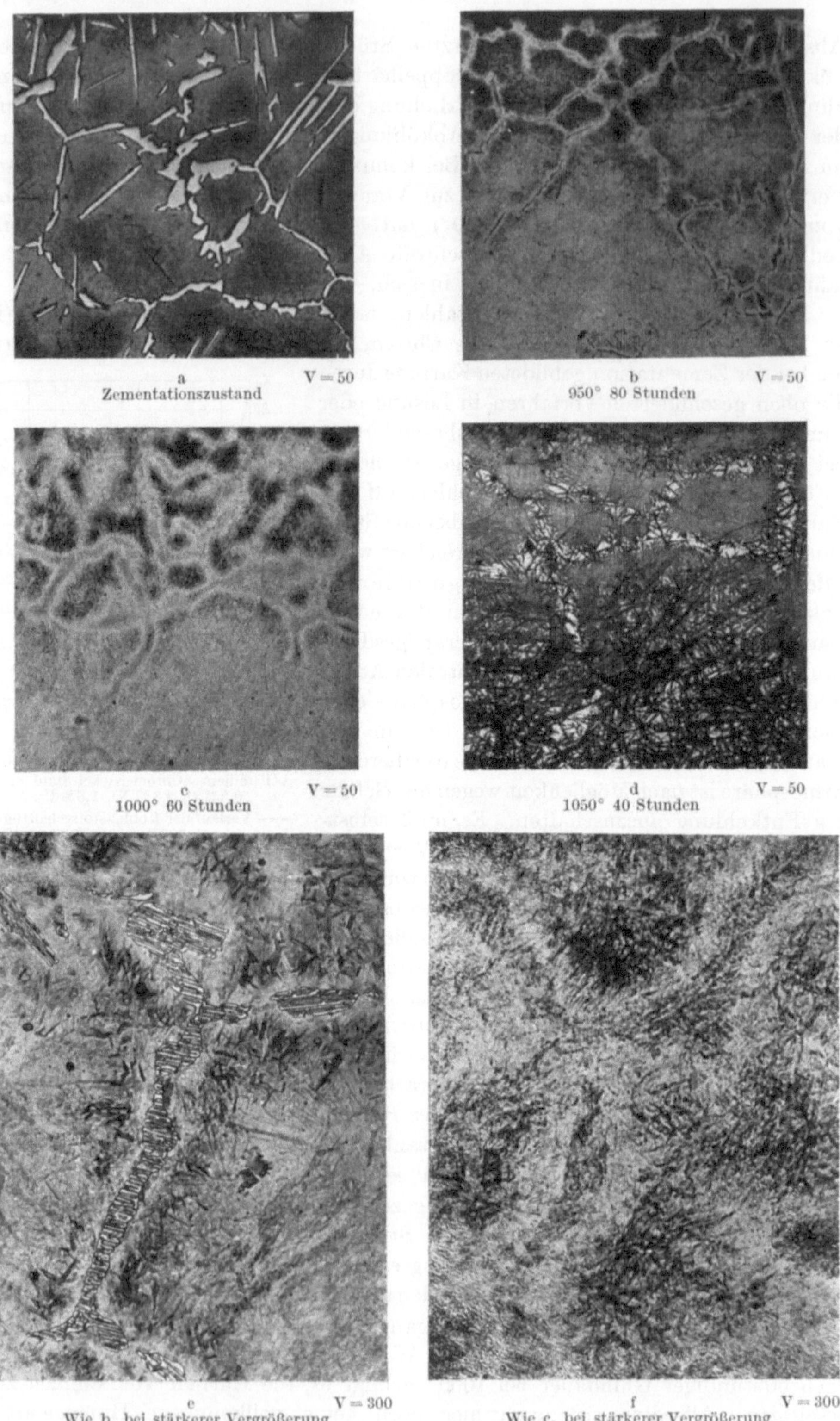

Abb. 93. Wirkung einer Diffusionsglühung in Gußeisenspanen auf die Verteilung eines groben Zementitnetzes bei einem Cr-Ni-Mo-Stahl.

erzielt worden (Abb. 93c bzw. f). Man sieht deutlich, daß der beim Härten gebildete Martensit aus verschieden legierten Zonen zusammengesetzt ist. Bei einer 40stündigen Glühung von 1050° äußert sich der höhere Kohlenstoffgehalt in den Teilen, in denen früher der Korngrenzenzementit gelegen hat, durch einen deutlich sichtbaren höheren Restaustenitgehalt (Abb. 93d).

Bei den eingangs gebrachten Erörterungen über die Umwandlungspunkte Ar', Ar'', Ar''' ist darauf hingewiesen worden, daß bei unhomogenem Stahl der Ar'''-Punkt deswegen auftritt, weil in unhomogenen Lösungen die Martensitumwandlung je nach Anreicherung der Legierungsbestandteile sich bei verschiedenen Temperaturen abspielen kann. Die Möglichkeit des Bestehens derartiger fester Lösungen, die als Ursache verschiedener Martensitumwandlungen

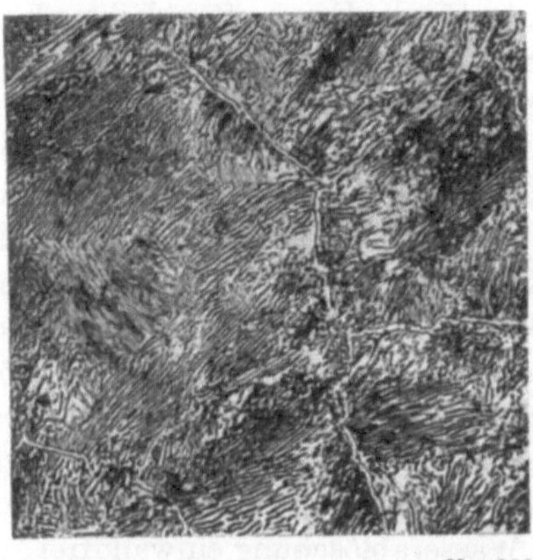
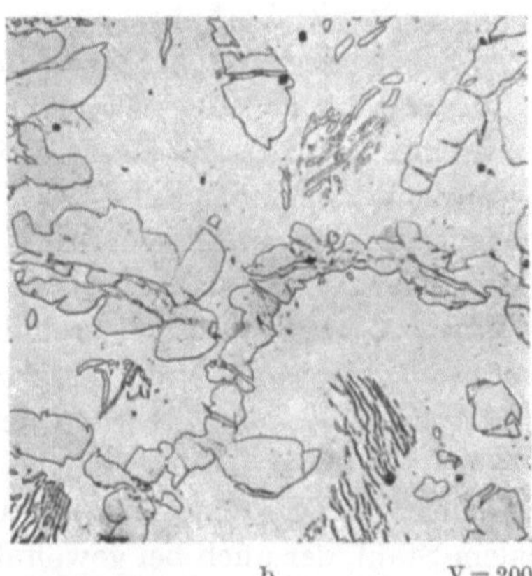

Abb. 94. Normales und anormales Zementationsgefüge.

zwanglos das Auftreten des Ar'''-Punktes erklären, zeigen die in Abb. 93 gegebenen Gefügeaufnahmen. Charakteristisch ist ja auch das Auftreten des Ar'''-Punktes in stark sonderkarbidhaltigen Stählen, bei denen bezüglich homogener Karbidauflösung ähnliche Verhältnisse vorliegen, wie in Abb. 93 wiedergegeben.

Eine besondere Art der Gefügeausbildung in der übereutektoiden Zone von Einsatzschichten, insbesondere bei Kohlenstoffstählen, ist in den letzten Jahren Gegenstand zahlreicher Untersuchungen geworden[1]. Während sich im allgemeinen die Zementitausscheidung bei der Zementation scharf ausgeprägt in den Korngrenzen vollzieht und der Perlit die zwischenliegenden Körner voll in lamellarer Form ausfüllt (Abb. 94a), erfolgt bei anderen Stählen die Abscheidung in groben Zementitlamellen, die infolge Anlagerung des perlitischen Zementits des Grundgefüges von Ferrithöfen umgeben sind (Abb. 94b). Das Verhalten des ersteren Stahles wurde von Mc. Quaid und Ehn als normal, das des zweiten als anormal bezeichnet. Der normale Stahl zeigt außerdem meistens ein grobkörnigeres Gefüge sowohl in der Kern- als in der Randzone und ist beim Härten überhitzungsempfindlicher als anormaler Stahl. Die reinsten Eisensorten, wie

---

[1] Schrifttumsübersicht bei Houdremont u. Müller: Stahl u. Eisen Bd. 50 (1930) S. 1321 sowie Duftschmid u. Houdremont: Stahl u. Eisen Bd. 51 (1931) S. 1613.

Elektrolyt- und Carbonyleisen, sind durchweg anormal[1]. Durch Zusatz von Mangan und anderen, die kritische Abkühlungsgeschwindigkeit verkleinernden Elementen wird auch bei diesen Eisenarten eine Neigung zur Bildung eines normalen Zementationsgefüges hervorgerufen. In technischem Stahl tritt anormales Gefüge häufig dort auf, wo Stellen reinster Eisenkonzentration vorliegen, so beispielsweise im Kern von unruhigem Flußeisen, sowie in Seigerungsstreifen, wo neben den Stellen stärkster Seigerungen solche von hoher Reinheit vorhanden sein müssen. Die Tatsache, daß vor allem unruhig vergossenes Flußeisen anormales Verhalten bei der Zementation zeigt, führte bereits frühzeitig zu dem Schluß, daß Sauerstoff die Ursache hierfür sei. Da aber auch sehr reines Eisen mit Sauerstoffgehalten von nur 0,008% anormal sein kann, muß man annehmen, daß bereits die hohe Diffusionsfähigkeit des Kohlenstoffs im reinen Eisen genügt, um anormales Verhalten zu erzeugen, wobei die Frage offenbleibt, ob nicht Sauerstoff und insbesondere Oxyde als Keime für frühzeitige Karbidabscheidung diese Neigung noch weiter verstärken. Der Begriff des reinen Eisens ist nicht genau definierbar, da stets kleinste Beimengungen von Fremdstoffen vorhanden sein werden und das Studium des Einflusses kleinster Fremdbeimengungen im Eisen noch keineswegs abgeschlossen ist. Falls Sauerstoff überhaupt einen besonderen Einfluß auf das anormale Verhalten ausübt, muß es dahingestellt bleiben, ob sauerstoffhaltige Fremdkörper durch Keimbildung die anormale Zementationsgefügeausbildung verursachen, oder durch den im Ferrit gelösten Sauerstoffgehalt eine Veränderung der Zementitdiffusion hervorgerufen wird.

Bei der Härtung in Wasser neigt der anormale Stahl zur Weichfleckigkeit. Zwecks gleichmäßiger Härtung ist es deshalb notwendig, ihn im Gegensatz zu normalem Stahl, der auch bei gewöhnlicher Wasserablöschung einwandfrei Härte annimmt, in Salzwasser abzuschrecken. Dieses unterschiedliche Verhalten ist auf die größere kritische Abkühlungsgeschwindigkeit des anormalen Stahles zurückzuführen. Eine im gleichen Sinne liegende Wirkung ist bereits bei der Abkühlung des anormalen Stahles von Zementationstemperatur zu beobachten, da bei derartigen Stählen der Ar_1-Punkt bei Messungen im Dilatometer höher liegt als bei Stählen mit Neigung zur normalen Gefügeausbildung. Infolge der höheren Lage der Umwandlungstemperatur, gleichzeitig aber auch infolge besonderer Reinheit des Ferrits, ist die Diffusionsgeschwindigkeit dicht unterhalb A_1 noch so groß, daß eine verhältnismäßig starke Zusammenballung des Zementits zustande kommen kann, die die typische Ausbildung des anormalen Zementationsgefüges zur Folge hat. Bereits bei der Besprechung der Erhöhung der Härtefähigkeit durch Steigerung der Härtetemperatur ist auf den Einfluß steigender Korngröße hinsichtlich der Vergrößerung der Härtefähigkeit hingewiesen worden. Die Tatsache, daß normaler Stahl grobkörniger, anormaler meist feinkörniger ist, zeigt ebenfalls einen Einfluß der Korngrenzen auf die Härtefähigkeit.

Veränderungen in der Kernzone. Im Kern erfährt der zementierte Stahl durch das längere Erwärmen auf höhere Temperaturen eine Kornvergröberung, wie sie bei jeder Wärmebehandlung mit Überzeitung bzw. Überhitzung eintritt. Durch ein nachfolgendes Glühen oberhalb der Umwandlung und die hier-

---

[1] Duftschmid u. Houdremont: Stahl u. Eisen Bd. 51 (1931) S. 1613.

durch hervorgerufene Umkristallisation läßt sich die Kernzone wieder verfeinern, insbesondere wenn die Abkühlung von der Glühtemperatur rasch erfolgt. Die Beseitigung des von der Zementation herrührenden groben Gefüges der Kernzone ist notwendig, wenn man die höchsten Zähigkeitseigenschaften im Kern erzielen will. Für eine Nachbehandlung von zementierten Stücken ergeben sich auf Grund dessen die in der Zahlentafel 10 angegebenen Richtlinien[1].

Das Verfahren I mit einfacher Abschreckung von Einsatztemperatur eignet sich nur für Teile geringer Beanspruchung. Da die Einsatztemperatur meist höher liegt als die beste Härtetemperatur, ergibt diese Härtungsart überhitzt gehärtete Randzonen bei meist grobkörnigem Kern.

Das Verfahren II mit langsamer Abkühlung von Einsatztemperatur und nachfolgendem Abschrekken von niedriger, richtiger Härtetemperatur verdient besondere Beachtung für die Härtung von komplizierten Teilen, z. B. Zahnrädern, bei denen ein geringer Verzug der Verzahnung an

[1] Diese Richtlinien beziehen sich auf Stücke, die nur ungefähr 2 mm tief zementiert werden. Bei größeren Zementationstiefen ist eine besondere Berücksichtigung der Verhältnisse von Fall zu Fall erforderlich.

Zahlentafel 10. Wärmebehandlung für Einsatzstähle.

	Einsatztemperatur °C	Abkühlung	Erwärmung für Doppelhärtung auf °C	Abkühlung	Glühen	Erwärmung auf* °C	Abkühlung	Erwärmung auf* °C	Abkühlung
I Billiges Einsatzhärteverfahren für weniger wichtige Teile	850—880	Wasser Öl	—	—	—	—	—	—	—
II Einsatzbehandlung komplizierter Stücke mit Vermeidung des Verziehens und Bildung guter Oberflächenhärte ohne Rückfeinung des Kernes	850—880	langsam imKasten	—	—	—	760—780 780—820	Wasser Öl	—	—
III Wie II mit Zwischenglühen des Kernes	850—880	langsam imKasten	—	—	—	650—680 630	Ofen	760—780 780—800	Wasser Öl
IV Einsatzbehandlung mit Doppelhärtung zur Bildung hoher Oberflächenhärte und größter Kernzähigkeit (Rückfeinung) a)	850—880	Ofen	880—900	Wasser Öl	evtl. 650—680° zwischenglühen	760—780 780—820	Wasser Öl		
b)	850—880	Wasser Öl	880—900	Wasser Öl	evtl. 650—680° zwischenglühen	760—780 780—820	Wasser Öl		

* Die höheren Temperaturen gelten für Kohlenstoffstähle, die tieferen für legierte Stähle.

gestrebt wird. Da für derartige Zahnräder meist legierte Stähle verwendet werden, findet bereits bei der Abkühlung im Zementationskasten infolge der tiefliegenden Umwandlungstemperatur eine gute Gefügeverfeinerung statt. Bei reinen Kohlenstoffstählen ergibt diese Art der Behandlung allerdings eine nicht genügend nachgefeinte und daher unter Umständen grobkörnige Kernzone.

Verfahren III mit Zwischenglühung nach einer langsamen Abkühlung von Zementationstemperatur und nachfolgendem Härten von niedriger Temperatur ist besonders geeignet für Teile, bei denen man vor der Endhärtung auf größte Spannungsfreiheit Wert legt und außerdem noch Bearbeitungen vor der Endhärtung vornehmen will. Gleichzeitig wird bei reinen Kohlenstoffstählen in der Randzone eine teilweise Zusammenballung von überschüssigem Zementit erreicht.

Die beste Verfeinerung von Rand und Kern ergibt die Doppelhärtung gemäß Verfahren IV. Die erste Ablöschung von einer Temperatur oberhalb der Umwandlungstemperatur des niedrig gekohlten Kernmaterials läßt für die Kernzone beste Kornfeinheit erzielen und beseitigt evtl. vorhandenen Korngrenzenzementit in der Randzone. Durch eine nachfolgende Zwischenglühung werden die hierbei erzeugten Spannungen weitgehend entfernt. Es ist danach möglich, jede beliebige Art von Bearbeitung vorzunehmen. Die Schlußhärtung findet bei einer für den Randkohlenstoffgehalt geeigneten Temperatur statt. Das doppelte Abschrecken ergibt naturgemäß stärkeres Verziehen, als dies bei Verfahren II und III der Fall ist.

Die aufgekohlte Randschicht zementierter Teile soll nach der Härtung möglichst Glashärte, d. h. höchste Martensithärte, aufweisen. Je nach der Legierung ist hierzu Ablöschung von oberhalb $A_{1, 3}$ in Wasser, Öl oder Luft erforderlich. Hierbei weisen die unlegierten Kohlenstoffstähle oder schwachlegierten (Cr-Mo-) Stähle nach Wasserhärtung stets die höchsten Härten auf (64—65 Rockwell). Bei denjenigen Stählen, die so hoch legiert sind, daß sie sich zur Öl- oder sogar Lufthärtung eignen, nimmt die Härte zum Teil wegen der Bildung größerer Mengen Restaustenits keine so ganz hohen Werte (62—64 Rockwell) an.

Im Gegensatz zum Rand soll der Kern einsatzgehärteter Stücke weniger hohe Härte- und Festigkeitszahlen aufweisen, dafür sich mehr durch Zähigkeit auszeichnen. Die Höhe der Kernfestigkeit richtet sich nach der Höhe des Kohlenstoffgehaltes sowie dem übrigen Legierungsgehalt des betreffenden Stahles und kann zwischen etwa 60 kg/mm² bei unlegierten Flußeisen bis annähernd 200 kg/mm², bei einem Cr-Ni-W-Einsatzstahl mit 0,35% C, 4% Ni, 1,5% Cr, 1% W schwanken. Da die Einsatzhärtung überall dort Verwendung findet, wo Bauteile und Werkzeug stark auf Verschleiß, Druck, Schlag beansprucht werden, wo somit die beanspruchten Stellen möglichst hart sein müssen (Einsatzschicht), fällt dem Kern die Rolle zu, der Beanspruchung gegenüber die nötige Zähigkeit und gleichzeitig die für die Einsatzschicht erforderliche Tragfähigkeit aufzubringen. Da ein Eindrücken der Einsatzschicht unter allen Umständen vermieden werden muß, wählt man mit steigender Druckbeanspruchung steigende Kernfestigkeit. Als Beispiel können verschiedenartig beanspruchte Zahnräder gelten: Während die kleinen Zahnräder für Kraftwagenölpumpen, die ohne starken Druck hauptsächlich auf Verschleiß beansprucht werden, aus unlegiertem Kohlenstoff- oder schwach legiertem Chromstahl (0,8% Cr) hergestellt werden, verwendet man für die auf hohen Druck beanspruchten Ausgleichgetriebetellerräder im Lastwagen- und Traktorenbau Stähle, die Kernfestigkeiten von 120—180 kg/mm² ergeben.

Neben der Erhöhung des Verschleißwiderstandes tritt durch die Einsatzhärtung, wie erst in letzter Zeit erkannt wurde, als besonders wichtiger Vorteil

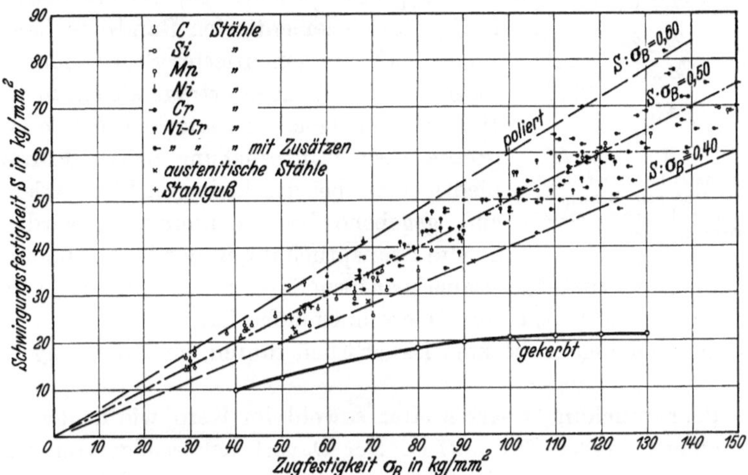

Abb. 95. Abhängigkeit der Dauerfestigkeit von der Zerreißfestigkeit an polierten und gekerbten Proben verschiedener Stahllegierungen. [Nach Houdremont u. Mailänder: Kruppsche Mh. 10. Jg. (1929) S. 39.]

eine Erhöhung der Dauerfestigkeit (Schwingungsfestigkeit), also der Widerstandsfähigkeit gegen Wechselbeanspruchung ein. Allgemein kann man sich den Einfluß der Oberflächenhärtung auf die Dauerfestigkeit wie folgt vorstellen:

Die Dauerfestigkeit von Stählen steigt mit ihrer Zugfestigkeit oder Härte an (Abb. 95). Die Stärke dieses Anstieges hängt von der Oberflächenbeschaffenheit ab. Da härtere Stähle kerbempfindlicher sind als weichere, ist der durch Steigerung der Härte zu erzielende Gewinn an Schwingungsfestigkeit bei rauher oder gekerbter Oberfläche geringer als bei polierter Oberfläche, wie dies die untere, für scharf gekerbte Proben geltende Kurve in Abb. 95 im Gegensatz zu dem für glatte polierte Proben geltenden Streubereich zeigt. Betrachten wir zunächst die Verhältnisse für ideal polierte Oberflächen. Nach Abb. 95 u. 96 ist bei einsatzgehärteten Stücken die Schwingungsfestigkeit σ_{Dr} der härteren Randzone größer als die Schwingungsfestigkeit σ_{DK} des weicheren Kernes. Diese höhere Dauerfestigkeit der Randzone hat bei wechselnder Biege- oder Verdrehungsbeanspruchung eine größere Bedeutung als bei Zug-Druck-Beanspruchung, wo eine gleichmäßige Beanspruchung über den Querschnitt vorliegt. Bei Biegung z. B. tritt die höchste Beanspruchung σ_{br} am Rand auf (Abb. 96 I), wo im ein-

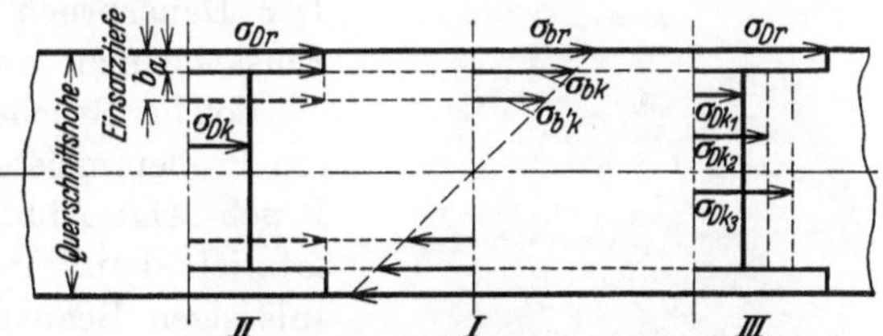

Abb. 96. Schematische Darstellung der Beanspruchungsverhältnisse in einem einsatzgehärteten Stück.
I: Spannungsverteilung bei Biegung.
II: Schwingungsfestigkeiten bei verschiedenen Einsatztiefen (a bzw. b).
III: Schwingungsfestigkeiten bei verschiedenen Kernhärten (1 weich, 2 mittelhart, 3 hart).

satzgehärteten Stück auch die höhere Schwingungsfestigkeit σ_{Dr} vorhanden ist (Abb. 96 II). Die Kernzone hat eine geringere Dauerfestigkeit σ_{DK}; die größte Biegebeanspruchung der Kernzone (an ihrem Rande) beträgt aber bei einer Einsatztiefe a nur noch σ_{bK}, d. h. das Kernmaterial von bestimmter Zug- und Schwingungsfestigkeit wird nicht bis zu der Höchstspannung σ_{br}, sondern nur bis zu der niedrigeren Spannung σ_{bK} beansprucht. Die höhere Schwingungs-

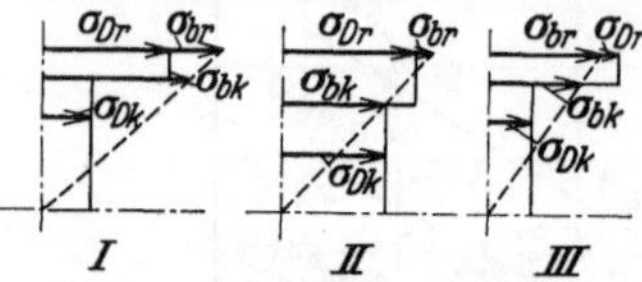

Abb. 97. Schematische Darstellung von drei verschiedenen Beanspruchungsverhältnissen in einem einsatzgehärteten Stuck.

festigkeit der zementierten Randzone hat also zur Folge, daß ein zementiertes Stück höhere Dauerbiegebeanspruchungen erträgt als ein nicht zementiertes. Bei einer Einsatztiefe $b > a$ wird die größte Biegebeanspruchung in der Kernzone $\sigma_{b'K}$ niedriger als bei der kleineren Einsatztiefe a. Für eine gegebene Randspannung σ_{br} wird also die größte Beanspruchung in der Kernzone um so kleiner und damit die zulässige Dauerbeanspruchung um so größer, je dicker die Einsatzschicht im Verhältnis zur Querschnittshöhe ist.

Bei Beanspruchungen, die zum Dauerbruch führen, sind nun folgende Fälle möglich:

1. Die Beanspruchung überschreitet sowohl im Kern wie in der Randzone die Schwingungsfestigkeit (Abb. 97 I). Der Dauerbruch erfolgt vom Rand oder vom Übergang zwischen Einsatzschicht und Kern aus, je nachdem das Verhältnis σ_{br}/σ_{Dr} oder σ_{bK}/σ_{DK} den höheren Wert hat.

2. Die Biegebeanspruchung überschreitet die Schwingungsfestigkeit der Randzone, die des Kernes jedoch nicht (Abb. 97 II). Der Dauerbruch erfolgt vom Rand aus.

3. Die Beanspruchung am Rand liegt unter der Schwingungsfestigkeit der Randzone, aber am Übergang zum Kern überschreitet die Beanspruchung die Schwingungsfestigkeit des Kerns (Abb. 97 III). Der Dauerbruch beginnt am Übergang zwischen Einsatzschicht und Kern.

Solche Brüche kann man an einsatzgehärteten Proben meistens beobachten. Einen derartigen Bruch zeigt Abb. 98. Eine Vergrößerung der Einsatztiefe kann in Einzelfällen eine Erhöhung der zulässigen Beanspruchung herbeiführen (Abb. 96, links). Im gleichen Sinne wirkt eine Erhöhung der Kernfestigkeit durch Wahl eines entsprechenden Stahles (Abb. 96 III). Ein Stahl mit höherer Kernhärte besitzt, wie Abb. 95 zeigte, an sich eine höhere Schwingungsfestigkeit. Es ergibt sich somit, daß sowohl dicke Einsatzschicht trotz tieferer Kernhärte den Widerstand des betreffenden Stückes gegen wechselnde Biegungs- und Verdrehungsbeanspruchung erhöht (Abb. 96 I) als auch dünne Einsatzschicht bei hoher Kernhärte im gleichen Sinne wirkt (Abb. 96 III). Letzteres ist wesentlich bei Stücken dünnerer Abmessung, bei denen man nicht beliebig die Einsatzschichten vergrößern kann. Bei sehr großen Dickenabmessungen kann der Einfluß der Einsatzschicht nicht so sehr in Erscheinung treten wie bei Teilen,

Abb. 98. Unterhalb der härteren Einsatzschicht ausgehender Dauerbruch.

bei denen das Verhältnis von Einsatztiefe zu Querschnittshöhe groß ist. Solche Überlegungen lassen sich nicht wahllos auf alle beliebigen Querschnitte übertragen.

Aber auch bei größeren Querschnitten spielt die härtere Randzone eine Rolle in bezug auf die Haltbarkeit, da ihre Dauerfestigkeit auch bei etwas schlechter Oberflächenbeschaffenheit noch über der Dauerfestigkeit des Kernmaterials liegt; der Einfluß der Oberflächenbearbeitung wird also ausgeschaltet, und zwar gilt dies auch für Zug-Druck-Beanspruchung. Es hat sich ferner gezeigt, daß Stäbe, die nach erfolgter Kerbung zementiert und gehärtet wurden, noch eine höhere Dauerfestigkeit aufweisen als gleich gekerbte, nicht zementierte Stäbe. Wahrscheinlich spielen hier auch die Druckeigenspannungen in der Randzone eines einsatzgehärteten Stückes eine Rolle. Der höhere Kohlenstoffgehalt dieser Randzone bewirkt bei der Härtung eine stärkere Volumenvergrößerung gegenüber dem Kernmaterial, so daß die gehärtete Randschicht erhebliche Druckeigenspannungen aufweist. Durch solche Eigenspannungen in der Randzone wird aber nach verschiedenen Untersuchungen[1] die Biegeschwingungsfestigkeit erhöht. Oberflächenhärtung erhöht somit auch bei dickeren Querschnitten den Widerstand gegen Dauerbeanspruchung.

Der Vollständigkeit halber sei an dieser Stelle darauf aufmerksam gemacht, daß Oberflächenentkohlung entgegengesetzt wirken muß und zur Verminderung der Schwingungsfestigkeit beiträgt. Man hat infolgedessen mit Erfolg versucht, den Einfluß der Randentkohlung, z. B. bei Federn, die ja fast immer mit Walzhaut, also mehr oder weniger entkohlt, verwendet werden, durch Zementation aufzuheben.

Besonderheiten bei der Einsatzhärtung. In vielen Fällen ist es erwünscht, an zementierten Teilen einzelne Stellen weich zu halten. Dies kann dadurch erfolgen, daß weich zu haltende Stellen durch einen Überzug von Lehm oder Wasserglas gegen eine Zementationswirkung geschützt werden. Da diese Überzüge meist bei der Erwärmung reißen, schützen sie nicht mit unbedingter Sicherheit. Als besser geeignet hat sich ein metallischer Überzug von Kupfer erwiesen, der eine Aufkohlung bei schwacher Zementation vollkommen verhindert. Bei sehr langer Zementationsdauer findet allerdings auch hier, wenn auch erschwert, ein Eindringen von Kohlenstoff statt, da der Kupferüberzug bei längerer Zementationszeit oxydiert wird. Neuerdings wird empfohlen, diejenigen Stellen, die vor Zementation geschützt werden sollen, in feingepulvertes Silizium einzupacken. Nicht durchführbar sind diese Verfahren bei Zementation in flüssigen Zementationsmitteln[2].

Fehler bei der Zementation sind meist durch zu starke Randaufkohlung, Überhitzung, Überzeitung mit ungenügender Nachbehandlung verursacht und mit starken Sprödigkeitserscheinungen verbunden. Bei schroffem Abfall des Kohlenstoffgehaltes in der Einsatzschicht, insbesondere auch bei grobkörniger Ausbildung der Randschicht, können Risse entstehen, die, wie in Abb. 99, eine schalenartige Trennung zwischen zementiertem Rand und Kern zur Folge haben.

Ungleichmäßige Zementationsschichten (Abb. 100) können durch unvollkommenes Einpacken bzw. zu starkes Setzen des Zementationsmittels beim Zemen-

---

[1] Thum u. Bautz: Z. VDI 1934 S. 921. — Oschatz: Dissertation Darmstadt 1932. — Bautz: Dissertation Darmstadt demnächst.

[2] Hier bleibt nur übrig, die Einsatzschicht an den weich zu haltenden Stellen vor der Härtung, nötigenfalls nach einem Ausglühen, abzuarbeiten; ein Verfahren, daß sich natürlich auch bei allen anderen Ersatzmitteln anwenden läßt.

tieren entstehen, bei Gaszementation auch dann, wenn nicht für eine gleichmäßige Umspülung durch den Gasstrom Sorge getragen wird. Eingangs wurde
darauf hingewiesen, daß Zementation nur dann entsteht, wenn ein zementierendes
Gas vorhanden ist. Da das zur Zementation erforderliche Gas bei festen Zementationsmitteln stets durch das herumlie-
gende kohlenstoffabgebende Zementationsmittel regeneriert wird, ist es nicht gleichgültig, ob die entstehenden Gase in einem
Zementationskasten noch vom Zementationsmittel umgeben sind oder nicht. Deutlich kann die Wirkung ungleichmäßiger
Verteilung des Zementationsmittels durch
folgenden Versuch veranschaulicht werden:

V = 3,5

Abb. 99. Schalenbildung im Kopfe eines Zahnes
eines einsatzgehärteten Zahnrades. [Aus Brearley-Schäfer: „Die Einsatzhärtung von Stahl
und Eisen." S. 58.]

In einen zylindrischen, senkrecht
stehenden Zementationskasten wurde ein
250 mm langer Rundstab aus Chrom-
Molybdän-Stahl in der Längsachse des
Gefäßes stehend eingebaut. Der Kasten war nur so weit mit einem festen Zementationsmittel (Holzkohle + Tierkohle 60 : 40) gefüllt, daß die obere Stabhälfte unbedeckt blieb. Zum sicheren Abschluß von der Außenluft wurde der
Kasten zugeschweißt und mit einem Quecksilberventil gegen Überdruck ge-
sichert. Nach dreitägiger Zementation bei 950° wurden von der oberen und
unteren Stabhälfte getrennt schichtenweise Proben entnommen. Es ergaben
sich die in Abb. 101 dargestellten Zementationskurven, die die erheblich geringere
Zementationswirkung in dem nicht vom Einsatzmittel bedeckten Stabende deutlich erkennen lassen. Noch geringer wird die Zementationswirkung, wenn die Gase abgesaugt werden.

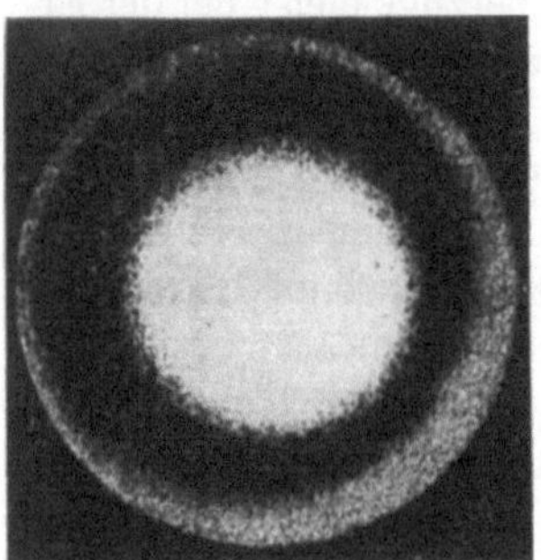

V = 5

Abb. 100. UngleichmäßigeVerteilung
des Kohlenstoffgehaltes bei einem
zementierten Rundstab.

Ein unbefriedigendes Ergebnis kann bei der
Einsatzhärtung, insbesondere bei höher legierten
Stählen — beispielsweise Stählen mit 4—4,5% Ni,
1—1,5% Cr —, entstehen, wenn bei der Zementation durch Wahl ungeeigneter Zementationstemperaturen oder Anwendung zu scharf kohlender Zementationsmittel zu hohe Randkohlenstoffgehalte
erhalten werden. Beträgt der Randkohlenstoffgehalt bei legierten Stählen wesentlich mehr als 1%,
so führt das Ablöschen in der äußersten Randschicht
zur Bildung von großen Mengen Austenit neben
Martensit (Abb. 102). Die Austenitanreicherung kann

hierbei so weit gehen, daß im Gegensatz zu dem beabsichtigten Zweck der Einsatzhärtung keine harte, sondern verhältnismäßig weiche Zementationsschichten erzielt
werden. Bei Zahnrädern wird eine derartige austenitische Oberfläche leicht zum
Fressen und zu außerordentlich schnellem Verschleiß führen. Bereits bei der Feilen-
prüfung ist der Austenitgehalt dieser äußersten Randschicht deutlich merkbar.
Meist besteht das Gefüge nicht aus reinem Austenit, sondern aus groben Martensitnadeln mit austenitischer Grundmasse. Bei Zementation bis zu 2 mm Tiefe läßt
sich durch richtige Wahl der Zementationstemperatur und des Zementations-

mittels eine zu starke Aufkohlung vermeiden. Bei stärkerer Zementation muß unter Umständen die beschriebene Diffusionsglühung zur Beseitigung des überflüssigen Kohlenstoffgehaltes angewandt werden. Diesem Übel läßt sich auch in etwa dadurch begegnen, daß sehr niedrige Härtetemperaturen gewählt werden[1].

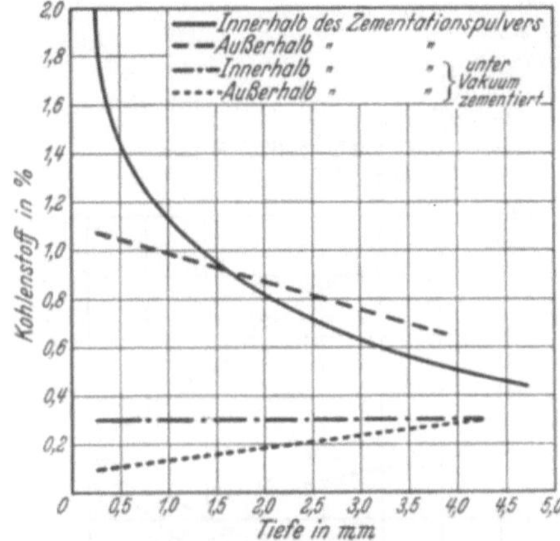

Abb. 101. Kohlenstoffgehalttiefekurven einer zur Hälfte in Zementationspulver eingepackten Stahlprobe vom eingesetzten und herausragenden Teil, desgleichen bei Zementation in Vakuum. (Zementiert im festen Einsatz 72 Stunden bei 950°.) [Nach Bennek, unveröffentlichte Untersuchung.]

Abb. 102. Austenitbildung in der Einsatzschicht infolge zu hohen Kohlenstoffgehaltes.

In diesem Zusammenhang ist noch zu erwähnen, daß es empfehlenswert ist, jedes einsatzgehärtete Stück ebenso wie direkt gehärtete Teile nach erfolgter Härtung bei tiefen Temperaturen anzulassen bzw. in Wasser oder Öl auszukochen.

3. Vergüten.

Unter Vergüten versteht man ein Härten, d. h. Ablöschen in Öl, Wasser, Luft usw., mit nachfolgendem Anlassen bei Temperaturen unterhalb A_1. Während man bei Werkzeugstahl das Härten und nachfolgende Anlassen auf niedrige Temperatur vielfach unter dem Begriff Härtung zusammenfaßte, bezeichnet man diese Behandlungsart bei Baustählen als Vergütung.

Der Zweck der Vergütung ist, das Gefüge des Stahles energisch zu verfeinern, verbunden mit einer Beeinflussung der Festigkeitseigenschaften. Die Kornverfeinerung ist abhängig von der Unterkühlung und somit von der Art der Ablöschbehandlung. Die erzielte Gefügeverfeinerung ist bei den meisten Stählen um so weitgehender, je energischer die Ablöschbehandlung vorgenommen wird. Wie schon in Abb. 42 gezeigt, weist bei demselben Stahl das ölabgelöschte Material ein wesentlich feineres Gefüge auf als das luftabgekühlte.

Von den weniger oft vorkommenden Fällen der Vergütung von Werkzeugstahl ist besonders hervorzuheben das Gebiet der Warmwerkzeuge, insbesondere der

---

[1] Auch die übrigen Legierungsanteile, die die Austenitbildung fördern, sollen nicht zu hoch gehalten werden. In der deutschen Norm DIN 1662 ist als höchst legierter Einsatzstahl ein Chrom-Nickel-Stahl mit 4,25—4,75% Nickel vorgesehen. Bei 4,75% Nickel ist aber bereits deutlich eine Zunahme der Austenitbildung festzustellen. Es ist zweckmäßig, gerade den Nickelgehalt nicht über 4,5% zu halten und entsprechend die Vorschriften auf 4—4,5% Nickel zu beschränken.

Gesenkstähle zum Schmieden und Pressen von Eisen, Kupfer, Messing, ferner
der Spritzwerkzeuge für Messing, Aluminium usw. Durch die Vergütung gibt
man diesen Stählen höhere Festigkeiten. Das Anlassen bezweckt aber außerdem, den Stahl bereits in denjenigen Gefügezustand zu versetzen, in den er nach-

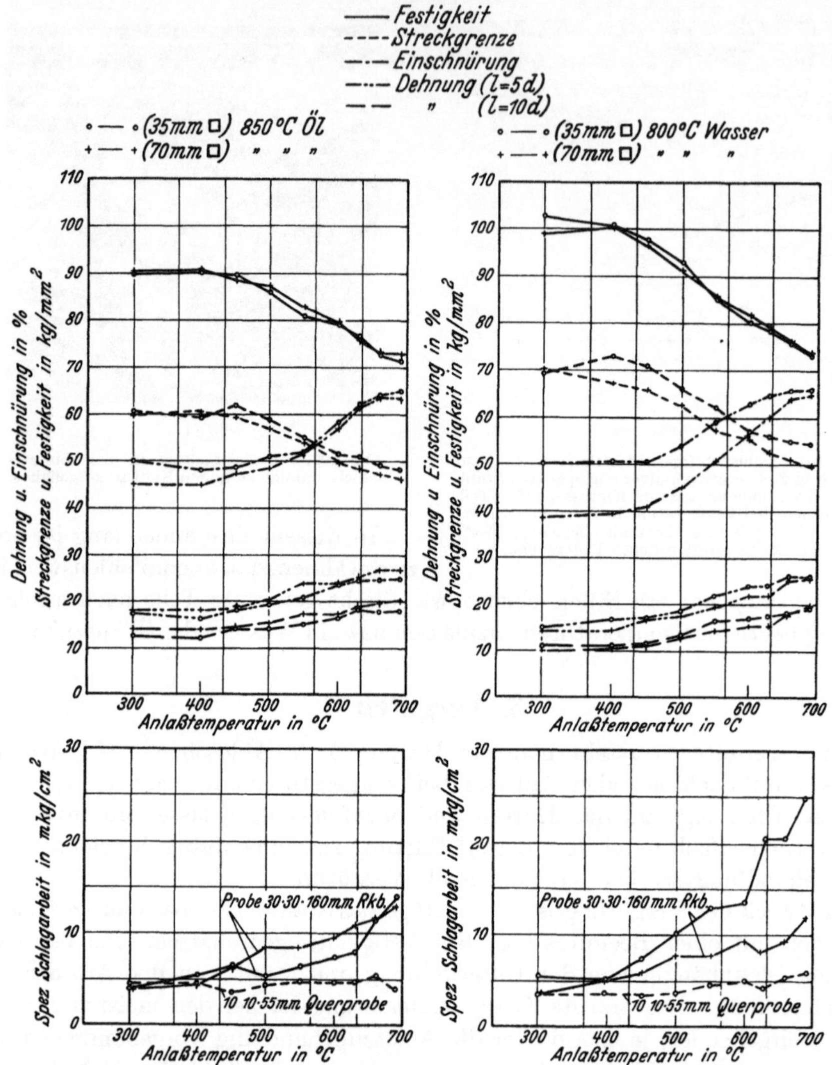

Abb. 103. Vergütungsschaubild eines Kohlenstoffstahles mit 0,46 % C, 0,21 % Si, 0,80 % Mn nach Wasser-
und Ölablöschung.

her beim Arbeiten in der Wärme von selbst kommen würde. Die Zusammensetzung dieser Werkzeuge ist daher so zu wählen, daß sie etwa entsprechend
den Betriebstemperaturen angelassen werden können, damit durch weitere Gefügeveränderungen beim Arbeiten nicht unnötige Spannungen in dem Werkzeug
hervorgerufen werden.

In der Hauptsache findet aber das Vergüten Anwendung bei Baustählen zur
Erzielung bestimmter mechanischer Eigenschaften.

Durch das Anlassen nach dem Härten fallen mit steigender Temperatur Festigkeit, Streckgrenze und Härte bis auf die Werte des ausgeglühten Zustandes ab; gleichzeitig steigen die Werte der Dehnung, Einschnürung, Kerbzähigkeit. Die kurvenmäßige Darstellung der Veränderung der Festigkeitseigenschaften in Abhängigkeit von der Anlaßtemperatur bezeichnet man als „Vergütungsschaubild". In Abb. 103 ist ein derartiges Schaubild eines Stahles mit $\sim 0{,}45\%$ C, einmal für Öl- und einmal für Wasservergütung, wiedergegeben. Man sieht deutlich den Einfluß der verschiedenen Ablöschmittel sowie der Anlaßtemperatur auf die Festigkeitseigenschaften. Auffallend ist der günstigere Einfluß der Wasservergütung auf das Verhältnis von Streckgrenze zu Festigkeit, das bei fast gleicher Festigkeit von etwa 73 kg/mm² 77% gegenüber nur 62% bei Ölvergütung beträgt. Das Verhältnis von Streckgrenze zu Festigkeit und die durch Vergütung bewirkte Erhöhung der Streckgrenze im Vergleich zur Festigkeit wird als ein Maß für die Vergütefähigkeit eines Stahles bei entsprechender Behandlung und für den Wert dieser Vergütung angesehen. Dieser Wert ist aber nicht nur abhängig von dem Ablöschmittel und der Anlaßtemperatur, sondern außerdem von den zur Vergütung gelangenden Querschnittsabmessungen.

Gleichzeitig mit der Veränderungsmöglichkeit der statischen Festigkeitseigenschaften und der Kerbzähigkeit durch Vergütung ist es möglich, die Dauerfestigkeit (Schwingungsfestigkeit) zu beeinflussen. Bereits in Abb. 95 wurde gezeigt, daß die Schwingungsfestigkeit in einer bestimmten Abhängigkeit zur Zugfestigkeit steht. Dies gilt in gleichem Maße für die durch Vergütung erzielte Festigkeitssteigerung. Es findet durch Vergütung also auch eine Steigerung der Schwingungsfestigkeit statt. Hierbei nimmt eine andere Eigenschaft, die man bei Schwingungsversuchen mit reinen Metallen, insbesondere auch reinem Eisen, feststellt, nämlich die sog. Dämpfungsfähigkeit ab. Unter Dämpfungsfähigkeit versteht man die Eigenschaft von Metallen, bei wiederholter Beanspruchung, also z. B. Schwingungsbeanspruchung, eine gewisse Energiemenge je Volumeneinheit dauernd aufzunehmen und zu vernichten, ohne dabei zu Bruch zu gehen. Diese Dämpfungsfähigkeit ist im unverspannten reinen Mischkristall naturgemäß am größten. Für Eisen- und Stahllegierungen ist eine hohe Dämpfungsfähigkeit daher an das Vorhandensein größerer Ferritansammlungen, mit anderen Worten also an den möglichst weitgehenden ausgeglühten Zustand gebunden (desgleichen sind austenitische Stähle sehr dämpfungsfähig). Durch feinere Verteilung von Ferrit und Karbid infolge der Vergütung wird diese Dämpfungsfähigkeit weitgehend verlorengehen. In ähnlichem Sinne wirken Legierungselemente, die die Vergütbarkeit von Stählen verstärken und auch im ausgeglühten Zustand noch eine feine Verteilung von Karbid und Mischkristall (Ferrit) bewirken. Diese Feststellung hat dazu geführt, daß des öfteren vergütete und legierte Stähle gegenüber geglühten und unlegierten Stählen als weniger günstig in dieser Beziehung gewertet wurden. Da aber sowohl die vergüteten als die legierten Stähle, die eine mangelnde Dämpfungsfähigkeit aufweisen, stets durch eine höhere Lage ihrer Streckgrenze und Festigkeit und somit ihrer absoluten Schwingungsfestigkeit gekennzeichnet sind, dürfte dieses Urteil nicht ohne weiteres verallgemeinert werden. Der Wert der Dämpfungsfähigkeit ist heute noch eine für den Konstrukteur praktisch kaum verwertbare Größe.

a) Gleichmäßigkeit der Vergütung (Durchvergütung).

Bei den verschiedenen Stählen und verschiedenen Abmessungen gelingt es je nach der kritischen Abkühlungsgeschwindigkeit und dem Ablöschmittel unter Umständen nur, die Randzone eines Stückes zu härten, während der innere Kern nicht mehr schnell genug abgekühlt werden kann, um die Unterdrückung des Umwandlungsgebietes 1 (Ar') zu ermöglichen. Zur Durchhärtung ist es unbedingt notwendig, im ganzen Querschnitt die kritische Abkühlungsgeschwindigkeit zu erzielen. Dies ist für den Begriff der Durchvergütung nicht unbedingt der Fall. Da man beim Vergüten praktisch stets höhere Anlaßtemperaturen verwendet, ist es nur notwendig, daß die Kernzone bei der Abkühlung in einen

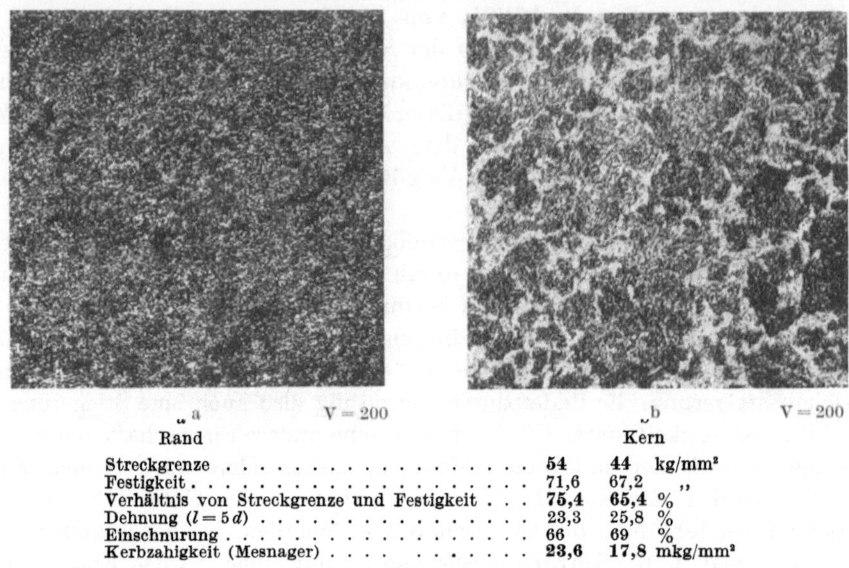

	Rand	Kern	
Streckgrenze	54	44	kg/mm²
Festigkeit	71,6	67,2	,,
Verhältnis von Streckgrenze und Festigkeit	75,4	65,4	%
Dehnung ($l = 5\,d$)	23,3	25,8	%
Einschnurung	66	69	%
Kerbzahigkeit (Mesnager)	23,6	17,8	mkg/mm²

Abb. 104. Unvollkommene Durchvergütung an einem 200 mm ⌀ - Stück eines niedriglegierten Chrom-Nickel-Stahles (0,32 % C, 1,44 % Ni, 1,04 % Cr) und ihre Auswirkung auf Gefügebeschaffenheit und Festigkeitseigenschaften.

Zerfallszustand der festen Lösung übergeführt worden ist, der in den mechanischen Eigenschaften dem ähnelt, in den die martensitisch gewordene Randzone durch das Anlassen gebracht wird. Hieraus geht hervor, daß der Grad der Durchvergütung auch von der Anlaßtemperatur abhängig sein kann und zum Beispiel ein Stahl, der bei bestimmten Abmessungen bei Anlaßtemperaturen von 600° gleichmäßige Durchvergütung in den Festigkeitseigenschaften aufweist, nicht ohne weiteres bei einer Anlaßtemperatur von 500° durchvergütet zu sein braucht. Beim Ablöschen kann das Umwandlungsgefüge im Kern einen Zerfallsgrad, z. B. Sorbit, erreicht haben, dessen Eigenschaften in der Randzone beim Anlassen auf 500° noch nicht, wohl aber beim Anlassen auf 600° erreicht wird. Bei 500° angelassen ergeben sich somit Unterschiede zwischen Rand und Kern, die bei einer Anlaßtemperatur von 600° sich ausgleichen und praktisch verschwinden.

Für praktische Verhältnisse gelten im allgemeinen die vorstehenden Überlegungen. Vom metallographischen Standpunkt aus ist allerdings zu beachten, daß beim Anlassen nicht die gleichen Gefügearten entstehen wie beim Abkühlen und daß das Umwandlungs·

bestreben des Gefüges beim Anlassen um so stärker ist, je höher der Spannungszustand des Abschreckgefüges war, bei einem martensitischen Ausgangszustand also mehr als bei einem troostitischen. Dementsprechend weist ein Stahl, der abgeschreckt am Rande Martensit und im Kern Troostit enthielt, nach dem Anlassen im Kern oft höhere Härtewerte auf als am Rand, insbesondere wenn die gewählten Anlaßzeiten kurz waren.

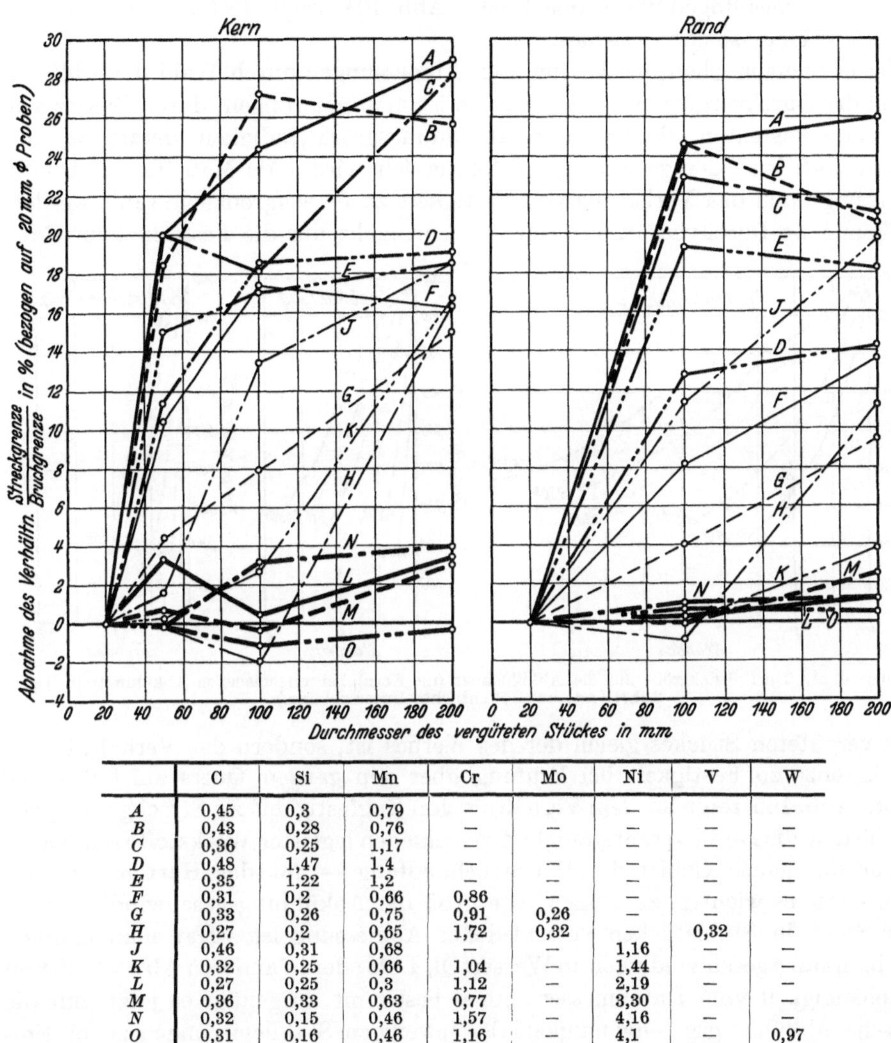

	C	Si	Mn	Cr	Mo	Ni	V	W
A	0,45	0,3	0,79	—	—	—	—	—
B	0,43	0,28	0,76	—	—	—	—	—
C	0,36	0,25	1,17	—	—	—	—	—
D	0,48	1,47	1,4	—	—	—	—	—
E	0,35	1,22	1,2	—	—	—	—	—
F	0,31	0,2	0,66	0,86	—	—	—	—
G	0,33	0,26	0,75	0,91	0,26	—	—	—
H	0,27	0,2	0,65	1,72	0,32	—	0,32	—
J	0,46	0,31	0,68	—	—	1,16	—	—
K	0,32	0,25	0,66	1,04	—	1,44	—	—
L	0,27	0,25	0,3	1,12	—	2,19	—	—
M	0,36	0,33	0,63	0,77	—	3,30	—	—
N	0,32	0,15	0,46	1,57	—	4,16	—	—
O	0,31	0,16	0,46	1,16	—	4,1	—	0,97

Abb. 105. Unterschiedliche Durchvergütung bei verschiedenen Stahllegierungen in zunehmenden Querschnitten, beurteilt an dem Verhältnis von Streckgrenze zur Festigkeit. [Nach Kallen u. Schrader: Arch. Eisenhüttenwes. Bd. 4 (1930/31) S. 383.]

Ein im abgelöschten Zustand aus martensitischem Rand und troostitischem oder sorbitischem Kern bestehender, also nicht durchhärtender Stahl, kann somit je nach der Anlaßtemperatur trotzdem vollkommen durchvergütet sein, da sich beim Anlassen die Unterschiede zwischen dem Martensit der Randzone und dem Gefüge der Kernzone ausgleichen. Dies erfolgt nicht mehr, wenn bei untereutektoiden Stählen zwar noch die Perlitinseln in martensitischer oder äußerst feiner, sorbitischer Verteilung ausgebildet sind, aber sich bereits ein Ferritnetz um diese Inseln gebildet hat. Während die äußerste, beim Abkühlen ferritfrei gebliebene Randzone beim Anlassen in diesem Falle ein gleichmäßiges Gefüge aufweist, bleibt die Kernzone infolge der einmal ausgeschiedenen Ferritstreifen auch beim Anlassen immer weicher. Dies ist bei niedrig legierten Stählen in dickeren Abmessungen zu beobachten. Abb. 104 zeigt Gefüge- und Festigkeitswerte eines solchen Stahles.

Ist es nicht möglich, bei bestimmten Abmessungen durch Wahl der Ablöschmittel die Durchvergütung zu erzielen, so ist man gezwungen, durch Zusatz von Legierungselementen die kritische Abkühlungsgeschwindigkeit derart zu verändern, daß jetzt der gewünschte Erfolg erzielt wird. Als Maß für die Durchvergütung kann das Verhältnis von Festigkeit zu Streckgrenze gewählt werden. Vollkommene Durchvergütung besteht, wenn nicht nur die Festigkeit im Rand

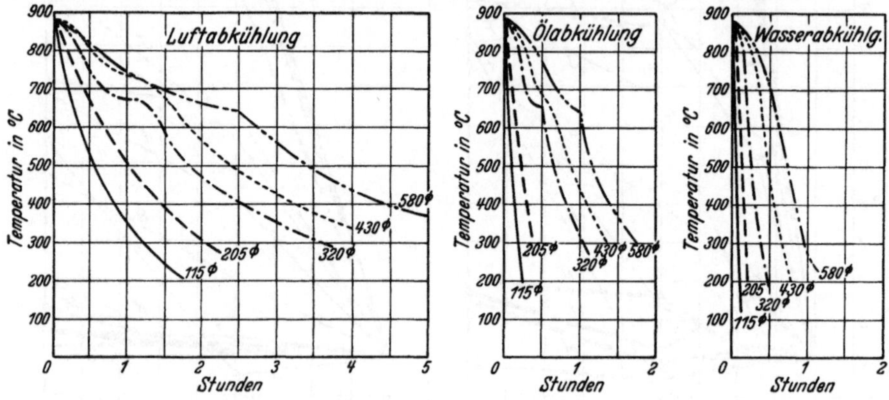

Abb. 106. Einfluß der Stückgröße auf die Abkühldauer (im Kern) bei verschiedenen Abkuhlmitteln. [Nach Schilling, unveröffentlichte Untersuchung.]

eines vergüteten Stückes gleich der des Kernes ist, sondern das Verhältnis von Streckgrenze zu Festigkeit bei Prüfung über den ganzen Querschnitt dasselbe bleibt. Abb. 105 zeigt an dem Verhältnis von Zugfestigkeit zu Streckgrenze, wie verschieden die Durchvergütefähigkeit verschieden legierter Werkstoffe sein kann.

Für das ganze Gebiet der Wärmebehandlung — für das Härten wie Vergüten — ist es wichtig, zu wissen, wie groß die Abkühlungsgeschwindigkeit an jeder Stelle in Stahlstücken verschiedener Abmessung ist. Hat man nämlich die Abkühlungsgeschwindigkeit in Wasser, Öl, Luft oder in anderen Ablöschmitteln in Abhängigkeit vom Durchmesser einmal bestimmt, so genügt es jetzt, nur die kritische Abkühlungsgeschwindigkeit der jeweiligen Stahllegierungen zu bestimmen, und man kann von vornherein festlegen, bis zu welchem Querschnitt Durchhärtung bzw. Durchvergütung erzielt wird. Um einen gewissen Überblick über die Abkühlungsverhältnisse in Abhängigkeit vom Durchmesser bei Stahlstücken ungefähr gleicher Wärmeleitfähigkeit zu geben, sind in Abb. 106 Versuche von Schilling an größeren Schmiedestücken bei verschiedenen Abkühlarten angeführt.

b) Anlaßsprödigkeit.

Von besonders günstigem Einfluß ist die Vergütung auf Dehnung, Einschnürung und Kerbzähigkeit infolge der mit ihr verbundenen Kornverfeinerung. Da sowohl die Einschnürung als auch die Kerbzähigkeit ein Maß für die

Formänderungsfähigkeit bei Werkstoffen, wenn auch mit verschiedenen Versuchsgeschwindigkeiten ist, stimmt meistens eine gute Einschnürung mit einer guten Kerbzähigkeit überein. Die Werte liegen meist in einem bestimmten Verhältnis zueinander.

Eine Ausnahme bildet das Verhalten der Kerbzähigkeit im Vergleich zur Einschnürung nur bei sog. anlaßsprödem Stahl. Mit anlaßspröde bezeichnet man solche Stähle, die empfindlich gegen die Art und Weise der Abkühlung von der Anlaßtemperatur sind. Während man eine große Anzahl von Stählen nach dem Vergüten, also Härten und Anlassen, von der Anlaßtemperatur sowohl langsam im Ofen als auch schnell in Luft, Öl oder Wasser abkühlen kann, ohne eine wesentliche Veränderung ihrer Eigenschaften zu erzielen, sind einzelne Stähle in bezug auf Kerbzähigkeit gegen die Art der Abkühlung nach dem Anlassen empfindlich, und zwar besitzen sie eine geringere Kerbzähigkeit bei langsamer Ofenabkühlung als bei schneller Wasserabkühlung. Zwischenwerte werden erhalten bei dazwischenliegenden Abkühlungsgeschwindigkeiten, wie Öl- und Luftabkühlung. Eine prinzipielle Darstellung des Einflusses der Anlaßtemperatur und der Abkühlungsart zeigt Abb. 107. Während die obere Kurve die Kerbzähigkeitswerte für schnelle Abkühlung nach dem Anlassen gibt, zeigt die untere Kurve die Werte nach der langsamen Ofenabkühlung. Den Bereich zwischen beiden Kurven kann man als anlaßspröden Bereich kennzeichnen. Der Einfluß der Abkühlungsgeschwindigkeit macht sich meist bei Anlaßtemperaturen oberhalb 450—500° bemerkbar und verschwindet praktisch bei Anlaßtemperaturen dicht unterhalb des Ac_1-Punktes.

Die Empfindlichkeit der Stähle gegen Anlaßsprödigkeit ist verschieden, und zwar kann man deutlich einerseits den Einfluß der Legierung, andererseits

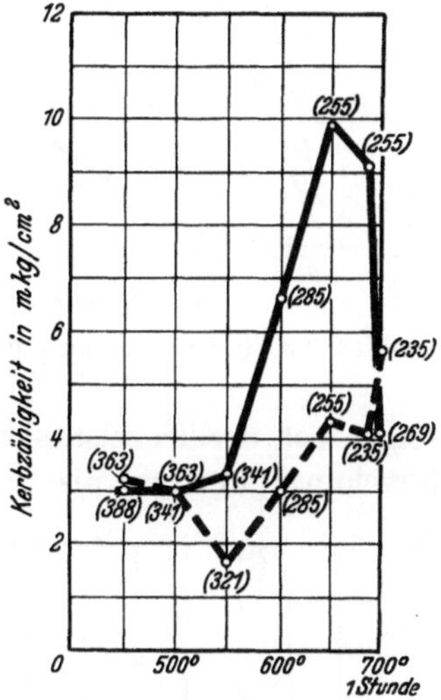

Abb. 107. Abhängigkeit des Auftretens von Anlaßsprödigkeit von der Anlaßtemperatur sowie der Abkühlungsart nach dem Anlassen bei einem gegen Anlaßsprödigkeit empfindlichen Chrom-Nickel-Stahl. [Nach Houdremont u. Schrader: Arch. Eisenhüttenwes. 7. Jg. (1933) S. 49.]
Saurer Siemens-Martin-Stahl mit 0,43 % C, 0,34 % Si, 0,44 % Mn, 1,48 % Cr, 3,1 % Ni. Behandlung: 850° Öl — 555 Brinell. ——— Ölablöschung nach dem Anlassen. — — — Ofenabkühlung nach dem Anlassen. (Brinellhärten sind in Klammern beigefügt.)

den des Herstellungsverfahrens feststellen. Je nach der Zusammensetzung unterscheiden sich die Stähle gleichen Herstellverfahrens; vor allem sind mangan- und chrom-nickel-haltige Stähle als anlaßspröde zu bezeichnen. Besonders unempfindlich gegen Anlaßsprödigkeit sind Stähle, die Wolfram- und Molybdänzusätze aufweisen. Daß sich die Empfindlichkeit bei wechselnden Legierungszusätzen ändert, zeigt Abb. 108 für verschiedene Mn- und P-Gehalte.

Der Einfluß der Legierung ist nicht allein ausschlaggebend für das Auftreten der Anlaßsprödigkeit. Dies geht daraus hervor, daß an sich der Legierung nach zu Anlaßsprödigkeit neigende Stähle je nach der Art des Herstellungsverfahrens verschieden empfindlich sein können. Abb. 109 zeigt bei gleichem Legierungsgehalt die verschiedene Empfindlichkeit von Stählen verschiedener Herstellart gegen Anlaßsprödigkeit. Es soll ausdrücklich hervorgehoben werden, daß durch obige Angaben nicht prinzipiell das betreffende Schmelzverfahren, also Tiegelstahl, Elektrostahl, saurer oder basischer S.M.-Stahl, in bezug auf Anlaßsprödigkeitsanfälligkeit beurteilt werden soll, da je nach der Führung des Schmelzprozesses die Reihenfolge der Schmelzungsart sich verändern kann. Immerhin

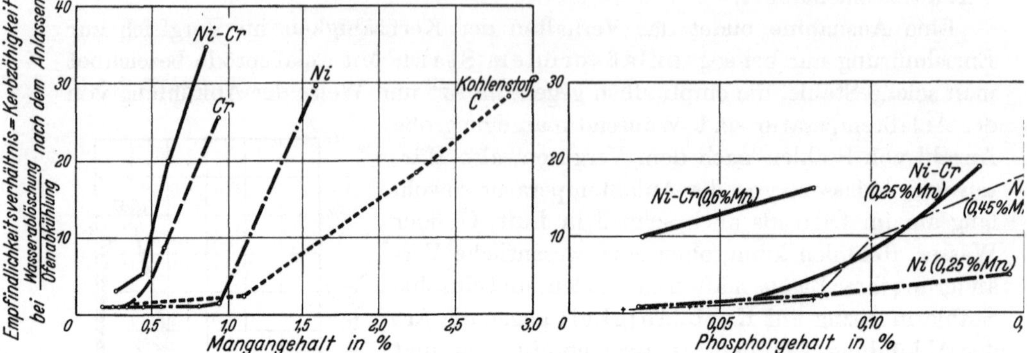

Abb. 108. Einfluß von Mangan und Phosphor auf die Empfindlichkeit gegen Anlaßsprödigkeit. [Nach Greaves und Jones: Iron Steel Inst. Bd. 111 (1925) S. 231.]

zeigte sich der Tiegelstahl bei Auswertung von Ergebnissen nach der Großzahlforschung günstiger als Stähle, die nach anderen Schmelzarten erzeugt sind.

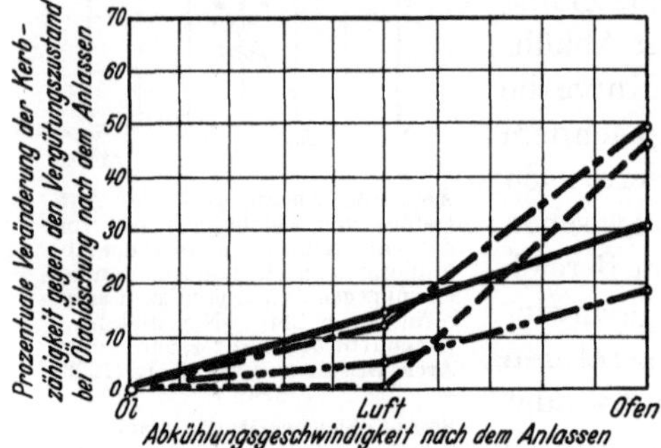

Abb. 109. Einfluß der metallurgischen Herstellung auf das Verhalten eines anlaßspröden Cr-Ni-Stahles bei verschiedenartiger Abkühlung nach dem Anlassen. [Nach Houdremont u. Schrader: Arch. Eisenhüttenwes. 7. Jg. (1933) S. 49.]

——— Elektrostahl mit 0,43 % C, 0,22 % Si, 0,38 % Mn. 1,34 % Cr, 3,24 % Ni. Behandlung: 850° Öl — 630° Öl: 16,1 mkg/cm² — 630° Ofen: 11,2 mkg/cm².

—·— Basischer Siemens-Martin-Stahl mit 0,44 % C, 0,26 % Si, 0,45 % Mn, 1,35 % Cr, 2,90 % Ni. Behandlung: 850° Öl — 630° Öl: 12,7 mkg/cm² — 630° Ofen: 6,5 mkg/cm².

——— Saurer Siemens-Martin-Stahl mit 0,45 % C, 0,31 % Si, 0,38 % Mn, 1,43 % Cr, 3,16 % Ni. Behandlung: 850° Öl — 630° Öl: 8,9 mkg/cm² — 630° Ofen: 4,8 mkg/cm².

—··— Tiegelstahl mit 0,43 % C, 0,32 % Si, 0,39 % Mn, 1,66 % Cr, 2,85 % Ni. Behandlung: 850° Öl — 630° Öl: 9,2 mkg/cm² — 630° Ofen: 7,5 mkg/cm².

Die bisher erwähnte Abhängigkeit der Zähigkeit von der mehr oder weniger schnellen Abkühlungsart nach dem Anlassen bezieht sich auf die in der Praxis beim Anlassen von Stahlstücken angewandten normalen Anlaßzeiten von einigen wenigen Stunden.

Aus der Tatsache, daß langsame Abkühlung Sprödigkeit hervorruft, muß abgeleitet werden, daß sich bei der langsamen Abkühlung beim Durchschreiten eines bestimmten Temperaturintervalls Veränderungen vollziehen, die bei rascherer Abkühlung und schnellerem Durchschreiten des Temperaturgebietes unterdrückt werden. Da das kritische Temperaturgebiet hierbei, wie erwähnt, hauptsächlich zwischen 450—600° liegt und bei diesen Temperaturen Gefügeveränderungen gewisse Zeiten beanspruchen (siehe Verminderung der Umwandlungsgeschwindigkeit im Umwandlungsgebiet 1 [Perlitumwandlung] mit fallender Temperatur sowie den Einfluß von Temperatur und Zeit bei Ausscheidungsvorgängen), so war es von Interesse, das Auftreten der Anlaßsprödigkeit auch bei längeren Anlaßzeiten bis zu einigen 100 Stunden und mehr zu untersuchen. An erster Stelle interessierte es, festzustellen, ob ein einmal nach dem Anlassen schnell abgekühlter Stahl, der seine höchsten Zähigkeitseigenschaften aufwies, wiederum spröde wurde, wenn er in das kritische Temperaturgebiet erwärmt wurde. Daß dies tatsächlich der Fall ist, zeigt Abb. 110.

Durch ein zweites Anlassen auf 500° wird auch der vorher durch schnelle Abkühlung von 650° zäh gemachte Stahl (voll ausgezogene Linie) spröder, während der durch Ofenabkühlung von 650° bereits spröde gewordene Stahl (strichpunktierte Linie) naturgemäß nur mehr wenig an Kerbzähigkeit durch längeres Glühen bei 500° verliert. Letzterer war während der Ofenabkühlung bereits lang genug der Temperatur von 500° ausgesetzt gewesen, um spröde zu werden. Die Abb. 110 zeigt, daß ein Verweilen des zähen Stahles während 1—2 Stunden bei 500° genügt, um ihn anlaßspröde zu machen. Nach längerem Glühen bei 500° ist es belanglos, ob von dieser Temperatur schnell (Öl) oder langsam (Ofen) abgekühlt wird, wie dies der Vergleich der oberen mit den unteren Kurven in Abb. 110 ergibt.

Aus diesen Ergebnissen geht hervor, daß der schnellen oder langsamen Abkühlung nach dem Anlassen nur insofern Bedeutung zukommt, als bei langsamer Abkühlung dem Stahl Gelegenheit gegeben wird, genügend lange auf einer zur Erzielung der Anlaßsprödigkeit erforderlichen kritischen Temperatur zu verweilen. Jedes nachträgliche Erwärmen eines infolge schneller Abkühlung von Anlaßtemperatur zähen Werkstoffes in das kritische Temperaturgebiet wird ebenfalls die entsprechende Sprödigkeit hervorrufen. Hierbei ist es dann belanglos, ob der Stahl von der kritischen Temperatur schnell oder langsam abgekühlt wird. Die für das Auftreten der Anlaßsprödigkeit kritische Temperatur ist abhängig von der Legierung der betreffenden Stähle und der Anlaßzeit. Für die meisten nach dem bisher üblichen Maßstab zur Anlaßsprödigkeit neigenden Stähle liegt die kritische Temperatur in der Nähe von 500°.

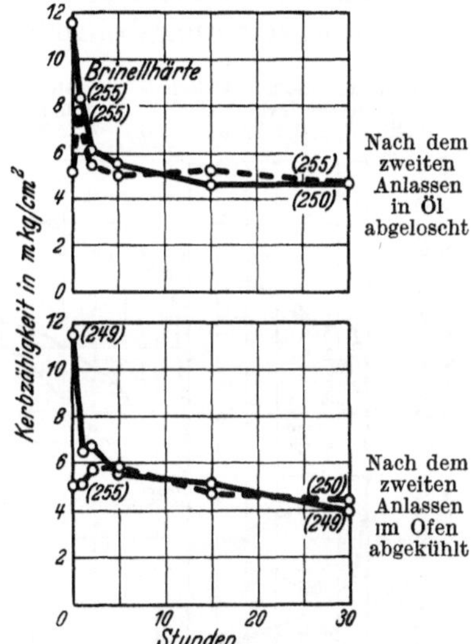

Abb. 110. Veranderung der Kerbzähigkeit eines weich vergüteten Chrom-Nickel-Stahles mit 0,43% C, 1,48% Cr, 3,1% Ni durch ein zweites Anlassen bei 500°. [Nach Houdremont u. Schrader: Arch. Eisenhuttenwes. 7. Jg. (1933) S. 52.] Vergütet von 850° in Öl, 1 Stunde bei 650° angelassen. ——— nach dem Vergütungsanlassen bei 650° in Öl abgeloscht. – – – nach dem Vergütungsanlassen bei 650° im Ofen abgekühlt; in Klammern die Brinellhärte.

In Abb. 111 sind für drei gegen Anlaßsprödigkeit verschieden stark empfindliche Stähle die Abhängigkeiten von Kerbzähigkeit und Anlaßzeit bei verschiedenen Temperaturen angegeben. Der links angeführte Stahl neigt bei Ofenabkühlung nach dem Anlassen stark zur Anlaßsprödigkeit. Die kritische Temperatur liegt für diesen Stahl bei 500°, da er bereits nach kurzer Anlaßzeit bei dieser Temperatur einen erheblichen Verlust an Kerbzähigkeit erleidet, der sich bei Verlängerung der Anlaßzeit vergrößert. Bei 600° tritt nach kurzen Anlaßzeiten von 1 Stunde noch eine Verschlechterung der Kerbzähigkeit ein. Die Vorgänge, die die Ursache der Anlaßsprödigkeit sind, verlaufen indes schon entsprechend der höheren Reaktionsfähigkeit bei der erhöhten Temperatur schneller, und es findet bei längeren Anlaßzeiten ein Abklingen mit Verbesserung der Kerbzähigkeit statt. Bei 650° Anlaßtemperatur tritt keine Verschlechterung, sondern sofort eine Verbesserung der Kerbzähigkeit ein, die mit Verlängerung der Anlaßzeit ansteigt. Es besteht also eine klare Abhängigkeit der Kerbzähigkeit von Anlaßtemperatur und Zeit, die auch bei weniger zur Anlaßsprödigkeit neigenden Stählen beobachtet werden kann.

Rittershausen hatte 1911 grundlegend erkannt, daß Wolfram und Molybdän geeignet sind, die Anlaßsprödigkeit, die man damals nur als Verschlechterung der Kerbzähigkeit bei Ofenabkühlung definierte, zu beseitigen. Untersucht man solche wolfram- und molybdänlegierten Chrom-Nickel-Stähle, die für die meisten praktischen Vergütungsbehandlungen auch bei Ofenabkühlung frei von Anlaß-

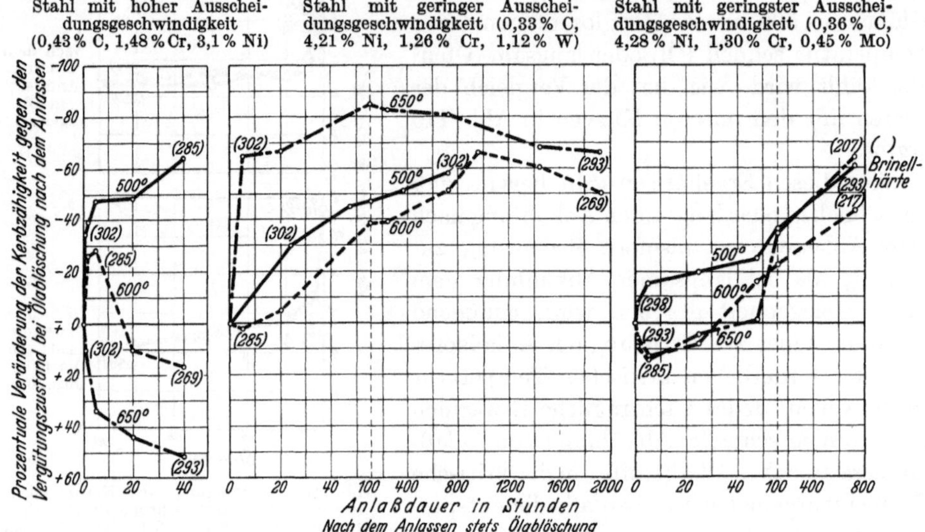

Abb. 111. Geschwindigkeit der Kerbzähigkeitsveränderung beim Anlassen auf verschiedene Temperaturen für Stähle mit unterschiedlicher Neigung zu Anlaßsprödigkeit. [Nach Houdremont u. Schrader: Arch. Eisenhüttenwes. 7. Jg. (1933) S. 56.]

sprödigkeit sind, in gleicher Weise wie den obigen Chrom-Nickel-Stahl, so ergeben sich die Abhängigkeiten von Kerbzähigkeit, Anlaßtemperatur und Anlaßzeit, wie in Abb. 111 Mitte für wolfram-, rechts für molybdänlegierten Chrom-Nickel-Stahl gezeigt wird.

Der Wolframstahl zeigt bei 500° und 600° erst nach langen Anlaßzeiten eine wesentliche Verminderung der Kerbzähigkeit, bei 600° tritt nach 1000 Stunden eine Verbesserung ein. Bei 650° erfolgt bei kurzer Anlaßzeit, d. h. 10 bis 20 Stunden, eine erhebliche Verschlechterung, der nach 100 Stunden eine Tendenz zur Verbesserung folgt. Im Vergleich zum wolframfreien Chrom-Nickel-Stahl ergibt sich, daß die Vorgänge, die die Anlaßsprödigkeit hervorrufen, träger verlaufen, d. h. sie erfordern längere Zeiten oder erhöhte Temperaturen mit höherer Reaktionsfähigkeit. Am trägsten verhält sich der molybdänlegierte Chrom-Nickel-Stahl, der überhaupt erst nach sehr langen Zeiten Verschlechterungen seiner Kerbzähigkeit zeigt. Die Trägheit der Reaktionen ist bei diesen Stählen die Ursache für ihre Freiheit von Anlaßsprödigkeit bei der praktischen Vergütung. Theoretisch betrachtet, zeigen sie, nur in größerer Trägheit, dieselben Erscheinungen wie der Chrom-Nickel-Stahl.

Die wirkliche Ursache für die Erscheinung der Anlaßsprödigkeit ist noch nicht gefunden. Die Art des Auftretens läßt einige Hypothesen zu, deren hauptsächlichste in folgendem erörtert werden:

Beim Härten werden außer dem Kohlenstoff noch Spezialkarbide, Nitride, Phosphide, Sulfide oder andere Verbindungen, deren Löslichkeit mit steigender Temperatur zunimmt, zwangsweise in Lösung gehalten. Beim Anlassen scheiden sich neben Eisenkarbiden auch diese Bestandteile aus der Zwangslösung aus. Daß solche Ausscheidungen mit Sprödigkeitserscheinungen verknüpft sein können, geht bereits aus den bei der Löslichkeit von Kohlenstoff im α-Eisen geschilderten Verhältnissen hervor. Die Temperatur von 500—650° scheint je nach Legierung in mehr oder weniger langer Anlaßzeit den kritischen Dispersitätsgrad des den Kerbzähigkeitsabfall bewirkenden ausgeschiedenen Bestandteils zu ergeben.

In gutem Einklang mit Ausscheidungsvorgängen steht auch der Wiederanstieg der Kerbzähigkeit mit steigender Anlaßtemperatur oder -zeit, wie beim Chrom-Nickel-Stahl in Abb. 111, da man mit Erhöhung dieser beiden Faktoren eine Verminderung des Dispersitätsgrades von Ausscheidungen erzielt. Da nur ein kritischer Dispersitätsgrad die schlechte Kerbzähigkeit ergibt, führt eine weitere Zusammenballung zur Verbesserung der Zähigkeit. Die oben geschilderten Zusammenhänge zwischen maximal auftretender Sprödigkeit und Anlaßtemperatur sowie -zeit wären somit ohne weiteres erklärlich.

Um zu erklären, daß ein bei höherer Anlaßtemperatur, also z. B. 650°, angelassener Stahl bei Wasserablöschung, also schneller Durchschreitung des kritischen Gebietes, zähe bleibt, bei langsamer Durchschreitung jedoch spröde wird und der durch Wasser abgelöschte zähe Stahl durch Glühen bei kritischer Temperatur — beispielsweise 500° — wieder spröde wird, muß man annehmen, daß der sich ausscheidende Bestandteil auch im α-Eisen mit steigender Temperatur in steigendem Maße löslich ist. Insbesondere spricht für die letztere Annahme, daß ein einmal bei der kritischen Temperatur von 500° spröde gemachter Stahl durch Erwärmen auf höhere Temperatur, beispielsweise 650°, mit darauffolgendem Ablöschen auch wieder zähe gemacht werden kann. Nach einer derartigen zähemachenden Behandlung kann der Stahl auch wieder durch Glühen bei 500° spröde gemacht werden, d. h. das Spiel kann des öfteren durch Behandlungen unterhalb A_1 wiederholt werden. Daß diese Verhältnisse wirklich vorliegen, zeigt Zahlentafel 11.

Zahlentafel 11. Kerbzähigkeit eines gegen Anlaßsprödigkeit empfindlichen Chrom-Nickel-Stahles mit 0,43% C, 1,48% Cr, 3,1% Ni bei verschiedenen Anlaßbehandlungen nach Zahlenangaben von Houdremont und Schrader[1].

	Warmebehandlung	Kerbzähigkeit in mkg/cm² in der 1 · 1 · 5,5 Probe
1	850° Öl, 650° 1 Stunde Öl	11,5
2	850° Öl, 650° 1 Stunde Ofen	5
3	850° Öl, 650° 1 Stunde Öl, danach 5 Stunden 500° Öl . .	5
4	850° Öl, wie unter 2 und 3 angelassen und nach den Anlaßbehandlungen nochmals 650° angelassen mit darauffolgender Ölablöschung	12

[1] Arch. Eisenhüttenwes. 7. Jg. (1931) S. 50.

7*

Es muß noch eine Erscheinung im Zusammenhang mit dieser Hypothese erwähnt werden. Abb. 107 zeigte, daß nach Anlassen dicht unterhalb des Umwandlungspunktes A_1 die Stähle unempfindlicher gegen langsame Ofenabkühlung werden. Diese Unempfindlichkeit nimmt noch zu, wenn die Anlaßzeit bei diesen hohen Anlaßtemperaturen verlängert wird. So z. B. zeigte der in Abb. 111 links erwähnte Chrom-Nickel-Stahl nach 40tägigem Glühen bei 650° dieselben hohen Kerbzähigkeitswerte, wenn er von dieser Temperatur in Öl abgelöscht wurde oder langsam im Ofen erkaltete. Diese größere Unempfindlichkeit zeigten derart behandelte Proben auch beim nachträglichen Glühen bei der kritischen Temperatur von 500°. Durch diese kritische Anlaßbehandlung bei 500° erlitten sie erst denselben Kerbzähigkeitsabfall nach längeren Anlaßzeiten (in diesem Fall 500 Stunden). Ein dicht unterhalb A_1 längere Zeit angelassener Stahl verhält sich bezüglich der Anlaßsprödigkeitsvorgange also so träge wie die gegen Anlaßsprödigkeit wenig empfindlichen wolfram- und molybdänhaltigen Stähle. Eine völlig befriedigende Erklärung für dieses Verhalten läßt sich noch nicht geben.

Eine andere Erklärung für das Auftreten der Anlaßsprödigkeit nimmt Maurer[1] an, der die auftretenden Sprödigkeitserscheinungen auf Umlagerungen in Spezialkarbiden zurückführt, die sich bei bestimmten Temperaturen vollziehen sollen. Mit dieser Annahme lassen sich ebenfalls viele Einzelheiten der Anlaßsprödigkeit in Einklang bringen. Man müßte annehmen, daß bei längerem Glühen bei bestimmten Temperaturen die Karbide mit der Grundmasse reagieren und ihre Zusammensetzung ändern würden. Infolge des behinderten Diffusionsausgleichs bei den für die Anlaßsprödigkeit eigentümlichen tiefen Temperaturen und den Volumenveränderungen der Karbide, könnten Spannungen im Gefüge auftreten, die eine Verminderung der Kerbzähigkeit zur Folge haben würden. Dagegen gibt diese Theorie nicht ohne weiteres eine Erklärung für die Abhängigkeit der Anlaßsprödigkeit von der verschiedenen metallurgischen Behandlung bei der Stahlherstellung. Die Annahme von Ausscheidungen kleinster Beimengungen als Grund für die Anlaßsprödigkeit hingegen könnte erklären, warum einzelne Schmelzungen gleicher Legierung mehr oder minder empfindlich sind, weil die Chemie der kleinsten Teilchen und Beimengungen bei der Stahlherstellung noch nicht so restlos beherrscht wird. Für die Ausscheidungen spricht auch der Umstand, daß im anlaßspröden Zustand im Gefüge manchmal verstärkte Korngrenzen beobachtet werden können.

Aus den bisherigen Untersuchungen geht somit hervor, daß im Gebiet der Anlaßtemperaturen von 450° bis nahe an den A_1-Punkt sich Veränderungen im Gefügeaufbau ergeben, die zu einer Verminderung der Kerbzähigkeit führen. Diese Umlagerungen oder Ausscheidungen verlaufen bei den verschiedenen Stählen verschieden schnell und führen damit, je nach Temperatur und Zeit, eine mehr oder weniger große Empfindlichkeit für die sog. Anlaßsprödigkeit herbei. Die anderen Eigenschaften, wie Festigkeit, Streckgrenze, insbesondere aber Einschnürung und Dehnung, erfahren keine wesentlichen Änderungen. Nur die Festigkeit steigt bei schroffer Ablöschung von 600° meist etwas an (Zahlentafel 12). Die Verwendung von mit Molybdän und Wolfram legierten vergüteten Stählen, die frei von Anlaßsprödigkeit bei der normalen Wärmebehandlung, insbesondere den normalen Anlaßzeiten sind, hat in den letzten Jahren eine immer größere Bedeutung erlangt. Das Ablöschen von Anlaßtemperatur in Wasser oder Öl zwecks Vermeidung der Anlaßsprödigkeit bei molybdän- und wolframfreien

---

[1] Mitt. Kais.-Wilh.-Inst. Eisenforschg., Düsseld. 2 (1921) S. 91—105; vgl. Stahl u. Eisen Bd. 42 (1922) S. 59—61.

Zahlentafel 12. Härteveränderung durch Ölablöschung nach dem Anlassen im Vergleich zu Ofenabkühlung für verschieden legierte Stähle.

Stahllegierung	C	Cr	Ni	Wo	Mo	Va	Al	Anlaß-temperatur	Brinellhärte nach dem Anlassen bei nachfolgender	
									Öl-ablöschung	Ofen-abkuhlung
Cr-Stahl	0,40	0,90	—	—	—	—	—	600°	269	269
Cr-Mo-Stahl . . .	0,32	1,12	—	—	0,35	—	—	650°	293	293
Cr-Al-Stahl . . .	0,25	1,40	—	—	—	—	0,95	620°	285	269
Cr-Mo-Va-Stahl .	0,28	2,48	—	—	0,34	0,19	—	670°	285	269
Ni-Stahl	0,30	—	3,48	—	—	—	—	550°	285	285
Cr-Ni-Stahl . . .	0,34	1,32	3,06	—	—	—	—	580°	302	265
	(Mittel von 20 Schmelzungen)									
Cr-Ni-Wo-Stahl .	0,18 / 0,23	1,18 / 1,55	4,20 / 4,40	0,82 / 1,07	—	—	—	600°	275 / 285	255 / 269

Stählen ist nachteilig, da hierdurch Spannungen erzeugt werden, die in Bauteilen unerwünscht sein können. Das Auftreten der Spannungen beim Vergüten ist zeitweilig der Grund gewesen, warum von seiten der Konstrukteure des öfteren von der Verwendung vergüteter Stähle, insbesondere für hochwertige Bauteile, abgeraten worden ist. Nach den gewonnenen Erkenntnissen (s. a. Spannungsfreiglühen) ist es aber als feststehend zu betrachten, daß ein vergüteter Werkstoff nach dem Anlassen oberhalb 500° keine wesentlichen Spannungen mehr zu enthalten braucht und diese mit der Höhe der Anlaßtemperatur abnehmen. Durch Wahl geeigneter Legierungen, deren Anlaßtemperaturen zur Erzielung bestimmter Festigkeitseigenschaften möglichst hoch gelegen sind, gelingt es, spannungsfrei vergütete Bauteile auch größter Abmessungen herzustellen. Die Kornverfeinerung und Verbesserung der mechanischen Eigenschaften kann somit bei einwandfrei vergüteten Stücken unbedenklich zum Vorteil des betreffenden Bauteiles ausgenutzt werden. Diese Spannungsfreiheit der vergüteten Werkstücke würde zum Teil wieder verlorengehen, wenn zur Vermeidung der Anlaßsprödigkeit von der Anlaßtemperatur schnell abgekühlt würde. Bei Wahl nicht anlaßspröder Stähle, die nach dem Anlassen langsam im Ofen erkalten können, ergibt sich die Möglichkeit, die vollen Vorteile der Vergütung zu erhalten.

Die Fehler, die beim Vergüten gemacht werden können, sind ähnlicher Natur wie die beim Glühen, Härten usw. bereits geschilderten.

C. Technische Kohlenstoffstähle.

Die Legierungen des Eisens mit Kohlenstoff finden in der Technik als Stähle mit Kohlenstoffgehalten von einigen hundertstel Prozent bis hinauf zu 1,5% Verwendung. Während die weniger als 0,5% Kohlenstoff enthaltenden Stähle mehr als Baustähle verwendet werden, finden die Stähle von 0,6% aufwärts in der Hauptsache als Werkzeugstähle Anwendung. Hierbei handelt es sich nicht um vollkommen reine Eisen-Kohlenstoff-Legierungen. Als Folge der metallurgischen Herstellverfahren enthalten die technischen Kohlenstoffstähle vielmehr geringe Beimengungen von Silizium und Mangan. Für die Eigenschaften der Stähle spielen diese geringen Gehalte, wie noch gezeigt wird, unter Umständen eine wesentliche Rolle.

1. Werkzeugstähle.

Die Kohlenstoff-Werkzeugstähle umfassen den Bereich von 1,5—0,6% C, <0,3% Mn, <0,2% Si. Man unterscheidet praktisch sechs verschiedene Härtestufen, deren Kohlenstoffgehalt und Hauptverwendungszwecke in Zahlentafel 13 angegeben sind.

Zahlentafel 13. Kohlenstoff-Werkzeugstähle.

Bezeichnung	Kohlenstoff-gehalt	Hauptverwendungszwecke
Härte 1 sehr hart	ca. 1,5%	Dreh-, Hobel- und Stoßwerkzeuge zur Bearbeitung harter Werkstoffe — Werkzeuge zur Horn-, Elfenbein- und Kunststoffbearbeitung — Räumwerkzeuge — Mühl- und Messerpicken
Härte 2 hart	ca. 1,3%	Fräs- und Bohrmesser, Schaber — Spiralbohrer, Gewindebohrer, Gewindeschneidbacken — Ziseleur-, Graveur- und Uhrmacherwerkzeuge — Feilenhauermeißel — Ziehmatrizen und Ziehringe — kleine Preß- und Prägestempel für Metalle — Metallsägen — Tabakmesser, Rasiermesser
Härte 3 mittelhart	ca. 1,1%	Fräser, Schaber, Hohlbohrmesser, Stichel — Spiralbohrer, Gewindebohrer — Schneideisen, Schneidhülsen, Schneidbacken für Gewindekluppen — Gewindewalzbacken — Werkzeuge für Drahtnagelherstellung, Drahtstiftbacken — Bearbeitungswerkzeuge für hartes Holz — Messerklingen: Taschenmesser, Ledermesser, Hackmesser
Härte 4 zähhart	ca. 0,9%	Gesteinsbohrer — kleine Scherenmesser, Drahtstiftmesser — Drahtstiftbacken, Gewindewalzbacken — gravierte Prägewerkzeuge, z. B. Besteckstanzen, Münzstempel, Buchstabenstempel — Lochmatrizen, Matrizen für Nadeln, Schreibfedern und ähnliches — Kaltlochstempel, Kaltschnitte und Stanzen, Muttermoletten, Durchschläge — Schlagsäume — Handmeißel — Messer- und Scherenklingen — Kolben für Preßlufthämmer — Bandsägen — Rohrwalzen — Schurpfannenlinsen und -zapfen — Federstahl, Federdraht — Klaviersaitendraht — Sensen und Nadeln — Gongs
Härte 5 zäh	ca. 0,75%	Gesteinsbohrer, Spitzeisen, Kohlenhacken — Bohr- und Treibfäustel — Scherenmesser, Drehmesser und Bohrer zur Bearbeitung weicher Hölzer, Abgratwerkzeuge — komplette Kaltschnitte und Stanzen, Ziehringe — Lochstempel, Dorne — Kaltschlagwerkzeuge, Hammersättel, Hammerkerne, Handhämmer, Körner, Durchschläge, Döpper — Schrottmeißel, Handmeißel — Scheren- und Messerklingen, Sensen — Gewehrläufe — Seildrähte — zum Verstählen von Werkzeugen
Härte 6 sehr zäh	ca. 0,6%	Kohlenbohrer, Schlangenbohrer, Warmschroter — Fassonscherenmesser — große Schnitte und Matrizen, Warmmatrizen zur Schrauben- und Nietenerzeugung — Lederstanzen — Warmlochdorne — große Hammersättel, Satz- und Niethämmer, Steinhämmer — Schmiedehandwerkzeuge, Steinmetzwerkzeuge — Pfaffen — zum Verstählen von Beilen und sonstigen Werkzeugen.

a) Kohlenstoffgehalt etwa 1,5%.

Bezeichnung: Härte 1 „sehr hart".

Trotz des hohen Kohlenstoffgehaltes werden diese Stähle knapp über dem A_1-Punkt, also bei 760° in Wasser gehärtet. In der gehärteten martensitischen Grundmasse liegen noch harte Eisenkarbide in großer Anzahl. Es ist eine möglichst feine Karbidverteilung anzustreben und vor allem darauf zu achten, daß nicht durch vorhergehende falsche Wärmebehandlungen (Überhitzung s. S. 52) ein Zementitnetzwerk vorhanden ist. Der Glühzustand mit körnigem Zementit ist die günstigste Vorbedingung für die Härtung. Durch kleine Veränderungen in der normalen Härtetemperatur, z. B. Steigerungen von 760—820°, läßt sich eine wesentliche Veränderung der Härtetiefe erzielen, da durch die Erhöhung der Härtetemperatur steigende Mengen von Kohlenstoff in Lösung gehen und somit die kritische Abkühlungsgeschwindigkeit verringern.

Infolge der in der gehärteten Grundmasse fein verteilten harten Karbide eignen sich diese Stähle besonders dann, wenn größter Wert auf Härte und Verschleißfestigkeit gelegt wird. Die hauptsächlichen Verwendungsgebiete sind in Zahlentafel 13 angegeben.

b) Kohlenstoffgehalt etwa 1,3%.

Bezeichnung: Härte 2 „hart".

Es gelten für diesen Stahl dieselben Überlegungen wie bei der ersten Gruppe, nur mit dem Unterschied, daß der Karbidgehalt eine Verminderung erfahren hat. Die Verwendungszwecke sind annähernd die gleichen. Bei den Stählen der Härte 1 treten infolge des hohen Kohlenstoffgehaltes leicht örtliche Anreicherungen an Karbiden (Karbidzeilen) auf, die bei der Verarbeitung, insbesondere beim Kaltwalzen und Kaltziehen, vielfach als störend empfunden werden. Die Karbidzeilen machen sich auch unangenehm bei Werkzeugen mit feinen Schneiden bemerkbar, wo sie leicht zu Abbröckelungen führen. Besonders gilt das für Gewindeschneidbacken, bei denen die feinen Schneiden nach der Kern- und somit Seigerungszone des Stahles zu liegen kommen, sowie auch für Rasierklingenbandstahl, bei dem eine Karbidzeilenseigerung zu ungleichmäßigem Verschleiß der Klinge oder Ausbröckelungen der Schneide beim Schleifen führt. Härte 2 findet daher für diese Zwecke stärkere Verwendung als Härte 1.

Die Hauptverwendungszwecke überschneiden sich aus obigen Gründen zum Teil mit der Härte 1.

c) Kohlenstoffgehalt etwa 1,1%.

Bezeichnung: Härte 3 „mittelhart".

Die Wärmebehandlung dieser Gruppe erfolgt wie bei Härte 1 und 2. Der Hauptunterschied besteht wiederum im Karbidgehalt der gehärteten Grundmasse. Die durch den verminderten Karbidgehalt erhöhte Zähigkeit (Fehlen von Karbidzeilen usw.) gestattet bereits die Verwendung dieser Stähle bei Druck- und Schlagbeanspruchung.

Allgemein ist zu Härte 1—3 zu bemerken, daß diese reinen Kohlenstoffstähle in immer geringerem Maße Verwendung finden. Ihre Härte, insbesondere aber ihre Verschleißfestigkeit, findet nämlich eine weitere Verbesserung durch Zusatz von geringen Mengen an Legierungsmetallen, wie Chrom, Wolfram, Vanadin usw.,

und zwar schon in Mengen bis zu 1%, so daß diese legierten Stähle die reinen
Kohlenstoffstähle vielfach verdrängen.

d) Kohlenstoffgehalt etwa 0,9%.
Bezeichnung: Härte 4 „zähhart".

Dieser rein eutektoide Stahl ergibt bei der Härtung in der Grundmasse die
höchsten Härtewerte, ist aber praktisch frei von Karbiden und zeigt somit
gleichmäßigste Härte und gleichmäßigstes Gefüge im abgeschreckten Zustand.
Eutektoider Kohlenstoffstahl findet auch heute noch eine ausgedehnte Verwendung und dürfte der gebräuchlichste aller unlegierten Werkzeugstähle
sein. Infolge der erhöhten Zähigkeit sind die Verwendungszwecke in vielen Fällen
besonders auf schlagähnliche Beanspruchung abgestimmt (Zahlentafel 13).

Infolge des Kohlenstoffgehaltes von nur 0,9% werden beim Überschreiten
des Ac_1-Punktes bei genügender Erwärmungszeit ziemlich alle Karbide gelöst, es bleibt zum mindesten eine geringere Anzahl Keime zurück als bei
dem höher kohlenstoffhaltigen Stahl. Dieses Fehlen von Keimen begünstigt die
Grobkornbildung. Der eutektoide Stahl neigt infolge seiner Zusammensetzung
daher am leichtesten zu einer gewissen Überhitzung bei der Härtung. Dieser
Empfindlichkeit gegen Überhitzung muß man durch besondere Sorgfalt bei der
metallurgischen Herstellung entgegenwirken. Infolge der maximalen Volumenveränderung, die ein Stahl mit 0,9% C durch die Martensitbildung erfährt, zeichnet er
sich auch durch ein Maximum an Spannungen im gehärteten Zustande aus. Deshalb ist hier, um ein Höchstmaß an Leistung zu erhalten, besondere Sorgfalt
bei der Herstellung, Wärmebehandlung und insbesondere der Härtung notwendig.

e) Kohlenstoffgehalt etwa 0,75%.
Bezeichnung: Härte 5 „zäh".

Dieser bereits untereutektoide Stahl erfordert eine erhöhte Härtetemperatur,
und zwar 780—790°, gegenüber 760° bei den vorhergehenden Gruppen. Gleichzeitig mit der Verminderung der Härtefähigkeit der Randzone ergibt sich auch
infolge des niedrigeren Kohlenstoffgehaltes eine Verringerung der Kernhärte.
Der Stahl zeichnet sich nach der Härtung durch eine große Zähigkeit aus.
Dementsprechend eignet er sich auch für besondere Verwendungszwecke, bei
denen es weniger auf höchste Härte als vielmehr auf Zähigkeit ankommt, wie
z. B. für Handmeißel, Schrottmeißel usw.

f) Kohlenstoffgehalt etwa 0,6%.
Bezeichnung: Härte 6 „sehr zäh".

Genau wie der vorhergehende Stahl erfordert dieser, entsprechend dem Verlauf
der *GOS*-Linie des Eisen-Kohlenstoff-Diagramms, eine noch höhere Härtetemperatur von etwa 800°. Infolge des verringerten Kohlenstoffgehaltes sind
die Volumenveränderungen bei der Martensitbildung erheblich geringer. Diese
Stähle zeichnen sich durch eine gewisse Unempfindlichkeit beim Härten aus.

g) Allgemeines.

Die erwähnten Stähle haben alle Siliziumgehalte von 0,1—0,25% bei
Mangangehalten von max 0,3%. Die oben angeführten Verwendungszwecke
von Eisen-Kohlenstoff-Legierungen haben sich auf Grund der gleichzeitigen

Anwesenheit dieser Legierungsgehalte herausgebildet. In den ersten Zeiten der Herstellung von Kohlenstoff-Werkzeugstählen in Tiegeln ergab sich ein Gehalt von 0,1—0,2% Si zwangläufig durch Reduktion von Silizium aus der Tiegelwandung, die je nach dem verwendeten Tiegelmaterial mehr oder weniger groß war. Vor der Einführung der chemischen Analyse in der Stahlindustrie war es nicht möglich, diese Verschiedenheiten genau zu erfassen. Rein empirisch hatten sich diese Unterschiede aber bereits in verschiedenen Eigenschaften unterschiedlich hergestellter Tiegelstähle bemerkbar gemacht. Besonders auffallend war von jeher der Unterschied zwischen dem englischen und Kruppschen Tiegelstahl gewesen, der nur auf der Verwendung verschiedener Tiegelmasse beruhte. Die höhere Siliziumreduktion in Krupptiegeln machte den deutschen Stahl zu einem tiefer härtenden Werkzeugstahl als den englischen, der noch heute unter dem Namen Huntsman-Stahl durch seine geringe Tiefenhärtung bekannt ist (s. a. Abschnitt Silizium). Während letzterer somit sich den Weltmarkt besonders zur Herstellung von Werkzeugen mit feinen Schneiden usw. eroberte, konnte der Krupp-Tiegelstahl infolge seiner großen Tiefenhärtung diejenigen Anwendungsgebiete beanspruchen, bei denen es auf größere Druckbeanspruchung, also hohe Härtetiefen, wie bei Kaltwalzen, Besteckstanzen, Prägematrizen usw., ankam.

Durch Einschmelzen reinster Rohstoffe, wie Elektrolyteisen, Carbonyleisen, Eisenschwamm usw., mit Kohlenstoff ergeben sich heute Möglichkeiten, auch im Elektrostahlverfahren Werkzeugstähle herzustellen, die außerordentlich geringe Mengen an Mangan und Silizium aufweisen. Die Härtefähigkeit dieser Legierungen wird derartig herabgesetzt, daß sie bereits bei Abmessungen von 20 mm Durchmesser bei normaler Wasserhärtung nicht mehr einwandfrei härten, sondern weiche Flecken nach der Härtung aufweisen. Nur bei Härtung in Salzwasser gelingt es, eine gleichmäßige Härtung zu erzielen. Bei diesen Stählen ist demnach auch die Härteschicht außerordentlich gering. Die Ursache ist in der geringen Hysteresis der Umwandlung, also größeren kritischen Abkühlungsgeschwindigkeit der reinen Eisen-Kohlenstoff-Legierungen gegenüber den mit Mangan und Silizium verunreinigten Stählen zu suchen. Jene Legierungen reagieren auch bei der Prüfung durch die Ehnsche Zementationsprobe anormal (s. S. 81).

Für die Qualität der Kohlenstoff-Werkzeugstähle ist nicht nur die Zusammensetzung, sondern auch die Art der metallurgischen Herstellung von ausschlaggebendem Einfluß. So findet man die sechs Härten der Kohlenstoffstähle bei vielen Edelstahlwerken in drei verschiedenen Qualitäten vertreten, und zwar in einer Extraqualität besonderer Reinheit, einer normalen guten Qualität und einer sog. Sekundaqualität. Während die erstere sich bereits durch das Herstellungsverfahren (Tiegel- oder Elektroofen) auszeichnet und die bei der Chargenkontrolle etwas schlechter ausfallenden Schmelzungen für die zweite Qualität aussortiert werden, findet die Herstellung der dritten Qualität meist im Siemens-Martinofen statt. Die Thomasbirne kommt zur Herstellung von hochwertigen Werkzeugstählen nicht in Frage. Anders war es bei dem Bessemerstahl. Gerade die Bessemerstähle zeichnen sich durch eine hohe Überhitzungsunempfindlichkeit aus. Trotz der hohen Frischgeschwindigkeit und der Überfrischung des Stahlbades, die bei diesem Verfahren stattfindet, waren die Stähle doch in gewisser Beziehung als Qualitätsstähle gekennzeichnet. Es muß einstweilen dahingestellt sein bleiben, ob diese Härteunempfindlichkeit infolge der kurzen für die Desoxydation zur Verfügung stehenden Zeit durch außerordentlich fein verteilte Kieselsäure und die dadurch bedingte Keimbildung erreicht wird.

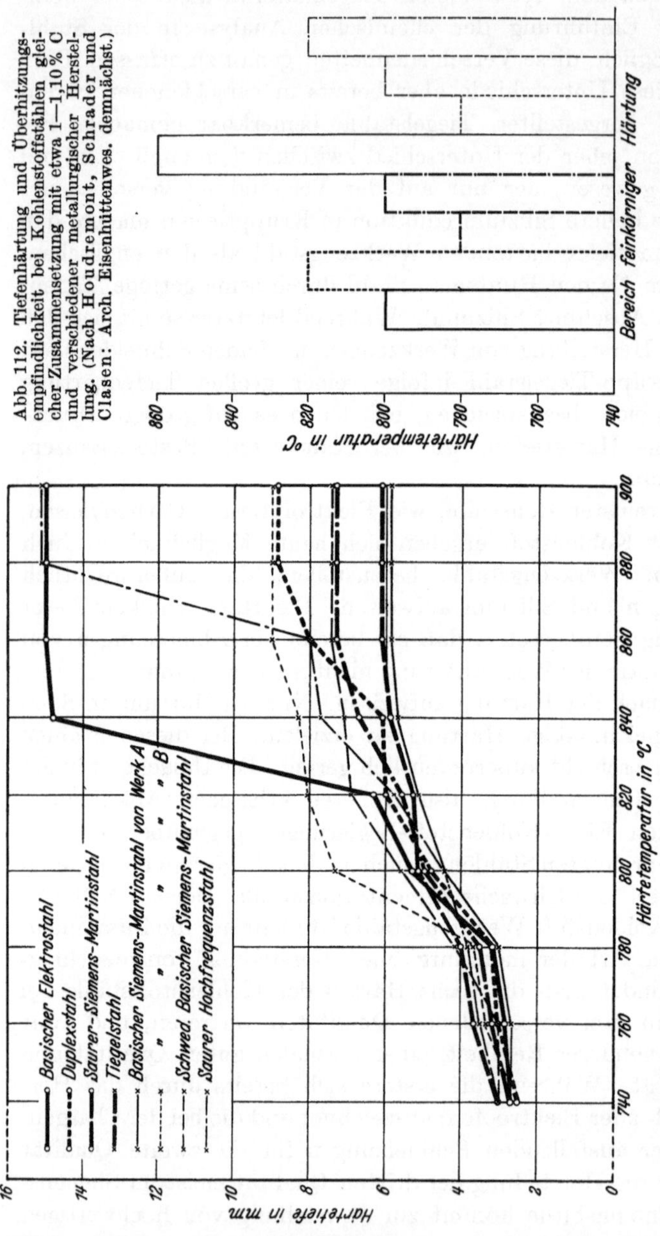

Abb. 112. Tiefenhärtung und Überhitzungsempfindlichkeit bei Kohlenstoffstählen gleicher Zusammensetzung mit etwa 1—1,10% C und verschiedener metallurgischer Herstellung. (Nach Houdremont, Schrader und Clasen: Arch. Eisenhüttenwes. demnächst.)

Auch bei ein und demselben Stahlherstellungsverfahren können Unterschiede in der Härtefähigkeit, Überhitzungsempfindlichkeit usw. zwischen einzelnen Schmelzungen auftreten. Hierdurch findet die Annahme, daß Menge und Verteilungsform sowie Art der Desoxydationsprodukte und deren Keimwirkung von Einfluß sind, eine Stütze. Die Unterschiede bei verschiedener metallurgischer Herstellung zeigt Abb. 112.

Man kann meistens beobachten, daß zwischen Härtefähigkeit, d. h. Tiefe der martensitischen Randzone, und der Überhitzungsempfindlichkeit ein gewisser Zusammenhang besteht in dem Sinne, daß bei praktisch genau gleicher Zusammensetzung eine gesteigerte Neigung zur Grobkornbildung (Überhitzungsempfindlichkeit) bei Stählen mit größerer Härtetiefe vorhanden ist. Der beim Kapitel „Härten" besprochene Einfluß gesteigerter Härtetemperatur = größerer Korngröße auf die Härtefähigkeit, sowie der gleiche Zusammenhang beim Verhalten anormaler und normaler Stähle bei der Einsatzhärtung erfahren also eine weitere Bestätigung. Ob der Einfluß der Korngröße für die Schnelligkeit der Umwandlung allein genügt, um dieses Verhalten zu erklären, oder ob die von der metallurgischen Behandlung her vorhandenen Keime, die ihrerseits auch der Grund für das verhinderte Kristallwachstum sind, stärker wirken, muß einstweilen dahingestellt bleiben. Für die Praxis ergibt sich hieraus, daß Kohlenstoffstähle stets auf ihre Tiefenhärtung und Überhitzungsempfindlichkeit untersucht werden sollen, wenn ein gleichmäßiges Erzeugnis bei der Herstellung von Werkzeugen gewährleistet werden soll. Diese Kontrolle jeder einzelnen Schmelzung erfolgt, indem man Stahlstücke gleicher Abmessung und Vorbehandlung oberhalb A_1 in Temperaturintervallen von etwa $30°$ steigend härtet und auf Durchhärtung und Überhitzungsempfindlichkeit untersucht. Die Wichtigkeit einer gleichmäßigen Härtung zeigt Abb. 113 an Hand eines Preßlufthammerkolbens, der aus einem Stahl mit 0,9% C, 0,2% Si, 0,25% Mn hergestellt wurde. Zu geringe Härtetiefe führt zum Abplatzen der Härteschicht auf der Schlagfläche bei der Beanspruchung im Betrieb. Zu große Härtetiefe bringt die Gefahr der Rißbildung in den dünneren Teilen des Werkzeugs mit sich.

Die geschilderten Zusammenhänge zwischen Härtetiefe, Überhitzungsempfindlichkeit, Kornwachstum und Verteilungsgrad fein verteilter (submikroskopischer ?) Einschlüsse zeigen eindeutig, daß man den Begriff der Hochwertigkeit eines Stahles nicht mit der absoluten Reinheit in direkten Zusammenhang bringen kann. Wie Abb. 2 zeigte, neigt sehr reines Eisen, das auf dem Carbonylsinterwege gewonnen und frei von den beim Schmelzen und Erstarren sich bildenden Zwischenhäutchen ist, besonders zum Kornwachstum. Ebenso dürfte es heute einwandfrei feststehen, daß die reinsten, von fein verteilten Einschlüssen freien Stähle überhitzungsempfindlicher sind als andere mit stärkeren Verunreinigungen. So kann z. B. eine Zugabe von Aluminium zum Stahl vor dem Gießen zu feinverteilten Tonerdeeinschlüssen führen und eine entsprechende Verringerung der Überhitzungsempfindlichkeit und der Durchhärtungsfähigkeit bewirken. Auf die Wahrscheinlichkeit einer ähnlichen Wirkung von Siliziumoxyden ist bereits in Zusammenhang mit der Härteunempfindlichkeit des Bessemerstahles hingewiesen worden. — Die Kunst des Stahlwerkers ist es, je nach dem Verwendungszweck und dem gewünschten Verhalten eines Stahles beim Härten die entsprechende metallurgische Beeinflussung vorzunehmen.

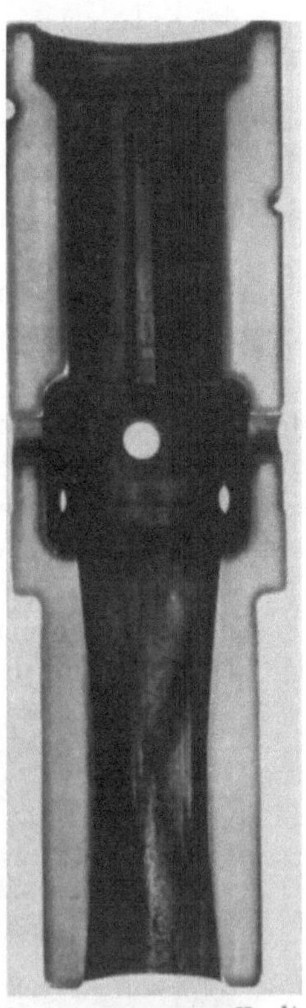

$V = {}^1/_2$

Abb. 113. Verlauf der Härterandschicht in einem längs aufgeschnittenen Kolben eines Preßlufthammers.

Die Bessemerstähle, die bis zu 0,5% Si und 0,8% Mn enthalten, werden noch nicht als legierte Stähle angesprochen. Heute werden Stähle dieser Art in Deutschland meist nicht mehr in der Birne, sondern im sauren Siemens-Martin-Ofen hergestellt. Die hohe Härteunempfindlichkeit der Bessemerstähle läßt sich aber bei diesen „Ersatzbessemerstählen" auch bei sorgfältigster metallurgischer Herstellung nicht ganz erreichen.

Die Hauptverwendungszwecke dieser höher silizierten manganhaltigen Werkzeugstähle gehen aus Zahlentafel 14 hervor.

Zahlentafel 14. Bessemerstahl.

a für Wasserhärtung,　　b für Ölhärtung.

C %	Si %	Mn %	P %	Verwendungszweck
a 0,30/0,40	∞0,35	∞0,60	∞0,05/0,08	Spaten, Schaufeln, Feilen, Gesteinsbohrer, Schienen, Messer, Scheren, Warmsägen, Häm-
b 0,30/0,40	∞0,50	>0,80	∞0,05/0,08	mer, Gabeln, Federn, Preßwerkzeuge
a 0,40/0,50	∞0,35	∞0,65	∞0,05/0,08	Messer, Warmmatrizen, Walzdorne, Bohrer, Steinhämmer, Gabeln, Matrizen, Säbelklingen,
b 0,40/0,50	∞0,50	>0,80	∞0,05/0,08	Gesteinsbohrer, Tragfedern, Feilen
a 0,50/0,60	∞0,35	∞0,65	∞0,05/0,08	Feilen, Warmlochdorne, Kreissägen, Hackmes-
b 0,50/0,60	∞0,50	>0,80	∞0,05/0,08	ser, Tragfedern, Backen für Schmiedemaschinen
b 0,60/0,70	∞0,40	∞0,70	∞0,05/0,08	Pflugschare, Schirmschienen, Rasiermesser, Zinken, Tragfedern, Puffer.

h) Schwarzbruch in Kohlenstoffstählen.

Eine besondere Erscheinung bei hochgekohlten Werkzeugstählen ist der sog. Schwarzbruch. Beim Brechen eines geglühten hochgekohlten Werkzeug-stahles beobachtet man manchmal an Stelle eines hellen kristallinen Bruches einen dunklen bis schwarzen, der sich nicht immer über den ganzen Querschnitt erstreckt, sondern meistens auf bestimmte Zonen beschränkt ist. In Überein-stimmung mit dem dunklen Aussehen der Bruchfläche bezeichnet man diese Erscheinung als Schwarzbruch.

Sehr oft kann man an der Anordnung des Schwarzbruches noch den Einfluß der Verschmiedung deutlich erkennen. Dabei kann es vorkommen, daß manchmal

Abb. 114. Schwarzbruch im Kohlenstoffstahl.

der innere Schmiedekern weiß bricht (Abb. 114a), in anderen Fällen umgekehrt nur der innere Schmiedekern schwarz ist, während die übrige Bruchfläche das normale Aussehen erkennen läßt (Abb. 114b, äußerster Rand weiß).

Die Entstehung des Schwarzbruches beruht auf dem Auftreten von elemen-tarem Kohlenstoff im Stahl in Form von Graphit bzw. Temperkohle (Abb. 115). Das Vorhandensein von elementarem Kohlenstoff in Werkzeugstählen mit höherem Kohlenstoffgehalt von 0,9—1,6% bei tiefem Si-Gehalt (etwa 0,2%) ist nicht ohne weiteres verständlich, da die Umsetzung des Eisen-Karbid-Systems bei derartigen Legierungen in das Eisen-Graphit-System außerordentlich langsam verläuft. In Übereinstimmung mit dem trägen Verlauf der Umsetzung ins Eisen-Graphit-System steht die Tatsache, daß Schwarzbruch gewöhnlich erst nach langem Glühen im Temperaturgebiet von 760—800° auftritt. Vorbedingung hierzu ist, daß zur rascheren Einstellung des Systems Eisen-Graphit bzw. Zerfalls des Zementits bereits Graphitkeime im Stahl vorhanden sind. Gleichbedeutend mit einer langen Glühung ist sehr langsame Abkühlung durch das betreffende Temperaturgebiet. Daß bei der Bildung von Schwarzbruch Graphitkeime vorhanden sein müssen, dürfte als ziemlich feststehend gelten. Über die Entstehungsursache ist man sich allerdings noch etwas im unklaren. Während Rapatz und Pollack[1] glauben, daß bei längerem Glühen eines Stahles dicht unterhalb seiner Ausscheidungstemperatur für Karbide geringe Mengen von Temperkohle zur Ausscheidung gebracht werden, die als Keime wirken, soll nach Maurer[2] vor allem die Glühatmosphäre durch ihren Gehalt an Kohlensäure und Kohlenoxyd evtl. auch Kohlenwasserstoffen und die hierdurch erfolgte Ablagerungsmöglichkeit von Kohlenstoff begünstigend auf die Keimbildung wirken. Nach den Erfahrungen des Verfassers hängt das Auftreten von Schwarzbruch in der Hauptsache mit dem Stahlherstellungsverfahren zusammen. Die Tatsache, daß Schwarzbruch besonders häufig bei Tiegelstahl beobachtet werden konnte, während bei Elektro-

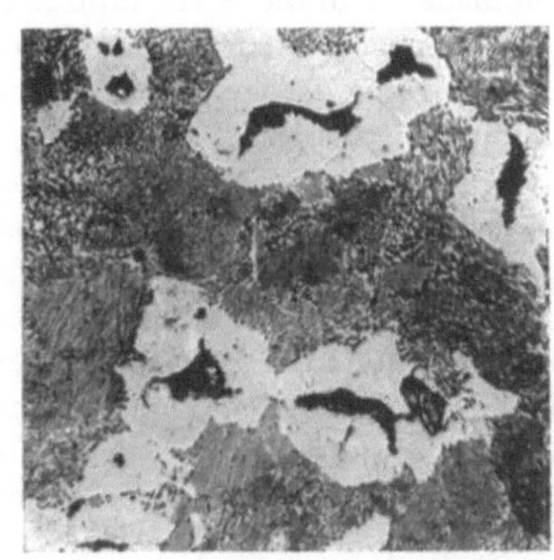

Abb. 115. Gefuge von schwarzbruchigem Kohlenstoffstahl mit 1% C.

stahl diese Erscheinung bei gleicher Zusammensetzung kaum auftritt, deutet darauf hin, daß die Graphitkeime beim Tiegelstahl bereits aus der Tiegelwandung des Graphittiegels stammen könnten. Bei Versuchen, reine Eisen-Kohlenstoff-Legierungen im Elektroofen, insbesondere auch im Hochfrequenzofen, herzustellen, kann ebenfalls beobachtet werden, daß beim Aufkohlen mit Graphitkohle (Elektrodenkohle) eine Neigung zu Schwarzbruch besteht, die fehlt, wenn man zur Aufkohlung weißes Roheisen benutzt. Gleichzeitig zeigt sich, daß bei Stählen, die nach dem Aufkohlen zwecks Beseitigung von Graphitkeimen überhitzt wurden, auch die Gefahr des Schwarzbruches vermindert wird.

Stähle, die geringe Graphitkeime aufweisen, brauchen noch nicht die genannten Erscheinungen des Schwarzbruches zu zeigen, vielmehr sind die Graphitkeime nur Vorbedingung, die endgültige Ausscheidung erfolgt durch kritische Glühung. Von besonders ungünstigem Einfluß sind außerdem Verformungen im kritischen Temperaturbereich. Das typische Schwarzbruchaussehen erhält man durch Schmieden bei niedrigen Temperaturen, bei denen nicht nur vorhandene Temperkohle schlecht in Lösung geht, sondern auch noch weitere Ausscheidungen erfolgen können. Durch die Streckung beim Schmieden zeigt dann der Bruch das für Schwarzbruch typische samtartige Aussehen.

---

[1] Stahl u. Eisen Bd. 44 (1924) S. 1509/14.   [2] Kruppsche Mh. 1923 S. 117/19.

Bei genügender Streckung reicht schon ein Gehalt von 0,12% freien Kohlenstoffs zur Erzeugung von Schwarzbruch aus. Metallographische Schliffe von schwarzbrüchigen Stählen lassen sich meist sehr schlecht polieren; die Schlifffläche wird durch die Graphitausscheidungen trübe.

Das verschiedenartige Aussehen schwarzbrüchiger Stähle, nämlich schwarzer Kern bei hellem Rand und umgekehrt heller Kern bei schwarzem Rand, kann aus den Temperaturverschiedenheiten beim Schmieden erklärt werden. Durch Erwärmen in das Gebiet der festen Lösung allein gelingt es bei reinen Kohlenstoffstählen nicht ohne weiteres, den gesamten Kohlenstoff wieder in die feste Lösung zu bringen und die Graphitkeime zu beseitigen. Hierzu ist es erforderlich, daß man auf sehr hohe Temperatur erwärmt und gleichzeitig durchschmiedet. Auf diese Art kann man bei Stählen mit Schwarzbruch die genannten Erscheinungen wieder vollkommen beseitigen. Andererseits kann man durch Erniedrigung der Schmiedetemperatur wiederum das Auftreten des Schwarzbruches begünstigen.

Die Erklärung der verschiedenen Erscheinungsformen ist demnach verhältnismäßig einfach. Hat das zu Schwarzbruch neigende Material beim Schmieden eine solche Temperaturverteilung, daß der Kern heißer ist als der Rand, was bei einem sich abkühlenden Stück sehr leicht möglich ist, so wird der Kern hell, der Rand dunkel. Erfolgt dagegen die Erwärmung des Stückes rasch, so daß der Kern die Außentemperatur nicht erreicht, so kann der umgekehrte Fall beobachtet werden. Für die Unterschiede zwischen Rand und Kern können außerdem noch Seigerungen verantwortlich gemacht werden. Begünstigend für das Auftreten von Schwarzbruch können Silizium, Wolfram und Kobalt sein, während andererseits Chrom und Mangan entgegengesetzt wirken. Bei Anwesenheit größerer Gehalte von Elementen, die den Karbidzerfall fördern, wie z. B. bei mehr als 1% Si, ist das Vorhandensein von Graphitkeimen zur Schwarzbruchbildung nicht erforderlich.

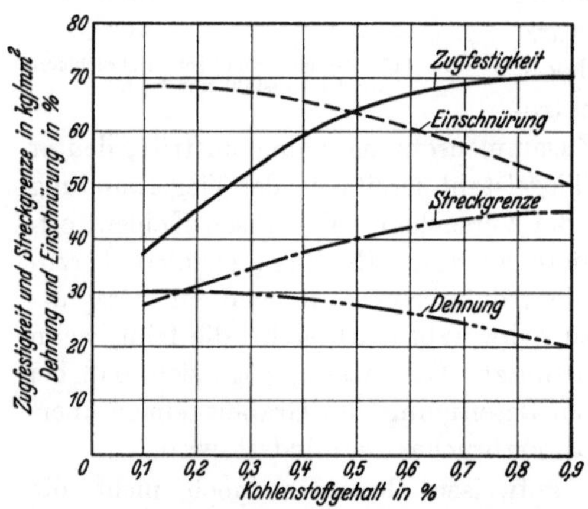

Abb. 116. Festigkeitseigenschaften des gegluhten Kohlenstoffstahles in Abhängigkeit vom Kohlenstoffgehalt.

2. Baustähle.

Die Beeinflussung der Festigkeitseigenschaften von Stahl durch Kohlenstoff im geglühten Zustand zeigt Abb. 116.

Im Walzzustand ist die Festigkeit außer vom Kohlenstoffgehalt auch von der Abkühlungsart abhängig. Da die Abkühlungsgeschwindigkeit nicht nur von den Abkühlungsbedingungen (Außentemperatur, Kühlbett, Abkühlung in Asche), sondern auch von der Abmessung bedingt wird, ist es selbstverständlich, daß die Festigkeitseigenschaften je nach den Abmessungen im Walzzustand verschieden sein müssen. Die ungefähre Beeinflussung der Festigkeitseigenschaften durch Kohlenstoff bei verschiedenen Abmessungen gibt Zahlentafel 15

Zahlentafel 15. Festigkeitseigenschaften von Kohlenstoffstählen im Walzzustand bei verschiedenen Knüppelabmessungen.

C %	Si %	Mn %	Knüppel- abmessung mm	Streck- grenze kg/mm²	Festig- keit kg/mm²	Dehnung $(l=10d)$ %	Ein- schnü- rung %	Kerb- zahigkeit $3 \cdot 3 \cdot 16$ mkg/cm²
0,08/0,14	0,10/0,15	0,50/0,70	20— 40	27	42	30	60	15
			40— 80	25	40	30	62	15
			80—175	23	39	30	64	15
0,28/0,33	0,15/0,35	0,50/0,70	13— 56	35	55	22	50	10
			61—110	32	54	22	48	8
			115—160	30	53	23	48	6
0,38/0,43	0,15/0,35	0,50/0,70	12— 64	40	65	17	43	7
			68—115	32	62	18	41	4
			120—155	36	62	19	39	4
0,48/0,53	0,15/0,35	0,50/0,70	6— 60	40	74	14	35	4
			65— 90	38	72	16	32	3
			100—150	35	71	15	27	2
0,58/0,63	0,15/0,35	0,50/0,70	13— 30	42	85	11	20	3
			55— 68	40	83	11	16	2
			135—180	38	81	12	18	2

wieder. Die Kohlenstoffbaustähle weisen einen etwas erhöhten Siliziumgehalt
(etwa 0,35%) bei gleichzeitig erhöhtem Mangangehalt (etwa 0,6%) auf. Praktisch
kann man für die Verwendung als Baustähle drei Gruppen unterscheiden:
   a) Vergütungsstähle;
   b) Einsatzstähle;
   c) verschiedene Flußeisensorten.

a) Vergütungsstähle.

Die üblichen Kohlenstoff-Vergütungsstähle haben die in der Zahlentafel 16
gekennzeichneten Zusammensetzungen und werden in der Hauptsache mit den
dort angegebenen Festigkeitswerten verwendet. Das Vergütungsschaubild eines
derartigen Stahles bei Wasser- und Ölvergütung ist in Abb. 103 gezeigt worden.

Die erzielbaren Eigenschaften wechseln mit dem Querschnitt der betreffenden
Stücke. Da die kritische Abkühlungsgeschwindigkeit der Kohlenstoffstähle
groß ist, muß insbesondere das Verhältnis von Streckgrenze zu Festigkeit bei
größeren Querschnitten und milderen Vergütungsarten erheblich abfallen. Für
das große Gebiet der Baustähle liegt die obere Kohlenstoffgrenze bei etwa 0,5%.
Für einzelne besondere Zwecke wird dieser Kohlenstoffgehalt noch überschritten.
Diese besonderen Verwendungsgebiete sind: Federstähle, Gewehrlaufstähle, Seildrähte usw.

Eine Übersicht über die gebräuchlichen Kohlenstoff-Federstähle und deren
Eigenschaften gibt Zahlentafel 17.

Die größte Verwendung finden diese Kohlenstoff-Federstähle noch infolge
der englischen Vorschriften über Federstahl, die in der ganzen Welt Verbreitung
gefunden haben. Ihre Herstellung erfolgt meist laut Abnahmevorschrift im
sauren Siemens-Martin-Ofen. Für hochwertige Automobil- und Eisenbahnfedern
haben sich aber in den letzten Jahren meist legierte Federstähle (s. unter
Silizium, Mangan usw.) eingebürgert.

Zahlentafel 16. Zusammensetzung und Verwendung von Kohlenstoff-Vergütungsstählen.
(Bezeichnung und Zusammensetzung entnommen den deutschen Werkstoffnormen (DIN 1661) und den amerikanischen SAE-Normen.)

Markenbezeichnung in den Normen	C %	Si %	Mn %	P %	S %	Zustand	Zug-festigkeit kg/mm²	Dehnung $l=5d$ %	Streck-grenze kg/mm²	Verwendungszwecke
St C 25.61 SAE 1025	etwa 0,25	<0,35	<0,8	<0,04	<0,04	geglüht vergütet	42—50 47—55	über 27 „ 24	über 24 „ 28	Wellen, Schrauben, Scheiben, Achsen, Hebel, Gestänge, Trommelwellen
St C 35.61 SAE 1035	etwa 0,35	<0,35	<0,8	<0,04	<0,04	geglüht vergütet	50—60 55—65	über 23 „ 22	über 28 „ 33	Spindeln, Bolzen, Muttern, Kupplungsscheiben, Polkerne, Kurbelwellen, Schubstangen, Hebel, Achsen, Kurbelzapfen
St C 45.61 SAE 1045	etwa 0,45	<0,35	<0,8	<0,04	<0,04	geglüht vergütet	60—70 65—75	über 19 „ 18	über 34 „ 39	Kurbelwellen, Seitenwellen, Steuerwellen, Brennstoffpumpenkörper, Steuerschnecken, Schaltstangen, Federbolzenwellen

Größere Verwendung finden heute noch Kohlenstoffstähle mit etwa 1% C, 0,2% Si und 0,3% Mn für die Herstellung von Uhren- und Grammophonfedern. Diese werden aus kaltgewalztem Bandstahl gehärtet. Es werden sehr hohe Anforderungen an diese Federn gestellt; ihre Festigkeit nach dem Härten und Anlassen beträgt 190—210 kg/mm², sie dürfen aber nicht spröde sein. Dies bedingt höchste Sorgfalt bei der Herstellung des Stahles und bei der Verarbeitung.

Einen anderen Verwendungszweck stellt der weitverbreitete Gewehrlaufstahl dar, dessen Zusammensetzung und Eigenschaften aus Zahlentafel 18 hervorgehen. Der hohe Kohlenstoffgehalt dieser Stähle begründet den erhöhten Widerstand gegen Verschleiß, der für diesen Verwendungszweck erforderlich ist.

Ein besonderes Anwendungsgebiet ist ferner die Verwendung von Kohlenstoffstählen für Seildrähte, Klaviersaitendrähte, Federdrähte usw. Die Anforderungen, die an Seildrähte gestellt werden, sind: höchstmögliche Tragfähigkeit, also höchste Festigkeit, bei genügender Zähigkeit (Biegefähigkeit, Torsionsfähigkeit). Diese Eigenschaften lassen sich durch normale Härtung bzw. Vergütung nicht erzielen. Durch die übliche Härtung kann man zwar die bei Seildrähten vorgeschriebene Festigkeit bis 200 kg/mm² und darüber erreichen, doch sinkt die Formänderungsfähigkeit und Zähigkeit des Materials dann stark ab. Ebenso würde es schwer halten, nur durch Kaltziehen des weichgeglühten Stahles eine Verfestigung auf die genannte Höhe herbeizuführen, ohne das Material zu überziehen. Günstiger werden die Verhältnisse beim Ziehen, wenn man sich die gute Verformbarkeit des feintroostischen bis sorbitischen Gefüges und dessen höhere Festigkeitseigenschaften als Grundlage für den Kaltreckungsprozeß zunutze macht, also Vergütung und Kaltrecken anwendet. In der Praxis wird die Vergütung des Stahldrahtes in Form einer Stufenvergütung vorgenommen. Der Stahldraht wird aus dem Gebiet der festen Lösung in ein Bleibad von

Zahlentafel 17.
Analysen und Festigkeitswerte von einigen sauren Kohlenstoff-Federstählen.

C	Si	Mn	P	S	Streckgrenze kg/mm²	Festigkeit kg/mm²	Dehnung % $L = 5d$	Härtungsart
%	%	%	%	%	im gehärteten Zustande			
etwa 0,45	<0,30	0,45—0,75	<0,050	<0,050	etwa 110	>130	etwa 7	Wasser
0,65—0,75	<0,30	0,45—0,75	<0,050	<0,050	„ 120	>135	„ 6	Öl
0,95—1,15	<0,30	0,45—0,75	<0,050	<0,050	„ 120	>140	„ 5	Öl
etwa 0,45	0,20—0,30	0,50—0,70	<0,035	<0,035	„ 120	>135	„ 6	Wasser
0,95—1,15	0,20—0,30	0,50—0,70	<0,035	<0,035	„ 120	>140	„ 5	Öl

etwa 500° abgelöscht. Das Ablöschen erfolgt entweder durch Eintauchen der einzelnen Drahtringe, in der Drahtindustrie als „Zementieren" bezeichnet, oder durch Durchlaufen des Drahtes aus dem Härteofen in ein Bleibad (Durchziehofen, Patentieren). Für die erzielbaren Eigenschaften ist die Ablöschtemperatur sowie die Temperatur des Bleibades von Einfluß. Das Patentierverfahren ergibt die größere Gleichmäßigkeit der Wärmebehandlung und somit die gleichmäßigeren Eigenschaften nach erfolgter Kaltreckung und Fertigstellung der Drähte.

Da die Temperatur von 500° an der unteren Grenze des Umwandlungsgebietes 1 liegt und in diesem Temperaturgebiet die Umwandlungsgeschwindigkeit verhältnismäßig gering ist, kommt der genauen Temperatur des Bleibades und der Zeit, die der Stahl im Bleibad verbleibt, eine gewisse Bedeutung zu. Allzu kurzes Verweilen bei zu tiefer Temperatur ergibt infolge unvollkommen verlaufender Umwandlungen ungünstiges Gefüge und somit verschlechterte Eigenschaften (ungleichmäßige Torsion, Biegezahlen

Abb. 117. Martensit im Patentierungsgefüge als Ursache für schlechte Ziehbarkeit bzw. Überziehungserscheinungen (s. Rißbildung).

Zahlentafel 18. Zusammensetzungen und Festigkeitswerte von einigen
Kohlenstoff-Gewehrlaufstählen.

C	Si	Mn	P	S	Streckgrenze kg/mm²	Festigkeit kg/mm²	Dehnung $L = 5d$ %	Einschnürung %
%	%	%	%	%				
0,50	0,25	0,55	je unter 0,03		∾40	∾70	∾15	∾45
0,60	0,25	0,55	„ „ 0,03		∾50	∾75	∾15	∾45
0,70	0,40	0,65	„ „ 0,03		∾55	∾85	∾15	∾45

usw.). An Stelle des angestrebten gleichmäßigen Vergütungsgefüges erhält man noch Martensitreste (Abb. 117). Derartige Martensitreste machen sich häufig nicht erst in der Torsions- oder Biegeprobe, sondern schon beim Weiterziehen durch Abreißen bemerkbar.

Die Stahlzusammensetzung — besonders höherer Mangan- und Silizium-gehalt — beeinflußt ebenfalls die Umwandlungsgeschwindigkeit im Bleibad; daher müssen ihr Zeit und Temperatur beim Patentieren angepaßt werden.

Da die Güte der Patentierung für die Ziehfähigkeit von ausschlaggebender Bedeutung ist, muß gerade bei hochbeanspruchten Drähten viel Sorgfalt auf

Zahlentafel 19. Fabrikationsgang eines 2,7 mm-Seildrahtes.

C %	Si %	Mn %	P %	S %	Zustand	Draht-durch-messer mm	Festig-keit kg/mm²	Dehnung 200 mm Meßlänge %	Ein-schnürung %	Ver-drehung 200 mm Meßlänge	Biegungen über 10 mm Radius
0,80	0,21	0,33	0,022	0,026	Walzdraht						
					geglüht	7,0	71	12	50	14	5
					gezogen	6,3	79,5	4,5	45,5	14	3
					„zementiert"	6,3	96	6	45	18	5
					gezogen	5,6	110	3	40	6	7
					patentiert	5,6	130	7,5	47	10	6
					gezogen	4,8	146	3,3	47	18	8
					„	4,2	154	3,5	52	20	10
					„	3,7	164	3,0	52	28	15
					„	3,1	185	3,0	50	30	22
					„	2,7	201	2,5	47	35	22

sie verwandt werden. Nur bei einwandfreier Ziehfähigkeit wird es gelingen, Drähte mit tadelloser Oberfläche zu erzeugen. Die Oberflächenbeschaffenheit ist aber bekanntlich bei Wechselbeanspruchung von um so größerem Einfluß, je höher die Festigkeit des Stahles ist; ihre Auswirkungen sind bei Drahtseilen, die vielfach über Rollen gebogen werden, bei Federn und auch bei Klaviersaiten (Klangreinheit) nicht zu unterschätzen. (Es sei hier noch erwähnt, daß „Klavier-saitendraht" heute die allgemeine Bezeichnung für hartgezogenen Draht mit

Zahlentafel 20. Seildrähte.

Chemische Zusammensetzung						Verwendungsgebiet
C %	Si %	Mn %	P %	S %	P + S %	
0,70/0,80	∽0,15	∽0,30	max 0,025	max 0,025	0,040	Förderseile für höchste Festigkeit (über 180 kg/mm²)
0,60/0,80	∽0,25	∽0,50	∽0,040	∽0,040	—	Halteseile, Schiffsseile für mittlere Festigkeit (über 150 kg/mm²)
0,20/0,40	∽0,30	∽0,50/0,80	—	—	—	Befestigungsseile für niedrige Festigkeit (über 120 kg/mm²)

bester Oberflächenbeschaffenheit ist.) Die Federn werden aus dem patentierten und auf hohe Festigkeit gezogenen Draht kalt gewickelt. Insbesondere werden Ventilfedern bisher meist auf diese Weise hergestellt. Da aber das Kaltziehen auf hohe Festigkeit bei dem in den letzten Zügen bereits sehr harten Draht leicht zur Riefenbildung und zu Oberflächenverletzungen führt, die die Dauer-festigkeit wesentlich vermindern, wickelt man heute hochwertige Ventilfedern auch aus einfach vergütetem Draht mit sauberster (geschliffener) Oberfläche, der keinen Kaltzug nach dem Vergüten erhält. (Zusammensetzung: 0,6—0,7% C bei rd. 0,6% Mn oder 0,8—0,9% C bei 0,3% Mn; Festigkeit vor dem Wickeln 140—150 kg/mm²).

Den Herstellungsgang und die Eigenschaften eines Seildrahtes von 2,7 mm Stärke zeigt Zahlentafel 19. Die Zusammensetzung und einige Eigenschaftswerte von Stählen für Seildrähte bringt Zahlentafel 20. Wie man hieraus ersieht, erfahren bei fallendem Kohlenstoffgehalt die Mangangehalte eine gewisse Erhöhung.

b) Einsatzstähle.

Als Einsatzstähle finden praktisch nur Stähle bis 0,3% C Verwendung. Über die Art der Einsatzhärtung ist bereits in dem voraufgegangenen Kapitel über die technische Anwendung des Eisen-Kohlenstoff-Diagramms Näheres gesagt worden.

Je nach der Höhe des Kohlenstoffgehalts und der Querschnittsabmessungen sind die Kernfestigkeiten nach der Einsatzhärtung verschieden. Für Querschnitte von 60 mm gibt Zahlentafel 21 die Festigkeitseigenschaften für verschiedene Kohlenstoffgehalte mit Angabe des Verwendungszwecks wieder. Bei weichen Flußeisensorten muß darauf hingewiesen werden, daß die erzielte Festigkeit im Kern in starkem Maße abhängig ist vom Kohlenstoffgehalt sowie von der Abschrecktemperatur. Da bei diesen Stählen die Haupthärtewirkung nur vom Kohlenstoffgehalt kommt und im Ferrit bereits einige hundertstel Kohlenstoff gelöst bleiben, wird sich ein Unterschied zwischen 0,1 und 0,15% C sehr stark auswirken müssen, da für die Härtung im letzteren Falle ungefähr die doppelte Menge an Kohlenstoff zur Verfügung steht. Bei 780° Ablöschtemperatur bilden sich im Kern nur einzelne Martensitinseln entsprechend den vorhandenen Perlitflächen gegenüber einem gleich-

Zahlentafel 21. Zusammensetzung und Verwendung von Kohlenstoff-Einsatzstählen (Abmessung 60 ⊞ × 200). (Bezeichnung und Zusammensetzung entnommen den deutschen Werkstoffnormen (DIN 1661) und den amerikanischen SAE-Normen.)

Markenbezeichnung in den Normen	C %	Si %	Mn %	P %	S %	Zustand	Zug-festigkeit kg/mm²	Dehnung $l = 5\,d$ % im Kern	Streck-grenze kg/mm²	Verwendungszwecke
St C 10.61 SAE 1010	0,06/0,13	<0,35	<0,5	<0,04	<0,04	normal geglüht	etwa 38	über 30	über 21	Bolzen, Schrauben, Naben, Räder, Gabeln
						zementiert und wassergehärtet	,, 50	,, 26	,, 35	
St C 16.61 SAE 1015	0,13/0,20	<0,35	<0,5	<0,04	<0,04	normal geglüht	etwa 42	über 28	über 23	Treib- und Kuppelzapfen, Exzenterwellen, Nockenwellen, Kolbenbolzen, Federbolzen, Gleitbahnen
						zementiert und wassergehärtet	,, 60	,, 22	,, 40	
SAE 1020	0,18/0,25	<0,35	<0,5	<0,04	<0,04	normal geglüht	etwa 45	über 25	über 25	Räder für Pumpensteuerung, Kugellager, Wellen, Zapfen
						zementiert und wassergehärtet	,, 80	,, 20	,, 45	

mäßigen Härtungsgefüge bei hoher Ablöschtemperatur. Man muß also damit rechnen, daß gerade bei tiefgekohlten Einsatzstählen bei entsprechend hoher Härtetemperatur, z. B. 850—880°, Kernhärten bis zu 320 Brinelleinheiten auftreten können. Aus Zahlentafel 22 geht der Einfluß der Abschrecktemperatur und der Abmessung auf die Kernhärte tiefgekohlter Stähle hervor.

Zahlentafel 22. Abhängigkeit der Kernhärte vom Kohlenstoffgehalt und dem abgelöschten Querschnitt bei Kohlenstoffeinsatzstählen für verschiedene Ablöschtemperaturen.

C %	Si %	Mn %	Abmessung Seitenlange eines Würfels in mm	Brinellhärte nach Wasserablöschung von		
				760°	780°	800°
0,09	0,30	0,50	40	197	212	207
			20	192	207	215
			5	192	217	229
0,13	0,31	0,51	40	231	236	229
			20	231	232	241
			5	235	248	282

Die Einsatztiefen schwanken je nach dem Verwendungszweck zwischen einigen Zehntel bis zu mehreren Millimeter. Als allgemeine Regel kann gelten, daß Teile, die nur auf Verschleiß beansprucht sind, kleinere Einsatztiefen erhalten können als solche, bei denen noch Druckbeanspruchungen hinzukommen. Die Ablöschung erfolgt bei allen Kohlenstoffstählen in Wasser, nur in Ausnahmefällen, z. B. bei sehr dünnen Abmessungen usw., in Öl.

c) Verschiedene Flußeisensorten.

Die Herstellung und Verwendung der verschiedenen Flußeisensorten fällt eigentlich unter das Gebiet der Massenstähle; sie werden normalerweise nicht zu den Sonderstählen gerechnet. Die in der Neuzeit immer weiter vordringende Erkenntnis über den Einfluß kleinster Beimengungen auf die Eigenschaften von Eisenlegierungen läßt aber auch das Gebiet des Flußeisens zu einem Sondergebiet werden. Die Vielseitigkeit der Verwendung reiner Flußeisensorten erfordert eine weitgehende Anpassung der Schmelzführung an den Verwendungszweck. Aus der Vielseitigkeit der Sonderanwendung von Flußeisen seien im Rahmen dieses Buches nur einige Beispiele herausgegriffen.

Für Emaillierzwecke hat sich herausgestellt, daß ein Eisen mit möglichst geringen Si-Gehalten, aber auch ziemlich niedrigem Mangangehalt (unter 0,3%) besonders gute Haftfähigkeit für Emailleschichten hat. Die Herstellung erfolgt als unruhiges Flußeisen, das nur im letzten Augenblick eine gewisse Beruhigung mit Aluminium oder Zirkon erfahren kann.

Beim Verzinken macht sich eine Anwesenheit von Silizium ebenfalls in ungünstigem Sinne bemerkbar. Infolgedessen ist man gezwungen, für Teile, die verzinkt werden sollen, den Siliziumgehalt so tief wie möglich zu halten.

Bei Material für Röhren bestimmen wiederum die Festigkeitseigenschaften die Zusammensetzung des Stahles. Wegen der Forderung großer Weichheit, die z. B. an Siederohre gestellt wird, sind auch hier hohe Siliziumgehalte nicht erwünscht. Da bei tiefen Siliziumgehalten das Vergießen des Stahles meist unruhig erfolgen muß, andererseits aber unruhiges Material infolge seiner Ungleichmäßigkeit in der geseigerten Kernzone einen geringeren Gütegrad darstellt, fällt die Herstellung einer guten, ruhig vergossenen, tief silizierten Röhrenqualität unbedingt in das Gebiet der Sonderstähle der Herstellung und erfordert eine besondere Erfahrung sowohl in der Stahlerschmelzung als im Vergießen. Das gleiche gilt auch für das bereits erwähnte Flußeisen für Tiefziehzwecke. Es genügt hier der Hinweis, daß je nach dem Verwendungszweck zwischen einer normal vergossenen unruhigen Flußeisencharge und einer im Ofen oder in der Pfanne vollkommen beruhigten Flußeisenart 6—10 verschiedene halbberuhigte Übergangsformen ausgeführt werden. Auf das ebenfalls als „Sonderstahl" zu bezeichnende alterungssichere Flußeisen wird später im Abschnitt Sauerstoff näher eingegangen.

3. Chemisch-physikalische Eigenschaften der Kohlenstoffstähle.

Die Veränderung der chemischen Lösungsfähigkeit, des Wärmeausdehnungskoeffizienten und des elektrischen Leitwiderstandes in Abhängigkeit vom Kohlenstoffgehalt zeigt Abb. 118. Aus diesen Veränderungen, die durch Zusatz

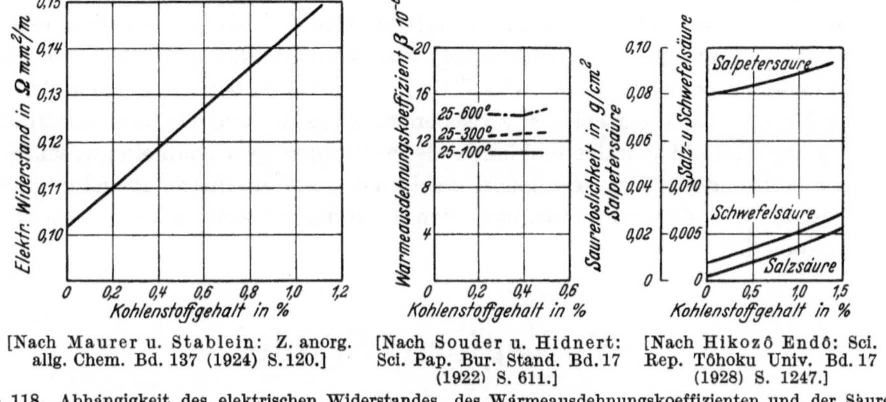

[Nach Maurer u. Stablein: Z. anorg. allg. Chem. Bd. 137 (1924) S. 120.] [Nach Souder u. Hidnert: Sci. Pap. Bur. Stand. Bd. 17 (1922) S. 611.] [Nach Hikozô Endô: Sci. Rep. Tôhoku Univ. Bd. 17 (1928) S. 1247.]

Abb. 118. Abhängigkeit des elektrischen Widerstandes, des Wärmeausdehnungskoeffizienten und der Säurelöslichkeit vom Kohlenstoffgehalt.

von Kohlenstoff zum reinen Eisen entstehen, lassen sich keine besonderen praktischen Verwendungszwecke auf physikalischem und chemischem Gebiete ableiten. Auf die Verwendung sehr weichen Flußeisens für elektrochemische Zwecke ist bereits hingewiesen worden (Reines Eisen, S. 5). Diese Stahlsorten müssen sehr niedrige Silizium- und Mangangehalte aufweisen (unter 0,3% Mn, unter 0,1% Si).

Eine Verwendung, die Eisen-Kohlenstoff-Legierungen in früheren Zeiten gefunden hatten, lag auf dem Gebiete des Magnetstahles. Wie bereits in Abb. 25 gezeigt, gelingt es, durch Härten von Kohlenstoffstahl die Koerzitivkraft infolge des erreichten martensitischen Zwangszustandes wesentlich zu erhöhen. Derartig gehärtete Kohlenstoffstähle konnten für permanente Magnete Verwendung finden. Da durch Zusatz von Legierungselementen, wie Chrom, Wolfram, Kobalt, wesentliche Verbesserungen der magnetischen Eigenschaften erreicht worden sind, dürfte die Verwendung derartiger Stähle nur noch in Ausnahmefällen stattfinden.

4. Einfluß des Kohlenstoffs bei der Stahlherstellung.

Der Einfluß des Kohlenstoffs auf das metallurgische Verhalten bei der Stahlherstellung ist zur Genüge bekannt. Unsere gesamten metallurgischen Großverfahren, wie Siemens-Martin-Prozeß, Thomas-, Bessemerprozeß usw., stützen sich auf den hohen Kohlenstoffgehalt des Roheisens und die beim Frischen freiwerdende Reaktionswärme infolge Verbrennung des Kohlenstoffs. Gleichzeitig wird bei dem Siemens-Martin-Prozeß infolge Kochens des Stahlbades durch die Entwicklung von Kohlenoxyd die Reaktionsfähigkeit während des Chargenverlaufs wesentlich gefördert. Kohlenstoff hat einen besonderen Vorzug als Desoxydationsmittel, da die mit ihm gewonnenen Reaktionsprodukte (CO) gasförmig sind und leicht aus dem Stahl entweichen können. Bereits bei den schwach oxydierenden Ofenatmosphären beim Tiegelschmelzen spielt diese Reaktion des Graphits aus der Tiegelwandung mit dem Stahlbad eine wesentliche Rolle. Der hohe Reinheitsgrad von Elektro-Lichtbogenofenstahl dürfte auf die Möglichkeit zurückzuführen sein, in diesen Ofengattungen durch Führung von Kalziumkarbidschlacke eine vollkommene Kohlenoxydreduktion bei Stählen mit höherem Kohlenstoffgehalt durchzuführen und den Oxydgehalt des Stahlbades daher auf ein Mindestmaß zu reduzieren. Infolge der Unlöslichkeit von CO im festen Eisen im Gegensatz zu anderen Gasen, insbesondere Wasserstoff, treten bei der Erstarrung die Reaktionsgase praktisch vollkommen aus dem Eisen aus und können keinen weiteren schädlichen Einfluß ausüben. Solange anderseits bei der Herstellung die Reaktion zwischen Kohlenstoff und Oxyden stattfindet, ist auch der Partialdruck des Kohlenoxyds im Stahl so groß, daß eine wesentliche Aufnahme fremder Gase vermieden wird und auch in dieser Beziehung dem Kohlenstoff bzw. CO als Verdränger von Fremdgasen eine gewisse Bedeutung beizumessen ist.

IV. Legierte Stähle.

A. Systematische Einteilung der Legierungselemente des Eisens.

Versucht man reine Kohlenstoffstähle mit normalem Silizium- und Mangangehalt in Abmessungen von über 200 mm Durchmesser zu härten, so wird man feststellen können, daß jetzt auch bei Anwendung schroffer Ablöschmittel, wie kaltes fließendes Wasser oder Salzwasser, nicht immer eine gleichmäßige Härte erzielt werden kann. Infolge des großen Wärmeinhalts derartiger Stücke gelingt es auch in der Randzone nicht mehr mit Sicherheit, die gewünschte kritische Abkühlungsgeschwindigkeit zu erzielen; der Stahl härtet nicht mehr gleichmäßig, fängt an, weiche Flecken aufzuweisen, und bei noch weiterer Erhöhung des Durchmessers hört praktisch die Härtewirkung auf. Da außerdem die Durchhärtung reiner Kohlenstoffstähle sehr schwach ist, wird man z. B. bei Werkzeugen, die höheren Druckbeanspruchungen ausgesetzt sind, nicht mehr mit unlegierten Kohlenstoffstählen auskommen. Es gelten hier bezüglich Beanspruchung und Härtetiefe in etwa Verhältnisse, wie sie bei der Einsatzhärtung (Einfluß der Tiefe der Einsatzschicht) S. 85 besprochen wurden. Um eine weitere Erhöhung der Härtefähigkeit, die einer Verringerung der kritischen Abkühlungsgeschwindigkeit gleichkommt, zu erzielen, ist man gezwungen, den Eisen-Kohlenstoff-Legierungen Zusätze an Legierungselementen zu geben, da man gefunden hat, daß eine große Anzahl Elemente geeignet ist, die kritische Abkühlungsgeschwindigkeit wesentlich zu verringern.

Der Einfluß der Legierungselemente auf die Härtefähigkeit und die sonstigen Eigenschaften von Eisenlegierungen ist außerordentlich mannigfaltig, und es hat daher nie an Versuchen gefehlt, eine gewisse Systematik über ihre Wirkung im Eisen einzuführen.

Bereits Osmond[1] hat im Jahre 1890 versucht, einen Zusammenhang in der Einwirkung von verschiedenen Zusätzen auf die Umwandlungen von Eisen zu finden, mit dem Ergebnis, daß die A_3-Umwandlung beschleunigt bzw. verzögert oder mehr oder weniger vollkommen unterdrückt wird, je nachdem, ob das Atomvolumen des Zusatzelementes größer oder kleiner als das des Eisens ist.

Erst vor kurzer Zeit hat Wever[2] nochmals in übersichtlicher Form die Beziehungen zwischen der Stellung der Elemente im periodischen System und ihrer verschiedenen Einwirkung auf die α/γ-Umwandlung zusammengestellt. Bezüglich der Beeinflussung des γ-Gebietes kann man prinzipiell zwei große Gruppen mit je einer Untergruppe unterscheiden.

1. Gruppe: Legierungen des Eisens mit erweitertem γ-Gebiet.

Die erste Gruppe umfaßt diejenigen Elemente, die beim Hinzutreten zum Eisen die Neigung aufweisen, das γ-Gebiet zu vergrößern, d. h. den A_3-Punkt herab- und den A_4-Punkt heraufzusetzen. Die Linien der A_4- und A_3-Umwandlung streben auseinander. Ein derartiges Beispiel zeigt die Abb. 119. Man wird hierbei noch unterscheiden müssen, ob das erweiterte γ-Gebiet in ein unbeschränktes homogenes Mischkristallgebiet ausläuft, oder ob es durch Aus-

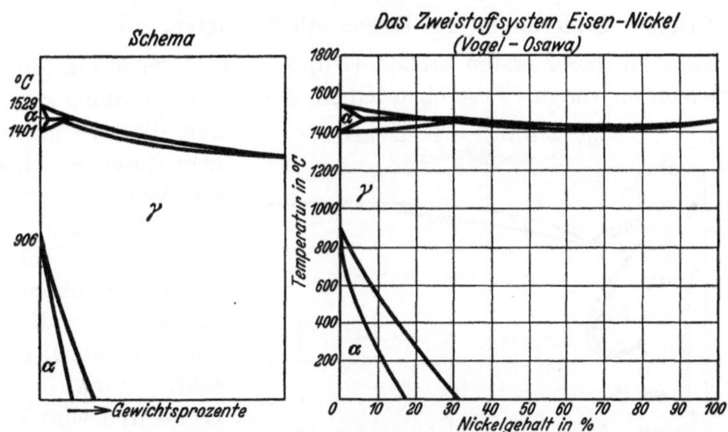

Abb. 119. Typus eines Zustandsdiagrammes mit Erniedrigung des A_3-Punktes bis auf die Konzentrationsachse und Ansteigen der A_4-Umwandlung bis zum Einlaufen in die Schmelzlinie. [Nach Wever: Arch. Eisenhütten-wes. 2. Jg. (1929) S. 743.]

Elemente dieses Typus: Nickel, Kobalt, Ruthenium, Rhodium, Palladium, Osmium, Iridium, Platin, Mangan.

scheiden von Fremdphasen begrenzt wird (Abb. 120). Hieraus ergibt sich die Unterteilung der ersten Hauptgruppe wie folgt:

    a) Unbeschränkte Bildung von homogenen Mischkristallen.

    b) Begrenzung durch ein heterogenes Gebiet.

Zu den Elementen mit erweitertem γ-Gebiet und unbeschränkter Misch-

---

[1] C. R. Acad. Sci., Paris Bd. 110 (1890) S. 346.

[2] Arch. Eisenhüttenwes. Bd. 2 (1928/29) S. 739.

kristallbildung gehören: Nickel, Mangan, Kobalt, Ruthenium, Rhodium, Palladium, Osmium, Iridium, Platin.

Gleichgewichtsdiagramme mit erweitertem γ-Gebiet und Begrenzung durch Fremdphasen ergeben die Elemente: Kohlenstoff, Stickstoff, Kupfer, Zink, Gold.

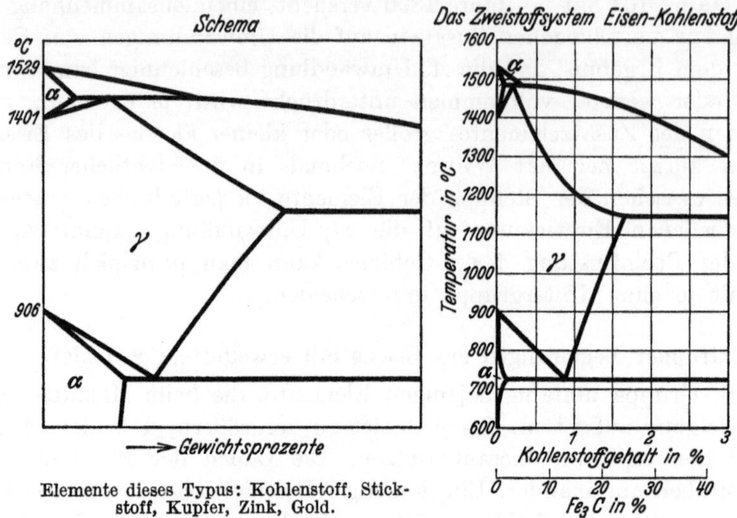

Elemente dieses Typus: Kohlenstoff, Stickstoff, Kupfer, Zink, Gold.

Abb. 120. Typus eines Gleichgewichtsdiagrammes mit auseinanderstrebenden Umwandlungslinien, die an den Grenzen heterogener Gebiete enden. [Nach Wever: Arch. Eisenhüttenwes. 2. Jg. (1929) S. 743.]

2. Gruppe: Legierungen des Eisens mit verengtem γ-Gebiet.

Im Gegensatz zu dieser ersten großen Gruppe gibt es wiederum eine ganze Reihe von Elementen, die das Bestreben haben, die A_3 Umwandlung zu erhöhen und die A_4-Umwandlung herabzusetzen, d. h. das γ-Gebiet zu verengen. Diese Verengung des γ-Feldes führt schließlich zu einem vollkommen geschlossenen γ-Feld, wie dies aus Abb. 121 hervorgeht. Auch bei diesen Elementen wird man unterscheiden müssen zwischen denjenigen binären Systemen, bei denen das γ-Feld durch homogene Mischkristallbildung bzw. durch heterogene Ausscheidungen (Abb. 122) begrenzt wird. Hieraus

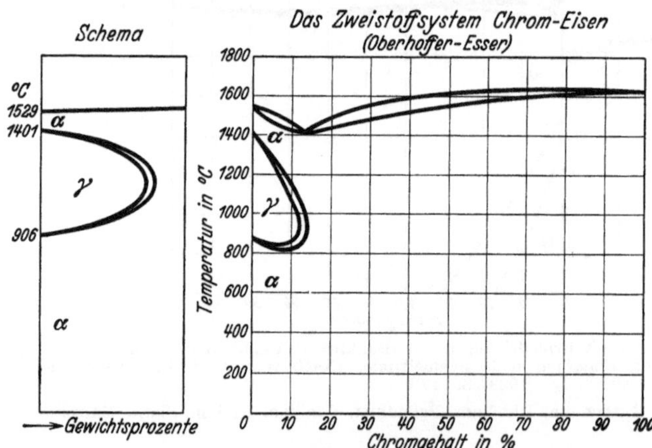

Abb. 121. Typus eines geschlossenen γ-Feldes mit Zusammenlaufen der A_4- und A_3-Umwandlung. [Nach Wever: Arch. Eisenhüttenwes. 2. Jg. (1929) S. 743.]
Elemente dieses Typus: Beryllium, Aluminium, Silizium, Phosphor, Titan, Vanadium, Chrom (Germanium), Arsen, Niobium, Molybdän, Zinn, Antimon, Tantal, Wolfram.

ergibt sich die Unterteilung der zweiten großen Gruppe wie folgt:

    a) Vollständig geschlossenes γ-Feld mit rückläufiger Gleichgewichtslinie.

    b) Verengtes γ-Feld, Begrenzung durch heterogene Gebiete.

Zu der Gruppe a) mit geschlossenem γ-Feld gehören die Elemente: Beryllium, Aluminium, Silizium, Phosphor, Titan, Vanadium, Chrom (Germanium), Arsen, Niobium, Molybdän, Zinn, Antimon, Tantal, Wolfram. Zu der Gruppe b) gehören die Elemente: Bor, Zirkon, Cer.

Es liegt nahe, die Ursache für das verschiedenartige Verhalten der Legierungselemente in ihrem Kristallaufbau zu vermuten. In der Tat gehört der überwiegende Teil der mit dem γ-Eisen isomorphen Elemente der Gruppe 1a und b an, die mit dem α-Eisen isomorphen, im Eisen löslichen Elemente ausnahmslos der Gruppe 2a. Bei näherer Kritik vermag diese Erklärung doch nur in Fällen mit vollkommener Mischbarkeit zu befriedigen; vor allem versagt sie vollkommen bei einer großen Anzahl von Elementen, die mit keiner der beiden Eisenmodifikationen isomorph sind.

In Anlehnung an die obenerwähnten Ausführungen von Osmond kommt auch Wever zu dem Schluß, daß sich eine weitgehende Beziehung zwischen den verschiedenen Typen der Eisenlegierungen und dem Atomvolumen entwickeln läßt. Im Gegensatz zu Osmond mißt er aber nicht dem Atomvolumen bzw. Atomradius eine absolute Bedeutung bei, sondern weist vielmehr auf den Zusammenhang zwischen Atomradius und Stellung im periodischen System hin. In Abb. 123 ist in Abhängigkeit vom Atomradius und der Ordnungszahl im periodischen System die Wirkung der einzelnen Elemente auf die entsprechenden Eisenlegierungen im vorgenannten Sinne eingetragen. Wie aus dieser Abbildung hervorgeht, zeigen alle Elemente mit kleinstem Atomradius im Anstieg der Perioden Mischkristallbildung mit

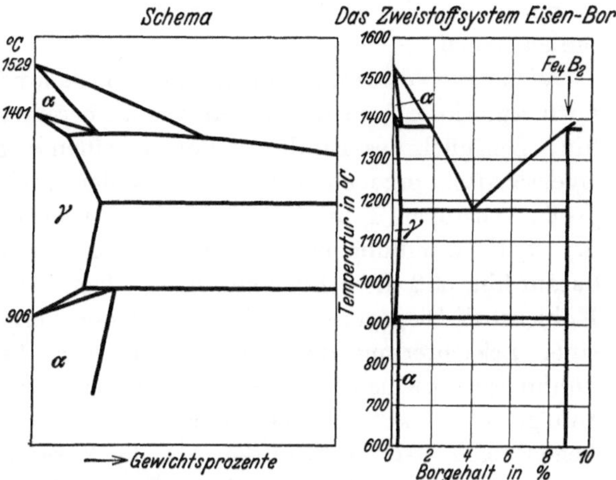

Abb. 122. Typus eines Zustandsdiagrammes mit verengtem γ-Feld. [Nach Wever: Arch. Eisenhuttenwes. 2. Jg. (1929) S. 744.] Elemente dieses Typus: Bor, Zirkon, Cer, wahrscheinlich Schwefel.

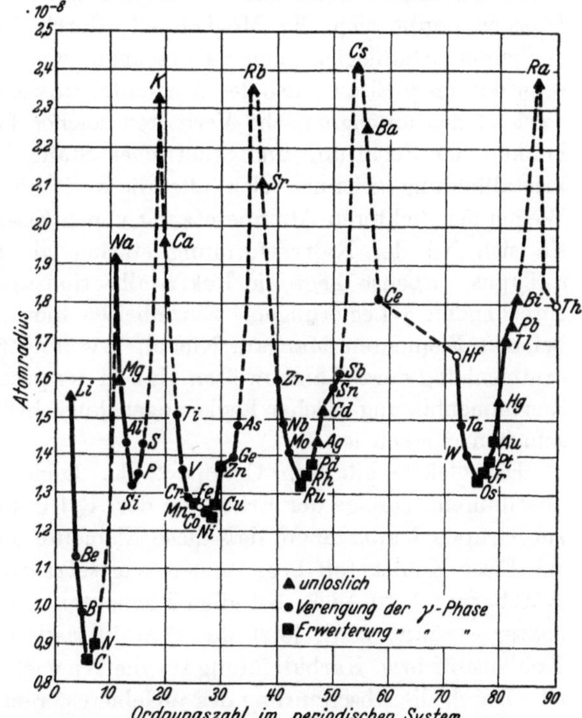

Abb. 123. Typen der verschiedenen Eisenlegierungen in Beziehung zu den Atomradien. [Nach Wever: Arch. Eisenhüttenwes. 2. Jg. (1929) S. 745.]

erweitertem γ-Gebiet, die mit größerem Atomradius, insbesondere auf dem abfallenden Ast der einzelnen Periode hingegen eine Verengung der γ-Phase. Vollkommen unlöslich sind vor allem diejenigen Elemente, die die größten Atomradien haben.

Wenn auch diese Zusammenhänge mit dem periodischen System der Elemente
noch etwas loser Art sind, deuten sie doch bereits auf gesetzmäßige Verknüpfungen
hin. Bezüglich des Einflusses der einzelnen Legierungselemente auf die Stahleigenschaften ergeben sich aber aus der Unterteilung in die obengenannten
großen Gruppen 1 und 2 schon einige wichtige Hinweise. Die Herabsetzung
der A_3-Umwandlung bei allen Elementen, die der Gruppe 1 angehören, deutet
darauf hin, daß diese Elemente nach allem, was bei der Besprechung des Eisen-
Kohlenstoff-Diagramms und der Härtungsvorgänge hervorgehoben wurde, zu
einer Erleichterung der Härtbarkeit, d. h. Verringerung der kritischen Abkühlungsgeschwindigkeit und Erhöhung der Durchhärtung führen müssen.
Infolge des starken Absinkens der Umwandlung wird auch das Ausglühen solcher
Legierungen erschwert werden, da die Zusammenballung der Karbide um so
günstiger und schneller vor sich geht, je höher die Glühtemperatur (unterhalb
der Umwandlung) gewählt werden kann. Wie aus den oben gewählten Beispielen
ferner hervorgeht, kann das γ-Gebiet bis zur Raumtemperatur erweitert werden.
Hieraus ergibt sich die Möglichkeit, durch Zusatz von solchen Legierungselementen Stahllegierungen zu erzeugen, die bei Raumtemperatur alle Eigenschaften des γ-Eisens, also des Austenits, aufweisen. An erster Stelle erwähnenswert ist das unmagnetische Verhalten solcher Legierungen und damit die Möglichkeit der Schaffung unmagnetischer Stähle. Infolge der homogenen Mischkristallbildung zeichnen sich alle diese Stähle durch hohe Dehnbarkeit aus.
Wegen der dichteren Atombesetzung von γ-Eisen gegenüber α-Eisen verfestigen
sie sich bei der Kaltverformung stärker als entsprechende Legierungen des
α-Typus. Ebenso liegt die Rekristallisationstemperatur höher als die der entsprechenden α-Legierungen. Einzelheiten hierüber werden später, insbesondere
bei den Elementen Mangan, Nickel, usw. angeführt. Es genügt, in diesem Zusammenhang darauf hinzuweisen, daß in der geschilderten Art eine gruppenweise
Zusammenfassung solcher Legierungen hinsichtlich ihrer zu erwartenden Eigenschaften möglich ist.

Das gleiche gilt von Gruppe 2 der Legierungselemente, die das γ-Gebiet
abschnüren. Infolge der Erhöhung der A_3-Umwandlung müßte man in Analogie
zur Gruppe 1 annehmen, daß diese Elemente die Härtbarkeit verringern, wenn
sie Eisen-Kohlenstoff-Legierungen zugesetzt werden. Diese Verringerung der
Härtbarkeit kann nicht bei allen Elementen nachgewiesen werden, da, wie noch
später erwähnt wird, jetzt der charakteristische Einfluß dieser Elemente auf
Kohlenstoff bzw. Karbidbildung für die Wärmebehandlungsfähigkeit von Einfluß
ist. Durch die Abschnürung des γ-Gebietes ergeben sich innerhalb dieser Gruppe
von Elementen aber ebenfalls charakteristische Unterteilungen.

Man kann prinzipiell je nach dem Legierungsgehalt unterscheiden zwischen
solchen Stählen, die die γ-Umwandlung erleiden, also bei Raumtemperatur
aus Umwandlungsgefüge bestehen, und solchen, die vom Schmelzpunkt bis
Raumtemperatur keine Umwandlung mehr durchlaufen, also ihr ferritisches
Erstarrungsgefüge beibehalten. Da das γ-Gebiet, wie bereits in Abb. 121 an-

gedeutet, durch ein heterogenes Gebiet von gewisser Ausdehnung begrenzt ist, innerhalb dessen γ- und α-Mischkristalle im Gleichgewicht stehen, werden Legierungen, die ihrer Zusammensetzung nach gerade in dieses Gebiet fallen, zur Hälfte ferritisch sein und zur anderen Hälfte Umwandlungsgefüge zeigen. Die ferritischen Legierungen weisen charakteristisches Verhalten bezüglich Formänderungswiderstand, Rekristallisationsfähigkeit usw. auf. Die Kaltbildsamkeit ist gegenüber den austenitischen Legierungen meist geringer, ihre Verfestigungsfähigkeit ist kleiner, ihr Rekristallisationsbestreben größer. Aus diesem Grunde neigen diese Legierungen zur grobkörnigen Rekristallisation. Näheres ergibt sich bei der Besprechung der Elemente Chrom, Silizium usw. Wie aus diesen kurzen Andeutungen hervorgeht, kommt also der Unterteilung der Legierungselemente in zwei große Untergruppen eine mehr als rein theoretische Bedeutung zu.

3. Gruppe: Legierungen des Eisens mit „karbidbildenden" Elementen.

Wenn nun schon das charakteristische Verhalten der einzelnen Legierungselemente zu Eisen zu einer derartigen Unterteilung und Eigenschaftsgliederung von Stahllegierungen führen kann, so ist es selbstverständlich, daß die Einwirkung der Legierungselemente auf Eisen-Kohlenstoff-Legierungen nicht nur von dem Einfluß des betreffenden Legierungselementes auf das Eisen, sondern auch auf den Kohlenstoff abhängig sein muß. Aus dieser Beziehung der einzelnen Legierungselemente zum Kohlenstoff ergibt sich daher eine dritte große Gruppe von Elementen, die ebenfalls besondere Eigenschaftsveränderungen in Eisen-Kohlenstoff-Legierungen hervorrufen; sie umfaßt die sog. karbidbildenden Elemente.

Diese Elemente zeichnen sich, wie aus dem Namen hervorgeht, dadurch aus, daß sie, in größeren Mengen zu Eisen-Kohlenstoff-Legierungen zugesetzt, mit Kohlenstoff besonders stabile Karbidverbindungen bilden. Zu ihnen gehören als bekannteste Elemente: Chrom, Wolfram, Molybdän, Vanadium, Titan, Zirkon, Tantal, Niob, Uran. Charakteristisch für diese Elemente ist schon die Tatsache, daß sie alle zur vorerwähnten großen Gruppe 2 gehören, die in Eisenlegierungen das γ-Gebiet abschnüren. In der Abb. 123, in der die Gesetzmäßigkeiten bezüglich der Eingliederung der einzelnen Elemente in die einzelnen Gruppen des periodischen Systems gezeigt werden, befinden sich die karbidbildenden alle auf dem absteigenden Ast der entsprechenden Periode bei verhältnismäßig kleinen Atomradien. Erwähnenswert ist nun, daß bei den einzelnen Kurven die Stabilität der betreffenden Karbide mit zunehmendem Atomvolumen zunimmt. Als Beispiel kann gelten das Verhalten der Elemente Chrom, Vanadium und Titan in der 3. Periode. Chrom neigt noch sehr stark zur Mischkarbidbildung mit Eisenkarbid. Bei Vanadium tritt bereits bei geringem V-Zusatz ein sehr stabiles Vanadinkarbid auf, das keine oder jedenfalls eine erheblich geringere Löslichkeit als die entsprechenden Chromkarbide besitzt. In verstärktem Maße gilt dies noch für Titan gegenüber Vanadin und Chrom.

Das gleiche gilt in der nächsten Gruppe für Molybdän, Niobium und Zirkon, sowie für die weitere Gruppe hinsichtlich Wolfram und Tantal. Kennzeichnende gemeinsame Eigenschaften zeigen diese Elemente bei gleichzeitiger Anwesenheit von Kohlenstoff, und zwar bei der Wärmebehandlung, d. h. beim Härten und Anlassen.

Bereits bei der Besprechung des Eisen-Kohlenstoff-Diagramms wurden zwei Möglichkeiten, die zu Härtungserscheinungen führen können, angeführt, nämlich die Umwandlungshärtung, die zur Martensitbildung führt, und die Ausscheidungshärtung, die beim Abschrecken unterhalb A_1 wegen der mit fallender Temperatur abnehmenden Löslichkeit für Kohlenstoff im α-Eisen erfolgt. Die Sonderkarbide zeichnen sich im allgemeinen durch ein trägeres Verhalten gegenüber dem Eisenkarbid aus, d. h. sie gehen beim Erwärmen ins Austenitgebiet schwerer in Lösung, scheiden sich aber auch aus dem Martensit erschwert wieder aus. Sie ergeben daher in einem gewissen Sinne eine Kombination von Umwandlungshärtung und Ausscheidungshärtung. Durch ihr trägeres Ausscheidungsbestreben erhöhen sie, wenn sie einmal im Austenit gelöst sind, beim Abschrecken die Härtefähigkeit und verringern die kritische Abkühlungsgeschwindigkeit. Gleichzeitig erhöhen sie die Anlaßbeständigkeit des Martensits infolge ihrer beim Anlassen erst bei höheren Temperaturen erfolgenden Ausscheidung. Dementsprechend sind also sonderkarbidhaltige Stähle als anlaßbeständige Stähle zu bezeichnen.

4. Gruppe: Ausscheidungshärtende Legierungen.

Letzten Endes könnte man noch eine 4. Gruppe legierter Sonderstähle erwähnen, und zwar diejenige reiner ausscheidungshärtender Legierungen. Diese Gruppe ergibt sich weniger aus einer systematischen Ableitung aus dem periodischen System, als vielmehr aus der Gleichartigkeit der binären oder ternären Konstitutionsdiagramme und aus der großen Ähnlichkeit in der Art der Veränderung ihrer Eigenschaften bei der Wärmebehandlung. Die ausscheidungshärtenden Sonderstähle sind meist kohlenstofffreie Legierungen und verdanken ihre Eigenschaften also nicht den Härtungsvorgängen, wie sie bei dem System Eisen-Kohlenstoff auftreten. Es bilden vielmehr die betreffenden Legierungselemente, wie z. B. Wolfram, Molybdän, Titan, Beryllium usw., Systeme mit dem Eisen, in denen die Löslichkeit für intermetallische Verbindungen im Mischkristall mit fallender Temperatur abnimmt und dadurch die Möglichkeit zu Übersättigungen und Ausscheidungshärtungen ergibt. Wenn auch das Verhalten dieser ausscheidungshärtenden Elemente weitestgehend von der Art der Löslichkeitslinie und der Ausbildung des binären, oder bei mehrfach legierten Stählen des ternären Diagramms[1] abhängig ist und somit die Art der Behandlung sowie die erzielbaren Eigenschaftsveränderungen verschieden sind, ergeben sich dennoch

---

[1] Wie Köster u. Tonn zeigten [Arch. Eisenhüttenwes. 7. Jg. (1933) S. 193], ergeben sich auch bei ternären Systemen des Eisens systematische Zusammenhänge, die von den jeweiligen Zweistoffsystemen, aus denen das ternäre System gebildet wird, abhängig sind. So ergeben sich bestimmte Typen, wenn 1. ein binäres System Eisen-Legierungselement mit erweitertem γ-Gebiet mit einem gleichen binären System zum Dreistoffsystem zusammentritt, oder wenn 2. ein zur Erweiterung des γ-Gebietes neigendes System mit einem System mit abgeschnürtem γ-Feld, oder 3. zwei Systeme mit abgeschnürtem γ-Feld ein Dreistoffsystem bilden. Hinzu kommt noch, ob Mischkristallbildung vorliegt oder ob das eine oder beide Systeme heterogene Ausscheidungen aufweisen usw.

Von Bedeutung ist, daß beim Zusammentritt eines Systems mit offenem und eines mit geschlossenem γ-Gebiet zwischen den Bereichen der α- und γ-Mischkristalle Mischungslücken auftreten. Nimmt der Konzentrationsbereich der Mischungslücke von Raumtemperatur mit steigender Temperatur ab, so ergeben sich ebenfalls Ausscheidungshärtungsmöglichkeiten, wobei die sich ausscheidende Phase z. B. der γ-Mischkristall im α-Mischkristall sein kann. Siehe auch Ni-Al-Fe-Legierungen im Abschnitt Aluminium.

eine große Menge von gruppenmäßig zu erfassenden Eigenschaftsveränderungen. Bereits bei den Temperaturen, bei denen die Ausscheidungen verlaufen, finden sich gewisse Gesetzmäßigkeiten. Ausscheidungen aus dem γ-Mischkristall erfolgen bei höheren Temperaturen als aus dem α-Mischkristall. Die Ausscheidungstemperatur liegt um so höher, je höher die Temperatur ist, bei der die betreffende Phase in Lösung geht (Zahlentafel 23). Gleichzeitig scheinen auch die Ausscheidungen aus Einlagerungsmischkristallen schneller zu erfolgen als aus Substitutionsmischkristallen (s. Scheil[2]). (Substitutionsmischkristalle sind Mischkristalle, bei denen ein Atom des Grundmetalls im Gitteraufbau durch ein Fremdatom ersetzt ist. Bei Einlagerungsmischkristallen tritt das Fremdatom in den größten vorhandenen Zwischenraum des Gitters ein, ohne die Grundatome aus ihrer Lage zu verdrängen.) Bezüglich der Eigenschaftsveränderungen bei Ausscheidungsvorgängen ergibt sich bei den betreffenden Eisenlegierungen eine weitgehende Analogie. Ähnlich wie die Veränderungen der Härte, der Koerzitivkraft, der Leitfähigkeit beim Inlösunggehen und Ausscheiden des Eisenkarbids im α-Eisen vor sich gehen, verlaufen nahezu alle Ausscheidungsvorgänge mit gleichartigen Änderungen. Eine Zusammenfassung dieser Elemente in eine besondere Gruppe erscheint somit als angebracht. Es dürfte noch verfrüht sein, eine vollständige Aufzählung aller Elemente vorzunehmen, da die Erforschung dieses Gebietes noch nicht als restlos abgeschlossen gelten kann.

Es wird Sache der modernen Forschung sein, noch weitere derartige systematische Zusammenhänge zwischen einzelnen Gruppen von Elementen zu suchen, da diese Zusammenfassung unter größeren Gesichtspunkten wesentlich den Überblick über das komplizierte Gebiet der Sonderstähle der Legierung erleichtert.

Zahlentafel 23. Zusammenhang zwischen Ablöschtemperatur und Ausscheidungstemperatur bei verschiedenen durch Ausscheidung härtenden Systemen nach Houdremont, Bennek und Schrader[1].

System	Ablöschtemperatur °C	Ausscheidungstemperatur °C
Duralumin	$\infty 500$	20
Eisen-Stickstoff	500—600	20—150
Eisen-Kohlenstoff	680	50—150 (sehr langsam bei Raumtemperatur)
Eisen-Beryllium Eisen-Titan	1000—1200	etwa 450—600
Eisen-Wolfram (ähnlich Eisen-Molybdän)	1300—1400	700—900

B. Manganstähle.

1. Allgemeines.

a) Das System Eisen-Mangan.

Wie aus Abb. 124 hervorgeht, die das System Eisen-Mangan auf Grund von Untersuchungen von Rümelin und Fick, sowie Röntgenuntersuchungen von Oehman darstellt, bildet das Eisen mit dem Mangan unmittelbar nach der Erstarrung eine lückenlose Reihe von Mischkristallen. Das Mangan kommt in

---

[1] Arch. Eisenhüttenwes. 6. Jg. (1932) S. 25.
[2] Z. anorg. allg. Chem. Bd. 211 (1933) S. 249.

drei verschiedenen Modifikationen, dem α-, β- und γ-Mangan, vor. Alle Modifikationen zeigen ein gewisses Lösungsvermögen für Eisen. Eine unterbrochene Reihe von Mischkristallen besteht wahrscheinlich nur bei hoher Temperatur zwischen γ-Mangan und γ-Eisen.

Da bei den Sonderstählen Mangangehalte von wesentlich mehr als 20% praktisch nicht angewandt werden, interessiert in diesem Rahmen nur die eisenreiche Seite des Systems Eisen-Mangan. Wie aus dem Zustandsschaubild hervorgeht, erfährt die A_4-Umwandlung eine Erhöhung, die A_3-Umwandlung eine Erniedrigung mit steigendem Mangangehalt. Mangan gehört also zu den Elementen, die das γ-Gebiet bei vollkommener Mischkristallbildung erweitern. Die praktisch wichtigste Tatsache ist die Erniedrigung des A_3-Punktes, die nach den übereinstimmenden Angaben aller Forscher sehr bedeutend ist. Gegenüber früheren thermischen Untersuchungen von Dejean[1] sowie Esser und Oberhoffer[2], die bereits bei 14—17% Mangan eine Erniedrigung des A_3-Punktes bis auf Raumtemperatur feststellten, verschiebt sich die Linie der Erniedrigung nach den Röntgenuntersuchungen von Oehman zu höheren Mangangehalten.

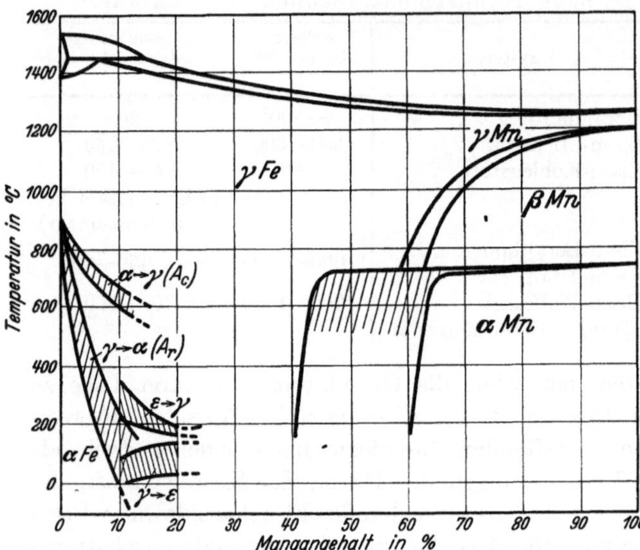

Abb. 124. Zustandsdiagramm Eisen-Mangan aufgestellt von Krivobok u. Wells [Trans. Amer. Soc. Stl. Treat. Bd. 21 (1933) S. 809] nach Angaben von Rumelin u. Fick [Ferrum Bd. 12 (1915) S. 43], Oehman [Z. physik. Chem. Bd. 8 (1930) S. 97] und Walters (Unveröffentlichte Untersuchung).

Allerdings konnte sie nur bis zu etwa 500° verfolgt werden. Die unterschiedlichen Werte dürften darauf zurückzuführen sein, daß bereits geringe Mengen Kohlenstoff eine wesentliche Veränderung in der Lage der A_3-Umwandlung hervorrufen können und die sich bei den einzelnen Forschern ergebenden Unterschiede vielleicht auf geringe Unterschiede im Kohlenstoffgehalt zurückzuführen sind. Ebenso sind die Untersuchungsmethoden der verschiedenen Forscher verschieden (Röntgenuntersuchung, Haltepunktsbestimmungen, magnetische Messungen usw.).

Am unklarsten war lange Zeit der Verlauf der Umwandlungen zwischen 12 und 30% Mangan. Nach den Untersuchungen von Schmid[3] tritt in diesem Bereich der Mangan-Eisen-Legierungen noch ein hexagonaler ε-Mischkristall auf, wie dies in Abb. 124 angedeutet ist. Die Umwandlung des austenitischen γ-Mischkristalls erfolgt bei dieser Linie in den ε-Mischkristall. Legierungen mit 20%

[1] C. R. Acad. Sci., Paris Bd. 171 (1920) S. 719.
[2] Werkstoffausschußbericht Nr. 69 (1925) Ver. d. Eisenhüttenleute.
[3] Schmid: Arch. Eisenhüttenwes. 3. Jg. (1929/30) S. 293—300.

Mangan wandeln sich insbesondere nach vorhergehender Kaltbearbeitung nahezu zu 100% in ε-Mischkristalle um[1]. Die ε-Kristallart hat ein kleineres Volumen als der γ-Mischkristall. Es ist noch nicht restlos geklärt, ob der ε-Mischkristall als stabile Phase oder, wie Oehman annimmt, als Übergangsgefüge zwischen α- und γ-Phase anzusprechen ist. Genau so, wie man den Übergang des Austenits zum α-Eisen bei schneller Abkühlung über ein tetragonales Gitter sichergestellt hat, kann man erwarten, daß bei so gehemmten Umwandlungsbedingungen, wie sie in dem System Eisen-Mangan auftreten, der Übergang vom flächenzentrierten γ- zum raumzentrierten α-Eisen über ein Zwischengitter erfolgen muß. Es würde bei diesen Mangan-Eisen-Legierungen der Übergang vom kubisch-flächenzentrierten Austenit über ein hexagonales Gitter zum tetragonalen und dann zum kubischen Martensit erfolgen. Wenn sich die Annahme bestätigt, so wäre das ein Schulbeispiel dafür, daß der Übergang von einer Gitterart zur anderen allmählich vor sich gehen muß. Da die ε-Phase ebenfalls unmagnetisch ist, sind die Unklarheiten über den Existenzbereich der γ-Phase erklärlich. Aus diesen Arbeiten sowie denen von Bain[2] und Linden[3] geht hervor, daß die Stabilisierung des γ-Kristalls bei Raumtemperatur erst bei etwa 30% Mn erreicht wird.

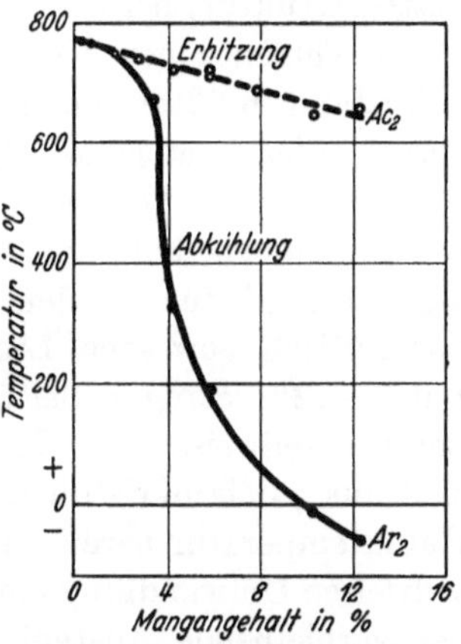

Abb. 125. Magnetische Umwandlung von Manganstahlen. (Nach Gumlich: Wiss. Abh. physik.-techn. Reichsanst. 1918 S. 271.)

Besonders hervorzuheben ist die starke Hysteresis der α/γ-Umwandlung bei der Erwärmung und bei der Abkühlung (Ac und Ar). In Abb. 124 sind daher beide Umwandlungen getrennt eingezeichnet. Abb. 125 zeigt den Einfluß von Mangan auf die Lage der magnetischen Umwandlung bei der Abkühlung und der Erwärmung. Hierbei ist die magnetische Umwandlung bei höheren Mangangehalten identisch mit der A_3-Umwandlung γ/α bzw. $\gamma/\varepsilon/\alpha$. Die starke Hysteresis weist auf die starke Unterkühlbarkeit und behinderte Umwandlungsfähigkeit der Mangan-Eisen-Legierungen hin.

Während vielfach die Ansicht vertreten wird, daß der Übergang vom γ-Mischkristall in den α-Mischkristall ohne Konzentrationsänderung erfolgt, d. h. die sich bildende α-Phase denselben Mangangehalt aufweist wie die γ-Phase, aus der sie entsteht, spricht vieles dafür, daß der Übergang mit Konzentrationsänderung vor sich geht, d. h. daß zwischen beiden Phasenbereichen eine Mischungslücke besteht, wie es die schraffierten Flächen in Abb. 124 links unten andeuten. Das heterogene Gebiet, das den Existenzbereich der γ-Phase von dem der α-Phase trennt, ist dahin zu deuten, daß bei der Umwandlung von γ- in α-Mischkristall der sich ausscheidende α-Mischkristall manganärmer als der γ-Mischkristall ist. Beim Eintreten der Umwandlung bei der Abkühlung aus dem γ-Gebiet reichern sich infolge der Ausscheidung manganärmerer α-Mischkristalle die verbleibenden γ-Mischkristalle an Mangan an. Infolge dieser Mangananreicherung verläuft die Reaktion außerordentlich träge, da die weitere

---

[1] Krivobok, Wells, Walters, Eckel: Amer. Soc. St. Treating 1933, Transact. S. 807ff.
[2] Bain: Chem. metallurg. Engng. Bd. 28 (1923) S. 21.
[3] Linden: Dissertation Aachen 1932.

Zersetzung der nun manganreicheren γ-Mischkristalle erst bei tieferen Temperaturen erfolgen kann. Bei tieferen Temperaturen wird aber der Diffusionsausgleich wie bekannt immer schwieriger und muß somit längere Zeiten erfordern. Hierin dürfte die Erklärung für den außerordentlich trägen Umwandlungsverlauf bei Manganstählen (s. a. später) zu suchen sein.

In Übereinstimmung mit der Auffassung einer Konzentrationsänderung beim Übergang in den α-Zustand fand Krivobok[1] beim Studium reinster Eisen-Mangan-Legierungen folgendes: Legierungen mit 1,4% Mangan weisen im abgekühlten umgewandelten α-Zustand im Schliffbild eine reine Mischkristallstruktur, wie z. B. reiner Ferrit, auf. Bei etwa 2—4,5% Mangan beobachtet man ein heterogenes Gefüge, das bei schnellerer Abkühlung eine Art Widmannstättenstruktur, bei langsamerer Abkühlung eine mehr globulare Form aufweist. Beim Fehlen einer Konzentrationsänderung beim Übergang vom γ- in den α-Zustand müßten auch diese Legierungen ein dem Ferritmischkristall entsprechendes homogenes Bild aufweisen.

Ein weiterer Umstand spricht für Entmischungserscheinungen. Wie bereits hervorgehoben, tritt der ε-Mischkristall bei Legierungen mit über 12% Mangan auf. Dies gilt für vor dem Abkühlen in das Gebiet der ε-Umwandlung homogen austenitisch gewesene Legierungen (γ-Phase). Glüht man indes Legierungen mit 7—12% Mangan bei 500—600° einige Zeit, so daß sie sich bei dieser Temperatur teilweise zu α-Mischkristallen umwandeln, also zum Teil aus α-, zum Teil aus γ-Mischkristallen bestehen, so tritt auch hier bei der Abkühlung auf Raumtemperatur bereits die ε-Phase auf. Man kann also annehmen, daß bei der teilweisen Umwandlung einer Legierung mit z. B. 8% Mangan in α-Mischkristalle der verbleibende Austenit auf über 12% Mangan angereichert worden ist.

Es bleibt noch zu erwähnen, daß der Übergang von der γ- zur ε-Phase und umgekehrt mit geringerer Hysteresis erfolgt, als dies bei der γ-α-Umwandlung der Fall ist. Bei einer Legierung mit 13% Mangan erfolgt die γ-ε-Umwandlung (Abkühlung) bei 150°, die ε-γ-Umwandlung (Erwärmung) bei 250°, also mit einer Hysteresis von 100°, während Legierungen mit 12% Mn zwischen der γ-α-Umwandlung beim Erwärmen und Abkühlen eine Hysteresis von etwa 500° aufweisen.

b) Kohlenstoffhaltige Eisen-Mangan-Legierungen.

Das ternäre Eisen-Mangan-Kohlenstoff-System ist noch nicht genau erforscht. Nach Untersuchungen von Stadeler[2] bildet das Mangan mit Kohlenstoff ein Karbid Mn_3C. Wie aus dem Zustandsdiagramm (Abb. 126) Mangan-Kohlenstoff hervorgeht, bildet Mangan mit seinem eigenen Karbid eine lückenlose Reihe von Mischkristallen. Hieraus ergibt sich, daß Mangan ein ausgesprochenes **Lösungsvermögen für Kohlenstoff** besitzt. Bei tieferen Temperaturen soll sich eine Mischungslücke entsprechend der Linie $DEFG$ ausbilden, doch dürften die Verhältnisse hier noch nicht vollkommen klarliegen. Aus dem Umstand, daß Mangan ein eigenes Karbid Mn_3C bildet, könnte man auch dieses Element zu den sog. karbidbildenden Elementen zählen. Infolge der großen Analogie zwischen dem Aufbau des Mn_3C mit dem Fe_3C kann zwischen dem Eisenkarbid und dem Mangankarbid weitestgehend ein Austausch von

---

[1] Heat Treat. Forg. Bd. 16 (1930) S. 1538.   [2] Stadeler: Met. Bd. 5 (1908) S. 260.

Eisen und Mangan erfolgen. Es steht somit nicht zu erwarten, daß in Mangan-Eisen-Kohlenstoff-Legierungen das Mangankarbid als Sonderkarbid eine Rolle in dem Sinne spielt, wie dies bei der systematischen Unterteilung der sonderkarbidhaltigen Stähle hervorgehoben wurde. Das Verhalten der Manganstähle bestätigt im großen und ganzen diese Angaben. Höchstens scheint Mangan eine verlangsamte Ausscheidung der Karbide zu begünstigen. Nach neueren Untersuchungen von Jacobson und Westgren[1] soll allerdings auch Mangan ähnlich wie Chrom Sonderkarbide bilden. Es fehlt aber noch ein Nachweis dieser Karbide in technischen Stählen und eine genauere Festlegung ihres Existenzbereiches im ternären System Mangan-Eisen-Kohlenstoff. Bevor diese Aufklärungsarbeiten durchgeführt sind, wird man sich über ihre Wirkung noch kein einwandfreies Bild machen können.

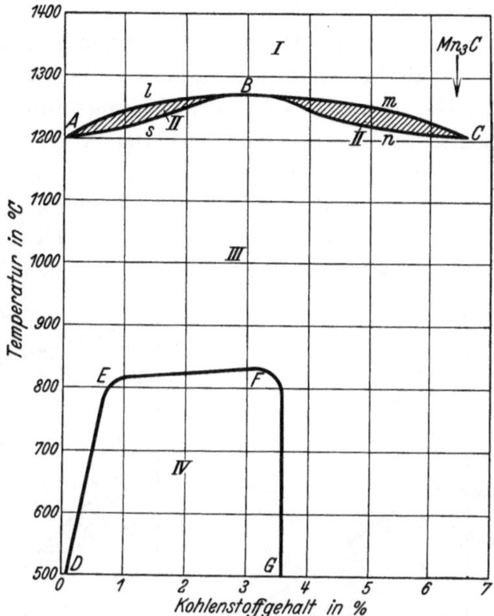

Abb. 126. Zustandsdiagramm Mangan-Kohlenstoff.
[Nach Stadeler: Met. Bd. 5 (1908) S. 260.]

Im ternären System Eisen-Kohlenstoff-Mangan erhöht Mangan, wie aus den Untersuchungen von Wüst und Goerens[2] hervorgeht, die Löslichkeitsgrenze für Kohlenstoff im γ-Eisen. Während bei reinen Kohlenstoffstählen die Löslichkeitsgrenze bei rund 1,7% C liegt, gelingt es bei 20% Mangan, bis zu 2% Kohlenstoff bei schroffer Abkühlung von 1150° im Austenit gelöst zu halten. Dasselbe zeigt später die Abb. 132 links oben, die für Abschrecktemperaturen von 1000° gilt. Bei dieser Temperatur beträgt die Löslichkeit im Eisen-Kohlenstoff-Diagramm etwa 1,4%, bei 20% Mangan-Eisen-Kohlenstoff-Legierung etwa 1,8% C. Dagegen verschiebt Mangan den Perlitpunkt nach tieferen C-Gehalten hin (Abb. 127), d. h. die Löslichkeit für Kohlenstoff am eutektoiden Punkt ist bei höheren Legierungsgehalten geringer. Man hat sich daher bei höheren Mangangehalten in den Schnitten des Dreistoffsystems Eisen-Kohlenstoff-Mangan die von der *ES*-Linie ausgehende Fläche der Karbidausscheidung weniger steil zu denken als im Zwei-stoffsystem Eisen-Kohlenstoff.

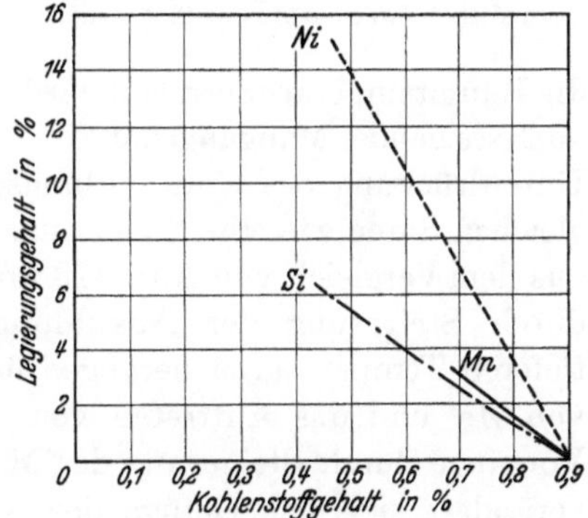

Abb. 127. Veränderung des zur Bildung perlitischen Gefüges erforderlichen C-Gehaltes durch die Legierungselemente Mn [nach P. Schafmeister u. R. Zoja: Arch. Eisenhuttenwes. 1. Jg. (1927/28) S. 510], Ni [nach N. H. Aall: Stahl u. Eisen 44. Jg. (1924) S. 258] und Si [nach K. Honda u. T. Murakami: J. Iron Steel Inst. Ref. Stahl u. Eisen 43. Jg. (1923) S. 1327].

---

[1] Jacobson u. Westgren: Z. physik. Chem. (B) Bd. 20 (1933) S. 361—367.
[2] Wüst u. Goerens: Met. Bd. 6 (1909) S. 3.

Karbide, die aus Legierungen mit 5—13% Mangan und 1% C isoliert wurden, zeigten nach Arnold und Read[1] einen Mangangehalt von 22% bei 7% C, so daß Karbidausscheidungen aus der festen Lösung mit einer Verarmung der Grundmasse an Mangan verbunden sein müssen.

Kritische Abkühlungsgeschwindigkeit. Der starke Einfluß von Mangan auf die Herabsetzung der Umwandlungspunkte (A_3) bei den binären Eisen-Mangan-Legierungen zeigt sich, wie aus Abb. 128 hervorgeht, auch bei den ternären kohlenstoffhaltigen Legierungen. Diese Abbildung zeigt die Lage der Umwandlungspunkte bei gleichbleibender Abkühlungsgeschwindigkeit in Abhängigkeit vom Mangangehalt für zwei verschiedene Kohlenstoffbereiche, 0,3—0,4% C sowie 0,7—1% C. Bei den Legierungen mit 0,3—0,4% C sinkt die Umwandlung Ar' mit steigendem Mangangehalt stetig ab, bis bei rund 4% Mn sprunghaft das Umwandlungsgebiet 1 (Ar') unterdrückt wird und nur mehr die Umwandlung Ar'' des Umwandlungsgebietes 2 bei entsprechend tieferen Temperaturen festgestellt werden kann. Weitere Steigerung des Mangangehaltes verschiebt die Lage der Ar''-Umwandlung zu sinkenden Temperaturen, bis bei etwa 12%

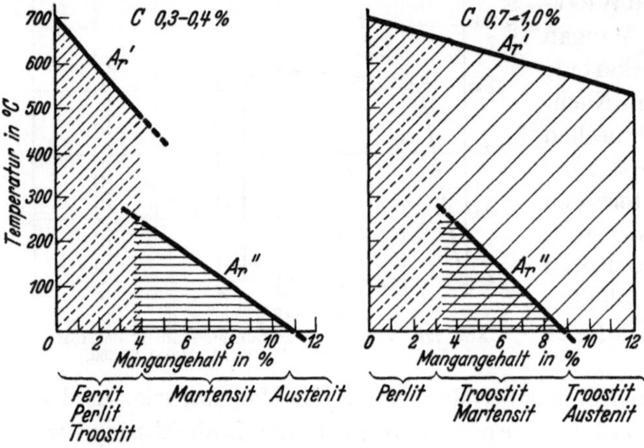

Abb. 128. Einfluß des Mangans auf den Ar_1-Punkt, Verdoppelung in Ar' und Ar''. [Nach Dejean: C. R. Acad. Sci., Paris 1917 S. 334.]

die Raumtemperatur erreicht wird. Ähnlich wie steigender Kohlenstoffgehalt setzt auch steigender Mangangehalt die Temperatur der Martensitbildung herab. Was die Unterdrückung des Umwandlungsgebietes 1 (Ar') anbelangt, wirkt Mangan im gleichen Sinne wie eine Steigerung der Abkühlungsgeschwindigkeit, was deutlich aus dem Vergleich von Abb. 128 und Abb. 14 zu ersehen ist. Wie gemäß Abb. 14 durch Steigerung der Abkühlungsgeschwindigkeit der Ar'-Punkt zu immer tieferen Temperaturen herabgedrückt wird, bis die sprunghafte Unterdrückung von Ar' und das Auftreten von Ar'' eintritt, erfolgen (s. Abb. 128) dieselben Vorgänge durch Steigerung des Mangangehaltes. Mit steigendem Mangangehalt verändert sich das Gefüge der Stähle von Perlit zu Sorbit, zu Troostit und schließlich zu Martensit und Austenit. Ebenso treten in beiden Abbildungen Ar' und Ar'' (Troostit neben Martensit) über einen gewissen Bereich gemeinsam auf. Mangan wirkt also im gleichen Sinne wie eine beschleunigte Abkühlung und verringert somit die kritische Abkühlungsgeschwindigkeit.

Interessant ist der Vergleich der höher gekohlten Reihe mit 0,7—1% C in Abb. 128 mit den tiefer gekohlten Stählen. Auffallend ist der größere Existenzbereich der Ar'-Umwandlung neben Ar'' bei dem höheren C-Gehalt. Die höhere

---

[1] Arnold u. Read: Iron Steel Inst. Bd. 1 (1910) S. 176.

Sättigung der festen Lösung an Kohlenstoff vor der Abkühlung bedingt einen höheren Druck der gelösten Phase in der festen Lösung und damit ein stärkeres Ausscheidungsbestreben für Kohlenstoff, d. h. Karbid. Das stärkere Ausscheidungsbestreben des Karbids bedingt eine höhere Lage des Ar'-Punktes und damit den weiteren Existenzbereich des Umwandlungsgebietes 1. Dies ist ein Schulbeispiel dafür, wie die A_1-Umwandlung in stärkstem Maße vom Ausscheidungsbestreben des Karbids beeinflußt wird. (Weitere Beispiele ergeben sich später bei den karbidbildenden Elementen Chrom, Wolfram, Vanadin, vor allem auch Molybdän.) Die Ar''-Umwandlung wird infolge des doppelten Einflusses von Mangan und Kohlenstoff bei der höher gekohlten Reihe bereits bei rund 10% Mn auf Raumtemperatur erniedrigt. Bei diesen Legierungen kann man im Gefüge daher Troostit neben Austenit, d. h. Ferrit + Karbid + Austenit, feststellen.

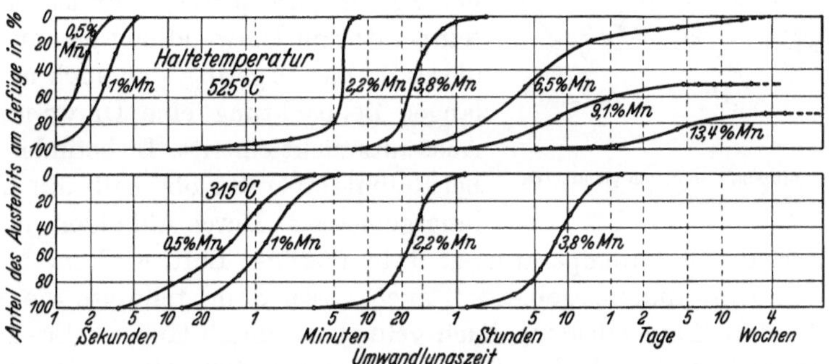

Abb. 129. Einfluß des Mangangehaltes auf die Geschwindigkeit des Austenitzerfalles bei 525 und 315°. [Nach Bain: Arch. Eisenhuttenwes. 7. Jg. (1933) S. 42.] (Stähle mit 0,55% C.)

Die Ursache für diese Ergebnisse ist die Verringerung der Umwandlungsgeschwindigkeit durch Mangan. Hochmanganhaltige Stähle sind umwandlungsträge Stähle. Bestätigt wird dieser Einfluß durch die Bestimmung der Zeiten, die bei den verschiedenen Temperaturen zur Umwandlung notwendig sind. Die Ergebnisse einiger Versuche zeigt Abb. 129. Zur restlosen Umwandlung sind bei Manganstählen viel längere Zeiten erforderlich, als dies bei Eisen-Kohlenstoff-Legierungen der Fall ist. Bei höheren Mangangehalten von beispielsweise über 8% gelingt es sogar nach sehr langen Haltezeiten bei Temperaturen innerhalb des Umwandlungsgebietes 1 nicht mehr, das gesamte Gefüge umzuwandeln; das Endgefüge besteht aus Perlit (evtl. Troostit, d. h. also Ferrit und Karbid) und Austenit. Falls die eingangs erwähnte Verschiedenheit zwischen dem Mangangehalt des Austenits und des damit im Gleichgewicht stehenden Ferrits wirklich vorhanden ist, wäre diese Reaktionshemmung durch Mangan erklärlich, da bei einer Umsetzung in α-Eisen der verbleibende Austenit mit Mangan angereichert und in seinem Umwandlungsbestreben verkleinert werden muß.

Allgemeiner Überblick über die Manganstähle. Für die Verwendung von Manganstählen ist der starke Einfluß von Mangan auf die kritische Abkühlungsgeschwindigkeit, die zur Unterdrückung der Umwandlung Ar' erforderlich ist, sowie die Herabsetzung der Umwandlung Ar'' unter Raumtemperatur von großer Wichtigkeit. Entsprechend der Verringerung der kritischen Abkühlungsgeschwindigkeit gelingt es, schon Stähle mit 2% Mn und etwa 2% C beim Abschrecken weitgehend oder vollständig austenitisch zu erhalten[1] (Abb. 130). Bei höher legierten Mangan-Kohlenstoff-Stählen genügt auch eine mildere Luft- oder Ölablöschung, um vollkommene Austenitbildung zu erzielen. Ein typisches Beispiel für Abschreckaustenit, der auch bei Raumtemperatur stabil ist, ist der Stahl mit 12% Mangan, 1% Kohlenstoff (vgl. Abb. 19). Es war das Verdienst Hadfields[2], auf diesen austenitischen Manganstahl, der gewöhnlich „Mangan-Hartstahl" genannt wird, als ersten bei Raumtemperatur stabil austenitischen Stahl hingewiesen zu haben. Nach unseren heutigen Erkenntnissen muß allerdings das austenitische Gefüge dieses Stahles als Abschreckaustenit bezeichnet werden (s. a. später); nur ist bei Raumtemperatur die Umwandlungsgeschwindigkeit dieses Stahles so gering, daß auch nach jahrelanger Beobachtung eine Umwandlung des Austenits nicht eintritt. Er befindet sich also bei Raumtemperatur oberhalb des Umwandlungsgebietes 2. Durch Abkühlen auf Temperaturen unterhalb Raumtemperatur, z. B. in flüssiger Luft, wird infolge Durchschreitens des Umwandlungsgebietes 2 auch dieser Stahl teilweise die Austenit-Martensit-Umwandlung erleiden. Auch gelingt es, durch längeres Erwärmen im Umwandlungsgebiet 1, d. h. bei Temperaturen von 400—600°, also einem Gebiet mit größerer Umwandlungsgeschwindigkeit, eine teilweise Umsetzung des Austenits hervorzurufen.

Abb. 130. Austenitgehalt in einem gehärteten 2 proz. Manganstahl.

Auf Grund der Veränderung der kritischen Abkühlungsgeschwindigkeit durch Mangan hatte Guillet[3] eine Trennung der Eisen-Kohlenstoff-Mangan-Legierungen nach Abb. 131 in austenitische, martensitische und perlitische Stählen vorgenommen. Diese Einteilung von Guillet gibt wohl eine gewisse prinzipielle Klassifizierung, ohne daß aber die angegebenen Mangan- und Kohlenstoffgehalte genau zutreffend sind. So wie es nicht gelingt, einen reinen Kohlenstoffstahl mit 1,7% C auch bei schärfster Ablöschung rein austenitisch zu machen, so kann ein Stahl mit 5% Mangan und 1,1% Kohlenstoff nicht als austenitischer Stahl angesprochen werden. Man kann das Diagramm von Guillet nur im austenitischen Gebiet als Anhalt für den Gefügezustand abgeschreckter Stähle betrachten.

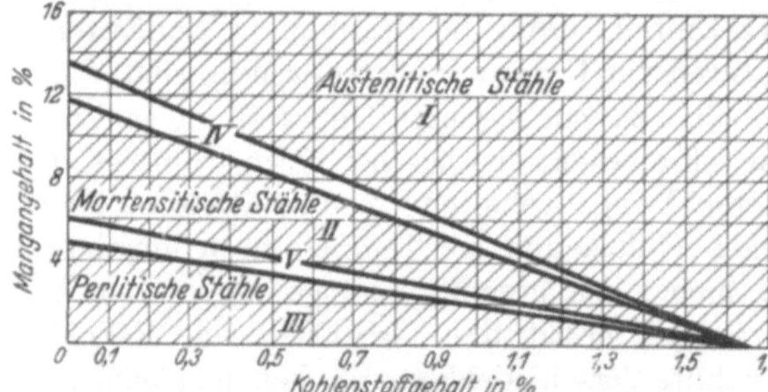

Abb. 131. Gefügediagramm der Manganstähle (Guillet). Zwischengebiete: *IV* Austenitisch-martensitische Stähle. *V* Martensitisch-perlitische Stähle.

---

[1] Maurer: Stahl u. Eisen Bd. 49 (1929) S. 1218.

[2] J. Iron Steel Inst. Bd. 34 (1888 II) S. 41.

[3] Les Aciers Spéciaux (Verlag Dunod, Paris 1904).

Eine genauere und bessere Einteilung der Kohlenstoff-Mangan-Stähle gibt die Abb. 132. Während bei schroffer Wasserabkühlung von hohen Temperaturen sich eine dem Guilletschen Diagramm ähnliche Klassifizierung ergibt, zeigen die weiteren Abbildungen deutlich die Beeinflussung durch die verschiedene Art der Wärmebehandlung. Bei langsamer Ofenabkühlung wird der Bereich reinen Austenits infolge stärkerer Karbidausscheidungen eingeengt. Unterhalb 8% Mangan hört die Existenz martensitfreien Austenits auf. Ebenso tritt Martensit unterhalb 4% Mn nicht mehr auf. Die noch langsamere Abkühlung von 10° pro Stunde ergibt vor allem eine noch stärkere Karbidausscheidung, wie dies aus der stärkeren Verschiebung der Karbidlinie nach links hervorgeht. Die stärkste Zersetzung erfährt der Austenit und Martensit durch das lange Glühen bei 600°.

Praktische Verwendung haben bis heute überwiegend die sog. perlitischen und austenitischen Manganstähle gefunden. Die martensitische Gruppe ist bisher nur vereinzelt zur Verwendung gelangt.

2. Mangan in Werkzeugstählen.

Die Verwendung von Mangan in Sonderstählen ergibt sich aus dem geschilderten Einfluß dieses Elementes auf die kritische Abkühlungsgeschwindigkeit.

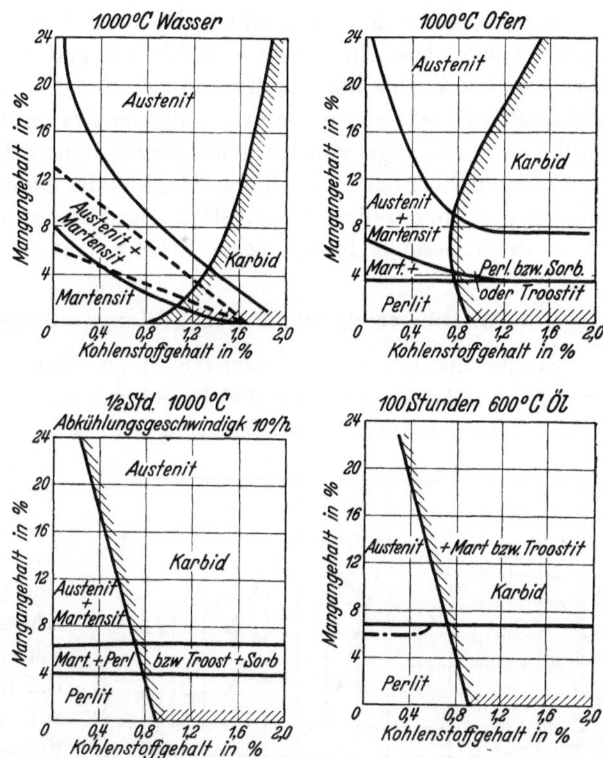

Abb. 132. Einfluß der Abkuhlungsart bzw. der Wärmebehandlung auf das Gefugediagramm von Mangan-Kohlenstoff-Stahlen. (Nach Linden: Diss. Aachen 1932.) (In das Gefugediagramm fur 1000° Wasserabloschung ist die Einteilung von Guillet gestrichelt mit eingezeichnet.)

mentes auf die kritische Abkühlungsgeschwindigkeit. Während reine Kohlenstoffstähle nur Wasserhärter sind und bei niedrigen Mangan- und Siliziumgehalten bei Abmessungen von 30—40 mm Durchmesser auch nur Härtetiefen von 3—4 mm aufweisen, steigt die Härtetiefe dieser Stähle bei Erhöhung des Mangangehaltes sofort an. Bereits im Abschnitt „Kohlenstoffstähle" ist auf diese Wirkung hingewiesen worden, wobei hervorgehoben wurde, daß auch sog. reine Kohlenstoffstähle schon Mangangehalte bis 0,6—0,8% enthalten können, mit dem Zweck, die Tiefenhärtung zu erhöhen. Bei weiterer Steigerung des Mangangehaltes auf 1% und darüber hinaus findet eine derartige Verringerung der kritischen Abkühlungsgeschwindigkeit statt, daß nicht nur durch Wasserhärtung, sondern auch durch die mildere Ölhärtung vollkommene Martensitbildung und Durchhärtung bei kleineren Abmessungen erzielt wird.

a) Niedriglegierte Manganstähle (0,3—1% Mn).

Infolge des verschiedenen Mangangehaltes der reinen Kohlenstoffstähle ist der Übergang der sog. unlegierten zu manganlegierten Stählen ein allmählicher. Die tiefstlegierten „Manganstähle" weisen einen Mangangehalt von etwa 1% auf bei Kohlenstoffgehalten von 0,45—1%. Stähle mit 0,45—0,60% C und 1% Mn finden Verwendung als Gesenkstähle in schmiedeharter Ausführung mit etwa 240—300 Brinelleinheiten. Unter schmiedeharter Ausführung versteht man den Härtezustand, in den ein Stahlstück durch Luftabkühlung nach dem Schmieden gelangt. Um eine größere Zähigkeit und ein feineres Korn zu erzielen, werden diese Stähle aber auch vergütet oder gehärtet bzw. luftnormalisiert. Bei gehärteten Gesenken wird man je nach der Gravur die Härte verschieden wählen, und zwar ganz allgemein für Flachgravur höhere Härtezahlen einhalten als für tiefe Gravur, bei der eine höhere Zähigkeit des Gesenkstahles erforderlich ist. Im allgemeinen finden diese Gesenkstähle nur Verwendung für geringere Leistungen, d. h. wenn Gesenke für geringere Stückzahlen angefertigt werden sollen.

b) Ölhärtende Stähle mit mittlerem Mangangehalt (bis 2,5%).

Stähle mit 0,6—0,9% C und 0,8—1,7% Mangan werden im vergüteten Zustand mit Härten von 300—450 Brinelleinheiten für alle möglichen verschleißfesten Teile gebraucht. Die Vergütung erfolgt infolge der verringerten kritischen Abkühlungsgeschwindigkeit meistens in Öl (Abb. 133).

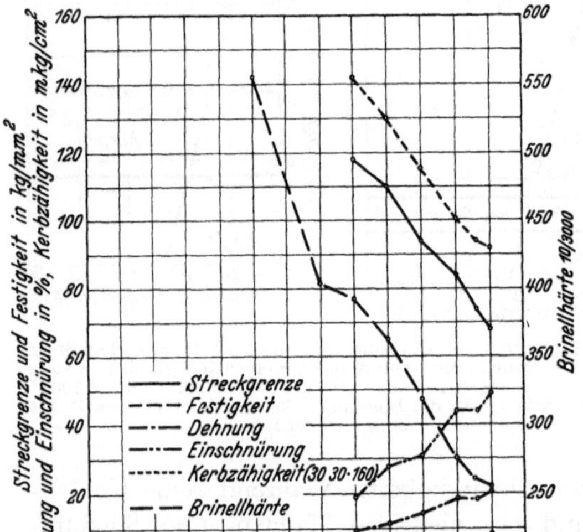

Da insbesondere die Stähle mit etwa 1,5% Mn und 0,8% C bereits eine gewisse Härtung an Luft erfahren, eignen sie sich auch für die Verwendung im Schmiedezustand. Bei ihrer Verarbeitung ist jedoch auf vorsichtiges Anwärmen und Vermeidung zu hoher Temperaturen (Grobkornbildung, Sprödigkeit) Wert zu legen, um Rißbildungen usw. zu vermeiden.

Stähle mit 0,9—1% C und 2% Mn stellen den wirtschaftlichen Typus des sog. stehenbleibenden Stahles für Ölhärtung dar. Bei Ölvergütung härten diese Stähle bereits vollkommen und verändern beim Abschrecken ihre Form nur sehr wenig. Sie sind

Abb. 133. Anlaßkurve eines hochverschleißfesten Stahles mit 0,86% C, 0,27% Si, 1,65% Mn nach Ölablöschung von 800° in einem Querschnitt von 60 mm Vierkant.

somit sehr maßbeständig. Die Stähle finden Verwendung überall dort, wo man beim Härten wenig Verzug haben will, wie z. B. bei Gewindebohrern, komplizierten Schnitten usw. Die Maßbeständigkeit beim Härten dieser Stähle ist allerdings nur in rein praktischem Sinne aufzufassen und nicht im Sinne der Feinmeßtechnik.

Diese reinen, etwa eutektoiden Mangan-Kohlenstoff-Stähle besitzen alle den Nachteil, bei der Härtung überhitzungsempfindlich zu sein. Einen einigermaßen feinkörnigen Härtebruch kann man bei ihnen nur durch Härtung dicht oberhalb $A_{1,3}$ erzielen (740—760°); bereits bei 780° neigen sie zur Grobkornbildung, die mit steigender Temperatur zunimmt. Diese Überhitzungsempfindlichkeit der Manganstähle beruht augenscheinlich auf der erhöhten Auflösungsgeschwindigkeit der austenitischen Grundmasse für Karbide. Infolgedessen verschwinden die sonst bei diesen Kohlenstoffgehalten dicht oberhalb der Umwandlungstemperatur vorhandenen Karbidkeime mit Erhöhung der Härtetemperatur sehr schnell, und es kann ein entsprechendes Kornwachstum unbehindert von Einlagerungen stattfinden. Ob die Vergrößerung des Gitterparameters durch Mangan im gleichen Sinne wirkt, muß dahingestellt bleiben. Die Annahme, daß die Veränderung der Karbidlöslichkeit von wesentlichem Einfluß ist, erfährt eine Stütze dadurch, daß man durch Zusätze von karbidbildenden Elementen, wie z. B. Vanadin, Chrom, Wolfram, die Härteempfindlichkeit der Manganstähle herabsetzen kann. Diese Karbide gehen nicht so schnell oberhalb des A_3-Punktes in Lösung und wirken infolgedessen als Keimbildner.

Aus dieser Erkenntnis heraus sind eine ganze Reihe von ölhärtenden, sog. stehenbleibenden Stählen entwickelt worden, die alle einen erhöhten Mangangehalt aufweisen und gleichzeitig durch weitere Zusätze von karbildbildenden Elementen (Vanadin, Chrom, Wolfram) einzeln oder gemischt gekennzeichnet sind. Die Zusätze dieser karbidbildenden Elemente wirken gleichzeitig im Sinne der Erhöhung des Verschleißwiderstandes und somit der Schneidfähigkeit, z. B. bei Gewindebohrern usw. Diese Stahlgruppe ist in Zahlentafel 24 als „verzugsfreie", ölhärtende Stähle zusammengefaßt.

Zahlentafel 24. Verzugsfreie Stähle für Ölhärtung.

Zusammensetzung						Härteart	Hauptverwendungszweck
C %	Si %	Mn %	Cr %	Wo %	V %		
$\infty 1{,}00$	0,20	2,00	—	—	—	Ölhärtung	Fräser, Stehbolzenbohrer, Ge-
$\infty 1{,}00$	0,25	2,00	—	—	0,15	etwa	windesträhler, Schneideisen,
$\infty 0{,}95$	0,25	1,00	0,50	—	—	800—850°,	Reibahlen, Fassonmesser, Schnit-
$\infty 1{,}00$	0,30	$\infty 1{,}00$	$\infty 1{,}00$	$\infty 1{,}00$	—	Anlassen	te, Kaliberbolzen und Ringe,
$\infty 0{,}90$	1,50	0,50	1,00	—	—	150—250°	Lehren, Lineale, Bohrer

Eine praktische Verwendung haben Manganstähle mit Mangangehalten über 2,5—10% bisher, vor allem im Werkzeugstahlgebiet, noch nicht gefunden. Der Hauptgrund ist in der Schwierigkeit zu suchen, diese Stähle wegen ihrer geringen Umwandlungsgeschwindigkeit weichzuglühen. Außerordentlich groß ist dagegen die Verwendung der austenitischen Manganstähle geworden.

c) Austenitische Manganstähle.

Den Typus des als Manganhartstahl in der ganzen Welt bekannten Stahles stellt der von Hadfield[1] eingeführte Stahl mit 1,2% C und 12% Mn dar. Durch Erhöhung des Kohlenstoffgehaltes bei gleichzeitiger Erhöhung des Mangangehaltes, so daß das Verhältnis von 1 : 10 gewahrt bleibt, z. B. bei 2% C

---

[1] J. Iron Steel Inst. Bd. 34 (1888 II) S. 41.

und 20% Mn, findet keine wesentliche Veränderung der Eigenschaften statt, so daß man diese hochkohlenstoffhaltigen Manganstähle alle unter dem Gesichtspunkt der austenitischen Manganstähle zusammenfassen kann. Diese Stähle mit hohem C- und Mn-Gehalt sind nicht von Natur aus rein austenitisch, befinden sich aber nach Ablöschung von hohen Temperaturen doch bei Raumtemperatur in einem sehr stabil austenitischen Zustande, da sie sich bei diesen Temperaturen zwischen Umwandlungsgebiet 1 und 2 befinden. Der 12proz. Manganhartstahl hat somit lange Zeit als der Typus eines austenitischen Stahles gegolten. Auf die spezifischen Eigenschaften des manganhaltigen Austenits sind die Anwendungsmöglichkeiten des austenitischen sog. Manganhartstahles zurückzuführen, und es lohnt sich somit, sie etwas näher kennenzulernen.

Wie Abb. 19 zeigte, ist das Gefüge nach Ablöschung von hoher Temperatur rein polyedrisch. Die für Hartstahl übliche Behandlung ist Abschrecken von 1000° in Wasser, bei dünnen Teilen in Luft. Bei der mechanischen Prüfung fällt die außerordentlich hohe Dehnbarkeit und Zähigkeit dieses Stahles auf. Er besitzt bei richtiger Wärmebehandlung bei Festigkeiten von 80—110 kg/mm² Dehnungen von über 40%; bei sehr sorgfältiger Durchführung des Zerreißversuches und sorgfältiger Bearbeitung der Proben können Dehnungen bis zu 80%

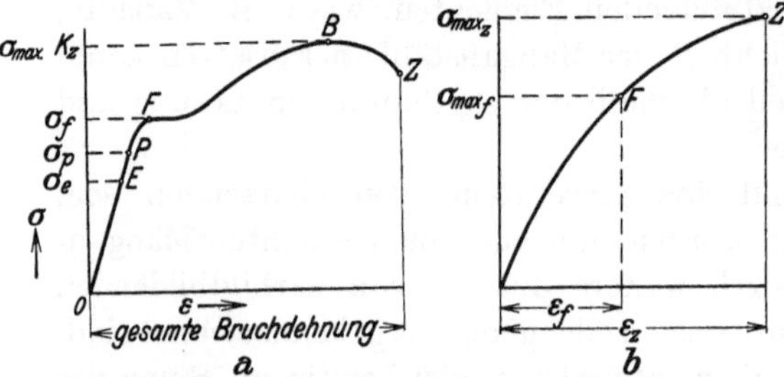

Abb. 134. Spannungsdehnungsverlauf beim Zerreißversuch: a) für perlitischen Stahl; b) für Manganhartstahl. σ_{max} = Bruchgrenze; σ_f = Fließ- oder Streckgrenze; σ_p = Proportionalitätsgrenze; σ_e = Elastizitätsgrenze; ε_z = Dehnung bei σ_{max_z}; ε_f = Dehnung bei σ_{max_f}.

festgestellt werden. Die untere Grenze obiger Festigkeiten, etwa 80 kg/mm², werden erreicht, wenn aus irgendeinem Grunde ein frühzeitiges Reißen der Zerreißprobe während der Festigkeitsprüfung stattfindet, z. B. infolge schlechter Probenbearbeitung oder auch bei Proben aus Stahlformguß auf Grund kleiner unvermeidlicher Gußpörchen. Solche Proben ergeben neben der geringen Festigkeit auch geringere Dehnungswerte, wie dies aus dem Zerreißdiagramm eines 12proz. Manganstahles (Abb. 134) zu entnehmen ist. Ein frühzeitiges Zerreißen würde z. B. dem Punkt F entsprechen. Da eine saubere Bearbeitung der Zerreißproben (s. später) schwierig ist, ist es erklärlich, daß sowohl in der Literatur wie in den Angaben der bedeutendsten Stahlwerke größere Unterschiede in den Festigkeitswerten für den 12proz. Manganstahl angetroffen werden. Die Festigkeitswerte rechtfertigen nicht den Namen Manganhartstahl, da es sich, nach den mechanischen Eigenschaften zu urteilen, nicht um einen harten, sondern im Gegenteil um einen verhältnismäßig weichen und zähen Werkstoff handelt. Diese Bezeichnung hat auch öfter Verwirrung angestellt, da der Laie sich unter Hartstahl einen auf hohe Härte gebrachten Stahl vorstellt. Neben der außerordentlich hohen Dehnung fällt auf, daß der 12proz. Manganhartstahl eine tiefe Brinellhärte besitzt, die nicht im Zusammenhang mit der beim Zerreißversuch ermittelten Festigkeit gebracht werden kann. Während man bei anderen perlitisch-martensitischen Stahlarten bekannterweise Umrechnungsfaktoren zwischen Brinellhärte und Zerreißfestigkeit anwenden kann, versagen diese bei rein austenitischen Stählen, insbesondere bei Manganhartstahl vollkommen. Die Ursache ist in der außerordentlichen Verfestigungsfähigkeit von Manganhartstahl bei Kaltbearbeitung zu suchen, die insbesondere auch den Verlauf des Spannungs-Dehnungs-Diagrammes kennzeichnet. Bekannterweise dehnen sich bei Zugbeanspruchung im Zerreißstab alle Stähle zuerst nach dem Hookeschen Gesetz bis zur Proportionalitätsgrenze gleichmäßig. Von der Proportionalitätsgrenze und noch stärker von der Streckgrenze angefangen, steigen die Dehnungen stärker an als die Spannungen, mit anderen Worten, der Stahl „fließt" nach Erreichung eines bestimmten Wertes bei noch immer gleichmäßig verteilter Dehnung über die ganze Stablänge. Erst bei Erreichung einer wiederum bestimmten Höchstspannung fängt nun eine Stelle an, örtlich einzuschnüren, und die Spannungs-Dehnungs-Kurve fällt ab bis zum Eintreten des Bruches, d. h. die Dehnung und Einschnürungserhöhung läuft der Spannungserhöhung voraus (Abb. 134a).

Im Gegensatz hierzu zeigt die Kurve des Manganhartstahles (Abb. 134b) einen dauernden starken Anstieg der Spannungen bis zum Eintreten des Bruches, d. h. der Stab dehnt sich gleichmäßig über seine ganze Länge und reißt dann ohne stärkere örtliche Einschnürung ab. Die Ursache hierfür ist darin zu suchen, daß die Verfestigungsfähigkeit während des Fließens im austenitischen Stahl stärker ist als im ferritischen, infolgedessen steigen die Spannungen im Vergleich zur Dehnung stärker an.

Bekanntlich erhält man ein Maß für die Verfestigungsfähigkeit eines Stahles dadurch, daß man die Spannungssteigerung bei der Verformung in Funktion des pro Volumeneinheit verdrängten Volumens aufträgt. Wie aus Arbeiten von Siebel, Houdremont und Kallen[1] hervorgeht, ergibt sich bei Stählen in Abhängigkeit vom Verformungsgrad eine geradlinige Verfestigungslinie als Maß für die Verfestigungsfähigkeit. In Abb. 53 ist bereits die Verfestigungsfähigkeit von einem ferritischen, einem Kohlenstoffstahl, einem 25proz. Nickelstahl und einem Manganhartstahl zusammen aufgetragen. Wie man aus diesem Schaubild ersieht, erleiden die ferritischen und perlitischen Stähle ungefähr eine gleichartige Verfestigung, während die beiden austenitischen Stähle und vor allem der 12proz. Manganstahl eine wesentlich stärkere Verfestigung erfahren.

Diese hohe Verfestigungsfähigkeit der austenitischen Stähle ist wahrscheinlich darauf zurückzuführen, daß infolge der flächenzentrierten und somit dichteren Besetzung der Atomebenen bei gleich starker Kaltverformung ein höherer Zwangszustand auftritt, als bei dem weniger dicht besetzten raumzentrierten α-Eisen. Der Vollständigkeit halber sei hier nochmals darauf hingewiesen, daß bei Kaltreckung austenitischer Stähle Martensitbildung auftreten kann.

Die hohe Zähigkeit und gleichzeitig hohe Verfestigungsfähigkeit des 12proz. Manganstahles stempeln diesen Werkstoff zu einem verschleißfesten Stahl. Die hohe Zähigkeit bewirkt bei stärkerer Inanspruchnahme nicht ein Abbröckeln, sondern ein Fließen des Werkstoffes, das Fließen seinerseits infolge der starken Verfestigung eine stärkere Kalthärtung. Diese starke Kalthärtung ergibt den guten Verschleißwiderstand der 12—20proz. Manganstähle.

Diese Stähle haben daher überall dort Verwendung gefunden, wo es auf höchsten Verschleißwiderstand ankommt bei gleichzeitig hoher Zähigkeit, wie z. B. bei Schienen, vor allem Schienenkreuzungen, Weichen, Brikettform-

---

[1] Siebel, E. Houdremont u. H. Kallen: Z. Metallkde. Bd. 17 (1925) S. 128/129; Werkstoffausschußbericht 1925 Nr. 71 Ver. d. Eisenhüttenleute.

pressen, Brechbacken bei Steinzerkleinerungsanlagen, Steinpreßanlagen, Baggerbolzen, Baggereimern, Greiferschneiden usw.

Zur richtigen Kennzeichnung des Manganhartstahles als verschleißfesten
Werkstoff muß aber hervorgehoben werden, daß der Begriff verschleißfest kein
eindeutiger ist. Man muß beim Verschleiß berücksichtigen, ob es sich um eine
rein schmirgelnde Beanspruchung ohne wesentlichen Druck oder eine Verschleiß-
beanspruchung bei Anwendung höherer Drücke handelt. Bei rein schmirgelnder
Beanspruchung ohne Druck muß der Manganhartstahl als verschleißfester Werkstoff versagen, da die Vorbedingung für seine Verschleißfestigkeit die Kalthärtung
ist. Bei fehlendem Druck findet eine rein abtragende Wirkung ohne wesentliche
Verformung statt, eine Kalthärtung tritt nicht ein. Beim Einbau von Manganhartstahl, z. B. in Düsen von Sandstrahl-
gebläsen, an denen nur mit hoher Geschwindigkeit scharfer Sand vorbeistreicht, wird
man eher einen höheren Verschleiß als bei
normalen, höher gekohlten Stählen feststellen, bei denen die harten Karbideinlagerungen unter Umständen eine höhere
Lebensdauer bedingen können. Bei dieser Art
der Verschleißwirkung werden somit Werkstoffe mit hohem Karbidgehalt und hoher
Ausgangshärte, z. B. weißes Gußeisen oder
einsatzgehärtete Kohlenstoffstähle oder
legierte hochkarbidhaltige Stähle im gehärteten Zustande, sich am besten verhalten, der
Manganstahl aber weniger gut. Bei Beanspruchung unter Druck und Schlag hingegen wird

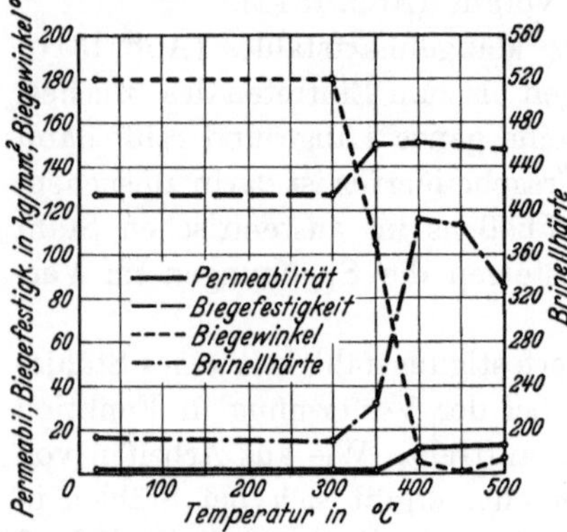

Abb. 135. Veränderung von Harte- und Zähigkeitseigenschaften von Hartstahl mit 1,1 % C
und 11,9 % Mn beim Anlassen. (Nach Schottky u. Jungbluth: Unveröffentlichte Untersuchungen.)

die hohe Verfestigungsfähigkeit des Manganhartstahles nach eingetretener Kalthärtung höchste Verschleißfestigkeit ergeben, während hochgehärtete karbidhaltige Stähle unter Umständen ausbröckeln und verschleißen.

Im kaltgereckten Zustande eignen sich Drähte aus Hartstahl auch für Siebe,
z. B. zum Sieben von Diamantsand, da hier die Kaltverformung schon bei der
Herstellung vorweggenommen ist.

Eine besondere Anwendung haben austenitische Stähle wie Manganhartstahl infolge ihrer hohen Dehnung bei der Herstellung von Hohlbohrstählen
gefunden, die mit einem austenitischen Kern verwalzt werden. Hohlgegossene
oder hohlgebohrte Blöcke oder Knüppel versieht man vor dem Auswalzen mit
einer Seele aus Manganhartstahl. Die gute gleichmäßige Dehnung des Austenit-
stahles gestattet ein leichtes Herausziehen des Kernes nach der Fertigstellung
und gibt glatte Oberflächen in der Bohrung.

Da die austenitischen Manganstähle sich bei Raumtemperatur zwischen Umwandlungsgebiet 1 und 2 befinden, müssen sie bei Erwärmung zu höheren
Temperaturen ihren austenitischen Charakter verlieren. Der 12 proz. Manganhartstahl mit seiner hohen Dehnungsfähigkeit bei Raumtemperatur erleidet
bereits beim Erwärmen auf 400° wesentliche Veränderungen seiner mechanischen
und physikalischen Eigenschaften. Ohne daß im Gefüge bei kurzen Erwärmungen
wesentliche Veränderungen auftreten, kann man bereits feststellen, daß die

Zähigkeit erheblich abfällt. Abb. 135 zeigt auf Grund von Biegeproben, daß der Biegewinkel, der im austenitischen Zustand 180° beträgt, auf ungefähr 10° bei Erwärmen oberhalb 400° C herabgesunken ist.

Die Zersetzung derartiger austenitischer Stähle kann man sich wie folgt vorstellen: Bei der Erwärmung auf höhere Temperaturen gelangt man ins Umwandlungsgebiet 1, und es verkürzen sich die Umwandlungszeiten entsprechend; außerdem scheiden sich die durch das Ablöschen in Lösung gehaltenen Karbide aus dem Austenit aus. Infolge dieser Verarmung an Kohlenstoff und Mangan treten bei der nächstfolgenden Abkühlung evtl. weitere Umlagerungen des Austenits in Martensit oder Troostit

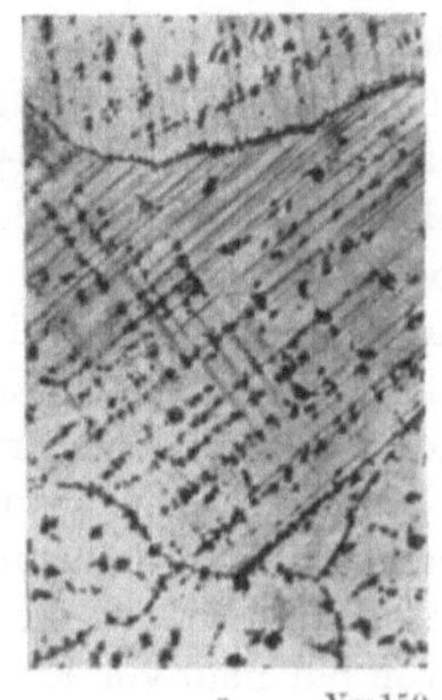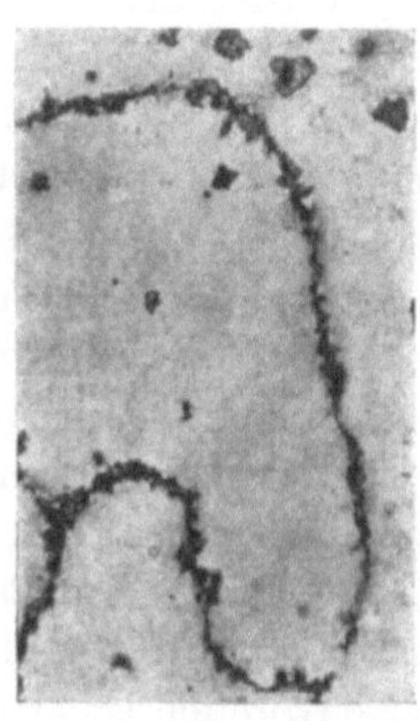

a   V = 150   b   V = 150

a und b von 1000° in Eiswasser abgelöscht, a danach kalt bearbeitet.
Abb. 136. Hartstahlaustenit nach 2 stündiger Glühung bei 600°. [Krivobok: Trans. Amer. Soc. Stl. Treat. Bd. 15 (1929) S. 907.]

ein. Den Vorgang eines derartigen Austenitzerfalls beim Erwärmen zeigt Abb. 136.

Die Karbidabscheidungen vollziehen sich mit Vorliebe bei austenitischen Stählen in den Korngrenzen oder nach Kaltverarbeitung an Gleitebenen, d. h. Stellen, an denen kleine Spannungsdifferenzen bestehen, die das Umwandlungsbestreben des Stahles erhöhen. Diese Vorgänge veranschaulicht die bereits gezeigte Abb. 136 nach Krivobok. Aus ihr erkennt man deutlich die Abscheidung entlang den Korngrenzen nach einer Ablöschung von 1000° in Eiswasser mit darauffolgendem 2 stündigem Glühen bei 600° sowie die Abscheidung in den Korngrenzen und in Gleitlinien bei gleicher Anlaßbehandlung, aber vorheriger Kaltbearbeitung. Hierbei geht dieser Zerfall in den umgewandelten Teilchen so weit, daß tatsächlich Perlitbildung eintreten kann, wie aus Abb. 137 hervorgeht. Diese Untersuchungen bestätigen nochmals,

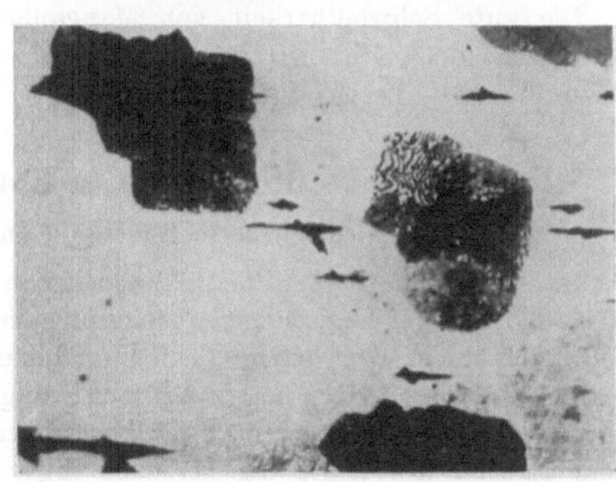

V = 1250

Ausscheidung von Teilchen in Richtung der größten Spannung, die sich zu Troostitflecken zusammengeballt haben, von denen bei einem die Phasenumwandlung so weit fortgeschritten ist, daß Perlit gebildet wurde.
Abb. 137. Vorgang des Zerfalls von Austenit im kaltbearbeiteten Hartstahl bei Glühung unterhalb 770°. [Krivobok: Trans. Amer. Soc. Stl. Treat. Bd. 15 (1929) S. 906.]

daß in den praktisch zur Anwendung gelangenden Manganstählen noch keine stabil austenitischen Stähle vorliegen. Sie können sowohl durch Erwärmung auf Temperaturen des Umwandlungsgebietes 1 (Ar') in den perlitisch-austenitischen Zustand als auch durch Abkühlung in das Umwandlungsgebiet 2 (Ar'') — Abkühlung in flüssiger Luft — in den martensitisch-austenitischen Zustand umgewandelt werden. Mit dem teilweisen Eintreten dieser Umwandlungen verändern sich auch die physikalischen Eigenschaften, wie elektrische Leitfähigkeit, Magnetisierbarkeit usw., in dem beim Übergang von γ- in α-Eisen bekannten Sinne; die Stähle werden also magnetisch usw.

Die hohe Verschleißfestigkeit der Manganhartstähle wirkt sich sehr ungünstig für die Bearbeitbarkeit aus. Man ersieht hieraus, daß für die Bearbeitung nicht allein die absolute Härte, sondern auch die Verfestigungsfähigkeit von Einfluß ist. Teile aus Manganhartstahl werden daher möglichst weitgehend aus Stahlformguß oder in fertiggeschmiedetem Zustand bezogen, um die hohen Bearbeitungskosten zu ersparen. Erst durch die in neuerer Zeit entwickelten Karbidschneidmetalle ist eine wirtschaftliche Bearbeitung von Manganhartstahl möglich geworden. Eine gewisse Verbesserung der Bearbeitungsfähigkeit von Manganhartstahl liegt dann vor, wenn er im Gefügezustand etwa der Abb. 136 entspricht, da dann trotz der größeren Härte die hohe Zähigkeit verschwunden ist. Hiervon hat man vor Einführung der karbidhaltigen Schneidmetalle gelegentlich Gebrauch gemacht. Man hat sich auch dadurch geholfen, daß man den Manganhartstahl im warmen Zustande bei 400° bearbeitet hat.

Die schwierige Bearbeitbarkeit und hohe Zähigkeit des 12proz. Manganstahles ließ ihn Verwendung finden für Panzerung von Geldschränken, Herstellung von Gefängnisgitterstäben usw. Hierbei kam der Hartstahl nicht immer allein, sondern oft nur als Einlage in andere Stähle zur Verwendung, indem z. B. um Manganhartstahlstäbe anderer Stahl herumgegossen wurde und diese mit Manganhartstahleinlagen versehenen Blöcke zu Stäben usw. ausgewalzt wurden.

Die gute Schweißbarkeit von Manganhartstählen hat dazu geführt, daß sie für verschleißfeste Auftragsschweißung — sowohl durch autogene als elektrische Schweißung — Verwendung finden.

3. Mangan in Baustählen.

a) Niedriglegierte Baustähle und Vergütungsstähle.

Da Mangan in starkem Maße die kritische Umwandlungsgeschwindigkeit von Eisen-Kohlenstoff-Legierungen beeinflußt, ist dieses Element auch geeignet, bei Baustählen, vor allem nach zweckmäßiger Wärmebehandlung, erhöhte Festigkeitseigenschaften hervorzurufen. Bezüglich der festigkeitssteigernden Wirkung von Legierungselementen muß man immer streng unterscheiden zwischen dem Einfluß des Legierungselementes in vollkommen ausgeglühtem Zustand einerseits und seinem Einfluß auf die Wärmebehandlung, d. h. Vergütung, andererseits. In der Literatur vorhandene Abbildungen, wie z. B. Abb. 138, werden oft einfachhin als Unterlage für die festigkeitssteigernde Wirkung von Mangan gewertet. Es muß darauf hingewiesen werden, daß derartige Schaubilder weder geeignet sind, den Einfluß von Mangan im geglühten Zustand darzustellen, noch die Wirkung von Mangan auf die Vergütung eindeutig hervorzuheben. Es handelt sich nämlich bei obigen Untersuchungen um Feststellungen des Einflusses von Mangan auf die Festigkeitseigenschaften im walzharten Zustand, d. h. demjenigen Zustand, der sich beim Abkühlen nach dem Walzen an Luft ergibt. Da die Abkühlung nach dem Walzen je nach den Abmessungen der Stahlstücke oder den Abkühlungsbedingungen — Kühlbett, Asche — verschieden sein kann, werden diese Werte für den Walzzustand immer nur für eine ganz bestimmte Art der Abkühlung und genau gleichbleibende Abmessungen gelten können. Die obige Abbildung besagt also lediglich, daß im Walzzustand durch Mangan Steigerungen der Festigkeit und Streckgrenze in verstärktem Maße eintreten können, bis der Mangangehalt diejenige Höhe erreicht, wo auch bei Luftabkühlung eine stärkere Austenitbildung und somit Weicherwerden des Stahles eintritt. In der Praxis hat sich ein erhöhter Mangangehalt bei den sog. Hochbaustählen, die im Walzzustand oder normalgeglüht verarbeitet werden, eingeführt. Eine typische Zusammensetzung eines solchen Stahles — 0,20% C, 1,2—1,7% Mn (0,5% Cu) — mit seinen Eigenschaften im Vergleich zu den bisher üblichen Kohlenstoff-Baustählen zeigt die bei Silizium als Zusammenfassung derartiger Stähle gebrachte Zahlentafel 105. Die deutsche Normbezeichnung St 52 kennzeichnet mit der Zahl 52 die höhere Zugfestigkeit von 52 kg/mm² als Mindestfestigkeit gegenüber dem reinen Kohlenstoffstahl St 45 mit 45 kg/mm² Festigkeit.

Der Einfluß von Mangan auf die Festigkeitseigenschaften im geglühten Zustand macht sich in zweifacher Hinsicht bemerkbar. Durch Manganzusatz wird der Karbidgehalt etwas erhöht, da Mangan den Perlitpunkt nach tieferem C-Gehalt verschiebt (Abb. 127). Durch das Hinzutreten von Mangan zum Eisenkarbid tritt außerdem eine Erschwerung der Zusammenballungsfähigkeit des Eisenkarbids ein, d. h. glüht man eine reine Eisen-Kohlenstoff-Legierung mit 1% C und einen entsprechenden Manganstahl mit 1% C und 1% Mn auf körnigen Perlit unter genau gleichen Bedingungen, so wird der Manganstahl

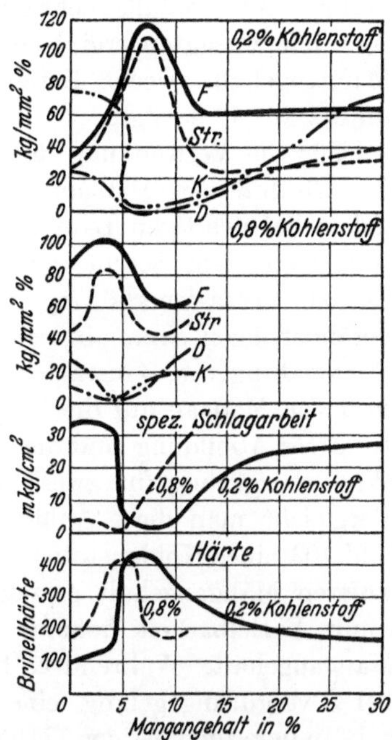

Abb. 138. Einfluß des Mangans auf Festigkeitseigenschaften, Härte und spezifische Schlagarbeit von Stahl mit 0,2 bzw. 0,8% C. (Nach Guillet: All. Mét. S. 318/20.)

eine etwas feinere Karbidverteilung aufweisen als der Kohlenstoffstahl. Diese Unterschiede sind aber je nach der vorhergehenden Wärmebehandlung, wie z. B. Kaltreckung durch Ziehen, Kaltwalzen usw. — Behandlungen, die bekanntlich das Zusammenballen erleichtern — gering. Dementsprechend lassen sich auch Manganstähle bis zu 2% Mn und 1% C auf nahezu gleiche Festigkeit von etwa 65 kg/mm² ausglühen wie entsprechende Kohlenstoffstähle. Bis zu diesem Mangangehalt von 2% kann man, wenn man großzahlmäßig die Glühergebnisse von solchen Stählen erfaßt, Unterschiede von 4—5 kg/mm² in der Festigkeit gegenüber manganfreien Stählen feststellen. Es muß offen bleiben, ob diese Steigerung der Festigkeit auf Karbidmenge und Karbidverteilung oder auf den Einfluß des Mangans auf die Grundmasse zurückgeführt werden muß.

Bei höheren Mangangehalten wird die Glühfestigkeit aber vor allem durch die Einwirkung des Mangans auf die Lage der Umwandlungspunkte beeinflußt. Bereits bei Baustählen mit Mangangehalten von etwa 2% findet eine gewisse Herabsetzung der Umwandlungspunkte durch Mangan statt. Dies gilt insbesondere für die Umwandlungspunkte bei der Abkühlung Selbst bei langsamer Ofenabkühlung wird der Ar-Punkt bei tieferen Temperaturen liegen als bei entsprechenden manganfreien Stählen. Infolge der Verschiebung der Umwandlungstemperatur nach unten wird also bei einer Umwandlungsglühung eine feinere Perlitausbildung erfolgen müssen, die sich naturgemäß in einer Steigerung der Festigkeit bemerkbar macht. Aber auch beim Glühen unterhalb Ac_1 wird man bereits bei einem Stahl mit 2% Mn und 0,5% C die Glühtemperatur um 15—25° tiefer wählen als bei entsprechendem reinen Kohlenstoffstahl und hiermit ebenfalls nicht ganz die gleiche Weichheit und Glühfestigkeit erzielen Aus dem Gesagten ergibt sich, daß das Weichglühen von Stählen mit höherem Mangangehalt zwecks Erzielung größter Weichheit am besten durch Glühen unterhalb A_1 erfolgt.

Für die Verwendung der Manganstähle als Baustahl interessiert vor allem der Einfluß von Mangan auf die Eigenschaften im vergüteten Zustand. An jedem hochwertigen Bauteil wird zwecks Erzielung der höchsten Kornverfeinerung nach dem Schmieden oder Walzen eine Wärmebehandlung, sei es Luft-, Öl- oder Wasservergütung, vorgenommen. Die hierbei erzielten Eigenschaftsveränderungen sind, abgesehen von der Kornverfeinerung, maßgebend für die Verwendung von Baustählen im derartig wärmebehandelten Zustand. Den Einfluß von Mangan auf die Vergütung eines Stahles mit 0,46% C zeigt Abb. 139. In dieser Abbildung sind die Kurven für die Festigkeitseigenschaften bei Öl- und Wasservergütung für zwei verschiedene Querschnittsabmessungen eingetragen. Vergleicht man diese Abbildung mit dem früher gebrachten Vergütungsschaubild 103 eines Kohlenstoffstahles mit praktisch gleichem Kohlenstoffgehalt, aber tieferem Mangangehalt, so zeigt sich deutlich die Erhöhung der Härtbarkeit und somit Erzielbarkeit höherer Festigkeitseigenschaften durch den gesteigerten Mangangehalt. Während es bei dem Kohlenstoffstahl weder bei Wasser- noch bei Ölvergütung gelang, eine besonders energische Vergütung zu erzielen, was z. B. in dem ungünstigen Verhältnis von Streckgrenze zu Festigkeit zum Ausdruck kommt, weist der Manganstahl bereits bei der Ölvergütung in dem geringeren Querschnitt von 35 mm den durch die Veränderung der kritischen Abkühlungsgeschwindigkeit bedingten Einfluß des Legierungselementes auf. Noch deutlicher tritt dies für die Wasservergütung hervor, wo zwischen dem Querschnitt von 35 mm ⬚ und 70 mm ⬚ kein sehr großer Unterschied in den Festigkeitseigenschaften mehr besteht, d. h. es wird durch Wasservergütung bei 70 mm ⬚ bei dem höher manganlegierten Stahl bereits weitgehende Durchvergütung erzielt. Während man den reinen Kohlenstoffstahl bei den praktischen Anlaßtemperaturen von 500—630° nur in einem Festigkeitsbereich bis etwa 80 kg/mm² bei Streckgrenzen bis etwa 50 kg/mm² verwenden kann, ergibt sich für den höher manganlegierten Stahl ein Festigkeitsbereich bis etwa 95 kg/mm² mit Streckgrenzen bis etwa 70 kg/mm², beides für den wasservergüteten Zustand. In Abmessungen von 100 mm aufwärts ist der Einfluß von Mangan in der Höhe von 1—1,5% nur noch in wesentlich geringerem Maße bemerkbar, wie dies aus Abb. 105 und den Versuchen von Maurer und Korschan[1] hervorgeht. Letztere haben einen 1proz. Manganstahl im Vergleich zu einem Kohlenstoffstahl mit 0,5% Mn in Ab-

---

[1] Stahl u. Eisen 53 (1933) S. 247/49.

messungen von 920—1450 mm ⌀ untersucht. Hierbei ergab sich nur eine geringfügige Erhöhung der Streckgrenze und eine unwesentliche Verfeinerung des

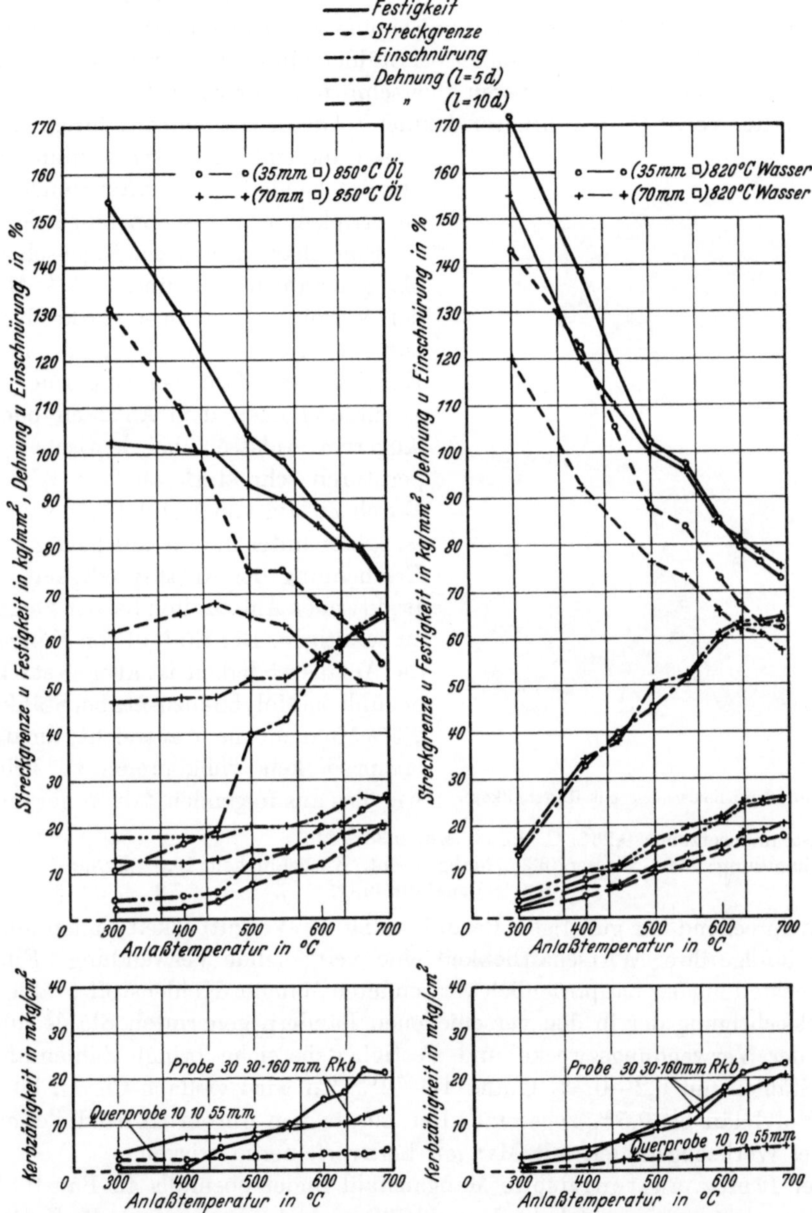

Abb. 139. Festigkeitseigenschaften eines Manganstahles mit 0,46% C, 0,32% Si, 1,40% Mn nach Öl- und Wasserablöschung in zwei verschiedenen Querschnitten.

Korns beim 1 proz. Manganstahl gegenüber dem entsprechenden Kohlenstoffstahl. Erst bei Mn-Gehalten über 2% macht sich auch bei stärkeren Abmessungen der Einfluß von Mangan bemerkbar, d. h. Legierungsgehalt und Abmessungen müssen miteinander in Einklang gebracht werden.

Wie bereits oben angedeutet, kann das Ablöschen der Manganstähle sowohl in Öl als in Wasser erfolgen. Bei der Wasservergütung hoch C- und Mn-haltiger Stähle ergibt sich infolge der Möglichkeit stärkerer Martensitbildung am Rande, verbunden mit der bei Manganstählen bekannten Neigung zur Grobkörnigkeit, leicht die Gefahr der Rißbildung. Man wird daher bei Stählen mit über 1% Mangan die Wasservergütung, besonders bei kleineren Querschnitten, nur gefahrlos bis zu Kohlenstoffgehalten von 0,4% durchführen können. Auf die Möglichkeit, durch Normalisieren und einfache Luftabkühlung bereits entsprechende Eigenschaftsveränderungen zu erzielen, wurde schon hingewiesen.

Eine charakteristische Eigenschaft von Manganstählen mit über 1,5% Mn bei der Vergütung ist ihre starke Neigung zur Anlaßsprödigkeit, d. h. ihre Kerbzähigkeit fällt bei langsamer Ofenabkühlung nach dem Anlassen oder bei längerem Anlassen bei kritischen Temperaturen sehr stark ab (s. a. Abb. 108). Durch Zusatz von Molybdän bis zu 0,5% (s. später unter Molybdän) gelingt es, die Erscheinung der Anlaßsprödigkeit für die praktischen Anlaßzeiten bei der Vergütung zu beseitigen. Der Einfluß von Mangan auf die Anlaßsprödigkeit ist aber so stark, daß der übliche Molybdänzusatz bei Stählen mit 2,5% Mn nicht mehr ausreicht, um die Anlaßsprödigkeit vollkommen zu beheben, wie dies aus folgenden Zahlen hervorgeht:

Abb. 140. Compoundschiene mit Hartstahlkopf.

Zusammensetzung: 0,26% C, 2,85% Mn, 0,33% Mo.
Behandlung: 800° Wasser, 630° ölabgelöscht, Kerbzähigkeit 16,5 mkg/mm²
        630° Ofenabkühlung,   „   7,2   „   .

Entsprechend der günstigen Beeinflussung der Vergütbarkeit finden Manganstähle infolge ihrer Wirtschaftlichkeit eine weitgehende Verwendung. Eine Zusammenstellung der hauptsächlich verwendeten Mangan-Kohlenstoff-Stähle unter Berücksichtigung der in den verschiedenen Ländern genormten Stähle mit Angabe der Verwendungszwecke und Festigkeitsbereiche bringt Zahlentafel 25. Den Stählen mit 0,2—0,5% C und 1,5—2% Mn wird vielfach Chrom bis 0,5% und Molybdän bis 0,5% zugesetzt. Der Zusatz von Chrom (Karbidbildner) soll wie bei Werkzeugstählen mit Mangan kornverfeinernd wirken.

Der 12proz. austenitische Manganstahl findet ebenfalls als Baustahl Verwendung dort, wo es auf hohe Verschleißfestigkeit ankommt, z. B. Ketten für Raupenschlepper, Baggerbolzen, Compoundschienen (Abb. 140) usw. Als austenitischer Stahl besitzt er wegen seiner Weichheit und Zähigkeit schlechte Gleiteigenschaften; er neigt — wie man sagt — zum Fressen, was je nach dem Verwendungszweck zu berücksichtigen ist. Auf die Verwendung austenitischer Manganstähle im besonderen Hinblick auf ihre physikalischen Eigenschaften wird noch später eingegangen.

Zahlentafel 25. Manganstähle.

Zusammensetzung, Festigkeitswerte, Verwendungszwecke.

Analyse				Streck-grenze	Festigkeitswerte vergutet				Verwendungszwecke
C	Mn	P	S		Festigkeit	Dehnung		Ein-schnürung	
						$L=5d$	$L=10d$		
%	%	%	%	kg/mm²	kg/mm²	%	%	%	
0,1	∼1,75	—	—	—	—	—	—	—	Schweißdraht für St 52 und Mn-Stahl
0,1	∼3,00	—	—	—	—	—	—	—	„ für Sonderzwecke
0,2	∼1,00	—	—	30	50—60	24	20	60	Eisenbahnachsen, Rahmenbleche; im Einsatz gehärtet: für Brikettformen, für Walzringe
0,35	1,0/1,50	—	—	∼ 40	65—75	22	18	55	Baustahl für kleinere Querschnitte, Wagenachsen, Bolzen, Schrauben, Muttern, Konstruktionsbleche, Längs- und Querträger
					∼150				Federringe
0,45	1,0/1,60	—	—	∼ 50	75—85	19	16	60	Baustahl für kleinere Querschnitte, Achsen, Schrauben, Bolzen, Konstruktionsbleche
				∼120	∼140	∼ 7	—	—	Federn
SAE 1350									
0,45/0,55	0,90/1,20	0,040	0,050	∼ 55	85—95	∼15	12	45	Zahnräder, Konstruktionsteile verschiedener Art
0,55	1,0/1,70	—	—	∼120	∼140	7	—	—	Federn
SAE 1360									
0,55/0,70	0,90/1,20	0,040	0,050		90—135	—	—	—	Schwalbungen, Seiteneinlagen, Eimermesser, Aufnehmermäntel
0,65	1,0/2,00	—	—	∼130	∼150	∼ 7	—	—	Federn
0,80	1,0/2,00	—	—	—	—	—	—	—	Hochverschleißbeanspruchte Teile, Walzenringe, Backen, Schlagteile
				—	bis 180	—	—	—	Federn für Höchstbeanspruchung
1,0	0,75/1,00	—	—		∼150				Schleifschienen
					∼120	—	—	—	Spindeln für Spinnereimaschinen

b) Festigkeitseigenschaften bisher wenig gebräuchlicher Manganstähle.

Wenn auch bis vor kurzem Stähle mit über 2,5% Mangan und weniger als 10% Mn praktisch keine Verwendung gefunden haben, so verlohnt es sich doch, auf die Eigenschaften von Manganstählen hinzuweisen, die in diesem Zwischengebiet liegen. Abb. 141 zeigt den Einfluß von steigendem Mangangehalt auf die Brinellhärte bei verschiedenen Kohlenstoffgehalten. Die Stähle sind alle 50 Stunden lang bei 600° geglüht, also praktisch weitestgehend für diese Temperatur stabilisiert. Wie aus den Zahlen hervorgeht, bleiben Stähle mit über 6% Mangan auch bei dieser langen Anlaßglühung verhältnismäßig hart. Es erübrigt sich daher infolge der Schwierigkeit der Bearbeitbarkeit derartiger Stähle, den Mangangehalt über 6% hinaus zu steigern. Hingegen haben Manganstähle mit 2—5% Mn mit tiefen C-Gehalten (0,2%) infolge ihrer ausgezeichneten Festigkeitswerte und ihres guten Verhältnisses von Streckgrenze zur Festigkeit stärkere Verwendung für geschweißte Konstruktionsteile gefunden (Abb. 142). Trotz ihrer hohen Festigkeit zeichnen sich diese Stähle hinsichtlich Unempfindlichkeit gegen Schweißung (Rißbildung) aus. Die von Linden untersuchten Stähle mit höheren C-Gehalten in diesem Legierungsbereich weisen wieder starke Sprödigkeit, die vor allem in schlechten Einschnürungs- und Kerbzähigkeitswerten zum Ausdruck kommt, auf.

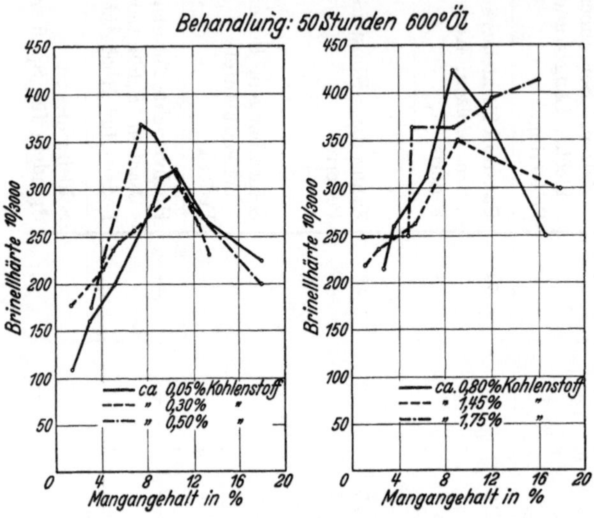

Abb. 141. Wirkung des Mangans auf die Härte von Stählen verschiedenen Kohlenstoffgehaltes nach längerem Ausglühen bei 600°.

c) Einige Besonderheiten manganlegierter Baustähle.

Die in den Abb. 139 und 142 gezeigten Eigenschaften beziehen sich auf Längsproben; sie lassen nichts Anormales erkennen. Trotzdem sind aber außer der hohen

Zahlentafel 26. Geringe Querkerbzähigkeit bei Manganstählen.

	Festigkeit kg/mm²	Streckgrenze kg/mm²	Einschnürung %	Dehnung $(l = 5d)$ %	Längskerbzähigkeit bei Probenform 3 · 3 · 16 mkg/cm²	Querkerbzähigkeit bei Probenform 1 · 1 · 5,5 mkg/cm²
Chrom-Molybdän-Vanadinstahl, 60 ⌀, 850° Öl abgelöscht, 750° angelassen . .	73	64	64	25	27,5	12,5
Stahl mit 0,46% C, 1,40% Mn, 70 ⌀, 820° Wasser abgelöscht, 690° angelassen . .	75	62	64	25	20	5

Anlaßsprödigkeit zwei Unannehmlichkeiten der Manganstähle hervorzuheben. Die erstere bezieht sich auf die bereits im vorhergehenden Abschnitt „Mangan-

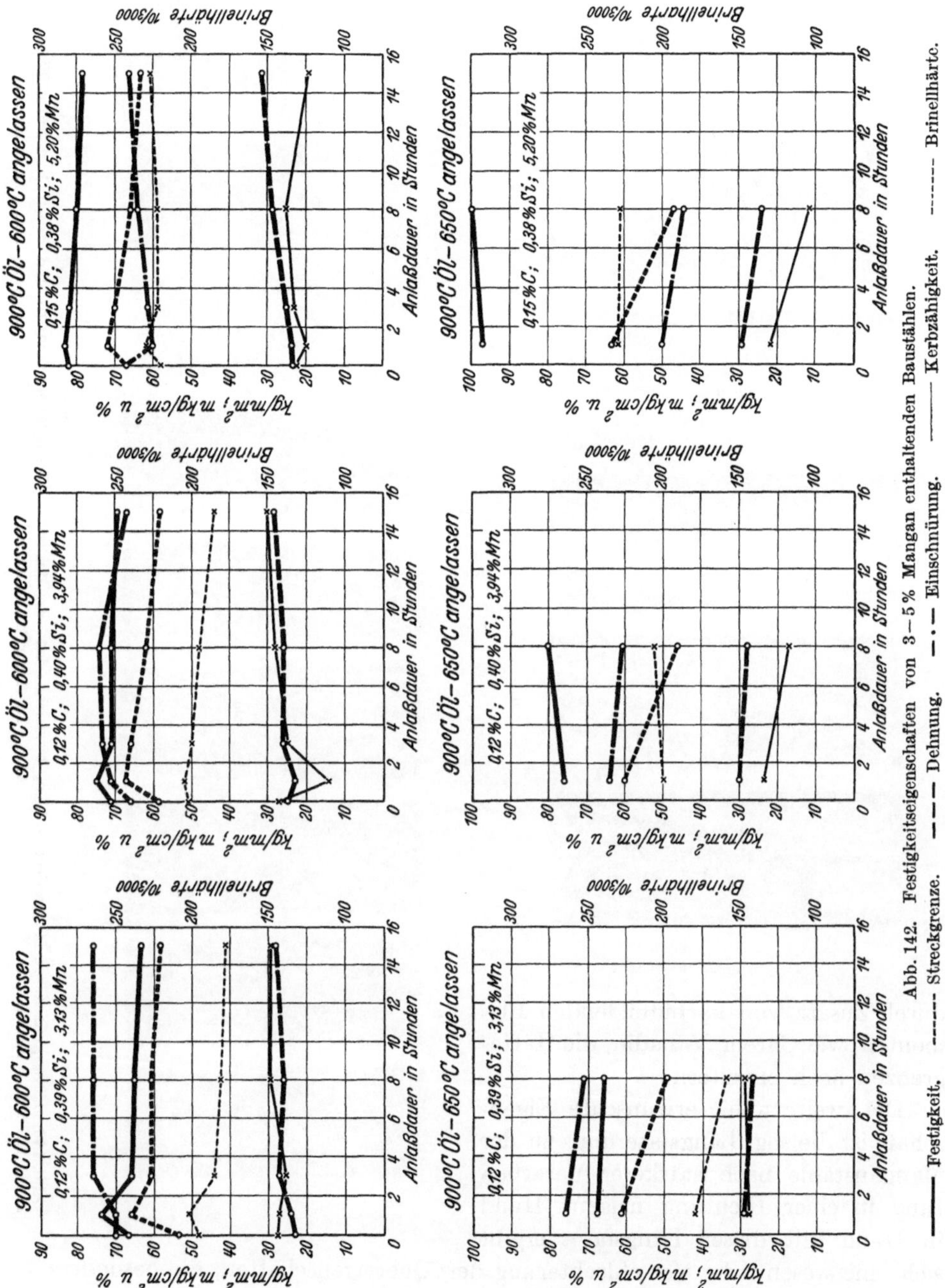

Abb. 142. Festigkeitseigenschaften von 3—5% Mangan enthaltenden Baustählen. —— Festigkeit. — · · — Streckgrenze. — — — Dehnung. — · — Einschnürung. - - - - Kerbzähigkeit. — — — — Brinellhärte.

Werkzeugstähle" erwähnte Überhitzungsempfindlichkeit beim Härten und somit auch beim Vergüten. Daß auch Manganbaustähle mit mittlerem C-Gehalt zur Grobkornbildung neigen, zeigt Abb. 143 an einem Manganfederstahl.

10*

Im angelassenen Zustande tritt der Einfluß der bei der Härtung entstandenen
Grobkornbildung infolge der größeren Weichheit und der dadurch bedingten
höheren Zähigkeit nicht mehr so schädlich in Erscheinung. Auch hier lassen sich

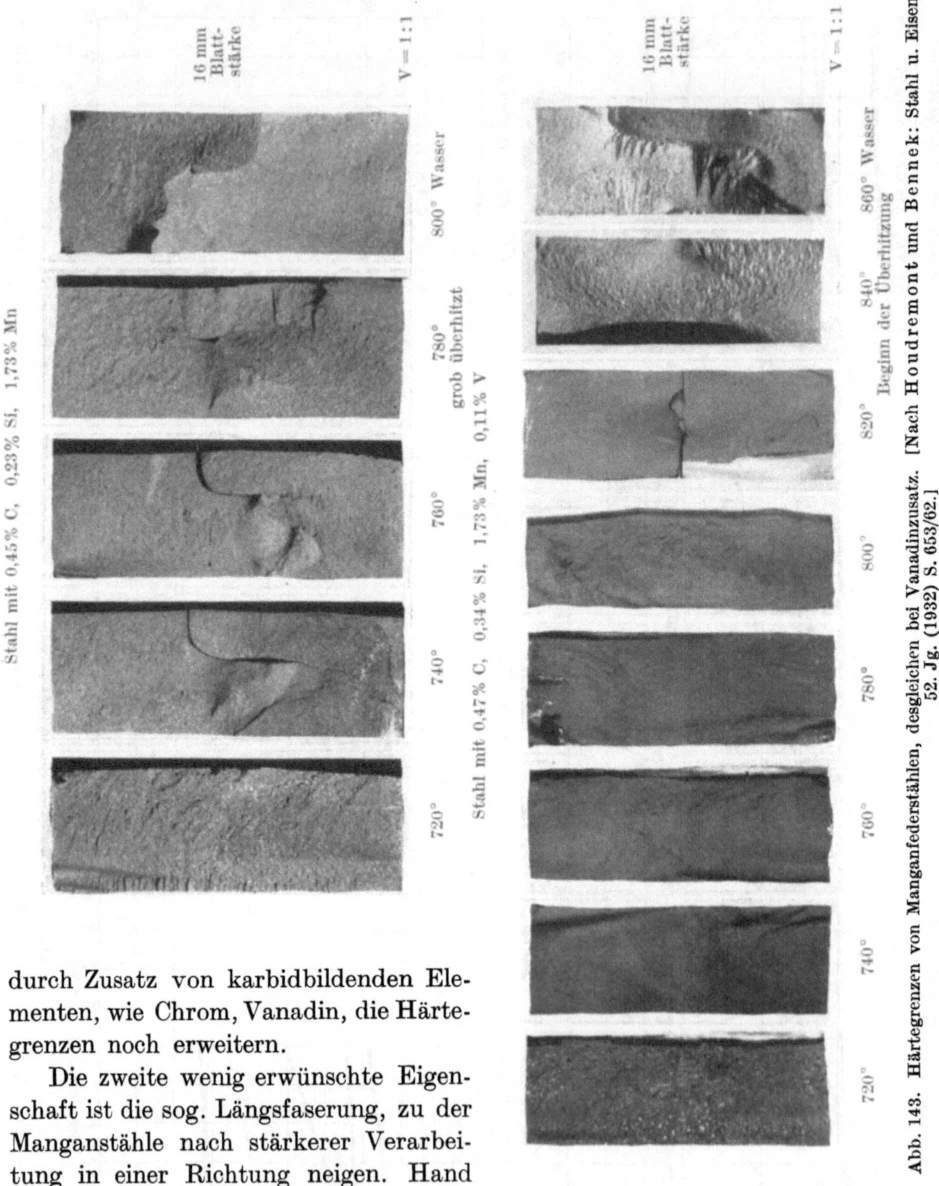

Abb. 143. Härtegrenzen von Manganfederstählen, desgleichen bei Vanadinzusatz. [Nach Houdremont und Bennek: Stahl u. Eisen 52. Jg. (1932) S. 653/62.]

durch Zusatz von karbidbildenden Elementen, wie Chrom, Vanadin, die Härtegrenzen noch erweitern.

Die zweite wenig erwünschte Eigenschaft ist die sog. Längsfaserung, zu der
Manganstähle nach stärkerer Verarbeitung in einer Richtung neigen. Hand
in Hand mit dieser Längsfaser ergibt
sich eine wesentliche Verschlechterung der Quereigenschaften, die besonders in
der Querkerbzähigkeit zum Ausdruck kommt.

Die unterschiedlichen Quer- und Längseigenschaften von zwei verschiedenen
Stahlarten bei gleichem Schmiedungsgrad und gleichen Festigkeitseigenschaften
gehen aus Zahlentafel 26 hervor.

Während bei dem Chrom-Molybdän-Stahl die Kerbzähigkeit nur auf ungefähr 50% des Längswertes in der Querrichtung abfällt, geht bei dem entsprechend verschmiedeten Manganstahl die Kerbzähigkeit auf 25% des Längswertes zurück.

Gerade dieses Beispiel von den Quereigenschaften von Manganstählen ist geeignet, einige Bemerkungen über Qualitätsbegriffe im allgemeinen zu machen, da vielerseits die Nachteile, die sich durch Längsfaserung für die Quereigenschaften ergeben, für Teile, die nur in der Längsrichtung beansprucht werden, als Vorteil hervorgehoben werden. Insbesondere gilt dies für die Verwendung von Manganstählen als Tragfederstahl. Bei ungelochten Tragfederblättern ergeben sich hauptsächlich Längsbeanspruchungen, und der starke längsfaserige Bruch wird auch heute noch vielfach als besonderes Kennzeichen eines hochqualifizierten Federstahles genannt.

Die verschiedenen Eigenschaften von Manganstählen in der Quer- und Längsrichtung sind auf die metallurgische Wirkung von Mangan zurückzuführen. Mangan ist bekanntlich eines der gebräuchlichsten Desoxydationsmittel, gleichzeitig besitzt es den Vorzug, den Schwefel als Mangansulfid abzubinden. Bei Anwesenheit größerer Mengen Mangan im Stahl ergibt sich somit notwendigerweise eine Abbindung von Sauerstoff und Schwefel an Mangan. Da man vielfach der irrigen Auffassung begegnet, daß Manganstähle durch den hohen Mangangehalt an sich schon desoxydiert und keiner allzu scharfen Desoxydation mehr bedürfen, enthalten sie oft wegen der großen Affinität von Mangan zu Sauerstoff und Schwefel größere Mengen von Manganoxydul- und Mangansulfideinschlüssen. Eine ausgeprägte Längsfaserung, wie wir sie in Manganstählen kennen, kann ja nur auf stärker gestreckte Einschlüsse oder auf Seigerungen zurückgeführt werden. Eine besondere Neigung von Mangan, stärkere Seigerung hervorzurufen, besteht aber nicht; die Faserung wird lediglich dadurch begünstigt, daß Manganoxydul und Mangansulfide bei höheren Temperaturen plastisch verformbar sind und sich ohne weitere Zertrümmerung bei der Längsstreckung mitstrecken.

Bei sorgfältiger Desoxydation und Entschwefelung gelingt es, die Einschlüsse im Manganstahl zu vermindern und hierdurch die Längsfaserung zu verringern. Im Gegensatz zu dem faserigen Bruch ergeben derartige desoxydierte Stähle einen ziemlich glatten Bruch. Den Zusammenhang zwischen Längsfaserung, Schlackengehalt und Kerbzähigkeit im federharten Zustand zeigt Abb. 144.

Bei steigendem Gehalt an Schlacken, also schlechter Entschwefelung und Desoxydation, wächst die Faserigkeit des Materials und damit auch die Kerbzähigkeit in der Längsrichtung, während sie in der Querrichtung abfällt. Bei gewaltsamer Schlagbeanspruchung ergeben sich ähnliche Verhältnisse wie für die Kerbschlagprobe, wie Abb. 145 zeigt. Bei Teilen, die also nur längs beansprucht werden, könnte man bei Beanspruchungen bis zum gewaltsamen Bruch eine gewisse Erhöhung der Sicherheit durch hohen Schlacken- und Sulfidgehalt ableiten. Bei Teilen, die quer beansprucht werden, liegen die Verhältnisse genau umgekehrt. Dies gilt aber nur für den Fall des eintretenden Gewaltbruches.

Sieht man von den Gewaltbrüchen ab, so sind bei normaler Verwendung von Federstählen die Schwingungseigenschaften des verwendeten Stahles von ausschlaggebender Bedeutung für die Ausbildung eines Dauerbruches und somit für das Unbrauchbarwerden der Feder. Daher verdient auch der Einfluß

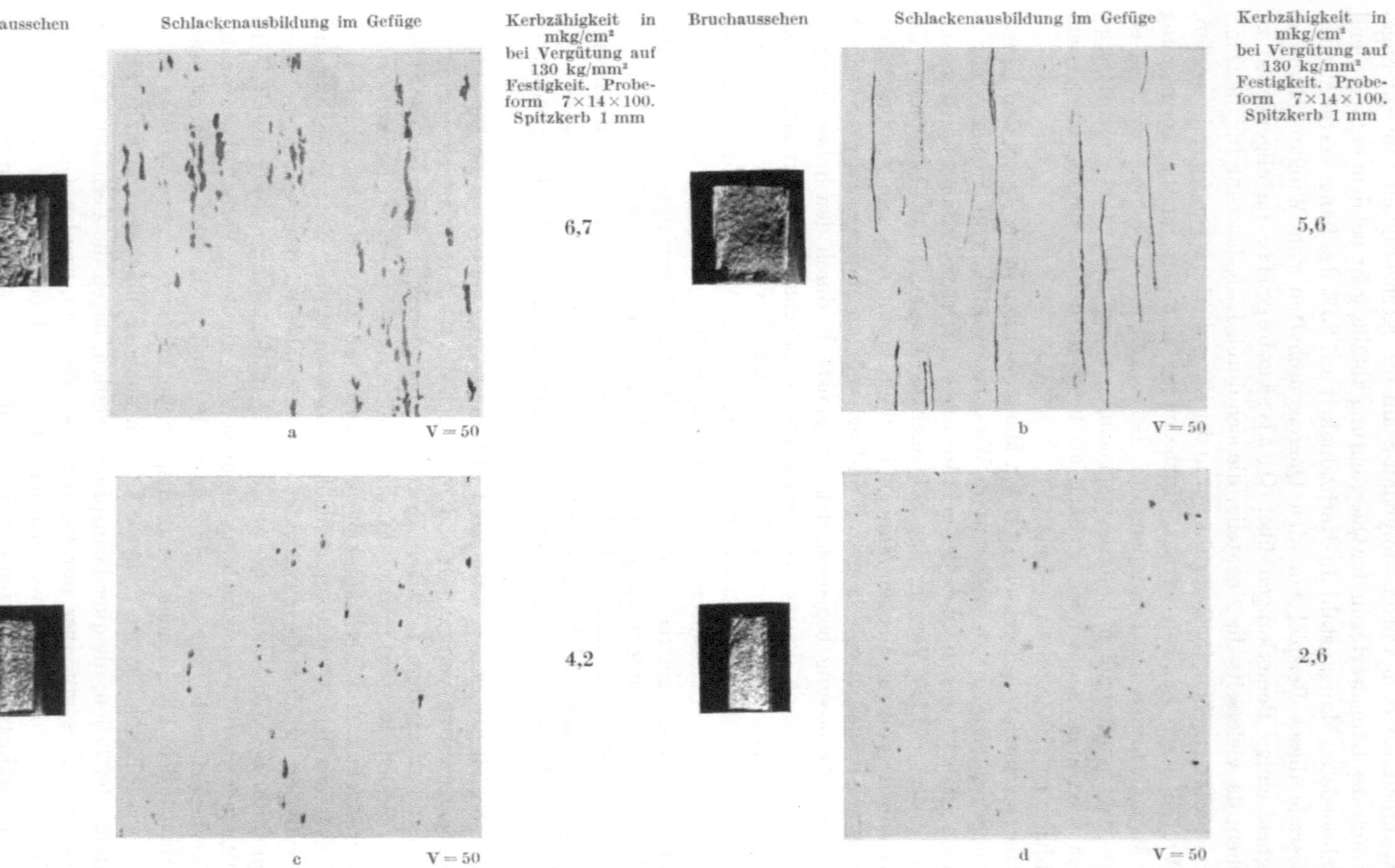

Abb. 144. Zusammenhang von Kerbzähigkeit und Schlackengehalt bei einem Manganfederstahl mit 0,40—0,45% C, 0,30—0,40% Si, 1,50—1,60% Mn. [Nach Houdremont u. Bennek: Stahl u. Eisen 52. Jg. (1932) S. 653/62.

von Schlackeneinschlüssen auf die Schwingungs-Festigkeitseigenschaften eine gewisse Beachtung. Schlackeneinschlüsse wirken wie milde Kerben und vermindern die Schwingungsfestigkeit. Insbesondere werden sich bei Biegebeanspruchungen in der Querrichtung infolge der ungünstigen Lage der Einschlüsse zur Beanspruchung wesentliche Verschlechterungen der Schwingungsfestigkeit ergeben. Bei der Torsionsbeanspruchung werden die Schlackeneinschlüsse ebenfalls von schädlichem Einfluß sein. Somit sind vom Standpunkt der Schwingungseigenschaften Einschlüsse ungünstig zu beurteilen.

Die geschilderten Verhältnisse dürften zur Genüge darlegen, daß auch der sog. Qualitätsbegriff nicht immer einheitliche Gesichtspunkte zusammenfassen kann und je nach den gewünschten Eigenschaften sich verändert.

d) Einfluß von Mangan auf die Einsatzhärtung.

Gegenüber Kohlenstoffstählen sind die durch Mangan hervorgerufenen Veränderungen von Randkohlenstoffgehalt und Eindringtiefe bei niedrigen Zementationstemperaturen praktisch unwesentlich. Von Tammann[1] wird bei Zementation in Hexan-Wasserstoff-Gemischen eine geringfügige Vergrößerung der gefügemäßig festgelegten Eindringtiefe des Kohlenstoffes bis zu 10% Mn festgestellt. Über in gleicher Richtung liegende Beobachtungen berichten Guillet[2] und Giesen[3]. Dies trifft jedoch nur für verhältnismäßig geringe Eindringtiefen zu, bei denen ein merklicher Einfluß eines Legierungselementes weniger zum Ausdruck kommen kann. Dagegen wird bei hohen Zementationstemperaturen und

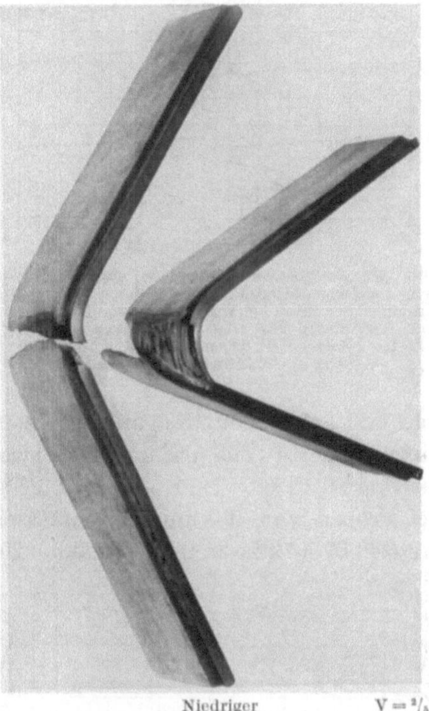

Abb. 145. Schlagbiegeproben von Manganfederstahl verschiedenen Schlackengehaltes bei Vergütung auf gleiche Festigkeit von etwa 130 kg/mm².

längeren Zementationszeiten, die verhältnismäßig hohe Einsatztiefen zur Folge haben, eine Beeinträchtigung der Eindringtiefe durch Manganzusätze bis zu 3% gefunden. Abb. 146 zeigt in Gegenüberstellung die Wirkung eines Mangangehaltes bei niedriger und hoher Zementationstemperatur. Der Randkohlenstoffgehalt wird bei manganhaltigen Stählen gegenüber Kohlenstoffstahl nicht verändert.

Im Gegensatz zu der vom Härten her bekannten Überhitzungsempfindlichkeit höher gekohlter und legierter Manganstähle, zeigen manganlegierte C-arme Einsatzstähle bei der Zementation eine etwas geringere Neigung zur Kornver-

---

[1] Werkstoffausschußbericht Nr. 14 (1922).
[2] Mém. C. R. Trav. Soc. Ing. civ. France (1904) S. 177—207.
[3] Die Spezialstähle in Theorie und Praxis. Freiburg: Craz u. Gerlach 1909.

gröberung als Kohlenstoffstähle. Abb. 147 läßt dies an der Verminderung der Korngröße in der Einsatzschicht durch einen Manganzusatz von 1,5% insbesondere bei stark überhöhten Zementationstemperaturen und langen Zeiten erkennen. Ein weiterer bemerkenswerter Einfluß eines Manganzusatzes besteht darin, daß die Ausbildung eines anormalen Zementationsgefüges, wie es bei Zementation von besonders reinen Eisensorten auftritt, durch geringe Mangangehalte (bis zu 0,5%) vollkommen unterdrückt wird. Dies erklärt sich aus der Herabsetzung der Ar_1-Umwandlung zu tieferen Temperaturen und der dadurch bedingten Verzögerung der Diffusionsgeschwindigkeit des Zementits, die eine Anlagerung des Perlitzementits an den Primärzementit unmöglich macht.

Auf die Kerneigenschaften wirkt Mangan nach Härtung im Sinne einer Festigkeitssteigerung.

Die Verwendung von manganlegierten Einsatzstählen ist im allgemeinen beschränkt geblieben. Manganeinsatzstähle für Kurbelzapfen und ähnliche, stärker dimensionierte Teile, die im Einsatz gehärtet wurden, haben folgende Zusammensetzung: 0,15% C, 1—1,5% Mn, 0,25% Si. Die erreichten Eigenschaften im Kern bei Proben von 100 mm Durchmesser sind etwa folgende: 35 kg/mm² Streckgrenze, 60—70 kg/mm² Festigkeit, 20—25% Dehnung ($1 = 5\,d$), 40—50% Einschnürung. Bei anders legierten Einsatzstählen wird der Mangangehalt möglichst unterhalb 0,6% gehalten, eine Vorschrift, die sich vielfach auch im Schrifttum wiederfindet. Nach dem geschilderten Verhalten von Mangan bei der Einsatzhärtung — Verfeinerung des Kerngefüges — ist die übertriebene Ängstlichkeit Mangan gegenüber nicht gerechtfertigt.

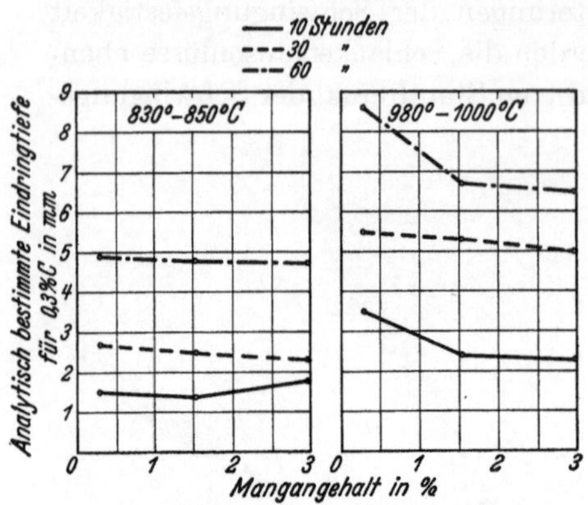

Abb. 146. Einfluß von Mangan auf die Eindringtiefe bei Zementation für hohe und tiefe Zementationstemperaturen bei Verwendung von Holzkohle und Bariumkarbonat (60:40) als Zementationsmittel. (Nach Houdremont u. Schrader: Arch. Eisenhüttenwes. demnächst.)

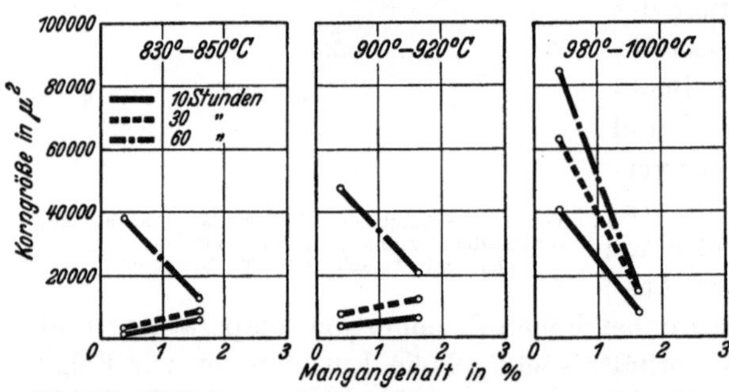

Abb. 147. Einfluß von Mangan auf das Kornwachstum beim Zementieren. (Zementationsmittel: Holzkohle und Bariumkarbonat 60:40.) (Nach Houdremont u. Schrader: Arch. Eisenhüttenwes. demnächst.)

Bei höheren Mangangehalten tritt in der Einsatzhärteschicht eine gewisse Überhitzungsempfindlichkeit ein bei Härtetemperaturen oberhalb 820°. Da die normale Härtetemperatur 780—820° beträgt, dürften bei genauer Temperaturüberwachung in der Härterei auch hier keine Schwierigkeiten auftreten.

In neuerer Zeit wurde in Deutschland ein Mangan-Chrom-Molybdän-Stahl für Einsatzhärtung mit etwa 1,2% Mn entwickelt. Näheres über seine Eigenschaften siehe im Abschnitt Molybdän.

4. Einfluß von Mangan auf die physikalischen Stahleigenschaften.

Der Einfluß von Mangan auf die hauptsächlichsten physikalischen Eigenschaften von Eisen und Eisen-Kohlenstoff-Legierungen geht aus Abb. 148 und 149 hervor. Die Beeinflussung der Wärmeleitfähigkeit, des elektrischen Widerstandes, des Ausdehnungskoeffizienten usw. haben zu keiner praktischen Verwendung von Manganstählen geführt. Im negativen Sinne erwähnenswert ist der Einfluß von Mangan auf die magnetischen Eigenschaften von weichem Flußeisen sowie auf den elektrischen Widerstand. Die Erhöhung der Koerzitivkraft und vor allem der Hysteresis durch Mangan läßt es wünschenswert erscheinen, in allen Werkstoffen, bei denen man eine möglichst geringe Hysteresis, also möglichst geringe Wattverluste verlangt, den Mangangehalt so tief wie möglich zu halten (Weicheisen für elektrische Verwendungszwecke, 4 proz. Silizium-Dynamo-Flußeisen). Die

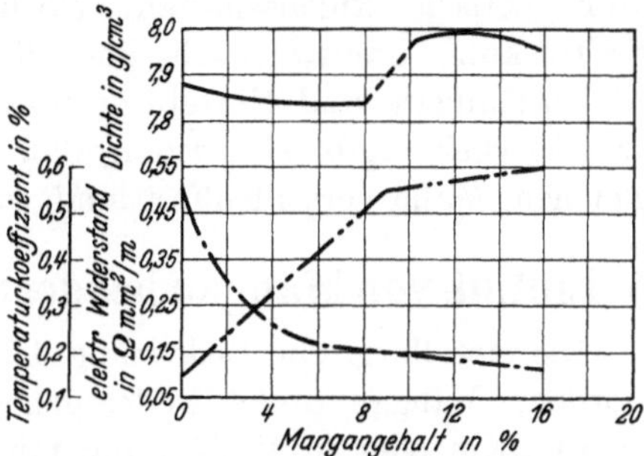

Abb. 148. Dichte, Widerstand und Temperaturkoeffizient des Widerstandes von Eisen-Mangan-Legierungen. (Nach Gumlich: Entnommen aus Mons „Die Spezialstähle" 1922 S. 306.)
–·– Temperaturkoeffizient, –·–· Widerstand, —— Dichte.

Erhöhung des elektrischen Widerstandes läßt es als wünschenswert erscheinen, auch bei besonders weichen Flußeisensorten, die als Leitschienen usw. verwendet werden, den Mangangehalt unter 0,2% zu halten, bei gleichzeitig möglichst niedrigen Gehalten an Kohlenstoff, Kupfer, Silizium usw.

In seltenen Fällen werden als Stähle mit besonderen physikalischen Eigenschaften die höher legierten unmagnetischen austenitischen Manganstähle verwendet. Das einzige Gebiet, auf dem Manganstähle wegen ihrer physikalischen Eigenschaften in größerem Umfange verwendet werden, ist die Elektrotechnik, die für gewisse Zwecke unmagnetische Legierungen mit hohem elektrischem Widerstand braucht. Hier sind die unmagnetischen austenitischen Manganstähle wegen ihres höheren Leitwiderstandes und der infolgedessen geringeren Wirbelstromverluste günstiger als Bronze oder Rotguß. Sie finden Verwen-

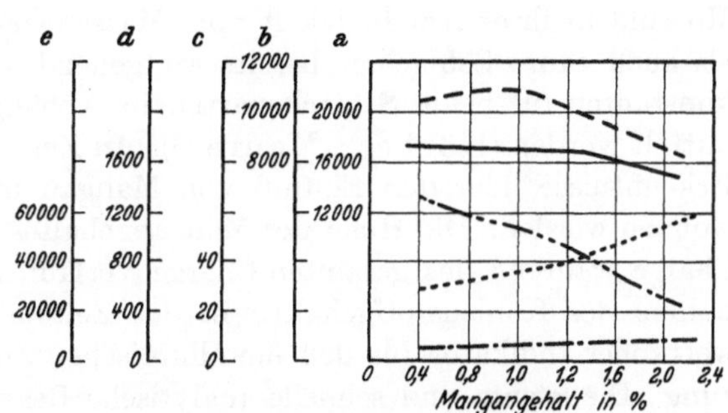

Abb. 149. Einfluß des Mangans auf die magnetischen Eigenschaften von weichem Flußeisen. [Nach Angaben von Lang: Metallurgie Bd. 8 (1911) S. 49/53]
a —— Max. Induktion, cgs.   b – – – Remanenz, cgs.
c –·–·– Koerzitivkraft, cgs.   d –··–·· Permeabilität, cgs.
e ········ Hysteresis, Erg/cm³.

dung für unmagnetische Kappenringe in Dynamos oder als Bandagenwicklungsdrähte. Die Bandagenwicklungsdrähte werden auf Festigkeiten von 150 kg/mm² und mehr kaltgezogen, da sie nur bei diesen hohen Festigkeitszahlen den gestellten Anforderungen genügen können. Auch bei unmagnetischen Kappenringen erhöht man die an sich niedrige Streckgrenze der austenitischen Stähle durch Kaltreckung.

Infolge der schweren Bearbeitbarkeit der bisher beschriebenen hochkohlenstoffhaltigen Manganstähle sowie deren Neigung bei stärkerer Kaltreckung in den magnetischen martensitischen Zustand überzugehen, verwendet man neuerdings einen Stahl mit weniger als 0,4% C und 17—25% Mn. Stähle dieser Art sind wegen des geringen Kohlenstoffgehaltes im Austenit besser bearbeitbar; der hohe Mangangehalt gewährleistet auch ohne Abschreckbehandlung ausreichend stabile unmagnetische Eigenschaften. Noch besser bearbeitbar und auch bei starker Kaltreckung unmagnetisch sind die stabil austenitischen, später erwähnten Nickel-Mangan- und Nickel-Chrom-Stähle. Aus der Tatsache der besseren Bearbeitbarkeit ergibt sich schon, daß die letztgenannten Stahlarten alle nicht in gleichem Maße verschleißfest sind wie der 12proz. Manganhartstahl mit 1,2% C.

5. Einfluß von Mangan bei der Stahlherstellung und -verarbeitung.

Die metallurgische Bedeutung des Mangans ist bereits vorher hervorgehoben worden. Mangan findet weitestgehende Verwendung als Desoxydationsmittel, sei es allein oder in Verbindung mit Aluminium und Silizium. Manganoxydul und Mangansilikate ballen sich verhältnismäßig leicht zusammen und steigen infolge des großen Unterschiedes im spezifischen Gewicht zum Metallbad leicht aus dem Stahl auf. Aus diesem Grunde haben gerade Verbindungen von Silizium mit Mangan als Desoxydationslegierung weite Verwendung gefunden. Das Erschmelzen von Manganstählen kann sowohl im Martinofen als insbesondere im Elektroofen erfolgen, wobei der Elektroofen die Möglichkeit weitgehenderer Desoxydation bietet.

In neuerer Zeit wird in steigendem Maße versucht, an Hand von physikalischen Gesetzen eine bessere Erkenntnis und Beherrschung der metallurgischen Prozesse zu gewinnen. Die Reaktionen zwischen FeO, MnO, Fe und Mn sind in ihrer Abhängigkeit vom Massenwirkungsgesetz sowohl für basische als auch saure Schlacken bereits weitgehend studiert und die Gleichgewichtskonstanten für beide Schlackenarten in Abhängigkeit von der Temperatur ermittelt worden (Körber[1], Maurer[2]). In Zusammenhang damit sind wertvolle Erkenntnisse über den Einfluß von Mangan in metallurgischer Beziehung gewonnen worden. Die Höhe des Mangangehaltes einer basischen Siemens-Martin-Charge während des gesamten Chargenverlaufes ist in Verbindung mit der Abnahme des Kohlenstoffgehaltes in der Zeiteinheit (Frischgeschwindigkeit) ein wertvoller Indikator für den metallurgischen Zustand der betreffenden Schmelzung. Die leichte und schnelle analytische Bestimmbarkeit von Mangan kommt dieser Auswertung des Chargenverlaufes an Hand von Manganbestimmungen sehr zustatten.

Abgesehen von der desoxydierenden Wirkung wirkt Mangan weitestgehend als Entschweflungsmittel auf Roheisen und Stahlbäder ein. Auf die nachteilige Wirkung dieses Einflusses bezüglich Längsfaserung ist hingewiesen worden.

Bei der Verarbeitbarkeit von Manganstählen mit etwa 2% Mangan ist die stärkere Lufthärtbarkeit bei dünnerer Abmessung wegen der Gefahr von Spannungsrissen zu beachten. Die leichte Überhitzungsempfindlichkeit verlangt vor-

---

[1] Mitt. Kais.-Wilh.-Inst. Eisenforschg., Düsseld. Bd.14 (1932) S.181 — Stahl u. Eisen Bd.52 (1932) S.133.

[2] Arch. Eisenhüttenwes. 5. Jg. (1931/32) S.549/557.

sichtige Erwärmung bezüglich Zeit und Temperatur, insbesondere ist die Endtemperatur beim Walzen und Schmieden tief (rund 850°) zu wählen.

Die austenitischen Manganstähle sind insbesondere in größeren Querschnitten
infolge ihrer schlechteren Wärmeleitfähigkeit und ihrer größeren Wärmeausdehnungskoeffizienten empfindlich gegen schnelles Anwärmen. Zu schnelle Erwärmung bedingt Voreilen der Außenzone in der Erhitzungstemperatur. Infolge der stärkeren Ausdehnung der
Außenschicht wird der Kern stark auf
Zug beansprucht, was zu Schrumpf-
rissen (Querrissen) im Kern führen kann.

Auf die Herstellungsmöglichkeit von
Compoundstahl durch Zusammengießen
von Manganhartstahl mit anderen Stählen sei kurz hingewiesen. Abb. 140 zeigt
z. B. eine Compoundschiene, deren Kopf
aus Verschleißgründen aus Manganhartstahl hergestellt wurde.

C. Nickelstähle.

1. Allgemeines.

a) Das System Eisen-Nickel.

Das System Eisen-Nickel weist
(Abb. 150) nach der Erstarrung eine
lückenlose Reihe von Mischkristallen
auf. Über die Ausdehnung des δ-Ge-
bietes, insbesondere die Lage des Punktes Q, besteht noch keine restlose
Klarheit. Als feststehend ist jedoch zu
betrachten, daß die A_4-Umwandlung
erhöht und die A_3-Umwandlung durch
Nickelzusatz erniedrigt wird. Das Sy-

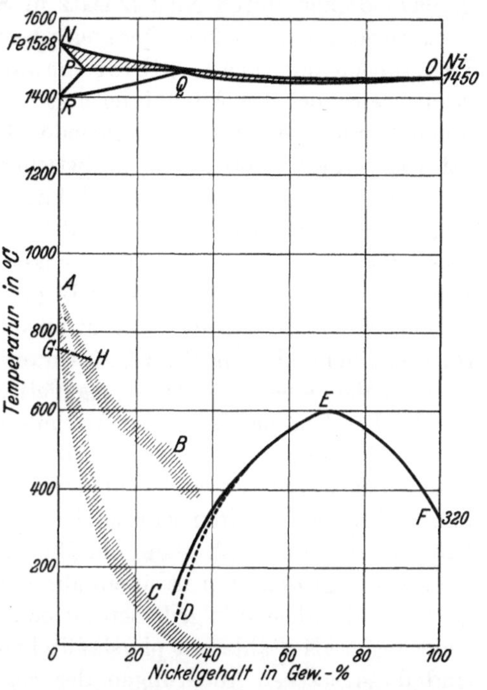

Abb. 150. System Eisen-Nickel. [Zusammengestellt
nach Untersuchungen von Ruer und Schütz:
Metallurgie Bd. 7 (1910) S. 415. — Chevenard,
D. Hanson und H. Hanson: J. Iron Steel Inst.
Bd.102(1920)2, S.39.—D.Hanson und Freemann:
J. Iron Steel Inst. Bd. 107 (1923) 1, S. 301—321. —
Vogel: Z. anorg. allg. Chem. Bd. 142 (1925) S. 216.]

stem Eisen-Nickel gehört also in dieselbe Gruppe wie das System Eisen-Mangan, d. h. zu der Gruppe mit Erweiterung des γ-Gebietes bei unbegrenzter
Mischkristallbildung.

Der untere Teil des Diagrammes ist insbesondere in der Gegend von 20—30%
Nickel noch nicht einwandfrei geklärt. Die Kurve AB stellt das Absinken des
Ac_3-Punktes, der von H ab mit dem Ac_2-Punkt zusammenfällt, dar, während AC
die Linie der Ar_3- bzw. Ar_2-Umwandlung zeigt. Hieraus ergibt sich, ähnlich wie
beim System Eisen-Mangan, die außerordentlich starke Hysteresis der A_3-Um-
wandlungen bei Eisen-Nickel-Legierungen. Die Schraffur um die Linie der
Ac- und Ar-Umwandlung soll andeuten, daß sich diese Umwandlungen nicht
bei einer genau festliegenden Temperatur, sondern in einem gewissen Temperaturintervall abspielen, d. h. der Übergang vom γ-Gebiet ins α-Gebiet bzw.
umgekehrt spielt sich über ein kleines heterogenes Zwischengebiet ab, in dem
beide Phasen nebeneinander beständig sind. Der sich bildende α-Mischkristall

ist etwas nickelärmer als der γ-Mischkristall[1]. Hierdurch wird auch wieder der verringernde Einfluß von Nickel auf die Reaktions- und Umwandlungsgeschwindigkeit gekennzeichnet. Die Entmischung ist bei Eisen-Nickel-Legierungen geringer als bei Eisen-Mangan-Legierungen; die Umwandlungen verlaufen daher weniger träge als bei den entsprechenden Mangan-Eisen-Legierungen. Die Vergrößerung der Hysteresis weist auf eine Verringerung der kritischen Abkühlungsgeschwindigkeit durch Nickelzusatz in Stahllegierungen hin.

Infolge dieser starken Hysteresis besteht bis zu 30% Nickel ein Gebiet von Legierungen mit irreversibler Umwandlung. Eine Legierung mit z. B. 20% Nickel wird bei der Abkühlung erst bei etwa 150° magnetisch, verliert diesen Magnetismus bei einer nachfolgenden Erwärmung aber wieder erst bei Temperaturen von etwa 560°. In dem Zwischentemperaturgebiet kann sie, je nachdem ob sie sich im Zustand der Abkühlung oder der Erwärmung befindet, in zwei magnetisch verschiedenen Zuständen vorkommen, d. h. magnetisch oder unmagnetisch sein. Von etwa 30% Nickel an gibt die Kurve *DEF* die magnetische Umwandlung der nickelreicheren Legierungen an, wobei der gestrichelte Teil der Kurve bei 30—36% Nickel darauf hinweist, daß die Umwandlung in diesem Bereich in einem kleinen Temperaturintervall erfolgt. Die Legierungen über 30% Nickel haben eine reversible magnetische Umwandlung, d.h. sie zeigen sowohl bei der Erwärmung als bei der Abkühlung die magnetische Umwandlung bei derselben Temperatur. Diese Veränderung der magnetischen Eigenschaften der Eisen-Nickel-Legierungen bei höheren Nickelgehalten deutet darauf hin, daß ihr physikalisches Verhalten sehr stark vom Legierungsgrad abhängig ist. Wie später beim Abschnitt über physikalische Nickelstähle noch ausgeführt, stehen alle physikalischen Eigenschaften in einem ähnlichen Abhängigkeitsverhältnis vom Nickelgehalt und haben infolgedessen zu einer reichhaltigen Verwendung der Nickellegierungen als Stähle mit physikalischen Eigenschaften geführt. Wahrscheinlich sind diese starken Änderungen der Eigenschaften durch Nickel auf besondere Stellung der Nickelatome im Eisengitter und deren Veränderung mit steigendem Nickelgehalt zurückzuführen.

b) Kohlenstoffhaltige Eisen-Nickel-Legierungen.

Im Gegensatz zu Mangan wurde eine stabile Karbidbildung zwischen Nickel und Kohlenstoff bisher noch nicht beobachtet. Falls sich Karbide bilden, zerfallen sie sofort zu Nickel und freien Kohlenstoff (Graphit). Das Eutektikum Ni-C liegt bei etwa 2,4% Kohlenstoff. Bei ternären Nickel-Eisen-Kohlenstoff-Legierungen dürfte somit kein Zweifel bestehen, daß das Nickel in der Grundmasse gelöst ist und die Beeinflussung der Eigenschaften durch Nickel im Gegensatz zu Mangan nur durch die Einwirkung auf die Grundmasse, nicht aber durch Karbidbildung erklärt werden kann. Bei höheren Nickel- und Kohlenstoffgehalten ist Neigung zur Graphitbildung festzustellen (Wirkung von Nickel in Gußeisen). Die Verschiebung der *ES*-Linie durch Nickel liegt noch nicht ganz fest, dagegen erfährt der Perlitpunkt durch Nickel ebenso wie durch Mangan eine Verschiebung nach links, d. h. zu tieferen C-Gehalten (Abb. 127).

Durch Nickel wird nicht nur Ac_1 ähnlich wie Ac_3 herabgesetzt, sondern auch die Hysteresis zwischen Ac und Ar vergrößert. Bei 5proz. Nickelstahl

---

[1] Dehlinger: Z. Metallkde. Bd. 26 (1934) S. 112/116.

liegt Ac_1 z. B. bereits bei rund 695°, bei 15% Nickel und 0,25% Kohlenstoff
bei 620° gegenüber 735° bei nickelfreiem Kohlenstoffstahl. Infolge der Verschiebung des A_1-Punktes nach tieferen Temperaturen wird, ähnlich wie bei
Mangan, wegen der verminderten Diffusionsgeschwindigkeit bei tieferen Temperaturen das Umwandlungsgebiet 1 (Umwandlungsgebiet großer Ausscheidungsgeschwindigkeit von Zementit bzw. Ferrit) mit steigendem Nickelgehalt immer
mehr unterdrückt, so daß auch bei langsamer Abkühlung von Temperaturen aus
dem Gebiet der festen Lösung das Gefüge mit steigendem Nickelgehalt von
körnigem Perlit zu streifigem Perlit, zu Sorbit-Troostit, schließlich Martensit
übergeht. Beim Übergang zum Martensit findet eine sprunghafte Verlagerung
der Umwandlungstemperatur aus Umwandlungsgebiet 1 (Ar') nach Umwand-

lungsgebiet 2 (Ar'') in üblicher Art und
Weise statt. Dieser ziemlich plötzliche Übergang in der Herabsetzung der Umwandlungstemperatur erfolgt, wie Abb. 151 zeigt, für
Legierungen mit 0,2% C bei etwa 9% Nickel.
Weitere Erhöhung des Nickelgehaltes bringt
dann eine stetige Erniedrigung der Umwandlungstemperatur Ar'' bis diese bei
25% Nickel praktisch auf Raumtemperatur herabsinkt; insbesondere gilt dies für
Stähle, die außerdem noch gewisse Mengen
Mangan und Kohlenstoff enthalten. Bei gesteigerter Abkühlungsgeschwindigkeit (z. B.
Abkühlung von 1000° in Luft, vor allem
aber Öl oder Wasser) wird ein vollkommen
austenitischer Zustand erhalten, so daß

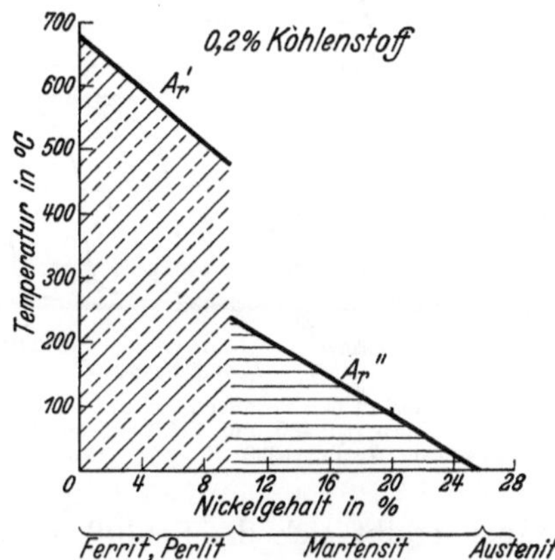

Abb. 151. Einfluß des Nickels auf den Ar_1-Punkt.
Verdoppelung in Ar' und Ar''. (Nach Dejean:
C. R. Acad. Sci., Paris 1917 S. 335.)

diese Stähle sich dann bei Raumtemperatur zwischen Umwandlungsgebiet 1 und 2,
also im verhältnismäßig stabilen austenitischen Zustand befinden. Ähnlich wie bei
den austenitischen Manganstählen tritt durch längeres Erwärmen in dem Bereich
der Umwandlungszone 1 bei 500° eine teilweise Umwandlung in den martensitischen
Zustand ein. Unterstützt wird diese durch vorhergehende Kaltreckung. Bereits
bei Raumtemperatur genügen die durch Kaltrecken erzeugten Spannungen, um
in Einzelfällen die Umwandlung einzuleiten; man kann deswegen des öfteren beobachten, daß durch Kaltziehen, -walzen usw. die unmagnetischen 25% Nickelstähle wieder schwach magnetisch werden. Da die austenitischen Nickelstähle
bei Raumtemperatur zwischen dem Umwandlungsgebiet 1 und 2 liegen, muß bei
Abkühlung unter Raumtemperatur ebenfalls eine teilweise Umwandlung zu
Martensit erfolgen. Beobachten läßt sich eine derartige Umwandlung durch
Abkühlung eines 25proz. Nickelstahles in flüssiger Luft.

Ähnlich wie bei Mangan wird auch bei Nickel die Lage der Umwandlungspunkte
und die Unterdrückung des Umwandlungsgebietes 1 mit steigendem Nickelzusatz
durch die Veränderung der Umwandlungsgeschwindigkeit bedingt. Dieser
Einfluß von Nickel auf die Umwandlungsgeschwindigkeit bei verschiedenen Temperaturen wurde von Bain festgelegt. Einzelne Beispiele aus dieser Arbeit zeigt
Abb. 152. Die Zeiten, die die Umwandlungen erfordern, sind erheblich größer
als bei entsprechenden Kohlenstoffstählen. Allerdings verlaufen die Umwand-

lungen bei den Nickelstählen schneller als bei den betreffenden Manganstählen. Die Ursache der verringerten Umwandlungsgeschwindigkeit dürfte ebenfalls auf eine Ausscheidung von nickelärmeren α-Mischkristallen bei der Umwandlung zurückzuführen sein (s. S. 156 oben).

Auf Grund der Verschiebung der Umwandlungen und somit der Verringerung der kritischen Abkühlungsgeschwindigkeit durch Nickel stellte Guillet[1] ein ähnliches schematisches Diagramm für Nickelstähle wie für Manganstähle auf

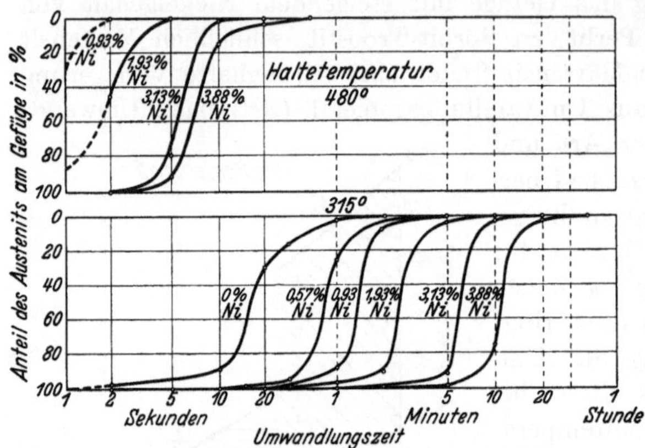

Abb. 152. Einfluß des Nickelgehaltes auf die Geschwindigkeit des Austenitzerfalles bei 480 und 315°. [Nach Bain: Arch. Eisenhüttenwes. 7. Jg. (1933) S. 42.] (Stähle mit 0,55% C.)

(Abb. 153). Genau wie bei Mangan gilt dieses Diagramm nur für verhältnismäßig schnelle Abkühlung der Legierungen von hohen Temperaturen. Die Einteilung der Legierungen bei verschiedenen Abkühlungsgeschwindigkeiten sowie langen Glühzeiten bei verschiedenen Temperaturen wird in etwa derjenigen bei Manganstählen ähnlich werden. Es wird Aufgabe der weiteren Forschung sein, genauere Unterlagen hierüber zu schaffen.

Für den praktischen Gebrauch ergibt sich der Schluß, daß man mit perlitischen, martensitischen und austenitischen Stählen mit entsprechenden Übergangsgruppen und deren Eigenschaften zu rechnen hat und daß Nickelstähle zur Erreichung stabiler Gleichgewichtszustände eines längeren Verweilens auf entsprechenden Glühtemperaturen bedürfen.

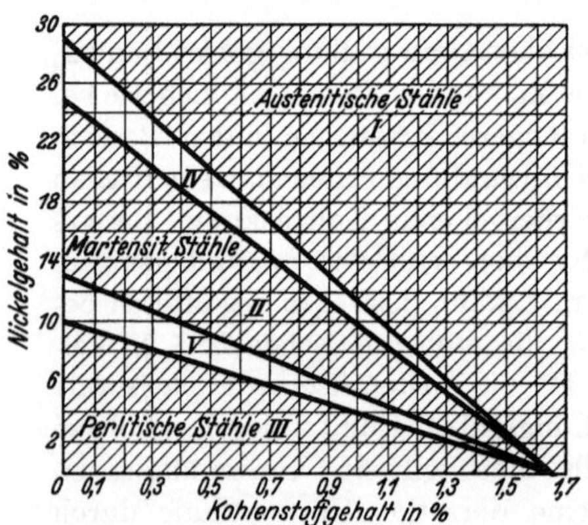

Abb. 153. Gefügediagramm der Nickelstähle. (Nach Guillet.)

2. Nickel in Werkzeugstählen.

Die Anwendung von Nickel bei Sonderstählen ist hauptsächlich in seinem Einfluß auf die kritische Abkühlungsgeschwindigkeit begründet. Infolge der Vergrößerung der Hysteresis und der Herabsetzung der Ar-Umwandlung wird unter gleichen Abkühlungsverhältnissen auch bei langsamer Abkühlung schon nach dem Glühen eine größere Kornfeinheit und eine feinere Karbidverteilung

infolge der eintretenden Unterkühlung erreicht. Gleichzeitig ist es möglich, bei Zusatz von Nickel größere Durchhärtung zu erzielen und somit auch von schrofferen Ablöschmitteln, wie Wasser, zu milderen Ablöscharten, wie Öl und Luft, überzugehen. Der Einfluß der verschiedenen Härtearten auf einen Stahl mit 5% Nickel, 0,5% Kohlenstoff ist in Abb. 70 wiedergegeben worden. Wie hieraus

[1] Les Aciers Speciaux (Verlag Dunod, Paris 1904).

hervorging, werden bei diesem Stahl bei Preßluftabkühlung ungefähr ähnliche Härtezahlen erreicht wie bei Wasserabkühlung. Trotz dieser Beeinflussung der Härtefähigkeit durch Nickel haben reine Eisen-Kohlenstoff-Nickel-Legierungen kaum Verwendung im Werkzeugstahlgebiet gefunden. Es wird z. B. ein Stahl mit 1% C und 1% Ni zur Herstellung von Wirknadeln verwendet. Das Nickel gibt hier gleichmäßigere Härte und erhöhte Zähigkeit. Derselbe Stahl eignet sich wegen seiner guten Tiefenhärtung auch für Kaltschlagwerkzeuge. Der Grund für die seltene Verwendung von Nickel dürfte darin zu suchen sein, daß Nickel nicht in der Lage ist, die absolute Härte von wassergehärteten Kohlenstoffstählen zu erhöhen. Da auch keine verstärkte Karbidbildung und somit kein durch eingelagerte Karbide erhöhter Verschleißwiderstand erzielt wird, kommt eine Verwendung für schneidende und auf Verschleiß beanspruchte Werkzeuge nicht in Frage. Die Härte von Nickelstählen entspricht mehr dem Begriff Zähhärte. Die Verwendung von Nickel auf dem Werkzeugstahlgebiet beschränkt sich daher im wesentlichen auf die Verwendung als Zusatzelement zu Stählen, die noch weitere Legierungselemente, wie Wolfram, Chrom, Molybdän usw., enthalten. Auch bei diesen Stählen beschränkt sich die Anwendung von Nickel auf solche Verwendungszwecke, bei denen es mehr auf Steigerung der Druckfestigkeit

V = 1 : 1   V = 1 : 1
1,06% C, 0,25% Si, 0,29% Mn,   0,98% C, 0,28% Si, 0,25% Mn,
0,89% W, 0,1% Ni.   1,08% W, 0,95% Ni.

Abb. 154. Erhöhte Durchhärtung durch Nickelzusatz bei einem Wolframstahl nach Wasserablöschung von 800° in 30 mm ⌀ Abmessung.

und Tragfähigkeit infolge erhöhter Durchhärtung ankommt als auf Schneidfähigkeit. Näheres hierüber bringen die späteren Abschnitte Chrom usw.

Zur Erklärung der Wirksamkeit von Nickel seien nur einige Beispiele angeführt. Für Kaltbearbeitungswerkzeuge, z. B. Schlagmatrizen für Schrauben und Nietenherstellung, Prägewerkzeuge u. dgl., die stärkeren Drücken oder Schlägen unterworfen sind, findet ein Stahl mit 1% C, 1% W, 1% Ni Verwendung. Die erreichte höhere Tiefenhärtung durch den Zusatz von Nickel (Abb. 154) sowie die höhere Kernfestigkeit auch im nichtmartensitischen Kern in größeren Querschnitten geben dem Stahl einen höheren Widerstand gegen Druck- und Schlagbeanspruchung. Die kornverfeinernde Wirkung von Nickel, insbesondere im Kern gehärteter Werkzeuge, erhöht die Zähigkeit und somit ebenfalls den Widerstand gegen Schlag und Stoß. Die Härtung eines derartigen Stahles erfolgt von 760—800° in Wasser.

Ähnliche Ergebnisse lassen sich mit jedem anderslegierten Stahl durch Zusatz von Nickel erzielen (s. später unter Chromstähle). Die Steigerung der Härtetiefe von Chromstählen durch Nickel siehe bei Cr-Ni-Stählen.

3. Nickel in Baustählen.

Die größte Verwendung hat Nickel als Legierungselement in Baustählen gefunden.

Infolge der Verringerung der kritischen Abkühlungsgeschwindigkeit ergibt sich die Möglichkeit, durch Steigerung des Nickelzusatzes die Vergütbarkeit der Stähle, auch bis zu größeren Abmessungen, zu verbessern. Da im Gegensatz zu Mangan Nickel keine große Affinität zu Sauerstoff aufweist, sondern schlechter oxydierbar ist als Eisen, tritt durch Nickel bei der Stahlherstellung keine stärkere Oxydbildung ein. Auch bei größeren Gußblöcken bedingt Nickel infolgedessen keine Verschlechterung der Eigenschaften in der Querrichtung. Gleichzeitig sind die Nickelstähle nicht so überhitzungsempfindlich wie die entsprechenden Manganstähle, so daß bei größeren Schmiedestücken das Nickel in seiner Wirkung bezüglich Durchvergütung und Zähigkeit in Längs- und Querrichtung durch kein anderes Element ersetzt werden kann.

Einen prinzipiellen Überblick über den Einfluß von Nickel auf die Festigkeitseigenschaften im Walzzustand gibt Abb. 155. Wie bereits bei dem gleichen Bild für Manganstähle hervorgehoben, handelt es sich hierbei nicht nur um den rein die Festigkeit steigernden Einfluß von Nickel auf die Grundmasse, sondern gleichzeitig um den Einfluß von Nickel auf die kritische Abkühlungsgeschwindigkeit. Im geglühten Zustand bewirkt Nickel, solange man nicht in das Gebiet der martensitischen Nickelstähle hineingelangt, nur eine geringe Steigerung der Festigkeit, wie z. B. aus der Zahlentafel 27 hervorgeht. Reine Nickelbaustähle weisen Kohlenstoffgehalte von 0,10—0,5% auf. Die niedrig gekohlten mit 0,15% C werden als Vergütungs- und Einsatzstähle, die höher kohlenstoffhaltigen nur im vergüteten Zustande verwendet.

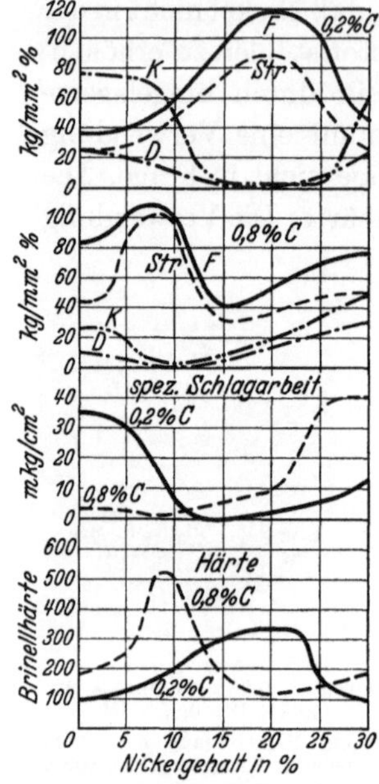

Abb. 155. Einfluß des Nickels auf Festigkeitseigenschaften, Härte und spezifische Schlagarbeit von Stahl mit 0,2 bzw. 0,8% C. (Nach Guillet: All. Mét. S. 288/89.)

Zahlentafel 27. Einfluß des Ni-Gehaltes auf die Zugfestigkeit von Ni-Stählen.

Zusammensetzung				Be-handlungs-art	Festigkeitswerte				
C	Si	Mn	Ni		Streck-grenze	Festigkeit	Dehnung $l = 5d$	Ein-schnürung	Brinell-härte
%	%	%	%		kg/mm²	kg/mm²	%	%	
0,14	0,25	0,48	2,94	geglüht	37	52,2	38,8	65	142
0,11	0,28	0,47	4,84	,,	38	58,4	30,0	63	164
0,14	0,22	0,56	7,04	,,	48	73,8	23,2	60	203

Einfluß des C-Gehaltes auf die Festigkeit von Ni-Stählen.

C	Si	Mn	Ni	Be-handlungs-art	Streck-grenze	Festigkeit	Dehnung $l = 5d$	Ein-schnürung	Brinell-härte
0,11	0,28	0,47	4,84	geglüht	38	58,4	30,0	63	164
0,28	0,26	0,44	4,84	,,	42	63,2	27,3	60	180
0,54	0,33	0,53	5,02	,,	47	78,4	22,5	51	214

a) Nickel-Vergütungsstähle.

Der Einfluß der Durchvergütung durch Nickel läßt sich, wie bereits ausgeführt, am besten am Verhältnis von Streckgrenze zu Bruchgrenze beurteilen. In Abb. 105 ist die Abnahme dieses Verhältnisses bei steigendem Querschnitt bei Stählen verschiedenen Nickelgehaltes aufgetragen. Wie man aus dieser

Abbildung ersieht, ist von 2% Nickel an aufwärts zwischen einem Querschnitt von 20—200 mm Durchmesser keine Abnahme des Streckgrenzenverhältnisses mehr festzustellen, die Stähle vergüten also auch bei diesen großen Querschnitten durch.

Vergleicht man die Wirkung des Nickels auf die Durchvergütung mit derjenigen des Mangans, so besteht kein wesentlicher Unterschied. Auf Grund der Guilletschen Einteilung über Manganstähle und der Tatsache, daß ein 12proz. Manganstahl (mit 1% C) sowie ein 25proz. Nickelstahl als austenitische Stähle Verwendung finden, hat sich vielfach die Ansicht ergeben, daß Mangan und

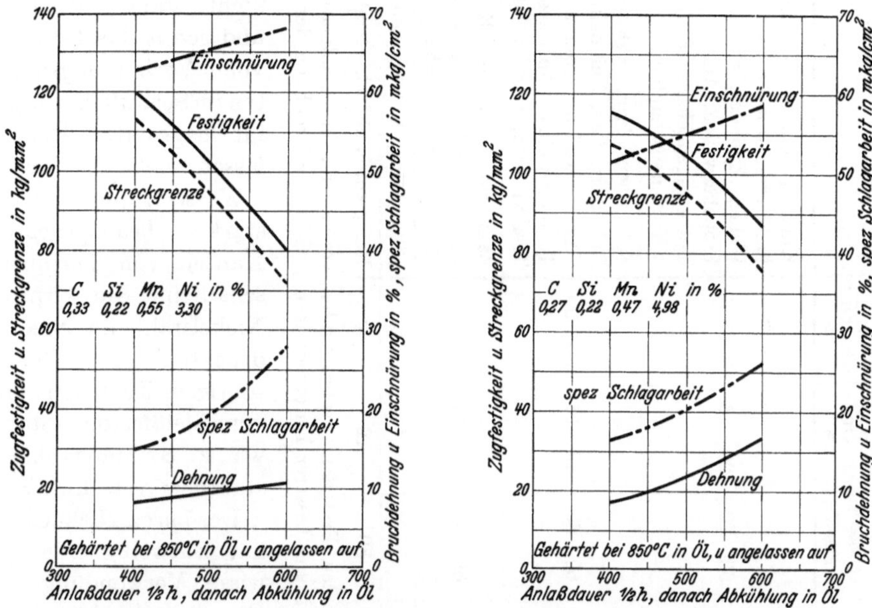

Abb. 156. Vergutungskurven eines 3- und 5proz. Nickelstahles fur einen Querschnitt von 50 mm Durchmesser nach Ölablöschung von 850°. (Nach Oertel: Werkstoffhandbuch Stahl u. Eisen H. 31, S. 4—5.) (Die Kurven sind idealisiert und ergeben nur Anhaltswerte.)

Nickel gleiche Wirkung im Stahl hervorrufen, wenn man zweimal soviel Nickel wie Mangan (25:12) zusetzt. Es ist aber bereits darauf hingewiesen worden, daß Mangan nicht nur auf die Grundmasse wirkt, sondern viele Eigenschaften von Manganstählen auf den gegenseitigen Einfluß von Mangan und Kohlenstoff, also Mangankarbidbildung, auf die schnelle Auflösung der Karbide in der festen Lösung usw. zurückzuführen sind. Letzteres ist bei Nickel nicht der Fall. Bereits bezüglich Durchhärtung und Durchvergütung kann man die Wirkung von Nickel nach den heutigen Erkenntnissen nicht durch die halbe Menge Mangan ersetzen. Aus dem später beschriebenen Einfluß von Mangan und Nickel bei den rostfreien Chromstählen geht erst recht hervor, daß die alte Faustregel Nickel:Mangan = 2:1 nicht überall angewandt werden kann, sondern jedem Element seine spezifische Wirkung zukommt.

Zahlentafel 28 gibt die Zusammensetzung und die Verwendungszwecke verschiedener Nickelbaustähle an. Abb. 156 zeigt die Vergütungsschaubilder von 3- und 5proz. Nickelbaustählen. Der 5proz. Nickelstahl mit C-Gehalten von 0,1—0,2% hat besonders große Verbreitung als Turbinenschaufelwerkstoff für

Zahlentafel 28. Nickelstähle, Zusammensetzung und Verwendung.

Ungefähre Zusammensetzung				Festigkeitswerte (Öl- oder Luftvergütung) vergütet					Verwendungszweck
C %	Si %	Mn %	Ni %	geglüht Brinellhärte	Streckgrenze kg/mm²	Festigkeit kg/mm²	Dehnung $L = 10d$ %	Einschnürung %	
0,10/0,20	0,30	0,50	1,0 1,5 2,0 3,0 5,0	140—175	32—45	50—70	20—18	60	Kurbelwellen, Kurbelachsen, Hohlwellen Laufräder, Rotorkörper, Deckel Wellen, Zylinder, Flanschteile Propellerwellen, Anker, Kurbelblätter Motorwagenachsen, Kolbenstangen, Kurbelwellen, Turbinenschaufeln
~0,30	0,30	0,50	1,0 1,5 2,0 3,0 5,0	160—190	35—50	60—80	18—14	55—50	Schraubenbolzen, Mühlenwellen, Kolbenstangen Induktorwellen, Spindeln, Nabenscheiben Exzenterwellen, Trommelwellen, Rotorkörper Turbinenwellen, Antriebsritzel, Kupplungsstangen Treibkurbeln, Lokomotivkurbelachsen
~0,40	0,30	0,50	1,0 1,5 2,0	175—190	38—45	65—80	16—14	50—45	Zahnkränze, Plunger, Kammwalzen Induktorwellen, Hochdruckflaschen Rotorplatten, Querhäupter
~0,50	0,30	0,60	1,0	190	42	75	14	45	Pilgerdorne, Motorwellen, Kreuzköpfe
~0,60	0,30	0,60	1,0	200	45	80	12	40	Rezipientenmäntel, Richtachsen, Zahnkränze

Stähle dieser Zusammensetzung mit den entsprechenden Festigkeitswerten finden vorwiegend im Großmaschinenbau Anwendung. Die Steigerung des Ni-Gehaltes erfolgt hauptsächlich zur Erzielung besserer Durchvergütung, nicht zur Erhöhung der Festigkeit.

Dampfturbinen gefunden. Der Nickelzusatz bewirkt eine geringe Erhöhung des Korrosionswiderstandes. Besonderen Vorteil bietet dieser Stahl, weil er unempfindlich gegen Wärmebehandlung ist, d. h. nicht stark lufthärtet und somit das Einlöten von Verbindungsdrähten im Schaufelkranz gefahrlos gestattet. Ebenso lassen sich die durch Wassertropfenschlag stark beanspruchten Kanten von Turbinenschaufeln aus 5proz. Nickelstahl im Niederdruckteil der hochtourigen Turbinen mit verschleißfesten Stahl, wie z. B. Manganhartstahl usw., verschweißen.

Der 7proz. Nickelstahl hat zeitweilig eine gewisse Verwendung als Gewehrlaufstahl mit etwas verbessertem Korrosionswiderstand gefunden (rostträger Gewehrlaufstahl).

Besonderes Interesse haben auch die Eigenschaften von Nickelstählen in der Wärme, da sie als Kesselbaustoffe große Verwendung fanden. Die Warmfestigkeiten bei rund 60 Minuten Zerreißdauer zeigt Zahlentafel 29 in Gegenüberstellung zu unlegiertem Flußstahl. Die Dauerstandfestigkeit eines 5proz. Nickel-

stahles nach dem Prüfverfahren von Pomp zeigt Zahlentafel 30. Die Dauerstandfestigkeit oberhalb 400° wird durch Nickelzusatz nicht wesentlich gegenüber gewöhnlichem Flußeisen erhöht. Immerhin dürfte der Vorteil der bei Raum-

Zahlentafel 29.
Warmfestigkeitswerte von einigen Nickelstählen und von Flußstahl.

3proz. Ni-Stahl Nickelstahl D				5proz. Ni-Stahl Nickelstahl A				Flußstahl II		
C %	Si %	Mn %	Ni %	C %	Si %	Mn %	Ni %	C %	Si %	Mn %
0,15	0,27	0,35	3,0	0,14	0,23	0,38	4,9	0,18	0,10	0,42
Behandlungsart: 800° Luft				800° Luft				900° Luft		

| Prüf-temperatur | Festigkeitswerte | | | | Festigkeitswerte | | | | Festigkeitswerte | | | |
	Streck-grenze kg/mm²	Festig-keit kg/mm²	Deh-nung $L = 5d$ %	Ein-schnü-rung %	Streck-grenze kg/mm²	Festig-keit kg/mm²	Deh-nung $L = 5d$ %	Ein-schnü-rung %	Streck-grenze kg/mm²	Festig-keit kg/mm²	Deh-nung $L = 5d$ %	Ein-schnu-rung %
20°	35	50,4	33,0	62	43	53,6	33,3	63	28	44,2	38,3	63
100°	35	52,0	21,0	54	40	54,0	20,3	59	28	40,6	32,3	61
200°	34	56,0	21,8	52	39	56,3	21,8	59	20	40,6	30,0	63
300°	23	52,3	33,1	61	27	56,9	39,0	66	14	41,2	30,1	61
400°	20	36,2	48,1	75	24	41,8	46,2	79	12	33,1	62,5	79
500°	15	21,5	74,4	85	13	21,5	77,8	89	9	20,9	67,5	78

Die Dauer des Zerreißversuches betrug etwa 60 Minuten.

temperatur vorhandenen höheren Festigkeit und Streckgrenze in der Bewährung
dieser Stähle für Kesseltrommeln zum Ausdruck kommen, solange die Temperaturen 300—350° nicht überschreiten.

Ein weiterer Vorteil, der den Nickelstählen nachgerühmt wird, ist die Unempfindlichkeit gegen Alterung. Unter Alterung versteht man in diesem Zusammenhang denjenigen Abfall von Kerbzähigkeit, den ein Material erleidet,

Zahlentafel 30. Dauerstandfestigkeitswerte eines 5proz. Ni-Stahles.

Zusammensetzung				Ausgangsfestigkeit			
C %	Si %	Mn %	Ni %	Streckgrenze kg/mm²	Festigkeit kg/mm²	Dehnung $L = 5d$ %	Einschnurung %
0,16	0,30	0,43	4,96	45,7	66,9	28,9	68,3

| Belastung in kg/mm² für eine Dehngeschwindigkeit | Pruftemperatur | | | |
	350°	400°	450°	500°
von 0,0005% in der 25. bis 35. Stunde	29	18	7,5	3,5
von 0,0015% in der 25. bis 35. Stunde	37	26	13	5,5

(Abgekürzte Dauerstandfestigkeiten für bestimmte Dehngeschwindigkeiten in der 25. bis
35. Stunde.)

wenn es nach erfolgter Kaltreckung oder gleichzeitig während der Reckung
einer Temperatur von 200—300° ausgesetzt wird oder längere Zeit nach der
Reckung unterhalb dieser Temperaturen, z. B. bei Raumtemperatur, lagert. Bei
normalen unruhigen Kessel-Flußeisensorten kann durch eine Reckung und
Alterung ein Herabsinken der Kerbzähigkeit von 20 mkg/cm² und mehr auf
2 mkg/cm² und weniger stattfinden. Näheres hierüber siehe später unter Sauerstoff.

Da bei Kesseltrommeln bei der Kesselherstellung durch Einwalzen von Rohren sowie auch durch Betriebsbeanspruchungen Kaltverformungen vorkommen und außerdem Erwärmungen auf 200—300° unvermeidlich sind, treten bei in Betrieb befindlichen Kesseln derartige Alterungserscheinungen ein. Die starke kornverfeinernde Wirkung von Nickel macht die Nickelstähle gegen den Kerbzähigkeitsabfall durch Alterung unempfindlicher. Hierüber soll ebenfalls im allgemeinen Zusammenhang mit dem Problem der Alterung im Abschnitt Sauerstoff berichtet werden. Heute werden reine Nickelstähle seltener verwendet, sie sind meist durch entsprechende Cr-Ni-, Cr-Ni-Mo-, Ni-Mo-, Mn-Mo-Stähle ersetzt, insbesondere auch durch die warmfesteren Cr-Mo-Stähle für Hochdruckkesseltrommeln usw.

b) Nickel-Einsatzstähle.

Über die Wirkung von Nickel auf das Verhalten von Einsatzstählen bei der Zementation liegen recht widersprechende Angaben vor. Von Guillet[1], ferner Giesen[2] wird dem Nickelzusatz eine Behinderung der Randaufkohlung zugeschrieben, während Tammann[3] ebenso wie Lothrop[4] eine Vergrößerung der Einsatztiefe bei Gehalten bis zu 10% feststellen, bei weiterer Erhöhung des Nickelgehaltes eine Verringerung. Weitere Untersuchungen von McQuaid und Mullan[5] an 3- und 5proz. Nickelstählen bestätigen eine Verzögerung der Randaufkohlung, während bei

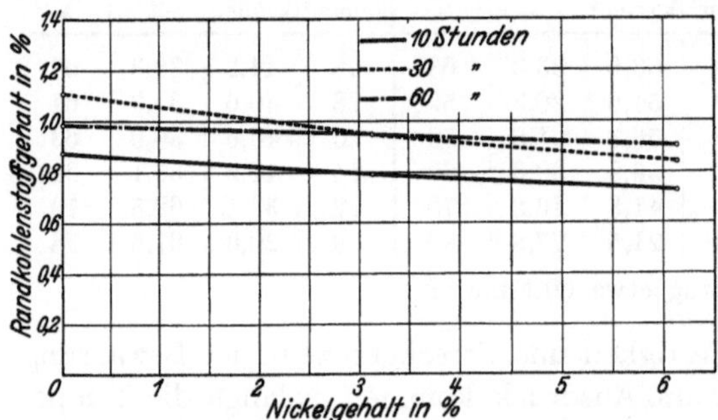

Abb. 157. Veränderung des Randkohlenstoffgehaltes bei Zementation in Holzkohle und Bariumkarbonat durch Nickelzusatz für eine Zementationstemperatur von 830—850°. (Nach Houdremont u. Schrader: Arch. Eisenhüttenwes. demnächst.)

Zementation in Zyanidschmelzen von Herrmann und Thews[6] bei 3proz. Nickelstählen eine günstigere Tiefenwirkung aufgefunden wird. Es liegen hier die Verhältnisse ähnlich wie bei den Manganeinsatzstählen, daß diese Betrachtungen allgemein für verhältnismäßig geringe Eindringtiefen aufgestellt sind. Bei einer neueren Untersuchung[7] über die Wirkung von Nickel bei größeren Einsatztiefen wurde festgestellt, daß durch Nickelzusatz eine Herabsetzung des Randkohlenstoffgehaltes hervorgerufen (Abb. 157) und ebenso die Eindringtiefe vermindert wird (Abb. 158). Diese Verminderung der Eindringtiefe tritt allerdings hauptsächlich bei den längeren Zementationszeiten in Erscheinung. Bei Anwendung höherer Zementationstemperaturen liegen im übrigen die Verhältnisse ähnlich. Ein Nickelgehalt im Einsatzstahl verursacht eine beträchtliche

---

[1] Mém. C. R. Trav. Soc. Ing. civ. France 1904 S. 177—207.

[2] Die Spezialstähle in Theorie und Praxis. Freiburg: Craz & Gerlach 1909.

[3] Werkstoffausschußbericht Nr. 14 1922.

[4] Trans. Amer. Soc. mech. Engr. 1912 Nr. 1372 S. 939.

[5] Trans. Amer. Soc. Stl. Treat. Bd. 16 (1929) Nr. 7 S. 860—892.

[6] Die Einsatzhärtung von Stahlteilen im Cyanidschmelzfluß. Werkst.-Techn. 27 (1933) S. 156.

[7] Houdremont u. Schrader: Arch. Eisenhüttenwes. demnächst.

Herabsetzung des Kornwachstums bei Zementationsüberhitzung (Abb. 159). Auf diese verhältnismäßig geringe Neigung von Nickelstählen zur Kornvergröberung bei Einsatzbehand-

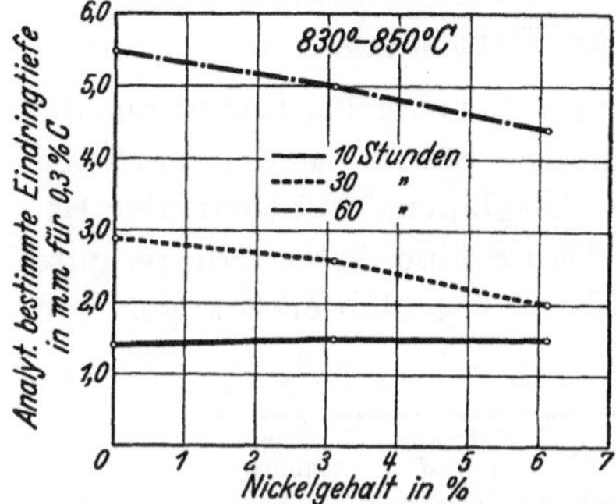

Abb. 158. Wirkung von Nickel auf die Eindringtiefe bei Zementation in Holzkohle und Bariumkarbonat für eine Zementationstemperatur von 830—850°. (Nach Houdremont u. Schrader: Arch. Eisenhüttenwes. demnächst.)

lung wird auch von Brearly-Schäfer[1] und Oertel[2] hingewiesen.

Die gebräuchlichen Nickeleinsatzstähle, ihre Eigenschaften geglüht und gehärtet, sowie ein-

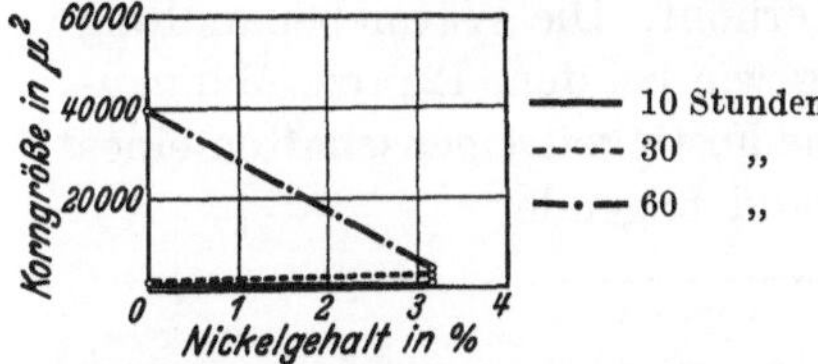

Abb. 159. Kornverfeinerung durch Nickelzusatz bei Überhitzung während der Zementation in Holzkohle und Bariumkarbonat für eine Temperatur von 830—850°. (Nach Houdremont und Schrader: Arch. Eisenhüttenwes. demnächst.)

zelne Verwendungszwecke zeigt Zahlentafel 31. Im Vergleich zu den entsprechenden Cr-Ni-Stählen lassen sich 5 proz. Nickelstähle verhältnismäßig gut ausglühen

---

[1] Die Einsatzhärtung von Eisen und Stahl (Berlin: Julius Springer 1926) S. 102.

[2] Werkstoffhandbuch Stahl und Eisen N 11.

Zahlentafel 31. Nickelstähle für Einsatzhärtung.

Ungefähre Zusammensetzung					Festigkeitswerte								Verwendungszweck
					geglüht				gehärtet Kern				
C %	Si %	Mn %	Ni %	Cr %	Streck-grenze kg/mm²	Festig-keit kg/mm²	Dehnung 10d %	Ein-schnü-rung %	Streck-grenze kg/mm²	Festig-keit kg/mm²	Dehnung 10d %	Ein-schnü-rung %	
0,12/0,14 (EN 15)	0,30	0,50	1,5	—	30	50	24	70	45	70	14	55	Zahnräder, Schnecken, Steuerungsteile
0,10/0,17 (SAE 2115)	max 0,35	max 0,50	1,25/1,75	max 0,20									Schneckenmuttern, Präzisionsspindeln in Werkzeugmaschinen, Bolzen, Schalt- und Lenkhebel, Zahnräder
0,10/0,20	—	0,30/0,60	1,25/1,75	—									
0,12/0,14 (SAE 2315)	0,30	0,50	3,0	—	30	55	22	65	50	75	15	60	
0,10/0,20	—	0,30/0,60	3,25/3,75	—									
0,12/0,14 (SAE 2512)	0,30	0,50	5,0	—	35	60	20	65	55	80	15	60	Achsschenkel, Zapfen, Wellen (vergütet für Turbinenschaufeln), Zahnräder
max 0,17	—	0,30/0,60	4,75/5,25	—						∾90			

Stähle dieser Zusammensetzung mit den entsprechenden Festigkeitswerten finden im Automobil- und Kleinmaschinenbau Verwendung.

und entsprechend gut bearbeiten. Hierauf ist die Verwendung der 5proz. Nickelstähle für einsatzgehärtete Zahnräder im amerikanischen Automobilbau zurückzuführen, im Gegensatz zu den in Europa, insbesondere in Deutschland üblicheren Cr-Ni-Einsatzstählen. Infolge des hohen Nickelgehaltes kann der Stahl nach dem Einsetzen von verhältnismäßig tiefer Temperatur (750—780°) in Öl abgelöscht werden, so daß nur ein geringer Verzug beim Härten eintritt.

c) Martensitische und austenitische Nickelstähle.

Wie aus dem bisher über Nickelstähle Erwähnten hervorgeht, finden nur die sog. perlitischen Stähle eine größere Verwendung. Die Stähle aus der martensitischen Gruppe sind infolge der Schwierigkeit des Ausglühens und somit der Bearbeitbarkeit praktisch nicht verwertet worden. Daß Stähle dieser Gruppe gute Eigenschaften haben können, zeigen folgende Zahlen (an geglühten Stangen von 12 mm Durchmesser ermittelt):

C %	Si %	Mn %	Ni %	Streckgrenze kg/mm²	Festigkeit kg/mm²	Dehnung $l = 5d$ %	Einschnurung %
0,29	0,31	0,58	18,8	107	165	15	42

Besonderes Interesse verdienen die austenitischen Nickeleisenlegierungen, wie der 25proz. Nickelstahl, der ebenfalls längere Zeit Verwendung als unmagnetischer sowie korrosionsfester Baustahl fand. Er befindet sich bei Raumtemperatur zwischen Umwandlungsgebiet 1 und 2 und wird sowohl durch Erwärmen wie durch Abkühlen (flüssige Luft) teilweise magnetisch, d. h. martensitisch.

Zwecks leichterer Schmiedbarkeit, insbesondere aber wegen der größeren Unempfindlichkeit gegen Aufschweflungen (s. S. 180), enthalten diese Legierungen meist 0,6—1% Mangan. Die Stabilität des Austenits bei Raumtemperatur wird durch gesteigerten Kohlenstoffgehalt (bis 0,6%) erhöht. Die Wärmebehandlung nach dem Schmieden, Walzen erfolgt zweckmäßig wie bei dem 12proz. Manganstahl durch Ablöschen von ∞ 1000° in Wasser. Die Festigkeitseigenschaften eines solchen Stahles sind im rein austenitischen Zustand folgende:

Streckgrenze kg/mm²	Festigkeit kg/mm²	Dehnung %	Einschnürung %
∞ 25	∞ 65	∞ 40	∞ 60

Wie aus der stärkeren Einschnürung dieses austenitischen Stahles im Vergleich zum 12proz. Manganstahl hervorgeht (60% gegen 30%), ist der Verlauf der Zerreißkurve dieses Stahles verschieden von derjenigen des austenitischen Manganstahles. Während bei diesem eine gleichmäßige Dehnung über die ganze Stablänge stattfindet, tritt beim Nickelstahl eine örtliche Einschnürung auf, und somit nähert sich die Spannungs-Dehnungskurve der bei anderen Stählen üblichen Form. Der Grund hierfür liegt in der weniger starken Verfestigung des austenitischen Nickelstahles gegenüber dem austenitischen Manganstahl (Abb. 53). Da die Verschleißfestigkeit des Manganstahles auf seiner hohen Verfestigungsfähigkeit beruht, ist es erklärlich, daß der Nickelstahl als verschleißfester Baustahl nicht im gleichen Sinne verwendet werden kann; er hat aber dafür den Vorteil leichterer Bearbeitbarkeit.

Während der niedriggekohlte und niedrigmanganhaltige 25proz. Nickelstahl durch Kaltrecken bereits magnetisch, d. h. martensitisch, wird, kann der höhergekohlte mit 0,8% Mangan starker Kaltreckung ohne Verlust des austenitischen Charakters ausgesetzt werden. Hierdurch ist man in der Lage, durch Kaltreckung diesen Stählen höhere Streckgrenze und höhere Festigkeitseigenschaften zu verleihen, wie sie z. B. für unmagnetische Rotorkappenringe, Bandagendrähte usw. erforderlich sind. Der Zusammenhang zwischen Verfestigungsfähigkeit und Kaltreckung ging schon aus Abb. 53 hervor. Für obige Verwendungszwecke bevorzugt man aber meist die Nickel-Mangan-Stähle der folgenden Gruppe.

d) Austenitische Nickel-Mangan-Stähle.

Auf austenitische Nickel-Mangan-Stähle ist bereits unter Mangan hingewiesen worden. Nickelhaltige austenitische Manganstähle mit 0,60% C, 0,40% Si, 4 bis 10% Mn, 8—16% Ni haben den Vorteil, in ihrer Verfestigungsfähigkeit zwischen 12proz. Manganstahl und 25proz. Nickelstahl zu liegen. Die Verfestigungsfähigkeit ist vom Verhältnis des Mangans zum Nickel abhängig. Gleichzeitig sind die Stähle stabiler austenitisch und werden nicht so leicht durch die angegebenen Behandlungen, insbesondere nicht durch Kaltrecken oder Ablöschen in flüssiger Luft, magnetisch. Dabei ist die Bearbeitbarkeit noch genügend.

Durch Zusatz von Chrom, insbesondere aber Wolfram, gelingt es, die Streckgrenze dieser Legierungen bereits im ungereckten Zustand zu erhöhen (s. u. Wolfram). Diese Stähle erreichen höchste Weichheit und Zähigkeit nach Glühen bei etwa 1000° mit nachfolgender Abkühlung (je nach Abmessungen) in Wasser, Öl oder an Luft (Zahlentafel 75).

Der erhöhte Ausdehnungskoeffizient austenitischer Nickel-Mangan-Stähle — $20—18 \cdot 10^{-6}$ gegenüber $\sim 12 \cdot 10^{-6}$ bei perlitischen Stählen — läßt sie Verwendung finden für Teile wie Ventilsitzringe in Leichtmetallgehäusen (Auto-, Flugzeugmotore), bei denen die Wärmeausdehnung der des Aluminiums möglichst gleichkommen soll.

e) Einfluß des Austenits auf die Warmfestigkeit.

Eine besondere Bedeutung haben die austenitischen Stähle als warmfeste Stähle bei Temperaturen oberhalb 600°. Während unterhalb 600° die Ausgangsfestigkeit bei Raumtemperatur, insbesondere aber das durch die Wärmebehandlung erzeugte Gefüge (anlaßbeständiger Martensit, Ausscheidungseffekte) von Einfluß auf die Warmfestigkeit sein kann, verschwindet bei Temperaturen von rund 600° aufwärts bei gleichzeitiger Anwesenheit von Spannungen, wie sie bei der Warmzerreißprüfung ja stets vorliegen, der Einfluß dieser Effekte größtenteils, da die Stähle rasch in den ausgeglühten Zustand übergehen. Da gleichzeitig bei allen ferritischen Stählen bei Temperaturen von 600° die Temperatur beginnender Rekristallisation erreicht ist, werden bei Beanspruchung in der Wärme bei dieser Temperatur die Stähle anfangen zu fließen, zu rekristallisieren und weiter zu fließen. Im Gegensatz zu der tiefen Rekristallisationstemperatur des α-Eisens steht die erhöhte Rekristallisationstemperatur des dichter besetzten flächenzentrierten γ-Kristalls. Wie Abb. 160 zeigt, besteht bereits bei weichem Eisen ein erheblicher Unterschied in der Rekristallisationstemperatur zwischen γ- und α-Mischkristall. Bei legierten austenitischen Stählen verschiebt sich der

Beginn der Rekristallisation noch zu höheren Temperaturen, wie dies aus der Arbeit von Schottky und Jungbluth[1] hervorgeht, die bei einzelnen austenitischen Stählen den Beginn der Rekristallisation erst bei 900° feststellten. Infolge der an sich niedrigen Fließgrenze bei hohen Temperaturen werden bei

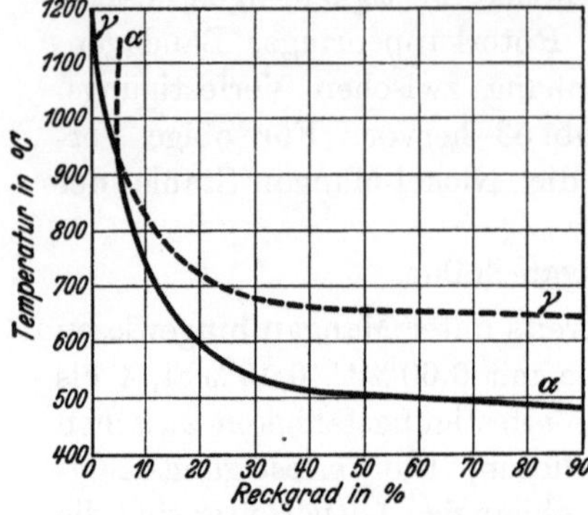

Abb. 160. Rekristallisation von α- und γ-Eisen in Abhängigkeit vom Streckgrad. (Nach Hanemann u. Lucke: Werkstoffausschuß-bericht Nr. 84 1926, Ver. d. Eisenhüttenleute.)

Beanspruchung oberhalb 600° derartige austenitische Stähle wohl zum Fließen kommen. Durch das Fließen erleiden sie aber infolge der hochliegenden Rekristallisations-temperatur eine Verfestigung, die bei nicht-einsetzender Rekristallisation zum Stillstand des Fließens führen muß. Dieser Einfluß auf die Rekristallisationstemperatur macht sich sowohl beim Zerreißversuch von einhalb-stündiger Dauer, als auch bei Dauerstand-versuchen bemerkbar. Zahlentafel 32 beweist deutlich die erhöhte Warmfestigkeit bei 800° von durch Nickel- oder Manganzusatz auste-nitisch gemachten Stählen. Es ist hierbei gleichgültig, ob der austenitische Charakter durch Nickel oder Mangan oder sogar beide gemeinsam erzielt wird. Die Dauer-standfestigkeit nichtaustenitischer Stähle dürfte oberhalb 650° praktisch auf etwa 1 kg/mm² abgesunken sein, bei austenitischen Stählen der Basis Nickel oder Mangan unter Zusatz von Chrom und Wolfram werden auch bei höheren

Zahlentafel 32. Erhöhte Warmfestigkeit eines Chromstahles bei austenitischen Ausgangszustand durch Nickel- oder Manganzusatz.

Entnommen aus Untersuchungen von Houdremont und Ehmcke[2].

C %	Si %	Mn %	Ni %	Cr %	W %	Stahlart	Warmfestigkeit bei 800° kg/mm²
0,55	3,00	—	—	11,00	1,50	Basis α-Eisen	7,5
0,60	—	—	13,80	14,80	2,00	Basis γ-Eisen	25,0
0,70	—	4,70	—	14,50	—	Basis γ-Eisen	22,0

Temperaturen noch Dauerstandfestigkeiten von 5 bis 10 kg/mm² erreicht. Auf den besonders günstigen Einfluß von Wolfram in diesen Stählen wird noch in dem Kapitel Wolframstähle näher eingegangen werden. Nickel und Mangan bilden somit eine wichtige Grundlage zur Schaffung warmfester austenitischer Stähle.

4. Nickelstähle mit besonderen chemischen Eigenschaften.

Nickel ist korrosionstechnisch ein verhältnismäßig widerstandsfähiges Metall. Viele Agenzien, wie Wasser oder verdünnte wäßrige Salzlösungen, greifen nur langsam oder gar nicht an. Auch gegen den Angriff von Säuren verhält sich Nickel träge und zeigt erhöhte Widerstandsfähigkeit. Diese Eigenschaft wirkt sich auch bei Zusatz von Nickel zu Eisen aus. Gegenüber Flußeisen weisen Nickelstähle einen geringeren Angriff durch chemische Agenzien, wie Säure, See-wasser usw., auf (Zahlentafel 33). Unter anderem macht sich insbesondere der

---

[1] Kruppsche Mh. 4 (1923) S. 197.   [2] Arch. Eisenhüttenwes. 3. Jg. (1929) S. 56.

erhöhte Widerstand des Nickels gegen den Angriff von Schwefelsäure bemerkbar wie aus Abb. 161 hervorgeht, während Salz- und besonders Salpetersäure[1] Nickelstähle angreifen. Der Nickelgehalt bewirkt aber auch gegenüber Salzsäure eine erhebliche Reaktionsträgheit; so wird 25proz. Nickelstahl durch kalte 30proz. Salzsäure etwa 10mal so langsam angegriffen wie Flußeisen[2]. Diese Eigenschaft des Nickels ist die Ursache für

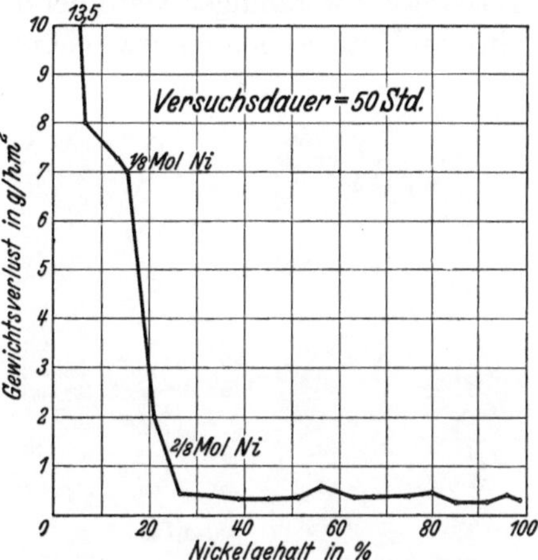

Abb. 161 Gewichtsverlust von Nickel-Eisen-Legierungen in 5proz. Schwefelsäure bei 50—60°. [Nach Fritz: Techn. Mitt. Krupp 1. Jg. (1933) S. 6.]

Zahlentafel 33. Erhöhung der Beständigkeit gegen Korrosion in Seewasser durch Nickelzusatz.

Versuchsdauer 30 Tage.

Material	Gewichtsabnahme in Gramm (Relativwerte)
Flußeisen	100
Stahl mit 9% Ni	79
„ „ 25% Ni	55
„ „ 2% Ni, 10% Cr	5,2
„ „ 10%Ni, 20% Cr	0,6

seine nutzbringende Verwendung in korrosionsfesten Legierungen, von denen vor allem hohe Widerstandsfähigkeit gegen oxydierende wie reduzierende Säuren verlangt wird. Die technisch verwendeten Legierungen weisen außer Nickel-Zusätze von Chrom, Kupfer, Vanadin, Titan und Molybdän auf. Sie werden deshalb im Abschnitt: „Einfluß von Chrom auf die chemischen Eigenschaften" (Seite 235) beschrieben. Als chrom- und kupferfreie salzsäurebeständige Legierungen sei hier als Beispiel die Zusammensetzung 60% Nickel und 20% Molybdän genannt.

Auf die Verwendung 5—7proz. Nickelstähle als korrosionsfestere Turbinenschaufelstähle oder rostträge Gewehrlaufstähle wurde vorher unter Baustählen aufmerksam gemacht. Durch Nickelzusatz tritt auch eine Erhöhung

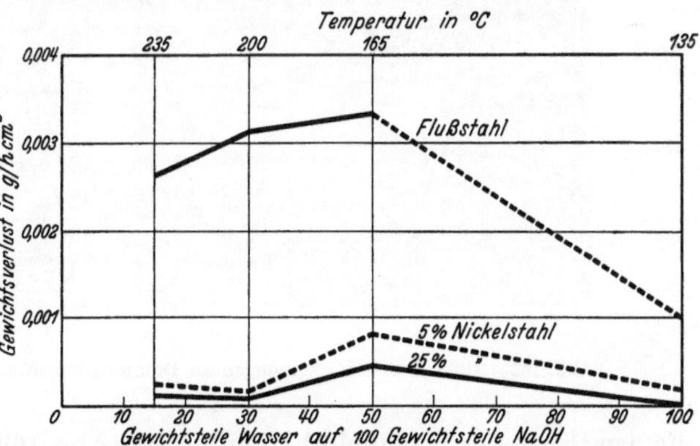

Abb. 162. Erhöhung der Laugenbeständigkeit von Eisen durch Nickel. (Versuchstemperaturen gleich den Siedepunkten der verwendeten Laugen.)

der Beständigkeit gegen den allgemeinen abtragenden Angriff durch Laugen ein (Abb. 162); für entsprechende Verwendungszwecke findet 3- und 5proz. Nickelstahlformguß vielfache Anwendung. Eine größere Bedeutung in korrosionstechnischer Beziehung hatte auch der austenitische 25proz. Nickelstahl erlangt,

---

[1] L. Porsoz, Rev. Chem. Ind. 1927 S. 397.
[2] M. L. Hamlin u. F. M. Turner jr., Chemical Resistance of Engineering Materials, New York 1923.

der früher als korrosions- und seewasserbeständiger Stahl Verwendung fand.
Ob bei diesem Stahl außer dem spezifischen Einfluß des Nickels auch noch das
rein austenitische Gefüge eine besondere Wirkung auf die chemische Widerstandsfähigkeit ausübt, muß dahingestellt bleiben. Der 25 proz. Nickelstahl wurde
als seewasserbeständiger Stahl bei der Kriegsmarine für Torpedohüllen, Periskop-
rohre bei Unterseebooten usw. gebraucht. Heute ist seine Bedeutung viel geringer

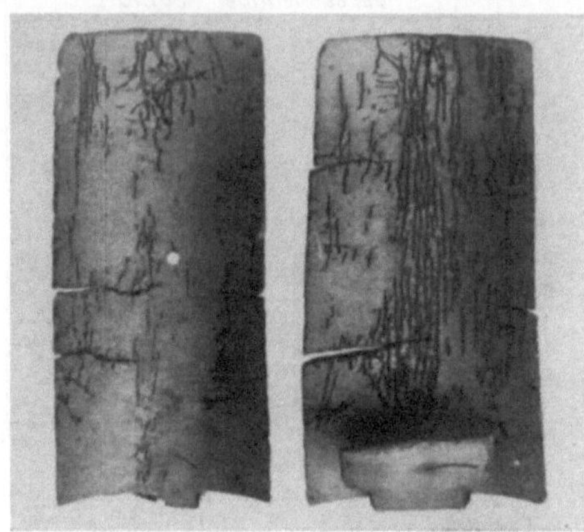

geworden, da Nickelstähle, selbst
solche mit bis zu 50% Nickel, auch
nicht als völlig rostsicher, sondern
nur als rostträge bezeichnet werden
können, und Chromstähle mit Zusätzen von Nickel, Kupfer, Molybdän
u. a. bessere Wirkungen ergeben.

Der 25 proz. Nickelstahl hat korrosionstechnisch auch noch einen
besonderen Nachteil. Bereits vor
25 Jahren wurden bei dem Versuch,
diesen Stahl als Turbinenschaufelwerkstoff zu verwenden, eigentüm-
liche Rißerscheinungen beobachtet,

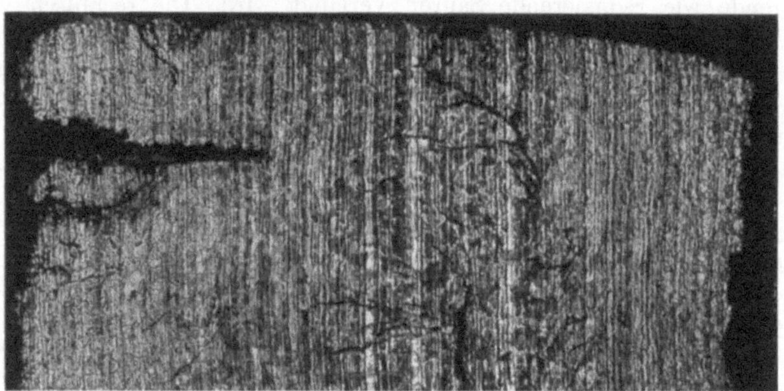

Abb. 163. Rißkorrosionserscheinungen an Dampfturbinenschaufeln aus 25 proz. Ni-Stahl.

die den Bruch der Schaufeln herbeiführten (Abb. 163). Diese als Rißkorrosion
bezeichnete Erscheinung wurde später eingehend untersucht, ohne daß es
bis heute gelang, ihre wahre Ursache festzustellen. Sie tritt ähnlich wie bei
Messing vor allem dann auf, wenn gleichzeitige Einwirkung von Korrosion
und Spannung vorliegt. Die bei dieser Korrosionsart entstehenden Risse ähneln
den Spannungsrissen, d. h. sie folgen nicht den Korngrenzen, sondern verlaufen
überwiegend intrakristallin. Ihr Auftreten hängt von der Art des Korrosions-
mittels und der Legierung ab. Scharfwirkende Säuren, die zu starkem Allgemein-
angriff führen, rufen weniger leicht Rißkorrosion hervor. Ebenso zeigt sich dieser
Übelstand seltener bei hochchromhaltigen Nickelstählen und auch seltener bei

18 proz. Nickelstahl als bei 25 proz. Praktisch kann man Rißkorrosion bei Teilen beobachten, die unter Schweißspannung stehen, oder die eine Kaltreckung (Bördeln, Drahtziehen usw.) erfahren haben. Außer solchen mechanischen Spannungen, die nachweislich die Rißkorrosion begünstigen, können aber anscheinend auch schon inter atomare Spannungen ihr Auftreten hervorrufen.

5. Nickelstähle mit besonderen physikalischen Eigenschaften.

Bereits im einleitenden Abschnitt wurde auf die Veränderung der magnetischen Eigenschaften der Eisen-Nickel-Legierungen mit dem Nickelgehalt hingewiesen. Auch nahezu alle anderen physikalischen Eigenschaften der Nickel-Eisen-Legierungen erleiden ähnliche Veränderungen. Dies gilt besonders für die spezifische Wärme, Wärmeleitfähigkeit und Wärmeausdehnung. Die Veränderung der spezifischen Wärme und der Wärmeleitfähigkeit in Abhängigkeit vom Nickelgehalt zeigt Abb. 164. Den Höchstwert an spezifischer Wärme und zugleich Mindestwert an Wärmeleitfähigkeit weist der 36 proz. Nickelstahl auf. Infolge dieser niedrigen Wärmeleitfähigkeit

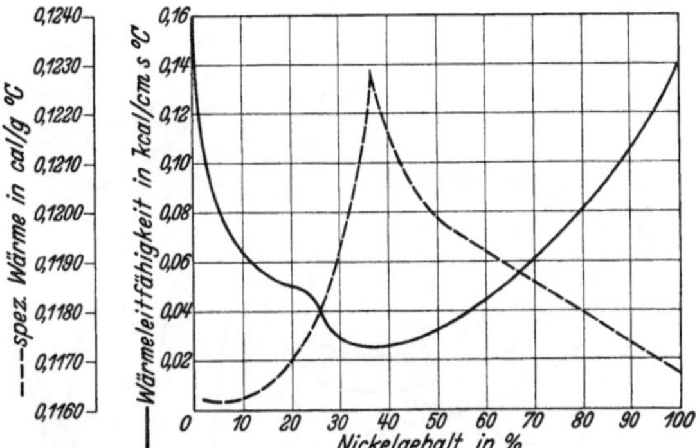

Abb. 164. Veranderung von Wärmeleitfahigkeit und spezifischer Wärme von Eisen durch Nickelzusätze. (Nach Ingersoll: Physic. Rev. 1920 S. 126.)

werden derartige Legierungen z. B. zu Griffen von Kochgeschirren verwendet. Der hohe Nickelgehalt verleiht ihnen eine gewisse Korrosionsbeständigkeit, die durch geringe Zusätze von Chrom bis 12% (s. später unter rostfreie Stähle) verbessert werden kann, ohne daß die entsprechenden physikalischen Eigenschaften hierdurch wesentlich verändert werden.

Noch schroffer sind die Veränderungen des Ausdehnungskoeffizienten. Sie weisen ebenfalls bei einem Nickelgehalt von 36% (Abb. 165) ein Minimum zwischen 0—100° auf (Chevenard[1]). Es ist somit möglich, durch Verwendung verschiedener Nickellegierungen Stähle mit verschiedenen Wärmeausdehnungskoeffizienten herzustellen, die für die Meßindustrie von großem Interesse sein können. Der Ausdehnungskoeffizient kann z. B. demjenigen des zu messenden Material angepaßt werden. Infolge-

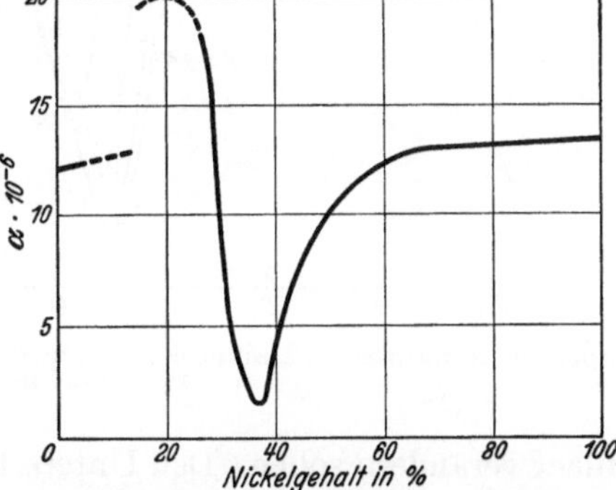

Abb. 165. Mittlere Ausdehnungskoeffizienten der Fe-Ni-Legierungen zwischen 0 und 100°. [Entnommen von Stablein: Kruppsche Mh. 9. Jg. (1928) S. 187.]

dessen ergibt sich die Möglichkeit, unabhängig von den Temperaturverhältnissen des Meßraumes genaue Messungen vorzunehmen. Die Abhängigkeit des Aus-

---

[1] C. R. Acad. Sci., Paris 172 (1921) S. 594. — Ob hier ein Zusammenhang mit einer in diesem Legierungsbereich evtl. auftretenden Verbindung (Fe_2Ni) besteht, ist nicht geklärt.

dehnungskoeffizienten von Temperatur und Nickelgehalt für den ganzen Bereich
der Eisennickellegierungen zeigt Abb. 166 nach Chevenard[1].

Praktische Verwendung hat in dieser Beziehung vor allem der 36 proz. Nickelstahl gefunden, der als Invar- oder Indilatansstahl für Meßwerkzeuge auf dem
Markt ist, die bei geringen Temperaturschwankungen ihre absolute Meßlänge

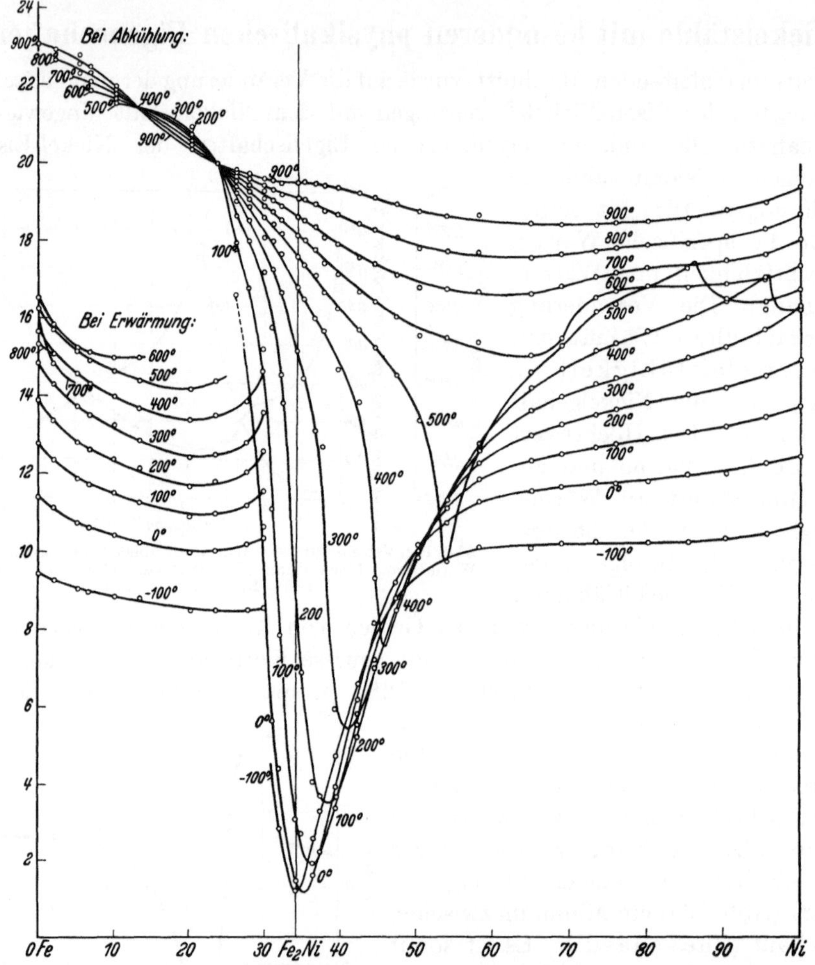

Abb. 166. Isothermen des Ausdehnungskoeffizienten bei reinen Eisen-Nickel-Legierungen. [Nach Chevenard:
Aciers spéc. Bd. III Nr. 37 (1930) S. 13.]

nicht verändern sollen. Den Unterschied dieses Stahles gegenüber einem Kohlenstoffstahl in der Ausdehnung zeigt Abb. 167. Bis zu Temperaturen von 100°
ist die Ausdehnung praktisch sehr gering, oberhalb 200° besteht aber kein
wesentlicher Unterschied zwischen dem Ausdehnungskoeffizienten dieser Legierungen und derjenigen des Kohlenstoffstahles. In der Abb. 167 sind außerdem
die Wärmeausdehnungen von Stählen mit $\sim$ 50% Nickel eingetragen.

---

[1] Recherches expérimentales sur les alliages de fer de nickel et de chrome. Tome XVII,
Travaux et mémoires du bureau international des poids et mesures, Paris 1927.

Durch schnelle Abkühlung von 800—1000° tritt beim 36 proz. Nickelstahl noch eine leichte Verringerung des Ausdehnungskoeffizienten ein; durch nachfolgendes Kaltziehen gelingt es sogar, praktisch den Wert Null zu erreichen. Man muß allerdings hierbei berücksichtigen, daß Werkzeuge im kaltgereckten Zustand auch nach erfolgtem Auskochen bei 100° nicht spannungsfrei sind. Infolgedessen besteht die Gefahr, daß sie im Laufe der Zeit durch Auslösung der Spannungen maßlich ungenau werden, so daß der kleine Gewinn in der Verbesserung des Ausdehnungskoeffizienten hierdurch hinfällig werden kann.

Den Einfluß verschiedener Begleitelemente auf den Ausdehnungskoeffizienten von Invarstahl zeigt Abb. 168. Bei Gegenwart von Begleitelementen verschiebt sich der günstigste Nickelgehalt; z. B. machen Mangan und Chrom eine Erhöhung, Kohlenstoff und Kupfer eine Erniedrigung notwendig. Bei Chrom ist ein geringerer Einfluß auf den günstigsten Nickelgehalt vorhanden, wodurch die Möglichkeit besteht, durch Chromzusatz einen korrosionsfesteren Invarstahl zu schaffen, der allerdings bei 12% Cr schon ungünstigere Wärmeausdehnungskoeffizienten aufweist als der reine Invarstahl. Durch Zusatz von Beryllium hat man ferner eine Verbesserung der mechanischen Eigenschaften des Invarstahles zu erreichen versucht (s. später unter Beryllium).

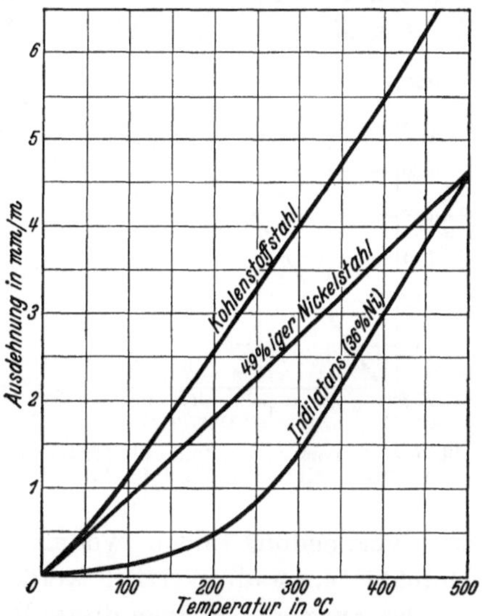

Abb. 167. Ausdehnungskurven von Kohlenstoffstahl im Vergleich zu 36 proz. und 49 proz. Ni-Stahl zwischen 0° und 500°.

Kohlenstoff bewirkt nach Untersuchungen von Guillaume[1] auch noch eine zeitliche Veränderung, also eine Alterung des 36 proz. Nickelstahles. Zur Beseitigung dieser Alterung wird, ähnlich wie bei Feinmeßwerkzeugen, ein längeres Anlassen bei 100° vorgeschrieben. Am günstigsten ist es, den Kohlenstoffgehalt so tief wie möglich zu halten oder aber in Form eines stabilen Karbides (Titankarbid) abzubinden.

Die praktische Verwendbarkeit von Invarstahl beschränkt sich auf Temperaturgebiete von 0—50°, bei der ein Minimum des Ausdehnungskoeffizienten vorhanden ist. Die Verwendung ist überall dort am Platze, wo durch einen Einfluß der Temperatur Längenänderungen in diesem Bereich vermieden werden sollen, so z. B. bei Meßdrähten, Meßbändern, Uhrpendeln usw. Infolge der günstigen Festigkeitseigenschaften — Zugfestigkeit etwa 60 kg/mm², Streck-

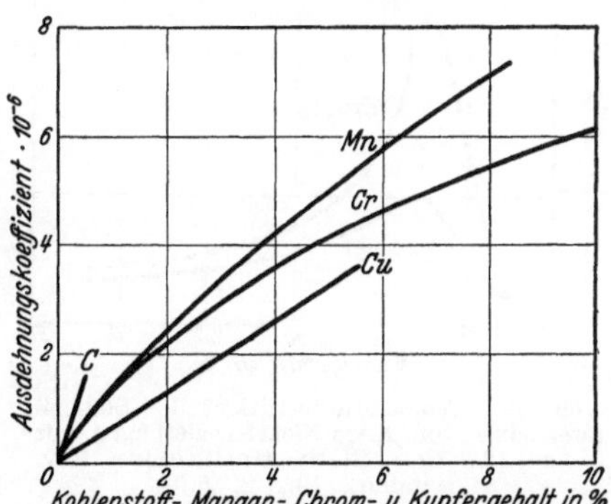

Abb. 168. Einfluß verschiedener Begleitelemente auf den Ausdehnungskoeffizienten von Invar (Nach Guillaume: Rev. Métallurg. 1928 S. 39.)

---

[1] Rev. Métallurg. 25 (1928) S. 35.

grenze etwa 30 kg/mm², Dehnung etwa 30%, Kerbzähigkeit etwa 30 mkg/cm² — stehen seiner Verwendung als Baustoff keine Bedenken entgegen.

Eine besondere Verwendung hat der 36proz. Nickelstahl auch in dem sog. Bimetall gefunden. Das Bimetall besteht aus zwei aufeinandergeschweißten Metallstreifen von 25 und 36% Nickeleisen, u. U. mit zusätzlichen geringen Gehalten von Cr oder Mo zur Erhöhung der Streckgrenze. Infolge der verschiedenen Ausdehnungskoeffiz'enten der beiden Metalle dehnen sie sich bei der Erwärmung verschieden aus und es findet eine Durchbiegung des Metallstreifens statt, die gesetzmäßig in direktem Verhältnis zum Unterschied der Ausdehnungskoeffizienten steht. Die Krümmung eines derartigen Bimetallstreifens geht aus Abb. 169 hervor. An Stelle des 25proz. Nickelstahles kann als zweites Metall Kupfer, Konstantan, Reinnickel

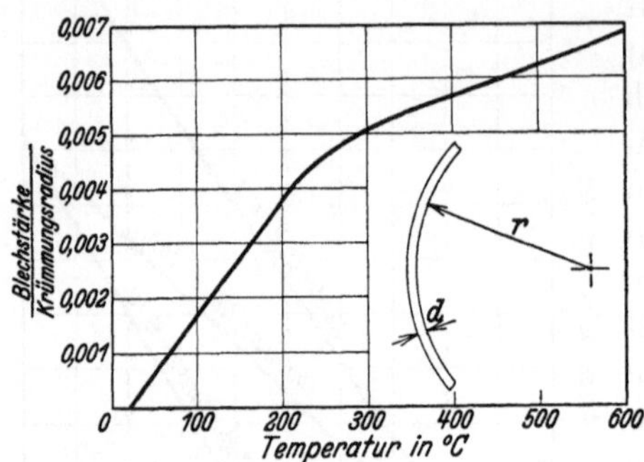

Abb. 169. Krümmung von Bimetall. [Entnommen von Stäblein: Kruppsche Mh. 9. Jg. (1928) S. 187.]

usw. Verwendung finden, wodurch gleichfalls noch weitere Veränderungen des Durchbiegungsradius erzielt werden können.

Das Anwendungsgebiet dieses Bimetalls liegt in der Hauptsache im Apparatebau der Elektrotechnik, wo die Krümmung des Bimetalls z. B. für Auslösungsvorrichtungen für Schaltgeräte benutzt wird.

Infolge der Vergrößerung des Ausdehnungskoeffizienten bei Legierungen mit über 36% Nickel ist es möglich, Legierungen zu schaffen, die sich in ihrem Ausdehnungskoeffizienten den verschiedenen Stoffen anpassen, wie z. B. Porzellan bei 40%, Platin und Glas bei 48—50%, Eisen bei 56% Nickel. Letztere Legierung kann wegen ihrer weitgehenden Korrosionsbeständigkeit für Meßwerkzeuge Verwendung finden. Die 48proz. Nickellegierung kann z. B. zum Einschmelzen in Glas usw. gebraucht werden. Infolge des gleichen Ausdehnungskoeffizienten springt das Glas beim Abkühlen von solchen Drähten nicht ab.

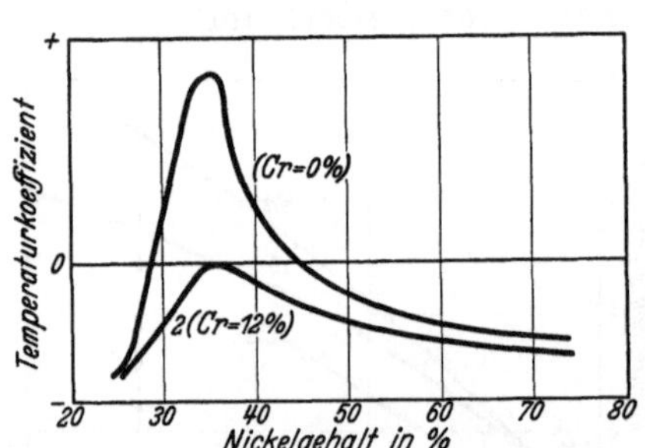

Abb. 170. Temperaturkoeffizient des Elastizitätsmoduls von Eisen-Nickel-Legierungen mit 0 und 12% Cr. (Nach Guillaume: Rev. Métallurg. 1928 S. 35.)

Mit dem Ausdehnungskoeffizienten ändert sich der Elastizitätsmodul in der Reihe der Eisen-Nickel-Legierungen. Diese Veränderungen beziehen sich vor allem auf den Temperaturkoeffizienten des Elastizitätsmoduls[1]. Abb. 170 zeigt seine Abhängigkeit vom Nickelgehalt. Der Höchstwert des Koeffizienten liegt in Analogie zu der Wärmeausdehnung bei 36% Nickel. Bei etwa 29% und 45% Nickel nähern wir uns einem Nullwert. Ein derartiger Nullwert der Temperaturabhängigkeit des Elastizitätsmoduls ist von Wichtigkeit für Stimmgabeln, Uhrfedern, Unruhen von Chronometern, sowie sonstige physikalische Instrumente, bei denen möglichst weitgehende Temperaturunabhängigkeit ihrer

[1] Siehe S. 175 Fußnote 1, Chevenard.

elastischen Eigenschaften vorhanden sein muß. Da der Kurvenverlauf bei 29 und 45% Nickel sehr steil ist und infolgedessen kleine Änderungen im Nickelgehalt wesentliche Veränderungen in den Eigenschaften der Legierungen

hervorrufen können, hat man versucht, durch Hinzulegieren von anderen Elementen den Kurvenverlauf weniger schroff zu gestalten. In derselben Abbildung (170) zeigt die Kurve 2, wie ein Zusatz von 12% Chrom den Verlauf der Kurve wesentlich flacher gestaltet und es ermöglicht, in einem Bereich von 34 bis 37% Nickel praktisch Temperaturunabhängigkeit des Koeffizienten des Elastizitätsmoduls zu erzielen[1]. Die Legierung mit etwa 36%

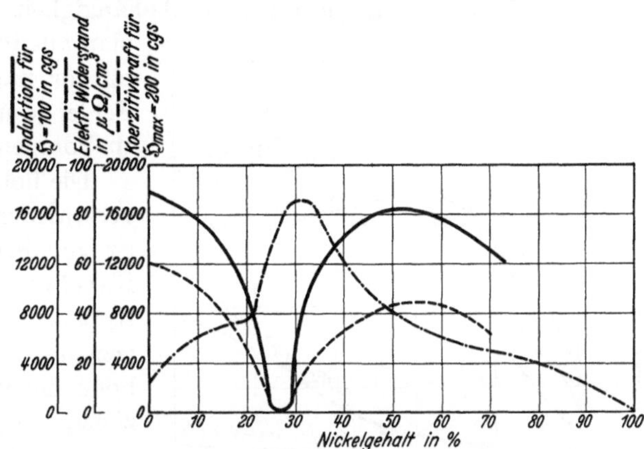

Abb. 171. Einfluß des Nickels auf die elektrischen und magnetischen Eigenschaften von reinem Eisen. [Nach Burgess u. Aston: Chem. metallurg. Engng. 8 (1910) S. 23/26.]

Nickel und 12% Chrom ist unter dem Namen Elinvar und WT 10 in den Handel gebracht worden. Zur Erleichterung der Schmiedbarkeit enthalten alle diese hochnickelhaltigen Legierungen meist Mangangehalte von etwa 1%.

Von großer technischer Bedeutung ist der Verlauf der magnetischen und elektrischen Eigenschaften von Eisen-Nickel-Legierungen in Abhängigkeit vom Nickelgehalt. Wie Abb. 171 zeigt, weisen auch diese Eigenschaften bei Nickelgehalten von 25—30% Umkehrpunkte auf. Durch die Wahl der Nickelgehalte kann man so die entsprechenden Eigenschaften stark beeinflussen. Auf die Bedeutung des 25proz. Nickelstahles als unmagnetischen Baustoff, z. B. für Kappenringe, Bandagendrähte usw., ist bereits hingewiesen worden; ebenso auf die Verbesserung des austenitischen Zustandes für Temperaturen unter 0° durch Zusatz von Mangan (evtl. bei gleichzeitiger Legierung von Chrom und Wolfram zwecks Verbesserung der Festigkeitseigenschaften).

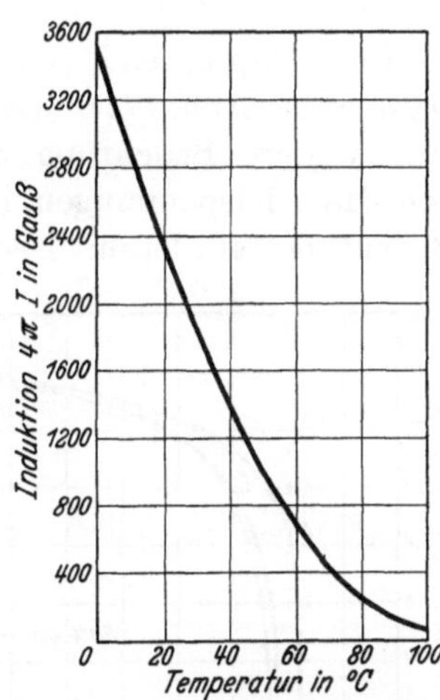

Abb. 172. Änderung der Sättigung einer Eisen-Nickel-Legierung mit 30% Nickel in Abhängigkeit von der Temperatur. (Nach Stäblein: Werkstoffhandbuch Stahl u. Eisen O 41 S. 3.)

Während bei 25% Nickel die magnetische Umwandlung unter Raumtemperatur herabgesunken ist, steigt sie gemäß Abb. 150 bei größeren Nickelgehalten wieder zu höheren Temperaturen. Gleichzeitig wird die Umwandlung reversibel, d. h. sie verläuft praktisch sowohl bei Erwärmung als bei Abkühlung bei ein und derselben Temperatur.

---

[1] Über den Einfluß von Chrom im ternären System Fe—Cr—Ni auf den Elastizitätsmodul, die innere Reibung (Dämpfung) von Uhrfedern usw. siehe Chevenard: Centre d'information du Nickel, Serie B, Nr. 3; ferner Stahl u. Eisen Bd. 48 (1928) S. 1045.

Eine Legierung mit 29% Nickel verliert zwischen 0 und 100° ihren Magnetismus. Dieser Verlust erfolgt nicht plötzlich, sondern allmählich, wie bereits bei der A_2-Umwandlung bei reinem Eisen hervorgehoben (Abb. 172). Die Sättigungsänderung derartiger Legierungen in Abhängigkeit von der Temperatur nutzt man aus in elektrischen Meßinstrumenten für magnetische Nebenschlüsse, um Fehler durch Temperaturänderungen zu kompensieren.

Die hohe Anfangspermeabilität verschiedener Eisen-Nickel-Legierungen ist von Bedeutung für das Gebiet des Kabelwesens und des elektrischen Apparatebaues (Meßwandler), wo man gezwungen ist, mit kleinen Feldstärken hohe magnetische Wirkungen zu erzielen. 50proz. Nickel-Eisen-Legierungen übertreffen in dieser Beziehung bei weitem die früher gebräuchlichen Weicheisen und 4proz. Siliziumstähle (Abb. 173). Die höchste Anfangspermeabilität weisen Nickellegierungen mit 78,5% Nickel auf.

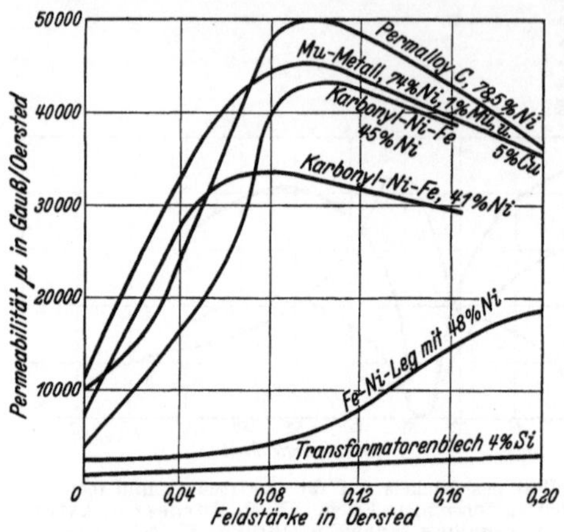

Abb. 173. Anfangspermeabilität von handelsüblichen sowie nach dem Carbonyleisenverfahren hergestellten Nickel-Eisen-Legierungen. [Nach Duftschmidt, Schlecht u. Schubardt: Stahl u. Eisen 52. Jg. (1932) S. 848.]

Dementsprechend zeigt diese Gruppe von Legierungen auch sehr geringe Hysteresis (Abb. 174). Den Legierungen mit etwa 80% Nickel kommt noch eine weitere Bedeutung zu, weil ihre Anfangspermeabilität unabhängig von den Materialspannungen ist, was z. B. bei Verlegen von langen Kabeln von Bedeutung sein kann. Den Einfluß von Spannungen auf die Anfangspermeabilität verschiedener Nickellegierungen zeigt Abb. 175.

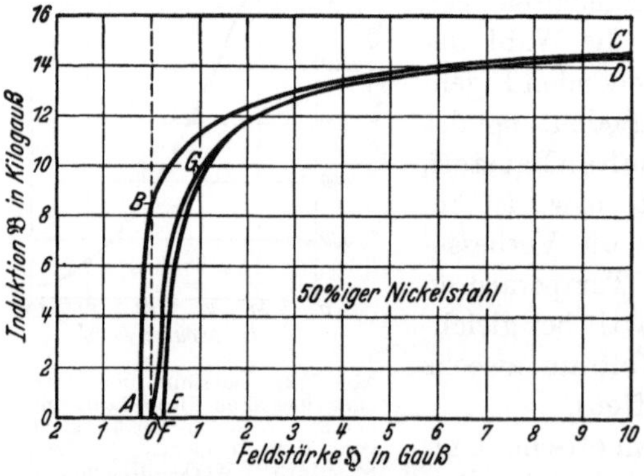

Die magnetischen Eigenschaften der Legierungen, verglichen mit Armcoeisen und Siliziumeisen, zeigt Zahlentafel 34 nach Yensen. Von ausschlaggebender Bedeutung für die Eigenschaften dieser Legierungen ist die Art der Verarbeitung und Wärmebehandlung. Kaltreckung durch Ziehen, Walzen usw. erhöht infolge des hierdurch erzielten Zwangszustandes die Koerzitivkraft und verbreitert somit die

Abb. 174. Magnetisierungskurven von 50proz. Nickelstahl.

Hysteresisschleife. Den Einbau derartiger Legierungen in Kabel zeigt Abb. 176. Weitere Anwendungsgebiete sind Stromwandler, Transformatorenkerne bei Radioverstärkern, elektrische Meßinstrumente usw. Die niedrigen Hysteresisverluste dieser Eisen-Nickel-Legierungen bei Gehalten von 36—80% Nickel nutzt man in Kernen von Präzisionsstromwandlern sowie von Relais usw. aus.

Durch Zusatz von Kobalt zu Eisen-Nickel-Legierungen können noch weitere Veränderungen der magnetischen Eigenschaften hervorgerufen werden. Eine typische Zusammensetzung einer bekannten Eisen-Kobalt-Nickel-Legierung ist folgende: 45% Ni, 25% Co, 30% Fe. Diese Legierung besitzt den

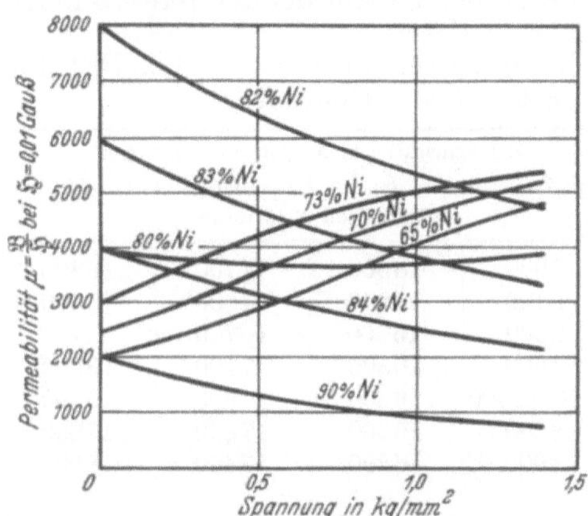

Abb. 175. Abhängigkeit der Anfangspermeabilität der hochlegierten Eisen-Nickel-Legierungen von der Materialspannung.

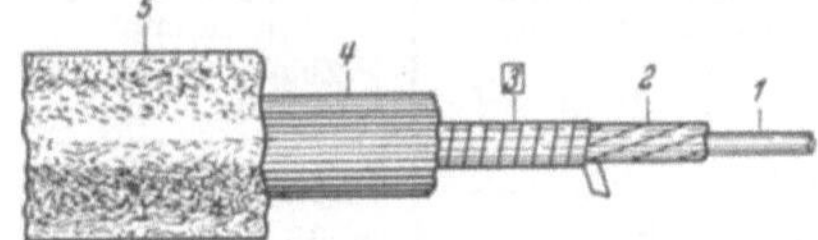

Abb. 176. Anwendung der hochlegierten Eisen-Nickel-Legierungen für Kabel.

1 Kupferleiter, *2* Kupferlitze, *3* Band aus einer Legierung mit hoher Anfangspermeabilität, *4* Guttaperchaisolierung, *5* Schutzschicht.

Vorzug, bei Feldstärken bis zu 3 Oersted eine konstante Permeabilität aufzuweisen. Solche Legierungen werden als Perminvare bezeichnet. Während die Permeabilität bei Perminvar bis zu einer Feldstärke von ungefähr 3 Oersted konstant bleibt, steigt sie bei Armcoeisen nach Versuchen von Elmen[1] von 250 auf 7500 an. Angewandt werden diese Legierungen besonders in der Telephontechnik beim Tonfilm, wo man eine möglichst gleichmäßige Induktion erzielen will.

Zahlentafel 34. Magnetische Eigenschaften von Eisen-Nickel-Legierungen, verglichen mit denen von Reineisen und Siliziumeisen (nach Yensen).

Legierung	78,5% Ni	50% Ni	4% Si-Eisen	Reineisen
Dicke in mm	0,35	0,35	0,35	3
Anfangspermeabilität in Gauß/Oersted	5850	3000	440	700
Höchstpermeabilität in Gauß/Oersted	74000	70000	15500	26000
Sättigung in Gauß[2]	10500	16700[3]	20000	22600
Remanenz in Gauß	5500	7300	5200	8600
Hysteresisverlust für $B = 10000$ (Erg/cm³ Schl.)	200	220	1200	600
Koerzitivkraft in Oersted	0,05	0,05	0,35	0,20
Spez. elektr. Widerstand bei 20°C in Ohm·mm²/m	0,21	0,46	0,55	0,10
Spezifisches Gewicht in g/cm³	8,6	8,3	7,6	7,9

Eine gewisse Bedeutung für die Hochfrequenztechnik hat die Magnetostriktion verschiedener Eisen-Nickel-Legierungen (Abb. 177). Mit Magnetostriktion bezeichnet man die Längenänderung von ferromagnetischen Stoffen beim Einbringen in ein Magnetfeld.

Auch die magnetischen Eigenschaften niedriglegierter Nickelstähle sind von Bedeutung bei Teilen für große elektrische Maschinen, wie Rotorwellen, Rotorkörper, Jochringe usw. Neben den guten mechanischen Eigenschaften, die diese Stähle aufweisen müssen, sollen sie auch möglichst hohe Induktion bei be-

---

[1] J. Franklin Inst. Bd. 206 S. 317.

[2] Die Sättigungswerte sind nach Messungen der Physikalisch-Technischen Reichsanstalt sämtlich um fast 5% zu hoch [vgl. E. Gumlich: Z. techn. Physik Bd. 6 (1925) S. 682].

[3] Nach neuesten Messungen (Yensen: Electr. J. 1931).

stimmter Feldstärke und geringe Koerzitivkraft aufweisen. Einen Überblick über verschiedene Legierungen, deren Festigkeitseigenschaften und magnetische Eigenschaften gibt Zahlentafel 35. Den günstigen Verlauf der Hysteresisschleife

Zahlentafel 35. Magnetische Induktion einiger Nickel- und Chrom-Nickel-Stähle bei verschiedenen Feldstärken (nach Goerens)[1].

Chemische Zusammensetzung in Proz.			Festigkeitswerte in kg/mm²		Bei Feldstärke in Amperewindungen/cm			
					7,7	50	100	300
C	Ni	Cr	Zug-festigkeit	Streck-grenze		Induktion B in Gauß		
0,3	1	—	53	35	12000	16300	17700	19800
0,3	2	—	65	34	8100	16200	17800	19900
0,2	5	—	64²	51	8300	16800	18700	—
0,4	2	1	83	69	1800	16300	17800	19800
0,4	2,5	1	68	53	5600—7400	16300	17900	19700
0,4	3	1	71	52	8200	16500	17800	18600
0,4	3	1,5	87	72	3000	16200	17400	18900

eines 5proz. Nickelstahles gegenüber dem entsprechenden Chrom-Nickel-Stahl zeigt Abb. 178.

Infolge der hohen thermoelektrischen Kraft haben Legierungen mit 66% Nickel und 34% Eisen in geringem Maße Verwendung für Thermoelemente in Verbindung mit Nickel gefunden[3]. Gegenüber Nickel-Chrom-, Nickel-Molybdän-

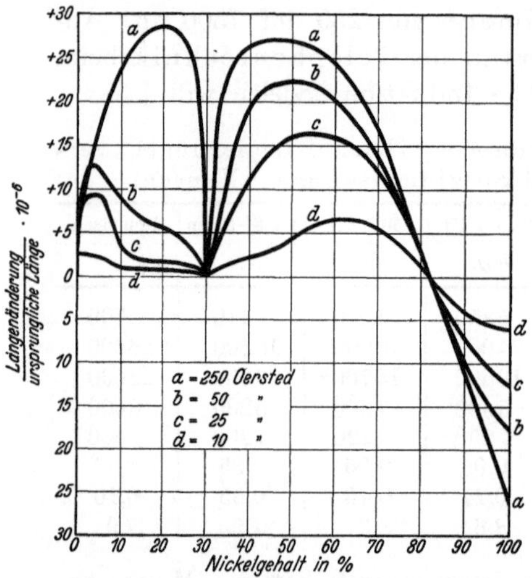

Abb. 177. Magnetostriktion der Eisen-Nickel-Legierungen bei Feldstärken zwischen 10 und 250 Oersted. (Nach Schulze: Z. Physik 1928 S. 475.)

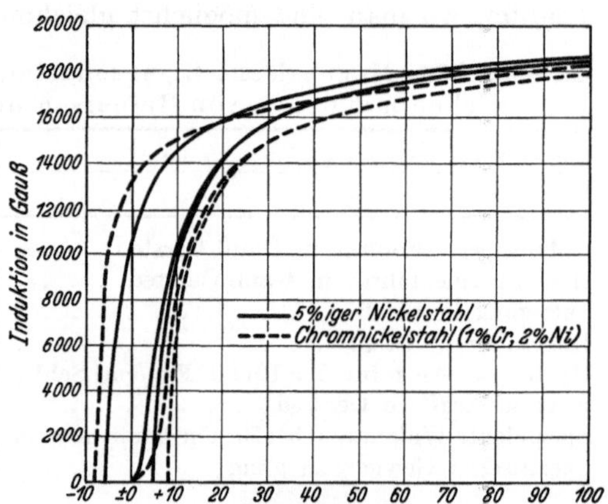

Abb. 178. Hysteresisschleife eines 5proz. Nickelstahles im Vergleich zu einem Chrom-Nickel-Stahl. [Nach Goerens: Stahl u. Eisen 44. Jg. (1924) S. 1657.]

Legierungen ist der Anwendungskreis aber beschränkt geblieben, schon deswegen, weil sie eine geringere Zunderbeständigkeit als die letztgenannten aufweisen.

---

[1] Stahl u. Eisen 44. Jg. (1924) S. 1657.

[2] Dieser Stahl kam geglüht zur Untersuchung, alle anderen vergütet.

[3] Die Veränderung der Thermokraft und des elektrischen Widerstandes ternärer Eisen-Chrom-Nickel-Legierungen wird ausführlich in folgenden Arbeiten von Chevenard behandelt: Revue du Nickel Nr. 2, 3ᵉ année; Travaux et mémoires du bureau international des prids et mesures 1927 tome XVII; Bericht Nr. 128 des Werkstoffausschusses des Vereins deutscher Eisenhüttenleute; Stahl u. Eisen 48. Jg. (1928) S. 1045.

In großem Umfange gebraucht man hingegen Nickel bei den sog. **Widerstandsmaterialien**[1]. Obwohl, wie aus Abb. 171 hervorging, der Höchstpunkt des elektrischen Widerstandes bei etwa 36% Nickel liegt, werden für Widerstandsdrähte in der Hauptsache Legierungen mit 60—80% Nickel verwendet. Zur Erhöhung der Zunderbeständigkeit (s. später unter Chrom) werden

diese Legierungen unter Zusatz von Chrom, bisweilen auch Molybdän, hergestellt. Nebenbei wird dadurch der Vorteil einer geringeren Temperaturabhängigkeit des Widerstandes erreicht (s. Abb. 179, Kurve 5 und 6). Nickel selbst erhöht etwas die Widerstandsfähigkeit gegen oxydierende Angriffe bei höheren Temperaturen. Durch Zusätze von Chrom wird sie noch weitergehend gesteigert, so daß diese Legierungen bis zu den höchsten Temperaturen — 1200° — als zunderbeständig angesprochen werden können. Wegen der Erhöhung der Zunderbeständigkeit, aber auch der Warmfestigkeit infolge Austenitbildung, findet Nickel eine weitgehende Verwendung in zunderbeständigen Legierungen. Ein Ersatz durch Mangan kommt wegen der schlechten Zunderbeständigkeit hochmanganhaltiger Legierungen nicht so sehr

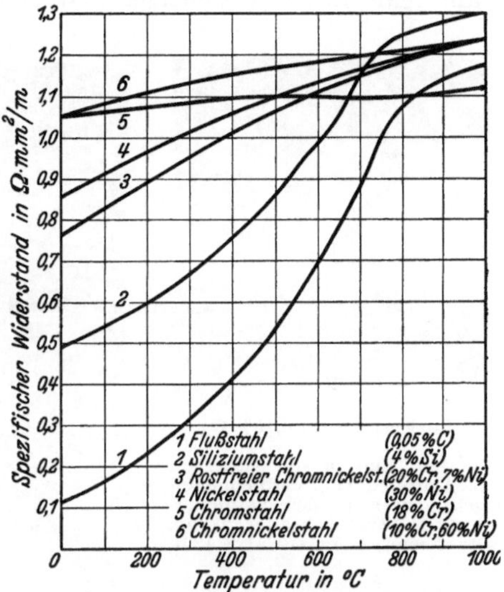

Abb. 179. Elektrischer Widerstand verschiedener Legierungen in Abhängigkeit von der Temperatur. [Entnommen von Stäblein: Kruppsche Mh. 9. Jg. (1928) S. 188.]

in Frage. Auf die ungünstige Wirkung von Schwefel und schwefelhaltiger Gase auf die Verzunderung nickelhaltiger Legierungen wird noch des öfteren eingegangen werden.

Aus vorstehendem geht hervor, daß die Nickellegierungen infolge ihrer physikalischen Eigenschaften eine außerordentlich vielseitige Verwendung gestatten; im Rahmen dieses Buches war es nur möglich, die wichtigsten dieser Fragen zu streifen.

6. Einfluß des Nickels bei der Stahlherstellung und -verarbeitung.

In metallurgischer Beziehung kommt Nickel keine allzu große Bedeutung zu, da es gegenüber Sauerstoff edler als Eisen ist und somit bei jedem metallurgischen Schmelzverfahren im Stahlbad erhalten bleibt. Dieser geringe metallurgische Einfluß von Nickel kommt in den günstigen Quereigenschaften nickelhaltiger Stähle zum Ausdruck. Die Herstellung nickelhaltigen Stahles kann sowohl im S.M.-Ofen als im Elektroofen erfolgen.

Wenn Nickel auch keine besonders günstige oder ungünstige Wirkung bei Oxydations- und Reduktionsvorgängen hat, so spielt aber sein Verhalten anderen Elementen gegenüber eine gewisse Rolle. Erwähnenswert ist vor allem der Einfluß von Schwefel auf nickelhaltige Stähle. Nickel bildet bekanntlich mit Schwefel

---

[1] Siehe S. 178, Fußnote 3.

ein niedrig schmelzendes Eutektikum (Schmelzpunkt 624°). Ein höherer Schwefelgehalt führt daher bei nickelhaltigen Stählen infolge Festsetzung von Nickelsulfid
in den Korngrenzen leichter zu Rotbruch bzw. zu Schwierigkeiten beim Schmieden.
Die ungünstige Form des Nickelsulfids im gegossenen Zustand zeigt später Abb. 552b.
Da Nickelsulfid bei höheren Temperaturen in den Mischkristall hineindiffundiert,
kann man durch vorsichtiges Erwärmen zum Schmieden (s. Abschnitt Schwefel)

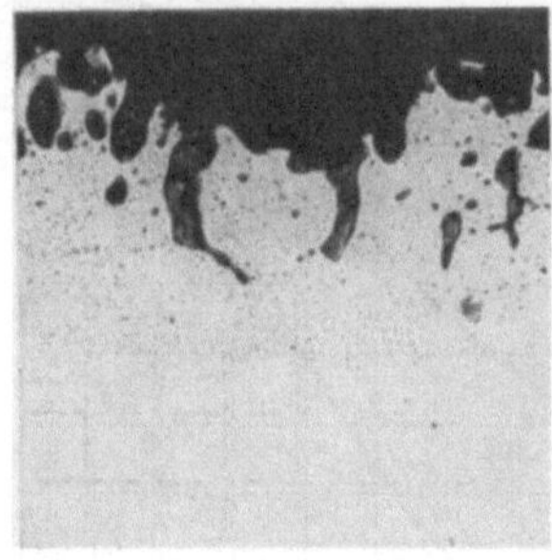

Kohlenstoffstahl 0,15% C

Abb. 180. Einfluß von Nickel auf
das Auftreten von Verbrennungserscheinungen in den Stahlrandschichten. [Nach Schrader: Techn.
Mitt. Krupp. 2. Jg. (1934) S. 138].

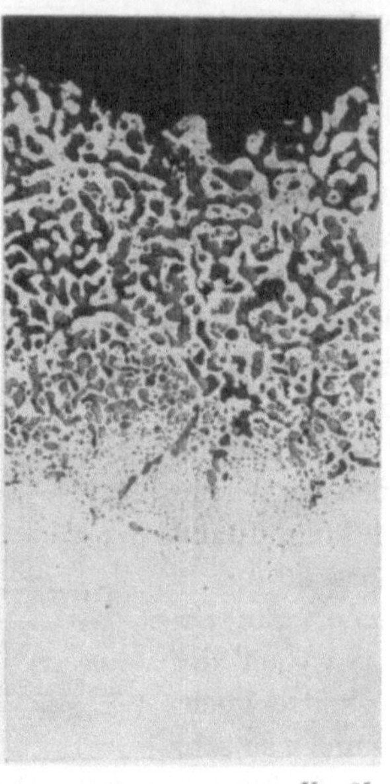

3 proz. Ni-Stahl 0,15% C

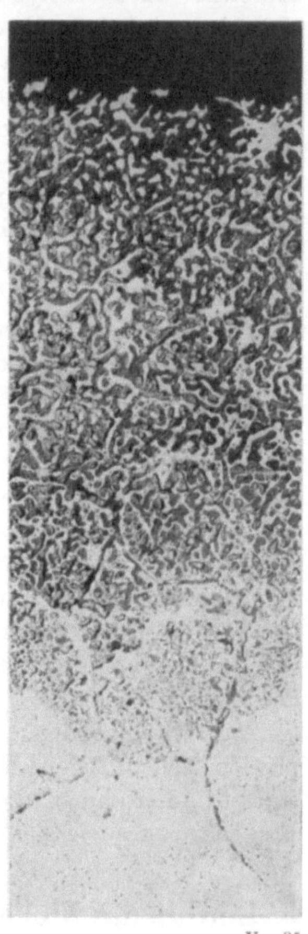

6 proz. Ni-Stahl 0,15% C

diesen Nachteil weit-
gehend beseitigen.

Zu erwähnen ist vom
metallurgischen Gesichts-
punkt die hohe Aufnahme-
fähigkeit von Nickel für
Gase. Nickel besitzt eine große Lösungsfähigkeit für
Wasserstoff im festen Zustande. Der Gehalt von
Reinnickel an Wasserstoff ist verschieden, je nach
dem Herstellungsverfahren (Elektrolytnickel, Carbo-
nylnickel, Mondnickel). Je nach der Art der metallurgischen Verwendung kann ein höherer Gasgehalt des
Nickels unvorteilhaft sein. Vor allem sind gashaltige
Nickellegierungen schädlich, wenn sie nach erfolgter
Desoxydation dem Stahlbad zugesetzt werden, da in
einem gut desoxydierten und beruhigten Stahlbad die Gase, wie Wasserstoff,
leicht gelöst werden und nicht mehr zur Abscheidung gelangen. Bei der Erstarrung kann der hohe Gasgehalt zu Störungen — Gasblasen, Korngrenzenrissen
u. dgl. — führen. Wird dagegen der Nickelzusatz während der Kochperiode
gegeben, so findet meist eine Entfernung der schädlichen Gase statt.

Im Gußzustand soll die Abkühlung höher nickelhaltiger Stahllegierungen
zwecks Vermeidung von Spannungsrissen vorsichtig erfolgen. Infolge der verringerten kritischen Abkühlungsgeschwindigkeit von Stählen mit 3—7% Nickel,
insbesondere wenn diese noch Beimengungen von Chrom, Molybdän enthalten,
können bei der Abkühlung Spannungen entstehen, die zur Rißbildung führen.

Besonders empfindlich gegen Rißbildung sind Gußblöcke, deren Primär- (Erstarrungs-) Kristallisation auf Grund der gewählten Gießbedingungen (Temperatur, Zeit und Gußgröße) grobkörnig ist. Abgesehen von Außenrissen in der Gußhaut beobachtet man bei tiefgekohlten 3,5—7 proz. Nickel- und Nickel-Chrom-Stählen oft Risse, über die am Schluß des Kapitels Chrom im Zusammenhange berichtet wird (Korngrenzenrisse, Flocken), da diese Fehler außer bei Nickelstählen besonders bei Chrom-Nickel- und Chromstählen auftreten.

Die hochlegierten und vor allem die austenitischen Nickelstähle erfordern wegen ihrer schlechteren Wärmeleitfähigkeit größere Sorgfalt beim Erwärmen auf Walz-, Schmiede-, Vergütungstemperatur usw.

Eine weitere Besonderheit von Nickelstählen, die vor allem dem aufmerksamen Walzwerker bekannt ist, ist das verschiedene oberflächliche Aussehen gewalzter Nickelstähle mit über 5% Nickel. Am deutlichsten ist es bei 18%, 25%, 36% Nickel zu beobachten. Diese Stähle haben nach dem Walzen eine rauhe, schuppige bis rissige Oberfläche, und zwar in um so ausgeprägterem Maße, je höher der Nickelgehalt ist. Dieser Umstand ist nicht auf den Einfluß von Nickel auf die Formänderungsfähigkeit zurückzuführen, sondern steht mit der Eigenart des Verzunderungsvorganges bei Nickelstählen in Zusammenhang. Abb. 180 zeigt deutlich, wie unter gleichen Oxydationsbedingungen mit steigendem Nickelgehalt eine starke Veränderung der Oxyde in den Randschichten und vor allem eine Verbreiterung der durch Oxyde verunreinigten Randschicht

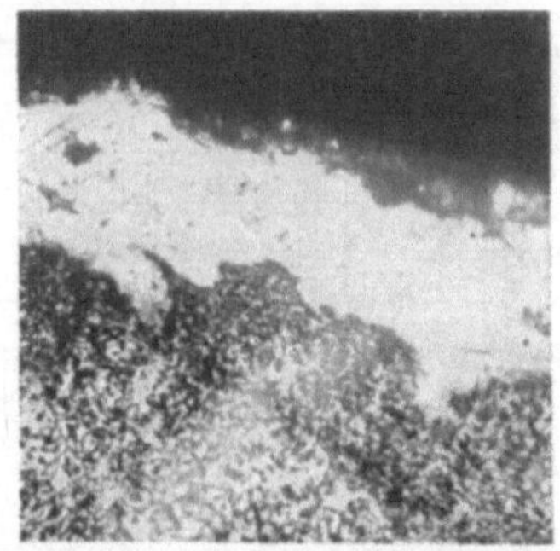

Abb. 181. Nickelschicht auf verzundertem und gebeiztem Schmiedestuck. [Nach Houdremont: Stahl u. Eisen 46. Jg. (1926) S. 1687.]

eintritt. Gleichzeitig haben die Einschlüsse das Bestreben, sich in den Korngrenzen festzusetzen. Die schuppige Oberfläche ist auf Rotbrucherscheinungen in der äußersten Randschicht zurückzuführen. Es wurde weiter oben erwähnt, daß Nickel schwerer oxydierbar ist als Eisen und daher auch etwas beständiger gegen Verzunderung ist; bei der Verzunderung von Nickel-Eisen-Legierungen hat das Eisen im Mischkristall die Neigung, zuerst zu oxydieren, und es kann, sofern die Temperatur hoch genug ist, um durch Diffusion die entsprechende Gleichgewichtseinstellung zu ermöglichen, eine Verzunderung des Eisens unter entsprechender Anreicherung von Nickel unter der Zunderschicht eintreten. Abb. 181 zeigt derartige Schichten von nahezu reinem Nickel bei einem heißgeschmiedeten Stück aus 3,5 proz. Chrom-Nickel-Stahl. Da Reinnickel aber ebenfalls bei den Warmformgebungstemperaturen der Nickelstähle oxydiert, können die hierbei gebildeten nickelreicheren Oxydationsschichten schuld an der veränderten Ausbildung der Oxydschichten sein. Der Vorgang wäre folgender:

1. Oxydation des Eisens mit Nickelanreicherung unter der zuerst gebildeten Oxydschicht.

2. Eindringen von Oxydationsprodukten des Nickels in die Stahloberfläche.

Vor allem wirkt Schwefel in Heizgasen sehr ungünstig, da sich bildendes Nickelsulfid leicht in die Korngrenzen eindringen kann. Bei Verwendung schwefelhaltiger

Gase zum Erwärmen von z. B. 25proz. Nickelstahl mit 0,01% S kann man oft Oberflächenfehler beobachten, in denen starke Schwefelanreicherungen bis 0,2% und darüber einwandfrei festzustellen sind.

D. Chromstähle.
1. Allgemeines.
a) Das System Eisen-Chrom.

Während Mangan und Nickel, wenn man von dem Unterschied in der Karbidbildung bei Mangan und deren Einfluß absieht, gewisse gleichartige Wirkungen als Legierungselemente im Stahl hervorrufen, gehört das Chrom einer Gruppe von Elementen — Wolfram, Molybdän, Vanadin usw. — an, deren Einwirkungen auf die Stahleigenschaften wesentlich andere sind, wobei sich gruppenmäßig zusammenhängende Gesetzmäßigkeiten (Abschnürung des γ-Gebietes, Karbidbildung) ergeben.

Das System Eisen-Chrom gehört im Gegensatz zu Eisen-Mangan, Eisen-Nickel zu den Systemen der zweiten Gruppe, d. h. der Gruppe derjenigen Elemente, die das γ-Gebiet abschnüren, wobei nach dem Erstarren eine lückenlose

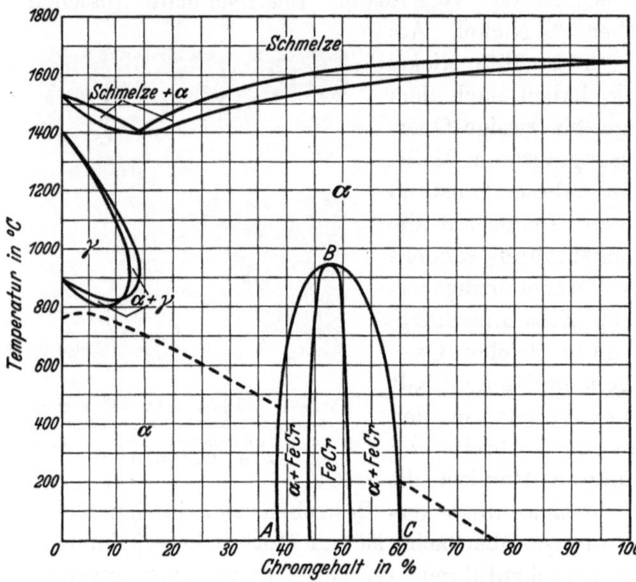

Abb. 182. System Eisen-Chrom. [Nach Oberhoffer u. Esser: Stahl u. Eisen 47. Jg. (1927) S. 2021, und Wever u. Jellinghaus: Mitt. Kais.-Wilh.-Inst. Eisenforschg., Düsseld. 13. Jg. (1931) S. 143.]

Reihe von Mischkristallen vorhanden ist (Abb. 182). Nach einer anfänglichen Erniedrigung des A_3-Punktes findet bei steigendem Chromzusatz wieder eine Erhöhung statt. Ebenso senkt sich der A_4-Punkt, so daß bei einem Gehalt von etwa 13% Chrom das γ-Gebiet geschlossen ist und darüber hinaus vom Schmelzpunkt bis zu Raumtemperatur nur eine einheitliche Kristallart, nämlich der Ferrit, im Schrifttum als α- oder auch als δ-Mischkristall bezeichnet, auftritt. Die A_2-Umwandlung wird durch Chromzusatz erniedrigt.

Wie aus neueren Untersuchungen von Bain[1], Wever und Jellinghaus[2] hervorgeht, bleiben die nach dem Erstarren vorhandenen Mischkristalle bei langsamer Abkühlung nicht bei allen Chromkonzentrationen bis zur Raumtemperatur erhalten. Löscht man Legierungen mit etwa 30—60% Chrom von Temperaturen dicht unterhalb des Schmelzpunktes ab, so erhält man wohl noch einheitliche

---

[1] Trans. Amer. Inst. min. metallurg. Engr. Bd. 75 (1927) S. 166.

[2] Mitt. Kaiser-Wilh.-Inst. Eisenforschg., Düsseld. 13. Jg. (1931) S. 93.

Mischkristalle. Bei langsamer Abkühlung oder nachträglichem Wiedererwärmen auf etwa 800° scheidet sich aber eine unmagnetische Phase aus, die Bain wegen ihrer Sprödigkeit als „brittle constituent" — „B"-Bestandteil — bezeichnet hat und die von Wever als Verbindung FeCr mit 48,2% Chrom festgestellt wurde. Diese Verbindung besitzt eine gewisse Löslichkeit sowohl für die chromreichen als für die eisenreichen Mischkristalle, was durch die eingetragenen Gleichgewichtslinien in Abb. 182 zum Ausdruck kommt. Durch die Ausscheidung der intermetallischen Verbindung findet eine Steigerung der Härte statt unter gleichzeitiger starker Volumenzunahme. Infolge dieser außerordentlich großen Volumenzunahme können solche Spannungen in der betreffenden Legierung erzeugt werden, daß nach erfolgter Ausscheidung der intermetallischen Verbindung oft Spannungsrisse auftreten. Diese Rißbildung infolge Volumenvergrößerung bei hoher Temperatur ähnelt dem Vorgang, der bei der plötzlichen Martensitbildung bei tiefen Temperaturen beobachtet werden kann. Da man bei Sonderstählen heute noch normalerweise den Chromgehalt nicht über 30—35% hinaus steigert, sollte diese Ausscheidung einer intermetallischen Verbindung bei den üblichen Chromstählen keine Rolle spielen, es sei denn, daß der Kurvenast AB (Abb. 182), der nach der Darstellung von Wever bei 38% Chrom endet, tatsächlich viel flacher verläuft und sich evtl. sogar bis zu Chromgehalten von 10% erstreckt. Hierin könnte eine Erklärungsmöglichkeit für die bei 15- und 18proz. Chromstählen auftretende Sprödigkeit nach längerem Erhitzen im Temperaturbereich von 500—600° gesehen werden (s. später).

Aus dem Diagramm Eisen-Chrom kann man ableiten, daß sich zwei bzw. sogar drei Gruppen von Chrom-Eisen-Legierungen ergeben:

1. solche mit Umwandlung;
2. solche ohne Umwandlung;
3. solche, deren Gefüge nur teilweise eine Umwandlung erleidet.

Im Diagramm ist die Linie der Abschnürung des γ-Gebietes doppelt eingezeichnet. Dies besagt, daß bei Übergang von γ- zu α-Eisen auch noch Entmischungserscheinungen auftreten und daß bei bestimmten Chromgehalten, die sich genau zwischen beiden Linien befinden, Legierungen bestehen, deren Gefüge teilweise noch umgewandelt wird, während ein Teil bereits umwandlungsfrei ist.

Das Gefüge der Legierungen ohne γ-Umwandlung bezeichnet man als „ferritisch" und somit die Chrom-Eisen-Legierungen ohne γ-Umwandlung als ferritische Legierungen, die mit teilweiser Umwandlung als „halbferritische" Legierungen. Das Gefüge der Legierungen mit Umwandlung wird durch die in technischen Legierungen stets, wenn auch in noch so geringen Mengen vorkommenden Gehalte an Kohlenstoff beeinflußt. Diese Gruppe wird daher meist als „perlitische bis martensitische" Gruppe bezeichnet.

b) Kohlenstoffhaltige Eisen-Chrom-Legierungen.

Bereits auf S. 123 ist darauf hingewiesen worden, daß, abgesehen von der systematischen Einteilung der Legierungselemente in solche, die das γ-Gebiet erweitern, und solche, die das γ-Gebiet abschnüren, eine Gruppe von Elementen noch die Eigentümlichkeit aufweist, bei Hinzutritt von Kohlenstoff stabile Karbide zu bilden. Zu dieser Gruppe der karbidbildenden Elemente gehört auch das Chrom.

Bei hohen Chrom- und Kohlenstoffgehalten findet man in einem Chrom-Kohlenstoff-Stahl sowohl das kubische Karbid Cr_4C als auch das trigonale chromärmere Karbid Cr_7C_3.

Das interessierende Teilgebiet des Systems CrFeC zeigen die Abb. 183 und 184. Die Abb. 183 zeigt die Einteilung bei der Erstarrung; Abb. 184 die Zustands-

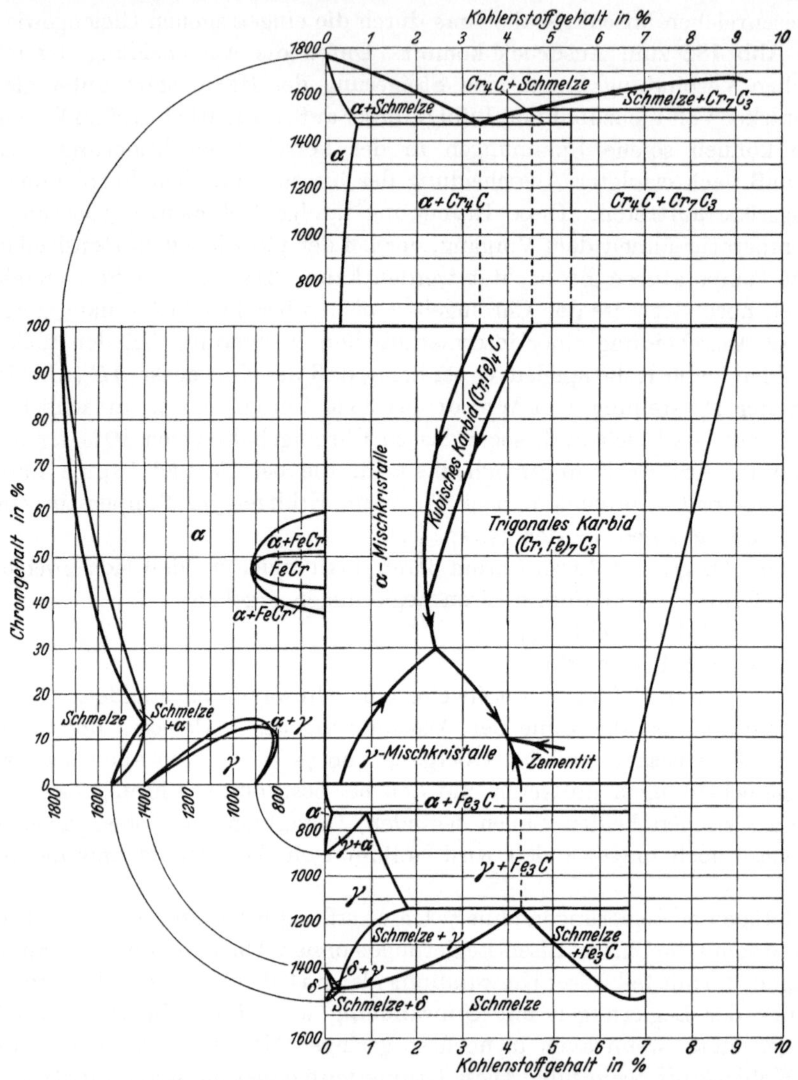

Abb. 183. Horizontalprojektion des Schmelzdiagramms Eisen-Chrom-Kohlenstoff auf die 20°-Temperaturebene. (Nach Tofaute, Küttner u. Büttinghaus: Arch. Eisenhüttenwes. demnächst.)

felder bei 20°. Wie aus diesen Abbildungen hervorgeht, sind die Phasen, die sich in den betreffenden Konzentrationsbereichen primär ausscheiden: Fe_3C, Cr_4C, Cr_7C_3, sowie die γ- bzw. α-Mischkristalle. In sehr hochgekohlten Legierungen, wie sie als Sonderstähle nicht verwendet werden, tritt auch noch das Karbid Cr_3C_2 auf, das aber für diese Betrachtungen ausscheiden kann. Eisenkarbid und Chromkarbide können infolge der nahen Verwandtschaft der

Elemente Chrom und Eisen wechselweise Chrom bzw. Eisen gelöst enthalten. Man bringt dies oft in der Formel zum Ausdruck, indem man $(FeCr)_7C_3$ usw. schreibt. Maurer[1] kommt auf Grund chemischer Untersuchung isolierter Karbide zu anderen Karbidzusammensetzungen, und zwar nimmt er an, daß die Karbide Cr_3C_2 und Cr_4C_2 sowie deren Mischkarbide mit Zementit vorkommen. Wesentlich ist das einwandfrei festgestellte Vorkommen von Sonderkarbiden. In folgendem wird die Existenz von Cr_4C und Cr_7C_3 berücksichtigt.

Bei **kohlenstoffarmen** und niedriglegierten Chromstählen (unter 1% C, unter 3% Cr) tritt in der Hauptsache nur das Eisenkarbid auf, das nahezu die gesamte Chrommenge gelöst enthält, also nicht mehr als reines Fe_3C angesprochen werden kann. Ein charakteristisches Merkmal der Chromstähle besteht

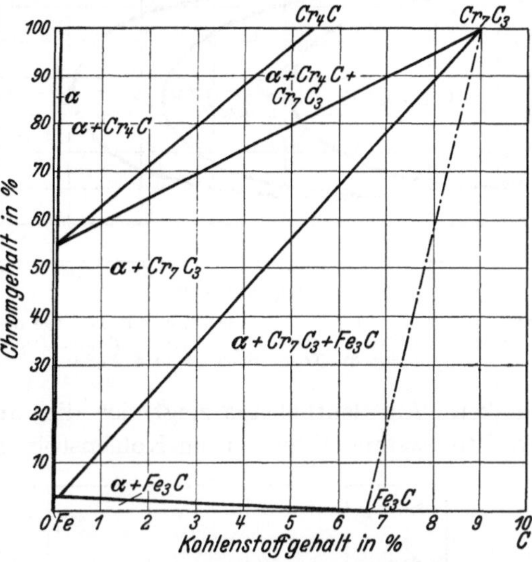

Abb. 184. Zustandsfelder des Systems Eisen-Chrom-Kohlenstoff bei 20°. [Nach Untersuchungen von Westgren, Phragmen und Negresco: J. Iron Steel Inst. Bd. 117 (1928) S. 383.]

somit auch darin, daß die Wirkung des Chroms auf die Karbidbildung je nach dem Legierungsgehalt eine verschiedene ist und daher in den niedriglegierten Stählen die Eigenart des Eisenkarbids, in den höherlegierten die der Chromkarbide vorherrscht.

Durch Zusatz von Chrom zu Eisen-Kohlenstoff-Legierungen verschiebt sich der Perlitpunkt wie auch der Punkt E im Eisen-Kohlenstoff-Diagramm nach niedrigeren Kohlenstoffgehalten hin (Abb. 185). Das gleiche gilt für das ledeburitische Eutektikum. Aus dieser Verschiebung der charakteristischen Punkte des Eisen-Kohlenstoff-Diagramms ergibt sich eine Unterteilung der perlitisch-martensitischen Gruppe der Chromstähle in Abhängigkeit von Chrom und Kohlenstoff in untereutektoide perlitische, in übereutektoide **karbidische** und **ledeburitische** Chromstähle.

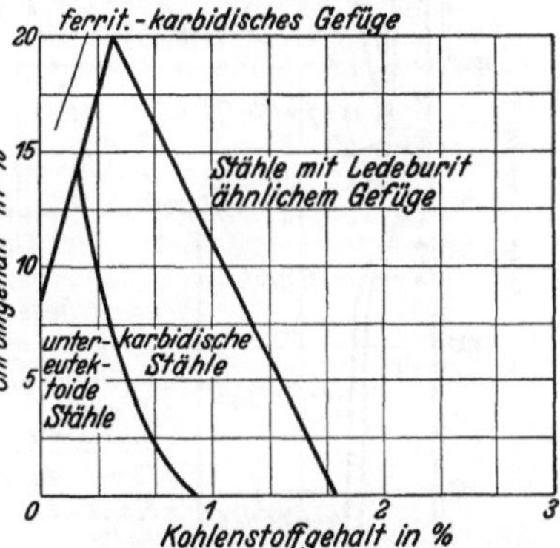

Abb. 185. Schematisches Gefügediagramm der Chromstähle. (Die Einteilung in untereutektoide, karbidische und ledeburitische Stähle wurde erstmalig von Oberhoffer, Daeves und Rapatz [Stahl u. Eisen 44. Jg. (1924) S. 432] gegeben. Die Linie für ferritische Stähle ohne Umwandlung wurde hinzugefugt.)

A. Der Einfluß des Chroms als karbidbildendes Element.

Die Wirkung des Chroms als karbidbildendes Element ist eine mehrfache; sie äußert sich:

1. in seinem Einfluß auf den Existenzbereich der ferritischen Chromstahlgruppe;

---

[1] Arch. Eisenhüttenwes. Bd. 7 (1934) S. 247—256.

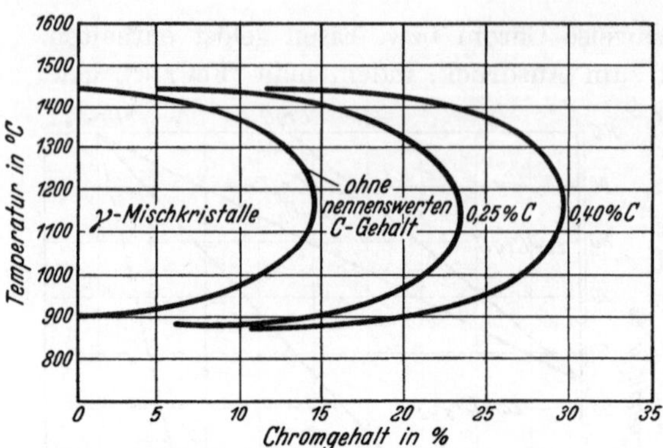

Abb. 186. Einfluß des Kohlenstoffgehaltes auf die Lage des γ-Gebietes im System Eisen-Chrom. [Nach Bain: Trans. Amer. Soc. Stl. Treat. Bd. 9 (1926) S. 9/32.]

2. in der Härtefähigkeit;

3. in der Anlaßbeständigkeit.

Zu 1: Die Karbide Cr_7C_3 und insbesondere Cr_4C binden einen großen Teil des Chroms ab, und es ist somit verständlich, daß sich durch Zusatz von Kohlenstoff infolge dieses Chromentzugs aus der Grundmasse die Abschnürung des γ-Gebietes zu höheren Chromgehalten verschiebt, wie dies aus der schematischen Abb. 186 hervorgeht. Hierbei sind die Linien ebenfalls als Doppellinien zu denken. Am deutlichsten zeigt sich dies an Hand von 2 Schnitten durch das Dreistoffsystem Eisen-Chrom-Kohlenstoff bei Chromgehalten von 15% bzw.

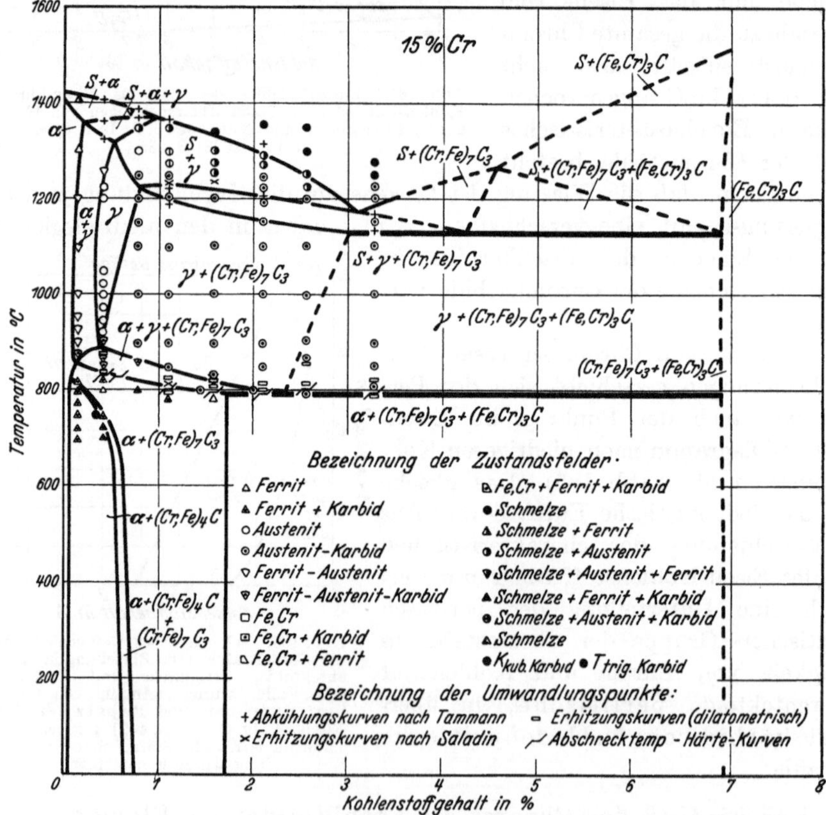

Abb. 187. Schnitt durch das Eisen-Chrom-Kohlenstoff-System bei 15% Cr. (Nach Tofaute, Küttner u. Büttinghaus: Arch. Eisenhüttenwes. demnachst.)

20% (Abb. 187/188). Bei sehr geringem Kohlenstoffgehalt sind diese Legierungen vom Schmelzpunkt an bis Raumtemperatur rein ferritisch (α-Bereich); bei erhöhtem Kohlenstoffgehalt tritt neben dem Ferrit bei hohen Temperaturen

Austenit auf („halbferritische" Stähle = α- und γ-Bereich); bei noch weiter gesteigertem Kohlenstoffgehalt entsteht bei hoher Temperatur reiner Austenit oder Austenit + Karbid. Bei der Abkühlung zersetzt sich der Austenit wie bei reinen Eisen-Kohlenstoff-Legierungen zu Ferrit + Karbid („perlitisch-martensitische" Stähle). Das Gefüge der Chromstähle bei Raumtemperatur nach langsamer Abkühlung ist also perlitisch bis troostitisch, rein ferritisch oder halb-

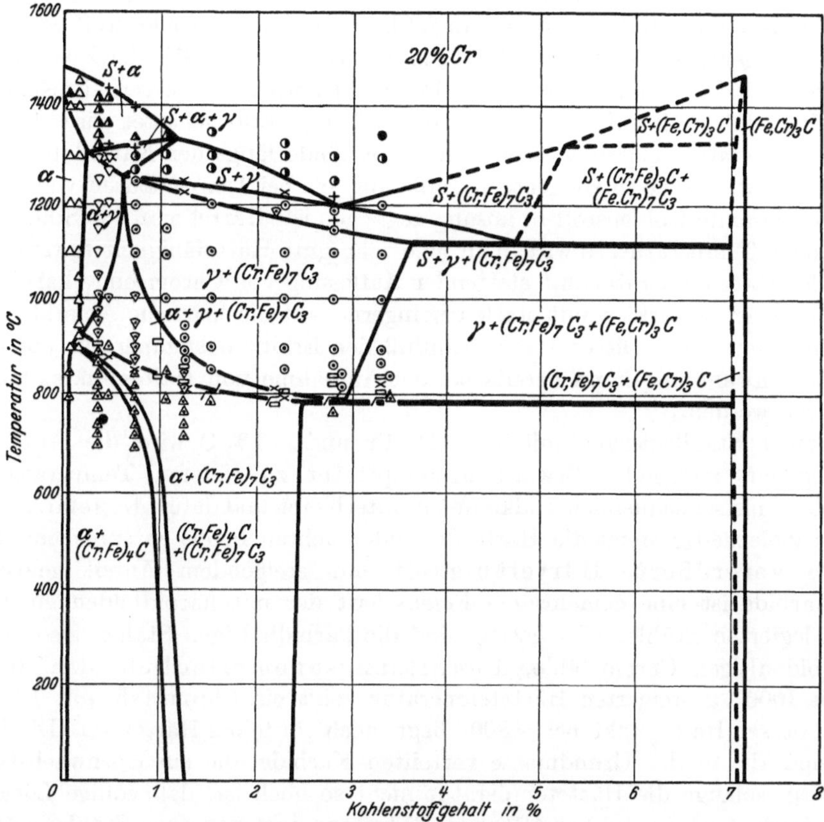

Abb. 188. Schnitt durch das Eisen-Chrom-Kohlenstoff-System bei 20% Cr. (Nach Tofaute, Küttner u. Büttinghaus: Arch. Eisenhuttenwes. demnachst.)

ferritisch mit je nach Höhe des Kohlenstoffgehaltes eingelagerten Karbiden, und steht somit in gleichzeitiger Abhängigkeit vom Chrom- und Kohlenstoffgehalt.

Zu 2: Aus der Tatsache, daß Chrom nach anfänglicher Erniedrigung der A_3-Umwandlung diese bei höheren Chromgehalten bis zur vollständigen Abschnürung des γ-Gebietes erhöht, sowie keine wesentliche Hysteresis zwischen der Umwandlungstemperatur bei der Erwärmung und Abkühlung besteht, ergibt sich die Folgerung, daß das im Mischkristall (Grundmasse) gelöste Chrom allein nicht wesentlich die **kritische Abkühlungsgeschwindigkeit** und somit die Härtbarkeit von Stahllegierungen beeinflußt. Der Chromzusatz wirkt aber infolge der **Karbidbildung** und der Verschiebung des Perlitpunktes zu niedrigeren Kohlenstoffgehalten im Vergleich zu Eisen-Kohlenstoff-Legierungen im Sinne einer Kohlenstofferhöhung. Nachgewiesenerweise erschwert bereits das im Fe_3C gelöste Chrom die Diffusionsgeschwindigkeit des Karbids und vermindert somit seine Zusammenballungsfähigkeit. Die Verminderung der Diffusionsfähigkeit bedingt gleichzeitig eine geringere Ausscheidungsgeschwindigkeit im Umwandlungsgebiet und damit eine Verbesserung der Härtefähigkeit. In diesem Sinne erhöht also auch ein steigender Chromzusatz bei gleichbleibendem Kohlenstoffgehalt die Härtefähigkeit. In vermehrtem Maße gilt das für solche Legierungen, die stabile Chromkarbide, wie z. B. Cr_7C_3 bzw. Cr_4C, enthalten. Beim Erhitzen eines Stahles mit 14—15% Chrom und 0,6% Kohlenstoff geht bei 900° nur ein geringer Teil des Kohlenstoffs in Lösung (Abb. 187), der Rest bleibt als Sonderkarbid abgebunden ungelöst. Der Stahl weist nur eine verhältnismäßig geringe Härtefähigkeit auf, wenn er von dieser Temperatur gehärtet wird. Durch weitere Temperatursteigerung lösen sich die Karbide längs der Karbidausscheidungslinie bzw. -fläche in steigendem Maße auf, bis bei Temperaturen von etwa 1100° der gesamte Kohlenstoff in Lösung gegangen ist. Härtet man den Stahl von dieser hohen Temperatur, so wird man eine sehr gute Härtefähigkeit feststellen. Steigende Härtetemperatur mit steigender Auflösung von Chromsonderkarbiden im γ-Mischkristall wirkt somit stark verringernd auf die kritische Abkühlungsgeschwindigkeit ein. Dieser starke Einfluß der Erhitzungstemperatur auf die Lage der Umwandlung kann bereits bei der Aufnahme von Haltepunktskurven beobachtet werden.

Bei einer Stahllegierung mit 12—14% Cr und ∞1% C wird die Ar'-Umwandlung mit steigender Erwärmungstemperatur zu tieferen Temperaturen verschoben, bis sie schließlich vollkommen unterbleibt und dafür Ar'' (evtl. Ar''') auftritt; gleichzeitig steigt die Härte der untersuchten Probe entsprechend an.

Diese vergrößerte Härtefähigkeit mit steigendem Anteil gelösten Sonderkarbids ist eine gemeinsame Eigenschaft der mit karbidbildenden Elementen legierten Stähle. Gleichzeitig sind die karbidhaltigen Stähle, also auch die karbidhaltigen Chromstähle, überhitzungsunempfindlich, d. h. trotz einer bis 1000° gesteigerten Härtetemperatur zeigt ein Chromstahl mit 1% C, 14% Cr, dessen Haltepunkt bei ∞800° liegt, noch ein feines Härtekorn. Die Ursache sind die in der Grundmasse verteilten Karbide, die ein Kornwachstum verhindern, solange die Härtetemperatur nicht so hoch ist, daß völlige Lösung erreicht wird. Auch in anderen Fällen, z. B. bei rein austenitischen Stählen, etwa dem 12proz. Manganhartstahl mit 1,2% C, kann man beobachten, daß ein wesentliches Kornwachstum des Austenits erst dann eintritt, wenn die Karbide in Lösung gegangen sind. Dies spricht ebenfalls für die Hemmung des Kornwachstums, also Verringerung der Überhitzungsempfindlichkeit durch eingelagerte Karbide. (Weiteres über die spezielle Wirkung von Sonderkarbiden s. a. im Kapitel Wolfram und Vanadin.)

Bei Chrom-Kohlenstoff-Stählen mit z. B. 1% C gelangt man in praktischer Anwendung des Gesagten durch steigenden Zusatz von Chrom und Steigerung der Härtetemperatur von wasserhärtenden zu ölhärtenden und zu lufthärtenden Stählen. Typische Vertreter lufthärtender Chrom-Kohlenstoff-Stähle sind z. B. Stähle mit mehr als 1% C und 10% Cr. Steigert man die Härtetemperatur dieser Stähle über die Besttemperatur (erreichbare Höchsthärte) hinaus, so werden sie wieder weicher und verlieren ihren Magnetismus. Nach einer Ablöschung von 1150—1200° bestehen sie aus Austenit mit Resten unaufgelösten Karbids.

Auf Grund der Tatsache, daß die Veränderung der kritischen Abkühlungsgeschwindigkeit durch Chrom bei höheren Chromgehalten zu lufthärtenden Stählen
führt, hatte Guillet eine Einteilung der Chromstähle in perlitische Stähle
(bis 8% Chrom, 1,6% Kohlenstoff), martensitische Stähle (8—18% Chrom,
bis zu 1,6% Kohlenstoff), doppelkarbidische Stähle (über 18% Chrom) gegeben
(Abb. 189). Diese Art der Einteilung erinnert an die Gruppierung bei den
Mangan- und Nickelstählen und würde auf den ersten Blick auf eine gewisse
Ähnlichkeit der Chromstähle mit den Mangan- und Nickelstählen hinweisen.
Mit gleichem Rechte, wie man eine durch Ablöschen erzeugte martensitische
Gruppe einträgt, könnte man allerdings auch eine austenitische Gruppe ein-
fügen, die, wie erwähnt, schon durch Luftabkühlung erzeugt werden kann.

Aus diesem Grunde erscheint diese Art
der Darstellung, wenn ihr auch ein Wert
als erster Versuch einer systematischen
Einteilung nicht abgesprochen werden
soll, doch unzweckmäßig, denn aus dem
Vorhergesagten geht deutlich hervor,
daß der Einfluß von Chrom vollkommen
verschieden von demjenigen von Mangan
und Nickel ist. Während Nickel nur auf
die Grundmasse, Mangan ebenso hauptsächlich auf die Grundmasse und nebenbei auch auf die Karbidlöslichkeit und
Karbidbildung wirkt, beruht der Einfluß von Chrom in der Hauptsache auf
der Karbidbildung. Es ist somit richtiger, die Einteilung der Chromstähle
in der Art der Abb. 185 zu treffen.

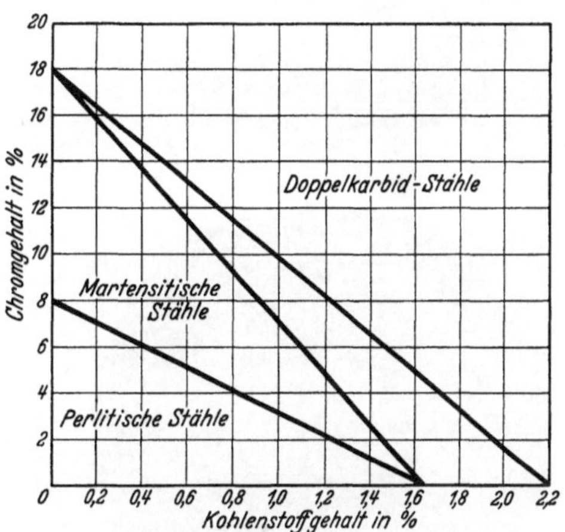

Abb. 189. Strukturdiagramm der Chromstähle.
(Nach Guillet.)

Den Unterschied bei der Härtung zwischen den Legierungselementen Chrom
und Nickel zeigt deutlich Abb. 190. Bei Anwesenheit von Nickel im Stahl tritt
nach Ablöschen dicht über dem Umwandlungspunkt praktisch sofort höchste
Tiefenhärtung ein. Der nickelhaltige Stahl ist von 750° (30° über Ac_1) abgelöscht
durchgehärtet. Durch Erhöhung der Härtetemperatur findet bei Nickelstählen
im allgemeinen nur eine geringe Verminderung der kritischen Abkühlungsgeschwindigkeit und somit Erhöhung der Durchhärtefähigkeit statt. Ähnlich
liegen die Verhältnisse bei Manganstählen. Beim reinen Chromstahl tritt dagegen
nach Ablöschen von 790° (50—60° über Ac_1) knappe Härtung ein; erst bei
gesteigerter Härtetemperatur erfolgt stärkere Beeinflussung der kritischen
Abkühlungsgeschwindigkeit und der Durchhärtung.

Zu 3: Charakteristisch ist auch das Verhalten sonderkarbidhaltiger Chromstähle beim Anlassen. Im Gegensatz zu Kohlenstoffstählen zeichnen sich diese
Legierungen durch große Anlaßbeständigkeit aus, d. h. sie verlieren nur
wenig an Härte bis zu Anlaßtemperaturen von 500° (s. Abb. 191). Nach anfänglich geringem Härteabfall bei Temperaturen von 300—400° kann man meist sogar
nach Anlassen auf 500° wieder einen Härteanstieg feststellen. Für diesen Härteanstieg können zwei Gründe vorliegen:

a) Austenitzerfall;   b) Ausscheidung stabiler Sonderkarbide.

Bei der hohen Härtetemperatur von etwa 1000°, die beispielsweise zur Erzielung der Besthärte bei einem Stahl mit 1,5% C, $\sim$13% Cr angewandt wird,

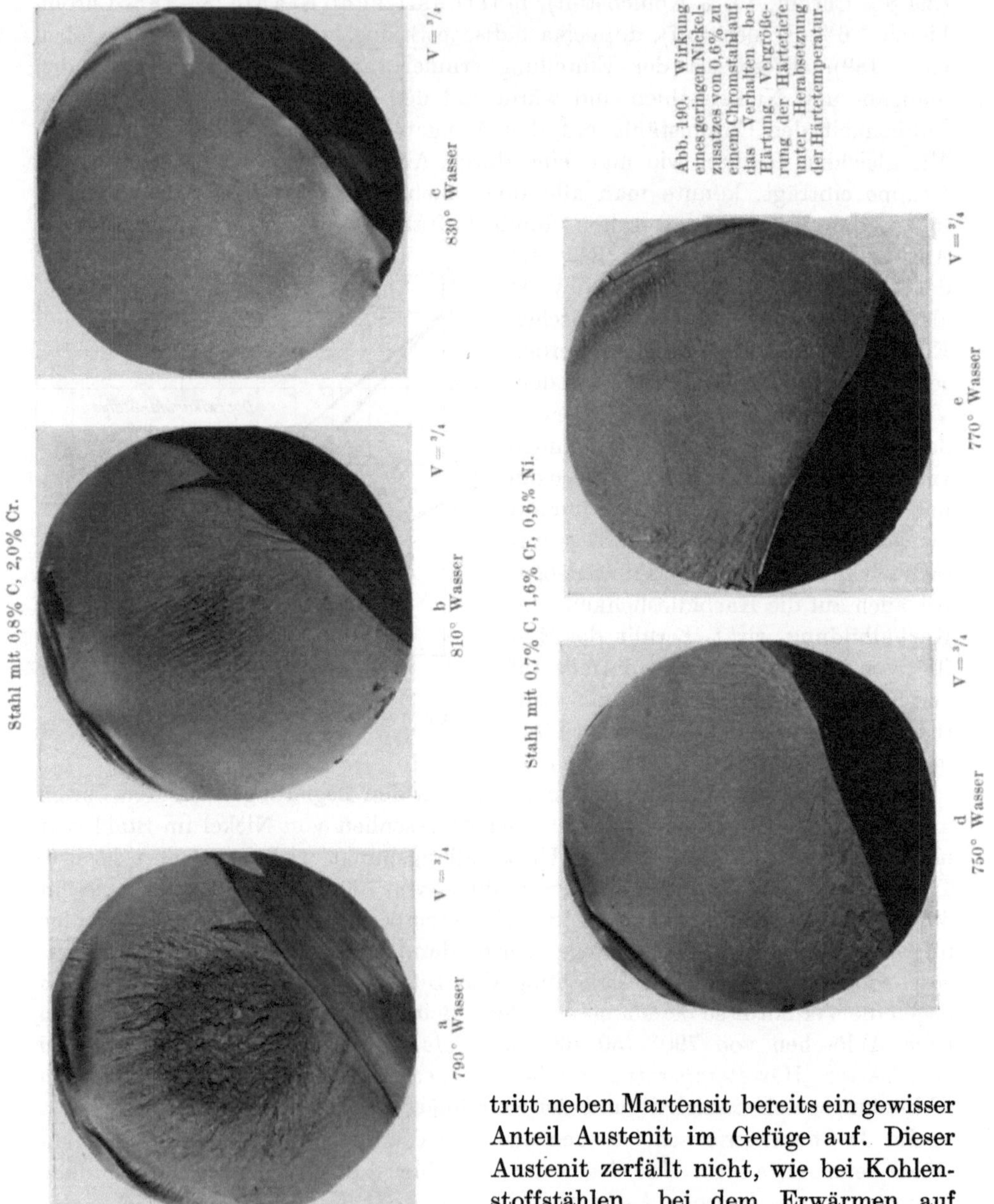

Abb. 190. Wirkung eines geringen Nickelzusatzes von 0,6% zu einem Chromstahl auf das Verhalten bei Härtung. Vergrößerung der Härtetiefe unter Herabsetzung der Härtetemperatur.

tritt neben Martensit bereits ein gewisser Anteil Austenit im Gefüge auf. Dieser Austenit zerfällt nicht, wie bei Kohlenstoffstählen, bei dem Erwärmen auf niedrige Anlaßtemperatur, sondern bleibt vorab als ziemlich stabiler Austenit erhalten. Erst bei der Anlaßtemperatur von 400—500° scheiden sich dann aus dem Austenit Karbide aus, und der so an Kohlenstoff verarmte Austenit wandelt sich bei der Abkühlung (Durchschreiten des Umwandlungsgebietes 2) bei etwa

200° in Martensit um[1]. Auch bereits bei niedriger legierten Chromstählen (1,5% C, 2,5% Cr) konnten Portevin und Chevenard[2] nachweisen, daß die Karbidausscheidung der Austenit-Martensit-Umwandlung vorausgeht und letztere erst bei der Abkühlung auftritt.

Diese Art der Austenitzersetzung ist des öfteren für die Anlaßbeständigkeit von sonderkarbidhaltigen Stählen verantwortlich gemacht worden. Da aber nach ein- oder mehrmaligem Anlassen dieser Restaustenit restlos umgewandelt ist und auch bei dann erfolgendem nochmaligen Anlassen auf gleiche Temperaturen die Härtebeständigkeit der betreffenden Stähle erhalten bleibt, kann diese nicht auf die Neubildung von Martensit aus Restaustenit zurückgeführt werden. Die Ursache der Anlaßbeständigkeit muß vielmehr im **umgewandelten α-Mischkristall** zu suchen sein, wie insbesondere später auch bei Vanadinstählen gezeigt wird. Sie ist darauf zurückzuführen, daß die Sonderkarbide sich im α-Eisen erst bei höheren Temperaturen ausscheiden bzw. zusammenballen als der Zementit und somit eine Art Ausscheidungshärtung hervorrufen, die den entsprechenden Anlaßhärteverlauf erzeugt. Diese Erhöhung der Anlaßbeständigkeit bei Chrom-Eisen-Kohlenstoff-Legierungen kann selbstverständlich erst dann eintreten,

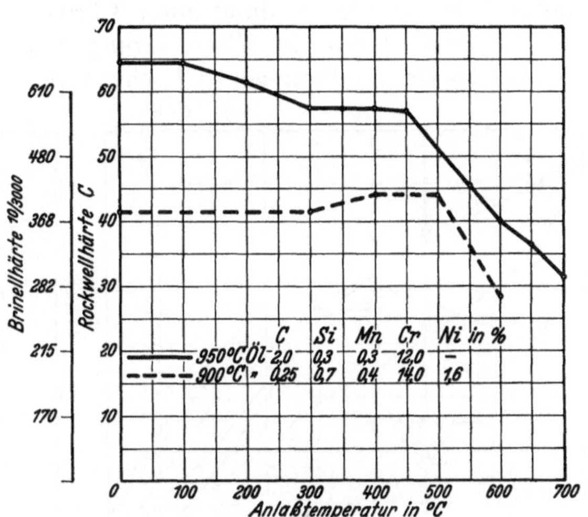

Abb. 191. Härteveränderung von hochlegierten Chromstählen beim Anlassen.

wenn die entsprechenden Sonderkarbide vorhanden sind. Solange das Chrom sich nur im normalen Eisenkarbid gelöst befindet, wird man infolge der Verringerung der Diffusionsgeschwindigkeit und der damit zusammenhängenden verminderten Zusammenballungsfähigkeit der Karbide höchstens einen kleineren Härteabfall feststellen können. Sehr deutlich belegt wird das Verhalten der Chromstähle durch eine Arbeit von Tofaute, Sponheuer und Bennek[3]. In Abb. 192 sind Härteanlaßkurven von Stählen mit 1% C und verschiedenen Chromgehalten bei Härtetemperaturen von 850° und 1050° aufgetragen. Der unlegierte Kohlenstoffstahl verhält sich nach dem Ablöschen von beiden Temperaturen in der Anlaßbeständigkeit nicht sehr verschieden. Die chromlegierten Stähle zeigen bei der tiefen Härtetemperatur nur eine etwas erhöhte Anlaßbeständigkeit. Erst beim Abschrecken von höheren Temperaturen und stärkerem Inlösunggehen von Chromkarbid tritt deutlich die hohe Anlaßbeständigkeit der höher legierten Chromstähle auf. Es zeigt sich hierbei ferner, daß der Stahl mit 1,6% Cr, dessen Karbid nach den Untersuchungen aus Eisenkarbid, das Chrom gelöst enthält,

---

[1] Ehmcke: Arch. Eisenhüttenwes. 4. Jg. (1930/31) S. 23/39 — Kruppsche Mh. 11. Jg. (1930) S. 295/315.

[2] Arch. Eisenhüttenwes. 1. Jg. (1927/28) S. 535.

[3] Arch. Eisenhüttenwes. 1935; Dissertation Sponheuer. Aachen 1933.

besteht, keine ausgesprochen hohe Anlaßbeständigkeit aufweist, sondern nur einen geringeren Abfall der Härte infolge der verzögerten Diffusionsgeschwindigkeit der Karbide. Beim 3proz. Chromstahl, bei dem bereits das Chromkarbid Cr_7C_3 auftritt, macht sich aber die erhöhte Anlaßbeständigkeit bereits bis zu Temperaturen von 500° bemerkbar. Besonders gilt das für die noch höher legierten Stähle. Auf das Zustandekommen der Anlaßkurve eines derart anlaßbeständigen sonderkarbidhaltigen Stahles ist bereits in Abb. 35 hingewiesen worden.

Wesentlich für das unterschiedliche Verhalten beim Anlassen und Weichglühen von Chromstählen gegenüber Nickel- und Manganstählen ist die Erhöhung der *Ac*-Umwandlung durch Chrom.

Während durch die Erniedrigung der Umwandlung bei Mangan und Nickel das Umwandlungsgebiet 1 sehr stark unterdrückt wird und bei den hoch-

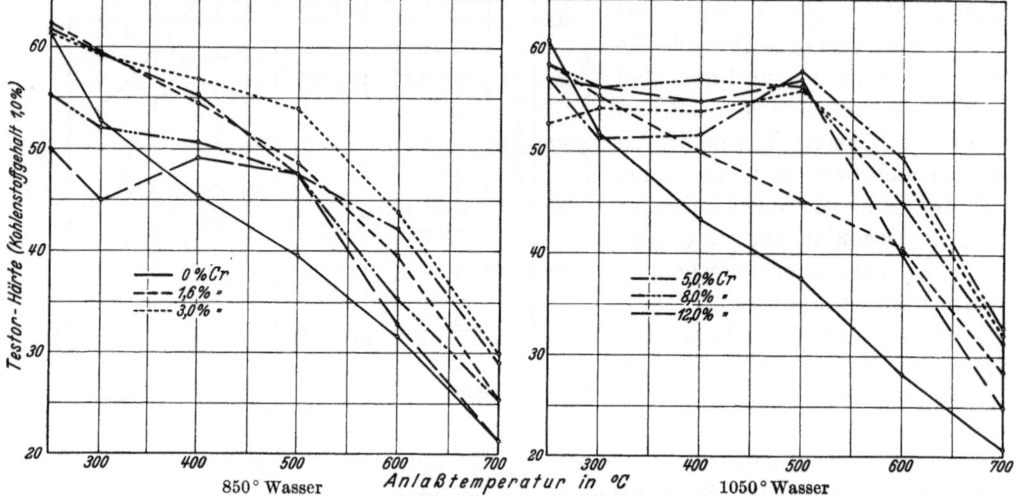

Abb. 192. Härteanlaßkurven von Stählen verschiedener Chromgehalte mit 1,0% C. (Nach Tofaute, Sponheuer u. Bennek: Arch. Eisenhüttenwes. demnächst.)

legierten Stählen sogar beim Erwärmen unterhalb $A_{1/3}$ der Zerfall des Martensits nur schwer vonstatten geht, gelingt es bei den Chromstählen und ähnlichen karbidbildenden Stählen immer, beim Erwärmen infolge der hohen Lage der *Ac*-Umwandlungen wieder ins Umwandlungsgebiet 1 zu gelangen und somit eine vollkommene Absonderung der Karbide aus dem Martensit, also vollkommene Perlitbildung zu bewirken. Die Chromstähle können deswegen, ähnlich wie reine Kohlenstoffstähle, durch Abschrecken martensitisch und darüber hinaus austenitisch gemacht werden; sie lassen sich aber stets bis zur vollkommenen Ausscheidung der Karbide ausglühen, dementsprechend auch weich und bearbeitbar machen. Hierin unterscheiden sich die Cr-C-Fe-Legierungen ebenfalls von den Mn- und Ni-Stählen.

Zusammenfassend ergibt sich auf Grund des Einflusses von Chrom und Kohlenstoff auf Eisenlegierungen eine Einteilung der Chromstähle in ferritische, halbferritische, perlitische Stähle, wobei die einzelnen Gruppen sich noch in karbidische oder ledeburitische Stähle unterteilen lassen. Bei der Härtung

gehen bei höherem Chrom- und Kohlenstoffgehalt und somit höheren Karbidgehalten mit steigender Temperatur größere Anteile von Karbid in Lösung.
Hierdurch tritt eine Verringerung der
kritischen Abkühlungsgeschwindigkeit
und somit erhöhte Härtefähigkeit ein,
so daß man zu martensitischem und
sogar austenitischem Abschreckgefüge
und damit zu öl- bzw. lufthärtenden
Stählen gelangen kann. Beim Anlassen zeichnen sich die hoch chrom-koh-
lenstoff-haltigen Stähle infolge der
Ausscheidung von Chromkarbid bei

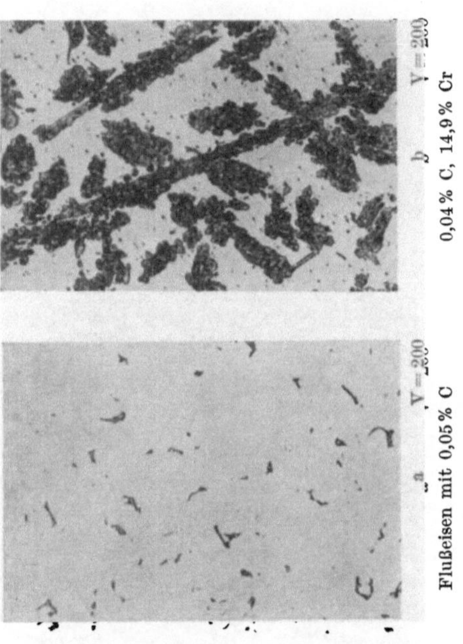

etwa 500° durch ihre Anlaßbeständigkeit bis zu diesen Temperaturen aus.

B. Das Gefüge der Kohlenstoff-Eisen-Chrom-Legierungen.

Die Gefügebilder der Eisen-Chrom-
Kohlenstoff-Legierungen entsprechen
ihrer Lage im System Eisen-Chrom-
Kohlenstoff. Wie Abb. 193a und b
zeigt, wird bei geringen Kohlenstoff-
gehalten von 0,04—0,05% der perlitische Gefügeanteil durch Chromzusatz außerordentlich erhöht. Bei 0,08% Kohlenstoff und 13% Chrom (Abb. 193c) ist
der Stahl bereits überwiegend perlitisch und weist nur noch geringe Ferritreste auf; bei 0,22% Kohlenstoff und 13,8% Chrom (Abb. 193d) besteht das

Abb. 193. Gefüge von Chromstahlen mit 13 bis 15% Cr. [c und d entnommen aus Kruppsche Mh. 6. Jg. (1925) S. 149.]

Gefüge vollkommen aus Perlit. Bei weiterer Steigerung von Chrom und Kohlenstoff tritt Sonderkarbid und bei höheren Gehalten das Karbideutektikum auf, wie dies aus Abb. 193e für einen Stahl mit 1,6% Kohlenstoff und 15% Chrom hervorgeht. Durch Ablöschen werden die Gefüge weitgehend verändert. Abb. 194 zeigt das Gefüge eines Stahles mit 0,43% Kohlenstoff und 13,7% Chrom nach der Behandlung von verschiedenen Ablöschtemperaturen. Nach dem Härten bei 1000° und 1100° ist

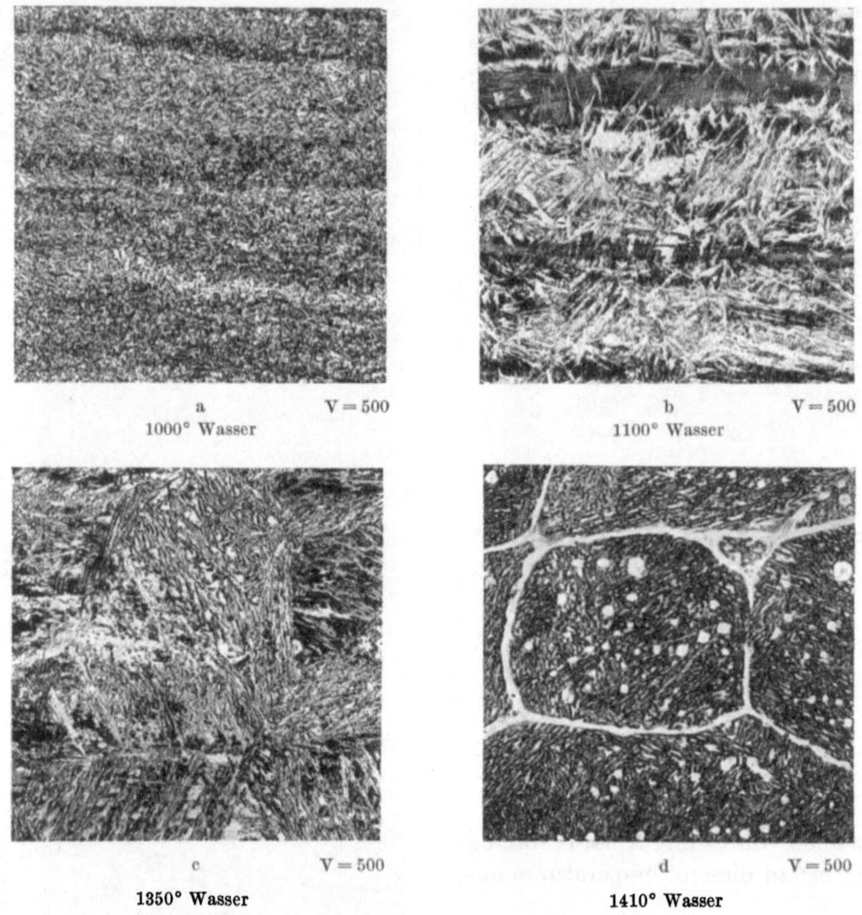

Abb. 194. Gefüge eines Chromstahles mit 0,43% C, 13,7% Cr nach Wasserablöschung von verschiedenen Temperaturen.

der Stahl praktisch rein martensitisch; bei 1350° bleibt neben Martensit bereits eine wesentliche Menge Restaustenit zurück. Bei 1350°, besonders aber bei 1410°, liegen diese Stähle infolge der Herabsetzung der A_4-Umwandlung bereits im δ-Gebiet, dementsprechend sieht man wieder einen gewissen Anteil Ferrit im Gefüge auftreten. Dieses Beispiel zeigt das Verhalten eines rein perlitischen Chromstahles, dessen ganzes Gefüge bei der Erwärmung noch die Austenitumwandlung erleidet. Bei Stählen mit 15% Chrom und 0,14% Kohlenstoff gelingt es aber schon nicht mehr, das Gefüge vollkommen umzuwandeln. Auch bei langsamer Erkaltung aus dem δ-Gebiet sind Ferritteilchen in den Korngrenzen

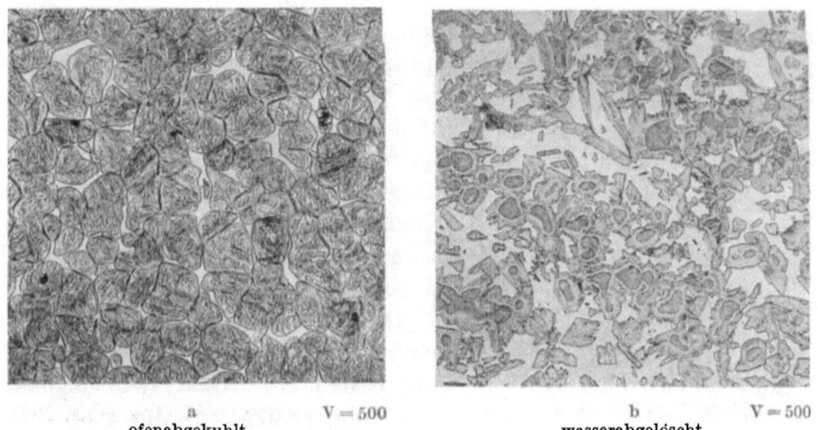

a   V = 500   b   V = 500
ofenabgekuhlt   wasserabgelöscht

Abb. 195. Gefügeaussehen eines Stahles mit 0,14 % C, 15,3 % Cr nach Erwärmung auf 1400°.

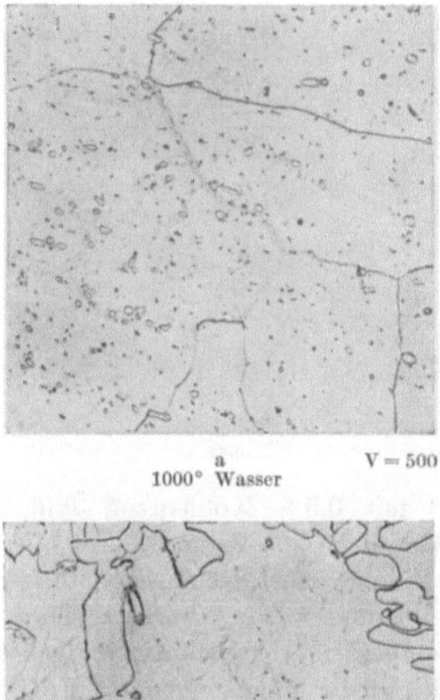

a   V = 500   b   V = 500
1000° Wasser   1170° Wasser

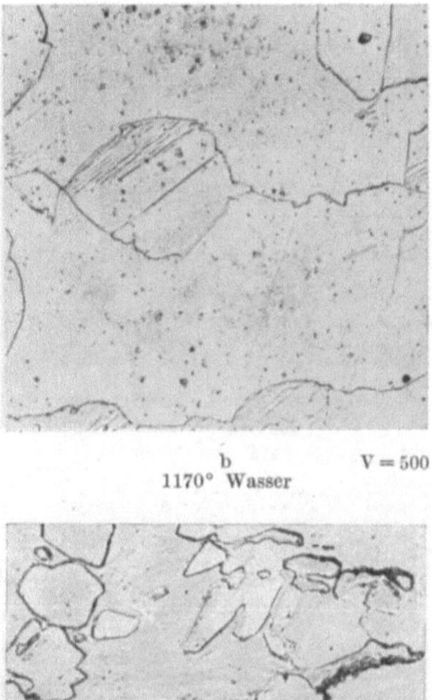

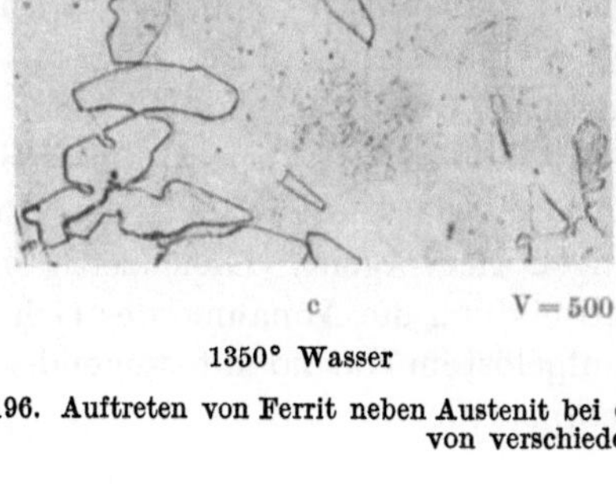

c   V = 500   d   V = 500
1350° Wasser   1410° Wasser

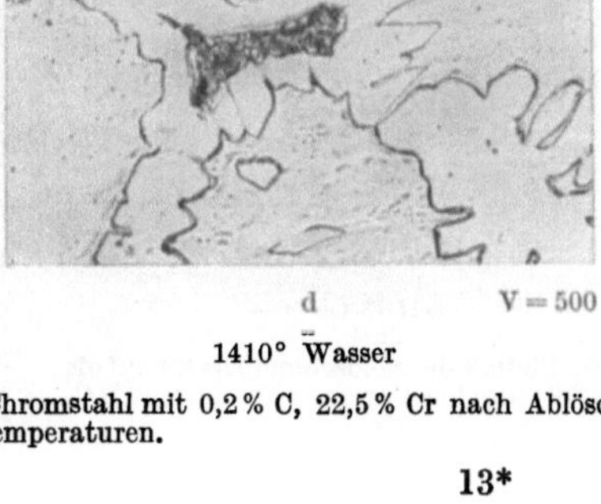

Abb. 196. Auftreten von Ferrit neben Austenit bei einem Chromstahl mit 0,2 % C, 22,5 % Cr nach Ablöschung
von verschiedenen Temperaturen.

13*

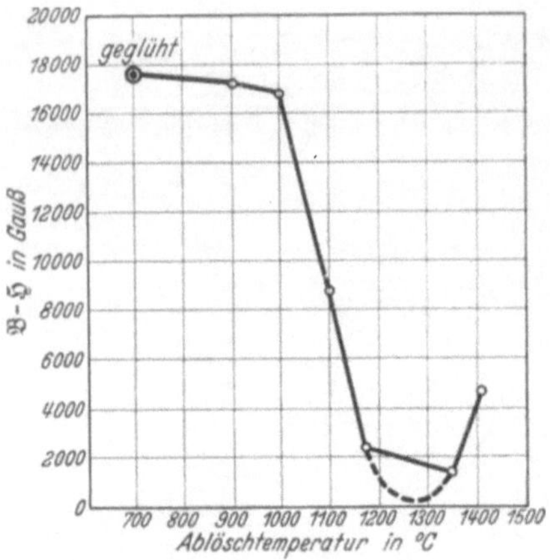

Abb. 197. Veränderung der Sättigung bei einem Stahl mit 0,52% C und 15,2% Cr.

erhalten (Abb. 195a). Beim Ablöschen von 1400° ist dieser Anteil an Ferrit entsprechend stärker, zum Teil wandelt sich das Gefüge aber trotz der schnellen Abkühlung um und bildet ein Gemisch von Martensit und Austenit. Bei höheren Chromgehalten von 20—22% und höherem Kohlenstoffgehalt (Abb. 196) gelingt es beim Ablöschen von 1350—1400°, Ferrit neben reinem Austenit zu erhalten.

Die Anteile an Martensit und Austenit nach verschiedener Behandlung kann man am besten an Hand der magnetischen Sättigung prüfen, wie dies Abb. 197 zeigt. Die Sättigung dieses 15 proz. Chrom-

a   V = 500

850° Öl

Brinell: 415

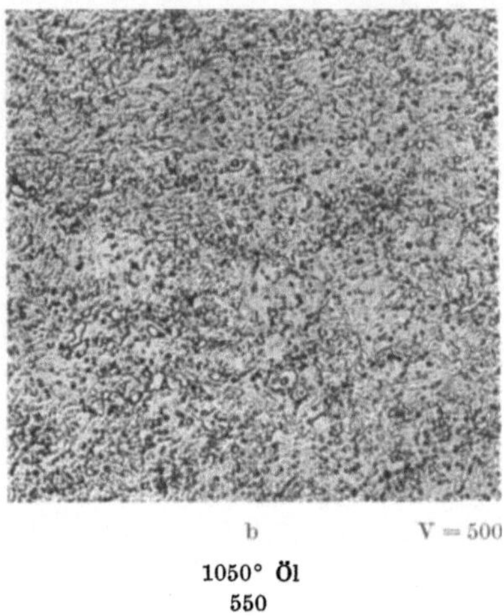

b   V = 500

1050° Öl

550

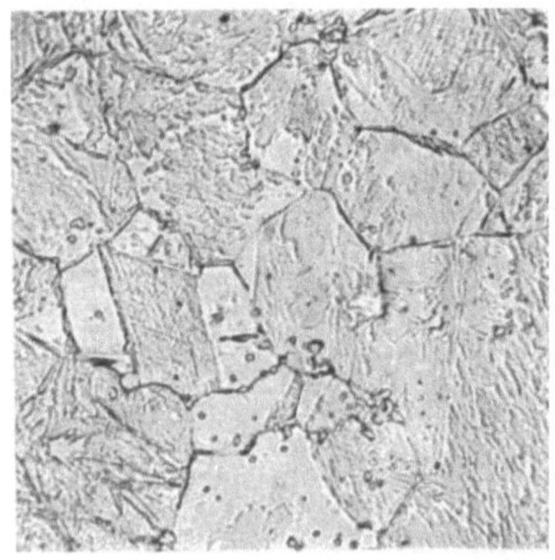

c   V = 500

1150° Öl

Brinell: 280

Abb. 198. Einfluß der Ablöschtemperatur auf die Austenitbildung eines Chromstahles mit 0,73% C, 13,3% Cr.

stahles mit 0,5% Kohlenstoff fällt nach dem Ablöschen von Temperaturen oberhalb 1100° infolge Austenitbildung stärker ab, um bei Temperaturen oberhalb 1350° (Ablöschtemperatur oberhalb A_4) infolge Ferritbildung wieder anzusteigen. Zur Vervollständigung ist in Abb. 198 noch für einen Chromstahl mit 0,73% C und 13,3% Chrom die Gefügeveränderung in Abhängigkeit von der Ablöschtemperatur gezeigt. Bei Ablöschung von 1150° in Öl wird dieser Stahl austenitisch, wie dies auch aus den Härtemessungen hervorgeht. Gleichzeitig zeigt diese Abbildung die Abnahme des Gehaltes an unaufgelöstem Karbid mit steigender Ablöschtemperatur.

c) Einfluß von Nickel und Mangan auf Chromstähle.

Da Chrom in vielen Fällen mit den Elementen Nickel und Mangan Verwendung findet, ist es zweckmäßig, einen Überblick über den Einfluß von Nickel und Mangan auf Chromstähle zu geben.

A. Chrom-Nickel-Stähle.

Der Einfluß von Nickel als Zusatz zu Eisen-Chrom-Kohlenstoff-Legierungen macht sich je nach dem Charakter der betreffenden Legierungen verschieden bemerkbar. Handelt es sich bei der Grundlegierung Chrom-Eisen-Kohlenstoff um eine solche, die vollkommenes Umwandlungsgefüge aufweist, also perlitisch-martensitisch ist, so wird durch Zusatz von Nickel hauptsächlich die kritische Umwandlungsgeschwindigkeit vermindert. Es findet somit eine Erleichterung der Härtbarkeit, Erhöhung der Durchhärtung usw. statt, bis schließlich bei höherem Nickelzusatz die Legierungen auch bei Raumtemperatur stabil austenitisch werden.

Der Hinweis, daß manche Legierungen aus dem System Eisen-Chrom-Nickel durch Abschrecken noch austenitisch gemacht werden können, die im idealen Gleichgewichtszustand nicht rein austenitisch sind, zeigt auch hier deutlich den bereits bekannten Einfluß von Nickel auf die Erniedrigung der Umwandlungspunkte und deren Abhängigkeit von der Abkühlungsgeschwindigkeit. Dieser Einfluß des Nickels auf die Erniedrigung der Umwandlungspunkte spielt eine große Rolle bei den niedrig legierten Chrom-Nickel-Stählen der perlitischen Gruppe. Die Herabsetzung der Umwandlungspunkte durch Nickel führt bei gleichzeitiger Anwesenheit von Chrom von wasser- zu öl- und zu lufthärtenden Stählen. Beide Elemente wirken gemeinsam im Sinne der Verringerung der kritischen Abkühlungsgeschwindigkeit. Wie noch später zu ersehen sein wird, wirkt hierbei Nickel in der Hauptsache nur im Sinne der Haltepunkterniedrigung, während Chrom infolge der Karbidbildung gleichzeitig auch noch härtesteigernd wirkt. Gerade die Kombination von Chrom und Nickel ist geeignet, gut härtbare und gut durchvergütbare Stähle von hohen Festigkeitseigenschaften zu erzeugen.

Bei halbferritischen Chrom-Eisen-Kohlenstoff-Legierungen tritt durch Zusatz von Nickel eine Doppelwirkung ein. Nickel wirkt auf die Herabsetzung der kritischen Umwandlungsgeschwindigkeit, somit auf die Ausbildung des Umwandlungsgefüges, ein, das vom perlitischen in den martensitischen bzw. sogar austenitischen Zustand übergeht. Die Legierungen können also austenitisch-ferritisch werden. Außerdem engt aber Nickel den Existenzbereich der ferritischen Phase ein, weil es bekannterweise im Gegensatz zu Chrom das γ-Gebiet erweitert.

Abb. 199 gibt einen Überblick über die wahrscheinliche Verteilung der Phasen im System Eisen-Chrom-Nickel bei Raumtemperatur. Wie aus dem binären Diagramm Nickel-Chrom hervorgeht, besteht hier eine Mischungslücke im festen Zustand zwischen dem kubisch-raumzentrierten chromreichen und dem kubisch-flächenzentrierten nickelreichen Mischkristall. Diese erweitert sich von Temperaturen unterhalb des Schmelzpunktes bis zu Raumtemperatur. Infolgedessen weisen die ternären Eisen-Nickel-Chrom-Legierungen bei Raumtemperatur drei große Bereiche auf, und zwar:

den Bereich der α-Phase,

den Bereich der γ-Phase und

den Zwischenbereich, in dem α- und γ-Eisen nebeneinander bestehen.

Entsprechend der Verkleinerung der Mischungslücke im System Chrom-Nickel
bei höheren Temperaturen muß sowohl der Bereich der α-Phase wie der γ-Phase
bei höheren Temperaturen zunehmen. Die annähernden Gleichgewichtsverhältnisse im Temperaturbereich der maximalen Ausdehnung des γ- (Austenit-) Feldes
(bei etwa 1200°) zeigt Abb. 200. Das Gebiet, in dem α- und γ-Eisen nebeneinander beständig sind, hat sich wesentlich verringert (vgl. Abb. 199). Den
angeführten Abb. 199/200 kommt nur prinzipielle Bedeutung zu, da sie nicht

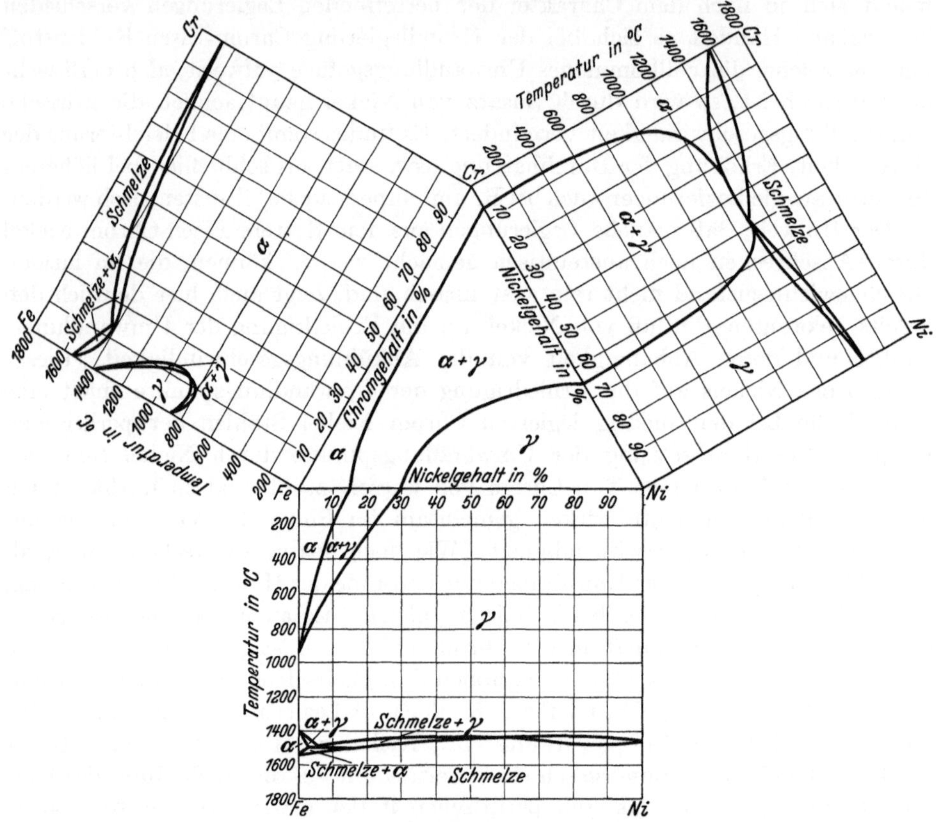

Abb. 199. Wahrscheinliche Verteilung der α- und γ-Phase im System Eisen-Chrom-Nickel. [Nach R. H. Aborn
u. E. C. Bain: Trans. Amer. Soc. Stl. Treat. 18. Jg. (1930) S. 842.]

auf Grund einer genauen Aufstellung des ternären Systems Eisen-Chrom-Nickel
gewonnen wurden. Die genaue Festlegung der Gleichgewichtslinien in dem
genannten ternären System bedarf noch weiterer Arbeit; z. B. ergeben die Arbeiten von Wever[1] bezüglich des Existenzbereiches der γ-Phase einen gewissen
Widerspruch mit den oben angegebenen Abbildungen[2].

Die Veränderung der Phasen und ihrer Existenzbereiche mit der Temperatur
lassen sich auch durch Parallelschnitte zu einer der Dreieckseiten des ternären
Systems deutlich veranschaulichen. Solche Schnitte parallel der Nickel-Chrom-
Seite sind in Abb. 201 aus der Arbeit von Wever wiedergegeben. Der Existenz-

---

[1] Mitt. Kais.-Wilh.-Inst. Eisenforschg., Düsseld. 13 (1931) S. 93/108.
[2] Eine weitere Arbeit über röntgenographische Untersuchung des Systems Nickel-Chrom
s. Met. Technol. Januar 1934 Nr. 552.

bereich der γ-Phase bei Raumtemperatur würde bei den eisenreichen Legierungen mit 75% Eisen nicht in Übereinstimmung stehen mit der oben wiedergegebenen schematischen Abbildung von Aborn und Bain. Bei weiteren Untersuchungen auf diesem Gebiet wird vor allem stets die größte Bedeutung auf den C-Gehalt der untersuchten Legierungen gelegt werden müssen. Wie schon beim ternären System Eisen-Chrom-Kohlenstoff gezeigt wurde, spielen bei höheren Chromgehalten auch verhältnismäßig geringe C-Gehalte von einigen hundertstel Prozent eine wesentliche Rolle bezüglich der Verteilung des Existenzbereiches der α- und γ-Phase bei höheren Temperaturen. Da durch Zusatz von Nickel das Gebiet der γ-Phase beträchtlich nach tieferen

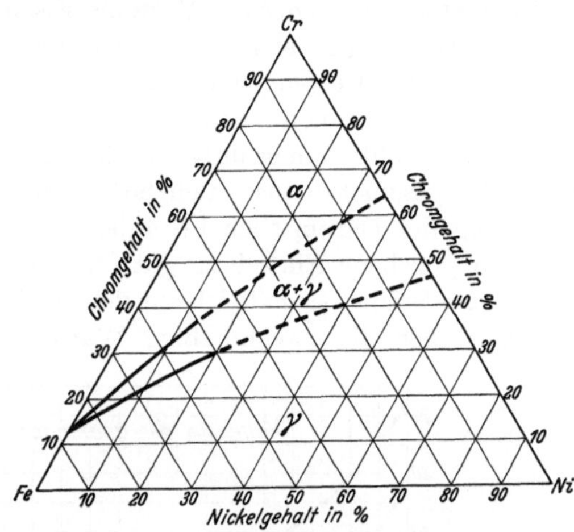

Abb. 200. Gleichgewichtsverhaltnisse im Temperaturbereich der maximalen Ausdehnung des Austenitfeldes. [Nach R. H. Aborn u. E. C. Bain: Trans. Amer. Soc. Stl. Treat. 18. Jg. (1930) S. 837.]

Temperaturen hin stabilisiert wird, wird man bei der Untersuchung von quaternären Eisen-Chrom-Nickel-Kohlenstoff-Legierungen damit rechnen müssen,

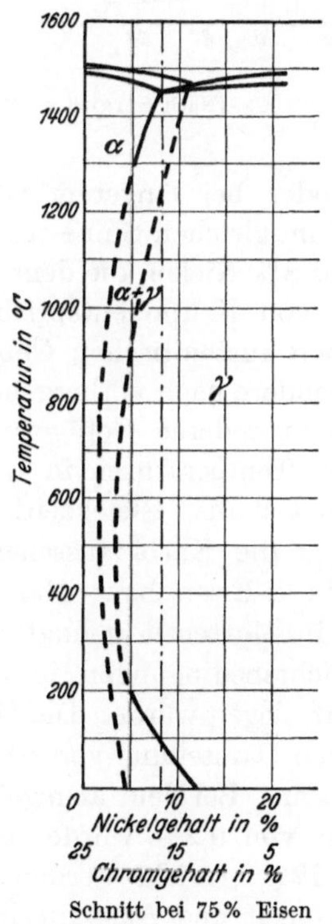

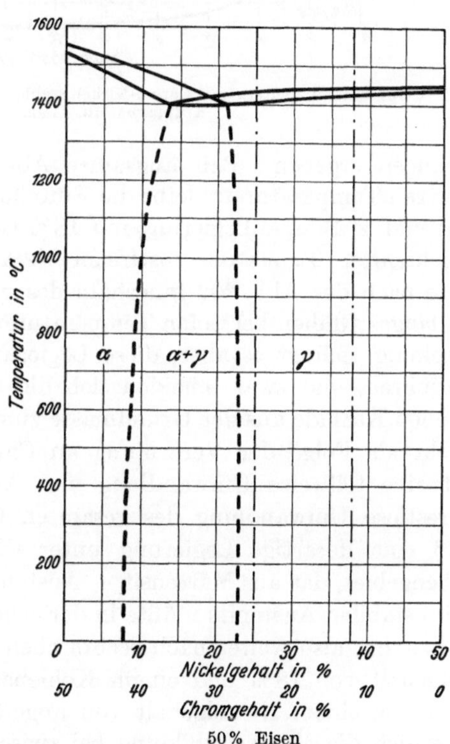

Abb. 201. Senkrechte Schnitte durch das Diagramm Eisen-Chrom-Nickel bei 50% und 75% Eisen. [Nach Wever u. Jellinghaus: Mitt. Kais.-Wilh.-Inst. Eisenforschg., Düsseld. 13. Jg. (1931) S. 103/104.]

daß schon geringe Unterschiede im Kohlenstoffgehalt unter Umständen größere Verschiebungen in der Begrenzung des γ-Gebietes hervorrufen können.

Die ersten Erforscher des Systems Eisen-Chrom-Nickel-Kohlenstoff, Strauß und Maurer, haben sich damit begnügt, den Gefügezustand in Abhängigkeit vom Nickel- und Chromgehalt bei etwa 0,2% C bei Raumtemperatur festzuhalten (Abb. 202). Wenn auch bei dieser Darstellung die ferritischen und halbferritischen Legierungen vollkommen unberücksichtigt gelassen worden sind, so hat sie doch neben der geschichtlichen auch heute noch ihre prinzipielle Bedeutung für die Einteilung der Chrom-Nickel-Stähle.

Die angegebene Einteilung gilt für von hoher Temperatur — etwa 1100° — abgelöschte Stähle; sie hat sich aus den verdienstvollen Arbeiten der vorgenannten Forscher über die zweckmäßige Wärmebehandlung der Chrom-Nickel-Eisen-

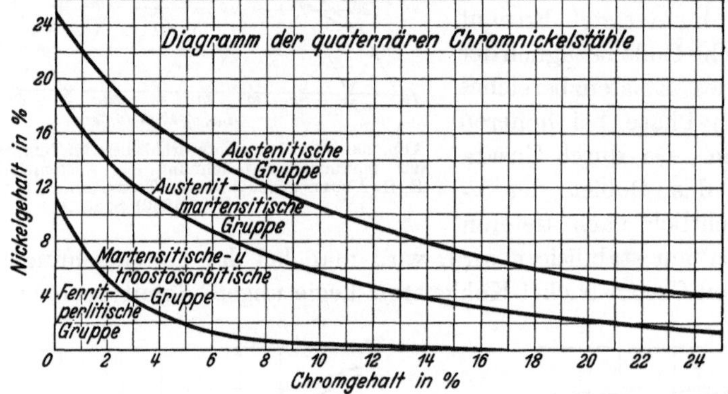

Abb. 202. Gefügeaufbau quaternärer Chrom-Nickel-Stahle mit etwa 0,20% C. [Nach Strauß u. Maurer: Kruppsche Mh. 1. Jg. (1920) S. 143.]

Legierungen ergeben. Bei langsamer Abkühlung oder bei längerem Glühen bei tieferen Temperaturen bleibt die Einteilung nicht im gleichen Sinne erhalten. Nimmt man z. B. eine Legierung mit 18% Chrom und 8% Nickel, die dem heute sehr bekannten Typus des rostfreien V2A-Stahles von Krupp entspricht, so liegt sie nach der Abb. 202 innerhalb des vollkommen austenitischen Gebietes. Durch langes Glühen bei tiefen Temperaturen, insbesondere nach vorhergehender Kaltreckung, gelingt es aber, diese Legierung in einen anderen Gefügezustand überzuführen, und zwar scheiden sich die bei hohen Temperaturen in Lösung gehaltenen Karbide aus der Grundmasse zum größten Teil aus. Gleichzeitig oder vielleicht als Folge der Verarmung an Chrom durch die Karbidausscheidung erfolgt eine teilweise Umwandlung von Austenit in α-Eisen bzw. Martensit. Eine restlose Umwandlung des gesamten Gefüges in Martensit gelingt nicht, so daß eine derartige Legierung unter Gleichgewichtsbedingungen in einem Zwischengebiet, das aus Martensit + Austenit besteht, liegen würde. Die Grenzlinie des stabilen Austenits müßte in der schematischen Darstellung von Strauß und Maurer, also weiter nach rechts oben verlegt sein. Bei dem angegebenen Chromgehalt von 18% und einem Kohlenstoffgehalt von 0,2% würde stabiler Austenit bei einem Nickelgehalt von ungefähr 11—12% erreicht werden.

Wie sich die Martensitbildung bei zwischen Martensit und Austenit liegenden Legierungen abspielt, zeigt deutlich Abb. 203. Erhitzt man solche Legierungen im Dilatometer, so beobachtet man bei der ersten Erwärmung erst bei Temperaturen von 600—800° kleine Störungen, die mit Volumenverkürzungen verbunden und auf Karbidausscheidungen zurückzuführen sind. Infolge der Verarmung an Kohlenstoff und Chrom (in Abb. 203 auch an Wolfram) durch die Karbid-Bildung tritt bei der Abkühlung jetzt bei Temperaturen von etwa 100° die γ-α-Umwandlung, also Martensitbildung mit entsprechender Volumenvergrößerung ein.

Die nächstfolgende Erwärmung zeigt dann bei Temperaturen von etwa 600° wieder die Umwandlung der α-Phase in Austenit (γ-Phase).

Bisher ist mit Absicht davon abgesehen worden, die Mischungslücke im System Eisen-Chrom (s. Abb. 182) und das mit ihr verbundene Auftreten der spröden intermetallischen Chromverbin-

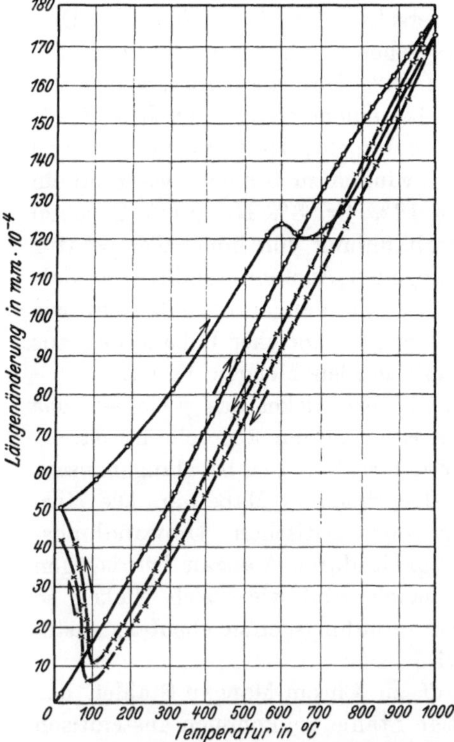

Abb. 203. Beobachtung des Austenitzerfalles bei einem sonderkarbidhaltigen, durch Ablöschen von 1200° austenitisch gemachten Stahl mit 9% Ni, 5% Cr, 15% W. 0,3% C. [Nach Ehmcke: Kruppsche Mh. 11. Jg. (1930) S. 304.]

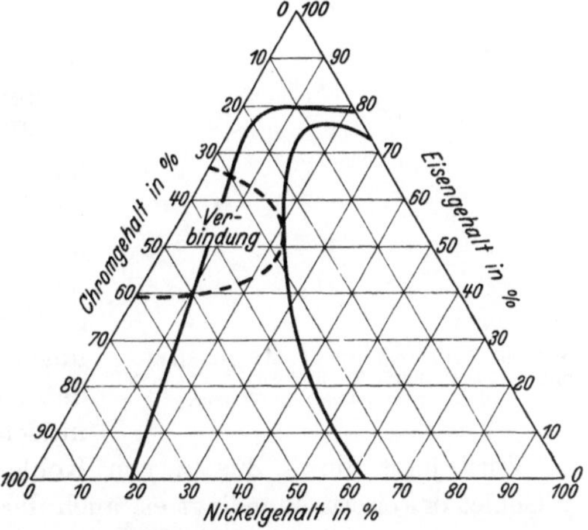

Abb. 204. Ternäres System Eisen-Chrom-Nickel bei Raumtemperatur unter Berücksichtigung des Existenzbereiches der intermetallischen Chromverbindung. [Nach Wever u. Jellinghaus: Mitt. Kais.-Wilh.-Inst. Eisenforschg., Düsseld. 13. Jg. (1931) S. 107.]

dungen mit in das ternäre Gebiet der Chrom-Nickel-Legierungen einzubeziehen, um den Überblick nicht unnötig zu erschweren. In etwa ist aber auch der Existenzbereich dieser Phase festgelegt worden; bei ihrer Berücksichtigung ergibt sich eine Einteilung der ternären Legierungen nach Abb. 204.

B. Chrom-Mangan-Stähle.

Auf Grund der in der Literatur häufig angeführten, aber falschen Parallele zwischen 12proz. Mangan- und 25proz. Nickelstählen hat es nicht an Versuchen gefehlt, dieses Verhältnis auch auf Chrom-Mangan- und Chrom-Nickel-Stähle zu übertragen. Das ternäre System Chrom-Mangan-Eisen ist noch nicht in dem Maße erforscht, wie Chrom-Nickel-Eisen. Immerhin kann man gerade an Hand der Chrom-Mangan-Stähle den unterschiedlichen Einfluß von Mangan und Nickel gut feststellen. Insbesondere sind diese Legierungen geeignet, den

Nachweis zu erbringen, daß man keinesfalls immer 2% Nickel durch 1% Mangan ersetzen kann, sondern im Gegenteil höhere Mangangehalte bei gleichzeitiger Anwesenheit von Kohlenstoff notwendig sind, um ähnliche austenitische Gefüge zu erhalten, wie dies bei entsprechenden Chrom-Nickel-Legierungen der Fall ist.

Nimmt man z. B. einen halbferritischen Chromstahl mit 18% Cr und 0,12% C, der nahezu zur Hälfte aus Umwandlungsgefüge, zur anderen Hälfte aus Ferrit besteht, und setzt ihm 3% Nickel zu, so wird durch den Zusatz von Nickel das γ-Gebiet derartig erweitert, daß der Ferrit verschwindet, das Gefüge aus Umwandlungsgefüge besteht oder sogar beim Ablöschen von höheren Temperaturen rein austenitisch wird. Durch Zusatz von 2—3% Mangan wird dagegen der Anteil an Ferrit nur wenig verringert; selbst bei einem Mangangehalt von 9%

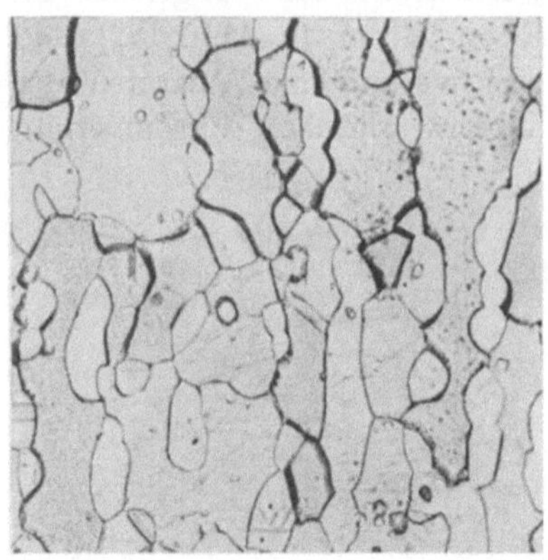

Abb. 205. Gefüge eines Chrom-Mangan-Stahles mit 0,15% C, 9,3% Mn und 20,5% Cr nach Ablöschen von 1100° in Wasser.

gelingt es noch nicht, den Ferrit vollkommen zum Verschwinden zu bringen, während ein Stahl mit 18% Cr, 8% Ni, 0,1% C schon nach Luftabkühlung von hoher Temperatur völlig homogenen Austenit ergibt. Der entsprechende Chrom-Mangan-Stahl besteht, wie Abb. 205 zeigt, bei gleicher Behandlung aus Austenit mit großen Mengen Ferrit.

Während also Nickel das γ-Gebiet, das im System Eisen-Chrom abgeschnürt ist, erheblich erweitert, tritt dies bei Manganzusatz nur in viel geringerem Maße ein. Die Herabsetzung der kritischen Umwandlungsgeschwindigkeit durch Mangan ist dagegen ungefähr gleich groß wie durch Nickel, so daß das Umwandlungsgefüge ebenfalls austenitisch wird.

Wird jetzt durch Zusatz von Kohlenstoff zu Chrom-Mangan-Stählen das γ-Gebiet erweitert, so gelingt es, auch derartige Stähle vollkommen austenitisch

Zahlentafel 36. Zusammensetzung verschiedener Chrom-Mangan-Stähle und ihre Gefügeausbildung.

C %	Mn %	Cr %	Behandlung	Gefüge
0,07	15,1	15,0	1000—1200°/Wasser	Ferrit + Austenit
0,18	15,0	15,2	1000—1200°/ ,,	Austenit
0,34	12,2	15,5	1170°/ ,,	,,
0,47	7,2	13,8	1170°/ ,,	,,
0,54	15,9	15,1	1000—1200°/ ,,	,,
0,8	15,8	15,1	1000—1200°/ ,,	Austenit + Karbid
1,2	4,25	14,1	1170°/ ,,	,, + ,,
1,2	6,8	14,1	1170°/ ,,	,, + ,,
0,15	9,26	20,5	1000°/ ,,	Ferrit + Austenit
0,35	7,7	19,0	1170°/ ,,	,, + ,,
1,5	6,8	18,2	1170°/ ,,	Austenit + Karbid
0,12	11,6	29,0	1200°/ ,,	Ferrit + Austenit[1]
1,14	12,3	30,7	1180°/ ,,	Ferrit + Karbid + Austenit[1]

[1] Bei beiden Stählen zwischen 600 und 900° Ausscheidung von B-Bestandteil.

zu machen, wobei die Höhe des notwendigen Kohlenstoffgehaltes wesentlich vom Chromgehalt abhängt. Bei höheren C-Gehalten werden die Karbide allerdings nicht mehr unterhalb des Schmelzpunktes gelöst; das Gefüge besteht dann aus Austenit und Karbid. Die Ähnlichkeit zwischen Mangan und Nickel, die früher immer hervorgehoben wurde, besteht also nur in der Herabsetzung der Umwandlungspunkte und Veränderung der kritischen Abkühlungsgeschwindigkeit. Hieraus allein läßt sich aber die klassische Gleichsetzung von Mangan und Nickel nicht aufrechterhalten, da ja auch Chrom, als Chromkarbid im Austenit gelöst, eine starke Herabsetzung der Umwandlungspunkte bewirkt. Genau so wie man nicht daran denken kann, Chrom mit Nickel in Parallele zu stellen, sollte man auch bei Mangan und Nickel mit zahlenmäßigen Vergleichen vorsichtig sein.

Zahlentafel 36 gibt die Zusammensetzung verschiedener Chrom-Mangan-Stähle und die dabei sich bildenden Gefüge wieder[1]. Wie aus dieser Zahlentafel hervorgeht, sind bei 0,18 % C und 15 % Cr 15 % Mangan erforderlich, um einen vollkommen homogen austenitischen Stahl zu erzeugen.

Einen besonderen Einfluß scheint auch der Zusatz von Mangan auf die im System Eisen-Chrom erwähnte intermetallische Verbindung FeCr („B"-Bestandteil) auszuüben. Während ein 30 proz.

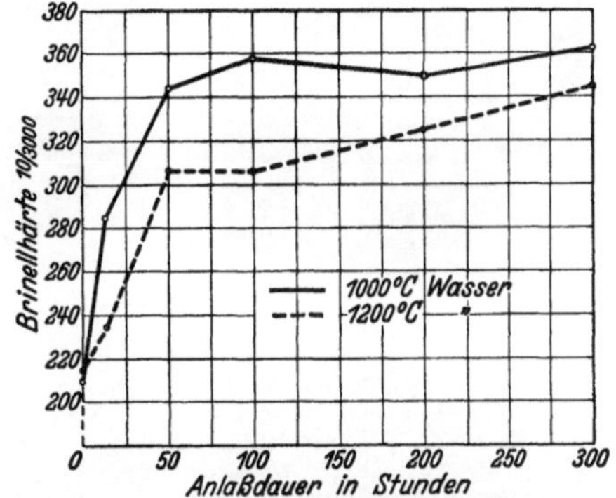

Abb. 206. Härteveränderung eines Chrom-Mangan-Stahles mit 0,13 % C, 9,2 % Mn und 20,5 % Cr beim längeren Anlassen auf 700°. (Nach unveröffentlichten Untersuchungen von F. Brühl.)

Chromstahl bei sachgemäßer Verarbeitung noch recht gute Eigenschaften hat und auch beim Glühen bei höheren Temperaturen keine Veränderungen erleidet, neigt ein entsprechender Stahl mit 12 % Mangan dazu, beim Glühen in einen spröden, glasharten unmagnetischen Zustand überzugehen, so daß diese Stähle bereits beim Schmieden zerbröckeln. Die Erscheinung ist die gleiche wie bei 45 proz. Chrom-Eisen-Legierungen ohne Manganzusatz. Auch bei den niedriglegierten halbferritischen Chrom-Mangan-Stählen tritt beim Anlassen auf 700° eine erhebliche Härtesteigerung als Folge von B-Bestandteil-Ausscheidung ein (Abb. 206), wobei gleichzeitig die betreffenden Legierungen außerordentlich spröde werden. Die Härtesteigerung kann so weit gehen, daß man mit derartigen Legierungen Glas ritzen kann. Hieraus ist zu entnehmen, daß Mangan den Existenzbereich der intermetallischen Verbindung zu niedrigeren Chromgehalten erweitert.

Bei niedriglegierten Chrom-Mangan-Stählen, die vollkommenes Umwandlungsgefüge aufweisen, also in ihrem ganzen Gefüge vergütbar sind, bewirkt Mangan ebenfalls eine Verringerung der kritischen Abkühlungsgeschwindigkeit, infolgedessen eine Erhöhung der Härtefähigkeit und Durchvergütbarkeit. Infolge der Wirkung von Chrom als karbidbildendes Element wird die Überhitzungsempfindlichkeit der reinen Manganstähle durch Chromzusatz verringert. Im Verhältnis zu reinen Chromstählen sind aber Chrom-Mangan-Stähle überhitzungsempfindlicher wegen des Einflusses von Mangan.

---

[1] Nach unveröffentlichten Versuchen von F. Brühl.

2. Chrom in Werkzeugstählen.

Die Verwendung von Chrom im Werkzeugstahl beruht auf der starken karbidbildenden Wirkung dieses Elementes, der im Zusammenhang damit stehenden Erhöhung der Härtefähigkeit sowie der bei höheren Chrom- und Kohlenstoffgehalten infolge Karbidausscheidung auftretenden Anlaßbeständigkeit.

a) Werkzeugstähle mit Chromgehalten bis 1%.

Die Erhöhung der Tiefenhärtung durch Chromzusatz bei einem eutektoiden Werkzeugstahl mit etwa 1% C zeigt Abb. 207. Chrom findet deswegen Verwendung als Zusatz zu 1 proz. Kohlenstoffstählen zur Erhöhung der Härtetiefe für Kaltschlagmatrizen, Besteckstanzen, Kaltwalzen unter 100 mm ⌀ usw., bei denen man durch Erhöhung der Härtetiefe eine erhöhte Lebensdauer und größere zulässige Druckbeanspruchung erzielen will. Das Härten erfolgt von 760 bis 800° in Wasser. Infolge der karbidbildenden Wirkung des Chroms sind diese Stähle auch in der Härtung verhältnismäßig unempfindlich, gleichzeitig wird der Verzug gegenüber reinen

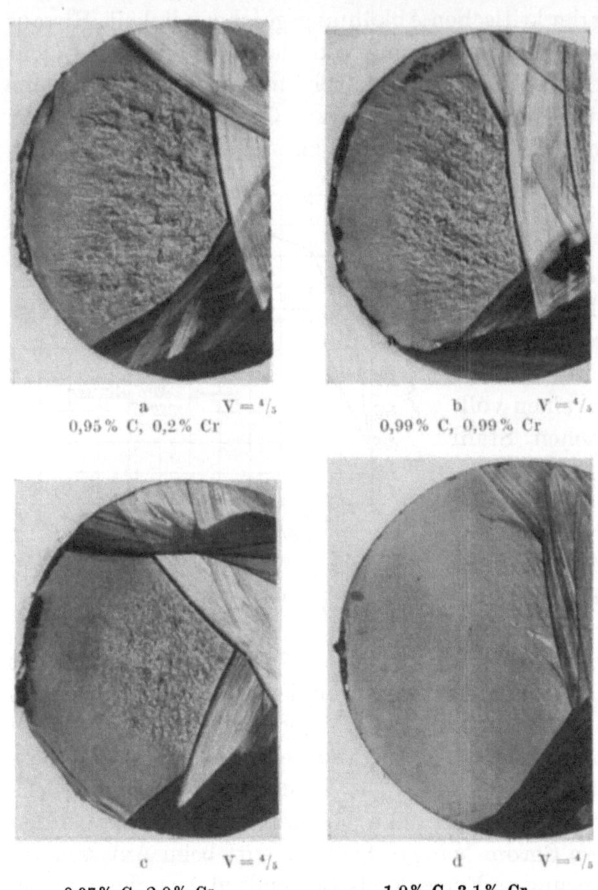

Abb. 207. Erhöhung der Durchhärtung eines 1 proz. Kohlenstoffstahles bei Chromzusatz. (Nach Tofaute, Sponheuer u. Bennek: Arch. Eisenhüttenwes. 1935.) (Härtung 800° Wasser.)

Kohlenstoffstählen etwas geringer. Der Einfluß der Legierung auf den Verzug beim Härten und die Härteunempfindlichkeit eines Chromstahles ging aus Abb. 77 hervor. Nach 34 maliger Härtung zeigt der Chromstahl trotz des höheren Kohlenstoffgehaltes keine Anrisse, während der Manganstahl bereits solche aufweist. Gleichzeitig ist die stärkere Volumenveränderung des Manganstahles gegenüber dem Chromstahl hervorzuheben.

b) Werkzeugstähle mit 1—2,5% Cr.

Bei 2% Cr und 1,2% C gelangt man bereits in den Bereich der ölhärtenden Stähle. Die Ablöschtemperatur für Ölhärtung steigert sich gegenüber Wasserhärtung von ca. 780° auf ca. 830°, wobei bereits größere Anteile Karbid in Lösung gehen. Hierdurch gelingt es, auch derartige Stähle selbst in größeren Abmessungen (60—70 mm ⌀ oder ▯) einwandfrei in Öl zu härten. Kleinere Abmessungen löscht man von 800—830°, größere von 840—860° in Öl ab. Diese Stähle besitzen ebenso wie der 2 proz. Manganstahl mit 0,9—1 % Kohlenstoff den Vorzug, daß sie sich in Öl gehärtet nur wenig verziehen, insbesondere bei kleineren Abmessungen, wo vollkommene Durchhärtung eintritt. Ein solcher Stahl kann also dem 2 proz. Manganstahl für Gewindebohrer, Fräser, Schnittwerkzeuge an die Seite gestellt werden, wobei er den Vorzug besitzt, wegen der geschilderten Wirkung der Karbide viel weniger überhitzungsempfindlich zu sein. Da Mangan etwas wirtschaftlicher ist als Chrom, haben sich für derartige Verwendungszwecke als sog. stehenbleibende ölhärtende Stähle Legierungen von Mangan und Chrom herausgebildet. Hierbei wird, wie aus Zahlen-

Zahlentafel 37. Verzugsfreie Stahle für Ölhärtung.

Zusammensetzung						Harteart	Hauptverwendungszweck
C %	Si %	Mn %	Cr %	W %	V %		
1,00	0,20	1,00	—	—	—	Ölhärtung	Fräser, Stehbolzenbohrer, Ge-
1,00	0,25	2,00	—	—	0,15	etwa	windesträhler, Schneideisen, Reib-
0,95	0,25	1,00	0,50	—	—	800—850°,	ahlen, Fassonmesser, Schnitte, Ka-
1,00	0,30	1,00	1,00	1,00	—	Anlassen	liberbolzen und Ringe, Lehren,
0,90	1,50	0,50	1,00	—	—	150—250°	Lineale, Bohrer
1,2	0,25	0,40	2,0	—	—		

tafel 37 hervorgeht, zum Teil außer Chrom auch noch Wolfram zugesetzt. Für schneidende Werkzeuge, wie Gewindeschneideisen, Fräser usw., besitzt der Zusatz von karbidbildenden Elementen auch den Vorteil, daß die Stähle nach der Härtung eine größere Anzahl feinverteilter Karbide im Gefüge aufweisen, die den Verschleißwiderstand erhöhen und somit die Lebensdauer verlängern. Große Verwendung finden Stähle mit ca. 0,85% C und 1,5—2,3% Cr im wassergehärteten Zustande für Kaltwalzen bis zu 1 m Durchmesser.

c) Werkzeugstähle mit über 3% Cr.

Die Erhöhung der Verschleißfestigkeit tritt vor allem bei noch höher legierten Chromstählen mit 12—15% Chrom und Kohlenstoffgehalten von 0,4—2,2% infolge der Einlagerung harter Chromkarbide in Erscheinung. Wegen des hohen Chromgehaltes sind diese Stähle bei Anwendung genügend hoher Ablöschtemperaturen (Inlösunggehen von Chromkarbiden, 950—1000°) bereits lufthärtend und zeichnen sich durch geringen Verzug bei der Härtung aus. Die tiefer gekohlten Stähle dieser Art mit 0,4—0,5% C und etwa 14% Cr finden Verwendung für die Herstellung von rostsicheren Messern, die bei einwandfreier Härtung gute Schnitthaltigkeit aufweisen. Die ungenügende Schnitthaltigkeit rostfreier Messer, die in der ersten Zeit der Herstellung des öfteren bemängelt wurde, war in der Hauptsache auf Unkenntnis der Behandlung dieser neuen Stähle zurückzuführen. Zu tiefe Härtetemperatur, z. B. 850/900° C, ergibt ungenügende Härte; zu hohe Ablöschtemperatur führt zu gleichem Ergebnis, weil sich dann in den für Messer in Frage kommenden dünnen Abmessungen stärkere Austenitbildung bemerkbar macht. Bei Legierungsgehalten von 0,4—0,5% C und 14% Cr läßt sich zwar keine Glashärte mehr erzielen, doch ist dies für Messer wegen der damit verbundenen hohen Sprödigkeit auch nicht erwünscht. Die erreichbare Höchsthärte beträgt etwa 58—60 Rockwell-C-Einheiten. Erhöhte Schnittfähigkeit bei gleichzeitig noch genügender Rostsicherheit weisen Stähle mit 0,8—0,9% C, 16% Cr unter Zusatz von Nickel, Molybdän oder Kobalt auf.

Chromstähle mit 1,4% Kohlenstoff können infolge der weiteren Erhöhung der Verschleißfestigkeit durch den größeren Gehalt an Chromkarbiden bereits für Metallsägen, Fräser usw. Verwendung finden. Ein Zusatz von etwa 3% Kobalt bewirkt eine Verbesserung der Schneidhaltigkeit.

Stähle mit bis zu 2,2% C und 12—18% Cr unter Zusatz von geringen Gehalten an Wolfram, Molybdän, Kobalt finden als lufthärtende verschleißfeste Stähle für Prägewerkzeuge, Verschleißplatten, Schnitte, Zieheisen, Räumnadeln usw. häufig Verwendung.

Die erhöhte Anlaßbeständigkeit hoch chrom- und kohlenstoffhaltiger Stähle infolge der Karbidausscheidung bei etwa 500° (Abb. 191) hat auch dazu geführt, daß diese Stähle auf dem Warmarbeitsgebiet für Breitsättel, kleinere Walzen usw. Verwendung gefunden haben.

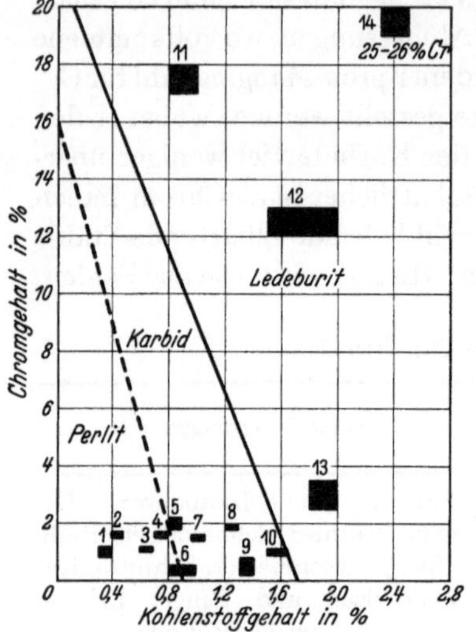

Abb. 208. Hauptanwendungsgebiete der chromlegierten Werkzeugstähle (Verwendungszweck der verschiedenen Stahlgruppen siehe Zahlentafel 38.)

Zahlentafel 38. Zusammensetzung und Verwendungszweck von Chromstählen.

Gruppe	Nr. in Abb. 208	Zusammensetzung				Verwendungszweck	Behandlung
		C %	Si %	Mn %	Cr %		
I per-litisch	1	0,30/0,40	0,25	0,50	0,80/1,2	Handmeißel, Schraubenschlüssel, Zangen usw.	Härtung in Öl oder Wasser, evtl. kombiniert, je nach Form des Stückes u. verlangter Härte. Anlassen: 150—500°
	2	0,40/0,50	0,25	0,50	1,5 /1,7	Warmwerkzeuge, Stempel, Büchsen, Scherenmesser, Steinbohrer	
	3	0,60/0,70	0,25	0,50	1,0 /1,2	Reifen, Walzen	
	4	0,70/0,80	0,25	0,60	1,5 /1,7	Warmwalzen, Stempel, Büchsen, Prägewerkzeuge usw.	
II kar-bidisch	5	0,80/0,90	0,20	0,30	1,8 /2,2	Kaltwalzen, Richtwalzen	Härtung in Öl oder Wasser, evtl. kombiniert, je nach Form des Stückes u. verlangter Härte. Anlassen: 150—300°
	6	0,80/1,0	0,20	0,30	0,20/0,50	Besteckstanzen, Münzstempel, Matrizen, Prägewerkzeuge	
	7	0,95/1,05	0,20	0,30	1,4 /1,6	Nietrollen, Bördelwalzen usw.	
	8	1,2 /1,3	0,20	0,30	1,8 /2,0	Bohrer, Stanzen, Scherenmesser, Kaliber	
	9	1,3 /1,4	0,15	0,25	0,25/0,75	Rasiermesser, Rasierklingen, Sägefeilen, Stichel	
	10	1,5 /1,6	0,20	0,30	1,4 /1,6	Sägefeilen, Ziehringe	
III ledebu-ritisch	11	0,80/1,0	0,40	0,40	17—18	Rostfreie Messer, Preßformen, Preßplatten	Härtung in Öl oder an Luft, je nach Form u. verlangter Härte. Anlassen: bis zu 450°
		0,4 /0,5	0,40	0,80	14—15		
	12	1,5 /2,0	0,25	0,50	12—13	Zieheisen, Ziehringe, Schermesser, Schnitte, Stanzen	
	13	1,8 /2,0	0,25	0,50	2,5 /3,5	Zieheisen, Ziehringe, Scherenmesser, Schaltungen	
	14	2,3 /2,5	0,40	0,40	25—26	Ziehringe	

In Abb. 208 sind die Hauptanwendungsgebiete der chromlegierten Werkzeug-stähle, unterteilt in perlitische, karbidische und ledeburitische Stähle, dargestellt[1].

Zahlentafel 38 gibt einen Überblick über die Verwendung und Zusammen-setzung der einzelnen Gruppen. Wie man aus dieser Zusammenstellung er-sieht, findet Chrom bei tieferem Kohlenstoffgehalt Verwendung zur Erhöhung der Härte- und Durchhärtefähigkeit bei gleichzeitig noch hohen Ansprüchen an Zähigkeit. Das Verwendungsgebiet für Preßluftmeißel und Handmeißel ist z. B. ein Anwendungsgebiet, bei dem es vor allem neben einer genügenden Härte auf hohe Zähigkeit und Widerstandsfähigkeit gegen Dauerbeanspruchung ankommt. Bei unlegierten Werkzeugstählen würde man hierfür einen Kohlenstoffstahl der Härte 5 mit 0,7% C verwenden; infolge des Zusatzes von Chrom kann der Kohlen-stoffgehalt entsprechend herabgesetzt werden. Diese Regel — Herabsetzung des Kohlenstoffgehaltes bei Hinzusetzen eines karbidbildenden Legierungselementes — kann man des öfteren bei Verwendung legierter Stähle anwenden.

Die Stähle der karbidischen Gruppe eignen sich für Verwendungszwecke, die hohe Härte und großen Verschleißwiderstand erfordern, wobei gleichzeitig bei den ölhärtenden Stählen die Forderung einer möglichst ungefährlichen Härtung (komplizierte Teile) erfüllt wird.

Das bezüglich Verschleiß und Einfachheit der Härtung bei der karbidischen Gruppe Gesagte gilt in verstärktem Maße für die ledeburitische Gruppe (Luft-härtung), die außerdem noch eine weiter erhöhte Anlaßbeständigkeit aufweist, also z. B. für Warmarbeitswerkzeuge verwendet werden kann. Will man bei der ledeburitischen Chromstahlgruppe bei der Härtung einen möglichst geringen Verzug haben, so empfiehlt es sich, auf eine Temperatur von etwa 950—1000° zu erwärmen, um eine möglichst hohe Karbidmenge in Lösung zu bringen, die Stähle dann aber langsam auf 850° im Ofen zurückgehen zu lassen und hierauf in Öl- oder Preßluft zu härten.

Auf diese Weise läßt sich größtmögliche Härte mit ge-ringstem Verzug vereinigen.

d) Chrom-Mangan-Werkzeug-stähle.

Außer dem geschilderten Zusatz von Mangan bei ölhär-tenden Stählen haben sich bis heute in der Praxis keine weiteren Chrom-Mangan-Stähle eingeführt, trotzdem es möglich ist, bei Stählen mit 6% Cr, 1,5% C und 2% Mn ähnliche lufthärtende Eigenschaften zu erzielen wie bei 12proz. Chromstählen. Bei höheren Chrom- und Mangangehalten ge-lingt es sogar, die kritische Abkühlungsgeschwindigkeit so weit herabzusetzen, daß selbst bei Ofenabkühlung Härtung eintritt (Zahlentafel 39). Beim rost-

Zahlentafel 39.
Ofenhärtende Chrom-Mangan-Stähle.

Zusammensetzung			Behandlung	Erzielte Härte in Brinell
C %	Mn %	Cr %		
0,5	2,4	14,2	900°/Ofen	450—460
0,9	2,5	14,2	900°/ ,,	470—480
1,7	2,6	14,2	900°/ ,,	465—475
0,2	4,0	14,7	900°/ ,,	400—430
0,5	4,3	14,7	950°/ ,,	465—480
1,1	4,4	14,5	950°/ ,,	485—500
1,7	4,2	14,5	950°/ ,,	485
2,1	4,4	14,5	950°/ ,,	530—540

Bei höherem Mn-Gehalt erfolgt Weicherwerden durch Austenitbildung.

---

freien Messerstahl mit etwa 0,4% C und 14% Chrom erleichtert ein Zusatz von ungefähr 1% Mangan die Härtefähigkeit.

e) Chrom-Nickel-Werkzeugstähle.

Eine sehr große Verwendung auf dem Werkzeugstahlgebiet finden chromnickel-legierte Stähle. Nickel wirkt sich vor allem auf die Herabsetzung der kritischen Umwandlungsgeschwindigkeit also in erhöhter Durchhärtefähigkeit aus, während Chrom als karbidbildendes Element die Absoluthärte derartiger Legierungen erhöht. Infolgedessen gelingt es bei Chromnickelstählen, sehr günstige Eigenschaften bei vollkommener Durchhärtung zu erzielen. Durch den Einfluß von Nickel besitzen diese Stähle trotz hoher Härte noch gute Zähigkeit. Sie finden daher Verwendung bei schlagartiger Beanspruchung, z. B. für Besteckstanzen, Preßstempel aller Art usw. (Zahlentafel 40).

Zahlentafel 40. Cr-Ni-Werkzeugstähle.

C %	Si %	Mn %	Cr %	Ni %	W [1] %	Härtungsart	Hauptverwendungszweck
0,15	0,30	0,50	1,0	4,0	evtl. 0,80	Zementieren, etwa 800° Öl härten, auskochen	Warmpreßgesenke für Metalle, Formen für Bakelite
0,35	0,30	0,50	1,5	4,0	evtl. 0,80	Öl- oder Lufthärtung, auf Festigkeit etwa 130—170 kg/mm² entsprechend anlassen	Gesenke, Sättel, Dorne, Walzbacken, Hämmer
0,50	0,30	0,50	1,5	4,0	—	Öl- oder Lufthärtung, auf 160 bis 180 kg/mm² Festigkeit anlassen	Scherenmesser, Stempel, Matrizen
0,30	0,25	0,50	1,0	3,5	—	Ölhärtung, auf 120—150 kg/mm² Festigkeit anlassen	Druckscheiben, Warmgesenke
0,55	0,30	0,50	1,0	3,5	—	Öl- oder Lufthärtung, auf 170 bis 190 kg/mm² Festigkeit anlassen	Pfaffen, Besteckstanzen, Massivprägematrizen
0,55	0,25	0,30	1,5	1,0	—	Öl/Wasser-Härtung, Anlassen je nach gewünschter Härte	Sprenggranaten
0,65	0,25	0,30	3,0	3,0	—	Öl/Wasser-Härtung, Anlassen je nach gewünschter Härte	Panzergranaten
0,75	0,30	0,30	1,0	0,70	—	Öl- und Wasserhärtung, Glashärte	Werkzeuge für höchste Druckbeanspruchung

Für Schlagarbeit, z. B. Pfaffen, Besteckstanzen, verwendet man zwei grundsätzlich verschiedene Arten von Werkzeugstählen, und zwar einmal die bekannten, nicht durchhärtenden eutektoiden Kohlenstoffstähle mit geringen Zusätzen von Chrom, Mangan oder Nickel zur Erhöhung der Tiefenhärtung. Bei schlagähnlicher Beanspruchung hat hier die glasharte Oberfläche den Vorteil, durch den zähen Kern gehalten zu werden. Würde man derartige Werkzeugstähle in vollkommen durchgehärtetem glashartem Zustande verwenden, so würden sie bei schlagähnlicher Beanspruchung sofort durchbrechen. Andererseits findet man als zweite Gruppe durchhärtende Stähle mit etwas geringerer Absoluthärte. Diese durchhärtenden Stähle, die nach der Härtung keine Glashärte annehmen, verdichten sich bei der ersten Be-

---

[1] W kann auch durch Mo im Verhältnis 2 : 1 ersetzt werden.

anspruchung an der Oberfläche von selbst und haben meist gegenüber den nicht durchhärtenden Stählen eine erhöhte Lebensdauer, wie ja auch aus den Überlegungen über Ermüdungsfestigkeit auf Seite 85 geschlossen werden kann. Infolge der guten Durchvergütbarkeit und hohen Zähigkeit derartiger Legierungen haben sie auch für Warmarbeitswerkzeuge, insbesondere Gesenke, häufiger Verwendung gefunden. Die hohe Durchvergütbarkeit von Stählen mit beispielsweise 0,45% C, 4,5% Ni, 1,5% Cr und 0,8% W oder Mo gestattet, diese Stähle bis zu den größten Abmessungen in sehr hartem, verschleißfestem Zustande zu verwenden.

f) Chrom in austenitischen Werkzeugstählen.

Auf dem Gebiet der Werkzeugstähle finden naturgemäß fast ausschließlich die Chrom-, Chrom-Nickel- und Chrom-Mangan-Legierungen der perlitisch-martensitischen Gruppe Verwendung. Aber auch bei austenitischen Legierungen werden Zusätze von Chrom angewandt. Zeitweilig hat man z. B. dem 12proz. Mangan-Hartstahl Chrom zugesetzt, ohne indessen hierdurch wesentliche Verbesserungen in der Verschleißfestigkeit erzielen zu können. Chrom verbessert die Beständigkeit des Austenits, scheint aber gleichzeitig die Verfestigungsfähigkeit des Manganstahles eher zu vermindern als zu erhöhen. Zusätze von Chrom zum austenitischen Mangan-Hartstahl vergrößern seinen Karbidgehalt, was vor allem im geglühten bzw. Walzzustand zu erkennen ist. Dadurch werden bei größeren Chromgehalten, z. B. 4%, die notwendigen Ablöschtemperaturen zur Erwirkung eines karbidfreien Gefüges zu höheren Temperaturen, also beispielsweise von 1000° zu 1050° bis 1100°, verlegt. Löscht man derartige Stähle nur von Temperaturen von 950—1000° ab, so weisen sie einen gewissen, oft in Form von Korngrenzenkarbid angeordneten Karbidanteil auf. Diese Karbideinlagerungen können etwas zur Erhöhung der Verschleißfestigkeit beitragen.

Austenitische Chrom-Nickel-Stahl-Legierungen finden viel Verwendung als warmfeste Stähle (s. a. das über austenitische Nickelstähle Gesagte); allerdings gehören diese Verwendungszwecke meist in das Gebiet der Baustähle. Bekanntlich verlieren alle martensitischen Chromstähle bei Temperaturen oberhalb etwa 600° schnell ihre Härte, auch wenn sie vorher in sehr hartem Zustande vorlagen. Werkzeuge, die bei Temperaturen von 600—700° arbeiten müssen, können vorteilhaft in einzelnen Fällen aus derartigen austenitischen Legierungen gemacht werden. Zum Teil sind letztere schon für Strangpressen zum Pressen von Kupfer, Messing und anderen Metallen verwendet worden. Die Härtung dieser Stähle erfolgt durch Kaltverfestigung, die auch bei Gebrauchstemperaturen noch erhalten bleibt, wenn diese tiefer liegen als die Rekristallisationstemperatur (ca. 750 bis 800°). Für derartige Zwecke werden beispielsweise Stähle mit 0,5% C, 15% Cr, 15% Ni, 3% W kaltgehärtet auf 450—500 Brinell verwendet.

Es ist bereits darauf verwiesen worden, daß auch Chrom-Kohlenstoff-Stähle mit 12—18% Cr und 1—2% C durch Ablöschen von hohen Temperaturen — etwa 1100—1200° — austenitisch gemacht werden können. Diese Stähle sind außerordentlich verschleißfest, weil in dem Austenit große Mengen Karbid eingelagert sind. Sie können Verwendung finden für besonders verschleißbeanspruchte Teile, wie zum Beispiel Einlageleisten in Steinformkästen usw. Infolge des verbleibenden Karbidgehalts weisen sie allerdings meistens eine gewisse Sprödigkeit auf. — Zum Teil findet man auch rostfreie Gabeln und Löffel aus derartigen austenitischen Legierungen mit 16—18% Cr und 0,6—0,8% C. Sie besitzen im austenitischen Zustand infolge des geringeren Kohlenstoffgehalts zwar noch eine gewisse Zähigkeit, brechen aber doch verhältnismäßig leicht. Diese Stähle eignen sich dagegen auf Martensit gehärtet zur Herstellung von rostfreien Messern.

g) Eigenarten in der Wärmebehandlung von Chrom-Werkzeugstählen.

Eine Besonderheit, die man bei den meisten karbidhaltigen Stählen, vor allem, wie noch später dargelegt werden wird, bei Wolframstählen, vorfindet, kann man in geringerem Maße auch schon bei Chromstählen beobachten. Die Sonderkarbide dieser Elemente und auch ihre etwaigen Mischkristalle mit dem Eisenkarbid lösen sich verhältnismäßig schwer im Austenit. Zum Teil scheinen bei langem Ausglühen, also z. B. Glühen auf höchste Weichheit, noch Veränderungen in der Karbidzusammensetzung oder besondere Zusammenballungen aufzutreten, die das Inlösunggehen noch mehr erschweren und somit die Härtefähigkeit bei normalen Erwärmungsgeschwindigkeiten und Erwärmungszeiten beeinträchtigen. Ein Stahl mit 0,9% C und 1% Cr, der im grobkörnigen geglühten Zustand vorlag, wies beim Härten ungenügende Härteeigenschaften auf und genügte den an ihn gestellten Anforderungen nicht. Erst durch längeres Halten auf Härtetemperatur — 1 Stunde bei etwa 800° — konnten die normalen Härteeigenschaften wieder erzielt werden. Dieser Versuch beweist aber auch bereits, daß die Karbide bei Chromstählen selbst nach solchen kritischen Glühungen noch verhältnismäßig leicht in Lösung gebracht werden können. Infolgedessen kann man bei Chromstählen an Stelle des geschilderten längeren Haltens auf Härtetemperatur vorteilhaft eine Doppelhärtung anwenden. Die Doppelhärtung besteht in einem erstmaligen Abschrecken von höherer Temperatur, wie z. B. 850—860°, beim obengenannten Stahl in Öl, und nachfolgender normaler Härtung bei 780—800° in Wasser. Durch diese Wärmebehandlung werden die bei der höher gewählten ersten Härtetemperatur in Lösung gegangenen Karbide beim zweiten Erwärmen zunächst gleichmäßig auf die Grundmasse verteilt und gehen dann bei 780° leichter in Lösung. Man erzielt dadurch eine ausgezeichnete Härtefähigkeit bei feinkörnigem Härtebruch.

3. Chrom in Baustählen.

a) Vergütungsstähle.

A. Chrom-Vergütungsstähle.

Die in der Literatur am meisten veröffentlichte Darstellung über den Einfluß von Chrom auf die Festigkeitseigenschaften der Stähle zeigt Abb. 209. Wie bei vielen dieser Darstellungen handelt es sich auch hier um Untersuchungen im Walzzustand unter nicht genau festgelegten Bedingungen, d. h. nach Luftabkühlung von einer unbestimmten Walzendtemperatur.

Im geglühten Zustand übt Chrom einen außerordentlich geringen Einfluß auf die Festigkeitseigenschaften der Stähle aus. Durch die karbidbildende Wirkung und Erhöhung des Perlitgehalts wächst mit steigendem Chromgehalt die Festigkeit langsam an; ein eutektoider Chromstahl mit 15% Chrom, 0,15% Kohlenstoff hat im geglühten Zustand annähernd gleiche Festigkeitseigenschaften von etwa 65—70 kg/mm² wie ein eutektoider Kohlenstoffstahl. Infolge der feineren Karbidverteilung — geringere Zusammenballungsfähigkeit des chromhaltigen Zementits und der Chrom-Sonderkarbide — ist die Festigkeit und insbesondere die Streckgrenze im Glühzustand höchstens um ein geringes erhöht. Auch im Vergütungszustand wirken geringe Chromgehalte (unter 2%) bei niedrigen Kohlenstoffgehalten (bis zu etwa 0,3%) nur wenig auf die Durchvergütung und Erhöhung der Festigkeitseigenschaften ein, wie aus dem gesamten Verhalten von Chrom und dessen Einfluß auf Eisen-Kohlenstoff-Legierungen kaum anders zu erwarten war.

I. Baustähle mit Chromgehalten bis zu 1%.

Abb. 210 zeigt die Vergütungsschaubilder eines Kohlenstoffstahles im Vergleich zu einem Chromstahl. Wie aus dem Vergleich dieser beiden Anlaßschaubilder hervorgeht, werden Festigkeit, Streckgrenze, Dehnung, Einschnürung durch Chrom im Vergütungszustand nur unwesentlich beeinflußt. Allerdings macht sich der Chromgehalt in einem merklich verfeinerten Korn bemerkbar, was gegenüber dem Kohlenstoffstahl besonders in der Kerbzähigkeit zum Ausdruck kommt. Um bei Chrom-

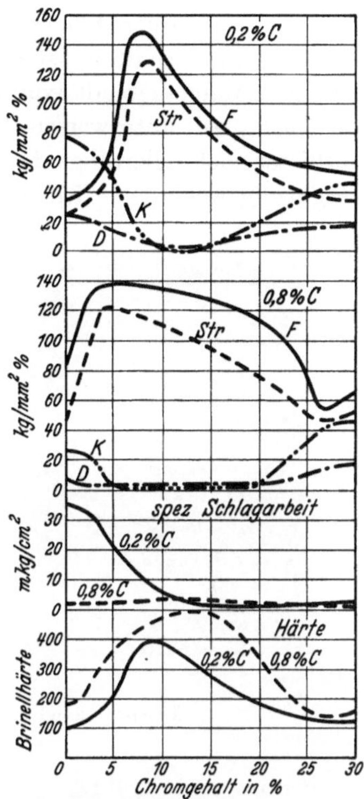

Abb. 209. Einfluß des Chroms auf Festigkeitseigenschaften, Härte und spezifische Schlagarbeit von Stahl mit 0,2 bzw. 0,8% C. [Nach Guillet: Rev. Métallurg. 1 (1904) S. 155/83.]

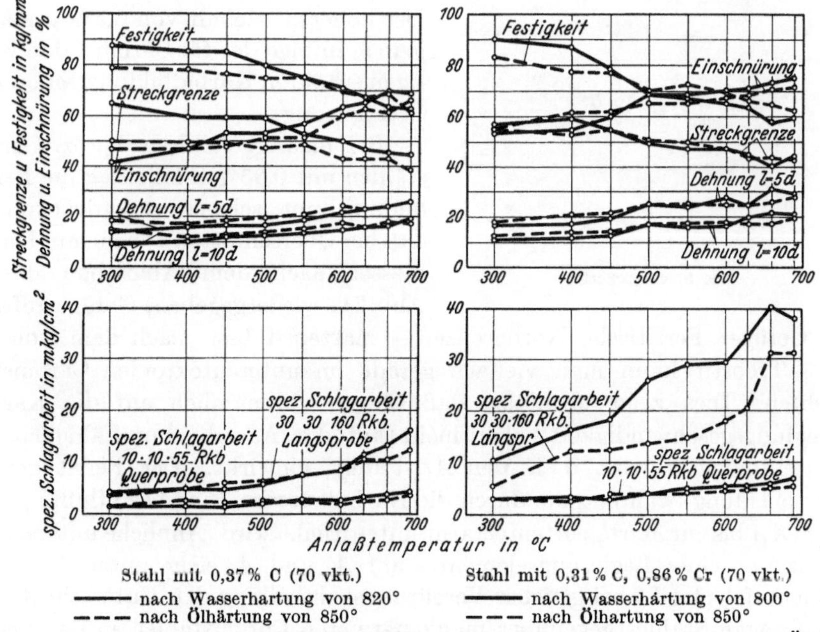

<table>
<tr><td>Stahl mit 0,37% C (70 vkt.)</td><td>Stahl mit 0,31% C, 0,86% Cr (70 vkt.)</td></tr>
<tr><td>——— nach Wasserhartung von 820°</td><td>——— nach Wasserhärtung von 800°</td></tr>
<tr><td>- - - nach Ölhärtung von 850°</td><td>- - - nach Ölhartung von 850°</td></tr>
</table>

Abb. 210. Vergutungsschaubilder eines Kohlenstoffstahles und eines Chromstahles nach Wasser- und Ölhärtung.

Kohlenstoff-Stählen höhere Vergütungszahlen, was Festigkeit und Streckgrenze anbelangt, zu erhalten, ist es daher notwendig, diesen Stählen zumindest einen erhöhten Mangangehalt von 0,6—0,9% zu geben und sie möglichst einer Wasservergütung zu unterwerfen (vgl. Zahlentafel 41). Bei C-Gehalten über 0,4% verbietet sich allerdings für kompliziert geformte Stücke die schroffe Wasservergütung wegen der Rißgefahr. Bis zu C-Gehalten von 0,5% kann die Ver-

Äußerster Rand

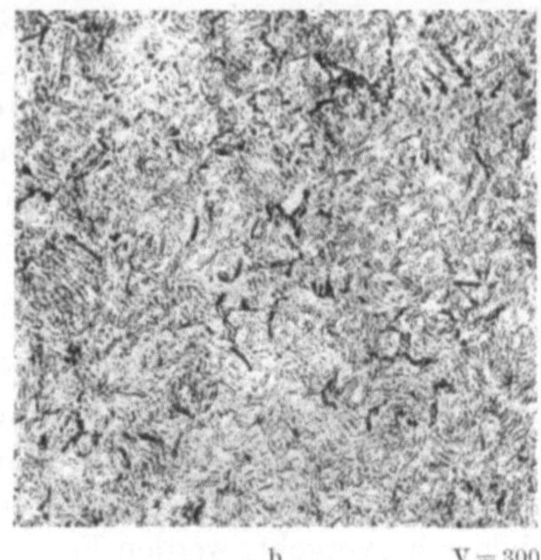

Übergangszone nach dem Kern zu.
Beginn des Auftretens von Ferrit

Abb. 211. Ferrit im martensitischen Grundgefuge bei einem Chromstahl mit 0,36% C, 0,6% Mn, 1,0% Cr nach Wasserabloschung von 820° in einem Querschnitt von 60 mm ⌀.

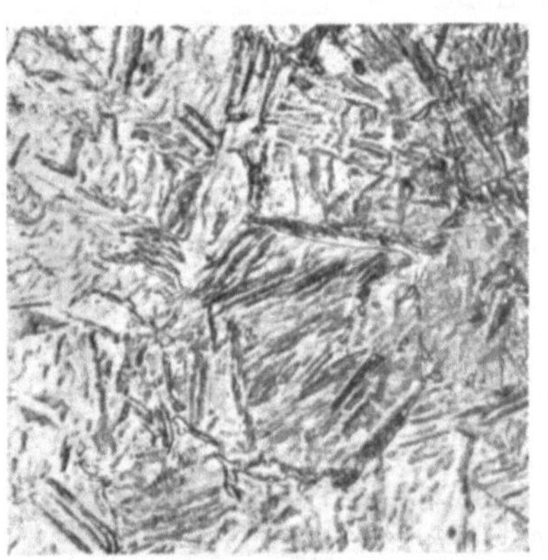

Wie b, vergrößert

gütung allenfalls noch in natronlaugehaltigem Wasser vorgenommen werden. Der höhere C-Gehalt von 0,5% gestattet jedoch infolge der für Chromstähle wichtigen erhöhten Karbidbildung schon eine Ölvergütung.

Bei niedriggekohlten 1 proz. Chromstählen mit 0,35% C läßt sich die Ferritbildung nur schwer unterdrücken, so daß bei Querschnitten von 60 mm Durchmesser nach dem Ablöschen das in Abb. 211 wiedergegebene Gefüge auftritt.

Dieses Gefüge: Ferritische Korngrenzen + Martensit bzw. nach dem Anlassen Ferrit + Troostit kann man vielfach gerade im untereutektoiden Chromstahl beobachten. Dies zeigt ebenfalls, daß Chrom vornehmlich auf die Karbidausscheidungsgeschwindigkeit, aber nicht auf die Ausscheidungsfähigkeit des untereutektoiden Ferrits, d. h. den Ar_3-Punkt, einwirkt. Der Ferrit gelangt zur Ausscheidung, während die durch die Karbidausscheidung beeinflußte Perlitbildung (A_1) bis zur Martensittemperatur unterdrückt wird. Ähnliche unterschiedliche Wirkung eines Legierungselementes auf A_3 und A_1 siehe unter Molybdän.

Zahlentafel 41 gibt bei gleicher Vergütungsbehandlung den Unterschied eines Chrom-Mangan-Stahles gegenüber manganärmeren Chromstählen in der Festigkeit und Streckgrenze wieder; die Härtung des Chromstahles erfolgte zwecks Erzielung einer energischeren Vergütung sogar von etwas höherer Temperatur.

Die hauptsächlich vorkommenden Zusammensetzungen, Wärmebehandlungen und Verwendungszwecke mit den entsprechenden Festigkeitsbereichen praktisch verwendeter Chrom- bzw. Chrom-Mangan-Stähle gibt Zahlentafel 42 wieder.

Die größte Verwendung haben Stähle mit 0,35 % C und 1 % Cr gefunden; ferner wird der höher gekohlte Chrom-Mangan-Stahl viel für Federn gebraucht, wobei letzterem für diesen Zweck auch noch des öfteren erhöhte Si-Gehalte bis zu

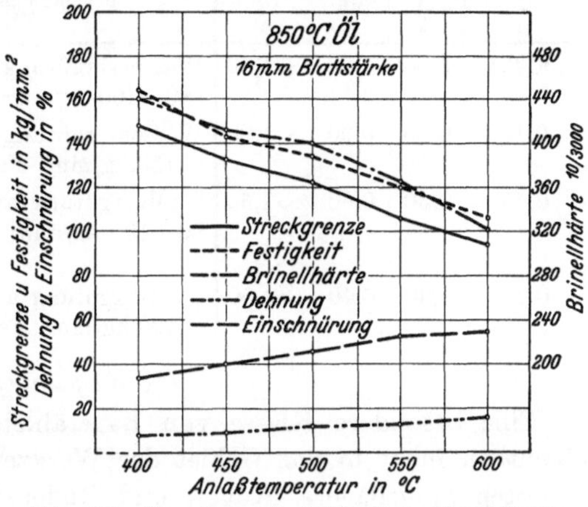

Abb. 212. Vergütungsschaubild eines Chrom-Mangan-Federstahles mit 0,54 % C, 0,84 % Mn und 0,97 % Cr.

Zahlentafel 41.

Festigkeitswerte von Chromstählen mit verschiedenen Mangangehalten.

Zusammensetzung				Festigkeitswerte				Behandlung	Abmessung
C %	Si %	Mn %	Cr %	Streck-grenze kg/mm²	Festig-keit kg/mm²	Dehnung $L = 5\,d$ %	Ein-schnu-rung %		
0,26	0,12	0,14	1,04	43	59,2	24,3	67	900° Öl, 600° angelassen	} 40 mm vkt.
				42	57,5	29,0	69	900° ,,, 650° ,,	
				40	56,2	28,0	70	900° ,,, 700° .,	
0,31	0,20	0,66	0,86	55	71,0	25,0	70	850° Öl, 600° angelassen	} 40 mm vkt.
				50	68,0	26,0	71	850° ,,, 650° ,,	
				46	64,0	30,0	74	850° ,,, 700° ,,	

1 % zugesetzt werden. Die Vergütungsschaubilder eines derartigen Chrom-Mangan- bzw. Chrom-Mangan-Silizium-Stahles zeigen Abb. 212/213. An Stelle niedriglegierter Chromstähle werden heute wegen ihrer besseren Härtefähigkeit und erhöhten Anlaßbeständigkeit meist Chrom-Molybdän-Stähle verwendet.

Vielfach verwendet man auch Chromzusätze von ungefähr 0,5 % bei Manganstählen mit etwa 0,3 % Kohlenstoff

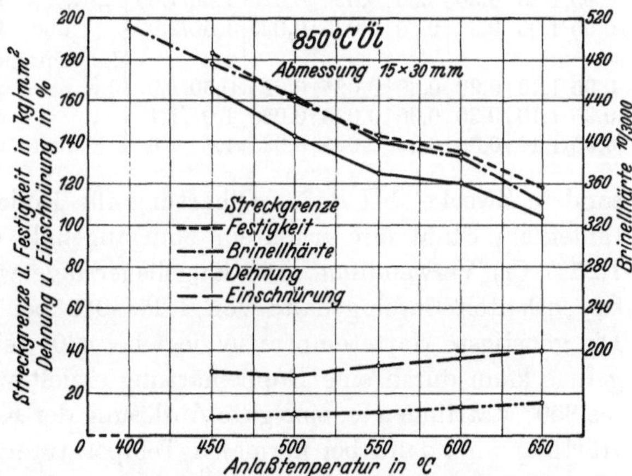

Abb. 213. Vergütungsschaubild eines Chrom-Mangan-Silizium-Federstahles mit 0,63 % C, 1,16 % Si, 0,90 % Mn und 0,57 % Cr.

und 1,2—1,8 % Mangan. Der Chromzusatz vermindert die Überhitzungsempfindlichkeit der reinen Manganstähle, verfeinert das Korn und erhöht somit die Zähigkeit.

Zahlentafel 42. Cr-legierte Baustähle.

Zusammensetzung				Behandlungsart	Verwendungsgebiet
C %	Si %	Mn %	Cr %		
0,30/0,40	0,30	0,60	∾1,00	Wasservergütung auf etwa 80—100 kg/mm² Festigkeit	Kurbelwellen, Vorderachsen, Wellen, Achsschenkel
0,45	0,50	0,90	∾1,00	Wasservergütung auf etwa 150 kg/mm² Festigkeit	Federn
0,45	0,30	0,60	∾1,50	Ölvergütung auf etwa 90—100 kg/mm² Festigkeit	Zylinder von Verbrennungsmotoren, verschleißfeste Konstruktionsteile
0,75	0,30	0,40	∾1,50	Ölvergütung auf etwa 120 kg/mm² Festigkeit	Hochverschleißbeanspruchte Konstruktionsteile

II. Kugellagerstähle.

Eine besondere Klasse von Baustählen, die ihrer Zusammensetzung nach eigentlich mehr in das Gebiet der Werkzeugstähle gehören, bilden die chromlegierten Kugellager-, Kugel- und Rollenstähle. Bei einem Kohlenstoffgehalt von 0,9—1,1% und Chromgehalten von 0,5—2,0% haben sie in der ganzen Welt für die obengenannten Verwendungszwecke Eingang gefunden.

Für Kugeln werden in der Hauptsache wasserhärtende Stähle verwendet, deren Chromgehalt in Abhängigkeit von der Dicke der Kugel wächst (Zahlentafel 43). In ähnlicher Weise erfolgt die Staffelung der Rollenstähle. Für be-

Zahlentafel 43.
Chromstähle für Ringe in Kugel- und Rollenlagern, Kugeln und Rollen.

Zusammensetzung						Verwendungszweck	Festigkeit im gegluhten Zustande	Hauptanforderungen
C %	Si %	Mn %	P %	S %	Cr %			
						Ringe in Kugel- und Rollenlagern:		
0,95/1,05	0,30	0,30	0,025	0,025	1,20/1,40	bis zu etwa 40 mm ⌀	unter	Größte Reinheit
0,95/1,05	0,30	0,30	0,025	0,025	1,40/1,65	„ „ „ 150 „ ⌀	200	bez. Schlacken
0,95/1,05	0,30	0,30	0,025	0,025	1,65/2,00	über 150 „ ⌀	Brinell	u. Karbidzeilen
						Kugeln und Rollen:		
0,95/1,10	0,30	0,30	0,025	0,025	0,50/1,0	bis etwa 20 mm ⌀	unter	Große Reinheit
0,95/1,10	0,30	0,30	0,025	0,025	1,0 /1,4	„ „ 60 „ ⌀	200	bez. Schlacken
0,95/1,10	0,30	0,30	0,025	0,025	1,4 /1,6	über 60 „ ⌀	Brinell	u. Karbidzeilen

sondere Zwecke, bei denen Ölhärtung für Rollen oder Kugeln vorgesehen ist, findet ein Stahl mit erhöhtem Mangangehalt (1% C, 0,30% Si, 0,50% Mn, 1,25% Cr) Verwendung. Die Kugellagerringe werden meistens in Öl gehärtet; sie enthalten Chromgehalte von 1,25—2% bei normalem Si- und Mn-Gehalt. Die günstigste Härtetemperatur liegt bei 830°; ein besonders feines Härtebruchgefüge kann durch eine Doppelhärtung erzielt werden, wobei die erste, bei 840 bis 850° stattfindende, eine gute Auflösung der Karbide zum Ziel hat. Die zweite Härtung wird dann bei normalen Temperaturen von 820—830° vorgenommen. Wegen des stärkeren Verzuges wird trotz des augenfälligen gefügetechnischen Vorteiles von diesem Verfahren aber nur selten Gebrauch gemacht.

Die Anforderungen, die an die metallurgische Reinheit von Kugellagerstahl gestellt werden, sind mit die höchsten, die auf dem gesamten Gebiet der Sonderstähle angetroffen werden. Höchster Reinheitsgrad bezüglich oxydischer und sulfidischer Einschlüsse sowie Karbidseigerungen sind die Hauptforderungen. Sowohl Schlackenadern als insbesondere auch stärkere Karbidzeilen sollen zu feinen Ausbröckelungen und damit frühzeitiger Zerstörung der Lager führen.

Neben diesen chromlegierten Kugellagerstählen für direkte Härtung finden sowohl für Rollen als für Laufringe Einsatzstähle Verwendung, und zwar vom unlegierten Kohlenstoffeinsatzstahl angefangen bis zum höchstlegierten Chrom-Nickel-Stahl, wobei die Kernfestigkeiten nach der Einsatzhärtung von 60—180 kg/mm² im Kern schwanken.

III. Vergütungsstähle mit 2—6% Cr.

Reine Chromstähle mit Mangangehalten unter 1% wurden bisher selten mit wesentlich höheren Chromgehalten als 1% verwendet. Erst in neuerer Zeit werden Stähle mit 2—6% Chrom hergestellt. Die Erhöhung des Chromgehaltes hat man hierbei weniger wegen verbesserter Vergütungseigenschaften als zwecks Erhöhung der chemischen Widerstandsfähigkeit vorgenommen. Meist enthalten auch diese Stähle bei Chromgehalten bis zu 6% noch Zusätze von Molybdän und Vanadin, worauf noch später eingegangen wird. Die Vergütung bei diesen Stählen, wenn überhaupt eine vorgenommen wird, hat weniger den Zweck, die Festigkeitseigenschaften wesentlich zu beeinflussen, als vielmehr das gewünschte Gefüge zu erzielen. Die Festigkeitseigenschaften derartiger Stähle

Zahlentafel 44.
Festigkeitseigenschaften von verschieden legierten Chromstählen (3 und 6%).

| Zusammensetzung | | | | | Festigkeitswerte | | | | Behandlung | Ab-mes-sung |
| C | Si | Mn | Cr | Mo | Streck-grenze | Festig-keit | Deh-nung $L=5d$ | Ein-schnu-rung | | |
%	%	%	%	%	kg/mm²	kg/mm²	%	%		
0,18	0,26	0,37	3,17	0,39	61,9	76,9	21,7	75	900° Öl, 630—640° Luft	40 ∅
0,17	0,29	0,38	6,21	0,44	68,1	79,6	21,0	75	900° ,,, 630—640° ,,	40 ∅
0,18	0,26	0,37	3,17	0,39	67,2	79,6	20,0	75	900° ,,, 630—640° ,,	80 ∅
0,17	0,29	0,38	6,21	0,44	71,6	84,5	18,3	73	900° ,,, 630—640° ,,	80 ∅
0,18	0,26	0,37	3,17	0,39	64,5	76,9	19,3	75	900° ,,, 630—640° ,,	120 ∅
0,17	0,29	0,38	6,21	0,44	70,7	81,3	19,2	73	900° ,,, 630—640° ,,	120 ∅
0,35	0,18	0,13	3,05	—	54,0	82,2	17,2	66	900° Öl, 630° Luft	60 vkt.
0,34	0,18	0,10	6,17	—	63,0	86,7	16,8	66	950° ,,, 600° ,,	60 vkt.
0,50	0,26	0,17	3,10	—	71,0	85,8	21,3	61	850° Öl, 650° Luft	60 vkt.
0,57	0,28	0,15	6,39	—	66,2	88,4	18,9	59	850° ,,, 650° ,,	60 vkt.

gibt Zahlentafel 44 wieder. Wie die Werte in dieser Zahlentafel zeigen, kann man auch durch Erhöhung des Chromgehaltes Verbesserungen der Festigkeitseigenschaften erzielen.

IV. Baustähle mit mehr als 12% Chrom.

Stähle mit über 12% Chrom haben größere Verwendung als korrosionsfeste Baustoffe gefunden. Je nach der Legierung muß man unterscheiden zwischen ferritischen, halbferritischen und vergütbaren Stählen mit Umwandlungsgefüge. Zahlentafel 45 gibt einige der wesentlichsten Legierungen wieder.

Zahlentafel 45.
Analysen und Festigkeitswerte von nichtrostenden Chromstählen.

Gefuge-gruppe	Nr.	Zusammensetzung					Ungefähre Festigkeitswerte				Wärme-behand-lung
		C	Si	Mn	Cr	Ni	Brinell-härte	Streck-grenze	Zug-festig-keit	Deh-nung $L = 5\,d$	
		%	%	%	%	%		kg/mm²	kg/mm²	%	
Ferritische	I	0,30/0,40	0,35	0,40	24,0/26,0	—	200	40	60	15	geglüht
Legierungen	II	0,10/0,40	0,35	0,40	30,0/33,0	—	200	40	60	15	geglüht
Halb-ferritische	III	0,10	0,35	0,40	13,0/15,0	—	170	30	55	24	geglüht
		0,10	0,35	0,40	13,0/15,0	—	200	35	60	22	vergütet
Legierungen	IV	0,12	0,35	0,40	18,0	(1,0)	200	38	65	20	geglüht
	V	0,15/0,24	0,35	0,40	14,0/15,0	(0,5/1,0)	190	38	68	20	geglüht
		0,15/0,24	0,35	0,40	14,0/15,0	(0,5/1,0)	230	45	70	18	vergütet
Vergütbare	VI	0,15/0,24	0,35	0,40	18,0	(1,0)	210	42	70	18	geglüht
Legierungen							260	55	90	16	vergütet
	VII	0,35/0,50	0,35	0,40	14,0	(0,5)	200	50	75	16	geglüht
		0,35/0,50	0,35	0,40	14,0	(0,5)	500	140	170	6	gehärtet

Die Stähle der ferritischen und halbferritischen Gruppe finden im geglühten Zustande Verwendung. Die Feinkörnigkeit und Zähigkeit ferritischer Legierungen kann nur durch Verformung und Glühung gleichzeitig beeinflußt werden (Rekristallisationsgesetze s. am Schluß des Abschnittes Chromstähle, S. 279 u. 289).

Das gleiche gilt für die halbferritischen Legierungen. Wenn auch der umwandlungsfähige Teil des Gefüges durch Wärmebehandlung — Erwärmen ins Umwandlungsgebiet mit darauffolgender Abkühlung — in der Feinkörnigkeit und Festigkeit beeinflußt werden kann, so erfordert der ferritische Gefügeanteil, daß die Behandlung auch ihm weitgehend angepaßt wird. Je nach dem mengenmäßigen Anteil von Ferrit und Umwandlungsgefüge sind solche Legierungen somit als vergütbar oder nichtvergütbar anzusprechen. Die erste der in Zahlentafel 45 angeführten halbferritischen Legierungen ist ein tiefgekohltes rostfreies Eisen, die zweite mit 18% Cr zeichnet sich bereits durch sehr gute Korrosionsbeständigkeit auch gegen Salpetersäure aus und hat als Baustoff in der chemischen Industrie weitgehende Verbreitung gefunden. Alle Legierungen mit etwa 18% Chrom zeigen beim Erwärmen auf 500° oder bei langsamer Abkühlung durch dieses Temperaturgebiet Versprödungserscheinungen (s. a. Abb. 255, S. 270). Da diese Sprödigkeit ganz unabhängig vom C-Gehalt der Legierungen auftritt, dürfte die Ursache weniger in den Karbiden (Karbidumsetzungen usw.) als im Mischkristall selbst (Atomumgruppierungen) zu suchen sein.

Die vergütbaren Legierungen unterscheiden sich von den halbferritischen vornehmlich durch einen etwas höheren Kohlenstoffgehalt (über 0,15%). Liegt der Kohlenstoffgehalt an der unteren Grenze, der Chrom- und Siliziumgehalt dagegen sehr hoch, so können auch diese Legierungen, insbesondere der 18 proz. Chromstahl, noch geringe Mengen Ferrit enthalten. Der 14—15 proz. Chromstahl mit 0,35% C und mehr weist reines Vergütungsgefüge ohne überschüssigen Ferrit auf.

Die 18 proz. und 15 proz. Chromstähle mit niedrigem Kohlenstoffgehalt finden meistens im weichvergüteten Zustande mit den in Zahlentafel 45 angegebenen

Festigkeitseigenschaften Verwendung. Beide Stähle lassen sich sowohl an Luft wie in Öl vergüten, wobei Festigkeiten von 70—140 kg/mm² erzielt werden können. Das Vergütungsschaubild eines derartigen Stahles zeigt Abb. 214. Wenn auch der Festigkeitsbereich von 70—140 kg/mm², wie aus dem Vergütungsschaubild hervorgeht, durch diese Zusammensetzung gedeckt wird, so zeigt sich doch, daß die Festigkeiten von 90—120 kg/mm² verhältnismäßig schwer einzuhalten sind, da die Anlaßkurve in diesem Bereich sehr steil abfällt und infolgedessen bei betriebsmäßiger Vergütebehandlung eine genaue Einhaltung der verlangten Festigkeit erschwert wird. Geringe Temperaturschwankungen,

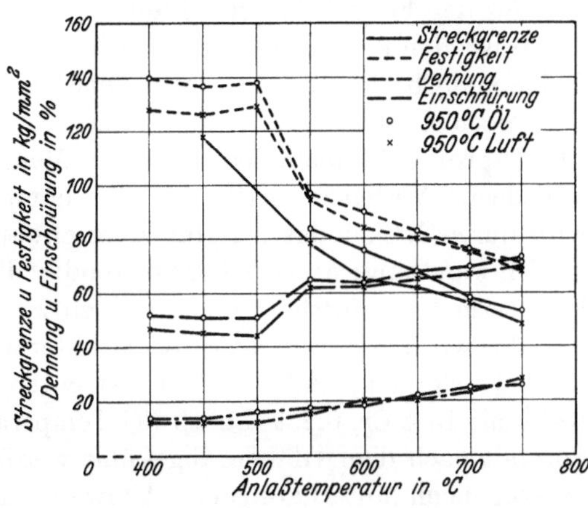

Abb. 214. Vergutungsschaubild eines Chromstahles mit 0,20 % C, 14,2 % Cr und 0,57 % Ni.

kleine Veränderungen in der Zusammensetzung bringen infolge des steilen Verlaufs der Kurve erhebliche Schwankungen in den Festigkeitseigenschaften; man nützt daher praktisch nur zwei Bereiche mit derartigen Stählen aus, und zwar Festigkeitsstufen einmal von 70—90 kg/mm² und ein andermal von 120—140 kg/mm². Ein anderer Grund, den Bereich von 90—120 kg/mm² zu vermeiden, ist die verminderte Korrosionsbeständigkeit infolge Ausscheidung des Chromkarbids Cr_4C, das sich erst bei höheren Anlaßtemperaturen wieder in das chromärmere Karbid Cr_7C_3 umwandelt[1].

Bei höherem Kohlenstoffgehalt lassen sich solche Stähle auf höhere Festigkeit härten bzw. vergüten, wobei sie sich gleichzeitig infolge der zahlreichen Karbideinlagerungen besonders durch erhöhte Verschleißfestigkeit auszeichnen. Ein Vergütungsschaubild mit den entsprechenden Festigkeitseigenschaften zeigt Abb. 215. Auch hier sieht man, wie bei allen Chromstählen, die hohe Anlaßbeständigkeit infolge der Karbidausscheidung mit dem darauffolgenden steilen Festigkeitsabfall. Wegen der geschilderten Schwierigkeiten beim Vergüten und

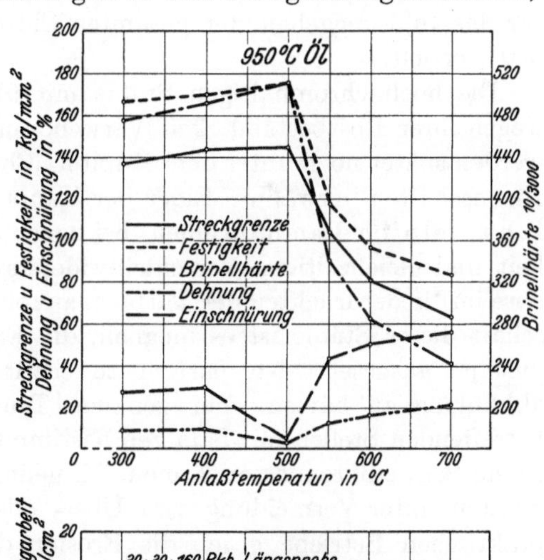

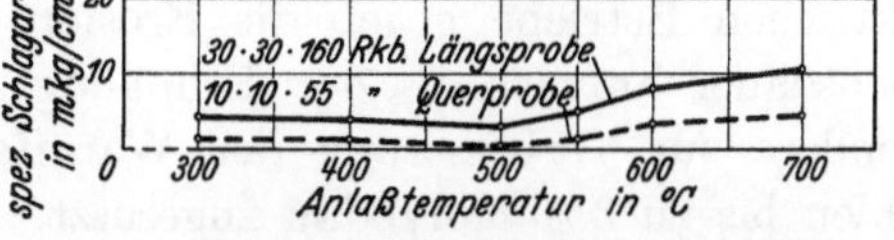

Abb. 215. Vergütungsschaubild eines Chromstahles mit 0,34 % C, 13,9 % Cr und 0,77 % Ni. Der starke Abfall an Einschnürung nach dem Anlassen bei 500° deutet ebenfalls die Karbidausscheidung an.

---

[1] Tofaute, Küttner u. Büttinghaus: Arch. Eisenhüttenwes. demnächst.

der verminderten Korrosionseigenschaften wird man auch bei diesen Stählen
möglichst auf den Bereich der Festigkeitseigenschaften im Gebiete des Steil-
abfalles der Festigkeit verzichten.

Außer den erwähnten reinen Chromstählen mit 14—15% Cr haben sich eine
Reihe von Chrom-Nickel-Stählen entwickelt, die bei Chromgehalten von 14 oder
18% noch Zusätze von Nickel bis zu 3% aufweisen. Der Zusatz von Nickel zu
14—15proz. Chromstählen in diesen Mengen bringt keine prinzipiellen Unterschiede im Verhalten gegenüber den entsprechenden reinen Chromstählen, nur
wird durch Nickel das Ausglühen erschwert. Nickel erniedrigt die Temperatur
der Umwandlung; es ist daher notwendig, die Glühtemperatur herabzusetzen, weil
bei diesen stark lufthärtenden Stählen zweckmäßig unterhalb der Umwandlung
geglüht wird. Je niedriger die Glühtemperatur ist, um so feiner bleibt die
Karbidverteilung, und die Härte ist entsprechend höher. Während ein Chromstahl mit 15% Cr, 0,2% C noch bei Temperaturen von 780—800° ohne besondere
Sorgfalt nach dem Glühen abgekühlt werden kann, weil er sich bei dieser Temperatur noch unterhalb seines Umwandlungspunktes befindet, härten entsprechende Stähle mit 2,5% Ni schon beim Abkühlen von 800° an Luft erheblich
und werden bereits bei 850° sehr hart. Während Nickel also die unterste Härtetemperatur durch Herabsetzung des Umwandlungspunktes wesentlich erniedrigt,
wird die Höchsthärte doch erst nach Erreichung der notwendigen Temperatur
für das Inlösunggehen der gesamten Chromkarbide, bei diesem Stahl etwa bei
950°, erzielt.

Die hoch chromhaltigen Stähle mit über 12% Chrom finden hauptsächlich
wegen ihrer Rostbeständigkeit Verwendung. Die einzelnen Verwendungszwecke
werden später noch unter dem Kapitel „Chromstähle mit besonderen chemischen
Eigenschaften" erwähnt. Einer der Hauptverwendungszwecke sind Turbinenschaufeln für Dampfturbinen, bei denen es vor allem auf Korrosionsbeständigkeit und gleichzeitigen Verschleißwiderstand gegen Wassertröpfchen, insbesondere im Niederdruckteil der Turbine, ankommt. Infolge der lufthärtenden Eigenschaft dieser Stähle ist es möglich, die Eintrittskante, die dem Verschleiß am
meisten ausgesetzt ist, partiell zu erwärmen und durch nachfolgende Luftabkühlung zu härten. Zur genauen Temperaturüberwachung kann man die
betreffenden Stellen mit Salz von bestimmtem Schmelzpunkt bestreuen und mit
einem Schweißbrenner erwärmen. Es gelingt auf diese Art und Weise, gehärtete
Kanten unter Vermeidung von Über- oder Unterhärtung zu erzielen, die im
praktischen Betriebe gegen die Erosion durch Wassertröpfchen eine vielfache
Lebensdauer aufweisen. Zur Erhöhung der Korrosionsbeständigkeit und insbesondere zur Verbesserung der Warmfestigkeit bis zu 500° C wird solchen
Stählen bis zu 3% Molybdän zugesetzt.

Bei 18proz. Chromstahl mit max. 0,12% C wird durch den Zusatz von
2,5% Nickel das halbferritische Gefüge des reinen Chromstahles zu homogenem
Umwandlungsgefüge verändert. Infolge des hohen Chromgehaltes und der guten
Vergütbarkeit ist dieser Stahl besonders als korrosionsfeste vergütbare Legierung
geschätzt. Sein Vergütungsschaubild unterscheidet sich nicht wesentlich von
dem in Abb. 215 dargestellten. Auch hier zeigt sich der steile Abfall beim Anlassen bei Temperaturen von etwa 550°. Die Anwesenheit des Nickels bedingt
nur höhere Glühfestigkeit von etwa 80 kg/mm² gegen 70 kg/mm² beim reinen

Chromstahl. Infolge der hohen Festigkeitseigenschaften, die sich mit diesem Stahl erzielen lassen und seiner noch später zu behandelnden guten Korrosionsfestigkeit (Seewasserbeständigkeit) hat er vielfache Anwendung als korrosionsfester Baustahl gefunden. Ein besonderes Anwendungsgebiet liegt in der Flugzeugindustrie, insbesondere beim Bau von Wasserflugzeugen, wo er infolge der hohen mechanischen Festigkeitseigenschaften für die Verstrebungen in Wettbewerb zu Duralumin getreten ist.

Beim Ablöschen von hohen Temperaturen, 1100—1200°, werden diese Stähle schon rein austenitisch. Sie haben aber im austenitischen Zustand noch keine praktische Verwendung gefunden, da sie hier von dem stabil austenitischen Stahl mit höherem Chrom- und Nickelgehalt (18% Chrom, 8% Nickel) in den Verarbeitungsmöglichkeiten und chemischen Eigenschaften erheblich übertroffen werden.

B. Chrom-Nickel-Vergütungsstähle.

Der Einfluß von Nickel auf die kritische Abkühlungsgeschwindigkeit sowie die Steigerung der Absoluthärte durch Chrom sind die Ursache dafür, daß unsere hochwertigsten Baustähle alle auf der Basis Chrom-Nickel aufgebaut sind. Obwohl die Nickelstähle infolge des metallurgischen Einflusses des Nickels außerordentlich günstige Eigenschaften aufweisen, können sie, da Nickel selbst nicht härtesteigernd wirkt, ohne allzu starke Steigerung des Kohlenstoffgehaltes nicht für hohe Festigkeitsbereiche Anwendung finden. In dieser Hinsicht bietet das Chrom eine willkommene Ergänzung. Wenn auch Chrom schon leichter oxydierbar als Eisen ist, so wirkt es doch nicht so stark, daß etwaige Oxydationsprodukte des Chroms nicht durch Verwendung noch stärkerer Desoxydationsmittel, wie Silizium, Aluminium usw., beseitigt werden könnten. Infolgedessen sind bei Chrom-Nickel-Stählen sehr gute Querkerbzähigkeitseigenschaften zu erzielen. Durch die Anpassung von Nickel, Chrom und Kohlenstoff an die gewünschten Festigkeits- und Streckgrenzenzahlen sowie insbesondere durch Anpassung des Nickelgehaltes an die zu vergütenden Abmessungen gelingt es, fast alle bei Stahllegierungen technisch denkbaren Festigkeitsansprüche auf der Basis Chrom-Nickel zu befriedigen. Die Chrom-Nickel-Vergütungsstähle umfassen bei Kohlenstoffgehalten bis zu 0,6% den Legierungsbereich bis zu 6% Ni und bis zu 3% Cr. Über den Bereich von 6% Nickel hinaus finden Chrom-Nickel-Stähle, abgesehen von den hochlegierten austenitischen Stählen, infolge des stabil martensitischen Zustandes und der dadurch schwierigen Verarbeitungsmöglichkeit dieser Zwischengruppe wenig Verwendung. Einen sehr guten Überblick über die heute noch gebräuchlichen Stähle ergeben die Tabellen der amerikanischen und deutschen Chrom-Nickel-Stahl-Normen (Zahlentafel 46 und 47).

Bereits im geglühten Zustand zeichnen sich die Chrom-Nickel-Stähle durch erhöhte Härte gegenüber reinen Nickelstählen aus. Die höhere Glühfestigkeit bedingt eine erschwerte Bearbeitbarkeit der Chrom-Nickel-Stähle gegenüber den reinen Nickelstählen (zum Teil wird diese Erschwerung der Bearbeitbarkeit auch noch durch die besonders bei Chrom-Nickel-Stählen stärkere Kristallseigerung hervorgerufen). Dies führte dazu, daß in einzelnen Ländern, vor allem Amerika, in der Automobilindustrie von der Verwendung der Chrom-Nickel-Stähle trotz ihrer besonders guten Eigenschaften aus wirtschaftlichen, bearbeitungstechnischen Gründen oft abgesehen wurde. Wie aus der Zahlentafel 47 hervorgeht, sind die

Zahlentafel 46. Chrom-Nickel-

Bezeichnung	Analyse						Stahlart
	C %	Mn %	P %	S %	Ni %	Cr %	
SAE 3115	0,10/0,20	0,30/0,60	0,04	0,05	1,0/1,5	0,45/0,75	Einsatzstahl
3120	0,15/0,25	0,30/0,60	0,04	0,05	1,0/1,5	0,45/0,75	⎱ Einsatz- und Ver-
3120	0,15/0,25	0,30/0,60	0,04	0,05	1,0/1,5	0,45/0,75	⎰ gütungsstahl
3125	0,20/0,30	0,50/0,80	0,04	0,05	1,0/1,5	0,45/0,75	Vergütungsstahl
3130	0,25/0,35	0,50/0,80	0,04	0,05	1,0/1,5	0,45/0,75	,,
3130	0,25/0,35	0,50/0,80	0,04	0,05	1,0/1,5	0,45/0,75	,,
3135	0,30/0,40	0,50/0,80	0,04	0,05	1,0/1,5	0,45/0,75	,,
3140	0,35/0,45	0,50/0,80	0,04	0,05	1,0/1,5	0,45/0,75	,,
3145	0,40/0,50	0,50/0,80	0,04	0,05	1,0/1,5	0,45/0,75	,,
3150	0,45/0,55	0,50/0,80	0,04	0,05	1,0/1,5	0,45/0,75	,,
3215	0,10/0,20	0,30/0,60	0,04	0,045	1,5/2,0	0,90/1,25	Einsatzstahl
3220	0,15/0,25	0,30/0,60	0,04	0,045	1,5/2,0	0,90/1,25	⎱ Einsatz- und Ver-
3220	0,15/0,25	0,30/0,60	0,04	0,045	1,5/2,0	0,90/1,25	⎰ gütungsstahl
3230	0,25/0,35	0,30/0,60	0,04	0,045	1,5/2,0	0,90/1,25	Vergütungsstahl
3240	0,35/0,45	0,30/0,60	0,04	0,045	1,5/2,0	0,90/1,25	,,
3245	0,40/0,50	0,30/0,60	0,04	0,045	1,5/2,0	0,90/1,25	,,
3250	0,45/0,55	0,30/0,60	0,04	0,045	1,5/2,0	0,90/1,25	,,
3415	0,10/0,20	0,30/0,60	0,04	0,045	2,75/3,25	0,60/0,95	Einsatzstahl
3435	0,30/0,40	0,30/0,60	0,04	0,045	2,75/3,25	0,60/0,95	Vergütungsstahl
3450	0,45/0,55	0,30/0,60	0,04	0,045	2,75/3,25	0,60/0,95	,,
3312	max 0,17	0,30/0,60	0,04	0,045	3,25/3,75	1,25/1,75	Einsatzstahl
3325	0,20/0,30	0,30/0,60	0,04	0,045	3,25/3,75	1,25/1,75	Vergütungsstahl
3335	0,30/0,40	0,30/0,60	0,04	0,045	3,25/3,75	1,25/1,75	.,
3340	0,35/0,45	0,30/0,60	0,04	0,045	3,25/3,75	1,25/1,75	,,

Zahlentafel 47. Chrom-Nickel-

Bezeichnung	Analyse					Stahlart
	C %	Si %	Mn %	Ni %	Cr %	
EN 15	0,10/0,17	0,35	höchst. 0,50	1,25/1,75	höchst. 0,20	Einsatzstahl
VCN 15w	0,25/0,32	0,35	0,40/0,80	1,25/1,75	0,30/0,70	Vergütungsstahl
VCN 15h	über 0,32/0,40	0,35	0,40/0,80	1,25/1,75	0,30/0,70	,,
ECN 25	0,10/0,17	0,35	höchst. 0,50	2,25/2,75	0,75/0,95	Einsatzstahl
VCN 25w	0,25/0,32	0,35	0,40/0,80	2,25/2,75	0,75/0,95	Vergütungsstahl
VCN 25h	über 0,32/0,40	0,35	0,40/0,80	2,25/2,75	0,75/0,95	,,
ECN 35	0,10/0,17	0,35	höchst. 0,50	3,25/3,75	0,75/0,95	Einsatzstahl
VCN 35w	0,20/0,27	0,35	0,40/0,80	3,25/3,75	0,75/0,95	Vergütungsstahl
VCN 35h	über 0,27/0,35	0,35	0,40/0,80	3,25/3,75	0,75/0,95	,,
ECN 45	0,10/0,17	0,35	höchst. 0,50	4,25/4,75	0,90/1,3	Einsatzstahl
VCN 45	0,30/0,40	0,35	0,40/0,80	4,25/4,75	1,1/1,5	Vergütungsstahl

[1] Werte dem SAE-Handbuch entnommen.

Stähle nach SAE-Norm[1].

| Festigkeitswerte gehartet bzw. vergutet | | | | Behandlungstemperaturen Verguten | |
Zugfestigkeit kg/mm²	Streckgrenze kg/mm²	Dehnung $L = 3,96\,d$ U.S.A. Navy, Kellog %	Einschnurung %	Abloschen	Anlassen
—	—	—	—	—	—
65/60	45/39	25/29	72	855—885° Öl	550—650°
72/63	52/43	23/31	72/77	855—885° Wasser	550—650°
—	—	—	—	—	—
75/65	58/47	22/25	67/70	815—855° Öl	550—650°
80/70	65/54	24/28	68/71	815—855° Wasser	550—650°
—	—	—	—	—	—
89/79	72/60	19/20	58/62	800—830° Öl	550—650°
—	—	—	—	—	—
—	—	—	—	—	—
—	—	—	—	—	—
77/65	59/47	28/30	64/68	815—870° Öl	550—650°
81/68	64/49	29/31	66/70	845—870° Wasser	550—650°
87/73	71/56	22/25	61/66	815—845° Öl	550—650°
100/86	84/70	20/22	59/62	800—830° Öl	550—650°
—	—	—	—	—	—
107/92	92/78	19/20	55/59	775—800° Öl	550—650°
—	—	—	—	—	—
94/83	79/67	20/23	62/66	775—800° Öl	550—650°
101/87	86/75	19/21	58/61	760—775° Öl	550—650°
—	—	—	—	—	—
84/75	71/64	24/25	64/67	800—830° Öl	550—650°
96/82	80/70	21/23	61/64	775—800° Öl	550—650°
—	—	—	—	—	—

Stähle nach DIN 1662.

gegluht Zugfestigkeit hochstens kg/mm²	Festigkeitswerte gehartet bzw. vergutet Zugfestigkeit kg/mm²	Streckgrenze der Zugfestigkeit mindestens %	Dehnung $L = 5\,d$ %	Dehnung $L = 10\,d$ %	Behandlungstemperaturen Zementieren	Härten	Verguten
55	60/80	65	20/10	15/8	850—880°	760—780°Wass.	—
70	65/75	65	24/18	16/13	—	—	{ 800—850° Öl, Anlassen 550—630°
70	75/85	70	22/16	15/12	—	—	
70	{ 80/100	70	20/14	14/10	} 850—880°	780—800° Öl	—
	{ 90/110	75	16/10	12/7		760—780°Wass.	—
75	70/85	70	20/14	14/10	—	—	{ 800—850° Öl, Anlassen 550—630°
75	80/95	70	16/10	12/8	—	—	
75	90/120	75	16/9	12/6	830—850°	780—800° Öl	—
80	75/90	75	20/14	14/10	—	—	{ 800—850° Öl, Anlassen 550—630°
80	90/105	75	16/10	12/8	—	—	
83	120/140	75	14/7	10/5	830—850°	780—800° Öl	—
90	100/115[2]	80	15/9	10/6	—	—	{ 800—830° Öl, Anlassen 500—580°

[2] VCN 45 kann durch Lufthärtung auf etwa 160 kg/mm² gebracht werden.

Legierungsgehalte der Chrom-Nickel-Stähle in einem gewissen Sinne systematisch aufgebaut, indem der Nickelgehalt von 1,5% zu 2,5%, 3,5%, 4,5% ansteigt, wobei der Chromgehalt zwischen 0,7—1,5% liegt. In einzelnen wenigen Fällen, wo man besonders auf hohe Härte Wert legt (z. B. bei Panzerplatten- und

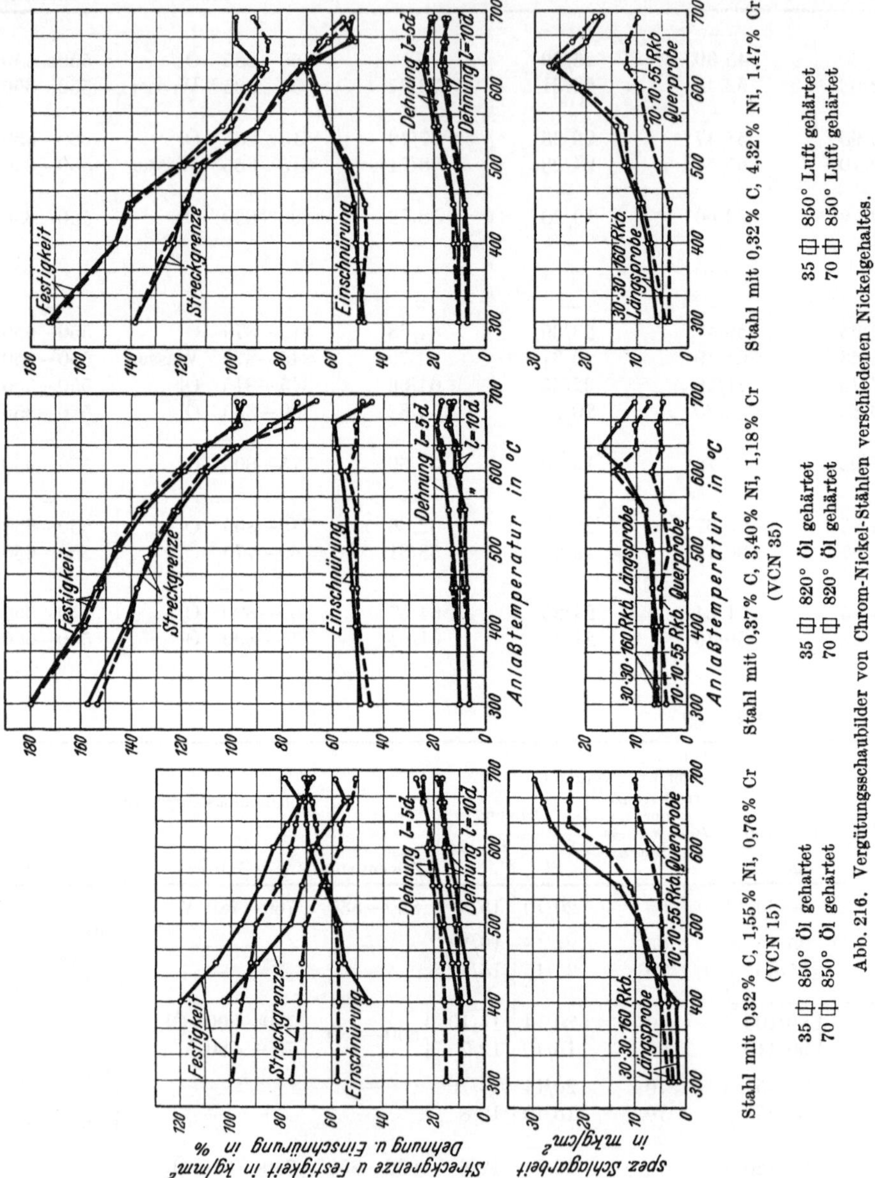

Abb. 216. Vergütungsschaubilder von Chrom-Nickel-Stählen verschiedenen Nickelgehaltes.

Granatstählen), sind noch Chromgehalte bis ca. 2,5% zu finden. Die Vorteile des Chrom- und Nickelzusatzes kommen besonders im vergüteten Zustand zum Ausdruck. Wie aus den verschiedenen Vergütungsschaubildern (Abb. 216) hervorgeht, kann man mit Chrom-Nickel-Stählen Festigkeiten bis zu 180 kg/mm² und sogar darüber erzielen. Angewandt wird diese hohe Festigkeit

z. B. bei Zahnrädern, die nicht im Einsatz gehärtet werden sollen. Für diese Zwecke gelangt ein Stahl mit 0,30—0,35% C, 4,5% Ni, 1,5% Cr zur Verwendung, der nicht in Flüssigkeiten abgeschreckt, sondern nur an Luft gehärtet zu werden braucht. Der lufthärtende Stahl hat den Vorteil geringer Verziehung beim Härten, so daß unter Umständen auf ein Nacharbeiten der Zahnräder nach dem Härten verzichtet werden kann. Zu dem gleichen Zweck verwendet man einen Stahl mit 0,3% C, 3% Ni, 1,3% Cr im ölgehärteten Zustande. Dieser erhält ölgehärtet und bei 250—300° zwecks Spannungsverminderung angelassen ebenfalls Festigkeiten bis 180 kg/mm². Man sieht hier deutlich, wie die Steigerung des Nickelgehaltes von 3 auf 4,5% den Übergang von Öl- zu Lufthärtung ermöglicht. Für die meisten Gebrauchszwecke wird die Festigkeit nicht wesentlich über 140 kg/mm² gesteigert, da sich sonst die nach der Vergütung noch vorzunehmenden Bearbeitungsoperationen zu schwierig gestalten; außerdem können bei den für diese hohen Festigkeiten sich ergebenden tiefen Anlaßtemperaturen noch erhebliche Spannungen von der Ablöschung her zurückbleiben. Festigkeiten von 130 bis 140 kg/mm² lassen sich bei den angeführten hochlegierten Chrom-Nickel-Stählen auf der Basis 3,5—4% Nickel mit genügenden Zähigkeitseigenschaften ohne weiteres erzielen.

Es wird ausdrücklich nochmals hervorgehoben, daß die gesamten gezeigten Vergütungsschaubilder sich nur auf Durchmesser von max 70 mm ⌀ oder ☐ beziehen. Diese Ergebnisse lassen sich nicht ohne weiteres auf größere Dimensionen übertragen. Bei größeren Querschnitten lassen sich Normen für Festigkeitszahlen und Zusammensetzungen heute noch nicht festlegen, da dieses gesamte Gebiet noch in einer stetigen Entwicklung begriffen ist und die erzielbaren Eigenschaften auch von den vorhandenen technischen Vergütungsmöglichkeiten abhängen. Güsse von 100 t und darüber sind heute keine Seltenheit (der größte bisher aus unlegiertem C-Stahl hergestellte Guß wog etwa 250 t). Dementsprechend wachsen auch die Abmessungen der Fertigstücke, und wenn man auch bei den größten bisher hergestellten Güssen von der Verwendung hochwertiger Legierungen noch abgesehen hat, so dürfte die Entwicklung der legierten Stähle auf diesem Gebiet noch nicht abgeschlossen sein. Eine Zusammenstellung gebräuchlicher Chrom-Nickel-Stähle für große Schmiedestücke mit bei diesen Querschnitten erzielbaren Eigenschaften gibt Zahlentafel 48 wieder.

Eine wesentliche Verbesserung haben Chrom-Nickel-Stähle noch durch Zusatz von Wolfram und Molybdän erfahren, so daß die höchstwertigen Baustähle heute auch noch Gehalte von 1% W und bis zu 0,7% Mo aufweisen. Näheres hierüber siehe unter Wolfram und Molybdän.

Bei den bisher genannten Chrom-Nickel-Vergütungsstählen muß die Erscheinung der Anlaßsprödigkeit (s. a. Kapitel über Vergüten) nochmals kurz gestreift werden, da sie historisch mit diesen Stählen verknüpft ist. Bei den von Krupp an erster Stelle entwickelten Chrom-Nickel-Stählen fiel es auf, daß sie je nach dem metallurgischen Herstellungsverfahren sehr verschiedene Zähigkeitseigenschaften nach dem Ablöschen und Anlassen aufwiesen. Es entstand daher der Name „Kruppkrankheit" für Anlaßsprödigkeit. Bei näherer Untersuchung stellte sich heraus, daß die Kerbzähigkeit bei sonst unveränderter Festigkeit, Dehnung und Einschnürung, vor allem von der Abkühlungsgeschwindigkeit nach dem Anlassen beeinflußt wurde. Abb. 109 zeigte den typischen Einfluß

Zahlentafel 48. Gebrauchliche Chrom-Nickel-Stähle für große Schmiedestücke.

Zusammensetzung					Festigkeitswerte				Behandlung	Verwendungszweck
C	Si	Mn	Ni	Cr	Streck-grenze	Festig-keit	Deh-nung $L=5d$	Ein-schnu-rung		
%	%	%	%	%	kg/mm²	kg/mm²	%	%		
0,25	0,25	0,40	1,5	1,0	35	55—65	23	60	840—870° Öl,	Zylinder, Deckel, Kurbel
0,25	0,25	0,40	2,5	1,0	40	60—70	22	60	Anlassen:	achsen, Induktorwellen.
0,25	0,25	0,40	3,0	1,0	45	60—70	22	60	630—660°	Preßzylinder, Kupplungs
									Luft oder Öl	bolzen, Laufräder, Treib
										stangen
0,30	0,25	0,40	1,0	1,0	38	60—70	22	45	840—870° Öl,	Radwellen, Trommeln,
0,30	0,25	0,40	1,5	1,0	42	65—75	19	50	Anlassen:	Trommelenden, Nieder-
0,30	0,25	0,40	3,0	1,0	50	70—80	18	50	630—670°	drucktrommeln, Wagen-
									Luft oder Öl	achsen, Radkränze, Ventil
										teller, Rotorkörper, Induk
										torwellen, Achsen
0,35	0,25	0,40	1,0	1,0	48	70—80	16	45	820—850° Öl,	Läufer, Ventilteller,
0,35	0,25	0,40	2,0	1,0	50	70—80	18	50	Anlassen:	Aktionsräder, Induktor-
									630—670°	wellen, Rotorringe
									Luft oder Öl	
0,40	0,25	0,40	1,1	1,5	50	70—80	16	45	820—850° Öl,	Zahnsegmente, Kuppel-
0,40	0,25	0,40	2,0	1,0	55	75—85	15	45	Anlassen:	zapfen, Kreuzkopfzapfen,
0,40	0,25	0,40	3,0	1,5	60	80—90	15	45	620—670°	Bolzen
									Luft oder Öl	
0,45	0,25	0,40	0,75	1,0	45	70—80	16	45	800—840° Öl,	Walzen, Sättel, Hammer·
0,45	0,25	0,40	1,0	1,5	50	75—85	14	45	Anlassen:	bären, Ritzelwellen,
0,45	0,25	0,40	3,0	1,5	70	90—100	15	40	600—650°	Kuppelzapfen, Zahn-
									Luft oder Öl	segmente

einer langsamen Abkühlungsgeschwindigkeit auf die Zähigkeitseigenschaften eines entsprechenden Chrom-Nickel-Stahles. Infolgedessen ist es üblich, Chrom-Nickel-Vergütungsstähle nach dem Anlassen in Wasser, Öl oder zumindest an Luft abzukühlen, um eine möglichst hohe Zähigkeit zu erzielen. Die heutigen Erkenntnisse über das Gebiet der Anlaßsprödigkeit werden im Zusammenhang mit den Elementen Wolfram und Molybdän noch weiter behandelt werden, soweit dies nicht bereits einleitend im Abschnitt „Vergüten" geschehen ist. Es sei hier noch darauf hingewiesen, daß bei großen Stücken, die von Anlaßtemperatur abgekühlt werden, selbstverständlich im Kern dieser Stücke infolge der Anlaß-sprödigkeit stets schlechtere Kerbzähigkeit erzielt wird als am äußeren Rand, insbesondere wenn die Stücke nur verhältnismäßig langsam an Luft abkühlen. Das Ablöschen in Wasser von Anlaßtemperatur wird in vielen Fällen, je nach der Art der Konstruktionsteile, vermieden, weil es erhebliche Spannungen bewirken kann.

b) Austenitische Chrom-Nickel-Baustähle.

Die austenitischen Chrom-Nickel-Stähle haben in ihren Eigenschaften Ähnlichkeit mit dem 25proz. Nickelstahl; es gilt für sie, abgesehen von dem Korrosionswiderstand, auch weitgehend das bei Besprechung der austenitischen Nickelstähle Gesagte.

Der typischste Vertreter der austenitischen Chrom-Nickel-Stähle ist der Stahl mit 18% Chrom, 8% Nickel und bis 0,2% Kohlenstoff, der auch in verschiedenen Abarten, z. B. 18% Cr, 12% Ni oder 12% Cr, 12% Ni hergestellt wird. Infolge des hohen Chromgehaltes besitzen diese Stähle gegenüber dem 25proz. Nickelstahl einen erhöhten Karbidgehalt. Daher müssen sie, um einen rein austenitischen, karbidfreien Charakter zu erhalten, einer Wärmebehandlung von hohen Temperaturen unterworfen werden, d. h. diese Stähle müssen oberhalb der Karbidlöslichkeitslinie geglüht und schnell abgekühlt werden. Bei etwaigem Erwärmen nach dem Ablöschen scheiden sich die Karbide auch wieder aus, wobei die primären Ausscheidungen vornehmlich an den Korngrenzen erfolgen. Diese Karbidausscheidung spielt unter anderem auch hinsichtlich der zu erzielenden Festigkeitseigenschaften eine Rolle. Den weichsten Zustand erreicht man durch Ablöschen von hohen Temperaturen, d. h. wenn der Stahl im rein austenitischen Zustand vorliegt. Löscht man nur von tiefer Temperatur ab, so daß die Karbide nicht vollkommen in Lösung gehen, so liegt die Härte, Festigkeit und vor allem Streckgrenze entsprechend höher (Zahlentafel 49). Je höher der Nickel-

Zahlentafel 49. Festigkeitswerte eines rostfreien Chrom-Nickel-Stahles in Abhängigkeit von der Ablöschtemperatur.

Zusammensetzung					Festigkeitswerte						
C	Si	Mn	Ni	Cr	Streck-grenze	Festig-keit	Dehnung $L=10d$	Brinell-harte	Tiefung nach Erichsen	Behandlung	Blech-starke
%	%	%	%	%	kg/mm²	kg/mm²	%	2,5/187,5			
0,14	0,69	0,45	8,7	18,1	52	78,8	39,5	184	12,1	} 850° Wasser	2 mm
					53	75,9	37,8	191	12,0		
					31	65,1	51,3	170	14,0	} 950° „	2 mm
					33	67,5	52,5	170	13,7		
					31	64,3	57,8	153	14,0	} 1050° „	2 mm
					34	65,8	50,3	156	14,0		
					31	62,3	54,5	153	14,1	} 1150° „	2 mm
						61,9	56,0	145			

gehalt und je tiefer der Chromgehalt, um so weicher und bildsamer sind die Stähle nach dem Ablöschen und zeigen auch eine etwas geringere Verfestigungsfähigkeit beim Kaltverarbeiten.

Besonders hohe Festigkeitseigenschaften lassen sich in austenitischen Chrom-Nickel-Stählen durch Ausscheidungshärtung der Karbide hervorbringen. Die Karbidausscheidung mit der höchsten Härtesteigerung erfolgt im Bereich von 700—800°. Die dabei erzielbaren Festigkeitseigenschaften zeigt Abb. 217[1]. Gleich-

Zahlentafel 50. Festigkeitsänderungen eines rostfreien Chrom-Nickel-Stahles (18/8) nach einer Glühung bei 700—800°.

Behandlung	Festigkeitswerte			
	Streck-grenze	Zerreiß-festigkeit[2]	Dehnung[2] $L=5d$	Kerbzähig-keit[3]
	kg/mm²	kg/mm²	%	mkg/cm²
1150° Wasser	28	65,0	60,0	24,2
1150° Wasser, 50 Stunden 700° angelassen . . .	33	68,6	57,0	19,2
1150° Wasser, 50 Stunden 800° angelassen . . .	36	69,0	49,5	11,7

[1] Greulich: Arch. Eisenhüttenwes. 5. Jg. (1931) S. 325.
[2] Zusammensetzung: 0,13% C, 9,0% Ni, 18,1% Cr.
[3] Zusammensetzung: 0,12% C, 8,32% Ni, 17,8% Cr.

zeitig mit der Ausscheidung der Karbide und der Festigkeitssteigerung fallen die entsprechenden Formänderungseigenschaften — Dehnung, Einschnürung —, wie dies aus Zahlentafel 50 hervorgeht. Die später gezeigte Abb. 235 gibt das Gefüge eines derart behandelten Stahles wieder; in ihr sind deutlich die Karbidausscheidungen in den Korngrenzen der austenitischen Grundmasse zu erkennen. Die Verminderung der Dehnung und Einschnürung ist unter Umständen sehr stark. Sehr deutlich prägt sich auch das Vorhandensein von Karbiden auf die Höhe der Streckgrenze aus.

Die Legierungen mit noch höherem Chromgehalt, z. B. 30% Cr, 20% Ni, werden nach

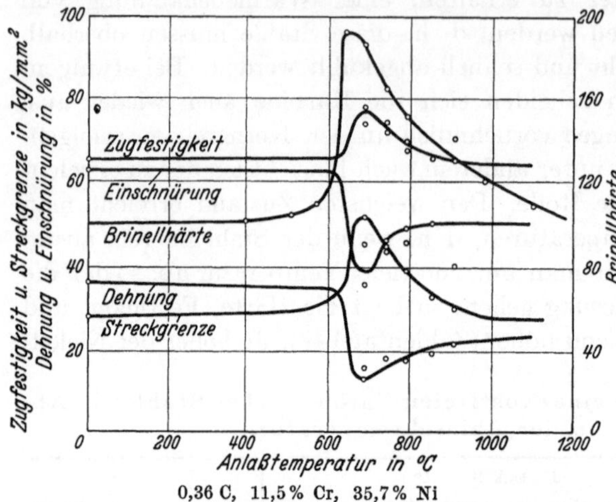

Abb. 217. Einfluß der Anlaßtemperatur auf die mechanischen Eigenschaften eines austentischen Chrom-Nickel-Stahles nach Ablöschung von 1200°. [Nach Greulich: Arch. Eisenhüttenwes. 5. Jg. (1931) S. 325.]

längerem Glühen bei Temperaturen von 800° ebenfalls spröde, was aber nicht nur auf Karbidausscheidung, sondern vor allem auf die Ausscheidung der intermetallischen Chromverbindung zurückzuführen ist.

Die Verfestigungsfähigkeit durch Kaltverformung entspricht praktisch derjenigen des 25proz. Nickelstahles, so daß der dort angegebene Verfestigungsfaktor für die Erzielung erhöhter Festigkeitseigenschaften durch Kaltverarbeitung praktisch angewandt werden kann (s. Abb. 53).

c) Einfluß von Chrom auf die Einsatzhärtung.

A. Chrom-Einsatzstähle.

Über die Wirkung des Chroms auf das Verhalten von Einsatzstählen bei der Zementation sind recht verschiedene Ansichten anzutreffen. So fördert nach Brearley-Schäfer[1] Chrom die Diffusion von Kohlenstoff, während Oertel[2]

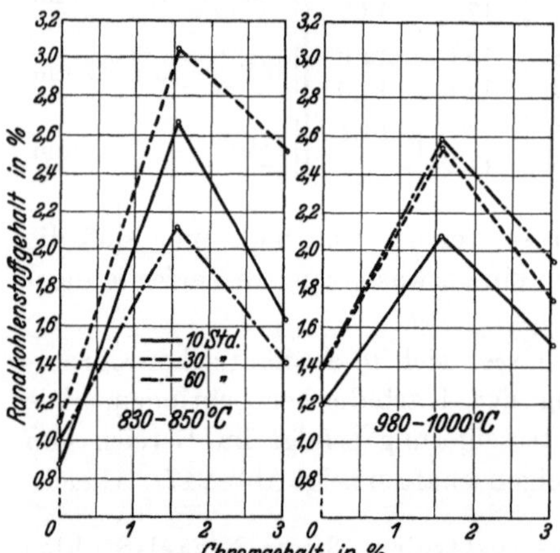

Abb. 218. Erhöhung des Randkohlenstoffgehaltes durch Chromzusatz bei Zementation (Zementationsmittel Holzkohle und Bariumkarbonat 60:40). (Nach Houdremont u. Schrader: Arch. Eisenhüttenwes. demnächst.) Die Umkehrung der Kurven oberhalb 1,5% Cr dürfte mit der Bildung unterschiedlicher Sonderkarbidformen zusammenhängen.

auf eine Behinderung der Diffusionsgeschwindigkeit trotz einer Erhöhung des Randkohlenstoffgehaltes aufmerksam macht. Bei Zementation von niedriglegierten

---

[1] Die Einsatzhärtung von Eisen und Stahl. Berlin: Julius Springer 1926.
[2] Einsatzstähle. Werkstoffhandbuch Stahl u. Eisen N 11.

Chromstählen wird von Guillet[1] und Giesen[2] eine geringe Erhöhung der Eindringtiefe beobachtet. Nach neueren Untersuchungen an verhältnismäßig tief zementierten Stählen hat der Chromzusatz eine außerordentlich starke Erhöhung des Randkohlenstoffgehaltes zur Folge, wie Abb. 218 zeigt. Die Anhäufung von Kohlenstoff bedingt einen sehr starken Gehalt von Randkarbiden, wie aus Abb. 219 zu ersehen ist. Die zahlreichen Einlagerungen von Karbiden rufen naturgemäß eine hohe Sprödigkeit der Einsatzschicht hervor. Bei niedrigen Zementationstemperaturen sind die Kohlenstoffgehalte in den äußersten Randzonen noch höher als bei hohen Zementationstemperaturen, obwohl auch hier Gehalte bis zu 2,6% erreicht werden können (Abb. 218). Die Eindringtiefe wird dagegen durch einen Chromzusatz bis zu 3% nicht vergrößert. Bei sehr großen Einsatztiefen von 9—10 mm

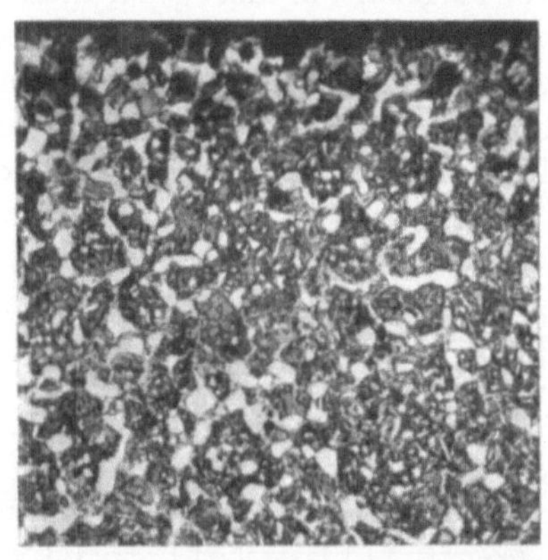

$V = 500$

Abb. 219. Anhäufung von Chromkarbiden in der Randzone eines zementierten Chromstahles mit 3% Cr.

wird sogar eine Beeinträchtigung der Eindringtiefe festgestellt (Abb. 220). Da der Randkohlenstoffgehalt beträchtlich erhöht ist und damit ein größeres

Zahlentafel 51. Festigkeitszahlen eines Chromeinsatzstahles.

Zusammensetzung				Festigkeitswerte				Härtetemperatur nach der Einsatzbehandlung	Abmessung
C	Si	Mn	Cr	Streckgrenze	Festigkeit	Dehnung $L = 5d$	Einschnurung		
%	%	%	%	kg/mm²	kg/mm²	%	%		
0,15	0,22	0,30	0,81	36	61,9	22,4	60	800—810° Wasser	} 35 vkt.
				33	52,7	32,6	72	830—840° Öl	

Konzentrationsgefälle vorliegt, ist aus der Verringerung der Eindringtiefe zu schließen, daß Chrom in hohem Maße die Kohlenstoffdiffusion verzögert. Gegen eine Zementationsüberhitzung sind Chromeinsatzstähle empfindlich, da sie, wie aus Abb. 221 zu ersehen ist, eine starke Kornvergröberung erfahren. Es kann also bei Chromstählen wegen der starken Anhäufung von Randkarbiden und der Überhitzungsempfindlichkeit leicht eine unzulässige Sprödigkeit der Einsatzschicht erzielt werden.

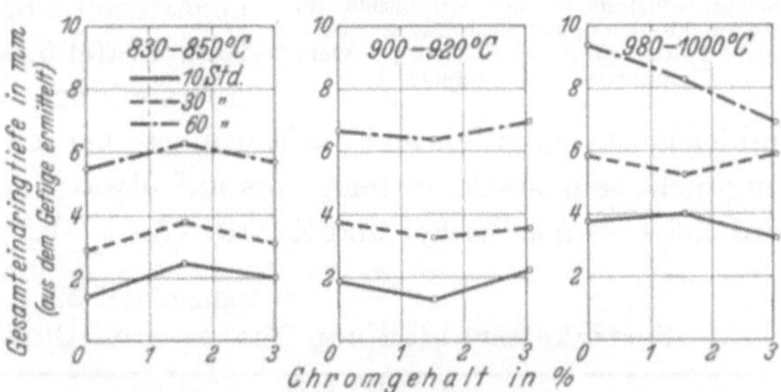

Abb. 220. Veränderung der Eindringtiefe (mikroskopisch gemessen) bei Zementation durch Chrom. (Nach Houdremont u. Schrader: Arch. Eisenhüttenwes. demnächst.)

Praktische Verwendung als Einsatzstahl haben nur niedriglegierte Chromstähle mit etwa 0,15% C und 1% Cr gefunden. Die Kernfestigkeitseigenschaften

---

[1] Mém. C. R. Trav. Soc. Ing. civ. France 1904 S. 177—207.
[2] Die Spezialstähle in Theorie und Praxis. Freiburg: Craz & Gerlach 1909.

eines derartigen Stahles nach der Einsatzhärtung sind aus Zahlentafel 51 ersichtlich. Infolge des Chromzusatzes besitzt dieser Einsatzstahl einen erhöhten Karbidgehalt in der gehärteten Randzone; die Einlagerung der harten und verschleißfesten Bestandteile bewirkt eine günstigere Verschleißfestigkeit gegenüber reinem Kohlenstoffstahl. Die Festigkeit der Kernzone ist kaum höher als bei Kohlenstoffstahl; infolge des Chromgehaltes ist aber eine bessere Härtewirkung zu erzielen, die sich sowohl in einer Kornverfeinerung als auch in erhöhten Zähigkeitswerten äußert. Die Hauptverwendungsgebiete dieser Stähle sind Kolbenbolzen, Nockenwellen, Differentialkreuze u. ä.

B. Chrom-Nickel-Einsatzstähle.

Entsprechend dem Verhalten von Chrom bei der Zementation werden auch die Chrom-Nickel-Stähle gegenüber den reinen Nickelstählen beim Zementieren eine Erhöhung des Randkohlenstoff- und Karbidgehaltes erfahren. Auch bei Chrom-Nickel-Stählen bringt eine weitere Erhöhung des Chromgehaltes, z. B. von 1% auf 2,5%, noch eine Steigerung des Randkohlenstoffgehaltes hervor (Abb. 222). Bei großen Zementationstiefen werden daher hoch chromhaltige Chrom-Nickel-Stähle sehr leicht ein sprödes Zementitnetzwerk in der Randzone aufweisen, das nur außerordentlich schwer zu beseitigen ist (vgl. Abb. 93). Sehr deutlich ist vor allem der Einfluß des Chromgehaltes auf die Festigkeitseigenschaften im Kern einsatzgehärteter Stücke, wie dies aus dem Vergleich einsatzgehärteter Nickel- zu einsatzgehärteten Chrom-Nickel-Stählen hervorgeht. Zahlentafel 52 zeigt eine entsprechende Gegenüberstellung vergleichbarer Chrom-Nickel- und Nickelstähle.

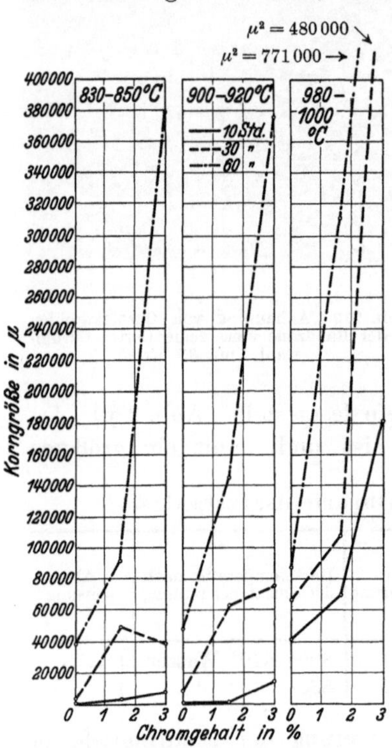

Abb. 221. Wirkung des Chroms auf die Kornvergroberung durch Zementationsuberhitzung (beurteilt an der Korngroße im untereutektoiden Gebiet der Einsatzschicht). (Nach Houdremont u. Schrader: Arch. Eisenhuttenwes. demnächst.)

Während die Kernhärte bei reinen Nickelstählen nach der Härtung nicht sehr stark ansteigt (bis auf etwa 85 kg/mm² bei 5proz. Nickelstahl), wird bei 4—4,5% Nickel und Zusatz von 1—1,5% Chrom die Kernhärte bereits

Zahlentafel 52.
Festigkeitszahlen von Nickel- und Chrom-Nickel-Einsatzstählen.

Zusammensetzung					Festigkeitswerte				Hartetemperatur nach der Einsatzbehandlung	Abmessung
C %	Si %	Mn %	Ni %	Cr %	Streckgrenze kg/mm²	Festigkeit kg/mm²	Dehnung $L=5d$ %	Einschnurung %		
0,12	0,13	0,60	3,04	—	44	69	25	69		
0,11	0,14	0,45	2,88	0,80	60	85	20	64	800° Öl	35 vkt.
0,15	0,23	0,36	4,96	—	58	80	18,6	59		
0,14	0,25	0,42	4,52	1,09	96	132,3	14	64		

bis auf etwa 140 kg/mm² erhöht. Bei gleichzeitiger geringer Erhöhung des Kohlenstoffgehaltes bis auf 0,25% gelingt es, bei diesen Chrom-Nickel-Stählen bereits Kernfestigkeiten von 160—180 kg/mm² zu erzielen.

Die gleichzeitige Wirkung von Chrom und Nickel auf den Härtungsvorgang bei den für die Einsatzhärtung üblichen Kohlenstoffgehalten hat zu einer weitgehenden Verwendung von Chrom-Nickel-Einsatzstählen geführt. Während Nickel durch seine Wirkung auf die Grundmasse die γ-α-Umwandlung erschwert und somit starke Durchhärtungseffekte erzielt, wobei gleichzeitig die nickel-

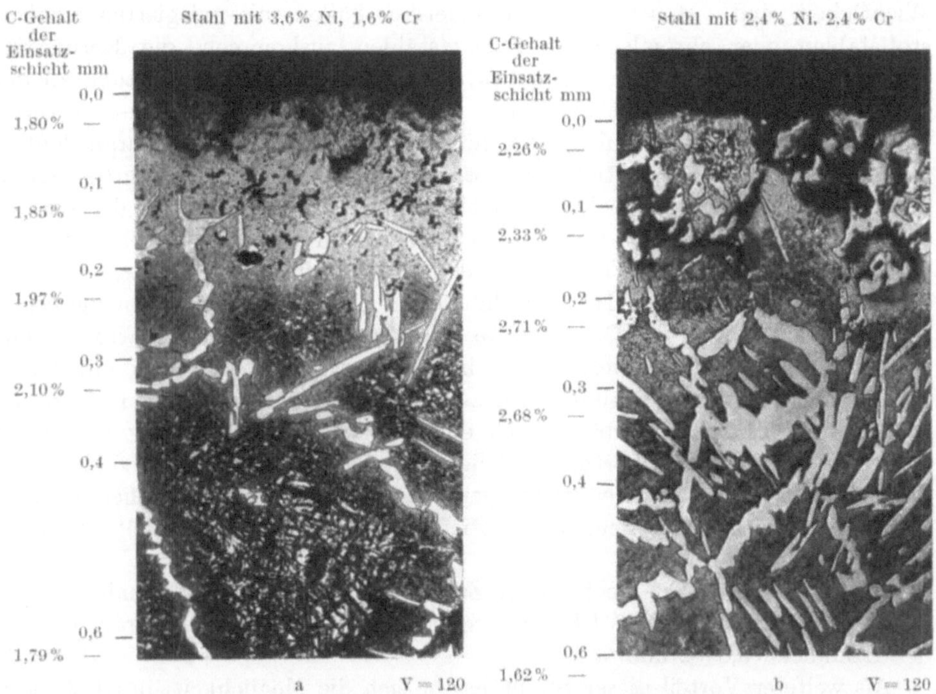

Abb. 222. Steigerung des Randkohlenstoffgehaltes bei Erhöhung des Chromzusatzes in Chrom-Nickel-Stahlen. (Gemeinsame Zementationsbehandlung bei 980—1000° 120 Stunden in Leuchtgas.)

haltige Härtungsgrundmasse hohe Zähigkeit aufweist, wirkt Chrom infolge seines Einflusses auf den Karbidgehalt besonders stark auf die erreichbare Höchsthärte nach der Einsatzhärtung hin. Chrom-Nickel-Einsatzstähle sind daher geeignet, bis zu den größten Abmessungen gleichmäßig hohe Festigkeitseigenschaften im Kern in nahezu allen gewünschten Härtegraden zu ergeben bei gleichzeitig sehr günstigen Zähigkeitseigenschaften.

In dem Kapitel über Einsatzhärtung (s. S. 85) ist bezüglich der S c h w i ng u n g s f e s t i g k e i t auf die Wechselwirkung zwischen einsatzgehärteter Schicht und Kernhärte hingewiesen worden; insbesondere ist der günstige Einfluß hoher Kernfestigkeit bei geringer Zementationstiefe hervorgehoben worden. Es kann somit mit Recht behauptet werden, daß mit der Kombination Chrom-Nickel alle gewünschten Kerneigenschaften bei Einsatzstählen erzielt und damit auch die höchsten Ansprüche erfüllt werden können.

Die Einsatzhärtung wird bekanntlich bei solchen Teilen angewandt, bei denen es entweder auf erhöhte Verschleißfestigkeit oder erhöhte Wechselfestigkeit ankommt. Bei den Teilen, die hauptsächlich auf Verschleiß beansprucht werden, muß man zwischen solchen unterscheiden, die ausschließlich auf Verschleiß unter schwachem Druck, und solchen, die gleichzeitig auf höhere Drücke oder auf Schlag beansprucht werden. Teile, die nur auf starken Verschleiß und geringen Druck beansprucht werden, wie z. B. Laufspindeln, Ölpumpen-Zahnräder bei Kraftwagen usw., bedürfen nur einer außerordentlich verschleißfesten Oberfläche, während die Kerneigenschaften von geringerer Wichtigkeit sind. Man wird in den meisten Fällen mit unlegierten Kohlenstoffstählen oder chromlegierten Einsatzstählen auskommen, die Kernfestigkeiten bis zu 70—80 kg/mm² ergeben, aber infolge der Wasserhärtung an der äußersten Randschicht höchste Härte und somit Verschleißfestigkeit erzielen lassen. Bei gleichzeitigem Auftreten höheren Druckes wird man daran denken können, zuerst die Einsatztiefe der vorerwähnten Stähle zu erhöhen (s. S. 86). Als Beispiel können z. B. Lokomotivgleitbahnen und Kurbelzapfen, die aus unlegierten oder schwachlegierten Stählen bis zu 4 mm Tiefe und darüber einsatzgehärtet werden, sowie Verschleißstücke in Steinformkästen usw., genannt werden. In vielen Fällen ist aber die tiefere Einsatzhärtung schon deswegen nicht am Platze, weil die Querschnitte eine derartig tiefe Einsatzhärtung nicht gestatten. Ein Beispiel hierfür sind hochbeanspruchte Zahnräder mit feiner Verzahnung. Bei dem oftmals geringen zur Verfügung stehenden Zahnquerschnitt, 4—5 mm und weniger, verbietet sich eine zu tiefe Einsatzhärtung wegen der großen Gefahr der Durchhärtung und der dadurch eintretenden Sprödigkeit. In diesen Fällen ist man daher gezwungen, zu Einsatzstählen mit höheren Kernfestigkeiten bei geringen Zementationstiefen, wie sie in Zahlentafel 52 enthalten sind, überzugehen.

Beispielsweise werden hochwertige Zahnräder daher aus Stählen mit 3,5 oder 4,5% Nickel und 0,8—1,5% Chrom hergestellt. Die Einsatztiefe beträgt je nach der Zahndicke 0,8—2 mm.

Als weiterer Vorteil dieser Stähle ergibt sich die Möglichkeit, in Öl statt in Wasser zu härten. Wenn auch die Einsatzschicht selbst bei der Ölhärtung nicht absolute Glashärte, wie bei der Wasserhärtung, annimmt, so genügt die erreichte Härte für die genannten Zwecke dennoch. Die Ölhärtung gewährleistet geringeren Verzug bei der Härtung und geringere Spannungen im gehärteten Stück. Verbleibende Restspannungen, z. B. in Zahnrädern, sind von Wichtigkeit, weil sie sich im Betrieb auslösen können und durch den dann eintretenden Verzug zu Unannehmlichkeiten führen. Insbesondere gilt dies z. B. für Kraftwagengetriebe, bei denen man öfters nach monatelangem ruhigen Lauf auf einmal ein merkwürdiges Heulen der Zahnradgetriebe feststellen kann, das meistens auf später einsetzenden Verzug zurückzuführen ist.

In der Zahnradbeanspruchung ist ebenfalls zu unterscheiden zwischen Rädern, die hauptsächlich auf Verschleiß beansprucht sind, und solchen, die vorwiegend starke Druckbeanspruchungen aufzunehmen haben, bei denen der Verschleiß jedoch durch gute Schmierung weitgehend verringert wird. Für diese letztere Art von Zahnrädern hat man in den letzten Jahren vielfach versucht, die umständliche und zeitraubende Arbeit der Einsatzhärtung zu umgehen, indem man, wie auf S. 223 erwähnt, luft- oder ölgehärtete Chrom-Nickel-Stähle mit sehr hoher Festigkeit (bis 180 kg/mm²) verwendet. Die Zahnräder sind geeignet, verhältnismäßig hohe Drücke aufzunehmen bei noch genügender Zähigkeit, besitzen aber weniger günstige Verschleißeigenschaften.

Von dem Gedanken ausgehend, daß hohe Kernfestigkeit in der Lage ist, auch dünne Zementationsschichten genügend zu tragen, werden derartige Stähle — s. a. später im Abschnitt Chrom-Molybdän-Stähle — heute vielfach nach dem Bearbeiten in einem Zyanbad auf Härtetemperatur erwärmt (Durferritbäder usw.) und nach verhältnismäßig kurzem Verweilen (20 Minuten) ebenfalls direkt in Öl gehärtet. 0,3—0,4 mm dünne Zementationsschichten genügen bei der hohen Kernfestigkeit vollkommen, um auch diese Räder für hohe Beanspruchungen geeignet zu machen. Sie haben besonders im Automobilbau in großem Maße Eingang gefunden.

Wie bereits aus diesem Beispiel hervorgeht, wird man sinngemäß unter Einsatzstählen nicht immer nur Stähle mit tiefem C-Gehalt (unter 0,15% C) verstehen dürfen; man verwendet im Gegenteil sehr oft Stähle mit höherem C-Gehalt, um besondere Eigenschaften zu erzielen.

Eine besondere Art von einsatzgehärteten Chrom-Nickel-Stählen stellen auch die sog. Panzerplattenstähle dar. Die einseitig zementierte und gehärtete Panzerplatte, wie sie von der Friedr. Krupp A.G., Essen, entwickelt wurde, besteht aus einem Chrom-Nickel-Stahl mit 3,5—4,5% Ni, 1—2% Cr und 0,10 bis 0,30% C[1]. Sie wird einseitig bis zu Tiefen von 20 mm zementiert und gehärtet. Die harte Zementationsschicht hat den Zweck, die Geschoßspitze zu zerstören, während die zähere Rückwand das Zerspringen der Platte und das weitere Eindringen des Geschosses in den Schiffsraum verhüten soll. Die Zementation dieser Platten erfolgt in sog. Paketen, d. h. es werden je zwei gleich große Platten mit der zu zementierenden Vorderseite gegeneinander auf einen eisernen Trägerrahmen gelegt und der so gebildete Hohlraum mit Lehm usw. abgedichtet. In das Paket wird Leuchtgas geleitet. Die Härtung der Platten erfolgt einseitig unter einer Brause.

Aus diesen Beispielen dürfte zur Genüge die Vielseitigkeit der Anwendbarkeit einsatzgehärteter Chrom-Nickel-Stähle hervorgehen.

4. Chromstähle für besondere physikalische Verwendungszwecke.

Beim Eintritt in den Mischkristall bewirkt Chrom eine Erweiterung des Gitterparameters. In Zusammenhang mit der Erweiterung des Gitterparameters steht die Verminderung des spezifischen Gewichts durch Chrom. Systematische Arbeiten über den Zusammenhang des Gitterparameters mit sonstigen Eigenschaften, z. B. Grobkornbildung, Verfestigungsfähigkeit beim Kaltbearbeiten usw., fehlen noch.

Die in Abb. 223 gekennzeichnete Verminderung der Wärmeleitfähigkeit durch Chrom spielt eine Rolle bei der Verwendung dieser Stähle für höhere Temperaturen als hitzebeständige Gegenstände, da mit der Verminderung der Wärmeleitfähigkeit eine Verminderung der Wärmeableitung, also lokale Überhitzungsmöglichkeiten gegeben sind. Hand in Hand mit der Wärmeleitfähigkeit geht

---

[1] Ehrensberger: Stahl u. Eisen 42 (1922) S. 1229.

eine Erhöhung des elektrischen Leitwiderstandes, wie Abb. 224 zeigt. Von Bedeutung ist dies für die Verwendung von Chrom als Zusatz zu elektrischen Widerstandsdrähten (s. a. Abb. 179[1] sowie später das Kapitel 5d, Zunderbeständigkeit).

Eine große Verwendung haben Chromstähle für Dauermagnetstähle gefunden. Die Verwendung chromlegierter Stähle für Dauermagnete hängt nicht mit den magnetischen Eigenschaften reiner Chrom-Eisen-Legierungen zusammen (s. Abb. 225), vielmehr ist hierfür der Einfluß des Chroms auf das Karbid und die damit zusammenhängende erhöhte Härtefähigkeit dieser Stähle maßgeblich. Der Eintritt von Chrom in das Karbid äußert sich in einem größeren Zwangszustand des gebildeten Martensits und damit in höherer Koerzitivkraft.

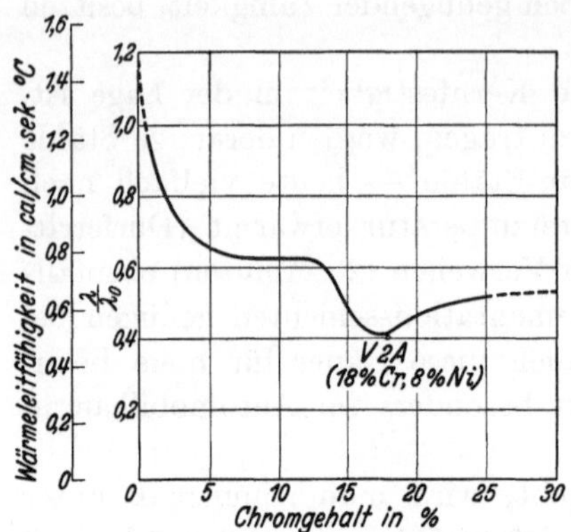

Abb. 223. Veranderung der Wärmeleitfahigkeit von Eisen durch Chromzusatz. [Nach Stablein: Arch. Eisenhuttenwes. 3. Jg. (1929) S. 302.]

Zahlentafel 53. Magnetische Werte eines Kohlenstoffstahles und verschieden legierter Chromstähle.

Stahlart	Zusammensetzung					Behandlung	Remanenz	Koerzitivkraft
	C %	Si %	Mn %	Cr %	Mo %			
Kohlenstoffstahl . . .	1,0	0,20	0,30	—	—	780—820° Wasser	6500	50
2proz. Chromstahl . .	1,0	0,20	0,35	2,0	—	800—820° Wasser	10000	60
						830—850° Öl	8000	70
3proz. Chromstahl . .	1,1	0,30	0,35	3,0	—	800—820° Wasser	10000	65
						830—850° Öl	9000	75
9proz. Chromstahl . .	1,0	0,25	0,20	9,0	1,5	1000° Luft	7500	100
Nichtrostender Chrommagnetstahl	0,65	0,30	0,40	15,0	—	950° Öl	7000	70

Gumlich kennzeichnet den Gütegrad von Magnetstahl durch das Produkt Remanenz × Koerzitivkraft (Abb. 226). Für Chrom-Eisen-Kohlenstoff-Legierungen zeigt Abb. 226, daß die günstigsten Eigenschaften bei Legierungen mit 3% Cr und 1% C auftreten. Auch bereits bei 2% Cr ergeben sich gute magnetische Werte, so daß Stähle mit 1—4% Cr vielfach für Dauermagnete Verwendung gefunden haben (s. Zahlentafel 53). Die Härtung dieser Chromstähle kann sowohl in Wasser als auch in Öl erfolgen. Die Härtung in Wasser geschieht bei 800—820°, während bei Ölhärtung Temperaturen von 830—850° gewählt werden müssen, wobei die höher legierten Chromstähle (3% und mehr Cr) etwas höhere Härtetemperaturen erhalten. Zweckentsprechend steigert man mit dem Chromgehalt auch den Kohlenstoffgehalt.

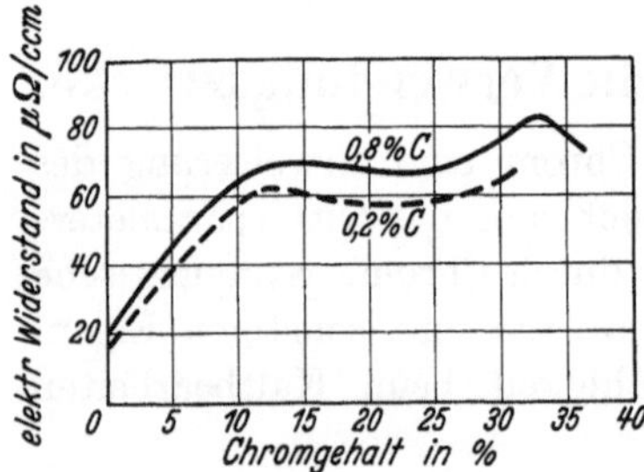

Abb. 224. Einfluß des Chroms auf den elektrischen Leitwiderstand von Stahl mit 0,2 und 0,8% C. [Nach Boudouard: Rev. Métallurg. 9 (1912) S. 294.]

[1] Vgl. hierzu S. 178, Fußnote 3.

Während z. B. bei 2% Cr der C-Gehalt 0,9—1% beträgt, wird man bei 3% Cr die Grenze bis 1,1% C verschieben.

Wie Zahlentafel 54 zeigt, ergeben die verschiedenen Härtungsarten verschiedene magnetische Werte. Während nach Wasserhärtung, die übrigens bei diesen hoch chromhaltigen Stählen am besten in warmem oder glyzerinhaltigem Wasser durchgeführt wird, um nicht einen allzu großen Ausschuß durch Härterisse zu zeitigen, vor allem hohe Remanenzwerte bei etwas tieferer Koerzitivkraft erzielt werden, sind nach der Ölhärtung höhere Koerzitivkräfte und etwas geringere Remanenzwerte zu verzeichnen. Wie bereits früher erwähnt, weisen solche Stähle nach der Ölhärtung einen höheren Austenitgehalt auf als wassergehärtete Stähle. Außerdem besteht bei der Ölhärtung das Gefüge größtenteils bereits nicht mehr aus tetragonalem, sondern aus kubisch-raumzentriertem Martensit. Aus der Anwesenheit des Austenits erklärt sich die niedrige Remanenz, und es scheint so, als ob durch die

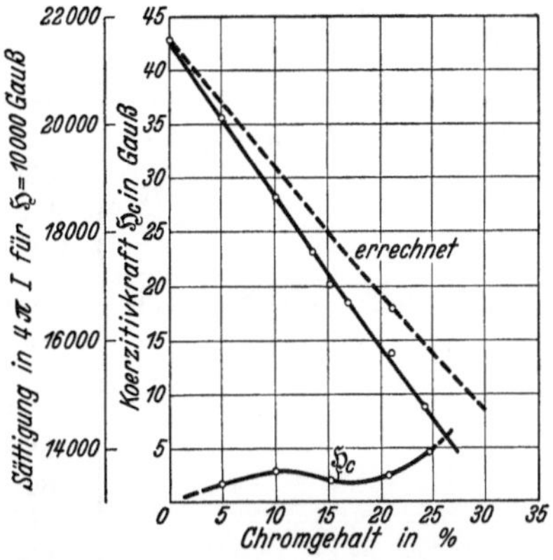

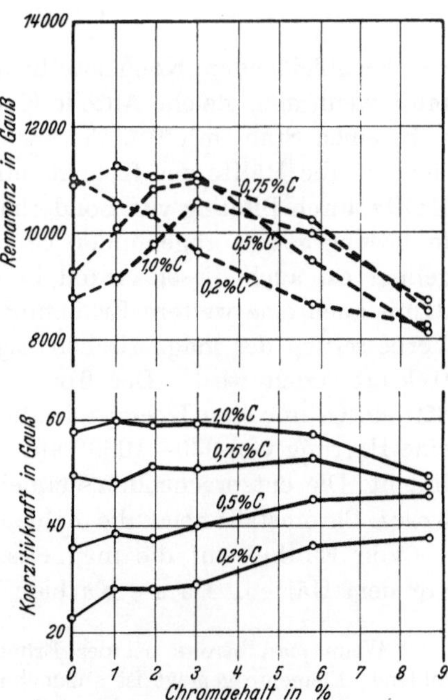

Abb. 225. Magnetische Eigenschaften von reinen Chromstählen nach mehrstundiger Gluhung bei 800° und langsamer Abkühlung. [Nach Stablein: Arch. Eisenhuttenwes. 3. Jg. (1929) S. 302.]

eingelagerten Austenitreste ebenfalls der Spannungszustand eine Erhöhung erfahren hat, die in der höheren Koerzitivkraft zum Ausdruck kommt. Nach dem Härten werden die Magnetstähle zweckentsprechend bei Temperaturen von etwa 100° ausgekocht. Hierdurch strebt man eine größere Alterungsbeständigkeit der Magnete an, d. h. man nimmt die sonst im Laufe der Zeit eintretenden Veränderungen der magnetischen Eigenschaften vorweg (vgl. S. 63). Gleichzeitig wird hierbei, wie die Veränderung des Gitterparameters zeigt, der nach der Härtung noch vorhandene tetragonale Martensit in kubisch-raumzentrierten übergehen, der nach verschiedenen Untersuchungen dem höchsten Zwangszustand, also größter mechanischer wie magnetischer Härte entspricht.

Wenn es nach den Untersuchungen von Gumlich (Abb. 226) so scheint, als ob bei 3% Chrom ein Maximum an magnetischen Eigenschaften erzielt würde, so stimmt dies nur insofern, als diese Untersuchungen sich

Abb. 226. Koerzitivkraft und Remanenz von bei 850° geharteten Chromstahlen mit verschiedenen C-Gehalten. [Nach Gumlich: Stahl u. Eisen 42. Jg. (1922) S. 44.]

auf Härtetemperaturen von 850° beziehen. Nach dem vorher über Chrom und Kohlenstoff Gesagten ist es verständlich geworden, daß man mit steigendem Chrom-

Zahlentafel 54. Magnetische Werte eines Kohlenstoffstahles und verschieden
    legierter Chromstähle in Abhängigkeit von der Härtetemperatur.

| Zusammensetzung | | | | Abschreck-temperatur | Remanenz | Koerzitiv-kraft | |
C %	Si %	Mn %	Cr %				
1,0	normal	normal	—	800° Wasser	8100	57	Werte entnom-
				850° ,,	6600	48	men: Gumlich:
				900° ,,	6800	46	Stahl u. Eisen 1919
				1000° ,,	6800	43	S. 843
1,03	0,21	0,28	1,97	800° Wasser	10200	65,1	
				820° ,,	10200	66,6	
				840° ,,	10050	68,0	
				860° ,,	9400	67,7	Vorzustand:
				820° Öl	8700	58,5	gewalzt
				840° ,,	8000	73,6	
				860° ,,	7650	73,7	
				880° ,	7550	74,2	
0,99	0,30	0,45	3,26	800° Wasser	10550	59,5	
				820° ,,	10400	59,4	
				840° ,,	9850	69,1	
				860° ,,	9450	71,0	Vorzustand:
				820° Öl	9100	71,4	gewalzt
				840° ,,	7950	76,5	
				860° ,,	8150	78,7	
				880° ,,	8250	76,5	

bei gleichbleibendem Kohlenstoffgehalt eine steigende Härtetemperatur anwenden
muß, wenn man gleiche Anteile Kohlenstoff in Lösung bringen will. Härtet man
z. B. einen Stahl mit 9% Cr, 1% C und etwa 1% Mo von 850° in Öl, so wird
sich nur die Hälfte des Kohlenstoffs an der Härtung beteiligen, da die andere
Hälfte durch Bildung von Sonderkarbiden, die bei dieser Temperatur noch nicht
in Lösung gehen, abgebunden ist. Erhöht man aber die Härtetemperatur, so
gelingt es, auch diesen Anteil in Lösung zu bringen; hierbei zeigt sich, daß
damit auch eine weitere Erhöhung des Zwangszustandes und somit eine weitere
Verbesserung der magnetischen Eigenschaften durch die Steigerung der Koerzitivkraft erzielt wird.   Der 9proz. Chromstahl, der nach einer Ablöschung von
850° in Öl nur eine Koerzitivkraft von etwa 50 Oerstedt aufweist, wird durch
eine Härtung von 950—1000° auf eine Koerzitivkraft von etwa 100 Oerstedt gebracht. Die entsprechenden Vergleichszahlen zwischen Kohlenstoffstahl, 2- und
3proz. Chromstahl zeigt die Zahlentafel 54[1].

Von Einfluß auf die magnetischen Eigenschaften ist die Glühbehandlung
vor dem Härten. Da die Karbide beim Erwärmen auf Härtetemperatur um so

---

[1] Wenn man bereits bei der Erhöhung der Anlaßbeständigkeit durch sonderkarbid-
bildende Elemente geneigt ist anzunehmen, daß die Sonderkarbide bei höheren Temperaturen in Lösung gehen und sich auch wieder ausscheiden, so wird es natürlich auch nahe
liegen, die erhöhte Koerzitivkraft auf den Einfluß der in Lösung gehenden Sonderkarbide
zurückzuführen. Die heutige wissenschaftliche Erkenntnis läßt bekanntlich die Frage offen,
ob der Kohlenstoff im Austenit in Form von elementarem Kohlenstoff oder in Form von
Karbid gelöst wird. Für beide Auffassungen sind theoretische Überlegungen vorhanden.
Das Verhalten der Sonderkarbide würde die Karbidlöslichkeitstheorie unterstützen und
ihre Wirkung in sonderkarbidhaltigen Stählen verständlicher machen.

leichter und vollkommener gelöst werden, je feiner sie verteilt sind, ergibt der Ausgangszustand mit dem feinkörnigsten Gefüge nach den Härten die besten magnetischen Eigenschaften, insbesondere was das Maß der den Zwangszustand charakterisierenden Koerzitivkraft anbelangt. Da der Walzzustand meist einen Zustand feiner Karbidverteilung darstellt, wird durch eine Glühung um den A_1-Punkt herum infolge der Zusammenballung der Karbide eine Verschlechterung bewirkt. Auf die geringere Härtbarkeit nach solchen Glühungen ist schon hingewiesen worden (s. S. 210). Ob bei Chromstählen, wie später unter Wolframstählen beschrieben, auch noch eine Umlagerung der Zusammensetzung der Karbide erfolgt, kann noch nicht mit Bestimmtheit gesagt werden.

Wenn einerseits durch Glühung in der Nähe des unteren Umwandlungspunktes eine Verschlechterung der magnetischen Eigenschaften eintritt, so muß es auch möglich sein, durch eine Wärmebehandlung, die eine feine Karbidverteilung bewirkt, eine Verbesserung zu erreichen. Tatsächlich gelingt es auch, „verglühte" Chromstähle durch eine Luftabkühlung von hohen Temperaturen (950—1000°) und die dadurch erzielte außerordentlich feine Karbidverteilung vor der Härtung in ihren magnetischen Werten völlig zu regenerieren (Zahlentafel 55).

Zahlentafel 55. Einfluß verschiedener Behandlung auf die magnetischen Eigenschaften eines 3proz. Chromstahles.

Zusammensetzung				Behandlung nach der Warmverarbeitung	Remanenz	Koerzitiv-kraft	Leistung R.K. 10^{-3}
C %	Si %	Mn %	Cr %				
1,0	0,55	0,55	3,12	gehärtet 820° Wasser	10230	65	665
				1 Stunde geglüht 700° Luft, 820° Wasser	9850	58,5	576
				1 Stunde geglüht 700° Luft, 1 Stunde 900° Luft, 820° Wasser	9450	58	548
				1 Stunde geglüht 700° Luft, 1 Stunde 975° Luft, 820° Wasser	10150	65	660
				1 Stunde geglüht 700° Luft, $\frac{1}{2}$ Stunde 1025° Luft, 820° Wasser. . . .	9900	70,3	696

Über den Einfluß von Chrom auf die physikalischen Eigenschaften von Nickelstählen (Elinvar) s. das Kapitel Nickelstähle mit besonderen physikalischen Eigenschaften (IV C 5).

5. Einfluß von Chrom auf die chemischen Eigenschaften (Korrosionswiderstand) in verschieden legierten Stählen.

Die in der Literatur sehr umfassend behandelte Passivität des reinen Eisens[1] kommt nur unter sehr stark oxydierenden Einflüssen, wie z. B. in konzentrierter rauchender Salpetersäure, zur Geltung. Sie äußert sich bekanntlich darin, daß infolge der entwickelten hohen Sauerstoffkonzentration an der Metalloberfläche das Eisen entweder sofort oder nach kurzer Zeit von der Säure nicht mehr angegriffen wird. Die Ursache ist das bei hoher Sauerstoffkonzentration sich bildende Hydroxyd des dreiwertigen Eisens, das so gut wie unlöslich ist, während

---

[1] Vgl. Gmelin: Handbuch d. anorg. Chemie, 8. Aufl. Bd. „Eisen" 1929/30 Teil A S. 313ff.

bei schwächerer Sauerstoffkonzentration des Angriffsmittels das lösliche Hydrooxyd des zweiwertigen Eisens sich ausbildet. Für den allgemeinen Gebrauch spielt diese Eigenschaft des Eisens keine größere Rolle, da die Oxydation bei atmosphärischen Einflüssen, Luft, Feuchtigkeit, Wasser usw., nicht scharf genug ist, um die Passivität herbeizuführen. Wenn auch je nach dem Reinheitsgrad des Eisens — Schweißeisen, Armcoeisen, Carbonyleisen — (Beispiel: Säule von Delhi) kleine Unterschiede in der Rostgeschwindigkeit vorhanden sind, so gehen doch verhältnismäßig große Mengen Eisen durch Rostangriff verloren.

Bekanntlich schützen Legierungselemente, die eine größere Affinität zu Sauerstoff besitzen als Eisen, dieses in schmelzflüssigen Zustand bei Sauerstoffzufuhr vor einer Oxydation (leichter als Eisen oxydieren: Aluminium, Silizium, Mangan, Chrom, Wolfram usw.). Erst nach Entfernung dieser Elemente gelingt es, das Eisen selbst in stärkerem Maße zu oxydieren. Auch im festen Zustande kann man ähnliche Gesetzmäßigkeiten beobachten. Glüht man z. B. Eisen-Chrom-, Eisen-Silizium-, Eisen-Aluminium-Legierungen bei höheren Temperaturen, insbesondere in nicht zu stark oxydierenden Atmosphären, so daß die Oxydation nicht zu rasch vor sich geht, so kann festgestellt werden, daß der sich bildende Oxydbelag meist an den Oxyden derjenigen Elemente, die leichter oxydierbar sind als Eisen, angereichert ist. So gelang es z. B., bei 20 proz. Chromstählen in der Oxydhaut eines derartig behandelten Stahles 80% Chromoxyd festzustellen, bei der Untersuchung eines 4,5 proz. Siliziumstahles 45% Kieselsäure. Es wird allerdings eine Frage von Oxydations- und Diffusionsgeschwindigkeit bleiben, ob man bei der Zunderbildung immer dieselben Verhältnisse antrifft. Da sich aber in den Schichten unter dem primär gebildeten Zunder, insofern dieser nicht abspringt oder mechanisch entfernt wird, immer schwache Oxydationsvorgänge abspielen werden, kann man behaupten, daß auch bei technischen Glühprozessen stets an Legierungselementen hoch angereicherte Oxydschichten vorhanden sind. Beim Angriff chemischer Agenzien bei Raumtemperatur wird die Diffusionsgeschwindigkeit einzelner Elemente keine Rolle mehr spielen, weil sie zu gering ist.

Aus der Edelmetallkunde ist bekannt, daß man die Eigenschaften hochwertiger Edelmetalle, wie Gold, auch seinen Legierungen mit unedleren Metallen verleihen kann, selbst wenn der Anteil an Edelmetall weniger als 50% der Legierung beträgt. Bei der Untersuchung von Legierungen mit lückenloser Mischkristallbildung, z. B. Gold-Kupfer-Legierungen, kann man ferner feststellen, daß mit steigendem Anteil der edleren Komponente die Korrosionsbeständigkeit der Legierungen nicht allmählich zunimmt, sondern daß bei bestimmten Molverhältnissen eine sprunghafte Veränderung der Korrosionseigenschaften eintritt (Resistenzgrenzen nach Tammann[1]).

Wie die Untersuchung von Eisen-Chrom-Legierungen gezeigt hat, läßt sich auch die Eigenschaft der Passivität eines Elementes auf Legierungen übertragen. Chrom ist ein ausgesprochen zur Passivität neigendes Element, und es gelingt daher, durch Legieren mit dem schwach passivierbaren Eisen den Eisen-Chrom-Legierungen schon bei verhältnismäßig geringen Chromzusätzen von etwa 13% die starke Passi-

---

[1] Tammann, G.: Lehrbuch der Metallographie 3. Aufl. (1923) S. 349. Leipzig: Leop. Voß.

vität des reinen Chroms zu verleihen[1,2]. Allerdings bestehen nach Tammann[3] zwischen Resistenzgrenze und Passivitätsgrenze prinzipielle Unterschiede.

Man wird überhaupt von der Passivitätsgrenze im gleichen Sinne wie von Resistenzgrenzen nicht sprechen können, da das Auftreten der Passivität nicht allein von einer bestimmten Legierungsgrenze, sondern außerdem von der Art des Angriffsmittels abhängig ist. Wie bereits vorher für das Verhalten bei hohen Temperaturen erwähnt, spielt die Geschwindigkeit der Oxydation für die Zusammensetzung der Oxydhaut eine wesentliche Rolle, und so wird auch bei Raumtemperatur der Faktor Zeit für die Möglichkeit der Ausbildung von Passivitätserscheinungen mitwirken. Andererseits muß auch die Höhe der Legierung der jeweiligen Stärke des Angriffs angepaßt werden, da mit steigendem Legierungsgehalt die sich bildende Oxydschicht ebenfalls stärker an dem betreffenden Oxyd angereichert wird.

Da bei Eintritt der Passivität die Angreifbarkeit des Metalls aufhört, kann man letztere Eigenschaft durch Bestimmung des elektro-chemischen Potentials zahlenmäßig ausdrücken. Beim Eintritt der Passivität verhält sich die Legierung wie ein Edelmetall, d. h. sie zeigt ein entsprechend edleres Potential. Potentialmessungen bei Eisen-Chrom-Legierungen sind von Benedicks und Sundberg[4]

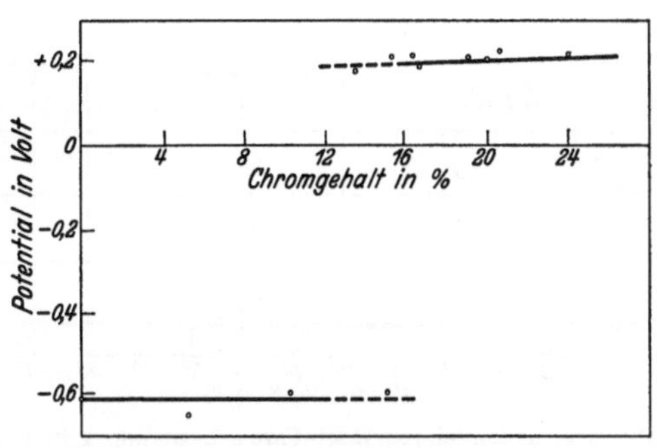

Abb. 227. Potential von Chromstahlen in einem Elektrolyt von normaler Eisensulfatlösung. [Nach Strauß: Stahl u. Eisen 45. Jg. (1925) S. 1201.]

sowie Strauß und Mitarbeitern[5] veröffentlicht werden. Abb. 227 zeigt das Potential der Eisen-Chrom-Legierungen in Abhängigkeit vom Chromgehalt. Es geht daraus hervor, daß das Potential bis etwa 12% Cr demjenigen des reinen Eisens entspricht, bei etwa 13% Cr aber in sprunghafter Veränderung auf ein über dem Wasserstoffpotential liegendes edles Potential ansteigt. Bei noch weiterer Steigerung des Chromgehalts tritt keine wesentliche Veränderung des Potentials mehr ein. Zwischen 12 und 16% Chrom kann sowohl der edle als auch unedle Potentialwert auftreten. In diesem Bereich ist die Passivität noch labil.

Nach den neuesten Anschauungen über Passivitätserscheinungen handelt es sich, insbesondere auch im Fall der Eisen-Chrom-Legierungen, um die Bildung eines dünnen Oxydfilms, der das darunterliegende Material vor einem weiteren Angriff schützt. Bei den Eisen-Chrom-Legierungen besteht dieser Film, ähnlich wie bei reinem Chrom, aus Chromoxyd, das in der Lage ist, einen dichten festhaftenden Belag auf der Metalloberfläche zu erzeugen, im Gegensatz zu

---

[1] Tammann, G.: Stahl u. Eisen Bd. 42 (1922) S. 577.

[2] Liebreich, E.: Korrosion u. Metallschutz Bd. 5 (1929) S. 199.

[3] Tammann, G.: Z. anorg. Chem. Bd. 169 (1928) S. 1516.

[4] J. Iron Steel Inst. Bd. 114 (1926) S. 177/233 [s. a. Stahl u. Eisen Bd. 47 (1927) S. 278/80].

[5] Strauß: Stahl u. Eisen Bd. 45 (1925) S. 1198/1202. — Z. Elektrochem. Bd. 33 (1927) S. 317/21. — Strauß u. Maurer: Kruppsche Mh. 1 (1920) S. 129 — Strauß u. Hinnuber: Z. Elektrochem. Bd. 34 (1928) S. 407/15. — Strauß, Schottky u. Hinnüber: Z. anorg. allg. Chem. Bd. 188 (1930) S. 309/24.

Eisenoxyd, das insbesondere bei Anwesenheit von Feuchtigkeit zu einer lockeren Schicht von Ferrohydroxyd führt. Dies erklärt auch, warum reines Eisen nur beim Angriff von rauchender Salpetersäure Passivitätserscheinungen aufweisen

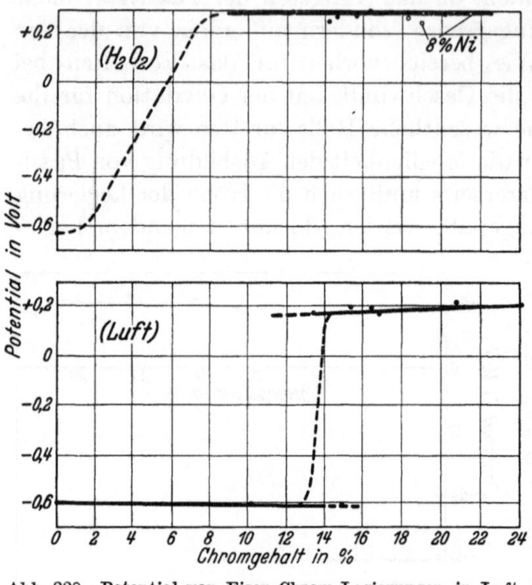

Abb. 228. Potential von Eisen-Chrom-Legierungen in Luft und bei Anwesenheit von Wasserstoffsuperoxyd. [Nach Strauß: Z. Elektrochem. 33. Jg. (1927) S. 318.]

kann. Wenn schon bei reinem Eisen die Natur des Angriffsmittels eine so ausschlaggebende Rolle bezüglich der Passivitätserscheinungen spielt, so ist es verständlich, daß auch bei Eisen-Chrom-Legierungen die Natur des Angriffsmittels von bestimmender Bedeutung ist, und daß sich die sprunghaften Veränderungen des Potentials je nach dem Angriffsmittel zu verschiedenen Chromgehalten verschieben. Da es sich um die Bildung eines Oxydfilms handelt, wird auch bei den Eisen-Chrom-Legierungen die Frage, ob ein oxydierendes, d. h. Sauerstoff abgebendes, oder reduzierendes, d. h. Wasserstoff abgebendes Angriffsmittel vorliegt, von entscheidender Bedeutung sein.

Abb. 228 zeigt den Unterschied in der Veränderung des Potentials in Abhängigkeit von der Legierung in Anwesenheit von Luft bzw. Wasserstoffsuperoxyd. Bei Wasserstoffsuperoxyd stellt sich sinngemäß das edle Potential, also Passivität, bei niedrigerem Chromgehalt als bei dem weniger oxydierenden Angriffsmittel Luft ein. Bei nicht oxydierenden Säuren, also z. B. Halogen-Wasserstoffsäuren, stellt sich das edle passive Potential überhaupt nicht ein (Abb. 229); das Chrom wird als aktives Element mit dem Eisen aufgelöst. Da, wie früher gezeigt (S. 168), Nickel gegen nicht oxydierende Säuren beständiger ist als Eisen, erfahren Chromlegierungen durch Zusatz von Nickel eine wesentliche Verbesserung. Beispielsweise verhält sich die bekannte Legierung 18% Cr, 8% Ni bei Raumtemperatur gegen Schwefelsäure passiv. Erst bei erhöhten Temperaturen findet ein Angriff statt.

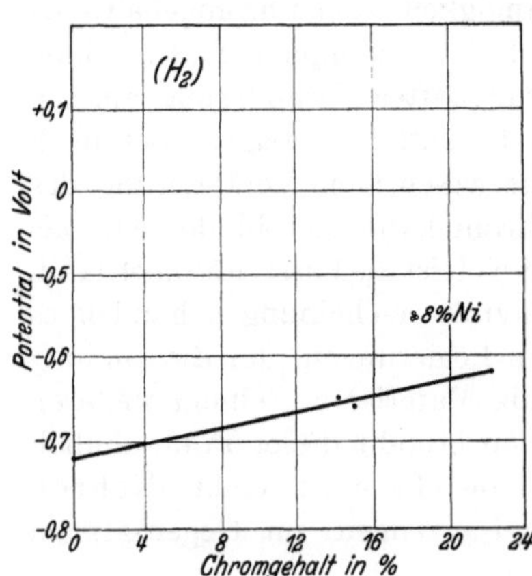

Abb. 229. Potential von Eisen-Chrom-Legierungen bei Gegenwart von Wasserstoff. [Nach Strauß: Z. Elektrochem. 33. Jg. (1927) S. 319.]

Aus den bisherigen Ausführungen, insbesondere z. B. der erwähnten Wirkung des Wasserstoffsuperoxyds, geht hervor, daß man durch oxydierende Zusatzstoffe beim Angriff von aktivierenden Säuren wiederum Schutzwirkungen hervorrufen kann. Als Beispiel eines derartigen Zusatzes kann z. B. die Gegenwart von

Persulfat bei Gegenwart von Schwefelsäure hervorgehoben werden. Für die Leitung von chemischen Prozessen, bei denen sonst Apparaturen aus korrosionsfesten Stoffen angegriffen würden, kann dies nutzbringende Anwendung finden.

a) Einfluß verschiedener Gefüge.

Die Passivierung und somit der Widerstand gegen chemischen Angriff kann nur dann vollkommen sein, wenn die oberflächlichen Chromoxyde sich vollkommen homogen ununterbrochen ausbilden können. Weist eine Chrom-Eisen-Legierung aber z. B. nichtmetallische Einschlüsse grober Natur auf, die an der Oberfläche des Fertigstückes zutage treten, so kann sie an dieser Stelle nicht passiv, d. h. nicht edel werden. Vielmehr wird hier ein lokaler Angriff erfolgen. Diese Einlagerungen wirken um so stärker, je größer ihre Potentialdifferenz gegenüber dem übrigen Gefüge ist, da mit der Stärke des elektrischen Lokalelementes die Stärke des Angriffs zunehmen muß. Es ist also nicht notwendig, daß jede Einlagerung eine Entpassivierung herbeiführt. Die gleiche Betrachtung, die für Einlagerungen und Einschlüsse gilt, ist auch auf sonst verschiedenartiges Gefüge anzuwenden.

In diesem Zusammenhang interessiert es also, wie die verschiedenen Chrom- und Chrom-Nickel-Stähle infolge ihres Gefügeaufbaues — austenitisch, ferritisch, halbferritisch, perlitisch, martensitisch — reagieren. Das günstigste Gefüge für die Ausbildung und Aufrechterhaltung der Passivität und Korrosionsfestigkeit muß nach dem vorher Gesagten der homogene Mischkristall sein, da infolge seiner Gleichmäßigkeit irgendwelche Ursache für Lokalelementbildung überhaupt fehlt. In diesem Sinne dürften die homogen austenitischen und homogen ferritischen Stähle das Höchstmaß an Korrosionswiderstand besitzen, wobei vielleicht die austenitischen Legierungen noch infolge der dichteren Atombesetzung der Netzebene den Vorzug verdienen. Infolge der geringen Lösungsfähigkeit des Ferrits für Kohlenstoff besitzen die ferritischen Legierungen meist auch nach dem Ablöschen von hohen Temperaturen in der ferritischen Grundmasse kleine Einlagerungen von Chrom-Sonderkarbiden. So besteht z. B. eine Legierung von 30% Chrom, 0,10% Kohlenstoff auch nach dem Ablöschen von 1100° noch aus Chromferrit + Chromkarbid. Das homogene ferritische Gefüge wird sich daher nur bei praktisch kohlenstofffreien Legierungen erzielen lassen.

Bei austenitischen Stählen wächst mit steigenden Temperaturen das Lösungsvermögen für Karbid in stärkerem Maße als bei ferritischen Stählen. Das Gefüge eines homogenen Mischkristallzustandes kann daher bei einer austenitischen Legierung mit 18% Cr, 8% Ni, bis zu etwa 0,3% C durch Ablöschen von hohen Temperaturen hervorgerufen werden. Bei diesen Legierungen ist also die Frage der Herstellung eines höchstmöglich homogenen Mischkristalls Grund für die Wärmebehandlung geworden; sie befinden sich im Zustand höchster Korrosionsfestigkeit nach dem Ablöschen in Wasser oberhalb der Karbidlöslichkeitslinie.

Die Verminderung der Korrosionsbeständigkeit infolge der Karbidausscheidung kann aber nicht nur vom Gesichtspunkt des heterogenen Gefüges betrachtet werden. Da das Chromkarbid, wie die meisten Verbindungen, dem chemischen Angriff ziemlich gut widersteht, ist die Potentialdifferenz zwischen Chromkarbid einerseits und der chromhaltigen Grundmasse andererseits nicht sehr erheblich. Von vielleicht größerem Einfluß für die Beeinflussung der Korrosionseigenschaften dürfte die Tatsache sein, daß durch die Ausscheidung bzw. Auflösung von Chromkarbid eine Veränderung des Chromgehalts der Grundmasse eintritt.

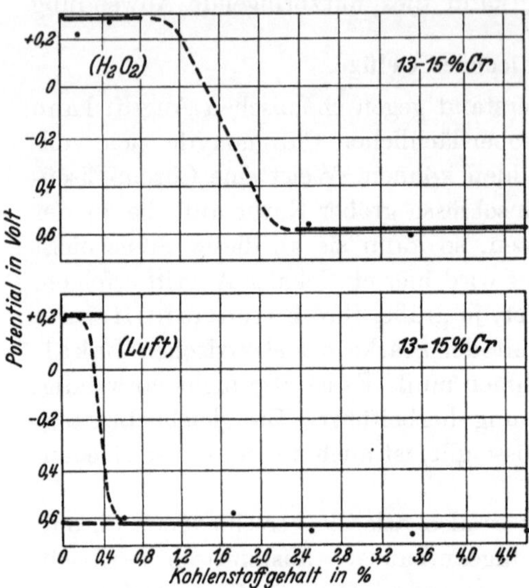

Abb. 230. Einfluß des Kohlenstoffgehaltes auf das Potential eines 13—15 proz. Chromstahles bei Gegenwart von Wasserstoffsuperoxyd und Luft. [Nach Strauß: Z. Elektrochem. 33. Jg. (1927) S. 318.]

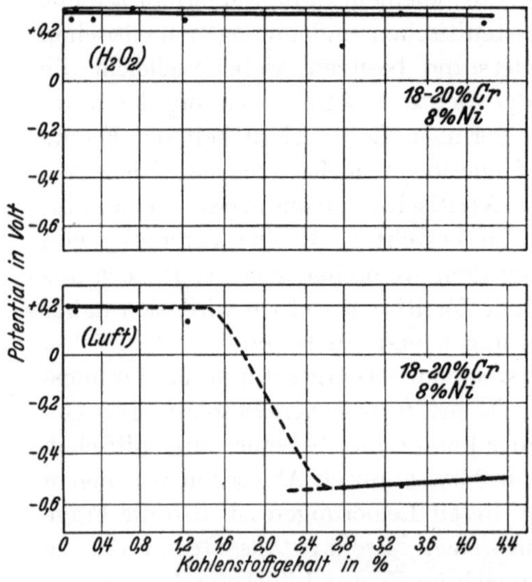

Abb. 231. Einfluß des Kohlenstoffgehaltes auf das Potential eines Chrom-Nickel-Stahles mit 18—20% Cr und 8% Ni bei Gegenwart von Wasserstoffsuperoxyd und Luft. [Nach Strauß: Z, Elektrochem. 33. Jg. (1927) S. 319.]

Nimmt man an, daß in diesen hochlegierten Chrom- bzw. Chrom-Nickel-Stählen das Karbid in der Zusammensetzung Cr_4C vorliegt, so würde durch 1% Kohlenstoff stets der 16fache Betrag an Chrom in Karbidform abgebunden und bei der Ausscheidung der Grundmasse entzogen werden. Ein Stahl der Zusammensetzung 14% Cr, 0,3% C würde somit in der Grundmasse nur 9,2% Cr enthalten, wenn der ganze Kohlenstoff in Form von Cr_4C zur Ausscheidung gelangt ist. Entsprechend Abb. 227 besitzt ein Stahl mit 9,2% Cr bei Luftangriff kein edles Potential mehr. Den Einfluß von Kohlenstoff kennzeichnen in diesem Sinne deutlich die Abb. 230 und 231. Auch bei diesen Abbildungen zeigt sich, daß der Einfluß von Karbiden, also der Entzug von Chrom aus der Grundmasse, eine weniger große Rolle bei Anwesenheit von Wasserstoffsuperoxyd als bei Luft spielt. Wenn es richtig ist, daß weniger die Lokalelementbildung durch Chromkarbid als der Entzug von Chrom aus der Grundmasse für die Legierung eine Rolle spielt, muß bei gleichbleibendem Kohlenstoffgehalt durch Erhöhung des Chromgehalts wiederum eine entsprechende Verbesserung der Korrosionseigenschaften eintreten. Dies stimmt auch mit den tatsächlichen Verhältnissen überein. Legierungen mit 30% Chrom weisen auch noch bei Kohlenstoffgehalten von 1—1,5% wertvolle korrosionstechnische Eigenschaften auf, trotz der außerordentlich hohen Menge ausgeschiedener Karbide.

Bei den Stählen, deren Gefüge größtenteils aus Umwandlungsgefüge besteht, also Stählen der perlitisch-martensitischen Gruppe, gelingt es durch Wärmebehandlung ebenfalls, die Karbide in Lösung zu bringen. Infolgedessen besitzen derartige Stähle, z. B. mit 18% Cr und bis zu 1% C, nach Ablöschung von

Temperaturen oberhalb 950° das Höchstmaß an Korrosionswiderstand. Am günstigsten ist ein durch Ablöschen von sehr hohen Temperaturen erzieltes austenitisches Gefüge, wie es z. B. bei 18% Cr, 1% C erzielt werden kann. Aber auch der martensitische Zustand, der durch Ablöschen von tieferen Temperaturen erzielt wird, weist hohe Beständigkeit gegen chemischen Angriff auf. Erst beim Anlassen auf 500° ergibt sich eine wesentliche Verminderung des Korrosionswiderstandes infolge der hierbei erfolgenden Ausscheidung des Chromkarbids Cr_4C. Die Ursache hierfür dürfte nach dem Vorhergesagten darin liegen, daß dieses chromreiche Karbid der Grundmasse Chrom entzieht und ein Diffusionsausgleich bei der niedrigen Temperatur um 500° noch nicht erfolgt. Bei höheren Anlaßtemperaturen, etwa 650—800°, wird die Korrosionsbeständigkeit wieder etwas besser, erreicht allerdings die Werte des rein martensitischen Zustandes bei weitem nicht wieder. Diese Verbesserung ist sowohl durch die stärkere Zusammenballung der Karbide als auch durch Umsetzungen zwischen Karbid und Grundmasse zu erklären. Wie aus Abb. 188 ersichtlich, erfolgt z. B. für einen Stahl mit 1% C und 20% Cr beim Anlassen im Bereich 400—600° eine Umsetzung des Karbids Cr_4C in das chromärmere Cr_7C_3. Die hierdurch bedingte Anreicherung der Grundmasse an Chrom muß auch eine gewisse Verbesserung des Korrosionswiderstandes hervorrufen. Hieraus ergibt sich die Notwendigkeit, die rostfreien Stähle der perlitischen Gruppe im gehärteten oder im hochgeglühten Zustand, möglichst nicht nach Anlassen bei 450—500°, zu verwenden.

Für die rostfreien Messerstähle ergibt sich aus den geschilderten Verhältnissen der Vorteil, daß die Steigerung der Härte und der Schneidfähigkeit durch Wärmebehandlung mit derjenigen der Rostbeständigkeit Hand in Hand geht.

b) Einfluß der Legierung.

Wenn auch, wie aus dem vorher über Passivierung Gesagten und aus der Abb. 227 hervorgeht, bei Chrom-Eisen-Legierungen erst bei Gehalten über 13% Cr ein edles Potential auftritt, so sind infolge des hohen Preises dieser hochlegierten Chromstähle heute auch niedriger legierte Stähle mit Chromgehalten von 3—7%, zum Teil mit Zusatz anderer Legierungselemente, wie Silizium, Molybdän, entwickelt worden. Diese Stähle sind gegenüber Leitungswasser, Luft, schwefliger Säure usw.

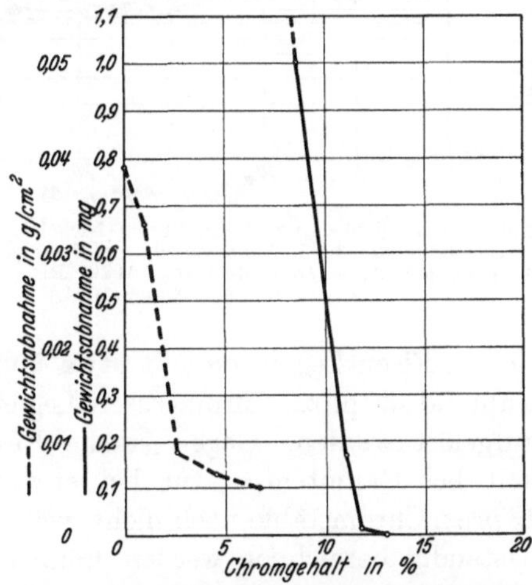

Abb. 232. Verbesserung der Korrosionsbeständigkeit durch kleine Chromzusätze bei Angriff in schwefliger Saure und 5 proz. Salpetersäure. (Nach Wright: Amer. Inst. min. metallurg. Engr. Techn. Publ. 1933 Nr. 496 S. 10.)
– – – Angriff in schwefliger Saure von 21° C bei 30 tägiger Dauer.
——— Löslichkeit von Eisen-Chrom-Legierungen in 5 proz. Salpetersäure.

nicht unbedingt korrosionsbeständig, sie besitzen aber gegenüber reinen Flußeisensorten den Vorteil einer verlangsamten Korrosion, sind also korrosionsträge (Abb. 232). Als billigere korrosionsträge Stähle haben sie als Rohre für Überlandleitungen schon Verwendung gefunden. Auch gegenuber 5 proz. Salpetersäure wirkt der Zusatz von 5% Chrom angriffvermindernd, um bei 12% Cr nahezu dem Nullwert zuzustreben (ebenfalls Abb. 232). Diese reinen Chromstähle bewähren sich also, entsprechend dem Charakter der Passivitätserscheinungen, besonders bei oxydierenden Angriffsmitteln, wie Salpetersäure, feuchte Luft (Rostträgheit); sie sind indessen auch anwendbar in nichtoxydierenden Angriffsmitteln, wenn die Wasserstoffkonzentration nicht zu hoch ist, und insbesondere dann, wenn gleichzeitig Sauerstoff, sei es in Form von Luftsauerstoff oder gebundenem aktiven Sauerstoff, zugegen ist. Von 12% Chrom aufwärts bis zu reinem Chrom sind die Legierungen widerstandsfähig gegen eine sehr große Anzahl von chemischen Einflüssen. Nicht beständig hingegen sind sämtliche Chrom-Eisen-Legierungen, ebenso das reine Chrom gegen Salzsäure, Flußsäure, überhaupt Halogen-Wasserstoffsäuren (sogar deren Salze, Chloride usw. sind besonders gefährlich), Schwefelsäure und andere starke, nicht oxydierende Säuren. In verstärktem Maße gilt dies für alle diese Angriffsmittel, insbesondere aber Schwefelsäure, bei erhöhter Temperatur. In vielen Fällen, wo niedrigprozentige Chromstähle versagen, erreichen solche mit erhöhtem Chromgehalt noch eine beachtenswerte Beständigkeit.

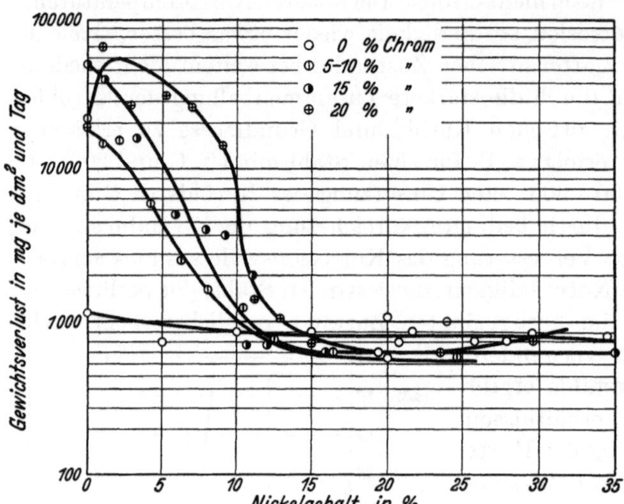

Abb. 233. Löslichkeit von Eisen-Chrom-Nickel-Legierungen in 5proz. Schwefelsäure von 30° in Abhängigkeit vom Nickelgehalt. [Nach Pilling u. Ackermann: J. Iron Steel Inst. 1929, Ref.; vgl. Stahl u. Eisen 49. Jg. (1929) S. 1094.]

Zum Beispiel wird eine Chrom-Eisen-Legierung mit etwa 50% Cr von Königswasser nicht angegriffen, während 30proz. Chrom-Eisen-Legierungen ohne weiteres von dieser Säure aufgelöst werden. Gegen starke Eisenchloridlösungen beginnt die Beständigkeit bei Raumtemperatur bei etwa 30% Chrom. Gegen Seewasser genügen 13proz. Chromstähle noch nicht, während 18—20proz. Chromstähle als genügend beständig bezeichnet werden können. Die vielseitige Anwendungsmöglichkeit dieser Legierungen geht hieraus schon zur Genüge hervor.

Erweitert wird der Anwendungsbereich der Chromstähle durch Zulegieren von Nickel. Auf S. 169 ist bereits der Einfluß von Nickel gegen den Angriff 5proz. Schwefelsäure gezeigt worden. Nickel verhält sich gegen nichtoxydierende Säuren wesentlich günstiger als Eisen und Chrom. Es verleiht daher den Eisen-Chrom-Legierungen durch sein Eintreten in die Legierung auch eine erhöhte Beständigkeit gegen nichtoxydierende Säuren, sowie auch allgemein erhöhte Korrosionsbeständigkeit. Abb. 233 veranschaulicht nach Pilling und Ackermann[1] den grundsätzlichen Einfluß von Nickel auf das Verhalten von Eisen-Chrom-Legierungen in starken nichtoxydierenden Säuren. Die Kurven zeigen ziemlich unabhängig vom Chromgehalt, daß bei etwa 10% Nickel eine

---

[1] J. Iron Steel Inst. 1929, Ref.; vgl. Stahl u. Eisen 49. Jg. (1929) S. 1094.

außerordentliche Verbesserung im Verhalten gegen verdünnte Schwefelsäure eintritt. Bei Nickelgehalten unter 10% verhalten sich die Eisen-Chrom-Legierungen bedeutend schlechter als chromfreies Eisen, oberhalb 10% zeigen sie ein etwas günstigeres Verhalten gegen Säureangriff als die chromfreien Legierungen.

Weitere Verbesserungen gerade gegen Angriffe wasserstoffionisierender Säuren ergeben sich durch Zusätze von Kupfer und Molybdän, wobei wiederum diejenigen Legierungen am günstigsten abschneiden, die außer Kupfer und Molybdän auch noch Nickelzusätze in der Höhe von mindestens 10% besitzen (s. hierüber später unter Molybdän und Kupfer). Den Einfluß des chemischen Angriffs durch Luft, durch Seewasser und 10proz. Salpetersäure bei einigen Nickel- und Nickel-Chrom-Legierungen gegenüber Flußeisen zeigt Zahlentafel 56.

Zahlentafel 56. Chemischer Angriff von Luft, Seewasser und 10proz. Salpetersäure auf einige Nickel- und Chrom-Nickel-Stähle im Vergleich zu Flußeisen.

Rostung an der Luft	Ge-wichts-abnahme	Korrosion in Seewasser	Ge-wichts-abnahme	Korrosion in Salpetersäure 10% kalt	Ge-wichts-abnahme
Flußeisen	100	Flußeisen	100	Flußeisen	100
9proz. Nickelstahl .	70	9proz. Nickelstahl .	79	5proz. Nickelstahl .	97
25proz. Nickelstahl	11	25proz. Nickelstahl	55	25proz. Nickelstahl	69
Stahl mit 15% Cr .	0,4	Stahl mit 15% Cr .	5,2	Stahl mit 18% Cr,	
Stahl mit 18% Cr,		Stahl mit 18% Cr,		8% Ni	0
8% Ni	0	8% Ni	0—0,6		

Über den Einfluß von Mangan auf die Korrosionsbeständigkeit liegen noch wenig Angaben vor. Nach den bisherigen Erfahrungen wirkt bei Chromgehalten von 12—16% ein Manganzusatz ungünstig auf die Rostbeständigkeit ein. Durch höhere Chromzusätze von mindestens 17% kann dieser Nachteil aufgehoben werden, so daß Chrom-Mangan-Stähle mit 17% Cr als rostbeständig angesprochen werden können, wie dies durch langdauernde Rostversuche mit Salpetersäure, im Salzwassersprühregen usw. nachgewiesen worden ist. Die kohlenstoffreicheren Chrom-Mangan-Stähle bedürfen stets einer Abschreckung oberhalb ihrer Karbidlöslichkeitslinie, um höchste Korrosionsbeständigkeit zu erreichen. Gegenüber den Chrom-Nickel-Stählen sind die Chrom-Mangan-Stähle nicht so umfassend beständig gegen die verschiedenen Arten von Chemikalien, es sei denn, daß man den Chromgehalt bis auf 30% erhöht. Für die Verwendung von Chrom-Mangan-Stählen für Korrosionsangriff bei Raumtemperatur sprechen also höchstens wirtschaftliche Gesichtspunkte. Da aber Chrom-Mangan-Stähle, wie schon früher erwähnt, nicht so leicht austenitisch werden wie Chrom-Nickel-Stähle, sind sie auch in ihren mechanischen Eigenschaften, beispielsweise in der Tiefziehfähigkeit usw., den letzteren nicht gleichwertig. Bei etwa 30% Cr macht sich ferner durch Zutritt von Mangan die spröde intermetallische Verbindung schon unangenehm bemerkbar.

Einen Überblick über die technisch wichtigsten korrosionsfesten Stähle und Legierungen auf der Basis Chrom, Chrom-Nickel, Chrom-Mangan gibt Zahlentafel 57. In ihr ist jeweils angegeben, zu welcher Gefügegruppe die betreffenden Zusammensetzungen gehören. Über die Festigkeitseigenschaften dieser Legierungen und deren Veränderung durch Wärmebehandlung sind Angaben in dem Abschnitt über Baustähle enthalten.

Zahlentafel 57. Gebräuchliche korrosionsbeständige Cr-, Cr-Ni- und Cr-Mn-Stähle für Verwendung bei normaler und höherer Temperatur.

Gefüge	C %	Si %	Mn %	Cr %	Ni %	W %	Mo %
Austenitisch	0,15	0,60	0,50	18	8,5	—	—
	0,15	0,60	0,50	18	9,5	—	1—3
	0,15	0,60	0,50	13	13	—	—
	0,20	1,8—2,7	0,60	25	20	—	—
	0,35	0,60	0,50	11	38	—	—
	0,15	0,80	0,60	16	58	—	—
	0,15	0,80	0,60	19	78	—	—
	0,50	0,80	0,60	15	13	2,2	—
Perlitisch-martensitisch	0,20	0,60	0,50	17	2	—	—
	0,20	0,60	0,50	14	0,5	—	—
	0,35	0,60	0,50	13,5	0,5	—	—
Halbferritisch	0,12	0,50	0,50	13	0,5	—	—
	0,12	0,50	0,50	17	0,5	—	—
Ferritisch	0,30	0,50	0,50	30	—	—	—
Ferritisch-austenitisch	0,15	0,50	9	19	—	—	—

Beständigkeitstabellen korrosionsbeständiger Legierungen geben die Zahlentafeln 58—62[1] wieder. Als Maßstab für die Korrosionswirkungen wurden folgende Beständigkeitsgrade festgelegt. Es bedeutet:

Gewichtsabnahme/h von weniger als 0,1 g/m² = vollk. beständig   Bezeichnung 1
,,   ,,   0,1— 1,0 ,, = genügend beständig   ,,   2
,,   ,,   1,0— 3,0 ,, = zieml. beständig   ,,   3
,,   ,.   3,0—10,0 ,, = wenig beständig   ,,   4
,,   ,.   über 10,0 ,, = unbeständig   ,,   5

Infolge der unvermeidlichen Streuung der Ergebnisse bei Korrosionsversuchen ist die Angabe z. B. 0,1—1 Gramm = „genügend beständig" geeigneter als die Angabe eines bestimmten Gewichtsverlustes. Eine Gewichtsabnahme von 0,1 g/h m² entspricht im Jahr (= 8760 Stunden) einer Gewichtsabnahme von 876 g. Da 1 m² eines 1-mm-V2A-Bleches 7,9 kg wiegt, entspricht die Gewichtsabnahme von 0,1 g/h m² einer Verminderung der Blechdicke um etwa 0,11 mm im Jahr. Die Angaben der Beständigkeitstabellen wurden in Laboratoriumsversuchen mit reinen Agenzien gewonnen, sind also nicht ohne weiteres auf die Praxis übertragbar. Immerhin geben sie einen Überblick über die Anwendungsmöglichkeiten der verschiedenen Stähle.

c) Besondere Arten von Korrosionsangriff.

Diese Einteilung der verschiedenen Stähle gegenüber den chemischen Angriffsmitteln setzt voraus, daß der Angriff auf die ganze Oberfläche der Probe gleichmäßig verteilt erfolgt. Neben dieser rein abtragenden Korrosion ist aber noch die Wirkung lokaler Korrosionserscheinungen sowie der interkristallinen Korrosion für die Verwendungsbereiche von Bedeutung. Auf

---

[1] Die Zahlentafeln sind, wie auch zahlreiche weitere Angaben dieses Abschnittes, dem „Korrosionshandbuch" von E. Houdremont und H. Schottky (demnächst) entnommen.

Zahlentafel 58. Beständigkeit der Chromstähle.

Chemische Angriffsmittel	Versuchs-temperatur °C	Prüfungsergebnis für Legierungen mit			
		0,10% C 13% Cr	0,10% C 15% Cr	0,10% C 17 % Cr	0,3% C 30 %.Cr
Anorganische Säuren.					
Salzsaure HCl					
0,5 proz., spez. Gew. 1,002	20°	2	2	2	—
desgl.	kochend	5	5	5	—
3,6 proz., spez. Gew. 1,017	20°	3	3	3	—
desgl.	kochend	5	5	5	—
Salpetersäure HNO₃					
7 proz., spez. Gew. 1,04	20°	2	1	1	1
desgl..	kochend	5	4	3	1
37 proz., spez. Gew. 1,23	20°	1	1	1	1
desgl.	kochend	4	2	2	2
66 proz., spez. Gew. 1,40	20°	1	1	1	1
desgl.	kochend	4	3	2	2
konz. rauch., spez. Gew. 1,52	20°	1	1	1	1
desgl.	kochend	4	4	4	2
Schwefelsäure SO₄H₂					
10 proz., spez. Gew. 1,07	20°	5	5	5	5
Mischsäuren					
50 Gew.-% Schwefelsäure konz.					
+ 50 Gew.-% Salpetersäure konz. .	50—60°	2	2	2	—
75 Gew.-% Schwefelsäure konz.					
+ 25 Gew.-% Salpetersäure konz. .	50—60°	2	2	2	—
Säure-Salz-Mischungen					
Salpetersäure rauch., spez. Gew. 1,52					
+ 10% Kaliumnitrat	kochend	2	2	2	—
Salpetersaure rauch., spez. Gew. 1,52					
+ 10% Aluminiumnitrat	kochend	2	2	2	—
Schwefelsäure 10 proz., spez. Gew. 1,07					
+ 10% Kupfersulfat	kochend	3	2	2	—
Schwefelsäure 10 proz., spez. Gew. 1,07					
+ 2% Ferrisulfat	kochend	5	5	2	—
Schweflige Säure SO₂					
gesättigte wässerige Lösung	20°	5	5	5	2
Phosphorsäure PO₄H₃, chemisch rein					
10 proz., spez. Gew. 1,05	20°	1	1	1	—
desgl.	kochend	2	2	2	1
45 proz., spez. Gew. 1,30	20°	5	3	2	1
desgl.	kochend	5	2	2	1
80 proz., spez. Gew. 1,64	20°	2	2	2	1
desgl.	kochend	5	5	5	5
Phosphorsäureanhydrid P₂O₅					
trocken oder feucht	20°	1	1	1	—
Borsäure BO₃H₃					
kalt gesättigte wässerige Lösung	kochend	1	1	1	—
Organische Säuren.					
Ameisensäure CH₂O₂					
10 proz., spez. Gew. 1,02	20°	1	1	1	1
desgl.	kochend	5	5	5	5
50 proz., spez. Gew. 1,12	20°	2	1	1	1
desgl.	kochend	5	5	5	5

Zahlentafel 58. Beständigkeit der Chromstähle (Fortsetzung).

Chemische Angriffsmittel	Versuchs-temperatur ° C	Prüfungsergebnis für Legierungen mit			
		0,10% C 13% Cr	0,10% C 15% Cr	0,10% C 17% Cr	0,3% C 30% Cr

Organische Säuren (Fortsetzung).

Essigsäure $C_2H_4O_2$					
10proz., spez. Gew. 1,01	20°	1	1	1	1
desgl.	kochend	2	2	2	2
50proz., spez. Gew. 1,06	20°	1	1	1	1
desgl.	kochend	5	5	5	5
Essigsäureanhydrid $C_4H_6O_2$	20°	1	1	1	—
desgl.	kochend	3	3	3	—
Fettsäure (Oleinsäure) $C_{18}H_{34}O_2$					
technische	150°	1	1	1	—
desgl., etwa 15 at Druck	180°	4	3	3	—
Gerbsäure (Tannin)					
wässerige Lösung 10proz.	kochend	1	1	1	1
Karbolsäure (Phenol) C_6H_5OH					
rein + 10% Wasser	kochend	1	1	1	1
Milchsäure $C_3H_6O_3$					
1,5proz.	20°	2	1	1	—
desgl.	kochend	2	2	2	—
10proz., spez. Gew. 1,02	20°	2	2	2	2
desgl.	kochend	5	5	5	5
Oxalsäure $C_2H_2O_4$					
wässerige Lösung, 10proz.	20°	2	2	2	—
desgl.	kochend	5	5	5	—
Weinsäure $C_4H_6O_6$					
wässerige Lösung, 10proz.	20°	2	1	1	—
desgl.	kochend	2	2	2	—
Zitronensäure $C_6H_8O_7 + H_2O$					
wässerige Lösung, 10proz.	20°	2	1	1	—
desgl.	kochend	5	2	2	—

Alkalisch wirkende Stoffe und Salzlösungen.

Ammoniak NH_3					
wässerige Lösung (Salmiakgeist),					
spez. Gew. 0,91	20°	1	1	1	1
Natriumhydroxyd (Ätznatron) NaOH					
wässerige Lösung (Natronlauge)					
20proz., spez. Gew. 1,23	20°	1	1	1	1
Natriumkarbonat Na_2CO_3					
wässerige Lösung, 10proz.	kochend	1	1	1	1
kalt gesättigt	kochend	1	1	1	1
Alaun $KAl(SO_4)_2 + 12\,H_2O$					
wässerige Lösung, 10proz.	20°	2	2	2	2
desgl.	kochend	5	5	5	5
Ammoniumnitrat NH_4NO_3					
wässerige Lösung bei 100° gesättigt . .	kochend	2	1	1	1
Bleiazetat (Bleizucker)					
$Pb(C_2H_3O_2)_2 + 3\,H_2O$					
wässerige Lösung, 25proz.	kochend	1	1	1	1

Zahlentafel 58. Beständigkeit der Chromstähle (Fortsetzung).

Chemische Angriffsmittel	Versuchs-temperatur °C	Prüfungsergebnis für Legierungen mit			
		0,10% C 13% Cr	0,10% C 15% Cr	0,10% C 17% Cr	0,3% C 30% Cr
Alkalisch wirkende Stoffe und Salzlösungen (Fortsetzung).					
Eisenchlorid $FeCl_3$ wässerige Lösung, 30proz.	20°	5	5	5	3
Kaliumnitrat KNO_3 (Kalisalpeter) wässerige Lösung, 50proz.	kochend	1	1	1	—
Kupfersulfat $CuSO_4 + 5\,H_2O$ (Kupfervitriol) bei 100° gesättigte wässerige Lösung	kochend	1	1	1	1
Natriumsulfid $Na_2S + 9\,H_2O$ wässerige Lösung, 50proz.	kochend	5	5	5	1
Natriumsulfid $Na_2SO_3 + 7\,H_2O$ wässerige Lösung, 25proz.	kochend	1	1	1	1
Natriumthiosulfat $Na_2S_2O_3$ wässerige Lösung, 25proz.	kochend	1	1	1	1
Zinkchlorid $ZnCl_2$ wässerige Lösung, spez. Gew. 1,20	20°	1	1	1	1
desgl.	kochend	5	5	5	1

S. 239 ist bereits angedeutet worden, daß Ungleichmäßigkeiten, insbesondere Einschlüsse im homogenen Gefüge, die an der Oberfläche solcher korrosionsfesten Legierungen vorhanden sind, die Ausbildung des dichten passiven Oxydfilms verhindern und infolge von Spannungsdifferenzen zu verstärktem Angriff führen können. Diese Art der Loch-korrosion, die sich oft wie holz-wurmähnliche Anfressungen in die Legierungen hineinziehen, ist aber in den meisten Fällen nicht durch Einschlüsse, sondern durch äußere Einwirkungen bedingt. Insbesondere wirken in diesem Sinne Chloride, vor allem Rückstände, die beim Ver-dampfen chloridhaltiger Lösungen entstehen. Diese Chloridrückstände bewirken eine lokale Zerstörung der passiven Schicht und führen zu der angegebenen Art von Lochkorrosion. Ähnliche Erscheinungen können durch Ablagerungen von Fremdrost auf-treten. Abb. 234 zeigt Turbinen-schaufeln aus nichtrostendem Chrom-

Abb. 234. Lochkorrosion an Turbinenschaufeln.

stahl, auf denen sich Rostteilchen von dem nicht rostsicheren Läufer ab-gesetzt und zu Lochkorrosion geführt haben. Oftmals haben Enthärtungs-mittel, die dem Kesselspeisewasser zugesetzt werden, ähnliche Wirkungen zur Folge. Ebenso können durch mechanische Verletzungen des Oberflächenfilms während des chemischen Angriffs lokale Korrosionen auftreten. Örtliche Kalt-

Zahlentafel 59. Beständigkeit der Eisen-Chrom-Kohlenstoff-Guß-Legierungen.

Chemische Angriffsmittel	Versuchs-temperatur °C	Prufungsergebnis für Legierungen mit				
		1% C 33% Cr	2% C 34% Cr	2,5% C 40% Cr	2,5% C 50% Cr	0,9% C 60% Cr
Salpetersäure NHO₃						
7proz., spez. Gew. 1,04	kochend	1	1	1	1	1
37proz., spez. Gew. 1,23	20°	1	1	1	1	1
desgl.	kochend	2	2	2	2	1
66proz., spez. Gew. 1,40	20°	1	1	1	1	1
desgl.	kochend	2	3	3	2	2
konz. rauchend, spez. Gew. 1,52 .	20°	1	2	2	1	1
desgl.	40°	5	5	4	3	3
desgl.	kochend	—	—	4	3	3
Schwefelsäure H₂SO₄						
15proz., spez. Gew. 1,10	20°	5	5	5	5	5
Mischsäure						
30 Gew.-% H₂SO₄ konz.						
+ 5 Gew.-% HNO₃ konz.						
+ 65 Gew.-% H₂O	50°	1	1	1	1	1
Schweflige Säure SO₂						
gesättigte wässerige Lösung . . .	20°	1	2	1	1	1
Phosphorsäure H₃PO₄, chemisch rein						
bis 45proz., spez. Gew. 1,30 . . .	kochend	1	1	1	1	1
80proz., spez. Gew. 1,64	kochend	4	5	5	5	4
Essigsäure C₂H₄O₂ [1]						
100proz., spez. Gew. 1,05	kochend	1	1	1	1	1
Milchsäure C₃H₆O₃						
1,5proz.	kochend	1	1	1	1	1
Natriumhydroxyd NaOH (Ätznatron), wässerige Lösung						
(Natronlauge) 15proz., spez. G. 1,16	kochend	1	1	1	1	1
50proz., spez. Gew. 1,53	kochend	5	5	1	1	1
Natriumsulfid Na₂S + 9 H₂O						
wässerige Lösung, 50proz.	kochend	1	1	1	1	1
Ammoniumnitrat NH₄NO₃						
wässerige Lösung, 50proz.	kochend	1	1	1	1	1
Kaliumnitrat KNO₃ (Kalisalpeter)						
wässerige Lösung, 25proz.	kochend	1	1	1	1	1
Ammoniumsulfat (NH₄)₂SO₄						
wässerige Lösung, 50proz.	kochend	1	1	1	1	1
Kalziumhypochlorit Ca(OCl)₂						
wässerige Lösung, kalt gesättigt .	40°	2	2	2	1	1
Eisenchlorid FeCl₃						
wässerige Lösung, 30proz.	20°	5	5	5	1	1
Zinkchlorid ZrCl₂						
wässerige Lösung, spez. Gew. 1,20	kochend	1	1	1	1	1
desgl., spez. Gew. 1,90	kochend	5	5	5	5	5

[1] In der ersten Stunde findet ein Angriff statt, beim Kochen während 8 Stunden dagegen vollkommen beständig.

Zahlentafel 60. Beständigkeit der 18/8 Legierung (etwa 18% Cr, 8—9% Ni, etwa 0,1% C).

Chemische Angriffsmittel	Versuchs-temperatur °C	Prüfungs-ergebnis	Chemische Angriffsmittel	Versuchs-temperatur °C	Prüfungs-ergebnis
A. Anorganische Säuren.					
Salzsaure HCl			**Mischsäuren**		
0,5 proz., spez. Gew. 1,002 . .	20°	2	70 Gew.-% Schwefelsäure konz.		
desgl.	kochend	5	+10 Gew.-% Salpetersäure konz.		
3,6 proz., spez. Gew. 1,017 . .	20°	3	+20 Gew.-% Wasser	90—95°	2
desgl.	kochend	5	desgl.	kochend	5
37 proz., konz., spez. Gew. 1,19	20°	5		(168°)	
Fluorwasserstoffsäure HF			30 Gew.-% Schwefelsäure konz.		
(Flußsäure)			+ 5 Gew.-% Salpetersäure konz.		
40 proz., spez. Gew. 1,13 . . .	20°	5	+65 Gew.-% Wasser	90—95°	1
Salpetersäure HNO₃			desgl.	kochend	2
7 proz., spez. Gew. 1,04	kochend	1		(110°)	
37 proz., spez. Gew. 1,23 . . .	kochend	1	15 Gew.-% Schwefelsäure konz.		
	(110°)		+ 5 Gew.-% Salpetersäure konz.		
50 proz., spez. Gew. 1,32 . . .	20°	1	+80 Gew.-% Wasser	kochend	2
desgl.	kochend	2		(104°)	
	(115°)		**Schweflige Säure SO₂**		
66 proz., konz., spez. Gew. 1,40	20°	1	gesättigte wässerige Lösung. .	20°	1
desgl.	kochend	2	desgl. bei 4 at Druck	135°	2
	(123°)		desgl. bei 5—8 at Druck . . .	160°	3
99 proz., konz., rauchend, spez.			desgl. bei 20 at Druck	200°	3
Gew. 1,52	20°	1	**Phosphorsäure H₃PO₄, che-**		
desgl..	kochend	4	**misch rein**		
	(70/80°)		1 proz., spez. Gew. 1,00	kochend	1
Schwefelsäure H₂SO₄			desgl. bei 3 at Druck	140°	1
5 proz., spez. Gew. 1,03	20°	1	45 proz., spez. Gew. 1,30 . . .	kochend	1
desgl.	kochend	5	80 proz., spez. Gew. 1,64 . . .	60°	1
15 proz., spez. Gew. 1,10 . . .	20°	1	desgl.	110°	5
desgl.	kochend	5	**Chromsäure CrO₃**		
62 proz., spez. Gew. 1,52 . . .	20°	1	50 proz. wässerige Lösg., tech-		
desgl.	kochend	5	nisch, SO₃-haltig, spez. Gew.		
98 proz., konz., spez. Gew. 1,84	20°	1	1,51	20°	1
desgl.	100°	4	desgl.	kochend	5
desgl.	150°	5	10 proz., rein, SO₃-frei, spez.		
rauchende (11% freies SO₃),			Gew. 1,07	20°	1
spez. Gew. 1,91	100°	2	desgl.	kochend	2
desgl. (60% freies SO₃), spez.			50 proz., rein, SO₃-frei, spez.		
Gew. 2,00	20°	1	Gew. 1,51	20°	2
desgl.	70°	1	desgl.	kochend	3
Mischsäuren			Chromelektrolyt nach Grube .	20°	1
50 Gew.-% Schwefelsäure konz.			**Borsäure H₃BO₃**		
+50 Gew.-% Salpetersäure konz.	50—60°	1	kalt gesättigte, wässerige Lösg.	kochend	1
desgl.	90—95°	2	**Säure-Salz-Mischungen**		
desgl.	kochend	3	Salpetersäure, rauchend, spez.		
	(120°)		Gew. 1,52 + 10% Kalium-		
75 Gew.-% Schwefelsäure konz.			nitrat	kochend	2
+25 Gew.-% Salpetersäure konz.	50—60°	1	Salpetersäure, rauchend, spez.		
desgl.	90—95°	2	Gew. 1,52 + 10% Alumi-		
desgl.	kochend	4	niumnitrat	kochend	2
	(157°)		Schwefelsäure, 10 proz., spez.		
70 Gew.-% Schwefelsäure konz.			Gew. 1,07 + 10% Kupfer-		
+10 Gew.-% Salpetersäure konz.			sulfat	kochend	1
+20 Gew.-% Wasser	50—60°	1			

Zahlentafel 60. Beständigkeit der 18/8 Legierung (Fortsetzung).

Chemische Angriffsmittel	Versuchstemperatur °C	Prüfungsergebnis	Chemische Angriffsmittel	Versuchstemperatur °C	Prüfungsergebnis
A. Anorganische Säuren (Fortsetzung).					
Säure-Salz-Mischungen			Natriumthiosulfat $Na_2S_2O_3$		
Schwefelsäure, 10proz., spez.			wasserige Lösung, 25proz. . .	kochend	1
Gew. 10,7 + 2% Ferrisulfat	kochend	1	Quecksilberchlorid $HgCl_2$		
Manganchlorür $MnCl_2 + 4\,H_2O$			(Sublimat)		
wässerige Lösung, 50proz. . .	kochend	1	wässerige Lösung, 0,1proz. . .	kochend	2
Natriumbisulfat $NaNSO_4$			desgl., 0,7proz.	20°	2
wässerige Lösung, 10proz. . .	kochend	1	desgl.	kochend	4
Natriumbisulfit $NaHSO_3$			Silbernitrat $AgNO_3$		
wässerige Lösg., spez. Gew. 1,38	20°	1	wässerige Lösung, 10proz. . .	kochend	1
Natriumchlorid $NaCl$			Schmelzfluß	250°	1
(Kochsalz)			Zinkchlorid $ZnCl_2$		
kalt gesättigte, wässerige Lösg.	20°	2	wässerige Lösung, spez. Gew.		
bei 100° gesättigte, wässerige			2,05	20°	1
Lösung	kochend	2	desgl., spez. Gew. 1,90	kochend	4
Natriumhypochlorit $NaClO$			Zinksulfat $ZnSO_4$		
wässerige Lösung	20°	2	wässerige Lösung, 25proz. . .	kochend	1
Natriumperchlorat $NaClO_4$			desgl., heiß gesättigt	„	1
wässerige Lösung, 10proz. . .	kochend	1	Zinnchlorid $SnCl_4$		
Natriumsulfat $Na_2SO_4 + 10H_2O$			wässerige Lösg., spez. Gew. 1,21	20°	2
(Glaubersalz)			desgl.	kochend	5
kalt gesättigt, wässerige Lösung	kochend	1	Zinnchlorür $SnCl_2 - 2\,H_2O$		
Natriumsulfit $Na_2S + 9\,H_2O$			kalt gesättigte, wässerige Lösg.	50°	2
wässerige Lösung, 50proz. . .	kochend	1	desgl.	kochend	5
Natriumsulfit $Na_2SO_3 + 7\,H_2O$			Phosphorsäureanhydrid P_2O_5		
wässerige Lösung, 50proz. . .	kochend	1	trocken oder feucht	20°	1
B. Organische Säuren.					
Ameisensäure CH_2O_2			Gallussäure $C_6H_2(OH)_3CO_2H$		
10proz., spez. Gew. 1,02 . . .	70°	1	bei 100° gesättigte Lösung . .	kochend	1
desgl.	kochend	2	Gerbsäure (Tannin)		
50proz., spez. Gew. 1,12 . . .	70°	3	wässerige Lösung, 10proz. . .	kochend	1
desgl.	kochend	5	desgl., 50proz.	kochend	1
80proz., spez. Gew. 1,18 . . .	kochend	3			
100proz., spez. Gew. 1,22 . . .	20°	1	Karbolsäure (Phenol) C_6H_5OH		
desgl.	kochend	2	rein	kochend	1
Buttersäure $C_4H_8O_2$			roh	100°	1
spez. Gew. 0,96	kochend	1	roh	kochend	1
Essigsäure $C_2H_4O_2$			Milchsäure $C_3H_6O_3$		
10proz., spez. Gew. 1,01 . . .	kochend	1	1,5proz.	kochend	1
50proz., spez. Gew. 1,06 . . .	kochend	2	10proz., spez. Gew. 1,02 . . .	20°	1
80proz., spez. Gew. 1,07 . . .	kochend	3	desgl.	kochend	2
100proz., spez. Gew. 1,05 . . .	20°	1	konz., spez. Gew. 1,22	kalt	1
desgl.	kochend	2	desgl.	kochend	3
desgl. bei 10 at Druck	200°	5	Oxalsäure $C_2H_2O_4$		
Essigsäureanhydrid $C_4H_6O_3$.	kochend	1	wässerige Lösung, 10proz. . .	20°	1
			desgl.	kochend	4
Fettsäure (Oleinsäure) $C_{18}H_{34}O_2$			desgl., 25proz.	kochend	4
technische bei 2—3 at Druck .	200°	1	desgl., 50proz.	kochend	4

Zahlentafel 60. Beständigkeit der 18/8 Legierung (Fortsetzung).

Chemische Angriffsmittel	Versuchstemperatur °C	Prüfungsergebnis	Chemische Angriffsmittel	Versuchstemperatur °C	Prüfungsergebnis
B. Organische Säuren (Fortsetzung).					
Weinsäure $C_4H_6O_6$			**Zitronensäure $C_6H_8O_7 + H_2O$**		
wässerige Lösung, 50proz. . .	kochend	1	wässerige Lösung, 25proz. . . .	kochend	4
bei 100° gesättigte Lösung . .	kochend	2	desgl., 50proz.	20°	1
Zitronensäure $C_6H_8O_7 + H_2O$			desgl.	kochend	4
wässerige Lösung, 10proz. . .	kochend	1	desgl., 5proz. bei 3 at Druck .	140°	2
C. Alkalisch wirkende Stoffe (Basen und Laugen).					
Ammoniak NH_3			**Natriumhydroxyd NaOH**		
wässerige Lösung (Salmiakgeist)			(Ätznatron)		
spez. Gew. 0,91	20°	1	wasserige Lösg. (Natronlauge)		
Kaliumkarbonat K_2CO_3			34proz., spez. Gew. 1,37 . .	100°	1
wässerige Lösung, 50proz. . .	kochend	1	desgl.	kochend	2
Kaliumhydroxyd KOH			Schmelzfluß	318°	2
(Ätzkali)					
wässerige Lösung (Kalilauge)			**Natriumkarbonat Na_2CO_3**		
27proz., spez. Gew. 1,25 . .	kochend	1	(Soda)		
desgl., 50proz., spez. Gew. 1,54	kochend	2	wässerige Lösung (Sodalauge)		
Schmelzfluß	360°	5	10proz.	kochend	1
Natriumhydroxyd NaOH			kalt gesättigt	kochend	1
(Ätznatron)			Schmelzfluß	900°	5
wässerige Lösg. (Natronlauge)					
20proz., spez. Gew. 1,23 . .	kochend	1	**Natriumsuperoxyd Na_2O_2**		
			wässerige Lösung, 10proz. . .	95°	1
D. Salzlösungen und geschmolzene Salze.					
Alaun $KAl(SO_4)_2 + 12\,H_2O$			**Ammoniumsulfat $(NH_4)_2SO_4$**		
wässerige Lösung, 10proz. . .	20°	1	wässerige Lösg., kalt gesättigt .	kochend	1
desgl.	kochend	2	**Ammoniumsulfit $(NH_4)_2SO_3$**		
desgl., heiß gesättigt	kochend	3	wässerige Lösung, konzentriert	kochend	1
Aluminiumazetat $Al_2(C_2H_3O_2)_6$			**Bleiazetat $Pb(C_2H_3O_2) + H_2O$**		
wässerige Lösg., kalt gesättigt .	kochend	1	(Bleizucker)		
Aluminiumsulfat $Al_2(SO_4)_3$			wässerige Lösung, 25proz. . .	kochend	1
wässerige Lösung, 10proz. . .	20°	1	**Kalziumbisulfit $Ca(HSO_3)_2$**		
desgl.	kochend	2	wässerige Lösg., spez. Gew. 1,04	kochend	1
wässerige Lösg., kalt gesättigt	20°	1	desgl. bei 20 at Druck	200°	5
desgl.	kochend	3	**Kalziumchlorid $CaCl_2$**		
Ammoniumchlorid NH_4Cl			wässerige Lösg., kalt gesättigt .	100°	2
(Salmiak)			**Kalziumhypochlorit $Ca(OCl)_2$**		
wässerige Lösung, 10proz. . .	kochend	2	wässerige Lösg., spez. Gew. 1,04	40°	3
desgl., 50proz.	kochend	2	**Chlorkalk**		
Ammonium(sesqui-)karbonat			trocken	20°	1
$(NH_4)_2CO_3 + 2\,NH_4HCO_3$			feucht	20°	2
wässerige Lösg., kalt gesättigt .	kochend	1	**Zyankupfer $Cu(CN)_2$**		
Ammoniumnitrat NH_4NO_3			bei 100° gesättigte, wässerige		
wässerige Lösung, bei 100° ge-			Lösung	kochend	1
sättigt	kochend	1	**Zyanzink $Zn(CN)_2$**		
Ammoniumperchlorat			mit Wasser angefeuchtet . . .	20°	1
NH_4ClO_4			**Eisenchlorid $FeCl_3$**		
wässerige Lösung, 10proz. . .	kochend	1	wässerige Lösung, 30proz. . .	20°	5

Zahlentafel 60. Beständigkeit der 18/8 Legierung (Fortsetzung).

Chemische Angriffsmittel	Versuchs-temperatur °C	Prüfungs-ergebnis	Chemische Angriffsmittel	Versuchs-temperatur °C	Prüfungs-ergebnis
D. Salzlösungen und geschmolzene Salze (Fortsetzung).					
Eisensulfat $FeSO_4$ u. $Fe_2(SO_4)_3$ wässerige Lösung, 10proz. . .	kochend	1	Kaliumhypochlorit KClO wässerige, konzentr. Lösung .	20°	2
Kaliumbichromat $K_2Cr_2O_7$ wässerige Lösung, 25proz. . .	kochend	1	Kaliumnitrat KNO_3 (Kalisalpeter) wässerige Lösung, 50proz. . .	kochend	1
Kaliumbitartrat $C_4H_5KO_6$ (Weinstein)			Schmelzfluß	550°	1
bei 100° gesättigte, wässerige Lösung	kochend	2	Kaliumpermanganat $KMnO_4$ wässerige Lösung, 10proz. . .	kochend	1
Kaliumchlorat $KClO_3$ bei 100° gesättigte, wässerige			Kupferazetat $Cu(C_2H_3O_2)_2 + H_2O$		
Lösung	kochend	1	mit Wasser angefeuchtet . . .	20°	1
Kaliumchlorid KCl bei 100° gesättigte, wässerige			Kupferchlorid $CuCl_2 + 2 H_2O$ wässerige Lösung, 10proz. . .	kochend	5
Lösung	kochend	2	Kupfernitrat $Cu(NO_3)_2 + 3 H_2O$ wässerige Lösung, 50proz. . .	kochend	1
Kaliumferrizyanid $Fe(CN)_6K_3$ (rotes Blutlaugensalz)			Kupfersulfat $CuSO_4 + 5 H_2O$ (Kupfervitriol)		
wässerige Lösung, 25proz. . .	20°	1	bei 100° gesättigte, wässerige		
desgl.	kochend	1	Lösung	kochend	1

E. Sonstige Angriffsstoffe.
(Nichtmetalle, Metalle, organische Stoffe, Gase bzw. Dämpfe, verschiedene Stoffe.)

Nichtmetalle.	°C		Gase und Dämpfe.	°C	
Brom	20°	5	Chlorwasserstoffdämpfe . .	20°	2
Chlor			desgl.	100°	4
Gas in trockenem Zustande .	20°	1	desgl.	500°	4
desgl. in feuchtem Zustande .	20°	4	Fluorwasserstoffdämpfe		
desgl.	100°	5	(Flußsäuredämpfe)	100°	2
kalt mit Chlor gesättigtes Was-ser = Chlorwasser	20°	2	Kieselfluorwasserstoff-dämpfe (Kieselflußsäure-		
Chlorschwefel S_2Cl_2	20°	1	dämpfe)	100°	2
Jod			Schwefelwasserstoff	20°	1
trocken	20°	1	Schweflige Säure SO_2		
feucht	20°	5	Gas (feucht), frei von SO_3 . .	20°	2
Jodoform CHJ_3			desgl.	300°	1
Dämpfe	50°	1	desgl.	500°	2
Schwefel			desgl.	900°	4
geschmolzen	etwa 130°	1			
desgl. siedend	445°	3	**Verschiedene Stoffe,** insbesondere technische Flüssigkeiten.		
Metalle			Bier	20°	1
Aluminium			desgl.	70°	1
geschmolzen	750°	5	Eisengallustinte	kochend	1
Antimon			Karnallit $(MgCl_2 + KCl)$		
geschmolzen	650°	5	kalt gesättigte Lösung	kochend	2
Blei					
geschmolzen	400°	2	Milch	20°	1
Quecksilber	50°	1	desgl.	kochend	1

Zahlentafel 60. Beständigkeit der 18/8 Legierung (Fortsetzung).

Chemische Angriffsmittel	Versuchs-temperatur °C	Prüfungs-ergebnis	Chemische Angriffsmittel	Versuchs-temperatur °C	Prüfungs-ergebnis

E. Sonstige Angriffsstoffe (Fortsetzung).

(Nichtmetalle, Metalle, organische Stoffe, Gase bzw. Dämpfe, verschiedene Stoffe.)

Chemische Angriffsmittel	Versuchs-temperatur °C	Prüfungs-ergebnis	Chemische Angriffsmittel	Versuchs-temperatur °C	Prüfungs-ergebnis
Photograph. Entwickler . .	20°	1	Dichloräthylen $C_2H_2Cl_2$ . . .	kochend	1
desgl.	kochend	1	Methylaldehyd CH_2O		
Zink			(Formaldehyd, Formalin)		
geschmolzen	500°	5	wasserige Losung, 40proz. . .	kochend	1
Zinn			Methylenchlorid CH_2Cl_2 . . .	kochend	1
geschmolzen	300°	1	Mischung von Leinöl und 3%		
desgl.	400°	2	Schwefelsäure	200°	1
desgl.	600°	5	Tetrachlorkohlenstoff CCl_4 .	kochend	1
Organische Stoffe.			Trichlorathylen C_2HCl_3 . . .	kochend	1
Azetylchlorid CH_3COCl . . .	kochend	2	Schweinfurtergrun		
Äthylalkohol C_2H/OH			$Cu(AsO_2)_2 - Cu(C_2H_3O_2)_2$		
(Weingeist)			Kupriazetoarsenit, feucht . . .	20°	1
10proz., sp. G. bei 20°: 0,98	20°	1	Seewasser	20°	1
50proz., sp. Gew. bei 20°: 0,91	20°	1	Terpentinol	35°	1
95proz., sp. Gew. bei 20°: 0,80	20°	1	Wasserstoffsuperoxyd H_2O_2		
100proz., sp. Gew. bei 20°: 0,79	20°	1	(Perhydrol)		
Benzol $C/H/$	20°	1	kein zersetzend. katalyt. Einfluß	20°	1
desgl.	kochend	1	Wein	20°	1
Chlorbenzol $C/H/Cl$	kochend	1			

deformationen, wie sie beim Bördeln, Tiefziehen usw. entstehen, können gleichfalls infolge der starken Spannungsunterschiede zwischen deformiertem und nicht-deformiertem Material zu erhöhten Korrosionsangriffen führen. Über die u. U. bei Spannung auftretende Rißkorrosion ist bereits bei Besprechung des 25 proz. Nickelstahles berichtet worden.

Eine ganz besondere Art des chemischen Angriffs stellt die interkristalline Korrosion bei kohlenstoffhaltigen Chrom- und Chrom-Nickel-Stählen dar.

Der Entzug von Kohlenstoff infolge Ausscheidung von Karbiden muß sich um so gefährlicher auswirken, je tiefer die Temperaturen sind, bei denen die Ausscheidung der Karbide erfolgt. Da der Diffusionsausgleich um so schwerer wird, je tiefer die Temperatur liegt, können hierbei leicht lokale Verarmungen an Chrom auftreten. Bei der interkristallinen Korrosion nichtrostender Stähle, vor allem der nichtrostenden austenitischen Chrom-Nickel-Stähle mit 18% Cr, 8% Ni, spielen diese angedeuteten Vorgänge eine gewisse Rolle. Während nämlich das homogene Mischkristallgefüge, wie es durch Wasserablöschung oberhalb der Karbidlöslichkeitslinie erzielt wird, das Auftreten interkristalliner Korrosion vollkommen ausschließt, zeigt sich, daß gerade der Zustand be-ginnender Karbidausscheidungen, der entweder durch langsames Abkühlen von Temperaturen oberhalb der Karbidlöslichkeitslinie oder durch Anlassen der abgelöschten Stähle erzeugt wird, in hohem Grade die interkristalline Korrosion begünstigt. Wenn auch vorerst die Erscheinung der interkristallinen Korrosion bei den verschiedenartigen Metallen und Legierungen im allgemeinen

Zahlentafel 61. Verbesserung der Beständigkeit der 18/8-Legierung gegen nicht oxydierende Angriffsmittel durch Zusatz von 2% Molybdän.

Chemische Angriffsmittel	Versuchs-temperatur °C	Prüfungsergebnis für	
		8% Ni; 18% Cr	9% Ni; 17% Cr 2% Mo
Schweflige Säure SO_2			
gesättigte wässerige Lösung	20°	1	1
desgl. bei 4 at Druck	135°	—	1
desgl. bei 5—8 at Druck	160°	3	2
desgl. bei 10 at Druck	180°	3	2
desgl. bei 15 at Druck	200°	3	2
desgl. bei 20 at Druck	200°	3	2
Phosphorsäure H_3PO_4, chemisch rein			
80proz., spez. Gew. 1,64	60°	1	1
desgl.	110°	5	1
Ameisensäure CH_2O_2			
50proz., spez. Gew. 1,12	20°	1	1
desgl.	70°	3	2
desgl.	kochend	5	2
80proz., spez. Gew. 1,18	20°	1	1
desgl.	kochend	3	2
100proz., spez. Gew. 1,22	20°	1	1
desgl.	kochend	2	2
Essigsäure $C_2H_4O_2$			
50proz., spez. Gew. 1,06	20°	1	1
desgl.	kochend	2	1
80proz., spez. Gew. 1,07	20°	1	1
desgl.	kochend	3	1
100proz., spez. Gew. 1,05	20°	1	1
desgl.	kochend	2	1
desgl. bei 10 at Druck	200°	5	2
Milchsäure $C_3H_6O_3$			
10proz., spez. Gew. 1,02	20°	1	1
desgl.	kochend	2	1
konz., spez. Gew. 1,22	kalt	1	1
desgl.	kochend	3	2
Oxalsäure $C_2H_2O_4$			
wässerige Lösung, 10proz.	20°	1	1
desgl.	kochend	4	2
desgl., 25proz.	kochend	4	2
desgl., 50proz.	kochend	4	2
Zitronensäure $C_6H_8O_7 + H_2O$			
desgl., 25proz.	20°	1	1
desgl.	kochend	4	1
desgl., 50proz.	20°	1	1
desgl.	kochend	4	1
desgl., 5proz. bei 3 at Druck	140°	2	1
Aluminiumsulfat $Al_2(SO_4)_3$			
wässerige Lösung, 10proz.	20°	1	1
desgl.	kochend	2	1
wässerige Lösung, kalt gesättigt	20°	1	1
desgl.	kochend	3	2
Kalziumbisulfit $Ca(HSO_3)_2$			
wasserige Lösung, spez. Gew. 1,04 bei 20 at Druck	200°	5	1

Zahlentafel 61. Verbesserung der Beständigkeit der 18/8-Legierung gegen nicht oxydierende Angriffsmittel durch Zusatz von 2% Molybdän (Fortsetzung).

Chemische Angriffsmittel	Versuchs-temperatur °C	Prüfungsergebnis für	
		8% Ni; 18% Cr	9% Ni; 17% Cr 2% Mo
Kalziumhypochlorit Ca(OCl)$_2$			
wässerige Lösung, spez. Gew. 1,04	40°	3	2
Eisenchlorid FeCl$_3$			
wässerige Lösung, 30proz.	20°	5	3
Zinkchlorid ZnCl$_2$			
wässerige Lösung, spez. Gew. 2,05	20°	1	1
desgl., spez. Gew. 1,90	kochend	4	1
Schweflige Säure SO$_2$			
Gas (feucht), frei von SO$_3$	20°	2	1
desgl.	300°	1	1
desgl.	500°	2	2
desgl.	900°	4	3

Zahlentafel 62.
Beständigkeit von hochprozentigen Chrom-Nickel-Eisen-Legierungen.

Legierung Nr.	C %	Si %	Mn %	Ni %	Cr %	W %	Ti %
1	0,50	1,70	0,80	13,0	15,0	2,0	—
2	0,31	1,64	0,47	14,4	19,8	—	—
3	0,15	2,5	0,7	20,0	25,0	—	—
4	0,35	0,59	0,73	35,5	13,0	—	—
5	0,15	0,91	0,91	56,1	15,9	—	—
6	0,10	0,65	0,83	78,2	18,2	—	—

Chemische Angriffsmittel	Versuchs-temperatur °C	Prüfungsergebnis für Legierung					
		Nr. 1	Nr. 2	Nr. 3	Nr. 4	Nr. 5	Nr. 6
Salzsäure HCl							
3,6proz., spez. Gew. 1,017	20°	2	2	2	2	2	2
18,5proz., spez. Gew. 1,092	20°	4	4	4	2	2	2
37proz., spez. Gew. 1,19	20°	5	5	5	5	5	5
Salpetersäure HNO$_3$							
7proz., spez. Gew. 1,04	20°	1	1	1	1	1	1
desgl.	kochend	2	2	1	2	5	2
37proz., spez. Gew. 1,23	20°	1	1	1	1	1	1
desgl.	kochend	4	2	1	2	4	2
66proz., spez. Gew. 1,40	20°	1	1	1	1	1	1
desgl.	kochend	5	5	2	2	5	5
Schwefelsäure H$_2$SO$_4$							
15proz., spez. Gew. 1,10	20°	2	2	2	2	2	2
Phosphorsäure H$_3$PO$_4$, chemisch rein							
10proz., spez. Gew. 1,05	20°	2	1	1	1	1	1
desgl.	kochend	5	2	2	2	2	2
Essigsäure C$_2$H$_4$O$_2$							
10proz., spez. Gew. 1,01	20°	1	1	1	1	1	1
desgl.	kochend	3	2	2	2	2	2
80proz., spez. Gew. 1,07	20°	1	1	1	1	2	1
desgl.	kochend	2	2	2	2	2	2
100proz., spez. Gew. 1,05	20°	1	1	1	1	1	1
desgl.	kochend	2	2	2	2	2	2

noch wenig erforscht ist und man oft keine Erklärung für ihr Auftreten finden kann, steht bei den nichtrostenden Chrom-Nickel- und Chromstählen fest, daß sie eindeutig mit bestimmten Wärmebehandlungszuständen zusammenhängt. Läßt man z. B. einen Stahl mit 18% Cr, 8% Ni und den üblichen Mengen Kohlenstoff (bis 0,15%) nach dem Ablöschen in Wasser auf 600—700° an, so kann man mikroskopisch beginnende Karbidausscheidungen in den Korngrenzen — Ver-

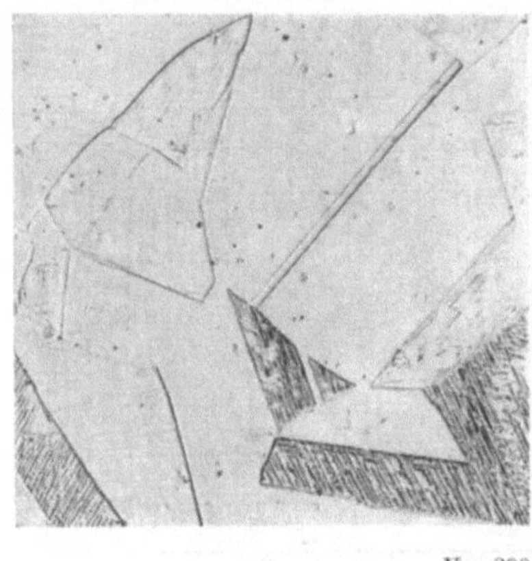

a   V = 200

1100° Wasser

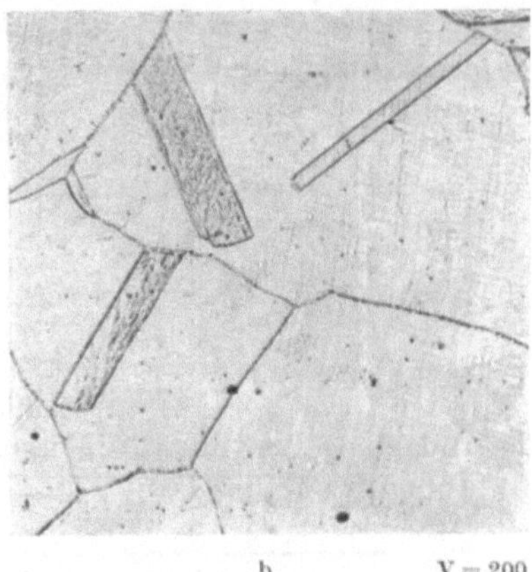

b   V = 200

1100° Wasser
1 Std. bei 700° Wasser angelassen

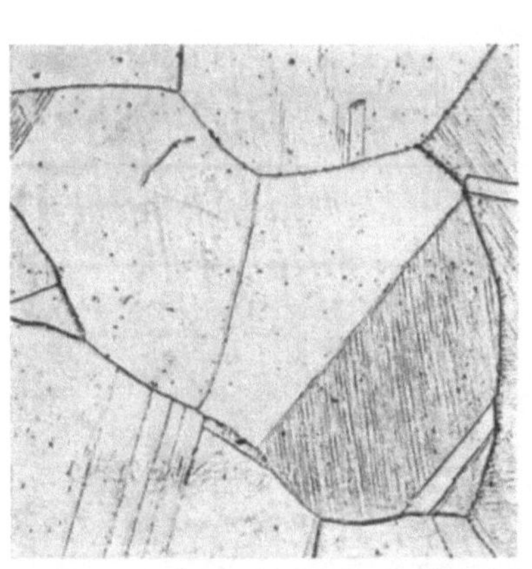

c   V = 200

1100° Wasser
1 Std. bei 900° Wasser angelassen

Abb. 235. Karbidausscheidungen in den Korngrenzen des Austenits mit steigender Anlaßtemperatur bei einem Cr-Ni-Stahl mit 0,16% C, 8,1% Ni und 18,1% Cr.

dickung der Korngrenzen — feststellen (Abb. 235). Der Korrosionswiderstand derartig behandelter Proben ist deutlich gegenüber dem abgelöschten Zustand verschlechtert. Abb. 236 zeigt als Beispiel Proben mit verschiedener Anlaßbehandlung, die mit ihrem unteren Ende in ein Korrosionsmittel eingetaucht waren; wie aus ihr hervorgeht, spielt dabei auch die Anlaßzeit eine Rolle in dem Sinne, daß bei einer Anlaßdauer von 10 Minuten der stärkere Angriff bei Anlaßtemperaturen von 700° stattfindet, während durch Verlängerung der Anlaßdauer auf 3 Stunden bereits ein gleich starker Angriff nach dem Anlassen auf 600° eintritt. Am deutlichsten kann man die Abnahme des Korrosionswiderstandes durch Potentialmessungen verfolgen. Wie Abb. 237 zeigt, tritt bei einem Stahl mit 18% Cr, 8% Ni und 0,12% C bei einer Anlaßdauer von 10 Minuten und 3 Stunden im Temperaturbereich von 600—700° eine gleichartige Verschlechterung des elektrischen Potentials ein. Bei Kohlenstoffgehalten von 0,06% genügt dagegen eine Anlaßdauer von 10 Minuten noch nicht, um eine Verschlechterung des Potentials herbeizuführen. Nach einer 3stündigen Anlaßdauer bei 600° tritt aber auch hier noch deutlich

eine Verschlechterung auf. Eine derartige Verlängerung der zur kritischen
Ausscheidung erforderlichen Zeit bei Verringerung der Menge des sich ausscheidenden Stoffes ist wegen des geringeren Lösungsdruckes zu erwarten

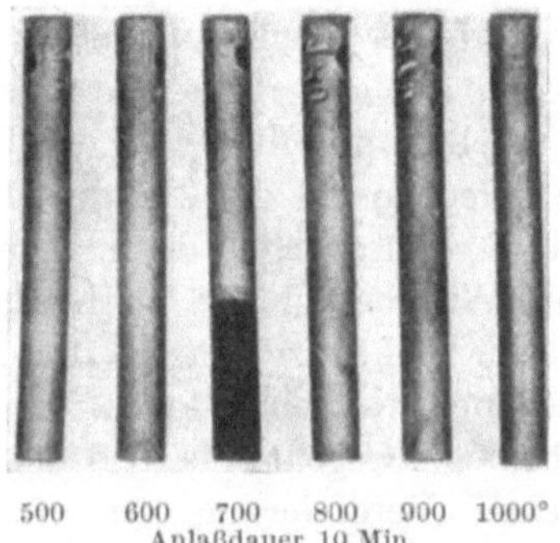
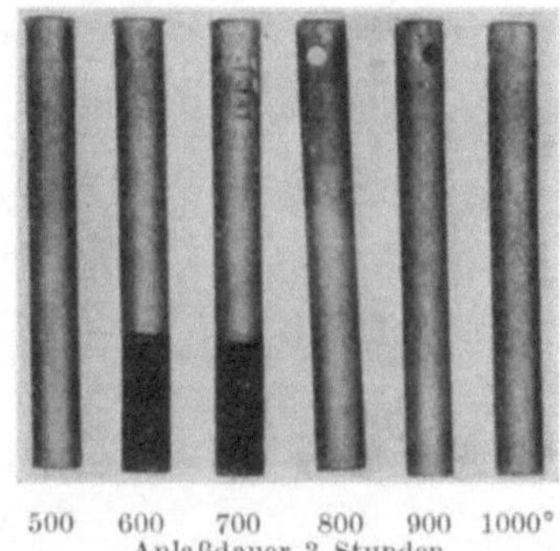

Abb. 236. Chemischer Angriff an Proben eines Stahles mit 0,12% C, 8,4% Ni und 18,5% Cr nach Wasserabloschung von 1100° und Anlassen auf verschiedene Temperaturen. [Nach Strauß, Schottky u. Hinüber·
Z. anorg. allg. Chem. Bd. 188 (1930) S. 315.]

und von anderen Fällen her bekannt. Erst bei einem Kohlenstoffgehalt von
0,04% tritt weder nach 10 Minuten noch nach 3 Stunden Anlaßzeit eine Verschlechterung ein, das Material bleibt trotz des
Anlassens im kritischen Temperaturbereich edel.
Bei höheren Kohlenstoffgehalten, z. B. 0,15%,
genügen bereits sehr kurze Erwärmungen von
wenigen Sekunden, um die Legierung unedel
zu machen. Charakteristisch hierbei ist, daß die
maximale Verminderung des Korrosionswiderstandes nicht mit der maximalen Karbidausscheidung zusammenfällt, die ihrerseits bei
ungefähr 800° erfolgt. Hieraus erhellt, daß nicht
so sehr die Menge des sich ausscheidenden Karbids, als der Verteilungsgrad für die Säurelöslichkeit von Legierungen von Bedeutung ist, sowie
der durch die Karbidbildung bei tiefen Temperaturen eintretende Chromentzug aus der Grundmasse (erschwerter Diffusionsausgleich). Bei
den austenitischen Chrom-Nickel-Stählen beginnt die Ausscheidung von Karbid in feinst-
verteilter Form in den Korngrenzen, und es ist
daher nicht verwunderlich, daß auch der Angriff
der Säure an den Korngrenzen entlang fort-
schreitet.

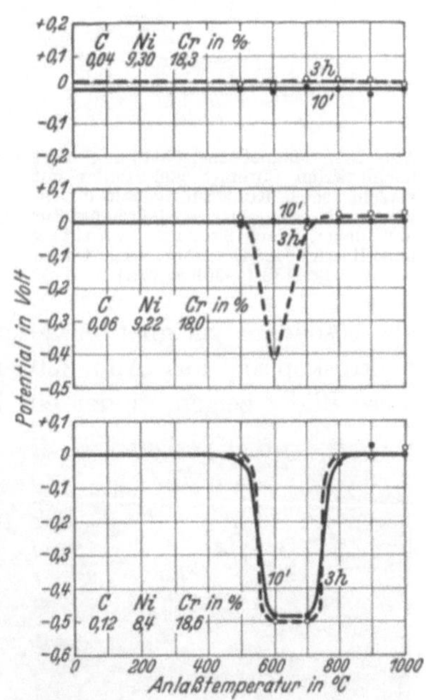

Abb. 237. Potential eines hochlegierten
Chrom-Nickel-Stahles mit verschiedenem
C-Gehalt in Abhängigkeit von der Anlaß-
temperatur bei verschiedener Anlaßdauer.
[Nach Strauß, Schottky u. Hinüber:
Z. anorg. allg. Chem. Bd. 188 (1930) S. 314.]

Bei ferritischen Stählen können ebenfalls
interkristalline Korrosionserscheinungen auf-
treten, die weniger die Folge von schädlichen
Ausscheidungen beim Anlassen, als beim Abkühlen von hoher Temperatur sind.
Beim Anlassen der ferritischen Legierungen haben die Karbide vielmehr das
Bestreben, sich in globularer Form zusammenzuballen.

Die neben der Karbidausscheidung für die interkristalline Korrosion verantwortliche Verarmung der Grundmasse an Chrom kann sich bereits beim Aufnehmen einer Dilatometerkurve durch das Auftreten des Martensitpunktes bemerkbar machen, weil der Austenit infolge der großen Chromverarmung nicht mehr stabil ist (vgl. Abb. 203). Viel empfindlicher als die Dilatometerkurve sprechen auf die Bildung von Martensitspuren aber Messungen der magnetischen Sättigung an. Wie aus Abb. 238 hervorgeht, zeigt sich bei den hier gekennzeichneten drei Stählen mit verschiedenem Kohlenstoffgehalt der Unterschied im Kohlenstoffgehalt und in der Anlaßdauer in einer Veränderung des erzielbaren Martensitgehaltes, der naturgemäß am größten bei höchstem Kohlenstoffgehalt und längster Anlaßdauer ist. Der höhere Kohlenstoffgehalt bedingt stärkere Karbidausscheidung, damit verstärkte Chromverarmung und Martensitbildung.

Am empfindlichsten zeigt sich die Veranlagung eines Materials zur interkristallinen Korrosion beim chemischen Angriff. Die Prüfung auf interkristalline Korrosion führt man mit Hilfe von Säure, der man passivierende Zusätze zufügt, durch, wodurch der allgemeine abtragende Angriff auf das betreffende Stahlstück vermieden wird. Für 18/8-Legierungen haben sich 10 proz. Kupfersulfat - Schwefelsäure - Lösungen

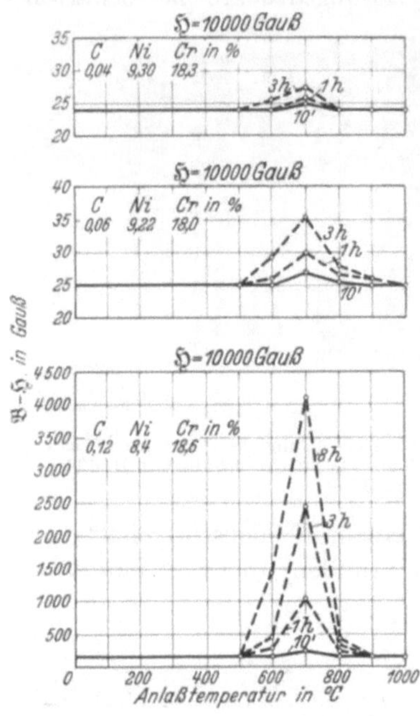

Abb. 238. Magnetische Sättigung eines hochlegierten Chrom-Nickel-Stahles mit verschiedenem Kohlenstoffgehalt in Abhängigkeit von der Anlaßtemperatur und -dauer. [Nach Strauß, Schottky und Hinüber: Z. anorg. allg. Chem. Bd. 188 (1930) S. 322.]

als besonders geeignet erwiesen. Die Wirkung interkristalliner Korrosion ist makroskopisch aus Abb. 239, mikroskopisch aus Abb. 240 zu ersehen. Wie diese Bilder zeigen, findet ein Eindringen der Säure in die Korngrenzen statt, ohne eine allgemein abtragende Wirkung an der Oberfläche hervorzurufen. Die Stücke werden durch den Säureangriff äußerlich kaum verändert, so daß bei oberflächlicher Beobachtung das Auftreten der interkristallinen Korrosion kaum bemerkt wird. Erst beim Biegeversuch zeigt sich ein Abplatzen oder Aufreißen der zerfallenen Schicht; außerdem haben die Proben infolge des nicht mehr vorhandenen metallischen Zusammenhangs auch ihren metallischen Klang

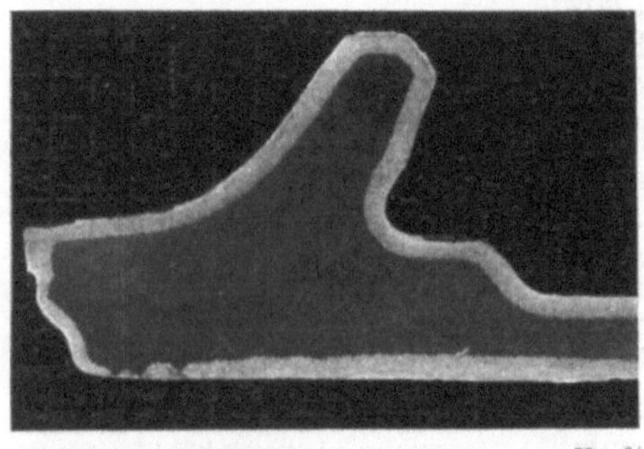

Abb. 239. Interkristalline Korrosion, makroskopisch. (Nach Strauß, Schottky u. Hinüber.)

verloren. Schreitet die interkristalline Korrosion vollends durch den ganzen Gegenstand hindurch, was besonders bei Blechen geringer Stärke vorkommen kann, so kann man das betreffende Stück zwischen den Fingern zu Pulver zerreiben.

Aus dem bisher Geschilderten geht hervor, daß der Anlaß für das Auftreten interkristalliner Korrosion bei nichtrostendem Stahl stets in einer ungeeigneten Wärmebehandlung gesucht werden muß. Besondere Beachtung muß daher der interkristallinen Korrosion beim Schweißen nichtrostender Stähle geschenkt werden, weil der vorher auf einen einwandfreien Gefügezustand gebrachte Stahl beim Schweißen eine Ausglühbehandlung erleidet, bei der seitwärts von der Schweißnaht alle Anlaßtemperaturen, von der Schmelztemperatur bis zur Raumtemperatur, auftreten. Bei Kohlenstoffgehalten von etwa 0,1% genügt bereits die kurze Anlaßdauer, die beim Schmelzschweißen auftritt, um Neigung zur interkristallinen Korrosion hervorzurufen, und zwar kommen hierfür diejenigen Zonen beiderseits der Schweißnaht in Frage, die Anlaßtemperaturen von 600 bis 700° erhalten haben (Abb. 241). Es ist also weniger die Schweißnaht selbst und ihre unmittelbare Umgebung als ihre etwas weitere Nachbarschaft durch interkristalline Korrosion bedroht. Hierdurch war die Verwendung der nichtrostenden Stähle für geschweißte chemische Großapparaturen und dergleichen zunächst vielfach in Frage gestellt.

Die älteste Maßnahme zur Vermeidung der interkristallinen Korrosion ist die nachträgliche

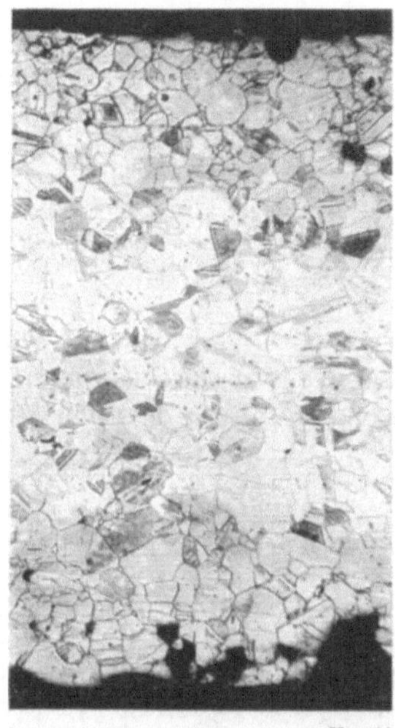

Abb. 240. Interkristalline Korrosion im Feingefuge. (Nach Strauß, Schottky u. Hinuber)

Wärmebehandlung sämtlicher geschweißten Teile, d. h. Erwärmen auf Temperaturen von etwa 1100° mit möglichst rascher Abschreckung. Aus dem Vorhergesagten geht ferner hervor, daß man durch Erniedrigung des Kohlenstoffgehalts einen Schutz gegen interkristalline Korrosion schaffen kann; desgleichen gelingt es, die Erscheinungen der interkristallinen Korrosion beim Schweißen zu verhindern, wenn man den Kohlenstoffgehalt des betreffenden Stahles an ein stabiles Karbid, wie z. B. Titankarbid, Niobkarbid, Tantalkarbid usw., abbindet. Die Löslichkeit solcher Karbide im Austenit ist derart gering, daß bei der Wärmebehandlung der Stähle kein wesentlicher Anteil von Kohlen-

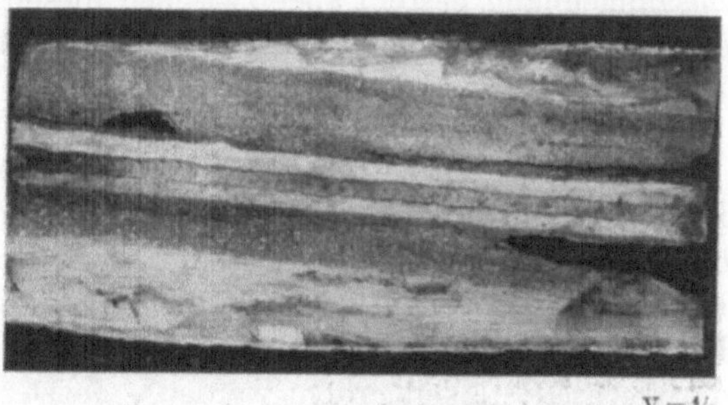

Abb. 241. Interkristalline Korrosion neben der Schweißnaht.

stoff im Austenit aufgelöst werden kann, infolgedessen auch keine schädlichen Erscheinungen bei der nachfolgenden Anlaß- und Ausglühoperation erfolgen. Aus Abb. 242 ist dies an der Unveränderlichkeit des Potentials und der magnetischen Sättigung in Abhängigkeit von der Anlaßtemperatur ersichtlich. Auch in den gewöhnlichen austenitischen Chrom-Nickel-Stählen ohne Zusatzelemente können durch Dauerglühungen in Verbindung vor allem mit Kaltbearbeitung und Rekristallisation die Karbide in ungefährlicher Form zusammengeballt werden[1].

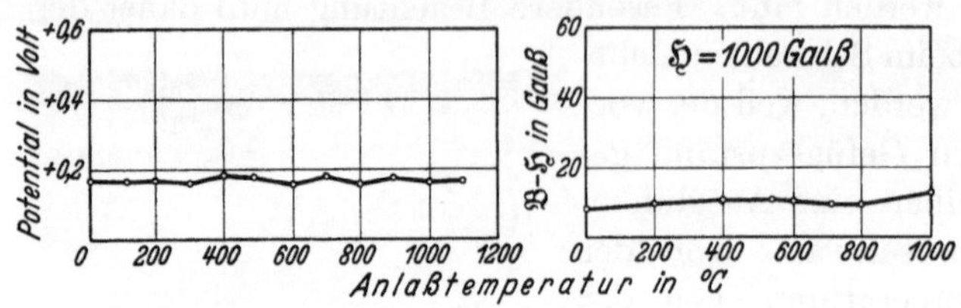

Abb. 242. Potential und magnetische Sättigung eines titanhaltigen Chrom-Nickel-Stahles mit 18—20% Cr und 8% Ni nach dem Anlassen. [Nach Houdremont: Stahl u. Eisen Bd. 50 (1930) S. 1528.]

Abgesehen von der interkristallinen Korrosion wirkt sich die Ausscheidung von Karbiden auch auf die mechanischen Eigenschaften aus. Es ist bereits auf S. 225 auf die Ausscheidungshärtung von austenitischen Chrom-Nickel-Stählen durch Karbidausscheidung hingewiesen worden. Diese kennzeichnet sich vor allem in einer Erhöhung der Festigkeit und Streckgrenze bei verminderter Dehnung. Ganz deutlich kommt die Ausscheidung der Karbide auch bei Zerreißversuchen bei höherer Temperatur zum Ausdruck (Abb. 243). Den metallographischen Zustand eines derartigen Materials gab Abb. 235 wieder. Der starke Abfall des Formänderungsvermögens im Temperaturgebiet zwischen 700° und 800° hat oft die Verwendung solcher Stähle für diesen Temperaturbereich bedenklich erscheinen lassen; er wird aber durch Zusatz stark karbidbildender Elemente, wie z. B. der vorhin erwähnten, ebenfalls vermindert.

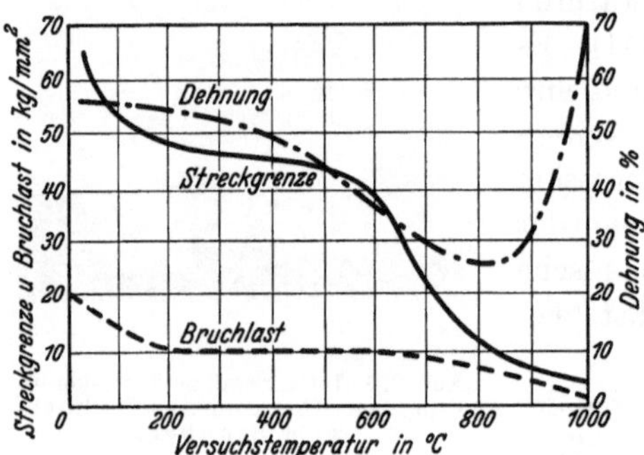

Abb. 243. Warmfestigkeit von V 2 A-Stahl bei erhöhten Temperaturen. [Nach Strauß, Schottky u. Hinüber: Z. anorg. allg. Chem. Bd. 188 (1930) S. 310.]

In ihrer äußeren Erscheinungsform ähnelt die interkristalline Korrosion manchmal der bereits auf S. 170 beschriebenen Rißkorrosion. Ein ursächlicher Zusammenhang besteht aber zwischen diesen beiden Erscheinungsformen nicht, obwohl bisweilen beide gleichzeitig nebeneinander auftreten.

d) Korrosionswechselbeanspruchungen.

Von besonderer Wichtigkeit für den Maschinenbau ist der Einfluß von Korrosion auf die Dauerfestigkeit bei Wechselbeanspruchung. Besitzt ein fertig bearbeitetes Teil infolge der letzten Bearbeitung an der Oberfläche sehr scharfe Kerben, Feilstriche usw., so kann deren Schärfe durch einen kurzdauernden Korrosionsangriff, z. B. Beizen vor der Beanspruchung, vermindert und damit die Wechselfestigkeit erhöht werden[2]. Meist tritt allerdings der umgekehrte Fall ein, daß durch lokale Korrosionsangriffe eine an sich glatte Oberfläche gekerbt und durch örtliche Spannungserhöhung die Ermüdungs- bzw. Wechselfestigkeit herabgesetzt wird. Da örtliche Spannungserhöhungen auch die Potentialunterschiede auf der Oberfläche verstärken und damit das Fortschreiten des

---

[1] Houdremont u. Schafmeister: Arch. Eisenhüttenwes. 7. Jg. (1933/34) S. 187/191.

[2] Kändler u. Schulz: Stahl u. Eisen Bd. 45 (1925) S. 1589 — Werkstoffausschußbericht 1924 Nr. 48 Ver. d. Eisenhüttenleute.

Angriffs beschleunigen, bedeutet gleichzeitige Beanspruchung durch Korrosion und mechanische Spannungen eine große Gefahr für Konstruktionsteile. Auf Dauerschwingungsmaschinen Schenckscher und anderer Bauart sind in letzter Zeit größere Reihen von Untersuchungen über die Dauerfestigkeit bei gleichzeitigem Korrosionsangriff durch gewöhnliches Leitungswasser, Seewasser usw. gemacht worden (Haigh, McAdam, Mailänder[1,2]). Da sowohl die mechanische Beanspruchung als auch der Korrosionsangriff willkürlich verändert werden können, sind die Ergebnisse von den jeweils gewählten Bedingungen stark abhängig und haben nur für den speziellen Fall Geltung. Bei sehr schwacher mechanischer Beanspruchung, aber dauernd fortschreitendem Korrosionsangriff würde man z. B. letzten Endes auf eine Wechselfestigkeit von Null kommen können, da nur durch Korrosion bereits eine Zerstörung des Werkstückes stattfinden würde[3]. Versuche mit polierten Rundstäben haben gezeigt, daß gewöhnliche Stähle, die keine besondere Korrosionsbeständigkeit besitzen, durch Benetzen mit Leitungswasser bereits eine Verminderung ihrer Schwingungsfestigkeit um 50—70% erfahren können. Unabhängig von Zusammensetzung und Behand-

[1] Literaturübersicht s. Herold: Wechselfestigkeit metallischer Werkstoffe S. 131 ff. Berlin: Julius Springer 1934.

[2] Z. VDI 1933 S. 271. Der Betrieb (Maschinenbau) 1935 S. 73.

[3] Vgl. hierzu die Anmerkung zu Zahlentafel 63.

Zahlentafel 63. Dauerfestigkeit korrosionsbeständiger Chrom- und Chrom-Nickel-Stähle.

Zusammensetzung					Zustand	Streckgrenze	Zugfestigkeit	Biege-Wechselfestigkeit* polierter Proben in kg/mm² bei Benetzung mit					$n=$ Umdrehungszahl der Maschine/min
								Öl	Leitungswasser		Seewasser		
C %	Si %	Mn %	Cr %	Ni %		kg/mm²	kg/mm²	für 10^7 Wechsel	für 10^7 Wechsel	für 10^8 Wechsel	für 10^7 Wechsel	für 10^8 Wechsel	
0,18	0,40	0,55	17,3	2,2	vergütet auf	64	85	48—49	—	—	39	36—37	5000
0,17	0,55	0,35	14,2	0,53	„ „	54	74	42—44	35—37	—	—	—	3000
					„ „	54	72	42	32	30—31	20	17	5000
0,32	0,35	0,37	20,3	7,2	1150° Wasser abgeschreckt	38	76	35	34—35	—	—	—	3000
						38	72	34	∼34	∼33	25—26	24—25	5000
0,12	0,71	0,38	17,3	9,15	1100° Wasser abgeschreckt	28	62	≧26	—	≧30	20	18—19	5000
						25	65	28—29	>28	—	19—20	12	5000

* Wenn keine Korrosion vorliegt (Benetzung mit Öl), so ist die auf 10^7 Lastwechsel bezogene Dauerfestigkeit die Beanspruchung, bei der auch noch höhere Lastwechselzahlen eben ohne Bruch ertragen werden. Erfolgt die Wechselbeanspruchung unter gleichzeitigem Korrosionsangriff, so findet man keine bestimmte Dauerfestigkeit mehr. Die angegebenen Werte sind sogenannte „Zeitfestigkeiten", d. h. die Beanspruchungen, bei denen die Probe eine bestimmte Grenz-Zahl (10^7, 10^8 usf.) von Lastwechseln bis zum Bruch erträgt. Die Höhe dieser Zeitfestigkeiten sinkt mit abnehmender Lastwechselgeschwindigkeit n (d. h. zunehmender Dauer der Korrosionseinwirkung). Die Abnahme der Korrosions-Zeitfestigkeit mit steigender Grenz-Wechselzahl ist, wie die Zahlenwerte zeigen, bei den korrosionsbeständigen Stählen gering im Gegensatz zu anderen Stählen.

lung, also auch unabhängig von der Ausgangszugfestigkeit und Ausgangs-
schwingungsfestigkeit, hat sich ergeben, daß derartige Proben nur Schwingungsfestigkeiten von 12—18 kg/mm² aufweisen. Bei diesem Korrosionsangriff durch
Leitungswasser zeigen dagegen die rostfreien Chromstähle, insbesondere aber die
rostfreien Chrom-Nickel-Stähle, wie das aus Untersuchungen von Mailänder
hervorgeht (Zahlentafel 63), eine wesentlich geringere Abnahme der Ermüdungsfestigkeit. Wenn auch austenitische Chrom-Nickel-Stähle im allgemeinen infolge
ihrer niedrigeren Streckgrenze an sich eine geringere Schwingungsfestigkeit aufweisen, gewinnen sie doch von diesem Standpunkt aus gesehen auch für schwin-
gende Maschinenteile an Bedeutung, besonders weil sie außerdem, wie alle austenitischen Stähle, auch eine hohe Dämpfungsfähigkeit besitzen. Bei Versuchen in
Salzwasser erfuhren gewöhnliche Stähle eine noch stärkere Verminderung ihrer
Schwingungsfestigkeit als in Leitungswasser. Auch bei den korrosionsfesten
austenitischen Chrom-Nickel-Stählen tritt unter diesen Bedingungen eine stärkere Herabsetzung der Ermüdungsfestigkeit ein. Nach dem vorher über den
ungünstigen Einfluß von Chloriden auf die Korrosionsbeständigkeit Gesagten ist
dies verständlich, denn es ist nicht einzusehen, warum ein auch diese Stähle an-
greifendes Mittel andere Verhältnisse schaffen sollte als bei gewöhnlichen Stählen.

e) Korrosionswiderstand bei höheren Temperaturen. (Hitzebeständigkeit, Zunderbeständigkeit.)

Aus der schon bei der Besprechung der Passivitätserscheinungen erwähnten Tatsache, daß insbesondere bei höheren Temperaturen sich Chrom-
oxydanreicherungen an der Oberfläche ausbilden, falls das Angriffsmittel
irgendeine oxydierende Wirkung ausübt, ging
bereits die Analogie mit dem Chromoxydfilm,
der sich bei Raumtemperatur bei chemischem
Angriff bildet, hervor. Es ist somit zu erwarten, daß auch das bei höheren Temperaturen sich bildende Chromoxyd einen erhöhten
Korrosionswiderstand ergibt. Dies hat dazu
geführt, daß gerade Zusätze von Chrom allen
bekannten, bei hohen Temperaturen korrosionsfesten Legierungen, den sog. feuerfesten,
zunderbeständigen oder hitzebeständigen Stählen beigegeben worden sind. Es
wurde an derselben Stelle erwähnt, daß die
Anreicherungen an Chromoxyd an der Oberfläche sich um so stärker ausbilden können,
je günstiger das Verhältnis von Diffusionsgeschwindigkeit des Chroms an die Metallober-

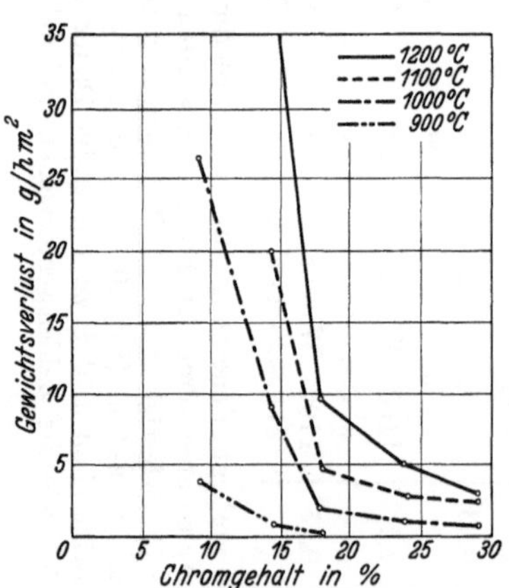

Abb. 244. Einfluß des Chroms auf die
Verzunderung von Stählen mit 0,5% C
bei Temperaturen von 900—1200° an
Luft (Glühdauer 220 Stunden).

fläche zur Oxydationsgeschwindigkeit ist. Da der Angriff von Luft, Feuergasen usw.
und somit die Angriffsgeschwindigkeit mit steigender Temperatur größer werden,
muß naturgemäß zwecks Erzielung hoher Zunderbeständigkeit der Chromgehalt
der betreffenden Legierungen mit steigender Temperaturbeanspruchung entsprechend erhöht werden. Bei schwächer oxydierenden Gasen und bei niederen
Temperaturen genügen schon geringe Gehalte an Chrom, weil hier der Angriff

verhältnismäßig langsam vor sich geht und die Diffusionsgeschwindigkeit des Chroms daher ausreicht, um eine chromoxydreiche Zunderschicht zu bilden. Eine Erhöhung des Gehaltes an Chrom wird die Ausbildung der schützenden Oxydschicht aber auch hier erleichtern.

Einen Überblick über das charakteristische Verhalten von Chromstählen bei verschiedenen Temperaturen gibt Abb. 244. Der Gewichtsverlust in g/h m² ist hier für eine Glühdauer von 220 Stunden aufgetragen. Wie zu ersehen ist, erreicht man durch Zusatz von 30% Chrom bei 1200° ähnliche Zunder-beständigkeit, wie durch 9—10% Chrom bei 900°. Für die dazwischen-liegenden Temperaturen gelten entsprechende Chromgehalte. Diese Zu-sammenhänge zwischen Temperatur und Chrom-gehalt gelten für ein be-stimmtes Angriffsmittel; bei schwächeren An-griffsmitteln werden selbstverständlich unter Umständen niedrigere Chromgehalte zur völli-gen Korrosionsbestän-digkeit ausreichen. Die Ähnlichkeit mit den Korrosionsverhältnissen bei Raumtemperatur,

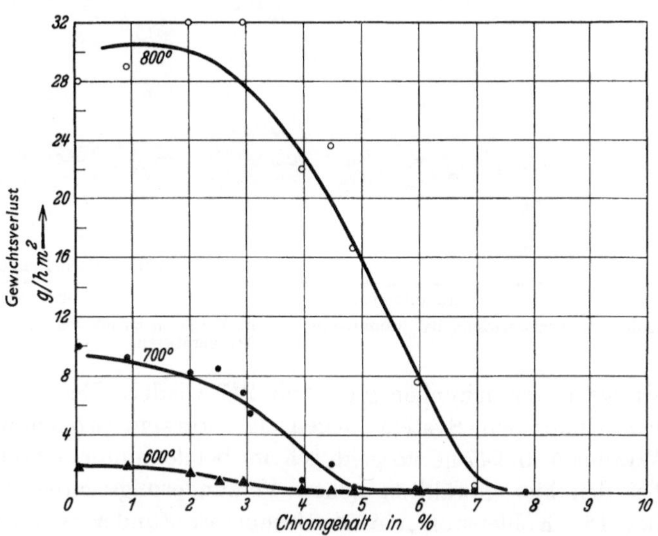

Abb. 245. Einfluß des Chroms auf die Verzunderung von Stahlen mit 0,15 % C und 0,7—0,9 % Si bei niedriger Gluhtemperatur an Luft.

wo ebenfalls allmähliche Übergänge auftreten (rostträge Stähle), ist also un-verkennbar. Diese feinere Abstufung bei geringem Angriff kann man am besten bei einem Zunderversuch bei niederen Temperaturen, etwa 700°, verfolgen (Abb. 245).

Da die Zunderbeständigkeit chromhaltiger Stähle, analog zur Chromoxyd-filmbildung bei Raumtemperatur, ebenfalls auf einer Schutzschichtbildung von Chromoxyden beruht, müssen auch bei höheren Temperaturen ähnliche Verhält-nisse bezüglich der Lokalkorrosion vorliegen, wie sie beim Verhalten der Chromstähle gegen Korrosion bei niedriger Temperatur besprochen worden sind. Die lokale Zerstörung des Chromoxydfilms bei Raumtemperatur durch Fremd-rost oder Chloride usw. führt bekanntlich zu starken punktförmigen Anfressungen. Auch bei höheren Temperaturen können bei zunderbeständigen Legierungen ähnliche Verhältnisse entstehen durch Zerstörung der gebildeten Schutzschicht, z. B. durch Aufbringen von Eisenoxyden, schlackenbildenden Silikaten usw. Abb. 246 zeigt in Gegenüberstellung lokale Lochkorrosion bei Raumtemperatur und ähnliche Erscheinungen bei zunderbeständigen Legierungen, die bei hoher Temperatur beansprucht wurden. Der starke lokale Angriff bei den zunder-beständigen Legierungen ist auf die Einwirkung von herabfallenden feinen Teilen der Ofenmauerung (Schamottesteine) zurückzuführen.

Über den Einfluß des Kohlenstoffgehaltes in Chromstählen hinsichtlich Zunderbeständigkeit liegen noch keine Untersuchungen für das gesamte Gebiet der verschiedensten Chromgehalte, Kohlenstoffgehalte und Temperaturen vor.

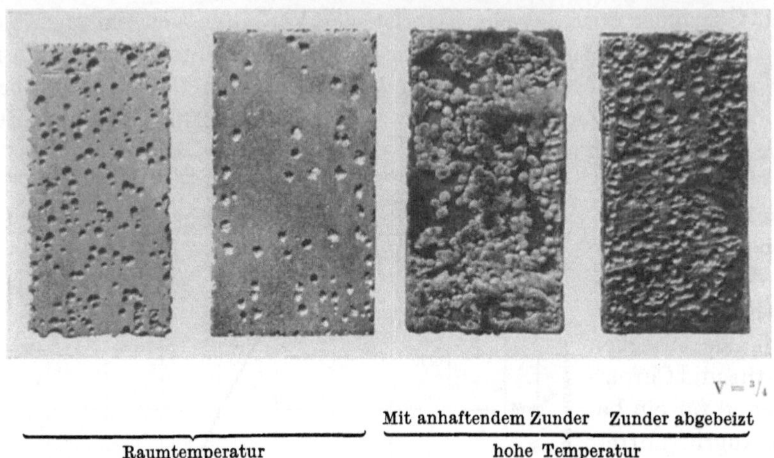

Abb. 246. Lochkorrosion bei Raumtemperatur im Vergleich zu lokalen Anfressungen bei Glühung in höheren Temperaturen.

Einige Untersuchungen gibt Abb. 247 wieder. Der Gewichtsverlust ist hier im logarithmischen System wegen der starken Größenunterschiede aufgetragen. Wie aus Abb. 247 hervorgeht, scheint bei den untersuchten Cr-Stählen, wenigstens bei den hier gewählten hohen Verzunderungstemperaturen von 1000—1100°, bei 1% Kohlenstoff ein Maximum an Zunderbeständigkeit vorzuliegen. Im Gegensatz zu der bei Raumtemperatur festgestellten Korrosionsverminderung durch Zusatz von Kohlenstoff infolge Chromentzuges durch Karbidbildung muß man bedenken, daß bei diesen hohen Prüftemperaturen die Karbide zum großen Teil im Austenit gelöst sind — die Löslichkeitsgrenze wird bei etwa 1% C liegen — und vielleicht eine besondere Widerstandsfähigkeit des kohlenstoffgesättigten Chromaustenits vorliegt. Tatsache ist, daß bei ferritischen Legierungen mit hohem C-Gehalt dieses Minimum des Gewichtsverlustes bei den Verzunderungskurven jedenfalls nicht mehr in Erscheinung tritt. Höhere Kohlenstoffgehalte wirken aber schmelzpunkterniedrigend und schränken somit den Existenzbereich der Legierungen auch bei noch so hohen Chromgehalten trotz der dadurch

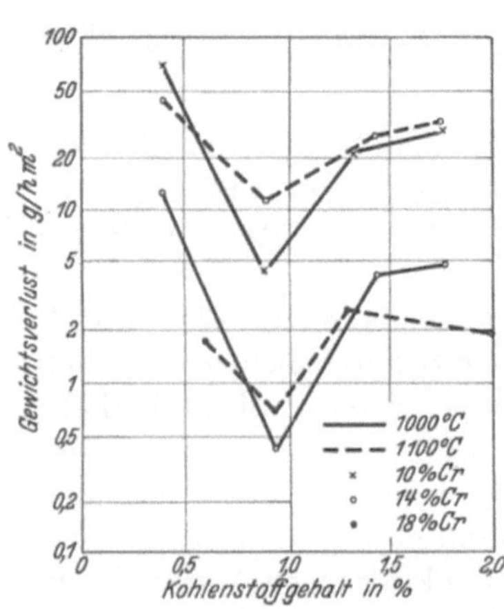

Abb. 247. Einfluß des Kohlenstoffgehaltes auf die Zunderbeständigkeit von Chromstählen.

bewirkten Zunderbeständigkeit nach oben hin ein. In diesem Zusammenhang ist noch erwähnenswert, daß bei Chromstählen Randentkohlungen weniger leicht auftreten als bei reinen Kohlenstoffstählen.

Zum Schluß des Kapitels über Nickelstähle wurde schon erwähnt, daß Nickel ebenfalls die Zunderbeständigkeit in Eisenlegierungen um ein geringes erhöht.

Auch im Hinblick auf das Verhalten bei höheren Temperaturen nimmt Nickel eine ähnliche Stellung ein wie bei Raumtemperatur. Es wirkt bei niedrigen Temperaturen angriffsvermindernd infolge seines edleren elektrischen Potentials, ähnlich wie dies bei Edelmetallen der Fall ist, und nicht durch Bildung einer passiven Schicht. Auch bei höheren Temperaturen wirkt Nickel nur in dem gleichen Sinne, weil es schwerer oxydierbar ist als Eisen. Es kann nicht zur Bildung einer besonderen Schutzoxydschicht beitragen. Der Oxydationswiderstand chromreicher Stähle kann daher durch Nickelzusatz nur wenig verbessert werden, während chromarme oder sogar chromfreie Eisenlegierungen bei höherem Nickelzusatz an Zunderbeständigkeit gewinnen.

Die Ursache hierfür ist, daß bei der Oxydation von Eisen-Nickel-Legierungen an erster Stelle das Eisen oxydiert mit dem Erfolg, daß sich unter der Oxydschicht eine nickelreiche Schicht ausbildet. Bei chromreichen Eisen-Nickel-Legierungen kann diese Nickelschicht sich infolge der Schutzwirkung des Chroms nicht ausbilden. Einen Hinweis auf die vorliegenden Verhältnisse gibt Abb. 248. Der wertvollere Einfluß von Nickel ist darin zu erblicken, daß es den austenitischen Zustand stabilisiert, die an sich ferritischen Chromstähle in den austenitischen Zustand überführt und damit sowohl die für die Verarbeitung als für die Verwendung wichtigen mechanischen Eigenschaften bei Raumtemperatur und höheren Temperaturen verbessert. Auf die Erhöhung der Warmfestigkeit infolge Austenitbildung

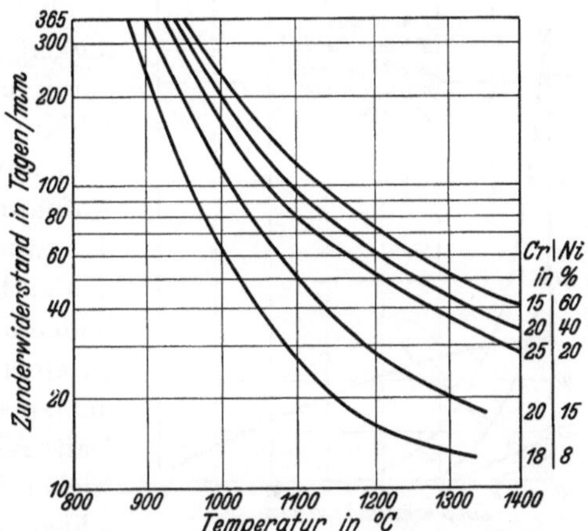

Abb. 248. Abhängigkeit der Zunderbeständigkeit hitzebeständiger Chrom-Nickel-Legierungen vom Nickelgehalt und von der Temperatur. [Nach Smithells, Williams u. Avery: J. Inst. Met., Lond. 1928 S. 269.]

ist bei Nickel hingewiesen worden. Der Wert verschiedener Eigenschaften für die Verarbeitung und Verwendung sog. hitzebeständiger Stähle wird noch am Schluß des Abschnittes Chrom und später im Zusammenhang behandelt werden, nachdem auch die die Zunderbeständigkeit erhöhenden Elemente Silizium und Aluminium Erwähnung gefunden haben (s. S. 461).

Mangan verbessert die Zunderbeständigkeit von Eisenlegierungen nicht und kann in diesem Sinne auch nicht zur Verbesserung chromhaltiger zunderbeständiger Legierungen beitragen. Es ist aber möglich, bei richtigem Verhältnis von Mangan zu Chrom zu austenitischen Legierungen zu gelangen. Die austenitischen Chrom-Mangan-Stähle verdienen eine gewisse Bedeutung, weil Nickel, wie bei dem noch später zu bringenden allgemeinen Vergleich zunderbeständiger Legierungen gezeigt wird, einen ungünstigen Einfluß bei Anwesenheit von Schwefel im korrodierenden Angriffsmittel ausübt, Mangan hingegen nicht.

Das über den Korrosionswiderstand bisher Gesagte beschränkt sich auf die Verhältnisse bei überwiegend oxydierendem Angriff. Außer Luft können aber auch Wasserdampf, Heizgase, schwefelhaltige Gase, Wasserstoff, geschmolzene Salze, Metalle usw. auf zunderbeständige Stähle einwirken. Bei Anwesenheit oxydierender Gase, wie z. B. Stickoxyden, Wasserdampf, werden sich im allgemeinen die zunderbeständigen Legierungen ähnlich verhalten wie gegenüber Luft. Es sei im übrigen auch der später folgenden Gegenüberstellung der gesamten zunderbeständigen Stähle überlassen, hierauf näher einzugehen. Hier sei nur auf einige spezifische Eigenarten der Legierungselemente Chrom, Nickel, Mangan hingewiesen.

A. Verhalten gegen Kohlenstoff.

In vielen Ofenatmosphären spielt die Aufkohlung hitzebeständiger Legierungen eine wichtige Rolle (Zementationstöpfe usw.). Wenn auch die Zunderbeständigkeit bei Chrom-Eisen-Legierungen durch Zusatz von Kohlenstoff bis zu 1% nicht verschlechtert wird, so können doch sehr bald infolge Herabsetzung des Schmelzpunktes bei Temperaturen oberhalb 1100° Zerstörungen durch beginnendes Schmelzen auftreten. Außerdem wird in allen Fällen durch starke Zementation Sprödigkeit eintreten; bereits bei der Einsatzhärtung chromhaltiger Stähle ist auf die starke Karbidbildung und deren Einfluß hingewiesen worden. Eine entsprechende Wirkung des Chroms auf die Aufnahmefähigkeit von Kohlenstoff ist auch bei den zunderbeständigen Legierungen noch deutlich zu bemerken (Zahlentafel 64). Die sich ausbildenden starken Randkarbidschichten führen zu einem Abplatzen der Schutzschicht und damit zu schnellem Fortschreiten der Zunderung. Daß auch bei den zunderbeständigen Chrom-Nickel-Stahl-Legierungen die Aufkohlung verschieden stark ist, zeigt Abb. 249. Die Eindringtiefe des Kohlenstoffs ist bei allen Legierungen kleiner als bei Flußeisen, die Randkohlenstoffgehalte teilweise erheblich höher. Auffallend ist die geringe Aufkohlungsfähigkeit des ferritischen 30proz. Chromstahles, die wohl darauf zurückzuführen ist, daß die Löslichkeit von Kohlenstoff im Ferrit, dem Grundgefüge dieses

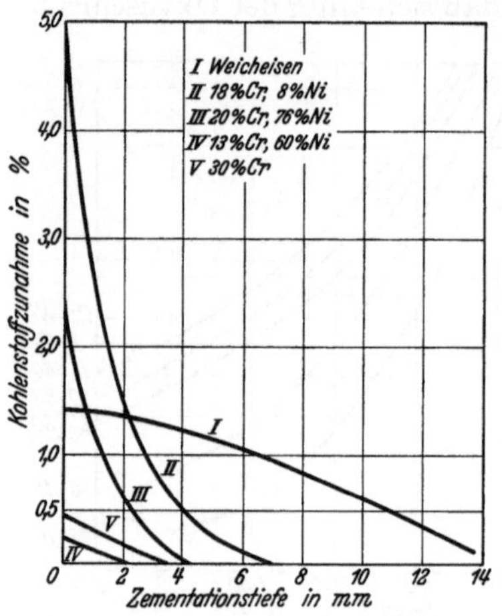

Abb. 249. Wirkung einer Zementation bei hoch chrom- und nickelhaltigen Stählen.

Zahlentafel 64. Randaufkohlung bei zunderbeständigen Stählen.

| Analyse | | Zementationstiefe in mm (a) und C-Gehalt der äußersten Randschicht (b) nach 200-stundiger Gluhung in Leuchtgas | | | | | |
| | | bei 900 | | bei 1000° | | bei 1100° | |
C	Cr	a	b	a	b	a	b
0,11	0,06	12	1,0	14	1,3	nicht best.	1,6
0,53	25,0	2	0,1	3,5	0,6	7,5	**5,0**
0,11	31,0	nicht bestimmt		4	0,4	8,5	0,8

Stahles, erheblich geringer ist als im γ-Mischkristall. Hierauf weist auch in der Zahlentafel 22 die sprunghafte Zunahme des Kohlenstoffs im Rand bei Stahl 2 hin, da sich dieser Stahl oberhalb 1000° sicherlich im γ-Gebiet befindet, während Stahl 3 überwiegend ferritisch bleibt.

B. Verhalten gegen Schwefel.

In oxydierender Atmosphäre, in der Schwefel hauptsächlich als Schwefeldioxyd vorkommt, dürften sich hitzebeständige Legierungen im allgemeinen

ähnlich verhalten wie bei Abwesenheit von Schwefel. Erst bei sehr nickelreichen Legierungen können aus den später angeführten Gründen besondere
Angriffe stattfinden. Sehr gefährlich ist der Schwefel in Form von Schwefelwasserstoff, der sowohl Eisen als auch Nickel besonders stark angreift. Das
Eisensulfideutektikum, das bei 935° schmilzt, wird
bei Anwesenheit von Nickel, dessen Eutektikum
mit Nickelsulfid schon bei 645° schmilzt, noch eine
Erniedrigung seines Schmelzpunktes erfahren. Auf
S. 180 ist gezeigt worden, daß bereits bei niedriglegierten Nickelstählen ein Sulfideutektikum in den
Korngrenzen entstehen kann, das den Zusammenhang zwischen den einzelnen Körnern aufhebt.
Auch beim korrodierenden Angriff bei höheren
Temperaturen kann man bemerken, daß der
Schwefelangriff gern an den Korngrenzen entlang
wandert. Da Chrom kein Sulfid mit gasförmigem
Schwefel oder Schwefelwasserstoff bildet, schützt
ein Zusatz von Chrom sowohl Eisen als auch Nickel
gegen die schädliche Wirkung des Schwefels bei
hohen Temperaturen, solange das Mengenverhältnis
von Nickel zu Chrom nicht allzu ungünstig ist. Der
Wert eines Chromzusatzes zu Eisenlegierungen bei
Angriff von H_2S im Temperaturgebiet bis zu 700°
wird in Abb. 250 gezeigt.

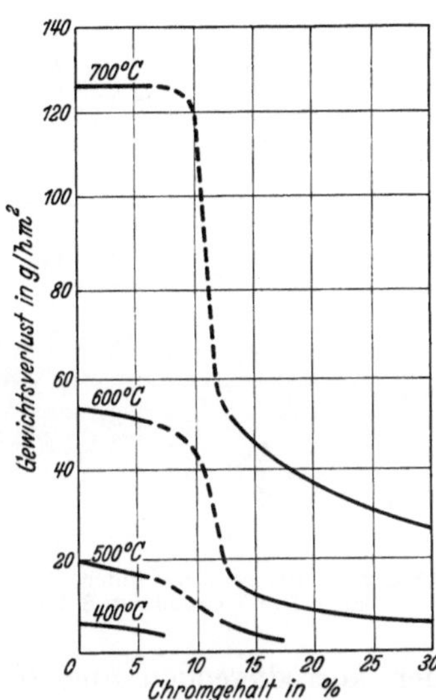

Abb. 250. Verhalten von Chromstählen verschiedenen Legierungsgehaltes bei Schwefelwasserstoff-
Angriff.

Zahlentafel 65. Aufkohlung und Aufschwefelung von Cr-Ni-Eisen-Legierungen
im praktischen Gebrauch.

Gegenstand	Werkstoff	Betriebs-temperatur °C	Betriebszeit bis zur Untersuchung	Gehalte in Proz. an C (in Klammern: Ausgangswert)	S	Wahrschein-liche Herkunft des Schwefels
Zementations-kasten	25 Cr; 20 Ni; Blech	etwa 950	etwa 1200 Stdn.	0,98 (0,15)	0,67 (0,01)	aus d. Harte-pulver
Emaillierofen-boden	25 Cr; 20 Ni; Blech	etwa 1000	mehrere 1000 Stdn.	1,10 (0,25)	0,38 (0,01)	aus d. Koks-heizgasen
Schwelofenring	25 Cr; 20 Ni; Guß	? (vielleicht 800/900°)	über 10000 Stdn.	1,28 (0,20)	5,1 (0,01)	aus d. Braun-kohlen-schwelgasen
Roststäbe aus einem kontinu-ierlichen Glüh-ofen	25 Cr; 20 Ni; Schmiede-material	etwa 950	etwa 1500 Stdn.	0,37 (0,20)	0,22 (0,01)	aus d. Kohle-heizgasen

Der ungünstige Einfluß von Nickelzusatz beim Schwefelangriff wird sich
vor allem dann bemerkbar machen, wenn die Legierungen in dem bestimmten
Anwendungsbereich überhaupt nicht absolut zunderbeständig sind. Tritt ein
Angriff und somit eine Verzunderung ein, so werden die leichter oxydierbaren
Elemente, wie Eisen, Chrom usw., an erster Stelle aus der Legierung heraus-
brennen. Infolge der sich dann ausbildenden nickelreichen Zwischenschicht

(s. Abb. 181) wird ein sehr niedrigschmelzendes Sulfideutektikum entstehen. Es ist nicht ausgeschlossen, daß sogar hier nahezu das reine Nickelsulfideutektikum mit seinem tiefen Schmelzpunkt die ausschlaggebende Rolle spielt. Alle Einwirkungen, die die Zunderbeständigkeit an sich vermindern, müssen bei Anwesenheit von Schwefel ebenfalls die Angriffsgefahr erhöhen. So kann man häufig beobachten, daß gerade der schädliche Einfluß von Aufkohlung mit Schwefeleinwirkungen gemeinsam auftritt, wie dieses beispielsweise aus Zahlentafel 65 hervorgeht. Erfolgt der Angriff von H_2S unter vollkommener Abwesenheit von Sauerstoff, so können sich keine Chromoxydschutzschichten ausbilden. Chrom verbessert dann, wie auch die Untersuchungen von Ricket und Wood[1] zeigen, die Beständigkeit nur wenig.

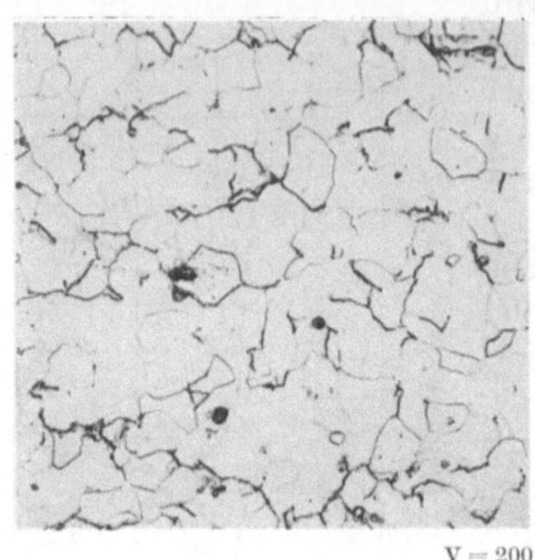

Abb. 251. Gefüge eines durch Wasserstoff unter Druck entkohlten Stahles.

C. Verhalten gegen Wasserstoff.

Besonders erwähnenswert ist das Verhalten chromhaltiger Eisenlegierungen gegen den korrodierenden Angriff von Wasserstoff bei erhöhten Temperaturen und erhöhten Drücken. Nach dem bisher geschilderten Einfluß von Chrom auf die Korrosionseigenschaften der Stähle, die alle auf der Ausbildung besonders fester Oxydschichten beruhen, war es nicht als selbstverständlich zu erwarten, daß der Zusatz von Chrom auch gegenüber Wasserstoff einen besonderen Einfluß auf die Korrosionsbeständigkeit ausüben könnte.

Vorausgeschickt muß werden, daß unlegierte Eisen-Kohlenstoff-Legierungen in hochgespanntem und erhitztem Wasserstoff ein ganz eigenartiges Verhalten zeigen. Während bei atmosphärischem Druck Wasserstoff auf Kohlenstoffstahl unterhalb

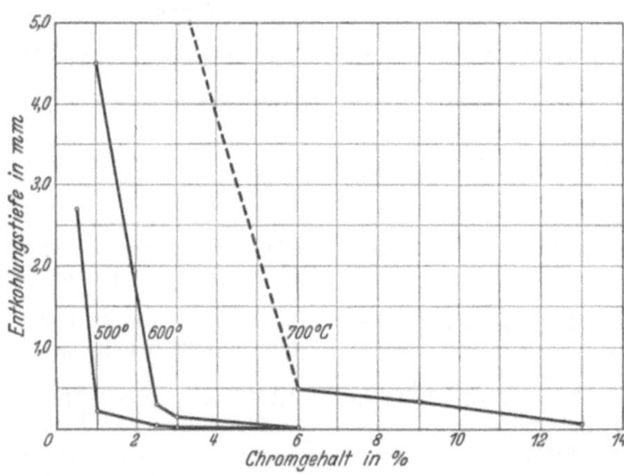

Abb. 252. Einfluß des Chromgehaltes auf die Entkohlung durch Wasserstoff unter Druck (300 Stunden bei 300 Atmosphären Überdruck geglüht). (Nach Naumann: Unveröffentl. Untersuchungen.)

700° noch keinen wesentlichen Einfluß ausübt, beobachtet man bei der Einwirkung unter höheren Wasserstoffdrücken, wie z. B. bei Ammoniaksynthesen und Hydrieranlagen haben, Entkohlung unter gleichzeitiger Lockerung der Korngrenzen (Abb. 251).

Es hat sich nun gezeigt, daß Chrom als Legierungszusatz ein wirksames Schutzmittel gegen diese Art von Zerstörung darstellt, wie dies aus Abb. 252

---

[1] Trans. Amer. Soc. Metals 1934 S. 347.

hervorgeht. Ein Chromgehalt bis zu 6% bringt bis zu Temperaturen von 600°
bereits einen wirksamen Schutz. Noch günstiger gegen Wasserstoffangriff verhalten sich Legierungen mit 13% oder 18% Cr. Die Ursache für das günstige
Verhalten ist die Bindung von Kohlenstoff als Chromsonderkarbid, das vom
Wasserstoff nicht angegriffen wird.

D. Verhalten gegen Stickstoff.

Infolge der Affinität von Chrom zu Stickstoff und der Stabilität der Chrom-
nitride, die erheblich beständiger sind als das Eisennitrid, verhalten sich hochchromhaltige hitzebeständige Legierungen entsprechend gegenüber der Einwirkung von Stickstoff, sei es Luftstickstoff, Ammoniak usw. Im Gegensatz
zu reinem Eisen oder auch Eisen-Kohlenstoff-Legierungen binden chromreiche
Legierungen noch in der Nähe des Schmelzpunktes große Mengen Stickstoff

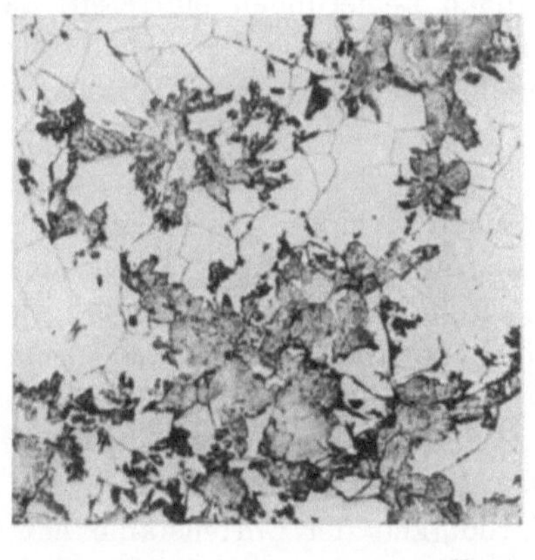

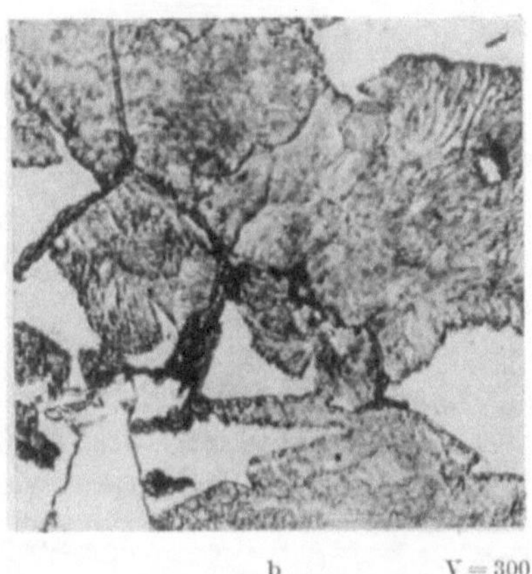

Abb. 253. Stickstoffperlit in der Randschicht eines beim Walzen gerissenen Vorblockes aus austenitischem
Chrom-Nickel-Stahl. (Nach Schottky und Houdremont: Korrosionshandbuch, demnächst.)

unter Nitridbildung, während Eisennitrid schon oberhalb 550° zersetzt wird.
Praktisch zeigt sich diese Affinität von Stickstoff zu Chrom bereits in der
hohen Stickstoffaufnahme eines Ferrochroms, das auf der Feuerbrücke des
Siemens-Martin-Ofens langsam eingeschmolzen wurde (0,5% N_2). Wie Versuche
von H. Schenck[1] zeigen, gelingt es, bei 1150° in 8 Stunden ein 62proz. Ferrochrom auf 8—9% Stickstoff aufzunitrieren, wenn es in feingepulverter Form
vorliegt. Nichtrostende Chrom-Nickel-Stähle mit 18% Cr, 8% Ni nahmen
ebenfalls bei 1100° in Form feiner Späne etwa 0,9% Stickstoff auf.

Das Austenitgefüge erfährt durch Stickstoffaufnahme eine Veränderung
gemäß Abb. 253. Bei 0,37% Stickstoff ist jedoch bei gleichmäßiger Verteilung
noch keine Gefügeveränderung zu beobachten, so daß derartige Mengen Stickstoff also gelöst werden. Auch bei längere Zeit in Betrieb gewesenen hitzebeständigen Gegenständen konnten schon Stickstoffaufnahmen beobachtet
werden (Abb. 254). Insbesondere wird an Kohlenstoff gebundener Stickstoff
(Zyanverbindungen) von chromhaltigen Legierungen leicht aufgenommen, was
für die Verwendung dieser Stähle bei zyanhaltigen Bädern Berücksichtigung
finden muß. Daß Stickstoffaufnahme die Ursache für vorzeitigem Korrosions-

---

[1] Unveröffentlichte Untersuchungen.

angriff sein kann, wird noch später im Abschnitt Aluminium gezeigt werden. Stickstoff erweitert in ähnlichem Sinne wie Kohlenstoff den Existenzbereich des γ-Mischkristalls von Eisen-Chrom-Legierungen und stabilisiert den Austenit so daß rein ferritische Legierungen durch Stickstoffaufnahme eine Umwandlung in γ-Mischkristall erfahren können. (Siehe Abschnitt Stickstoff.)

V = 200

Abb. 254. Randgefuge einer gebrauchten Glasmacherpfeife aus einem Stahl mit 25% Cr und 20% Ni (0,14% N im Gesamtquerschnitt.)

E. Veränderungen der mechanischen Eigenschaften korrosionsfester Stähle bei erhöhter Temperatur.

Abgesehen vom chemischen Angriff kann auch dadurch eine Zerstörung der zunderbeständigen Legierungen eintreten, daß sie infolge der Benutzung bei höheren Temperaturen ihre mechanischen Eigenschaften verändern, insbesondere, daß sie spröde werden. Hierbei spielt die Ausscheidung der intermetallischen Verbindung, die bereits bei reinen Chrom-Eisen-Verbindungen, Chrom-Mangan- und Chrom-Nickel-Stählen eingangs (s. S. 183) erwähnt wurde, eine wesentliche Rolle. Legierungen mit 30% Chrom werden durch längeres Glühen im Bereich von 700—900° etwas spröde, vor allem, wenn sie noch Nickel (bis zu 20%) und Mangan (bis zu 12%) enthalten. Aber auch die Stähle mit 18% Cr, 0,1% C nehmen nach längerem Glühen bei 500° eine gewisse Sprödigkeit an, wie dies z. B. aus Abb. 255 hervorgeht. Diese

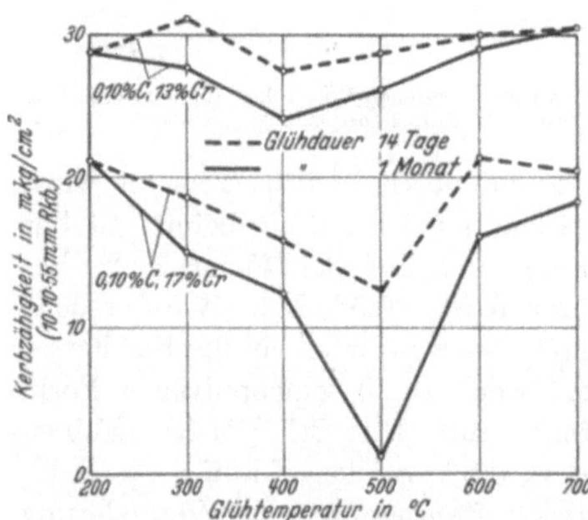

Abb. 255. Sprödigkeitserscheinungen bei 13 und 17proz. Chromstahl infolge längeren Glühens bei 500°. [Nach Fry: Techn. Mitt. Krupp 2. Jg. (1934) S. 11.]

Sprödigkeit der Chromstähle hat heute noch keine einwandfreie Erklärung erfahren. Auf die Vermutung, daß ein flacherer Verlauf der Löslichkeitslinie für die Verbindung FeCr hier eine Rolle spielt, ist bereits auf S. 183 hingewiesen worden. Auf jeden Fall müssen Veränderungen im Gitteraufbau erfolgen. Immerhin ist dieses Sprödewerden nach Glühung bei 500° für die Verwendung wasserstoffbeständiger Legierungen in Anlagen, die bei diesen Temperaturen arbeiten, ernsthaft zu beachten, da z. B. bei Reparaturen geringe Beanspruchungen genügen, um ein Zerbrechen von Teilen, insbesondere von Rohren, herbeizuführen. Durch Ausglühen bei 700° mit einigermaßen rascher Abkühlung gelingt es, diese Sprödigkeitserscheinungen zu beseitigen. Dies deutet darauf hin, daß es sich um eine Ausscheidungserscheinung oder Gitterstörung (Atomumgruppierung von regelloser in gesetzmäßige Gitterbesetzung) handelt. Man muß annehmen, daß die sich ausscheidende Verbindung sich bei Temperaturen von 700—750° wieder löst oder die entsprechende Atomumgruppierung wieder rückgängig gemacht wird.

Auf die Verminderung der Verformungsfähigkeit austenitischer Chrom-Nickel-Stähle durch Karbidausscheidungen bei 700—900° ist bereits in Abb. 243 hingewiesen worden.

6. Eigentümlichkeiten von Chrom- und Chrom-Nickel-Stählen bei ihrer Herstellung und Verarbeitung.

a) Besonderheiten bei der Stahlherstellung.

Die Unterschiede in den verschiedenen Gruppen der Chrom- und Chrom-Nickel-Stähle treten in charakteristischer Weise auch bei der Herstellung und Verarbeitung in Erscheinung, so daß es sich lohnt, näher hierauf einzugehen, um gleichzeitig auch den Zusammenhang zwischen Herstellungsvorgang und Eigenschaften des Endprodukts an Beispielen zu zeigen.

Die Herstellung von Chrom- und Chrom-Nickel-Stählen kann sowohl im Siemens-Martin-Ofen als auch im Elektroofen vorgenommen werden; weniger geeignet sind hierfür Verfahren wie Bessemer- und Thomasbirne. Chrom ist leichter oxydierbar als Eisen; bei allen Frischoperationen wird es daher das Bestreben haben, vor dem Eisen zu oxydieren und aus dem Stahl auszubrennen. Der Zusatz von Chrom erfolgt daher zweckentsprechend nach einer Vordesoxydation durch andere Desoxydationsmittel, um unnötigen Chromverlust zu vermeiden. Bei hohen Chromgehalten ist demnach der Elektroofen am günstigsten, da hier nach vollendeter Desoxydation der Chromzusatz in das desoxydierte Bad erfolgen kann. Die bei einer Oxydation von Chromstählen sich bildenden Chromoxyde scheinen verhältnismäßig schwer aus dem Stahl entfernt werden zu können; wenigstens ergeben sich mitunter beim Einschmelzen chromhaltigen Schrotts, insbesondere im sauren Martinofen, Schwierigkeiten. Im basischen Herdofen gelingt es bereits leichter, das Chrom vollständig zu verschlacken; durch Abziehen der chromhaltigen Schlacke kann man praktisch chromfreie Stähle auch bei Verwendung chromhaltigen Schrotts erzeugen. Im Elektroofen lassen sich andererseits unter Schlackenreduktion auch hochchromhaltige Schrotte am einfachsten ohne erheblichen Verlust an Legierungsmetall einschmelzen. Der Elektroofen ist daher am geeignetsten zum Umschmelzen hochchrom- oder chrom-nickel-haltiger Schrottmengen. Wenn zwar der Einsatz von Chrom meist in metallischer Form erfolgt, so ist es aber auch möglich, durch Aufgabe von Chromerz, das mit reduzierenden Mitteln, wie Aluminium, Silizium, gemischt ist, aus dem betreffenden Erz mit Erfolg Chrom ins Bad zu reduzieren. Es gelingt bei diesen Reduktionsverfahren jedoch schwer, Legierungen mit mehr als 12—13% Chrom zu gewinnen. Der Nachteil ist die Bewältigung großer Erz- und somit Schlackenmengen bei entsprechend starkem Angriff der Ofenausmauerung.

Abgesehen von den Wechselbeziehungen zwischen Chrom und Sauerstoff verdienen diejenigen zwischen Chrom und Stickstoff Beachtung. Sowohl beim Umschmelzen chromhaltigen Schrotts als beim Einschmelzen von Ferrochrom können erhebliche Mengen von Stickstoff aufgenommen werden. Im allgemeinen erschwert ein höherer Stickstoffgehalt die Formänderung beim Walzen und Schmieden. Man wird ferner dafür Sorge tragen müssen, daß nach der Reduktion der Stahlschmelze nicht Gase, insbesondere Wasserstoff, vom Stahl aufgenommen werden, die beim Vergießen die bekannten Schwierigkeiten durch

Blasen im Augenblick des Erstarrens ergeben. U. a. kann auch im kohlenstoffarmen Chrom oder Ferrochrom Wasserstoff enthalten sein.

b) Eigenarten des unverarbeiteten Gußmaterials.

Schon im Gußzustand verhalten sich die verschiedenen Gruppen der Chrom-
und Chrom-Nickel-Stähle verschieden, gemeinsam haben sie nur die allgemeinen
Beziehungen zwischen der Korngröße nach der Erstarrung und der Gießtemperatur, Gieß-
geschwindigkeit usw. (Abb. 256). Für die Ausbildung des Guß-
gefüges scheint vor allem der Umstand entscheidend zu sein,
ob eine Legierung bei

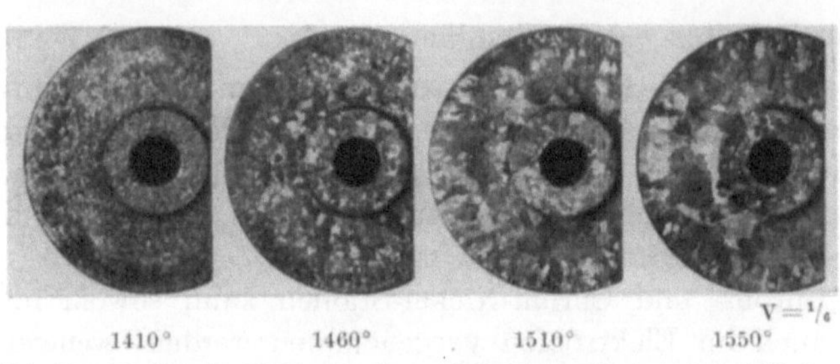

Abb. 256. Einfluß der Gießtemperatur auf die Korngröße bei einer 18 % Cr,
8 % Ni-Legierung. [Nach Rys: Kruppsche Mh. 11. Jg. (1930) S. 73.]

der Erstarrung direkt vom Schmelzfluß ins austenitische Gebiet übergeht oder
ferritisch erstarrt. Die Abb. 257 zeigt eine austenitisch erstarrende Legierung; sie
hat eine außerordentlich starke Neigung zur Trans-
kristallisation, so daß sogar schon bei mäßig
hoher Gießtemperatur bei Blöcken bis 45 cm durch-
gehende Transkristallisation auftritt. Nur bei
Erniedrigung der Gießtemperatur gelingt es, im
Kern eine feinkörnige Zone und nicht orientiertes
Kristallkorn zu erzeugen. In gleicher Weise wie die
in Abb. 257 gezeigten, auch nach der Abkühlung
austenitisch bleibenden Chrom-Nickel-Stähle verhalten sich die Stähle der martensitisch-perlitischen
Gruppe, die infolge ihres hohen Chrom- und Kohlenstoffgehaltes nach der Erstarrung ebenfalls ins

Abb. 257. Transkristallisationserscheinungen bei V 2 A - Gußblöcken.

γ-Gebiet übergehen (Abb. 258). Wesentlich verschieden hiervon sind die sog. halbferritischen und ferritischen Chromstähle. Diese weisen nur geringe Transkristallisation auf. Nach dem Erstarren sind sie verhältnismäßig feinkörnig; es fehlt ihnen
das strahlige Aussehen der im austenitischen Gebiet erstarrenden Legierungen

(Abb. 259). Wahrscheinlich wird dieser Unterschied in der Kristallisation auf Unterschiede in der Wärmeleitfähigkeit zurückzuführen sein. Austenitische Legierungen besitzen geringere Wärmeleitfähigkeit als die entsprechenden ferritischen.

Besonders hervorzuheben ist der Einfluß steigenden Legierungsgrades auf die Kristallseigerungen und die damit zusammenhängende Dendritenbildung, der besonders bei Stählen mit hohem Chrom-, vor allem aber auch Chrom-Nickel-Gehalten in Erscheinung tritt. Abb. 260 zeigt gebeizte Gußscheiben von 5% Nickelstahl, 1% Cr-Stahl, Chrom-Nickel-Stahl und höher legierten Chromstählen. Man sieht deutlich, wie im Gegensatz zu den reinen Nickel- bzw. niedriglegierten Chromstählen bei der Kombination Chrom-Nickel starke Dendritenbildung auftritt. Durch ein Diffusionsglühen, d. h. langsames Glühen dicht unterhalb des Schmelzpunktes gelingt es, diese Dendriten-

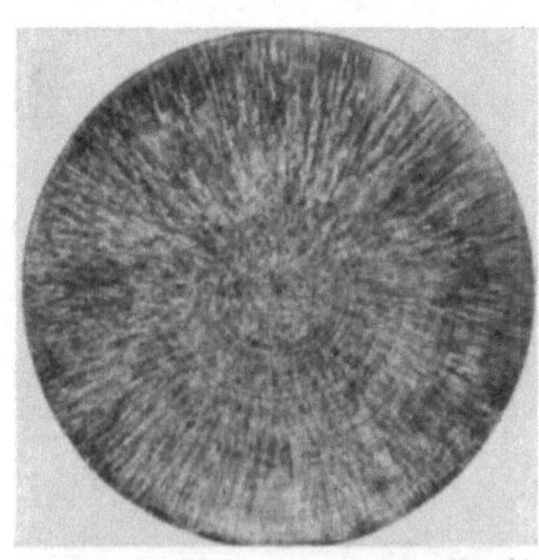

Abb. 258. Gußscheibe eines martensitischen Chromstahles. [Nach Houdremont: Stahl u. Eisen Bd. 50 (1930) S. 1521.]

bildung etwas abzuschwächen, ohne sie indessen ganz zum Verschwinden zu bringen. Die Dendriten lassen sich bei der Warmverarbeitung — Walzen, Schmieden usw. — plastisch verformen, werden daher nicht zerstört, sondern erfahren nur eine Zusammendrängung in der Faserrichtung. Man kann sie daher auch an fertiggewalzten und -geschmiedeten Stücken noch beobachten (Abb. 261). Fälschlicherweise ist dieses Gefüge oft als Gußgefüge bezeichnet und sein Auftreten in geschmiedeten Stücken als Folge ungenügender Verschmiedung angesehen worden. Auch bei einer Verschmiedung von 1:60 gelingt es aber nur, diese Seigerung infolge der starken Streckung eng zusammenzudrängen, ohne sie zu beseitigen. Bei dazwischenliegenden, zur Erzielung guter Festigkeitswerte vollkommen

Abb. 259. Kristallisation eines Gußblockes von ferritischem Stahl mit 30% Cr.

ausreichenden Verschmiedungsgraden werden Zwischenzustände in der Dendritenausbildung zu beobachten sein. Bei ungenügendem Anlassen — mangelnde Anlaßzeit, zu tiefe Anlaßtemperatur — können die Dendriten bzw. Kristallseigerungen bei der Wärmebehandlung dazu führen, daß die geseigerten

Stellen härter bleiben als die nicht geseigerten (Unterschiede in der Zerfallsgeschwindigkeit des verschieden legierten Martensits).

Besondere Bedeutung hat die Ausbildung der Erstarrungsstruktur naturgemäß bei Stahlformguß, weil hier eine spätere Veränderung durch Wärme-

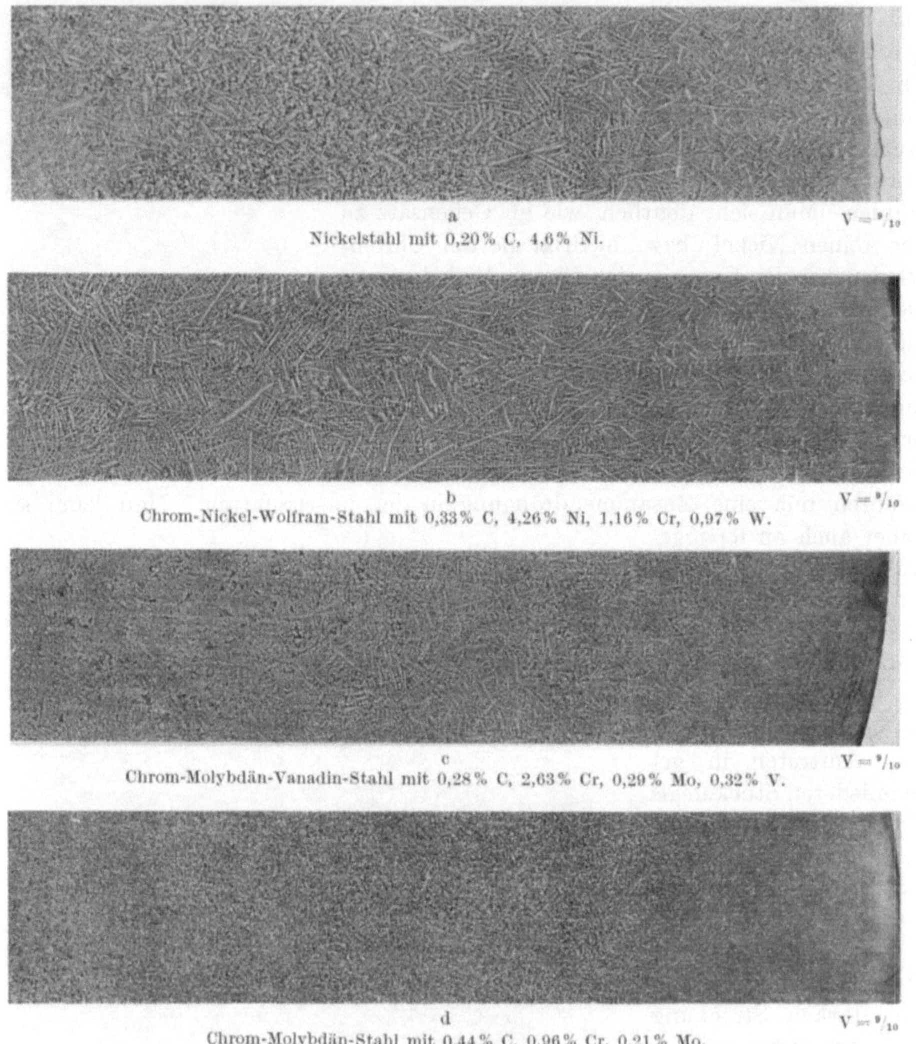

Abb. 260. Dendritenausbildung im Gußblock bei verschieden legierten Stählen.

behandlung nur bei der martensitisch-perlitischen Stahlgruppe möglich ist. Die Wärmebehandlung von Stahlformgußstücken der perlitisch-martensitischen Gruppe entspricht der von normalem Stahlformguß: Glühen oberhalb des Umwandlungspunktes mit mehr oder weniger rascher Abkühlung je nach den gewünschten Festigkeitseigenschaften. Die ferritischen Stähle können dagegen nur spannungsfrei geglüht werden. Irgendwelche Beeinflussung des Gußgefüges durch Wärmebehandlung kann nicht mehr erfolgen. Bei der austenitischen

Gruppe kann man durch Erwärmen auf höhere Temperaturen mit nachfolgendem Ablöschen die in den Korngrenzen sitzenden Karbide auflösen und entsprechend homogenen Austenit erzeugen.

Hierdurch findet auch eine Veränderung der Festigkeitseigenschaften, insbesondere der Dehnung statt (Abb. 262). Eine Beeinflussung der Korngröße ist jedoch auch hier nicht möglich. Man muß also bei dieser wie bei der ferritischen Gruppe durch Einhaltung günstigster Gießbedingungen von vornherein auf ein feines Korn hinarbeiten, wobei auch mechanische Hilfsmittel, wie Schleudern, Rütteln, angewandt werden können. Die Abhängigkeit von Gießtemperatur und Korngröße bei V 2 A-ähnlichen Legierungen zeigte schon Abb. 256; über die Verfeinerung der Gußstruktur durch N_2-haltiges Ferrochrom siehe S. 511.

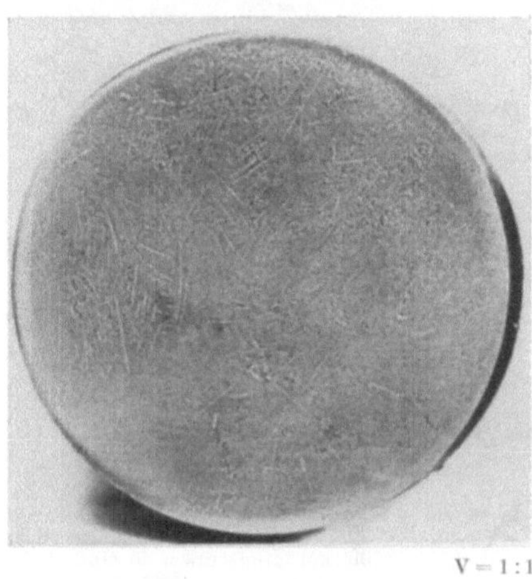

Abb. 261. Dendriten in verschiedenem Material. (Chrom-Nickel-Wolfram-Stahl in 35 cm ⌀ Güssen abgegossen, 40 fach verschmiedet.)

Die hochkohlenstoffhaltigen Stähle mit 13—15% Chrom oder auch beispielsweise Chrom-Nickel-Stähle mit 3—4% Ni und 1—1,5% Cr sind infolge ihres Legierungsgehaltes sog. selbsthärtende oder lufthärtende Stähle. Bei der Abkühlung der Blöcke besteht daher die Gefahr,

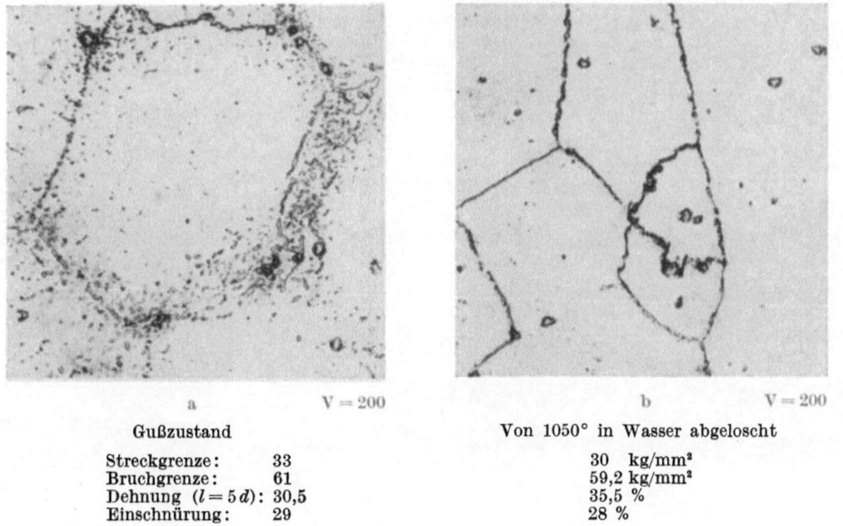

Gußzustand		Von 1050° in Wasser abgeloscht
Streckgrenze:	33	30 kg/mm²
Bruchgrenze:	61	59,2 kg/mm²
Dehnung $(l = 5\,d)$:	30,5	35,5 %
Einschnürung:	29	28 %

Abb. 262. Gefüge und Festigkeitseigenschaften eines Stahles mit 8% Ni und 18% Cr im Gußzustand. (Abmessung 50 mm vkt.)

daß sie infolge von Spannungsrissen unbrauchbar werden. Die Abkühlung der Blöcke muß entsprechend vorsichtig vorgenommen werden. Bei den auftretenden Spannungsrissen kann man prinzipiell zwischen Spannungsrissen gewöhnlicher Art, die sich besonders bei hochgekohlten Stählen als größere Risse

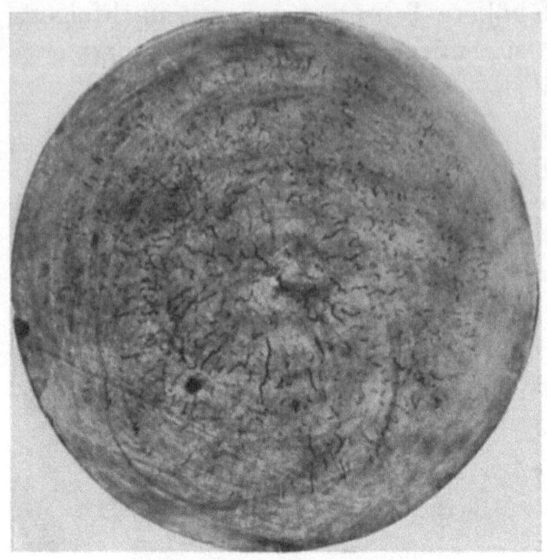

V = ¹/₅

Abb. 263. Primärkorngrenzenrisse in Gußscheiben.

an der Außenseite oder im Inneren der Blöcke quer durch die Kristallkörner hindurch ausbilden und feineren interkristallinen Rissen im Blockinnern unterscheiden.

Bei tiefgekohlten Stählen treten Härtungserscheinungen und daher Spannungsunterschiede zwischen Außen- und Innenzone des Blockes nicht mehr so stark auf, daß hier die erstgenannten großen Spannungsrisse entstehen könnten. Um so eher entstehen hier die feineren, längs der Korngrenzen verlaufenden Rißchen im Blockinnern. Abb. 263 zeigte derartige interkristalline Risse in einem Gußblock. Es scheint manchmal, als ob der Kristallverband bei den niedriggekohlten Stählen infolge vorhandener Zwischensubstanzen stärker gelockert sei als bei den höher kohlenstoffhaltigen Stählen, bei denen infolge des hohen Kohlenstoffgehaltes allein bereits eine wirksame Desoxydation erfolgt, die überdies gasförmige Desoxydationsprodukte ergibt. Man kann des öfteren auch in den Korngrenzen, ohne daß bereits

a

V = ²/₃

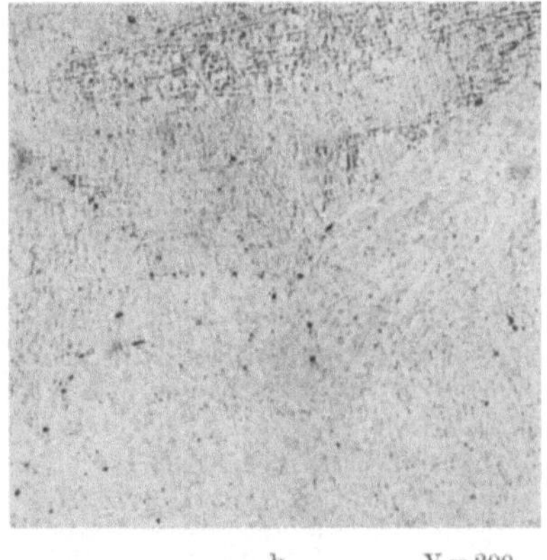

b

V = 200

Abb. 264. Bruchaussehen eines Stuckes mit Primärkorngrenzenrissen („muscheliger Bruch") sowie dünne Oxydhäutchen im Gefüge als wahrscheinliche Ursache fur diese Bruchausbildung.

Risse aufgetreten sind, z. B. nach vorsichtiger Abkühlung, entsprechend fein verteilte Einschlüsse feststellen (Abb. 264). Bei nickelhaltigen Stählen dürften vor allem auch geringe Erhöhungen im Schwefelgehalt dazu beitragen, entsprechende Zwischensubstanzen zwischen den einzelnen Körnern zu erzeugen und das Auftreten derartiger Risse zu fördern. Von besonders starkem Einfluß scheint ferner der Wasserstoffgehalt des Stahls auf die Ausbildung dieser Risse zu sein. (Siehe Abschnitt Wasserstoff im Stahl.) Durch besonders langsame Abkühlung oder durch sofortige Glühung des Gusses kann der Verband in den Korngrenzen verbessert werden. Zur Unterscheidung von anderen Rißerscheinungen in verarbeitetem Stahl sollte man diese Art Risse als „Primärkorngrenzenrisse" bezeichnen. Entsprechende Rißbildungen treten auch in höher legierten, niedriggekohlten Nickelstählen (5—7% Ni) auf.

Während größere Spannungsrisse in Gußblöcken schon vor der Verarbeitung bemerkt werden oder während der Verarbeitung beim Walzen bzw. Schmieden zu Ausschuß führen, braucht dies bei den Primärkorngrenzenrissen nicht der Fall zu sein. Hier wird es darauf ankommen, ob Sauerstoff in die feinen Risse eindringen kann. Geschieht dies nicht, so kann sowohl beim Walzen als beim Schmieden das Material wieder einwandfrei verschweißen, ohne weitere Nachteile zu zeigen. Ist nur an vereinzelten Stellen Sauerstoff eingedrungen oder waren

die Korngrenzen in erhöhtem Maße mit Schlacken besetzt, so ergeben sich im gewalzten bzw. geschmiedeten Zustande Erscheinungen, wie sie aus der Abb. 265 zu ersehen sind. Die Bruchfläche ist an den Fehlstellen meist silbergrau oder blank, ohne sichtbares Bruchkorn oder Sehne; man bezeichnet diese Ausbildung manchmal als „muscheligen Bruch[1]".

Abb. 265. „Muscheliger" Bruch nach starkerer Warmverarbeitung.

Die Bezeichnung „muscheliger Bruch" für solche nach der Verschmiedung vorhandenen Risse in Walz- und Schmiedestücken, die auf entsprechende Vorfehler im Guß zurückzuführen sind, ist nicht besonders glücklich gewählt, da sie nur das Bruchaussehen solcher Stellen im Rohguß oder in größeren Schmiedestücken mit nicht zu starkem Verschmiedungsgrad treffend charakterisiert. In solchen Schmiedestücken kann man manchmal noch die Korngrenzen des Rohgusses an solchen Stellen erkennen, die dann tatsächlich muschelig aussehende Brüche ergibt, wie die Abb. 264 zeigt. Die Erscheinungen stellen nicht immer offene Risse dar, sondern entsprechen häufig Stellen begonnener unvollständiger Verschweißung und treten dann nur beim Brechen der betreffenden Stücke im sehnig vergüteten Zustand sichtbar hervor, weil diese Stellen geschwächten Formänderungswiderstandes ohne Verformung aufbrechen. In stärker verwalztem und verschmiedetem Zustande kann man die Brüche nicht mehr direkt als muschelig (s. Abb. 265) bezeichnen. Derartige Fehlstellen in Zerreiß- und Kerbschlagproben werden oft irrtümlicherweise mit „Flocken" (siehe später) verwechselt[2]. Sehr oft machen sich diese Erscheinungen auch noch nach starker

---

[1] Maurer u. Korschan: Stahl u. Eisen Bd. 53 (1933) S. 275.
[2] Vgl. Houdremont u. Korschan: Stahl u. Eisen Bd. 55 (1935) S. 297/304.

Verformung bemerkbar, und zwar in Form von Stellen örtlichen „Holzfaser-“ oder „Schieferbruches“.

Man kann nun aber nicht alle Fehler, die ein muscheliges Aussehen zeigen, auf Fehler im Gußblock zurückführen. Ähnliche Fehler lassen sich vielmehr

Abb. 266. Muscheliges Bruchaussehen bei grober Überhitzung im Vergleich zu normaler Bruchbeschaffenheit bei einem Chrom-Nickel-Stahl.

auch auf andere Art erzeugen. Typisch treten sie z. B. auch bei Stählen auf, die zu hoher Schmiedetemperatur ausgesetzt waren. Das muschelige Bruchaussehen eines so verdorbenen Chromstahles, das auf interkristallines Brechen zurückzuführen ist, zeigt Abb. 266. Durch nur schwache Nachschmiedung so verdorbener Stähle ergeben sich noch örtliche muschelige Brüche, wie sie

Abb. 267. Unvollkommene Beseitigung von durch grobe Überhitzung erzeugtes muscheliges Bruchaussehen bei nicht ausreichender Nachschmiedung.

Abb. 267 zeigt. Der Verschmiedungsgrad war nicht ausreichend, um alle Korngrenzen zu regenerieren. Hochgekohlte Stähle mit tieferem Schmelzpunkt neigen leichter zu solchen Folgeerscheinungen von Überhitzung. Ebenso können Seigerungen, beispielsweise Sulfidanreicherungen, Kohlenstoffanreicherungen, wie sie in sehr großen Güssen oft unvermeidlich sind, schmelzpunkterniedrigend wirken und in Verbindung mit entsprechender Temperatur beim Wärmen zu solchen Fehlern führen.

c) Warmformgebung.

Die verschiedenen Gruppen der Chrom- und Chrom-Nickel-Stähle unterscheiden sich auch bei der Warmverarbeitung der gegossenen Blöcke. Bereits beim Anwärmen hochchromhaltiger und insbesondere hochchromnickelhaltiger Stähle muß der infolge des Chromzusatzes verminderten Wärmeleitfähigkeit Rechnung getragen werden. In Abb. 223 ist die Wärmeleitfähigkeit in Abhängigkeit vom Chromgehalt eingetragen, gleichzeitig ist der Wert für den Stahl mit 18% Cr, 8% Ni angegeben. Sowohl die Anwärmgeschwindigkeit als die Anwärmdauer muß dieser veränderten Wärmeleitfähigkeit angepaßt werden. Eine zu schnelle Aufwärmung würde zu Spannungsrissen im Kern der betreffenden Blöcke infolge der schroffen Ausdehnung der Außenhaut führen. Bei ungenügender Wärmzeit könnte der Kern so in der Temperatur zurückbleiben, daß bei der nachfolgenden Verformung die Streckung im Innern und Äußern derartig unterschiedlich wäre, daß Risse und Zerreißungen auftreten müßten.

Für den Kraftbedarf beim Walzen maßgebend ist der Formänderungswiderstand der verschiedenen Legierungen. Auch hier unterscheiden sich die ferritischen und halbferritischen Legierungen erheblich von den bei der Verformungstemperatur austenitischen Legierungen. Wie aus Zahlentafel 66 hervorgeht, ist der Formänderungswiderstand bei einer Prüfgeschwindigkeit, die ungefähr der Walzgeschwindigkeit entspricht, bei ferritischen Legierungen etwa so groß wie bei weichem Flußeisen, während höher legierte Chrom-Kohlenstoff-Legierungen, insbesondere aber die austenitischen Chrom-Nickel-Legierungen, einen außerordentlich erhöhten Formänderungswiderstand aufweisen. Dieser erhöhte Formänderungswiderstand steht in Übereinstimmung mit der erhöhten Warmfestigkeit der austenitischen Stähle.

Zahlentafel 66. Dynamischer Schlagwiderstand bei der Warmverformung in kg/cm² bei 1050° nach Houdremont[1].

Flußeisen	Ferritischer Stahl 0,3% C 30 % Cr	Martensitischer Stahl 1% C 18% Cr	Austenitischer Stahl 14% Ni 14% Cr
13,2	14	22	32

Versuchsschnelligkeit = ∞ der Walzgeschwindigkeit.

Aus diesem Grunde wird man bei sehr warmfesten hochnickel- und chromhaltigen Legierungen von über 20 % Chrom und 20 % Nickel aufwärts möglichst kleine Gußblöcke gießen, da sonst infolge des hohen Formänderungswiderstandes die Gefahr besteht, daß sowohl beim Walzen als beim Schmieden die Drücke nicht mehr genügen, um eine Formänderung bis zum Kern der betreffenden Gußstücke durchzuführen. Die Folge hiervon wären Innenzerreißungen und Aufreißungen, wie sie Abb. 268 zeigt. Hierbei spielt natürlich bei großen Güssen auch die stärkere Kernseigerung eine beachtliche Rolle. Der hohe Formänderungswiderstand der austenitischen Chrom-Nickel-Legierungen dürfte vor allem auch darauf zurückzuführen sein, daß die Rekristallisationsgeschwindigkeit dieser Legierungen auch bei hohen Temperaturen noch verhältnismäßig gering ist, so daß während des Walzens keine spontane Rekristallisation erfolgt. Die Rekristallisationsgeschwindigkeit der austenitischen Stähle ist kleiner als normale Walzgeschwindigkeiten. Infolge-

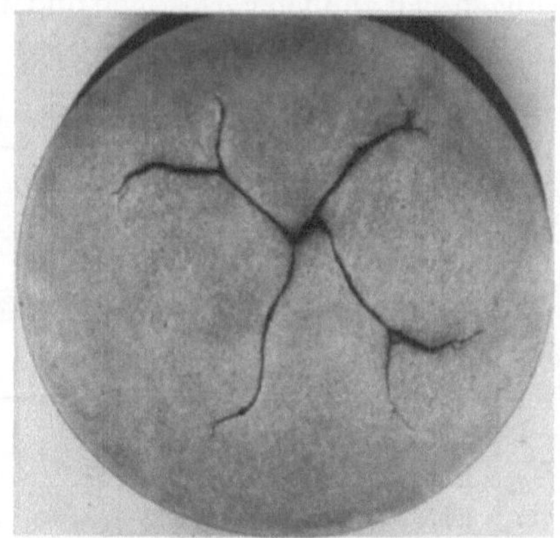

Abb. 268. Innenzerreißung.

---

[1] Stahl u. Eisen Bd. 50 (1930) S. 1522.

dessen verfestigen sich diese Legierungen bei den einzelnen Walzstichen während der Verformung entsprechend stark. Erst oberhalb 1200° kann man bei diesen Stählen spontane Rekristallisationserscheinungen feststellen, während dies bei ferritischen Stählen schon bei Temperaturen von 800—900° der Fall ist. Dieses größere Kristallisationsbestreben ferritischer Stähle äußert sich aber auch in einer entsprechend leichteren Kornvergröberung bei längerem Erwärmen auf hohe Temperaturen oder beim Fertigverarbeiten bei zu hohen Temperaturen.

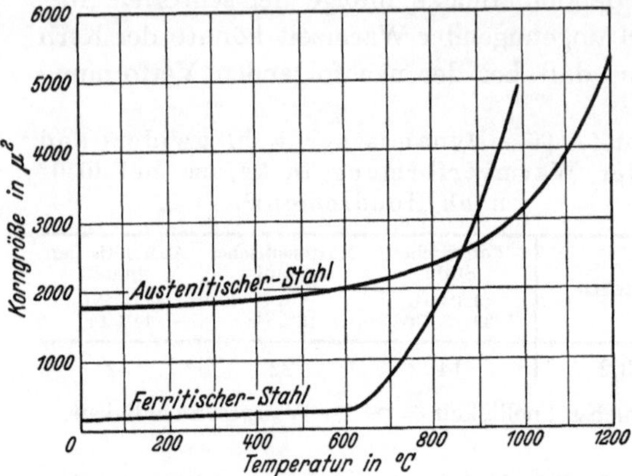

Abb. 269. Schematische Darstellung der Kornvergroberung beim Gluhen fur einen austenitischen im Vergleich zu einem ferritischen Stahl. [Nach Houdremont: Stahl u. Eisen Bd. 50 (1930) S. 1523.]

Abb. 269 gibt den charakteristischen Unterschied des Kristallwachstums eines ferritischen 30proz. Chromstahles gegenüber dem austenitischen V 2 A-Stahl wieder. Da beim Walzen, vor allem dünnerer Abmessungen, die Endtemperaturen ziemlich tief sein können (900° und weniger), spielen die geschilderten Rekristallisationsverhältnisse hier bereits eine Rolle. Bei den austenitischen Legierungen berührt sich hier das Gebiet von Warm- und Kaltverformung insoweit, als bei einer Warmverformung bei diesen tiefen Temperaturen die austenitischen Legierungen sich ähnlich verfestigen und nichtrekristallisiertes Gefüge bekommen wie bei Kaltverformung. Dementsprechend haben die bei tiefer Temperatur fertiggewalzten Legierungen die Eigenschaften des verfestigten Zustandes, d. h. der Walzzustand ist durch höhere Festigkeit und Streckgrenze ausgezeichnet.

Von Wichtigkeit für den Walzwerker ist vor allem noch das Verhalten der verschiedenen Legierungen bezüglich Breitung und Längung. Auch in dieser Beziehung lassen sich deutlich Unterschiede zwischen Flußeisen, austenitischen, martensitischen und ferritischen Legierungen feststellen, wie dies Abb. 270 zeigt. Die stärkere Breitung der ferritischen sowie martensitisch-austenitischen Legierungen muß bei der Kalibrierung von Walzen usw. für derartige Stähle Berücksichtigung finden. Die stärkere Breitung einzelner Stähle kann mit

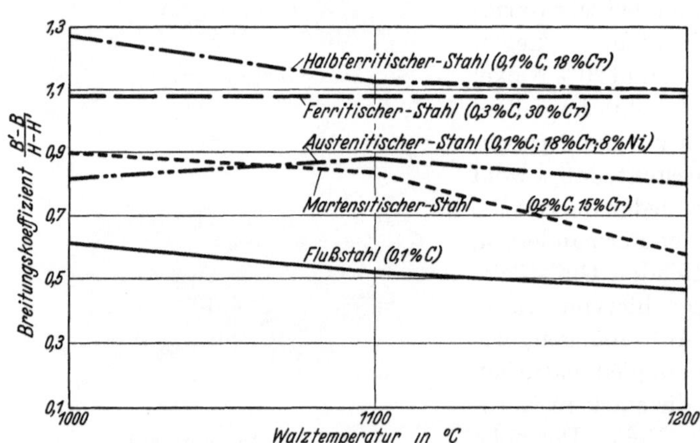

Abb. 270. Veränderung des Breitungskoeffizienten mit der Legierung bei Walzung von 50 mm Vierkantknüppeln auf Platinen von 24 mm Stärke. [Nach Houdremont: Stahl u. Eisen Bd. 50 (1930) S. 1523.]

dem Formänderungswiderstand und der Verfestigung bei den entsprechenden Walztemperaturen zusammenhängen. Stärkere Verfestigungen während des Verformens

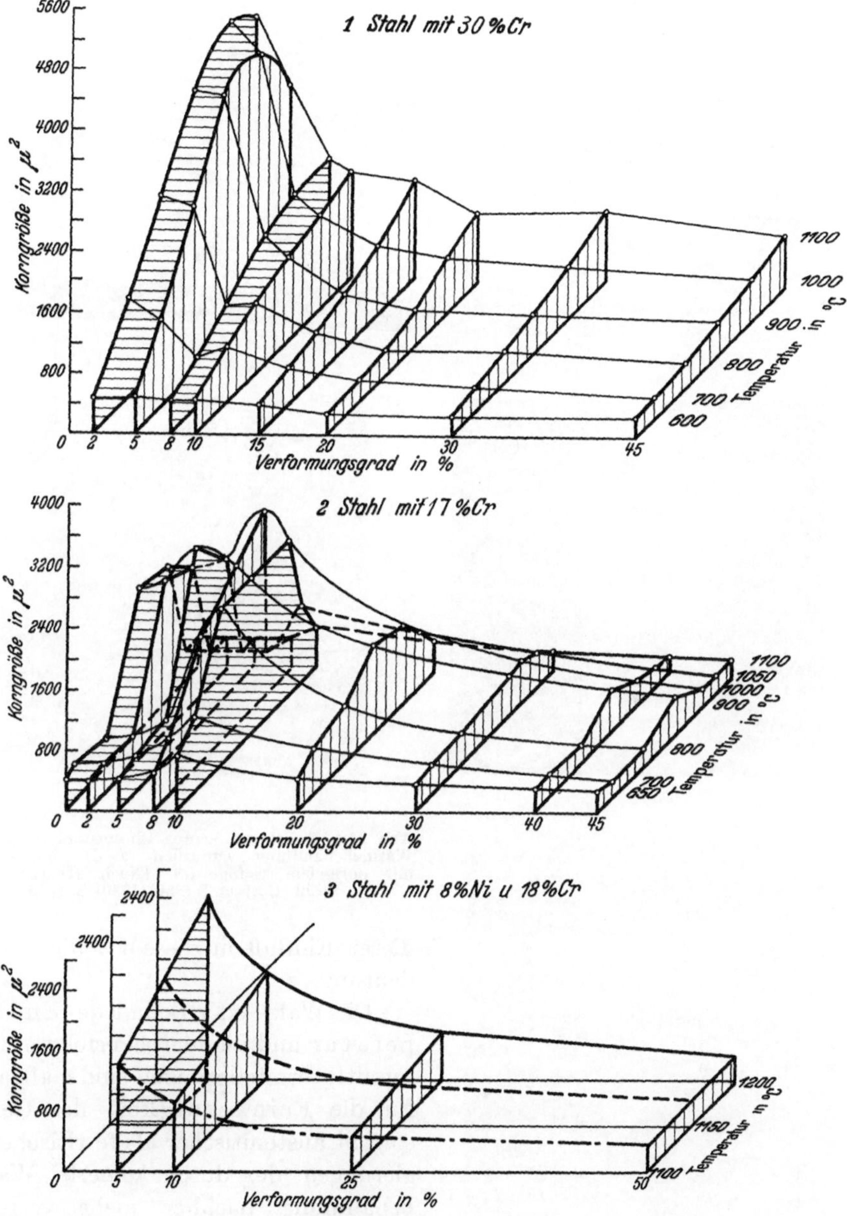

Abb. 271. Rekristallisationsdiagramm von halbferritischen, ferritischen und austenitischen Stählen. [Für Stahl *1* und *2* nach Houdremont: Stahl u. Eisen Bd. 50 (1930) S. 1524/25; für Stahl *3* nach Schottky u. Jungbluth: Kruppsche Mh. 4. Jg. (1923) S. 199.]

müßten zu stärkerem Abfließen in der Querrichtung und somit stärkerer Breitung führen. Ebenso kann die am Walzgut haftende Oxydschicht von Einfluß sein, da sie die Reibungsverhältnisse zwischen Walzgut und Walze beeinflußt.

Erhöhte Reibung[1] führt ebenfalls zu stärkerer Breitung. Da gerade Chromstähle als zunderfeste Stähle zu festanhaftenden Oxydschichten neigen, ist

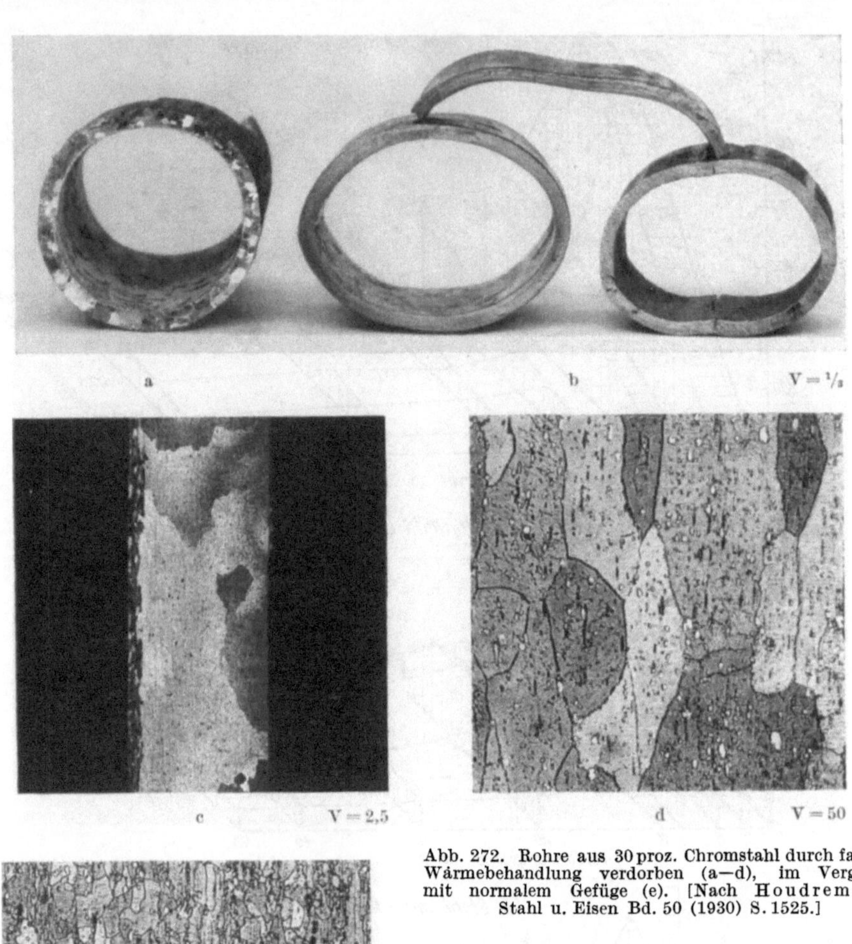

Abb. 272. Rohre aus 30 proz. Chromstahl durch falsche
Wärmebehandlung verdorben (a—d), im Vergleich
mit normalem Gefüge (e). [Nach Houdremont:
Stahl u. Eisen Bd. 50 (1930) S. 1525.]

dieser Einfluß in diesem Falle von Bedeutung.

Die Walz- oder Schmiede-Endtem-
peratur und die hierbei erfolgten Querschnittsverminderungen sind maßgebend
für die Feinkörnigkeit des Gefüges
sowohl austenitischer als ferritischer Legierungen, das durch keinerlei Wärmebehandlung nachher mehr verfeinert
werden kann. Die Korngröße derartiger
Materialien ohne Umwandlung kann nur
durch Zusammenwirken von Verformung und Nachglühung entsprechend den
Rekristallisationsgesetzen (s. S. 40) beeinflußt werden. Beim Warmwalzen ist somit
die letzte Stichabnahme mit der hierbei vorhandenen Temperatur von Einfluß.

<hr>

[1] Lueg, W.: Stahl u. Eisen Bd. 53 (1933) S. 346.

Die Abb. 271 gibt die Rekristallisationsdiagramme halbferritischer, ferritischer und austenitischer Stähle wieder. Bei den halbferritischen Stählen zeigt sich noch eine Rekristallisationsschwelle infolge der teilweisen Umwandlung und der dadurch bedingten Kornverfeinerung. Das Schaubild rein ferritischer Legierungen entspricht dem Rekristallisationsschaubild eines Metalles ohne Umwandlung, das bei schwäch-

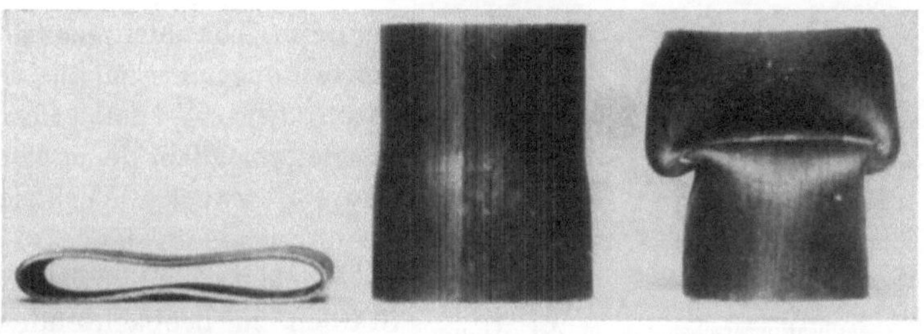

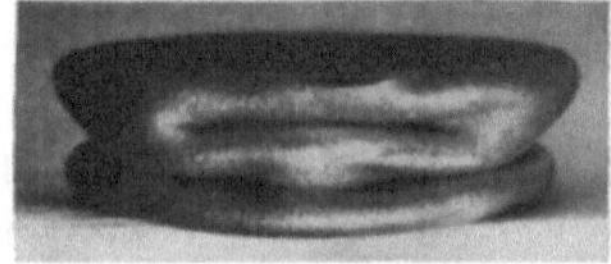

Rohr 40 mm ∅ 1 mm stark V = ³/₅

Abb. 273. Stauch- und Faltproben (von den Mannesmannwerken Remscheid freundlichst zur Verfügung gestellt) von Rohren aus 30 proz. Chromstahl nach einwandfreier Warmebehandlung (Gefuge e in Abb. 272). [Nach H o u d r e m o n t : Stahl u. Eisen Bd. 50 (1930) S. 1525.]

ster Verformung und höchster Temperatur die größte Grobkornbildung ergibt. Unter Berücksichtigung dieser Rekristallisationsgesetze ist es möglich, die verschiedenartigsten Ergebnisse beim Warm- und nachfolgenden Kaltverarbeiten zu erzielen.

Abb. 272a und b zeigen Faltproben eines ferritischen 30 proz. Chromstahls, die ungenügende Zähigkeitseigenschaften ergaben. Die Ursache hierfür ist das in Abb. 272c und d wiedergegebene grobkörnige rekristallisierte Gefüge, das eine Folge falscher Walzendtemperatur ist. Als Vergleich hierzu ist in Abb. 272e das normale Gefüge eines sachgemäß behandelten Rohres aus demselben Stahl wiedergegeben, das sich bei Berücksichtigung des Rekristallisations-Schaubildes ohne weiteres erhalten läßt. Bei dieser Gefügeausbildung erhält man, wie Abb. 273 zeigt, gute Zähigkeit und infolgedessen bei der Stauch- und Faltprobe einwandfreie Ergebnisse.

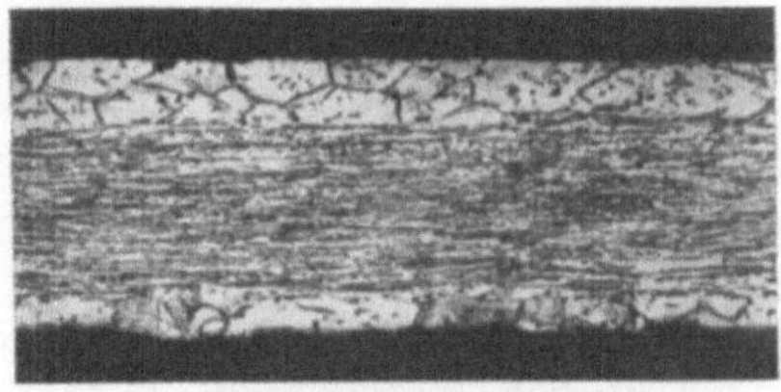

Abb 274. Kornvergroberung infolge Randentkohlung bei einem halbferritischen Stahl. [Nach H o u d r e m o n t : Stahl u. Eisen Bd. 50 (1930) S. 1525.]

Diese Fälle zeigen deutlich, wie Walzendtemperatur und Verformungsgrad die Eigenschaften des Endproduktes beeinflussen können. Bei austenitischen Legierungen ist die Gefahr einer Grobkornbildung infolge des trägeren Kristallwachstumes (Abb. 269) praktisch kaum vorhanden.

Auch bei halbferritischen Stählen können, insbesondere durch auftretende Entkohlung und demzufolge stärkeres Hinübergleiten in rein ferritisches Gebiet, ähnliche schädliche Rekristallisationserscheinungen entstehen, wie sie Abb. 274 wiedergibt. Daß schließlich auch bei rein martensitischen Stählen unter Umständen kritische Rekristallisationen infolge bestimmter Formänderungsbedingungen eintreten können, veranschaulicht Abb. 275. Diese Fälle beweisen zur Genüge, wie Warmverformung und Wärmebehandlung gemeinsam verantwortlich sind für die Ausbildung der Feinkörnigkeit des Gefüges.

Beim Abkühlen nach der Warmverformung müssen alle leicht härtbaren Chrom- und Chrom-Nickel-Stähle, vor allem der martensitischen Gruppe, zwecks Vermeidung von Spannungsrissen langsam abkühlen.

Flocken. Eine in warmverformten Stählen zu beobachtende besonders eigenartige und in ihrem Wesen erst in letzter Zeit geklärte Erscheinung von

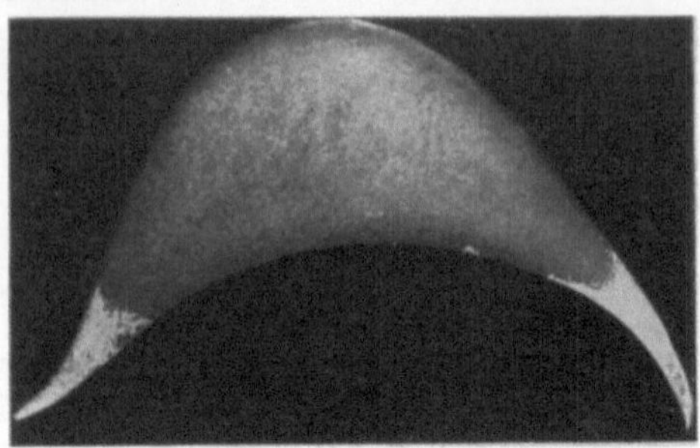

Abb. 275. Turbinenschaufel aus 15 proz. Chromstahl mit kritischer Rekristallisationserscheinung in den dünnwandigen Kanten. [Nach Houdremont: Stahl u. Eisen Bd. 50 (1930) S. 1524.

Spannungsrissen stellen die sog. Flocken, auch Kristallrisse genannt, dar, die besonders bei Chrom-, Chrom-Nickel-, Chrom-Mangan-Stählen usw. auftreten, aber auch in reinen Kohlenstoffstählen beobachtet werden können[1]. Flocken sind Risse, die sich erstmals beim Abkühlen nach der Warmformgebung bilden. Abb. 276 zeigt solche typischen Flocken im Bruch, Abb. 277 in der Beizscheibe eines Chrom-Nickel-Stahles. Ihre Namen Flocken haben sie auf Grund des meist mattglänzenden metallischen Aussehens bekommen, mit dem sie sich von der übrigen Bruchfläche des Stahles abheben. Je nach der Endtemperatur bei der Warmformänderung und dem Verschmiedungsgrad ist das Gefüge der Bruchfläche der Flocken auch entsprechend verschieden grob- oder feinkörnig. Auffallend ist vor allem die bisweilen nahezu kreisrunde bis ellipsenförmige Form der entsprechenden Spannungsrisse. Im Gegensatz zu dem vorher erwähnten Muschelbruch, der infolge von Korngrenzenrissen im Rohblock auftritt und beim Walzen bzw. Schmieden gestreckt wird, besitzen sie keine Streckung in der Verformungsrichtung.

Abb. 276. Flocken im Chrom-Nickel-Stahl.

In dem Schrifttum über Flocken werden oft Folgeerscheinungen von Rissen und Gasblasen im Gußblock als Flocken gedeutet. In dieser Beziehung sind Schrifttumsangaben mit Vorsicht auszuwerten. Flockenrisse gehen durch die Kristallkörner hindurch und zeichnen sich durch ein körniges, unzerriebenes, glitzerndes Bruchkorn aus, entsprechend einem verformungslosen Trennungsbruch. Dies beweist schon zur Genüge, daß die Flocken erst nach vollendeter Verformung

---

[1] Houdremont u. Korschan: Stahl u. Eisen Bd. 55 (1935) S. 297/304.

entstanden sind. Ihr Auftreten erfolgt meistens mehr im Innern der betreffenden Stahlstücke, wo bereits vom Gußblock herrührende Verunreinigungen oder Seigerungserscheinungen vorliegen. In vielen Fällen steht die Anordnung der flockenähnlichen Spannungsrisse im Zusammenhang mit den beim Abkühlen entstehenden Spannungen. So können sie z. B. bei Vierkantmaterial die in Abb. 277 gekennzeichnete Form annehmen.

Die Untersuchung auf Flocken erfolgt zweckmäßig an Hand geschliffener und gebeizter Scheiben oder an Bruchproben vergüteter bzw. gehärteter Stahlstücke. Im geschmiedeten bzw. gewalzten Zustande sind Flockenrisse oft so dicht geschlossen, daß sie erst durch Anwärmen der tief gebeizten Scheiben und Herausdringen der in den Rissen verbleibenden Säurereste deutlich gemacht werden

können. Durch Vergüten gelingt es, Flockenrisse weiter zu lockern und leichter sichtbar zu machen. Im Bruche vergüteter Stahlstücke werden sie deutlich sichtbar (s. Abb. 276).

Als Ursache der Flockenbildung werden Spannungen und metallurgische Einflüsse angegeben, und zwar:

A. Spannungen:

1. Abkühlspannungen.
2. Umwandlungsspannungen.
3. Verformungsspannungen.

B. Metallurgische Einflüsse:

1. Seigerungen.
2. Schlacken.
3. Gase.

$V = \frac{1}{3}$

Abb. 277. Anordnung von Flocken im gebeizten Querschnitt.

Abkühlspannungen. Im Abschnitt Härten ist auf das Auftreten starker Spannungen hingewiesen worden, die durch die schnellere Abkühlung vom Rand gegenüber dem Kern von Schmiede- oder Walzstücken entstehen. Maurer[1] bestätigt durch Berechnung den hohen Wert, den solche Spannungen annehmen können und sieht hierin eine wesentliche Ursache der Flockenbildung. Läßt man nämlich einen flockenempfindlichen Stahl nach dem Schmieden und Walzen an Luft abkühlen, so entstehen Flocken; kühlt man unter Asche oder bei sehr empfindlichen Stählen im Ofen ab, so bleibt derselbe Stahl flockenfrei.

Umwandlungsspannungen. Aus obiger Tatsache und der Erfahrung, daß seigerungshaltiger Stahl leicht Flocken zeigte, zog Bardenheuer[2] den Schluß, daß die Flocken bei der Luftabkühlung am Martensitpunkt entstehen. Er nahm an, daß in den geseigerten Stellen bei schnellem Abkühlen eine Martensitbildung bei tieferer Temperatur vor sich geht und infolge der sich ausbildenden starken Volumenunterschiede der martensitischen Seigerungsstreifen gegenüber den sorbitischen Nebenräumen die Flocken entstehen. Er wies auch gelegentlich

---

[1] Stahl u. Eisen Bd. 47 (1927) S. 1323.   [2] Stahl u. Eisen Bd. 45 (1925) S. 1782.

einen Zusammenhang in Schliffbildern zwischen Flocken und Kristallseigerungen nach. Auch bei den höher legierten, bei Luftabkühlung durchweg martensitisch werdenden Stählen mißt man der Kristallseigerung eine wesentliche Bedeutung für das Auftreten der Flocken bei.

Verformungsspannungen. Eilender und Kiessler[1] fanden in Übereinstimmung mit früheren Angaben des Schrifttums und in Übereinstimmung mit zahlreichen Versuchsergebnissen auf der Kruppschen Gußstahlfabrik Essen, daß flockenempfindlicher Stahl, der durch langsame Abkühlung nach der Warmverformung einmal flockenfrei geblieben war, bei darauffolgenden Erwärmungen auf eine der Walzendtemperatur entsprechende Temperatur mit anschließender Luftabkühlung flockenfrei blieben. Hieraus war bereits der Schluß zu ziehen, daß reine Abkühlungsspannungen sowie Umwandlungsspannungen nicht die hauptsächlich bestimmende Ursache der Flockenbildung sein konnten. Die Abkühlungsspannungen und Umwandlungsspannungen mußten auch beim Wiedererwärmen langsam flockenfrei abgekühlter Stücke und der darauffolgenden Luftabkühlung in gleicher Größenanordnung auftreten und ebenso zur Flockenbildung führen, wie bei der direkten Abkühlung nach dem Walzen und Schmieden.

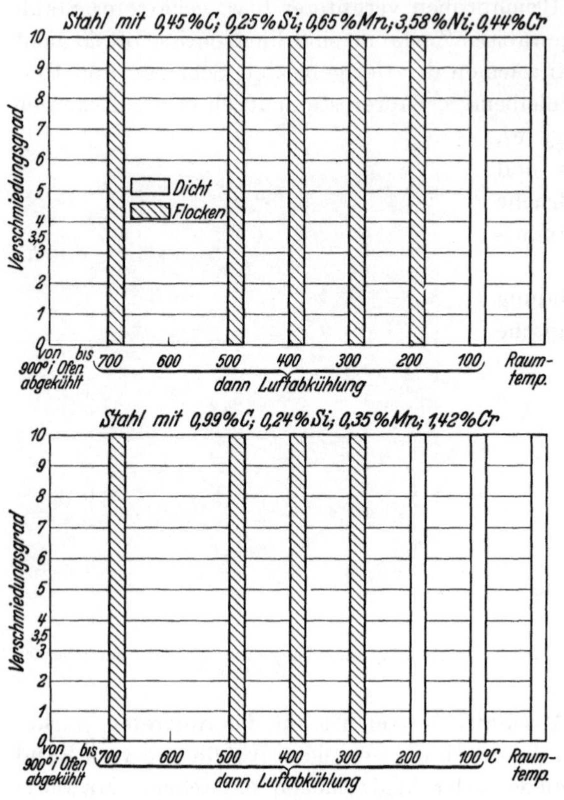

Abb. 278. Auftreten von Flocken bei Entnahme der Schmiedestücke aus dem Ofen von verschiedenen Temperaturen mit nachfolgender Luftabkuhlung.

Eilender und Kiessler zogen daraus den Schluß, daß nach dem Walzen und Schmieden verbleibende Verformungsspannungen zu Abkühlungs- und Umwandlungsspannungen hinzukommen müßten, um Flocken zu erzeugen.

Seigerungen und Schlacken. Das obige Verhalten einmal durch langsame Abkühlung flockenfrei gewordener Stücke weist auch schon darauf hin, daß Schlacken und Seigerungen nicht primär die Ursache der Flocken sein können. Auch diese Fehler müßten bei mehrfachem Erwärmen und Abkühlen stets erneut zur Flockenbildung in Zusammenhang mit Spannungen führen.

Gase. Whiteley[2] nimmt an, daß schlecht desoxydierter Stahl bei höherer Temperatur durch Reaktion zwischen Kohlenstoff und Sauerstoff Kohlenoxyd unter hohem Druck entwickelt und damit Flockenbildung hervorruft.

---

[1] Z. VDI Bd. 76 (1932) S. 729.　　[2] Trans. Amer. Soc. Stl. Treat. 1927 S. 208.

Folgende Versuchsreihen zeigen, daß keine der genannten Ursachen genügt, um für sich allein die Flockenbildung zu erklären. Sie mögen alle zum Auftreten von Flocken beitragen, die primäre Ursache sind sie augenscheinlich nicht. Von flockenempfindlichen Stählen — Kugellagerstahl mit 1% C, 1,5% Cr, Cr-Ni-Stahl mit 3,5% Ni, 1% Cr, 0,3% C — wurden nach dem Schmieden Stücke in einen Ofen von 900° gelegt und dort bei dieser Temperatur zum Ausgleich 1 bis 3 Stunden belassen und dann an Luft gelegt. Trotz des erfolgten Temperatur- und Spannungsausgleiches zeigten diese Stücke Flocken. Verformungsspannungen waren durch den Ausgleich im Ofen vor der Luftabkühlung beseitigt und konnten somit nicht zur Flockenbildung beitragen.

Da ein Temperaturausgleich bei 900° nicht genügte, die Flockenbildung zu vermeiden, wurden nun wiederum Stücke beider Stähle nach dem Schmieden in einen Ofen von 900° gelegt. Der Ofen kühlte mit den Stücken ab, und bei Temperaturen von 800, 700, 600, 500, 400, 300, 200, 100° wurden jeweils Stücke aus dem Ofen gezogen und an Luft abgekühlt. Das Ergebnis zeigt Abb. 278. Alle Stücke, die bei 200° und höheren Temperaturen aus dem Ofen an Luft gelegt wurden, zeigten Flocken; die bis 100° und Raumtemperatur im Ofen abgekühlten Stücke waren flockenfrei.

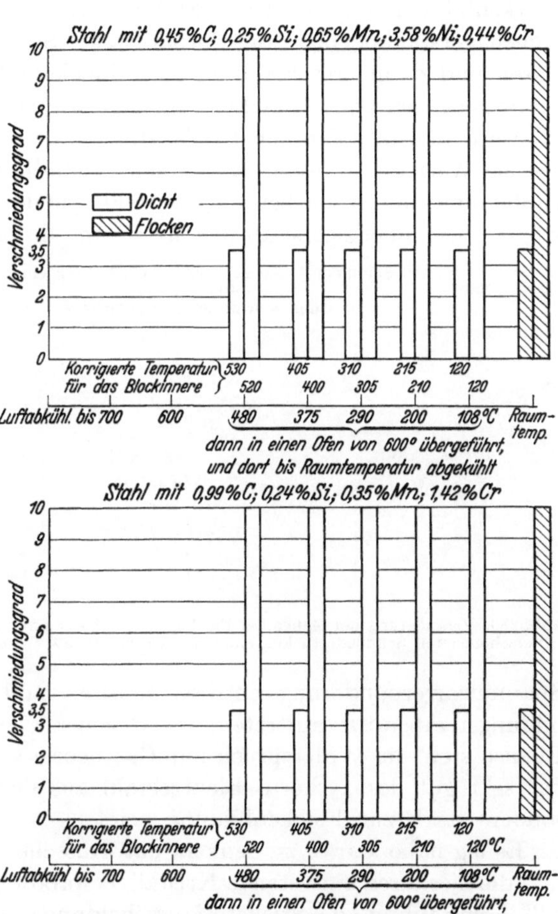

Abb. 279. Auftreten von Flocken in Schmiedestücken verschiedenen Verschmiedungsgrades bei Luftabkühlung nach dem Schmieden und Abfangen bei verschiedenen Temperaturen mit nachfolgender Ofenabkühlung.

Bestätigt wurde diese Versuchsreihe durch folgendes: Stücke derselben Stähle wurden nach dem Schmieden an Luft abgekühlt. Während der Luftabkühlung wurde ihre Temperatur gemessen und jeweils bei einer Abkühlung auf 800, 700, 600, 500, 400, 300, 200, 100, 20° ein Stück in einen Ofen von 600° zurückgelegt und dort langsam abgekühlt. Alle Stücke, die an Luft nicht unter 300° abgekühlt waren (s. Abb. 279) blieben flockenfrei. Luftabkühlung unter 200° rief Flockenbildung hervor. Hervorzuheben ist noch, daß eine langsame Abkühlung im Ofen bis 300° gegenüber einer solchen bis 500° eine Verminderung der Flockenanzahl bewirkte, ohne die Flockenbildung ganz unterdrücken zu können (Abb. 280).

Die Versuchsreihen besagen folgendes: Die Bildungstemperatur der Flocken liegt zwischen Raumtemperatur und 200°. Eine verlangsamte (Ofen-) Abkühlung bis zu 300° genügt nicht, um Flockenbildung zu vermeiden. Hiermit schalten Verformungs- und Abkühlspannungen als primäre Flockenursache aus. Auch Umwandlungsspannungen konnten in diesem Falle nicht die Ursache der Flockenbildung sein, da beide Stahle unter den gewählten Bedingungen — der Kugellagerstahl bei 680°, der Chrom-Nickel-Stahl bei 500° — restlos umgewandelt waren und dann erst bei 100—200° Flockenbildung zeigten.

Seigerungen und Schlacken scheiden, wie bereits oben erwähnt, ebenfalls aus. CO-Gase aus Reaktion von Kohlenstoff und Sauerstoff bei hohen Temperaturen, wie sie Whiteley annimmt, können ebenfalls nicht bei 200° und darunter zu Rißbildung führen, da bei 900 bis 1000° gebildete Gase sich bei der Abkühlung stärker zusammenziehen als das Metall und durch die Abkühlung somit eher eine

Schmiedestucke bei 900° in einen Ofen eingelegt, dort abgekuhlt bis
700° 400° 300° 200°
und von dieser Temperatur weiter an Luft erkaltet

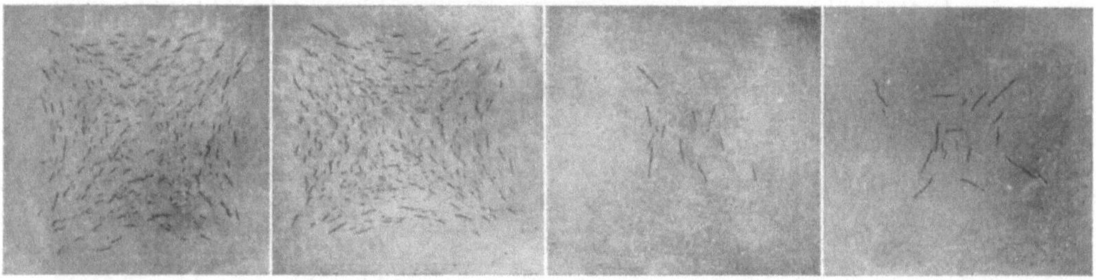

V = 4/10

Abb. 280. Veränderung der Menge der Flockenrisse mit der Anfangstemperatur der Luftabkühlung bei 10fach verschmiedeten Schmiedestucken eines Stahles mit 0,45% C, 0,25% Si, 0,65% Mn, 3,58% Ni, 0,44% Cr.

Spannungsverminderung eintreten müßte. Rißbildung könnte nur bei der Gasbildungstemperatur auftreten, im Gegensatz zu den gemachten Erfahrungen. Ebenso steht im Widerspruch zur Gastheorie von Whiteley die Tatsache, daß der sehr gut desoxydierte Elektrostahl aus dem basischen Lichtbogenofen besonders stark zur Flockenbildung neigt.

Es lag nahe, daran zu denken, daß Ausscheidungen, wie z. B. von Stickstoff, und die hierdurch eintretende Kristallversprödung und Verspannung zur Flockenrißbildung führen, da Stickstoffausscheidungen bei derartig tiefen Temperaturen erfolgen (s. Abschnitt Stickstoff). In Wirklichkeit ist die Ursache der Flockenbildung primär auf die Wirkung geringer Wasserstoffgehalte des Stahles zurückzuführen, wie dies zuerst von H. Schenck und H. Müller hervorgehoben und von H. Bennek[1] bestätigt werden konnte (s. Abschnitt Wasserstoff).

In Übereinstimmung hiermit steht die Tatsache, daß metallurgisch verschieden geführte Schmelzungen verschieden empfindlich gegen Flocken sind. Die Stahlherstellungsverfahren zeigen steigende Empfindlichkeit von dem wenig empfindlichen Tiegelstahl zum sauren Martinstahl, sauren Hochfrequenzstahl, basischen Martinstahl, zum stark empfindlichen basischen Elektrostahl aus dem Lichtbogenofen. Wasserstoffabgebende Kokillenanstriche vermehren die Flockenempfindlichkeit, ebenso heißes und schnelles Gießen; der an Wasserstoff angereicherte Blockkopf ist empfindlicher als der Blockfuß usw.

[1] Stahl u. Eisen Bd. 55 (1935) S. 321/31.

Da die geschilderten Erscheinungen der Primärkorngrenzenrisse in Gußblöcken in ähnlicher Weise gegen die entsprechenden Maßnahmen (Stahlherstellungsverfahren, Kokillenlack, schnelle oder langsame Abkühlung usw.) empfindlich sind, dürfte ihr Auftreten hauptsächlich auf gleiche Ursachen zurückzuführen sein. Man kann Primärkorngrenzenrisse als Flocken im Gußzustand bezeichnen.

Für Flocken gilt dasselbe wie für die vorhin erwähnten interkristallinen Risse in Gußblöcken. Tritt keine Luft hinzu, so kann man durch weiteres Verschmieden die entstandenen Risse wieder verschweißen und zuschmieden. Derartiger nochmals verschmiedeter Stahl kann absolut einwandfreie Eigenschaften aufweisen. Erwähnenswert ist vielleicht noch, daß die Gefahr des Auftretens der Flocken um so größer ist, je geringer der Verschmiedungsgrad war.

d) Kaltformgebung.

Für die Kaltverarbeitung: Kaltziehen, Tiefziehen u. a. m., der verschiedenen Chromstähle sind bestimmend ihr Formänderungswiderstand, d. h. die Ausgangsfestigkeit, ferner ihre Dehnbarkeit im Tiefziehversuch und drittens die beim Kaltrecken eintretende Verfestigung. Die Festigkeitseigenschaften der verschiedenen Chrom- und Chrom-Nickel-Stähle im geglühten Zustand sind bereits im Abschnitt Baustähle aufgeführt. Man kann sagen, daß keine von den verschiedenen Gruppen derartig hohe Festigkeitseigenschaften aufweist, daß der Stahl nicht wenigstens in ʾbegrenztem Maße kaltgereckt, -gezogen oder -gewalzt werden könnte; nur die höher kohlenstoffhaltigen Stähle eignen sich nicht mehr für Tiefziehzwecke. Abb. 281 gibt die Tiefziehwerte für die entsprechenden Legierungen im Vergleich zu weichem Flußeisen wieder. Hervorzuheben ist vor allem die hohe Tiefziehfähigkeit der austenitischen Stähle vom Typus des

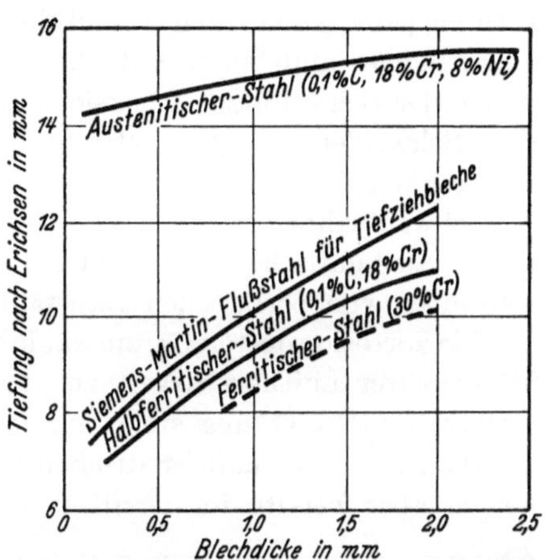

Abb. 281. Tiefziehfahigkeit von nichtrostenden Stählen. (Entnommen von Strauss: Gesammelte Vortrage der Werkstofftagung Berlin 1927 II. Bd. S. 73.)

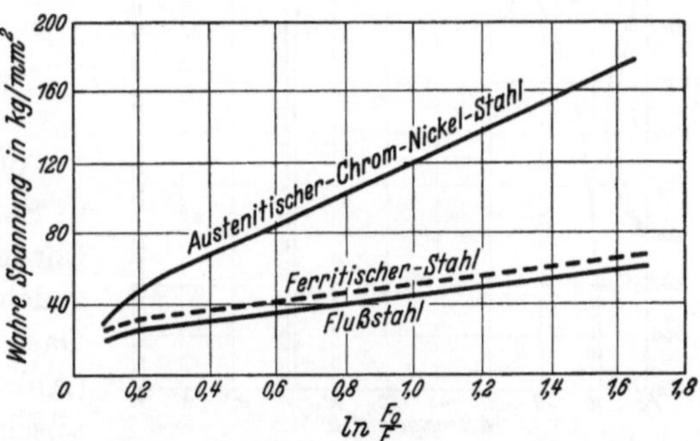

Abb. 282. Kaltverfestigung eines austenitischen Chrom-Nickel-Stahles im Vergleich zu Flußeisen und ferritischem Stahl. [Nach Houdremont: Stahl u. Eisen 50. Jg. (1930) S. 1523.]

V2A. Für den Verschleiß der Werkzeuge spielt nun noch vor allem die Verfestigungsfähigkeit während des Ziehvorganges eine Rolle. Wie bereits früher gezeigt (s. Manganhartstahl), kann man in dieser Beziehung prinzipiell zwischen zwei Gruppen unterscheiden: Auf der einen Seite die perlitischen und ferritischen Stähle, die alle eine ziemlich ähnliche Verfestigungskurve aufweisen, und andererseits die austenitische Gruppe, die sich erheblich stärker verfestigt. Wie die Verhältnisse bei den entsprechenden rostfreien Stählen liegen, zeigt Abb. 282.

e) Schweißbarkeit.

Zum Schluß sei noch erwähnt, daß sich nahezu alle Chrom- und Chrom-Nickel-Stähle mit sich selbst verschweißen lassen. Insbesondere für die rostfreien Stähle der austenitischen V2A-Gruppe war dies von außerordentlicher Wichtigkeit, da es nur auf diese Art und Weise möglich wurde, chemische Apparaturen jeder Abmessung auszuführen. Bei dem Schweißen dieser austenitischen Legierungen muß man auf die Erscheinung der interkristallinen Korrosion neben der Schweißnaht Rücksicht nehmen, d. h. geschweißte Gegenstände nach dem Schweißen vergüten, oder Stähle verwenden, die nicht zur interkristallinen Korrosion neigen.

Schweißnähte bei austenitischen Legierungen sind sehr zäh, gut verformbar usw. Austenitische Chrom-Nickel-Stähle werden deswegen auch zum Verschweißen von perlitischen Baustählen höherer Festigkeit verwendet[1].

Die korrosionsfesten Chromstähle der martensitisch-perlitischen Gruppe neigen infolge ihrer Lufthärtbarkeit zu Spannungsrissen neben der Schweißnaht. Die Gefahr der Rißbildung steigt mit zunehmendem Kohlenstoffgehalt.

Die Stähle der halbferritischen Gruppe lassen sich an sich gut verschweißen, neigen aber bereits im ferritischen Gefügeteil zu einer gewissen Kornvergröberung und Versprödung neben der Schweißnaht.

Ferritische Legierungen werden stets infolge der stärkeren Neigung zum Kristallwachstum neben der Schweißnaht grobkörnig und spröde.

E. Wolframstähle.

1. Allgemeines.

a) Das System Eisen-Wolfram.

Wolfram hat bezüglich seiner Wirkung in Sonderstählen manche Ähnlichkeit mit Chrom und findet ebenfalls eine ausgedehnte Verwendung in legierten Stählen. Das Zustandsdiagramm Eisen-Wolfram (Abb. 283) zeigt, daß Wolfram das γ-Gebiet abschnürt, so daß die Eisen-Wolfram-Legierungen mit mehr als 8% Wolfram keine Umwandlung mehr erleiden, sondern

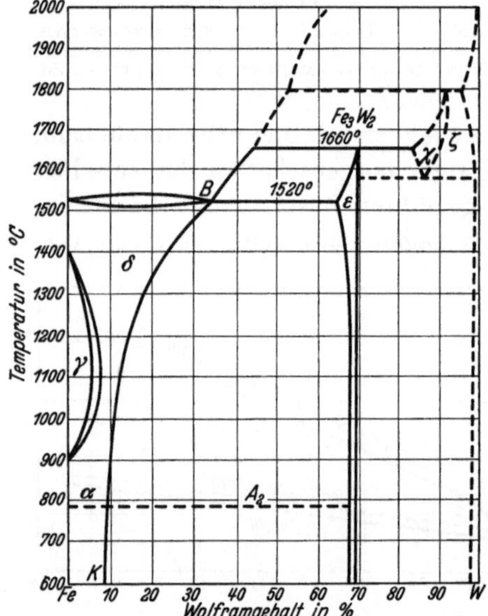

Abb. 283. Zustandsdiagramm Eisen-Wolfram. [Nach Takeda: Technol. Rep. Tôhoku Univ. Bd. 9 (1930) S. 101—115.]

vom Schmelzpunkt bis zur Raumtemperatur aus Ferrit bestehen. Das ferritische Gebiet seinerseits wird beschränkt durch die Löslichkeitslinie für Eisen-Wolframid, das mit steigender Temperatur eine wachsende Löslichkeit im Ferrit aufweist. Man kann Wolfram-Eisen-Legierungen ebenfalls in solche mit und ohne Umwandlungen (perlitische halbferritische und ferritische) unterteilen.

Wie bei den ferritischen Chromlegierungen gezeigt wurde, besitzen diese nur dann günstige Eigenschaften, wenn Verformungsgrad und Glühtemperatur

---

[1] A. Fry: Techn. Mitt. Krupp Bd. 2 (1934) S. 33/42.

in Einklang gebracht werden. Eine weitgehende Beeinflussung der mechanischen Eigenschaften durch Wärmebehandlung ist nicht möglich. Maßgebend für die Verwendung der ferritischen Chromlegierungen sind auch nicht die mechanischen, sondern die korrosionstechnischen Eigenschaften. Da die halbferritischen und ferritischen Wolframlegierungen mit homogener Mischkristallbildung keine gleichwertigen Eigenschaften aufweisen, finden sie praktisch keine Verwendung.

In neuerer Zeit haben aber Legierungen Bedeutung gewonnen, deren Konzentrationslinie die Linie BK des Systems (Abb. 283) schneidet, und die somit aus ferritischen Mischkristallen + Wolframid bestehen. Da die Linie BK die mit steigender Temperatur anwachsende Löslichkeit für

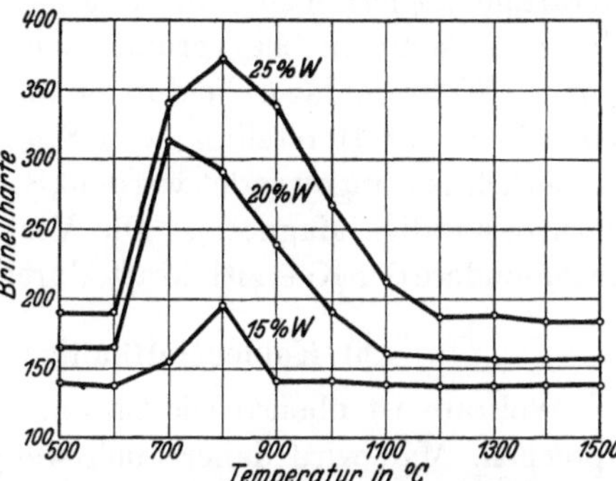

Abb. 284. Einfluß der Anlaßtemperatur auf die Härte von reinen Eisen-Wolfram-Legierungen; das Auftreten der Wolframidhärtung. [Nach Sykes: Trans. Amer. Inst. min. metallurg. Engr. Bd. 73 (1926) S. 968; Stahl u. Eisen 46. Jg. (1926) S. 1835.]

die Verbindung Fe_3W_2 veranschaulicht, ist gleichzeitig hierdurch die Möglichkeit für Ausscheidungshärtungsvorgänge gekennzeichnet. Durch Ablöschen von Legierungen mit 10—30 % Wolfram von Temperaturen oberhalb dieser Löslichkeitslinie gelingt es, die entsprechende feste Lösung von Eisen-Wolframid im Eisen-Wolfram-Mischkristall bei Raumtemperatur praktisch festzuhalten. Beim Anlassen auf höhere Temperaturen scheiden sich die betreffenden Wolframide in mehr oder weniger fein verteilter Weise aus, wobei alle bei Ausscheidungshärtung bekannten Eigenschaftsänderungen, Erhöhung der Härte, Veränderung der magnetischen Eigenschaften usw., beobachtet werden können. Den Einfluß der Anlaßtemperatur bei von 1400°

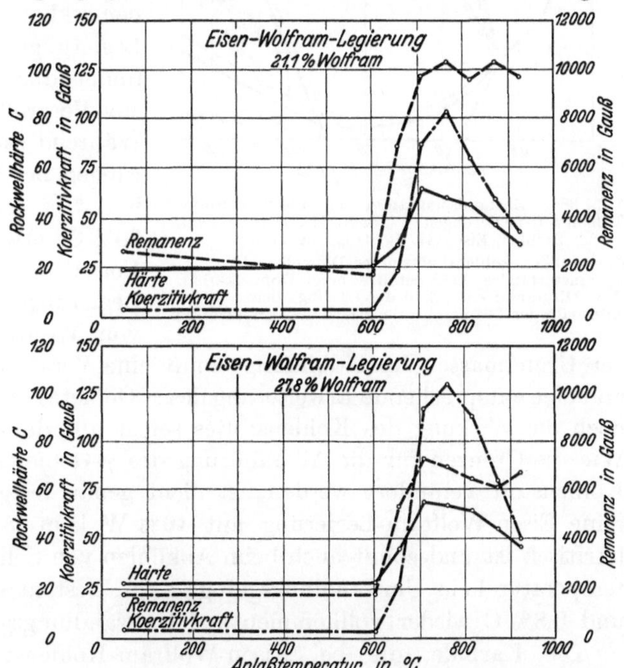

Abb. 285. Verbesserung der magnetischen Eigenschaften durch Wolframidausscheidung bei Eisen-Wolfram-Legierungen, abgeschreckt von 1430° C. [Nach K. S. Seljesater u. B. S. Rogers: Trans. Amer. Soc. Stl. Treat. Bd. 19 (1932) S. 557.]

abgelöschten Legierungen mit verschiedenen Wolframgehalten zeigt Abb. 284, die den typischen Härteverlauf ausscheidungshärtender Legierungen wiedergibt[1].

---

[1] Sykes: Trans. Amer. Inst. min. metallurg. Engr. Bd. 73 (1926) S. 968; s. a. Stahl u. Eisen Bd. 46 (1926) S. 1833/36.

Die Temperatur des maximalen Härteanstiegs liegt je nach der Konzentration und Anlaßzeit bei 700—800°. Infolge dieser hohen Anlaßtemperaturen sind derartige Legierungen sehr anlaßbeständig, d. h. sie verlieren ihre Härte erst durch Ausglühen bei verhältnismäßig hoher Temperatur. Dementsprechend können Wolframidausscheidungen unter Umständen (s. a. später unter Kobalt) als Grundlage zur Herstellung von Stählen, bei denen hohe Anlaßbeständigkeit erforderlich ist, angewendet werden (Schneidstähle, Warmarbeitswerkzeuge, temperaturbeständige Magnete). Die Verbesserung der magnetischen Eigenschaften, insbesondere der Koerzitivkraft, durch die Wolframidausscheidung zeigt Abb. 285.

b) Kohlenstoffhaltige Eisen-Wolfram-Legierungen.

Wolfram ist ebenso wie Chrom als typisches karbidbildendes Element anzusprechen. Man wird daher auch weitgehende Analogie zwischen dem Verhalten von Wolfram-Eisen-Kohlenstoff- und Chrom-Eisen-Kohlenstoff-Legierungen feststellen können. In erster Linie macht sich der Einfluß von Kohlenstoff auch bei Eisen-Wolfram-Legierungen auf den Existenzbereich der γ-Phase bemerkbar. Wie bei den Eisen-Chrom-Legierungen (Abb. 186) gezeigt wurde, findet durch Zusatz von Kohlenstoff eine Vergrößerung des γ-Gebietes statt. Während es in kohlenstofffreien Legierungen bei 13% Cr völlig abgeschnürt ist, wird es durch 0,4% C bis nahezu 30% Cr erweitert. Ähnlich liegen die Verhältnisse auch bei Eisen-Wolfram-Legierungen. Schon wegen des Entzuges von Wolfram durch Kohlenstoff aus

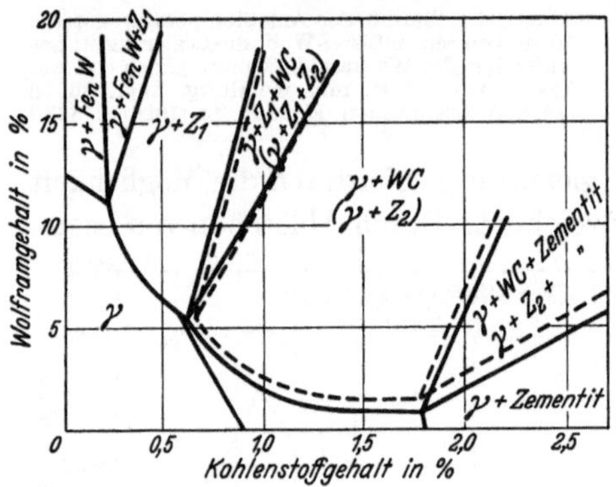

Abb. 286. Zustandsdiagramm der Eisen-Wolfram-Kohlenstoff-Legierungen. [Nach Hultgren; vgl. Stahl u. Eisen 41. Jg. (1921) S. 1775.]

Z_1 = stabiles, kohlenstoffarmeres Doppelkarbid.
Z_2 = metastabiles, kohlenstoffreicheres Doppelkarbid.
(Das Diagramm entspricht den Gleichgewichten dicht unterhalb der Temperatur der beendeten Erstarrung.)

der Grundmasse (Karbidbildung) muß eine Verarmung an Wolfram eintreten und eine entsprechende Erweiterung des γ-Gebietes die Folge sein. Hierzu kommt noch die Wirkung des Kohlenstoffes selbst auf die Erweiterung des γ-Feldes. Wie die Grenzen für die Abschnürung des γ-Gebietes durch kleine Zusätze von Kohlenstoff verändert werden, ist nicht genau festgelegt. Während z. B. eine reine Eisen-Wolfram-Legierung mit 10% W kein γ-Gebiet aufweist, also rein ferritisch ist und somit auch beim Abkühlen von Schmelztemperatur bis Raumtemperatur kein Umwandlungsgefüge zeigt, besteht eine Legierung mit 18% W und 0,8% C wieder vollkommen aus Umwandlungsgefüge.

Die Karbide, die bei Eisen-Wolfram-Kohlenstoff-Legierungen auftreten, sind je nach dem Kohlenstoff- und Wolframgehalt verschieden. Es treten sog. Doppelkarbide und das stabile Wolframkarbid (WC) auf. Unter den Doppelkarbiden kann man Lösungen von Wolfram in Eisenkarbid bzw. von Eisen in Wolframkarbid annehmen.

Abb. 286 gibt die Gleichgewichtsverteilung zwischen den einzelnen Karbiden und dem γ-Mischkristall einerseits und dem γ-Mischkristall und dem Wolframid andererseits dicht unterhalb der Erstarrungstemperatur wieder. Die Gleichgewichtsverhältnisse dürften heute noch nicht restlos geklärt sein, da augenscheinlich Wechselwirkungen zwischen Eisenkarbid und Wolframkarbid je nach der Wärmebehandlung vorliegen (weiteres hierüber siehe später).

Die Umwandlungspunkte werden durch Zusatz von Wolfram entsprechend Abb. 287 verändert. Die starke Erhöhung des Ac_3-Punktes wird auch durch diese Untersuchungen bestätigt; ferner findet ein leichter Anstieg des Ac_1-Punktes statt, während der A_2-Punkt unverändert bleibt. Die Ar-Umwandlungen erfahren verhältnismäßig geringe Veränderungen, nur daß mit steigendem Wolframgehalt die Hysteresis um ein geringes erhöht wird. Eine Beeinflussung der Härtefähigkeit durch Wolframzusatz ergibt sich somit aus diesen Untersuchungen nicht. Trotzdem beeinflußt auch Wolfram die Härtefähigkeit wie Chrom im Sinne eines karbidbildenden Legierungselementes. Bei den in Abb. 287 untersuchten Legierungen mit verhältnismäßig niedrigen Gehalten an Wolfram (3%) bestehen die vorhandenen Karbide hauptsächlich aus Eisenkarbid, das bestimmte Anteile Wolfram gelöst enthält. Eine stärkere Einwirkung auf

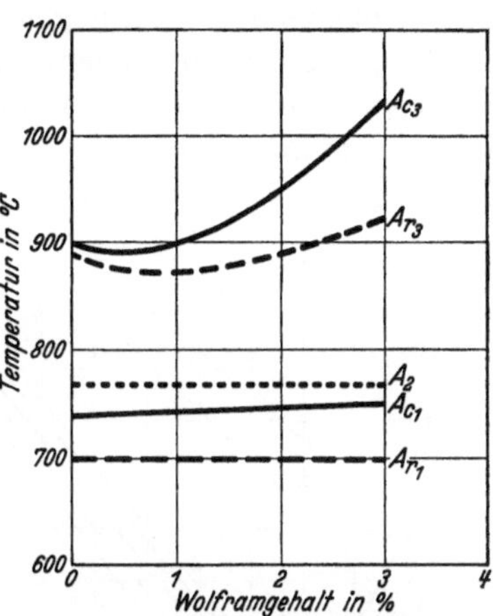

Abb. 287. Einfluß des Wolframs auf die kritischen Punkte. [Nach Maurer: Unveröffentlichte Untersuchungen.]

die Ar-Punkte liegt hierbei noch nicht vor. Anders liegen die Verhältnisse bei höheren W- und C-Gehalten, bei denen das stabile Wolframkarbid WC bzw. ein entsprechendes Mischkarbid auftritt. Mit steigender Erwärmungstemperatur gehen in Analogie zu dem bei chrom-sonderkarbidhaltigen Stählen Gesagten steigende Anteile dieses Karbids in Lösung und beeinflußen bei der Abkühlung die Lage des Ar_1-Punktes. Da das stabile Wolframkarbid aber erst bei wesentlich höheren Temperaturen merklich in Lösung geht, sind bei Anwesenheit dieses Karbides schon Temperaturen von etwa 1000° und mehr erforderlich, um eine entsprechende Beeinflussung der Umwandlungstemperatur hervorzurufen.

Infolge der karbidbildenden Wirkung des Wolframs wird der Perlitpunkt bei steigendem Wolframzusatz zu tieferen Kohlenstoffkonzentrationen verschoben, ebenso erfährt die gesamte ES-Linie durch Wolframzusatz eine Verschiebung nach links. Auf Grund dieser Tatsache ergeben sich für Wolfram-

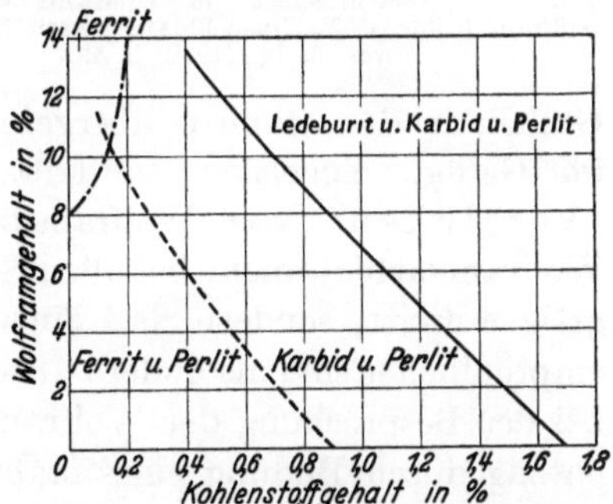

Abb. 288. Gefügediagramm der Wolframstähle. [Nach Daeves, Oberhoffer u. Rapatz: Stahl u. Eisen 44. Jg. (1924) S. 432.]

Eisen-Legierungen ähnliche Unterteilungen wie für Chromstähle in ferritischperlitische, karbidisch-perlitische und ledeburitisch-perlitische Stähle (Abb. 288). Diese Einteilung besitzt ebenfalls nur beschränkte Bedeutung, da die Zustände, in denen sich der Kohlenstoff in Wolframstählen vorfindet, weitgehend von der Wärmebehandlung abhängig sind. Glüht man z. B. einen Stahl mit 0,6% C und 0,6% W auf höchste Weichheit und vergleicht man die Härtbarkeit eines solchen Stahles in diesem Glühzustand zur Härtbarkeit im Walz- oder Schmiedezustand, so wird man feststellen, daß der geglühte Stahl seine Härtbarkeit nahezu vollkommen eingebüßt hat; er ist weit weniger härtefähig als ein entsprechender Kohlenstoffstahl mit 0,6% C ohne Wolfram. Dagegen ergibt die Abschreckung direkt aus dem Walzzustand, d. h. ungeglüht, eine deutlich stärkere Tiefenhärtung, also größeres Härtevermögen als beim reinen Kohlenstoffstahl. Die Ursache hierfür ist darin zu suchen, daß sich beim Weichglühen aus diesen in das rein perlitische Gebiet fallenden Stählen ein stabileres Karbid ausscheidet, während im ungeglühten Zustande ein wolframhaltiger Zementit vorliegt. Durch die Bildung des stabilen Karbids werden entsprechende Mengen Kohlenstoff abgebunden, die sich an der Härtung bei der für diese Stähle üblichen Härtetemperatur von etwa 780° nicht mehr beteiligen, da sie bei dieser Temperatur nicht im Austenit gelöst werden. Erst nach dem Ablöschen eines derartig verglühten Wolframstahles von 1050° in Wasser stellt sich die normale Härtetiefe wieder ein, auch wenn man nach dieser Wärmebehandlung von hoher Temperatur eine zweite Härtebehandlung bei normaler Temperatur, also 780°, vornimmt. Aus diesem Verhalten müßte man schließen, daß bei Wolframstählen ein gewisser metastabiler Zustand vorliegen kann, in dem das Wolframkarbid (WC) nicht ausgeschieden ist, daß aber dieser metastabile Zustand durch

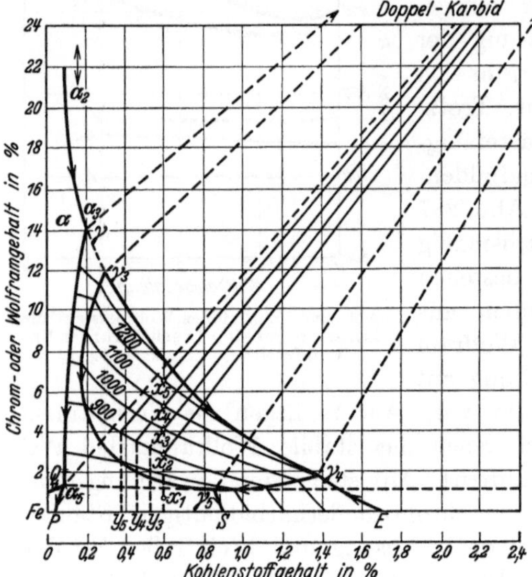

Abb. 289. Austenitgebiet im Dreistoffsystem Eisen-Wolfram-Kohlenstoff. [Nach Köster: Arch. Eisenhüttenwes. 6. Jg. (1932) S. 32.]

Glühen in den stabilen übergeführt wird, bei dem das stabile Wolframkarbid im Gefüge eingelagert auftritt. Charakteristisch ist fernerhin, daß dieses „Verglühen" von Wolframstählen (also Glühen mit Ausscheidung von Wolframkarbid), nicht bei allen Schmelzungen gleicher Zusammensetzung gleichartig auftritt, sondern daß einzelne Schmelzungen gegen diese Erscheinungen empfindlicher sind als andere. Auf die hierfür mögliche Ursache wird noch später bei der Besprechung der Wolfram-Magnetstähle eingegangen. Den Kohlenstoffentzug durch Bildung eines stabilen Karbids bei Chrom- oder Wolframstählen kann man sich nach den Ausführungen von Köster[1] wie folgt vorstellen:

Abb. 289 zeigt im Dreistoffsystem Fe-C-Cr bzw. Fe-C-W die Projektion eines Teiles der Gleichgewichtslinien in der Eisenecke. Die Linie $\alpha_2\alpha_3\gamma_3\gamma_4E$ gibt die mit der Schmelze im Gleichgewicht befindlichen α- bzw. γ-Mischkristalle an. Die Fläche $E\gamma_4\gamma_5S$ ist die Sättigungsfläche des Austenits für Zementit und die Fläche $\gamma_3\gamma_4\gamma_5$ die Sättigungsfläche des Austenits für das Doppelkarbid (z. B.

---

[1] Diskussionsbeitrag zu Houdremont, Bennek u. Schrader: „Härtbarkeit und Anlaßbeständigkeit von Stählen mit schwerlöslichen Sonderkarbiden". Arch. Eisenhüttenwes. 6. Jg. (1932/33) S. 24—34.

Fe_3W_3C). Die Isothermen der Sättigungsflächen sind in Abb. 289 eingezeichnet. $\alpha_3\gamma_3\alpha_5\gamma_5$ ist die Regelfläche der α- und γ-Mischkristalle, auf die der Zweiphasenraum der α- und γ-Mischkristalle aufsetzt. Wird nun zu einem Stahl mit etwa 0,6% C Wolfram oder Chrom zugesetzt, so wird der Stahl, wenn 900° die Abschrecktemperatur ist, aus dem Gebiet der homogenen Mischkristalle abgeschreckt, bis das Zusatzelement den Gehalt des Punktes x_2 erreicht. Bei weiterem Zusatz tritt der Stahl in den Zweiphasenraum $\gamma_3\gamma_4\gamma_5$ ein, in dem γ-Mischkristalle

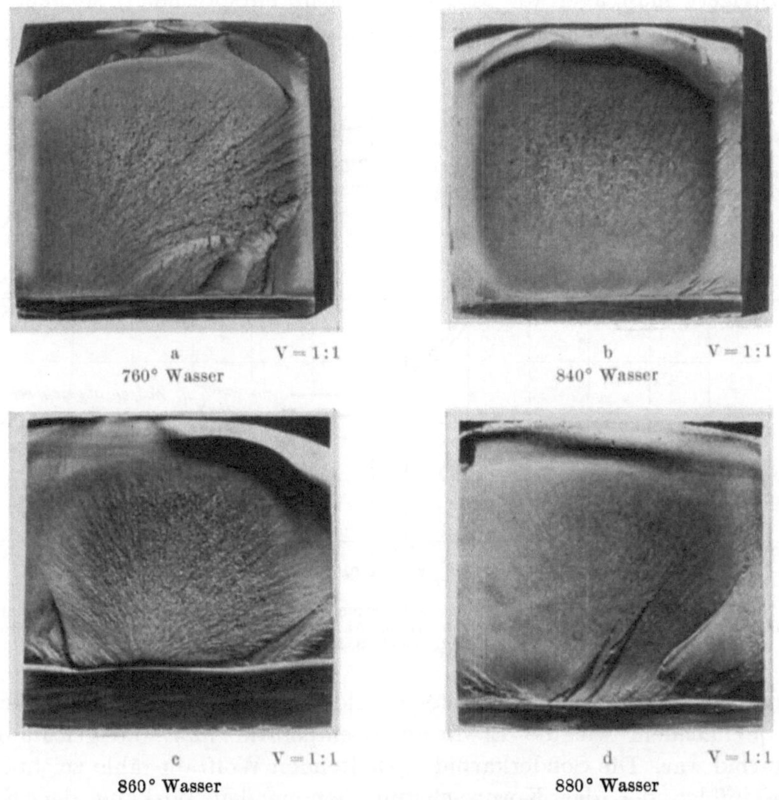

Abb. 290. Veranderung des Durchhärtungsvermögens eines Wolframstahles mit 1,5% C und 8% W mit der Härtetemperatur. [Nach Houdremont, Bennek u. Schrader: Arch. Eisenhüttenwes. 6. Jg. (1932) S. 24.]

und Doppelkarbid nebeneinander beständig sind. Die Konzentration des zugehörigen gesättigten γ-Mischkristalles wird durch die Schnittpunkte y der das Doppelkarbid mit dem Legierungspunkt verbindenden Konode mit der Isotherme 900° der Sättigungsfläche bestimmt. Dieser Mischkristall wird, wie Abb. 289 durch die Punkte y_3 bis y_5 zeigt, zusehends kohlenstoffärmer, wenn der Zusatz von x_2 über x_3 und x_4 auf x_5 anwächst. Bei x_5 beträgt er nur noch 0,36% C.

Infolgedessen nimmt die Durchhärtung ab. ·In dem Maße, wie nun die Abschrecktemperatur erhöht wird, wird auch der gesättigte Mischkristall wieder kohlenstoffreicher, bis bei 1000, 1100 und 1200° jeweils für die Punkte x_3, x_4 und x_5 wieder der höchstmögliche, weil überhaupt nur vorhandene Betrag von 0,6% C homogen gelöst ist. Die Durchhärtung nimmt dann wieder zu.

An Wolfram-Eisen-Kohlenstoff-Legierungen läßt sich daher die Wirkung
stabiler Karbide im Stahl sehr anschaulich verdeutlichen. Nimmt man z. B.
einen Stahl mit 1,5% C, 8% W und härtet ihn entsprechend einem reinen Kohlenstoffstahl oberhalb Ac_1 von 760—780°, so weist er infolge des Entzuges von
Kohlenstoff durch die Karbidbildung nur ein außerordentlich geringes Härtevermögen auf (Abb. 290). Man sieht hieraus, daß man auch durch Legierung
Stähle mit besonders geringem Härtevermögen und geringer Durchhärtung,
wie sie für Werkzeuge mit feinen Schneiden oft erwünscht sind, herausbilden
kann. Steigert man aber die Härtetemperatur entsprechend, so gehen jetzt
größere Anteile des Sonderkarbids, in diesem Falle Wolframkarbids, in Lösung,

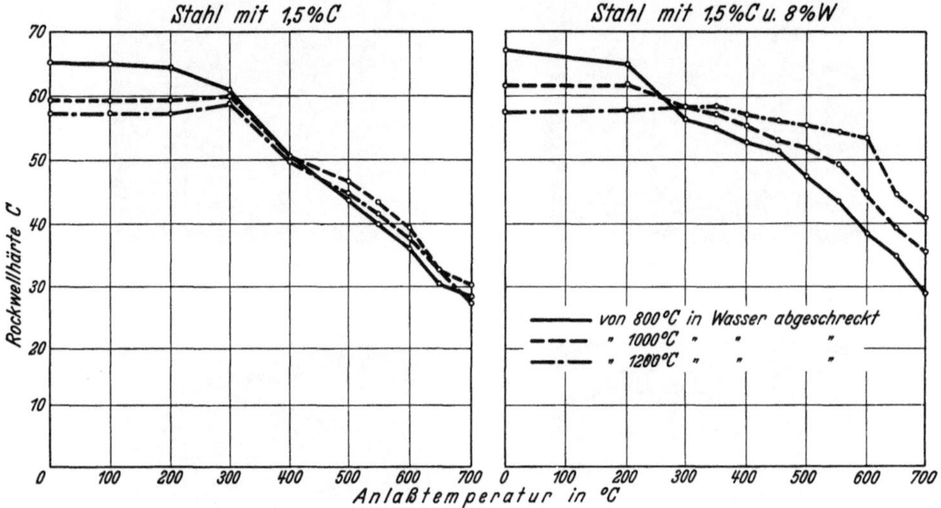

Abb. 291. Vergleich der Anlaßbeständigkeit eines unlegierten und eines Wolframstahles nach Abschreckung
von verschieden hohen Temperaturen. [Nach Houdremont, Bennek u. Schrader: Arch. Eisenhuttenwes.
6. Jg. (1932) S. 25.]

die Härtetiefe nimmt zu und übersteigt bald diejenige des reinen Kohlenstoffstahles, je nachdem wie die Erwärmungstemperatur bzw. die gelöste Menge
Sonderkarbid war. Die Sonderkarbid enthaltenden Wolframstähle zeichnen sich
ebenfalls infolge der das Kornwachstum hemmenden Wirkung der Karbid-
einlagerung im γ-Kristall durch geringe Überhitzungsempfindlichkeit aus, wie
bereits der feinkörnige Härtebruch der von 880° abgelöschten Probe in Abb. 290
zeigt. Die kritische Abkühlungsgeschwindigkeit verändert sich also stetig mit
steigender Härtetemperatur, und zwar mit dem Inlösunggehen des Sonderkarbids.
So wird es auch erklärlich, daß Sonderkarbide enthaltende Stähle bei Aufnahme
von Saladinkurven verschieden starke Herabsetzung oder sogar eine Verdoppelung
des Umwandlungspunktes Ar', Ar'' ergeben.

Ähnlich wie das Chromkarbid scheiden sich auch die bei erhöhten Temperaturen
in Lösung gehenden Wolframkarbide erst wieder bei höheren Anlaßtemperaturen
aus, so daß der Einfluß der erhöhten Härte- oder Ablöschtemperatur sich auch
beim Anlassen in einer erhöhten Anlaßbeständigkeit bemerkbar macht. Abb. 291
zeigt diese erhöhte Anlaßbeständigkeit des von hoher gegenüber dem von
niedriger Temperatur abgelöschten Stahl.

Man könnte auch hier einwenden, daß diese Erhöhung der Anlaßbeständigkeit durch Zersetzung von Restaustenit vorgetäuscht werden kann. Aber bei der Nachprüfung hierauf ergab sich bei diesen Wolframstählen, daß nach mehrfachem Anlassen die gesamte Menge an Restaustenit zersetzt war und trotzdem die Anlaßbeständigkeit auch bei dem vollkommen umgewandelten Stahle erhalten blieb. Ähnlich wie bei Chromstählen kann also wohl eine beim Härten entstehende Menge Restaustenit einen sekundären Härteanstieg beim ersten oder zweiten Anlassen hervorrufen; sie erklärt aber nicht die Anlaßbeständigkeit des einmal restlos umgewandelten Stahles, die allein auf die Art der Sonderkarbidausscheidung zurückgeführt werden muß.

Die Tatsache, daß die bei erhöhten Temperaturen in Lösung gehenden Sonderkarbide sich auch erst wieder bei höheren Temperaturen ausscheiden, scheint mit einer gewissen Gesetzmäßigkeit, die man bei Ausscheidungsvorgängen beobachten kann, zusammenzuhängen. Im allgemeinen fällt, wie bereits erwähnt, auf, daß bei ausscheidungshärtenden Legierungen die Ausscheidungstemperatur um so höher liegt, je höher die erforderliche Abschrecktemperatur ist, d. h. je höher diejenige Temperatur ist, die zum Inlösunggehen der sich ausscheidenden Komponente gewählt werden muß (Zahlentafel 23).

In dem Kapitel über die Härtungserscheinung bei Eisen-Kohlenstoff-Legierungen wurde darauf hingewiesen, daß das Auftreten von Ar' und Ar'' an zwei Gebiete unterhalb A' mit großer Umwandlungsgeschwindigkeit gebunden ist. Im Umwandlungsgebiet 1 (Ar'-Punkt) wird das Umwandlungsbestreben beeinflußt durch die Geschwindigkeit, mit der der Kohlenstoff in Form von Eisenkarbid zur Ausscheidung gelangt, die somit bestimmend für die Reaktionsgeschwindigkeit ist. Bei den karbidbildenden Elementen wird man mit Recht annehmen dürfen, daß für die Härtefähigkeit nicht so sehr die durch das Legierungselement verringerte Umwandlungsgeschwindigkeit von γ-Eisen in α-Eisen von maßgebendem Einfluß ist, als vielmehr das geringe Ausscheidungsbestreben der betreffenden Karbide. Wie insbesondere aus den späteren Versuchen mit Vanadin hervorgehen wird, sind zur vollkommenen Ausscheidung und Zusammenballung der Karbide bei Temperaturen von 500—600° mehrere Stunden erforderlich.

Zusammengefaßt ergibt sich schon aus dem Verhalten des geschilderten Wolframstahles, daß man durch Zusatz von Wolfram Stähle mit außerordentlich geringer Durchhärtung und hohen eingelagerten Karbidgehalten entwickeln kann, die aber durch Erwärmung auf höhere Härtetemperaturen eine starke Verringerung ihrer kritischen Abkühlungsgeschwindigkeit und somit Steigerung der Durchhärtefähigkeit erfahren, unter gleichzeitiger Erhöhung der Anlaßbeständigkeit. Gleichzeitig sind sonderkarbidhaltige Wolframstähle unempfindlich gegen Überhitzungserscheinungen.

2. Wolfram in Werkzeugstählen.

a) Reine Wolframstähle.

Aus dem oben geschilderten Verhalten von Eisen-Wolfram-Kohlenstoff-Legierungen ergibt sich zwanglos die Verwendung von Wolfram in Werkzeugstählen. Bei geringen Zusätzen von Wolfram wird der Karbidgehalt der betreffenden Stähle erhöht und dementsprechend schon bei mäßiger Härtetemperatur eine gewisse Erhöhung der Tiefenhärtung erzielt, wenigstens solange nicht durch eine Glühung das stabile Wolframkarbid (WC) ausgeschieden wurde. Bei tiefer Härtetemperatur dicht oberhalb $Ac_{1,3}$ tritt meist keine wesentliche Erhöhung der Härtetiefe ein, es bleibt aber ein erhöhter Anteil an Karbid in feinverteilter Form in der Grundmasse zurück. Derartig gehärtete, feinverteiltes Sonderkarbid enthaltende Stähle sind als verschleißfeste Stähle gekennzeichnet. Dies gilt vor allem für Stähle mit höherem Kohlenstoffgehalt und höheren Wolframgehalten, bei

Zahlentafel 67. Zusammensetzung, Behandlung und Verwendungszwecke einiger W-haltiger Werkzeugstähle[1].

Zusammensetzung					Behandlung	Verwendungszwecke
C %	Si %	Mn %	W %	Cr %		
0,60	0,20	0,40	0,50	—		Preßluftkolben
0,70	0,30	0,35	0,75	—		Scherenmesser, Stempel, Stanzen, Klinkmatrizen für U-, T- und Winkeleisen
0,80	0,25	0,35	1,0	—		Scherenmesser
1,0	0,25	0,35	1,0	—	770—800° Wasser, Anlassen: 100—180° in Öl	Spiralbohrer
1,20	0,20	0,30	0,30	—		Ziehscheiben für Stahl, Messing, Kupfer. Zugmatrizen zum Ziehen von Geschoßhülsen. Matrizen zum Pressen von Zündhütchen
1,20	0,25	0,35	0,50	—		Spiralbohrer, Spitzbohrer, Gewindebohrer, Gewindekluppen, Fräser, Werkzeuge zum Bearbeiten von Metallen, Kaliberringe, Dorne, Breitsättel, Schlagsäume, Eindruckmatrizen, Messer zur Holz-, Horn- und Elfenbeinbearbeitung, Reibahlen, Zahnbohrer
1,20	0,25	0,35	1,0	—		
1,20	0,25	0,35	1,50	—	760—800° Wasser, 800—820° Öl (für Sägen) Anlassen: 100—180°	Metallsägen, Räumnadeln, Gewindeschneidwerkzeuge, Dreh- und Hobelmesser für Metallbearbeitung
1,20	0,25	0,35	2,0	—		

(In der Cr-Spalte durchgehend: teilweise mit V-Zusatz von 0,1—0,3%)

denen erst recht bei niedrigen Temperaturen eine zwar geringe Härtetiefe, aber besonders hohe Verschleißfestigkeit infolge der vielen eingelagerten Karbide erzielt werden kann. Werden derartige Stähle von hohen Temperaturen abgelöscht, so ergibt sich tiefere Durchhärtung und stärkere Anlaßbeständigkeit. Enthalten letzten Endes die Stähle einen so hohen Gehalt an Kohlenstoff und Wolfram, daß auch nach dem Härten von hohen Temperaturen nicht alle Karbide in Lösung gehen, sondern noch immer überschüssige Karbide sehr feinverteilt in der Grundmasse zurückbleiben, so erzielt man anlaßbeständige und verschleißfeste Stähle. Daraus ergeben sich auch die Anwendungsgebiete für wolframhaltige Stähle (Zahlentafel 67).

Abb. 292 bringt die Einteilung der Wolframstähle nach der von P. Goerens gewählten Art.

---

[1] Wolframstähle mit geringen Zusätzen anderer Elemente s. Zahlentafel 68.

Die Gruppe I innerhalb des perlitischen Gebietes umfaßt Stähle mit 0,6 bis 0,7% C, 0,6—1% W. Der Wolframzusatz hat bei diesen Stählen den Zweck, die Tiefenhärtung etwas zu erhöhen, gleichzeitig wird gegenüber Kohlenstoffstählen eine Verfeinerung des nichthärtenden Kerns erzielt. Diese Stähle wurden hauptsächlich für Werkzeuge mit schlagähnlichen Beanspruchungen verwendet, wie z. B. Kolben von Preßluftwerkzeugen, weniger beanspruchte Matrizen, Lochstempel usw. Sie sind heute größtenteils durch anderslegierte Stähle ersetzt, da sich gerade bei ihnen beim Ausglühen auf höchste Weichheit und beste Bearbeitbarkeit das unliebsame Totglühen (stabile Karbidbildung) störend bemerkbar machte.

Die Gruppe II im Gebiet der karbidischen Stähle mit etwa 1,2% C und 0,5% bis annähernd 2% W hat Anwendungsgebiete, bei denen es vor allem auf hohe Härte bei gleichzeitig hoher Verschleißfestigkeit ankommt, wie z. B. Schneidwerkzeuge, Spiralbohrer, Gewindebohrer, Fräser, Sägeblätter usw. Für Sägeblätter werden meistens Stähle mit 2% Wolfram gewählt, wobei die Härtung wegen der dünnen Abmessungen in Öl erfolgt. Bei den übrigen Verwendungszwecken wird der Wolframgehalt zwischen 1—1,5% gehalten und durchgängig Wasserhärtung von 760—800° je nach den Abmessungen (tiefe Temperaturen bei dünnen Abmessungen, höhere Temperaturen bei dicken Abmessungen) angewandt. In diese Gruppe fällt auch der sog. Silberstahl mit 1,2% C, 1% W, der seinen Namen dem Umstand verdankt, daß er, z. B. für Spiralbohrer, in blankgezogener Ausführung geliefert wird. Für verschleißfestere Lochstempel werden auch Stähle mit 1% C und 0,5% W verwendet. Infolge des höheren Kohlenstoffgehaltes sind diese Stähle nicht mehr im gleichen Maße glühempfindlich

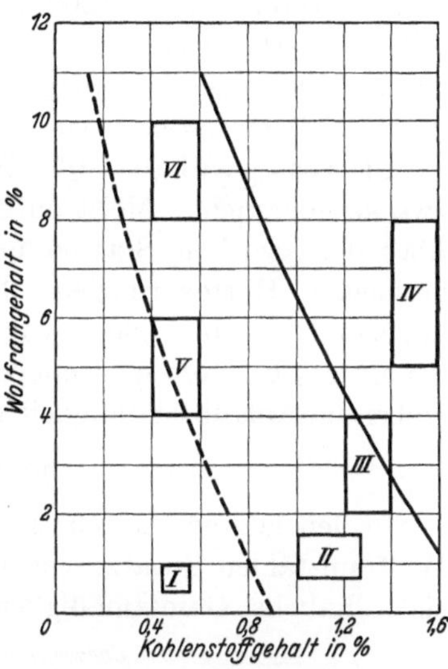

Abb. 292. Hauptanwendungsgebiete wolframhaltiger Werkzeugstähle. [Nach Goerens.]

I. Kolben von Preßluftwerkzeugen, weniger beanspruchte Matrizen, Lochstempel. *II.* Schneidwerkzeuge, Spiralbohrer, Gewindebohrer, Fräser, Sägeblatter. *III.* Schneidhaltige Formstähle an Revolverbanken und Automaten, Meißel und Stempel. *IV.* Schneidstähle fur sehr harte Arbeitsstücke. *V.* und *VI.* Warmpreß- und Ziehmatrizen.

wie die Stähle der perlitischen Gruppe. Es bleibt auch nach einer Totglühung noch genügend Härtungskohlenstoff in Form von Eisenkarbid erhalten.

Die Gruppe III, die an der Grenze der karbidischen und ledeburitischen Stähle liegt, sowie die Gruppe IV, die vollkommen im ledeburitischen Bereich liegt, dienen in der Hauptsache nach Härtung von tiefen Temperaturen — 780 bis 820° Wasser — als Schneidstähle für sehr harte Arbeitsstücke. Auf Grund des hohen eingelagerten Karbidgehaltes zeichnen sie sich durch außerordentlich hohe Verschleißfestigkeit aus, daher werden sie oft unter dem Namen „Diamant"-Stähle in den Handel gebracht. Die Stähle finden Verwendung als Riffelstahl zum Riffeln von Hartgußwalzen und Bearbeiten von Hartgummi sowie harten Gesteinen, als schneidhaltige Formstähle an Revolverbänken und Automaten usw. Für Riffelstähle haben sich sogar Stähle mit 20% W und 1,5% C herausgebildet, die von hohen Temperaturen abgelöscht werden. Sie weisen entsprechend hohe Karbidgehalte auf und besitzen infolge der Härtung von hohen Temperaturen gleichzeitig noch den Vorteil der Anlaßbeständigkeit. Stähle mit 1,2—1,5% C, 3—8% W unter evtl. Zusatz von 0,5% Cr fanden vor allem auch Verwendung für verschleißfeste Ziehmatrizen, wie sie z. B. zum Ziehen von Patronenhülsen gebraucht werden. Die Härtung derartiger Matrizen erfolgt nach Einarbeitung des Ziehloches meistens im durchfallenden Wasserstrahl, so daß nur die Bohrung gehärtet wird.

Die Gruppe V mit hohem Wolframgehalt (4—7% W) und tieferem Kohlenstoffgehalt (0,45—0,60% C) gehört zu den Stählen, die nach Ablöschen von hohen Temperaturen (1050—1200°) vor allem hohe Anlaßbeständigkeiten aufweisen sollen. Ihr Hauptverwendungszweck ist demzufolge auf dem Gebiet der Warmarbeitswerkzeuge zu suchen, wie z. B. für Schrauben- und Nietmatrizen, Warmdorne und -matrizen sowie Matrizengesenke jeder Art.

Die Gruppe VI (9—10% W und 0,45% C) wird für dieselben Verwendungszwecke gebraucht. Meist enthalten diese Stähle noch bis zu 0,5% Cr. Gegenüber den gleichen Stählen mit höherem Cr-Gehalt (bis 3%) besitzen sie ein geringeres Härtevermögen. Sie sind daher, was die erzielbare Höchsthärte anbelangt, unabhängiger von der Abschrecktemperatur. Die Härtung dieser Stähle erfolgt von sehr hohen Temperaturen, 1050—1200° in Öl oder Luft, wobei die Anlaßbeständigkeit mit steigender Abschrecktemperatur zunimmt.

b) Wolfram-Chrom-Stähle.

In den letzten Jahren ist man immer mehr dazu übergegangen, den reinen Wolframstählen Zusätze von Chrom hinzuzulegieren. Für diese Stähle ergeben sich ähnliche Gesetzmäßigkeiten wie für die reinen Wolframstähle, nämlich

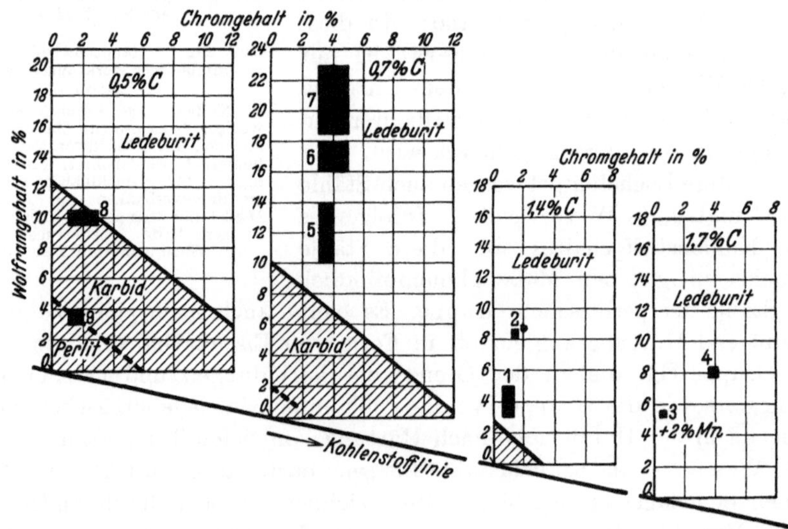

Abb. 293. Hauptanwendungsgebiete der chrom-wolfram-legierten Werkzeugstähle. 1. Riffelstähle. 2. Midvalstahl (1898). 3. Mushet (1898). 4. Taylor-White (1901). 5. Niedriglegierter Schnelldrehstahl. 6. Mittellegierter Schnelldrehstahl. 7. Hochlegierter Schnelldrehstahl. 8. Warmpreßwerkzeuge für sehr hohe Beanspruchung. 9. Schrottmeißel, Kaltlochstempel, Warmpreßmatrizen.

Gruppen mit tiefem Kohlenstoffgehalt und mäßigen Gehalten an Wolfram und Chrom für Verwendungszwecke, bei denen es auf eine gewisse Härtefähigkeit bei entsprechender Zähigkeit ankommt, und Gruppen mit höherem Kohlenstoffgehalt und entsprechend erhöhten Gehalten an Wolfram, die sich durch hohe Verschleißfestigkeit und Anlaßbeständigkeit auszeichnen. Beispiele zeigt Abb. 293.

Die Stähle der Gruppe 9 finden hauptsächlich für Schrottmeißel, Kaltlochstempel, Döpper usw. Verwendung. Die Härtung kann von Temperaturen von etwa 800° in Wasser oder 850° in Öl erfolgen. Durch Steigerung des C-Gehaltes bis zu 0,6% kann diese Gruppe sehr hohe Härte, verbunden mit guter Zähigkeit, annehmen (bis zu 64 Rockwell-C). Die Stähle finden dann Verwendung für Werkzeuge mit hoher spezifischer Flächenbelastung (Kaltlochwerkzeuge, Matrizen, Stempel, Besteckstanzen).

Stähle mit 10% W, 2% Cr (Gruppe 8) unter Zusatz von evtl. 0,3% V, 0,3 bis 0,6% C werden in der Hauptsache für Warmpreßwerkzeuge in der Metallindustrie gebraucht (Metallpressen, Stangenpressen, Schraubenmatrizen, Dorne). Die Stähle werden von hohen Temperaturen abgelöscht, da sie typische Vertreter derjenigen Gruppen darstellen, bei denen nach der Härtung nicht allzuviele Karbide in der Grundmasse übrigbleiben sollen. Man fordert von diesen Stählen im gehärteten Zustand noch eine gewisse Zähigkeit, aber gleicherweise eine hohe Anlaßbeständigkeit. Den Zusammenhang zwischen Härtetemperatur und Anlaßbeständigkeit (Karbidausscheidung) bei derart legierten Stählen zeigt Abb. 294. Die Luftabkühlung bedingt wegen der spannungsfreieren Abkühlung einen höheren Austenitgehalt nach der Härtung. Hieraus ergibt sich der stärkere Anstieg der Härte beim Anlassen.

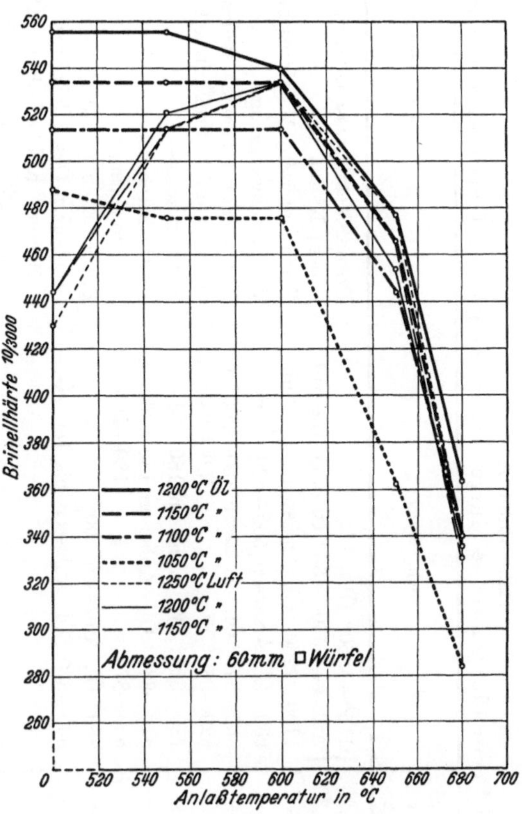

Abb. 294. Veränderung der Anlaßbeständigkeit mit der Härtetemperatur bei einem Stahl mit 0,3% C, 3,0% Cr, 9% W.

Die letztgenannte Art von Stählen eignet sich besonders gut zu einer Art von Stufenhärtung, wie sie eingangs auf S. 65 beschrieben wurde. Diese Behandlung besteht in einem Ablöschen von den üblichen hohen Ablöschtemperaturen, beispielsweise 1150—1200° in einem Bleibad von 400—500°. Man läßt hierbei die Stähle, je nach dem gewünschten Endeffekt, mehr oder weniger lange im Bleibad verweilen, normalerweise $^1/_2$ Stunde. Hierdurch beginnt eine Karbidausscheidung, ohne daß wesentliche Mengen des austenitischen Grundgefüges in Martensit umgewandelt werden. Erst bei dem darauffolgenden Herausnehmen aus dem Bleibad und Abkühlen auf Raumtemperatur setzt sich der Austenit in Martensit um. Die Martensitumwandlung erfolgt wegen der vorausgegangenen Karbidausscheidung vollkommener als bei einer direkten Härtung. Je nach

Zahlentafel 68.
Zusammensetzung, Behandlung und Verwendungszwecke einiger wolframlegierter Werkzeugstähle mit Chromzusatz.

Zusammensetzung							Behandlung	Verwendungszweck
C %	Si %	Mn %	W %	Cr %	Ni %	V %		
0,25	—	—	9,0	2,5	2,5	0,20	1150—1250° Öl,	Dorne, Metallpressen, Warmwerkzeuge für Schrau-
0,30	—	—	9,0	3,0	—	0,30	Anlassen 550—650° Öl oder Bleibad	ben, Nieten usw.
0,35	—	—	9,0	0,40	—	—	1100—1200° Öl, Anlassen 600° Luft	Warmmatrizen, Matrizenscheiben
0,35	0,70	0,30	4,0	1,0	—	—	930° Öl, Anlassen 500—520° Luft	Warmpreßwerkzeuge
0,45	0,70	0,30	2,5	1,0	—	—	850—870° Öl, Anlassen 180—200° Öl	Kaltschlagwerkzeuge, Warmlochstempel
							820—830° W., „ 180—200° „	Schrottmeißel, Preßluftmeißel, Döpper
0,60	—	—	6,0	0,45	—	—	780—820° W., Anlassen 180° Öl	Ziehwerkzeuge
0,65	0,50	0,30	2,50	1,0	—	—	820—830° Öl, Anlassen 180—200° Öl	Kaltlochstempel
							850—870° „, „ 180—200° „	Prägewerkzeuge
0,85	0,35	0,70	1,0	2,0	—	—	850° Öl, Anlassen 500°	Pilgerwalzen (Guß)
1,0	—	—	1,20	0,50	—	—	800—830° Öl, Anlassen bis 180° Öl	Stehbolzen-Gewindebohrer, Reibahlen, Schnitte, Messer, Kaliberbolzen, Gewindebohrer (Werkzeuge, die sich beim Härten nicht verziehen)
1,0	—	—	1,0	1,0	—	—	820—840° Öl, Anlassen bis 180° Öl	Gewindebacken, Drahtstiftbacken
1,0	—	1,0	0,80	1,20	—	—	810—830° „, „ „ 180° „	Stehbolzen-Gewindebohrer, Reibahlen, Schnitte, Messer, Kaliberbolzen, Gewindebohrer (Werkzeuge, die sich beim Härten nicht verziehen)
1,0	0,20	0,35	3,0	0,50	—	—	820° Öl, Anlassen bis 180° Öl	Zahnbohrer
1,10	0,15	0,25	0,50	0,50	—	—	780° W., „ etwa 150° „	Werkzeuge für die Nagelfabrikation
1,20	0,20	0,35	1,20	0,75	—	—	820—840° Öl, Anlassen bis 180° „	Schneideisen
1,20	0,20	0,40	1,50	1,25	—	—	820° „, „ „ 180° „	Streifenhobelmesser
1,25	—	—	2,0	1,0	—	—	820° „, „ „ 180° „	Laubsägefeilen
1,25	—	—	3,0	0,60	—	—	760—780° W., „ „ 120° „	Gravierstichel, Werkzeuge für Patronenzug, Kalt-
1,25	—	—	5,0	1,0	—	—	760—780° „, „ „ 120° „	ziehmatrizen für Eisen und Metall
1,50	—	—	8,0	0,50	—	—	760—780° „, „ „ 120° „	Riffelstahl für Hartgußwalzen, Werkzeuge zum Bearbeiten von Horn und Kunstharz
1,0	—	—	18,0	4,0	—	1,0	1270—1300° im Gebläsewind, Anlassen bei 560—580° Luft	Stähle zum Drehen und Schlichten von besonders harten Werkstoffen, vor allem Hartgußwalzen

der Höhe der Bleibadtemperatur lassen sich verschieden hohe Härten erzielen. Bei Bleibadtemperaturen von 600° und darüber kann im Bleibad auch schon die Austenitumwandlung beginnen und darüber hinaus ein Zerfallsgefüge des Martensits entstehen. Das Verfahren gestattet vor allem bei komplizierten Werkzeugen (s. auch später unter „Schnelldrehstahl") wegen des geringen Temperaturgefälles eine verhältnismäßig spannungs- und verzugsfreie Härtung.

Für die Verwendungszwecke ist die Endhärte der einzelnen Werkzeuge von Bedeutung. Je nachdem, ob man größeren Wert auf höchsten Verschleißwiderstand und Anlaßbeständigkeit einerseits oder höhere Zähigkeit bei genügender Anlaßbeständigkeit andererseits legt, werden diese Stähle auf verschiedene Brinellhärte angelassen. Z. B. wird man für Schraubenmatrizen mit einfachen Formen Brinellhärten von max 460 Einheiten anstreben, während bei sehr komplizierten Formen zweckentsprechend die Brinellhärte bei etwa 400—420 gehalten wird. Infolge des steilen Abfalles beim Anlassen dieser Stähle im Temperaturgebiet von 600—700° bedingt die Einhaltung der gewünschten Brinellhärte bei Werkzeugen eine gewisse Schwierigkeit und erfordert große Sorgfalt. Bei mangelnden Härteeinrichtungen empfiehlt es sich daher, unter Umständen die chromärmeren, vorher erwähnten Wolframstähle zu verwenden, die beim Härten, insbesondere nach der milderen Lufthärtung, evtl. gleich die gewünschte Endbrinellhärte erzielen lassen.

Des öfteren werden diesen Stählen auch noch Nickelgehalte bis zu 3% zugesetzt. Der Nickelgehalt erleichtert die Lufthärtbarkeit bei allerdings stärkerer Austenitbildung und verbessert gleichzeitig noch etwas die Zähigkeit des Grundgefüges. Zusammensetzung und Verwendungszweck einiger wichtiger Cr-W-Stähle zeigt Zahlentafel 68.

Mit steigendem Kohlenstoffgehalt (0,7—1%) und entsprechend hohen Wolframgehalten kommt man in diejenige Gruppe von Chrom-Wolfram-Stählen, die nach Ablöschung von hohen Temperaturen noch außerordentlich viele, mehr oder weniger feinverteilte Karbide enthalten kann und deren Grundgefüge außerdem eine hohe Anlaßbeständigkeit (Rotgluthärte) aufweist. Diese ledeburitischen Stähle vereinigen somit hohe Anlaßbeständigkeit mit hoher Verschleißfestigkeit. Sie haben sich zu den unter dem Namen „Schnellarbeitsstahl" bekannten Werkzeugstählen entwickelt. Ihre Vorläufer waren die Gruppen 1, 2, 3 und 4 der Abb. 293. Die Schnellarbeitsstähle oder Schnelldrehstähle (Gruppen 5—7 in Abb. 293) haben eine so große Bedeutung auf dem Gebiete der Werkzeugstähle erhalten, daß bereits eine Sonderliteratur hierüber besteht[1].

c) Schnellarbeitsstähle.

Diese Gruppe von Stählen verdankt ihren Namen dem Umstand, daß mit ihnen gegenüber gehärteten Kohlenstoffstählen höhere Schnittgeschwindigkeiten beim Zerspanungsvorgang erzielt werden können. Im Vergleich zu den unlegierten oder schwachlegierten Schneidstählen, die schon eine hohe Härte und Verschleißfestigkeit aufweisen, besitzen sie den Vorteil, diese hohe Härte und Verschleißfestigkeit auch beim Erwärmen auf Temperaturen von 500° bis sogar 600° (Rotglut) nicht oder doch nur sehr langsam zu verlieren. Da

---

[1] Großmann u. Bain: High Speed Steels. New York: Wiley u. Sons 1931. — Oertel u. Grützner: Die Schnelldrehstähle. Stahl u. Eisen, Düsseldorf.

beim Zerspanen an der Schneide infolge der Reibungs- und Trennungsarbeit, die geleistet werden muß, Wärme erzeugt wird, ist dies gegenüber den nicht-anlaßbeständigen Stählen ein außerordentlicher Vorteil. Das Verdienst, die hohe Anlaßbeständigkeit dieser Stähle durch Ablöschen von hohen Temperaturen nutzbar gemacht zu haben, gehört Taylor, der mit diesen Stählen hohe Schnittleistungen erzielte, ohne den erst in neuerer Zeit geklärten Zusammenhang zwischen Karbidbildnern, Härtetemperatur und Anlaßbeständigkeit zu kennen.

Zusammensetzung:

Man unterscheidet heute 3 Klassen von Schnellstählen:

1. hochlegierte,
2. mittellegierte,
3. niedriglegierte.

Unter **hochlegierten** Schnellstählen versteht man Schnellstähle mit 0,7 bis 1,2% C, 14—24% W, 3—5% Cr, bis 2% Mo und Zusätzen von mindestens 1,5% V sowie 3—20% Co.

Die **mittellegierten** Schnellstähle enthalten kein oder wenig Kobalt (höchstens bis zu 3%), besitzen aber Vanadingehalte bis 1,5% und gegebenenfalls noch Molybdängehalte bis zu 2%; im übrigen gleiche Bestandteile wie unter 1.

Die Gruppe **niedriglegierte** Schnellstähle enthält nur geringe Mengen von Vanadin (unter 1%) und ebenso nur geringe Zusätze von Molybdän (unter 1%).

In Zahlentafel 69 sind typische Beispiele der heute handelsüblichen Schnellstähle zusammengestellt. Der Begriff „hoch- oder niedriglegiert" trifft nicht so

Zahlentafel 69. Zusammensetzung, Behandlung und Verwendungszwecke einiger Schnelldrehstähle-

Gruppe	Zusammensetzung						Behandlung	Verwendungszweck
	C %	Cr %	W %	V %	Mo %	Co %		
I	0,85	4,5	14—18	1,5	0,5—1,5	17,0	Härten 1300—1320°, Anlassen 580—600°	Dreh- und Hobelmeißel, Fräser, Bohrer, Spiralbohrer, Gewindebohrer, Schneidräder, Schneidmesser, teilweise für in der Wärme arbeitende Werkzeuge und Konstruktionsteile
	0,85	4,5	14—18	1,5	0,5—1,5	10,0		
	0,80	4,5	14—18	1,5	0,5—1,5	5,0		
	0,80	4,5	14—18	1,5	0,5—1,5	3,0		
	1,20	4,5	14,0	5,0	—	—	Härten 1280° Anlassen 600°	
	1,00	4,5	14,0	3,0	—	—		
	0,85	4,5	14,0	2,25	—	5—15	Härten 1280° Anlassen 580°	
	0,85	4,5	22,0	1,5	0,75		Härten 1280—1300°, Anlassen 560—580°	
II	0,80	4,5	18,0	1,0	evtl. 0,50 Mo			
III	0,75	4,5	18,0	0,30			Härten 1260—1280°, Auskochen bei 200 bis 250°	
	0,70	4,0	16,0	0,15	—	—		
	0,70	3,5	14,0	—	—	—		

sehr den absoluten Legierungsgehalt als vielmehr die Wirkung der betreffenden Legierung und ihre Leistung im Gebrauch. Besser würde man vielleicht sagen: Höchstleistungs-, Hochleistung- bzw. Normalleistungsschnellstähle. Die Ursache für die höchste Schnittleistung liegt bei der hochlegierten Gruppe im Zusammenwirken der stark karbidbildenden Elemente, wie Vanadium, Molybdän, Wolfram, Chrom einerseits und dem mehr auf die Grundmasse wirkenden Element Kobalt (s. hierüber später). Hervorzuheben sind in diesem Zusammenhang speziell

die Vanadinkarbide, die, wie in dem Kapitel Vanadin gezeigt wird, besonders
geeignet sind, eine bis zu 600° anlaßbeständige Legierung zu geben; aus Zahlentafel 69 ging hervor, daß es durch Herabsetzung des Wolframgehaltes von
18—19% auf 14% bei gleichzeitiger Steigerung des Vanadingehaltes auf 2—2,5%
gelingt, gleich hochwertige Schnellstähle zu erzeugen.

Die zweite Gruppe verdankt ihre Leistung in der Hauptsache den karbidbildenden Elementen, vor allem wiederum dem Vanadin, Molybdän, während
man auf das die Grundmasse beeinflussende Element Kobalt verzichtet.

Die letzte Gruppe ist ärmer an karbidbildenden Elementen, insbesondere
an dem sehr wertvollen Element Vanadin. Die Unterschiede in der Legierung
der drei Gruppen machen sich vor allem beim Härten und Anlassen bemerkbar
in dem Sinne, daß die höchstwertige Gruppe auch das höchste Maß an Anlaßbeständigkeit und somit Rotgluthärte besitzt, die zweite Gruppe ebenfalls noch
anlaßbeständig bis 600° ist, während die dritte Gruppe beim Anlassen auf
550—600° keine genügend hohe Härte (über 60 Rockwell-C) mehr behält, sondern
nur einer tieferen Anlaßbehandlung (250°) unterworfen werden kann. Für die
Wärmebehandlung (Härten und Anlassen) von Schnellstählen ergibt sich somit
die Regel, daß je höherwertiger der betreffende Schnellstahl ist, er bei um so
höherer Temperatur angelassen werden kann. Wenn später auf den günstigen
Einfluß des Anlassens von Schnellstählen dicht unterhalb 600° nach der Härtung
hingewiesen wird, so gilt dieser Hinweis immer nur für die beiden hochwertigen
Gruppen, während die niedriger legierte Gruppe durch eine derartige Anlaßbehandlung einen erheblichen Abfall an Härte und somit Leistungsfähigkeit
erleiden kann.

Rein legierungstechnisch ergibt sich zwangsweise die Regel, daß der Prozent-
gehalt an karbidbildendem Legierungselement in einem bestimmten Verhältnis
zum Kohlenstoffgehalt stehen muß. Wählt man z. B. bei einem C-Gehalt von
0,7% einen zu hohen Legierungsgehalt an stark karbidbildendem Element,
z. B. über 22% Wolfram, über 2% Vanadin, so kann infolge der stabilen Karbidbildung so viel Kohlenstoff in unlöslichen Karbiden gebunden werden, daß
nicht mehr genügend Kohlenstoff bei der Härtung gelöst und entsprechend auf
die Grundmasse verteilt wird. Hierdurch wird sowohl die erreichbare Höchsthärte als auch die Schnittleistung derartiger Legierungen beeinträchtigt. Man
wird daher zweckentsprechend bei Erhöhung der karbidbildenden Legierungselemente auch eine entsprechende Erhöhung des Kohlenstoffgehaltes auf beispielsweise 0,8—0,9% vornehmen müssen. Dies geht auch aus der Zahlentafel 69
hervor, in der für die hochvanadinhaltigen Stähle entsprechend hohe Kohlenstoffgehalte angeführt werden. Dem Wechselspiel zwischen Legierung und
Kohlenstoffgehalt wird nach obenhin eine Grenze durch die Menge der auftretenden Karbide gesetzt. Steigert man den Kohlenstoffgehalt wesentlich
über 1,2%, so treten derart zahlreiche Karbide auf, daß infolge von stärkeren
Karbidzeilen und dadurch bedingter Zähigkeitsverluste leicht Ausbröckelungen
und Beschädigungen der Drehwerkzeuge eintreten können.

Gefüge:
Wie bereits aus dem Legierungsgehalt der Schnellstähle ersichtlich, gehören
sie in die Gruppe der ledeburitischen Chrom-Wolfram-Stähle. Im Gußzustand
(Abb. 295) weisen sie ein heterogenes Gefüge auf. Das deutlich ausgeprägte

ledeburitische Eutektikum wird von einer Art Mischkristall umschlossen, innerhalb desselben liegen Inseln, die ein mehr oder weniger sorbitisches Gefüge aufweisen.

Man geht wohl nicht fehl in der Annahme, daß diese unterschiedliche Gefügeausbildung der Grundmasse — Mischkristalle und sorbitähnliches Gefüge — in einem verhinderten Diffusionsausgleich bei der Erstarrung zu suchen ist. Die dem Eutektikum zunächstliegenden Gefügeteile verdanken das Bestehenbleiben des Mischkristalls bei der Abkühlung dem etwas erhöhten Kohlenstoff- bzw. Karbidgehalt. Daß es sich tatsächlich um Gefügeunterschiede handelt, die auf mangelndem Diffusionsausgleich verbunden mit den im Gußzustand vorhandenen Abkühlungsbedingungen beruhen, geht aus dem Verhalten des Gefüges beim Ausglühen bzw. Anlassen des Gußzustandes hervor. Durch Anlassen bzw. Ausglühen

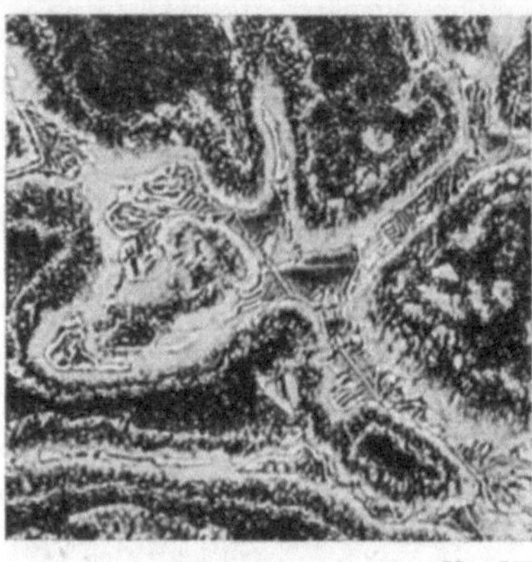

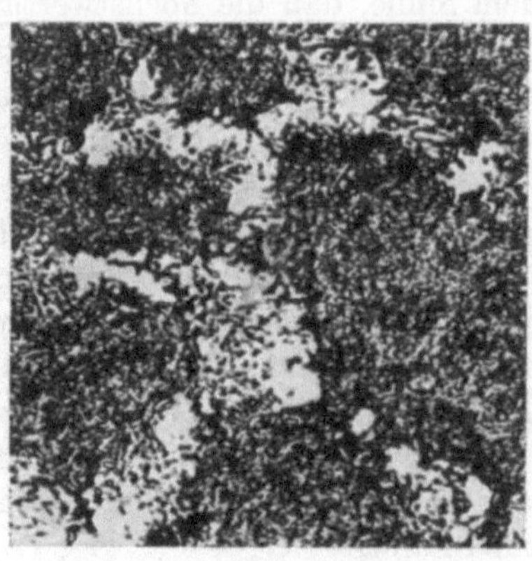

$V = 500$

Abb. 295. Gefüge von Schnellstahl im Gußzustand.

$V = 500$

Abb. 296. Gefüge von Schnellstahl im Gußzustand bei Nachglühung auf 800°.

bei 750/850° gelingt es nämlich, auch die Mischkristalle zum Zerfall zu bringen. Ihre Lage läßt sich dann nur noch andeutungsweise im Schliffbild feststellen, und sie haben im übrigen ein ähnliches Gefüge wie der sorbitische Bestandteil angenommen (Abb. 296).

Dieser Heterogenität des Schnellarbeitsstahles ist es wohl auch zuzuschreiben, daß bei der Aufnahme von Haltepunktkurven, insbesondere im Gußzustand, neben einem Ar''-Punkt noch ein Ar'''-Punkt beobachtet werden kann. Der den höheren Legierungsgehalt enthaltende Gefügebestandteil muß seinen Martensitpunkt tiefer liegen haben als der andere, wodurch die Verdoppelung des Martensitpunktes zustande kommen kann[1].

---

[1] Vgl. hierzu S. 17, ferner auch S. 335, wo darauf hingewiesen wird, daß bei chromlegierten Stählen zwischen den Umwandlungsgebieten 1 und 2 ein Zwischengebiet mit ebenfalls erhöhter Umwandlungsgeschwindigkeit auftritt. In einer neueren Arbeit weisen Steinberg und Susin [Rev. Métallurg. Bd. 31 (1934) S. 554/59] dieses Zwischenumwandlungsgebiet für einen Stahl von 2% Kohlenstoff und 12% Chrom nach. Man kann annehmen, daß das Auftreten von Ar'' dann dem Zwischenumwandlungsgebiet, Ar''' dagegen dem Umwandlungsgebiet 2 (Martensitumwandlung) zuzuschreiben ist. Die Bezeichnung Ar'' für eine Zwischenumwandlung, Ar''' für die Martensitumwandlung wäre aber nicht glücklich gewählt, da dann je nach der Legierung der Stähle die Martensitumwandlung die Bezeichnung Ar'' oder Ar''' tragen würde. Man sollte lieber den Martensitpunkt stets mit Ar'' bezeichnen und besser dem Zwischenumwandlungsgebiet eine andere Bezeichnung geben, z. B. $Ar'a$ gegenüber der Perlitumwandlung $Ar'b$.

Nach dem S c h m i e d e n , das infolge des hohen Karbidgehaltes und des dadurch bewirkten hohen Formänderungswiderstandes dieser Legierungen dicht unterhalb des Schmelzpunktes erfolgen muß, ist die Gefügeheterogenität praktisch verschwunden. Das Gefüge besteht im geschmiedeten ausgeglühten Zustand aus einer mehr oder weniger sorbitischen Grundmasse, in welcher die beim Schmieden zertrümmerten ledeburitischen Karbide eingelagert sind (Abb. 297a).

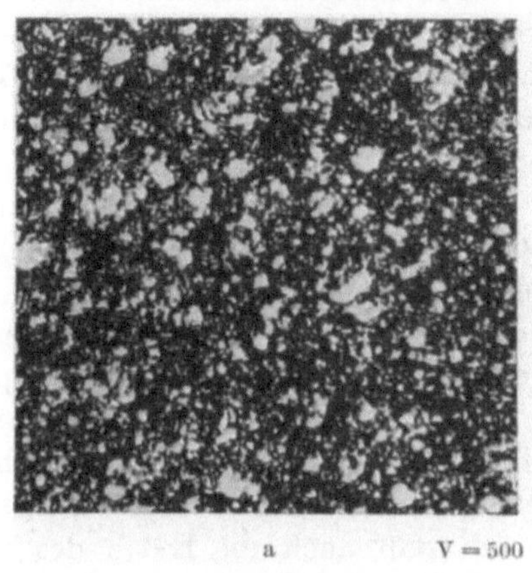

Geglüht

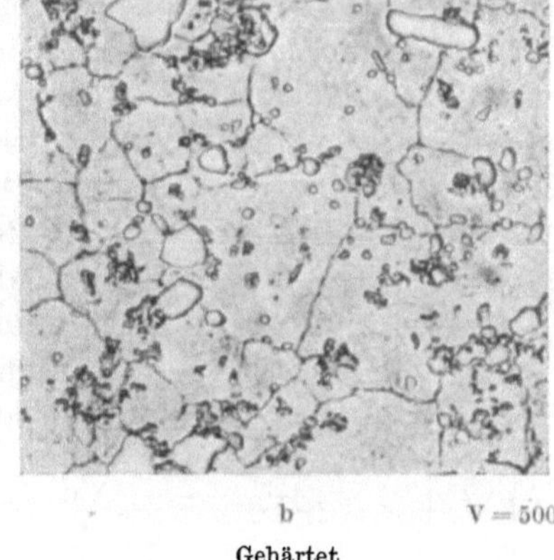

Gehärtet

Abb. 297. Gefuge von geschmiedetem Schnellstahl in verschiedenen Behandlungszuständen.

Veränderung des Gefüges durch Wärmebehandlung:

Für die Härte von Schnellstahl ist es von großer Wichtigkeit, den größtmöglichen Anteil an Karbid bei der Härtung in Lösung zu bringen. Das Inlösungbringen der Karbide bei der Härtung ist abhängig von dem Grad der Karbidverteilung und der für die Härtung gewählten Temperatur. Je feiner die Karbidverteilung ist, um so schneller wird sich eine gleichmäßige maximale Karbidverteilung bei bestimmter Härtetemperatur erzielen lassen. Da die Karbidlöslichkeit mit steigender Temperatur zunimmt, spielt auch die Erwärmungstemperatur eine große Rolle. Sie wird so hoch wie möglich, d. h. dicht unterhalb des Schmelzpunktes, gewählt (etwa 1300°). Die Ablöschung erfolgt in Öl, Petroleum, Preßluft oder im Bleibad. Nach der Abkühlung besteht das Gefüge aus einem fast austenitähnlichen Hardenit mit eingelagerten Karbiden[1] (Abb. 297b). Je nach der Höhe des Legierungsgehaltes weist der Schnellstahl in diesem abgelöschten Zustande einen merklichen Anteil

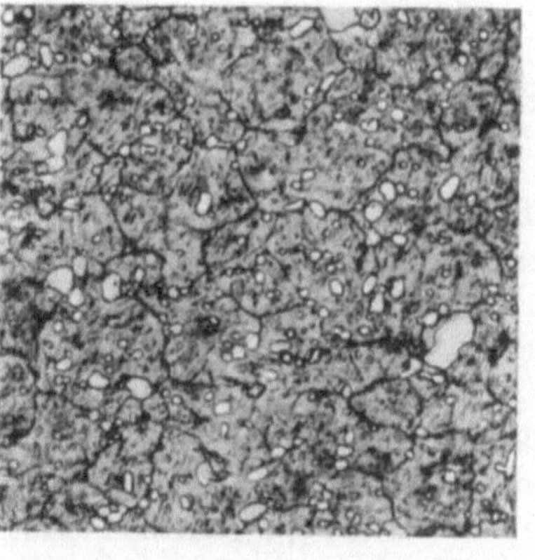

Gehärtet und angelassen

---

[1] Das hardenitähnliche Gefüge wird meist bei hochsonderkarbidhaltigen Stählen an Stelle des nadeligen Martensits beobachtet. Auch bei reinen C-Stahlen findet man Hardenit beim Härten dicht oberhalb A_1, d. h. dann, wenn noch keine vollständige Karbidauflösung

an Austenit auf. Wenn es auch nicht, wie bei den hochprozentigen Chromstählen mit 1% C und 12% Cr, gelingt, das gesamte Grundgefüge austenitisch zu machen, so wird immerhin auch hier schon durch den Zusatz der Karbidbildner doch zum Teil das austenitische Gefüge bis zur Raumtemperatur stabilisiert. Beim Anlassen zersetzt sich dieser Restaustenit nicht sofort wie bei Kohlenstoffstahl, er bleibt im Gegenteil, ähnlich wie bei Chromstählen, bis zu Temperaturen oberhalb 500° beständig. Erst nach erfolgter Karbidausscheidung im Temperaturbereich von 600—500° erfolgt bei der nächstfolgenden Abkühlung die Umwandlung von Martensit in Austenit (bei etwa 200°) (Abb. 297c). Die Ursache hierfür ist die nach der Karbidausscheidung eintretende Verarmung des Austenits an Kohlenstoff, d. h. Sonderkarbid.

Diese Restaustenitumwandlung erfolgt praktisch vollkommen nach einem einmaligen halbstündigen Anlassen bei 560—580°. Da die gebildete Menge Restaustenit um so größer ist, je höher die Ablöschtemperatur war, muß auch die Menge des sich neubildenden Martensits entsprechend größer werden. Ebenso steigt mit der erhöhten Ablöschtemperatur der Gehalt an gelöstem Sonderkarbid, und dementsprechend muß auch die Härte des umgewandelten Gefüges schon allein durch diesen Umstand steigen. Infolgedessen kann man beobachten, daß mit steigender Ablöschtemperatur die Härte nach dem Anlassen von 560—580° zu immer höheren Werten ansteigt. Abb. 298 zeigt Härte-

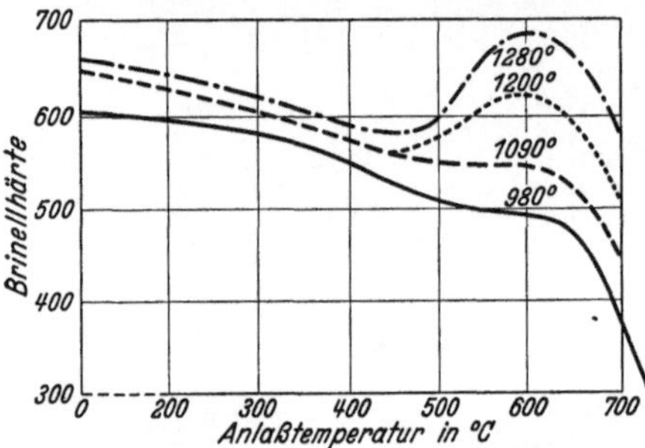

Abb. 298. Einfluß der Härtetemperatur auf die Härteveränderung von Schnellstahl beim Anlassen. [Nach Grossmann: Stahl u. Eisen 43. Jg. (1923) S. 764.]

Anlaßtemperatur-Kurven von bei verschiedenen Temperaturen gehärtetem Schnellstahl. Den erneuten Härteanstieg bei etwa 600° bezeichnet man als sekundäre Härte. Man sieht aus der Abbildung deutlich, daß der von 1280° gehärtete Stahl nach dem Anlassen in dem betreffenden Temperaturgebiet den größten Härteanstieg aufweist. Vorbedingung für diesen Härteanstieg durch erneute Martensitbildung muß sein, daß der bei der ersten Ablöschung gebildete martensitische Zustand sich nicht beim Anlassen bereits weitgehend zersetzt hat. Wie aus den Überlegungen über den Einfluß der bei hohen Temperaturen in Lösung gehenden Karbiden hervorging, tritt aber durch das Anlassen bei Temperaturen von 560—580° nicht nur eine Zerlegung des Restaustenits, sondern auch eine Ausscheidung der Karbide in der umgewandelten Grundmasse auf, so daß die Grundmasse eher eine Härtesteigerung als eine Härteverminderung erleidet. Das Auftreten der Sekundärhärte muß also sowohl auf den Zerfall des Restaustenits als auch auf die Ausscheidung von Sonderkarbid zurückgeführt werden. Der Umstand, daß die gleiche Härte aber auch bei mehrfachem Anlassen erhalten bleibt, obgleich nach dem ersten Anlassen der gesamte Restaustenit

---

vor dem Ablöschen stattgefunden hat. Nach Untersuchungen von H. J. Wiester ist die scheinbare Strukturlosigkeit des Hardenits aber kein besonderes Gefügekennzeichen, sondern nur dadurch bedingt, daß die eingelagerten, sehr harten Karbide das einwandfreie Polieren der martensitischen Grundmasse außerordentlich erschweren. Bei sorgfältigster Politur und Ätzung zeigen auch diese Stähle nadligen Martensit.

zerfallen ist, muß der bei Temperaturen von 600° verhältnismäßig langsam verlaufenden Sonderkarbidausscheidung zugeschrieben werden. Diese Eigenschaft, auch in der Wärme seine Härte beizubehalten, bezeichnet man, zum Unterschied von dem Sekundärhärteanstieg, mit Rotgluthärte.

Zusammenfassend ergibt sich, daß wohl die Sekundärhärte eine Folge des Zusammenwirkens von Restaustenitzerlegung und Karbidausscheidung ist, die Rotgluthärte aber allein nur eine Folge verlangsamter Sonderkarbidausscheidung und -zusammenballung. Die Feinheit der ausgeschiedenen Karbide in der Grundmasse geht bereits aus dem Gefüge des angelassenen Schnellstahles hervor. Die hardenitähnliche Grundmasse des Härtezustandes hat sich dunkel gefärbt, wie dies bei ganz feinen Ausscheidungen der Fall zu sein pflegt (Abb. 297 c).

Warmhärte:

Entsprechend den Überlegungen, die über Karbidausscheidungen, Anlaßbeständigkeit usw. angestellt worden sind, weisen die Schnellstähle höhere Warmhärte auf als weniger anlaßbeständige Stähle. Abb. 299 zeigt die Überlegenheit von Schnellarbeitsstahl gegenüber Kohlenstoffstahl bei der Prüfung der Härte in der Wärme mit einem Fallhärteprüfer. Auf die hohe Warmhärte der ebenfalls in die Kurve eingetragenen Schneidmetalle sei nur nebenbei hingewiesen.

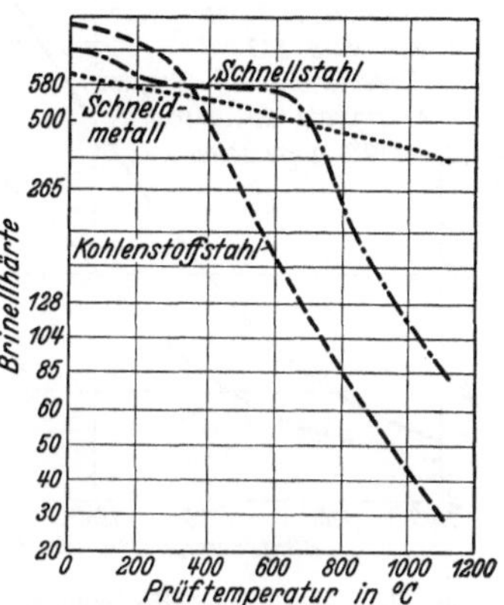

Abb. 299. Warmhärte verschiedener Werkstoffe für Schneidwerkzeuge. [Nach Oertel u. Pölzguter: Stahl u. Eisen 44. Jg. (1924) S. 1709.]

Schnittleistung und deren Beeinflussung durch Wärmebehandlung:

Da die Warmhärte und Verschleißfestigkeit in der Wärme von Bedeutung sein muß für die Schnittleistung von Meißeln beim Drehen, müssen sich zwischen Beeinflussung der Anlaßbeständigkeit durch Wärmebehandlung einerseits sowie der Schnittleistung andererseits entsprechende Zusammenhänge ergeben. Von besonderem Einfluß auf die Schnittleistung muß nach dem Vorhergesagten die richtige Art des Anlassens sein.

Der Einfluß eines einmaligen Anlassens bei 560—600° ergab sich aus der praktischen Beobachtung, daß ein gehärteter Schnellarbeitsstahl, der nicht angelassen war, seine beste Schnittleistung immer dann ergab, nachdem

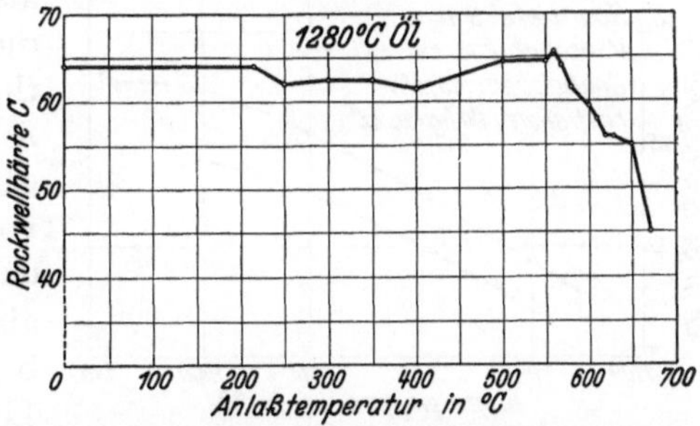

Abb. 300. Genauer Verlauf der Härteveränderung von Schnelldrehstahl beim Anlassen.

er einmal stumpf gewesen war und nachgeschliffen wurde. Der Grund hierfür war das während des Schneidvorganges automatisch erfolgende Anlassen der Meißelschneide beim Drehvorgang.

Verfolgt man den Härteverlauf eines hochwertigen Schnelldrehstahles beim Anlassen, so ergibt sich eine Kurve entsprechend Abb. 300. Wie hieraus zu ersehen ist, verändert sich die Härte bei sehr tiefen Temperaturen bis zu Temperaturen von 200° kaum, um dann etwas abzufallen. Dieser Abfall dürfte auf das Bestreben des Martensits, zu zerfallen, zurückzuführen sein. Bis zu Temperaturen von 450° bleibt diese niedrigere Härte erhalten. Erst bei Temperaturen oberhalb 500° beginnt ein erneuter Härteanstieg, der eine Folge der Karbidausscheidung sowie der Restaustenitumwandlung ist. Hieraus ergibt sich eindeutig, daß zur Erzielung bester Härteeigenschaften ein Anlassen in dem Bereich zwischen 200 und 500° von schädlichem Einfluß sein muß. Es läßt sich somit die Regel ableiten, daß das „Spannungsfreikochen" niedriglegierter Schnelldrehstähle möglichst unterhalb 200° vorzunehmen ist und nicht, wie es vielfach geschieht, bei 250 bis 300°; hochwertige Schnelldrehstähle sind ebenfalls nicht über 200° auszukochen, sondern oberhalb 500° anzulassen.

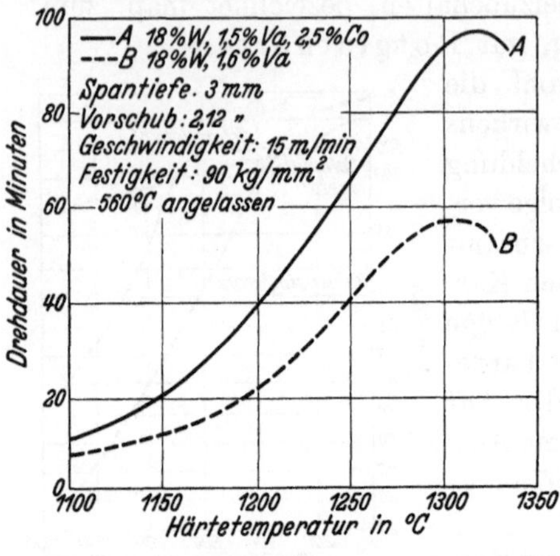

Abb. 301. Einfluß der Härtetemperatur auf die Standzeit von Schnellstahl. [Nach Rapatz: Stahl u. Eisen 46. Jg. (1926) S. 1111.]

Den Einfluß der Härtetemperatur auf die Schnittleistung zeigen die Abb. 301 u. 302. Für die Beurteilung der Leistung eines Schnelldrehstahles kann man zwei Arten wählen, und zwar den Schnittgeschwindigkeits- oder den Drehdauerversuch. Beim Schnittgeschwindigkeitsversuch wird für eine bestimmte Standzeit von z. B. 20 Minuten oder 1 Stunde die zulässige Höchstschnittgeschwindigkeit ermittelt. Beim Drehdauerversuch hingegen erfolgt für eine gleichbleibende Schnittgeschwindigkeit die Beurteilung der Leistung durch Vergleich der Standzeiten. Alle übrigen Schnittbedingungen, wie Spantiefe, Vorschub usw., sind selbstverständlich gleichzuhalten. Sowohl beim Drehdauer- als Schnittgeschwindigkeitsversuch zeigen die obigen Abbildungen deutlich den Einfluß der Härtetemperatursteigerung bis nahezu zum Schmelzpunkt, der bei den gewählten Legierungen bei Temperaturen von etwa 1350° liegen dürfte. Der Drehdauerversuch zeigt deutlich das beginnende Schmelzen an und die dadurch bedingte Leistungsverschlechterung. Diese Leistungsverschlechterung ist darauf zurückzuführen, daß bei überhitzter Härtung bereits eine Verflüssigung in den Korngrenzen vor sich geht und dem-

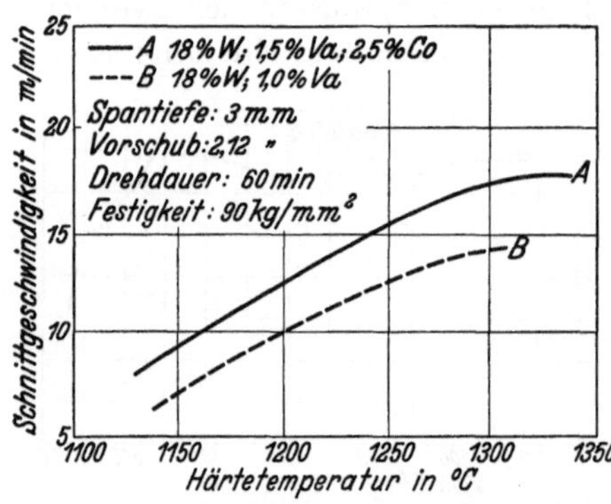

Abb. 302. Einfluß der Härtetemperatur auf die erreichbare Schnittgeschwindigkeit bei gleichbleibender Drehdauer für Schnellstahl. [Nach Rapatz: Stahl u. Eisen 49. Jg. (1929) S. 250.]

entsprechend wieder ein sprödes ledeburitisches Eutektikum zur Ausbildung gelangt, wie dies Abb. 303 zeigt. Auf gleiche Art und Weise kann man auch einen Schnellstahl dadurch verderben, daß man ihn zu lange Zeit dicht unterhalb des Schmelzpunktes auf Temperatur hält. Bei sehr kurzen Erwärmungen kann man dagegen ohne Schaden beim Härten nahezu den Schmelzpunkt erreichen und damit höchste Schnittleistungen erzielen; beim längeren Halten auf hohen Temperaturen muß man aber 30—50° unterhalb des Schmelzpunktes bleiben. Zu langes Erwärmen führt zu starker Grobkörnigkeit im gehärteten Zustand, eine Erscheinung, die man besonders im Bruchgefüge eines derartig behandelten Schnellstahles an einer strahligen Grobkristallisation (perlmutterartiges Bruchgefüge oder Naphthalinbruch) feststellen kann (Abb. 304). Alle

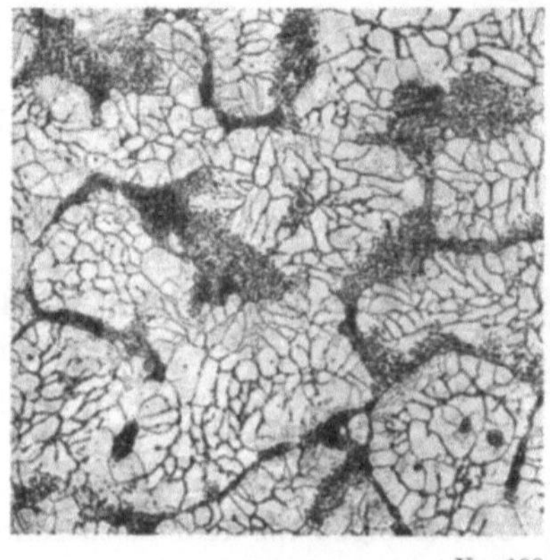

Abb. 303. Gefüge von überhitzt gehärtetem Schnellstahl.

Abb. 304. Bruchgefuge eines überhitzt und überzeitet gehärteten Schnellstahlwerkzeuges.

diese Fehler — zu hohe Behandlungstemperatur, zu lange Wärmezeit oder unsachgemäße Vorbehandlung — führen zu einem spröden Gefüge, das beim Schnittversuch zu Ausbröckelungen führen kann und deshalb ein schnelles Versagen bedingt. Da die zur Erzielung von Rotgluthärte erforderlichen Karbide sich beim Anlassen nur ausscheiden können, wenn sie in genügender Anzahl

Zahlentafel 70.

Einfluß des Anlassens auf die Schnittleistung von Schnelldrehstahl[1].

	C %	Si %	Mn %	Cr %	W %	V %	Co %
Stahl A	0,82	0,28	0,33	4,32	14,6	2,38	—
Stahl B	0,96	0,32	0,28	4,47	13,9	2,35	17,0

	Stahl A			Stahl B		
Wärmebehandlung	Rockwellharte	Standzeit in Minuten		Rockwellharte	Standzeit in Minuten	
		1. Versuch	2. Versuch		1. Versuch	2. Versuch
1280° Öl	64	28^{55}	32^{15}	61—62	7^{00}	10^{50}
1280° Öl, 560° angel.	64—65	49^{05}	54^{15}	65—66	24^{20}	28^{50}
1280° in Blei von 350°	61—62	38^{30}	36^{55}	62—63	19^{40}	21^{25}
1280° in Blei von 350°, 560° angel.	64—65	67^{40}	69^{50}	66—67	28^{30}	29^{40}
1280° in Blei von 500°	64	38^{00}	39^{10}	64—65	25^{45}	33^{40}
1280° in Blei von 500°, 560° angel.	64—65	48^{21}	55^{15}	66—67	29^{10}	38^{55}

Versuchsbedingungen:

Zerspanungsmaterial: Vergüteter Cr-Ni-Stahl von 100 kg/m² Festigkeit
Vorschub: 1,4 mm
Spantiefe: 5 mm
Schnittgeschwindigkeit: 12 m/min bei Stahl A
16 m/min „ „ B

---

[1] Nach Gebhard u. Schrader: TZ. prakt. Metallbearbeit. Bd. 44 (1934) S. 418.

in Lösung gegangen sind, ergibt sich von selbst, daß nur beim Härten von sehr hoher Temperatur das Anlassen 560—600° eine Verbesserung der Schnittleistung hervorbringen kann und ebenso nur bei Stählen mit hohem Legierungsgehalt, d. h. hohem Sonderkarbidgehalt. Niedriglegierte Schnellarbeitsstähle mit

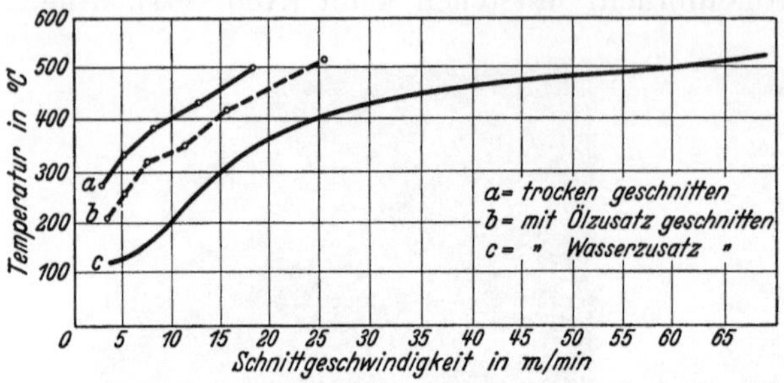

Abb. 305. Beim Schnitt an der Meißelschneide auftretende Temperaturen, sowie Wirkung verschiedener Kühlmittel.

unter 18% Wolfram ohne hohen Vanadin- oder Molybdängehalt erfahren durch eine Anlaßbehandlung bei 560 bis 600° eher eine Verschlechterung als eine Verbesserung; dasselbe gilt für hochlegierte, aber von zu niedriger Temperatur abgelöschte Stähle. Den Einfluß des Anlassens auf die Schnittdauer zeigt Zahlentafel 70.

Die Anlaßbeständigkeit der Schnellstähle ist auf Temperaturen von etwa 600° beschränkt. Bei höheren Anlaßtemperaturen erfolgen die Karbidausscheidungen bereits so schnell, daß die Anlaßbeständigkeit und damit die Rotgluthärte verlorengeht.

Die bei einem bestimmten Schnittvorgang sich ergebende Meißelerwärmung kann man dadurch messen, daß man die Spitze des Meißels als Lötstelle eines Thermoelementes benützt[1]. Den Einfluß verschiedener Kühlmittel auf die Erwärmung der Meißelschneide und somit die Leistungssteigerung bei verschiedener Schnittgeschwindigkeit zeigt Abb. 305. Nimmt man z. B. an, daß der Meißel bis zu einer Temperatur der Schneide von 500° einwandfrei arbeitet, so sieht man aus der Abb. 305, wie durch Anwendung verschiedener Kühlmittel bei Ausscheidung sonstiger Faktoren eine wesentliche Erhöhung der Schnittgeschwindigkeit und somit auch der Schnittleistung erreicht werden kann, wie dies naturgemäß nicht anders zu erwarten ist.

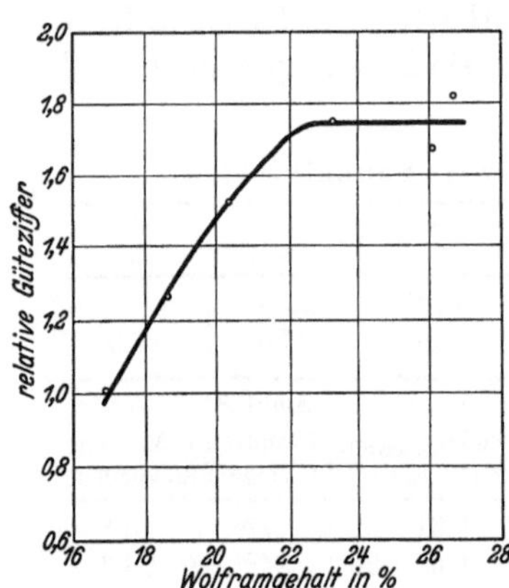

Abb. 306. Abhängigkeit der Schnittleistung vom Wolframgehalt bei Schnellstahl. [Nach Hohage u. Grützner: Stahl u. Eisen 45. Jg. (1925) S. 1129.]

Den Einfluß von Wolfram auf die Schnittleistung von Schnelldrehstahl bei sonst gleichbleibenden Bedingungen zeigt Abb. 306. Schnelldrehstahllegierungen, die nur Wolframgehalte von 20, 22% usw. haben, besitzen noch keine sehr hohe Anlaßbeständigkeit. Hierzu ist es vielmehr erforderlich, daß sie außer Wolfram noch Molybdän, insbesondere aber Vanadin enthalten. So z. B. kann ein Schnelldrehstahl mit 13—14% Wolfram bereits bei 2,5% V, infolge des hohen Vanadingehaltes, unbedingt zu den Höchstleistungs-Schnelldrehstählen gerechnet werden.

In noch verstärktem Maße gilt das für diejenigen Schnelldrehstähle, die außer Vanadin noch Kobalt enthalten, das besonders auf die Grundmasse des

---

[1] Gottwein: Masch.-Bau 1925 S. 1129.

Schnelldrehstahles einwirkt. Näheres über die Wirkung dieser Elemente, Vanadin, Kobalt, Molybdän, siehe später bei den betreffenden Abschnitten. Es sei an dieser Stelle nochmals darauf hingewiesen, daß es von großer Wichtigkeit ist, stets den Legierungsgehalt an karbidbildenden Elementen dem Kohlenstoffgehalt anzupassen. Ein zu hoher Legierungsgehalt im Vergleich zum Kohlenstoffgehalt wird ein zu starkes Abbinden des Kohlenstoffes zu härtungsunfähigem stabilen Karbid und damit ungenügende Härtefähigkeit bedingen. Ein zu geringer Kohlenstoffgehalt gewährleistet andererseits nicht die volle Ausnutzung des karbidbildenden Elementes.

Abb. 307. Abplatzung an einem Schnellfräser infolge Aufkohlung.

Besonderheiten bei der Härtung:

Die Tatsache, daß Schnellstähle erst dicht unterhalb des Schmelzpunktes ihre beste Härtung erfahren können, hat die einwandfreie Härtung von Schnellstahl zu einem schwierigen härtetechnischen Problem gemacht. Infolge der bei diesen hohen Temperaturen sich sehr rasch abspielenden Diffusionsvorgänge ist es selbstverständlich, daß bei Zutritt von Sauerstoff sehr leicht erhebliche Entkohlungserscheinungen auftreten können. Da insbesondere bei komplizierten Werkzeugen, wie z. B. Fräsern, ein Nachschleifen der gesamten Arbeitsflächen praktisch unmöglich ist, würde ein derartiges entkohltes Schnellarbeitsstahlwerkzeug nur geringe Leistungen ergeben. Man war daher von jeher bestrebt, Entkohlung zu vermeiden. Es wäre naheliegend, die Oxydation der betreffenden Werkzeuge dadurch zu verhindern, daß man sie in Zementationspulver oder Holzkohle einpackt und so vor dem Zutritt von Luft schützt. Hierbei treten aber nun infolge der hohen Diffusionsgeschwindigkeit bei 1200° die umgekehrten Erscheinungen auf. Statt einer Entkohlung tritt eine Aufkohlung ein, die leicht zu einem Abplatzen der zementierten Schicht führt (Abb. 307). Abgesehen von dem Abplatzen der kohlenstoffhaltigen Randschichten bei der Härtung oder beim Gebrauch kann sich aber auch noch folgende Erscheinung bemerkbar machen. Infolge der Kohlenstoffaufnahme wird der Schmelzpunkt herabgesetzt, und es treten unter Umständen lokale Abschmelzungen an der Oberfläche auf. Der Härtepraktiker behauptet, der Stahl schwitzt. In Wirklichkeit stellen die sich bildenden kleinen Tröpfchen und Wärzchen nichts anderes als Schmelzperlen mit besonders tiefem Schmelzpunkt infolge Aufkohlung dar. Vor allem können derartige Aufkohlungserscheinungen in Salzbädern beobachtet werden bei Verwendung von Graphittiegeln zum Schmelzen des Salzbades. Abb. 308 zeigt einen

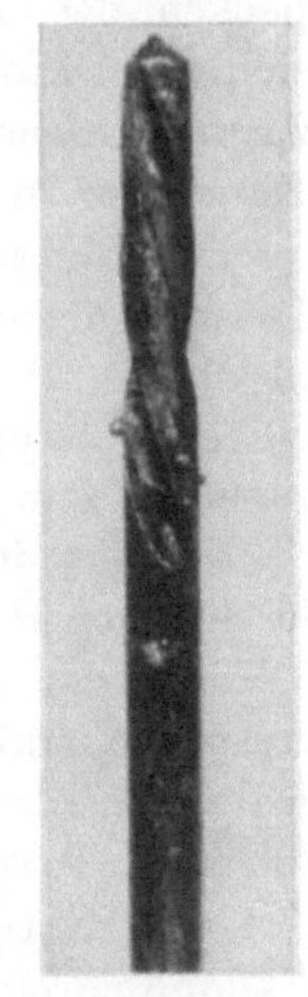

Abb. 308. Spiralbohrer mit Wärzchen.

solchen mit Wärzchen versehenen Spiralbohrer. Bei Untersuchung dieser angeschmolzenen Kügelchen konnten Kohlenstoffgehalte bis zu 4,2% gegenüber 0,75% im Ausgangszustand festgestellt werden.

Zur Härtung von Schnellstahl finden sowohl Muffelöfen als insbesondere auch Salzbäder Verwendung. In beiden Fällen werden die Werkstücke, wenigstens größere Werkzeuge, zweckmäßig in einer Muffel auf Temperaturen von 850—900° langsam durchgreifend vorgewärmt und dann möglichst kurze Zeit in den auf höherer Temperatur befindlichen Ofen eingebracht. Infolge der schnellen, durchgreifenden Erwärmung im Salzbad und der großen Gefahr von Entkohlungserscheinungen sind besonders die Einsatzzeiten im Salzbad so kurz wie möglich zu wählen. Natürlich muß die Zeit lang genug sein, um genügend Karbide in Lösung zu bringen. Allgemeine Regeln lassen sich hierzu nicht aufstellen, da die Durchwärmzeiten dem Durchmesser des Stückes angepaßt werden müssen. Als Salzbad für diese hohen Härtetemperaturen findet meistens Bariumchlorid Verwendung. Die Entkohlung sucht man durch Aufstreuen von Holzkohle, insbesondere aber durch Zusatz von Borax, zu verhindern. Am günstigsten verhalten sich die elektrisch beheizten Salzbäder, bei denen das Salz selbst als Widerstand dient, mit einer Tiegelausmauerung aus feuerfestem Stein (Korund). Bei andersartig beheizten Salzbädern stellen sich Schwierigkeiten bezüglich des Tiegelmaterials ein. Bei der Beheizung von außen verbietet sich das Zusammenbauen der Tiegel aus feuerfestem Stein. Es kommt dann entweder Flußeisen, das sehr schnell verzundert, in Frage, oder Graphittiegel, auf deren Nachteile jedoch schon hingewiesen wurde. Hitzebeständige Stähle werden vom Salzbad bei diesen Temperaturen von 1300° sehr schnell angegriffen.

Bei der Härtung aus der Muffel wird man nach der Durchwärmung bei 850 bis 900° die betreffenden Stücke entweder mit Borax bestreuen und dann auf Härtetemperatur bringen, oder sie aber von vornherein in einen Kasten einpacken, der einen doppelten Deckel besitzt. Zwischen beiden Deckeln befindet sich etwas Holzkohle oder Gußspäne, um den Sauerstoff der eindringenden Luft zu verbrauchen. Hierbei wird die geschilderte Aufkohlung, die beim direkten Einpacken in Holzkohle oder Zementationspulver eintreten kann, vermieden.

Das Ablöschen erfolgte bisher gewöhnlich in Öl, Petroleum oder Preßluft. Letztere Art der Härtung ergibt meistens keine so hohe Härte wie die Härtung in Öl oder Petroleum, sie besitzt aber den Vorteil, bei sehr komplizierten, tief eingearbeiteten Fräsern den geringsten Härteausschuß infolge von Spannungsrissen zu ergeben.

Eine erst in neuester Zeit öfter angewendete Art der Härtung besteht im Ablöschen von Härtetemperatur in einem Bleibad von 400—500°, entsprechend dem Vorgang der Stufenhärtung. Bei Ablöschung auf diese Temperatur bleibt der Austenitcharakter des Stahles vollkommen erhalten. Es scheiden sich nur beim Halten im Bleibad bereits entsprechende Mengen Karbid aus, und bei dem darauffolgenden Abkühlen an Luft tritt dann vollkommene Härtung ein. Auch diese Art der Härtung ist mit geringem Verzug und geringer Rißgefahr verbunden. Es muß darauf hingewiesen werden, daß auch die im Bleibad gehärteten Werkzeuge, je nach dem Legierungsgrad, einem zweiten Anlassen bei 560—600° zweckmäßig unterworfen werden, wenn sie die höchste Leistungsfähigkeit erhalten sollen.

Das Anlassen von Schnelldrehstählen erfolgt zweckentsprechend ebenfalls in Öl-, Salz- oder Metallbädern. Bei den niedriglegierten Schnelldrehstählen, bei denen das hohe Anlassen keine Verbesserung mehr ergeben würde, beschränkt man sich auf ein Spannungsfreikochen bei Temperaturen, die maximal 200° betragen. Hierfür sind Ölbäder am geeignetsten. In Einzelfällen — komplizierte, lange und dünne Werkzeuge, z. B. Stehbolzenbohrer usw. — läßt man auch Schnellstahlwerkzeuge trotz der Leistungsverschlechterung bei 300° an, um eine größere Zähigkeit zu erzielen. Eine geringe Leistungsverschlechterung wird in Kauf genommen, um das Brechen infolge zu hoher Härte möglichst zu vermeiden. Für die hohen Anlaßtemperaturen von 560—600°, bei denen genaue Temperatureinhaltung für den Ausscheidungsvorgang der Karbide von ausschlaggebender Bedeutung ist, empfehlen sich Salzbäder, insbesondere aber auch Bleibäder. Die Haltezeit auf dieser Anlaßtemperatur muß dem Karbidausscheidungsvorgang angepaßt werden. Die günstigsten Leistungen werden bei einer Anlaßtemperatur von 560° bei 1—2stündigem Anlassen erzielt. Tiefere Temperaturen würden eine Verlängerung der Anlaßdauer bedingen, während höhere Temperaturen entsprechend kürzere Anlaßzeiten erfordern.

Verarbeitung: Besondere Sorgfalt muß auch dem Schmieden von Schnellarbeitsstahl zugewandt werden. Das Schmieden bewirkt nicht nur eine Zertrümmerung der ledeburitischen Karbide, sondern auch eine Homogenisierung der Grundmasse. Letzteres ist auf die längere Erwärmung auf die Schmiedeanfangstemperatur, die einer Art Diffusionsglühung entspricht, zurückzuführen. Die Erwärmung zum Schmieden muß entsprechend der durch Wolfram verschlechterten Wärmeleitfähigkeit außerordentlich langsam und durchgreifend erfolgen. Man findet in der Literatur noch vielfach die Ansicht vertreten, daß eine möglichst weitgehende Zertrümmerung der Karbidnetze erforderlich ist, um die höchste Schnittleistung zu erzielen. Diese Ansicht bedarf in der Weise einer Berichtigung, daß bezüglich des Verschleißwiderstandes das gegossene Ledeburitnetzwerk an sich am günstigsten ist und infolgedessen der Gußzustand den Anspruch auf den höchsten Verschleißwiderstand erheben darf. Infolge der etwas ungleichmäßigen Karbidverteilung ergibt der Gußzustand aber keine absolute homogene Härtung der Grundmasse. Sein Hauptnachteil ist die zu große Sprödigkeit. Durch verschiedene Versuche konnte nachgewiesen werden, daß sich die Schnittleistung

Zahlentafel 71. Stahl mit 0,75% C, 4,2% Cr, 14,3% W, 2,3% V.
Schnittleistung von Schnellstahl verschiedenen Verschmiedungsgrades und verschiedener Blockteile.

Abmessung	Verschmiedungsgrad	Standzeit in Minuten bis zum Stumpfschnitt beim Drehen auf vergütetem Chrom-Nickel-Stahl von 100 kg/mm² Festigkeit mit 1,4 mm Vorschub, 5 mm Spantiefe und 14 m/min Schnittgeschwindigkeit			
		Blockteil			
		1	2	3	4
210 mm Durchm.	Gußzustand	10^{05}	7^{55}	10^{20}	9^{40}
105 „ vkt.	3fach	12^{10}	9^{00}	10^{02}	11^{20}
59 „ „	10 „	9^{45}	14^{05}	—	—
42 „ „	20 „	12^{05}	8^{40}	—	—
29 „ „	41 „	$\left.\begin{matrix} 15^{15} \\ 9^{55} \end{matrix}\right\} 12^{35}$	—	—	—

mit dem Verschmiedungsgrad und dem Grade der Karbidzertrümmerung nicht stark verändert, daß aber für feingliederige Werkzeuge eine grobe Karbidausbildung eine gewisse Gefahr infolge der mangelnden Zähigkeit bildet (Zahlentafel 71).

Von diesem Gesichtspunkt aus ist es erforderlich, größere Dimensionen Schnellstahl, z. B. für Fräser in den Abmessungen von 200—250 mm Durchmesser, möglichst nicht in langen Stangen, sondern in Einzellängen abzuschmieden. Das Abschmieden in langen Stangen ist für die werkstattmäßige Verarbeitung von Vorteil, weil verschiedene Stücke in passenden Längen abgeschnitten werden können, bringt aber den Nachteil, daß ·zur Erzielung eines genügenden Verformungsgrades große Gußblöcke mit entsprechenden Seigerungen und Karbid-

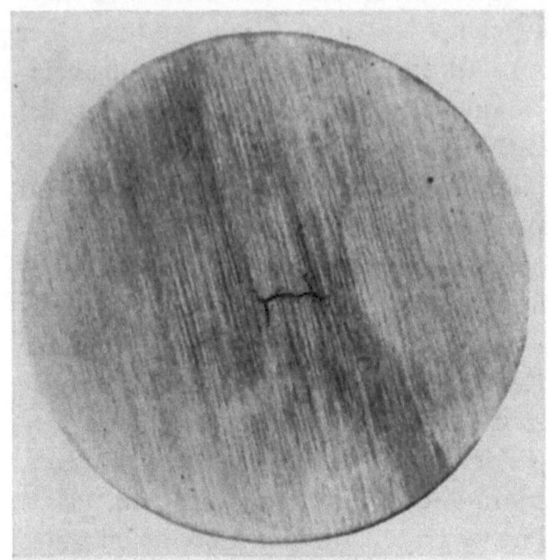

Abb. 309. Innenzerschmiedung bei Schnelldrehstahl.

anreicherungen verschmiedet werden müssen. Ein allseitiges Schmieden, Stauchen und Recken ist dann ferner wegen der Länge der Stangen praktisch ausgeschlossen. Unangenehm macht sich beim Schmieden auch der hohe Formänderungswiderstand von Schnellstahllegierungen bemerkbar. Infolge dieses hohen Formänderungswiderstandes kann es vorkommen, daß die Verformung bei etwas größeren Blockquerschnitten nicht bis zum Kern vordringt, der Kern fließt nicht entsprechend der Außenzone des Blockes mit und läuft Gefahr, zerschmiedet zu werden. Eine derartige Zerschmiedung zeigt Abb. 309. In dieser Beziehung haben Vierkantblöcke einen Vorteil vor Rundblöcken, da sie gleich beim Beginn der Verschmiedung die Möglichkeit geben, den Formänderungsvorgang auf eine größere Fläche wirken zu lassen und eine entsprechend tiefere Schmiedewirkung zu erzielen. Gerade beim Schmieden kleiner Flächen mit leichten Hammerschlägen (Randschmiedung) kommen derartige Zerschmiedungen leicht vor.

d) Schneidmetalle.

(Stellite, Hartmetalle und ausscheidungshärtende Legierungen.)

In neuerer Zeit werden auch die höchstlegierten Schnellarbeitsstähle in ihren Leistungen überboten von Legierungen, die unter den Bezeichnungen Stellite und Hartmetalle in den Handel kommen.

Bei den Stelliten handelt es sich um gegossene Legierungen, im wesentlichen aus Kobalt und mehreren Metallen der Chromgruppe (wie Chrom, Wolfram, Molybdän). Die Hartmetalle stellen Karbide der hochschmelzenden Metalle wie Wolfram, Tantal, Titan und Molybdän dar.

Die Zahlentafel 72 (s. Anlage) zeigt eine Zusammenstellung der gebräuchlichsten Stellite und gegossener Hartmetalle. Die Stellite sind infolge des Gußzustandes verhältnismäßig spröde und finden nur in beschränktem Maße Verwendung. In der Hauptsache verwendet man sie noch dazu, um auf gewöhnlichen Stählen verschleißfeste Oberflächen durch Auftropfen zu erzielen.

Bei den Hartmetallen hat man grundsätzlich zwischen Guß- und Sinterhartmetallen zu unterscheiden.

Die Bedeutung der gegossenen Hartmetalle beschränkt sich im allgemeinen auf besondere Anwendungsgebiete, wie Ziehsteine, Gesteinsbohrer u. dgl. In

Zahlentafel 72.
Zusammensetzung der gebräuchlichsten gegossenen Schneidlegierungen.

		C %	W %	Mo %	Ni %	Co %	Cr %	Mn %	V %	Ta %	Fe %
Stellite	Original-Stellit .	1,5—3,0	12—17	—	—	40—50	25—35	—	—	—	Rest
		2	10—25	—	—	40—55	15—33	—	—	—	,,
	Perzit	2,5—3,0	21	—	—	48	28	—	—	—	,,
	Akrit	2,5—5,0	16	4	10	38	30	—	—	—	,,
	Celsit	2,8	25	—	—	31	—	—	0,60	—	,,
	Lithinit	3	17	0,50	—	0,50	45	1,0	—	—	,,
Gegossene Hartmetalle	Volomit	4	93	2	—	—	—	—	—	—	,,
	Miramant . . .	2	55	20	—	—	—	—	—	15	,,
	Borium	4	94	—	—	—	—	—	—	—	,,
	Arbit	4—5	92	2	—	—	3	—	—	—	,,
	Thoran	4	92	—	—	—	—	—	—	4	,,

diesen Fällen kommt es lediglich auf eine große Härte, die den Gußhartmetallen besonders eigen ist, und nicht auf hohe Festigkeit und Zähigkeit an. Für das Gebiet der Zerspanungswerkzeuge scheiden die Gußhartmetalle ebenso wie die Sinterhartmetalle ohne niedriger schmelzendes Hilfsmetall aus.

Im Gegensatz zu den Gußhartmetallen gewinnen die auf dem Sinterwege unter Zusatz eines niedriger schmelzenden Hilfsmetalls hergestellten Hartmetalle immer größere Bedeutung. Die gebräuchlichsten sind auf der Basis des Wolframkarbids aufgebaut, wobei Zusätze von Kobalt und Nickel als Bindemetall benutzt werden. Diese gesinterten Wolframkarbidlegierungen weisen neben einer außerordentlich hohen Härte (WIe DIAmant) eine gute Zähigkeit auf. Dieser günstigen Kombination von Härte und Zähigkeit verdanken die Sinterhartmetalle ihren schnellen Eingang in die Bearbeitungstechnik. Sie bringen besonders große Mehrleistungen gegenüber den Schnellarbeitsstählen bei der Bearbeitung von Materialien wie Hartguß, Grauguß, Isolierstoffe und Nichteisenmetalle, während manche Werkstoffe, z. B. Manganhartstahl, erst durch derartige Sinterhartmetalle wirtschaftlich bearbeitet werden konnten.

Nicht so groß wie bei den vorgenannten Werkstoffen ist die Mehrleistung der Wolframkarbid-Sinterlegierungen bei der Bearbeitung von Stahl

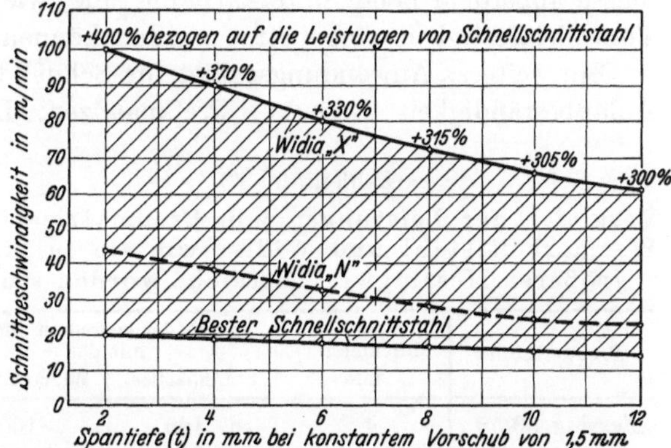

Abb. 310. Mehrleistung von Widia im Vergleich zu höchstwertigem Schnelldrehstahl bei der Bearbeitung eines Chrom-Nickel-Stahl-Zylinders von ∼ 100 kg/mm² Zugfestigkeit.

legierungen. Die Entwicklung ist aber heute schon weiter vorgeschritten, und es gelingt durch Änderung der Zusammensetzung, wie Zusetzen von Tantal- und Titankarbid, gesinterte Hartmetalle herzustellen, die auch zur Bearbeitung von Stahllegierungen in allen möglichen Festigkeitsbereichen geeignet sind.

Ein Vergleich zwischen der Leistung von Widiahartmetall und Schnellarbeitsstahl ist in Abb. 310 gegeben.

In den Abmessungen ist man bei der Herstellung dieser Sinterhartmetalle beschränkt. Die üblichsten größten Abmessungen dürften heute etwa bei $30 \times 30 \times 150$ mm bzw. 70 mm $\varnothing \times 40$ mm liegen.

Hartmetallwerkzeuge werden durch Auflöten und Einsetzen von Hartmetallplättchen in ein anderes Grundmaterial hergestellt. Aus Ersparnisgründen wird diese Art der Werkzeugherstellung, nämlich die Schneide mit hochwertigem Hartmetall zu besetzen, auch bei den hochwertigen Schnellarbeitsstählen angewendet.

Außer den erwähnten Schnellarbeitsstählen, Stelliten und Hartmetallen gibt es noch Schneidlegierungen, die auf der Basis Eisen-Wolfram unter Kobaltzusatz hergestellt werden und ihre Warmfestigkeit, d. h. Rotgluthärte, auf Grund der Ausscheidung von Wolframiden besitzen.

Im Gegensatz zu den Stelliten und Hartmetallen, deren beim Herstellungsprozeß erzielte Härte durch keinerlei Wärmebehandlung mehr verändert werden kann, werden diese Schneidlegierungen von hohen Temperaturen — beispielsweise 1200 bis 1300° — abgeschreckt und auf die günstigste Ausscheidungstemperatur — etwa 600° — angelassen. Näheres hierüber s. unter Kobalt.

Das Hauptanwendungsgebiet für Schnelldrehstahl, Hartmetalle, Schneidmetalle usw. ist selbstverständlich der Zerspanungsvorgang, d. h. die Bearbeitung von anderen Werkstoffen. An zweiter Stelle finden diese sog. Legierungen aber überall dort Verwendung, wo es auf außerordentlich hohe Verschleißfestigkeit ankommt, wie z. B. bei Zieheisen, Stanz- und Schneidwerkzeugen, Stempeln, Scherenmessern usw.

Auf die Verwendung stellitartiger Legierungen als Aufschweißmetall für verschleißfeste Gegenstände ist bereits hingewiesen worden. Ein besonderes Anwendungsgebiet sind hierbei z. B. Erdbohrmeißel, wobei in die Stellitaufschweißmasse außerdem noch Sinterkarbidmetalle, wie z. B. Widia, zur Erhöhung der Verschleißfestigkeit eingebettet werden können.

Ein weiteres Anwendungsgebiet für Schnelldrehstahl sind wegen ihrer hohen Anlaßbeständigkeit Gesenke, Preßmatrizen, Lochstempel, Dorne usw. Man verwendet zu diesen Arbeiten in der Wärme meist Legierungen mit etwas tieferem Kohlenstoffgehalt, die gleichzeitig noch eine etwas höhere Zähigkeit besitzen, da sie bei der Behandlung nicht Höchsthärte erreichen und infolgedessen geringere Empfindlichkeit gegen

Zahlentafel 73.

Vergleich der Leistungen von Preßmatrizen aus Warmarbeitsstahl und Widia, wie sie in einem größeren Messingwerk erreicht worden sind.

Preßwerkstoff	Dusendurchmesser mm	Anzahl der gepreßten Blocke mit der	
		Stahlmatrize	Widiamatrize
Messing 56/58	4	rd. 120	>1000
„ 60/62	6	rd. 30—40	rd. 500
„ 60/62	7,5	—	> 700

Spannungsrisse haben. Wie aus Abb. 310 hervorging, zeigen die Hartmetalle höhere Standzeiten als Schnelldrehstahl. Dementsprechend werden auch auf Verschleiß beanspruchte Warmwerkzeuge, z. B. Ziehmatrizen, bei Verwendung von Hartmetall höhere Leistungen ergeben. Einen Vergleich zwischen einer Widiamatrize und einem hochwertigen Wolfram-Chrom-Vanadin-Stahl beim Strangpressen von Messing gibt Zahlentafel 73.

3. Wolfram in Baustählen.

a) Vergütungsstähle.

Bis zum heutigen Tage haben Stähle, in denen nur Wolfram als Legierungselement vorkommt, geringe Verwendung als Baustahl gefunden. Der Grund hierfür dürfte darin zu suchen sein, daß Wolfram auf die Festigkeitseigenschaften von Baustählen sowohl im geglühten als im wärmebehandelten Zustand keinen besonders großen Einfluß ausübt, solange nicht höhere Prozentgehalte anwesend sind. Infolge des hohen Preises von Wolfram bevorzugt man andere Legierungselemente, die die Härtbarkeit und Vergütbarkeit stärker beeinflussen. Im geglühten Zustand erklärt sich der Einfluß von Wolfram auf die Festigkeitssteigerung in der Hauptsache durch die Erhöhung des Karbidanteils; Wolframstähle mit z. B. 18% W und 1—1,5% C erreichen aber im geglühten Zustand nur Festigkeiten von 75 bis 80 kg/mm². Die in der Literatur hierüber vorhandenen Angaben von Guillet (Abb. 311) sind auf den Walzzustand bezogen und ergeben kein eindeutiges Bild über den Einfluß von Wolfram bei ausgeglühten Stählen.

Eine besondere Verwendung hat Wolfram als Legierungszusatz zu Gewehrlaufstählen gefunden. Diese Stähle weisen folgende Zusammensetzung auf: 0,60% C, 0,45% Si, 0,70% Mn, 2% W. Gegenüber gewöhnlichem Gewehrlaufstahl zeigen sie höhere Verschleißfestigkeit (Karbidgehalt), bessere Anlaßbeständigkeit und Warmfestigkeit. Sie hatten sich vor allem für hochwertige Maschinengewehrläufe eingeführt. In neuerer Zeit werden sie aber durch andere Stähle, die vor allem Chrom, Molybdän, Vanadin als Karbidbildner enthalten und noch anlaßbeständiger sind,

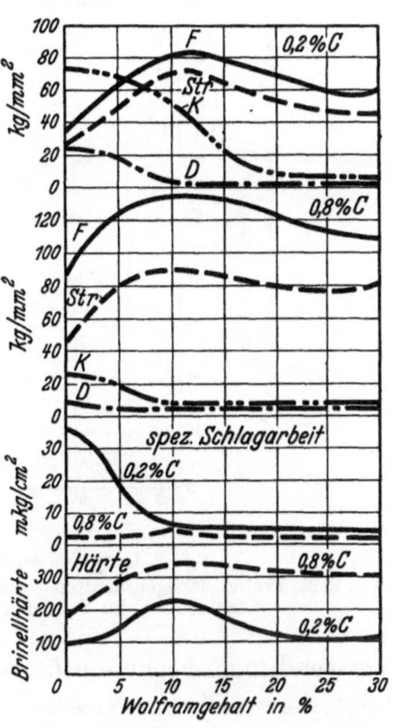

Abb. 311. Einfluß des Wolframs auf die Festigkeitseigenschaften, Harte und spezifische Schlagarbeit von Stahl mit 0,2 bzw. 0,8% C. [Nach Guillet: Rev. Métallurg. Bd. 1 (1904) S. 263/83.]

ersetzt. Die Eigenschaften dieser Gewehrlaufstähle zeigt Abb. 312. Auffallend ist die auf feine Karbidverteilung zurückzuführende hohe Streckgrenze.

Eine größere Verwendung findet Wolfram in chrom- und chrom-nickellegierten Baustählen. Bei der Vergütung wird durch Zusatz von Wolfram eine Erhöhung der Härtefähigkeit und der Durchvergütung erhalten, die aber geringer ist als bei Chrom. Im Vergütungsschaubild (Abb. 313) zeigt sich deutlich der härtesteigernde Einfluß von Wolfram. Die Härtesteigerung und Erhöhung der Anlaßbeständigkeit zeigt ferner Abb. 314. Trotz des niedrigeren Chromgehalts des wolframhaltigen Stahles liegen die Festigkeitszahlen höher als bei entsprechendem Chrom-Nickel-Stahl. Auffallend sind außerdem die außerordentlich günstigen Kerbzähigkeitswerte. Derartige Chrom-Nickel-Wolfram-Stähle stellen heute die hochwertigsten bekannten Konstruktionsstähle, z. B. für Flugzeugkurbelwellen usw., dar. Infolge der stark lufthärtenden Eigenschaften müssen sie beim Schmieden entsprechend sorgfältig behandelt werden.

Die mit solchen Stählen in der Praxis erzielten Eigenschaften gibt Abb. 315 wieder. Man kann mit ihnen aber auch Konstruktionsteile mit Festigkeiten bis zu 160 kg/mm² und mehr mit einwandfreier Zähigkeit herstellen.

Das Verdienst, diese durch ihre Zähigkeitseigenschaften so außerordentlich stark ausgezeichneten Legierungen entwickelt zu haben, gebührt F. Rittershausen, der bereits im Jahre 1911—1912 diese Stähle für die obengenannten

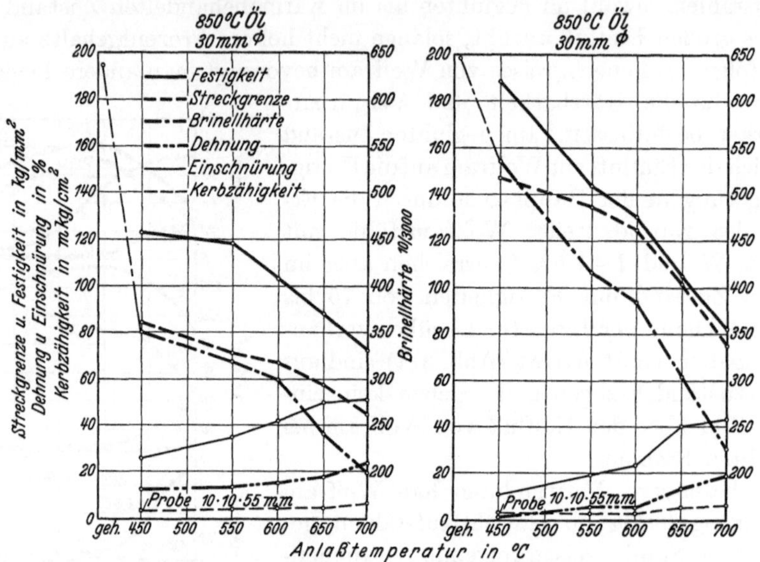

Abb. 312. Festigkeitseigenschaften eines 2% Wolfram enthaltenden Gewehrlaufstahles im vergüteten Zustand mit 0,6% C im Vergleich zu einem Kohlenstoffstahl gleicher Zusammensetzung.

Verwendungszwecke einführte. Hierbei wurde in der Hauptsache der Zweck verfolgt, die bei Chrom-Nickel-Stählen in so starkem Maße auftretende Anlaßsprödigkeit zu beseitigen. Die von Rittershausen untersuchten wolframhaltigen Stähle waren beim Anlassen nach dem Vergüten durch Unempfindlichkeit gegen die Art der nachfolgenden Abkühlung ausgezeichnet. Auch bei langsamer Abkühlung, z. B. Asche- oder Ofenabkühlung (Zahlentafel 74) behielten sie ihre hohe Kerbzähigkeit bei, während entsprechende Chrom-Nickel-Stähle zur Erhaltung hoher Kerbzähigkeit bekanntlich nach dem Anlassen schnell abgekühlt werden müssen.

Zahlentafel 74. Einfluß eines Wolframzusatzes auf die mechanischen Eigenschaften eines anlaßspröden Stahles mit 0,3% C, 4,1% Ni, 1,2% Cr (Rittershausen)[1].

Wärmebehandlung: von 870° in Öl abgelöscht, auf 630° angelassen in Öl abgelöscht, auf 580° angelassen in Asche erkaltet.

	Stahl ohne Wolfram	Stahl mit 1% Wolfram
Streckgrenze . . kg/mm²	82	92
Festigkeit . . . . „	91,1	102,1
Dehnung . . . . . . %	19,2	19,5
Einschnürung . . . . %	61	61
Kerbzähigkeit . . mkg/cm²	10,2	20,4

In Verbindung mit den auf S. 37 u. 60 erwähnten Zusammenhängen zwischen Ablöschen, Anlassen und den dabei auftretenden Spannungen geht die Bedeutung

[1] Unveröffentlichte Untersuchungen aus dem Jahre 1913.

der Schaffung dieser Stähle für solche Teile, die nach dem Anlassen hohe Zähig
keit bei großer Spannungsfreiheit aufweisen müssen, eindeutig hervor. Wenn

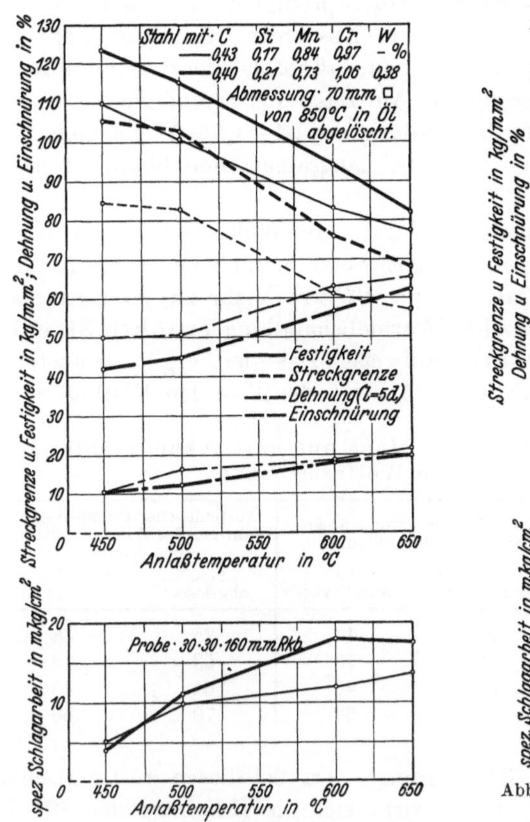

Abb. 313. Wirkung des Wolframs auf die Festigkeitseigenschaften eines verguteten Chromstahles.

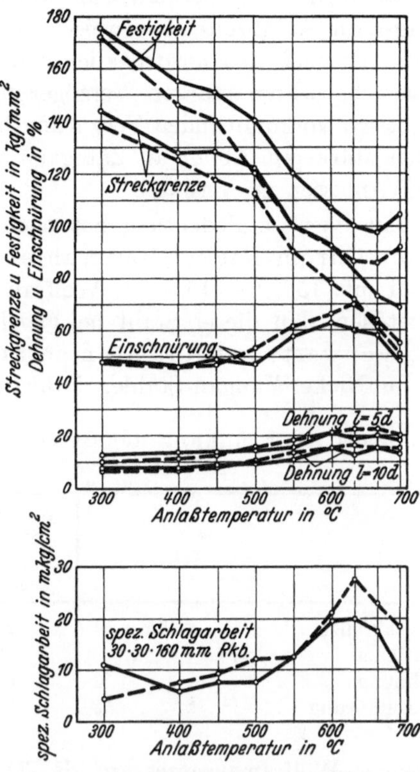

Abb. 314. Anlaßkurve eines Chrom-Nickel- und eines Chrom-Nickel-Wolfram-Stahles.

Stahl mit 0,32% C, 4,32% Ni, 1,47% Cr.
– – – 70 vkt. von 850° an Luft gehartet.

Stahl mit 0,36% C, 4,26% Ni, 1,19% Cr, 0,83% W.
—— 70 vkt. von 850° an Luft gehartet.

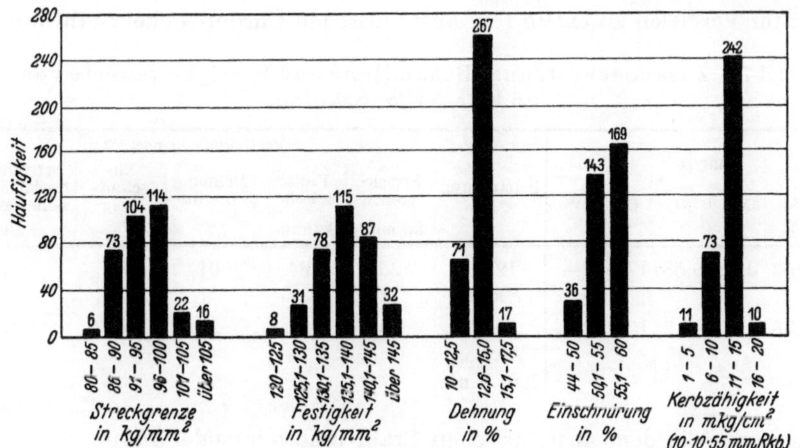

0,15–0,18% C, 0,25–0,35% Si, 0,35–0,45% Mn, 4,0–4,5% Ni, 1,4–1,6% Cr, 0,8–1,0% W

Abb. 315. Festigkeitseigenschaften von einsatzgehärteten Flugzeugkurbelwellen aus Chrom-Nickel-Wolfram-Stahl nach Großzahlforschungen. [Entnommen von Kallen u. Schrader: Techn. Mitt. Krupp 1. Jg. (1933) S. 60.]

nun zwar diese wolframhaltigen Stähle bei den Vergüteoperationen in der Praxis, d. h. bei den üblichen Anlaßzeiten usw., frei von Anlaßsprödigkeit sind, so ist doch zu bemerken, daß auch sie Anlaßsprödigkeitserscheinungen bei längeren Anlaßzeiten aufweisen können; s. Abschnitt „Anlaßsprödigkeit", S. 98. Es muß aber ausdrücklich betont werden, daß infolge der durch Wolframzusatz bewirkten starken Verzögerung im Auftreten der Sprödigkeit bei der praktisch vorkommenden Vergütungsbehandlung etwa 1—1,5% W genügen, um einen stärkeren Abfall an Zähigkeit auch bei langsamer Ofenabkühlung nach dem Anlassen zu verhüten.

Eine gewisse Bedeutung hat noch der Zusatz von Wolfram zu austenitischen Chrom-Nickel-Baustählen erlangt. Setzt man einem Chrom-Nickel-Stahl mit 15% Cr, 15% Ni, Wolfram bis zu 3% und mehr zu, so wird man feststellen, daß dieser Stahl bei gleicher Wärmebehandlung erhöhte Streckgrenzenwerte bei Raumtemperatur aufweist. Das gleiche gilt für austenitische Nickel-Mangan-Stähle. Zahlentafel 75 zeigt deutlich den Einfluß eines

Zahlentafel 75. Erhöhung der Streckgrenze eines austenitischen Stahles mit 18% Cr und 8% Ni durch Wolframzusatz.

	Austenitischer Chrom-Nickel-Stahl mit 0,6% Wolfram		Austenitischer Chrom-Nickel-Stahl gleicher Zusammensetzung ohne Wolfram	
	1150° abgelöscht	950° abgelöscht	1150° abgelöscht	950° abgelöscht
Streckgrenze . . . . . . kg/mm²	28	44	25	38
Festigkeit . . . . „	63	73	63	72
Dehnung . . . . %	62	46	64	45
Einschnürung . . . . %	69	62	70	60

geringen Wolframzusatzes auf die Streckgrenze. Da bei diesen austenitischen Stählen die Festigkeit fast gleich bleibt, wirkt sich die Erhöhung der Streckgrenze auch in der Schwingungsfestigkeit aus.

Zahlentafel 76 zeigt die Zusammensetzung, Wärmebehandlung, Festigkeits- und Schwingungseigenschaften eines austenitischen Chrom-Nickel-Wolfram-Stahles im Vergleich zu einem rein austenitischen Chrom-Nickel-Stahl mit tiefer

Zahlentafel 76. Zusammensetzung, Behandlung und Festigkeitswerte von Cr-Ni- und Cr-Ni-W-Stählen.

Analyse						Behandlung	Festigkeitseigenschaften				
C %	Si %	Mn %	Ni %	Cr %	W %		Streckgrenze kg/mm²	Festigkeit kg/mm²	Dehnung $L = 5\,d$ %	Einschnürung %	Schwingungsfestigkeit an der polierten Probe kg/mm²
0,16	0,63	0,45	8,58	17,5	—	1200° Wasser	25	64	61	73	26
0,58	1,38	0,90	13,2	15,6	2,07	1050° Wasser, 700° Luft	40	84	30	37	38

Streckgrenze; die dem austenitischen Stahl innewohnende Dämpfungsfähigkeit und Unempfindlichkeit gegen Oberflächenverletzung geht trotz Erhöhung der Streckgrenze nicht verloren. Der Chrom-Nickel-Wolfram-Stahl verdankt seine hohe Streckgrenze besonders auch der Wärmebehandlung. Durch das Anlassen bei 700° erhöhen die Karbidausscheidungen in bekannter Weise die Streckgrenze; die Menge der sich ausscheidenden Karbide ist aber abhängig vom C-Gehalt und vom Gehalt an karbidbildenden Elementen, und wird somit durch Wolfram günstig beeinflußt.

Die Erhöhung der Streckgrenze und Schwingungsfestigkeit hat dazu geführt, daß diese an sich korrosionsfesten und gleichzeitig wegen ihres Austenitcharakters verschleißfesten Stähle mit 15% Cr, 15% Ni, 3% W und 0,4% C bzw. 30% Ni, 12% Cr und 3% W heute mit als die höchstwertigen Turbinenschaufelwerkstoffe angesprochen werden können.

Die Verwendung dieser Stähle zu Turbinenschaufeln kann einmal vom Standpunkt der Korrosions- und Erosionsfestigkeit, zum anderen vom Gesichtspunkt der Warmfestigkeit aus erfolgen. Bekanntlich gelangt man im Niederdruckteil von Dampfturbinen meistens bereits in das Naßdampfgebiet. Die sich bildenden kleinen Tröpfchen üben bei den hier vorherrschenden hohen Dampfgeschwindigkeiten außerordentlich starke Verschleißwirkungen auf das Schaufelmaterial aus. Korrosions- und Erosionswirkungen unterstützen sich gegenseitig. Es ist somit verständlich, daß verschleiß- und korrosionsfeste austenitische Stähle hier Vorteile ergeben.

Eine weitere Anwendung dieses Werkstoffes für Turbinenschaufeln ergibt sich im Hochdruckteil moderner Turbinen, bei denen die Dampftemperaturen 500° zu überschreiten beginnen. Das gleiche gilt hinsichtlich des Anwendungsgebietes für Gasturbinenschaufeln, bei denen noch höhere Temperaturen auftreten. Abgesehen von der Korrosionsfestigkeit, d. h. Zunderbeständigkeit bei höheren Temperaturen, spielen in diesem Falle die günstigen **Warmfestigkeitseigenschaften** dieser Werkstoffe eine ausschlaggebende Rolle.

Neben den erwähnten Vorteilen eines austenitischen Werkstoffes mit hoher Streckgrenze bei Raumtemperatur bewirkt nämlich der Zusatz von Wolfram auch noch eine Steigerung der Festigkeitseigenschaften bei **erhöhter** Temperatur. Den Einfluß eines steigenden Wolframzusatzes auf austenitische Nickel-Mangan- und Nickel-Chrom-Stähle zeigt Zahlentafel 77. Wenn auch diese Zerreißversuche sich nur auf halbstündige Zerreißdauer erstrecken, so kennzeichnen sie doch deutlich den Einfluß des Wolframs. Es ist nicht ausgeschlossen, daß dieser Einfluß darauf zurückzuführen ist, daß Wolfram infolge seines hohen Schmelzpunktes eine außerordentlich hohe Rekristallisationstemperatur aufweist;

Zahlentafel 77. Einfluß von Cr und W auf die Warmfestigkeit. [Nach Houdremont u. Ehmcke: Arch. Eisenhüttenwes. 3. Jg. (1929/30) S. 49/59.

C	Mn	Ni	Cr	W	Streckgrenze %	Festigkeit kg/mm²
%	%	%	%	%	bei 800° C	
0,60	4,50	14,90	—	—	8,0	14,0
0,55	4,60	12,90	3,00	—	11,3	20,6
0,55	4,50	14,60	—	4,80	16,2	23,6
0,56	4,50	14,40	—	9,90	18,1	24,4
0,30	—	11,00	4,00	17,00	22,0	23,7

die Rekristallisationstemperaturen von Metallen stehen nämlich augenscheinlich in einer gewissen Abhängigkeit vom absoluten Schmelzpunkt (Zahlentafel 78).

Man kann wohl ohne weiteres annehmen, daß diese Eigenschaften eines Metalles zum Teil auch auf seine Legierungen mit Eisen, Nickel, Chrom usw.

übertragen werden. In einer neueren Arbeit weist Tammann[1] ebenfalls darauf hin, daß Wolfram und Molybdän, beides Metalle mit hohem Schmelzpunkt, die Kristallerholung von kaltgerecktem Eisen zu höheren Temperaturen verschieben. Tatsache ist, daß die erwähnten austenitischen Chrom-Nickel-Wolfram-Legierungen gegenüber Vergleichstählen ohne Wolfram eine außerordentliche Trägheit bezüglich Rekristallisation aufweisen. Auf den günstigen Einfluß einer erhöhten Rekristallisationstemperatur auf die Warmfestigkeitseigenschaften von Stählen ist bereits im Zusammenhang mit den austenitischen Mangan- und Nickelstählen hingewiesen worden. Die vorher erwähnte Korrosions- und Zunderbeständigkeit solcher Legie-

Zahlentafel 78. Verhältnis der Rekristallisationstemperatur T_R zur absoluten Schmelztemperatur T_S nach Botschwar[2].

Metall	T_R	T_S	T_R/T_S
Au	473	1336	0,35
Ag	473	1234	0,38
Cu	473—503	1357	0,35—0,37
Fe	623—723	1803	0,35—0,40
Ni	803—933	1724	0,46—0,54
W	1473	3630	0,40
Ta	1273	3123	0,41
Mo	1173	2773	0,42
Al	423—513	932	0,45—0,55
Zn	∼280—348	692	0,40—0,50
Sn	∼270—298	505	0,53—0,59
Cd	∼280	594	0,49
Pb	∼270	600	0,45
Pt	723	2037	0,35
Mg	423	923	0,45

rungen ersteckt sich bis zu Temperaturen von 900°. Bei höheren Temperaturen hingegen macht sich ein Zusatz von Wolfram in bezug auf Zunderungseigenschaften ungünstig bemerkbar. Abb. 316 zeigt den ungünstigen Einfluß von Wolfram auf die Zunderbeständigkeit bei Temperaturen von 1000° und darüber. Bei 1000° sind aber auch die Warmfestigkeit und Dauerstandfestigkeit schon auf niedrige Werte abgefallen.

Glühung: 50 Stunden bei 1300° in oxydierenden Ofengasen.
Abb. 316. Wirkung eines Zusatzes von 2,5% Wolfram auf die Zunderbeständigkeit von Cr-Ni-Stahl. [Techn. Mitt. Krupp 1. Jg. (1933) S. 9.]

b) Wolfram in Einsatzstählen.

Während bei Betrachtung verhältnismäßig geringer Eindringtiefen von Guillet[3], Gießen[4] und Tammann[5] eine vergrößernde Wirkung des Wolframs auf die Eindringtiefe des Kohlenstoffes bei der Zementation beobachtet wird, ergibt sich aus neueren Untersuchungen[6] bei stärkerer Tiefenwirkung eine Verminderung der Eindringtiefe, wie aus Abb. 317 ersichtlich. Ähnlich wie bei allen karbidbildenden Elementen wird auch durch

---

[1] Z. Metallkde. 1934 S. 103.　[2] Z. anorg. Chem. Bd. 157 (1926) S. 320.

[3] La Cémentation des aciers au carbon et des aciers speciaux. Mém. C. R. Trav. Soc. Ing. civ. France 1904, S. 177—207.

[4] Die Spezialstähle in Theorie und Praxis. Freiburg: Craz u. Gerlach 1909.

[5] Werkstoffausschußbericht 1922 Nr. 14 Ver. d. Eisenhüttenleute.

[6] Houdremont u. Schrader: Arch. Eisenhüttenwes. demnächst.

Wolfram der Randkohlenstoffgehalt erhöht (Abb. 318). Diese
Veränderung durch die Legierung wirkt sich allerdings nicht
in gleichem Maße aus wie bei
Chrom und dem später beschriebenen Molybdän. Im Gefüge
und in der Einsatzschicht wird
bei Wolframstählen eine ziemlich weitgehende Koagulation
der Randkarbide angetroffen.
Außerdem neigen die Wolfram-

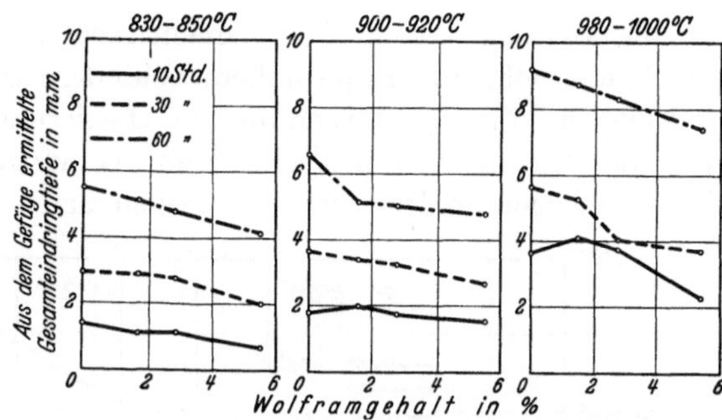

Abb. 317. Wirkung von Wolfram auf die Eindringtiefe bei Zementation in Holzkohle und Bariumkarbonat. (Nach Houdremont u. Schrader: Arch. Eisenhuttenwes. demnächst.)

stähle zu einer Gefügetrennung im Sinne von anormalen Stählen, wie Abb. 319
zeigt. Während die Erhöhung des Randkohlenstoffgehaltes und die Herabsetzung
der Eindringtiefe bei der Verwen-
dung von Wolfram in Einsatzstählen als ungünstig erscheint, bietet
ein derartiger Legierungszusatz auf
der anderen Seite den Vorteil einer
geringeren Empfindlichkeit gegen

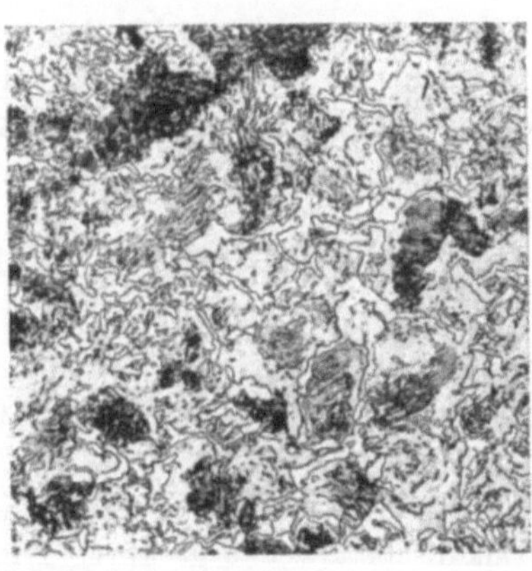

Abb. 319. Gefügeanormalität in der Zementationsschicht eines 1,5 proz. Wolframstahles nach
30 stündiger Zementation in Holzkohle und Bariumkarbonat bei 980—1000°. (Nach Houdremont und Schrader: Unveröffentlichte Untersuchung.)

Zementationsüberhitzung. Wie Abbildung 320 zeigt, wird allerdings
erst bei Wolframgehalten von mehr
als 1,5% eine ganz beträchtliche
Verringerung des Kornwachstums
beobachtet. Ebenso könnte die erwähnte Neigung zur Karbidzusammenballung vorteilhaft sein, da da-

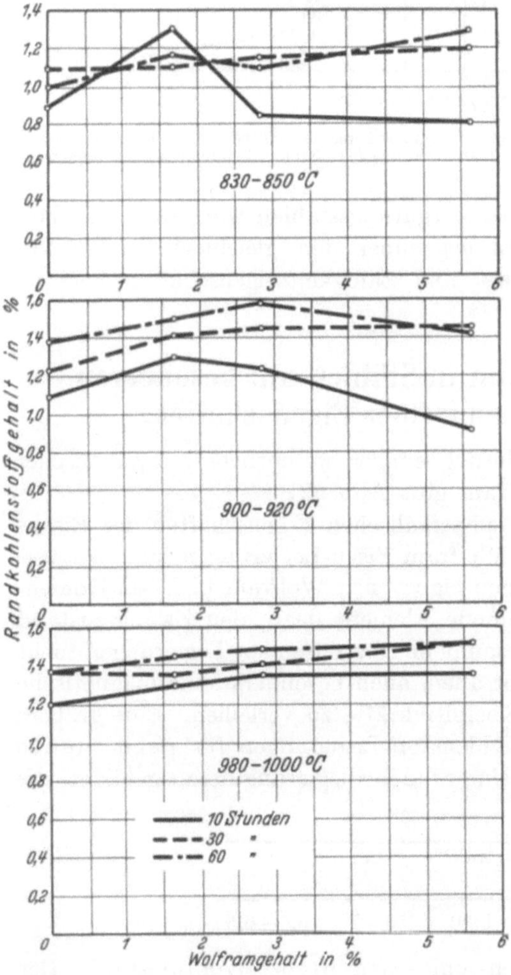

Abb. 318. Einfluß des Wolframs auf den Randkohlenstoffgehalt. (Nach Houdremont u. Schrader: Arch.
Eisenhüttenwes. demnächst.)

mit die Bildung von groben Zementitnetzen, die eine spröde Beschaffenheit
der Randschicht zur Folge haben, behindert wird.

Eine praktische Anwendung als Legierungszusatz für Einsatzstähle hat
Wolfram nur im Chrom-Nickel-Stahl gefunden. Die Zusammensetzung und
Festigkeitseigenschaften eines derartigen Cr-Ni-W-Einsatzstahles wurde bereits

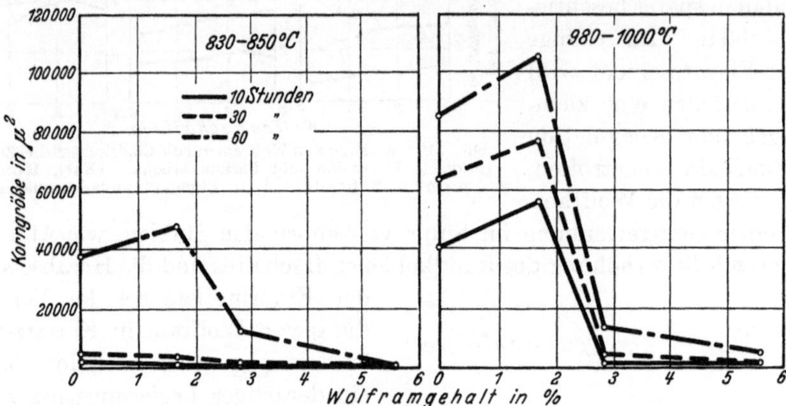

Abb. 320. Wirkung von Wolfram auf die Kornvergroberung infolge Zementationsüberhitzung bei Zementation
in Holzkohle und Barumkarbonat. (Nach Houdremont u. Schrader. Arch. Eisenhuttenwes. demnachst.)

in Abb. 315 angegeben. Ähnlich wie bei Vergütungsstählen wird auch bei Einsatzstählen durch den Wolframzusatz gegenüber den gleichlegierten Cr-Ni-
Stählen eine Erhöhung der Festigkeits- und Zähigkeitseigenschaften hervorgerufen.

4. Verwendung von Wolfram in Stählen mit besonderen physikalischen und chemischen Eigenschaften.

Einen Überblick über die Veränderung einiger wesentlicher physikalischer
Eigenschaften des Eisens durch Wolfram gibt Abb. 321.

Der Einfluß von Wolfram auf die physikalischen Eigenschaften des Eisens
hat nicht direkt zur Verwendung von Wolfram-Eisen-Legierungen für besondere
physikalische Zwecke geführt. Hingegen eignet sich Wolfram in Eisen-Kohlenstoff-Legierungen wie jedes karbidbildende Element dazu, den Zwangszustand
nach der Härtung zu vergrößern und somit den betreffenden Legierungen nicht
nur besonders hohe Härte, sondern vor allem auch besonders hohe magnetische
Eigenschaften, d. h. vor allem hohe Koerzitivkräfte zu verleihen. Eine größere
Verwendung haben daher Wolfram-Kohlenstoff-Legierungen für permanente
Magnete gefunden. Hierfür hat sich eine Standardlegierung herausgebildet, die
in folgenden Analysengrenzen liegt:

C %	Si %	Mn %	Cr %	W %
0,6—0,75	>0,20	∽0,30	0—1	5,5—6,5

Es handelt sich also im wesentlichen um einen 6proz. Wolframstahl. Der
Chromzusatz zu diesen Stählen übt einen günstigen Einfluß auf die Härtefähigkeit aus. Chrom erhöht die Härtefähigkeit stärker als Wolfram. Des-

wegen finden Chrommagnetstähle in der Hauptsache als ölhärtende Stähle Verwendung. Bei reinen Wolframstählen ist man gezwungen, Wasserhär-

tung zwecks Erzielung günstigster Eigenschaften anzuwenden. Da die Wasserhärtung aber stets mit stärkerem Verzug und unter Umständen bei komplizierten Magneten mit Härteausschuß verbunden ist, ist man dazu übergegangen, den Wolframstählen bis zu 1 % Chrom zuzusetzen, um auch bei dünneren Abmessungen

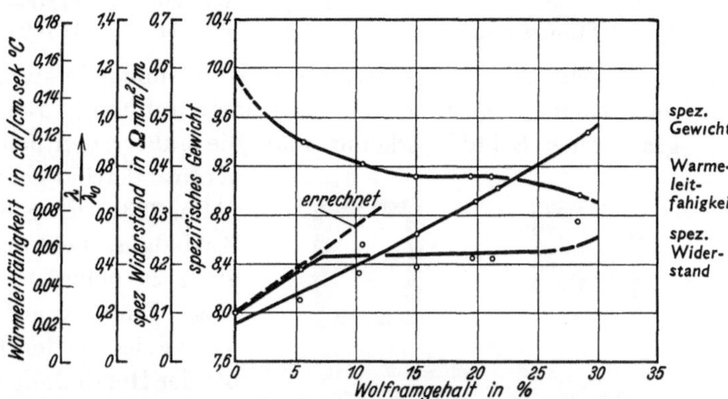

Abb. 321. Einfluß von Wolfram auf die physikalischen Eigenschaften von Eisen. [Nach Stablein: Arch. Eisenhuttenwes. 3. Jg. (1929) S. 301/2.]

einwandfrei ölhärtende Stähle zu erhalten. Gleichzeitig liegt bei diesen ölhärtenden Stählen der Kohlenstoffgehalt an der oberen Grenze, also bei etwa 0,75 %.

Die Magnetisierungskurven eines 6 proz. Wolframstahles gegenüber einem 1 proz. Kohlenstoffstahl zeigt Abb. 322. Wie aus den Kurven im Vergleich mit Abb. 226 hervorgeht, zeigen die Wolframstähle günstigere Koerzitivkraft als die Chromstähle.

Wenn bei Chrommagnetstählen erwähnt wurde, daß die Verarbeitung des Stahles, insbesondere aber die Wärmebehandlung (Einfluß des Glühens) von

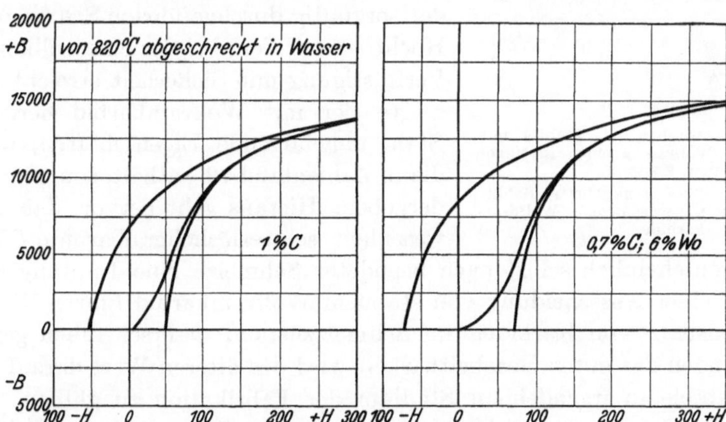

Abb. 322. Hysteresisschleife eines Wolfram-Magnetstahles im Vergleich zu einem 1 proz. Kohlenstoffstahl.]

ausschlaggebender Bedeutung für die erzielbaren magnetischen Eigenschaften, vor allem die Koerzitivkraft, sein kann, so gilt das in noch verstärktem Maße für die Wolframstähle. Sie neigen beim Ausglühen außerordentlich leicht zur Ausscheidung des stabilen Wolframkarbides, das bei der für die Magnete üblichen Härtetemperatur von 820° nicht mehr in Lösung geht. Das gleiche tritt ein, wenn Wolframmagnetstähle bei zu tiefer Walztemperatur fertiggewalzt werden. Die magnetischen Eigenschaften eines derartigen verglühten Wolframmagnetstahles sind folgende:

Behandlung	Koerzitivkraft	Remanenz	Magnetische Leistung $R \cdot K \cdot 10^3$
Walzzustand	63—66	11 200—10 900	700—720
750° 1 Stunde geglüht	37—44	11 100—11 200	400—500

Gekennzeichnet ist verglühter Wolframmagnetstahl schon dadurch, daß er im gehärteten Zustand keine Glashärte annimmt. Bei der Herstellung metallographischer Schliffe erkennt man die außerordentlich feine Ausscheidung von Wolframkarbid bereits am unpolierten Schliff (Abb. 323). Es gelingt nicht, derartige mit Karbidausscheidung versehene Schliffe hochglanz zu polieren; sie weisen stets eine milchige Trübung auf.

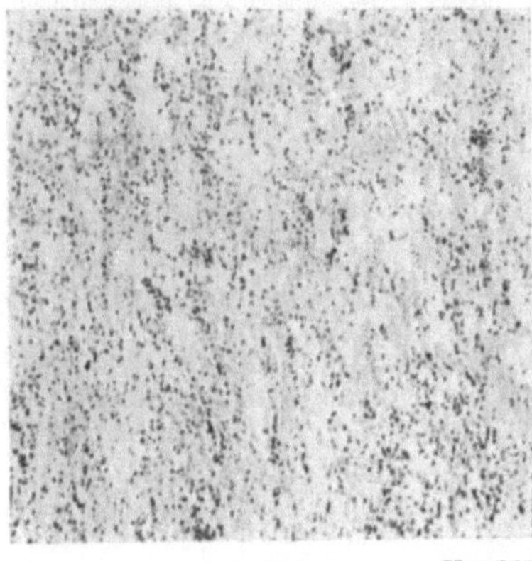

Mikroskopisches Aussehen des Stahles mit ausgeschiedenen Wolframkarbiden in ungeätztem Zustand.

Abb. 323. Trubung des blankpolierten Schliffes bei Anwesenheit ausgeschiedener Wolframkarbide.

Bereits in der Führung der Schmelzung bei der Herstellung von Wolframstählen kann der Grund zur Glühempfindlichkeit gelegt werden, und infolgedessen sind, je nach der Schmelzführung, die verschiedenen Chargen mehr oder weniger stark gegen die Glühung empfindlich. Den Beweis hierfür brachten von F. Stäblein[1] durchgeführte Versuche, bei denen Wolframmagnetstähle gleicher Zusammensetzung einmal aus niedriggekohltem Ferrowolfram und einmal durch Zusatz von Wolframkarbid erschmolzen wurden. Trotz der sorgfältig durchgeführten Schmelzung im Hochfrequenzofen, bei der eine vollkommene Verflüssigung mit Sicherheit erreicht wurde, zeigte der mit Wolframkarbid hergestellte Stahl ungenügende Eigenschaften, wie dies die in Zahlentafel 79 enthaltenen Werte wiedergeben. Hieraus geht hervor, daß die Anwesenheit schwerlöslicher Karbide (WC) im Einsatz augenscheinlich selbst nach beendeter Schmelze eine Impfung hervorruft, die zu einer Ausscheidung von stabilem Wolframkarbid führt. Hierdurch wird die Existenz von Karbiden im Schmelzzustand wahrscheinlich gemacht.

Aus Gründen der guten Bearbeitbarkeit wird des öfteren Wert darauf gelegt, die Magnetstähle in irgendeinem Stadium der Fabrikation zu glühen. Es ist auf Grund des Gesagten empfehlenswert, wenn irgendwie angängig, sich lieber mit etwas höherer Härte und daher erschwertem Bearbeitungsprozeß abzufinden, als diese gefährliche Glühoperation vorzunehmen. Ist eine Glühung aber unumgänglich notwendig, so ist zu empfehlen, die Glühdauer möglichst kurzzuhalten. Sind Wolframstähle nach dem Warmformgebungsprozeß infolge der Luftabkühlung nach dem Walzen verhältnismäßig hart geworden, so verlieren sie ihre Härte bis zu 600° praktisch nicht. Auch hier macht sich der Einfluß der verzögerten Karbidausscheidung bei höheren Temperaturen bemerkbar. Erst oberhalb 600° tritt eine merkliche Erweichung der Wolframmagnetstähle ein.

---

[1] Unveröffentlicht.

Für die Wahl der Glühtemperatur muß darauf hingewiesen werden, daß die Temperatur von 700—750° für die Ausscheidung des stabilen Wolframkarbids besonders gefährlich ist.

In korrosionstechnischer Hinsicht hat Wolfram bisher keinerlei günstigen Einfluß auf Stahllegierungen gezeigt. Es ist in Abb. 316 gezeigt worden, daß der Korrosionswiderstand bei höheren Temperaturen, also die Hitzebeständigkeit und Zunderbeständigkeit durch Zusatz von Wolfram sogar verschlechtert wird. Diese Wirkung von Wolfram ist verständlich, da Wolfram leichter oxydierbar ist als Chrom und infolgedessen bei wolframhaltigen Stählen die Ausbildung einer wolframoxydhaltigen Schicht bei Glühprozessen möglich wird. Da Wolframoxyd nicht in der Lage ist, ähnlich dichte und feuerfeste Oxydüberzüge zu bilden wie Chromoxyd, ergibt sich eine Verschlechterung der Beständigkeit bei hoher Temperatur.

Zahlentafel 79. Auswirkung der Schwerlöslichkeit von Wolframkarbid auf die magnetischen Eigenschaften eines mit Wolframkarbidzusatz erschmolzenen Wolframmagnetstahles.

	Wolframmagnetstahl mit Wolframkarbidzusatz erschmolzen 0,72% C, 5,76% W von 820° in Wasser gehartet	Wolframmagnetstahl normal erschmolzen 0,71% C, 5,44% W von 820° in Wasser gehartet
Koerzitivkraft K	38,0	64,5
Remanenz R	11250	10900
Leistung RK	427000	703000

5. Besonderheiten bei der Herstellung und Verarbeitung von Wolframstählen.

Für die Herstellung von Wolframstählen kommen sowohl saure wie basische Siemens-Martin-Öfen als auch besonders elektrische Öfen in Betracht.

Da Wolfram ein schwaches Desoxydationsmittel ist, daher leichter oxydiert wird als Eisen, treten beim Zusatz von Ferrowolfram mehr oder weniger große Verluste an Legierungsmetall ein, die den wirtschaftlichen Vorteil der Erschmelzung dieser Stähle in Siemens-Martin-Öfen in Frage stellen können. Insbesondere ist der Abbrand in basischen Siemens-Martin-Öfen größer als in sauren. Dieses Verhalten weist auf die schwächere Oxydationswirkung der sauren Herdverfahren hin, wobei allerdings auch der Unterschied in der Abbindungsfähigkeit einer basischen und sauren Schlacke für Wolframsäure in Betracht zu ziehen ist. Bei Verwendung wolframhaltigen Schrotts in den Herdfrischverfahren geht das wertvolle Metall größtenteils verloren. Hochwertige Abfälle schmilzt man daher normalerweise nur in Elektroöfen um und reduziert die beim Einschmelzen sich bildende Schlacke, um auch hier unnötige Wolframverluste zu vermeiden.

Von den Elektroöfen bieten rein legierungstechnisch die Induktionsöfen Vorteile gegenüber den Lichtbogenöfen. Infolge des hohen spezifischen Gewichts von Ferrowolfram und Wolframmetall setzen sich die Legierungszusätze bei der geringen Bewegung des Lichtbogenofens auf dem Boden des Schmelzbades fest und können nur durch energische Rührarbeit zur vollkommenen Lösung gebracht werden. Die gute Durchwirbelung und Mischung des Stahles bei Induktionsöfen bewirkt dagegen in kürzester Zeit auch bei verhältnismäßig großen Wolframmengen eine vollkommen homogene Auflösung der Legierung.

Die verschlechterte Wärmeleitfähigkeit hochprozentiger Wolframstähle, wie z. B. der Schnellstähle, bedingt eine große Sorgfalt beim Erwärmen zum Schmieden, Glühen usw. Auf die erschwerte Formänderungsfähigkeit der schnellstahlähnlichen Legierungen mit hohem Gehalt an eutektischen Karbiden und die dadurch bedingten Fehlermöglichkeiten beim Schmieden und Walzen ist im Abschnitt „Schnelldrehstähle" hingewiesen worden. Infolge dieses erhöhten Formänderungswiderstandes wird man Schnellstahl auch so dicht wie möglich unterhalb seines Schmelzpunktes schmieden. Die Schmiedetemperatur für Gußmaterial wird mit Rücksicht auf die im Gußzustand stärker ausgebildeten und tieferschmelzenden Seigerungen zweckentsprechend etwa 30 bis 40° tiefer gewählt als für ein Material im vorgewalzten oder vorgeschmiedeten Zustand. Ähnlich wie beim Schwarzbruch die Ausscheidung des Graphits durch Kaltfertigschmieden begünstigt werden kann, so wird auch die Ausscheidung der stabilen Wolframkarbide im allgemeinen durch Fertigschmieden bei tiefen Temperaturen in der Nähe der Umwandlungspunkte erleichtert. Allerdings lassen sich diese Wolframkarbide in den sog. Riffelstählen mit 1,5—1,8% C und 5—8% W schon allein durch Weichglühen bei A_1 erzeugen, ohne Rücksicht darauf, ob diese Stähle oberhalb 900° oder bei tieferer Temperatur fertiggeschmiedet werden. Neben der Wolframkarbidausscheidung kann man auch öfters noch eine Graphitausscheidung beobachten, d. h. diese Stähle neigen auch zum Schwarzbruch. Dieser Umstand verdient deswegen besondere Beachtung, weil die normale Anschauung dahin ging, daß besonders stabile karbidbildende Elemente zur Vermeidung von Schwarzbrucherscheinungen beitragen. Wenn dies auch vielleicht für einige Karbidbildner, wie Chrom, Molybdän, Vanadin, zutreffend sein mag, so beweist aber dieser Fall, daß hier auf keine allgemeingültige Gesetzmäßigkeit geschlossen werden darf.

Ein weiteres Merkmal von Wolframstählen ist die starke Neigung zur Randentkohlung beim Glühen. Wolframlegierte Stähle, wie z. B. der bekannte Silberstahl mit 1% C und 1% W, entkohlen erheblich leichter und rascher als die betreffenden Stähle ohne Wolframzusatz. Das Glühen dieser Stähle ist daher mit besonderer Sorgfalt vorzunehmen, insbesondere dann, wenn sie im blankgezogenen Zustand Verwendung finden sollen, d. h. eine wesentliche Abarbeitung der Oberfläche nicht mehr stattfindet. Die Rohglühung von Walzdraht vor dem Ziehen erfolgt daher zweckmäßig in offenen Öfen, damit infolge des starken Luftzutritts eher eine Verzunderung als eine Entkohlung eintritt (s. a. Entkohlung im Abschnitt „Glühen", S. 53).

F. Molybdänstähle.

1. Allgemeines.

a) Das System Eisen-Molybdän.

Das Zustandsschaubild der Eisen-Molybdän-Legierungen (Abb. 324) weist eine starke Ähnlichkeit mit dem der Eisen-Wolfram-Legierungen auf. Eisen-Molybdän-Legierungen gehören ebenfalls in die Gruppe der Systeme mit abgeschnürtem γ-Gebiet; Legierungen mit 3% Molybdän sind bereits rein ferritisch. Die Grenze des γ-Gebietes liegt zwischen 2,5 und 3% Molybdän. Die genaue

Lage der einzelnen Umwandlungspunkte (A_4-, A_3-, A_2-Punkt) zeigt Abb. 325. Der Bereich der ferritischen Mischkristalle wird, wie bei den entsprechenden Eisen-Wolfram-Legierungen, durch die Ausscheidungslinie der Eisen - Molybdän - Verbindung (Fe_3Mo_2) begrenzt. Die Löslichkeit der Eisen-Molybdän-Verbindung im α-Eisen nimmt

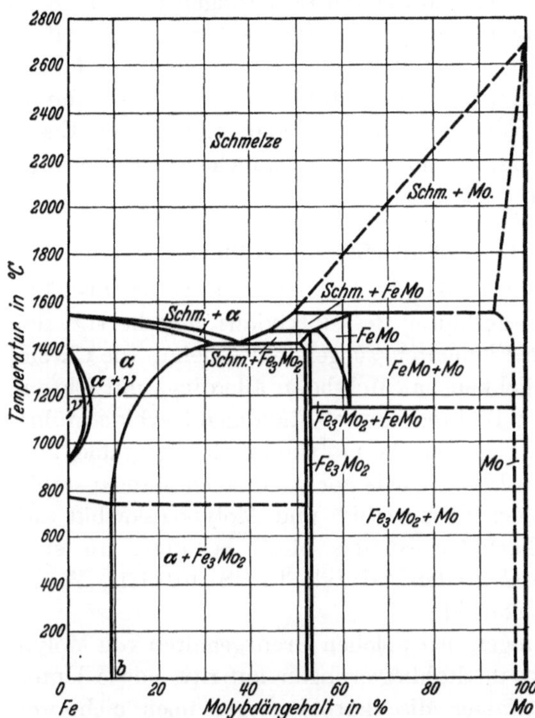

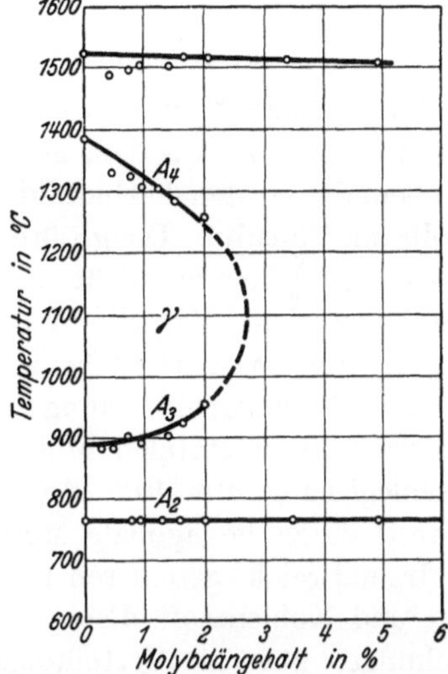

Abb. 324. Zustandsschaubild Eisen-Molybdän. [Nach Sykes: Trans. Amer. Inst. min. metallurg. Engr. Bd. 73 (1926) S. 968.]

Abb. 325. Das γ-Gebiet des Eisen-Molybdän-Systems. [Nach Sykes: Trans. Amer. Soc. Stl. Treat. Bd. 10 (1926) S. 839—71 — Stahl u. Eisen 47. Jg. (1927) S. 1342.]

mit steigender Temperatur zu. Legierungen mit $\sim 4\%$ bis 25% Mo lassen sich daher in vollkommener Analogie mit entsprechenden Eisen-Wolfram-Legierungen durch Ablöschen von hohen Temperaturen mit darauffolgendem Anlassen auf verschieden hohe Festigkeitseigenschaften vergüten (Ausscheidungshärtung). Der maximale Ausscheidungseffekt erfolgt bei Anlaßtemperaturen von etwa 700°.

Die Veränderung der Rockwellhärte, Remanenz und Koerzitivkraft mit der Anlaßtemperatur zeigt Abb. 326. Wie hieraus hervorgeht, lassen sich mit

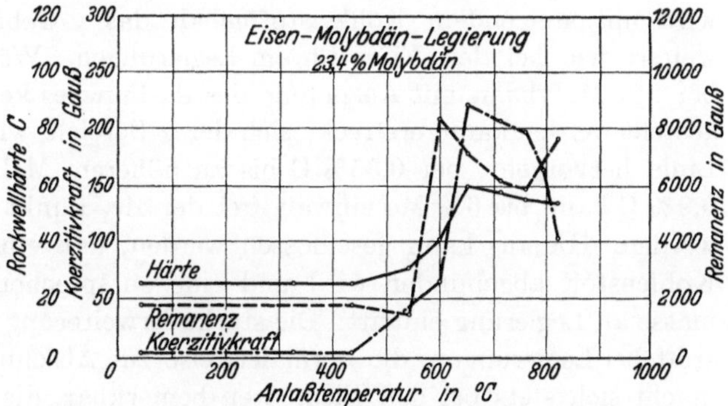

Abb. 326. Veränderung der Härte und magnetischen Eigenschaften einer von 1200° abgelöschten Fe-Mo-Legierung durch Ausscheidung. [Nach K. S. Seljesater und B. S. Rogers: Trans. Amer. Soc. Stl. Treat. Bd. 10 (1932) S. 558.]

diesen Legierungen Rockwellhärten von 60 C und eine Koerzitivkraft von etwa 200 Oerstedt bei Remanenzwerten von 8000 erreichen. Die Werte übertreffen

die der Koerzitivkraft eines 6proz. Wolframmagnetstahles um ein erhebliches.
Wie später zu sehen sein wird, lassen sich diese Werte durch Zusatz von Kobalt
noch weiter steigern, so daß Eisen-Kobalt-Molybdän-Legierungen (s. u. Kobalt)
praktische Verwendung für Magnete finden. Die magnetischen Eigenschaften
sind besser als bei den entsprechenden wolframhaltigen Legierungen. Die höhere
Koerzitivkraft bei molybdänhaltigen aushärtenden Stählen kann vielleicht darauf
zurückzuführen sein, daß das Atomvolumen von Molybdän bzw. seiner Eisen-
verbindungen größer ist als bei Wolfram, und dementsprechend der Zwangszustand bei der Ausscheidung auch größer sein wird.

b) Kohlenstoffhaltige Eisen-Molybdän-Legierungen.

Das ternäre System Eisen-Molybdän-Kohlenstoff ist noch verhältnismäßig
wenig erforscht. Aus dem gesamten Verhalten des Molybdäns geht hervor, daß
es ebenfalls zu den karbidbildenden Elementen zu gehören scheint, wie Chrom,
Wolfram, Vanadin. Die größte Ähnlichkeit hat Molybdän allerdings mit Chrom,
da es augenscheinlich nicht sofort zur Bildung von selbständigen Karbiden führt,
wie Wolfram und Vanadin. Vielmehr scheinen die molybdänhaltigen Stähle, ähnlich wie die Chromstähle bis zu 3% Chrom, sowie vor allem auch Manganstähle,
stärkere Mischkarbidbildung zwischen Eisenkarbid und Molybdänkarbid aufzuweisen. Von stabilen Molybdänkarbiden ist das Mo_2C bekannt. In einer
Eisenlegierung mit 10% Mo, 0,5% C fanden Adelskold, Sundelin, West-
green[1] dieses hexagonale Molybdänkarbid.

Irgendwelche genaueren Festlegungen, bei welchen Grenzgehalten von Molybdän und Kohlenstoff dieses Karbid in Stahllegierungen auftritt, sowie Untersuchungen über die Verteilungen etwaiger Mischkarbide liegen noch nicht vor.

Einen Anhalt für die Annahme, daß Molybdän besonders in karbidischer
Form in Eisen-Molybdän-Kohlenstoff-Legierungen wirkt, geben folgende Untersuchungen von H. Schrader. Es wurden eine Reihe von Legierungen mit
0,15% C, 0,35% C, 0,9% C und wachsendem Molybdängehalt untersucht.

Den Einfluß des Molybdäns auf die Umwandlungspunkte bei verschiedenen
Kohlenstoffgehalten zeigt Abb. 327. Wie aus dieser Abbildung zu ersehen ist,
wird mit steigendem Kohlenstoffgehalt das γ-Gebiet in ähnlichem Sinne erweitert wie bei den Eisen-Chrom-Legierungen. Während bei 0,15% C bereits
bei 2% Molybdän mit Ausnahme des A_2-Punktes keine Umwandlung mehr festgestellt werden kann, erstreckt sich der γ-Bereich, wie aus dem Verlauf der Ac_3-
Linie hervorgeht, bei 0,35% C bis zu höherem Molybdängehalt (4% Mo). Bei
0,9% C kann bis 6% Mo einwandfrei der Ac_1-Punkt bzw. Ac_{1-3}-Punkt verfolgt
werden. Hieraus kann geschlossen werden, daß ein Teil des Molybdäns durch
Kohlenstoff abgebunden wird und eine entsprechende Verarmung der Grundmasse an Legierung eintritt. Die starke Erweiterung des γ-Feldes durch Kohlenstoff bei Legierungen, die normalerweise zur Abschnürung des γ-Feldes neigen,
macht sich stets bei den Elementen bemerkbar, die sich an der Karbidbildung
beteiligen. Bei Stahllegierungen, bei denen das Legierungselement praktisch
nicht zur Karbidbildung herangeholt wird, z. B. Aluminiumstählen, tritt auch
keine gleich starke Wirkung von Kohlenstoff auf die Erweiterung des abge-
schnürten γ-Gebietes auf.

---

[1] Z. anorg. Chem. Bd. 212 (1933) S. 405.

Noch deutlicher zeigt sich, daß Molybdän besonders im Karbid auf Stahllegierungen zu wirken scheint durch den unterschiedlichen Einfluß auf die Umwandlung bei der Erwärmung und Abkühlung, wobei vor allem zu unter-

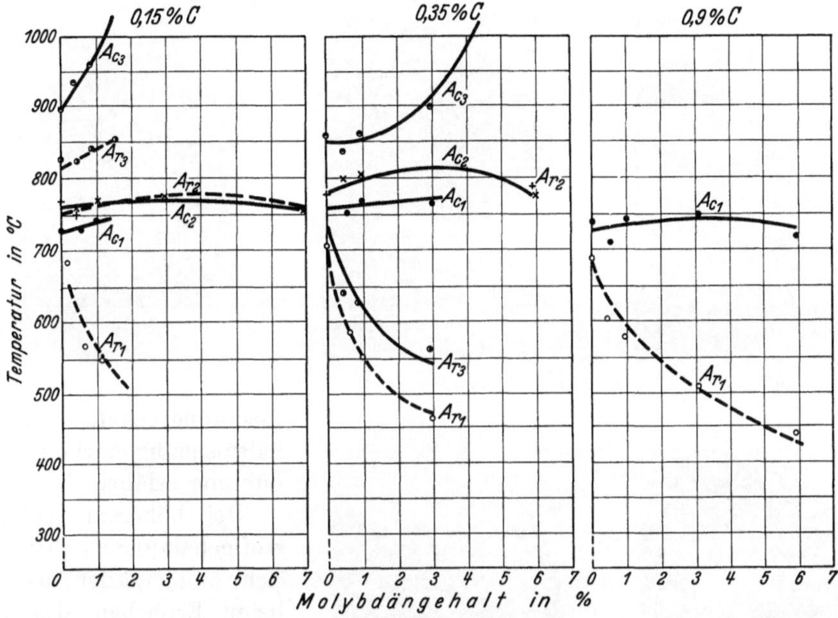

Abb. 327. Einfluß von Molybdan auf die Umwandlungspunkte von Kohlenstoffstahlen. (Nach H. Schrader: Unveröffentlichte Untersuchung.)

scheiden ist zwischen der A_3- und A_1-Umwandlung. Bei dem Stahl mit 0,15% C weist die Hysteresis zwischen der Ac_3- und Ar_3-Umwandlung nur eine geringfügige Vergrößerung mit steigendem Molybdängehalt auf. Der Ar_3-Punkt zeigt noch die Tendenz, sich mit steigendem Molybdängehalt zu höheren Temperaturen zu verschieben. Hingegen fällt die starke Hysteresis zwischen Ac_1 und Ar_1 auf; steigender Molybdängehalt setzt die Ar_1-Umwandlung stark herab, die Ac_1-Umwandlung herauf.

Während ein molybdänhaltiger Mischkristall mit geringem C-Gehalt keine verstärkte Hysteresis aufweist (A_3-Umwandlung), ist der am Perlitpunkt mit Kohlenstoff angereicherte Mischkristall einer starken Herabsetzung des Umwandlungspunktes A_1

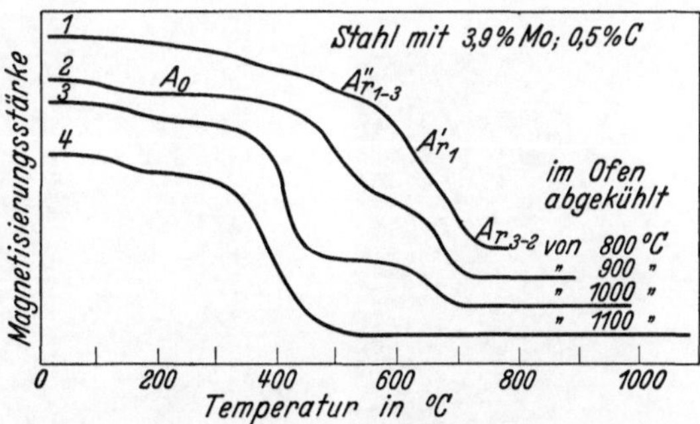

Abb. 328. Abhängigkeit der Magnetisierungsstärke von der Temperatur beim Abkuhlen von steigender Gluhtemperatur fur Molybdänstahl. [Nach Murakami u. Takei: Sci. Rep. Tôhoku Univ. 19. Jg. (1930) S. 185.]

unterworfen. Molybdän wirkt also erst bei stärkerer Kohlenstoffanreicherung auf die Umwandlungsfähigkeit des Mischkristalls, was zwanglos durch eine Wirkung auf das Karbid selbst erklärt wird. Wahrscheinlich scheidet sich bei der A_3-Umwandlung ein C- und verhältnismäßig Mo-armer Mischkristall aus; bei der weiteren Abkühlung reichert sich der verbleibende Austenit an Molybdän und Kohlenstoff an, so daß der Ar_1-Punkt eine im Hinblick auf den gesamten

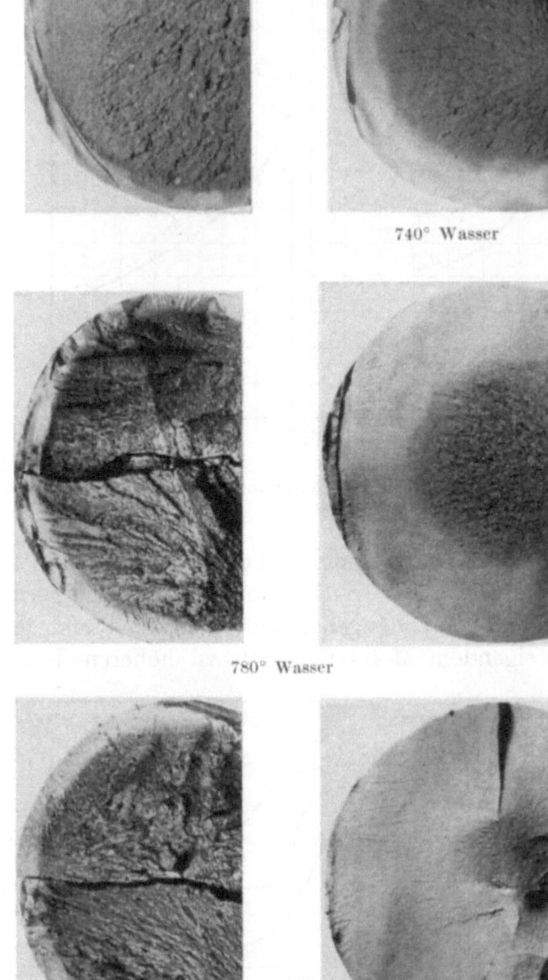

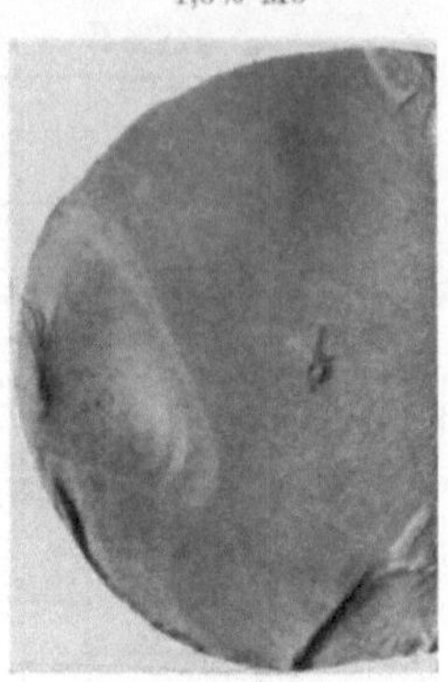

Legierungsgehalt unverhältnismäßig starke Unterkühlung erfährt.

Bei höherem Kohlenstoffgehalt (0,35 % C) macht sich, weil jetzt der Austenit beim Erreichen des A_3-Punktes bei der Abkühlung höheren Gehalt an Molybdän und Kohlenstoff aufweist, der Einfluß des Molybdäns naturgemäß etwa gleich stark auf die Ar_3 und Ar_1-Umwandlung bemerkbar, d. h. die Hysteresis beider Umwandlungen wird nahezu gleichmäßig stark vergrößert.

Bei Legierungen mit 0,9 % C zeigt sich in gleicher Weise der starke Einfluß von Molybdän auf die Ar_1-Umwandlung. Die Lage der Umwandlungstemperatur wird durch die Ausscheidungsgeschwindigkeit, d. h. das Ausscheidungsbestreben des Karbids maßgeblich beeinflußt.

Abb. 329. Wirkung von Molybdän auf die Durchhärtung bei Stählen mit 0,8 % C. (Nach Schrader: Unveröffentliche Untersuchung.)

Da bei stärkerer Sättigung des Mischkristalls an Karbid das Ausscheidungsbestreben entsprechend dem größeren Lösungsdruck vergrößert wird, steigt die

Umwandlungstemperatur Ar_1 etwas mit höherem Kohlenstoffgehalt. In Übereinstimmung hiermit liegt die Ar_1-Umwandlung bei den Legierungen mit 0,9% C etwas höher als bei den Legierungen mit 0,35% und 0,15% C. Beim Vergleich tief und höher gekohlter Manganstähle ist auf ähnliches Verhalten hingewiesen worden (Abb. 128). Bemerkenswert ist es, daß die Lage der Ar_1-Temperatur in dem untersuchten Legierungsbereich durch steigenden Molybdängehalt allmählich erniedrigt wird und keine sprunghafte Veränderung der Umwandlung entsprechend einer Martensitbildung festgestellt wird. Auch dies spricht nur für eine Veränderung der Karbidausscheidungsgeschwindigkeit.

Die Analogie im Verhalten der Molybdänstähle zum Verhalten anderer karbidhaltiger Stähle zeigt auch die Arbeit von Murakami und Takei[1]. Diese Verfasser haben Legierungen bis zu 70% Mo und bis zu 6% C untersucht. Hierbei finden sie eine starke Abhängigkeit der Lage der Umwandlungspunkte bei der Abkühlung von der vorhergehenden Erwärmungstemperatur, d. h. von der für die Karbide maßgeblichen Lösungstemperatur. Dieser Einfluß ist auch nur bemerkbar bei Stählen, die einen gewissen Mindestkohlenstoff- und Molybdängehalt aufweisen. Sehr deutlich geht der Einfluß der der Abkühlung vorhergehenden Erwärmungstemperatur auf die Lage der Umwandlungspunkte aus Abb. 328 hervor. Sie zeigt die Magnetisierungsstärke eines Stahles mit 3,9% Mo bei 0,5% C. Bei der Abkühlung von 800° erfolgen die Umwandlungen normal, wenn auch mit etwas größerer Hysteresis. Bei 900° tritt bereits deutlich eine Spaltung der Umwandlungspunkte auf. Mit steigender Erwärmungstemperatur nimmt der erste Teil der Umwandlung Ar ab, bis er nach dem Abkühlen von 1100° ganz verschwindet; der zweite hat sich dagegen zu tieferen Temperaturen verlagert. Bezeichnend ist in den Untersuchungen, daß nach einem Erwärmen auf 1000° oder 1100° es belanglos ist, ob man den Stahl beim Abkühlen auf 800° einige Zeit auf dieser Temperatur hält oder ihn direkt abkühlt. Erst nach vollkommenem Erkalten und Wiedererwärmen auf 800° ergeben sich Kurven wie die zuerst bei 800° gezeigten[2] (s. hierzu auch Abb. 71).

In Übereinstimmung mit allen diesen Untersuchungen wirkt sich Molybdän in Eisen-Kohlenstoff-Legierungen in einer Erniedrigung der kritischen Umwandlungsgeschwindigkeit aus. Die Wirkung ist entsprechend dem oben Gesagten erheblich stärker als bei den gleichwertigen Eisen-Chrom-Kohlenstoff-Legierungen.

---

[1] Sci. Rep. Tôhoku Univ. 19. Jg. (1930) S. 175—207.

[2] In der Abb. 328 ist die infolge höherer Anfangstemperatur bei tieferen Temperaturen auftretende Umwandlung mit Ar'' bezeichnet. Diese Umwandlung erfolgt aber bereits bei Temperaturen dicht oberhalb 400°. Man muß bezweifeln, daß bei dieser Temperatur mit einer Martensitbildung gerechnet werden kann. Die Verwendung der Bezeichnung Ar'' sollte aber ihrer historischen Bedeutung entsprechend den Umwandlungsbereich angeben, der zur Martensitbildung bei der Abkühlung führt (s. S. 306). Wahrscheinlich entspricht dieser Umwandlungspunkt bei den Molybdänstählen einem durch Spezialkarbide bedingten Bereich besonderer Umwandlungsgeschwindigkeit. Der eigentliche Martensitpunkt würde bei weiter gesteigerter Abkühlungsgeschwindigkeit entsprechend tiefer liegen, und wir hätten dann den Fall vorliegen, wo wir den tiefer liegenden Martensitpunkt mit Ar''' bezeichnen würden. Zur Klarstellung wäre es vielleicht in Zukunft ratsam, nur den Martensitpunkt mit Ar'' und die obigen Arten von Umwandlungspunkten mit Ar' zu bezeichnen, denen ein a und b angehängt werden könnte, z. B.

$$Ar'a \quad 650° = \text{normale Perlit-Sorbit-Umwandlung,}$$

$$Ar'b \quad 450° = \text{Sonderkarbid Umwandlungsbereich.}$$

Infolgedessen tritt durch Molybdänzusatz eine **starke Erhöhung der Durchhärtbarkeit** der betreffenden Stähle ein.

Abb. 329 zeigt gegenübergestellt Stähle mit 0,8% C- und Mo-Gehalten bis
zu 1%. Der Mo-freie Stahl zeigt unabhängig von der Ablöschtemperatur eine
verhältnismäßig dünne Härteschicht. Bei den
Molybdänstählen ergibt sich schon bei den tiefen
Härtetemperaturen eine Erhöhung der Härtezone,
die aber erst bei Erhöhung der Härtetemperatur
stärker in Erscheinung tritt. Eine ähnlich starke
Wirkung wie durch 1% Mo würde man durch
Chromzusatz erst bei etwa 2% Cr erreichen.

Die Temperatur beginnender Härtung wird durch
Molybdän praktisch nicht beeinflußt, wie dies aus den
Untersuchungen über den Ac_1-Punkt bereits hervorgeht. Hingegen wird die Überhitzungsempfindlichkeit durch Molybdänzusatz wie bei anderen karbidbildenden Elementen stark verringert (Abb. 330).

Das gesamte Verhalten molybdänhaltiger Eisen-
Kohlenstoff-Legierungen bei der Härtung entspricht
also typisch dem von karbidbildenden Elementen.

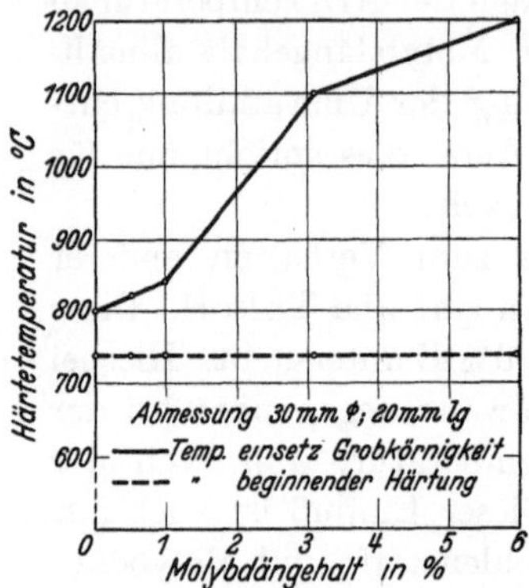

Abb. 330. Wirkung von Molybdän
auf die Überhitzungsempfindlichkeit
beim Härten. (Nach H. Schrader:
Unveröffentlichte Untersuchung.)

Eine weitere Analogie ergibt sich aus der Verfolgung der Härteveränderung beim
Anlassen, und zwar läßt Abb. 331 für einen Werkzeugstahl mit 1% C ent-
nehmen, daß bei niedrigen Ablöschtemperaturen von 800° durch zunehmende
Mo-Gehalte infolge feinerer Karbidverteilung nur eine geringe Erhöhung der

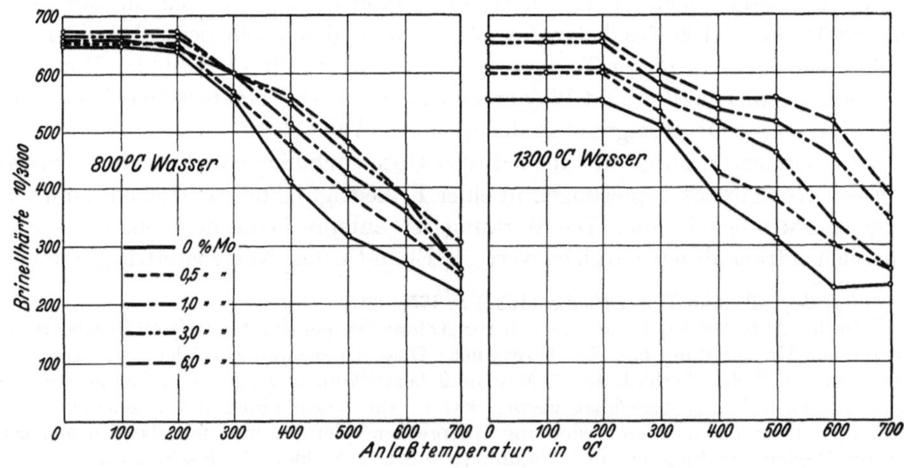

Abb. 331. Härteveränderung von Werkzeugstahl mit 1% C und verschiedenem Molybdängehalt beim Anlassen
für verschiedene Härtetemperaturen. (Nach H. Schrader: Unveröffentlichte Untersuchung.)

Anlaßbeständigkeit hervorgerufen wird, daß dagegen eine Steigerung der
Härtetemperatur auf 1300° bei den höher molybdänhaltigen Stählen eine ganz
beträchtliche Verbesserung der Anlaßbeständigkeit zur Folge hat. Wie bei den
Vanadinstählen (s. a. Abschnitt Vanadin) ist auch hier einwandfrei festgestellt,
daß die erhöhte Anlaßbeständigkeit nicht durch Restaustenitumwandlung beim

Anlassen vorgetäuscht wird, sondern im vollständig umgewandelten austenitfreien Gefüge erhalten bleibt. Ähnlich liegen auch die Verhältnisse bei Molybdänstählen, die einen bei Baustählen üblichen geringen Kohlenstoffgehalt von nur 0,4% besitzen (Abb. 332). Wegen des geringeren C-Gehaltes mußte als niedrigste Abschrecktemperatur die von 900° mit der von 1300° verglichen werden. Schon nach dem Abschrecken von 900° tritt aber die erhöhte Anlaßbeständigkeit der molybdänhaltigen Stähle hervor. In obiger Abbildung ist außerdem noch bemerkenswert, daß bei 6% Molybdän infolge der Abbindung des Kohlenstoffs als Molybdänkarbid und der hohen Lage der Ac_3-Umwandlung bei tiefer Härtetemperatur eine geringere Härte erzielt wird, als es bei den niedriger molybdän-

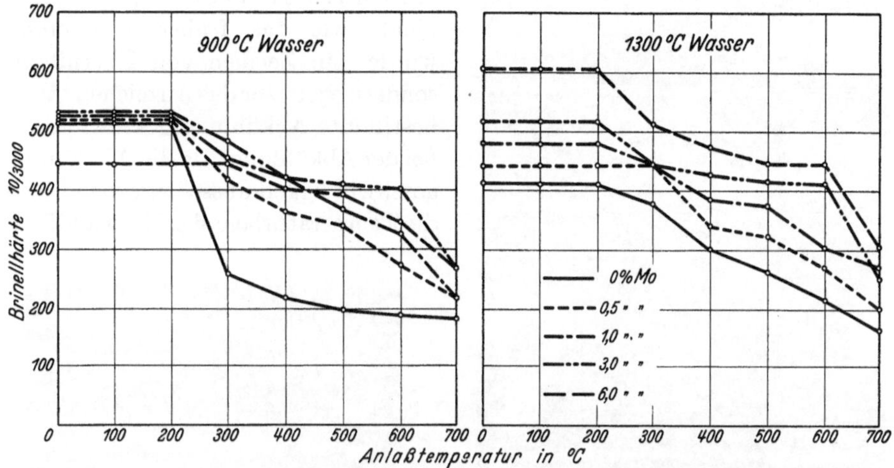

Abb. 332. Härteveränderung von Baustahl mit 0,4% C und verschiedenem Molybdängehalt beim Anlassen für verschiedene Härtetemperaturen. (Nach H. Schrader: Unveröffentlichte Untersuchung.)

haltigen bzw. unlegierten Stählen der Fall ist, während bei Anwendung einer Härtetemperatur von 1300° der gleiche Stahl eine höhere Härte annimmt.

Auch das Verhalten beim Anlassen steht also in vollkommener Übereinstimmung mit anderen Stählen mit sonderkarbidbildenden Legierungselementen. Es muß allerdings hervorgehoben werden, daß diese Schlußfolgerungen nur auf Grund von Einzelbeobachtungen gezogen sind und erst weitere Forschung restlose Klärung bringen kann.

c) Besonderheiten im Gefüge von Molybdänstählen.

Bei der metallographischen Prüfung von Molybdänstählen kann man eine für Molybdän typische Gefügeausbildung feststellen, auf die bereits Portevin[1] hinwies. Diese besondere Art der Gefügeausbildung zeigt der Stahl mit 0,7% Molybdän in Abb. 333. Wie hieraus zu ersehen ist, ergibt sich eine nadelige Ausbildung von Ferrit und Perlit, die in etwa an das Widmannstättensche Gefüge, d. h. Ausscheidung von Ferrit und Perlit nach bestimmten kristallographischen Ebenen, erinnert. Diese Art der Gefügeausbildung zeigt sich vor allem in Stählen, die von hoher Temperatur langsam abgekühlt wurden. Sie ist charakteristisch für Stähle mit Molybdängehalten von 0,5—1%. Portevin

---

[1] Bericht vor dem Iron and Steel Inst.; referiert in Stahl u. Eisen 42. Jg. (1922) S. 230.

unterscheidet in der obengenannten Arbeit verschiedene Gefügebestandteile, die er mit Ferrit, Karbid, Troostit und Nadeln aus Molybdänferrit bezeichnet. Da dieser Gefügebestandteil bereits bei geringen Molybdängehalten, z. B. 0,2% Mo, im Stahl beobachtet werden kann, ist mit einer Ausscheidung einer Molybdän-Eisen-Verbindung kaum zu rechnen. Es wird aber auch nicht notwendig sein, eine derartig weitgehende Erklärung für das Auftreten dieses Bestandteiles zu suchen. Wie auf S. 50 angedeutet, ist das Auftreten einer Widmannstättenschen Struktur nicht, wie das früher angenommen wurde, ein Zeichen von Überhitzung, sondern vielmehr das Anzeichen für eine bestimmte Abkühlungsgeschwindigkeit bei der Abkühlung. Da die Abkühlungsgeschwindigkeit ausschlaggebend ist für die Temperaturlage des Umwandlungs-

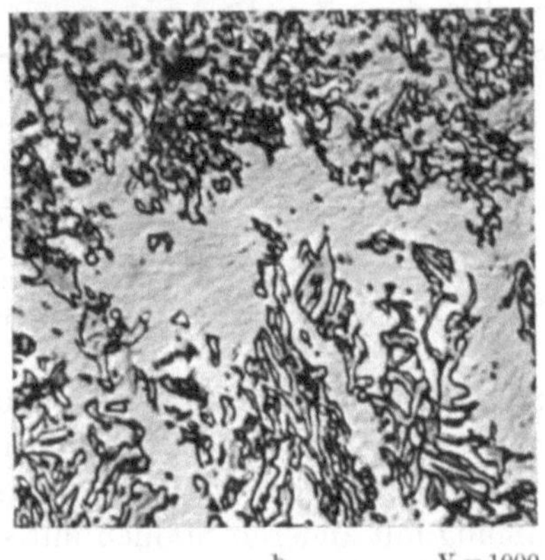

Abb. 333. Strahlige Gefügeausbildung bei Molybdänstählen (0,7% Mo).

punktes, kann man genau so gut sagen, daß die Widmannstättensche Struktur an bestimmte Umwandlungstemperaturen, d. h. bestimmte Unterkühlungen, bei der Abkühlung gebunden ist. Da Molybdän die Umwandlungstemperatur herabsetzt, wird bei Molybdänstählen eine geringere Abkühlungsgeschwindigkeit notwendig sein, um Widmannstättensche Struktur herbeizuführen, als dies bei reinen Kohlenstoffstählen der Fall ist. Die Annahme, daß es sich bei diesem besonderen Gefügeaussehen um einen derartigen Einfluß auf die Umwandlungsgeschwindigkeit handelt, geht auch aus bestimmten Gefügebildern an Eisen-Wolfram-Kohlenstoff-Legierungen hervor, auf die bereits Portevin in seiner Arbeit hingewiesen hat. Hervorzuheben ist nur, daß erheblich höhere Wolframgehalte notwendig sind, um die entsprechenden Erscheinungen hervorzurufen. Auch bei untereutektoiden Chromstählen zeigen sich ähnliche Gefügeausbildungen, wie dies andeutungsweise Abb. 194 zeigte. Außerdem scheint bei Molybdänstählen eine besonders weitgehende Trennung von Perlit und Ferrit einzutreten. Der Vollständigkeit halber muß darauf hingewiesen werden, daß bei rascher Abkühlung von hoher Temperatur normale Troostitbildung eintritt und infolgedessen der Gefügebestandteil fehlt. Hiermit kann man auch erklären, daß z. B. in größeren Schmiedestücken das Molybdängefüge mehr im Innern aufzufinden ist, während die Randzone mehr oder weniger reine Troostitbildung zeigt; dies geht auch aus der Arbeit von Maurer und Korschan[1] deutlich hervor. Unterstützt wird diese Gefügeausbildung im Innern größerer Schmiedestücke bei der langsamen Abkühlung nach dem Schmieden durch die gerade im Kern noch vorherrschende hohe Temperatur von 1000—1100° bei der beginnenden Abkühlung, die bei Anwesenheit von Molybdän von hohem Einfluß auf die Lage der Umwandlung und somit Gefügeausbildung ist. Auch durch einfaches Glühen bei etwa 600° nach dem Schmieden wird dieses Gefüge nicht ohne weiteres beseitigt. Irrtümlicherweise wurde es in Molybdänstählen infolge der nadeligen Ausbildung oft als Martensit angesprochen. Im Gegensatz zu Martensit entsteht es aber eher bei langsamerer Abkühlung von hohen Temperaturen, während schnellere Ablöschung zu gleichmäßiger Troostit- und Martensitbildung führt. Es ist wahrscheinlich, daß diese besondere Art der Gefügeausbildung mit der auf S. 335, Fußnote, beschriebenen, durch das Ausscheidungsbestreben eines Sonderkarbides bedingten Zwischenstufe Ar_1b zusammenhängt.

2. Molybdän in Werkzeugstählen.

Reine Eisen-Kohlenstoff-Molybdän-Legierungen haben bisher keine Verwendung als Werkzeugstähle gefunden. Hingegen setzt man in neuerer Zeit in stärkerem Maße Molybdän mehrfach legierten Stählen zu. Die Entwicklung molybdänhaltiger Stähle erfolgte zuerst rein empirisch, da über die Wirkung von Molybdän bis vor kurzem wenig Klarheit bestand. Infolge der Wirkung des Molybdäns als karbidbildendes Element kann man von ihm eine Erhöhung der Härtefähigkeit, der Verschleißfestigkeit, vor allem aber der Anlaßbeständigkeit erwarten.

Zahlentafel 80.

Einfluß von Molybdän auf die Schnittleistung von Kohlenstoffstahl.

Mo-Gehalt der Stähle bei 0,9% C	Standzeit in Minuten bei Bearbeitung von Kohlenstoffstahl mit 55 kg/mm² Festigkeit mit 1,4 mm Vorschub und 5 mm Spantiefe			
	Härtungs-behandlung	niedrig gehärtet bei 7 m/min Schnittgeschwindigkeit	Härtungs-behandlung	hoch gehärtet bei 9 m/min Schnittgeschwindigkeit
0	780° Wasser	17^{30}	780° Wasser	0^{55}
0,5%	780° ,,	14^{00}	800° ,,	0^{50}
1,0%	780° ,,	27^{20}	860° ,,	5^{10}
3,0%	780° ,,	29^{10}	1000° ,,	nach 2 Stunden noch nicht stumpf
6,0%	780° ,,	41^{50}	1100° ,,	nach 2 Stunden noch nicht stumpf

Den Einfluß von Molybdän auf die Schnittleistung von Werkzeugstählen zeigt Zahlentafel 80. Es zeigt sich hier eine große Ähnlichkeit mit entsprechenden Vanadin-Eisen-Kohlenstoff-Legierungen, insbesondere tritt der Einfluß erhöhter Härtetemperatur deutlich hervor. Während beim Härten von normaler Härtetemperatur (800°) kaum eine bessere Schnittleistung erzielt werden kann, tritt

---

[1] Stahl u. Eisen 53. Jg. (1933) S. 272/73.

beim Ablöschen von hohen Temperaturen eine deutliche Zunahme der Schnittleistung auf, die zweifelsohne mit der erhöhten Anlaßbeständigkeit nach erfolgter höherer Ablöschung (Abb. 331) in Zusammenhang steht.

In niedriglegierten wasserhärtenden Stählen wird Molybdän wenig verwendet. Ein bekannter Stahl dieser Art hat folgende Zusammensetzung: 1,25% C, 0,15% V, 0,30% Mo. Dieser Stahl kann als Ersatz für entsprechende wolframlegierte Stähle mit 1,2% C, 1% W gelten. Derartige molybdänlegierte Stähle zeigen nicht die Glühempfindlichkeit (Karbidausscheidung) der Wolframstähle. Infolgedessen ist dieser Stahl, der für Gewindeschneidbolzen und ähnliche Werkzeuge Verwendung findet, hinsichtlich Härtbarkeit und Leistung weitgehend von der thermischen Vorbehandlung unabhängig.

Vielfach hat sich, insbesondere in Ländern, in denen Chromerze im Gegensatz zu Molybdänerzen nicht vorhanden sind, das Bestreben gezeigt, Chrom durch Molybdän zu ersetzen, beispielsweise in Amerika bei Kugel- und Rollenstählen, die bekanntlich normalerweise etwa 1% C, 0,5—1,5% Cr enthalten. Diesen Legierungen wird bei entsprechender Herabsetzung des Chromgehaltes in Amerika vielfach Molybdän bis zu ·0,3% zugesetzt. Stähle mit etwa 1% C, 1% Cr, 0,3% Mo finden auch in neuerer Zeit Verwendung für Schneidwerkzeuge, wie z. B. Gesteinsbohrer usw. Infolge der erhöhten Härtefähigkeit lassen sie sich in Öl einwandfrei härten.

Die Erhöhung der Anlaßbeständigkeit durch Molybdän und die Vermeidung der Anlaßsprödigkeit (s. „Molybdän in Baustählen") hat vor allem zu Molybdänzusätzen bei niedriglegierten Warmarbeitsstählen geführt. Die Zusammensetzung einiger derartiger Warmgesenkstähle ist folgende:

	C %	Ni %	Cr %	Mo %
1	0,60	1,5	0,80	0,25
2	0,60	2,0	0,80	0,80
3	0,40	3—4,5	1,20	0,40

Während man früher mehr Stähle mit höherem Nickelgehalt (3,5—4,5%) verwendet hat, sind diese heute praktisch durch die wirtschaftlicheren nickelarmen, genau so gut härtbaren und anlaßbeständigen molybdänhaltigen Stähle 1 und 2 ersetzt worden. Infolge des verhältnismäßig hohen Kohlenstoffgehaltes sind diese Stähle gleichzeitig sehr verschleißfest. Die Härtung des Stahles 2 kann bis zu den größten Abmessungen sowohl in Öl als auch in Preßluft erfolgen. Bei Gesenken wird vorzugsweise die Arbeitsfläche durch Ölstrudel oder Abblasen mit Luft etwas schärfer gehärtet als die Rückseite.

Die Gleichmäßigkeit, mit der auch bei größeren Abmessungen bei diesen Stählen Durchvergütung und Durchhärtbarkeit erreicht wird, zeigt Abb. 334, bei der in einen in der Mitte durchgeschnittenen Block die Härtezahlen in den Diagonalen eingetragen sind. Durch gleichzeitigen Zusatz von Vanadin (s. später) läßt sich die Anlaßbeständigkeit molybdänhaltiger Stähle noch weiter verbessern, wie dies noch in Abb. 365 gezeigt wird. So findet man die genannten Chrom-Nickel-Molybdän-Stähle auch mit Zusätzen von etwa 0,2% Vanadin als besonders unempfindliche Stähle für warmfeste Werkzeuge.

Große Verwendung findet Molybdän schließlich als Zusatz zu Schnelldrehstählen. Lange Zeit war der Wert eines solchen Zusatzes sehr umstritten. Heute dürfte auf Grund der Erkenntnis seines Einflusses auf die Karbide in Analogie zu Vanadin, Wolfram usw. Molybdän als wertvoller Bestandteil zu Schnell-

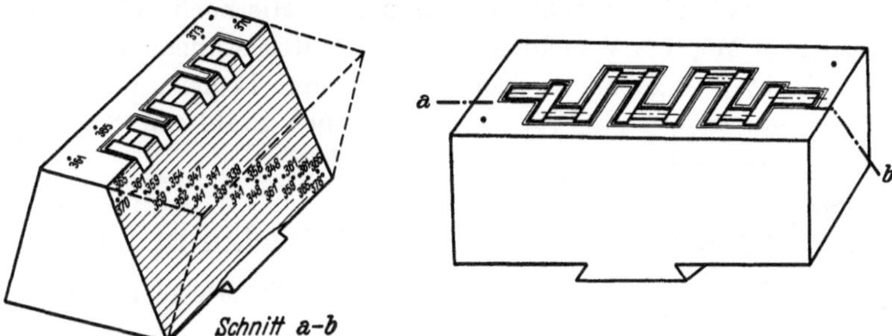

Abb. 334. Härteverlauf in einem Gesenkblock aus Cr-Ni-Mo-Stahl.

stählen anerkannt sein. Eine Übersicht über verschiedene molybdänhaltige Schnellstähle gibt Zahlentafel 81. Vielfach findet man die Ansicht vertreten, daß man Wolfram durch Molybdän ersetzen kann, wobei dem Legierungswert Wolfram zu Molybdän ein Verhältnis 2 : 1 zuzuschreiben wäre. Wenn es auch richtig ist, daß man den Gehalt eines Legierungselementes vermindern kann bei gleichzeitiger Erhöhung des anderen — s. a. Vanadin —, so wird

Zahlentafel 81. Zusammensetzung einiger Mo-
legierter Schnelldrehstähle[1].

C %	Si %	Mn %	Mo %	W %	Cr %
0,70/0,90	∞0,30	∞0,35	∞ 5,0	—	} evtl. 3,0
0,70/0,90	∞0,30	∞0,35	∞10,0	—	
0,70/0,90	∞0,30	∞0,35	∞ 5,0	∞2,5	—
0,70/0,90	∞0,30	∞0,35	∞ 7,5	∞2,5	4,0
0,70/0,90	∞0,30	∞0,35	∞ 3,0	∞5,0	∞3,0
0,70/0,90	∞0,30	∞0,35	∞ 3,0	∞7,5	—
0,70/0,90	∞0,30	∞0,35	∞ 5,0	∞5,0	∞3,0

vor allem noch bei Vanadin darauf hingewiesen werden, daß solche Verhältniszahlen wenig geeignet sind, den wahren Sachverhalt zu treffen.

Während des Weltkrieges war man wegen des Mangels an Wolfram dazu übergegangen, auch wolframfreie Stähle herzustellen, die Zusammensetzungen, wie in Zahlentafel 81 gezeigt, hatten. Diese Stähle ergaben tatsächlich ähnliche Schnittleistungen, wie gute Schnellarbeitsstähle auf Wolframbasis. Sie haben aber, wie alle Stähle, die wesentlich mehr als 1% Molybdän enthalten, die Eigenart, beim Verschmieden zu rauchen, da das sich oberflächlich oxydierende Molybdän sich als sog. Molybdänrauch verflüchtigt. Diese Erscheinung des Rauchens kann man auch bei Drehversuchen feststellen; bei schweren Beanspruchungen steigt Molybdänrauch vorn an der Schneide

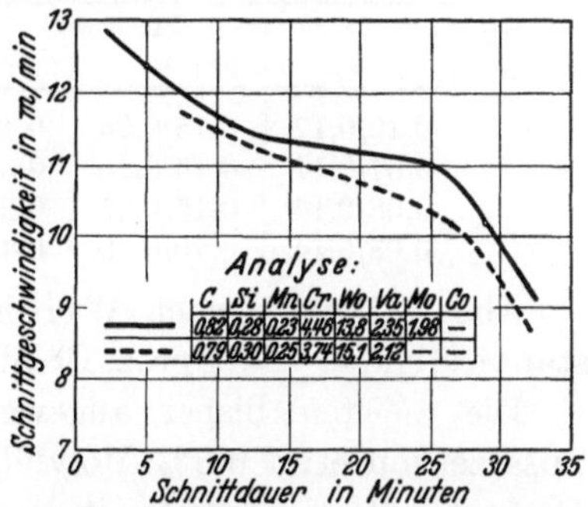

Abb. 335. Wirkung eines Molybdänzusatzes auf die Schnitthaltigkeit von Schnelldrehstahl bei einem Vorschub von 1,7 mm, einer Spantiefe von 5 mm und Bearbeitung von vergütetem Chrom-Nickel-Stahl mit 100 kg/mm² Zugfestigkeit.

auf. Für die meisten Schnellarbeitsstähle kommen deshalb höhere Zusätze als 2% Molybdän normalerweise nicht zur Anwendung. Daß Verbesserungen

---

[1] Geringe Zusätze zu Wolfram-Schnelldrehstählen siehe Zahlentafel 69; weitere Zusätze von V und Co erhöhen die Leistungsfähigkeit dieser Schnellstähle des weiteren.

der Schnittleistungen durch Molybdän hervorgerufen werden können, zeigt Abb. 335. In einer neueren Arbeit von Emmons[1] wird ebenfalls auf hoch molybdänhaltige Schnelldrehstähle eingegangen. Hiernach sollen Stähle mit ∞ 4% Cr, 8—14% Mo, 1% V nicht ganz die Schnittleistungen von Stählen mit 18% W, 4% Cr, 1% V ergeben. Erreicht wird letztere Legierung in der Leistung durch einen Stahl mit 8% Mo, 2% W, 4% Cr, 1% V.

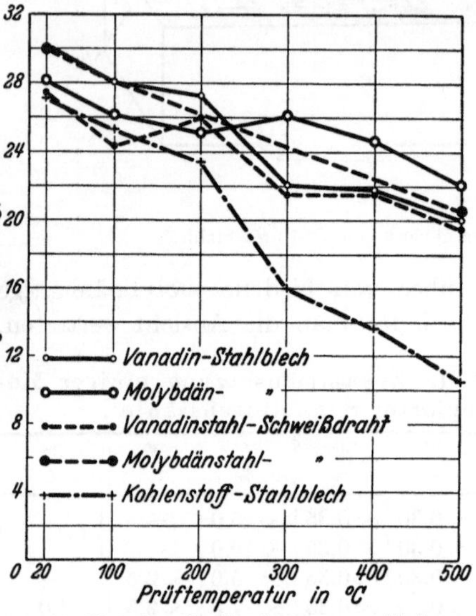

Abb. 336. Verhalten der Streckgrenze verschiedener Kesselblechsorten bei Temperaturen von 20—500° (Belastungsgeschwindigkeit 0,05 kg/mm² je sek). [Nach Prömper u. Pohl: Arch. Eisenhüttenwes. 1. Jg. (1927/28) S. 785.]

3. Molybdän in Baustählen.

a) Warmfeste Baustähle.

Auf dem Gebiete der Baustähle haben auch reine Molybdän-Eisen-Kohlenstoff-Legierungen Bedeutung erlangt. Eine wesentliche Verwendung verdankt Molybdän dem Umstande, daß es in der Lage ist, die Warmfestigkeit gewöhnlichen Flußeisens bis zu Temperaturen von 500 bis 550° zu erhöhen. Abb. 336 zeigt den Unterschied in der Warmstreckgrenze gewöhnlichen Kohlenstoffflußeisens gegenüber Molybdän- und Vanadinflußeisen. Auch bei Dauerstandversuchen[2] von langer Zeitdauer — mehrere 1000 Stunden — beibt diese Überlegenheit der Molybdänflußeisensorten erhalten.

Als besonders warmfest und auch unempfindlich gegen Verlängerung der Prüfdauer haben sich molybdänhaltige Stähle folgender Zusammensetzung gezeigt:

C %	Si %	Mn %	Cr %	Mo %	
0,10/0,17	0,15/0,35	0,40/0,50	—	0,40/0,60	—
0,07/0,14	0,15/0,45	0,30/0,80	—	0,25/0,30	0,15/0,40% Cu
0,08/0,14	0,15/0,35	0,25/0,50	0,7/1,0	0,4/0,6	—
0,08/0,14	0,20/0,40	0,45/0,55	0,7/0,9	0,9/1,0	1,4/1,6% Ni

Abb. 337 zeigt nach Wright den Einfluß von Molybdän auf die Dauerstandfestigkeit von 5proz. Cr-Stählen im 10000-Stunden-Prüfbereich.

Die meisten bisher angewendeten Molybdänstähle beschränken sich auf Zusätze von etwa 0,5% Molybdän. Der Verbesserung von Warmfestigkeit und Dauerstandfestigkeit ist mit diesen niedrigen Prozentgehalten aber keine Grenze gesetzt, wie dies z. B. aus folgenden Zahlen für rostfreie Stähle mit 14% Cr bzw. 14% Cr und 2% Mo hervorgeht:

C %	Si %	Mn %	Cr %	Ni %	Mo %	Prüftemperatur	Dauerstandfestigkeit für eine Dehngeschwindigkeit von $5 \cdot 10^{-4}$ %/st zwischen 25. und 35. Belastungsstunde
0,16/0,22	0,8	0,50/0,30	14,0/14,5	0,5/0,7	—	500°	8 kg/mm²
0,16/0,22	0,8	0,90	14,0/14,5	0,5/0,7	2,0	500°	20 „

[1] Trans. Amer. Soc. Stl. Treat. 1933 S. 193.   [2] Siehe Kapitel Vanadin S. 373.

Ähnlich wie Wolfram (s. S. 324) scheint auch Molybdän das Kristallerholungsvermögen von Molybdän-Eisen-Legierungen wegen seines hohen Schmelzpunktes und seiner eigenen hochliegenden Rekristallisationstemperatur zu höheren Temperaturen zu verschieben, was Tammann[1] durch seine Untersuchungen bestätigt. Hier dürfte der Grund für die Erhöhung der Warmfestigkeit durch Molybdän zu suchen sein.

b) Vergütungsstähle.

Wegen der einleitend geschilderten Wirkung von Molybdän auf die kritische Umwandlungsgeschwindigkeit müssen Molybdänzusätze vor allem einen starken Einfluß auf die Wärmebehandlungsfähigkeit und die dadurch erreichbaren Festigkeitszahlen der so legierten Stähle ausüben. Die in Abb. 338 gekennzeichnete und in der Literatur vielfach veröffentlichte Beeinflussung der Festigkeitseigenschaften durch Molybdän nach Guillet bezieht sich wiederum auf den Walzzustand. Der Glühzustand erfährt, genau wie bei Chrom, Wolfram

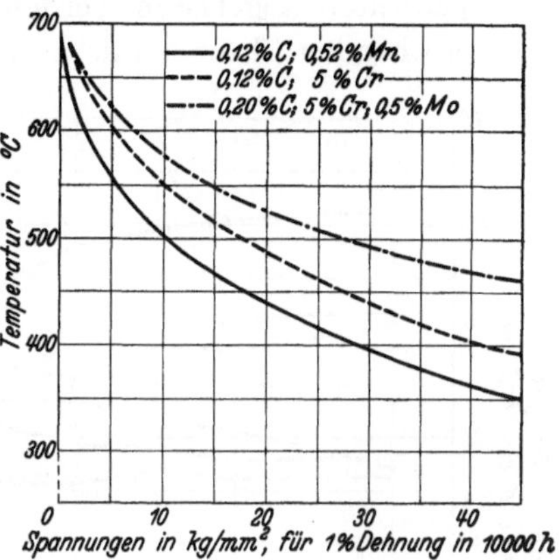

Abb. 337. Veränderung der Kriechgrenze eines 5 proz. Cr-Stahles durch einen Mo-Zusatz von 0,5% mit der Pruftemperatur beim Vergleich mit unlegiertem C-Stahl. (Nach Wright: The Book of Stainless Steels September 1933 S. 221.)

usw., durch Molybdänzusatz viel geringere Veränderungen der Festigkeit und Streckgrenze. Der Anstieg der Festigkeit im Walzzustand beruht auf der stärkeren Lufthärtbarkeit hochmolybdänhaltiger Stähle. Molybdän wirkt in dieser Beziehung wesentlich stärker als Chrom. Charakteristisch ist ebenfalls der in obiger Abbildung gezeigte Abfall der Kontraktion zwischen 2,3% und 4,5% Molybdän. Dieser starke Abfall kann nur zum Teil durch die Lufthärtbarkeit erklärt werden. Außerdem wird bei dem hier angegebenen Kohlenstoffgehalt von 0,2% eine Legierung mit 4,5% Mo bereits halbferritischen Charakter haben, und bei derartigen halbferritischen wie ferritischen Stählen ist die Feinheit des Kristallkornes für die Zähigkeit von ausschlaggebender Bedeutung.

Am deutlichsten erkennt man die Wirkung von Molybdän in Baustählen an Hand vergleichbarer Vergütungsschaubilder. Abb. 339 zeigt z. B. Vergütungskurven eines

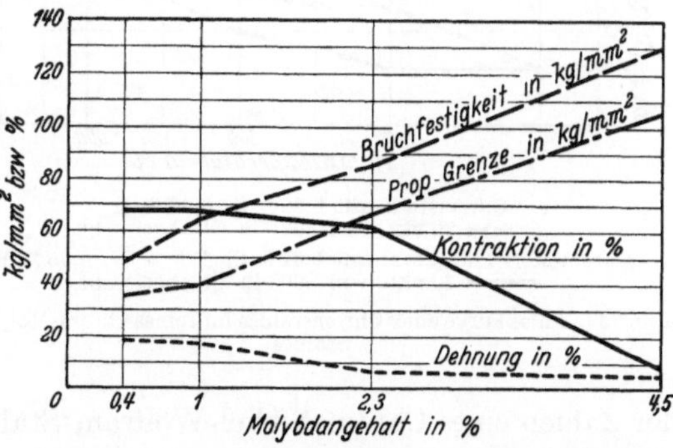

Abb. 338. Festigkeitseigenschaften von Molybdänstahlen mit 0,20% C-Gehalt. (Nach Guillet: All. mét. 1906 S. 342.)

Chrom- und Chrom-Molybdän-Stahles. Wenn auch der Chromgehalt beim Chrom-Molybdän-Stahl um 0,16% höher ist, so hat dieser Unterschied im Chromgehalt keine prinzipielle Veränderung der Festigkeitseigenschaften zur Folge. Die erhöhte Härtbarkeit, die sowohl in der absoluten Härte als auch in der Durchvergütbarkeit zum Ausdruck kommt, sowie die Erhöhung der Anlaß-

---

[1] Tammann: Z. Metallkde. Bd. 26 (1934) S. 103.

beständigkeit, die sich in dem geringen Abfall der Festigkeit bis zu 500° ausdrückt, sind typisch für den Einfluß von Molybdän bei der Vergütung. Infolge der erhöhten Anlaßbeständigkeit können molybdänhaltige Stähle bei höheren Temperaturen angelassen werden, um gleiche Festigkeitseigenschaften wie die entsprechenden Chromstähle zu erlangen. Infolge der höheren Anlaßtemperatur erzielt man also bei molybdänhaltigen Stählen spannungsfreiere Teile; gleichzeitig zeichnen sie sich durch gute Zähigkeitseigenschaften aus. Weil Molybdän in geringen Zusätzen stärker die erreichbare Absoluthärte, Festigkeit und die Anlaßbeständigkeit von Baustählen als die Durchvergütbarkeit beeinflußt, so ist es erforderlich, daß zwecks Erzielung guter Durchvergütung entweder erhöhte Mangan- oder Nickelzusätze Anwendung finden. Zweckentsprechend enthalten die nickelfreien Chrom-Molybdän-Stähle Mangangehalte von etwa 0,8%.

Bezüglich Erhöhung der Anlaßbeständigkeit wirkt Molybdän stärker als Wolfram. Um mit Wolfram gleiche Wirkungen zu erzielen, muß man zu einem Wolframgehalt übergehen, der der dreifachen Höhe des Molybdängehaltes entspricht. Sehr deutlich tritt dies z. B. aus dem Vergleich

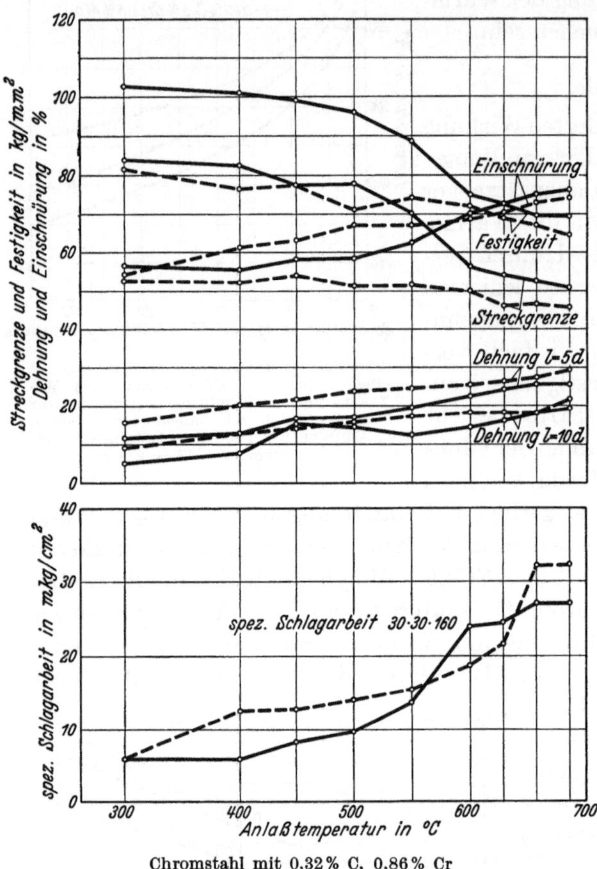

Chromstahl mit 0,32% C, 0,86% Cr
– – – 70 vkt. von 850° in Öl abgeloscht.
Chrom-Molybdän-Stahl mit 0,32% C, 1,02% Cr, 0,35% Mo
——— 70 vkt. von 860° in Öl abgeloscht.
Abb. 339. Anlaßkurve eines Chromstahles und eines Chrom-Molybdän-Stahles.

der Zahlen eines Chrom-Nickel-Wolfram-Stahles und des entsprechenden Chrom-Nickel-Molybdän-Stahles hervor (Abb. 340).

Wie Wolfram wirkt auch Molybdän im Sinne der Vermeidung der Anlaßsprödigkeit (s. Abschnitt Anlaßsprödigkeit, S. 98). Bereits bei Gehalten von 0,2% Molybdän macht sich bei nicht zu langen Anlaßzeiten dieser günstige Einfluß von Molybdän bemerkbar. Für längere Anlaßzeiten in dem für Anlaßsprödigkeit kritischen Temperaturbereich sind Mo-Gehalte von 0,35% und darüber erforderlich. Die Unempfindlichkeit wächst mit steigendem Molybdängehalt. Stählen, die lange Zeiten bei höheren Temperaturen, also etwa 500°, z. B. für Heißdampfschrauben, erwärmt werden, setzt man daher bis zu 0,6% Molybdän

zu, so daß auch bei der Benutzung im Betrieb keine Versprödung eintritt. Bei
Öl-, Luft- und Ofenabkühlung nach dem Anlassen ergeben sich hinsichtlich der

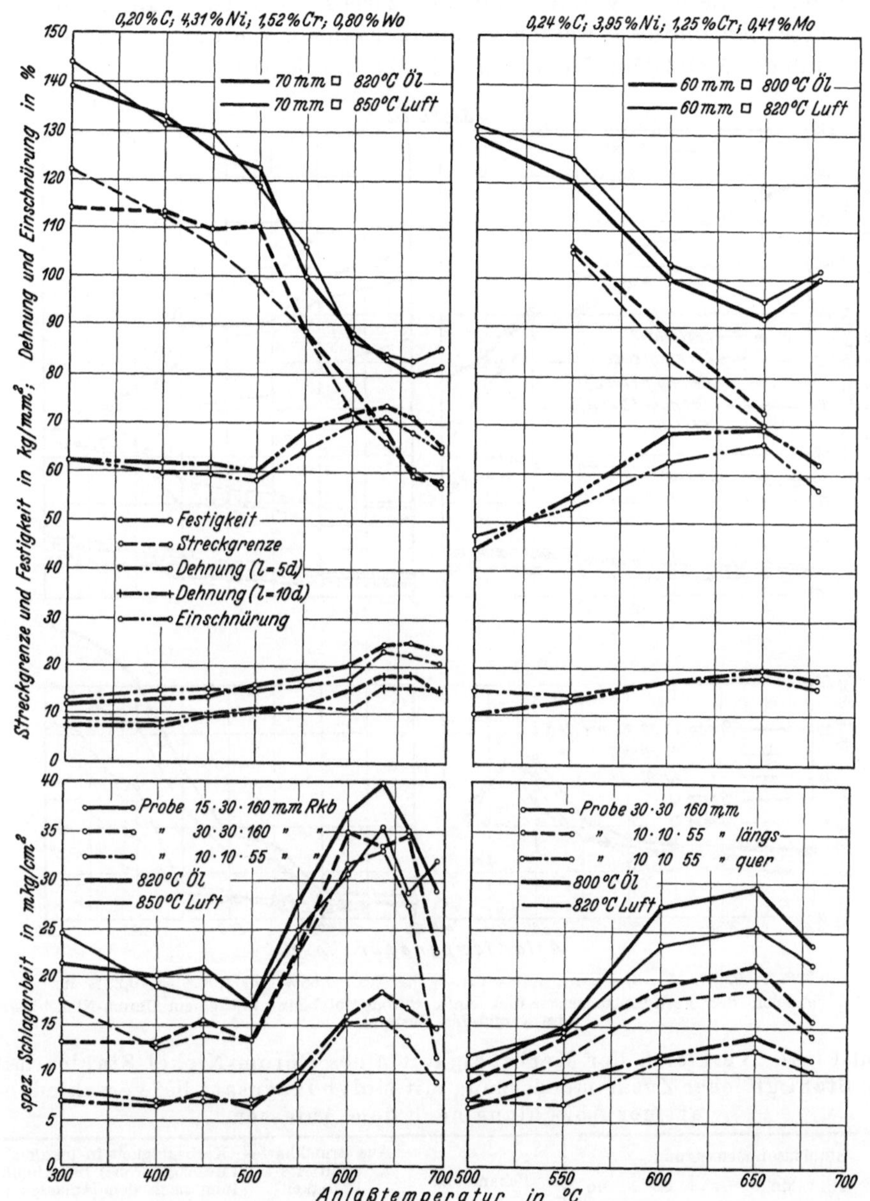

Abb. 340. Vergutungsschaubilder eines molybdänhaltigen Chrom-Nickel-Stahles im Vergleich zu einem wolframhaltigen sonst gleicher Zusammensetzung.

Kerbzähigkeit beim Vergleich eines Chrom-Nickel-Molybdän-Stahles mit einem
Chrom-Nickel-Stahl die in Zahlentafel 82 angegebenen Werte.

Bei normaler Anlaßbehandlung bietet somit Molybdän den Vorteil der
stärkeren Härtbarkeit, der höheren Anlaßbeständigkeit und der Möglichkeit,

nach dem Anlassen die vergüteten Stücke langsam abkühlen zu lassen. Höhe der Anlaßtemperatur und Geschwindigkeit der darauffolgenden Abkühlung sind maßgebend für die in vergüteten Bauteilen zurückbleibenden Spannungen. Auf Grund dieser Erkenntnisse werden vielen Baustählen, wie Chrom- und Chrom-Nickel-Stählen, Molybdängehalte von 0,2—0,5% zulegiert.

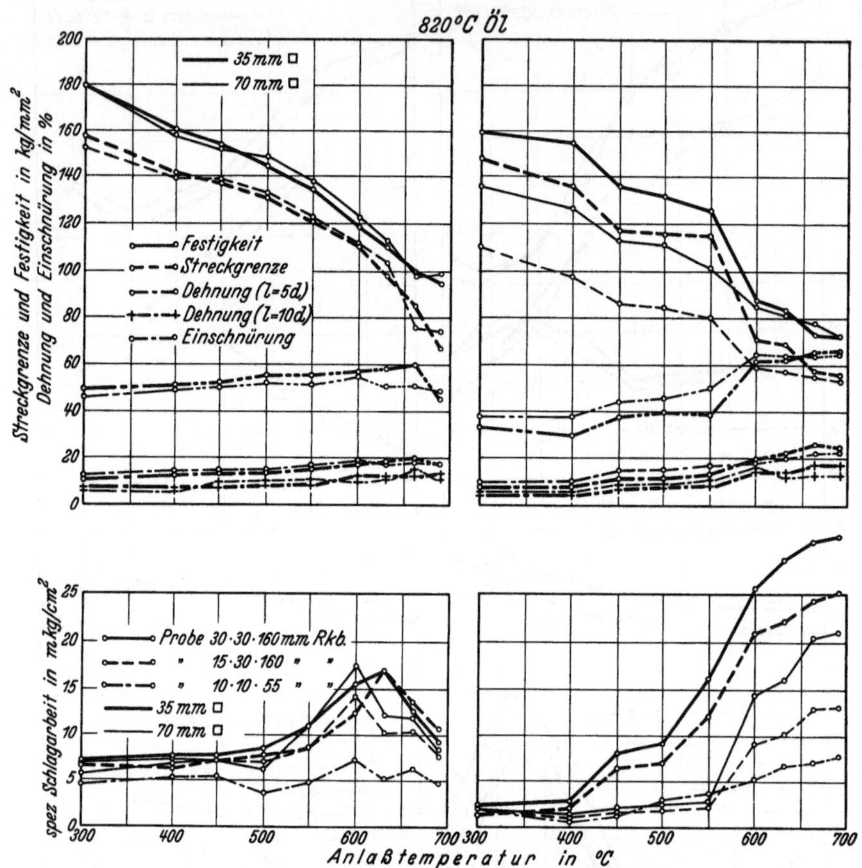

0,37% C, 0,59% Mn, 3,40% Ni, 1,18% Cr,   0,42% C, 0,68% Mn, 1,05% Cr, 0,28% Mo

Abb. 341.   Vergleich der Festigkeitseigenschaften eines Chrom-Molybdän- mit einem Chrom-Nickel-Stahl im verguteten Zustand.

Zahlentafel 82. Vergleich der Kerbzähigkeit eines Chrom-Nickel-Stahles mit einem Stahl gleicher Zusammensetzung mit Molybdänzusatz bei verschiedenartiger Abkühlung nach dem Anlassen.

Stahlzusammensetzung						Behandlung	Aus Brinellharte ermittelte Festigkeit kg/mm²	Kerbzahigkeit in mkg/cm² (Mesnagerprobe) bei Abkühlung nach dem Anlassen in		
C %	Si %	Mn %	Cr %	Ni %	Mo %			Öl	Luft	Ofen
0,32	0,30	0,47	1,44	4,34	—	820° Öl 640° 1 Std.	97	14,7	14,0	7,5
0,36	0,26	0,50	1,30	4,28	0,43	820° Öl 640° 1 Std.	104	15,7	15,2	14,5

Die geschilderten Wirkungen von Molybdän haben dazu geführt, daß molybdänhaltige Baustähle sehr weitgehende Verwendung finden. Im Kraftwagenbau,

Flugzeugbau u. a., wo die Abmessungen nicht derart groß sind, daß unbedingt wegen der Durchvergütbarkeit auf Nickelzusätze zurückgegriffen werden muß, haben sich in großem Maße Chrom-Molybdän-Stähle als Ersatz für Chrom-Nickel-Stähle eingebürgert. Für Abmessungen von 30—40 mm ⌀ oder ☐ kann man, wie aus Abb. 341 ersichtlich ist, einen Chrom-Molybdän-Stahl in ähnlichen Festigkeitsbereichen verwenden wie die 2—3,5% Ni enthaltenden Chrom-Nickel-Stähle.

Besonders Vorteile bieten Chrom-Molybdän-Stähle auch in bezug auf die Bearbeitung in Vergleich zu Chrom-Nickel-Stählen. Da die Chrom-Molybdän-Stähle infolge der hohen Lage der Umwandlungspunkte bei der Erwärmung (Ac) sich weicher ausglühen lassen als die entsprechenden Chrom-Nickel-Stähle, kann auch die Bearbeitung derartiger Teile im geglühten Zustand vorteilhafter vorgenommen werden, als dies bei den Chrom-Nickel-Stählen der Fall ist. Im vergüteten Zustand ist dagegen ein wesentlicher Einfluß der Legierungen auf die Bearbeitungsfähigkeit nicht mehr zu erkennen, falls die Stähle auf annähernd gleiche Festigkeitseigenschaften vergütet wurden, wie dies aus Abb. 342 (nach Wallichs) für die legierten Stähle zu ersehen ist.

Zahlentafel 83 zeigt die Gegenüberstellung der heute verwendeten Chrom-Molybdän-Stähle in Vergleich zu den entsprechenden Chrom-Nickel-Stählen. Auch für Zahnräder, die nicht aus

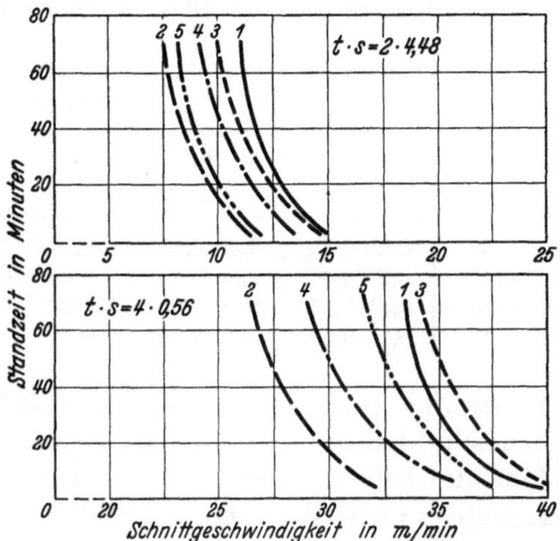

		C	Si	Mn	Zugfertigkeit kg/mm²
1 =	StC 4561	∼0,45	>0,35	>0,8	82
2 =	Manganstahl				85
3 =	VCN 15	0,32/0,40	>0,35	0,4/0,8	84
4 =	VCN 35	0,20/0,27	>0,35	0,4/0,8	85
5 =	SAE 4140	0,38/0,43	0,15/0,30	0,5/0,8	88

		Ni	Cr	Mo	kg/mm²
1 =	StC 4561	—	—	—	82
2 =	Manganstahl				85
3 =	VCN 15	1,25/1,75	0,3/0,7	—	84
4 =	VCN 35	3,25/3,75	0,55/0,95	—	85
5 =	SAE 4140	—	0,8/1,1	0,15/0,25	88

Abb. 342. Bearbeitbarkeit von Cr-Mo-Stahl im Vergleich mit andern unlegierten bzw. niedriglegierten Vergutungsstahlen. [Nach Wallichs u. Dabringhaus: Masch.-Bau, Der Betrieb Bd. 9 (1930) S. 259.]

Zahlentafel 83. Zusammensetzung und Festigkeitseigenschaften von Cr-Mo-Stählen im Vergleich zu Cr-Ni-Stählen (Abmessungen etwa 40—50 mm ⌀).

C %	Si %	Mn %	Cr %	Ni %	Mo %	Zustand	Streckgrenze kg/mm²	Festigkeit kg/mm²	Dehnung $L=5d$ %	Einschnurung %
0,15	0,30	0,50	1,0	4,0	—	Einsatzgehartet im Kern	95	120/140	14/10	50
0,18	0,35	1,2	1,2	—	0,25		90	120/140	14/10	50
0,30	0,30	0,50	0,75	2,5	—		60	80/95	20/14	55
0,30	0,30	0,70	1,0	—	0,25	Vergütet bzw. ölgehärtet (*)	60	80/90	20/14	55
0,30	0,30	0,50	0,75	3,5	—		75	90/105	18/12	55
							140*	160/175	10/8	35
0,40	0,30	0,70	1,0	—	0,25		70	90/105	18/12	50
							130*	155/170	11/8	35

Einsatzstahl, sondern aus Vergütungsstahl hergestellt werden, eignen sich vor allem Chrom-Molybdän-Stähle, wobei die Festigkeit auf 155—180 kg/mm² gesteigert werden kann. Zweckmäßig erfolgt die Härtung derartiger Stähle aus dem Zyanbad, so daß eine dünne zementierte harte Randschicht entsteht. Infolge der hohen Kernhärte wird auch die dünne aufgekohlte Schicht gut getragen und blättert nicht ab, verleiht aber der Oberfläche einen höheren, für diese Beanspruchung günstigeren Verschleißwiderstand.

Der Zusatz von Molybdän zu Cr- und Cr-Ni-Stählen ist so allgemein, insbesondere wegen der Vermeidung der Anlaßsprödigkeit, daß eine allgemeine Aufzählung derartiger Stähle zu weit führen würde. In Zahlentafel 84 sind die

Zahlentafel 84. Zusammensetzung von Cr-Mo- und Ni-Mo-Stählen
nach dem SAE-Handbuch.

SAE Stahl Nr.	C %	Mn %	P max %	S max %	Cr %	Ni %	Mo %
4130	0,25/0,35	0,50/0,80	0,04	0,05	0,50/0,80	—	0,15/0,25
4140	0,35/0,45	0,50/0,80	0,04	0,05	0,80/1,10	—	0,15/0,25
4150	0,45/0,55	0,50/0,80	0,04	0,05	0,80/1,10	—	0,15/0,25
4615	0,10/0,20	0,30/0,60	0,04	0,05	—	1,5/2,0	0,20/0,30

in Amerika genormten Cr-Mo- und Ni-Mo-Stähle angeführt. Als hochwertige Baustähle haben sich Cr-Ni-Mo-Stähle in einer Zusammensetzung, wie sie in Zahlentafel 40 angegeben wurde, in gleicher Weise wie die ähnlich zusammengesetzten Cr-Ni-W-Stähle eingeführt. 1,5—3,5% Ni enthaltende Cr-Ni-Mo-Stähle finden auch Verwendung zur Herstellung von großen Schmiedestücken, wie Rotorkörpern, Kanonenrohren, Druckkammern, bei denen Höchstwerte an mechanischen Eigenschaften, Streckgrenze, Festigkeit, Zähigkeit, Homogenität des Gefüges gestellt werden. Siehe auch Maurer und Korschan[1], von denen folgende Zahlentafel über vergleichende Festigkeitszahlen eines Mn-, Ni-, Ni-Cr-Mo-Stahles entnommen ist (Zahlentafel 85).

c) Molybdän in Einsatzstählen.

Molybdän bedingt nach Guillet[2] und Giessen[3] eine geringe Erhöhung der Eindringtiefe. Von Tammann[4] wird diese Veränderung für eine Zementation in Hexan-Wasserstoff-Gemischen bis zu 3% bestätigt, während bei weiterer Erhöhung des Molybdängehaltes eine Verminderung erhalten wird. Diese Beurteilung der Wirkung des Molybdäns bei Zementation gilt nur für verhältnismäßig geringe Eindringtiefen. Bei größeren Zementationstiefen zeigt sich, daß durch Molybdän, ähnlich wie durch Chrom, eine beträchtliche Steigerung des Randkohlenstoffgehaltes hervorgerufen wird (Abb. 343). Die ermittelten Höchstgehalte

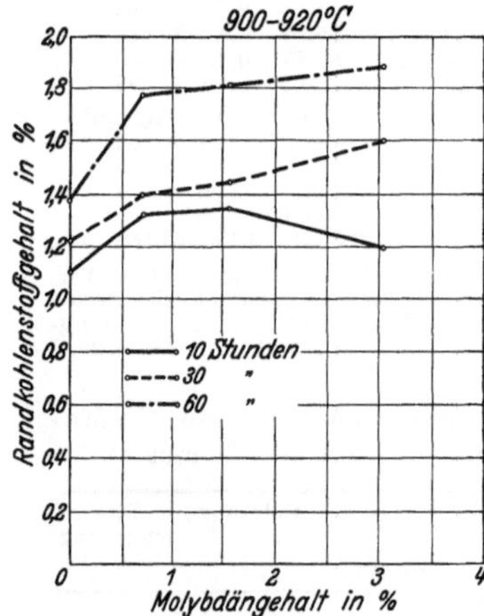

Abb. 343. Einfluß von Molybdän auf den Randkohlenstoffgehalt bei Zementation in Holzkohle und Bariumkarbonat. (Nach Houdremont u. Schrader: Arch. Eisenhüttenwes. demnächst.)

---

[1] Stahl u. Eisen 53. Jg. (1933) S. 272.
[2] Guillet: Mém. C. R. Trav. Soc. Ing. civ. France 1904 S. 177—207.
[3] Giessen: Die Spezialstähle in Theorie und Praxis. Freiburg: Craz u. Gerlach 1909.
[4] Tammann: Werkstoffausschußbericht Nr. 14 1922 Ver. d. Eisenhüttenleute.

Zahlentafel 85. Festigkeitszahlen von Mangan-, Nickel- und Chrom-Nickel-Molybdän-Stählen[1] bei großen Schmiedestücken verschiedener Warmebehandlung.

Durchmesser und Verschmiedung	Eigenschaften	Querproben				Längsproben olvergutet	Querproben			Längsproben olvergutet	Querproben			Längsproben olvergutet
		unbehandelt	gegluht	luftvergutet	ölvergutet		gegluht	luftvergutet	ölvergutet		gegluht	luftvergutet	ölvergutet	
920 mm 5fach	Streckgrenze kg/mm²	25,9	23,2	23,6	25,5	25,8	27,3	28,4	29,1	29,4	42,5	58,3	59,0	59,8
	Zugfestigkeit kg/mm²	49,5	49,8	46,4	51,2	53,1	52,4	50,0	51,0	52,3	74,1	80,3	80,1	81,1
	Dehnung %	13,5	24,0	17,9	21,6	30,6	17,2	19,5	20,8	30,4	14,3	13,5	13,7	19,7
	Einschnürung %	15,5	36,6	25,2	28,0	56,7	24,2	20,0	36,1	60,0	23,5	24,5	25,5	49,4
	Kerbzahigkeit mkg/cm²	1,6	2,8	4,4	6,0	12,0	6,0	8,5	8,8	13,6	4,0	4,7	4,9	12,8
1180 mm 3fach	Streckgrenze kg/mm²	—	23,6	24,1	25,0	25,3	27,6	29,4	30,7	31,0	44,5	59,7	59,2	59,4
	Zugfestigkeit kg/mm²	—	50,1	48,3	50,6	51,5	49,4	51,4	52,1	54,4	77,9	80,0	79,9	80,2
	Dehnung %	—	27,9	16,5	17,9	29,8	14,2	18,1	18,6	28,5	11,3	14,2	16,2	20,1
	Einschnürung %	—	46,0	19,4	23,8	50,6	23,9	26,2	32,7	58,8	14,8	18,1	21,6	48,2
	Kerbzähigkeit kg/cm²	—	3,2	4,8	5,1	12,1	5,1	9,1	9,5	11,9	3,0	3,6	5,3	9,9
1450 mm 2fach	Streckgrenze kg/mm²	—	23,8	25,7	25,3	25,7	28,7	30,6	28,3	29,4	43,4	58,8	59,0	58,9
	Zugfestigkeit kg/mm²	—	50,0	52,4	52,4	53,4	48,7	52,3	52,4	55,2	76,0	79,4	80,0	80,8
	Dehnung %	—	26,8	18,8	21,7	29,0	10,1	15,3	21,3	26,5	11,1	12,6	12,8	17,3
	Einschnürung %	—	46,9	28,0	30,4	55,6	15,3	20,1	39,0	48,9	15,1	20,9	21,5	38,6
	Kerbzähigkeit kg/cm²	—	3,2	4,2	8,1	11,9	4,2	6,8	8,9	11,0	2,8	3,6	5,4	7,9

	Analyse					Analyse				Analyse				
		C %	Si %	Mn %			C %	Si %	Mn %	Ni %	C %	Si %	Mn %	Ni %	Cr %	Mo %
		0,26	0,30	1,20			0,23	0,25	0,50	1,90	0,35	0,30	0,40	2,5	1,4	0,50

[1] Nach E. Maurer u. H. Korschan: Stahl u. Eisen 53. Jg. (1933) S. 276.

sind nicht ganz so hoch wie bei Chromstählen, erreichen jedoch bei einem 3proz.
Mo-Stahl bis zu 1,9% C. Die Veränderung der **Eindringtiefe** durch Molybdän
ist abhängig von der Zementationstemperatur. Bei tiefen Zementationstemperaturen von 830—850° wird, wie aus Abb. 344 ersichtlich,
ein Abfall der Eindringtiefe bis zu 1,5%, bei weiterer
Steigerung des Molybdängehaltes ein Gleichbleiben festgestellt. Stähle mit über 1,5% Mo haben den Ac_3-Punkt
oberhalb der Zementationstemperatur von 850°. Bei
höheren Zementationstemperaturen von 980—1000° ist
bis zu 3% Mo eine fortschreitende Beeinträchtigung der
Eindringtiefe zu bemerken. Im Gefüge neigen die Molybdänstähle in noch stärkerem Maße als die Wolframstähle zu einer anormalen Gefügeausbildung, wie aus
Abb. 345 ersichtlich. Molybdängehalte bis 0,7% verursachen eine Kornvergröberung bei Zementationsüberhitzung, die stärker ist als bei unlegierten Kohlenstoffstählen (Abb. 346). Erst bei weiterer Erhöhung des Legierungszusatzes ist eine Kornverfeinerung und Verringerung der Überhitzungsempfindlichkeit zu beobachten.

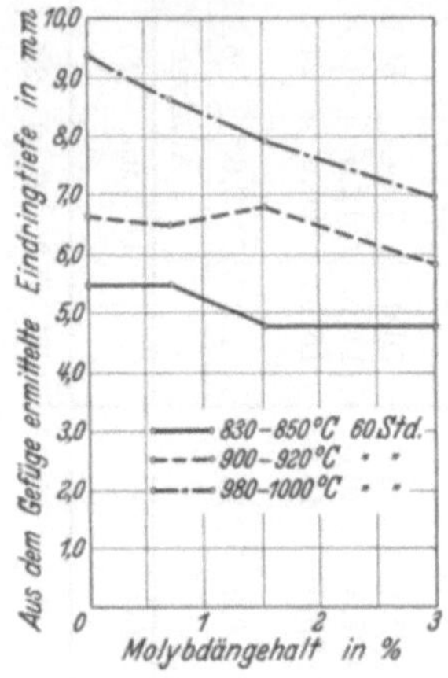

Abb. 344. Einfluß von Molybdän
auf die Eindringtiefe bei Zementation in Holzkohle und Bariumkarbonat. (Nach H o u d r e m o n t
u. S c h r a d e r: Arch.   Eisenhüttenwes. demnächst.)

Wenn auch die vorher allgemein geschilderte Wirkung von Molybdän in bezug auf Randkohlenstoffgehalt und Korngröße bei der Zementation nicht als
besonders günstig zu werten ist, so hat doch seine härtesteigernde Wirkung in
einzelnen Fällen zur Verwendung in Einsatzstählen geführt. Man hat hierbei
versucht, sowohl das Chrom in Chrom-Nickel-Stählen als auch das Nickel in
entsprechenden Stählen durch Molybdän zu
ersetzen (s. Zahlentafel 84).

Die Eigenschaften einiger Mo-haltiger
Einsatzstähle zeigt Zahlentafel 86. Wie
hieraus hervorgeht, unterscheiden sie sich
praktisch von einem ähnlich legierten Chrom-
Nickel-Stahl nicht. In der Literatur, insbesondere der amerikanischen, fand man des
öfteren die Ansicht vertreten, daß Molybdän in der Lage sei, Nickel in Stählen zu ersetzen. Aus der geschilderten spezifischen
Wirkung von Molybdän ist der Ersatz von
Chrom durch Molybdän ohne weiteres verständlich, der Ersatz von Nickel hingegen
nicht. Trotzdem kann man bei Anwesenheit
genügender Mengen Kohlenstoff durch Molybdänzusatz eine gewisse Verbesserung der
Härtefähigkeit und Durchvergütung erzielen,

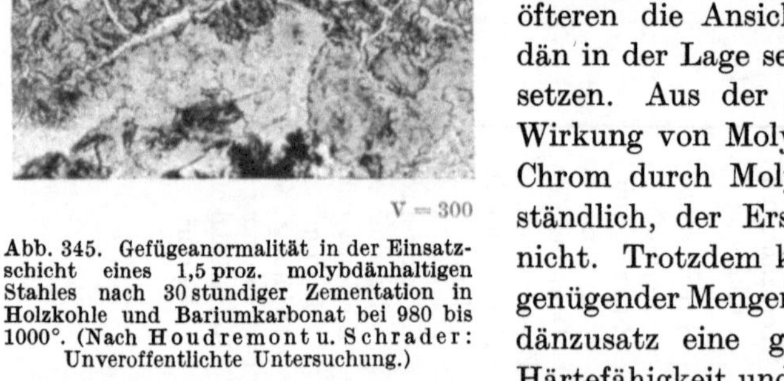

V = 300

Abb. 345. Gefügeanormalität in der Einsatz-
schicht eines 1,5 proz. molybdänhaltigen
Stahles nach 30 stundiger Zementation in
Holzkohle und Bariumkarbonat bei 980 bis
1000°. (Nach H o u d r e m o n t u. S c h r a d e r:
Unveröffentlichte Untersuchung.)

da Molybdän stärker auf diese Eigenschaften wirkt als alle anderen karbidbildenden Elemente. Entsprechend hat sich in Deutschland demnach auch ein Cr-
Mo-Einsatzstahl entwickelt, dessen Zusammensetzung und Eigenschaften aus
obiger Zahlentafel 86 hervorgehen (Stahl I).

Zahlentafel 86. Zusammensetzung, Behandlung und Festigkeitswerte
von Mo-legierten Cr-, Ni- und Cr-Ni-Einsatzstählen.

Stahl	C %	Si %	Mn %	Cr %	Ni %	Mo %	Behandlung nach der Zementation	Streck-grenze kg/mm²	Festig-keit kg/mm²	Dehnung $L = 5\,d$ %	Ein-schnürung %
I	0,18	0,35	1,2	1,2	—	0,25	820° Öl	90	120	12	50
II	0,15	0,35	0,60	—	1,50	0,20	820° Öl	50	85	18	60
III	0,15	0,25	0,60	1,0	2,0	0,20	820° Öl	60	90	16	55

Nach der Härtung sind die erreichten Festigkeitswerte im Kern bei Abmessungen bis zu 40 mm ⊡ denjenigen eines 4,5 % Nickel enthaltenden Chrom-Nickel-Einsatzstahles (ECN 45) praktisch gleich. Bei stärkeren Abmessungen, beispielsweise über 100 mm ⊡, ist dagegen der Chrom-Nickel-Stahl infolge seiner stärkeren Durchhärtung etwas überlegen. Die Kerbzähigkeiten im Kern sind bei ECN 45 mit ∾18 mkg/cm² gegen ∾14 mkg/cm² bei Stahl I etwas günstiger. Im Bruchgefüge zeigt der Chrom-Molybdän-Stahl eine etwas körnigere Ausbildung als die Chrom-Nickel-Stähle (ECN 35 und ECN 45), deren Härtebruch im Kern rein sammetartig ist. Dieser Unterschied ist bei Abmessungen über 15 mm stärker betont als bei dünneren Abmessungen. Die Einsatzschicht zeichnet sich nach der Ablöschung in Öl gegenüber Chrom-Nickel-Stählen durch

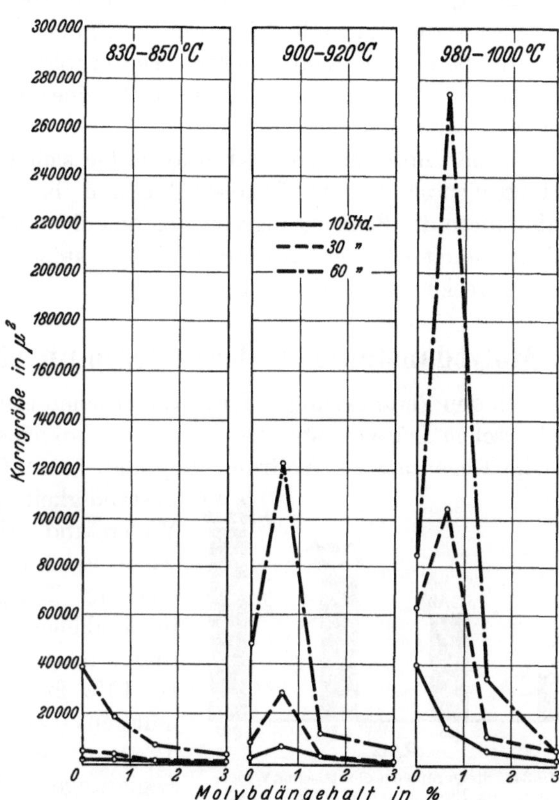

Abb. 346. Einfluß von Molybdän auf die Korngröße bei der Zementation. (Nach Houdremont u. Schrader: Arch. Eisenhüttenwes. demnächst.)

eine um 2 bis 3 Rockwell-C-Einheiten höhere Härte aus. Die niedrigere Rockwellhärte der Chrom-Nickel-Stähle beruht auf einer größeren Menge Restaustenit im Härtungsgefüge. Die hohe Härte des Chrom-Molybdän-Stahles ist für viele Verwendungszwecke, wo es besonders auf Verschleißwiderstand ankommt, ein großer Vorteil. Nachteilig kann sie sich bei sehr dünnen Teilen (2 bis 3 mm ∅) bemerkbar machen, die im Einsatz gehärtet werden sollen. Bei derartigen Stücken ist der prozentuale Anteil der Einsatzschicht am Gesamtquerschnitt des Werkstückes sehr groß. Infolge der hohen Härte wird ein derartiges einsatzgehärtetes Stück entsprechend spröder sein. Bei der Zementation selbst ist es erforderlich, eine verhältnismäßig tiefe Einsatztemperatur zu wählen (850° C) und diese durch geeignete Maßnahmen genauestens zu kontrollieren.

Zu hohe Einsatztemperatur führt zu einer stärkeren Anreicherung an Kohlenstoff in den Randzonen, da die Legierung dieser Stähle hauptsächlich auf den beiden karbidbildenden Elementen Chrom und Molybdän aufgebaut ist. Bei genauer Einhaltung der Einsatztemperatur und bei Zementationstiefen bis zu 2 mm gelingt es ohne weiteres, einwandfreies Zementationsgefüge, frei von überschüssigem Korngrenzenkarbid, zu erzielen. Die Härtetemperatur für die Schlußhärtung ist etwas höher als bei einem entsprechenden Chrom-Nickel-Stahl (800 bis 820° gegenüber 780 bis 800° C); auf S. 166 ist dieser günstige Einfluß des Nickels auf die Härtefähigkeit direkt nach dem Überschreiten des Umwandlungspunktes bereits erwähnt worden. Die erhöhte Härtetemperatur bedingt unter Umständen für sehr komplizierte Teile eine gewisse Verstärkung des Verzuges bei der Härtung.

Da die Chrom-Molybdän-Einsatzstähle sich weicher ausglühen lassen als die entsprechenden Chrom-Nickel-Stähle und besonders bei der Herstellung von Zahnrädern die Bearbeitungszeit von ausschlaggebender Bedeutung für die Wirtschaftlichkeit ist, werden diese Stähle in steigendem Maße für solche und ähnliche Zwecke Verwendung finden.

4. Molybdänstähle mit besonderen physikalischen Eigenschaften.

Von den Veränderungen der physikalischen Eigenschaften ist die Erhöhung des elektrischen Leitwiderstandes durch Molybdänzusatz erwähnenswert (Abb. 347). Da im Gegensatz zu Wolfram Molybdän keine Verminderung der Zunderungsbeständigkeit herbeiführt, den elektrischen Widerstand erhöht und gleichzeitig eine gewisse Erhöhung der Warmfestigkeit, wenigstens im Temperaturbereich von etwa 700°, in ähnlichem Sinne wie Wolfram bewirkt, findet man heute Zusätze von Molybdän bis zu 10% bei hitzebeständigen chrom-nickel-haltigen Legierungen für Widerstandsdrähte. So sind für diesen Zweck z. B. Legierungen folgender Analyse in Gebrauch:

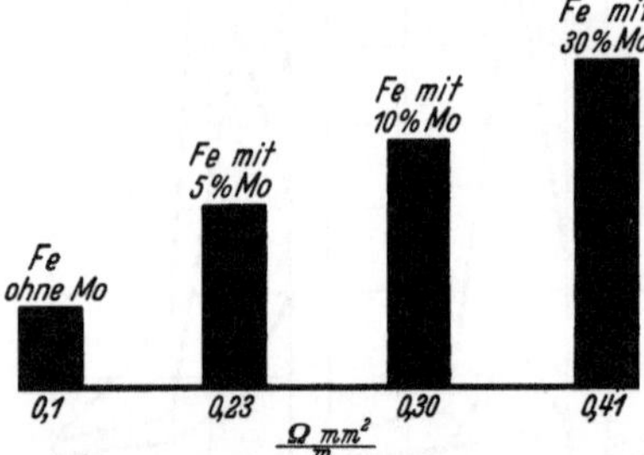

Abb. 347. Steigerung des elektrischen Widerstandes von Eisen durch Molybdänzusatz.

C %	Si %	Mn %	Ni %	Cr %	Mo %
<0,10	1,0	2,5/3,5	60,0	15,0	1,0/1,5
<0,10	0,4/0,6	2,5/3,0	73,0	19,0	2,0
<0,10	0,6/1,0	2,0	60,0	15,0	7,0

Im Temperaturbereich oberhalb 900° konnte allerdings bisher ein Vorteil von Legierungen mit Molybdän gegenüber den nur nickel-chrom-haltigen Legierungen nicht nachgewiesen werden. Gegenüber schwefelhaltigen Ofenatmosphären dürfte Molybdän unter Umständen sogar schädlich sein.

Auf dem Gebiete der magnetischen Eigenschaften zeigt sich die Analogie zwischen Molybdän, Chrom und Wolfram. Wie Abb. 348 zeigt, weisen Stähle mit 2% Molybdän günstige Werte der Remanenz und Koerzitivkraft auf. Es muß noch dahingestellt bleiben, ob nicht bei noch höheren Molybdängehalten und entsprechender Erhöhung der Härtetemperatur noch günstigere Eigenschaften erhalten werden können. Aus der Analogie mit Chrom und Wolfram dürfte auch hier wiederum hervorgehen, daß die Karbidbildung den wesentlichsten Einfluß in dieser Hinsicht ausübt. Die günstige Wirkung von Molybdän auf die magnetischen Eigenschaften hat dazu geführt, daß auch Molybdän zu den Wolfram-

und Chrom - Magnetstählen zwecks weiterer Verbesserung, insbesondere der Koerzitivkraft, zugesetzt wurde. Dies gilt auch für die später unter Kobalt erwähnten Chrom-Kobalt-Magnet-Stähle, die durchweg 1—2% Molybdän enthalten.

Die guten magnetischen Eigenschaften C-freier Molybdän-Eisen-Legierungen mit höheren Molybdängehalten, 14—24%, sind auf S. 331 erwähnt worden. Hohe Remanenz bei hoher Koerzitivkraft zeichnen diese rein ferritisch ausscheidungsgehärteten Legierungen aus; sie werden mit und ohne Zusatz von Kobalt ihren Platz auf dem Gebiete der Magnet-

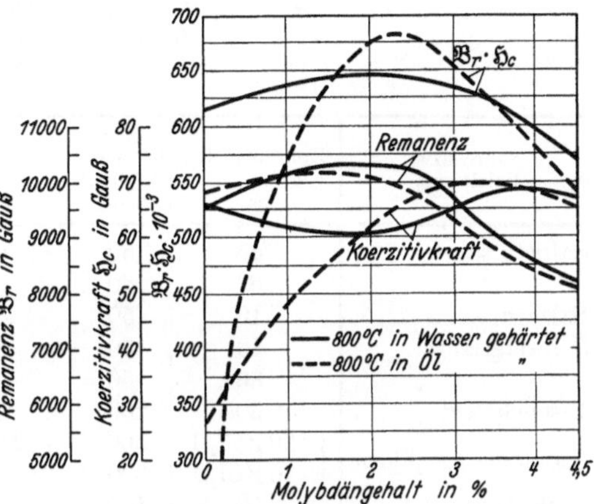

Abb. 348. Einfluß des Molybdans auf Koerzitivkraft, Remanenz und das Produkt $\mathfrak{B}_r \cdot \mathfrak{H}_c$ (C = 1,5%). [Nach Stogoff u. Messkin: Arch. Eisenhuttenwes. 2. Jg. (1929) S. 596.]

stahllegierungen einnehmen. Bis zur endgültigen Festlegung von Standardlegierungen, die die höchsten wirtschaftlichen und qualitativen Vorteile bieten, ist es noch nicht gekommen (s. a. Kobalt).

5. Molybdän in korrosionsfesten Werkstoffen.

In ähnlicher Weise wie die Elemente Chrom und Nickel neigt auch Molybdän zur Passivität. Ein Unterschied besteht jedoch insofern, als der Eintritt der Passivität weniger leicht als bei diesen Metallen erfolgt. Andererseits wieder zeichnet sich Molybdän gegenüber Chrom und Nickel dadurch aus, daß es im Gegensatz zu dem Verhalten des Chroms in reduzierenden Säuren, wie Salzsäure, Schwefel- und schwefliger Säure sowie in stark oxydierend wirkenden Salzlösungen, insbesondere auch bei Gegenwart von Chlorionen und elementarem Chlor, passiv wird. Aus diesem Verhalten ergibt sich die Möglichkeit, durch Zulegieren von Molybdän die Beständigkeit korrosionsfester Stähle zu erhöhen, was sich in besonderem Maße günstig hinsichtlich des Korrosionsverhaltens von Chrom-Nickel-Stählen auswirkt, während dagegen bei reinen Chrom- und Nickelstählen Molybdänzusatz praktisch wirkungslos ist. In der Zahlentafel 87 ist das Verhalten eines molybdänlegierten Chrom-Nickel-Stahles gegen einige Säuren und oxydierend wirkende · Salzlösungen unter Angabe der Gewichtsverluste in g/h m² wiedergegeben, wobei die gleichfalls verzeichneten Gewichtsabnahmen eines molybdänfreien Chrom-Nickel-Stahles die Überlegenheit der molybdänhaltigen Stähle deutlich werden lassen. Was das Verhalten gegen Salpetersäure betrifft, ist zu sagen, daß die Beständigkeit der Chrom-Nickel-Stähle durch Molybdänzusatz nicht verbessert wird. Zu berücksichtigen ist ferner, daß der günstige Einfluß molybdänlegierter Stähle in den genannten Säuren und Salzlösungen auf Raumtemperatur beschränkt bleibt, wobei jedoch schweflige Säure

Zahlentafel 87. Einfluß von Molybdän auf den Widerstand von rostfreien Stählen gegen Säuren und stark oxydierende Salzlösungen.

Stahl	Kohlenstoff %	Chrom %	Nickel %	Molybdän %
A	0,06	18	8	—
B	0,06	18	9	2,5
C	0,06	18	9	5,0

Saure bzw. Salzlosung	Konzentration %	Dauer des Versuches Stdn.	Gewichtsverlust in g/h m² bei 20° A	B	C	bei 100° A	B	C
Salpetersäure . . .	45	50	< 0,01	< 0,01	—	< 0,1	0,1	0,1
	67	50	< 0,01	< 0,01	—	0,2	0,2	0,2
Salzsäure	10	50	4,0	0,35	0,25	150,0	70,0	70,0
Schwefelsäure . . .	10	50	5,0	< 0,1	< 0,1	30,0	5,5	4,0
	80	50	—	< 0,1	< 0,1	160,0	75,0	60,0
Eisenchlorid . . .	30	200	> 20,0	< 0,01	< 0,01	—	—	—
Kalziumhypochlorit	{ 150 g Cl₂/l	500	> 50,0	< 0,1	< 0,1	—	—	—
	{ 70 g Cl₂/l	500	> 50,0	< 0,1	< 0,1	—	—	—
Essigsäure	50	100	> 0,1	< 0,01	< 0,01	0,8	0,01	0,01
Oxalsäure.	50	100	> 0,1	0,01	0,01	2,0	0,2	0,2
Weinsäure	50	100	> 0,1	0,01	0,01	0	0	0

| Schweflige Säure (Sulfitlauge) . . | kalt gesättigt | 109 | Temperatur 250°; Druck 40 atü unbeständig | 0,1 | < 0,1 | | | |

eine Ausnahme bildet. Molybdänlegierte Stähle sind gegen den Angriff schwefliger Säure bis zu Temperaturen von 250° C und bis zu Drucken von rund 40 atü beständig.

Dieser günstige Einfluß des Molybdäns hat zu einer in den letzten Jahren zunehmend stärker werdenden Verbreitung molybdänhaltiger Chrom-Nickel-Stähle

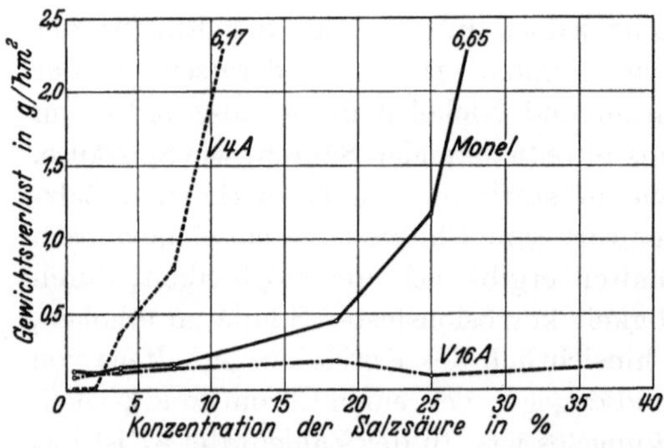

Abb. 349. Beständigkeit von V 16 A im Vergleich zu V 4 A sowie Monel-Metall gegen Salzsäureangriff bei Raumtemperatur.

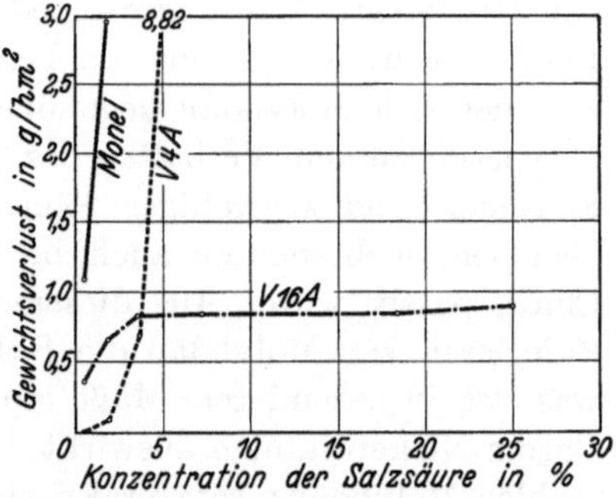

Abb. 350. Beständigkeit von V 16 A im Vergleich zu V 4 A sowie Monel-Metall bei intermittierendem Angriff von Salzsäure und Luft bei Raumtemperatur.

geführt. Dementsprechend haben Stähle, wie z. B. der V 4 A- und V 14 A-Stahl von Krupp starke Verbreitung unter anderem in der Färberei- und Bleichereiindustrie und infolge ihrer ausgezeichneten Beständigkeit in überhitzten Sulfitlaugen insbesondere auch in der Zelluloseindustrie gefunden.

Darüber hinaus ist Molybdän solchen Legierungen zugesetzt worden, die erhöhten Widerstand gegen Salzsäure bieten sollen, wobei außer Chrom, Nickel,

Molybdän auch Kupfer zulegiert worden ist (s. auch S. 243). Das Verhalten einiger Legierungen, die eine gewisse Beständigkeit gegen Salz- und Schwefelsäure auf Grund des Zusatzes von Molybdän bei gleichzeitiger Gegenwart von Kupfer aufweisen, ist in den Abb. 349 und 350 wiedergegeben. Die V 16 A-Legierung von Krupp, die Molybdän und Kupfer enthält, weist bessere Korrosionsbeständigkeit in Schwefel- und Salzsäurelösungen auf als höher molybdänlegierte Nickellegierungen mit z. B. 60% Ni, 20% Mo und 20% Fe. Da der Stahl in seinem sonstigen Verhalten und Eigenschaften weitgehend dem austenitischen V 2 A-Stahl entspricht, infolge guter Schweißbarkeit zu jeder Apparatur verarbeitet werden kann, zudem bei ausgezeichneter Beständigkeit bessere Wirtschaftlichkeit aufweist als die genannte hochmolybdänhaltige Legierung, hat er letztere in weitem Umfange verdrängt.

6. Molybdän bei der Stahlherstellung und -verarbeitung.

Man kann auch noch heute in verschiedenen Handbüchern den Hinweis finden, daß Molybdän im Stahl eine reinigende und desoxydierende Wirkung ausübt. Diese Angaben bestehen zu Unrecht, da Molybdän, ähnlich wie Nickel, edler, d. h. schwerer oxydierbar als Eisen, ist. Bei Zugabe von molybdänhaltigem Schrott im Siemens-Martin-Ofen findet kein wesentlicher Abbrand von Molybdän statt. Gibt man bei der Herstellung von Stahl Molybdän in Form eines Erzes, z. B. Kalziummolybdat, zu, so gelingt es, ohne besondere Schwierigkeiten über 90% Ausbringen im Stahl nachzuweisen, auch wenn oxydierende Schmelzbedingungen, wie z. B. im Siemens-Martin-Ofen, vorliegen. Molybdän wird also von Eisen aus seinen Sauerstoffverbindungen reduziert und kann bei den normalen metallurgischen Prozessen — Herdfrischverfahren, Elektrostahlverfahren — nicht aus dem Stahl entfernt werden. Der Zusatz von Molybdän erfolgt daher sowohl in Form von Ferrolegierungen, oder auch, wie oben geschildert, als Kalziummolybdat.

Ähnlich wie die Molybdän-Sauerstoff-Verbindungen verhalten sich in metallurgischer Hinsicht auch die Molybdän-Schwefel-Verbindungen. Setzt man einem Stahlbad Molybdänsulfid (Molybdänglanz) zu, so wird auch hier Molybdän in das Eisen reduziert, gleichzeitig findet eine starke Schwefelanreicherung statt. Dieses Verfahren benutzt man z. B. zur Herstellung rostfreier Cr-Mo-Legierungen mit 13—15% Cr für die Herstellung von Schrauben usw., die infolge ihres hohen Schwefelgehaltes auf Automaten bearbeitet werden können (s. a. später unter Schwefel).

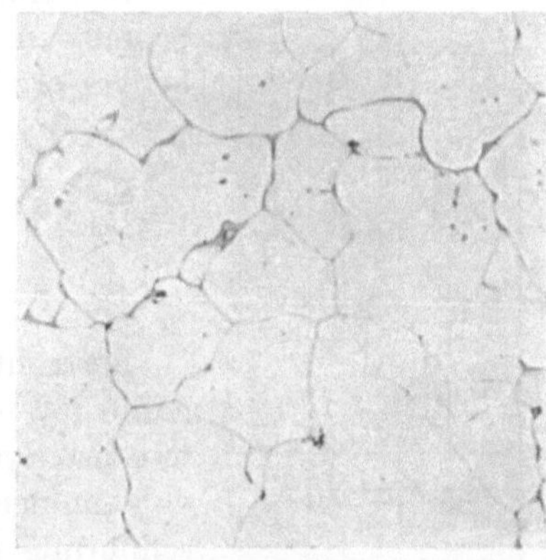

Abb. 351. Feine Netze von Molybdänsulfiden. [Nach Niedenthal und Bennek: Arch. Eisenhuttenwes. 7. Jg. (1934) S. 683/86.]

Auch bezüglich des Verhaltens von Molybdän zu Schwefel scheint eine gewisse Analogie zum Nickel zu bestehen, insofern, als auch die Molybdänsulfide sich infolge des tiefen Schmelzpunktes des entsprechenden Eutektikums in schädlicher Form, nämlich in netzähnlicher Ausbildung in den Korngrenzen abscheiden. Dieses Verhalten ist von Wichtigkeit bei der Herstellung größerer

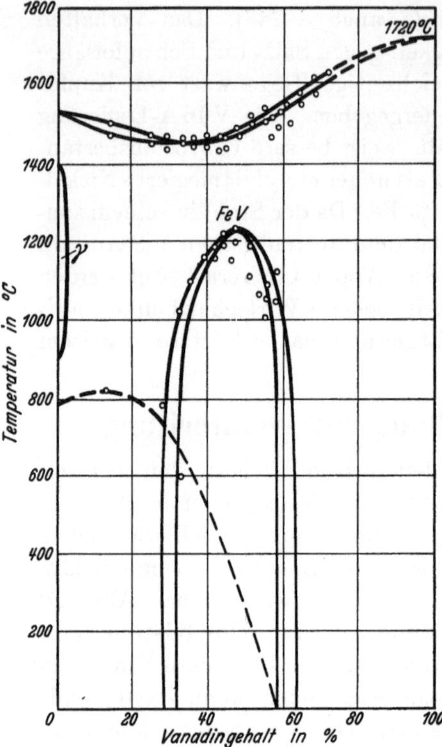

Abb. 352. Das Zustandsschaubild Eisen-Vanadin. [Nach Wever u. Jellinghaus: Mitt. Kais.-Wilh.-Inst. Eisenforschg., Düsseld. 12. Jg. (1930) S. 319.

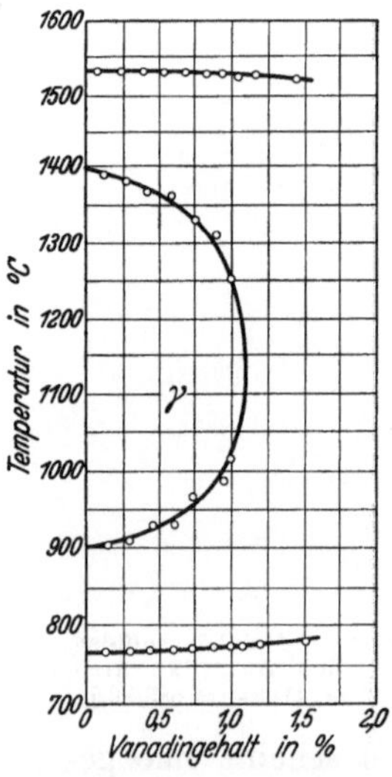

Abb. 353. Das Zustandsfeld der γ-Phase im Zweistoffsystem Eisen-Vanadin. [Nach Wever u. Jellinghaus: Mitt. Kais.-Wilh.-Inst. Eisenforschg., Düsseld. 12. Jg. (1930) S. 319.]

Schmiedestücke, da bei den Anreicherungen an Schwefel, die im Kern derartiger Stücke auftreten können, Schwächungen infolge von vorhandenen Sulfidhäutchen vorkommen, die später zu Zerreißungen führen können (Abb. 351). Bei der Verwendung höherer Molybdängehalte in zunderbeständigen Legierungen kann dieses Verhalten von Molybdän gegen Schwefel je nach dem Schwefelgehalt der Feuerungsgase von Nachteil sein.

Da durch den Zusatz von Molybdän zu Chrom- und Chrom-Nickel-Stählen weitgehende Veränderungen der kritischen Abkühlungsgeschwindigkeit und der Härtbarkeit im geschilderten Sinne erzielt werden, kann gerade bei molybdänhaltigen Chrom- und Chrom-Nickel-Stählen das Auftreten von Spannungsrissen beobachtet werden. Molybdän erhöht ferner den Formänderungswiderstand infolge der größeren Warmfestigkeit bei höheren Temperaturen, wie dies z. B. aus der schweren Warmverformbarkeit austenitischer chrom-nickel-molybdän-haltiger Legierungen gegenüber molybdänfreien hervorgeht.

Das Auftreten des Molybdänrauches beim Walzen und Schmieden von Stählen mit höheren Molybdängehalten ist bereits erwähnt worden.

G. Vanadinstähle.

1. Allgemeines.

a) Das System Eisen-Vanadin.

Betrachtet man das Zustandsschaubild Eisen-Vanadin (Abb. 352—353), so fällt die unverkennbare Ähnlichkeit mit dem System Eisen-Chrom auf. Hier wie dort haben wir vollkommene Mischkristallbildung nach der Erstarrung, Abschnürung des γ-Gebietes und Ausscheidung einer intermetallischen Verbindung bei etwa 1200° und entsprechenden Vanadingehalten. Die Abschnürung des γ-Gebietes ist zwischen 1—1,5% V bereits beendet (Abb. 353). Man könnte daher die Eisen-Vanadin-Legierungen in ähnliche Gruppen unterteilen wie die Eisen-Chrom-Legierungen. Da aber ferritische Vanadinlegierungen bis heute noch keine größere praktische Anwendung gefunden haben, erübrigt es sich, auf diese Gruppierungen einzugehen.

b) Kohlenstoffhaltige Eisen-Vanadin-Legierungen.

Besonders interessant und für das Verhalten der Stähle charakteristisch, werden die Verhältnisse beim Hinzutritt von Kohlenstoff zu Eisen-Vanadin-Legierungen bzw. von Vanadin zu Eisen-Kohlenstoff-Legierungen. Durch Zusatz von Kohlenstoff wird das γ-Gebiet erweitert. Vanadin bildet mit Kohlenstoff sehr stabile Karbide, von denen in der Literatur die Verbindungen V_2C, V_3C_2, V_4C_3, V_3C_4 usw. erwähnt sind. Nach den Untersuchungen von Maurer[1], bestätigt durch die neueren Untersuchungen von Vogel und Martin[2], findet man in technischen Stählen nur das Vanadinkarbid V_4C_3.

Die auftretenden Phasen in Abhängigkeit vom Kohlenstoffgehalt gibt Abb. 354 wieder, die einen isothermen Schnitt durch das System Fe-C-V darstellt. Wie aus diesem Schaubild hervorgeht, sollen vanadinarme Kohlenstoffstähle aus α-Eisen $+$ Fe_3C bestehen. Erst bei erhöhten Vanadingehalten tritt bei gleichem C-Gehalt neben α-Eisen das Vanadinkarbid V_4C_3 in Erscheinung. Dementsprechend müßte man annehmen, daß bei Stählen, die einen Zusatz von unter 0,5% V enthalten, nur eine Wirkung des Vanadins in der Grundmasse, nicht aber im Karbid zu erwarten wäre. Wie wir noch sehen werden, widerspricht dies jedoch den praktischen Erfahrungen. Bei genauem Studium der Eisen-

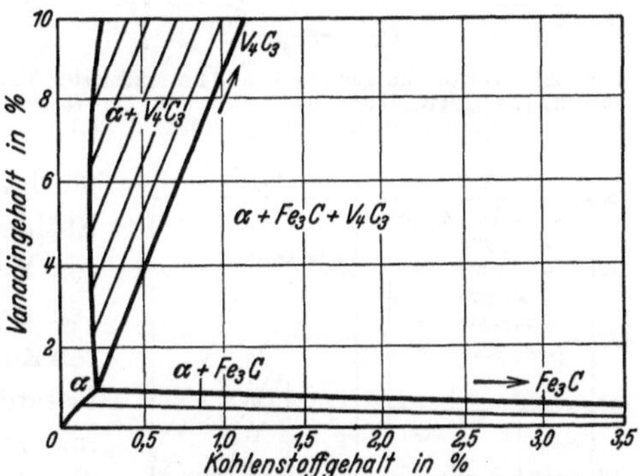

Abb 354. Zustandsfelder in der Eisenecke des Systems Eisen-Kohlenstoff-Vanadin. (Nach Vogel u. Martin[2].)

Vanadin-Kohlenstoff-Legierungen kann man feststellen, daß auch bereits bei geringen Gehalten, z. B. von 0,1% V, eine Wirkung auf die Eigenschaften der betreffenden Legierungen ausgeübt wird, die nicht durch die Beeinflussung der Grundmasse allein erklärt werden kann.

Wenn zwar auch in Chrom- und Wolframstählen die karbidbildende Wirkung des Legierungselementes eine bedeutende Rolle spielt, so zeigt sich doch aus verschiedenen Untersuchungen, daß Vanadin noch intensiver kohlenstoffabbindend wirkt, als Chrom und Wolfram. Das zeigen z. B. die Arbeiten von Hougardy[3], in denen zum Ausdruck gebracht wird, daß bei Zusatz von Vanadin zu Kohlenstoffstählen ein entsprechender Anteil Kohlenstoff als Vanadinkarbid V_4C_3 abgebunden wird und das gesamte Verhalten des Stahles dem eines entsprechend kohlenstoffärmeren Stahles gleichkommt. Es wird hier angenommen, daß das Vanadinkarbid sich nicht an den Härtungsvorgängen beteiligt, sondern als sog. Einschlußkarbid, ähnlich wie nichtmetallische Einschlüsse, im Stahl vorliegt. Aus den älteren Untersuchungen von Maurer[1] muß man allerdings schließen, daß diese Schlußfolgerung nicht richtig sein kann, sondern eine Beteiligung des Vanadinkarbids an den Härtungsvorgängen

---

[1] Stahl u. Eisen 45. Jg. (1925) S. 1629/32.

[2] Arch. Eisenhüttenwes. 4. Jg. (1930/31) S. 487/95.

[3] Arch. Eisenhüttenwes. 4. Jg. (1930/31) S. 497/503.

vanadinhaltiger Stahllegierungen angenommen werden muß. In neuerer Zeit[1] konnten diese Zusammenhänge näher geklärt und mit den kennzeichnenden Eigenschaften der Vanadinstähle in Übereinstimmung gebracht werden.

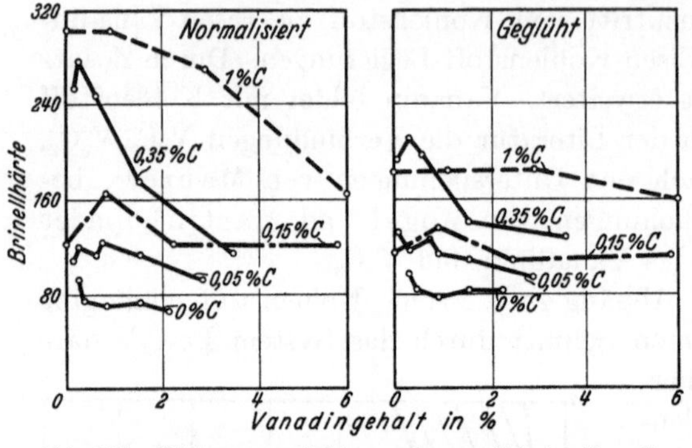

Abb. 355. Härte von gegluhten und normalisierten Vanadin-stahlen. [Nach Houdremont, Bennek u. Schrader: Arch. Eisenhuttenwes. 6. Jg. (1932) S. 25.]

Die als sicher anzunehmende Feststellung, daß in dem technisch interessierenden Legierungsbereich nur das Vanadinkarbid V_4C_3 auftritt, ergab die Möglichkeit, das Verhalten dieses typischen Vertreters der sonderkarbidhaltigen Stähle besonders genau zu verfolgen, ohne Überdeckungen verschiedener Vorgänge durch Karbidumsetzungen u. dgl. befürchten zu müssen. Setzt man Stählen mit verschiedenen Kohlenstoffgehalten Vanadin zu, so kann man im luftabgekühlten (normalisierten) und ebenso im ausgeglühten Zustand eine Verminderung der Brinellhärte feststellen. Dies zeigt sich besonders deutlich im normalisierten Zustand, weil hierbei nur das Vanadinkarbid körnig, das Eisenkarbid lamellar ausgebildet ist (Abb. 355). Die Stähle verhalten sich in dieser Beziehung tatsächlich infolge des Entzuges von Kohlenstoff zur Vanadinkarbidbildung wie Stähle mit geringerem Kohlenstoffgehalt, besser gesagt mit geringerem Gehalt an lamellarem Perlit.

Löscht man die gleichen Eisen-Kohlenstoff-Vanadin-Legierungen in Wasser ab, so wird man feststellen, daß bei Anwendung normaler Härtetemperaturen, d. h. 30—40° oberhalb der Umwandlungstemperatur, durch Vanadinzusatz eine Verminderung der Härtefähigkeit eintritt. Diese Verminderung der Härtefähigkeit zeigt sich sowohl in der absoluten Höchsthärte als auch vor allem in der erzielbaren Härtetiefe bei gegebenen Abmessungen. Die erzielbare Höchsthärte ist von dem Verhältnis von Vanadin zu Kohlenstoff abhängig. Je höher der Vanadingehalt im Vergleich zum Kohlenstoffgehalt ist, in um so

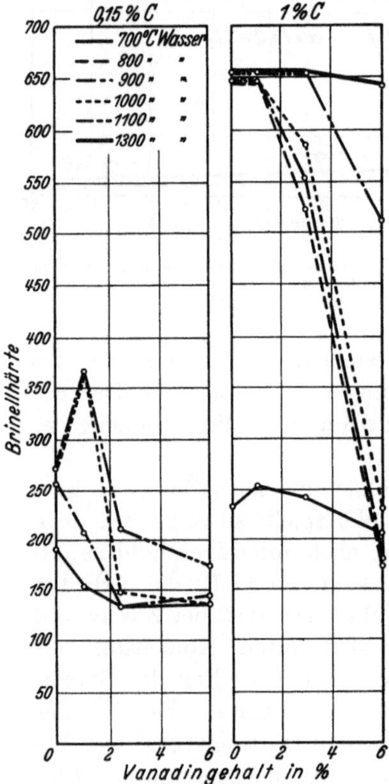

Abb 356. Veranderung der Abschreckhärte von Kohlenstoffstahl durch Vanadinzusatz. [Nach Houdremont, Bennek u. Schrader: Arch. Eisenhuttenwes. 6. Jg. (1932) S. 25]

größerer Menge wird sich das stabile Vanadinkarbid ausbilden, um so kleiner also der Anteil an Restkohlenstoff werden, der als Eisenkarbid bei der be-

[1] Houdremont, Bennek u. Schrader: Arch. Eisenhüttenwes. 6. Jg. (1932) S. 24/34.

treffenden Härtetemperatur in Lösung geht und Härtungserscheinungen beim Ablöschen hervorruft. Sehr deutlich veranschaulicht werden diese Verhältnisse durch die Härtekurven der Abb. 356 für die Stähle mit 1% C. Bis zu Vanadingehalten von 1% genügen die normalen Härtetemperaturen von 800°, um praktisch Glashärte erzielen zu lassen. Bereits bei Vanadingehalten von

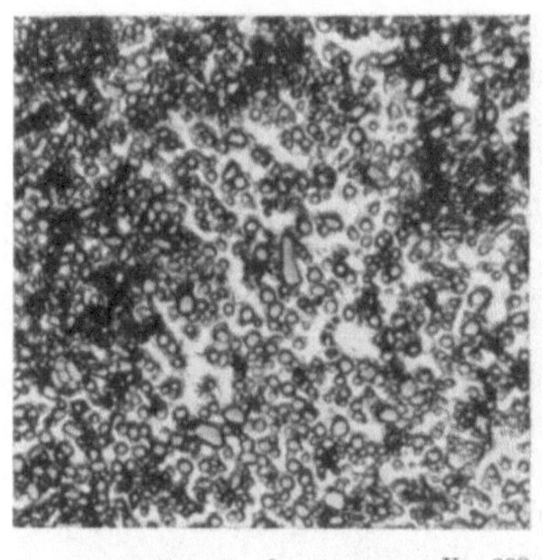

Abgeschreckt von 900°

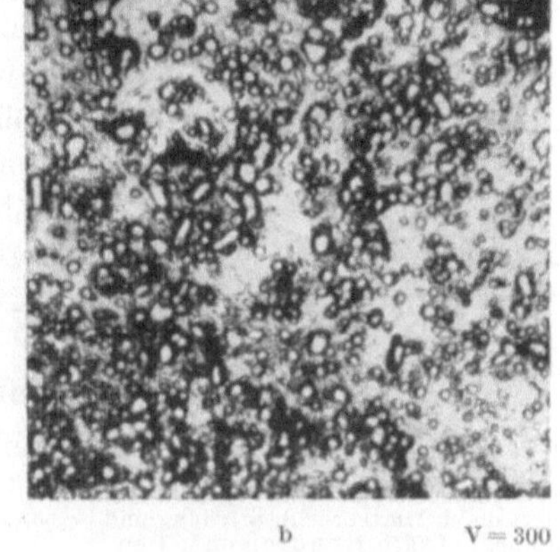

Abgeschreckt von 1100°

Abb. 357. Einfluß der Abschrecktemperatur auf die im Gefuge beobachtete Menge von Vanadinkarbiden bei einem Stahl mit 1% C und 6% V. [Nach Houdremont, Bennek u. Schrader: Arch. Eisenhuttenwes. 6. Jg. (1932) S. 26.]

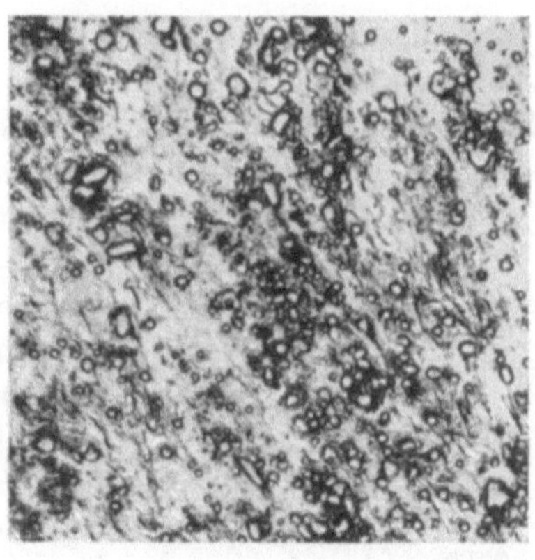

Abgeschreckt von 1300°

2% fallen aber die erzielbaren Höchsthärten schon stark ab, um mit steigendem Vanadingehalt in immer stärkerem Maße abzunehmen. Diese Verminderung der Härtefähigkeit durch Vanadinzusatz zu 1 proz. Kohlenstoffstahl ist nicht nur auf die erwähnte Tatsache des Kohlenstoffentzuges, sondern auch auf die impfende Wirkung, die die nicht gelösten, in der Grundmasse fein verteilten Vanadinkarbide auf das Umwandlungsbestreben bei der Härtung des Stahles ausüben, zurückzuführen. Man beobachtet daher in hochvanadinhaltigen Kohlenstoffstählen leicht infolge der Karbidkeime eine starke Troostitbildung (Abb. 357), die sich auch bei Ablöschen von höheren Temperaturen nicht ganz vermeiden läßt und vor allem in der Nähe starker Karbidnester besonders deutlich wird.

Falls das Vanadinkarbid im Austenit bis zum Schmelzpunkt vollkommen unlöslich wäre, dürfte an den geschilderten Verhältnissen sich mit Steigerung der Härtetemperatur nichts wesentlich ändern. Härtet man aber die entsprechenden Legierungen mit beispielsweise 1% Kohlenstoff und steigendem Vanadingehalt von steigenden Temperaturen, so kann man beobachten, daß auch bei einem Stahl mit 6% Vanadin und 1% Kohlenstoff bei Abschrecktemperaturen von 1300° wieder Maximalhärte erzielt werden kann. Bei geringerem Vanadingehalt, z. B. 3% V, ergibt sich diese Härte schon bei Ablöschtemperaturen von 1100° (Abb. 356). Diese Steigerung der Härtefähigkeit mit steigender Härtetemperatur beweist bereits das Inlösunggehen des Vanadinkarbids und seine Beteiligung an der Härtung.

Sehr charakteristisch ist in dieser Beziehung der Einfluß des Vanadins bei dem Stahl mit 0,15% C (Abb. 356), bei dem sogar mit steigendem Vanadingehalt und Erhöhung der Härtetemperatur durch das Inlösunggehen des Vanadinkarbids eine höhere Härte als beim vanadinfreien Stahl erzielt werden kann (z. B. die Legierung mit 0,15% C, 1% V).

Bestätigt wird das Inlösunggehen des Vanadinkarbids bei höheren Temperaturen und die dadurch verminderte Troostitbildung auch durch die Abb. 357 c. Die Abnahme des ungelösten Vanadinkarbids einerseits sowie die Verringerung der Troostitbildung andererseits ist aus ihr deutlich zu ersehen. Bewiesen wird dieses Inlösunggehen des Vanadinkarbids ferner durch physikalische Untersuchungen, z. B. Messung des elektrischen Widerstandes.

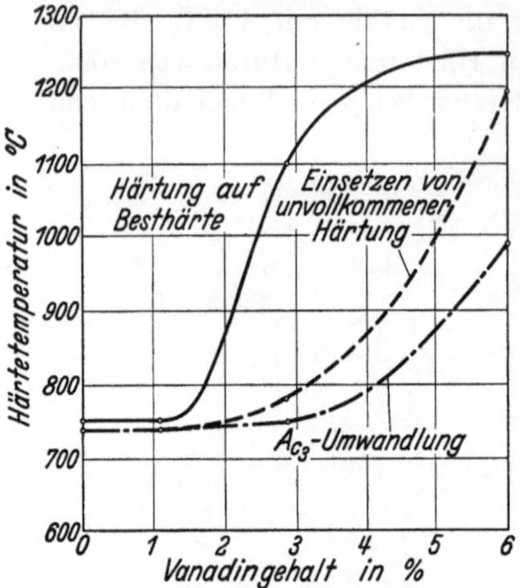

Abb. 358. Temperaturgebiete verschiedener Härtungszustände für Vanadinstähle mit 1% C. (Festgelegt durch Hartebruchbeurteilung und Härteprüfung). [Nach Houdremont, Bennek u. Schrader: Arch. Eisenhuttenwes. 6. Jg. (1932) S. 26.]

Die Zusammenhänge zwischen dem Umwandlungspunkt Ac_3, beginnender Härtung und erzielbarer Höchsthärte mit steigendem Vanadingehalt zeigt Abb. 358. Wie bereits erwähnt, zeichnen sich alle Stähle mit karbidbildenden Elementen durch eine gewisse Überhitzungsunempfindlichkeit bei der Härtung aus, da das Kornwachstumsbestreben des Austenits bei höheren Temperaturen durch die eingelagerten Karbide behindert wird. Bei Vanadinstählen liegen die Verhältnisse ganz ähnlich (Abb. 359). Bei Stählen mit 1% C, 1% V können Abschrecktemperaturen von 1100° ohne Überhitzungserscheinungen angewendet werden. Bei eutektoiden Stählen mit etwa 1% C genügen schon Zusätze von 0,15% V, um den Härtungsbereich auf 900 bis 950° zu erweitern.

Aus den geschilderten Ursachen bewirkt Vanadin bei normalen Härtetemperaturen eine geringere Durchhärtung. Da das Vanadinkarbid selbst erst bei höheren Temperaturen in Lösung geht, kann die spezifische Wirkung, die das Vanadin als Vanadinkarbid ausübt, erst bei höheren Ablöschtemperaturen

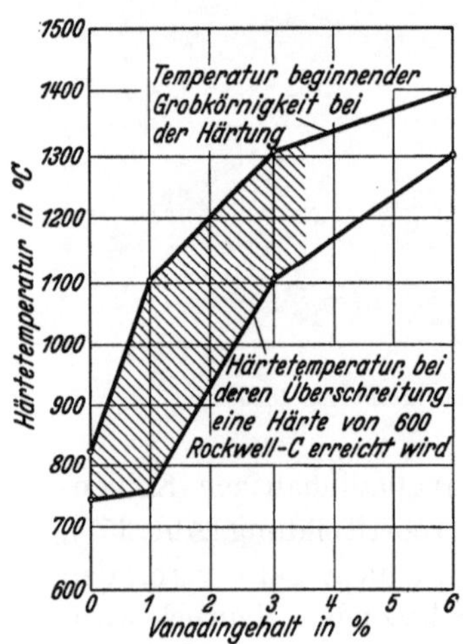

Abb. 359. Härtebereich von Vanadinstählen mit 1% C. [Nach Houdremont, Bennek u. Schrader: Arch. Eisenhüttenwes. 6. Jg. (1932) S. 26.]

zur Geltung kommen. Es zeigt sich dann auch — ähnlich dem auf S. 295 geschilderten Verhalten bei Wolfram —, daß Vanadinstähle, von hohen Temperaturen abgelöscht, eine höhere Härtetiefe aufweisen als entsprechende vanadinfreie

Stähle. Es bestätigt sich hier wiederum, daß es möglich ist, durch Zusatz von karbidbildenden Elementen beim Ablöschen von niedrigen Temperaturen Stähle mit außerordentlich geringer Härtetiefe zu erzeugen und sie durch Steigerung der Ablöschtemperatur in tiefer härtende Stähle umzuwandeln. Den Einfluß von Vanadin auf die Härtetiefe in Abhängigkeit von der Abschrecktemperatur zeigt Abb. 360. Es ist somit festzuhalten, daß Vanadin, wenn es als Vanadinkarbid in Lösung geht, eine Verringerung der kritischen Abkühlungsgeschwindigkeit in Eisen-Kohlenstoff-Legierungen herbeiführt.

Tritt bereits bei der Härtung von Vanadinstählen die typische Wirkung des Vanadins als karbidbildendes Element in Erscheinung, so steht zu erwarten, daß erst recht beim Anlassen derartig gehärteter Stähle der typische Einfluß der Karbidausscheidung auf die Anlaßbeständigkeit usw. zum Ausdruck kommt. Beim Abschrecken dicht oberhalb Ac_3, z. B. bei Stählen mit 1% C, 1% V, von 800°, bei welcher Temperatur noch kein Vanadinkarbid gelöst wird, verläuft die Anlaßkurve des vanadinhaltigen Stahles nicht anders als die eines reinen Kohlenstoffstahles. Bereits beim Ablöschen von 900° und bei höheren Vanadin- und Kohlenstoffgehalten von entsprechend höheren Temperaturen tritt bei Anlaßtemperaturen von etwa 600° eine kleine Unstetigkeit im Verlauf der Anlaßkurve

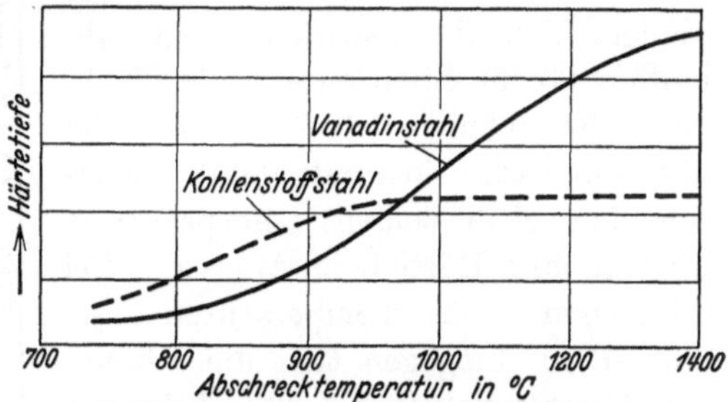

Abb. 360. Darstellung der Durchhärtung eines Stahles mit 1% C und 1% V im Vergleich zum unlegierten Stahl. [Nach Houdremont, Bennek u. Schrader: Arch. Eisenhuttenwes. 6. Jg. (1932) S. 27.]

auf, die besonders bei Abschrecktemperaturen von 1000° und darüber deutlich zutage tritt (Abb. 361). Daß es sich hierbei nicht um eine Wirkung in der Grundmasse, sondern lediglich um einen Einfluß des Sonderkarbids handeln kann, wird

Zahlentafel 88. Verbesserung der Anlaßbeständigkeit durch Erhöhung der Härtetemperatur bei einem Stahl mit 1% C und 0,1% V nach Houdremont, Bennek und Schrader[1].

Zusammensetzung des Stahles %	Abgelöscht in Wasser von °C	Härte nach dem Abschrecken	Härte nach Anlassen auf Temperaturen von				700° Brinell-Einheiten
			300°	400°	500°	600°	
			Rockwell-C-Einheiten				
0,99 C	800	68—70	54—55	47—48	35—37	27—28	172
0,10 Si	900	68—69	53—54	47—48	35—36	26—28	170
0,20 Mn	1000	68—69	53	46—47	35—36	27—28	175
1,02 C	800	69—70	55—54	46—47	37—38	29—30	190
0,11 Si	900	67—69	54	45—46	39—40	33—34	209
0,20 Mn / 0,10 V	1000	67—69	54	46—47	39—40	32—34	211

dadurch bewiesen, daß kohlenstofffreie Legierungen diese Erscheinung nicht zeigen. Abb. 361 belegt, daß kohlenstofffreie Vanadinlegierungen keinerlei Veränderung ihrer Härte durch Anlassen erleiden, daß aber 0,05% C genügen, um eine derartige Wirkung beim Anlassen hervorzubringen. Gleichzeitig deutet

---

[1] Arch. Eisenhüttenwes. Jg. 6. (1932) S. 27.

dieser Befund darauf hin, daß die Einteilung der Eisen-Vanadin-Kohlenstoff-
Legierungen, wie sie in Abb. 354 wiedergegeben worden ist, noch einer gewissen
Nachprüfung bedarf, da diese Einwirkung des Vanadinkarbids sich bereits in
dem Bereich der Abb. 354 bemerkbar macht, in dem nur α-Eisen + Eisenkarbid,
aber kein V_4C_3 auftreten soll. Daß die
Erhöhung der Anlaßbeständigkeit durch
Vanadin bei höher kohlenstoff- und
vanadinhaltigen Legierungen erst nach
Abschrecken von 1300° voll in Erscheinung tritt, ist sinngemäß auf die Erhöhung des gelösten Anteils an Vanadinkarbid mit steigender Härtetemperatur
zurückzuführen. Wie sich schon geringe
Mengen Vanadin auswirken, zeigt Zahlentafel 88 für einen eutektoiden Kohlenstoffstahl mit 0,10% V. Im tief
abgeschreckten Zustande (800°) unterscheiden sich die beiden Stähle praktisch
nicht in ihrer Härte beim Anlassen. Bei
Ablöschen von Temperaturen von
900—1000° hingegen tritt die erhöhte
Anlaßbeständigkeit bei 600° beim vanadinhaltigen Stahl deutlich hervor.

Der Einfluß der Erwärmungszeit auf
Härtetemperatur vor der Abschreckung
scheint ziemlich ohne Einfluß zu sein,
da bei Untersuchungen mit verlängerten Haltezeiten sich keine Unterschiede
herausstellten. Man muß also annehmen, daß das Inlösunggehen des Vanadinkarbids bei erhöhten Temperaturen
entsprechend der Löslichkeitskurve und
die Einstellung des Gleichgewichts ziemlich schnell vor sich geht.

Da man im Schrifttum immer wieder auf die Auffassung stößt, daß die
hohe Anlaßbeständigkeit der sonderkarbidhaltigen Stähle, also der Chrom-,
Wolfram-, Vanadinstähle und auch der
Schnellstähle, auf Zersetzung von Restaustenit zurückzuführen ist, wurde gerade bei Vanadinstählen diesem Ge-

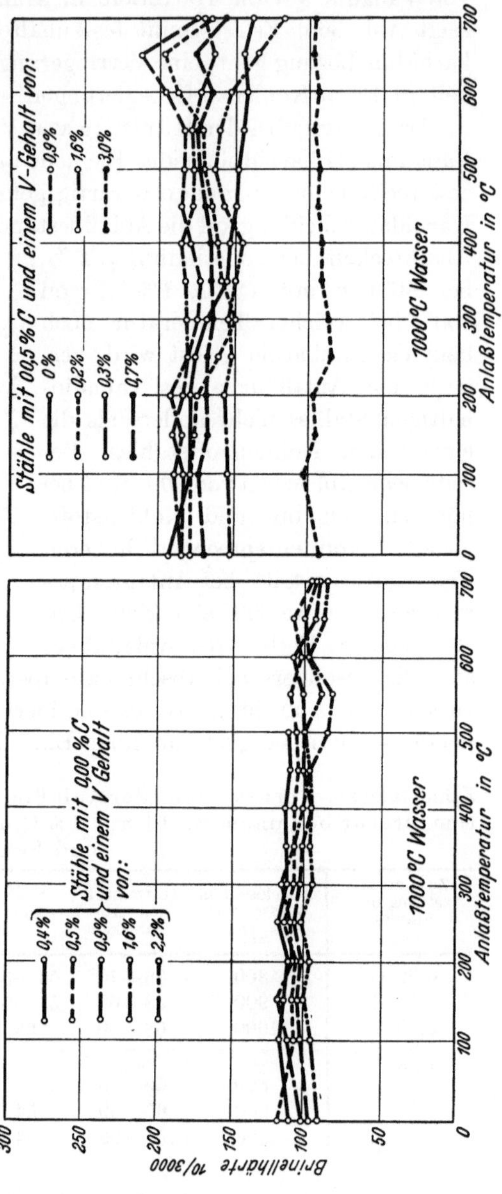

sichtspunkt besondere Aufmerksamkeit geschenkt und die Unhaltbarkeit dieser
Theorie nachgewiesen. Um festzustellen, ob in Vanadinstählen die beobachtete Anlaßwirkung auf eine Umwandlung von Restaustenit zurückgeführt werden könnte,
wie man sie beim Schnellarbeitsstahl nach dem erstmaligen Anlassen auf 600°
findet, wurden eine Reihe von Vanadinstählen durch Messung ihrer magnetischen

Sättigung auf ihren Restaustenitgehalt nach Abschrecken und Anlassen untersucht. Die Sättigungskurven in Abb. 362 zeigen, daß schon nach dem Abschrecken der Restaustenitgehalt der Vanadinstähle geringer ist als der entsprechender Kohlenstoffstähle, eine Feststellung, die ja dem ganzen Härtungsverhalten vollkommen entspricht. Der auf den Restaustenitzerfall zurückzuführende Sättigungsanstieg tritt nun, genau wie beim Kohlenstoffstahl, schon nach einmaligem Anlassen auf 200—300° ein. Von dieser Anlaßtemperatur ab haben

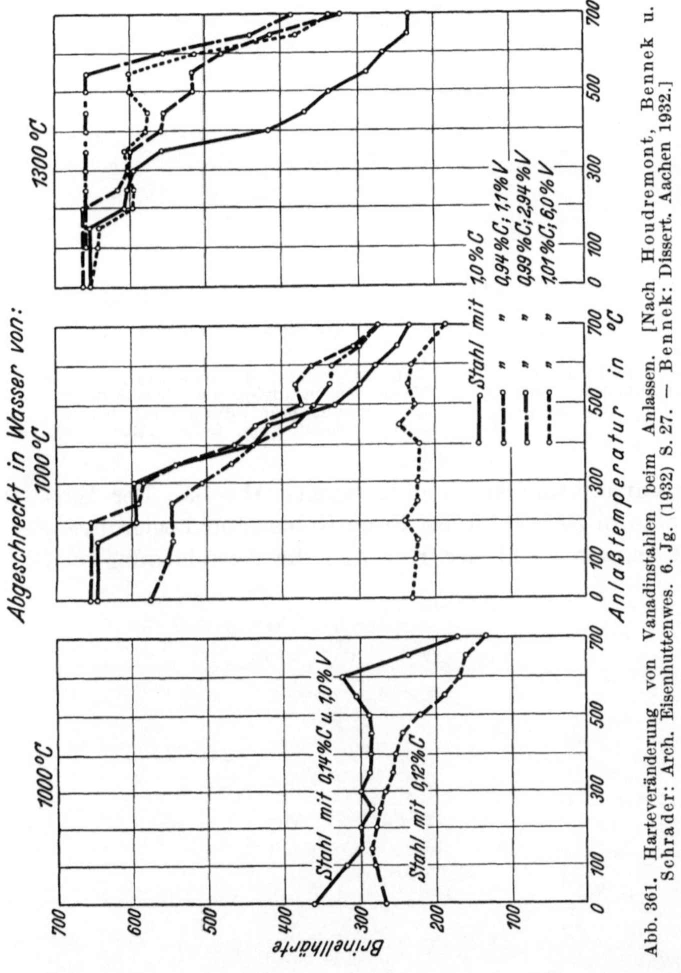

Abb. 361. Härteveränderung von Vanadinstählen beim Anlassen. [Nach Houdremont, Bennek u. Schrader: Arch. Eisenhüttenwes. 6. Jg. (1932) S. 27. — Bennek: Dissert. Aachen 1932.]

die Stähle die volle Sättigung des ausgeglühten Zustandes. Es ist also gänzlich unmöglich, daß der erst bei viel höherer Anlaßtemperatur, 500 bis 600°, sich ausprägende Unterschied in der Anlaßbeständigkeit zwischen Eisenkarbid- und sonderkarbidhaltigen Stählen in irgendeinem Zusammenhang mit der Restaustenitumwandlung stehen kann.

Aus all diesem kann nochmals die eindeutige Schlußfolgerung gezogen werden, daß ein Austenitzerfall wohl einen erneuten Härteanstieg beim Anlassen verursachen kann, ohne indessen eine Erklärung für die Anlaßbeständigkeit von Stählen bei längerem oder mehrfachem Anlassen zu geben. Die Erscheinung der Anlaßbeständigkeit kann somit nur auf eine Ausscheidung (in diesem

Falle von Vanadinkarbid) zurückgeführt werden. Auch metallographisch (Abb. 363) kann man einen feinen Ausscheidungsvorgang bei entsprechend behandelten Stählen beobachten, wobei die mikroskopische Beobachtung der Ausscheidung um etwa 100° höher liegt als das Maximum des Härteanstiegs. Desgleichen geht der Charakter der Ausscheidungshärtung deutlich aus den Anlaßisothermen (Abb. 364) hervor. Je kürzer die Anlaßzeit, um so höher muß die entsprechende Temperatur zur Erreichung des höchsten Härteanstiegs sein. Bei tiefer Temperatur (500°) ergibt sich z. B. bei einem Stahl mit 0,36 % V auch nach 100 Stunden ein weiterer Anstieg der Härte, während bei 600—650° ein verstärkter Abfall eintritt. Die schematische Darstellung der Anlaßvorgänge bei karbidhaltigen

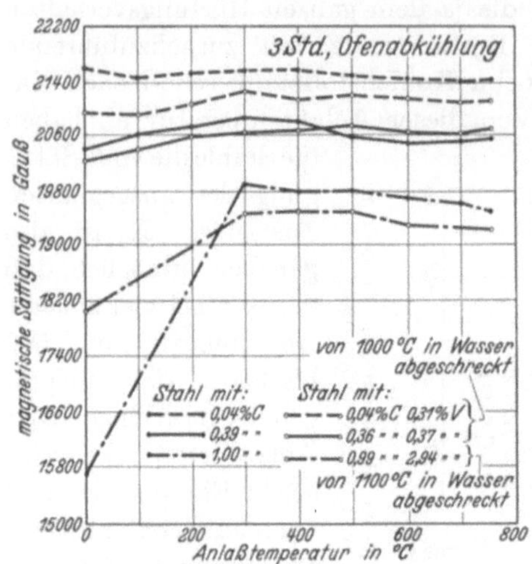

Abb. 362. Veranderung der magnetischen Sattigung von Vanadinstahl durch Abschrecken und Anlassen. [Nach Houdremont, Bennek u. Schrader Arch. Eisenhuttenwes. 6. Jg. (1932) S 27.]

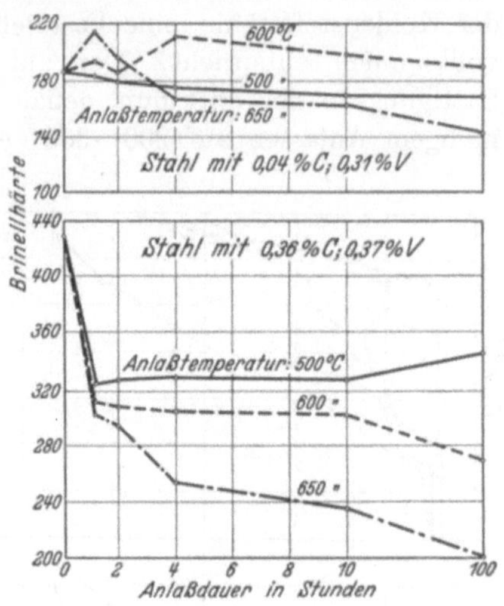

Abb. 364. Einfluß der Anlaßdauer auf die Harte von niedriglegierten Vanadinstählen. [Nach Houdremont, Bennek u. Schrader: Arch. Eisenhuttenwes. 6. Jg. (1932) S. 28.]

Stählen, insbesondere bei Vanadinstählen, brachte bereits Abb. 35. Der Martensitzerfall ergibt beim Anlassen zuerst, wie bei Eisen-Kohlenstoff-Legierungen, den normalen Härteabfall, entsprechend der Kurve *1*; die Ausscheidung von

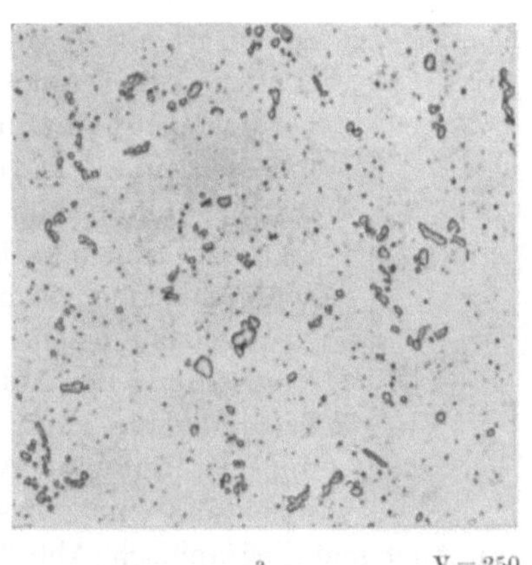
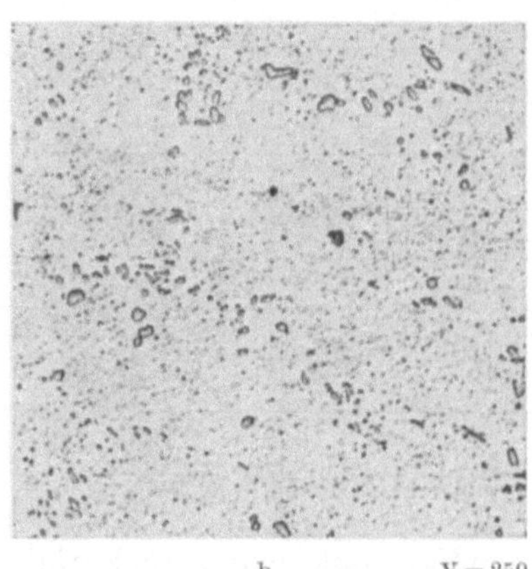

Abgeloscht von 1100° in Wasser

In gleicher Weise abgeloscht
Nach Abloschung 3 Std. bei 750° angelassen.

Abb. 363. Karbidausscheidungen bei einem Stahl mit 1% C und 3% V. [Nach Houdremont, Bennek und Schrader: Arch. Eisenhüttenwes. 6. Jg. (1932) S. 28.]

Sonderkarbiden gibt die bekannte Ausscheidungshärtungskurve *2*; durch die Kombination dieser beiden verschiedenen Vorgänge ergibt sich die Anlaßkurve *3*, wie sie bei Vanadinstahl, Schnellarbeitsstahl usw. praktisch gefunden wird.

2. Vanadin in Werkzeugstählen.

Bei Werkzeugstählen hat Vanadin in neuerer Zeit Verwendung gefunden zur Erzielung geringer Härtetiefe und geringer Überhitzungsempfindlichkeit. Während früher für Werkzeuge mit feinsten Schneiden ein besonders Si- und Mn-armer Tiegelstahl (Huntsman-Stahl) verwendet wurde, dessen Herstellung im Tiegel große Sorgfalt und eine besondere Tiegelmasse, in der Hauptsache aus Tonerde bestehend, erforderte (zwecks Vermeidung der Siliziumreduktion), kann man heute die ganze Skala der Kohlenstoffstähle — Härte 1 bis 6 — durch Zusatz von 0,1% Vanadin in einfacher Weise zu gleichem Verhalten bringen.

Bei Vanadinstählen hat man es außerdem noch in der Hand, durch Regulierung der Härtetemperatur eine Veränderung der Härtetiefe zu erhalten, ohne daß selbst bei Ablöschtemperaturen von 900° bei eutektoiden Kohlenstoffgehalt starke Überhitzungen — Grobkörnigwerden — eintreten. Den großen Einfluß von Vanadin auf die Überhitzungsempfindlichkeit gab Abb. 143 wieder, aus der hervorgeht, daß es auch gelingt, einen 2proz. Manganstahl, der bekanntlich sehr empfindlich gegen Überhitzung ist, durch einen Zusatz von 0,10% Vanadin weitgehend überhitzungsunempfindlich zu machen. Man hat also in Vanadin ein Mittel, um jeden beliebigen Stahl bei der Härtung und Vergütung gegen Folgen der Überhitzung zu schützen. Naturgemäß verwendet man in diesem Sinne Zusätze von Vanadin bei denjenigen Stählen, die besonders zu Überhitzungsempfindlichkeit neigen, also wie oben erwähnt z. B. bei Manganstählen. Dementsprechend setzt man den ölhärtenden sog. stehenbleibenden Manganstählen mit 1% C, 2% Mn meist 0,1% Vanadin zu. In diesem Sinne findet Vanadin als Zusatzelement zu einer ganzen Reihe bekannter Legierungen Verwendung, von denen einige Beispiele mit ihren Verwendungszwecken in Zahlentafel 89 angegeben sind.

Zahlentafel 89.

Zusammensetzung und Verwendungszwecke V-legierter Werkzeugstähle[1].

Stahl	C %	Si %	Mn %	Cr %	W %	V %	Verwendungszwecke
I	0,60/1,2	0,20	0,25	—	—	0,15/0,50	Messer, Bohrer, Erdbohrer, Sägen
II	0,70/1,2	0,25	0,30	0,30/1,5	—	0,15/0,30	Kugeln, Rollen, Kugellager, Sägen, Matrizen, Messer, Prägewerkzeuge
III	0,30/0,50	0,20	0,70	0,50/1,0	—	0,10/0,20	Dornstangen, Schraubenschlüssel-
IV	0,40/0,50	0,20	0,40	2,0/3,0	—	0,20/0,50	Gesenke, Spritzmatrizen

An zweiter Stelle verdient Vanadin Beachtung wegen seiner Wirkung auf die Anlaßbeständigkeit bei Warmarbeitswerkzeugen. Den Einfluß von Vanadin auf Chrom- bzw. auf Chrom-Molybdän-Stähle bezüglich Anlaßbeständigkeit zeigt Abb. 365. Wie aus der allgemeinen Einleitung hervorgeht und auch noch in dem später beschriebenen speziellen Verhalten des Vanadins in Konstruktionsstählen gezeigt werden wird, kann sich der Einfluß von Vanadin nur dann auswirken, wenn gleichzeitig eine erhöhte Härtetemperatur, die das Inlösunggehen des Vanadinkarbides bewirkt, gewählt wird. Der Zusatz von 0,2 bis 0,3% V zu Cr-Ni-Mo-Gesenkstählen wurde auf S. 340 erwähnt.

Die Erhöhung der Anlaßbeständigkeit durch die Ausscheidung der Sonderkarbide und die weitgehende Analogie mit dem Verhalten von Schnellstählen

---

[1] V in W-Stählen s. Zahlentafel 68.

weisen darauf hin, daß Vanadin auch bei Schneidwerkzeugen einen wesentlichen Einfluß auf die Schnittleistung haben muß. Abb. 366 zeigt den Einfluß des Vanadins auf die Standzeit bei verschiedenen Schnittgeschwindigkeiten. Wenn auch die bei Stählen mit 6% Vanadin erreichten Standzeiten hinter denen bekannter Schnellstähle zurückbleiben, so kann man doch deutlich den überragenden Einfluß eines Vanadinzusatzes erkennen. Bei den oben angeführten Versuchen ist bei 6% Vanadin noch kein Abfall der Schnittleistung

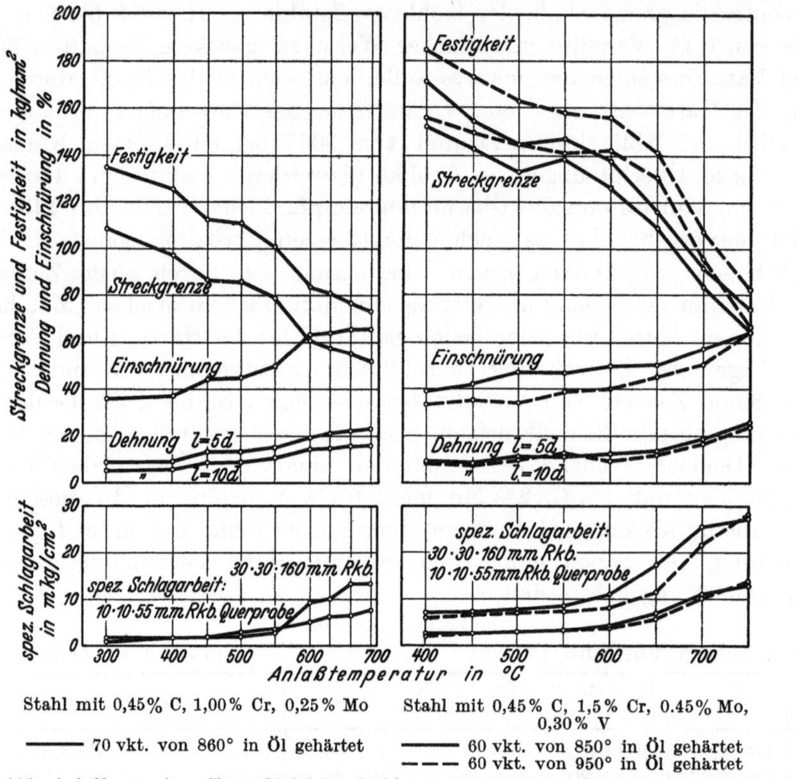

Stahl mit 0,45% C, 1,00% Cr, 0,25% Mo Stahl mit 0,45% C, 1,5% Cr, 0.45% Mo, 0,30% V

———— 70 vkt. von 860° in Öl gehärtet ———— 60 vkt. von 850° in Öl gehärtet

— — — 60 vkt. von 950° in Öl gehärtet

Abb. 365. Anlaßkurve eines Chrom-Molybdän-Stahles und eines Chrom-Molybdän-Vanadin-Stahles.

zu sehen, auch ist es nicht klar, ob in dieser Versuchsreihe das Verhältnis von Kohlenstoff zu Vanadin am günstigsten gewählt war. Sicher ist auf jeden Fall, daß solche vanadinhaltigen Stähle zur Herstellung von Schneidwerkzeugen geeignet sind, insbesondere wenn ihnen noch weitere Zusätze von Elementen, wie Molybdän, vor allem aber Kobalt, gegeben werden.

In Übereinstimmung mit diesen Schnittversuchen bei reinen Kohlenstoff-Vanadin-Stählen steht der Einfluß von Vanadin auf Schnellstähle. Abb. 367 (links) zeigt den Anstieg der Schnittleistung mit steigendem Vanadingehalt bei Schnellstählen. Man hat hierbei den Eindruck, daß z. B. bei 18% Wolfram ein höherer Zusatz von Vanadin als etwa 1,5% keine weitere Erhöhung der Schnittleistung herbeiführen kann. Dieses Ergebnis ist nicht ganz zutreffend, da bei den vorgenommenen Untersuchungen das Verhältnis von Vanadin zu Kohlenstoff und die Abbindung von Kohlenstoff durch Vanadin nicht genügend berücksichtigt wurde. Bei diesen Stählen, die durch Karbidausscheidung ihre Anlaßbeständigkeit und Rotgluthärte bekommen, muß dafür Sorge getragen werden, daß bei entsprechendem Legierungsgehalt auch ein entsprechender Kohlenstoffgehalt zur Karbidbildung vorhanden ist. Trägt man diesem Umstand Rechnung, so wird man bei 18% Wolfram und entsprechender Steigerung des Kohlenstoffgehaltes über 0,7% hinaus noch bis zu 3% Vanadin und darüber Verbesserungen der Schnittleistungen feststellen.

Es hat nicht an Versuchen gefehlt, die Wirkung von Wolfram und Vanadin gegeneinander abzuschätzen, wie dies z. B. Abb. 367 (rechts) beweist. All diese Versuche, Legierungselemente durch graphische Darstellung in ein Abhängigkeitsverhältnis voneinander zu bringen, sind in einem gewissen Sinne unfruchtbar, da trotz weitgehender Analogie doch noch jedes Element für sich eine spezifische Wirkung ausüben wird. Abgesehen von der Karbidausscheidung darf man nicht vergessen, daß die Löslichkeitsverhältnisse für jedes Karbid verschieden sind und somit außer den jeweiligen Prozentsätzen der Legierungselemente auch noch der Einfluß der Wärmebehandlungstemperatur, also noch weitere Faktoren, in die Darstellung einzusetzen wären.

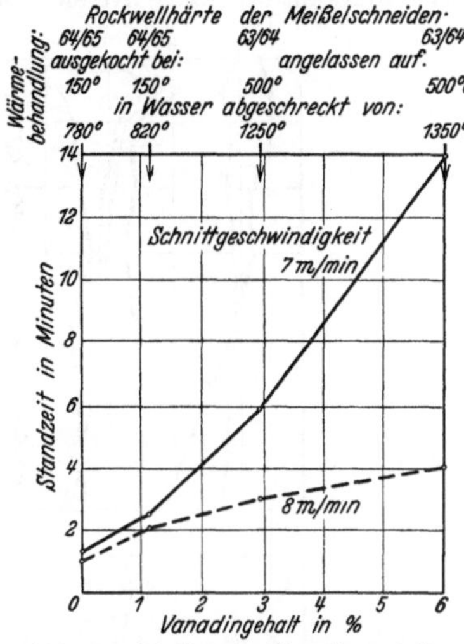

Tatsache ist, daß es mit Schnellstählen von niedrigen Wolframgehalten (13—14%) und Zusätzen von 2—4% Vanadin bei gleichzeitiger entsprechender Steigerung des Kohlenstoffgehaltes bis 1% und darüber gelingt, Leistungen zu erreichen, wie sie mit den höchstlegierten Wolframstählen mit etwa 22% W und 1,5% V als Schruppstählen zu erzielen sind (s. Zahlentafel 70). Bei Schruppstählen kommt es vor allem auf die Rotgluthärte an, und hier scheint der Einfluß von Vanadin besonders stark zu sein. Bei Schlichtarbeiten unter guter Wasserkühlung, wo es auf reinen Verschleißwiderstand ankommt, kann sich Vanadin nicht so auswirken, so daß hier die Stähle mit 20—22% W und 1,5% V vor den Stählen mit 13% W und 2—3% V den Vorzug verdienen. Dieses Beispiel genügt, um zu zeigen, daß Verhältniszahlen nicht leicht aufzustellen sind. Grundsätzlich steht aber fest, daß Höchstleistungs-

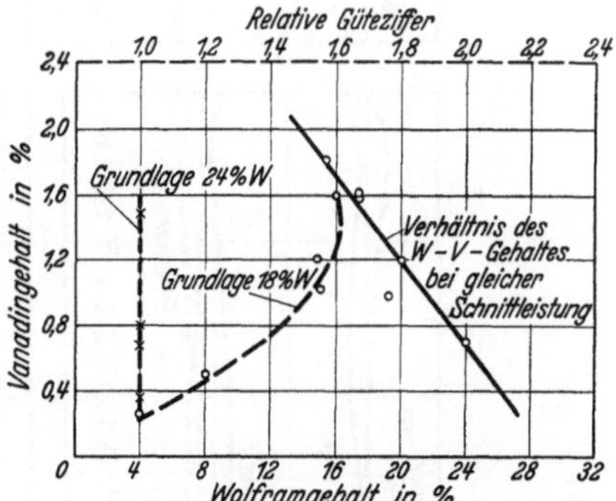

Abb. 366. Einfluß von Vanadin auf die Schnittleistung von Kohlenstoffstahl. [Nach Houdremont, Bennek und Schrader: Arch. Eisenhuttenwes. 6 Jg. (1932) S. 31.]

(Bearbeitet wurde Stahl VCN 35, auf 100 kg/mm² Festigkeit vergutet, mit einem Vorschub von 1,4 mm und einer Spantiefe von 5 mm.)

Abb. 367. Anstieg der Schnittleistung von Schnelldrehstahl mit steigendem Vanadingehalt (links) und Verhältnis W : V fur gleiche Schnittleistung (rechts). [Nach Hohage u. Grutzner: Stahl u. Eisen 45. Jg. (1925) S. 1129.]

schnellstähle auf der Basis karbidausscheidender Elemente ohne Vanadinzusatz heute undenkbar sind.

3. Vanadin in Baustählen.
a) Allgemeines.

Wie bereits aus Abb. 355 hervorgeht, übt Vanadin keinen wesentlichen Einfluß auf Härte und Festigkeit geglühter Stähle aus. Infolge der Karbidzusammenballung besteht höchstens die Tendenz einer Erniedrigung der Härte und Festigkeit bei Vanadinzusatz. Das geschilderte Verhalten des Vanadinkarbids bei der Wärmebehandlung wird sich hingegen deutlich in den Festigkeitseigenschaften

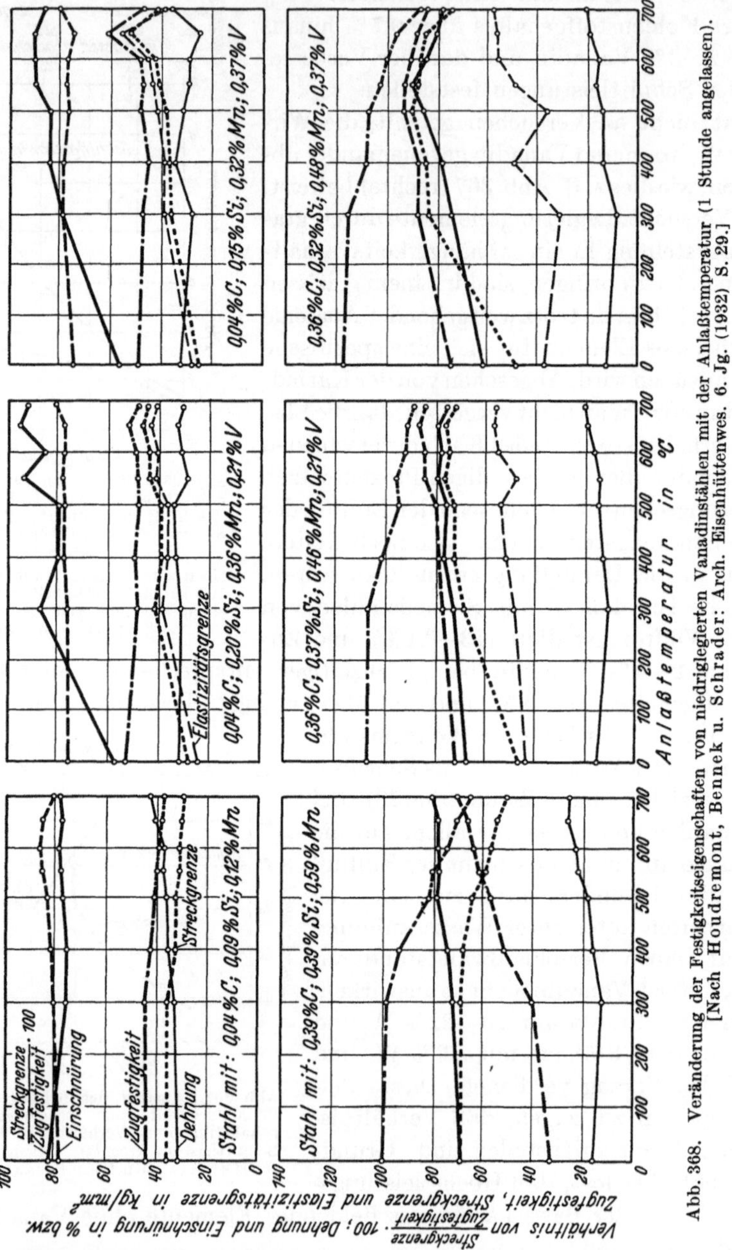

Abb. 368. Veränderung der Festigkeitseigenschaften von niedriglegierten Vanadinstählen mit der Anlaßtemperatur (1 Stunde angelassen). [Nach Houdremont, Bennek u. Schrader: Arch. Eisenhüttenwes. 6. Jg. (1932) S. 29.]

wärmebehandelter Vanadinstähle äußern müssen. Da, wie aus dem Schrifttum bekannt, Ausscheidungsvorgänge — um solche handelt es sich ja hier — sich besonders in einer Erhöhung der Streckgrenze äußern, muß man gerade hierauf bei vanadinhaltigen Stählen achten. Die Veränderungen der Festigkeitseigenschaften von niedriglegierten Vanadin- und Kohlenstoffstählen mit der Anlaßtemperatur im Vergleich zu entsprechenden vanadinfreien Stählen zeigt Abb. 368. Im Anlaßbereich von 500—600° tritt der Einfluß der Vanadinkarbidausscheidung auf Festigkeit und Streckgrenze in Erscheinung. Schon der Stahl mit 0,04% C und 0,21% V läßt nach einem anfänglichen Abfall bei 400° den erneuten Anstieg der Zugfestigkeit und Streckgrenze bei 500—650° erkennen. Noch deutlicher ist die Wirkung bei dem Stahl mit 0,04% C und 0,31% V, wo nach der Formel des Vanadinkarbides V_4C_3 nahezu der gesamte Kohlenstoffgehalt in dieser Form abgebunden sein sollte. Bei höherem Kohlenstoffgehalt (0,35%) wird auf Grund des größeren Anteils an Eisenkarbid die Festigkeitsverminderung infolge der Koagulation des Eisenkarbids bis zu Anlaßtemperaturen von 500° stärker bemerkbar; trotzdem ist auch hier, insbesondere im Streckgrenzenverhältnis und im verzögerten Abfall der Festigkeit oberhalb 500°, die Vanadinkarbidausscheidung deutlich ausgeprägt. Die geringe Verminderung der Einschnürung beim Stahl mit 0,36% C und 0,37% V deutet auf eine Verschlechterung der Zähigkeitseigenschaften durch den Beginn der Sonderkarbidausscheidung hin.

Die Änderung der Festigkeitseigenschaften mit steigender Anlaßdauer bei gleicher Anlaßtemperatur weist auch nochmals auf Ausscheidungsvorgänge hin. Zahlentafel 90 zeigt die Unterschiede für zwei Versuchsstähle. Während bei dem

Zahlentafel 90. **Wirkung der Anlaßdauer auf die Festigkeitseigenschaften von Vanadinstählen nach Abschreckung von 950° Öl und Anlassen bei 600° nach Houdremont, Bennek und Schrader[1].**

Stahlzusammensetzung %	Anlaßdauer h	Streckgrenze kg/mm²	Zugfestigkeit kg/mm²	Verhältnis von Streckgrenze zu Zugfestigkeit %	Dehnung ($l = 5d$) %	Einschnürung %	Kerbzähigkeit[2] mkg/cm²
0,04 C	1	43	47,7	90,3	29,0	79	30,0
0,31 V	8	48	57,1	84,4	26,4	78	22,6
0,36 C	1	91	101,4	89,8	18,4	57	7,9
0,37 V	8	86	99,9	86,1	18,2	55	8,5

kohlenstoffreichen Stahl bei 8 stünd.ger Anlaßdauer bereits die Höchstwerte für Streckgrenze und Festigkeit überschritten sind, ist dies bei niedriggekohltem Werkstoff noch nicht der Fall. Eine weitere Steigerung der Anlaßdauer brachte bei keinem der Stähle eine weitere Erhöhung der Eigenschaften. Erwähnenswert sind noch die hohen Festigkeitszahlen des Stahles mit 0,36% C und 0,37% V. Die Festigkeit von etwa 100 kg/mm² bei einer Streckgrenze von etwa 90 kg/mm² ist für einen derartig niedriglegierten Stahl außerordentlich hoch, vor allem für eine Anlaßtemperatur von 600°. Diese hohe Festigkeit nach weitgehendem Anlassen kann wertvoll sein, weil bei solchen Stählen infolge der hohen Anlaßtemperatur eine große Spannungsfreiheit des vergüteten Gegenstandes gewährleistet ist. Auch die Zähigkeitseigenschaften, wie sie in der Kerbschlagprobe zum Ausdruck kommen, sind bei diesen Stählen nicht als schlecht anzusprechen, wenn sie auch hinter denjenigen höher legierter Stähle mit gleicher Festigkeit und Streckgrenze etwas zurückstehen.

---

[1] Arch. Eisenhüttenwes. 6. Jg. (1932) S. 30.

[2] Mesnager-Probe (10 · 10 · 55 mm) mit einem Schlagquerschnitt von 8 · 10 mm.

Die bei reinen Kohlenstoff-Vanadin-Stählen entwickelten Anschauungen über die Wirkung des Vanadinkarbids lassen sich ohne weiteres auf mehrfach legierte Baustähle übertragen; dies geht schon aus Untersuchungen[1] von F. Rittershausen aus dem Jahre 1911 hervor. In Zahlentafel 91 sind Ergebnisse aus diesen Arbeiten wiedergegeben.

Auch bei mehrfach legierten Stählen, die Vanadin enthalten, muß man auf die Höhe der Ablöschtemperatur besonders achten. Die Wirkung des Vanadins wird weitgehend davon abhängig sein, ob bei der Ablöschtemperatur das Vanadinkarbid in Lösung war oder nicht. Sowohl bei den Chromstählen als auch bei den Chrom-Nickel-Stählen tritt bei den üblichen Ablöschtemperaturen die Wirkung

Zahlentafel 91. Wirkung eines Vanadinzusatzes auf die Festigkeitseigenschaften von legierten Stählen nach dem Vergüten nach Rittershausen[1].

Zusammensetzung des Stahles	Warmebehandlung	Streckgrenze kg/mm²	Zugfestigkeit kg/mm²	Dehnung $(l=5\,d)$ %	Einschnürung %	Kerbzahigkeit mkg/cm²
0,29% C, 0,14% Si, 0,15% Mn, 1% Cr	850° Öl, 600° Öl 950° Öl, 600° Öl	44 46	70 70	25,2 18,3	66 64	23,8 18,7
0,26% C, 0,10% Si, 0,13% Mn, 0,96% Cr, 0,27% V	850° Öl, 600° Öl 950° Öl, 600° Öl	40 78	63,7 100,8	24,8 16,5	69 59	15,3 8,0
0,31% C, 0,06% Si, 0,29% Mn, 1,17% Cr, 4,10% Ni	800° Wasser, 600° Öl 900° Wasser, 600° Öl 950° Wasser, 600° Öl 1000° Wasser, 600° Öl	70 68 74 72	87 90 91 92	23,0 23,8 24,6 20,7	68 66 66 66	24,4 21,2 21,5 20,4
0,29% C, 0,24% Si, 0,26% Mn, 1,52% Cr, 4,34% Ni, 0,48% V	800° Wasser, 600° Öl 900° Wasser, 600° Öl 950° Wasser, 600° Öl 1000° Wasser, 600° Öl	74 104 102 118	86 117 124 134	20,4 17,5 16,3 12,0	66 59 53 41	22,4 10,2 4,1 3,0

des Vanadins, wie aus obiger Zahlentafel 91 hervorgeht, nur dadurch in Erscheinung, daß die Stähle mit Vanadinzusatz infolge der Abbindung von Kohlenstoff durch Vanadin etwas weicher sind. Bei einer Erhöhung der Ablöschtemperatur hingegen bleiben vanadinfreie Stähle in ihren Eigenschaften ziemlich unbeeinflußt, während jetzt beim Vanadinstahl deutlich die anlaßbeständigkeitssteigernde Wirkung des Vanadins zum Ausdruck kommt. Gleichzeitig fallen allerdings hier die Kerbzähigkeitswerte infolge der Ausscheidung verhältnismäßig stark ab. Auch bei den an sich schon anlaßbeständigen Chrom-Molybdän-Stählen tritt durch Zusatz von Vanadin bei Steigerung der Härtetemperaturen eine weitere Verbesserung der Anlaßbeständigkeit ein (Abb. 365). Bei tiefer Ablöschtemperatur entspricht ein Chrom-Molybdän-Vanadin-Stahl in seinen Eigenschaften weitgehend einem einfachen Chrom-Molybdän-Stahl; der schon hier vorhandene Wiederanstieg der Streckgrenze und Festigkeit bei 500—550° weist auf eine Ausscheidung von Molybdänkarbid hin. Beim Ablöschen von höherer Temperatur tritt dann die Wirkung des Vanadins hinzu unter entsprechender Erhöhung der Anlaßbeständigkeit.

---

[1] Unveröffentlichte Untersuchungen aus dem Jahre 1911.

Auf die Verbesserung der Durchvergütung übt Vanadin bei nicht übermäßig hohen Ablöschtemperaturen einen verhältnismäßig geringen Einfluß aus. In Zahlentafel 92 sind derartige Untersuchungen an verschiedenen Querschnitten

Zahlentafel 92. Einfluß des Querschnittes auf die Festigkeitseigenschaften eines Vanadinstahles mit 0,36% C und 0,37% V nach Houdremont, Bennek und Schrader[1].

(Von 1000° in Öl abgelöscht und bei 500° 100 Stunden angelassen.)

Probendurchmesser mm	Verschmiedung	Probenentnahme	Streckgrenze kg/mm²	Zugfestigkeit kg/mm²	Verhaltnis von Streckgrenze zu Zugfestigkeit %	Dehnung $(l = 5\,d)$ %	Einschnurung %	Kerbzahigkeit mkg/cm²
20	49fach	—	104	112	93,0	12,7	46	4,0
40	12,2fach	außen	92	105,9	87,0	14,7	50	2,3
		innen	90	104,8	91,0	16,0	49	1,7
60	5,5fach	außen	89	104,3	85,3	14,8	45	2,2
		innen	85	102,7	82,8	13,4	40	1,5

wiedergegeben. Wie daraus hervorgeht, ist bei einem Probendurchmesser von 60 mm bereits ein Abfall der Streckgrenze gegenüber einem Durchmesser von 40 und 20 mm festzustellen, insbesondere liegt die Streckgrenze bei dem 60-mm-Stab im Innern der Probe merklich tiefer als in der Außenzone. Auffallend sind bei diesen Ergebnissen die schlechten Kerbzähigkeitswerte, die darauf zurückzuführen sind, daß durch langes Anlassen bei verhältnismäßig tiefen Temperaturen — etwa 500° — wohl der ungünstigste Verteilungsgrad des Vanadinkarbids hervorgerufen wurde.

Der Umstand, daß die spezifische Wirkung des Vanadins nur bei verhältnismäßig geringen Querschnittsabmessungen sich auswirkt, kann beim Vergüten größerer Stücke, z. B. 250—300 mm Durchmesser, zu sehr ungleichmäßigen Festigkeitseigenschaften in den Querschnitten führen. Vergütet man z. B. einen Chrom-Vanadin-Stahl mit 0,35% C, 1% Cr, 0,20% V von einer Temperatur, bei der das Vanadinkarbid in Lösung geht, also etwa 900°, und läßt das entsprechende Stück auf eine Temperatur von 600° an, so wird in der äußeren Randpartie bis zu 40 mm deutlich die anlaßbeständigkeitssteigernde Wirkung des Vanadins in Erscheinung treten, also verhältnismäßig hohe Festigkeit, 100 kg/mm², und hohe Streckgrenze, 80—90 kg/mm², vorliegen. Im Kern des betreffenden Stückes haben sich die Vanadinkarbide bereits während der Ablöschung abgeschieden, und die Eigenschaften werden mehr denjenigen eines gewöhnlichen Chromstahles entsprechen mit etwa 80 kg/mm² Festigkeit und entsprechender tieferer Streckgrenze von 55—60 kg/mm². Im normalisierten Zustande und ebenso im Walzzustand kann Vanadin je nach der Behandlungs- oder Endwalztemperatur eine Steigerung der Streckgrenze infolge feiner Karbidverteilung hervorrufen. Die Temperatur muß hoch genug sein, um das Vanadinkarbid zur Auflösung zu bringen. Die Abkühlung ist vielfach eine Frage der Abmessung und muß schnell genug erfolgen, um keine starke Karbidzusammenballung zu ergeben. Durch Zusätze von Mangan oder Nickel kann dafür gesorgt werden, daß auch bei

---

[1] Arch. Eisenhüttenwes. 6. Jg. (1932) S. 30.

größeren Querschnitten der entsprechende Effekt erzielt wird. Werte für einen Manganbaustahl zeigt Zahlentafel 93.

Zahlentafel 93. Einfluß eines Vanadinzusatzes auf die Festigkeitseigenschaften eines doppelt normalisierten Mangan-Baustahles[1].

Zusammensetzung			Streckgrenze	Festigkeit	Verhältnis von Streckgrenze zu Festigkeit	Dehnung $(L = 5\,d)$	Einschnürung
C	Mn	V					
%	%	%	kg/mm²	kg/mm²	%	%	%
0,35	1,50	—	42—49,5	63,8—75,5	65,5—66	26—31	55—59
0,35	1,50	0,10	57—60	75,0—76,5	75,5—78,8	26—28	54—61

Allgemein betrachtet ergibt sich der Schluß, daß Vanadin bei Baustählen für die Festigkeitseigenschaften ohne wesentliche Bedeutung bleibt, falls man nicht höhere Ablöschtemperaturen wählt und die Wirkung der Vanadinkarbidausscheidung benutzt. Einen Vorteil bietet bei üblichen Ablöschtemperaturen die Verringerung der Überhitzungsempfindlichkeit infolge der auf das Kornwachstum hemmend wirkenden Karbidkeime. Beim Ablöschen von höheren Temperaturen ergibt sich die geschilderte Erhöhung der Anlaßbeständigkeit, also Erzielung höherer Festigkeitseigenschaften bei gleichen Anlaßtemperaturen.

Da eine befriedigende Klärung der Wirkung des Vanadins erst in allerletzter Zeit erfolgte, ist die Anwendung von Vanadin in Baustählen zum Teil ohne Berücksichtigung der erzielbaren Eigenschaften geschehen. Während es vor 10 Jahren den Anschein hatte, als ob eine sprunghafte Entwicklung vanadinhaltiger Baustähle in immer stärkerem Ausmaß einsetzen würde, erfolgt diese auf Grund der gewonnenen Erkenntnisse jetzt in gesetzmäßigeren, ruhigeren Bahnen. Die bestechendste Eigenschaft des Vanadins ist die Überhitzungsunempfindlichkeit und damit die auch im Walzzustand vorhandene Feinkörnigkeit solcher

Zahlentafel 94. Zusammensetzung von Cr-V-Stählen nach SAE-Handbuch.

SAE-Stahl Nr.	C %	Mn %	P max %	S max %	Cr %	V min %
6115	0,10/0,20	0,30/0,60	0,04	0,045	0,80/1,10	0,15
6120	0,15/0,25	0,30/0,60	0,04	0,045	0,80/1,10	0,15
6125	0,20/0,30	0,50/0,80	0,04	0,045	0,80/1,10	0,15
6130	0,25/0,35	0,50/0,80	0,04	0,045	0,80/1,10	0,15
6135	0,30/0,40	0,50/0,80	0,04	0,045	0,80/1,10	0,15
6140	0,35/0,45	0,50/0,80	0,04	0,045	0,80/1,10	0,15
6145	0,40/0,50	0,50/0,80	0,04	0,045	0,80/1,10	0,15
6150	0,45/0,55	0,50/0,80	0,04	0,045	0,80/1,10	0,15
6195	0,90/1,05	0,20/0,45	0,03	0,035	0,80/1,10	0,15

Stähle. Diese Eigenschaften hatten besonders zu einer Zeit Bedeutung, als die Wärmebehandlungseinrichtungen, die die Gleichmäßigkeit und genaue Kontrolle der Ablöschtemperatur gewährleisten sollten, noch ziemlich unvollkommen waren. Für modern eingerichtete Wärmebehandlungsanlagen spielt Vanadin in dieser Hinsicht nicht mehr dieselbe Rolle. Immerhin hat gerade die Werbung diesen Vorteil der Vanadinstähle besonders stark in den Vordergrund gestellt.

---

[1] Nach Hougardy: Die Vanadinstähle, S. 92/93. Berlin: P. u. G. Gärtner 1934.

Hinzu kommt allerdings, daß Vanadin ein Desoxydations- sowie Denitrierungsmittel ist und infolgedessen der Zusatz von Vanadin besonders bei Herstellung von Baustählen in großen Schmelzungseinheiten — Siemens-Martin-Öfen — einen günstigen metallurgischen Einfluß ausübt.

Zahlentafel 94 gibt eine Zusammenstellung von vanadinhaltigen Baustählen der SAE-Norm.

Von diesen Stählen hat vor allem der Chrom-Vanadin-Federstahl SAE Nr. 6150 eine größere Verwendung erlangt, sei es, weil er nach Härtung bei höheren Ablöschtemperaturen trotz verhältnismäßig hoher Anlaßtemperaturen hohe Festigkeit behält (s. Anlaßkurve Abb. 369), sei es, weil er bei der in der Federfabrikation viel gebräuchlichen Art der Wärmebehandlung — Härten direkt nach der Formgebung der Blätter ohne nochmaligen Temperaturausgleich — infolge seiner Unempfindlichkeit

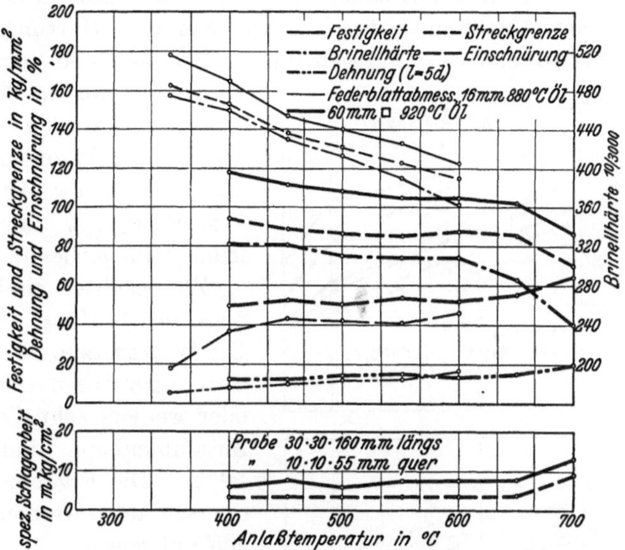

Abb. 369. Vergutungsschaubild eines Chrom-Vanadin-Stahles mit 0,47 % C, 1,1 % Cr und 0,16 % V.

hohe Gleichmäßigkeit des Endproduktes ergibt. Stähle in der Art des SAE-Stahles 6195 sind als Kugelstähle gedacht, die sich durch besonders feines Härtegefüge auszeichnen.

b) Vanadin in warmfesten Baustählen (Dauerstandfestigkeit).

Für die Verwendung in Baustählen bei höheren Temperaturen kann das Verhalten des Vanadinkarbids bei verschiedenen Behandlungszuständen ebenfalls von Bedeutung sein. Prömper und Pohl[1] haben bereits auf die besondere Warmfestigkeit vanadinlegierten Flußstahls hingewiesen und ihn auf Grund dieser Untersuchungen als Kesselbaustoff vorgeschlagen. Bei Nachprüfung der von Prömper und Pohl (Abb. 336) angegebenen Werte fiel bisweilen auf, daß die dort angegebene Erhöhung der Festigkeitseigenschaften in der Wärme nicht immer bestätigt werden konnte. Das legt die Vermutung nahe, daß eine Erhöhung der Festigkeit in der Wärme ebenfalls nur in bestimmten Behandlungszuständen vorhanden ist, bei denen die Ausscheidung des Vanadinkarbids eine Rolle spielt. In Abb. 370 sind die Warmfestigkeitseigenschaften eines niedriggekohlten Vanadinstahles im Vergleich zu einem reinen Kohlenstoffstahl nach verschiedenen Behandlungen angegeben. Wie man aus dieser Abbildung ersehen kann, zeichnet sich der nur gehärtete und bei 600° angelassene Stahl durch erhöhte Warmfestigkeit aus. Bei dem nur gehärteten, nicht angelassenen Stahl ist diese Auswirkung bei dem nur 20 Minuten dauernden Zerreiß-

[1] Arch. Eisenhüttenwes. 1. Jg. (1927/28) S. 785—793.

versuch stärker, da hier erst bei der Erwärmung auf Zerreißtemperatur der
Beginn der Ausscheidung herbeigeführt werden kann. Bei dem bei 700° angelassenen Stahl fallen dagegen die Festigkeitseigenschaften in der Wärme
bereits praktisch mit denen der Kohlenstoffstähle zusammen. Man kann demnach
schließen, daß sowohl die Zugfestigkeit als auch die Streckgrenze in der Wärme
durch geeignete Ausscheidungsform des Sonderkarbids erhöht werden, denn bei
700° Anlaßtemperatur ist, wie aus den Härtungsversuchen hervorgeht, das
Vanadinkarbid schon weitgehend koaguliert und somit nicht mehr wirksam. Dies
wird nicht nur für das Sonderkarbid V_4C_3 gelten,
sondern es werden auch sonstige Sonderkarbide
bildende Legierungen sich ähnlich verhalten. Auf
den Einfluß der Wärmebehandlung hinsichtlich
Warmfestigkeit und Warmhärte wurde bereits
früher[1] hingewiesen.

Zu beachten sind die geschilderten Verhältnisse bei Prüfung von Stählen im Walzzustand.
Der Walzzustand ist wegen der wechselnden Walz-
endtemperaturen und der darauffolgenden mehr
oder weniger schnellen Luftabkühlung in diesem
Zusammenhang immer als unbestimmt anzusehen. Die Ergebnisse bei verschiedenen Walz-
querschnitten werden entsprechende Schwankungen aufweisen.

Besondere Beachtung verdienen die geschilderten Vorgänge bei Dauerstandprüfungen
in der Wärme. Bei Bauteilen, die Dauererwärmungen bei Temperaturen von 400° und mehr
ausgesetzt werden, ist es für den Konstrukteur von
ausschlaggebender Bedeutung zu wissen, bis zu
welcher zulässigen Spannung die betreffenden
Teile bei dieser erhöhten Temperatur dauernd beansprucht werden können, ohne unzulässige Formänderungen zu erleiden. Aus dem Wunsche heraus,

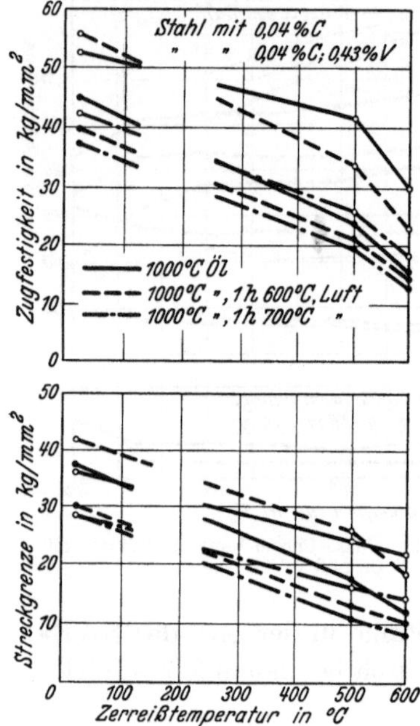

Abb. 370. Einfluß des Vanadins auf die
Warmfestigkeit von niedriggekohltem
Kohlenstoffstahl verschiedenen Behand-
lungszustandes. [Nach Houdremont.
Bennek u. Schrader: Arch. Eisen-
hüttenwes. 6. Jg. (1932) S. 31.]

dem Konstrukteur Unterlagen für die Berechnung derartiger Bauteile zu beschaffen,
haben sich mehrere Verfahren zur Beurteilung der sog. Dauerstandfestigkeit von
verschiedenartigen Werkstoffen bei erhöhten Temperaturen herausgebildet.

Es hat sich nämlich gezeigt, daß bei Temperaturen oberhalb 350—400°
der normale Zerreißversuch, auch wenn er über 1—2 Stunden ausgedehnt wird,
nicht mehr die wirkliche Fließgrenze des betreffenden Werkstoffes für Dauerbeanspruchungen zu ermitteln gestattet. Es ergab sich vielmehr, daß bei verlängerten Prüfzeiten schon bei verhältnismäßig niedrigen Zugspannungen ein
dauerndes weiteres Fließen der Werkstoffe eintreten kann, wie dies z. B. aus
Abb. 371 hervorgeht. Aus dieser Tatsache heraus ist man in den letzten Jahren
bemüht gewesen, für die verschiedenen Werkstoffe diejenigen Spannungen genau
zu ermitteln, bei denen das Fließen zum Stillstand kommt oder eine praktisch
noch zulässige Dehngeschwindigkeit bzw. Gesamtdehnung in einer bestimmten

---

[1] Siehe Wolfram, Schnellstahl usw.

Zeit nicht überschritten wird (Kriechfestigkeit, Dauerstandfestigkeit) Da die Versuche, die genaue Kriechfestigkeit zu bestimmen, sich über mehrere 1000 Stunden und somit Monate und Jahre erstrecken würden, wobei zufällige Beeinflussungen durch Erschütterungen und Temperaturschwankungen nicht ausgeschlossen wären, hat es nicht an Versuchen gefehlt, mit irgendwelchen Kurzverfahren die angenäherte Dauerstandfestigkeit von Werkstoffen zu ermitteln. Es haben sich hierbei verschiedene Kurzverfahren entwickelt, deren Hauptmerkmale im folgenden kurz geschildert werden sollen.

Die verschiedenen Verfahren der Dauerstandprüfung lassen sich im wesentlichen in drei Hauptgruppen zusammenfassen: Das in Deutschland am weitesten verbreitete Verfahren ist von Pomp und Mitarbeitern[1] vorgeschlagen worden. Bei diesem Verfahren werden bei konstanter Temperatur unter konstanter

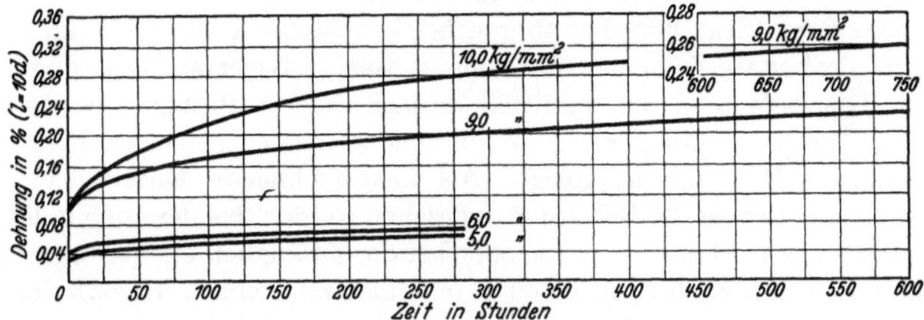

Abb. 371. Verhalten eines Stahles mit 0,14% C, 0,08% Si, 0,43% Mn, 0,20% Ni, 0,30% Mo, dessen Dauerstandsfestigkeit für 550° im Abkürzungsverfahren zu 10,0 kg/mm² ermittelt wurde, bei längerem Halten auf 550° mit geringeren Belastungen. [Nach Pomp u. Herzog: Mitt. Kais.-Wilh.-Inst. Eisenforschg., Düsseld. Bd. 16 (1934) S. 144.]

Zugbeanspruchung Zeitdehnungskurven aufgenommen, aus denen dann die Dehngeschwindigkeiten in bestimmten Zeitintervallen festgelegt werden. Als Dauerstandfestigkeit gibt man die größte Spannung an, mit der in dem gewählten Zeitintervall eine bestimmte Dehngeschwindigkeit nicht überschritten wird. In der Praxis hat sich für die Dehngeschwindigkeitsmessung der Zeitraum von der 25. bis 35. Stunde am meisten eingebürgert. Als Dehngeschwindigkeiten werden im allgemeinen Werte von $5\text{---}15 \cdot 10^{-4}\%$/Std. für zulässig erachtet. Ähnlich ist das Verfahren von Hatfield[2].

Siebel und Ulrich[3] schlugen als Berechnungsgrundlage die „Dauerstandstreckgrenze" vor. Sie verstehen darunter die Belastung, bei der die Dehngeschwindigkeit nach Erreichung einer bleibenden Formänderung von 0,2% einen Wert von $1 \cdot 10^{-4}\%$/Std. nicht überschreitet.

Bei der Bestimmung der Dauerstandfestigkeit nach dem Verfahren von Pomp und Mitarbeitern wird ein Probestab in einem Luft- oder Salzbadofen konstanter Temperatur zunächst eine gewisse Zeit lang mit einer weit unter der vermutlichen Dauerstandfestigkeit liegenden Zuglast beansprucht. Diese Vorbelastung hat hauptsächlich den Zweck, einen Temperaturausgleich herbeizuführen. Sodann wird eine der vermuteten Dauerstandfestigkeit angepaßte Last

---

[1] Mitt. Kais.-Wilh.-Inst. Eisenforschg., Düsseld. Bd. 9 (1927) S. 33—55; Bd. 12 (1930) S. 127—147.

[2] J. Iron Steel Inst. Bd. 122 (1930) II S. 215—247.

[3] Z. VDI Bd. 76 (1932) S. 659—663.

aufgebracht und fortlaufend die Dehnung in Abhängigkeit von der Zeit gemessen. Der Versuch wird an anderen Probestäben mit veränderten Lasten wiederholt und aus den so ermittelten Zeitdehnungskurven die Lastdehngeschwindigkeitskurve für bestimmte Zeitintervalle festgelegt. Mailänder[1] hat festgestellt, daß sowohl eine Verlängerung der Temperaturausgleichszeit an sich als auch eine Verlängerung der Dauer der Vorbelastung oder eine Erhöhung der Vorbelastung zu einer Verringerung der Dehngeschwindigkeit und damit der bleibenden Dehnung führen. Diese Feststellung ist für die Bewertung von Dauerstandfestigkeitsangaben von großer Bedeutung und zeigt, daß auf diesem Gebiet noch viele Untersuchungsarbeit geleistet werden muß und Vereinbarungen über die Prüfbedingungen notwendig sind, ehe der Begriff der Dauerstandfestigkeit eine zuverlässige Grundlage für die Praxis bilden kann. Zu erwähnen ist weiter noch das in Frankreich weitverbreitete Verfahren von Guillet, Gallibourg und Shamson[2]. Diese Forscher führen bei konstanter Temperatur an ein und demselben Probestab Versuche mit stufenweiser gesteigerter Belastung durch. Bei jeder Laststufe wird die unmittelbar nach dem Aufbringen der Last eintretende prozentuale Verlängerung und die nach längerer Versuchszeit (24 Stunden) ermittelte Dehnung festgelegt. Als kennzeichnende Materialeigenschaft kann hiernach entweder die Belastung angesehen werden, bei der auch in längeren Versuchszeiten kein Fließen eintritt, oder bei der anfänglich ein geringes Fließen stattfindet, das aber nach einiger Zeit zum Stillstand kommt. Gemäß dem oben Gesagten muß beachtet werden, daß ein solcher stufenweise belasteter Probestab andere Dauerstandfestigkeitswerte ergeben wird als ein nur einmal beanspruchter.

Grundsätzlich anderer Art ist das von Rohn[3] entwickelte Verfahren zur Bestimmung der Kriechfestigkeit metallischer Werkstoffe bei erhöhten Temperaturen. Rohn hat ein Gerät entwickelt, das die Wärmeausdehnung des Probestabes als Meßgrundlage benutzt. Bei diesem Verfahren öffnet der unter einer gewissen Belastung stehende Probestab nach einer bestimmten Dehnung einen Kontakt, der die Beheizung des Ofens abschaltet. Infolgedessen sinkt die Temperatur, und zwar so lange, wie noch ein Kriechen des Werkstoffes stattfindet. Es kann auf diese Weise die Temperatur ermittelt werden, bei der der Prüfstab eine bestimmte Last ohne oder mit begrenztem Fließen trägt. Ein sinngemäß ähnliches Verfahren wenden Barr und Bardgett[4] an.

So wertvoll derartige Kurzverfahren für Werkstoffe, die aus einheitlichen Mischkristallen bestehen und keinerlei Veränderung erfahren, sein können, insbesondere auch dann, wenn die Prüftemperatur sich noch unterhalb der Rekristallisationstemperatur befindet, so selbstverständlich ist es, daß solche Prüfverfahren zu falschen Schlüssen führen können, wenn irgendwelche Gefügeveränderungen während der Prüfdauer eintreten können, die in der Lage sind, die betreffenden Werkstoffe in der Wärme grundlegend zu beeinflussen. Zu solchen Vorgängen gehören vor allem alle Arten von Ausscheidungen. Wie im Falle des Vanadins nachgewiesen werden konnte, spielen sich bei 500° die Vorgänge noch derartig träge ab, daß auch nach 100 Stunden noch kein Härte-

---

[1] Kruppsche Mh. 12. Jg. (1931) S. 242.
[2] C. R. Acad. Sci., Paris Bd. 188 (1929) S. 1205—1208 und S. 1328—1330.
[3] Z. Metallkde. Bd. 24 (1932) S. 127—131.
[4] Proc. Inst. mech. Engr. Bd. 122 (1932) S. 287.

abfall eintritt. Für eine Temperatur bis zu 500° oder darunter und eine Prüfzeit bis zu 100 Stunden kann sich somit eine hohe Warmfestigkeit bzw. Dauerstandfestigkeit ergeben. Bei Verlängerung der Prüfdauer auf z. B. 1000 Stunden wird man unter Umständen feststellen können, daß dann die zunächst im 50-Stundenversuch ermittelte Dauerstandfestigkeit erheblich abgefallen ist. Die Kurzverfahren würden also hier dem Konstrukteur für auf sehr lange Zeit beanspruchte Gegenstände Werte vortäuschen, die nur für eine gewisse Beanspruchungsdauer gelten. Hierauf muß bei Beurteilung von irgendwelchen Stählen nach diesen Kurzverfahren weitgehend Rücksicht genommen werden. Den Charakter von derartigen Dauerstandfestigkeitsprüfergebnissen, also Zeitdehngeschwindigkeitskurven gibt Abb. 372 wieder. Kurve *1* gibt einen Stahl mit niedriger Rekristallisationstemperatur wieder, der oberhalb dieser beansprucht ist; die Dehngeschwindigkeit nimmt, da keine Verfestigung eintreten kann, nicht ab. Kurve *2* entspricht einem Stahl mit hoher Rekristallisationstemperatur, der unterhalb des Rekristallisationsbereiches geprüft wurde. Infolge der einsetzenden Verfestigung sinkt die Dehngeschwindigkeit, um allmählich dem Nullwert zuzustreben. Kurve *3* kommt einem ausscheidungshärtenden Stahl zu, bei dem die Ausscheidung während des Versuches einsetzt. Die Dehngeschwindigkeit nimmt daher zunächst

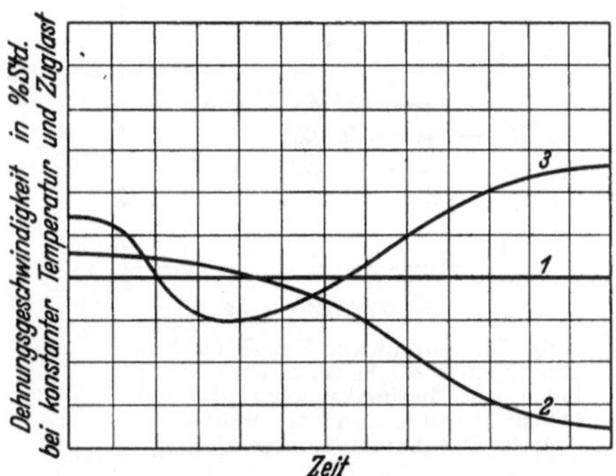

Abb. 372. Schematische Darstellung der Veränderung der Dauerstandfestigkeit verschiedener Stahltypen in Abhängigkeit von der Zeit.

ab, um nach einer gewissen Zeit mit dem Abklingen der Ausscheidungshärtung wieder anzusteigen[1].

Zurückkommend auf Vanadin ist festzustellen, daß bis zu Temperaturen von 500°, zumindest für Prüfzeiten bis zu 100 Stunden, eine Erhöhung der Warmfestigkeit infolge der Ausscheidung von Vanadinkarbid eintreten kann, die sich aber nicht auf unbegrenzte Zeit zu erstrecken braucht. Ein gewisser Zusammenhang mit der Rotgluthärte der Schneidwerkzeuge, die ebenfalls nur auf bestimmte Dauer vorhanden ist, ist unverkennbar.

c) Vanadin in Einsatzstählen.

Im Einsatzstahl bewirkt Vanadin nach Tammann[2] eine geringfügige Verminderung der Eindringtiefe, erst bei Gehalten über 20% eine starke Herabsetzung. Dies bestätigt sich auch bei Untersuchungen größerer Einsatztiefen für niedrige Zementationstemperaturen von 830—850°, wie aus Abb. 373 zu ersehen ist. Bei hohen Zementationstemperaturen findet dagegen eine Beeinträchtigung durch Vanadingehalte bis zu 0,8% nicht statt. Der Randkohlenstoffgehalt wird im Vergleich zu Kohlenstoffstählen nur ganz geringfügig erhöht (Abb. 374). Die verringerte Eindringtiefe der Vanadinstähle bei nur wenig verändertem Randkohlenstoffgehalt deutet auf eine verzögerte Diffusion der schwer-

---

[1] Vgl. hierzu Grün: Arch. Eisenhüttenwes. 8. Jg. (1934/35) S. 205—211.
[2] Werkstoffausschußbericht Nr. 14 1922 Ver. d. Eisenhüttenleute.

löslichen Sonderkarbide hin. Besonders hervorzuheben ist die hohe Feinkörnigkeit und geringe Empfindlichkeit gegen Zementationsüberhitzung von vanadinhaltigen Einsatzstählen, die in Abb. 375 zum Ausdruck kommt. Trotz dieser stark

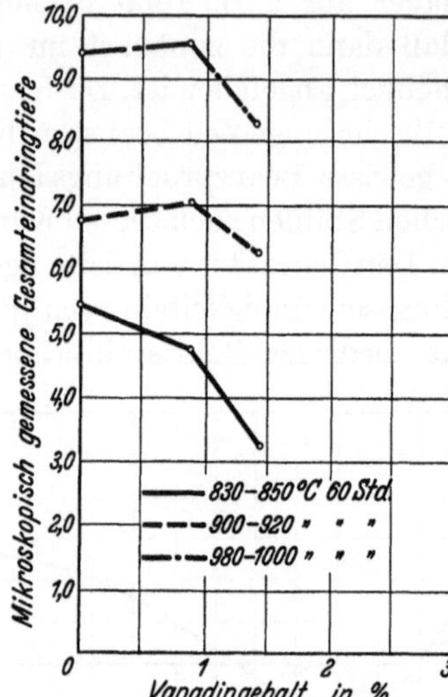

Abb. 373. Einfluß von Vanadin auf die Eindringtiefe bei Zementation in Holzkohle und Bariumkarbonat (60 : 40). (Nach Houdremont u. Schrader: Arch. Eisenhüttenwes. demnächst.)

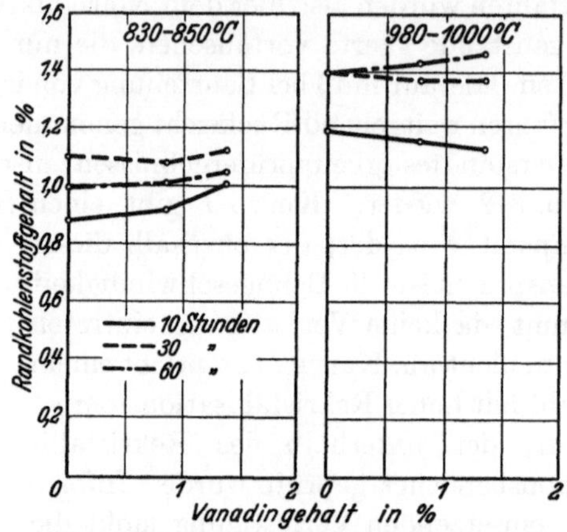

Abb. 374. Wirkung des Vanadins auf den Randkohlenstoffgehalt bei Zementation im festen Einsatz (Holzkohle und Bariumkarbonat 60 : 40). (Nach Houdremont u. Schrader: Arch. Eisenhüttenwes. demnächst.)

kornverfeinernden Wirkung eines Vanadinzusatzes bei verhältnismäßig geringer Beeinträchtigung der Eindringtiefe hat dieses Legierungselement keine breitere Anwendung in Einsatzstählen gefunden. In Einsatzstählen kann die Härtetemperatur bei der Schlußhärtung nicht so hoch gewählt werden, daß die Vanadinkarbide in Lösung gehen. In einsatzgehärteten Stählen vermindert Vanadin daher die Kernfestigkeit, so daß seine sonstigen Vorzüge stark beeinträchtigt werden. Als Einsatzstähle gelten die SAE-Stähle 6115 und 6120, Zahlentafel 94.

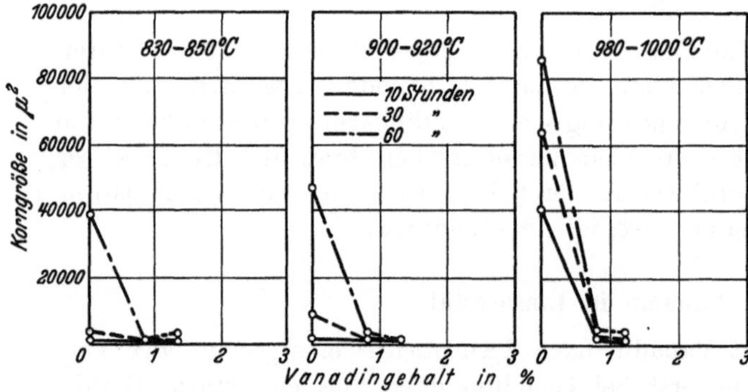

Abb. 375. Verringerte Überhitzungsempfindlichkeit durch Vanadinzusatz bei Zementationsuberhitzung (Zementation im festen Einsatz, Holzkohle und Bariumkarbonat 60 : 40). (Nach Houdremont u. Schrader: Arch. Eisenhuttenwes. demnächst.)

4. Vanadinstähle mit besonderen physikalischen und chemischen Eigenschaften.

Aus den physikalischen Eigenschaften der Eisen-Vanadin-Legierungen hat sich bis heute keine praktische Anwendung von Vanadinsonderstählen ergeben.

Bei Vanadin-Eisen-Kohlenstoff-Legierungen gelingt es in Analogie mit den karbidbildenden Elementen Wolfram und Chrom, durch das Inlösunggehen von

Vanadinkarbid eine Erhöhung der Koerzitivkraft nach der Ablöschung, also eine Erhöhung des Zwangszustandes, zu erzielen. Diese Wirkung des Vanadins hat dazu geführt, daß bisweilen Magnetstähle zur Erhöhung der Leistung Vanadinzusätze erhalten, ohne daß gegenüber den bekannten Magnetstählen auf der Basis Chrom und Wolfram besondere Fortschritte erreicht werden.

Eine gewisse Bedeutung hat Vanadin noch auf dem Gebiete der korrosionsfesten Stähle erlangt infolge seiner Fähigkeit, Kohlenstoff als stabiles Karbid abzubinden. Bei den austenitischen Chrom-Nickel-Stählen ist darauf hingewiesen worden, daß beim Anlassen derartiger Stähle nach vorhergehendem Abkühlen von hohen Temperaturen infolge feinverteilter Karbidausscheidung in den Korngrenzen interkristalline Korrosion auftreten kann. Durch Zusätze von Vanadin gelingt es, auch hier den Kohlenstoffgehalt in Form von Sonderkarbiden abzubinden, solange man mit der Wärmebehandlung unter der Löslichkeitslinie für Vanadinkarbid liegt. Ebenso zeigen sich Vanadinkarbide als beständig gegen den Angriff von Wasserstoff bei erhöhten Temperaturen und Drücken, weshalb Vanadinzusätze zu wasserstoffbeständigen Stählen, z. B. Molybdänbaustählen, gebräuchlich sind (Verwendung in der Ölcrackindustrie).

5. Besonderheiten des Vanadins bei der Stahlherstellung und -verarbeitung.

Auf die metallurgische Bedeutung des Vanadins als Desoxydations- und Denitrierungsmittel ist bereits hingewiesen worden, insbesondere auch auf den Vorteil für die Herstellung qualitativ hochstehender, in der Wärmebehandlung unempfindlicher Stähle aus großen Ofeneinheiten. Bezüglich der desoxydierenden Wirkung von Vanadin dürften die Angaben im Schrifttum zum Teil als propagandistisch übertrieben bezeichnet werden. Die Bildungswärme des Vanadinoxyds läßt darauf schließen, daß Vanadin in der Desoxydationsfähigkeit zwischen Chrom und Mangan steht. Entsprechend kann man auch beobachten, daß z. B. beim Umschmelzen hochvanadinhaltigen Schrottes im Elektroofen die Abbrandverluste nicht sehr hoch sind und beim Legieren von Vanadin in der Pfanne nur ein geringer Abbrand entsteht im Gegensatz zu schärfer wirkenden Desoxydationsmitteln.

Der Zusatz von Vanadin macht sich in einer größeren Feinkörnigkeit des Gußzustandes bemerkbar. Eine Erklärung für die Ursache der kornverfeinernden Wirkung von Vanadin auf den Gußzustand hat man bis heute eigentlich nicht, es sei denn, daß man auf den Einfluß von nicht im Schmelzfluß gelösten Karbidkeimen oder eine Impfwirkung durch Nitridbildung zurückgreift. Obwohl diese kornverfeinernde Wirkung vor allem von günstigem Einfluß auf Stahlformguß ist, so ist sie doch auch beim Gießen von Blöcken nicht zu unterschätzen, da die feinkörnige Ausbildung des Gefüges meist mit einer schwächeren Seigerung verknüpft ist. So findet man vielfach die Ansicht, daß Vanadinzusätze in der Lage sind, das Auftreten von Flocken in Stählen zu verhindern. Es ist aber leicht nachzuweisen, daß diese Annahme nicht allgemeine Gültigkeit beanspruchen kann; sie ist wahrscheinlich nur auf den Einfluß des Vanadins hinsichtlich der feineren Ausbildung des Primärgefüges zurückzuführen.

Besondere Eigenheiten bei der Verarbeitung und Behandlung von Vanadinstählen im Vergleich zu Kohlenstoffstahl sind nicht vorhanden. Auf den Einfluß der Wärmebehandlungstemperatur ist zur Genüge hingewiesen worden.

H. Kobaltstähle.

1. Allgemeines.

a) Das System Eisen-Kobalt.

Eine besondere Stellung unter den Legierungselementen nimmt das Kobalt ein. Eisen und Kobalt bilden nach beendeter Erstarrung eine lückenlose Reihe von Mischkristallen (Abb. 376). Die A_4-Umwandlung wird durch Zusatz von Kobalt erhöht. Der Existenzbereich des δ-Eisens erstreckt sich bis nahezu 15% Kobalt. Die A_3-Umwandlung erfährt ebenfalls bis zu Gehalten von 40 bis 50% Co eine Erhöhung. Die Linien der A_4- und A_3-Umwandlung streben also weder auseinander noch zueinander, sondern verlaufen mehr oder weniger parallel, so daß man das System Eisen-Kobalt nicht ohne weiteres zu denjenigen mit erweitertem γ-Gebiet rechnen kann. Eine Erweiterung tritt erst bei 60—70% Kobalt ein. Noch viel weniger gehört Kobalt zu denjenigen Elementen, die das γ-Gebiet verkleinern oder abschnüren. Man kann daher Kobalt als ein ideales Verdünnungsmittel für Eisen ansprechen, wobei eine möglichst geringe Beeinflussung der Haltepunkte und des Kristallaufbaus der reinen Eisenlegierungen eintritt. Die rechte Seite des Diagramms ist etwas verwickelt. Die Bereiche der einzelnen Phasen des Kobalts, des hexagonalen, α- und β-Kobalts gehen aus der Darstellung hervor; für das Gebiet der Sonderstähle schaltet einstweilen diese Seite des Systems Fe-Co aus.

Kobalt ist eines der wenigen Elemente (bisher das einzige bekannte), das deutlich eine Verkleinerung des Gitterparameters im Mischkristall des Eisens hervorruft.

Eine genaue Darstellung des Verlaufes der A_3-Umwandlung zeigt Abb. 377. Bemerkenswert ist nicht nur die Er-

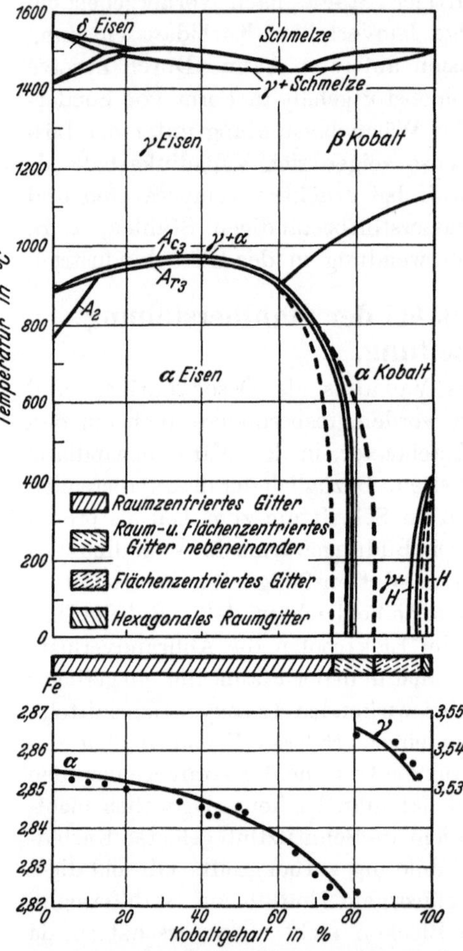

Abb. 376. Zustandsdiagramm Eisen-Kobalt. [Nach Untersuchungen von Masumoto: Sci. Rep. Tôhoku Univ. Bd. 15 S. 449; Ruer u. Kaneko: Ferrum Bd. 11 (1913) S. 33, sowie Andrews: Physic. Rev. Bd. 17 (1927) S. 261. Veränderung des Gitterparameters durch Kobalt. Nach Osawa, Sci. Rep. Tôhoku Univ. Bd. 19 (1930) S. 109.]

höhung der A_3-Umwandlung, sondern vor allem das Fehlen irgendeiner Veränderung der Hysteresis zwischen Ac_3 und Ar_3. Letzteres deutet darauf hin, daß Kobalt in Stahllegierungen nicht zu einer wesentlichen Erhöhung der Härtefähigkeit und Veränderung der kritischen Abkühlungsgeschwindigkeit beitragen kann.

b) Kohlenstoffhaltige Eisen-Kobalt-Legierungen.

Bei Anwesenheit von Kohlenstoff in Eisen-Kobalt-Legierungen macht sich Kobalt weder im Sinne einer Karbidbildung noch durch eine wesentliche Veränderung der Haltepunkte bemerkbar. Wie Abb. 378 zeigt, wird der Ac_1- und Ac_3-Punkt nur zu höheren Temperaturen verschoben, ohne daß eine wesentliche Veränderung der Hysteresis zwischen Ac und Ar eintritt. Es ist nicht ausgeschlossen, daß die Verschiebung der gesamten Umwandlung zu höheren Temperaturen durch Kobaltzusatz mit der Verkleinerung des Gitterparameters in direktem Zusammenhang steht. Besonders stark zeigt sich diese Erhöhung bei der magnetischen Umwandlung A_2 (Abb. 378).

Die bisher erwähnten Untersuchungen erstrecken sich auf solche im Dilatometer- und Saladin-Apparat, also auf die Lage der Umwandlungspunkte bei verhältnismäßig geringen Erwärmungs- und Abkühlungsgeschwindigkeiten. Für die praktische Verwendung von Stählen sind die genaue Kenntnis der Beeinflussung der Umwandlungspunkte bei erhöhten Umwandlungsgeschwindigkeiten bei der Wärmebehandlung und die dadurch erzielbaren Eigenschaften von hauptsächlicher Bedeutung. Bei der Nachprüfung der vorliegenden Verhältnisse an reinen Eisen-Kohlenstoff-Legierungen ergaben sich für den A_3-Punkt die in Abb. 379 aufgezeichneten Kurven. Sie zeigen deutlich, daß mit steigendem Kobaltzusatz auch bei erhöhter Umwandlungsgeschwindigkeit eine Erhöhung des Ar_3-Punktes eintritt, also Kobalt als einziges bisher

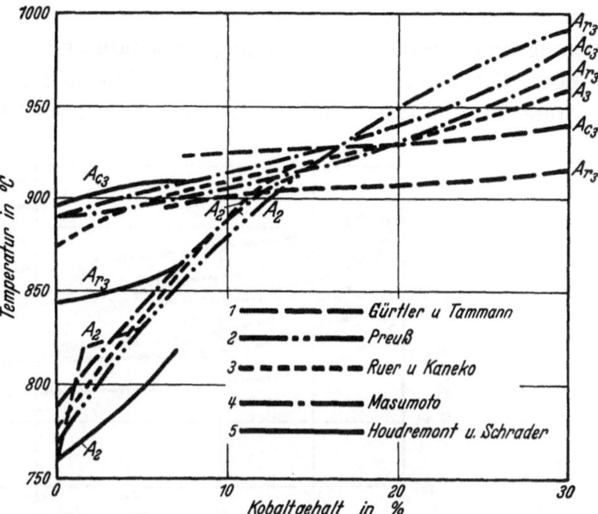

Abb. 377. Veränderung der Lage des A_2- und A_3-Punktes von Eisen durch Kobalt. [Gürtler u. Tammann: Z. anorg. Chem. 45. Jg. (1905) S. 205; Preuß: Dissert. Zürich 1912; Ruer u. Kaneko: Ferrum Bd. 11 (1913) S. 33; Masumoto: Sci. Rep. Tôhoku Univ. Bd. 15 S. 449; Houdremont u. Schrader: Kruppsche Mh. 13. Jg. (1932) S. 5.]

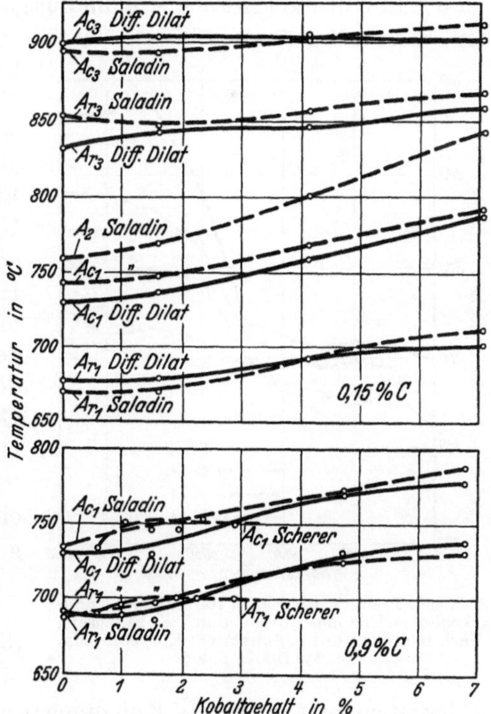

Abb. 378. Veränderung der Haltepunkte von Kohlenstoffstählen a) 0,15 % C, b) 0,9 % C durch Kobaltzusatz. [Nach Scherer: Arch. Eisenhüttenwes. 4. Jg. (1927) S. 325; Houdremont u. Schrader: Kruppsche Mh. 13. Jg. (1932) S. 4.]

bekanntes Element im Sinne einer Verringerung der Hysteresis und somit Vergrößerung der kritischen Abkühlungsgeschwindigkeit wirkt. Die in Abb. 379 gekennzeichneten Verhältnisse gelten für kohlenstoffarme Stähle mit 0,15 % C. Auch bei höher kohlenstoffhaltigen Stählen tritt ein ähnlicher Einfluß des Kobalts klar zutage.

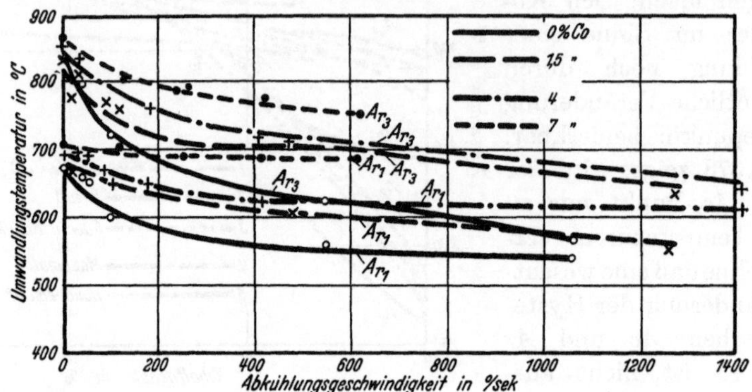

Abb. 379. Verlagerung der Umwandlungstemperatur durch die Abkühlungsgeschwindigkeit bei niedriggekohlten C-Stählen verschiedenen Co-Gehaltes. [Nach Houdremont u. Schrader: Kruppsche Mh. 13. Jg. (1932) S. 7.]

Während bei dem eutektoiden Kohlenstoffstahl bereits bei Abkühlungsgeschwindigkeiten von 100°/sec deutlich nur noch der Ar''-Punkt auftritt, verschiebt sich bei 5 % Kobalt die kritische Abkühlungsgeschwindigkeit auf 200° je Sekunde und bei 7 % Kobalt gelingt es bis zu 500°/sec nicht mehr, die Ar'-Umwandlung rest-

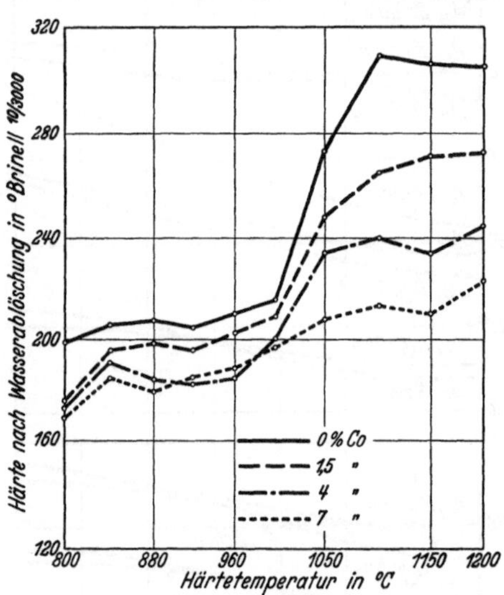

Abb. 380. Beeinträchtigung der Härtbarkeit niedriggekohlter Stähle mit 0,15 % C durch Kobaltzusatz. [Nach Houdremont u. Schrader: Kruppsche Mh. 13. Jg. (1932) S. 8.]

los zu unterdrücken; sie tritt auch bei dieser Abkühlungsgeschwindigkeit noch deutlich in Erscheinung. Dieser im Vergleich zu anderen Elementen negative Einfluß von Kobalt auf die kritische Umwandlungsgeschwindigkeit muß sich entsprechend verschlechternd in der Härtbarkeit der betreffenden Stähle bemerkbar machen. Daß dies tatsächlich der Fall ist, und daß auch bei Erhöhung der Härtetemperatur bis zu 1200° im Gegensatz zu dem Verhalten von Stählen mit karbidbildenden Legierungselementen keine Erhöhung der Härtbarkeit eintritt, zeigt Abb. 380 für niedriggekohlte Stähle.

Bei höher kohlenstoffhaltigen Stählen kann man nicht direkt einen Abfall der Randhärte feststellen, da es bei Wasserhärtung und entsprechend hoher Ablöschtemperatur bis zu Kobaltgehalten von 7 % gelingt, noch immer einwandfreie Martensithärte zu erzielen. Bei hohen Kohlenstoffgehalten macht sich die Erhöhung der kritischen Abkühlungsgeschwindigkeit durch Kobaltzusatz vor allem in der Verringerung der Härtetiefe bemerkbar. Wie die Verhältnisse bei einem eutektoiden Kohlenstoffstahl mit 0,9% C bei verschiedenen Kobaltgehalten liegen, veranschaulicht Abb. 381. Gleichzeitig kann man beobachten, daß das Gefüge entsprechend den in der Abb. 14 angedeuteten Verhältnissen bezüglich der Lage des Ar''- und Ar'-Punktes nicht mehr aus reinem Martensit, sondern aus Martensit und Troostitflecken besteht (Abb. 382). Diese Abbildung veranschaulicht auch deutlich den impfenden Einfluß der Korn-

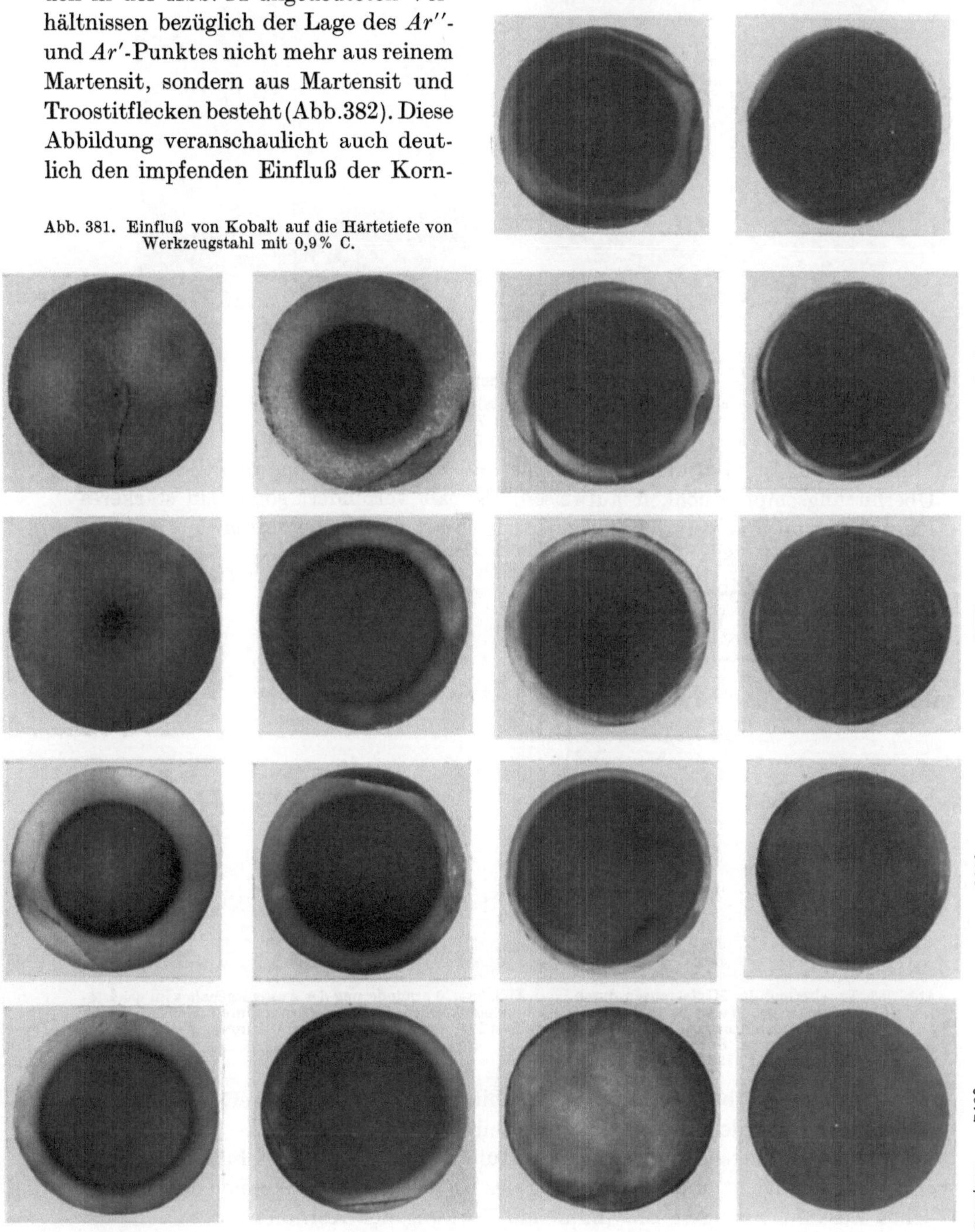

Abb. 381. Einfluß von Kobalt auf die Härtetiefe von Werkzeugstahl mit 0,9% C.

grenzen auf die Umwandlung, da sich die Troostitflecken deutlich in Korngrenzen-
anordnung befinden; von den Korngrenzen aus hat die Umwandlung Ar' be-
gonnen, im Kern aber hat Martensitbildung (Ar'') stattgefunden.

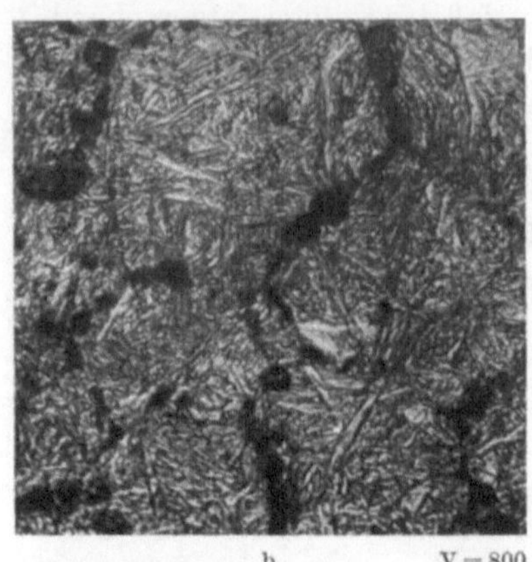

0,0% Co von 940° in Wasser abgelöscht   7% Co von 980° in Wasser abgelöscht

Ätzung: 3 proz. alkoholische Salzsäure.

Abb. 382. Härtungsgefüge eines eutektoiden Kohlenstoffstahles im Vergleich zu einem Stahl gleicher Zusammensetzung mit 7% Co.

Auffallend ist, daß die Kobaltstähle außerdem eine außerordentlich geringe
Überhitzungsempfindlichkeit aufweisen. Kobalt verhindert somit ein stärkeres
Kornwachstum und vergrößert dementsprechend die Härtegrenzen von Kohlenstoffstählen (Abb. 383). Im Gegen-
satz zu den karbidbildenden Elementen, wie z. B. Vanadin, wird

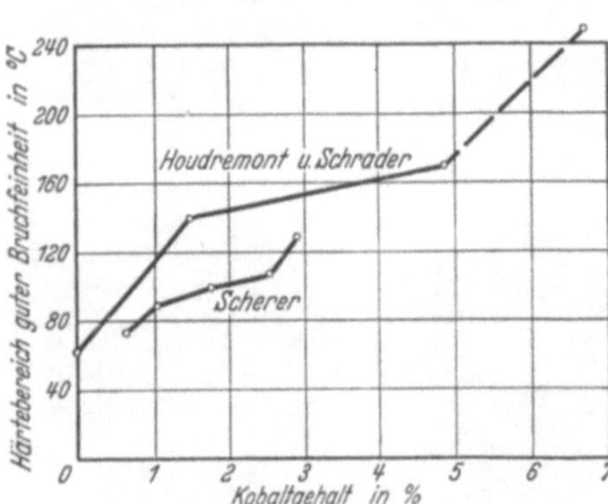

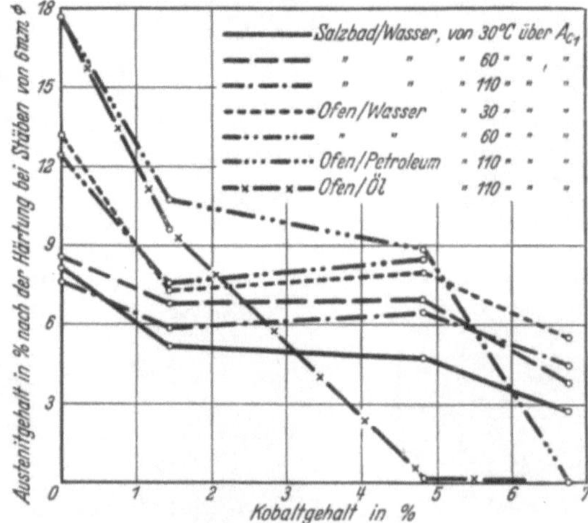

Abb. 383. Erweiterung der Härtegrenzen durch
Kobalt beim eutektoiden Werkzeugstahl. [Nach
Scherer: Arch. Eisenhüttenwes. 4. Jg. (1927)
S. 325; Houdremont u. Schrader: Krupp-
sche Mh. 13. Jg. (1932) S. 12.]

Abb. 384. Verminderung des Austenitgehaltes im gehärteten eutektoiden Kohlenstoffstahl durch Kobalt. [Nach
Houdremont u. Schrader: Kruppsche Mh. 13. Jg.
(1932) S. 19.]

man die durch Kobalt eintretende Überhitzungsunempfindlichkeit weniger auf
die Behinderung des Kornwachstums durch Einlagerungen als auf die Verringerung des Gitterparameters zurückführen können. Kornfeinheit, verminderte Härtefähigkeit und Verringerung des Gitterparameters können im ursächlichen Zusammenhang stehen (impfende Wirkung der Korngrenzen).

In gleicher Weise, wie ein Kobaltzusatz die Martensitbildung verzögert, verringert er auch die bei der Härtung entstehende Menge Restaustenit (Abb. 384).

Die Kobaltstähle bleiben beim Anlassen und Ausglühen (Abb. 385) etwas härter als die entsprechenden reinen Kohlenstoffstähle. Zum Teil dürfte dies durch die große Feinkörnigkeit und den Einfluß von Kobalt auf die Grundmasse zu erklären sein, da, wie wir später noch sehen werden, Kobalt an sich die Festigkeit des Mischkristalls erhöht, was mit der Veränderung des Gitterparameters erklärt werden könnte. Der Abfall der Festigkeit des 16proz. Kobaltstahls bei einer Glühtemperatur von 750° ist durch

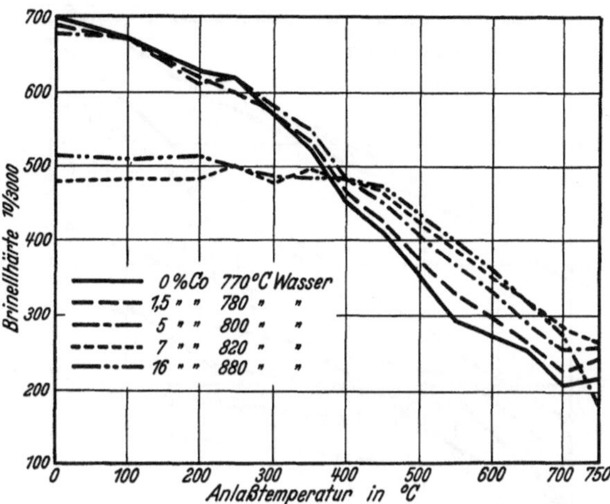

Abb. 385. Harteveränderung gehärteter Kobalt-Kohlenstoff-Stahle mit 0,9 % C beim Anlassen. [Nach Houdremont u. Schrader: Kruppsche Mh. 13. Jg. (1932) S. 46.]

Graphitbildung zu erklären (Abb. 386), da Kobaltzusätze über 7 % beim Glühen unterhalb A_1 zur Zerlegung des Eisenkarbids in Eisen und Temperkohle führen. Im Gegensatz zu anderen zum Schwarzbruch neigenden Stählen genügt bereits eine Erwärmung in das γ-Gebiet, um den Graphit zu lösen, und auch bei nachfolgender einfacher Luftabkühlung fällt er nicht wieder aus. Die Temperkohleausscheidung gelingt somit nur durch Glühen dicht unterhalb der Umwandlung. Diese schnelle Auflösungsfähigkeit des γ-Mischkristalls für Graphit weist schon auf eine hohe Diffusionsgeschwindigkeit des Kohlenstoffs in Kobaltstählen hin. Ein weiterer Beweis wird durch das Verhalten kobalthaltiger Stähle bei Entkohlungsversuchen sowohl dicht unterhalb A_1 als oberhalb A_3 erbracht. Abb. 387 zeigt den Einfluß von Kobalt auf die Entkoh-

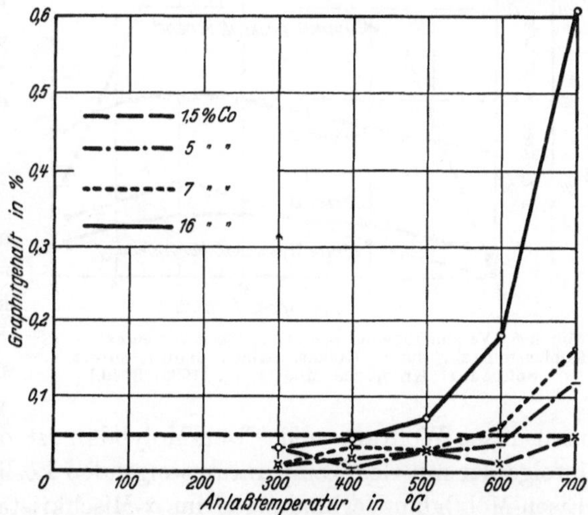

Abb. 386. Verstärkung der Graphitbildung bei angelassenen Kobalt-Kohlenstoff-Stahlen mit 0,9 % C durch Kobalt. [Nach Houdremont u. Schrader: Kruppsche Mh. 13. Jg. (1932) S. 46.]

lungstiefe bei Behandlung verschiedener kobalthaltiger Stähle in Wasserstoff.

Das Verhalten kobalthaltiger Stähle beim Anlassen sowie die Erhöhung der Härte der Grundmasse durch Kobaltzusatz sowohl bei Raum- als bei erhöhten Temperaturen (s. später) führen dazu, daß kobalthaltige Kohlenstoffstähle beim Drehversuch erhöhte Schnittleistungen gegenüber reinen Kohlenstoffstählen ergeben (Abb. 388). Wie aus dieser Abbildung hervorgeht, findet eine Verbesserung der Werte bei steigendem Kobaltzusatz bis zu 5% statt. Die Verringerung der

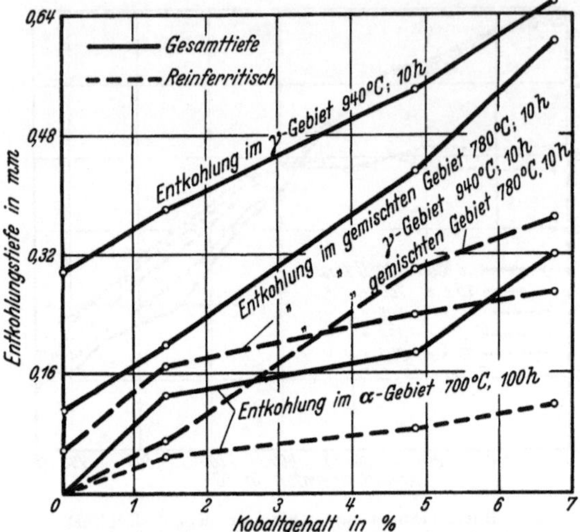

Abb. 387. Erhöhung der Entkohlbarkeit von eutektoidem Kohlenstoffstahl durch Kobalt. [Nach Houdremont u. Schrader: Kruppsche Mh. 13. Jg. (1932) S. 33.]

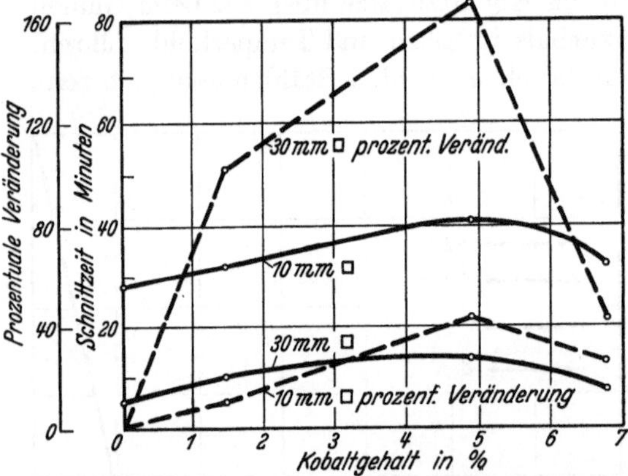

Abb. 388. Veränderung der Schnitthaltigkeit von eutektoidem Kohlenstoffstahl durch Kobalt. [Nach Houdremont u. Schrader: Kruppsche Mh. 13. Jg. (1932) S. 40.]

Schnittleistung bei 7% Kobalt ist auf die bereits eintretende ungenügende Härtefähigkeit dieses Stahles (Abb. 385) zurückzuführen. Es muß an dieser Stelle schon darauf hingewiesen werden, daß der geschilderte Einfluß von Kobalt auf die Härtefähigkeit nur für die angeführten reinen Eisen-Kohlenstoff-Legierungen gilt. Bei Zusatz von karbidbildenden Elementen scheint die Wirkung von Kobalt eine andere zu sein. Wie noch später zu sehen sein wird, härten stärker karbidhaltige Stähle mit 10—12% Cr und 1,5% C oder schnellstahlähnliche Legierungen bei Zusatz von Kobalt eher besser, insbesondere wird der Austenitgehalt derartiger Stahllegierungen nach der Härtung durch Kobaltzusatz wesentlich erhöht.

c) Eisen-Kobalt-Wolfram- und Eisen-Kobalt-Molybdän-Legierungen.

Von technischer Bedeutung auf dem Gebiete der Sonderstähle sind in neuerer Zeit praktisch kohlenstofffreie Legierungen des Systems Eisen-Kobalt-Wolfram und Eisen-Kobalt-Molybdän geworden. Bei den binären Systemen Eisen-Wolfram und Eisen-Molybdän ist darauf hingewiesen worden, daß infolge der mit der Temperatur steigenden Löslichkeit der Eisen-Wolfram- bzw. Eisen-Molybdän-Verbindungen im α-Mischkristall Legierungen mit bestimmtem Legierungsgehalt durch Ablöschen von hoher Temperatur mit darauffolgendem Anlassen zur Ausscheidungshärtung gebracht werden können.

In dem System Kobalt-Wolfram tritt nach Köster und Tonn[1] sowie Sykes[2] ebenfalls eine Kobalt-Wolfram-Verbindung auf, die Ausscheidungshärtung hervorrufen kann, da die Löslichkeit für diese Verbindung mit steigender Temperatur

[1] Arch. Eisenhüttenwes. 5. Jg. (1931/32) S. 431—440.
[2] Trans. Amer. Inst. min. metallurg. Engr. Bd. 73 (1926) S. 968—1008; siehe auch Stahl u. Eisen 46. Jg. (1926) S. 1833—1836.

zunimmt. Zwischen den Verbindungen CoW und Fe$_3$W$_2$ besteht Mischkristallbildung, wie dies aus dem Raumdiagramm nach Köster und Tonn (Abb. 389)
hervorgeht. Diese von Köster als ϑ-Mischkristalle bezeichneten Verbindungen
rufen über einen weiten Bereich des Dreistoffsystems Eisen-Kobalt-Wolfram
infolge Veränderung der Löslichkeit mit steigender Temperatur Ausscheidungshärtung hervor.

Infolge des Einflusses von Wolfram auf die Abschnürung des γ-Gebietes
einerseits und die große Ausdehnung des γ-Gebietes im System Eisen-Kobalt
andererseits ergibt sich
die Tatsache, daß der
ϑ-Mischkristall einmal
von Raumtemperatur
angefangen bis zu Ab-
löschtemperaturen von
1300° im γ-Gebiet löslich ist, und zwar ist
dies hauptsächlich auf
der Seite der kobalt-
reichen und eisenarmen
Legierungen der Fall.
Andererseits kann die
Löslichkeitsfläche voll-
kommen im α-Gebiet
verlaufen; dies gilt vor
allem für die kobalt-
ärmeren Wolfram-Eisen-
Legierungen. Außerdem
liegt zwischen diesen
beiden Gebieten ein Be-
reich, in dem die stei-
gende Löslichkeitslinie

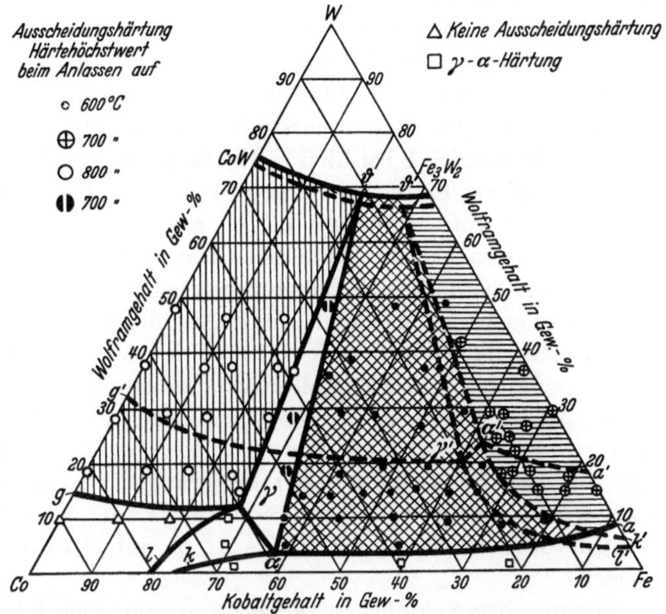

Abb. 389. Ausscheidungshartung der Eisen-Kobalt-Wolfram-Legierungen.
[Schnitte durch das Zustandsschaubild Eisen-Kobalt-Wolfram bei 20°
(———) und 1300° (- - - - -).] [Nach Koster: Arch. Eisenhuttenwes. 6. Jg.
(1932/33) S. 17.]

durch die α-γ-Umwandlung unterbrochen wird, so daß wir bei diesen Legierungen ähnliche Verhältnisse vorliegen haben, wie sie bei den sonderkarbidbildenden
Stählen vorhanden sind, d. h. Möglichkeit von Umwandlung und Ausscheidungshärtung. Zum Schluß muß noch erwähnt werden, daß zwischen dem Gebiet
mit γ-α-Umwandlung erwartungsgemäß ein halbferritisches Gebiet liegen muß,
ähnlich wie dies bei den Eisen-Chrom-Kohlenstoff-Legierungen der Fall ist. Die
einzelnen Gebiete sind aus Abb. 389 ersichtlich.

Von besonderem Interesse ist es festzustellen, wie die Ausscheidungshärtung
in Abhängigkeit von dem Grundcharakter des Mischkristalls verläuft, in dem sich
die ausscheidende Phase (ϑ-Mischkristall) auflöst bzw. ausscheidet.

Wie von Bennek und Schafmeister[1] an Hand von durch Titan ausscheidungshärtenden Cr-Ni-Legierungen nachgewiesen werden konnte, verlaufen
die Kurven der Ausscheidungshärtung im γ-Mischkristall prinzipiell anders
als im α-Mischkristall, und zwar liegen für den mit Atomen dichter besetzten

---

[1] Arch. Eisenhüttenwes. 5. Jg. (1931/32) S. 615—620.

γ-Mischkristall die Ausscheidungstemperaturen höher als für den α-Mischkristall. Diese beobachtete Tatsache steht in Übereinstimmung mit der Verschiebung des Rekristallisationsbeginns der austenitischen Stähle gegenüber ferritischen Stählen zu höheren Temperaturen. Sowohl für die Ausscheidungsvorgänge als auch für die Rekristallisationsvorgänge ist der Platzwechsel der Atome von ausschlaggebender Bedeutung, und dieser steht somit augenscheinlich in Abhängigkeit von der Dichtheit der Netzebenenbesetzung. In gleichem Zusammenhang wäre dann auch die Verlangsamung der Ausscheidungsvorgänge infolge der Verringerung des Gitterparameters durch Kobalt zu erklären. Eine volle Bestätigung dieser Beobachtungen bringen die Untersuchungen von Köster[1] an den in Frage stehenden Eisen-Kobalt-Wolfram-Legierungen.

In der vorerwähnten Abb. 389 gibt die Linie $a\,\alpha\,\vartheta\,\mathrm{Fe_3W_2}$ die Grenze für die α-Mischkristalle bei Raumtemperatur an, die Linie $a'\alpha'\vartheta'\mathrm{Fe_3W_2}$ die Grenzlinie für den α-Mischkristall bei 1300°. Alle Legierungen, die bei niedrigen Co-Gehalten auf der Wolfram-Eisen-Seite liegen (rechts von der Linie $a'\alpha'\vartheta'$), bleiben daher rein ferritisch vom Schmelzpunkt bis zur Raumtemperatur. Die Verschiebung der Linie $a\,\alpha\,\vartheta$ nach $a'\alpha'\vartheta'$ bei höheren Temperaturen gibt an, daß die Legierungen, die zwischen diesen beiden Linien liegen, sich bei höherer Temperatur im γ-Feld, bei Raumtemperatur im Gebiet des α-Mischkristalls befinden; sie erleiden infolgedessen eine Umwandlung γ-α während der Abkühlung, und der Übergang von den α- zu den γ-Mischkristallegierungen erfolgt über eine kleine Mischungslücke, ähnlich wie es bei dem System Eisen-Chrom-Kohlenstoff gezeigt wurde; d. h. es ergeben sich auch hier zwischen beiden Gebieten sog. halbferritische Legierungen. Die Gebiete dieser Legierungen sind angegeben durch die Felder $k\,\alpha\,\vartheta\,\gamma\,l$ bzw. $k'\alpha'\vartheta'\gamma'l'$. Links von der Linie $\vartheta\,\gamma$ befinden sich alle Legierungen von Schmelztemperatur bis zu Raumtemperatur im rein austenitischen Gebiet.

Für die Ausscheidungsvorgänge ist es von Wichtigkeit, noch diejenige Linie zu berücksichtigen, die die Löslichkeit der sich ausscheidenden Phase bei Raumtemperatur angibt. Diese Linie befindet sich auf der Kobalt-Eisen-Seite ($a\,\alpha\,\gamma\,g$). Alle Legierungen, die sich unterhalb dieser Linie befinden, können somit keine Ausscheidungsvorgänge zeigen. In diesem Gebiet können nur diejenigen Legierungen gewisse Härtungserscheinungen aufweisen, die die γ-α-Umwandlung erleiden und auf Grund der hierbei eintretenden Gefügeveränderungen, ähnlich wie Eisen-Kohlenstoff-Legierungen, direkte Abschreckhärtungserscheinungen zeigen.

Betrachtet man nun für die einzelnen Legierungsfelder die günstigsten Ausscheidungstemperaturen, bei denen der Härtehöchstwert erreicht wird, so ergibt sich, wie ebenfalls in der Abb. 389 eingetragen ist, daß man für die verschiedenen Gebiete drei optimale Ausscheidungstemperaturen, und zwar 600, 700, 800° feststellen kann. Die Temperatur der Ausscheidung von 800° entspricht denjenigen Legierungen, die rein austenitisch sind, bei denen also die Ausscheidung im γ-Gebiet verläuft. Die Ausscheidungstemperatur von 700° zeigen diejenigen Legierungen, die im rein ferritischen Gebiet liegen, während das Maximum der Ausscheidung bei 600° und ein vorzeitiger Beginn der Aus-

---

[1] Arch. Eisenhüttenwes. 6. Jg. (1932/33) S. 17—23.

scheidung bereits bei 400° den Legierungen entspricht, die beim Ablöschen eine γ-α-Umwandlung erleiden.

Die Verschiebung der optimalen Ausscheidungstemperatur bei rein ferritischen Legierungen von 700° zu 600° ist auf den ersten Augenblick auffallend, da sich beide Ausscheidungsvorgänge im α-Eisen abspielen. Sie dürften allerdings ihre Erklärung dadurch finden, daß die Legierungen, deren Maximum bei 600° liegt, bei der Abschreckung die γ/α-Umwandlung erleiden und durch den hierbei erzeugten Spannungszustand die Ausscheidungsvorgänge beschleunigt werden. Ähnliche Beschleunigungen, z. B. durch Spannungen als Folge von Kaltverformung, sind ja bekannt. Gleichzeitig ist charakteristisch, daß diese Legierungen mit der tiefsten Ausscheidungstemperatur die maximalste Härtesteigerung erzielen lassen. Dieser Tatsache entspricht auch die Gesetzmäßigkeit, daß Ausscheidungsvorgänge, die infolge von Spannungen bei tieferen Temperaturen beginnen, zwangsweise zu feinerer Verteilung der sich ausscheidenden

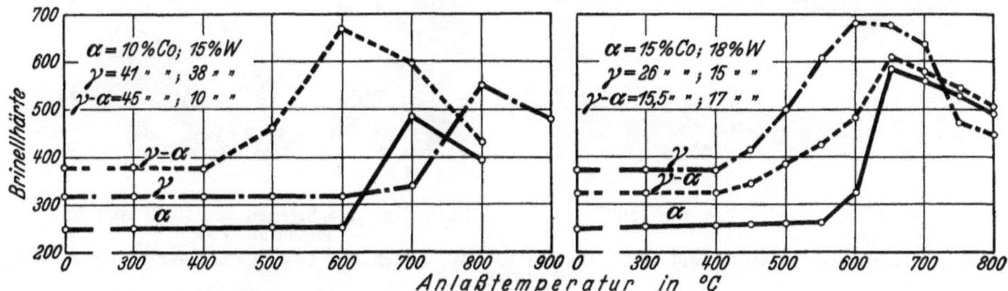

Abb. 390. Einfluß des Anlassens auf die Härte der bei 1300° abgeschreckten Eisen-Kobalt-Wolfram-Legierungen. [Nach Köster: Arch. Eisenhuttenwes. 6. Jg. (1932/33) S. 18.]

Phase und zu höheren Härtewerten führen. Die Abb. 390 zeigt deutlich die geschilderten Verhältnisse. Während in Abb. 390 links die typischen Unterschiede für die Ausscheidungsvorgänge im reinen α-, im reinen γ-Mischkristall und im Umwandlungsgefüge γ-α dargestellt sind, entspricht in Abb. 390 rechts die voll ausgezogene Linie einer Legierung, die nach Ablöschung von 1300° aus homogenen α-Kristalliten besteht. Die strichpunktierte Linie mit 26% Kobalt und 15% Wolfram kennzeichnet eine sich während der Abschreckung vollkommen umwandelnde Legierung. Dementsprechend liegt der Beginn der Ausscheidung, in Übereinstimmung mit der linken Seite der Abbildung für eine ähnliche Legierung, bei 400°, der optimale Wert bei 600°. Die dritte Kurve schließlich entspricht einer sog. halbferritischen Legierung mit 15,5% Co, 17% W. Sie paßt sich im Verlaufe der Wärmebehandlung sowohl der ferritischen als auch der aus Umwandlungsgefüge bestehenden Kurve an.

Die Gefüge einer derartigen Legierung zeigt die Abb. 391 im abgeschreckten und umgewandelten Zustand; die Ähnlichkeit mit halbferritischen Chromstählen ist unverkennbar. Der Vollständigkeit halber soll nochmals hervorgehoben werden, daß auch die Verhältnisse bei den halbferritischen Chromstählen etwa ähnlich liegen, nur mit dem Unterschied, daß die in Lösung gehende und sich ausscheidende Phase die stabilen Chromkarbide sind. Die Ausscheidungen im Gefüge einer rein ferritischen Legierung zeigt die Abb. 392.

Einen Überblick über die erzielbaren Härten bei derartigen Legierungen gibt die Abb. 393 für zwei verschiedene Wolframgehalte wieder. An dem Anstieg

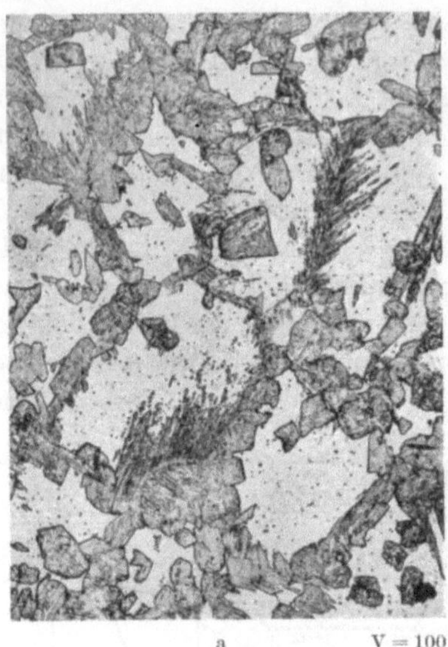

a   V = 100

Nach dem Abschrecken von 1300°

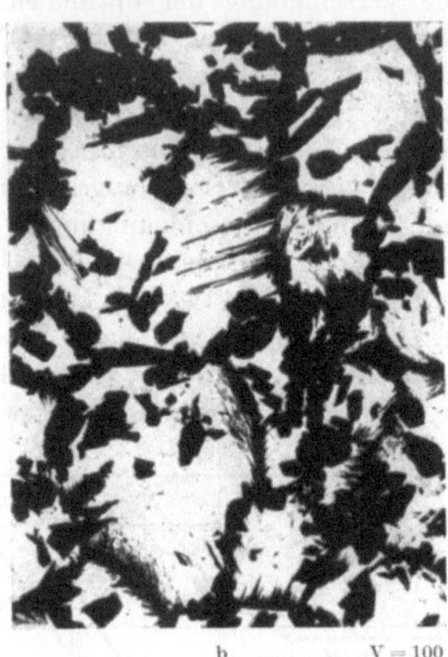

b   V = 100

Nach dem Abschrecken von 1300° und An-
lassen auf 600°

Abb. 391. Gefüge einer Legierung mit 15,5% Co und 17% W. [Nach Köster: Arch. Eisenhüttenwes. 6. Jg. (1932/33) S. 18.]

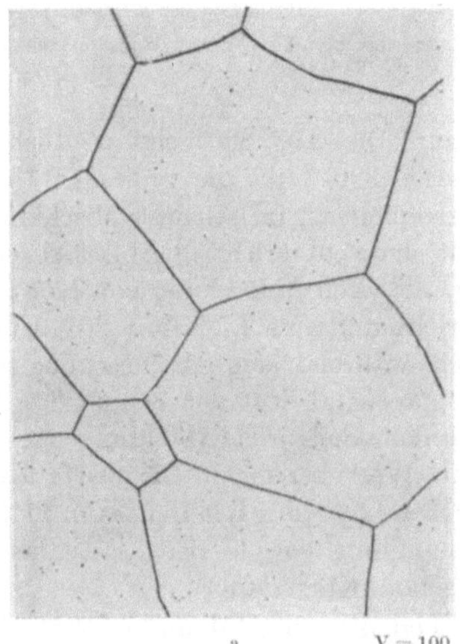

a   V = 100

Nach dem Abschrecken von 1300°

b   V = 100

Nach dem Abschrecken von 1300° und An-
lassen auf 700°

Abb. 392. Gefüge einer Legierung mit 15% Co und 18% W. [Nach Köster: Arch. Eisenhüttenwes. 6. Jg. (1932/33) S. 20.]

der Kurve im abgeschreckten Zustand sieht man den Bereich derjenigen Legierungen, die die γ-α-Umwandlung erfahren (Umwandlungshärtung). Infolge der eintretenden Umwandlung tritt eine gewisse Härtung bereits im abgelöschten Zustande auf. Für diese Legierungen ist die Anlaßtemperatur von 600° gewählt,

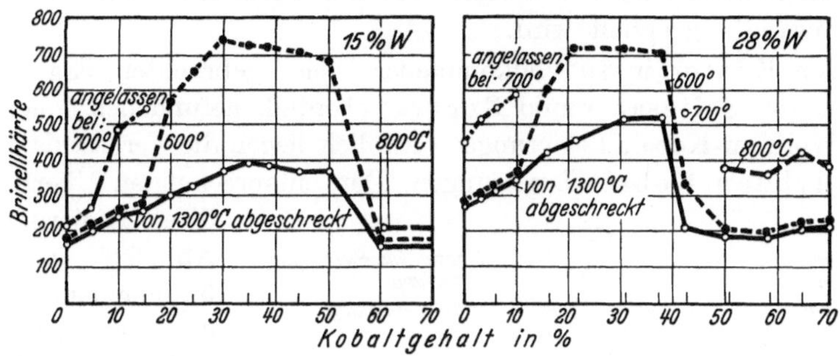

Abb. 393. Abhängigkeit der Härte von Eisen-Kobalt-Wolfram-Legierungen gleichen Wolframgehaltes vom Kobaltgehalt bei verschiedener Wärmebehandlung. [Nach Köster: Arch. Eisenhüttenwes. 6. Jg. (1932/33) S. 19.]

die zu höheren Werten führt, als sie bei härtbaren Spezialstählen auf der Kohlenstoffbasis erreicht werden. Die vollkommen im rein ferritischen oder austenitischen Gebiet liegenden Proben zeigen im abgeschreckten Zustand entsprechend dem Verhalten einer übersättigten festen Lösung geringe Härtewerte, auch sind die entsprechenden Werte nach der Ausscheidungshärtung geringer als bei Legierungen mit Umwandlungsgefüge.

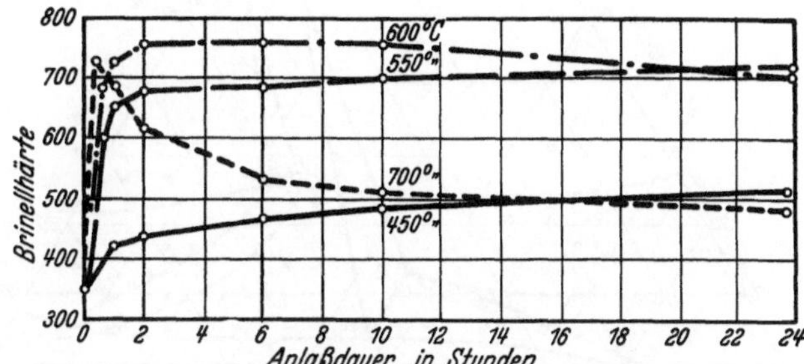

Abb. 394. Zeitliche Änderung der Härte einer von 1200° abgeschreckten Legierung mit 30% Co und 15% W bei verschiedenen Anlaßtemperaturen. [Nach Koster: Arch. Eisenhuttenwes. 6. Jg. (1932/33) S. 19.]

Bei Untersuchung verschiedener Härteisothermen ergeben sich bei den Eisen-Kobalt-Wolfram-Legierungen ähnliche Bilder, wie sie bei anderen Ausscheidungsvorgängen bekannt sind. Für die Verwendung auf dem Gebiete von Werkzeugstählen eignen sich die Legierungen mit Umwandlungsgefüge, die die hohe Härte von 700 Brinell erreichen lassen. Als günstigste Anlaßdauer ergibt sich aus den Anlaßisothermen (Abb. 394) für 600° eine Zeit von 2 Stunden. Die Analogie dieser Legierungen mit karbidausscheidenden Schnellstählen erstreckt sich auch auf den Einfluß der Ablöschtemperatur, wie dies aus Abb. 395

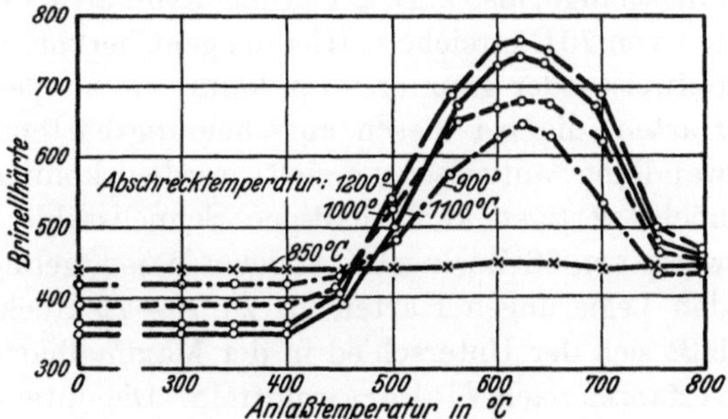

Abb. 395. Einfluß der Abschrecktemperatur auf die Härteänderung beim Anlassen einer Legierung mit 30% Co und 15% W. [Nach Köster: Arch. Eisenhüttenwes. 6. Jg. (1932/33) S. 20.]

bezüglich der erzielbaren Höchsthärte in Abhängigkeit von der Ablöschtemperatur hervorgeht. Der Vorteil der eintretenden γ-α-Umwandlung dürfte außerdem darin zum Ausdruck kommen, daß die entsprechenden Legierungen weniger zur Grobkornbildung als die rein ferritischen Legierungen neigen, weil das γ-Korn weniger schnell wächst als das α-Korn und außerdem eine Gefügeverfeinerung bei der Umwandlung erzielt wird.

Diese von Köster in so vollkommener Weise gebrachten Ergebnisse bestätigen die von Seljesater und Rogers[1] ebenfalls gefundenen hohen Härten bei Eisen-Wolfram-Kobalt-Legierungen. Ähnlich liegen die Verhältnisse bei den Eisen-Molybdän-Kobalt-Legierungen. Den entsprechenden Überblick über diese Legierungen gibt Abb. 396. In dieser Abbildung sind wiederum die verschiedenen optimalen Ausscheidungstemperaturen angegeben. Da die Analogie mit den Eisen-Kobalt-Wolfram-Legierungen vollkommen ist, erübrigt sich ein näheres Eingehen (s. Erläuterung der Abb. 389).

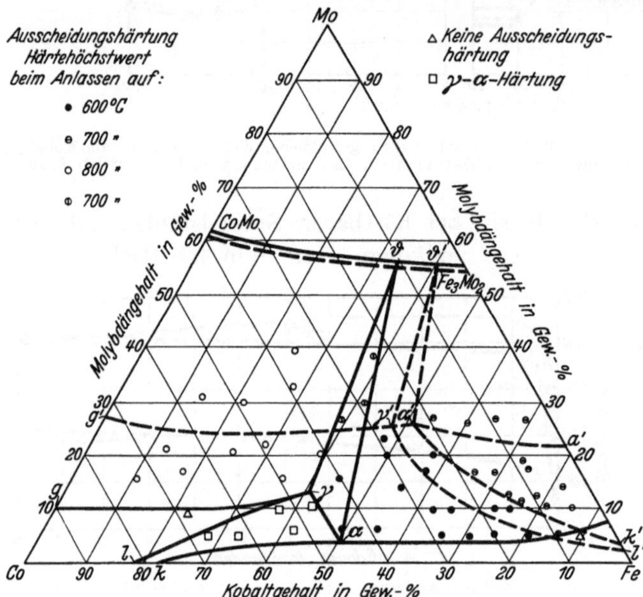

Abb. 396. Ausscheidungshärtung der Eisen-Kobalt-Molybdän-Legierungen. [Schnitte durch das Zustandsschaubild Eisen-Kobalt-Molybdän bei 20° (————) und 1300° (- - - - -).] [Nach Köster: Arch. Eisenhüttenwes. 6. Jg. (1932/33) S. 23.]

Bereits bei den kobaltfreien Eisen-Molybdän-Legierungen mit 23% Molybdän kann durch Anlassen auf 600° eine Rockwellhärte von 60 C erzielt werden. Die entsprechenden Eisen-Kobalt-Molybdän-Legierungen mit Umwandlungsgefüge, also z. B. Legierungen mit 30% Co, 10—20% Mo, lassen Rockwellhärten von 70 C erreichen. Hieraus geht hervor, daß man Wolfram durch Molybdän teilweise oder ganz ersetzen kann, um zu gleichen Ergebnissen zu gelangen. Die Härten, die bei diesen ausscheidungshärtenden Legierungen, die die γ-α-Umwandlung aufweisen, erzielt werden können, übersteigen die Besthärten der höchstwertigen kobalthaltigen Schnellstähle. Während letztere nur Maximalwerte von 66 Rockwell C erzielen lassen, gelingt es, bei den ausscheidungshärtenden Legierungen Härten bis zu 70—72 Rockwell C zu erhalten. Sehr deutlich läßt sich der Unterschied in der Maximalhärte durch das verfeinerte Härtemeßverfahren nach Vickers ermitteln. Die unterschiedlichen Werte zeigt die Zahlentafel 95. Diese hohe Härte deutet auf einen außergewöhnlich hohen Verschleißwiderstand der Legierungen hin. Da ferner diese Legierungen ihre Ausscheidungstemperatur bei etwa 600° haben, müssen sie sich auch durch eine hohe Anlaßbeständigkeit und Warmhärte auszeichnen. Sie besitzen also

---

[1] Trans. Amer. Soc. Stl. Treat. Bd. 19 (1932) S. 553/576.

Zahlentafel 95. Härte einer ausscheidungshärtenden Wolfram-Kobalt-Legierung
nach verschiedenen Anlaßbehandlungen (30% Co, 18% W).

Anlaßtemperatur .	600°	700°	750°	800°	850°
Rockwellhärte . . .	69—71	66—67	63—64	58—59	53—54
Vickershärte . . .	1066—1114	940	834	734	587

alle Kennzeichen, die hochwertigen Schnelldrehstählen zu eigen sind. Die bei
gleicher und sogar besserer Anlaßbeständigkeit höhere Härte muß eine erhöhte
Schnittleistung dieser Legierungen gegenüber den bisher bekannten Schnelldrehstählen ergeben. Diese Überlegenheit zeigt sich auch bei entsprechenden
Schnittversuchen. Die Leistungen einer derartigen Legierung im Vergleich zu
einem 17 proz. Kobaltstahl stellt Zahlentafel 96 dar. Gegenüber den normalen

Zahlentafel 96. Schnittleistung einer ausscheidungshartenden Kobalt-Wolfram-
Legierung (30% Co, 18% W) im Vergleich zu 17 proz. kobalthaltigen Schnelldrehstahl.

Bearbeitetes Material	Vor-schub	Span-tiefe	Schnittgeschwindigkeit		Standzeit	
			fur Schnell-drehstahl	fur ausschei-dungshartende Legierung	fur Schnell-drehstahl	fur ausschei-dungshartende Legierung
	mm	mm	m/min	m/min	min	min
Vergüteter Cr-Ni-Stahl {	1,4	5,0	17	17	7	60
v. 100 kg/mm² Festigkeit {	0,18	0,5	50	65	33	37

Schnellstählen muß bei diesen Legierungen noch hervorgehoben werden, daß
sie nach dem Ablöschen von hohen Temperaturen nicht ihre Höchsthärte aufweisen, sondern erheblich weicher sind als gehärtete Schnellstähle. Infolgedessen
ist eine gewisse Bearbeitung im abgelöschten Zustand noch möglich. Das Härten
findet beim darauffolgenden Anlassen auf 600° durch die Ausscheidung statt.
Diese Härtung durch Anlassen ist durch große Verzugsfreiheit gekennzeichnet.
Diese Legierungen werden daher in Zukunft voraussichtlich als Zwischengruppe
von Werkzeugstählen zwischen Schnellstählen und karbidhaltigen Schneidmetallen, wie Widia usw., noch eine größere Bedeutung erlangen. Man muß
allerdings bei ihnen infolge der höheren Härte auch mit einer höheren Sprödigkeit rechnen. Bereits die hochlegierten Schnellstähle mit 17% Kobalt zeigen
u. U. eine ähnliche Versprödung, die für einzelne Verwendungszwecke die Mehrleistungen dieser Stähle nicht voll in Erscheinung treten läßt.

Die hier gewonnenen Erkenntnisse zeigen neue Wege, um unabhängig vom
Kohlenstoff- und Karbidgehalt von Stählen Leistungen zu erzielen, die unter
Umständen den Leistungen karbidhaltiger Stähle überlegen sind.

Bei den angeführten Ausscheidungsvorgängen verändern sich in üblicher Weise
andere physikalische Eigenschaften, wie z. B. spezifisches Gewicht, elektrische
Leitfähigkeit, Koerzitivkraft und Remanenz. Auf die starke Erhöhung der Koerzitivkraft bei Molybdän-Eisen-Legierungen durch Ausscheidung der Eisen-Molybdän-Verbindung ist bei Molybdän hingewiesen worden. Die Veränderung der
physikalischen Eigenschaften bei einer Eisen-Kobalt-Wolfram-Legierung zeigt
Abb. 397. Die Legierung weist außerordentlich günstige Koerzitivkräfte bei
hohen Remanenzen auf. Die Wirkung der Ausscheidung auf die physikalischen
Eigenschaften wird je nach dem Grundgefüge: α-Mischkristall, γ-Mischkristall
oder Umwandlungsgefüge verschieden sein.

Interesse in magnetischer Beziehung verdienen nur die Legierungen mit γ-α-Umwandlung oder reinen α-Mischkristallen. Da bei den letzteren jede Verminderung von Remanenz infolge von Austenitbildung mit Sicherheit vermieden wird, werden höchste magnetische Eigenschaften, d. h. hohe Koerzitivkraft bei gleichzeitig hoher Remanenz zu erwarten sein, wie dies auch aus den Untersuchungen von Köster[1], über die Eisen-Molybdän-Kobalt-Legierungen für Dauermagnete, hervorgeht (vgl. Abschnitt 4).

2. Kobalt in Werkzeugstählen.

Nach dem bisher geschilderten Verhalten von kobalthaltigen Stählen bei der Härtung ist an eine Verwendung reiner Eisen-Kobalt-Kohlenstoff-Stähle auf dem Werkzeugstahlgebiete in größerem Umfange nicht zu denken, da beträchtliche Veränderungen der Eigenschaften nicht zu erwarten sind. Der einzige Einfluß, der zu einer Verwendung führen könnte, ist die mit der geringen Härtefähigkeit der Kobaltstähle in Verbindung stehende Maßbeständigkeit beim Härten. Im allgemeinen kann man feststellen, daß die Maßhaltigkeit im Zusammenhang mit der Durchhärtefähigkeit der betreffenden Legierung und den Abmessungen steht. Es ist verständlich, daß verringerte Durchhärtefähigkeit, also verringerte Martensitbildung, auch eine Verringerung des Verzuges beim Härten bewirken, da bekanntlich die Martensitbildung mit Volumenvergrößerung verbunden ist und das Ausmaß des Verzuges mit dem Volumen des zu Martensit umgewandelten Gefügeanteils in einem gewissen Zusammenhang stehen muß (s. Maurer und Haufe[2]). Durch Bestimmung des spezifischen Gewichts nach verschiedenen Härtungen kann man schon einen gewissen Aufschluß über das Verhalten der Stähle bekommen. Die Erhöhung der Maßbeständigkeit beim Härten durch Kobaltzusatz, gemessen an Gewindebohrern, gibt Abb. 398 im Zusammenhang mit der Durchhärtung der entsprechenden Werkzeuge wieder.

Bei reinen Kohlenstofflegierungen hat der Zusatz von Kobalt aber in dieser Beziehung noch keine praktische Bedeutung erlangt, da, wie bekannt, durch karbidbildende Elemente ähnliche geringe Durchhärtungen in Verbindung mit anderen Vorteilen (s. Vanadin) erzielt werden können. Setzt man den Stahl-

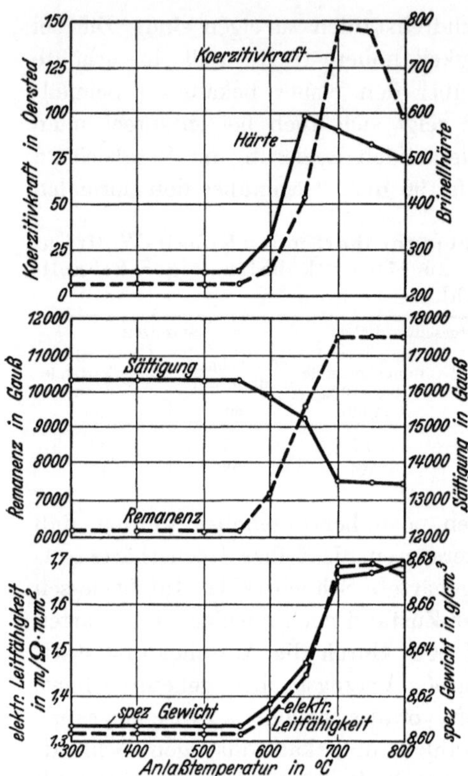

Abb. 397. Einfluß des Anlassens auf die physikalischen Eigenschaften einer von 1300° abgeschreckten Legierung mit 15% Kobalt und 18% Wolfram. [Nach Koster: Arch. Eisenhüttenwes. 6. Jg. (1932/33) S 21.]

---

[1] Arch. Eisenhüttenwes. 6. Jg. (1932/33) S. 17—23.
[2] Stahl u. Eisen 44. Jg. (1924) S. 1720.

legierungen außer Kobalt noch andere Elemente, wie Chrom, Mangan usw., zu, so daß die Stähle infolge dieser Zusätze vollkommen durchhärten, so kann sich der Einfluß von Kobalt auf die Maßbeständigkeit naturgemäß nicht mehr bemerkbar machen.

Da aber Kobalt die Schnittleistung schon bei reinen Kohlenstoffstählen erhöht, tritt auch bei den legierten ölhärtenden Stählen eine Verbesserung der Leistung ein. Für Gewindebohrer usw. sind Stähle folgender Zusammensetzung:

0,85—0,96% C,

0,40—0,50% Si,

2—2,5% Co,

0,3—0,5% V

als Wasserhärter mit schwacher Tiefenhärtung und geringem Verzug in Vor-

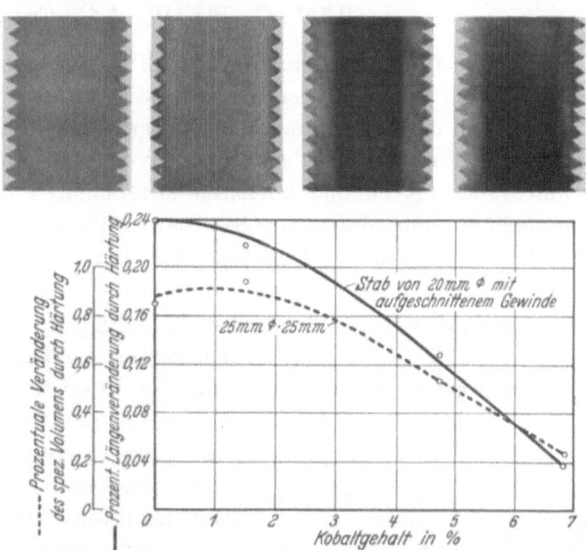

Abb. 398. Veränderung der Maßbeständigkeit von eutektoidem Kohlenstoffstahl beim Härten durch Kobaltzusatz im Zusammenhang mit einer Verstärkung des Troostitkernes bei den Kobaltstählen. [Nach Houdremont u. Schrader: Kruppsche Mh. 13. Jg. (1932) S. 14.]

schlag gebracht worden, die, wenn sie auch nicht mehr eine größere Maßbeständigkeit gegenüber den bekannten ölhärtenden Stählen ergeben, doch den Vorzug einer geringen Erhöhung der Leistung beim Schnittversuch gewährleisten[1]. Eine größere Verwendung haben diese Stähle, genau wie die reinen Kobaltstähle, nicht gefunden. Dagegen gewinnt der Zusatz an Kobalt bei hochlegierten Stählen, bei denen Ausscheidungshärtungen durch Sonderkarbide oder durch andere Verbindungen, wie Wolfram-, Molybdänverbindungen usw., auftreten, eine immer größere Bedeutung.

Bereits im Jahre 1912 wurde die Verbesserung der Schnittleistung von Schnellstahl durch Kobaltzusatz erstmalig hervorgehoben[2]. Während in den ersten Jahren nach dieser Mitteilung noch oft die günstige Wirkung eines Kobaltzusat-

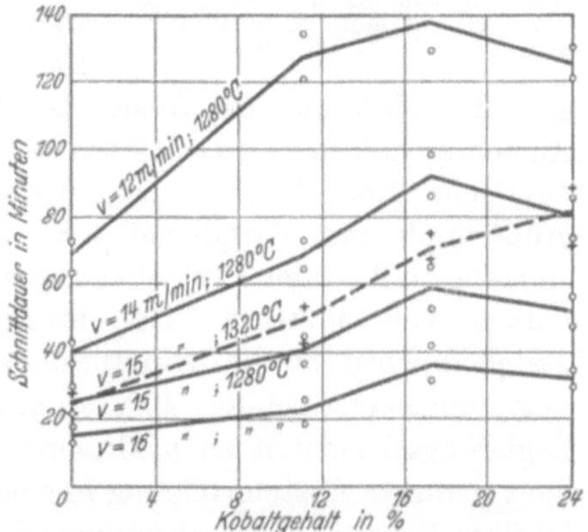

Abb. 399. Einfluß von Kobalt auf die Schnittleistung von Schnelldrehstahl. [Nach Houdremont u. Schrader: Kruppsche Mh. 13. Jg. (1932) S. 38]

zes zu Schnellstahl angezweifelt wurde, ist die außerordentlich verbessernde Wirkung heute einwandfrei erkannt. Abb. 399 zeigt den günstigen Einfluß von Kobalt auf die Schnittleistung von Schnellstählen, ausgedrückt in der Schnitt-

---

[1] Scherer: Arch. Eisenhüttenwes. 1. Jg. (1927) S. 329.

[2] DRP. Nr. 281386, Kl. 18b Gr. 20 vom 10. 8. 1912; Stahlwerk Becker, Krefeld.

dauer. Alle Meißel sind vor dem Drehen auf Temperaturen von 570° angelassen
worden. Die Grundlegierung hatte folgende Analyse:

$$0{,}75\%\ \text{C},\quad 14\%\ \text{W},\quad 4{,}4\%\ \text{Cr},\quad 2{,}2\%\ \text{V}.$$

Die Schnittbedingungen sind in der Abbildung ebenfalls angegeben. Man sieht,
wie bis zu 17% Kobaltzusatz ein Anstieg in der Schnittleistung eintritt. Das
Maximum in der Zunahme der Leistungsfähigkeit, das sich bei 1280° bei 17% Co
ergibt, verschwindet bei der Härtung von 1320°, und es tritt eine Zunahme der
Schnittdauer bis zu den höchsten untersuchten Kobaltgehalten von 24% ein.
Man sieht hieraus, daß die volle Auswirkung sehr hoher Kobaltgehalte erst bei
verhältnismäßig hohen Härtetemperaturen erreicht werden kann.

Bei der genaueren Untersuchung der die obigen Schnittleistungen ergebenden
Stähle fiel auf, daß bei steigendem Kobaltzusatz die Glühfestigkeit außerordentlich anstieg, so daß mit einer ziemlichen Erschwe-
rung der Bearbeitbarkeit geglühten Schnelldrehstahles bei Zusatz von Kobalt gerechnet werden
muß. Besonders auffallend war aber, daß nach
dem Ablöschen der Austenitgehalt der im übrigen
gleichlegierten Schnellstähle mit steigendem Kobaltzusatz stark zunahm, so daß es erst nach mehrfachem Anlassen bei 570° gelang, bei den höher
legierten Stählen den Restaustenit zum Zerfall zu
bringen. Im Gegensatz zu der Wirkung von Kobalt bei reinen Kohlenstoffstählen, bei denen
eine Verzögerung der Martensit- und Verringerung der Austenitbildung deutlich beobachtet
werden kann, wirkt Kobalt bei diesen hochlegierten sonderkarbidhaltigen Stählen also im Sinne

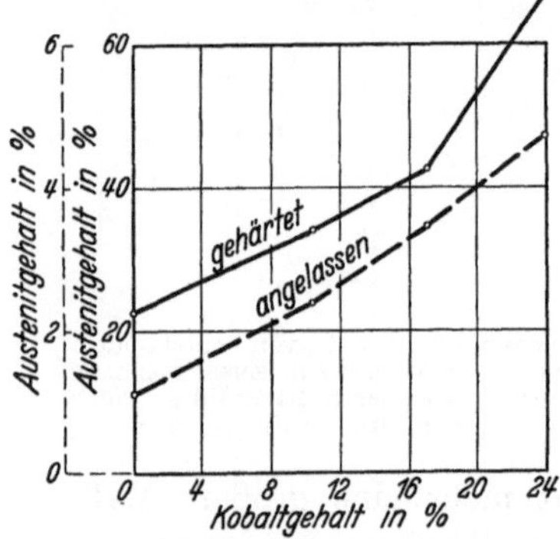

Abb. 400. Erhöhung des Austenit-
gehaltes im gehärteten und angelassenen
Schnelldrehstahl durch Kobaltzusatz.
[Nach Houdremont u. Schrader:
Kruppsche Mh. 13. Jg. (1932) S. 45.]

einer Stabilisierung des Austenits. Wie aus Abb. 400 hervorgeht, wächst der
Austenitgehalt nach dem Härten bei Gehalten bis zu 24% Kobalt um nahezu das
Dreifache. Nach dem erstmaligen Anlassen werden diese großen Mengen Austenit
größtenteils zum Zerfall gebracht. Die Restaustenitmenge beträgt aber nach
einmaligem Anlassen noch etwas über 4,5%, und erst nach zweimaligem Anlassen
tritt ein vollkommener Zerfall des Restaustenits ein. Es muß einstweilen dahingestellt bleiben, ob die Erweiterung des γ-Gebietes, die bei reinen Eisen-Kobalt-
Legierungen erst bei über 40% Co in Erscheinung tritt, durch Zusatz von anderen
Legierungselementen zu niedrigeren Kobaltgehalten verschoben wird, oder ob
die verstärkte Austenitbildung in einer spezifischen Wirkung von Sonderkarbiden
in einer kobalthaltigen Grundmasse, wie z. B. Erhöhung der Karbidlöslichkeit,
zu erblicken ist. Eine Erhöhung der Karbidlöslichkeit könnte unter Umständen
von sich aus eine Erklärung für die Verbesserung der Schnittleistung durch
Kobalt geben, da sich die Menge der beim Anlassen auf 600° hochdispers
ausgeschiedenen Sonderkarbide vergrößern würde. Die Hauptursache für die
Erhöhung der Schnittleistung durch Kobaltzusatz scheint aber darin begründet
zu sein, daß Kobalt die Neigung aufweist, eine hemmende Wirkung auf Ausscheidungsvorgänge auszuüben, d. h. die Ausscheidungszeiten bei gleichen Temperaturen zu verlängern oder bei gleichen Anlaßzeiten den optimalen Ausscheidungs-

grad zu höheren Temperaturen zu verschieben. Sehr deutlich gehen diese Verhältnisse für die Sonderkarbidausscheidungen im Schnellstahl aus Abb. 401 hervor.

Diese Abbildung zeigt auch die Verminderung der Ausgangshärte im abgelöschten Zustand infolge steigender Austenitbildung.

Sehr klar wird auch die verlangsamte Ausscheidung veranschaulicht bei der Beobachtung von Anlaßisothermen (Abb. 402). Diese durch Kobalt bewirkte Trägheit der Ausscheidung steht in Übereinstimmung mit der oben geschilderten hohen Festigkeit im ausgeglühten Zustande, die ebenfalls auf eine erschwerte Zusammenballung der Karbide hinweist. Entsprechend diesem Verhalten beim Anlassen wird auch die Warmhärte, wie sie durch Messen mit der Widiakugel bei der entsprechenden Temperatur festgestellt werden kann, mit steigendem Kobaltzusatz erhöht (Abb. 403). Dieser geschilderte Einfluß von Kobalt dürfte genügen, um die erhöhte Schnittleistung zu erklären.

Des öfteren findet man auch die Auffassung, daß die Erhöhung der Wärmeleitfähigkeit durch Kobalt eine Erhöhung der Schnittleistungen infolge des verbesserten Wärmeabflusses bedingen könnte. Wie aus der später bei den physikalischen Eigenschaften aufgeführten Abb. 408 hervorgeht, ist aber bei den hier vorhandenen Gehalten, die schon eine Verbesserung der Schnittleistung erbringen, noch mit keiner Verbesserung der Wärmeleitfähigkeit zu rechnen, so daß diese Erklärung für die Erhöhung der Schnittleistung nicht stichhaltig sein kann.

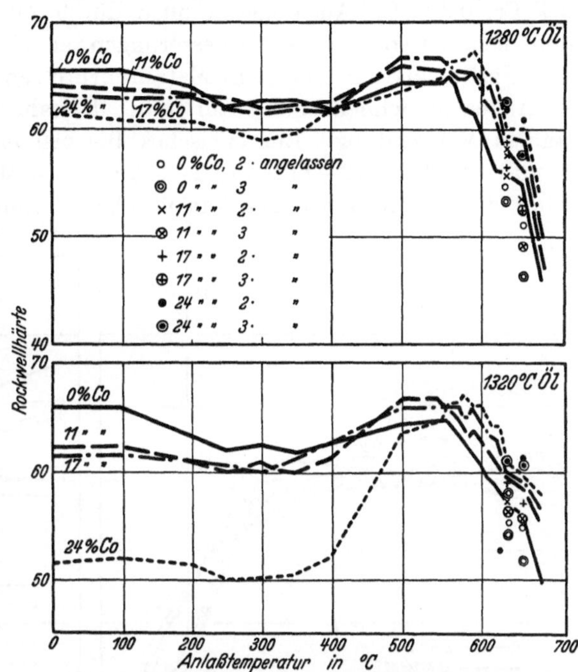

Abb. 401. Harteveränderung von gehärtetem Schnelldrehstahl verschiedenen Kobaltgehaltes beim Anlassen. [Nach Houdremont u. Schrader: Kruppsche Mh. 13. Jg. (1932) S. 48.]

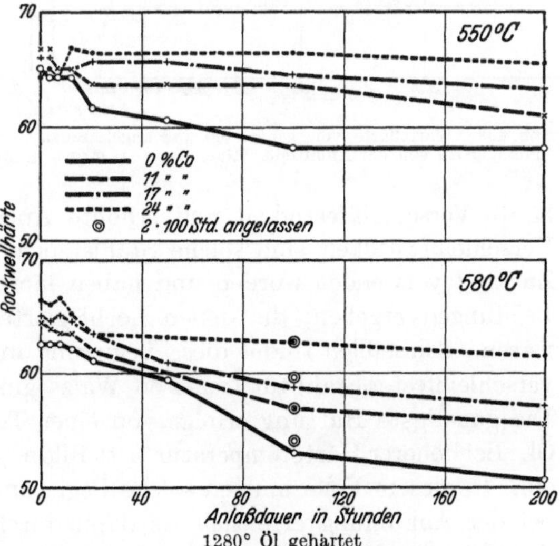

Abb. 402. Harteveränderung von gehärtetem Kobaltschnelldrehstahl in Abhangigkeit von der Anlaßzeit. [Nach Houdremont u. Schrader: Kruppsche Mh. 13. Jg. (1932) S. 49.]

Die günstige Wirkung, die Kobalt auf die Anlaßbeständigkeit und Warmhärte von Schnellstahl ausübt, hat auch dazu geführt, daß Kobaltzusätze zu

Warmarbeitsstählen gegeben werden, die sich aus den normalen Schnellstahllegierungen entwickelt haben, wie z. B. die Warmarbeitsstähle mit 10% W,
3% Cr, 0,3% C. Auch hier können durch Zusätze von Kobalt von 5—10%
und mehr entsprechende Verbesserungen erzielt werden. Verwendungszwecke
sind Spritzmatrizen, Dorne in Metallrohrpressen usw.

Außer in Schnellarbeitsstahl findet Kobalt auch in hochgekohlten Chromstählen Verwendung. Ein typisches Beispiel einer solchen Legierung ist folgendes: 1,5% C, 12—14% Cr, 2—3% Co, 1% Mo, 1% W. Dieser Stahl unterscheidet sich von den reinen karbidischen Chromstählen ohne Kobalt durch er-

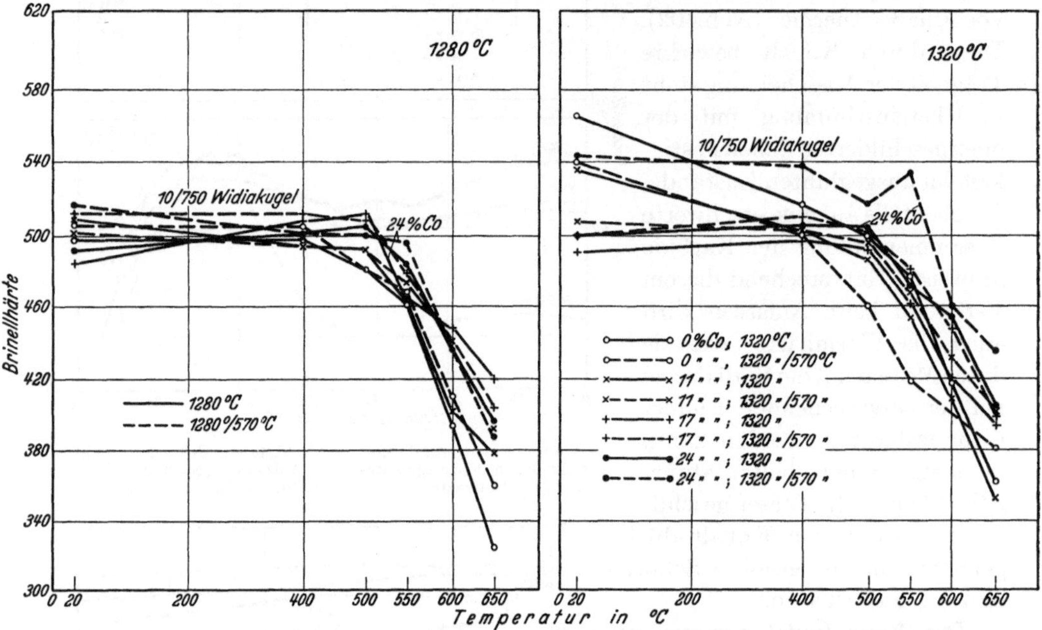

Abb. 403. Warmhärte von gehärteten und angelassenen Schnelldrehstählen verschiedenen Kobaltgehaltes in
Abhängigkeit von der Anlaßzeit. [Nach Houdremont u. Schrader: Kruppsche Mh. 13. Jg. (1932) S. 51.]

höhte Verschleißfestigkeit und erhöhte Anlaßbeständigkeit. Infolge der guten
Verschleißfestigkeit sind solche Stähle sogar für Fräser teilweise im gegossenen
Zustand verwendet worden und haben hierbei unter bestimmten Bedingungen
Leistungen ergeben, die denen hochlegierten Schnellarbeitsstahles ebenbürtig
waren. Schließlich findet diese Legierung im gehärteten Zustand als besonders
verschleißfester Stahl für Zieheisen, Walzsegmente, Metallsägen usw. Verwendung.
Die günstigste Härtung erfolgt von einer Temperatur von 1050° an Luft oder
Öl. Bei höherer Härtetemperatur tritt Bildung von größeren Mengen von Austenit
ein. In diesem Falle müssen solche Legierungen bis zu 600° angelassen werden;
bei der Abkühlung erreichen sie dann durch die einsetzende Martensitbildung
ihre höchste Härte. Ein besonders großes Anwendungsgebiet sind gegossene
Walzstopfen und Dorne für die Rohrfabrikation sowie verschleißfeste Werkzeuge, wie Brikettschwalbungen usw., wobei eine Legierung folgender Zusammensetzung Verwendung findet:

      ∿1,7% C, ∿1,2% Ni, 12—17% Cr, ∿2,5% W, 0,25% V, ∿3% Co.

Auf die Verwendung von Kobalt in Schneidmetallen (Stellite und Hartmetalle) ist bereits im Abschnitt Wolfram eingegangen worden, so daß hierauf verwiesen werden kann (S. 316).

3. Kobalt in Baustählen.

a) Allgemeines.

Der hohe Preis für Kobalt würde die Verwendung dieses Elementes für Baustähle nur dann möglich machen, wenn Eigenschaften erzielt werden könnten, die durch andere Legierungselemente nicht erreichbar sind; es geht aber aus

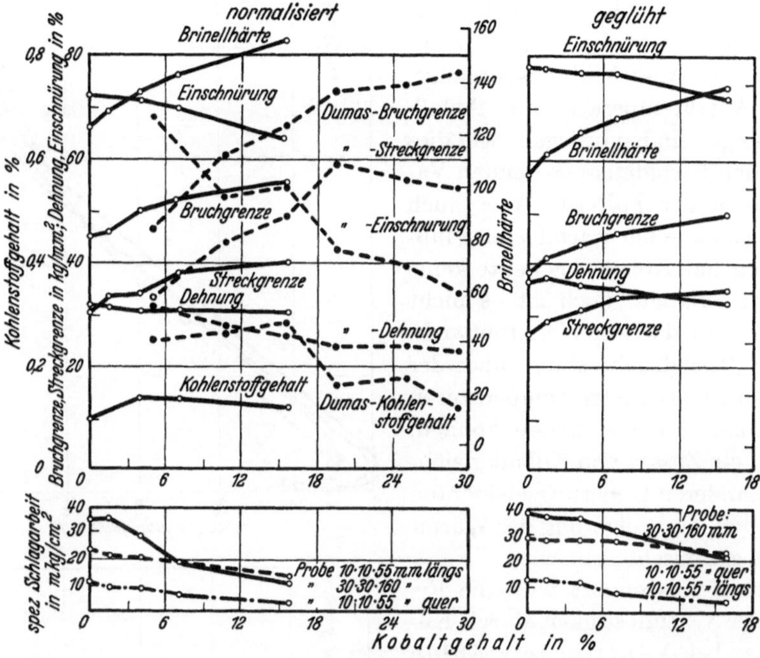

Abb. 404. Veränderung der Festigkeitseigenschaften von Flußstahl durch Kobaltzusatz. [Nach Dumas: Mars, „Die Spezialstähle", 2. Aufl. (1922) S. 483 und Houdremont u. Schrader: Kruppsche Mh. 13. Jg. (1932) S. 23.]

dem bisher Geschilderten hervor, daß von einem Zusatz von Kobalt zu Baustählen nicht allzuviel zu erwarten ist. Die Verringerung der Härtbarkeit durch Kobalt weist darauf hin, daß durch Kobaltzusatz höchstens eine Verringerung der sonst für Baustähle so wichtigen Vergütbarkeit eintreten muß.

Im geglühten und normalisierten Zustand bewirkt Kobalt eine Erhöhung der Härte, Bruchgrenze, Streckgrenze bei gleichzeitiger Verminderung der Ein-

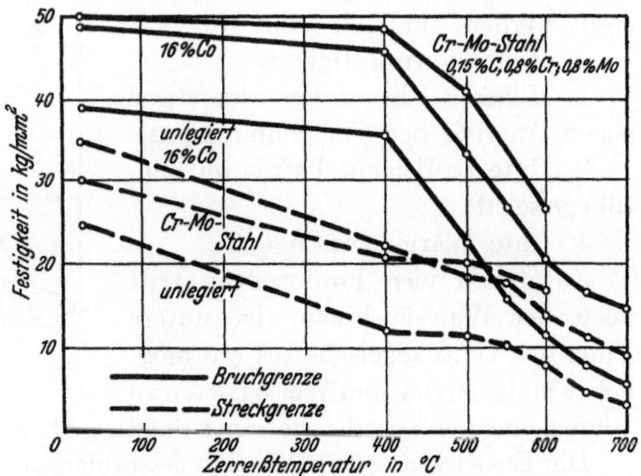

Abb. 405. Wirkung des Kobalts auf die Warmfestigkeit von Flußstahl im Vergleich mit weichem Cr-Mo-Stahl. [Nach Houdremont u. Schrader: Kruppsche Mh. 13. Jg. (1932) S. 24.]

schnürung und Dehnung. Aus dem im Abschnitt „Allgemeines" Gesagten geht hervor, daß diese Wirkung lediglich dem Hinzutritt von Kobalt in die Grundmasse zuzuschreiben ist. Die entsprechenden Werte sind aus Abb. 404 zu entnehmen. Eine Verbesserung des Verhältnisses von Streckgrenze zu Bruchgrenze tritt hierbei nicht ein.

Die Erhöhung der Festigkeit bei Raumtemperatur besteht auch bei erhöhten Temperaturen (Abb. 405). Sie ist unabhängig von der Dauer des Zerreißversuches, da in diesem Falle nicht irgendwelche Ausscheidungsvorgänge, die von Anlaßtemperatur und Anlaßzeit abhängig sind, vorliegen, wie dies z. B. bei den karbidausscheidenden Vanadinstählen der Fall ist. Aber auch auf dem Gebiete der warmfesten Flußeisensorten hat Kobalt bis heute keine Bedeutung erlangt; doch ist es nicht ausgeschlossen, daß mit Weiterentwicklung der Hochdrucktechnik und der Verwendung von höheren Temperaturen auch einzelne Fälle eintreten können, bei denen ein Zusatz von Kobalt gleichzeitig mit anderen Legierungselementen aus Gründen der Steigerung der Warmfestigkeit erwünscht sein wird.

Praktisch ausgenutzt wird die Erhöhung der Warmfestigkeit durch Kobaltzusatz bei Ventilkegelstählen für Auspuffventile. Die Hauptanforderungen, die an derartige Ventilkegel gestellt werden, sind folgende:

1. Hohe Warmfestigkeit.

2. Hoher Korrosionswiderstand gegen Angriffe der Verbrennungsgase.

3. Gute Laufeigenschaften im Ventilkegelschaft.

4. Gute Wärmeleitfähigkeit.

Zu diesen vier Forderungen tritt noch der Wunsch hinzu, das untere Ende des Ventilkegelschaftes auf möglichst einfache Art und Weise härten zu können, um dem Ventilstößel einen möglichst hohen Verschleißwiderstand zu geben.

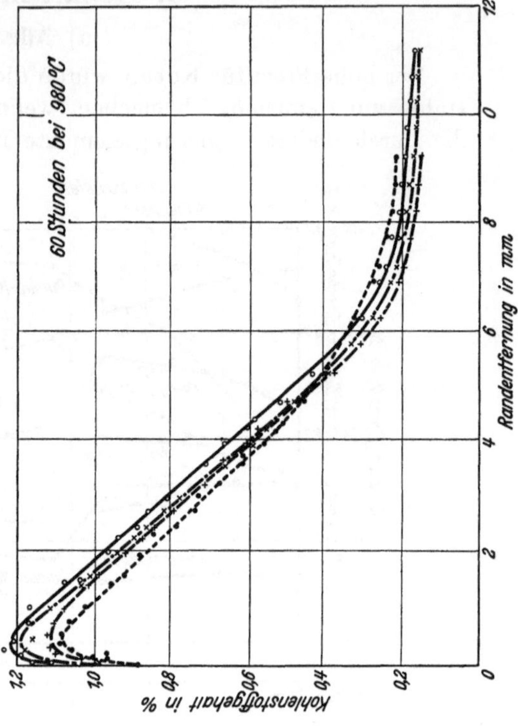

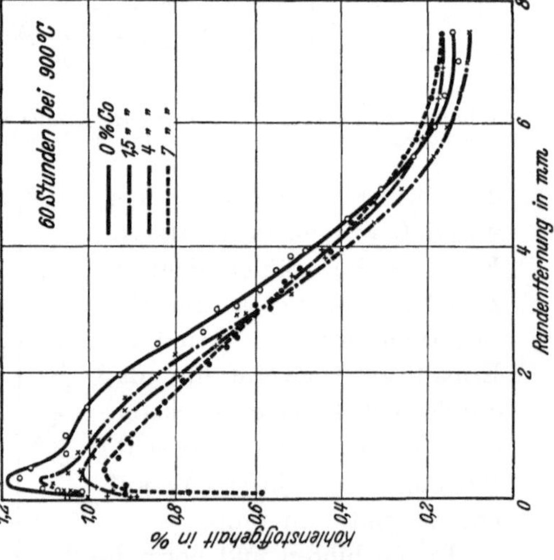

Die Entwicklung von Ventilkegelstählen ging aus von bekannten Konstruktionsstählen der Cr-Ni-Stahl-Basis, z. B. mit 4,5% Ni, 1,5% Cr und 0,2% C. Mit der Steigerung der Drehzahl der Motoren stieg die Temperaturbeanspruchung derartig, daß diese Legierungen, die bereits bei 700° weder zunderbeständig noch warmfest waren, den Ansprüchen nicht mehr genügten. Die hohen Warmfestigkeiten, die man bei den Schnelldrehstahllegierungen beobachtet hatte, führten an erster Stelle zur Verwendung dieser Legierungen für Rennwagenmotoren usw. Während der Kriegszeit, in der in Deutschland Mangel an Wolfram, Molybdän usw. eintrat, wurden diese Stähle durch Werkstoffe mit 1,5% C und 12% Cr ersetzt. Die chromkarbidhaltigen Stähle haben dann lange Zeit den Ventilkegelmarkt beherrscht und haben in der heutigen Zeit eine weitere Verbesserung durch einen Zusatz von 3—5% Co erfahren, wobei gleichzeitig Zusätze von Wolfram und Molybdän bis zu 1% erfolgen. Da der Charakter dieser Stähle nach wie vor unterhalb 750—800° dem α-Mischkristall entspricht, weisen sie bessere Wärmeleitfähigkeiten auf als die sonstigen für Ventilkegel ausgebildeten sehr hochwertigen austenitischen Cr-Ni-W-Stähle (15% Cr, 15% Ni, 3% W). Auch gegenüber den Schnelldrehstählen zeichnen sich die Cr-Co-Stähle durch eine verbesserte Wärmeleitfähigkeit aus, da ein Co-Zusatz die Wärmeleitfähigkeit praktisch zumindest nicht beeinflußt, im Gegensatz zur starken Verminderung der Wärmeleitfähigkeit durch W-Zusätze von 17—18%. Zur Erhöhung der Zunderbeständigkeit wird diesen Cr-Co-Stählen auch noch Si oder Al bis zu 2% zugegeben.

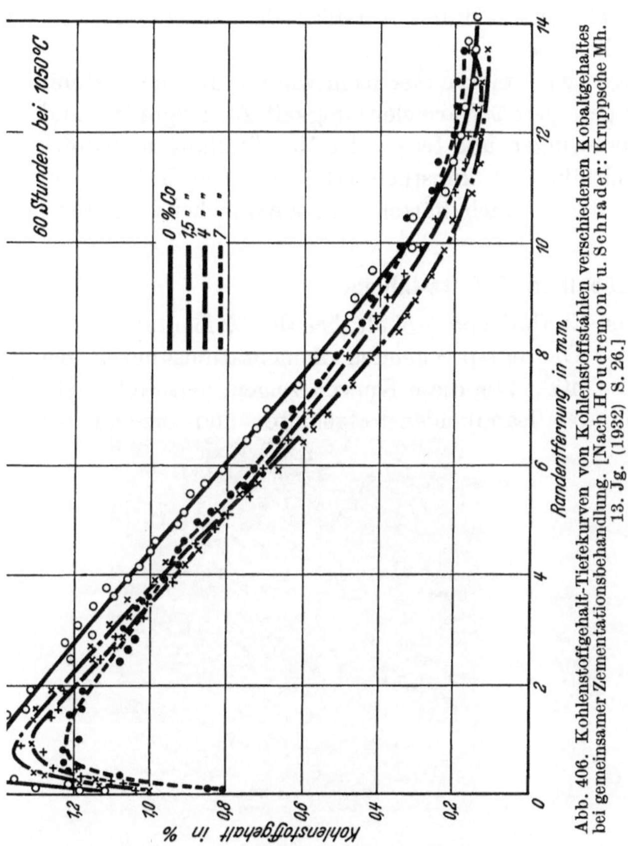

Abb. 406. Kohlenstoffgehalt-Tiefekurven von Kohlenstoffstählen verschiedenen Kobaltgehaltes bei gemeinsamer Zementationsbehandlung. [Nach Houdremont u. Schrader: Kruppsche Mh. 13. Jg. (1932) S. 26.]

Einen Vergleich der Warmfestigkeit der verschiedenen für Ventilkegel gebrauchten Legierungen zeigt Zahlentafel 97. Man sieht eine Überlegenheit der Cohaltigen Stähle gegenüber den Co-freien sonstigen Legierungen. Charakteristisch ist der Wiederanstieg der Warmfestigkeit beim Übergang von der Prüftemperatur von 800° zur Prüftemperatur von 900°, d. h. beim Übergang in den austenitischen Zustand. Die Werte erreichen nicht diejenigen der hochwarmfesten austenitischen Werkstoffe; wenn zwar bei der Temperatur von 900° die Unterschiede nicht mehr so sehr groß sind, so muß zum Vergleich aber doch hauptsächlich die Temperatur von 800° herangezogen werden, weil die Maximaltemperatur von 900° nur am Ventilteller, und zwar am Rande, auftreten kann, während gerade der Schaft in den kritischen Temperaturbereich von 700—800°

Zahlentafel 97. Warmfestigkeitswerte einiger Ventilkegelstähle.

Stahl	Zusammensetzung							Warmfestigkeit kg/mm² bei einer Zerreißdauer von 25 Minuten			
	C %	Si %	Mn %	Cr %	Ni %	W %	Co %	600°	700°	800°	900°
I	0.40	3,0	0,30	8,5	—	—	—	21	8,5	4,5	1,5
II	0,40	4,0	0,30	3,5	—	—	2,0	24	11	5	2,5
III	1,25	0,40	0,40	12,0	—	—	—	34	15	7,1	4,0
IV	1,3	0,35	0,35	13,0	—	—	2,0	37	19	8,5	7,5
V	0,40	1,5	0,60	13,0	13,0	2,0	—	45	28	17	8,5

gelangt. Der Schaft ist aber der Querschnitt höchster Beanspruchung, und so treten auch die Ventilkegelbrüche meist durch Abreißen des Ventiltellers am Schaft dicht unterhalb des Tellers ein.

Für höchste Beanspruchungen wird man daher nach wie vor auf die austenitischen Werkstoffe trotz ihrer geringeren Wärmeleitfähigkeit zurückgreifen und unter Umständen durch Hohlbohrungen und Salz- oder Metallfüllungen (Kupfer und Aluminium) die Wärmeleitfähigkeit künstlich erhöhen. Durch Nitrieren lassen sich auch diese Stähle oberflächlich härten und entsprechend in ihren Eigenschaften verbessern.

b) Kobalt in Einsatzstählen.

Sehr charakteristisch ist der Einfluß von Kobalt bei der Zementation von kobalthaltigen Flußeisensorten. Die entsprechenden Zementationskurven bei 900—980—1050° bringt die Abb. 406. Wie diese Kurven zeigen, vermindert ein Zusatz von Kobalt die Höhe des Randkohlenstoffgehaltes und erzeugt bei

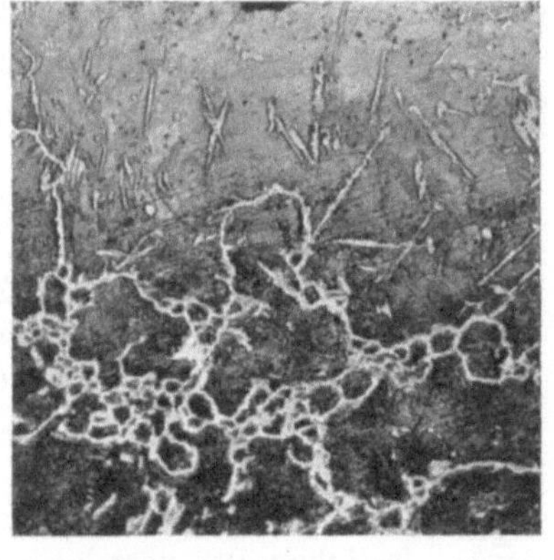

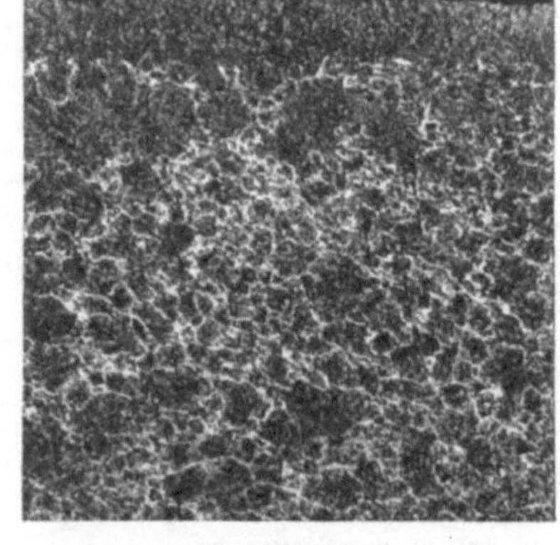

Unlegierter Kohlenstoffstahl   Stahl gleicher Zusammensetzung mit 7% Kobalt

Abb. 407. Einfluß des Kobalts auf die Kornfeinheit des Zementationsgefüges (Zementitnetz) 60 Stunden bei 1050° in Holzkohle und Bariumkarbonat zementiert.

höheren Gehalten, z. B. 7%, einen flacheren Verlauf der C-Gehaltskurven zum Kern hin. Wie aus der bereits mehrfach erwähnten Arbeit von Houdremont und Schrader[1] hervorgeht, beruht diese Verminderung des Randkohlenstoffgehalts und der flachere Verlauf der C-Gehalte zum Kern hin auf der durch Kobalt erhöhten Diffusionsgeschwindigkeit für Kohlenstoff im γ-Mischkristall.

---

[1] Kruppsche Mh. 13. Jg. (1932) S. 1—54; vgl. Arch. Eisenhüttenwes. 5. Jg. (1931/32) S. 523—534.

Im Zusammenhang mit der schon hervorgehobenen Unempfindlichkeit gegen Überhitzung steht die Tatsache, daß höher kobalthaltige Stähle bei der Zementation auch bei langer Zementationsdauer und hoher Temperatur verhältnismäßig feinkörnig bleiben. Durch Ausmessung der Korngröße des Zementitnetzwerkes in der übereutektoiden Zone gelingt es, die Kornvergröberung zahlenmäßig auszuwerten. Auch aus dem Gefügebild (Abb. 407) ergibt sich schon die hohe Feinkörnigkeit des zementierten Kobaltstahles bei Kobaltgehalten von 4—7%. Eine praktische Verwendung von Kobalteinsatzstählen hat bisher aber noch nicht stattgefunden.

4. Verwendung von Kobalt in Stählen mit besonderen physikalischen und chemischen Eigenschaften.

a) Allgemeines.

Abgesehen von der umfangreichen Verwendung von Kobalt in Werkzeugstählen, insbesondere Schneidlegierungen, haben Zusätze von Kobalt in immer steigendem Maße Anwendung für Stähle mit besonderen physikalischen Eigenschaften gefunden.

Von allen bekannten Zusatzlegierungen zu Eisen ist Kobalt das einzige Element, das die Wärmeleitfähigkeit von Eisen bei Gehalten über 20% erhöht. Im Zusammenhang mit der Erhöhung der Wärmeleitfähigkeit steht auch die Beeinflussung der elektrischen Leitfähigkeit, die Abb. 408 wiedergibt. Der außerordentlich unregelmäßige Verlauf der Kurve für die elektrische Leitfähigkeit wurde öfter als Beweis für die Existenz verschiedener Eisen-Kobalt-Verbindungen angesprochen.

Einen unregelmäßigen Verlauf zeigt vor allem auch die Kurve für die magnetische Sättigung von Eisen-Kobalt-Legierungen (Abb. 409). Bei Zusätzen bis zu 40% Kobalt tritt eine Erhöhung der magnetischen Sättigung bis um 10% ein, die dazu geführt hat, daß derartige Eisen-Kobalt-Legierungen dort verwendet werden, wo man hohe Sätti-

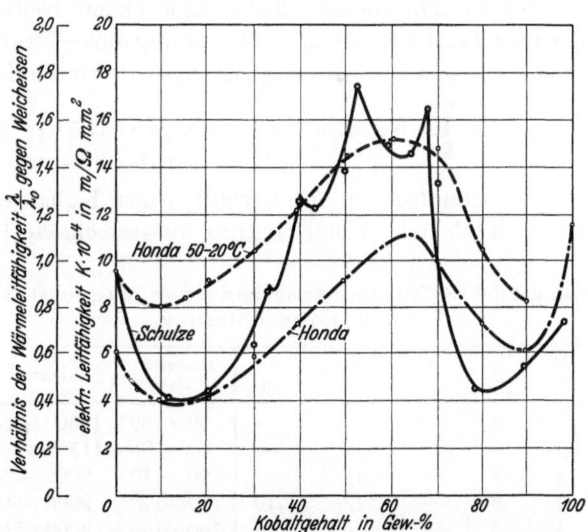

Abb. 408. Elektrische Leitfähigkeit (═·═) und Wärmeleitfähigkeit (———) von Eisen-Kobalt-Legierungen. [Nach Schulze: Z. techn. Physik Bd. 8 (1927) S. 426, und Honda: Sci. Rep. Tôhoku Univ. 8. Jg. (1919) S. 52.]

gungsmagnetisierung, wie z. B. in Elektromagneten für ärztliche Instrumente zur Entfernung von Metallsplittern aus dem Auge, bei Spulenkernen oder Polspitzen usw. erzielen will.

Bei den Eisen-Nickel-Legierungen mit ihren merkwürdigen Änderungen der physikalischen Eigenschaften wurde bereits darauf hingewiesen, daß diese

Änderungen mit besonderen Platzanordnungen der Nickel- und Eisenatome im Kristallgitter des Mischkristalls zusammenzuhängen scheinen. Bei den Eisen-Kobalt-Mischkristallen werden ähnliche Verhältnisse vorliegen, da bei näheren Untersuchungen auch bei Eisen-Kobalt-Legierungen und Eisen-Kobalt-Chrom-Legierungen sich Legierungen ergaben mit besonders kleinen Wärmeausdehnungskoeffizienten, die ähnliche Eigenschaften wie 36% Nickellegierungen besitzen[1].

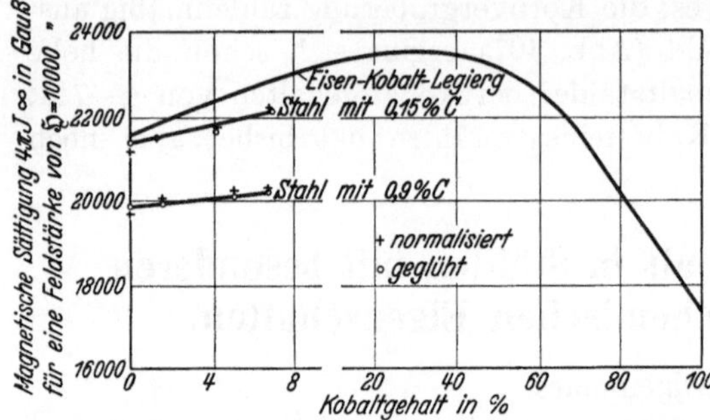

Abb. 409. Wirkung des Kobalts auf die magnetische Sattigung von Kobalt-Eisen-Legierungen (nach Stäblein: Werkstoffhandbuch Stahl u. Eisen O. 41, S. 1) und Kobalt-Kohlenstoff-Stahlen [nach Houdremont u. Schrader: Kruppsche Mh. 13. Jg. (1932) S. 18.]

b) Magnetstähle.

Wenn bereits bei den sonderkarbidhaltigen Schnellarbeitsstählen sowie den ausscheidungshärtenden Wolfram-Kobalt-Eisen- und Molybdän-Kobalt-Eisen-Legierungen auf den besonderen Einfluß von Kobalt auf die Ausscheidung hingewiesen worden ist, so wird das Verhalten von Kobalt in dieser Beziehung noch stärkstens bestätigt durch seinen Einfluß auf die Koerzitivkraft bei entsprechend legierten und behandelten Stählen. Da die Koerzitivkraft als ein Maß für den interatomaren Zwangszustand angesehen werden kann, deutet die bei den verschiedensten Kobaltlegierungen beobachtete starke Steigerung der Koerzitivkraft auf eine starke Erhöhung dieses Zwangszustandes durch Kobalt hin. Praktisch verwertet wird diese Eigenschaft für die Herstellung von Dauermagneten.

A. Kobalthaltige Magnetstähle auf der Basis der Kohlenstoffhärtung.

Die Grundlage für die karbidhaltigen Kobaltmagnetstähle bildet der an sich schon durch hohe Koerzitivkraft ausgezeichnete 9proz. Chrommagnetstahl. Die Zusammensetzung der heute verwendeten Magnetstähle auf der Basis der Kohlenstoffhärtung sowie die hierbei erzielten Eigenschaften gibt Zahlentafel 98 wieder. Die hohe Leistungssteigerung, ausgedrückt durch Koerzitivkraft · Remanenz, geht aus dieser Zahlentafel deutlich hervor.

Zahlentafel 98. Zusammensetzung von Magnetstählen und deren Leistung.

C %	Cr %	W %	Mo %	Co %	Koerzitiv-kraft	Remanenz
1	3	—	—	—	60— 80	10500—8500
0,65	—	6	—	—	60— 80	11500—9500
1	8	—	1,5	—	90—110	8000—6500
1	8	—	1,0	10	140—170	9000—8000
1	8	—	1,0—1,5	15	160—190	9000—7500
1	5	5	1,0—1,5	30	250—300	9000—8000

Gegenüber den bekannten Chrom- und Wolframmagnetstählen, die in der Zahlentafel nochmals mit aufgeführt sind, ergeben die Kobaltmagnetstähle eine ganz erhebliche Leistungssteigerung. Für die Verwendung von Magneten spielt diese Erhöhung der Koerzitivkraft vor allem dann eine Rolle, wenn von ihnen verlangt wird, daß sie auch unter

---

[1] Über Kobaltzusätze zu sog. Perminvar s. u. Nickelstählen (S. 177).

dem Einfluß eines entgegengesetzten Kraftflusses nicht zu leicht entmagnetisiert werden und somit ihre magnetischen Werte verlieren sollen. Ganz besonders tritt dieser Fall z. B. bei Magneten mit großen Maulweiten und kleinen Schenkellängen ein. Den Zusammenhang zwischen Koerzitivkraft, Schenkellänge und Maulweite usw. gibt die Fußnote[1] nach Stäblein an.

Hieraus ergibt sich die Folgerung für die Verwendung der hochkobalthaltigen Magnetstähle für diese Arten von Magneten mit kurzen Schenkeln und großen

---

[1] Der eigentliche Zweck jedes Dauermagneten, sei er z. B. in ein Drehspulinstrument, in eine Dynamomaschine oder in einen Lautsprecher eingebaut, ist die Erzeugung eines möglichst starken magnetischen Feldes zwischen seinen Polen. Die grundsätzlichen Überlegungen, die beim Entwurf eines Magneten bezüglich der erforderlichen Schenkellänge, der Stahlqualität (gegeben durch ihre magnetische Kennkurve), der gewünschten Feldstärke im Luftspalt und dem Querschnitt anzustellen sind, seien an dem folgenden Beispiel kurz dargelegt (vgl. Abb. 410):

Es bezeichnen H_1, q_1 und l_1 Feldstärke, Querschnitt und Länge des Luftspaltes, dann ist das Produkt $H_1 \cdot q_1$ der Nutzkraftfluß. Die Polstücke aus Weicheisen müssen diesen Fluß durch ihren Querschnitt q_e leiten und daher eine Induktion B_e annehmen, so daß gilt $H_1 \cdot q_1 = B_e \cdot q_e$. Damit im Eisen die Induktion B_e entsteht, ist die Feldstärke H_e nötig, die jedoch gewöhnlich sehr klein ist. Außer dem Nutzkraftfluß ist nun immer noch ein Streufluß S vorhanden, der unvermeidlich ist, weil es keinen für Magnetismus undurchlässigen Stoff gibt, der ähnlich wirken würde wie ein Isolator gegen Elektrizität. Der Dauermagnet vom Querschnitt q_m muß beide Flüsse leiten, d. h. es gilt die Beziehung $B_m \cdot q_m = H_e \cdot q_e + S$. Natürlich ist im Magnetstahl auch eine bestimmte Feldstärke vorhanden, sie sei mit H_m bezeichnet, seine Länge sei l_m. Nun gilt für solche magnetische Kreise, die

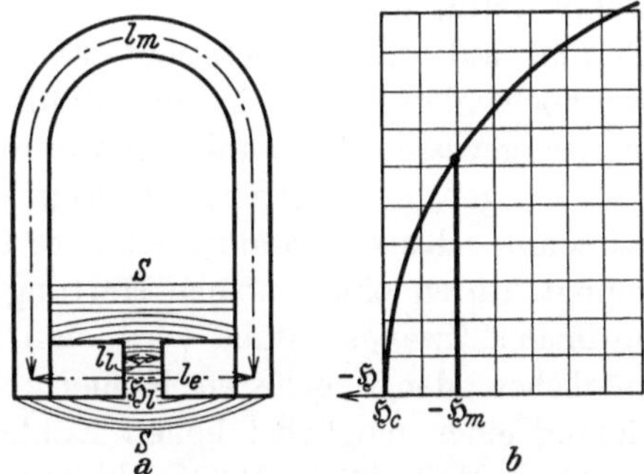

Abb. 410. Zusammenhang von Feldstärke und magnetischem Fluß mit Maulweite eines Hufeisenmagneten.

nicht von elektrischen Strömen umflossen werden, das Gesetz, daß die Summe der Produkte aus den Feldstärken und den zugehörigen Wegen, die man bei einem vollständigen Umlauf zurücklegt, im ganzen den Wert Null ergeben muß, was als Formel lautet:

$$H_1 \cdot l_1 + H_e \cdot l_e + H_m \cdot l_m = 0,$$

daraus folgt für

$$H_m = - \frac{H_1 \cdot l_1 + H_e \cdot l_1}{l_m}.$$

Man erkennt daraus die wichtige Tatsache, daß die Feldstärke im Magnetstahl negativ, d. h. der Induktion entgegengesetzt ist. Weiter wird sofort klar, daß diese negative Feldstärke einen um so höheren Betrag annimmt, je kleiner die Magnetlänge l_m wird, da l_m ja auf der rechten Seite im Nenner steht. Seinem absoluten Betrag nach muß natürlich H_m kleiner sein als die Koerzitivkraft H_e des Stahles, denn sonst könnte ja keine positive Induktion und damit kein Nutzkraftfluß mehr vorhanden sein. Damit ist bei gegebenem H_1 und l_1 als Mindestmagnetlänge schon der Mindestwert l_m (mind.) $= l_1 \cdot \dfrac{H_1}{H_c}$ gegeben. In Wirklichkeit muß l_m noch größer sein, derart, daß zu dem berechneten H_m auf der Kennkurve des Magnetstahles die Induktion $B_m = \dfrac{H_1 \cdot q_1 + S}{q_m}$ gehört, was durch probeweises Einsetzen verschiedener Werte für q_m und l_m zu erreichen ist. Wie groß der Streufluß ist, kann nicht allgemein angegeben werden und ist nach der Erfahrung mit ähnlichen ausgeführten Magnetformen abzuschätzen. Bei hohen Werten von $H_1 \cdot l_1$ kann S 100% des Nutzflusses übersteigen. Aus der Formel l_m (mind.) ist übrigens leicht zu ersehen, daß die Länge des Magnetstahles um so kleiner sein darf, je größer die Koerzitivkraft ist.

Maulweiten bzw. es können bei Magnetstählen mit hoher Koerzitivkraft die Magnete kürzer gebaut werden. In der Praxis finden Kobaltmagnete vor allem Verwendung für Lautsprecher, ferner für Zünd- und Lichtmaschinen jeder Art. Sie wird immer dort angezeigt sein, wo man infolge baulicher Verhältnisse gezwungen ist, möglichst kurze Magneten mit hohen Leistungen einbauen zu müssen.

Die Herstellung der kobalthaltigen Magnete kann sowohl durch Walzen, Schmieden und Biegen als auch direkt durch Gießen erfolgen. Die gießtechnische Herstellung erlaubt auch komplizierte Formen; in der magnetischen Leistung kommen die gegossenen Magnete den geschmiedeten annähernd gleich.

Ganz besondere Sorgfalt muß der Wärmebehandlung kobalthaltiger Magnetstähle zugewendet werden. Bereits bei wolfram- und niedriglegierten Chromstählen wurde darauf hingewiesen, daß infolge Ausscheidung von Sonderkarbiden durch Glühen eine Verschlechterung der magnetischen Eigenschaften eintreten kann, d. h. die Art der Karbidverteilung im gehärteten Zustand von Einfluß auf die magnetischen Eigenschaften ist; im gleichen Maße gilt dies für hochlegierte kobalthaltige Stähle. Der Walzzustand bzw. Gießzustand ist immer gewissen Schwankungen unterworfen, da, je nach den Abkühlungsbedingungen, eine verschiedenartige Verteilung der Karbide vorhanden ist. Es ist somit selbstverständlich, daß es nicht bei allen Abmessungen und Formen gelingt, durch eine einfache Härtung optimale Eigenschaften zu erzielen. Den optimalen Zwangszustand wird man bei feinster Karbidverteilung und größtmöglicher Menge gelösten Kohlenstoffs erreichen. Steigert man zwecks Erzielung einer möglichst hohen Kohlenstofflöslichkeit die Temperatur über ein gewisses Maß (950—1000°) hinaus, so werden bei den Kobaltlegierungen größere Mengen von Restaustenit nach der Härtung bestehen bleiben, die die magnetische Sättigung und damit auch die Remanenz, also die Leistung des Magneten, in ungünstigem Sinne beeinflussen. Aus diesem Grunde hat sich für die Behandlung der hochkobalthaltigen Magnetstähle ein kompliziertes Härteverfahren entwickelt: Die fertiggebogenen Magnete werden zuerst von einer hohen Temperatur, etwa 1200°, abgelöscht; durch diese Art der Ablöschung gelingt es, den höchstmöglichen Gehalt an Karbid in Lösung zu bringen. Im abgelöschten Zustand ist der Stahl praktisch vollkommen austenitisch. Durch ein leichtes Zwischenglühen bei etwa 750° wird ein außerordentlich feiner Verteilungsgrad der Karbide erzielt. In diesem feinen Verteilungszustand kann man jetzt bei der darauffolgenden Härtung von etwa 900—1000° den höchsten Zwangszustand ohne überflüssige Austenitbildung und somit die günstigsten magnetischen Eigenschaften, insbesondere günstige Koerzitivkräfte, erzielen. Es wird nicht in allen Fällen notwendig sein, solche für optimale Koerzitivkräfte vorgeschriebenen Wärmebehandlungen vorzunehmen. In vielen Fällen genügt, wie Zahlentafel 99 zeigt, auch ein einfaches Ablöschen zur Erzielung guter magnetischer Werte. Die erzielbaren Eigenschaften werden bei dieser einfachen Wärmebehandlung in Abhängigkeit von der Karbidausbildung des Guß- bzw. Walzzustandes stehen. Wenn auch die hierdurch erzielten magnetischen Werte dem Optimum nicht entsprechen, so wird diese einfache Behandlung doch vielfach zufriedenstellende Ergebnisse liefern.

Zahlentafel 99.

Magnetische Werte einer 30proz. Kobaltlegierung nach verschiedener Härtung.

C %	Si %	Mn %	Cr %	Co %	Mo %	Hartungsart	Remanenz Gauß	Koerzitivkraft Oersted	Produkt $R \cdot K \cdot 10^{-3}$
1,0	< 0,40	< 0,40	7,0	30,0	1,5	925° Öl	9350	215	2010
						760° Ofen 925° Öl	8950	210	1885
						1200° Luft 750° Luft 950° Öl	8850	269,5	2386

B. Kobalthaltige Magnetstähle auf der Basis Ausscheidungshärtung.

Die weitgehende Analogie, die sich bisher bei allen Härtungsvorgängen, sei es bei reinen Abschreckhärtungsvorgängen oder Ausscheidungsvorgängen in der Erzielung höchster Härte und bester Koerzitivkräfte, ergeben hat, findet eine weitere Bestätigung dadurch, daß die stark zur Ausscheidungshärtung neigenden Eisen-Kobalt-Wolfram- und Eisen-Kobalt-Molybdän-Legierungen auch außerordentlich günstige magnetische Eigenschaften aufweisen.

Bereits bei den binären Eisen-Molybdän-Legierungen wurde auf die hohe Koerzitivkraft, die sich durch Ausscheidungsvorgänge erzielen läßt, hingewiesen. Wie aus Abb. 326 hervorging, zeigen diese Legierungen schon sehr beachtliche Werte. Durch Zusatz von Kobalt erfahren sie noch eine weitere starke Steigerung. Derartige Legierungen, wie sie von Köster[1] untersucht wurden, eignen sich für magnetische Zwecke, wenn sie im rein ferritischen Gebiet der Dreistoffsysteme Eisen-Kobalt-Molybdän bzw. Eisen-Kobalt-Wolfram liegen, da dann beim Abschreckvorgang keine Verschlechterung der magnetischen Leistungsziffern infolge Austenitbildung eintreten kann (Abb. 389 u. 396). In diesen Gebieten lassen sich eine große Anzahl magnetisch wertvoller Legierungen herausgreifen, und es werden sich in den nächsten Jahren sicherlich bestimmte Standardtypen derselben entwickeln, bei denen Eigenschaften und Wirtschaftlichkeit entsprechende Vorzüge bieten werden. Da die Wirtschaftlichkeit stets von den mehr oder weniger starken Preisbewegungen auf dem Metallmarkt abhängig ist, läßt sich die endgültige Entwicklung noch nicht voraussehen.

Über die Art der Wärmebehandlung: Ablöschen von hohen Temperaturen, 1200—1300°, und Anlassen bei etwa 650—700° ist bereits berichtet worden. Der Einfluß der Wärmebehandlung auf die magnetischen Eigenschaften geht auch aus Abb. 411 hervor. Die Anlaßtemperatur bzw. Anlaßzeit liegt zwecks Erreichung bester magnetischer Eigenschaften bei etwas höheren Werten, als dies zur Erzielung höchster Härtewerte der Fall ist, da höchste Härte im submikroskopischen Dispersitätsgrad der Ausscheidung, höchste magnetische Eigenschaften (Koerzitivkraft, Remanenz) im Bereich der beginnenden mikroskopischen Sichtbarkeit der Ausscheidung (s. Abb. 397, für die Legierung 15° Co, 18% W) auftreten. Die Abnahme der magnetischen Sättigung in Abb. 397 hängt mit dem beginnenden Platzwechsel der Atome und dem Anfang der Ausscheidung der unmagnetischen Phase (Verbindung CoWFe) zusammen.

---

[1] Arch. Eisenhüttenwes. 6. Jg. (1932/33) S. 17/23.

Es wurde in der Einleitung zum Abschnitt Molybdän darauf hingewiesen, daß mit Molybdänlegierungen höhere magnetische Eigenschaften, insbesondere höhere Koerzitivkräfte, erreicht werden als bei den entsprechenden Wolfram-legierungen und die Vermutung ausgesprochen, daß dies mit dem höheren Atomvolumen der sich ausscheidenden Molybdänver-bindungen gegenüber dem der entsprechenden Wolframver-bindungen zusammenhängt. Abb. 412 zeigt den Einfluß von Molybdän und Kobalt auf die erreichbaren magnetischen Eigenschaften. Die höchsten dem Verfasser bekannten Zah-len wurden erreicht mit einer Legierung von 15% Co, 18% Mo mit einer Koerzitivkraft von 350 und einer Remanenz von 7500.

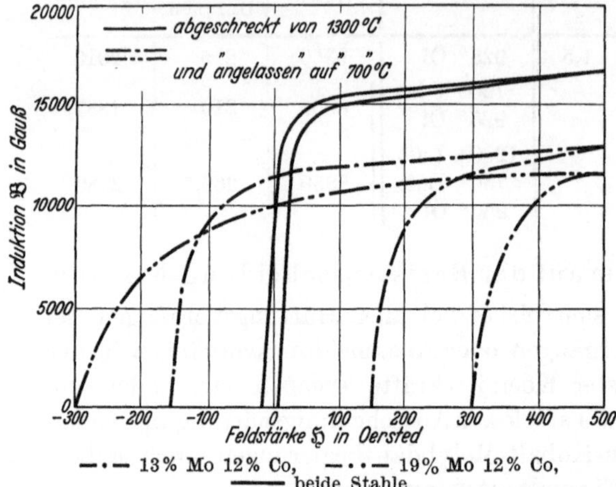

Abb. 411. Wirkung einer Abschreck- und Anlaßbehandlung auf die Ausbildung der Induktionsschleife bei zwei Fe-Co-Mo-Legie-rungen. [Nach Köster: Stahl u. Eisen 53. Jg. (1933) S. 850.]

Gegenüber den höchstwertigen Magnetstählen auf Basis Kohlenstoffhär-tung besitzen diese ferritischen ausschei-dungshärtenden Legierungen verschiedene Vorteile. Abgesehen von der Tatsache, daß Koerzitivkräfte von 300—350 mit dieser Legierung erreicht werden können, haben auch die tiefer legierten und somit ge-ringere Koerzitivkräfte aufweisenden Le-gierungen durchweg höhere Remanenzen als die anderen Magnetstähle bei gleicher Koerzitivkraft. Man braucht nur die Zah-len der Abb. 412, die nicht das jeweilige Maximum an Remanenz für bestimmte Koerzitivkräfte darstellen, zu vergleichen und sieht, daß bei Koerzitivkräften zwi-schen 150—180 noch Remanenzen erzielt werden wie bei 3 proz. Chrom-6 proz. Wolf-ram-Magnetstählen. Man vergleiche z. B. die magnetischen Werte der Legierung 15% Co, 18% W in Abb. 397 mit denen von Wolframmagnetstahl. Die Entmagne-tisierungskurven sind stärker ausgebaucht

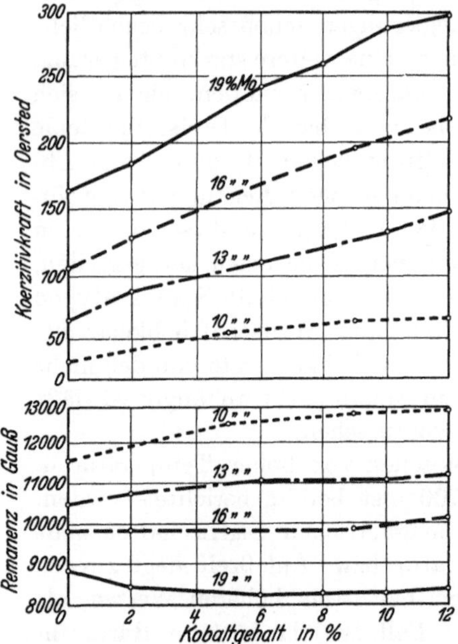

Abb. 412. Einfluß des Co auf die Koerzitivkraft und Remanenz von Fe-Mo-Legierungen. [Nach Köster: Stahl u. Eisen 53. Jg. (1933) S. 851.]

und daher die Remanenz stärker als bei den Wolframmagnetstählen. Dieses prägt sich auch in den Gütewerten und dem Gesamtenergiegehalt der Hyste-resisschleife zugunsten der ferritischen Magnetstähle aus[1].

---

[1] S. Köster: Stahl u. Eisen 53. Jg. (1933) S. 849; vgl. ferner S. 405, Fußnote 1, woraus ebenfalls der Vorteil stärker ausgebauchter Kurven hervorgeht.

Da die magnetischen Werte durch Anlassen gewonnen werden und die Anlaßtemperaturen bei etwa 700° liegen, sind diese Magnetlegierungen auch tempera-
turbeständig, d. h. sie büßen durch Erwärmen auf Temperaturen unterhalb
ihrer Anlaßtemperatur ihre magnetischen Eigenschaften nicht ein. Im Gegen-

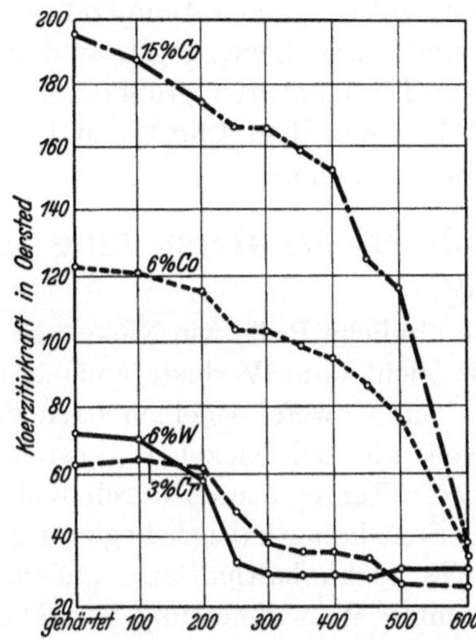

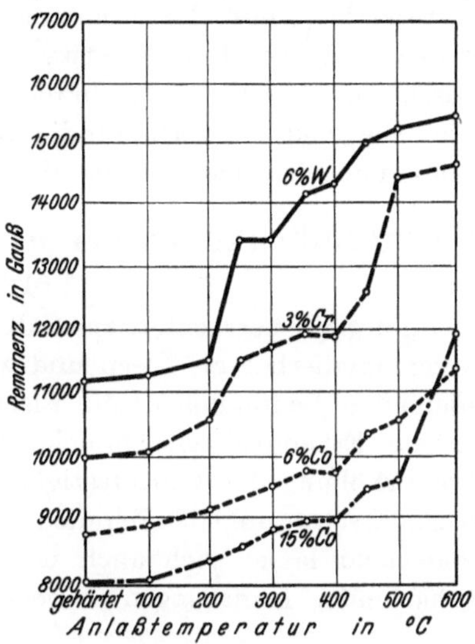

Abb. 413. Veränderung der magnetischen Eigenschaften
einiger Magnetstahle mit der Anlaßtemperatur. [Nach
Köster: Stahl u. Eisen 53. Jg. (1933) S. 855.]

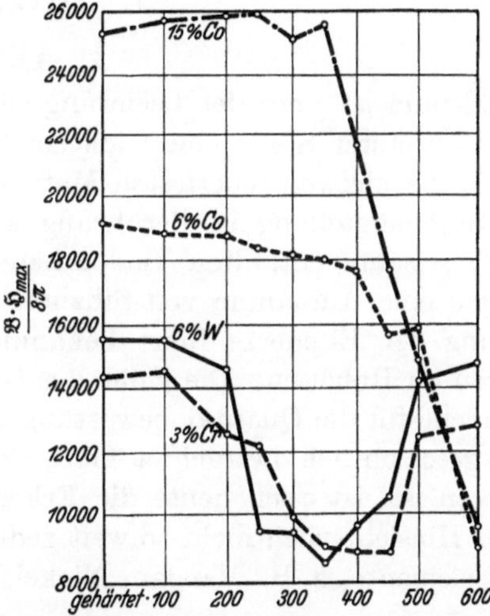

satz hierzu verlieren die gewöhnlichen
3proz. Chrom- und 6proz. Wolframmagnetstähle an Gütewert bereits beim
Anlassen auf über 100°, sobald der
Martensitzerfall eintritt, während die
höherwertigen kobalthaltigen Chrom-
Kohlenstoff-Legierungen mit 15—36% Co
infolge ihres Sonderkarbidcharakters bis
zu etwa 400° beständig sind (Abb. 413).

Es muß darauf hingewiesen werden,
daß die ferritischen Ausscheidungslegie-
rungen alle Nachteile rein ferritischer
Legierungen aufweisen. Im Walz- und
Gußzustand und insbesondere nach der
Wärmebehandlung von 1200—1300° sind sie grobkörnig und entsprechend spröde.

Auch hier zeigen sich der Forschung weitere Wege für die Entwicklung von
Sonderstählen, wobei bereits zur Genüge hervorgeht, daß man auf die alleinige
Wirkung des Kohlenstoffs in Sonderlegierungen zur Erzielung höchster Eigen-
schaften nicht ausschließlich angewiesen ist.

c) Chemisch beständige Legierungen.

Die Verwendung des Kobalts in Legierungen mit besonderen chemischen
Eigenschaften ist bisher gering geblieben. Kobalt wirkt in diesen Legierungen
ähnlich wie Nickel. Es wird allerdings eine Frage der Wirtschaftlichkeit sein,

wieweit sich Kobalt auch auf diesem Gebiete durchsetzen wird. Auch in zunderbeständigen Legierungen wird Kobalt verwendet. Als Widerstandsdrähte für besonders hohe Temperaturen findet man Legierungen mit 20—30% Chrom, 3—5% Kobalt, 5% Aluminium. Der elektrische Leitwiderstand dieser Legierungen beträgt bei 20° C etwa $1,4\,\Omega/\mathrm{m} \cdot \mathrm{mm}^2$ und nimmt mit steigender Temperatur nur sehr wenig zu (bei 1050° C etwa $1,45\,\Omega/\mathrm{m} \cdot \mathrm{mm}^2$). Die Legierungen sind rein ferritisch und werden im Gebrauch bei hohen Temperaturen grobkörnig und spröde. Sie sind zunderbeständig bis 1300° C, wobei dem Chrom- und dem Aluminiumgehalt allerdings die Hauptbedeutung zukommt.

5. Eigentümlichkeiten der Kobaltstähle bei der Herstellung und Verarbeitung.

Metallurgisch betrachtet, spielt Kobalt eine ähnliche Rolle wie Nickel; es ist schwerer oxydierbar als Eisen und wird somit leicht ohne Verluste auch unter oxydierenden Bedingungen mit Eisen legiert. Zu Schwefel scheinen nach den bisherigen Erkenntnissen ähnliche Beziehungen wie bei Nickel zu bestehen.

Die Erhöhung der Warmfestigkeit bei höheren Temperaturen durch Kobalt führt zur Erschwerung der Schmied- und Walzbarkeit kobalthaltiger Legierungen. Entsprechend lassen sich auch noch nicht alle hochkobalthaltigen, ausscheidungshärtenden Legierungen in jeder gewünschten Walzabmessung herstellen.

I. Siliziumstähle.

1. Allgemeines.

Silizium ist eines der Legierungselemente, die in der Entwicklung der Stahlarten an erster Stelle eine wichtige Rolle gespielt haben.

Da die meisten feuerfesten Materialien, mit denen die flüssige Schmelze bei der Stahlherstellung in Berührung kommt, mehr oder weniger große Mengen an Kieselsäure enthalten, findet bereits aus der Reaktion mit diesen Auskleidungen eine Aufnahme von Silizium ins Stahlbad statt. Auch die Zusammensetzung der Eisenerze führt bekanntlich zu entsprechenden Siliziumanreicherungen im Roheisen. Die Höhe des Si-Gehaltes ist bekannterweise vielfach entscheidend für die Qualitätsbewertung der Gußeisensorten. Trotzdem das Silizium rein geschichtlich betrachtet eines der ersten Legierungselemente des Stahles gewesen ist, ist auch heute die Erkenntnis über die Wirkung des Siliziums in vieler Hinsicht noch nicht so weit gediehen wie über die Wirkung anderer Legierungselemente, z. B. Mangan, Nickel, Chrom, Vanadin usw.

a) Das System Eisen-Silizium.

Wie aus dem binären System Eisen-Silizium (Abb. 414) hervorgeht, gehört das Silizium zu denjenigen Elementen, die das γ-Gebiet abschnüren, und zwar genügen hierzu Si-Gehalte von 1,7%. Silizium-Eisen-Legierungen mit 2% Si sind also bereits vom Schmelzpunkt bis zur Raumtemperatur rein ferritisch. Das sich anschließende α-Mischkristallgebiet ist nach höheren Siliziumgehalten zu begrenzt durch die Ausscheidungslinien von Eisen-Silizium-Verbindungen. Für Eisen-Silizium-Verbindungen sind im Verlaufe der Erforschung des Systems verschiedene Formeln aufgestellt worden, wie z. B. Fe_2Si, Fe_3Si_2, $FeSi$, $FeSi_2$. Es würde aus dem Rahmen dieses Buches herausfallen, sich mit der Existenzmöglichkeit der einzelnen Verbindungen näher zu befassen. Es genügt die Tatsache, daß das Mischkristallgebiet durch Ausscheidungen von Eisen-Silizium-Verbindungen begrenzt ist und evtl. auch im ferritischen Mischkristall das Silizium in Form einer Verbindung gelöst sein kann. Die Ausscheidungslinie der FeSi-Verbindung zeigt mit steigender Temperatur erhöhte Löslichkeit für die Verbindung an. Die sich aus ihrem genaueren Verlauf ergebenden Schlußfolgerungen bezüglich Ausscheidungshärtung usw. liegen noch nicht endgültig fest.

Da die Schmiedbarkeit der Eisen-Silizium- und entsprechenden Eisen-Silizium-Kohlenstoff-Legierungen eine Begrenzung bei etwa 10% Si erfährt und sich auch schon bei 7% Si eine gewisse Erschwerung der Verformbarkeit bemerkbar macht, sind schmiedbare Legierungen über 6% Si bis heute noch wenig verwendet worden. Die Kaltverformbarkeit bei Raumtemperatur hört bereits bei Siliziumgehalten von etwas über 3% auf. Diese starke Behinderung der Formänderungsfähigkeit des Siliziummischkristalls bei erhöhtem Siliziumgehalt steht in Widerspruch zu der sonst immer bei Mischkristallen beobachteten guten Verformbarkeit. Die Ursache für die schlechte Verformbarkeit ist vielleicht im Aufbau des Mischkristalls zu suchen. Bereits die verschiedene Kristallausbildung von reinem Silizium und reinem Eisen (Silizium kristallisiert bekanntlich tetragonal) deutet darauf hin, daß die Ausbildung eines einfachen Substitutionsmischkristalls — wie bei Eisen-Chrom, Eisen-Nickel usw. — im ganzen Mischkristallgebiet nicht vorliegt. Durch Röntgenuntersuchungen konnten E. R. Jette und S. Greiner[1] feststellen, daß die Eisen-Silizium-Legierungen bis 15% Si einen eigenartigen unstetigen Verlauf der Gitter-

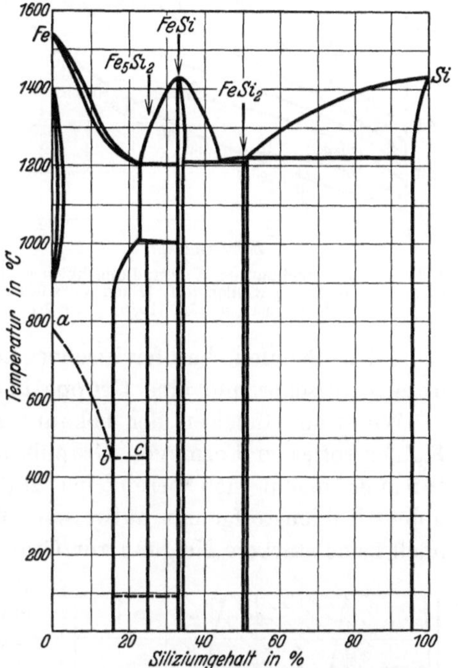

Abb. 414. System Eisen-Silizium. [Nach Murakami: Sci. Rep. Tôhoku Univ. 16 (1921) S. 79; Esser u. Oberhoffer: Werkstoffausschußbericht Nr. 69 (1925), Stahl u. Eisen (1926) S. 129; Wever u. Giani: Mitt. Kais.-Wilh.-Inst. Eisenforschg., Dusseld. 5. Jg. (1925) Nr. 7, S. 59/68, Stahl u. Eisen (1926) S. 49.]

konstanten in Abhängigkeit von der Zusammensetzung aufweisen. Dieses Verhalten kann nicht mit der Annahme eines einfachen Mischkristalls, bei dem bei regelloser Atomverteilung eine stetige Veränderung der Eigenschaft erfolgen müßte, erklärt werden. Man muß vielmehr annehmen, daß zwei verschiedene Phasen auftreten oder von einem bestimmten Si-Gehalt (etwa 9%) die regellose Verteilung von Silizium im Mischkristall aufhört und vielleicht eine Siliziumverbindung (Fe_3Si) in den Mischkristall eintritt.

b) Kohlenstoffhaltige Eisen-Silizium-Legierungen.

Durch den Zusatz von Kohlenstoff zu Eisen-Silizium-Legierungen finden zum Teil ähnliche Veränderungen statt, wie sie bei den Eisen-Chrom-Legierungen

---

[1] Trans. Amer. Inst. min. metallurg. Engr., Iron a. Steel Div. 1933 S. 205, 250—275; vgl. Stahl u. Eisen 53. Jg. (1933) S. 1284.

beschrieben wurden, und zu denen an erster Stelle die Erweiterung des γ-Gebietes gehört (Abb. 415). Man hat also im System Eisen-Silizium-Kohlenstoff, genau wie bei Chromstählen, Legierungen, die vollkommen durch das Umwandlungsgebiet gehen, also sog. perlitische, und umwandlungsfreie, also rein ferritische.

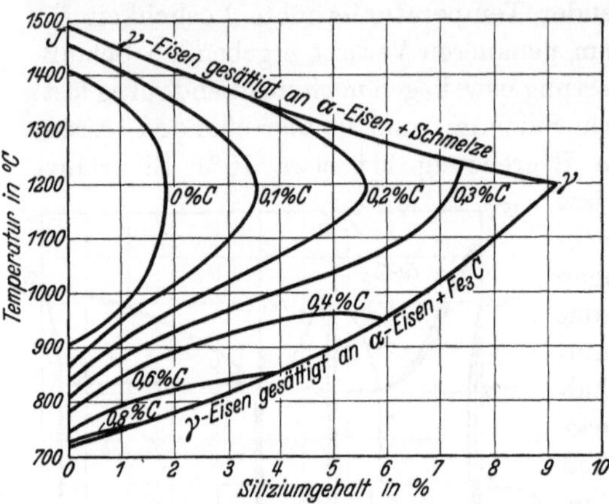

Abb. 415. Verschiebung der Umwandlungslinien im System Eisen-Silizium durch Kohlenstoff. [Nach Kriz u. Poboril: Stahl u. Eisen 50. Jg. (1930) S. 1727.]

Zwischen beiden liegt ein halbferritisches Gebiet.

Durch den Zusatz von Silizium findet eine Verschiebung der Linien des Eisen-Kohlenstoff-Diagramms nach links statt, wie dies aus Abb. 416 zu ersehen ist. Der Perlitpunkt liegt bei etwa 3% Si schon bei 0,5% C. Eine ähnliche Verschiebung erfährt die *ES*-Linie. Die Veränderung des Gebietes der unterperlitischen und überperlitischen Si-Stähle wird durch Abb. 416 klar veranschaulicht. Es ergibt sich eine Gruppe ferritischer Legierungen, die durch einen schmalen Streifen halbferritischer Legierungen begrenzt wird, eine Gruppe unterperlitischer und eine Gruppe überperlitischer Siliziumstähle.

Wie vom Gußeisen her bekannt ist, erhöht Silizium die Abscheidung des Kohlenstoffes in Form von Graphit oder Temperkohle. Diese graphitisierende Wirkung macht sich bereits bei Stählen bemerkbar, die hohen Silizium- und hohen Kohlenstoffgehalt aufweisen. Während z. B. Stähle mit 0,1% C, 4% Si noch keine stärkere Neigung zur Graphitbildung zeigen, kann man sie bei über-

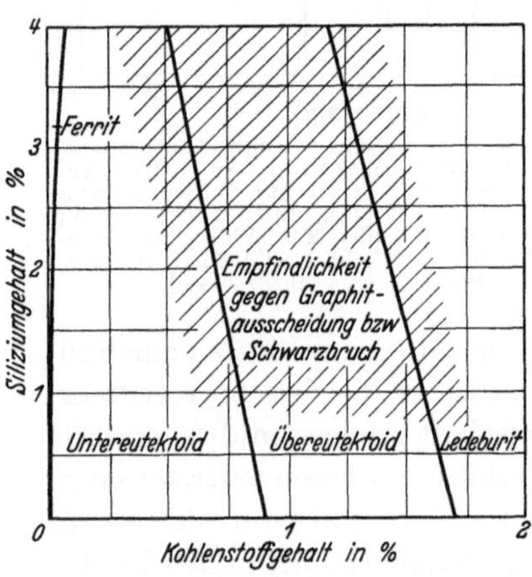

Abb. 416. Gefuge von Eisen-Silizium- und Kohlenstofflegierungen.

perlitischen Stählen mit 2% Si und 0,8% C schon deutlich feststellen (Abb. 417). Die Ausscheidung von Graphit und somit das Auftreten des Schwarzbruches tritt in diesen Stählen entsprechend dem im Kapital „Schwarzbruch" Gesagten nach einer Glühung in der Nähe des Ac_1-Punktes auf. Die Härtbarkeit wird durch die Ausscheidung von Graphit bzw. Temperkohle stark vermindert. Da das Silizium in Eisen-Kohlenstoff-Legierungen nach den bisher in der Literatur bekannt gewordenen Angaben sowohl im Grundmischkristall Ferrit oder Austenit als auch im Karbid[1] gelöst sein kann, und Silizium selbst das Bestreben hat, mit Eisen stabile Verbindungen einzugehen, mag die Ausscheidung des Kohlenstoffes aus dem Eisenkarbid hierauf zurückzuführen sein. Ähnlich liegen die Verhältnisse wie erwähnt bei Wolfram, das in Wolframstählen

---

[1] Nach Angabe von A. Kriz und F. Poboril [vgl. Stahl u. Eisen Bd. 52 (1932) S. 1229] können bis 5% Si im Zementit gelöst sein.

stabile Karbide bildet und trotzdem zu Graphitausscheidungen führen kann. In Abb. 416 ist die Fläche der Stahllegierungen schraffiert eingetragen, die zu Schwarzbruch neigten, wobei im heiß fertiggewalzten oder geschmiedeten Zustand auch diese Legierungen frei von Graphit sein können und nur Glühen oder Verformen bei tieferen Temperaturen den Schwarzbruch hervorrufen.

Die starke Erhöhung der Umwandlungstemperatur durch Silizium bringt es mit sich, daß bei diesen Legierungen für Rekristallisationserscheinungen im α-Gebiet höhere Temperaturbereiche zur Verfügung stehen. Dementsprechend weisen Eisen-Silizium-Legierungen oft ein außerordentlich grobes Kristallwachstum auf. Hierauf wird noch bei Besprechung der zunderbeständigen Stähle näher eingegangen werden. Allgemein läßt sich der Satz aussprechen, daß Kornvergröberung durch Rekristallisation im α-Gebiet in um so höherem Maße möglich ist, je höher die Temperaturen sind, zu denen die γ-Umwandlung verschoben wird, da erhöhte Temperaturen das starke Kristallwachstum des α-Eisens begünstigen und die Kornverfeinerung durch die Umwandlung erst bei noch höheren Temperaturen einsetzen kann.

Abb. 417. Graphitausscheidung in einem Siliziumstahl mit 0,8 % C und 2 % Si.

Von Wichtigkeit für die Veränderung der Eigenschaften der Eisen-Kohlenstoff-Silizium-Legierungen ist der Einfluß des Siliziums auf die kritische Abkühlungsgeschwindigkeit. Bereits bei Untersuchungen der Umwandlungen bei langsamer Erwärmung und Abkühlung, also bei Feststellung der Umwandlungspunkte Ac und Ar fällt auf, daß bei einem eutektoiden Kohlenstoffgehalt sowohl die Temperaturen der Ac- wie Ar-Umwandlungen ansteigen, ähnlich wie bei Eisen-Kobalt-Legierungen. Im Gegensatz hierzu tritt bei tieferen C-Gehalten eine gewisse Vergrößerung der Hysteresis zwischen Ac_3 und Ar_3 ein (Abb. 418). Die Erklärung für diese unterschiedliche Hysteresis kann darin gesucht werden, daß der Perlitpunkt durch Erhöhung des Siliziumgehaltes nach links verschoben wird, d. h. eine Erhöhung des Si-Gehaltes bei tiefen C-Gehalten den Anteil an Perlit im Stahl erhöhen muß, was bekanntlich auch eine Vergrößerung der Hysteresis zur Folge hat. Oberhalb des eutektoiden Punktes macht sich dieser Einfluß nicht mehr in gleichem Maße geltend.

Im allgemeinen zeigt obige Abbildung, daß durch Silizium die Haltepunkte A_3 und A_1 sowohl bei der Abkühlung als bei der Erwärmung eine Erhöhung erfahren, wie dies auch die Arbeit von Merz[1] zeigt.

Aus dieser Veränderung der Haltepunkte kann man von Silizium keine derartig starke Beeinflussung der kritischen Abkühlungsgeschwindigkeit erwarten, wie es bei anderen Legierungselementen der Fall ist; dagegen kann aus der Erhöhung des Perlit- und somit Karbidanteils mit steigendem Si-Gehalt vielleicht eine gewisse Verstärkung der Härtefähigkeit durch Silizium abgeleitet werden.

---

[1] Arch. Eisenhüttenwes. 3. Jg. (1930) S. 587/96.

Diese Verbesserung der Härtefähigkeit durch Silizium spielte in der Entwicklung der Werkzeugstähle seit langem eine gewisse Rolle. Wie eingangs erwähnt, kann der Si-Gehalt eines Stahles durch Aufnahme von Silizium aus dem feuerfesten Material bei der Stahlherstellung beeinflußt werden. Bevor das chemische Laboratorium in den Eisenhüttenwerken in so starkem Maße Eingang gefunden hatte, wie dies heute der Fall ist, konnten derartige Einflüsse nicht ohne weiteres erfaßt werden. Man mußte sich mit der rein empirischen Feststellung veränderter Eigenschaften begnügen.

Gerade die Aufnahme des Siliziums aus der Tiegelmasse bei der Herstellung von Tiegelwerkzeugstählen war entscheidend für die geschichtliche Entwicklung.

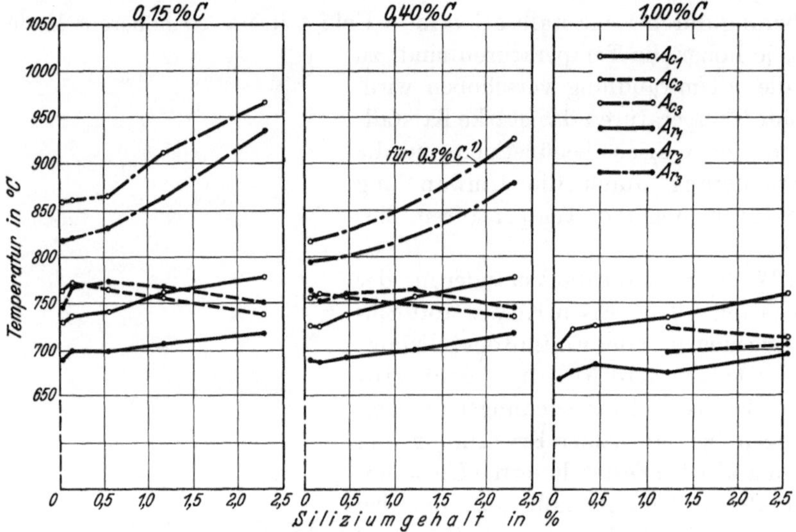

Abb. 418. Einfluß von Silizium auf die Lage der Umwandlungspunkte von Kohlenstoffstählen. [Nach Merz: Arch. Eisenhuttenwes. 3. Jg. (Marz 1930) Heft 9 S. 595.]

Bekanntlich stammen die ersten Tiegelstähle aus England. Der englische Tiegelstahl mit außerordentlicher Reinheit und, wie wir heute wissen, niedrigen Gehalten an Silizium und Mangan zeichnete sich durch eine außerordentlich geringe Härtefähigkeit, was die Härtetiefe anbelangt, aus (Huntsmanstahl). Der Stahl eignete sich daher besonders für die Herstellung von Werkzeugen mit feinen Schneiden, bei denen es neben einer guten Oberflächenhärte und einer hohen Zähigkeit auf eine geringe Härteempfindlichkeit ankam. Als Krupp vor mehr als 100 Jahren nun versuchte, ebenfalls hochwertige Tiegelstähle für Werkzeuge herzustellen, stellte sich, nachdem die ersten Schwierigkeiten überwunden waren, heraus, daß die Kruppschen Tiegelstähle nicht die dünne Härteschicht des englischen Tiegelstahles erreichten, sondern erheblich tiefer durchhärteten (Abb. 419). Der Grund für dieses unterschiedliche Verhalten konnte später in der Verschiedenartigkeit der in Deutschland und England verwendeten Schmelztiegel gefunden werden. Die von Krupp hergestellten Tiegel aus Graphit mit Schamotte-Tonerdemasse enthielten eine größere Menge Kieselsäure, die infolge der Anwesenheit von Eisen und Kohlenstoff zu Silizium reduziert wurde, und zwar in um so höheren Maße, je länger man die betreffenden Stähle im Tiegelofen ausgaren ließ.

Diese unterschiedliche Härtefähigkeit des Kruppschen Tiegelstahles im Vergleich zum englischen wurde zuerst als großer Nachteil empfunden. Man verstand es aber sehr schnell, aus der Not eine Tugend zu machen und den Vorteil

Abb. 419. Hartebruch eines englischen Tiegelstahles im Vergleich zu einem Kruppschen Tiegelstahl.

der tieferen Durchhärtung der Kruppschen Tiegelstähle überall dort anzuwenden, wo sie einen Vorteil bieten konnte. Dies war der Fall bei Werkzeugen, die besonders hohen Drücken ausgesetzt werden mußten, z. B. Kaltwalzen, Prägewerkzeugen usw. Die erfolgreiche Einführung gehärteter Kaltwalzen zum Auswalzen von Metallen durch Krupp dürfte somit letzten Endes auf diese der damaligen Zeit unbekannten Verhältnisse zurückzuführen sein.

Den Einfluß von Silizium auf die Erhöhung der Durchhärtefähigkeit bei einem eutektoiden Werkzeugstahl zeigt Abb. 420. Deutlich tritt bereits die sprunghafte Veränderung in der Durchhärtefähigkeit beim Übergang von Stählen mit sehr geringen Si-Gehalten zu solchen mit etwa 0,4% ein.

Man findet des öfteren in der Literatur Angaben, daß höhere Sili-

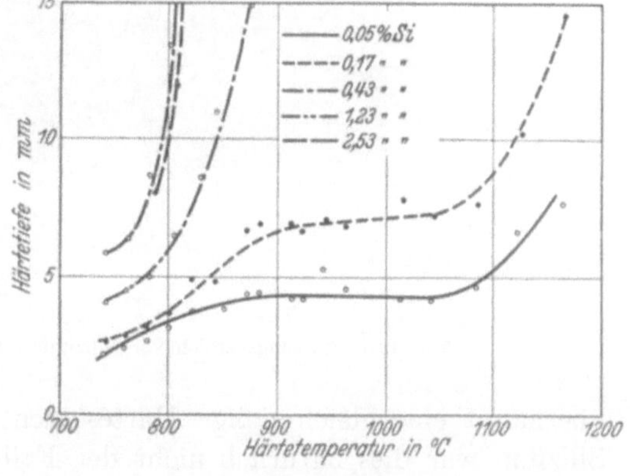

Abb. 420. Einfluß von Silizium auf das Durchhärtungsvermögen von eutektoidem Kohlenstoffstahl (Abmessung 30 mm ⌀). [Diplomarbeit Achterfeld, Aachen (1931).]

ziumgehalte den Stahl bei der Härtung empfindlich gegen Überhitzung machen. Diese Angabe stimmt mit den praktischen Ergebnissen siliziumlegierter Stähle nicht überein. Im Gegenteil, man kann bei Steigerung des Si-Gehaltes eine Verringerung der Überhitzungsempfindlichkeit feststellen, z. B. an dem Verhalten von Siliziumfederstählen (Abb. 421; man vergleiche hierzu u. a. auch die entsprechende Abb. 143 über Manganfederstahl). Die Angabe, daß Silizium die Überhitzungsempfindlichkeit steigert, rührt daher, daß der sog. Huntsmanstahl mit seiner geringen Härteempfindlichkeit auch verhältnismäßig unempfindlich gegen Überhitzung war; er erfordert schon höhere Ablöschtemperaturen, um

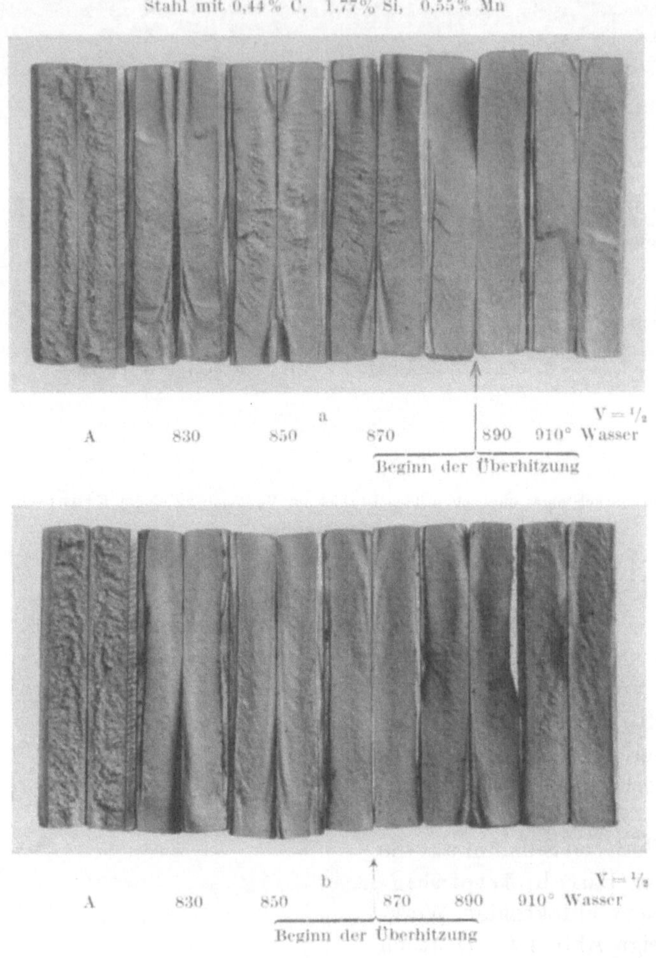

Abb. 421. Härtungsbereich von Silizium-Federstahlen (Blattstärke 90×13 mm).

überhaupt eine gleichmäßige Härteschicht zu erhalten. Bei Anwesenheit von Silizium war dies natürlich nicht der Fall, und so zeigte tatsächlich der Stahl mit einem Si-Gehalt von 0,3% gegenüber dem Huntsmanstahl eine gewisse Überhitzungsempfindlichkeit infolge der stärkeren Härtefähigkeit. Steigert man aber den Si-Gehalt noch weiter, so kann man deutlich feststellen, daß der Steigerung des Si-Gehaltes eine gewisse Verringerung der Überhitzungsempfindlichkeit folgt, zum mindesten keine weitere Verschlechterung mehr festgestellt werden kann. Es muß allerdings hier darauf aufmerksam gemacht werden, daß die Überhitzungsunempfindlichkeit bei Si-Stählen nicht nur eine Funktion des Legierungselementes an sich ist, sondern auch der metallurgische Einfluß des Siliziums bei der Stahlherstellung von Bedeutung ist. Es ist bereits im Kapitel über C-Stähle eingehend darauf hingewiesen worden, daß durch feinstverteilte Einschlüsse, auch oxydischer Natur, das Kornwachstum im γ-Gebiet beeinflußt werden kann, und daß z. B. die Härteunempfindlichkeit von Bessemerstählen auf diese Ursache zurückzuführen ist. In gleichem Sinne ist es möglich, bei Siemens-Martin-Stählen durch metallurgische Behandlung, d. h. bestimmte Leitung der Desoxydation die Härteunempfindlichkeit von 2 proz. Si-Stahl um 30—50° zu verringern.

Im Zusammenhang hiermit sei auch auf die späteren Kapitel über die Zementation Si-haltiger Stähle hingewiesen. Zum Teil ist die in der Literatur verbreitete Ansicht über die kornvergröbernde Wirkung des Siliziums dem schon erwähnten Umstand zuzuschreiben, daß durch Silizium die Umwandlungspunkte erhöht werden und für Rekristallisationserscheinungen im α-Gebiet ein größeres Feld zur Verfügung steht.

Sehr deutlich prägt sich der Einfluß von Silizium beim Anlassen gehärteter Stähle aus. Der Übergang von tetragonalem in kubischen Martensit wird durch Siliziumzusatz zu höheren Temperaturen verschoben. Bei der metallographischen Untersuchung angelassener Si-Stähle mit z. B. 2% Si, 0,6% C fällt auf, daß die nadelige Martensitstruktur noch bis zu Anlaßtemperaturen von 500° in stärkerem Maße beobachtet werden kann, als dies bei Kohlenstoffstahl der Fall ist. Diese im Gefüge zum Ausdruck kommende Erhöhung der Anlaßbeständigkeit prägt sich noch deutlicher in dem Härteabfall beim Anlassen aus. Die Abb. 422 u. 423 veranschaulichen das Verhalten entsprechender Stähle mit steigendem Si-Gehalt. Bei den niedriggekohlten Stählen fällt im gehärteten Zustand die Erhöhung der absolut erreichbaren Härte auf, entsprechend dem durch Silizium erhöhten Anteil an Perlit. Bei den Stählen mit 0,9% C fehlt naturgemäß dieser Einfluß des Siliziums auf die Abschreckhärte. Um so klarer tritt hier aber die erhöhte Anlaßbeständigkeit der höher silizierten Stähle in Erscheinung. Bei der Betrachtung der erhöhten Anlaßbeständigkeit muß man allerdings berücksichtigen, daß die ferritische Grundmasse durch Silizium eine Erhöhung der Festigkeitseigenschaften und somit auch der Härte erfährt, die naturgemäß auch im ausgeglühten Zustand, d. h. bei Glühtemperaturen von 700°, noch zu verhältnismäßig höheren Härtewerten führt. Außerdem läßt sich aber einwandfrei feststellen, daß Silizium die Zusammenballung der Karbide erschwert und hier ein Hauptgrund für die Steigerung der Anlaßbeständigkeit vorliegt.

Wenn man sich das gesamte Verhalten siliziumlegierter Stähle vor Augen hält — Verbesserung der Durchhärtefähigkeit, geringe Verbesserung der Überhitzungsunempfindlichkeit, Verbesserung der Anlaßbeständigkeit —, so erinnern die Siliziumstähle in etwa an das Verhalten von Stählen mit karbidbildenden Elementen. Wegen der starken Graphitbildung ist die Annahme der karbidbildenden Wirkung des Siliziums in Stahllegierungen bisher verneint worden; daß die graphitisierende Wirkung eines Elementes jedoch allein nicht ausreicht, um Karbidbildung in Abrede zu stellen, geht aus dem bereits erwähnten Verhalten hoch kohlenstoff- und wolframhaltiger Stähle mit 1,5% C und 8% W, die bekanntlich zu Schwarzbruch neigen, hervor. Ebenso ist es bekannt, daß Zirkon in Eisen-Kohlenstoff-Legierungen ein sehr stabiles Karbid bildet, trotzdem Zirkon die Graphitbildung begünstigt[1]. Silizium selbst bildet mit Kohlenstoff ein sehr stabiles Karbid (Karborund), dessen Verwendung in den bekannten Silitheizstäben auf eine hohe Temperaturbeständigkeit hinweist. Auch bei Versuchen, dieses Siliziumkarbid durch Metalloxyde zu reduzieren, fällt es durch

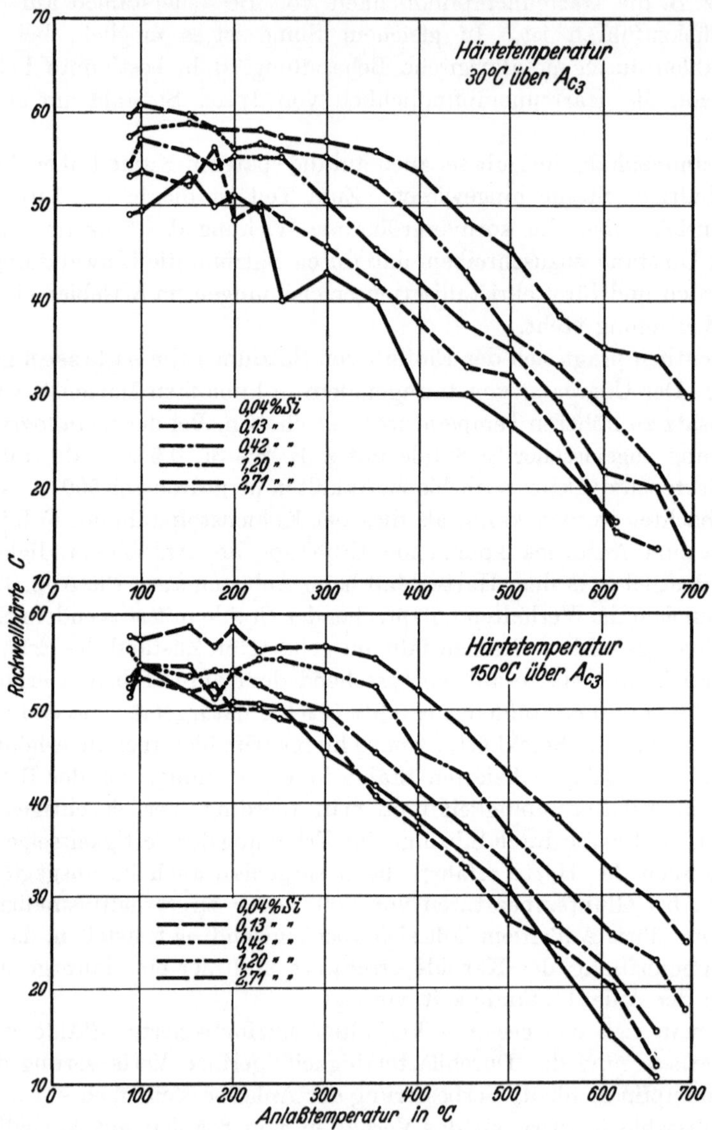

Abb. 422. Verhalten von Stählen mit 0,4% C verschiedenen Siliziumgehaltes beim Anlassen.

seine hohe Beständigkeit auf. Trotzdem konnte die Existenz des Siliziumkarbids bis heute im Stahl nicht nachgewiesen werden. In den erwähnten neueren Arbeiten von A. Kriz und F. Poboril[2] wird als wahrscheinlich

---

[1] Löhberg, K.: Diss. Göttingen 1933. „Das ternäre System Fe-C-Zr.“
[2] Stahl u. Eisen 52. Jg. (1932) S. 1229.

angenommen, daß Silizium im Zementit gelöst sein kann. Man kann daher annehmen, daß der Einfluß auf die Härtbarkeit vor allem dem im Karbid gelösten Silizium zuzuschreiben ist in dem Sinne, daß das siliziumhaltige Karbid

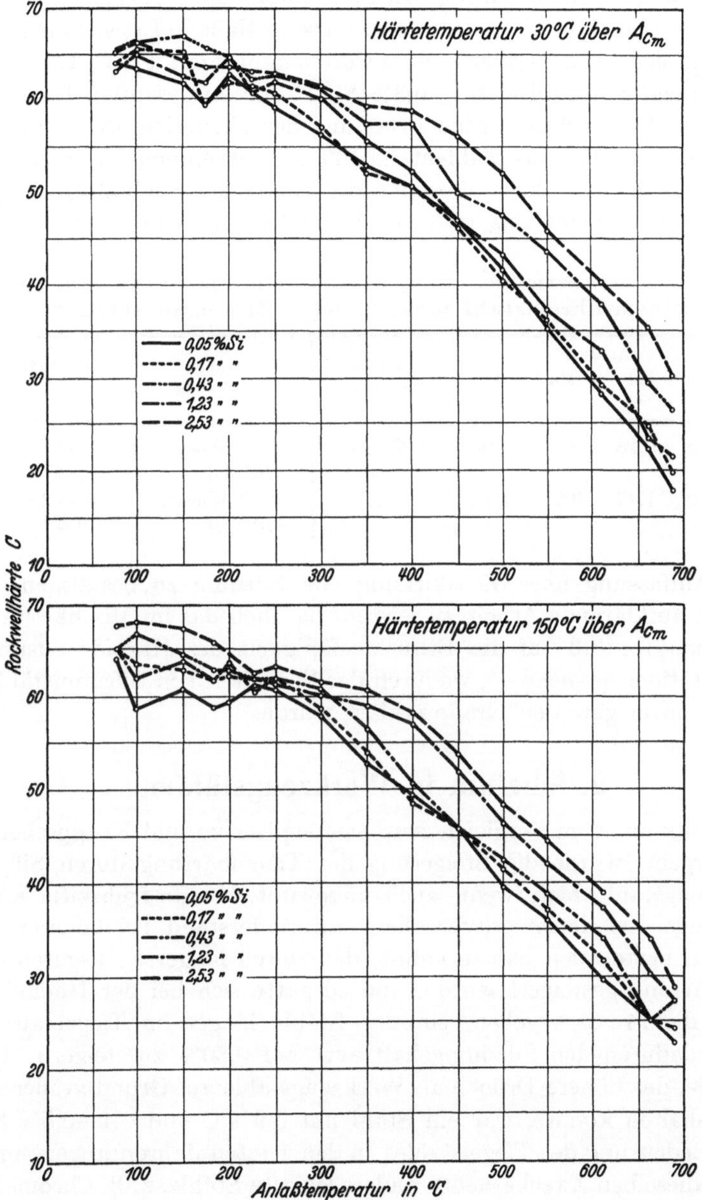

Abb. 423. Härteveränderung von eutektoiden Kohlenstoffstählen verschiedenen Siliziumgehaltes beim Anlassen.

ein geringeres Ausscheidungsbestreben, d. h. niedrigere Ausscheidungsgeschwindigkeit aufweist als das normale Eisenkarbid. Hierdurch erklärt sich die leichtere Unterdrückung des Umwandlungsgebietes 1 (Ar_1) und die Erhöhung der Härtefähigkeit. Eine Unterstützung erfährt diese Anschauung durch den Einfluß von

Silizium bei Stählen, die außer Silizium noch ein karbidbildendes Element, wie Chrom, enthalten. Bei gleichzeitiger Anwesenheit eines stärker karbidbildenden Elementes, also etwa Chrom, kann man annehmen, daß das Silizium durch dieses Element aus dem Karbid verdrängt wird und infolgedessen bei der Härtefähigkeit der Einfluß von Silizium nicht mehr in so starkem Maße in Erscheinung tritt. Tatsächlich zeigt sich beim Vergleich eines Chromstahles mit 1% C, 1,5% Si, 1% Cr gegenüber einem Stahl mit 1% C, 0,3% Si, 1% Cr im gesamten Härteverhalten praktisch kein Unterschied. Eine Erhöhung der Härtetiefe durch den höheren Siliziumgehalt ist, wie aus Zahlentafel 100 zu entnehmen ist, nicht mehr zu bemerken. Wenn auch diese Versuche die gezogenen Schlußfolgerungen nicht direkt beweisen, scheint das gesamte Verhalten der Siliziumstähle doch die

Zahlentafel 100. Härtevermögen eines Chrom-Silizium-Stahles im Vergleich zu einem Chromstahl sonst gleicher Zusammensetzung.

| Analyse | | | | Proben-abmessung | Hartungs-behandlung | Härtetiefe |
C %	Si %	Mn %	Cr %			mm
0,95	0,28	0,58	1,04	80 ∅ · 250	900° Wasser	28
				desgl.	870° Öl	7
0,90	1,47	0,53	1,12	,,	900° Wasser	24—25
				,,	870° Öl	6—7

geäußerte Auffassung über die Wirkung von Silizium zu bestätigen. Hier ist jedoch noch aufklärende Arbeit zu leisten, da auch das im Mischkristall gelöste Silizium einen Einfluß auf die Diffusionsfähigkeit des Karbids ausüben kann — s. Zementationsversuche —, wodurch das Verhalten von Siliziumstählen ebenfalls bis zu einem gewissen Grade erklärt würde.

2. Silizium in Werkzeugstählen.

Wie bereits aus dem Vergleich zwischen englischem und Kruppschem Tiegelstahl hervorgeht, wurde die Steigerung der Tiefenhärtung durch Silizium auf dem Werkzeugstahlgebiet, wenn auch unbewußt, bereits frühzeitig ausgenutzt für Werkzeuge, bei denen es vor allem auf Widerstand bei höheren Drücken ankam. Man hatte auch bald erkannt, daß durch längeres Ausgaren im Tiegel die Tiefenhärtung gesteigert wurde, und so hatte sich bei der Herstellung von Tiegelstahl die Praxis ergeben, einzelne Stähle länger im Tiegel ausgaren zu lassen und dadurch den Siliziumgehalt evtl. auf 0,50% zu steigern. Einer der ersten Stähle, der höhere Drücke als Werkzeugstähle auf Grund größerer Tiefenhärtung aushalten konnte, war ein Stahl mit 0,9% C und 0,4—0,5% Si.

Da die Bedeutung des Tiegelstahles in den letzten Jahren abgenommen hat, werden für dieselben Zwecke heute anders legierte Stähle, z. B. Chromstähle mit 0,5—2% Chrom, verwendet, die bei der Herstellung im Elektroofen durch genaue Bemessung des Legierungszusatzes eine viel sicherere Beherrschung der Tiefenhärtung bei gleichzeitig wirtschaftlicherer Herstellung gewährleisten. Trotzdem findet man auch heute noch Reihen von Kohlenstoff-Elektro- und Siemens-Martin-Stählen mit verschiedenen Si- und auch evtl. Mn-Gehalten (s. Zahlentafel 101). Auch hier ist z. T. die Absicht, durch die Veränderung der Si-Gehalte die Härtbarkeit der Stähle je nach dem Verwendungszweck auf billige Weise zu beeinflussen.

Eine größere Verwendung haben reine Eisen-Silizium-Kohlenstoff-Legierungen auf dem Gebiete des Werkzeugstahles nicht gefunden. Teilweise trifft man für billige Hand- und Schrottmeißel Stähle mit 0,5—0,7% C bei Si-Gehalten von 1,4—1,5% und Mangangehalten von 0,7—0,8% an. Diese Stähle können wegen der feinen Schneiden der in Frage kommenden Werkzeuge in Öl gehärtet werden, trotzdem normalerweise Wasserhärtung mit darauffolgendem Anlassen bis zu 200° zu bevorzugen ist.

Eine größere Verwendung hat Silizium als Zusatz zu anderweitig legierten Stählen gefunden. Unter den sog. bei der Härtung „stehenbleibenden" Stählen, also denjenigen Stählen, die bei Ölhärtung einen geringen Verzug aufweisen, findet man Legierungen mit 1% C, 1,5% Si, 1,5% Cr. Diese Stähle lassen auch bei Ölhärtung Glashärte erzielen. Der Verzug bei der Härtung ist nicht größer als bei dem bekannten 2proz. Manganstahl sowie den hieraus entwickelten Mn-Cr-, Mn-V-, Mn-Cr-W-Stählen (s. Zahlentafel 24).

Die Siliziumstähle zeichnen sich außerdem durch eine hohe Verschleißfestigkeit aus, die dazu geführt hat, daß ein Stahl mit 1,5% C, 1,5% Si, 3—6% Cr zur Bearbeitung besonders harter Stoffe, wie harter Gesteine, harter Hölzer usw. verwendet wird. Für derartige Beanspruchung bei Schneidwerkzeugen kommt auch diesen Si-Stählen zugute, daß sie eine höhere Anlaßbeständigkeit aufweisen. Abb. 424 zeigt nochmals die Überlegenheit des obenerwähnten Cr-Si-Stahles be-

Zahlentafel 101. Zusammensetzung einiger Kohlenstoffstähle mit erhöhten Si- und Mn-Gehalten.

C	Si	Mn
%	%	%
0,6—1,2	0,10—0,20	max 0,25
0,6—1,2	0,15—0,25	„ 0,30
0,6—1,2	0,15—0,20	„ 0,35
0,6—1,2	0,20—0,30	0,35—0,50
0,6—1,2	0,20—0,35	0,50—0,80
0,6—1,2	0,20—0,35	0,70—0,90
0,4—0,8	0,35—0,40	0,60—0,80
0,4—0,8	0,45—0,60	0,80—1,0

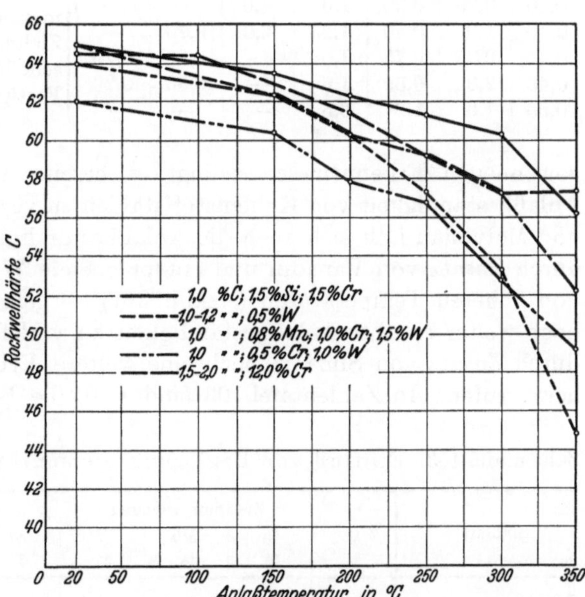

Abb. 424. Härteveränderung eines Stahles mit 1% C, 1,5% Si, 1,5% Cr im Vergleich zu verschieden legierten Werkzeugstählen beim Anlassen. [Nach Houdremont: Gesammelte Vortrage der Werkstofftagung Bd. 4 (Berlin 1927) S. 90.]

züglich Anlaßbeständigkeit gegenüber verschiedenen anderslegierten Stählen. Die hohe Anlaßbeständigkeit läßt die Stähle auch zur Herstellung von Meßwerkzeugen besonders geeignet erscheinen. Da bei Anlaßtemperaturen von 250° noch Rockwellhärten von über 60 Einheiten erhalten bleiben, kann man die Alterung dieser

Stähle bei verhältnismäßig hohen Temperaturen (200°) vornehmen. Unter
Altern von Feinmeßwerkzeugen versteht man ein tage- evtl. wochenlanges
Auskochen bei höheren Temperaturen, um die beim Härten entstehenden Spannungen möglichst zu entfernen und die kleinen Maßveränderungen, die durch
Spannungsauslösung auftreten können, zu beseitigen. Da es sich hier oft um
Größenänderungen von tausendstel Millimeter handelt, ist dies von außerordentlicher Wichtigkeit. Ein weiterer Si-Cr-Stahl mit 0,4% C, 1,75% Si, 0,5% Mn,
1,3% Cr findet vor allem für Preßluftmeißel Verwendung, er kann sowohl von
850—860° in Öl als auch von 830—840° in Wasser gehärtet werden und zeichnet
sich durch sein zähes Verhalten aus.

Die Erhöhung der Anlaßbeständigkeit durch Silizium hat auch dazu geführt,
den Gehalt an Silizium bei verschiedenen Warmarbeitsstählen zu erhöhen.
Einige Stähle dieser Art sind in Zahlentafel 102 wiedergegeben. Nach den bisher

Zahlentafel 102. Zusammensetzung und Verwendungszweck von Warmarbeitsstählen mit erhöhtem Siliziumgehalt.

Analyse							Verwendungszweck
C %	Si %	Mn %	Cr %	W %	Mo %	V %	
0,30	0,50	0,40	1,0	5,0	1,0	—	Warmarbeitswerkzeuge, wie Scheren-
0,40	0,75	0,30	1,0	4,0	—	—	messer, Schnitte, Gesenke, Loch- und
0,40	1,0	0,40	1,25	2,0	0,70	—	Ziehdorne, Walzen, Stempel, Druck-
0,45	0,75	0,75	1,5	—	0,30	0,20	scheiben, Büchsen usw., vergütet auf
0,45	2,0	0,50	1,5	—	0,30	0,20	Festigkeiten von etwa 110—165 kg/mm²
0,55	1,0	1,0	0,5	—	—	—	

gewonnenen Erkenntnissen gelingt es bereits durch Zusatz von Chrom, die
Anlaßbeständigkeit von Kohlenstoffstählen zu verbessern, durch weiteren Zusatz
von Molybdän läßt sich auch die Anlaßbeständigkeit des Chromstahles steigern,
durch Zusatz von Vanadin und entsprechende Wärmebehandlung — Ablöschen
von höheren Temperaturen (s. Abb. 361) — gelingt es, auch dem Cr-Mo-Stahl
noch weiter erhöhte Anlaßbeständigkeit zu verleihen, und schließlich kann man
durch Zusatz von Silizium noch eine weitere Erhöhung der Anlaßbeständigkeit
hervorrufen. In Zahlentafel 103 sind z. B. die Brinellhärten für entsprechende

Zahlentafel 103. Einfluß von Legierungselementen auf die Anlaßbeständigkeit.

Stahlart	Zusammensetzung					Gehärtet in Öl von	Angelassen bei	Brinell- härte
	C %	Cr %	Mo %	V %	Si %			
Cr	0,4	1,5	—	—	—	850°	600°	∾ 240
Cr-Mo	0,4	1,5	0,3	—	—	850°	600°	290
Cr-Mo-V	0,4	1,5	0,3	0,2	—	920°	600°	420
Cr-Mo-V-Si . . .	0,4	1,5	0,3	0,2	1,5	920°	600°	480

Stähle nach dem Härten und Anlassen auf 600° wiedergegeben. Bei gleichem
C-Gehalt sieht man deutlich, wie durch den Zusatz der entsprechenden
Legierungselemente eine stets steigende Erhöhung der Anlaßbeständigkeit er-
reicht werden kann.

3. Silizium in Baustählen.

a) Allgemeines.

Im geglühten Zustand besitzen Siliziumstähle erhöhte Festigkeit und Streckgrenze, wie dies bereits aus den ersten Untersuchungen von Guillet[1] und
Hadfield[2] hervorgeht (Abb. 425). Erwähnenswert bei diesen Untersuchungen
ist die Abnahme der Dehnung und Kerbzähigkeit bei Si-Gehalten oberhalb 2%.
Hierzu ist zu bemerken, daß die meisten Untersuchungen, die das Konstruktions-
stahlgebiet betreffen, an Stählen mit etwa 0,2% C und darunter vorgenommen

wurden. Diese Verminderung der
Dehnung und Kerbzähigkeit wird
als eine Erhöhung der Kaltsprödigkeit durch Silizium gedeutet. Wenn
auch Silizium die Kaltverformbarkeit von Flußeisen erschwert, schon
allein auf Grund der gesteigerten
Streckgrenze und Festigkeit, so
sind diese starken Abfälle an Zähigkeit aber hauptsächlich darauf
zurückzuführen, daß die untersuchten Stähle mit mehr als 2% Si
größtenteils halbferritisch oder
ferritisch waren. Schon bei den
Chromstählen wurde anläßlich der
Herstellung von Rohren aus ferritischen Chromstählen gezeigt, daß
der Grad der Verarbeitung einen
außerordentlichen Einfluß auf die
Zähigkeit derartiger Legierungen
ausüben kann. Stähle mit 0,8% C

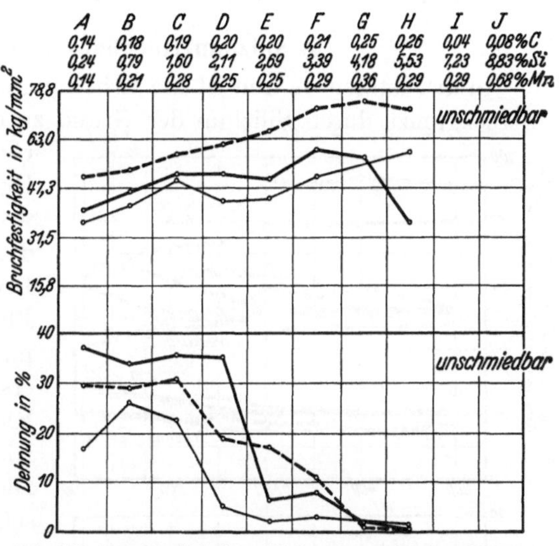

Abb. 425. Bruchfestigkeit und Dehnung von Siliziumstählen.
[Nach Hadfield u. Kennedy: s. Mars: Die Spezialstähle
2. Aufl., S. 271. Verlag Enke 1922.]

———— geglühte, ———— ungeglühte Proben mit Meßlänge
50,8 mm (Hadfield). ———— gegluhte Proben mit Meßlänge 254 mm (Kennedy).

und 3% Si weisen sowohl im Walzzustand als auch vergütet gute Eigenschaften auf.

Bei weichen Flußeisensorten, wie sie für Röhrenherstellung Verwendung
finden, macht sich der Einfluß geringer Si-Gehalte auf die Festigkeitseigenschaften, insbesondere Streckgrenze, sehr deutlich bemerkbar. Für die teilweise
außerordentlich tiefen Festigkeitsstufen, wie sie bei weichstem Röhrenmaterial
verlangt werden (unter 40 kg/mm²) ist es erforderlich, möglichst geringe Siliziumgehalte einzuhalten. Das gleiche gilt für die weichsten Qualitäten an Tiefziehblechen. Aus diesem Grunde werden auch für viele Zwecke vielfach unruhig ver-
gossene Stähle verwendet, die keine weitgehende Desoxydation, insbesondere keine
durch Silizium, erfahren. Werden aber derartige Stähle im beruhigten Gußzustand
verlangt, so wird die Beruhigung mit Aluminium, das keine entsprechende Erhöhung
der Festigkeitseigenschaften hervorruft, vorgenommen. Derartige Analysen von
Röhrenmaterial mit Festigkeitseigenschaften gibt Zahlentafel 104 wieder.

Man wird also überall dort höhere Si-Gehalte vermeiden, wo auf besondere
Verformbarkeit, insbesondere Tiefziehfähigkeit Wert gelegt wird. Dies gilt nicht
nur für ganz weiche kohlenstoffarme Flußeisensorten, sondern auch für solche

---

[1] Siehe Mars: Die Spezialstähle. 2. Aufl. (1922) S. 272 u. 275.　　　[2] Desgl. S. 270/271.

mit etwas erhöhtem Kohlenstoffgehalt (etwa 0,25% C), wie sie zur Herstellung von Automobilrahmen mit höheren Festigkeitswerten verwandt werden.

Zahlentafel 104. Zusammensetzung und Festigkeitswerte von Stahlen für Rohre.

| | Analyse | | | | Festigkeit kg/mm² |
C %	Si %	Mn %	P %	S %	
∽0,10	Spuren	0,30/0,50	< 0,035	< 0,035	34—42
∽0,10	max 0,1	0,30/0,50	< 0,035	< 0,035	35—44
∽0,10	max 0,15	0,30/0,50	< 0,035	< 0,035	41—46

b) Silizium-Hochbau- und Vergütungsstähle.

In den letzten Jahren ist die Erhöhung der Festigkeit, insbesondere aber der Streckgrenze durch Silizium der Grund zu einer neueren Entwicklung auf dem Gebiete der sog. Massenstähle für den Hochbau (Träger, Profileisen usw.) geworden. Es war schon in früheren Jahren daran gedacht worden, bei Hochbauten, Brückenbauten usw. die gewöhnlichen Flußeisensorten durch legierte Stähle mit höheren Festigkeitseigenschaften zu ersetzen. Der erste Versuch in dieser Richtung war die im Jahre 1909 erbaute Nickelstahlbrücke von Krupp in Essen. Die infolge der höheren Festigkeitseigenschaften ermöglichten Querschnittsverminderungen standen jedoch nicht im Verhältnis zu der Verteuerung durch die Legierung. In den letzten Jahren ging man dazu über, die bekannte Erhöhung der Festigkeit und Streckgrenze durch Silizium für diese Zwecke auszunutzen. Die entsprechenden Verbesserungen der Eigenschaften zeigt Zahlentafel 105. Da hohe Si-Gehalte bei der Stahlherstellung zu starker Lunker-

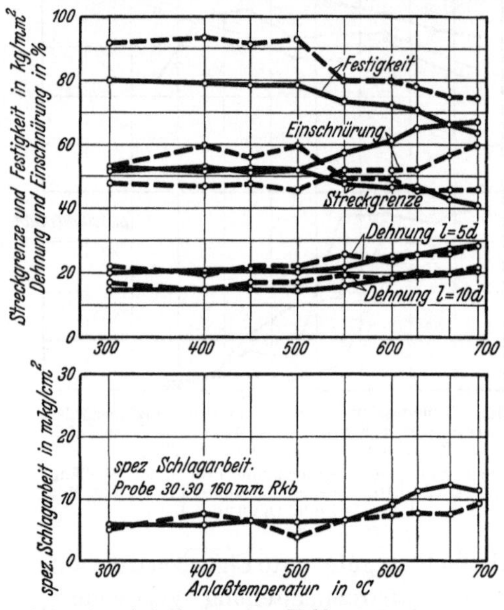

Abb. 426. Anlaßkurve eines Kohlenstoffstahles und eines Siliziumstahles.
Stahl mit 0,41% C, 0,20% Si
—— 70 vkt. von 850° in Öl gehartet.
Stahl mit 0,41% C, 1,43% Si
- - - 70 vkt. von 850° in Öl gehärtet.

Zahlentafel 105. Baustähle für Brückenbau.

	St 37	St 48	St Si	St CrCu	St MnCu
C . . . . %	0,1	0,3	0,15	0,15	0,15
Si . . . . %	normal	normal	2,0—1,0	normal	normal
Mn . . . . %	normal	normal	0,5—0,8	0,8—1,0	1,2—1,6
Cu . . . . %	—	—	—	0,5—0,8	0,3—0,5
Cr . . . . %	—	—	—	0,4	—
Streckgrenze . . . .kg/mm²	24	34	39	36	36
Festigkeit . . . . . ,,	42	50	52	52	52
Dehnung . . . . %	27	22	26	20	20
$\frac{\text{Streckgrenze}}{\text{Bruchgrenze}} \cdot 100\%$	56	60	76	70	70

bildung führen, wurde der Si-Baustahl allmählich durch die außerdem noch angeführten Mangan- und Chrom-Kupfer-Stähle verdrängt bzw. der ursprüngliche Siliziumgehalt von 2% auf rd. 1% erniedrigt und durch entsprechende Mangangehalte ersetzt. Diese Stähle haben unter der Bezeichnung St 52 in die Deutschen-Industrie-Normen (DIN) Eingang gefunden. 52 bedeutet hierbei die untere Festigkeit in kg/mm².

Immerhin wurde durch den Siliziumstahl erneut die Anregung zur Verwendung legierter Stähle auf dem Gebiete der Massenstähle gegeben.

Am deutlichsten zeigt sich die Wirkung von Silizium bei der Vergütung. Abb. 426 gibt die Vergütungsschaubilder von Stählen mit verschiedenen Siliziumgehalt wieder, aus denen die erhöhte Härtefähigkeit und Anlaßbeständigkeit des höher siliziumhaltigen Stahles hervorgeht. Der Einfluß des Siliziums tritt auch bei gleichzeitiger Verwendung von Mangan und Silizium in Erscheinung (Abb. 427).

Wie unter Werkzeugstählen angeführt, erhöht Silizium auch die Verschleißfestigkeit.

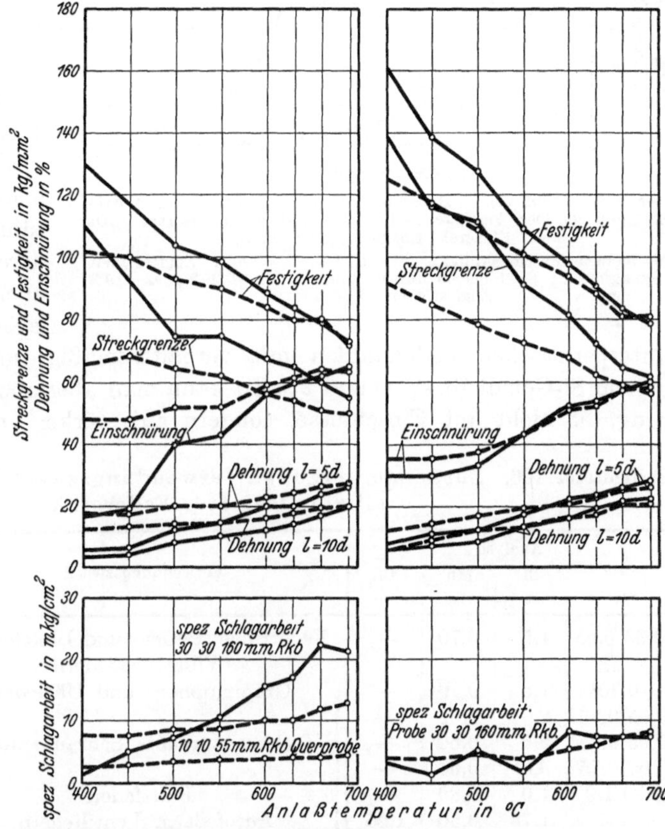

Abb. 427. Anlaßkurve eines Manganstahles und Mangansiliziumstahles.

Stahl mit 0,46% C, 0,32% Si, 1,40% Mn
———— 35 vkt. von 850° Öl abgelöscht.
– – – 70 vkt. von 850° Öl abgeloscht.

Stahl mit 0,46% C, 1,46 % Si, 1,52% Mn
———— 35 vkt. von 850° Öl abgeloscht.
– – – 70 vkt. von 850° Öl abgeloscht.

keit. Diese Erhöhung der Verschleißfestigkeit macht sich bei Baustählen bei der Bearbeitung, insbesondere beim Bohren, ungünstig bemerkbar. Abb. 428 gibt einen Vergleich der Bohrarbeit von zwei Stählen mit verschiedenen Siliziumgehalten, auf gleiche Festigkeit behandelt, wieder. Die in der schlechten Bearbeitbarkeit zum Ausdruck kommende Verschleißfestigkeit bietet aber auch Vorteile bei der Verwendung. Sie bedingt z. B. bei Kurbelwellen gute Maßhaltigkeit und Lauffähigkeit in den Lagerstellen. In großem Maße haben solche siliziumhaltigen Stähle daher für die Herstellung von Automobilkurbelwellen Verwendung gefunden.

Ein umfangreiches Anwendungsgebiet der Siliziumstähle sind hochbeanspruchte Federn. Diese Federstähle (Zahlentafel 106) weisen Si-Gehalte von

1% bis nahezu 3% auf. Entsprechende Vergütungsschaubilder zeigen die
Abb. 429—431. Da Silizium ein noch stärkeres Desoxydationsmittel als Mangan

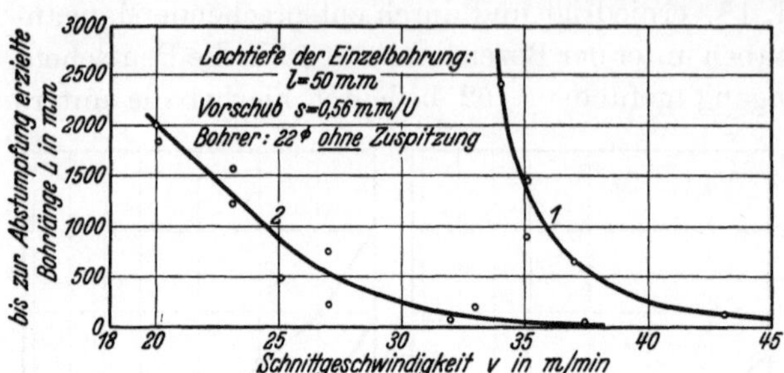

Abb. 428. Einfluß von Silizium auf die Bohrarbeit von Siemens-Martin-
Stahlguß gleicher Festigkeit. [Nach Wallichs u. Beutel: „Die
Gießerei" Bd. 19 (1932) S. 245.]|

1 = Siemens-Martin-Stahlguß, Si = 1,23%, δ_s = 18%, Zugfestigkeit:
58,0 kg/mm². *2* = Siemens-Martin-Stahlguß, Si = 0,36%, δ_s = 19%,
Zugfestigkeit: 58,7 kg/mm².

ist, weisen auch Siliziumstähle oft die beim Federstahl gewünschte Längsfaserung auf. Ähnlich wie
die Manganbaustähle zeichnen sich daher auch die gesamten Siliziumbaustähle
durch verschlechterte Querzähigkeitseigenschaften,
insbesondere Querkerbzähigkeit, gegenüber anderen höherwertigen, vor
allem chrom- und nickellegierten Stählen aus. Bei
unterperlitischen Federstählen mit verhältnismäßig tiefem Kohlenstoff- und
hohem Si-Gehalt (0,4% C und 2% Si) kann man aber auch manchmal eine Faserung, die nicht auf Einschlüsse, sondern auf stärker ausgebildete Ferritzeilen

Zahlentafel 106. Zusammensetzung, Verwendungszweck und Festigkeitswerte
siliziumlegierter Federstähle.

C %	Si %	Mn %	Cr %	Verwendungszweck	Festigkeitswerte
0,35/0,55	1,5	0,70	—	Federringe, Puffer- und Blattfedern, Vibrationsfedern	
0,70[1]	1,5	0,70	—	Grammophon- und Uhrfedern	Streckgrenze 80—200 kg/mm², Festigkeit 90—210 kg/mm², Dehnung $L = 10d$ 10—3%
0,65/0,75[1]	2,0	0,60	—	Hochbeanspruchte Schraubenfedern	
0,65/0,75[1]	2,5	0,60	—		
0,65/0,75[1]	3,0	0,60	—		
0,90/1,0	1,0	0,80	—	Blattfedern	
0,35	1,75	0,50	1,25	Autofedern, Ventilfedern,	
0,45	1,0	0,50	1,0	Spiralfedern, Schneckenfedern	
0,60	1,0	1,0	0,50	Ringfedern, Torsionsfederstäbe	
0,75	1,25	0,50	0,25	Grammophon- und Uhrfedern	

zurückzuführen ist, feststellen. Diese Federstähle weisen eine geringere Härtefähigkeit als die entsprechenden Manganfederstähle mit 2% Mangan auf. Wasserhärtung wird normalerweise bei diesen Si-Stählen bis 0,50% C angewandt werden
können, während bei Manganstählen die Grenze bei ungefähr 0,40% C liegt.
Auch hier zeigt sich die geringere Empfindlichkeit der Siliziumstähle bei der
Härtung gegenüber den Manganstählen.

Besondere Beachtung für die Herstellung von Federn aus Siliziumstahl
verdient der Umstand, daß Siliziumstähle beim Walzen und Schmieden leichter
zur Entkohlung neigen als anders legierte Stähle. Eine Entkohlung an der Oberfläche vermindert den Widerstand gegen Dauerbeanspruchung. Da die Be-

---

[1] Bei Stählen für Wasserhärtung liegt der Mangangehalt etwa bei 0,2—0,3%, für Ölhärtung bei 0,60%.

anspruchung auf Dauerschwingungen — bei Federn Dauerbiegung und Dauertorsion — in der Randfaser am stärksten ist und der Ferrit eine geringere Wechselfestigkeit besitzt als der auf größere Zugfestigkeit vergütete Grundstoff, werden sich in der entkohlten Außenzone leicht Anrisse ausbilden, die dann infolge ihrer Kerbwirkung zu einem Dauerbruch der betreffenden Feder bzw. des Federblattes führen können. Gleichzeitig gibt diese weiche Oberfläche sehr leicht Veranlassung zu oberflächlichen Quetschungen, bei aufeinanderliegenden Federblättern zur Ausbildung von Druckstellen usw.

Um die Vorteile des Manganstahles (bessere Härtefähigkeit, geringere Entkohlungsgefahr) mit dem Vorteil des Siliziumstahles (Unempfindlichkeit bei der Härtung, hohe Anlaßbeständigkeit) zu vereinen, geht man vielfach zur Verwendung von Mangan-Silizium-Stählen mit etwa 1—1,2% Mn, 1% Si über. Diese Stähle ergeben eine gute Durchvergütung auch bei größeren Querschnitten und sind weniger härteempfindlich als reine Mn-Stähle.

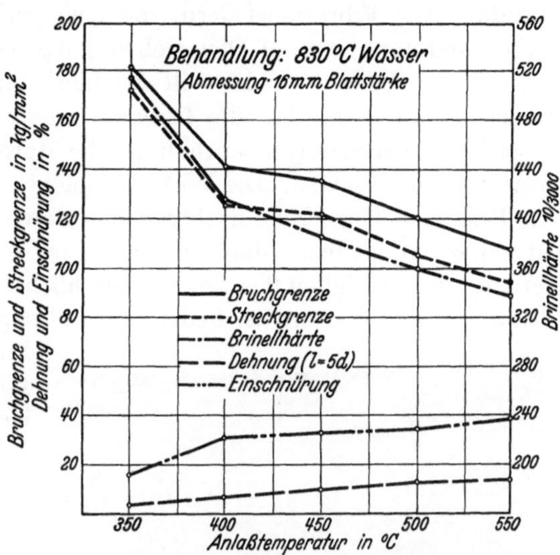

Abb. 429. Vergütungsschaubilder von Federstählen. Stahl mit 0,44% C, 1,49% Si, 0,60% Mn.

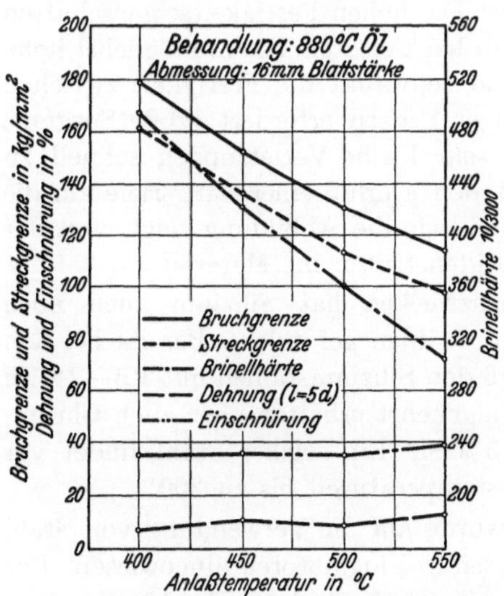

Abb. 430. Vergütungsschaubilder von Federstählen. Stahl mit 0,58% C, 1,44% Si, 0,58% Mn.

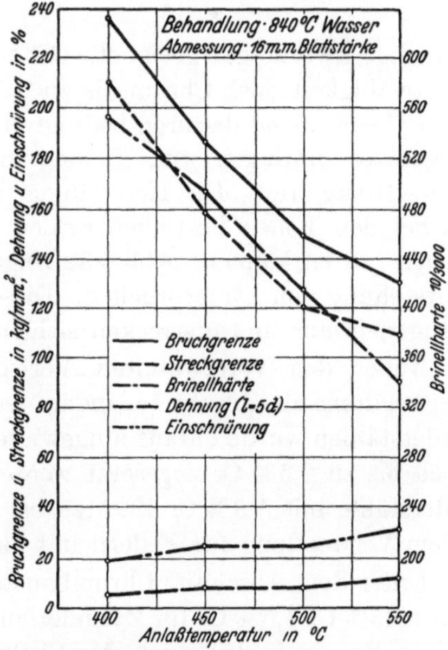

Abb. 431. Vergütungsschaubilder von Federstählen. Stahl mit 0,75% C, 2,70% Si, 0,84% Mn.

Die Festigkeiten, mit denen Federstähle Verwendung finden, schwanken von 90—210 kg/mm², wie dies aus Zahlentafel 106, in der die Verwendungs-

zwecke und entsprechenden Festigkeitsbereiche aufgenommen sind, hervorgeht.
Der niedrige Festigkeitsbereich von 90—110 kg/mm² findet vor allem Verwendung für Vibrationsfedern, die eine geringe statische Vorlast auszuhalten
haben und vor allem auf Dauerschwingung beansprucht werden. Die Herstellung
von solchen Federn — es handelt sich hierbei meist um Schraubenfedern — bringt
es leicht mit sich, daß die fertiggewickelten und gehärteten Federn kleinere
Oberflächenverletzungen enthalten, die durch Kerbwirkung die Schwingungsfestigkeit herabsetzen. Die Wirkung solcher Kerben ist um so größer, je höher
die Festigkeit liegt. Eine nachträgliche Beseitigung durch Schleifen oder Polieren
ist nahezu unmöglich. Man soll daher der Gefahr der Kerbwirkung durch Herabsetzung der Festigkeit begegnen. Für höchste Beanspruchungen wird der Walzdraht vor dem Wickeln der Federn centreless geschliffen, um Walzhaut und Fälte

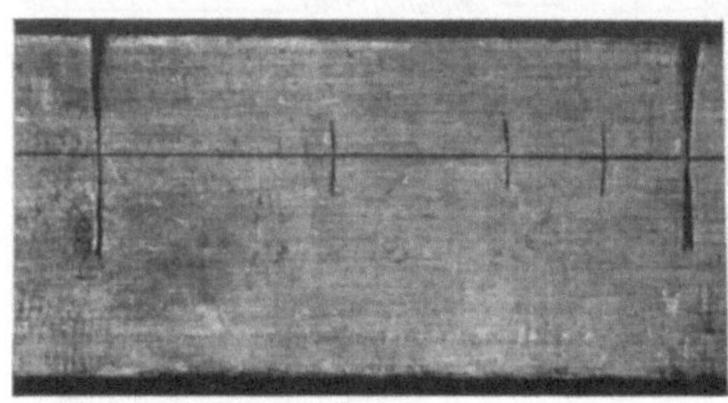

Abb. 432. Längsriefe als Ausgang für Dauerbruch bei
Federbandstahl. [Nach Houdremont u. Bennek:
Stahl u. Eisen 52. Jg. (1932) S. 654.]

lungen, vom Walzen herrührend, vollkommen zu entfernen. Erforderlich
ist diese Art der Bearbeitung bei
hochwertigen Ventilfedern für Flugzeugmotore usw. Die höchsten Festigkeitszahlen werden bei den sehr hochwertigen Federn, wie Grammophon-,
Uhrfedern usw., angestrebt. Für diese
Art von Federn werden vielfach reine
Kohlenstoffederstähle mit 0,9% C
verwendet, doch sind, wie neuere
Untersuchungen von Poellein[1] zeigen, auch gerade Si-Mn-Stähle für
derartige Zwecke gut geeignet. Oft setzt man diesen Stählen zur Erhöhung der
Härtefähigkeit noch Chrom bis zu 0,5% zu. Die hohen Festigkeitseigenschaften
dieser Federn sind dadurch bedingt, daß man bei kleinstem Raum möglichst hohe
Zugkräfte anbringen will. Dementsprechend schwankt die Festigkeit zwischen
190—210 kg/mm². Die Herstellung derartiger Federn erfordert große Sorgfalt,
da bei den hohen Festigkeitszahlen auch sehr kleine Verletzungen schnell zu
Bruch führen können. Abb. 432 zeigt z. B. den Einfluß einer Längsriefe auf die
Entstehung von Dauerbrüchen. Diese gehen, wie die Abbildung zeigt, von der
Längsriefe aus und erstrecken sich nach beiden Seiten ins Material.

Außer den vorerwähnten Verwendungszwecken hat Silizium auch noch
Verwendung als Zusatz zu anders legierten Stählen gefunden. Bereits bei den
Federstählen wurde darauf hingewiesen, daß den Siliziumstählen mit 1,5—2% Si
noch bis zu 0,5% Cr zugesetzt werden. Umgekehrt erhalten aber auch Chromfederstähle mit 1,3% Cr Zusätze bis zu 1,5% Si. Ein solcher Stahl findet vor
allem Verwendung für Federn mit Betriebstemperaturen bis zu 300°.

Unter dem Abschnitt Chrombaustähle wurde auf die Verwendung von Stahl
mit 0,45% C, 1,5% Cr für Zylinderlaufbüchsen in Flugmotoren hingewiesen. Für
diesen Zweck finden auch Mn-Si-Stähle mit 0,45% C, 1,5% Si, 1% Mn Verwendung. Ebenso sind entsprechende Cr-Si-Stähle mit 1,5% Cr und 1% Si
bei gleichem C-Gehalt im Gebrauch. Hier bringt die Erhöhung des Si-Gehaltes

---

[1] Unveröffentlichte Versuche.

eine Verbesserung der Laufeigenschaften auf Grund des erhöhten Verschleißwiderstandes. Bei wassergekühlten Motoren müssen die Büchsen bisweilen mit dem Kühlmantel zusammengeschweißt werden. Diese Schweißarbeit erfordert eine große Gewandtheit, da es sich um dünne komplizierte Schweißstellen handelt, die starken Temperaturschwankungen beim Schweißen ausgesetzt werden (Spannungen). Stähle mit erhöhtem Si-Gehalt werden ungern für diese Schweißarbeiten genommen; Cr-Si-Stähle verwendet man daher vor allem bei luftgekühlten Zylindern, bei denen Schweißarbeiten nicht nötig sind.

Eine besondere Verwendung hat Silizium als Zusatz zu Nickelstählen für die Herstellung von Schutzschilden, die widerstandsfähig gegen kleinkalibrige Munition (Maschinengewehrmunition) sind, gefunden. Die Zusammensetzung derartiger Stähle zeigt Zahlentafel 107. Den höchsten Beschlußwiderstand zeigen diese Stähle im gehärteten Zustand, d. h. bei Härten von 500—580 Brinell. Abgesehen von der hohen Festigkeit ist eine genügend große Zähigkeit Bedingung für derartige Beschußbleche. Auf die Verwendung dieser gut härtbaren und dabei noch genügend zähen, verschleißfesten Nickelstähle ist bereits bei Werkzeugstahl hingewiesen worden. Auch für diese Verwendungszwecke werden die Stähle auf hohe Festigkeit gebracht, die zwischen 130—170 kg/mm² schwankt.

Zahlentafel 107. Zusammensetzung von Ni-Si-Stählen für Schutzhelme und Panzerbleche.

Analyse						
C %	Si %	Mn %	P %	S %	Ni %	Cr %
0,35	1,5	0,50	0,030	0,030	2,0	0—2,0
0,40	1,75	1,0	0,030	0,030	4,0	0—2,0

Zahlentafel 108. Zusammensetzung von Si-Mn-Stählen[1].

Stahl Nr. SAE	Analyse				
	C %	Si %	Mn %	P max %	S max %
9250	0,45/0,55	1,80/2,20	0,60/0,90	0,045	0,05
9260	0,55/0,65	1,80/2,20	0,60/0,90	0,045	0,05

Die bisher genormten Si-Stähle zeigt Zahlentafel 108, Cr-Si-Ventilkegelstähle siehe Zahlentafeln 97, 113, 114.

c) Silizium in Einsatzstählen.

Bei der Zementation wird nach Guillet[2] durch Siliziumzusatz eine so weitgehende Verminderung der Eindringtiefe erhalten, daß bei einem Legierungsgehalt von 5% eine Randaufkohlung nicht mehr zustande kommt. Von Mahing und Spenzer[3] wurde vorgeschlagen, diese diffusionshemmende Wirkung des Siliziums zur Vermeidung stärkerer Randaufkohlung durch eine der Zementation vorausgehende Glühung in Ferrosilizium oder auch einen Zusatz von Ferrosilizium zum Einsatzpulver auszunutzen. Bei Zementation in Holzkohle und Bariumkarbonat wird durch neuere Untersuchungen die starke Verminderung des Randkohlenstoffgehaltes (Abb. 433) und der Eindringtiefe (Abb. 434) bestätigt. Bei höheren Gehalten an Silizium neigen die Stähle zur Graphitabscheidung, wie dies das in Abb. 435 wiedergegebene Gefüge aus der Einsatzzone eines 3proz. Siliziumstahles erkennen läßt. Auch bei der Zementation bestätigt

---

[1] Dem SAE-Handbuch entnommen.
[2] Mém. C. R. Trav. Soc. Ing. civ. France 1904 S. 177/207.
[3] Trans. Amer. Soc. Stl. Treat. Bd. 15 (1929) S. 197.

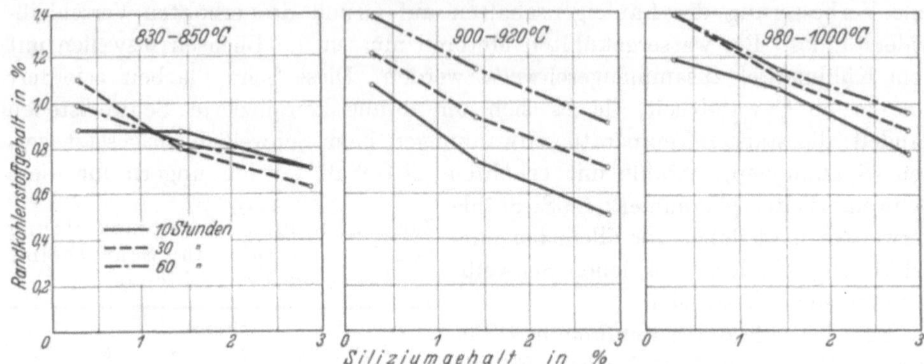

Abb. 433. Einfluß von Silizium auf den Randkohlenstoffgehalt bei Zementation. [Nach Houdremont u. Schrader: Arch. Eisenhüttenwes. 8. Jg. (1934/35) S. 447.]

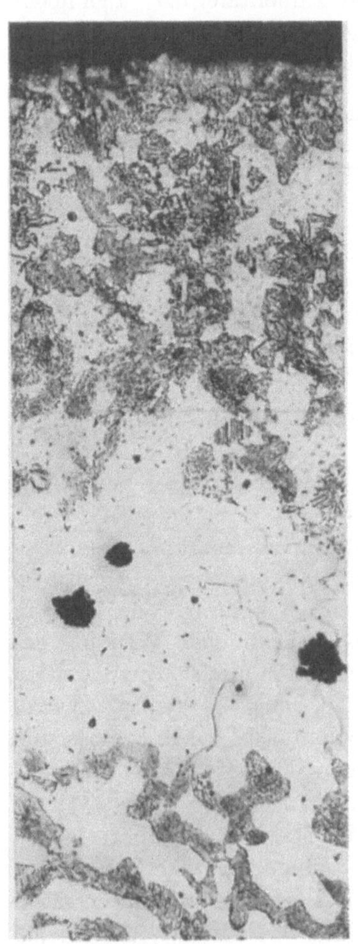

Abb. 435. Graphitbildung in Siliziumstählen bei Zementation.

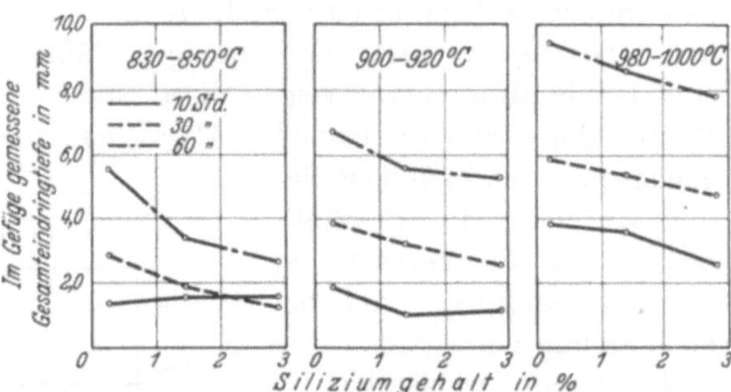

Abb. 434. Verminderung der Eindringtiefe bei Zementation durch Silizium. [Nach Houdremont u. Schrader: Arch. Eisenhüttenwes. 8. Jg. (1934/35) S. 447.]

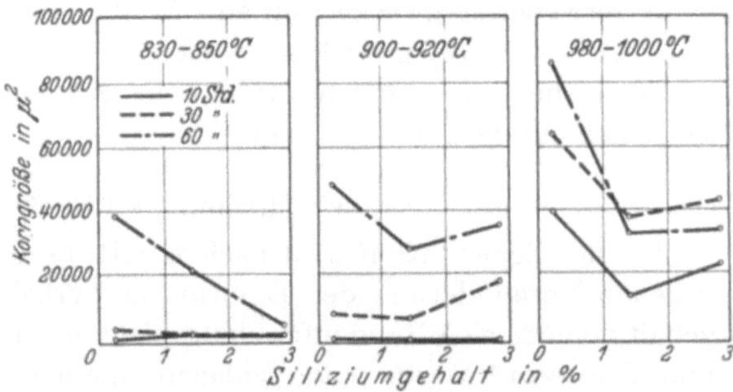

Abb. 436. Wirkung des Siliziums auf die Kornvergröberung infolge Zementationsüberhitzung. [Nach Houdremont u. Schrader: Arch. Eisenhüttenwes. 8. Jg. (1934/35) S. 447.]

sich die größere Unempfindlichkeit siliziumlegierter Stähle gegen Kornvergröberung bei längerem Erwärmen auf höhere Temperaturen (Abb. 436). Die starke Verminderung des Randkohlenstoffgehaltes und der Eindringtiefe bei der Zementation deutet darauf hin, daß Silizium das Diffusionsvermögen für Kohlenstoff im Mischkristall vermindert. Wegen der Gefahr einer schädlichen Graphitbildung bei höherem Si-Gehalt, haben reine Si-C-Stähle für Einsatzhärtung bisher keine Verwendung gefunden. Immerhin verdient der Einfluß des Siliziums bei geringeren Gehalten als Mittel zur Verminderung einer übermäßigen Randaufkohlung sowie Verbesserung der Kornfeinheit bei der Zementation Beachtung.

4. Verwendung von Siliziumzusätzen in korrosionsbeständigen Legierungen[1].

a) Korrosionswiderstand gegen Säuren.

Die Verwendung von Silizium in Eisenlegierungen, die Korrosionsbeanspruchungen bei Raum- oder höheren Temperaturen ausgesetzt werden, hat immer weitere Verbreitung gefunden. Größere Bedeutung hat der säurefeste Siliziumeisenguß gewonnen.

Wie aus dem Zustandsschaubild Eisen-Silizium hervorgeht, bilden sich auf der Eisenseite Mischkristalle bis zu ungefähr 15% Si, während erst oberhalb dieses Gehaltes entsprechende Verbindungen im Gefüge auftreten. Diese Verbindungen weisen hinsichtlich ihres korrosionschemischen Verhaltens die Besonderheit auf, daß sie unter bestimmten Bedingungen gegen den Angriff von Säuren hohe Widerstandsfähigkeit zeigen sowie insbesondere auch diese Eigenschaft auf das Verhalten der Legierung übertragen. Der Einfluß des Siliziumgehaltes äußert sich derart, daß bei Säureeinwirkung der Angriff mit steigendem Siliziumgehalt abnimmt, wobei ferner kennzeichnend ist, daß die Einwirkung der Säure nach Verlauf einer gewissen Zeit nachläßt, der Angriff also bis zu einem Mindestbetrag abklingt. Letzterer Vorgang gibt einen Hinweis für die Erklärung der Ursachen der Säurebeständigkeit. Die einfachste Erklärung ist die, daß durch den zunächst einsetzenden Angriff Kieselsäure auf der Oberfläche sich ausscheidet, die eine weitere Einwirkung auf das Material verhindert. Hierbei hängt jedoch die Schutzwirkung von den physikalisch-chemischen Eigenschaften der ausgeschiedenen Kieselsäure ab, derart, daß Schutzwirkung gewährleistet ist bei Bildung einer festhaftenden und zusammenhängenden Kieselsäurehaut, während Ausscheidung in Form gallertartiger Flocken oder als Kieselsäuregel wirkungslos bleibt. Die Erfahrung hat gezeigt, daß letzteres bei Einwirkung siedender Salzsäure sowie von Flußsäure und Alkalien der Fall ist, so daß dementsprechend Säurebeständigkeit vor allem in siedenden Salzsäurelösungen nicht besteht. Demgegenüber zeigen Eisensiliziumlegierungen mit Siliziumgehalten von 15—20% gegen siedende Schwefelsäurelösungen sehr hohe Widerstandsfähigkeit. Die Gewichtsverluste überschreiten in 25—50proz. Schwefelsäurelösungen 0,3 g/hm² nicht und verringern sich darüber hinaus bei Einwirkung höher konzentrierter Schwefelsäurelösungen auf 0,1 g/hm² und darunter. In besonders hohem Maße schützend wirkt sich die bei Einwirkung siedender oxydierender Säurelösungen entstehende Kieselsäurehaut aus, so daß gegen den Angriff konzentrierter und höchstkonzentrierter Salpetersäure bei Siedetemperatur vollkommene Beständigkeit der Legierungen mit hohem Siliziumgehalt (15—20%) besteht. Die gleiche hohe Beständigkeit weisen die

---

[1] Die aufgeführten Abbildungen und Zahlentafeln stammen zum Teil aus einer gemeinsamen Arbeit des Verfassers mit H. Schottky (Korrosionshandbuch, demnächst).

Eisensiliziumlegierungen auch gegen Mischsäure sämtlicher Konzentrationen bei Siedetemperatur auf.

Die in Zahlentafel 109 zusammengestellten Analysen für Siliziumeisenguß lassen erkennen, daß dieser gefügemäßig in der Hauptsache aus reinen α-Misch-

Zahlentafel 109.

Zusammensetzung und mechanische Eigenschaften von Siliziumeisenguß.

Analyse					Brinellhärte	Biege-festigkeit kg/mm²	Durch-biegung mm
C %	Si %	Mn %	P %	S %			
0,70	12	0,30	0,03	0,02			
0,65	15	0,30	0,03	0,02	250—320	12—20	2—3
0,55	18	0,30	0,03	0,02			

kristallen, gegebenenfalls mit Ausscheidungen von Eisen-Silizid-Verbindungen, besteht. Außerdem wird bei diesen hohen Si-Gehalten der Kohlenstoff in Form von Graphit vorliegen. Die technischen Eisen-Silizium-Legierungen, die als solche stets mehr oder weniger große Mengen Kohlenstoff enthalten, werden daher immer Graphit aufweisen und dementsprechend im allgemeinen nicht schmiedbar sein. Die Formgebung dieser Legierungen kann daher nur durch Gießen erfolgen. Ihre Festigkeitseigenschaften sind ebenfalls durch die Lage im Eisen-Silizium-Diagramm zum Teil gegeben. Da Silizium Härte und Sprödigkeit des Ferrits erheblich steigert und infolge Fehlens der γ-Umwandlung eine durchgreifende Wärmebehandlung nicht möglich ist, außerdem der eingelagerte Graphit und evtl. Ausscheidungen des Silizids Unterbrechungen im Gefüge verursachen, müssen diese Legierungen sehr spröde sein. Dementsprechend ist ihre Dehnbarkeit praktisch gleich Null. Eine Zusammenstellung der mechanischen und auch physikalischen Eigenschaften einer 15proz. Si-Legierung ist in Zahlentafel 110 wiedergegeben, wo bei allen Werten Vergleichswerte von Grauguß eingesetzt sind.

Zahlentafel 110. Mechanische und physikalische Eigenschaften von 15proz. Siliziumeisenguß im Vergleich zu Gußeisen.

	Siliziumeisenguß	Grauguß (Zylindereisen)
Schmelzpunkt	etwa 1220°	etwa 1130°
Spezifisches Gewicht	6,9	7,12
Warmeausdehnungskoeffizient (0—100° C)	$12,8 \cdot 10^{-6}$	$10,8 \cdot 10^{-6}$
Wärmeleitfähigkeit bezogen auf Grauguß	0,5	1
Biegefestigkeit in kg/mm² bei 600 mm Auflage und 30 mm Stabdurchmesser	20	45
Durchbiegung in mm	2—3	13
Brinellhärte (5/750/30)	etwa 320	etwa 180

Die Anwendbarkeit der Silizium-Eisen-Legierungen gegenüber verschiedenen Reagenzien zeigt Zahlentafel 111. Von besonderer Wichtigkeit ist die umfassende Beständigkeit dieser Materialien gegen Salpeter- und Schwefelsäure der verschiedensten Konzentrationen und Temperaturen, andererseits ihre Unbeständigkeit gegen Flußsäure auch bei Zimmertemperatur, und die beschränkte Beständigkeit gegen Salzsäure und Königswasser. Für letztere Angriffsmittel sind

Zahlentafel 111.

Beständigkeit von Siliziumeisenguß gegen chemische Einwirkungen.

Anmerkung: Beständigkeitsgrad im Prüfungsergebnis durch die Ziffern 1—5 ausgedrückt; es bedeutet:

Bezeichnung 1 = vollkommen beständig, Gewichtsabnahme pro Std. weniger als 0,1 g/m²
    ,,   2 = genügend   ,,   ,,   ,,   ,,   0,1— 1,0 ,,
    ,,   3 = ziemlich   ,,   ,,   ,,   ,,   1,0— 3,0 ,,
    ,,   4 = wenig   ,,   ,,   ,,   ,,   3,0—10,0 ,,
    ,,   5 = unbeständig,   ,,   ,,   ,,   über 10,0 ,,

Chemische Angriffsmittel	Versuchs-temperatur °C	Prüfungsergebnis für Guß mit 14—15% Si	Guß mit 16—18% Si
A. Anorganische Säuren.			
Borsäure, kalt gesättigte Lösung	kochend	3	2
Chromsäure, spez. Gew. 1,51, 50% CrO_3	20°	1	1
,, desgl.	kochend	3	1
Flußsäure	20°	5	—
Königswasser	20°	3	2
Phosphorsäure, spez. Gew. 1,05, 10% H_3PO_4	20°	1	—
,, spez. Gew. 1,64, 80% H_3PO_4	20°	1	—
,, desgl.	kochend	5	4
Salpetersäure, verd. 1:10, spez. Gew. 1,04	20°	1	—
,, desgl.	kochend	1	1
,, verd. 1:1, spez. Gew. 1,23	20°	1	—
,, desgl.	kochend	1	—
,, konz., spez. Gew. 1,40	kochend	1	—
,, konz. rauchend, spez. Gew. 1,52	kochend	1	—
Salzsäure, verd. 1:85, 1—2proz., spez. Gew. 1,002	20°	1	—
,, desgl.	kochend	4	—
,, verd. 1:10, 3,6proz., spez. Gew. 1,017	20°	1	—
,, desgl.	kochend	5	—
,, verd. 1:1, 18,6proz., spez. Gew. 1,09	20°	2	—
,, desgl.	kochend	5	—
,, konz. 1:0, 37,2proz., spez. Gew. 1,19	20°	2	—
,, desgl.	kochend	5	—
Schwefelsäure, verd. 1:10, spez. Gew. 1,10	20°	2	1
,, desgl.	kochend	3	2
,, verd. 1:1, spez. Gew. 1,52	20°	1	—
,, desgl.	kochend	2	1
,, konz. 1:0, spez. Gew. 1,84	100°	1	—
,, desgl.	kochend	1	—
,, rauchend (11% freies SO_3), spez. Gew. 1,91	20°	1	—
,, desgl.	60°	2	—
,, desgl.	100°	5	—
Schweflige Säure, gesättigte wässerige Lösung	20°	4	3
B. Organische Säuren.			
Ameisensäure, 10proz., spez. Gew. 1,02	70°	1	—
,, desgl.	kochend	3	—
,, 50proz., spez. Gew. 1,12	70°	1	—
,, desgl.	kochend	2	1
,, 80proz., spez. Gew. 1,18	kochend	1	—
,, 100proz., spez. Gew. 1,22	kochend	1	—
Buttersäure, spez. Gew. 0,96	kochend	1	—

Zahlentafel 111. Beständigkeit von Siliziumeisenguß gegen chemische Einwirkungen (Fortsetzung).

Chemische Angriffsmittel	Versuchstemperatur ° C	Prüfungsergebnis für	
		Guß mit 14—15% Si	Guß mit 16—18% Si
B. Organische Säuren (Fortsetzung).			
Essigsäure, 10proz., spez. Gew. 1,01	kochend	1	—
„ 50proz., spez. Gew. 1,06	kochend	1	—
„ 80proz., spez. Gew. 1,07	kochend	1	—
„ 100proz., spez. Gew. 1,05	20°	1	—
„ desgl.	kochend	2	1
Gallussäure (heiß gesättigte Lösung)	kochend	2	—
Gerbsäure, wässerige Lösung, 10proz.	20°	1	—
„ desgl.	kochend	2	—
„ wässerige Lösung, 50proz.	kochend	1	—
Milchsäure, 10proz., spez. Gew. 1,02	kochend	1	—
„ konz., spez. Gew. 1,22	kochend	1	—
Oxalsäure, 10proz. Lösung	kochend	1	—
„ 50proz. Lösung	20°	1	—
„ desgl.	kochend	2	—
Phenol (Rohkarbolsäure), 90% Phenol	kochend	1	—
Weinsäure, wässerige Lösung, 10proz.	kochend	1	—
„ „ „ 25proz.	kochend	1	—
„ „ „ 50proz.	kochend	1	—
Zitronensäure, wässerige Lösung, 10proz.	kochend	1	—
„ „ „ 25proz.	20°	1	—
„ desgl.	kochend	2	1
„ wässerige Lösung, 50proz.	20°	1	—
„ desgl.	kochend	2	1
C. Alkalisch wirkende Stoffe (Basen bzw. Laugen).			
Ammoniak, wässerige Lösung (Salmiakgeist)	20°	1	—
„ (spez. Gew. 0,91)	kochend	2	—
Kaliumhydroxyd, wässerige Lösung (Kalilauge), spez. Gew. 1,08	20°	1	—
„ desgl.	kochend	2	—
„ spez. Gew. 1,23	20°	1	—
„ desgl.	kochend	3	—
„ spez. Gew. 1,54	20°	1	—
„ desgl.	kochend	4	—
„ (Ätzkali) im Schmelzfluß	360°	5	—
Natriumhydroxyd, wässerige Lösung (Natronlauge), 20proz., spez. Gew. 1,23	kochend	4	—
„ 34proz., spez. Gew. 1,37	100°	2	—
„ (Ätznatron) im Schmelzfluß . . .	318°	5	—
Natriumkarbonat (Soda) im Schmelzfluß	900°	5	—
D. Salzlösungen.			
Aluminium-Kaliumsulfat (Alaun), heiß gesättigte Lösung	kochend	1	—
„ „ geschmolzen	120—200°	2	1
Aluminiumsulfat, wässerige Lösung, 10proz.	kochend	3	—
„ kalt gesättigt	kochend	2	1
Ammoniumchlorid, wässerige Lösung, 10proz. . . .	kochend	2	—
„ „ „ 25proz. . . .	kochend	2	—
„ „ „ 50proz. . . .	kochend	2	—

Zahlentafel 111.   Beständigkeit von Siliziumeisenguß gegen chemische Einwirkungen (Fortsetzung).

Chemische Angriffsmittel	Versuchs-temperatur °C	Guß mit 14—15% Si	Guß mit 16—18% Si
D. Salzlösungen (Fortsetzung).			
Ammoniumnitrat, kalt gesättigte Lösung	kochend	1	—
,, heiß gesättigte Lösung	kochend	2	—
Ammoniumsulfit, $(NH_4)_2SO_3$, kalt gesättigte wässerige Lösung	20°	1	—
,, desgl.	kochend	2	—
Chromkaliumsulfat (Chromalaun), wässerige Lösung, spez. Gew. 1,5	kochend	2	—
Eisenchlorid, 1:1, wässerige Lösung	50°	5	2
Kaliumbitartrat (Weinstein), heiß gesättigte wässerige Lösung	kochend	4	3
Kaliumchlorat (chlorsaurer Kalk), wässerige Lösung, heiß gesättigt	kochend	1	—
Kaliumchlorid, wässerige Lösung, heiß gesättigt	kochend	2	—
Kaliumferrizyanid, wässerige Lösung, 25proz.	20°	1	—
,, desgl.	kochend	3	1
Kalziumchlorid, wässerige Lösung (spez. Gew. 1,43)	100°	2	1
Kalziumhypochlorit (Brei)	20°	1	—
Kupferchlorid, wässerige Lösung, 10proz.	kochend	4	3
Kupfersulfat (Kupfervitriol), wässerige Lösg., 50proz.	kochend	2	1
Magnesium- u. Kaliumchlorid (Karnallit), kalt gesättigt	kochend	1	—
Manganchlorür, wässerige Lösung, 10proz.	kochend	1	—
,, ,, ,, 50proz.	kochend	1	—
Natriumbisulfat, geschmolzen	200°	1	—
Natriumchlorid (Kochsalz), wässerige Lösung, heiß gesättigt	kochend	2	1
,, mit Wasser angefeuchtet	20°	1	—
Natriumhypochlorit, wässerige Lösung, spez. Gew. 1,21	20°	1	—
Natriumsulfat (Glaubersalz), wässerige Lösung, spez. Gew. 1,13	kochend	2	1
Natriumsulfid, wässerige Lösung, 50proz.	90°	5	—
Natriumsulfit, wässerige Lösung, 50proz.	kochend	2	—
Quecksilberchlorid (Sublimat), 0,7proz.	20°	2	1
,, desgl.	kochend	3	1
Zinkchlorid, wässerige Lösung, spez. Gew. 2,05	kochend	1	—
Zinkzyanid, mit Wasser angefeuchtet	20°	1	—
Zinksulfat, wässerige Lösung, 25proz.	kochend	1	—
Zinnchlorid, wässerige Lösung, spez. Gew. 1,21	20°	1	—
,, desgl.	kochend	5	—
Zinnchlorür, wässerige Lösung, kalt gesättigt	50°	2	1
,, desgl.	kochend	5	3
Zinnammoniumchlorid (Pinksalz), kalt gesättigte, wässerige Lösung	20°	2	—
,, desgl.	60°	2	—
E. Sonstige Angriffsmittel.			
Brom	20°	2	1
,,	kochend	5	3
Chlorgas, trocken	20°	1	—
,, feucht	20°	1	—

Zahlentafel 111. Beständigkeit von Siliziumeisenguß gegen chemische Einwirkungen (Fortsetzung).

Chemische Angriffsmittel	Versuchs-temperatur °C	Prüfungsergebnis für	
		Guß mit 14—15% Si	Guß mit 16—18% Si
E. Sonstige Angriffsmittel (Fortsetzung).			
Chlorgas, feucht	100°	5	—
Chlorwasser, bei 15° mit Cl_2 gesättigt	20°	1	—
Salzsäuregas (trocken)	20°	1	—
Schwefel, siedend	445°	2	—
Schweflige Säure, feucht	20°	3	2
„ „ desgl.	250—750°	1	—
Tetrachlorkohlenstoff	kochend	1	—

Abb. 437. Apparateteile aus Siliziumeisenguß. [Entnommen von Wasmuth: Techn. Mitt. Krupp 1933 S. 34.]

die Legierungen bei niedrigen Temperaturen noch verwendbar, während sie bei
höheren Temperaturen, also in kochenden Säuren, versagen. Entsprechend ihrem
Korrosionswiderstand finden die Eisen-Silizium-Legierungen Verwendung für
Pumpenkolben, Säureleitungen, Säurekessel, Armaturen jeglicher Art, Hähne,
Ventile usw. (Abb. 437).

Es muß allerdings bemerkt werden, daß diese Legierungen infolge ihrer hohen
Sprödigkeit sehr empfindlich gegen Gieß- und Wärmespannungen sind und
infolgedessen bei komplizierten Formen die gießtechnischen Schwierigkeiten so
groß werden können, daß die praktische Ausführbarkeit in Frage gestellt sein
kann. Außerdem sind die Legierungen infolge ihrer hohen Verschleißfestigkeit
schwer zu bearbeiten.

Man hat des öfteren versucht, die Siliziumlegierungen durch Zusätze von
Chrom, Nickel, Kupfer oder Molybdän sowohl bezüglich ihres Verhaltens gegen
Korrosion als insbesondere in ihren mechanischen Eigenschaften zu verbessern.
Nach den bisher vorliegenden Untersuchungen sind hierbei gelegentlich ge-
ringe Verbesserungen des Korrosionswiderstandes festgestellt worden, die aber
für die meisten Verwendungszwecke praktisch ohne Bedeutung blieben. Die

mechanischen Eigenschaften konnten im wesentlichen nicht verbessert werden. Da das Gefüge der hochsiliziumhaltigen Legierungen zum größten Teil aus Eisen-Silizium-Verbindungen besteht, könnte an eine Verbesserung auch nur dann gedacht werden, wenn durch ein anderes Legierungselement das Mischkristallgebiet im System Eisen-Silizium erweitert werden würde, da nur durch erweiterte Mischkristallbildung eine Verbesserung der mechanischen Eigenschaften, insbesondere der Zähigkeit, herbeigeführt werden kann. Die Silizidverbindungen werden stets spröde bleiben, und solange sie im Gefüge in starkem Maße auftreten, ist auf eine wesentliche Verbesserung nicht zu rechnen.

Geringe Zusätze von Silizium bis zu 4% werden auch vielfach zu den korrosionsbeständigen austenitischen Cr-Ni-Legierungen zwecks Erhöhung ihrer Beständigkeit gegen Säuren gegeben; als Beispiel sei eine Legierung mit 25% Ni, 17% Cr, 3% Si genannt[1,2]. Eine größere Verwendung scheint sie noch nicht gefunden zu haben. Siliziumzusätze bewirken auch in austenitischen Legierungen eine Abschnürung des γ-Gebietes, so daß leicht geringe Mengen δ-Mischkristall neben Austenit im Gefüge auftreten.

b) Korrosionswiderstand bei höheren Temperaturen.

Ähnlich wie die beim Säureangriff sich bildende Siliziumoxydschicht das darunterliegende Metall vor weiterem Angriff zu schützen vermag, solange sie durch das Angriffsmittel selbst nicht zerstört wird, liegt auch bei höheren Temperaturen eine ähnliche Wirkung des Siliziums vor. Bereits beim Erwärmen von Ferrosilizium mit 45% Si kann man feststellen, daß die Anlauffarben, die beim Stahl bereits bei 150° auftreten, bei diesen Legierungen bei Temperaturen von 500—600° noch kaum bemerkbar sind. Auch beim Anlassen von Stählen, die bis zu 3% Silizium enthalten, kann man feststellen, daß das Anlaufen von Hellgelb bis Dunkelblau sich erst bei höheren Temperaturen vollzieht, also die Ausbildung der bei normalen Eisenlegierungen sich ergebenden Eisenoxydschichten durch Zusatz von Silizium stark verzögert wird. Bei der Besprechung der Chromlegierungen wurde darauf hingewiesen, daß man auch bei erhöhten Temperaturen feststellen kann, daß diejenigen Elemente, die im flüssigen Zustand leichter oxydierbar sind als Eisen, auch in der festen Lösung früher oxydieren und in einem gewissen Sinne, ähnlich wie in der flüssigen Lösung, das Eisen vor Verbrennungen schützen. Durch Versuche konnte bei Chromlegierungen nachgewiesen werden, daß der sich bildende Zunder eine entsprechend starke Anreicherung an Chrom erfahren kann. Ähnliche Untersuchungen wurden auch an Eisen-Silizium-Legierungen durchgeführt, die 4% Silizium enthielten. Auch hier konnte festgestellt werden, daß die sich bildenden Oxydschichten nach Glühen bei Temperaturen von 800° einen außerordentlich hohen Gehalt — bis zu 50% — an Kieselsäure aufweisen. Das Verhältnis von Eisen zu Silizium, das in der Eisenlegierung selbst ungefähr wie 1 : 25 ist, verändert sich in der Oxydschicht unter Umständen also auf 1 : 2. Diese sich bildende siliziumoxydreiche Zunderschicht bildet einen sehr dichten Überzug und kann unter Umständen in Form einer dünnen Haut abgezogen werden, eine Erscheinung, die jedem, der sich mit der Herstellung von 4proz. Silizium-

---

[1] Hatfield, W. H.: J. Soc. chem. Ind. Bd. 45 S. 568 (C 1926/II S. 168).
[2] Monnypenny: Proc. Staffordsh. Iron Steel Inst. 1931/32 S. 39

Dynamoflußeisen befaßt hat, auch bekannt ist[1]. Da Kieselsäure ebenso wie Chromoxyd ein bekannter keramischer Baustoff mit Eignung für hohe Temperaturen ist, ergibt sich die Widerstandsfähigkeit entsprechender Legierungen gegen Angriff bei hoher Temperatur eigentlich von selbst. Dieser Überzug verhindert den weiteren Zutritt des Angriffsmittels bei höheren Temperaturen. Die Analogie in der Wirkung des Siliziums bezüglich Erhöhung des Korrosionswiderstandes bei höheren Temperaturen gegenüber Raumtemperatur scheint somit eine sehr weitgehende zu sein.

Die günstige Wirkung des Siliziums in der Verminderung des Angriffs durch Feuergase bei höheren Temperaturen hat zu einer weitgehenden Verwendung dieses Elementes als Zusatzelement zu zunderbeständigen Stählen geführt. Hierin wird Silizium meist in Verbindung mit anderen, zunderungshindernden Elementen gebraucht, besonders deutlich tritt seine Wirkung bei Cr-Si-Eisen-Legierungen hervor.

Ein Beispiel hierfür ist die in Abb. 438 gekennzeichnete Wirkung des Siliziums auf einen 6proz. Chromstahl. Ein Zusatz von 6% Chrom zu Eisen kann die Zunderbeständigkeit des Eisens bis 700° verbessern. Bei 800° muß jedoch die Zunderbeständigkeit als nicht mehr ausreichend bezeichnet werden. Schon bei einem Si-Gehalt von 0,7% tritt eine Verbesserung dieser Eigenschaft ein. Bei einem Si-Gehalt von 1,5% bei gleichzeitiger Anwesenheit von 6% Chrom ist ein solcher Stahl bereits bis 800° zunderbeständig. Eine weitere Steigerung

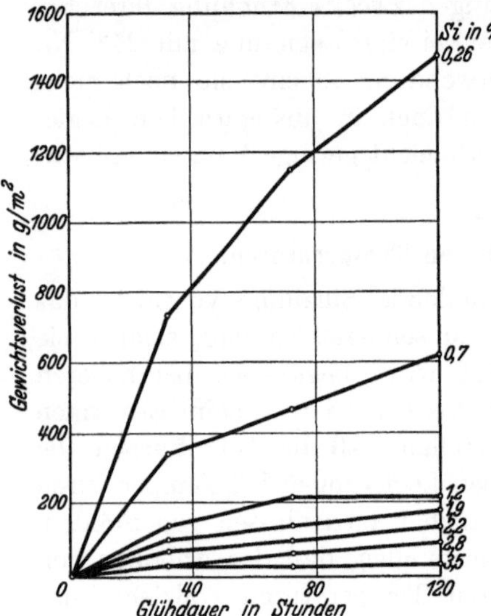

Abb. 438. Einfluß des Siliziums auf die Zunderung eines 6proz. Chromstahles bei 800° in Luft.

des Si-Gehaltes bis zu 3,5% bewirkt, daß 6proz. Chromstähle auch noch bis zu Temperaturen von 1000° zunderbeständig sind. Bei den bekannten, bis zu 550° dauerstandfesten Chrom-Molybdän-Stählen mit 1% Cr und 0,5% Mo kann durch Zusatz von 2% Si die Zunderbeständigkeit bis zu 650° gesteigert werden. Ebenso bringen Zusätze bis zu 3% Si Verbesserungen in den bekannten austenitischen hitzebeständigen Chrom-Nickel-Stählen hervor. Zu berücksichtigen ist bei Beurteilung des Einflusses des Siliziums, daß eine Verbesserung der Zunderbeständigkeit im angegebenen Umfang an die Bedingung geknüpft ist, daß die Verzunderung in Luft erfolgt. In industriellen Verbrennungsgasatmosphären, wie z. B. in Gichtgas- oder Leuchtgas-Verbrennungsatmosphären, kann ein beständigkeitserhöhender Einfluß des Siliziums in geringerem Maße oder unter Umständen überhaupt nicht zur Geltung kommen. In ihnen wird der günstige Einfluß des Siliziums eingeschränkt durch den stets vorhandenen Gehalt an Kohlendioxyd und Wasserdampf bzw. beider Gase gemeinsam. Insbesondere die hohe Aggressivität des letzteren kann die Verwendbarkeit genannter Stahle bei den angegebenen Temperaturen in Frage stellen.

---

[1] (Siliziumpelz) Fromm: Stahl u. Eisen 53. Jg. (1933) S. 326—328.

Zahlentafel 113. Zusammensetzung, Festigkeitseigenschaften und Zunderbeständigkeitsbereich einiger Cr-Si-Legierungen.

Stahl	Analyse							Streck-grenze kg/mm²	Festigkeit kg/mm²	Dehnung $L=5\,d$ %	Ein-schnurung %	Anwendungsbereich
	C %	Si %	Mn %	P %	S %	Cr %	Mo %					
Vergütet	$<$0,10	$\approx$2,0	$\approx$0,30	$<$0,02	$<$0,02	$\approx$6,0	0,30/0,50	$>$35	$>$55	$>$18	$>$50	bis 800° C
Geglüht	$<$0,12	$\approx$2,0	$\approx$0,50	$<$0,02	$<$0,02	$\approx$18,0	—	$>$35	$>$60	$>$12	$>$12	1000° C
Geglüht	0,25/0,30	$\approx$0,5	$\approx$0,50	$<$0,02	$<$0,02	$\approx$30,0	—	$>$40	$>$60	$>$12	$>$8	1200° C
Vergütet	0,45	$\approx$3,0	$\approx$0,50	$<$0,02	$<$0,02	$\approx$9,0	—	$>$70	$>$85	$>$20	$>$40	bis 900° C
Vergütet	0,40	$\approx$4,0	$\approx$0,50	$<$0,02	$<$0,02	$\approx$3,0	—					

Ähnlich liegt der Einfluß von Silizium auf die Zunderungsverhältnisse anderer Chromlegierungen (Abb. 439). Aus den Untersuchungen kann man ableiten, daß zur Erhöhung der Zunderbeständigkeit ein Teil des Chroms jeweils durch Silizium ersetzt werden kann. Da die Wirkung des Siliziums stärker als diejenige von Chrom ist, ist die wirtschaftliche Bedeutung bei dem merklichen Preisunterschied für Silizium und Chrom ohne weiteres gegeben. Man muß sich allerdings auch hier hüten, ein Legierungselement dem anderen ohne weiteres verhältnisgleich zu setzen. Silizium kann, ebensowenig wie Aluminium (s. später), Chrom vollständig in hitzebeständigen Legierungen ersetzen, da die Oxyddeckschichten in bezug auf Dichtigkeit und Haftfähigkeit jeweils verschieden sind, wie dies die spezifischen Gewichte für Chrom-, Aluminium- und Siliziumoxyd in Zahlentafel 112 andeuten.

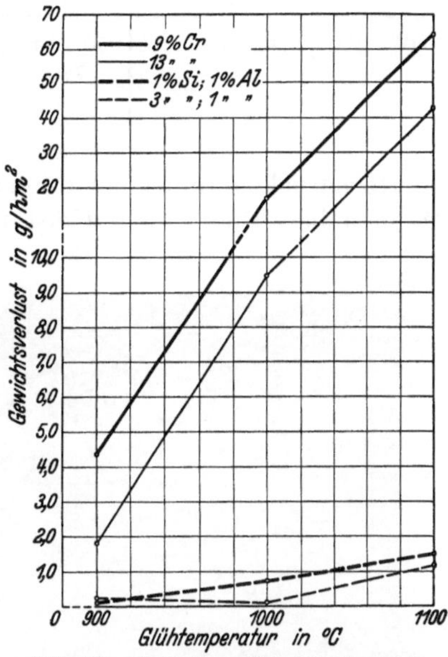

Abb. 439. Einfluß von Si auf die Verzunderung eines 9- und 13proz. Cr-Stahles mit 1% Al bei oxydierender Gluhung.

Gebräuchliche Si-Cr-Stähle mit ihren Beständigkeitsbereichen gibt Zahlentafel 113 wieder. Infolge des Einflusses von Silizium besitzen diese Stähle auch bei Raumtemperatur verhältnismäßig hohe Festigkeitswerte. Insbesondere gilt dies für den Walzzustand. Nur bei langsamer Ofenabkühlung lassen sich auch wesentlich tiefere Streckgrenzen- und Festigkeitseigenschaften erzielen. Die entsprechenden Werte in Abhängigkeit von der Wärmebehandlung für einen 6proz. Chrom-Silizium-Stahl zeigt Zahlentafel 114.

Wenn auch in vielen Fällen eine höhere Festigkeit gewünscht wird, so sind aber auch Fälle gegeben, wo man Wert auf eine möglichst niedrige Streckgrenze und Festigkeit legt. Als Beispiel sei nur auf Rohre aus zunderbeständigen Legierungen hingewiesen, wie sie z. B. für Überhitzer

Zahlentafel 112. Spezifische Gewichte verschiedener Oxyde.

Formel	Spezifisches Gewicht	Formel	Spezifisches Gewicht
Fe_2O_3	5,1—5,2	Al_2O_3	3,96
Fe_3O_4	5,16	Cr_2O_3	5,21
SiO_2	2,20	ZrO_2	5,75

Zahlentafel 114. Festigkeitseigenschaften eines Chrom-Silizium-Molybdän-
Stahles bei verschiedenartiger Abkühlung nach dem Glühen.

C %	Si %	Mn %	Cr %	Mo %	Gluhbehandlung	Festigkeitswerte bei	Streckgrenze kg/mm²	Festigkeit kg/mm²	Dehnung ($L = 5\,d$) %	Einschnürung %
0,07	2,0	0,46	6,0	0,43	950° Luft, 720°	langsamer Abkühlung von 720°	33	56	31	73
						rascher Abkühlung von 720°	52	65	26	75

an Hochdruckdampfkesseln in einzelnen Fällen Verwendung gefunden haben.
Da man diese Rohre unter Umständen in Überhitzerkammern usw. oder andere

Abb. 440. Rekristallisationserscheinung bei Chrom-Silizium-
Stahl mit 0,4% C, 3% Si, 9% Cr.

Teile einwalzen und nach dem Kalt-
einwalzen einen möglichst engen
Schluß an den betreffenden Stellen
erreichen will, ist es notwendig, daß
die Streckgrenze des einzuwalzen-
den Materials möglichst tief ist,
zumindest tiefer liegt als die Streckgrenze des betreffenden Kammer-
werkstoffes. Eine allzu hohe Streckgrenze des Rohrmaterials würde
somit eine Erhöhung der Festigkeitswerte des Kammermaterials
selbst bedingen.

Die diffusionshemmende Wir-
kung von Silizium auf Kohlenstoff
kann sich bei zunderbeständigen
Legierungen günstig auswirken.
Bei Verwendung hitzebeständiger
Legierungen für Einsatzkästen
usw., bei denen durch allzu starke Aufkohlung der Kästen selbst Zerstörungen
vorkommen können, wird die Kohlenstoffaufnahme durch einen entsprechenden
Siliziumzusatz wesentlich erschwert. Auch gegen den Angriff schwefelhaltiger
Gase zeigen Siliziumzusätze nach den bisher vorliegenden Ergebnissen günstiges
Verhalten.

Da Silizium in ähnlichem Sinne wie Chrom das γ-Gebiet abschnürt, so ergibt
sich aus der Verbindung Silizium + Chrom ein gemeinsamer Einfluß auf die
Abschnürung des γ-Gebietes in dem Sinne, daß beide Elemente additiv wirken.
Kohlenstoffarme Legierungen mit über 6% Chrom und über 2% Silizium sind
daher bereits halb- oder rein ferritisch. Nur bei höheren C-Gehalten, beispielsweise bei dem bekannten Ventilkegelstahl mit 0,5% C, 9% Cr, 3% Si, besteht
das ganze Gefüge noch aus Umwandlungsgefüge. Bei Randentkohlungen können
allerdings auch sie teilweise in das ferritische Gebiet gelangen. Immerhin sind
aber die Umwandlungspunkte schon so sehr nach oben verschoben (850°), daß
diese Stähle bei Temperaturen von 830—750° sehr leicht zu grobkristallinen
Rekristallisationserscheinungen neigen. Vor allem beim Schmieden größerer
Querschnitte lassen sich kritische Reckgrade und damit Grobkornbildung nicht

immer ganz vermeiden. In welchem Ausmaße hier Rekristallisationen auftreten können, zeigt Abb. 440. Ähnliche Rekristallisationserscheinungen können natürlich auch bei Kaltverformung und nachträglicher Glühung auftreten.

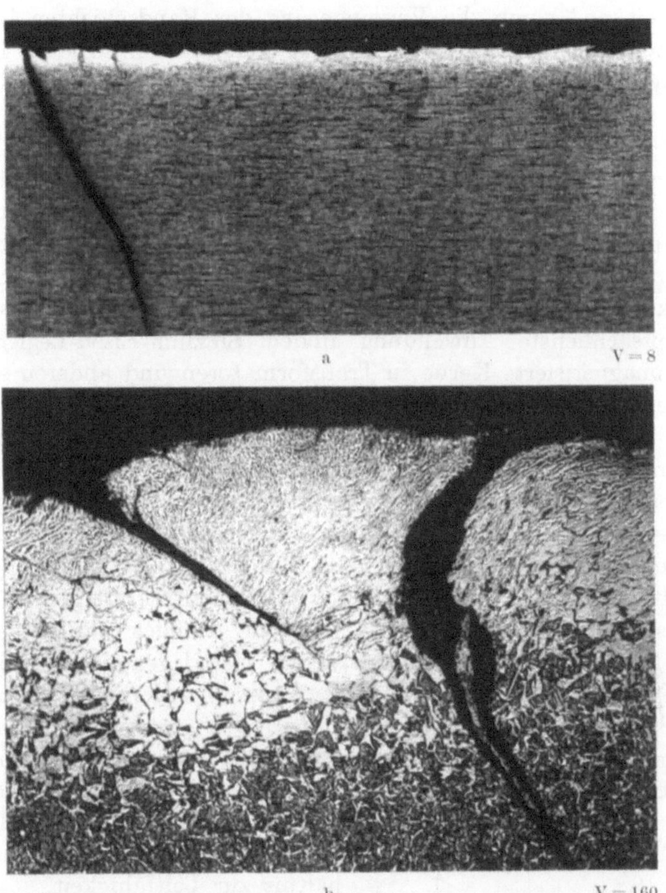

Abb. 441. Entkohlung von Silizium-Federstahl als Ursache fur die Entstehung von Dauerbruchen. [Nach Houdremont u. Bennek: Stahl u. Eisen 52. Jg. (1932) S. 653/662.]

Zahlentafel 115. Verzunderung und Entkohlung bei Silizium- und Manganfederstahl[1].

Zusammensetzung des Stahles in Proz.			Gewichtsabnahme durch Verzunderung[2]	Entkohlungstiefe (vollstandige Entkohlung bis zum Ferrit)
C	Si	Mn	g/h m²	mm
0,47	1,54	0,56	38,4	0,51
0,53	1,54	0,61	41,5	0,55
0,35	0,32	1,75	76,0	0,00
0,60	0,37	1,73	75,8	0,00

Auf die Erhöhung der Zunderbeständigkeit durch Silizium dürfte auch die größere Gefahr der Entkohlung siliziumhaltiger Stähle beim Walzen, Schmieden

---

[1] Nach Houdremont u. Bennek: Stahl u. Eisen 52. Jg. (1932) S. 653/62.
[2] Nach 10 Stunden Glühung bei 850°.

und Wärmebehandeln gegenüber Si-freien Stählen zurückzuführen sein. Wie
früher erwähnt, tritt bei kohlenstoffhaltigen Stählen eine Entkohlung dann auf,
wenn die Diffusionsgeschwindigkeit für Kohlenstoff größer ist als die Oxydationsgeschwindigkeit des Eisens. Da durch Zusatz von Silizium die Oxydationsgeschwindigkeit und somit die Verzunderung der Randschichten herabgesetzt
wird, ist die Begünstigung der Entkohlung verständlich. Diesen Einfluß des
Siliziums zeigt Abb. 441 und Zahlentafel 115.

5. Siliziumstähle mit besonderen physikalischen Eigenschaften.

Durch Zusatz von Silizium zu Eisenlegierungen finden weitgehende Veränderungen der physikalischen Eigenschaften des reinen Eisens statt. Die für
die Verwendung von Silizium-Eisen-Legierungen als physikalische Stähle wichtigsten Veränderungen liegen auf dem Gebiete der magnetischen Eigenschaften
und der elektrischen Leitfähigkeit.

Die hauptsächlichste Anwendung finden Silizium-Eisen-Legierungen für
wechselstrommagnetisierte Kerne in Transformatoren und anderen elektrischen
Geräten. Bei ferromagnetischen Stoffen, die für Wechselstrommagnetisierung
Verwendung finden, muß man leichte und gute Magnetisierbarkeit fordern, d. h.
geringe Koerzitivkraft und gute Anfangspermeabilität, damit bereits bei geringen Amperewindungen hohe Magnetisierung erreicht werden kann. Da bei
jedem Magnetisierungswechsel die gesamte Magnetisierungsschleife durchlaufen
wird, werden die Verluste, die auftreten, um so größer sein, je größer der
Flächeninhalt der Hysteresiskurve ist. Da die Koerzitivkraft den Flächeninhalt
der Hysteresisschleife bestimmt, muß man im Hinblick auf einen möglichst
hohen Nutzeffekt auf geringste Koerzitivkraft Wert legen. Abgesehen von dem
durch die Hysteresisschleife verursachten Ummagnetisierungsverlust, treten in
derartigen Transformatorenkernen noch weitere Verluste durch Wirbelströme
ein. Die Wirbelstromverluste werden um so größer sein, je einfacher die Überleitung der betreffenden Ströme vor sich geht, d. h. je besser die Leitfähigkeit
des betreffenden Stoffes ist. Der Wirbel-
stromverlust steht also im direkten Verhältnis zur Leitfähigkeit.

Die Forderungen möglichst geringer
elektrischer Leitfähigkeit bei guter Magnetisierbarkeit und geringer Koerzitivkraft, also geringe Hysteresisverluste,
werden weitestgehend von Eisen-Silizium-Legierungen erfüllt.

Abb. 442 zeigt die starke Erhöhung
des elektrischen Widerstandes durch Silizium. Von allen bekannten Legierungs-

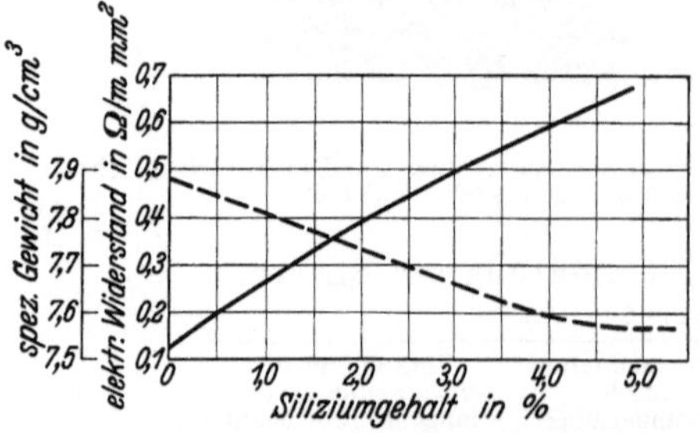

Abb. 442. Einfluß des Siliziums auf spezifisches
Gewicht (— — —) und elektrischen Leitwider-
stand ——— . (Nach Paglianti: Metallurgie 1912
S. 217/230.)

elementen des Eisens wirkt Silizium neben dem Kohlenstoff am stärksten. Da
gelöster Kohlenstoff im α-Eisen aber eine bei Raumtemperatur instabile Zwangslösung darstellt, die durch eine starke Erhöhung der Koerzitivkraft gekennzeichnet
ist, schaltet ein Vergleich mit Kohlenstoff in diesem Zusammenhange aus.

Bezüglich der Veränderung der magnetischen Eigenschaften durch Silizium
gibt Abb. 443 Aufschluß. Auffallend ist das starke Ansteigen der Permeabilität,

der Abfall der Koerzitivkraft und dementsprechend die Verminderung der Hysteresis sowie des Wattverlustes. Am deutlichsten zeigen folgende Zahlen die Verbesserungen, die durch Silizium erzielt werden können: Nach Steinhaus[1] ergibt sich der reine Wirbelstromverlust bei einer Höchstinduktion von 10000

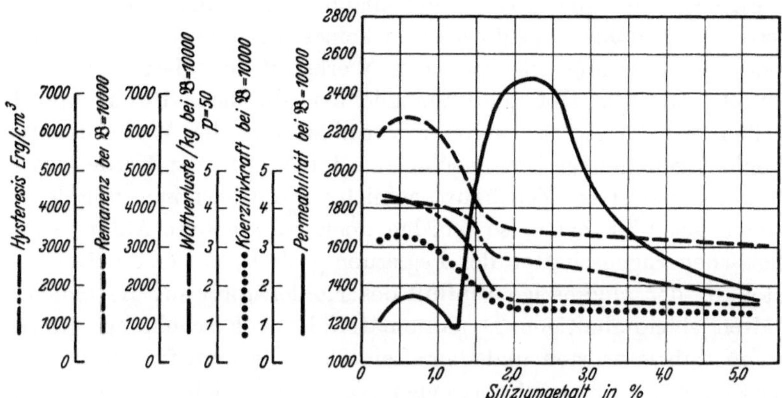

Abb. 443. Einfluß des Siliziums auf die magnetischen Eigenschaften von weichem Flußeisen. (Nach Paglianti: Metallurgie 1912 S. 217/230.)

Gauß mit 1,15 Watt je kg, bei 15000 Gauß mit 2,28 Watt je kg für unlegiertes Eisenblech. Durch Zulegierung von 4% Silizium werden die entsprechenden Werte auf 0,16 bzw. 0,37 Watt je kg herabgesetzt.

Außer den höchstwertigen 4—4,5proz. Si-Dynamoflußeisen werden auch aus wirtschaftlichen Gründen noch solche mit Si-Gehalten von 3%, 2% und sogar 1% hergestellt. Die erzielbaren Werte für die Wattverluste sind entsprechend schlechter. Einige Angaben bringt Zahlentafel 116.

Seit den grundlegenden Arbeiten von Hadfield[4] und von Gumlich[5] und der praktischen Pionierarbeit der Firma Capito & Klein, Benrath, in Deutschland (1903 bis 1905), haben silizium-

Zahlentafel 116.

Magnetische Eigenschaften von Transformatorenblechen verschiedenen Siliziumgehaltes in einer Blechstärke von 0,35 mm nach Wever und Hindrichs[2] und in einer Blechstärke von 0,5 mm nach den Normvorschriften für Dynamobleche.

| | Si | Wattverluste gebeizt | | Induktionen |
| | | V_{10} | V_{15} | W_{100} |
	%	W/kg	W/kg	Gauß
Blechstarke	4,65	1,24	2,99	17000
0,35 mm	4,54	1,21	2,91	17100
	4,25	1,29	3,08	17100
	4,02	1,27	3,08	17000
	4,02	1,25	2,97	17100
	3,89	1,27	3,03	17100
	3,82	1,39	3,28	17150
	3,74	1,28	3,10	17100
Blechstärke	0,5	3,6	8,6	—
0,5 mm	1	3,0	7,4	—
	2—3	2,3	5,6	—
	4	1,7	4,0	—
		$(1,3)^3$	$(3,25)^3$	

---

[1] Siehe Messkin u. Kussmann: „Die ferromagnetischen Legierungen" S. 313.
[2] Mitt. Kais.-Wilh.-Inst. Eisenforschg., Düsseld. Bd. 13 (1931) S. 284.
[3] Zahlenwerte für eine Blechstärke von 0,35 mm nach den Normvorschriften.
[4] J. Iron Steel Inst. 1889 II S. 231; vgl. Stahl u. Eisen 1889 S. 1000.
[5] Wiss. Abh. physik.-techn. Reichsanst. 1918 S. 345/367.

haltige Bleche mit 2—4,5% Si in immer stärkerem Maße Eingang für ferromagnetische Wechselstrommagnetisierung gefunden. Wenn die Pionierarbeit für die praktische Herstellung derartiger Dynamobleche besonders hervorgehoben ist, so liegt das daran, daß mit den gewonnenen wissenschaftlichen Erkenntnissen über die Eigenschaften der betr. Eisen-Silizium-Legierungen allein das Höchstmaß an erreichbaren Qualitätsziffern noch keineswegs gewährleistet war.

Die erste Anforderung, die an einen Werkstoff für diesen Zweck gestellt werden mußte, war die Herstellungsmöglichkeit dünnster Bleche und Bänder (bis zu 0,35 mm), die zwecks weiterer Verminderung der Wirbelstromverluste die Möglichkeit genügender Zwischenlagen beim Aufbau der Kerne gestatteten. Während man in der ersten Zeit hauptsächlich auf die Verminderung der Wirbelstromverluste geachtet hatte, so wurden doch bald höhere Anforderungen an die magnetischen Eigenschaften der Legierung gestellt. An erster Stelle trat bei der Herstellung der ungünstige Einfluß des Kohlenstoffs auf die magnetischen Eigenschaften siliziumhaltigen Dynamomaterials in Erscheinung. Bereits bei den weichen Flußeisensorten und dem Reineisen, die man für ähnliche Zwecke früher verwendete, mußte auf möglichst niedrigen C-Gehalt geachtet werden, weil sonst beträchtliche Wattverluste eintraten. Lange Zeit hat man geglaubt, daß infolge des hohen Si-Gehalts (4—4,5% Si in den meisten Dynamoflußeisen) der Kohlenstoff in Form von Graphit, also unschädlich, abgeschieden würde. Diese Voraussetzung hat sich als nicht richtig erwiesen, da man bei der metallographischen Untersuchung von Dynamoflußeisensorten ohne weiteres feststellen kann, daß der Kohlenstoffgehalt größtenteils in Form von Karbid vorliegt. Es ist daher von außerordentlicher Wichtigkeit, gleich von Anfang an bei der Stahlherstellung den Kohlenstoffgehalt möglichst herabzudrücken. Infolge der spezifischen Wirkung des Siliziums, die Oxydationsgeschwindigkeit herabzusetzen, tritt aber auch während der Fabrikation — Erwärmen zum Walzen auf die meist üblichen Temperaturen von 1200—1300° — noch eine starke Entkohlung auf, wie man dies beim Brechen der zum Auswalzen hocherwärmten Platinen aus Silizium-Eisen-Legierungen beobachten kann. Hierdurch ist es möglich, auch mit einem Ausgangsmaterial von 0,08% C ein Fertigfabrikat mit C-Gehalten von 0,02—0,03% zu erzielen. Der C-Gehalt spielt überhaupt für die erreichbaren Werte eine außerordentlich große Rolle. Eine Verminderung des C-Gehaltes bis auf wenige tausendstel Prozent (0,006%) müßte eine weitere Verbesserung der Hysteresisverluste herbeiführen. Hier gilt das gleiche wie bei reinem Eisen (s. Abb. 3).

Die Befreiung dieser Legierungen von den letzten Verunreinigungen bringt noch weitgehende Verbesserungen der magnetischen Eigenschaften, wie dies aus Abb. 444 für das durch Wasserstoffglühung entkohlte Transformatoreisen zu entnehmen ist. Der schädliche Einfluß von eingelagertem Zementit ist um so geringer, je besser die Zusammenballung desselben erfolgt ist. Im gleichen Sinne schädlich sollen nach den Untersuchungen von Yensen[1] Schwefel und Mangan sein. Für die Herstellung eines mangan- und schwefelarmen Siliziumflußeisens ist insbesondere der Elektroofen geeignet. Die Mangangehalte werden unter etwa 0,2% gehalten[2].

---

[1] J. Amer. Inst. electr. Engr. 1924; vgl. Elektrotechn. Z. 1924 S. 534.
[2] Stahl u. Eisen 1924 S. 1283/86.

Da die Menge des im Blechbündel unterzubringenden Materials von der Glätte der betreffenden Bleche abhängig ist, so ist eine außerordentlich große Sauberkeit der Blechoberfläche erforderlich, um einen möglichst hohen sog. Füllfaktor in den entsprechenden elektrischen Maschinen erreichen zu können.

Besonders wichtig für die erzielbaren magnetischen Eigenschaften ist die Frage der Wärmebehandlung. Bei der Behandlung der magnetischen Eigenschaften bei den verschiedenen Legierungen ist immer darauf hingewiesen worden, daß die Höhe der Koerzitivkraft in starkem Maße vom interatomaren Zwangszustand abhängig ist, und zwar in dem Sinne, daß die Koerzitivkraft mit der Steigerung des Spannungszustandes anwächst. Zur Erzielung der geringsten Wattverluste ist Voraussetzung Erzielung geringer Koerzitivkräfte und somit Vorliegen des geringsten interatomaren Spannungszustandes. Durch entsprechende Glühbehandlung soll dieses Ziel erreicht werden. Bereits im einleitenden Kapitel (S. 40) wurde bei der Behandlung der Rekristallisationsvorgänge erwähnt, daß in den Korngrenzen stets ein gewisser Spannungszustand herrscht. Dementsprechend werden in einem feinkörnigen Material die verbleibenden Restspannungen größer sein als in einem grobkörnigeren. Bei sonst gleichen Bedingungen sind auch die Koerzitivkräfte und damit Wattverluste bei grobkörnig geglühtem Eisen entsprechend geringer.

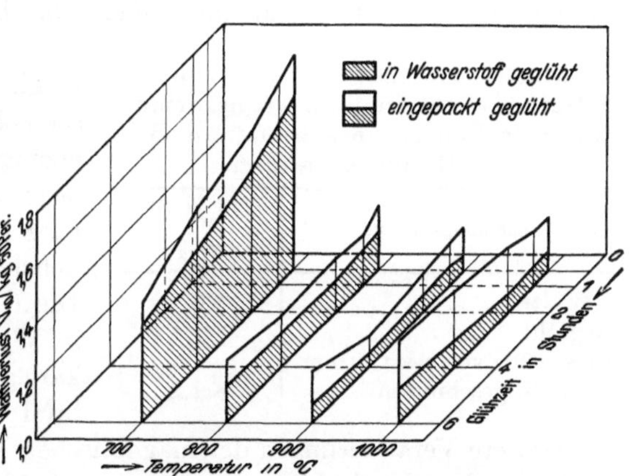

Abb. 444. Einfluß von Glühtemperatur und Glühzeit auf den Wattverlust von 4proz. Siliziumeisen bei Einpackung und Wasserstoffglühung. [Nach v. Moos, Oertel u. Scherer: Stahl u. Eisen 48. Jg. (1928) S. 485.]

Auch bei Eisen-Silizium-Legierungen hat sich daher als günstig herausgestellt, die vorhandenen Bleche oder Bänder nach der Verarbeitung durch Glühen auf eine bestimmte Grobkörnigkeit zu bringen. Wenn auch in der Literatur[1] bei einzelnen Arbeiten dieser Einfluß der Grobkörnigkeit nicht immer bestätigt wurde, so darf doch als feststehend betrachtet werden, daß ein gewisser Einfluß der Korngröße auf Koerzitivkraft- und Hysteresisverlust vorhanden ist. Außer den in den Korngrenzen vorhandenen Spannungen wird wahrscheinlich auch der durch die Korngrenzen vielfach gekennzeichnete Verteilungsgrad schädlicher Einschlüsse, wie Karbide und Oxyde, für die Verbesserung der magnetischen Eigenschaften bei einem bestimmten grobkörnigen Zustand verantwortlich sein. Da für die meisten Verwendungszwecke die Abmessungen von Dynamobändern und -blechen geringe sind — 0,3—0,5 mm —, wird ferner die zu erreichende Korngröße zur Erzielung der Bestwerte in einem bestimmten Abhängigkeitsverhältnis zur Blechstärke stehen. Eine Kornvergröberung über dieses Maß hinaus kann keine Verbesserung der magnetischen Eigenschaften mehr hervorrufen. Da bei allzu stark ansteigender Grobkörnigkeit eine Verminderung der Zähigkeit und

---

[1] Messkin u. Kussmann: „Die ferromagnetischen Legierungen" S. 328/330.

Biegefähigkeit eintritt, verbietet es sich, eine unnötige Kornvergröberung bei der Wärmebehandlung hervorzurufen.

Eine weitere Verschlechterung der Hysteresisverluste infolge Steigerung der Koerzitivkraft tritt durch jede Art Kaltbearbeitung ein. Die starke Erhöhung der Koerzitivkraft in Abhängigkeit von der Kaltverarbeitung wurde in Abb. 54 gezeigt. Bei der Herstellung der hochwertigen Silizium-Dynamoflußeisenbleche und -bänder müssen somit auch die durch Kaltverarbeitung erzeugten Spannungen möglichst restlos entfernt werden. Bereits beim Walzen wird infolge der obenerwähnten dünnen Abmessungen eine gewisse Art Kaltverarbeitung und somit Spannungserzeugung unvermeidlich sein. Bei einwandfrei wärmebehandelten und geglühten Silizium-Flußeisenblechen genügt bereits das Schneiden von Streifen mittels Schere ohne nachträgliches Ausglühen, um eine Verschlechterung der Wattverluste durch die erzeugten Kaltbearbeitungsspannungen herbeizuführen. Die Wärmebehandlung nach dem Walzen usw. muß somit möglichst alle Spannungen restlos beseitigen. Die Gegenüberstellung der Wattverluste im Walzzustand, geglühten Zustand und kalt geschnittenen Zustand gibt Zahlentafel 117 wieder.

Zahlentafel 117. Wattverluste von 4% Silizium enthaltenden Transformatorenblechen in verschiedenen Behandlungszuständen.

Behandlungszustand	Wattverluste V_{10} W/kg
Gewalzt	$\infty 3$
Geglüht	$\infty 1,1$
In Streifen von etwa 30 mm Breite geschnitten . . .	$\infty 1,2$

Weitere Veränderungen der magnetischen Werte, insbesondere der Koerzitivkraft, werden durch Lösungs- und Ausscheidungsvorgänge und die damit verbundenen Spannungszustände hervorgerufen. Die Wahl der Glühtemperatur und der darauffolgenden Abkühlungsart muß also so erfolgen, daß kritische Ausscheidungen nicht auftreten können. Da die Höhe der Glühtemperatur durch die beiden erstgenannten Faktoren — Korngröße, Kaltspannungen — in einem gewissen Sinne festgelegt ist und nur bei verhältnismäßig hohen Temperaturen eine befriedigende Lösung in diesem Sinne gefunden wird (je nach Si-Gehalt 750—1000°), muß man damit rechnen, daß bei den gewählten Glühtemperaturen bereits bestimmte Anteile der in der Grundmasse verteilten Fremdstoffe, wie Oxyde, Karbide, Nitride usw., gelöst werden. Die Frage, Spannungszustände und somit Verschlechterung der magnetischen Werte durch kritische Ausscheidung zu vermeiden, ist somit nicht so sehr eine Frage der einzuhaltenden Glühtemperatur, als vor allem der geeigneten Abkühlungsgeschwindigkeit nach dem Glühen. Vielfach trifft man in der Literatur noch die Forderung, daß die Glühtemperatur so gewählt werden muß, daß eine weitgehende Graphitisierung des noch vorhandenen Karbids stattfindet; denn der in Form von Eisenkarbid (das evtl. Silizium gelöst enthält) vorhandene Kohlenstoff erhöht in starkem Maße die Koerzitivkraft und somit den Hysteresisverlust, wie dies aus Abb. 445 hervorgeht. Derjenige Kohlenstoff, der als Graphit ausgeschieden ist, beeinflußt die magnetischen Eigenschaften hingegen praktisch nicht. Silizium vermindert nun zwar bekannterweise die Beständigkeit des Karbids; bei den heute üblichen Si-Gehalten von 4—4,5% in den hochwertigen Silizium-Dynamoflußeisenblechen findet eine graphitisierende Wirkung des Siliziums aber erst bei C-Gehalten über 0,08% statt. Da infolge der Erkenntnisse über den schädlichen Einfluß von

Kohlenstoff als Eisenkarbid diese hochwertigen Silizium-Eisen-Legierungen von vornherein nur mit einem Kohlenstoffgehalt von 0,09—0,08% hergestellt werden, braucht dem graphitisierenden Einfluß der Glühtemperatur in diesen Fällen keine Beachtung geschenkt werden. Die Rücksichtnahme auf ein graphitisierendes Glühen würde teilweise die Anwendung höherer Glühtemperaturen, z. B. 950°, verbieten, da sich bei diesen Temperaturen bereits wieder gewisse Anteile von Kohlenstoff im Grundgefüge lösen würden und bei nicht sehr langsamer Abkühlung in Form von Eisenkarbid zur Ausscheidung gelangen könnten.

Die günstigste Glühtemperatur ist abhängig von dem Si-Gehalt der betreffenden Bleche. Insbesondere wird man zu unterscheiden haben zwischen solchen Legierungen, die bereits rein ferritisch sind, also keine Umwandlung mehr erleiden (3—4% Si), und solchen, die noch Umwandlungen erleiden können (1—2% Si). Bei den Legierungen, die sich noch umwandeln, wird die Glühtemperatur zweckmäßig unter der Umwandlungstemperatur bleiben. Die erforderliche Grobkörnigkeit wird man durch Wahl einer sich entsprechenden Glühtemperatur und Endverformung zu erreichen versuchen. In vielen Fällen wird nach der Warmformgebung eine 5—10proz. Kaltreckung vorgenommen, die bei der darauffolgenden Glühung bei 750—780° den gewünschten Erfolg gibt. Eine Steigerung der Glühtemperatur über die Umwandlungstemperatur ist meist mit einer Vergrößerung der Wattverluste verbunden. Dies ist erklärlich, da durch die Um-

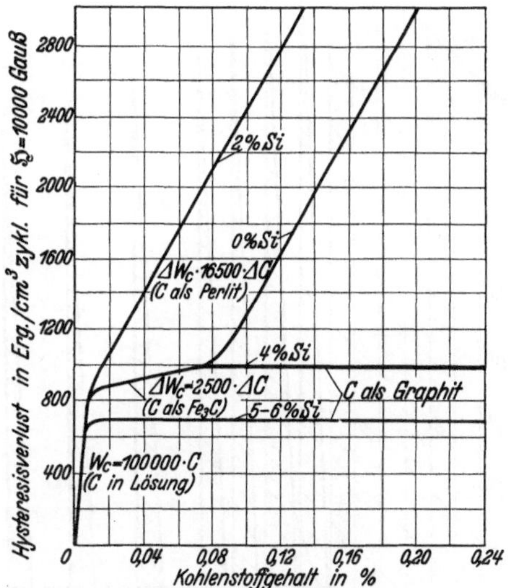

Abb. 445. Einfluß des Kohlenstoffgehaltes auf den Hysteresisverlust von Eisen-Silizium-Legierungen. [Nach Yensen: Electrician Bd. 103 (1929) S. 556.]

wandlungsglühung wieder eine unerwünschte Verfeinerung des Gefüges eintritt und außerdem die im γ-Eisen sich auflösenden Bestandteile, insbesondere Karbide, sich bei der nachfolgenden Abkühlung in ungünstiger Form wieder ausscheiden. Bei den Legierungen ohne Umwandlung wird man die Glühtemperatur zu höheren Temperaturen verlegen können, beispielsweise 950° für 4proz. Siliziumflußeisen, und hierbei die günstigsten Werte erzielen. Für diese Legierungen ohne Umwandlung gelten die Rekristallisationsgesetze. Das Rekristallisationsschaubild (Abb. 446) zeigt den Einfluß der Glühtemperatur bei 4proz. Silizium-Dynamoflußeisen. Auch bei diesen Legierungen bedient man sich sehr oft eines Kaltwalzstiches von 5—10% Abnahme zwecks Erzielung der gewünschten Grobkörnigkeit infolge der bei diesem Reckgrad kritischen Grobkornbildung. Das Kaltwalzen von Siliziumflußeisen mit 4% Si kann nicht mehr bei Raumtemperatur vorgenommen werden; die notwendige plastische Verformbarkeit wird erst bei erhöhter Temperatur (250—300°) erreicht, so daß zum Kaltauswalzen eine entsprechende Vorwärmung vorgenommen werden muß.

Auch die Glühzeit ist entsprechend zu beachten. Den Zusammenhang zwischen Glühzeit und Glühtemperatur bei 4proz. Si-Flußeisen zeigte Abb. 444. Wie aus der Abbildung hervorgeht, ergeben sich die höchsten Werte bei Temperaturen von etwa 900—950°. Bei 1000° macht sich bereits eine gewisse Verschlechterung („Ausglühung") bemerkbar. Es muß dahingestellt bleiben, ob diese Ausglühung eine Folge des starken Inlösunggehens des auch im Ferrit löslichen Karbids oder sonst löslicher kleinster Beimengungen ist, oder ob hier bereits Oxydationserscheinungen des durch Diffusion aus dem Zunder der Walzoberfläche hineinwandernden Sauerstoffs vorliegen. Für den Einfluß einer Oxydation spricht der Umstand, daß die in Abb. 444 angegebenen Werte für Wasserstoffglühung nicht so stark ansteigen wie bei normaler Paketglühung. Eine Oxydation von Silizium zu SiO_2 im Dynamomaterial muß ebenfalls eine Verschlechterung der Wattverluste zur Folge haben.

Der Unterschied in den Werten zwischen einer Wasserstoffglühung und einer normalen Paketglühung zeigt den Einfluß der Glühatmosphäre. Die Glühung im Wasserstoff vermeidet nicht nur den Einfluß, den einwandernder Sauerstoff hervorbringen könnte; eine Wasserstoffglühung ist außerdem geeignet, während der Glühung eine Entkohlung des Grundmaterials hervorzurufen, und zwar unter gleichzeitiger Verbesserung der magnetischen Werte.

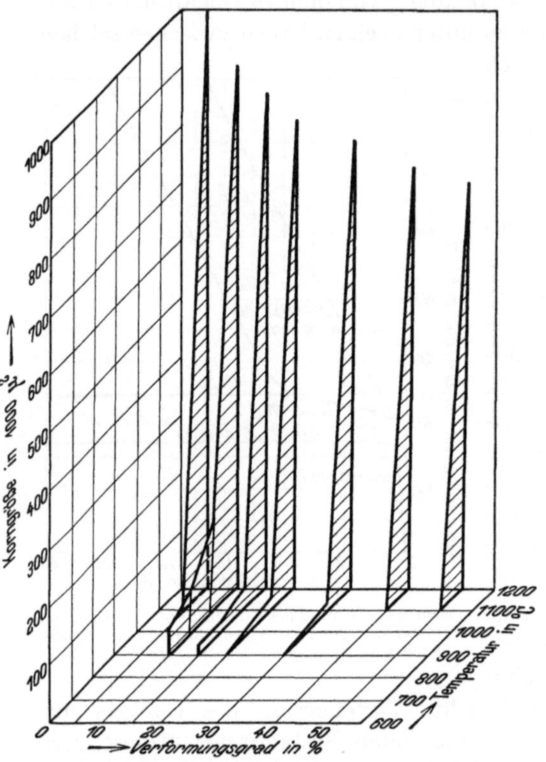

Abb. 446. Rekristallisationsschaubild von 4proz. Si-Stahl. [Nach v. Moos, Oberhoffer u. Oertel: Stahl u. Eisen 48. Jg. (1928) S. 399.]

Die Wärmebehandlung und Glühung von Dynamoflußeisen erfolgt heute größtenteils bei Blechen in Paketen, seltener in einzelnen Tafeln, im Durchlaufofen. Das Glühen in Paketen erfordert besondere Sorgfalt. Die Stapelung der Bleche in größeren Paketen bedingt eine sehr lange Wärmzeit, ehe das Paket vollkommen auf Glühtemperatur gebracht ist. Wie die Verhältnisse liegen, zeigen die in Abb. 444 angeführten Versuche. Zu beachten ist, daß bei diesen langen Glühzeiten die äußeren Bleche naturgemäß längere Zeit auf Temperatur liegen müssen als die inneren und eine absolute Gleichmäßigkeit des Produktes im ganzen Blechstapel schwer erreicht wird. Auf die Wichtigkeit genügend langsamer und gleichmäßiger Abkühlung ist bereits hingewiesen worden. In einer geordneten Glüherei von Dynamoflußeisen erfolgt die Abkühlung in genau geregelten Abkühlkurven, wie beispielsweise folgende Abkühlvorschriften für 3—5% Si-Bleche vorschreiben: Geglüht wird bei 900° C. Bis zu 450° C wird aufgeheizt mit einer Aufheizgeschwindigkeit von 45° je Stunde, bis zu 760° C mit 30° je Stunde, bis 900° mit 20° je Stunde. Dann wird die Temperatur 4 Stunden gehalten und alsdann mit 10° je Stunde bis 550° C abgekühlt. Der letzteren Operation ist besondere Aufmerksamkeit hinsichtlich langsamen Durchgehens des Temperaturintervalls zu schenken. Wie durch sorgfältige Beobachtung aller Regeln bei der Stahlherstellung, Verarbeitung und Wärmebehandlung die Werte für Dynamoflußeisen in den letzten Jahren verbessert worden sind, zeigt Abb. 447. Durch derartig geregelte Abkühlung wird die schädliche Ausscheidung bei hoher Temperatur gelöster Beimengungen vermieden.

Außer der Steigerung des elektrischen Widerstandes durch Silizium ist noch bemerkenswert der Einfluß, den ein Siliziumzusatz auf die Veränderung des Widerstandes mit der Temperatur bewirkt.

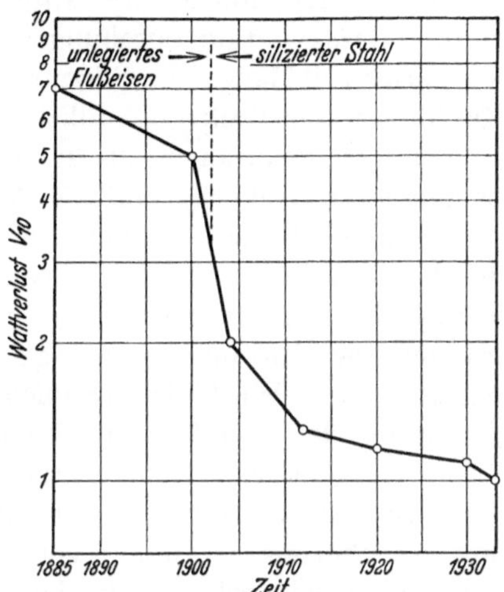

Abb. 447. Verbesserung der Wattverluste von Transformatoreneisen im Laufe der letzten Jahre.

Bekanntlich steigt bei nahezu allen Legierungen der elektrische Widerstand mit steigender Temperatur (Temperaturkoeffizient des elektrischen Widerstandes). Wie Abb. 448 zeigt, wird diese Widerstandszunahme mit steigendem Siliziumgehalt kleiner. Dieser Einfluß kann von Wichtigkeit zur Regulierung des Temperaturkoeffizienten bei Widerstandsmaterial sein, da man dort in vielen Fällen auch bei höheren Temperaturen einen sehr gleichmäßigen Widerstand wünscht. Die Ursache für diese Verringerung des Temperaturkoeffizienten liegt darin, daß der Anfangswiderstand schon entsprechend höher ist und die durch die Temperatur bedingte Zunahme im Vergleich hierzu weniger in die Waagschale fällt. Da Silizium

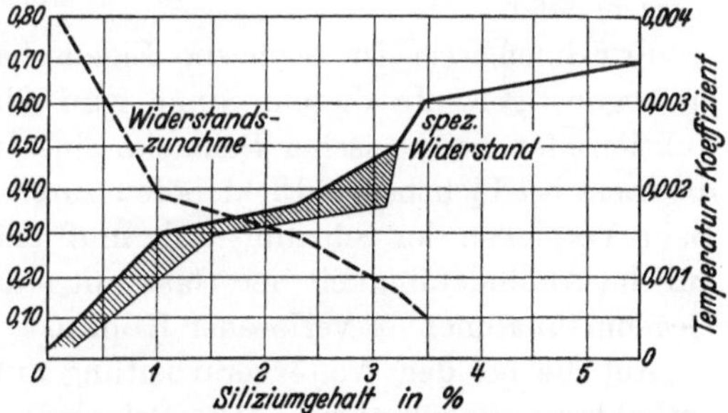

Abb. 448. Elektrischer Leitwiderstand sowie Veränderung des Temperaturkoeffizienten des elektrischen Leitwiderstandes in Anhängigkeit vom Siliziumgehalt. [Nach Kolben: Rdsch. f. Techn. u. Wirtschaft Bd. 2 Nr. 1 S. 1; s. Mars: „Die Spezialstähle" Verlag Enke 2. Aufl. 1922 S. 276.]

auch die Zunderbeständigkeit erhöht, ist ein höherer Si-Zusatz bei Widerstandslegierungen außer wegen der eben angeführten Gründe auch wegen der erhöhten Korrosionsbeständigkeit erwünscht.

6. Die metallurgische Bedeutung des Siliziums.

Es würde zu weit führen, die metallurgische Bedeutung des Siliziums in diesem Rahmen auch nur annähernd umfassend zu behandeln. Die durch die Verbrennung des Siliziums eingebrachten Wärmemengen bei dem sauren und basischen Herstellungsverfahren sind zur Genüge bekannt. Ebenso ist die bei saurem Herdfutter eintretende Siliziumreduktion und damit automatisch einsetzende

Desoxydation bei geeigneter Führung der Schmelzprozesse eine alte Beobachtung. Als Desoxydationsmittel scheint Silizium vor allem die Eigenschaften zu besitzen, zu feinen Kieselsäuresuspensionen im Stahl zu führen. Aus diesem Grunde verwendet man, um leichter abscheidbare Desoxydationsprodukte zu erhalten, für die Desoxydation Mischungen von Mangan und Silizium, wobei als bestes Verhältnis von Mangan zu Silizium 2 : 1 gilt. In einzelnen Fällen wird auch diesen Mischungen zur Hälfte des Siliziumgehaltes Aluminium zugesetzt.

Bei allen Reaktionen, die zu feinen Fällungsprodukten Veranlassung geben, ist damit zu rechnen, daß die Ausfällung um so feiner wird, je vorsichtiger die Zusätze erfolgen; erinnert sei nur an Bariumchlorid und Schwefelsäure. Bei dem erwähnten Vergleich des Fällens von Bariumsulfat wird man bei vorsichtigem Zusatz der Lösungen zueinander eine außerordentlich feine Fällung erhalten, die sich auch nach tagelangem Stehenlassen noch nicht vollkommen abgesetzt hat. Wird aber möglichst in der Wärme und unter Bewegung ein Überschuß des betreffenden Fällungsmittels zugesetzt, so scheidet sich der Niederschlag in besser koagulierter, abscheidungsfähiger Form ab. In ähnlichem Sinne scheint sich aus Beobachtungen zu ergeben, daß ein überschüssiger Zusatz von Silizium zu wenig vordesoxydierten Stählen günstiger für das Endprodukt zu sein scheint als die vorsichtigste Zugabe von FeSi in ein mehr oder weniger vorberuhigtes Bad. Die Herstellung von Si-Stählen kann praktisch in jeder Art von Ofen durchgeführt werden. Für die Herstellung von Dynamoflußeisen mit den entsprechenden geringen Gehalten an Verunreinigung scheint vor allem der Elektroofen geeignet zu sein, doch lassen sich mit den Siemens-Martin-Öfen bei sorgfältig ausgearbeiteten Verfahren gleich gute Ergebnisse erzielen.

Erwähnenswert ist noch die Eigenschaft des Siliziums, die Entschweflung zu begünstigen. In diesem Sinne wird Silizium vielfach verwandt, um in Induktionsöfen bei basischer Schlacke eine stärkere Entschweflung vorzunehmen, die sonst bei Lichtbogen-Elektroöfen durch Kalziumkarbidschlacke bewirkt wird. Beim Vergießen der Siliziumstähle muß man infolge des Einflusses von Silizium auf die Abbindefähigkeit der Gase mit stärkerer Lunkerung rechnen, die durch Gegenmaßnahmen — verlorener Kopf usw. — bekämpft wird.

Auf die bei der Weiterverarbeitung auftretenden Schwierigkeiten — Randentkohlung, Begünstigung von Schwarzbruch, Kornvergröberung, Entstehung einer festhaftenden Oxydschicht (Siliziumpelz) usw. — ist bereits früher hingewiesen worden.

K. Aluminium im Stahl.

1. Allgemeines.

Die erste Verwendung hat Aluminium in der Stahltechnik als Desoxydationsmittel gefunden. Wegen seiner stark desoxydierenden Wirkung und der Tatsache, daß Aluminium wie Silizium im Gußeisen die Graphitbildung begünstigt, findet man oft Hinweise auf die gleichartige Wirkung von Aluminium und Silizium in Eisenlegierungen. Eine gewisse Analogie ergibt sich durch die Wirkung von Aluminium in zunderbeständigen Stählen und dessen Einfluß auf die Eigenschaften von Dynamoflußeisen, nicht aber auf das Verhalten beim

Härten und Anlassen. Aluminium gehört zwar ebenfalls zu denjenigen Elementen, die das γ-Gebiet abschnüren (Abb. 449); es unterscheidet sich jedoch in seinem Kristallaufbau von Silizium, da es zu den kubisch kristallisierenden Metallen gehört. Zur Abschnürung des γ-Gebietes reicht schon etwa 1% Aluminium aus (Abb. 450). Das sich anschließende Gebiet der α-Mischkristalle wird durch die sich ausscheidende Eisen-Aluminium-Verbindung begrenzt.

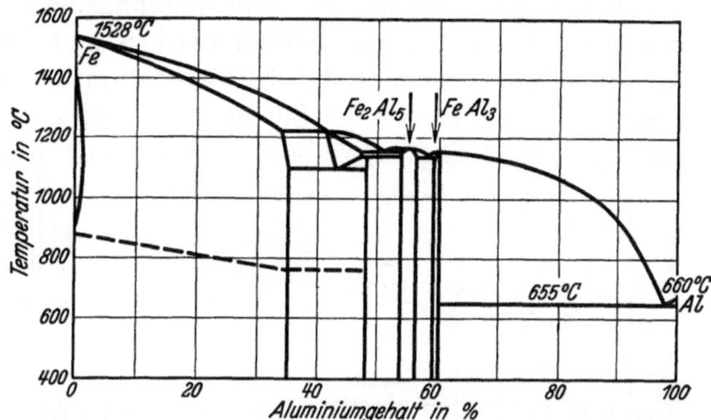

Abb. 449. System Eisen-Aluminium. [Nach Gwyer u. Phillips: J. Inst. Met., Lond. 38. Jg. (1927) Nr. 2 S. 29—83 sowie Wever u. Muller: Mitt. Kais.-Wilh.-Inst. Eisenforschg., Dusseld. Bd. 11 (1929) S. 221.]

Durch Zusatz von Kohlenstoff tritt auch bei Aluminiumstählen eine entsprechende Erweiterung des γ-Gebietes ein, die allerdings noch nicht in den Grenzen genau festliegt. Dieser Einfluß von Kohlenstoff ist indessen nicht so groß wie bei karbidbildenden Elementen, bei denen Kohlenstoff einen Entzug des Legierungselementes aus der Grundmasse bewirkt. So zeigt z. B. ein Stahl mit 0,30% C und 1,1% Al noch Ferritreste, die nicht durch Vergüten zu beseitigen sind, er liegt also noch nicht völlig im Umwandlungsgebiet. Hieraus ergibt sich auch bei aluminiumlegierten Stählen eine Einteilung in Stähle mit Umwandlung, also perlitische, in halbferritische und rein ferritische.

Durch Aluminium wird der A_1-Punkt erhöht, und zwar nicht nur der Ac_1-Punkt (Abb. 451), sondern im gleichen Maße der Ar_1-Punkt. Aluminium trägt also nicht zur Vergrößerung der Hysteresis zwischen den Umwandlungspunkten bei. Eine Veränderung der kritischen Abkühlungsgeschwindigkeit durch Aluminium in wesentlichen Grenzen konnte bis heute noch nicht beobachtet werden.

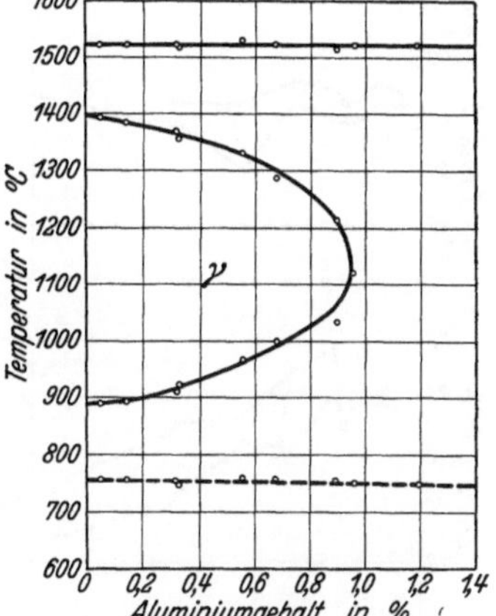

Abb. 450. Abschnürung des γ-Gebietes im System Eisen-Aluminium. [Nach Wever u. Muller: Mitt. Kais.-Wilh.-Inst. Eisenforschg., Düssel. Bd. 11 (1929) S. 221.]

Aus der Tatsache, daß somit Aluminium stärkere Wirkungen auf Härtefähigkeit und Vergütung nicht ergeben kann, und andererseits Aluminium als Legierungselement bei der Herstellung gießtechnische Schwierigkeiten bereitet (unsaubere Blockoberfläche wegen sich bildender Tonerde während des Gießvorganges), dürfte es erklärlich sein, daß umfassende Unter-

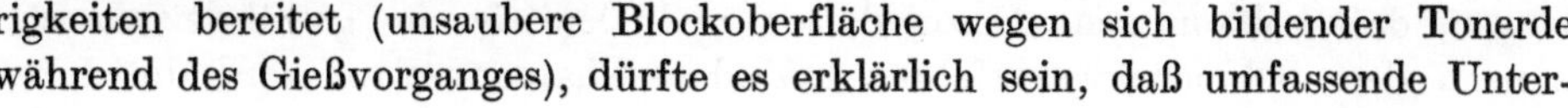

Abb. 451. Einfluß des Aluminiums auf Ac_1, A_2. [Nach Gumlich: Wiss. Abh. physik.-techn. Reichsanst. 1918 S. 369.]

suchungen über die Wirkung von Aluminium in Eisen-Kohlenstoff-Stählen noch nicht vorliegen.

Infolge der Erhöhung der Umwandlungspunkte durch Aluminium und der Neigung zur Bildung von halbferritischen und ferritischen Stählen, gelten für Aluminiumlegierungen bezüglich Rekristallisation und Grobkornbildung ähnliche Gesichtspunkte, wie sie bei Silizium erwähnt wurden. Bei rein ferritischen Legierungen muß hervorgehoben werden, daß Aluminium die Plastizität des α-Mischkristalls nicht so weitgehend vermindert wie Silizium. Während bereits 4—5proz. Silizium-Eisen-Legierungen sich nur noch schwer in der Kälte verarbeiten lassen, gelingt dies bei Aluminium-Eisen-Legierungen mit bis zu 9% Aluminium ohne besondere Schwierigkeiten.

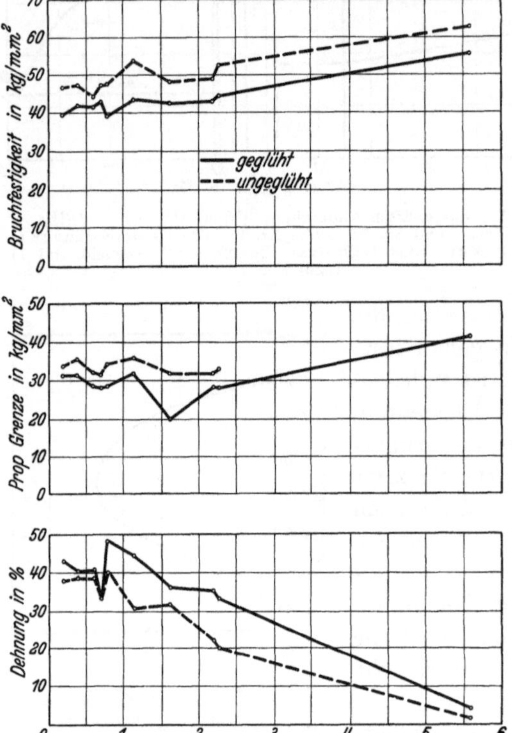

Abb. 452. Festigkeitseigenschaften von gegluhten und ungeglühten Aluminiumstählen. (Nach Hadfield: s. Mars: Die Spezialstähle. Verlag Enke, 2. Aufl. 1922 S. 433.)

2. Aluminium in Werkzeug- und Baustählen.

Auf dem Gebiete des Werkzeugstahles haben bis zur jüngsten Zeit noch keine aluminiumlegierten Stähle Verwendung gefunden. Hingegen sind in letzter Zeit verschiedene aluminiumhaltige Baustähle entwickelt worden. Der Grund für die Herstellung aluminiumhaltiger Stähle liegt allerdings nicht in dem Einfluß von Aluminium auf die Festigkeitseigenschaften. Wie Abb. 452 zeigt, tritt durch Aluminiumzusatz keine wesentliche Veränderung von Streckgrenze und Festigkeit auf. Der hohe Abfall der Dehnung bei höheren Al-Gehalten dürfte auch hier wiederum mit dem Übergang ins ferritische Gebiet zu erklären sein, in dem bekanntlich nur unter besonders günstigen Verformungsverhältnissen gute Zähigkeitseigenschaften zu erreichen sind, Verformungsbedingungen, die zur Zeit der hier angeführten Untersuchungen noch nicht in genügendem Maße bekannt und erfaßt waren. Daß Aluminium eher festigkeitsvermindernd als festigkeitserhöhend wirkt, zeigt Abb. 453 an dem vergleichsweise angeführten Vergütungsschaubild eines Cr-Al-Stahles und eines reinen Cr-Stahles. Der Wert des Aluminiums in Baustählen besteht in der größeren Affinität des Aluminiums für Sauerstoff und Stickstoff. Daher werden Baustähle, die alterungsunempfindlich sein sollen (z. B. Kesselbaustoffe), mit Aluminium behandelt, und zwar in solchen Mengen, daß vollkommene Desoxydation und Denitrierung gewährleistet ist. Je nach dem Schmelzungsverfahren und dem Chargenverlauf wird die dazu notwendige Menge bis zu 0,2 % Aluminium betragen. Die alterungsbeständigen Baustoffe werden im Abschnitt „Sauerstoff" noch eingehender besprochen.

Nitrierstähle. Die hohe Affinität des Aluminiums zum Stickstoff hat ferner zu seiner weitgehenden Verwendung als Legierungselement für Nitrierstähle (siehe Abschnitt „Stickstoff") geführt. Infolge der Bildung von Aluminiumnitrid weisen gerade die aluminiumhaltigen Stähle im nitrierten Zustande große Oberflächenhärte und Verschleißfestigkeit auf. Zur Erzielung dieser höchsten Nitrier-

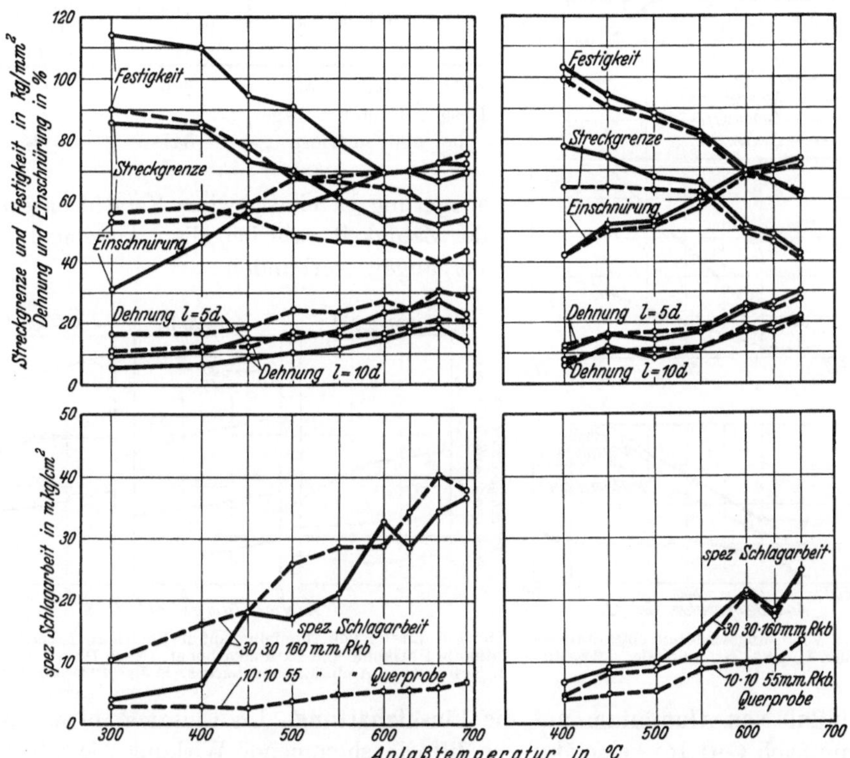

Abb. 453. Anlaßkurven eines Chromstahles und eines Chrom-Aluminium-Stahles.
Stahl mit 0,31 % C, 0,86 % Cr von 800° in Wasser abgeloscht. — — — 35 vkt. ——— 70 vkt.   Stahl mit 0,29 % C, 1,52 % Cr, 1,01 % Al von 890° in Wasser abgeloscht. — — — 35 vkt. ——— 70 vkt.

eigenschaften genügen Gehalte von 1—1,5 %. Die Zähigkeitseigenschaften derartiger aluminiumhaltiger Stähle sind sehr gut. Es muß jedoch darauf geachtet werden, daß diese Stähle nicht durch Reaktion während des Vergießens größere Mengen von Tonerdeeinschlüssen aufnehmen. Ähnlich wie bei Silizium und Mangan können sonst derartige Einschlüsse zur Verschlechterung der Quereigenschaften führen. Abb. 454 zeigt das Vergütungsschaubild eines Cr-Ni-Mo-Al-Stahles.

Eine auch praktisch bedeutsame besondere Wirkung übt der Aluminiumzusatz in nickelhaltigen Nitrierstählen (etwa 2—3 % Ni, 1 % Cr, 0,8—1 % Al) aus. Anscheinend durch Ausscheidung einer Aluminiumverbindung tritt bei diesen Stählen im vergüteten Zustande (850—880° Öl, 600° angelassen) während des Nitrierprozesses, der einer verlängerten Anlaßdauer gleichkommt, eine Erhöhung

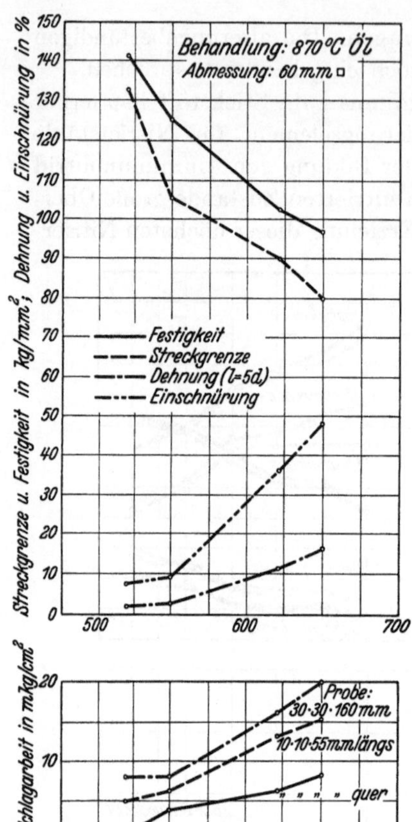

Abb. 454. Vergütungsschaubild eines Stahles
mit 0,36% C, 1,8% Ni, 1,6% Cr, 0,2% Mo
und 1% Al.

der Härte auch im nicht nitrierten Kern der
Stücke ein[1] (Zahlentafel 118). Mit der Härte-

Zahlentafel 118.
Härtesteigerung durch längeres Anlassen
im Kern bei einem Nitrierstahl mit 0,40% C,
1,7% Cr, 2,5% Ni, 1,2% Al.

Warmebehandlung	Brinellharte im Kern	Kerbzahigkeit im Kern (Mesnagerprobe) mkg/cm²
870° Öl, 630° Luft .	269	12
Desgl., danach 4 Tage bei 500° nitriert .	341	1

steigerung ist eine gewisse Verschlechterung
der Zähigkeit, wie bei allen Ausscheidungsvorgängen, verbunden.

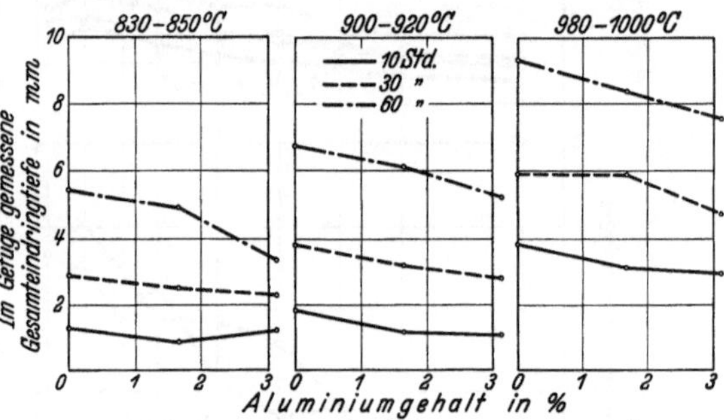

Abb. 455. Einfluß von Aluminium auf die Eindringtiefe bei Zementation in Holzkohle und Bariumkarbonat. [Nach Houdremont
u. Schrader: Arch. Eisenhuttenwes. 8. Jg. (1934/35) S. 448.]

Einfluß von Aluminium auf die Einsatzhärtung. Im Einsatzstahl hat Aluminium nach Guillet[2] eine ähnliche diffusionshemmende Wirkung wie Silizium.
Bei Untersuchung größerer Einsatztiefen zeigte sich aber, daß die Herabsetzung

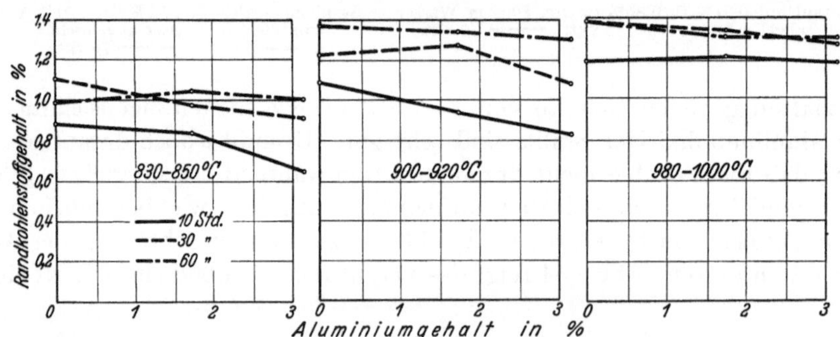

Abb. 456. Einfluß des Aluminiums auf den Randkohlenstoffgehalt. [Nach Houdremont u. Schrader:
Arch. Eisenhüttenwes. 8. Jg. (1934/35) S. 448.]

---

[1] French u. Homerberg: Trans. Amer. Soc. Stl. Treat. 1932 S. 481.
[2] La Cementation des aciers au carbon et des aciers speciaux. Mém. C. R. Trav. Soc.
Ing. civ. France 1904 S. 177—207.

der Eindringtiefe geringer ist als bei Si-Zusatz (Abb. 455). In gleicher Weise wird auch der Randkohlenstoffgehalt weniger herabgesetzt als durch einen entsprechenden Si-Gehalt (Abb. 456). Aluminiumhaltige Einsatzstähle neigen, ähnlich wie siliziumhaltige, beim Einsetzen zur Graphitbildung. Bei oxydhaltigem Einsatzpulver ist zu beachten, daß bei Zementationstemperaturen eine Bildung von Aluminiumoxyden in den Stahlrandschichten zustande kommt, wie dies in Abb. 457 bei einem 1,5 proz. Aluminiumstahl nach Zementation in Holzkohle

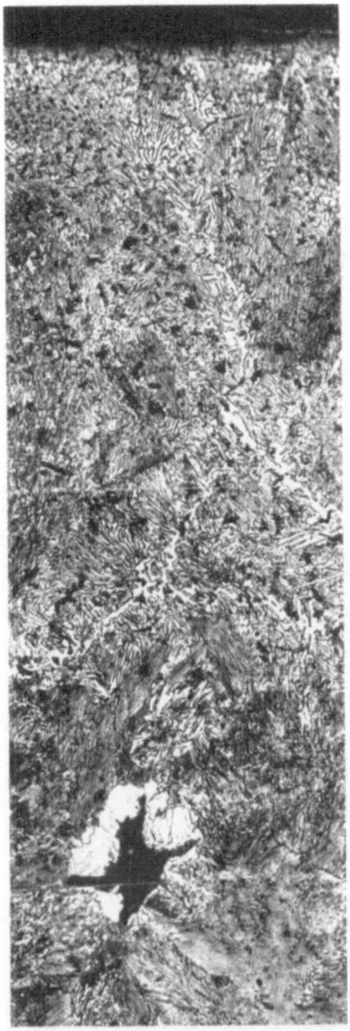

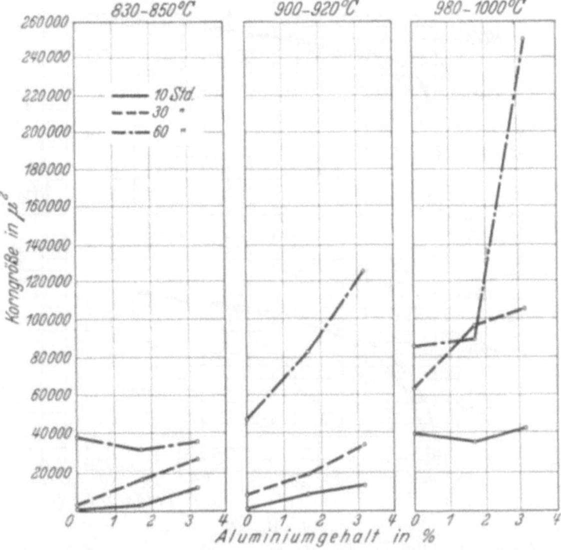

Abb. 458. Stärkere Kornvergröberung bei Aluminiumstählen durch Zementationsüberhitzung. [Nach Houdremont u. Schrader: Arch. Eisenhuttenwes. 8. Jg. (1934/35) S. 448.]

Abb. 457. Randgefuge eines 1,5 proz. Aluminiumstahles nach 30 stundiger Zementation bei 980—1000° in Holzkohle und Bariumkarbonat (60 : 40).

und Bariumkarbonat zu erkennen ist. Die Gefügeaufnahme enthält weiterhin Anzeichen für die Graphitausscheidung in derartigen Stählen. Im Gegensatz zu Silizium wird durch Aluminium, vor allem bei höheren Zementationstemperaturen und längeren Zeiten, eine ziemlich starke Kornvergröberung hervorgerufen (Abb. 458). Dieses unterschiedliche Verhalten wird damit zusammenhängen, daß die Aluminiumstähle bei höheren Al-Gehalten als ferritische Stähle ein stärkeres Kornwachstum erfahren als z. B. Siliziumstähle, die in diesen Gehalten bei höheren Zementationstemperaturen im austenitischen, also umwandlungsfähigen Zustande vorliegen.

Die vorstehenden Ausführungen lassen entnehmen, daß das Aluminium sowohl durch Verzögerung der Randaufkohlung und der Diffusion als auch durch

Graphitbildung und Kornvergröberung im Einsatzstahl nachteilig wirkt; es ist daher bis heute ein Aluminiumzusatz zu Einsatzstählen praktisch nicht angewandt worden.

3. Veränderung der physikalischen Eigenschaften des Stahls durch Aluminium.

Von besonderem Interesse ist die Wirkung von Aluminium in Stählen mit besonderen physikalischen Eigenschaften. Wie aus den Überlegungen bei Eisen-Silizium-Legierungen bereits hervorgeht, sind vor allem Legierungen, die das

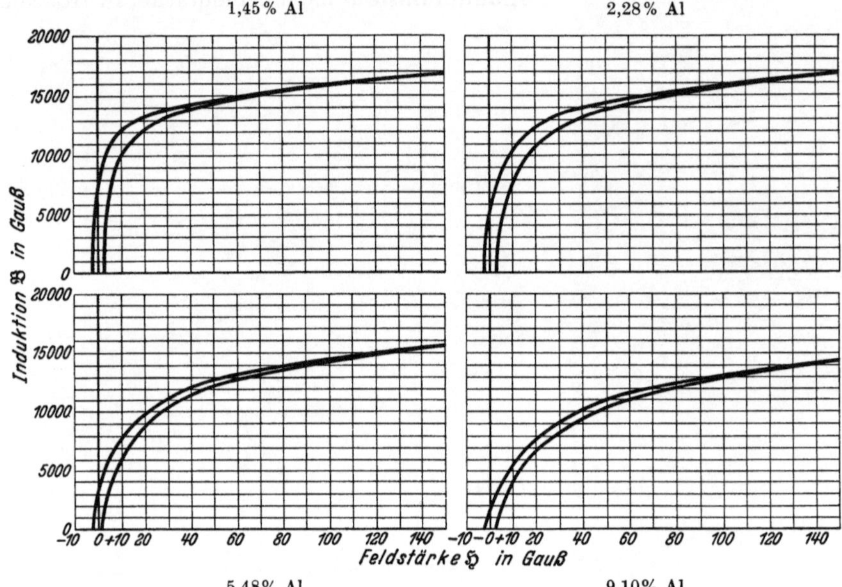

Abb. 459. Ausbildung der Hysteresisschleife bei verschiedenen Aluminiumgehalten. [Nach Wever u. Hindrichs: Mitt. Kais.-Wilh.-Inst. Eisenforschg., Düsseld. Bd. 13 (1931) S. 283.]

γ-Gebiet abschnüren und mit Eisen ferritische Mischkristalle bilden, geeignet, als Dynamoblechmaterial, d. h. Material mit geringer Koerzitivkraft und geringen Wattverlusten, verwendet zu werden. Die geringe Löslichkeit des Ferrits für Karbide, die günstige Ausscheidungsmöglichkeit derartiger Einlagerungen durch Glühbehandlung, sowie die unbehinderte Kristallkornausbildung bringen die Möglichkeit, geringste Spannungszustände durch Wärmebehandlung herbeizuführen. Gleichzeitig besitzen diese Legierungen im Gegensatz z. B. zu Eisen-Nickel-Legierungen infolge des gesamten magnetischen Verhaltens des Ferrits bessere magnetische Sättigungswerte.

a) Aluminiumhaltiges Dynamoflußeisen.

Den Einfluß des Aluminiums auf die Hysteresisschleife gibt Abb. 459 wieder. Da auch der für die Wirbelstromverluste wichtige spezifische Widerstand durch Aluminium in gleichem Sinne wie durch Silizium erhöht wird, lassen sich ähnliche Eigenschaften wie bei Eisen-Silizium-Legierungen erwarten. Wie aus den in letzter Zeit von Wever und Hindrichs vorgenommenen Untersuchungen hervorgeht, sind die Wattverluste bei aluminiumlegierten Stählen bei gleicher

Walz- und Wärmebehandlung doch nicht so günstig wie bei entsprechend legierten Si-Stählen (Zahlentafel 119). Allerdings wird von den Verfassern selbst hervorgehoben, daß bei diesen Versuchen vielleicht die für die Aluminiumstähle günstigste Glühtemperatur nicht genau getroffen worden ist. Ein weiteres Studium der Glühtemperatur könnte also noch entsprechende Verbesserungen der Eigenschaften bringen.

Zahlentafel 119. Wattverluste von Aluminiumstählen verschiedenen Siliziumgehaltes in einer Blechstärke von 0,35 mm nach Wever und Hindrichs[1].

Al	Wattverluste gebeizt	
	V_{10}	V_{15}
%	W/kg	W/kg
9,10	2,41	4,60
5,48	1,83	4,21
2,94	2,23	6,87
2,28	2,31	8,47
2,12	2,10	6,06
1,45	2,11	5,33

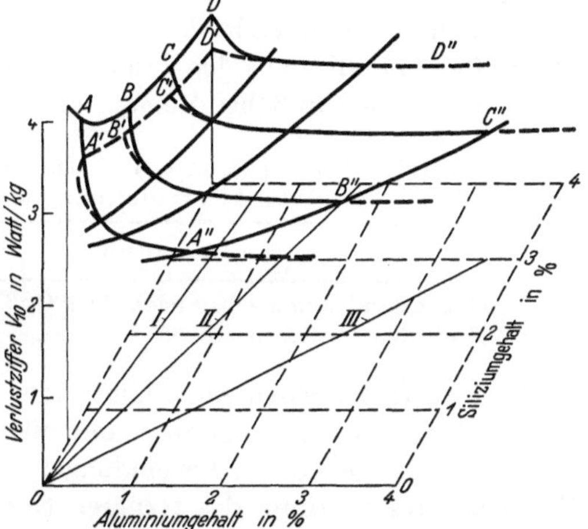

Abb. 460. Verlustziffer von Aluminium-Silizium-Stählen in Abhängigkeit vom Aluminium- und Siliziumgehalt. [Nach Wever und Hindrichs: Mitt. Kais.-Wilh.-Inst. Eisenforschg., Dusseld. Bd. 13 (1931) S. 286.]

Legierungen, die neben gewissen Si-Gehalten noch Aluminium aufweisen, zeigen ähnliche Wattverluste wie die heute meist verwendeten 4proz. Silizium-Dynamoflußeisen. Die entsprechenden Werte gehen aus Zahlentafel 120 hervor. In Abhängigkeit vom Si- und Al-Gehalt in Form eines Raumdiagramms aufgetragen, ergeben sich die durch Al-Zusatz erreichten Verbesserungen aus Abb. 460. Wie man aus ihr ersieht, wirken vor allem geringe Mengen von Aluminium (bis 0,5%) besonders günstig, so daß man versucht ist anzunehmen, daß auch der rein metallurgischen Wirkung des Aluminiums eine gewisse Bedeutung zuzusprechen ist. Auf die ebenfalls von den obigen Verfassern festgestellte geringe Beeinflussung der Kalt-

Zahlentafel 120. Wattverluste von Aluminium-Silizium-Stählen nach Wever und Hindrichs[1].

Si	Al	Blechstarke	Wattverluste	
			V_{10}	V_{15}
%	%	mm	W/kg	W/kg
4,33	0,25	0,55	1,32	3,09
3,95	0,59	0,36	1,08	2,96
3,29	0,28	0,66	1,50	3,52
3,06	1,39	0,59	1,39	3,26
2,34	0,28	0,62	1,73	4,03
2,31	1,64	0,58	1,46	3,41
2,40	2,98	0,38	1,23	3,03
2,41	3,37	0,44	1,26	3,02
1,47	0,52	0,61	1,84	4,02
1,41	1,74	0,55	1,47	3,52
0,90	0,29	0,48	2,20	4,75
0,90	0,68	0,51	1,91	4,20

sprödigkeit und die damit verbesserte Kaltverarbeitbarkeit, Ziehbarkeit usw. durch Aluminium ist bereits oben hingewiesen worden. Vorläufig hat die Verwendung von Aluminium in Dynamoflußeisensorten erst eine mehr oder weniger theoretische Bedeutung erlangt.

---

[1] Mitt. Kais.-Wilh.-Inst. Eisenforschg., Düsseld. Bd. 13 (1931) S. 273—289.

b) Aluminiumhaltige Legierungen für Dauermagnete.

Eine große Bedeutung hingegen haben Aluminium-Nickel-Legierungen für Dauermagnete gefunden. Es gelang Mishima[1], in einem bestimmten Bereich der ternären Eisen-Aluminium-Nickel-Legierungen solche ausfindig zu machen, die bezüglich der Koerzitivkraft alle bisherigen Dauermagnetlegierungen weit übertreffen, wie dies aus der Zahlentafel 121 hervorgeht. Es werden Koerzitivkräfte bis $\sim$700 Gauß bei Remanenzen von 5000—6000 erzielt.

Zahlentafel 121. Praktisch mit der Mishima-Legierung von etwa 25% Ni und 12% Al erreichbare magnetische Werte.

Behandlungszustand	Koerzitivkraft Gauß	Remanenz Gauß
Gußzustand unmittelbar nach dem Guß . . .	300—550	4500—5500
Nach dem Anlassen auf 650°	550—700	4500—5500

Da im System Eisen-Aluminium und Aluminium-Nickel Verbindungen auftreten (FeAl und NiAl), könnte man denken, daß die hohen magnetischen Werte auf Ausscheidungen dieser Verbindungen im α-Mischkristall zurückzuführen sind. Ein genaueres Studium des ternären Systems Fe-Ni-Al ergibt aber folgendes:

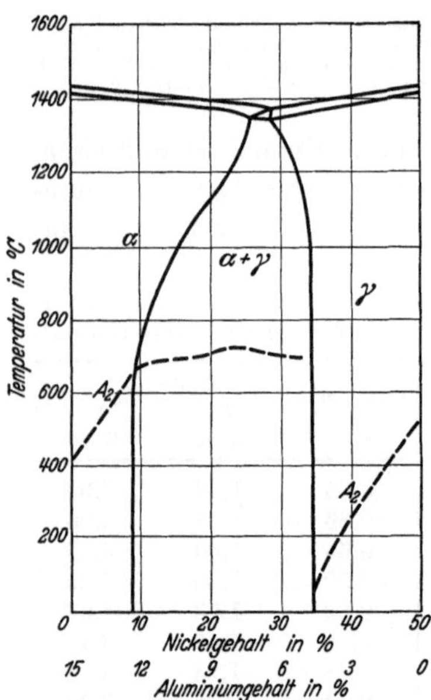

Abb. 461. Senkrechter Schnitt durch das Zustandsschaubild des Systems Eisen-Nickel-Aluminium von 15% Al, 85% Fe zu 50% Ni, 50% Fe. [Nach Köster: Stahl u. Eisen 53. Jg. (1933) S. 852.]

Nach der Untersuchung des ternären Systems Fe-Ni-Al von Köster[2] bildet sich in dem betreffenden Bereich der ternären Eisen-Nickel-Legierungen eine Mischungslücke zwischen den γ-Mischkristallen und α-Mischkristallen aus, deren Bereich mit steigender Temperatur abnimmt, wie dies aus dem quasibinären Schnitt (Abb. 461) hervorgeht. Infolgedessen kann beim Abkühlen von hohen Temperaturen bei Legierungen an der Grenze des Bereichs der Mischungslücke im α-Mischkristall eine übersättigte Lösung bei Raumtemperatur erhalten werden, die beim Anlassen (500°) den γ-Mischkristall in hochdisperser Verteilung ausscheidet, womit die Entstehung des Zwangszustandes im α-Gitter verbunden ist, der stets für die Erzielung hoher Koerzitivkräfte im α-Mischkristall erforderlich ist.

Absolute Klarheit über die wirkliche Ursache der interatomaren Spannungen und damit der Erzielung der erwähnten hohen Koerzitivkraft liegt heute noch nicht vor. Nach den neuesten Erkenntnissen ist es nämlich nicht unbedingt erforderlich, an eine direkte Ausscheidung einer Fremdphase zu denken, wenn hohe interatomare Spannungen, wie sie in der Koerzitivkraft zum Ausdruck kommen, entstehen. Es ist vielmehr erwiesen, daß auch bereits eine Umordnung

---

[1] Franz. Patent 731361 vom 13. II. 1932.

[2] Stahl u. Eisen 53. Jg. (1933) S. 849/56; s. auch Arch. Eisenhüttenwes. 7. Jg. (1933/34) S. 257—262.

der Atomgruppierung im Gitter selbst einen derartigen Zustand hervorrufen kann. Bei den Eisen-Nickel- und -Kobalt-Legierungen ist darauf hingewiesen worden, daß eine charakteristische Verteilung der Eisen-Nickel- und Eisen-Kobalt-Atome starke Veränderungen der physikalischen Eigenschaften ergeben kann. Es ist nicht ausgeschlossen, daß auch in diesem Falle eine besondere Verteilung der Aluminium-Nickel- und Eisenatome untereinander bei den hier vorliegenden Legierungen die Ursache für die besonderen physikalischen Eigenschaften ist. Die günstigsten Eigenschaften ergeben nach den heute vorliegenden Ergebnissen Legierungen mit etwa 25% Ni und 12% Al. Es ist aber wahrscheinlich, daß durch Zusatz von weiteren Elementen noch Verbesserungen erzielt werden können[1]. Diese Legierungen sind sehr schwer schmiedbar, um nicht zu sagen praktisch unschmiedbar. Sie eignen sich daher hauptsächlich für die Verwendung von Magneten in gegossener Ausführung. Die höchsten magnetischen Eigenschaften besitzen die Legierungen bei geeigneter Arbeitsweise meistens schon im gegossenen Zustand, da sich die entsprechenden Vorgänge bei der Abkühlung nach dem Gießen abspielen. Meist wird indes noch eine Verbesserung durch ein Anlassen auf 500°, oder sogar ein Ablöschen von 1200° und darüber mit nachfolgendem Anlassen bei 500° erzielt.

4. Aluminium in Stählen mit besonderen chemischen Eigenschaften.

Besondere Bedeutung gewinnt Aluminium als Legierungselement für Stähle mit chemischer Widerstandsfähigkeit bei hohen Temperaturen. Ist schon früher darauf hingewiesen worden, daß diejenigen Elemente, die leichter oxydierbar sind als Eisen, einen Schutz des Eisens bei oxydierenden Angriffen darstellen können, so muß dies in verstärktem Maße für Aluminium gelten, da das sich bildende Oxyd ein besonders feuerfestes Material darstellt. Es ist Tatsache, daß aluminiumhaltige Eisenlegierungen eine festhaftende Aluminiumoxydschicht aufweisen, die das darunterliegende Eisen vor dem chemischen Angriff der Atmosphäre bei höheren Temperaturen schützt. Die Wirkung des Aluminiums geht aus Abb. 462 hervor. Reine Aluminium-Eisen-Legierungen sind aber nicht besonders widerstandsfähig, da die Oxydschich-

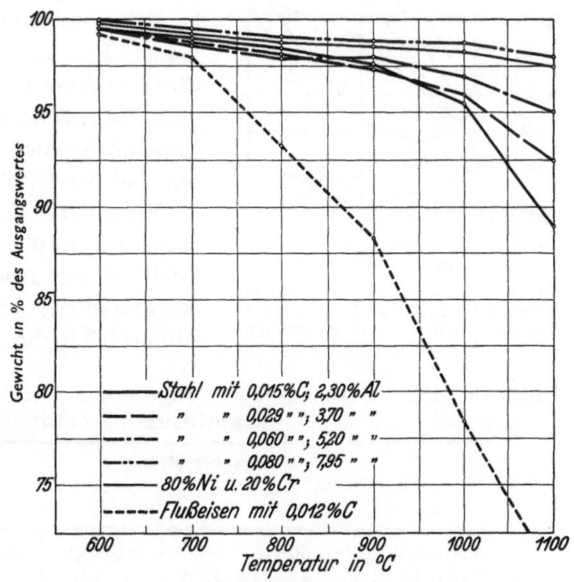

Abb. 462. Zunderbeständigkeit von Eisen-Aluminium-Legierungen im Vergleich zu Flußeisen und hochhitzebeständigem Chrom-Nickel-Stahl. [Nach Ziegler: Trans. Amer. Inst. min. metallurg. Engr. Bd. 100 (1932 Iron St. Dir.) S. 269.]

[1] Über den Einfluß der Legierung berichten in einer neu erschienenen Arbeit W. S. Messkin u. B. E. Somin: Arch. Eisenhüttenwes. 8. Jg. (1934/35) S. 315.

ten bei hohen Temperaturen und mehrfacher Erwärmung und Abkühlung leicht abspringen. Besser verhalten sich Legierungen von Eisen, Aluminium und Chrom.

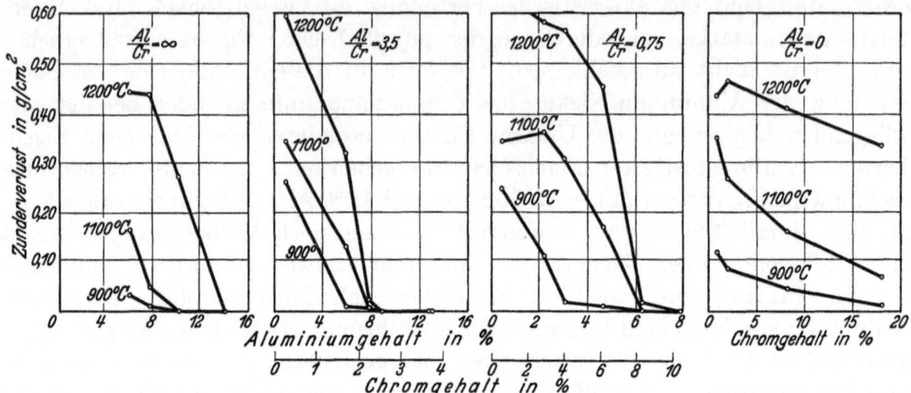

Abb. 463. Vergleich der Zunderfestigkeit von Stahlen mit verschiedenem Verhaltnis vom Aluminium zum Chromgehalt. [Nach Scheil u. Schulz: Arch. Eisenhüttenwes. 6. Jg. (1932) S. 156.]

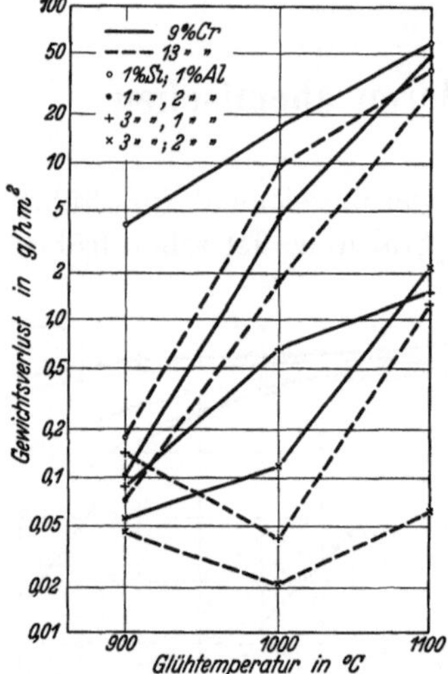

Abb. 464. Verzunderung von Chromstählen mit 9 und 13% Chrom und verschiedenen Silizium- und Aluminiumgehalten. (Versuchsdauer 220 Stunden.)

Einen guten Überblick über die in solchen Legierungen auftretenden Verhältnisse gibt die Abb. 463 von Scheil und Schulz. Der sich bei hochaluminiumhaltigen Legierungen bildende Zunder hat das weißlichgelbe Aussehen der Tonerde, während der bei höheren Chrom- und niedrigeren Aluminiumgehalten entstehende dunkler gefärbt ist. Selbstverständlich werden auch durch Mischung beider Elemente Silizium und Aluminium zu Chromstählen Verbesserungen erzielt, wie dies aus Abb. 464 ersichtlich ist. Ähnlich wie bei den Chrom-Silizium-Stählen handelt es sich hierbei durchweg um halbferritische bis ferritische Legierungen.

Einen Überblick über die heute gebräuchlichen Legierungen mit Aluminiumzusatz gibt Zahlentafel 122 mit Angabe des Bereiches der Zunderbeständigkeit. In bezug auf diese Eigenschaft addiert sich die Wirkung von Silizium, Chrom

Zahlentafel 122. Zusammensetzung und Zunderbeständigkeitsbereich einiger aluminiumlegierter Stähle.

Zusammensetzung					Verwendungsbereich
C %	Si %	Ni %	Cr %	Al %	
0,10/0,05	∼0,30	—	3,0/20,0	0,50/3,0	650—1200°
∼0,15	∼1,4	∼40,0	∼7,0	∼10,0	1100°
∼0,10	∼0,50	—	20,0/30,0	∼ 5,0	1300°

und Aluminium. Durch genügende Zusätze der entsprechenden Elemente gelingt es, Zunderbeständigkeit bis nahe zum Schmelzpunkt der betreffenden Eisenlegierungen, also bis zu etwa 1300°, zu erzeugen.

Schutzüberzüge aus Aluminium. In diesem Zusammenhang müssen noch die Schutzüberzüge des Aluminiums erwähnt werden, die dem Zweck dienen, gewöhnlichem Flußeisen einen erhöhten Widerstand gegen Oxydation bei hohen Temperaturen zu geben. Man unterscheidet hierbei prinzipiell zwei Verfahren: Bei dem ersten Verfahren, das man mit „Alitieren" bezeichnet, werden flußeiserne Gegenstände in Aluminiumpulver eingepackt und bei höheren Temperaturen (1050°) geglüht. Das Aluminium diffundiert bei diesen hohen Temperaturen in das Eisen hinein und die hoch aluminiumhaltigen Randschichten überdecken sich gleichzeitig mit einer zunderbeständigen Tonerdehaut.

Bei dem zweiten Verfahren arbeitet man bei tieferen Temperaturen. Die betreffenden Eisenstücke werden nach entsprechender Vorbereitung der Oberfläche — Säubern und Beizen usw. — in geschmolzenes Aluminium eingetaucht, wobei ein Aluminiumüberzug gebildet werden soll, der dann beim Gebrauch bei höheren Temperaturen in das Eisen hineindiffundiert. Da Aluminium nicht allzu leicht an der reinen Eisenoberfläche haftet, sind verschiedene Verfahren entwickelt worden, die Oberfläche entsprechend zu präparieren. Eines der wesentlichsten Verfahren besteht darin, das Eisen zuerst mit anderen Metallschichten zu versehen, die leichter auf Eisen haften und gleichzeitig ihrerseits wiederum eine gute Haftfähigkeit für Aluminium aufweisen.

Aus der Art der geschilderten Verfahren geht bereits hervor, daß das erstgenannte Verfahren tiefer aluminiumhaltige Eisenschichten ergeben muß als das zweite. Beiden Verfahren ist gemeinsam, daß sie auf die Dauer weniger zunderbeständige Produkte ergeben müssen als homogene Legierungen im üblichen Sinne. Tritt nämlich Verzunderung mit Abplatzen von Zunderschichten ein, so wird nach einer gewissen Zeit die mit dem Aluminium angereicherte Schicht verschwinden und dann die übliche Korrosion des Eisens eintreten.

5. Allgemeines über zunderbeständige Legierungen.

Bei Aluminium ist, wie bei Silizium, vor allem auf den spezifischen Einfluß dieses Legierungselementes auf die Zunderbeständigkeit hingewiesen worden. Die Wirkung von Silizium und Aluminium gegen einige typische Angriffsmittel soll daher kurz nochmals im Zusammenhang mit den Elementen Chrom und Nickel betrachtet werden.

a) Verhalten gegen Stickstoff.

Für das Verhalten der hitzebeständigen Legierungen gegen elementaren und gebundenen Stickstoff bei hohen Temperaturen kann als Anhaltspunkt die Tatsache dienen, daß die Affinität zum Stickstoff und die Stabilität der Nitride in der Reihenfolge Nickel, Eisen, Chrom zunimmt, und daß Silizium und Aluminium Nitride von hoher Beständigkeit bilden. Es braucht an dieser Stelle nur darauf hingewiesen werden, daß Chrom und Aluminium die wirksamsten Legierungsbestandteile nitriergehärteter Stähle bilden. Es wurde bereits erwähnt, daß Eisennitride schon oberhalb 500° zerfallen und nur noch geringe Mengen von Stickstoff im Eisen in fester Lösung vorkommen können, daß dagegen chromreiche Legierungen noch in der Nähe des Schmelzpunktes große Mengen Stickstoff unter Nitridbildung binden. Ein praktisches Beispiel hierfür ist die Stickstoffaufnahme von Ferrochrom (bis 0,5% N) bei langsamem Einschmelzen auf der Feuerbrücke des Siemens-Martin-Ofens.

Ähnlich liegen die Verhältnisse bei Si-haltigen, insbesondere aber bei Al-haltigen

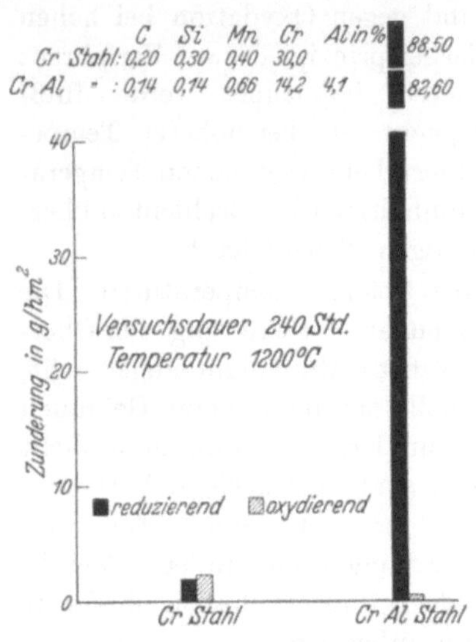

Abb. 465. Unterschiedliches Verhalten der Stahle in oxydierender oder reduzierender Ofenatmosphare.

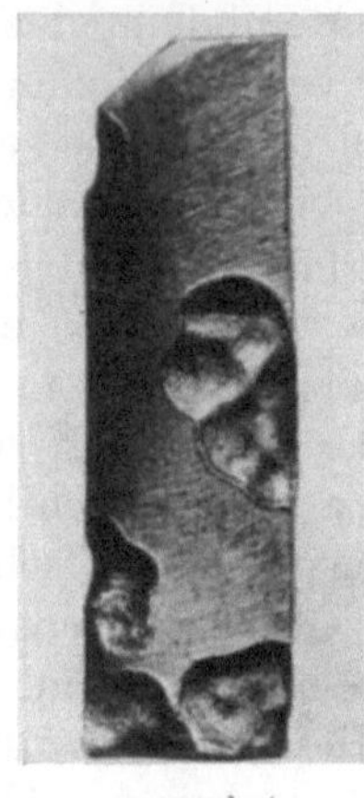
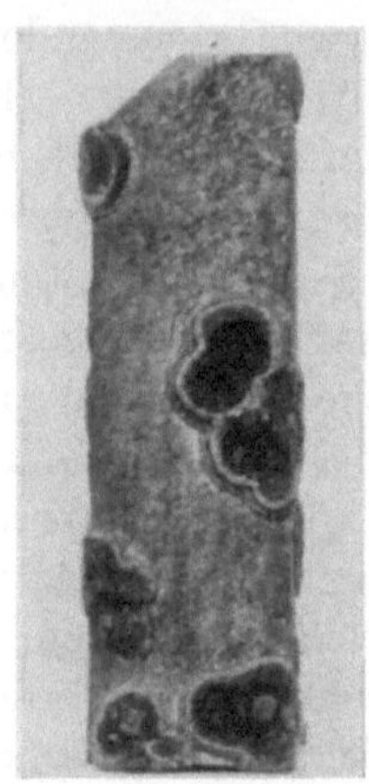

Abb. 466. Ausbluhungen bei Verzunderung aluminiumhaltiger Stahle.

Abb. 467. Aluminiumnitride im hitzebeständigen Stahl.

Stählen. Die Neigung zur Aufnahme von Stickstoff scheint besonders in reduzierenden Ofenatmosphären am günstigsten zu sein. Der Unterschied zwischen oxydierender und reduzierender Atmosphäre kann aus Abb. 465 an dem Verhalten eines Chrom-Aluminium-Stahles ersehen werden. Das schlechte Verhalten bei 1200° ist darauf zurückzuführen, daß sich an einzelnen Stellen eigenartige Ausblühungen zeigen, wie sie Abb. 466 wiedergibt. Diese Ausblühungen treten bei überhitzten Cr-Al- und Cr-Si-Stählen besonders an Ecken und Kanten auf, bei denen ein mehrseitiger Angriff erfolgen kann. Nach metallographischen

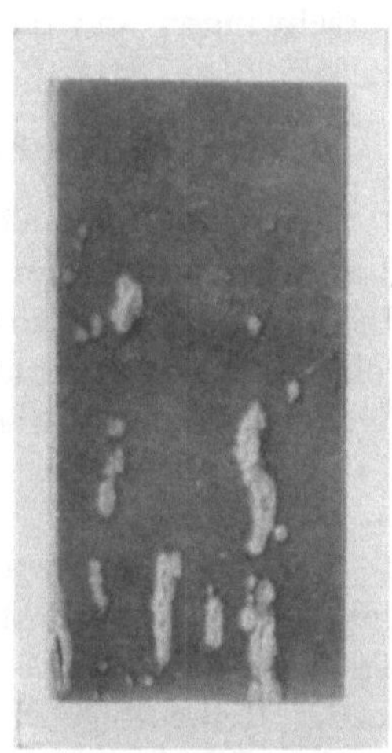

Abb. 468. Ausbluhungen in einer Stahlprobe mit 13% Cr, 1% Si und 2% Al nach 4-tätigem Glühen bei 500° im Ammoniakstrom.

Untersuchungen scheint hierbei die Bildung von Nitriden (Abb. 467) eine Rolle zu spielen. Daß Stickstoff mindestens mitwirken kann, geht daraus hervor, daß beim Glühen derartiger Legierungen im Ammoniakstrom die Erscheinung in ähnlicher Form schon bei viel tieferen Temperaturen auftritt (Abb. 468). Ähnliche Erscheinungen kann man auch bei zunderbeständigen Legierungen mit hohen Aluminiumgehalten wahrnehmen. Die Frage der Wirkung des Stickstoffs auf die Korrosionsbeständigkeit bei höheren Temperaturen verdient somit Beachtung; die Wirkung der einzelnen Legierungselemente in dieser Beziehung muß aber noch weiter geklärt werden. Bis jetzt hat sich bei Laboratoriumsversuchen und in der Praxis gezeigt, daß hoch aluminiumhaltige Chromstähle leichter zu den genannten Erscheinungen neigen als siliziumlegierte Chromstähle.

b) Verhalten gegen Kohlenstoff.

Kohlenstoff wirkt im Sinne einer Schmelzpunkterniedrigung und somit Einschränkung des Verwendungsbereiches nach tieferen Temperaturen. Wie aus dem Einfluß der einzelnen Legierungselemente auf die Zementation hervorgeht, besitzt Nickel in zunderbeständigen Legierungen keine ausschlaggebende Bedeutung für das Aufkohlungsvermögen. Chrom hingegen, das bei der Zementation infolge seiner karbidbildenden Neigung hohe Randkohlenstoffgehalte erzeugt, wird auch bei hitzebeständigen Legierungen in dieser Richtung wirken. Im Gegensatz hierzu werden Silizium und Aluminium die Kohlenstoffaufnahme beträchtlich vermindern, wie dies für Silizium aus Abb. 469 zu entnehmen ist.

Weiterhin begünstigt Kohlenstoff die Aufnahme von Stickstoff und Schwefel.

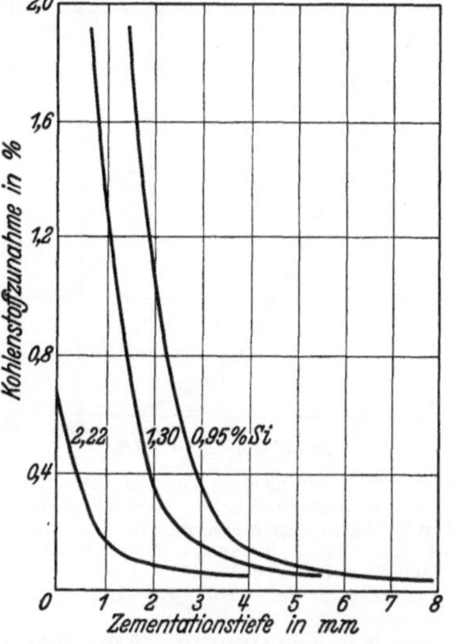

Abb. 469. Einfluß des Siliziumgehaltes auf die Kohlenstoffaufnahme einer Legierung mit 25% Cr und 20% Ni (200 Stunden bei 1000° in Leuchtgas).

c) Verhalten gegen Schwefel.

Schwefel ist in wechselnden Mengen in nahezu allen Heizgasen enthalten. Es wird vor allem in Form von schwefeliger Säure oder Schwefelwasserstoff zur Einwirkung gelangen. Besonders gefährlich ist der Angriff, wenn Schwefel in Form von Schwefelwasserstoff, d. h. in reduzierenden Gasen, vorliegt, da letzterer Eisen und insbesondere Nickel sehr stark angreift.

Allein die Bildung des niedrigschmelzenden Eisensulfideutektikums würde schon zu starker Verzunderung führen. Auf die noch stärkere Wirkung eines Schwefelangriffs bei Anwesenheit von Nickel ist früher hingewiesen worden. Bei Verzunderungen von nickelhaltigen Eisenlegierungen können sich unter der Oxydschicht Nickelanreicherungen ausbilden, die zur Bildung des reinen Nickelsulfideutektikums führen, welches durch Eindringen in die Korngrenzen weitgehende Zerstörungen hervorruft. Chrom wirkt in dieser Beziehung günstiger, desgleichen Silizium und Aluminium. Alle diese Elemente bilden zumindest kein tiefschmelzendes Sulfideutektikum, wie überhaupt ihre Affinität zu Sauerstoff erheblich größer ist als zu Schwefel. Chrom-, insbesondere Chrom-Silizium- und Chrom-Aluminium-Stähle weisen daher auch hohe Beständigkeit gegen schwefelhaltige Gase auf. Praktisch macht sich Schwefel bei diesen Legierungen kaum bemerkbar. Den Einfluß von Aluminium gegen den Angriff von schmelzendem Schwefel bei reinen Eisenlegierungen zeigt Abb. 470. Ähnlich liegen die Verhältnisse bei Silizium. Auch bei Legierungen, die neben Chrom, Aluminium und Silizium noch Nickel enthalten, können die zuerst genannten Legierungselemente die nachteilige Wirkung von Schwefel auf Nickel verhüten bzw. verhindern. Diese Wirkung beruht nicht nur auf dem verschiedenen Verhalten der Sulfide der betreffenden Legierungselemente, sondern auch auf der allgemeinen Erhöhung der Zunderbeständigkeit. Legierungen, die also derart zunderbeständig sind, daß eine Verzunderung praktisch überhaupt nicht eintritt, können auch nicht zu den entsprechenden Nickelanreicherungen führen und vermeiden somit hinsichtlich Widerstandsfähigkeit bei den betreffenden Temperaturen den ungünstigen Einfluß des Nickels. Da Nickel seinerseits in der Lage ist, den Legierungen den austenitischen Charakter zu verleihen und somit die mechanischen Eigenschaften, insbesondere die Warmfestigkeit, günstig zu beeinflussen, hat man vielfach von dem geschilderten Zusammenwirken der Legierungselemente in diesem Sinne Gebrauch gemacht.

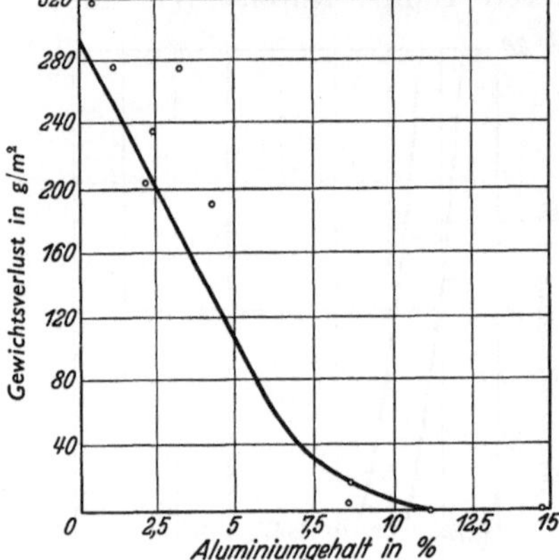

Abb. 470. Wirkung eines Aluminiumzusatzes auf den Gewichtsverlust in g/m² von Flußeisen durch Angriff von geschmolzenem Schwefel bei 290—310°; Versuchsdauer 240 Stdn. [Nach Ver, Skortcheletti u. Choultine: Rev. Mét. 30. Jg. (1933) Auszuge S. 66.]

d) Mechanische Eigenschaften der zunderbeständigen Legierungen.

Wie aus diesem kurzen Überblick über das Verhalten zunder- und hitzebeständiger Legierungen gegen verschiedenartige Angriffe hervorgeht, bedürfen unsere Erkenntnisse über besondere Wirkungen einzelner Legierungselemente bei bestimmten Angriffsarten noch weiterer Ergänzung. Am ausgeprägtesten und in Ursache und Wirkung klar erkannt dürfte vor allem die ungünstige Wirkung von Nickel bei Schwefelangriff sein.

Fortgeschrittener ist bereits die Erkenntnis über die Wichtigkeit der mechanischen Eigenschaften sowohl bei Raumtemperatur als auch bei erhöhter Temperatur, sowie das kennzeichnende Verhalten der einzelnen Legierungen in dieser Beziehung.

Für die Erzielung einwandfreier mechanischer Eigenschaften bei Raumtemperatur ist die Vorbehandlung (Formgebung, Wärmebehandlung) der betreffenden Legierungen von Wichtigkeit. Für die Art dieser Vorbehandlung ist an erster Stelle die Zusammensetzung von ausschlaggebender Bedeutung. Die Einwirkung aller die Zunderbeständigkeit erhöhenden Elemente, wie Chrom, Silizium, Aluminium und das später behandelte Zirkon, auf die Abschnürung des γ-Gebietes sowie seine Erweiterung durch die Elemente Nickel und Mangan, die man in zunderbeständigen Legierungen ebenfalls antrifft, führt dazu, daß man je nach ihrer Zusammensetzung rein austenitische, rein ferritische, halbferritische und aus Umwandlungsgefüge bestehende zunderbeständige Legierungen vorfindet. Am einfachsten lassen sich alle gewünschten Eigenschaften bei denjenigen Legierungen erzielen, die noch reines Umwandlungsgefüge aufweisen. Die Formänderungsbedingungen beim Schmieden und Walzen brauchen nur der günstigsten Formänderungsfähigkeit angepaßt zu werden, ohne Rücksicht auf das dabei erzielbare Gefüge, da durch die Wärmebehandlung — einfaches oder mehrfaches Ablöschen und Anlassen — jede gewünschte Veränderung der Eigenschaften sowie Kornverfeinerung erzielt werden kann. Zunderbeständige Legierungen mit Umwandlung erleiden aber bei der praktischen Verwendung beim Durchschreiten des Umwandlungsgebietes entsprechende Volumenveränderungen, die zu stärkerem Verzug, zu Spannungen usw. führen können.

Da das Umwandlungsgefüge an verhältnismäßig niedrige Legierungsgehalte von Chrom, Silizium, Aluminium, wenigstens bei den meisten hier in Frage kommenden tiefen C-Gehalten, gebunden ist, fallen von den zunderbeständigen Legierungen nur die allerwenigsten in dieses Gebiet hinein. Die meisten Legierungen liegen vielmehr zumindest im Gebiet halbferritischer Gefüge, bei denen auf die Rekristallisationserscheinungen Rücksicht genommen werden muß. Sowohl bei diesen Legierungen als auch bei den rein ferritischen ist man gezwungen die letzten Warmformänderungsbedingungen derart zu wählen, daß die Verformungstemperaturen entsprechend tief liegen, um allzu starkes Kristallwachstum während der Verformung zu verhindern; andererseits muß man die letzten Querschnittsabnahmen oberhalb der kritischen Reckgrade legen, so daß beim nachträglichen Ausglühen keine kritische Rekristallisation entstehen kann. Daß unter diesen schwierigen Bedingungen auch einwandfreie mechanische Eigenschaften bezüglich Festigkeit, Dehnung, Tiefziehfähigkeit usw. erzielt werden können, ist bereits in Abb. 273 gezeigt worden. Hingegen sind die rein austenitischen Legierungen infolge der Rekristallisationsträgheit des Austenits wieder weitgehend unempfindlich gegen die Formänderungsbedingungen. Ebenso ist bei ihnen die nachfolgende Wärmebehandlung zur Erzielung höchster Weichheit, Kaltbiegsamkeit usw. verhältnismäßig einfach durchzuführen.

Beurteilt man die hitzebeständigen Legierungen von diesem Gesichtspunkt aus, so dürften die hochprozentigen austenitischen Chrom-Nickel- und Chrom-Mangan-Stähle als verhältnismäßig unempfindlich zu bezeichnen sein, solange sie nicht in das Gebiet intermetallischer Chromverbindungen fallen und die hierbei auftretenden Ausscheidungen und Sprödigkeitserscheinungen unangenehm in Erscheinung treten. Besonders empfindlich hingegen sind die ferritischen hochprozentigen Chromstähle, vor allem die ferritischen Chrom-Silizium- und Chrom-Aluminium-Stähle. Dies gilt vor allem für den Gußzustand (Stahlformguß). Abgesehen von Sonderverfahren, wie z. B. Schleudern, Rütteln usw., fehlt hier jede Möglichkeit, die rein ferritischen Legierungen in ihrer Kristallbildung zu beeinflussen. Sie werden daher meistens bei Raumtemperatur ziemlich kaltspröde sein, während bei den austenitischen Legierungen durch Wärmebehandlung auch im Gußzustand das zähe Verhalten geschmiedeter Legierungen annähernd erreicht werden kann. Letzterer Umstand verdient bereits vom konstruktiven Standpunkt aus Beachtung für Teile, bei denen wohl Verformungen, aber niemals Brüche auftreten dürften, z. B. für die Teile, die starken Druck- und unter Umständen Schlagbeanspruchungen unterworfen sind. In den letzten Jahren beginnt man zur Herstellung hochchromhaltiger ferritischer Gußlegierungen hochstickstoffhaltiges (2% N) Ferrochrom zu verwenden. Die Nitride scheinen eine Impfwirkung während der Erstarrung hervorzurufen und erzeugen somit ein feinkörniges Gefüge; außerdem erweitert Stickstoff das γ-Gebiet, so daß bei entsprechender Grundzusammensetzung auch hierdurch die mechanischen Eigenschaften verbessert werden, weil sich der Anteil an umwandlungsfähigem Gefüge erhöht.

Von gleicher Wichtigkeit wie die Eigenschaften bei Raumtemperatur sind aber zum mindesten die erzielbaren mechanischen Eigenschaften bei Betriebstemperatur. Alle Teile, die erhöhten Temperaturen ausgesetzt werden, sind zwangsweise auch mechanischen Beanspruchungen bei diesen Temperaturen unterworfen. In vielen Fällen ist für die Höhe der mechanischen Beanspruchungen nur das Eigengewicht der betreffenden Konstruktion maßgebend. Sehr oft kommen aber zu dieser Beanspruchung noch zusätzliche Belastungen durch Betriebsdrücke, durch äußere Kräfte, sowie durch thermische Spannungen, z. B. bei Überhitzerrohren in Dampfkesseln, bei Behältern für Hydrierungsanlagen, Roststäben, Autoklaven, Salzbädern usw. Möglichst hohe Warmfestigkeit wird somit in vielen Fällen eine gleichzeitige Forderung neben hoher Zunderbeständigkeit sein.

Nach dem bisher Gesagten ruft bei hohen Temperaturen das dichter besetzte austenitische Raumgitter die höchsten Warmfestigkeitseigenschaften hervor. Ausscheidung von Bestandteilen, die sich in nicht allzu schneller Zeit zusammenballen, wie z. B. Karbiden, bewirken eine weitere Erhöhung des Widerstandes gegen Fließen bei erhöhter Temperatur. Insbesondere ist dies bei hohen C-Gehalten und netzförmiger Anordnung (im Gußzustand) der Fall. Dieser Einfluß zeigt sich z. B. in Untersuchungen von Rosenhain und Jenkins, deren Ergebnisse aus Zahlentafel 123 hervorgehen. Man sieht den erhöhten Widerstand der gegossenen kohlenstoffhaltigen Legierungen. Ähnlich wirken sich Ausscheidungen anderer Bestandteile aus, die bekanntlich in austenitischem Grundgefüge bei höheren Temperaturen als in ferritischem verlaufen. Dies wird z. B. durch Untersuchungen an ausscheidungshärtbaren titanhaltigen Legierungen bewiesen. Allerdings muß hervorgehoben werden, daß viele dieser ausscheidungshärtbaren Legierungen bei Dauerstandbelastungen bei 700° sich infolge der mit der Zeit abklingenden Ausscheidungserscheinungen den Werten normaler Legierungen wieder annähern. Immerhin darf man als feststehend betrachten, daß hohe Warmfestigkeit an austenitisches Gefüge gebunden ist, wobei Ausscheidungen günstig wirken, insbesondere netzartige karbidische Ausscheidungen, die auch bei langen Dauererwärmungen bei beliebiger Glüh-

Zahlentafel 123. Wirkung eines erhöhten Kohlenstoffgehaltes auf die Warmfestigkeit austenitischer Chrom-Nickel-Stähle im Gußzustand nach Rosenhain und Jenkins[1] (Kurzzerreißversuche).

Zusammensetzung			Zerreißfestigkeit bei Raumtemperatur	Warmfestigkeit im Kurzzerreißversuch für	
C %	Cr %	Ni %	kg/mm²	650° kg/mm²	800° kg/mm²
0,05	20	10	63,6	30,2	19,2
0,05	30	30	86,2	50,4	35,3
0,05	30	50	103,9	67,4	32,4
0,05	30	70	100,5	68,8	33,4
0,5	20	10	92,1	46,9	27,7
0,5	30	30	91,5	54,2	37,8
0,5	30	50	95,4	65,2	36,9
0,5	30	70	86,0	85,8	36,7

---

[1] Bericht des Iron and Steel Institute, Stahl u. Eisen 50. Jg. (1930) S. 1339/42.

temperatur keine wesentlichen Veränderungen erleiden. Im Gegensatz hierzu weisen alle ferritischen Legierungen geringe Warmfestigkeitswerte auf.

Der günstige Einfluß von Molybdän in ferritischen Legierungen und solchen mit Umwandlungsgefüge zur Erhöhung der Dauerstandfestigkeit hat es ratsam erscheinen lassen, nahezu allen diesen Legierungen Molybdän zuzusetzen. Von etwa 650° an aufwärts ertragen aber alle diese Legierungen auf die Dauer nur sehr geringe Belastungen.

Legierungen mit Umwandlungsgefüge kommen bei höheren Temperaturen ins austenitische Gebiet und erfahren eine entsprechende Verbesserung ihrer Warmfestigkeitseigenschaften. Dieser Übergang ist aber mit Volumenveränderungen verbunden, die für den Verzug der betreffenden Legierung ungünstig sind; außerdem sind derartig niedriglegierte Stähle mit Umwandlungsgefüge bei diesen hohen Temperaturen kaum noch zunderbeständig und müssen daher aus den hier angestellten Betrachtungen ausscheiden. Man wird also im Sinne hoher Warmfestigkeit wiederum den austenitischen Chrom-Nickel-Stählen an erster Stelle Bedeutung beimessen müssen. Ähnlich liegen die Verhältnisse bei austenitischen Chrom-Mangan- oder Chrom-Nickel-Mangan-Stählen. Schlechter liegen im Gegensatz hierzu Chrom-Silizium- und Chrom-Silizium-Aluminium-Legierungen.

Neben guten mechanischen Eigenschaften bei Raum- und Betriebstemperatur ist die Forderung nach Unveränderlichkeit der mechanischen Eigenschaften sowohl bei Betriebs- als auch bei Raumtemperatur nach langer Dauererwärmung sehr wichtig. Diese letztere tritt vor allem in den Vordergrund bei Teilen, die nur intermittierend in Betrieb genommen werden, wie z. B. Ventilkegeln bei Verbrennungsmotoren, Transportkettengliedern bei kontinuierlichen Glüh- und Vergüteöfen usw. Erfahren die Eigenschaften durch die Erwärmung selbst wesentliche Veränderungen, so kann sich das bei der nächsten Ingebrauchnahme der betreffenden Konstruktion unliebsam bemerkbar machen. Bei Legierungen, die eine Umwandlung aufweisen, wird man somit darauf achten müssen, mit den Betriebstemperaturen möglichst unterhalb der Umwandlungstemperatur zu bleiben, um eine Veränderung der mechanischen Eigenschaften, insbesondere Lufthärtung, beim Durchschreiten des Umwandlungsgebietes zu vermeiden. Die Erhöhung der Umwandlungspunkte durch Elemente, wie Silizium, Aluminium und Chrom, kann sich in diesem Zusammenhang günstig auswirken.

Weitere Veränderungen der mechanischen Eigenschaften bei Erwärmung auf höhere Temperaturen können durch Kristallisations- bzw. Rekristallisations-erscheinungen hervorgerufen werden. Da bei sehr vielen, bei höheren Temperaturen beanspruchten Gegenständen angenommen werden muß, daß sie bei Dauerbeanspruchung stets langsam fließen, gewinnt die Frage kritischer Rekristallisation an Bedeutung, da diese grade an kleine Reckgrade gebunden ist. Derartige örtliche Rekristallisationserscheinungen sind z. B. an rein ferritischen Chrom-Silizium- oder Chrom-Aluminium-Legierungen auch schon beobachtet worden; bei rein austenitischen Legierungen dürften sie nicht oder in viel weniger starkem Maße auftreten.

Besondere Bedeutung gewinnen in letzter Zeit die Veränderungen der Eigenschaften bei Dauererwärmung, die durch mikroskopisch sichtbare oder durch submikroskopisch feine Ausscheidung im Gefügeaufbau hervorgerufen werden können. Nahezu alle hitzebeständigen Legierungen leiden mehr oder weniger unter diesen Erscheinungen. Bei den rein austenitischen Chrom-Nickel-Stahl-Legierungen ist schon auf die Veränderung der Eigenschaften durch Karbidausscheidungen (interkristalline Korrosion, Verminderung der Dehnung bei hoher Temperatur) hingewiesen worden. Ebenso können Ausscheidungen nitridischer, sulfidischer Art oder intermetallischer Verbindungen auftreten. Größere Härtesteigerungen sind z. B. durch Ausscheidung intermetallischer Chromverbindungen bedingt. Hiermit in Zusammenhang steht die bei 18 proz. Chromstählen nach längerem Glühen bei 500° sich einstellende Sprödigkeit (s. S. 270). Ähnliche Beobachtungen sind bei allen ferritischen Stählen auf der Chrom-Eisen-Basis mit und ohne Zusatz von Silizium und Aluminium in diesem Temperaturbereich zu machen. Durch Glühen bei höheren Temperaturen (700—750°) lassen sich die Sprödigkeitserscheinungen bei nachfolgender rascher Abkühlung, mindestens Luftabkühlung, wieder beseitigen.

Es zeigt sich also, daß die ideale Forderung nach Unveränderlichkeit der Eigenschaften bei Dauererwärmung von nahezu keiner hitzebeständigen Legierung erfüllt wird. Man wird je nach der betreffenden Betriebstemperatur die bei dieser Temperatur zu geringsten Veränderungen neigende Legierung verwenden müssen. Mit am günstigsten schneiden auch hier wiederum die austenitischen Legierungen, insbesondere die Chrom-Nickel-Stähle, hinsichtlich Rekristallisation, Ausscheidungen usw. ab. Die Karbidausscheidungen können durch die bei den austenitischen Chrom-Nickel-Stählen erwähnten Maßnahmen — niedriger Gehalt an Kohlenstoff, Bildung von Sonderkarbiden, wie Titankarbid usw. — in ihren Folgerungen in praktisch bedeutungslosen Grenzen gehalten werden.

Auf die Frage der für den Zusammenbau von Apparaturen notwendigen Schweißbarkeit derartiger Legierungen ist auch schon im Abschnitt über korrosionsfeste Legierungen eingegangen. Auch in dieser Richtung dürften die austenitischen Legierungen infolge des geringen Kornwachstums beim Schweißen den Vorzug verdienen. Im übrigen darf hervorgehoben werden, daß die meisten Legierungen bei Anwendung entsprechender Elektroden schweißbar sind.

6. Einfluß des Aluminiums bei der Stahlherstellung.

Aluminium ist neben Silizium das bekannteste und energischste Desoxydationsmittel, das in der Stahltechnik Verwendung findet. Seine Bedeutung kann hier nur gestreift werden. Die hohe Affinität von Aluminium zu Sauerstoff ist aus den aluminothermischen Metallgewinnungsverfahren bekannt. Metallurgisch ist ferner die Verwandtschaft von Aluminium zu Stickstoff von Bedeutung. Die Zusätze von Aluminium erfolgen meist erst im letzten Stadium der Stahlherstellung, und zwar sehr oft nach einer Vordesoxydation mit Mangan oder Silizium. Verwendet wird sowohl Reinaluminium, wie Legierungen von Aluminium mit Silizium und Mangan. Letztere werden vor allem im Ofen, zum Teil auch in der Pfanne zugesetzt; mit Reinaluminium desoxydiert man gewöhnlich in der Pfanne, bisweilen „füttert" man auch noch in der Kokille während des Gießens der Blöcke. Die Desoxydationsprodukte des Aluminiums besitzen hohen Schmelzpunkt und neigen augenscheinlich zu feiner Abscheidung im Stahl. Schon Zusätze von 0,1% Al zum Stahl machen sich beim Gießen bemerkbar.

Bei der Berührung des Gießstrahles mit dem Luftsauerstoff oxydiert das Aluminium und die sich bildenden Tonerdeausscheidungen bewirken, daß der Stahl sich dickflüssig vergießt. Der Stahl „schmiert" und die Oberfläche derartiger Gußblöcke ist unsauber. Besonders macht sich diese Erscheinung bei höher mit Aluminium legierten Stählen bemerkbar. Bei Zugabe des Aluminiums im Ofen muß man mit stärkerer Reaktion des Aluminiums mit der Ofenschlacke (Aufsilizierung usw.) rechnen. Es ist daher zweckmäßig, die Ofenschlacke insbesondere von Martinöfen nicht mit in die Pfanne gelangen zu lassen, sondern den Aluminiumstahl mit besonderen Abdeckmassen zu versehen.

Zusätze von Aluminium in die Pfanne oder in die Kokille vermindern die Härtefähigkeit reiner Kohlenstoffwerkzeugstähle und vergrößern den Härtebereich bis zur beginnenden Kornvergröberung durch Überhitzung, beides wahrscheinlich eine Folgeerscheinung fein verteilter, als Impfkeime wirkender Ausscheidungen. Wird unruhiges Flußeisen im letzten Augenblick in der Kokille mit Aluminium beruhigt, so neigen derartige Eisensorten bei der Zementation stark zu anormalen Gefügeausbildung (s. a. S. 82). Die Ursache hierfür ist die hohe Reinheit des auf diese Weise desoxydierten Eisens, da in der Kokille keine Steigerung des Si- oder Mn-Gehaltes des Eisens durch Reaktion mit Si- und Mn-haltigen Schlacken stattfinden kann. Erfolgt dagegen der Zusatz in der Pfanne oder gar im Ofen, so haben die Stähle normales Zementationsgefüge.

Bei der Weiterverarbeitung zeigen Aluminiumstähle keine besonderen Merkmale. Der beim Schmieden und Walzen sich bildende Zunder reichert sich bei Stählen mit mehr als 1% Al mit Tonerde an. Der Einfluß einer derartigen, nicht plastischen hochfeuerfesten Zunderschicht macht sich beim Walzen in einer Steigerung des Verhältnisses von Breitung und Streckung bemerkbar. In der Randzone gewalzter und geschmiedeter Stahlstücke beobachtet man im Gefüge oft nach dem Glühen in schwach sauerstoffhaltiger Atmosphäre feine Tonerdeausscheidungen, die durch den von außen hineindiffundierenden Sauerstoff hervorgerufen werden (vgl. auch Abb. 457). Dieser Vorgang ist erwähnenswert, weil er veranschaulicht, wie Ausscheidungen durch einen von außen hineindringenden Stoff, der eine große Affinität für eine Legierungskomponente des Mischkristalls besitzt, verursacht werden können. Bei der Nitrierhärtung liegen z. B. ähnliche Verhältnisse vor, wo Stickstoff als Eisennitrid in den Mischkristall hineindiffundiert und Aluminiumnitrid durch Umsetzung zur Ausscheidung gebracht wird, wobei außerordentlich hohe Härten entstehen.

Einschlüsse von Tonerde sind bei der Warmverformungstemperatur nicht plastisch und werden somit nicht entsprechend verformt, sondern finden sich in kugeliger evtl. zertrümmerter Form perlschnurartig im Gefüge eingelagert. Die Verschlechterung der Quereigenschaften gewalzten oder geschmiedeten Stahls durch Tonerdeausscheidungen wurde bereits erwähnt.

L. Kupfer im Stahl.

1. Allgemeines.

Das System Eisen-Kupfer. Während man in früheren Zeiten allgemein die Ansicht vertreten fand, daß Kupfer über bestimmte Gehalte hinaus sich schädlich im Stahl auswirkt, ist in den letzten Jahren eine andere Erkenntnis über die Wirkung des Kupfers in Eisenlegierungen gewonnen worden. Bereits das binäre System Eisen-Kupfer (Abb. 471) und die große Ähnlichkeit dieses Systems mit dem System Eisen-Kohlenstoff deutet darauf hin, daß bei Eisen-Kupfer

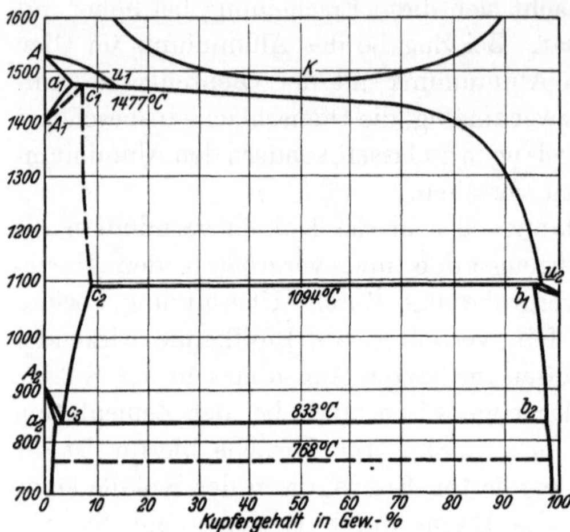

Abb. 471. System Eisen-Kupfer. [Nach Vogel u. Dannöhl: Arch. Eisenhüttenwes. 8. Jg. (1934) S. 39.]

Wärmebehandlungsmöglichkeiten vorliegen, durch die gewisse Eigenschaftsveränderungen in den entsprechenden Eisen-Kupfer-Legierungen hervorgerufen werden können. In Übereinstimmung mit dem System Eisen-Kohlenstoff weist das System Eisen-Kupfer eine erhöhte Löslichkeit für Kupfer im γ-Mischkristall gegenüber dem α-Mischkristall auf. Diese Unterschiede in der Löslichkeit müßten sich also beim Ablöschen ähnlich auswirken, wie dies bei entsprechenden Eisen-Kohlenstoff-Legierungen der Fall ist. Aber auch im α-Eisen bleibt, wie aus Abb. 472 hervorgeht, im

Temperaturbereich um 800° eine erhöhte Löslichkeit für Kupfer bis etwa 3,5% bestehen. Erst mit fallender Temperatur sinkt auch die Löslichkeit im α-Eisen sehr stark ab.

Aus dem gesamten Schaubild auf der Eisenseite (die kupferreiche Seite interessiert in diesem Zusammenhang nicht) ergeben sich nach den bisherigen

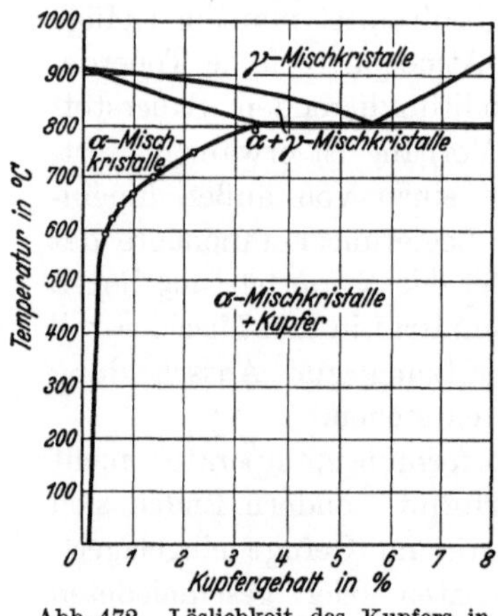

Abb. 472. Löslichkeit des Kupfers in α-Eisen. [Nach Buchholtz u. Köster: Stahl u. Eisen 50. Jg. (1930) S. 688.]

Anschauungen über Härtungsmöglichkeiten zwei Arten der Wärmebehandlung, die zu Veränderungen von Eigenschaften der Legierungen führen können, und zwar:

1. Ablöschen von Legierungen, deren Kupfergehalte zwischen $\sim$0,2% Cu = Löslichkeitsgrenze für Kupfer im α-Eisen bei Raumtemperatur und 3—3,5% Cu = Löslichkeitsgrenze für Kupfer im α-Mischkristall dicht unterhalb der α-γ-Umwandlungstemperatur liegen.

2. Ablöschen aus dem γ-Gebiet von Legierungen, deren Kupfergehalt höher ist als der maximalen Löslichkeit im α-Eisen entspricht, also mit Kupfergehalten über 3,5%.

Löscht man Legierungen entsprechend 1. ab, so entsteht ein bei Raumtemperatur an Kupfer übersättigter Mischkristall, der beim Anlassen zu Kupferausscheidungen und somit zu Ausscheidungshärtungen führt.

Beim Ablöschen von Legierungen entsprechend 2., z. B. einer 5proz. Kupfer-Eisen-Legierung, tritt infolge des Unterschieds in der Löslichkeit von Kupfer im γ- und α-Mischkristall bereits Umwandlungshärtung während des Ablöschens und der dabei eintretenden γ-α-Umwandlung ein, ähnlich wie bei der Martensitbildung. Das Gefüge besteht im abgelöschten Zustand aus fein verteilten Kupferausscheidungen in einem α-Mischkristall, der seinerseits noch größere Mengen Kupfer in übersättigter fester Lösung gelöst enthält. Beim Anlassen scheidet dieser Mischkristall seinerseits das überschüssig gelöste Kupfer aus, wodurch eine weitere Härtesteigerung eintritt. Man hat es in diesem Falle also deutlich mit einer Kombination von Umwandlungshärtung und Ausscheidungshärtung zu tun.

Diese Möglichkeiten der Wärmebehandlung wurden von Kinnear[1] erkannt und von Nehl[2] und Buchholtz und Köster[3] einer genaueren wissenschaftlichen Erklärung unterzogen.

Bereits im Walzzustand muß das geschilderte Verhalten von Kupfer in Analogie zu Kohlenstoff zur Steigerung der Festigkeit führen. Wie weit die Analogie geht, zeigt

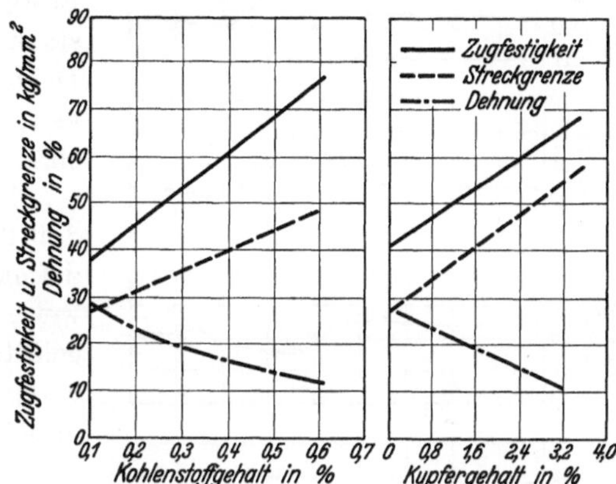

Abb. 473. Festigkeitseigenschaften von Stahl in Abhängigkeit vom Kohlenstoffgehalt und vom Kupfergehalt. [Nach Nehl: Stahl u. Eisen 50. Jg. (1930) S. 679.]

die Abb. 473. Auffallend ist vor allem das günstige Verhältnis von Zugfestigkeit zu Streckgrenze, das mit steigendem Legierungsgehalt noch besser wird. Das deutet darauf hin, daß, je nach der Abkühlungsgeschwindigkeit und dem Kupfergehalt, bei der Abkühlung aus dem Walzzustand sich bereits Ausscheidungsvorgänge abspielen, die zu dem geschilderten Ansteigen der Streckgrenze führen.

Härtbarkeit durch Abkühlung aus dem α-Gebiet. Durch Luftabkühlung von etwa 800° gelingt es, das Kupfer zum größten Teil in Lösung zu halten. Noch vollständiger ist dies — je nach der Größe des Querschnitts — bei Ablöschung in Öl oder Wasser der Fall. Beim Anlassen des übersättigten Kupfermischkristalls zeigt dieser die für Ausscheidungsvorgänge übliche Härteisotherme (Abb. 474). Die günstigste Anlaßtemperatur ist somit 450°, die eine Härtesteigerung von etwa 70 Brinelleinheiten hervorruft. Bei entsprechend höheren Tem-

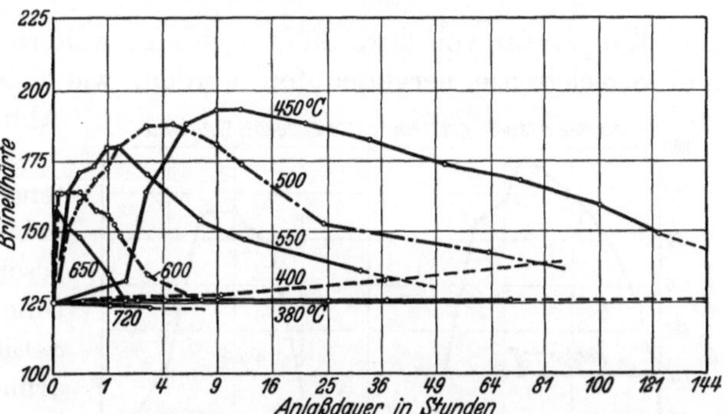

Abb. 474. Brinellhärte eines 1proz. Kupferstahles in Abhängigkeit von der Anlaßdauer bei verschiedener Anlaßtemperatur. [Nach Nehl: Stahl u. Eisen 50. Jg. (1930) S. 682.]

peraturen verlaufen die Härtesteigerungen in kürzeren Zeiträumen, ohne die Höchsthärte, wie sie bei 450° auftritt, zu erreichen. Bei Temperaturen von 380 bis 400° spielt sich der Ausscheidungsvorgang noch derartig langsam ab, daß mit den hier gewählten Zeiten das Maximum der Ausscheidung noch nicht erreicht werden

---

[1] Amer. Patent Nr. 1607086 (1926); Iron Age 128 (1930) S. 696 u. 820.
[2] Stahl u. Eisen 50. Jg. (1930) S. 678/686.   [3] Stahl u. Eisen 50. Jg. (1930) S. 687/695.

konnte. Entsprechend den Steigerungen der Härte verhalten sich die Festigkeitseigenschaften des betreffenden Stahles (Abb. 475). Bei den gewählten Anlaßzeiten ergibt sich beim Anlassen auf 500 bis 550° eine beträchtliche Steigerung von Festigkeit und Streckgrenze; insbesondere stark steigt die letztere an, wobei die Dehnung, vor allem aber die Kerbzähigkeit, in der für Ausscheidungsvorgänge charakteristischen Weise stark abfällt.

Es wurde bereits darauf hingewiesen, daß der bezüglich Wärmebehandlung undefinierbare Walzzustand das Kupfer teilweise im ausgeschiedenen, teilweise im gelösten Zustand enthalten kann. Dementsprechend kann durch Anlassen von unbehandelten kupferhaltigen Stählen auf

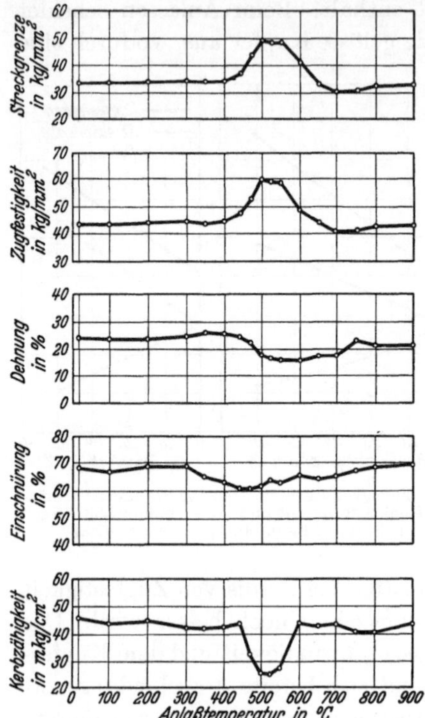

Abb. 475. Festigkeitseigenschaften eines 1 proz. Kupferstahles mit 0,08% C in Abhängigkeit von der Anlaßtemperatur. [Nach Nehl: Stahl u. Eisen, 50. Jg. (1930) S. 681.]

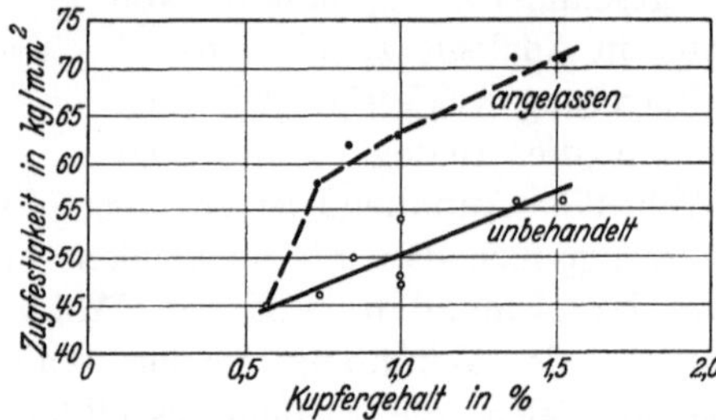

Abb. 476. Einfluß des Kupfergehaltes auf die Zugfestigkeit im unbehandelten und bei 525° angelassenen Zustand. [Nach Nehl: Stahl u. Eisen 50. Jg. (1930) S. 681.]

eine Temperatur von etwa 500° noch eine weitere Steigerung der Zugfestigkeit und Streckgrenze hervorgerufen werden, wie dies für die Zugfestigkeit aus Abb. 476 hervorgeht.

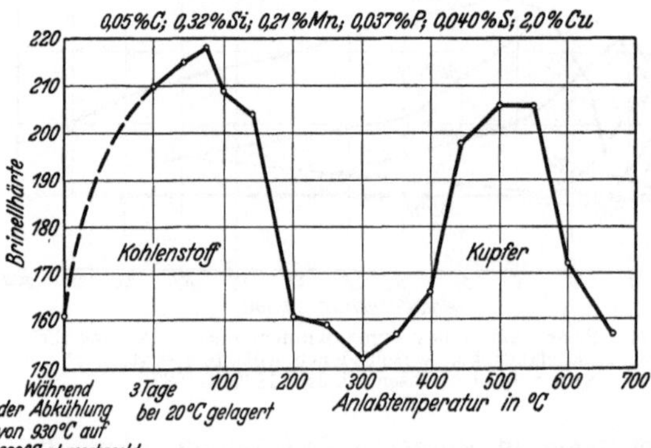

Abb. 477. Einfluß der Anlaßtemperatur bei halbstundigem Anlassen auf die Härte eines an Kohlenstoff und Kupfer gleichzeitig übersättigten α-Eisens. [Nach Buchholtz u. Köster: Stahl u. Eisen 50. Jg. (1930) S. 691.]

Die optimale Ausscheidungstemperatur für Kupfer liegt erheblich höher als für die früher geschilderte Ausscheidungshärtung durch Kohlenstoff aus dem α-Eisen. Man kann also bei C-armen kupferhaltigen Stählen beide Vorgänge getrennt voneinander beobachten, wie dies Abb. 477 wiedergibt.

Härtung beim Ablöschen höher Cu-haltiger Legierungen aus dem γ-Gebiet. Die Kombination von Umwandlungshärtung und Ausscheidungshärtung für höher kupferhaltige Stähle zeigt Abb. 478. Durch Steigerung der Ablöschtemperatur von 600° auf 900° tritt eine dauernde Erhöhung der im

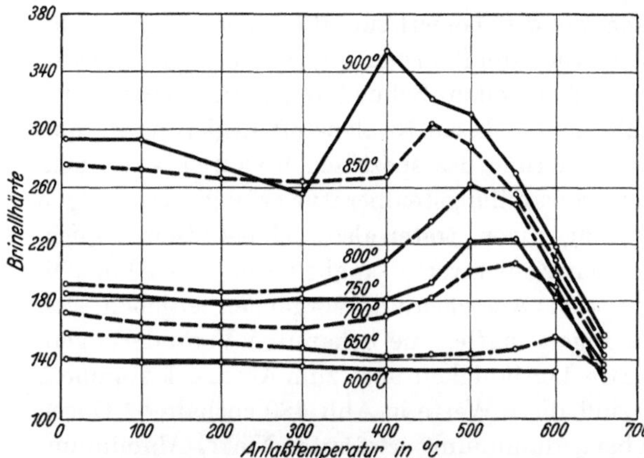

Abb. 478. Einfluß des Anlassens auf die Harte einer 5proz. Eisen-Kupfer-Legierung mit 0,04% C nach Abschrecken von verschiedenen Temperaturen. [Nach Buchholtz u. Köster: Stahl u. Eisen 50. Jg. (1930) S. 689]

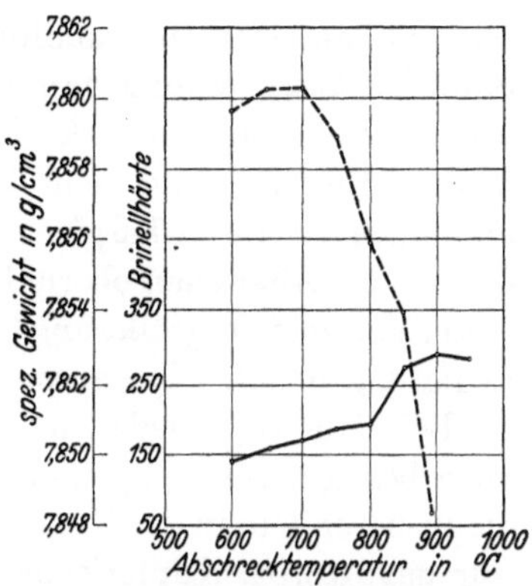

Abb. 479. Einfluß der Abschreck-temperatur auf die Harte und das spez. Gewicht einer 5proz. Eisen-Kupfer-Legierung mit 0,04% C. [Nach Buchholtz u. Koster: Stahl u. Eisen 50. Jg. (1930) S. 691.]

abgeschreckten Zustand erzielten Härte auf, die besonders bei Überschreitung des A_3-Punktes (800—850°) eine sprunghafte Veränderung erfährt und auf die unterschiedliche Löslichkeit von Kupfer im γ- und α-Eisen zurückzuführen ist. Die höchsten Härtesteigerungen werden nach den oben angestellten Betrachtungen nach einer Ablöschung von 900° und Anlassen auf 400° erzielt. Dieses Verhalten steht in guter Übereinstimmung mit den bei Eisen-Kobalt-Wolfram beobachteten Härteergebnissen, aus denen hervorging, daß Legierungen mit Umwandlung ihre Ausscheidungstemperatur tiefer liegen haben als die Legierungen, bei denen bei der Abkühlung keine Umwandlung eintritt. Bei Eisen-Kobalt-Wolfram-Legierungen lagen die Temperaturen bei Stählen mit Umwandlung bei 600°, bei Stählen ohne Umwandlung bei 700°. Bei den Eisen-Kupfer-Legierungen ergeben sich für die in Abb. 478 zugrunde liegenden Glühzeiten die entsprechenden Temperaturen zu 400° bzw. 500°. Also auch hier macht sich der Ein-

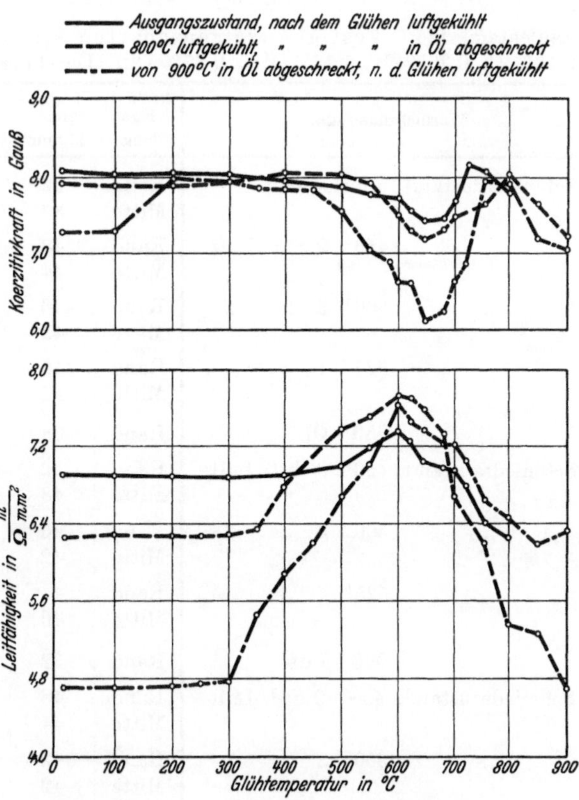

Abb. 480. Einfluß des Gluhens auf Koerzitivkraft und Leitfähigkeit einer 5proz. Eisen-Kupfer-Legierung mit 0,04% C nach verschiedener Vorbehandlung. [Nach Buchholtz u. Köster: Stahl u. Eisen 50. Jg. (1930) S. 689.]

fluß vorhandener Umwandlungsspannungen bemerkbar, die einen früheren Beginn der Ausscheidung veranlassen. Die Anlaßkurven zeigen denselben Verlauf, wie er bei den Sonderkarbid ausscheidenden Schnelldrehstählen beobachtet wurde. Entsprechend dem Verhalten von Eisen-Kohlenstoff-Legierungen muß man auch bei Eisen-Kupfer mit Veränderung des spezifischen Gewichts rechnen, sobald das Ablöschen oberhalb der Umwandlungstemperatur erfolgt. Die Folgen dieser Volumenvergrößerung (Spannungen usw.) treten also auch bei Eisen-Kupfer-Legierungen auf. Die entsprechenden Zahlenwerte ergeben sich aus Abb. 479.

Bei den verschiedenen Härte- und Ausscheidungsvorgängen ergeben sich auch bezüglich der physikalischen Eigenschaften die bekannten Veränderungen, die insbesondere in der Koerzitivkraft, Leitfähigkeit usw. zum Ausdruck kommen. Für eine 5proz. Kupferlegierung sind diese Werte in Abb. 480 enthalten. Durch Kupferzusätze werden auch in den bei „Aluminium" erwähnten Nickel-Aluminium-Magnetlegierungen weitere Verbesserungen der magnetischen Werte erzielt.

2. Kupfer in Werkzeug- und Baustählen.

Auf dem Gebiete der Werkzeugstähle hat Kupfer bereits frühzeitig Anwendung gefunden. Die Kaltwalzen von Krupp zum Auswalzen von Edelmetallen, wie Gold, Silber usw., hatten z. B. folgende Zusammensetzung:

$$0,80\% \text{ C, } 0,25\% \text{ Si, } 0,30\% \text{ Mn, } 0,05\text{---}0,055\% \text{ P, } 0,25\text{---}0,30\% \text{ Cu.}$$

Zahlentafel 124. Festigkeitseigenschaften eines Mangan-Kupfer-Stahles mit 0,16% C, 0,36% Si, 1,12% Mn, 0,87% Cu. (Durchmesser des Schmiedestückes 300 mm.)

Wärmebehandlung	Proben-lage langs	Streck-grenze kg/mm²	Festig-keit kg/mm²	Dehnung ($l=5d$) %	Ein-schnürung %	Kerb-zähigkeit[1] mkg/cm²
Schmiedezustand, unbehandelt	Rand	32	55,3	32,0	49	14,9
	Mitte	30	53,0	24,0	32	11,9
„ 450° 9 Std. Luft	Rand	48	65,0	26,0	56	5,7
	Mitte	44	63,7	21,0	43	3,2
„ 500° 3 „ „	Rand	46	62,8	26,7	52	10,1
	Mitte	42	58,4	22,5	32	4,5
„ 525° 1 „ „	Rand	48	63,2	24,3	51	11,9
	Mitte	42	61,0	20,3	36	3,2
850° Öl	Rand	38	59,2	23,3	63	
Schmiedezustand, 450° 9 Std. Luft	Rand	52	69,9	25,0	59	
	Mitte	48	62,8	23,7	44	
„ 500° 3 „ „	Rand	46	63,7	23,7	58	
	Mitte	42	60,1	20,7	41	
„ 525° 1 „ „	Rand	44	61,9	22,5	58	
	Mitte	40	57,5	22,0	39	
900° Luft	Rand	32	55,3	31,7	68	
Schmiedezustand, 450° 9 Std. Luft	Rand	46	66,3	26,0	56	
	Mitte	44	63,2	22,0	43	
„ 500° 3 „ „	Rand	42	62,8	25,0	64	
	Mitte	42	60,1	23,5	49	
„ 525° 1 „ „	Rand	42	61,0	25,0	64	
	Mitte	40	59,2	22,5	47	

[1] Probeform 1,0 · 1,0 · 5,5 cm.

Der Kupferzusatz zu diesen Stählen erfolgte zwecks Erhöhung der Polierbarkeit und Erhöhung der Härtefähigkeit. Zu Eisen-Kohlenstoff-Legierungen zugesetzt, bewirkt nämlich Kupfer eine ähnliche Erhöhung der Härtefähigkeit wie Nickel; dies geht z. B. aus Abb. 481 hervor.

Größere Anwendung haben kupferlegierte Stähle vor allem auf dem Gebiete der Baustähle gefunden. Die Erhöhung der Streckgrenze durch Kupferzusatz hat dazu geführt, daß niedriglegierte Stähle unter Kupferzusatz für Hochbauzwecke Verwendung finden. Infolge der Erhöhung der Streckgrenze und Festigkeit ergeben diese Stähle die Möglichkeit, entsprechend leichter zu bauen, als

Stahl mit 0,9% C von 820° in Wasser gehärtet.

C-Stahl 0,05% Cu 0,11% Cu 0,23% Cu

0,04% Ni 0,13% Ni 0,25% Ni V = 9/10

Abb. 481. Einfluß von geringen Verunreinigungen von Kupfer und Nickel auf die Härtbarkeit von Kohlenstoffstahl. [Nach Bennek: Techn. Mitt. Krupp 2. Jg. (1934) S. 133.]

es mit normalen Flußeisensorten der Fall ist. Zahlentafel 105 gab eine Zusammenstellung der üblichen Hochbaustähle, wie sie in den letzten Jahren entwickelt worden sind, mit ihren wesentlichsten Eigenschaften. Nahezu alle enthalten Kupfer zwecks Erhöhung der Streckgrenze, Festigkeit und des Korrosionswiderstandes. In Zahlentafel 124 sind die Festigkeitseigenschaften eines Kupfer-Mangan-Stahles bei verschiedenen Querschnitten wiedergegeben. Auch bei Abmessungen von 500 mm Durchmesser macht sich der Einfluß von Kupfer noch bemerkbar. Durch Zusatz weiterer Legierungselemente, wie Nickel, Chrom, Molybdän, läßt sich das Grundgefüge noch weiter beeinflussen; insbesondere gilt dies für die bekannte kornverfeinernde Wirkung dieser Elemente bei der Wärmebehandlung, während der Kupferzusatz die gewünschte Erhöhung der Streckgrenze usw. beim Anlassen ergibt.

Die Erhöhung der Härtefähigkeit durch Kupfer bewirkt auch bei Baustählen eine Erhöhung der Durchvergütbarkeit, wobei es schwer hält, den spezifischen Einfluß von Kupfer auf die Kohlenstoffhärtung einerseits, sowie auf die Kupferausscheidungshärtung beim Vergüten andererseits — wenigstens bei den bisherigen Literaturangaben — auseinanderzuhalten. Es ist daher des öfteren vorgeschlagen worden, Kupfer in Verbindung mit Chrom und Nickel in entsprechenden hochwertigen Vergütungsstählen zu verwenden. Insbesondere schlagen Grenet[1] und Clamer[2] vor, in Chrom-Nickel-Stählen Nickel zum Teil durch Kupfer zu ersetzen. Der Einfluß von Kupfer bezüglich Erhöhung der Durchhärtefähigkeit, Erniedrigung der Umwandlungspunkte, Vergrößerung der Hysteresis ist Gegenstand mehrerer Arbeiten gewesen[3].

Da die Ausscheidungsvorgänge bei Kupfer sich erst bei 500° bei bestimmten Geschwindigkeiten abspielen, kann man auch bei Kurzzerreißversuchen in der Wärme eine Erhöhung der Warmfestigkeitswerte feststellen. Die Verhältnisse für den Kurzzerreißversuch ergibt die Abb. 482 aus den Untersuchungen von Nehl. Prüft man solche Stähle über größere

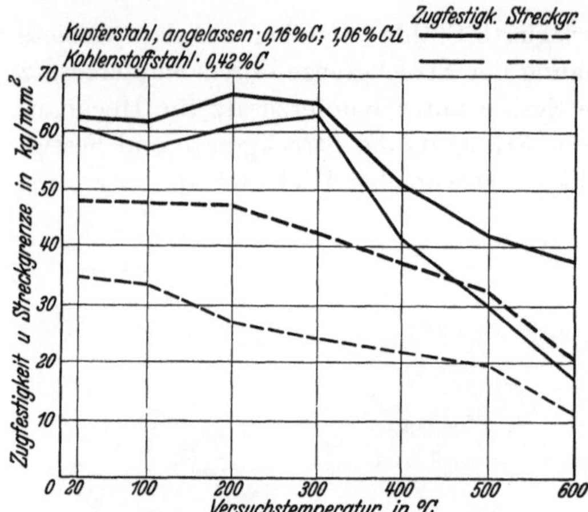

Abb. 482. Warmfestigkeit von Blechen aus angelassenem Kupfer- und Kohlenstoffstahl annahernd gleicher Ausgangsfestigkeit. [Nach Nehl: Stahl u. Eisen 50. Jg. (1930) S. 684.]

Zeiträume — 100 Stunden und darüber — bei Prüftemperaturen von 500°, so fallen infolge des Abklingens des Ausscheidungsvorgangs die Dauerstandfestigkeitswerte ab und liegen nicht wesentlich über denjenigen von normalen Kohlenstoffstählen.

3. Kupfer in Stählen mit besonderem chemischen Verhalten.

Abgesehen von der Erhöhung der Festigkeitseigenschaften, insbesondere der Streckgrenze, durch Kupferzusatz, werden vielfach Flußeisensorten mit Zusätzen von 0,5% Kupfer zwecks Verbesserung des Rostwiderstandes erschmolzen. Kupfer wirkt dadurch **rostschützend, daß es sich beim Rostvorgang auf der Oberfläche niederschlägt und infolgedessen eine Schutzschicht gegen weiteren Angriff bildet.** Derartig gekupferte Stähle können deswegen keineswegs als **rostsicher** angesprochen werden, nur verlaufen je nach den Bedingungen die Korrosionserscheinungen entsprechend träger. Die Vorzüge gekupferten Stahles treten nur bei atmosphärischer Korrosion, und zwar besonders dann hervor, wenn die betreffenden Teile in Industriegegenden liegen und dementsprechend dem Angriff der in der Luft enthaltenen Rauchgase ausgesetzt sind (Zahlentafel 125). Bei Prüfungen im Boden oder unter Wasser sind durch Kupferzusatz keine Verbesserungen gegenüber normalen Flußeisen-

---

[1] Grenet: Iron Steel Inst. Bd. 95 (1917) S. 107 — Stahl u. Eisen 1917 S. 931.

[2] Clamer: Amer. Soc. Test. Mater. Bull. Bd. 10 (1910) S. 267.

[3] Breuil, P.: J. Iron Steel Inst. Bd. 2 (1907) S. 1—78. — Clevenger, G. H., u. B. Ray: Trans. Amer. Inst. min. metallurg. Engr. Bd. 47 (1913) S. 523—568. — Stogoff u. Messkin: Arch. Eisenhüttenwes. 1928/29 S. 321. — Persoz, L.: Foundry Trade J. Bd. 40 (1929) S. 181. — Bennek, H.: Stahl u. Eisen 55. Jg. (1935) S. 160.

sorten zu erzielen. Über den Mechanismus des Rostvorganges bei gekupferten Stählen hat Carius[1] eingehend berichtet.

Auch bei den genannten Hochbaustählen wird durch den Kupferzusatz eine gewisse Korrosionsverbesserung erzielt, wobei gleichzeitig ein wichtiger Vorteil dieser Stähle darin liegen soll, daß infolge der oberflächlichen Kupferschicht und der größeren Glätte die aufgetragenen Schutzfarben leichter einen dichten Überzug ergeben.

Die korrosionssicherheitsteigernde Wirkung des Kupfers hat auch zur Anwendung von Kupferzusätzen bei den an sich schon rostfreien Chrom- und Chrom-Nickel-Stählen geführt. Man findet des öfteren Kupferzusätze bis zu 2% zu den halbferritischen 18proz. Chromstählen. Hierbei wird neben einer gewissen Erhöhung der Korrosionsbeständigkeit darauf hingewiesen, daß diese Legierungen sich leichter kalt bearbeiten und tiefziehen lassen als die entsprechenden kupferfreien Legierungen. Bei richtiger Verarbeitung reiner

Zahlentafel 125. Erhöhte Rostbeständigkeit von Blechen bei geringem Kupferzusatz nach Angaben von Daeves[2].

	Gewichtsverlust in kg bei	
	0,10% Cu	0,40% Cu
Korrosion in der Atmosphäre		
Siemens-Martin-Blech	1,0	0,85
Thomas-Blech	1,0	0,65
Korrosion in der Erde		
Siemens-Martin-Material ...	0,88	0,68
Thomas-Material	0,73	0,56

18proz. Chromstähle und entsprechender kupferhaltiger Stähle konnten diese Unterschiede nicht bestätigt werden. Kupfer wirkt hier auch insofern günstig, als es ebenfalls das γ-Gebiet erweitert und somit den Anteil an Ferrit etwas vermindert. Eine gewisse Erhöhung der Salzsäurebeständigkeit ergibt sich bei Zusatz von Kupfer zu austenitischen Chrom-Nickel-Stählen bzw. Chrom-Nickel-Molybdän-Stählen. Einige entsprechende Legierungen mit Angabe der Verbesserung der Salzsäurebeständigkeit zeigten Abb. 349 und 350.

4. Einfluß von Kupfer bei der Stahlherstellung und Verarbeitung.

Für die Herstellung von Kupferstählen ergeben sich keine besonderen Gesichtspunkte. Gelegentlich wird die Forderung erhoben, Kupfer sofort mit dem Einsatz zuzugeben, weil es sich sonst angeblich nicht gleichmäßig legieren soll. Kupfer ist, ähnlich wie Nickel, schwerer oxydierbar als Eisen und wird daher bei allen Stahlherstellungsprozessen ins Metall übergehen. Infolge des steigenden Zusatzes von Kupfer zu normalen Flußeisensorten und der dadurch bewirkten Anreicherung von Kupfer im Stahlschrott macht sich auf der ganzen Welt ein langsames Ansteigen des Kupfergehalts in allen Stählen bemerkbar. In Deutschland wird bald in nahezu allen Stahlsorten bereits ein Gehalt von 0,2% erreicht sein. Bei reinen Kohlenstoffstählen erhöhen diese Beimengungen bereits wesentlich die Härtefähigkeit, wie Abb. 481 zeigte.

Bei der Verarbeitung von Sonderstählen, d. h. beim Warmwalzen und Schmieden, wird man des öfteren feststellen können, daß Cu-haltige Stähle leicht zu

---

[1] Carius, C., u. E. H. Schulz: Mitt. Forsch.-Inst. verein. Stahlwerke, Dortmund Bd. 1 (1928/30) S. 177—199; ferner C. Carius: Korrosion u. Metallschutz Bd. 7 (1931) S. 181—191.

[2] Stahl u. Eisen 46. Jg. (1926) S. 609/611.

einer Brüchigkeit bei der Formgebung bei hohen Temperaturen (oberhalb 1000°) neigen. Zum Teil spricht man direkt von einer Rotbrüchigkeit kupferhaltiger Stähle. Die Ursache hierfür liegt in dem unterschiedlichen Oxydationsgrad von Kupfer und Eisen. Bei Erwärmen auf höhere Temperaturen wird das Eisen schneller oxydieren als Kupfer. Unter der sich bildenden Oxydschicht kann man unter Umständen Anreicherungen nichtoxydierten Kupfers vorfinden (Abb. 483).

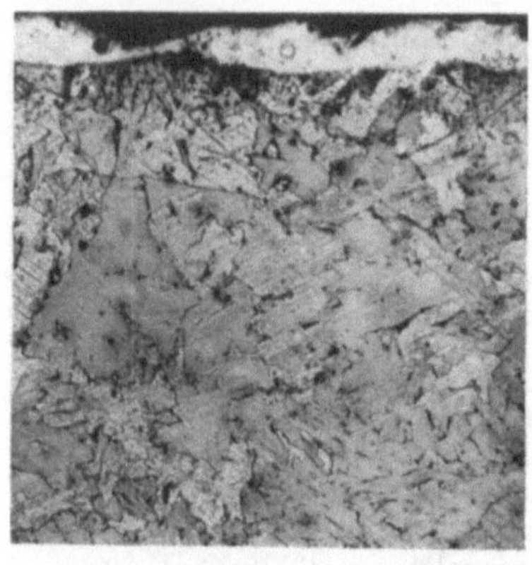

Abb. 483. Kupferanreicherung an der Oberfläche bei oxydierendem Glühen.

Dieses Verhalten steht in Analogie mit der bei Nickelstählen beobachteten Anreicherung von Nickel innerhalb der Oxydschicht. Die Aufrauhung der Oberfläche bzw. der Rotbruch kupferhaltiger Stähle ist auf das Eindringen von Kupfer in die Korngrenzen zurückzuführen. Eine ähnliche Wirkung von Kupfer kann man bereits beim Aufstreuen von Kupfer, Rotguß oder Bronze auf vorerwärmtes Eisen beobachten (Schottky, Schichtel u. Stolle[1]). In neuerer Zeit beobachtete P. B. Michailoff-Michejeff[2] an kupferhaltigen Kesselbaustählen bei Erwärmen auf hohe Temperaturen und Bördeln entsprechende Rotbrucherscheinungen, die ebenfalls auf den geschilderten Einfluß von Kupfer zurückgeführt werden konnten. Bei gleichzeitiger Anwesenheit von Nickel und Kupfer kommt es nicht in diesem Maße zur Ausbildung der reinen Kupferschicht. Bereits im Jahre 1910 wurde von G. H. Clamer[3] auf die günstigen Eigenschaften solcher Nickel-Kupfer-Stähle hingewiesen. Des weiteren wurden diese Untersuchungen durch die Arbeit von Nehl[4] bestätigt.

M. Sauerstoff im Stahl.

1. Allgemeines.

Es mag verwunderlich erscheinen, im Zusammenhang mit Sonderstählen die Frage von Sauerstoff im Stahl anzuschneiden, da wohl normalerweise die Forderung erhoben werden dürfte, daß hochwertige Sonderstähle möglichst frei von Sauerstoff herzustellen sind. Versuche, die Eigenschaftsveränderungen in Abhängigkeit vom Sauerstoffgehalt zu klären, haben für die normalen technologischen Eigenschaften zu keinem klaren Ergebnis geführt. Versuche von Eilender und Oertel[5], an verschiedenen Stahlqualitäten den Sauerstoffgehalt in Zusammenhang mit Festigkeit, Bruchaussehen, physikalischen Eigenschaften usw. zu bringen, können in dieser Beziehung nicht als schlüssig angesehen werden, da die hierbei angenommenen Sauerstoffgehalte eine derartige Höhe erreichen,

---

[1] Arch. Eisenhüttenwes. 4. Jg. (1930/31) S. 541—547.

[2] Nachr. Metallind., Moskau, 1932 Heft 6 u. 8.

[3] Proc. Amer. Soc. Test. Mat. Bd. 10 (1910) S. 267.

[4] Stahl u. Eisen 53. Jg. (1933) S. 773—778.

[5] Stahl u. Eisen 47. Jg. (1927) S. 1558—1561.

wie sie in technischen Eisenlegierungen kaum vorkommen werden. Abb. 484
ergibt z. B. für einen Wolframmagnetstahl die Abhängigkeit der magnetischen
Leistungsziffer vom Sauerstoffgehalt. Es ist nicht anzuzweifeln, daß Stähle
mit 0,2 % Sauerstoff schlechte magnetische Werte ergeben können; dem Verfasser
ist es aber bisher nicht gelungen, einen Zusammenhang zwischen Desoxydation
und magnetischen Werten bei den in der Stahlherstellung üblichen Sauerstoffgehalten von einigen tausendstel bis hundertstel Prozent festzustellen. Die
Schwierigkeit, derartige Zusammenhänge zu erfassen, dürfte schon bei der
Schwierigkeit der Sauerstoffbestimmung im Stahl beginnen. Diese Bestimmung
ist um so schwieriger, als es nicht nur darauf ankommt, die absolute Menge des
im Stahl befindlichen Sauerstoffs zu bestimmen, sondern vor allem festzustellen,
in welcher Form er vorhanden ist. Wenn auch zweifelsohne dem Sauerstoffgehalt für die Herstellung von Spezial
stählen eine gewisse Bedeutung zukommt,
so sollte man andererseits auch nicht so
weit gehen, alle schlechten Eigenschaften
einer Stahllegierung nur in Zusammenhang
mit dem Sauerstoff zu bringen. Bereits bei
Manganfederstahl ist darauf hingewiesen
worden, daß eine gewisse Menge von Einschlüssen im Stahl sich auf die Längskerb-
zähigkeit günstig auswirken kann und man
bezüglich des Qualitätsbegriffs nicht ohne
weiteres den reineren Stahl dem schlacken-
haltigeren Stahl vorziehen kann.

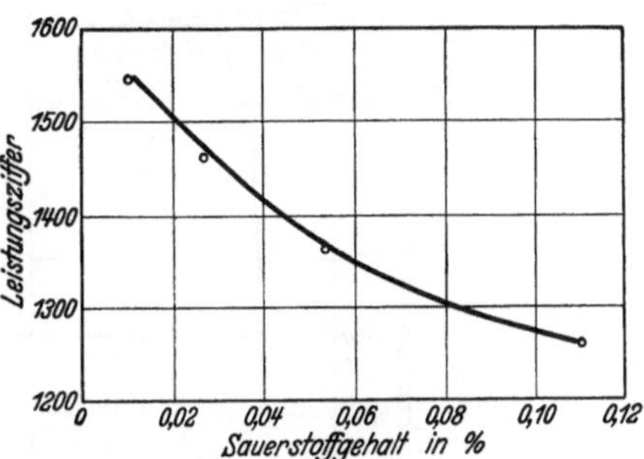

Abb. 484. Einfluß des Sauerstoffes auf die
Wurschmidtsche Leistungszahl bei Wolframmagnetstahl.

Der Einfluß der Desoxydation und des Verteilungsgrades von Desoxydations-
produkten ist bei der Frage der Überhitzungsempfindlichkeit von Kohlen-
stoff-, Mangan- und Siliziumstählen erwähnt worden. Es ist einwandfrei erwiesen, daß Stähle gleicher Zusammensetzung, je nach der Führung des Schmelzprozesses, insbesondere je nach der Art der vorgenommenen Desoxydation in
Zusammenhang mit den vorhergehenden Frischbedingungen, starke Unterschiede
in der Überhitzungsempfindlichkeit, d. h. Grobkornbildung beim Härten von
erhöhten Temperaturen, aufweisen. Hierbei kann der Beginn der Grobkornbildung sich um 50—80° verändern. Die Ursache ist die durch verschiedene
Ausbildung und Verteilung der Desoxydationsprodukte bedingte Verschiedenheit
in der Keimwirkung und das infolgedessen mehr oder weniger unterschiedliche
Kornwachstum. Als Extremfall mag nochmals auf den so sehr unempfindlichen,
mit großer Frischgeschwindigkeit erblasenen Bessemerstahl verwiesen werden,
der teilweise eine größere Härteunempfindlichkeit als Tiegelstahl aufwies.

Auch das Problem des anormalen Stahles (s. Zementation, S. 81) ist in
diesem Zusammenhang zu erwähnen. Anormale Stähle zeichnen sich bei der
Zementation durch Überhitzungsunempfindlichkeit (geringe Neigung zur Grobkornbildung) sowie starke Auflösung des Gefüges in Zementit und Ferrit aus.
Die geringe Neigung zur Grobkornbildung wird ebenfalls auf Keimwirkungen
beruhen. Hierbei kann man auch annehmen, daß feinverteilte oxydische Einschlüsse sich mit steigender Temperatur im Mischkristall auflösen und somit
die Keimzahl mit steigender Temperatur sich ändert. Hierbei wird wiederum der

Verteilungsgrad und die Natur der Einschlüsse und deren Auflösungsvermögen (s. weiter unten) eine Rolle spielen. Wenn auch auf S. 82 erwähnt wurde, daß die hohe Diffusionsfähigkeit für Kohlenstoff im reinsten Eisen z. B. bei unruhigem Flußeisen mit der Grund für die starke anormale Zusammenballung des Zementits ist, so darf nicht vergessen werden, daß oxydische Keimwirkung ebenfalls eine frühzeitige Ausscheidung und somit Zusammenballung des Zementits unterstützen kann. Typisch ist ja, daß auch Karbide (s. Einsatzhärtung von Wolframstählen)

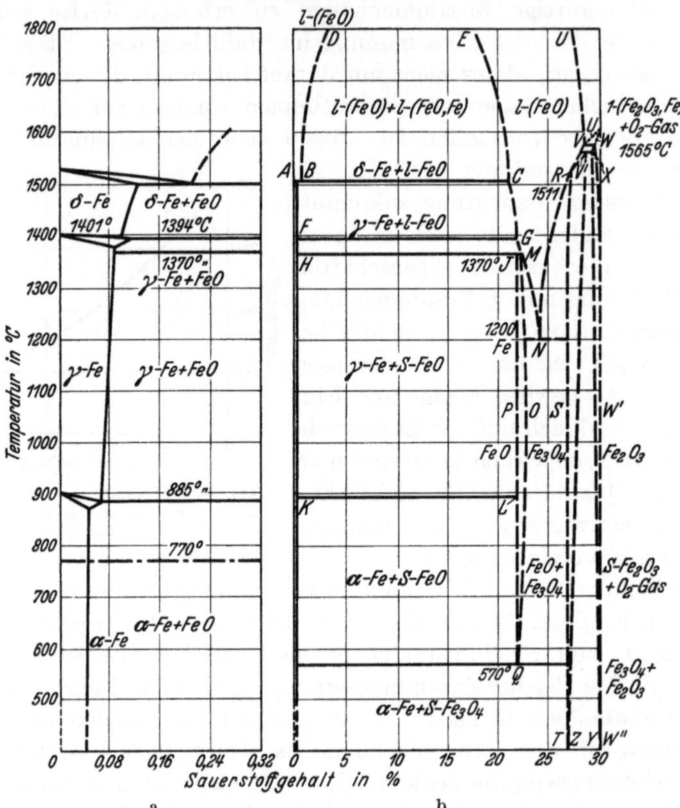

Abb. 485. Zustandsschaubild Eisen-Sauerstoff. [Nach C. Benedicks u. H. Lófquist: Z. VDI Bd. 71 (1927) S. 1577; Rosenhain, Hanson u. Tritton: J. Iron Steel Inst. Bd. 110 (1924) S. 85 u. 90.]

durch ihre Keimwirkung ähnlich wirken und anormale Karbidzusammenballung hervorrufen können.

Das System Eisen-Sauerstoff. Das Zustandsdiagramm Eisen-Sauerstoff zeigt Abb. 485. Wie aus ihm zu entnehmen ist, besteht eine gewisse Löslichkeit für Sauerstoff im Eisen, die wahrscheinlich mit steigender Temperatur zunimmt. Diese Löslichkeit wird in technischen Eisenlegierungen stark von der Natur der Sauerstoffbindung abhängen, und man kann auch ohne genauere Unterlagen als zu Recht bestehend annehmen, daß Eisenoxydul eine höhere Löslichkeit als Manganoxydul, letzteres eine höhere Löslichkeit als Kieselsäure und letztere wieder eine höhere als Tonerde im Eisen besitzen wird. Da anzunehmen ist, daß vor allem derjenige Sauerstoffanteil, der bei Wärmebehandlungsprozessen in kleinen Mengen in Lösung geht, eine ausschlaggebende Rolle für die Beeinflussung der Eigenschaften spielt, muß man den Schluß ziehen, daß bei gleichem Absolutgehalt an Sauerstoff der z. B. in Form von Aluminiumoxyd vorliegende nicht eine so große Rolle spielen kann wie der in Form von Eisenoxyd vorhandene. Der Unterschied im Einfluß der verschiedenen Oxyde ist ja auch aus der Erscheinung des Rotbruches bereits zur Genüge bekannt[1], wo kleine Zusätze von Mangan auch ohne wesentliche Verminderung des gesamten Sauerstoffgehaltes zur Beseitigung dieses Fehlers führen können.

2. Alterungsfreier Stahl.

In den letzten Jahren hat die Verfolgung der Desoxydationsvorgänge im Stahl dazu beigetragen, Stähle mit besonderen Eigenschaften, nämlich den sog. alterungsfreien Stahl, zu erzeugen, und so gebührt dem Sauerstoff doch eine gewisse Bedeutung in dem Gebiet von Sonderstählen der Herstellung. Es sei hier vorweg betont, daß die viel umstrittene Frage nach der Ursache der Alterungsanfälligkeit des Stahles von einer endgültigen Lösung noch weit entfernt zu sein scheint; es muß sogar bezweifelt werden, daß es mit heutigen Hilfsmitteln überhaupt entschieden werden kann, ob irgendeines der als Ursache dargestellten Begleitelemente wirklich die Alterung hervorruft oder nur als Indikator wirkt. Schon aus historischen Gründen ist es aber berechtigt, das Problem der Alterung unter dem Kapitel „Sauerstoff" zu behandeln.

a) Mechanische Alterung.

Prüft man normal hergestellte Flußeisensorten in der Wärme bei steigender Temperatur, so ergibt sich der in Abb. 486 dargestellte Verlauf von Festigkeit, Dehnung, Einschnürung und Kerbzähigkeit. Die Festigkeit und Härte erfahren bei Steigerung der Prüftemperatur bis zum Temperaturgebiet von 300° eine Steigerung gegenüber den bei Raumtemperatur gefundenen Werten, um dann allmählich auf tiefere Werte abzufallen. In dem gleichen Gebiet von 200—300° tritt eine entsprechende Verminderung der Einschnürung und Dehnung auf. Diese Verminderung der Zähigkeit ist unter dem Namen „Blausprödigkeit", der Temperaturbereich von 200—300° als Gebiet der „Blauwärme" zur Genüge bekannt. Der Abfall der Kerbzähigkeit tritt erst bei etwas erhöhten

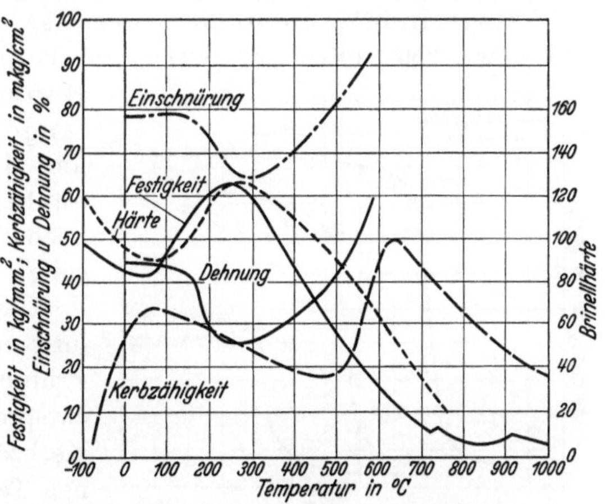

Abb. 486. Veränderung der Festigkeit, Dehnung, Härte und Kerbzähigkeit in Abhangigkeit von der Temperatur bei Flußeisen. (Oberhoffer: Das technische Eisen, 2. Aufl. 1925 S. 280.)

Temperaturen in Erscheinung. Dies dürfte auf die unterschiedliche Prüfgeschwindigkeit beim dynamischen Kerbzähigkeitsversuch gegenüber dem statischen Zerreißversuch zurückzuführen sein, da die sich hier abspielenden Vorgänge, die zur

---

[1] Vgl. P. Oberhoffer: Das technische Eisen, S. 170 u. 433. Berlin: Julius Springer 1925. — P. Goerens: Einführung in die Metallographie, S. 289. Halle: Knapp 1932.

Erzeugung der Blausprödigkeit führen, eine gewisse Zeit benötigen und sich infolgedessen bei dem schnelleren Vorgang der Kerbzähigkeitsprüfung automatisch nach höheren Temperaturen verschieben müssen.

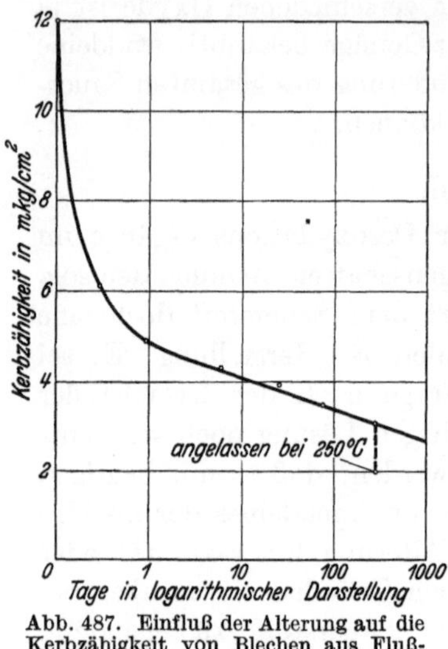

Abb. 487. Einfluß der Alterung auf die Kerbzähigkeit von Blechen aus Flußeisen. (Nach Bauer: Mitt. aus dem Mat.-Prüf.-Amt 1921 S. 251—254.

Diese Art der Festigkeitssteigerung und Zähigkeitsverminderung beim Verformen in der Wärme wird aber nicht nur dann festgestellt, wenn der Zerreißversuch selbst in der Wärme durchgeführt wird, sondern auch, wenn die Verformung bei 200—300° stattfindet und das entsprechende Material erst später bei Raumtemperatur geprüft wird.

Schließlich kann man auch beobachten, daß bei Raumtemperatur verformtes Flußeisen normaler Herstellung nach langem Lagern einen Abfall an Zähigkeit im gleichen Sinne erleidet. Dieser Einfluß der Zeit beim Lagern kaltgereckten Flußeisens wird mit Alterung bezeichnet. Am besten läßt sich diese Alterung an Hand von Kerbzähigkeitszahlen verfolgen. Ein typisches Beispiel für die Alterung eines derartig behandelten Flußeisens zeigt Abb. 487. Da diese Alterungsvorgänge sich bei 200—300° schneller abspielen, kann man durch eine „künstliche Alterung" bei 200—300° in etwa einer Stunde zu den entsprechenden Tiefstwerten an Kerbzähigkeit gelangen.

Es ist somit ziemlich gleichgültig, ob eine Verformung bei etwa 250° stattfindet, ob nach einer Verformung bei Raumtemperatur auf etwa 250° erwärmt wird, oder ob nach einer Verformung bei

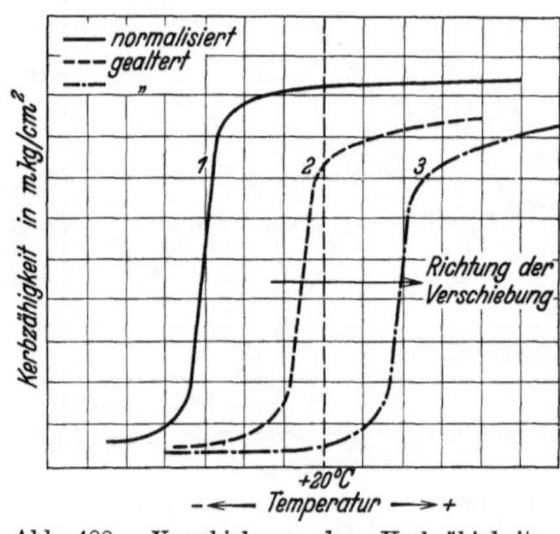

Abb. 488. Verschiebung der Kerbzähigkeits-temperaturkurve durch Altern (schematisch).

Raumtemperatur ein Flußeisen lange Zeit hindurch gealtert wird, um die Ergebnisse der Alterung herbeizuführen. Hierdurch ergibt sich auch eine gewisse Analogie zwischen Alterung, Blausprödigkeit usw.

Das Charakteristikum für die Beurteilung eines gealterten Werkstoffes ist die Prüfung der Temperaturzähigkeitskurve, entsprechend Abb. 488. Prüft man die Kerbzähigkeit von Stählen bei verschiedenen Temperaturen, so findet man durchweg, daß mit abnehmender Temperatur die Kerbzähigkeitswerte an sich zäher Stähle plötzlich abfallen, wie dies auch

die Abb. 488 zeigt. Das Eintreten der Alterung ist gekennzeichnet durch eine Verschiebung der Temperatur-Kerbzähigkeitslinie in Richtung des Pfeiles, also z. B. von Kurve 1 zu Kurve 3, d. h. der Kerbzähigkeitsabfall verschiebt sich beim Übergang vom nichtgealterten in den gealterten Zustand zu höheren Temperaturen. Während z. B. bei Flußeisen der nichtgealterte Werkstoff bei

Zahlentafel 126. Kerbzähigkeit von unberuhig-
tem Flußeisen mit etwa 0,15% C und 0,50% Mn
im Vergleich zu Izett-Flußeisen der gleichen
Zusammensetzung in geglühtem und gealtertem Zustand[1].

Pruf-temperatur	Kerbzähigkeit in mkg/cm² bei einer Kerbschlag-probenform von 15 · 15 · 160 mm, 4 mm ⌀ Kerb und 15 · 15 mm Schlagquerschnitt			
	Gewohnliches Flußeisen		Izett-Flußeisen	
	geglüht	gealtert[3]	gegluht	gealtert[2]
−60°	9	—	14	8
−40°	15	—	18	12
−20°	22	1	22	17
0°	24	2	24	20
+20°	25	4	25	21
+40°	26	13	26	22
+60°	26	16	26	22

Raumtemperatur noch eine gute Zähigkeit
aufweist, sinkt seine Kerbzähigkeit bei Raumtemperatur durch Altern nach Kurve *3* erheblich ab. Je nach dem Fortschreiten der
Alterung können Zwischenlagen der Kerbzähigkeitskurve nach *2* usw. auftreten. Entsprechende Zahlen für Flußeisen im normalen
und gealterten Zustand gibt Zahlentafel 126
wieder. Da bei vielen Teilen, z. B. Kesselbau-
stoffen, Schrauben, Nietungen
usw., stets die Gefahr besteht,
daß während der Herstellung
und des Gebrauches derartige
Kaltreckungen oder Verformungen bei Temperaturen
von 200—300° entstehen,
kann diese Eigenart gewöhnlichen Flußstahles zu unlieb-
samen Sprödigkeitserscheinungen Veranlassung geben[3].
Untersuchungen von Fry[4]
an kaltdeformiertem Flußeisen
hatten gezeigt, daß es gelingt,
durch Erwärmen derartiger
kaltverformter Stücke auf
200° und nachfolgendes Ätzen

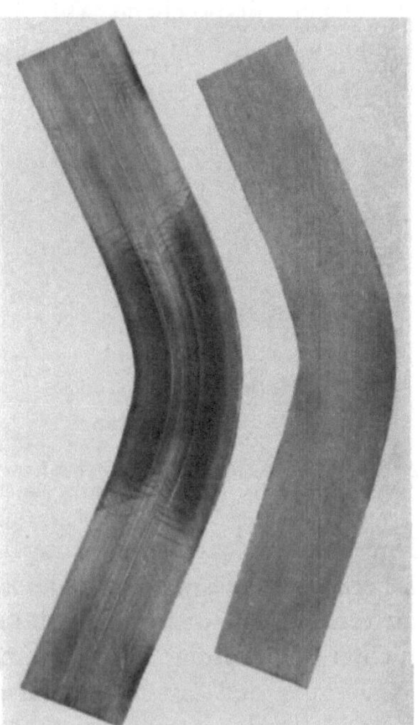

Abb. 489. Kraftwirkungslinien nach Fry-
scher Ätzung bei Flußeisen im Vergleich
zu Izett. [Nach Fry: Kruppsche Mh. 7. Jg.
(1926) S. 193.]

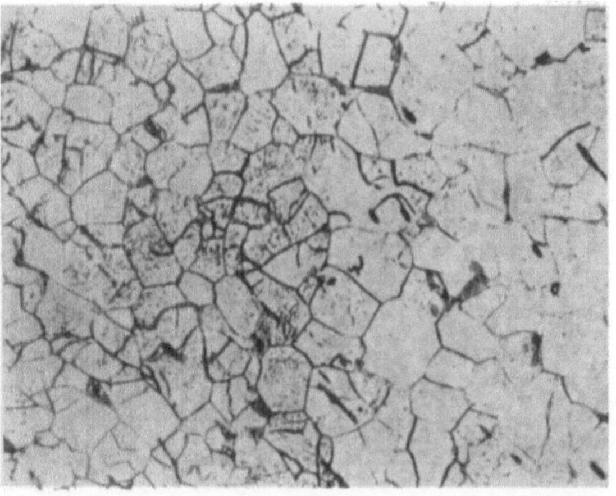

Abb. 490. Korngrenzenstorungen in einem Kraftwirkungsstreifen.
[Nach Fry: Kruppsche Mh. 7. Jg. (1926) S. 188.]

in Kupfereisenchloridlösungen die unter dem Namen „Kraftwirkungsfiguren"
bekannten Ätzerscheinungen zu entwickeln (Abb. 489). Bei der mikroskopischen

---

[1] Entnommen aus Katalog Krupp, alterungsbeständige Izettstähle.
[2] 10% gereckt und ½ Stunde bei 250° angelassen.
[3] Epstein: Amer. Soc. Test. Mater. Bull. Bd. 32 (1932) II S. 293—379.
[4] Kruppsche Mh. 7. Jg. (1926) S. 185—196.

Untersuchung zeigten sich in derartigen Kraftwirkungsstreifen Korngrenzenstörungen entsprechend Abb. 490, die darauf hindeuten, daß irgendwelche besonderen Ausscheidungen an den Korngrenzen erfolgt waren.

Beim Prüfen verschiedener Flußeisensorten ergab sich nun, daß nicht alle Flußeisensorten gleichmäßig auf die Frysche Ätzung ansprechen. Durch systematische Verfolgung stellte Fry fest, daß ein Zusammenhang zwischen dem Auftreten der Kraftwirkungsfiguren und dem Grad der Behandlung des betreffenden Stahles mit stark desoxydierenden Mitteln besteht.

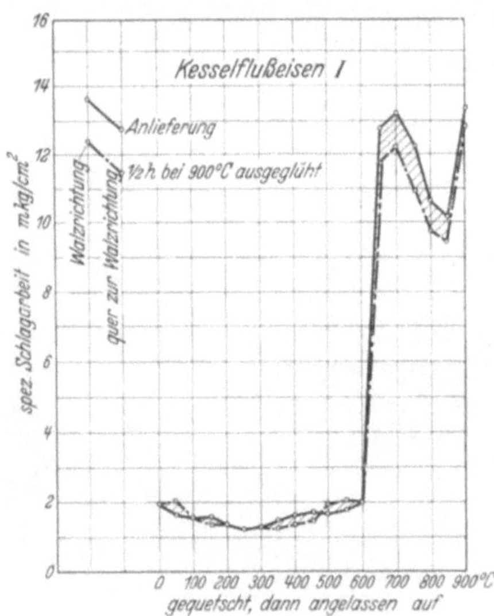

Abb. 491. Kerbschlagproben von gealtertem Flußeisen und Izett.
[Nach Fry: Kruppsche Mh. 7. Jg. (1926) S. 194.]

Durch entsprechende Führung von Flußeisenchargen gelang es, Sonderflußeisen zu erzeugen, die, wie Abb. 489 zeigt, im Gegensatz zu normalen Flußeisensorten nicht mehr auf die Kraftwirkungsfigurenätzung ansprechen.

Bei der Prüfung eines derartigen Flußeisens mit der Kerbschlagprobe wurde festgestellt, daß es auch die Erscheinungen der Alterungssprödigkeit nicht mehr

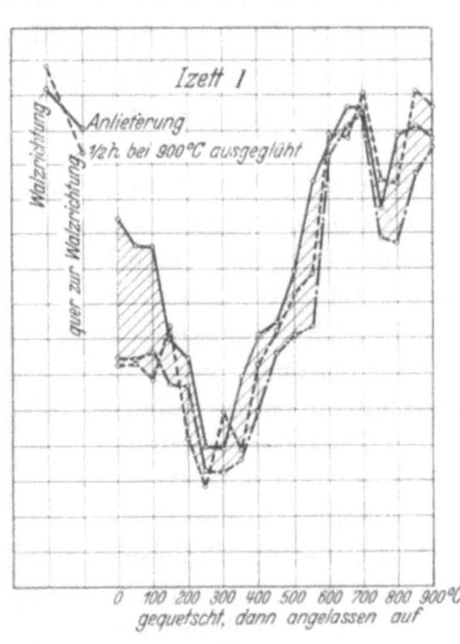

Abb. 492. Einfluß der Anlaßtemperatur auf Kesselflußeisen und Izett I, gequetscht um etwa 17%. [Nach Bauer: Z. bayer. Revis.-Ver. 32. Jg. (1928) S. 23—31, 41—44.]

———— Anlieferungszustand in der Walzrichtung. ——— ½ Stunde bei 900° ausgeglüht in der Walzrichtung. —·—·— ½ Stunde bei 900° ausgeglüht quer zur Walzrichtung.

oder nur in viel geringerem Maße aufwies, als normales Flußeisen. Den Unterschied in dem Verhalten dieses unter dem Namen „Izett" von Krupp entwickelten Sonderflußeisens gegenüber dem normalen Kesselflußeisen geben Abb. 491 und 492 sowie Zahlentafel 126 wieder.

Während das kaltverformte normale Flußeisen bis zu Anlaßtemperaturen von 550° die außerordentlich niedrige Kerbzähigkeit von unter 2 mkg/cm² gegenüber 11—13 im alterungsfreien Zustand aufweist, ergibt sich nur ein geringer Abfall für Izett-Flußeisen in dem engen Temperaturbereich von 150—300°.

Dieses Verhalten führte zu der Schlußfolgerung, daß die Erscheinung der Alterung auf Ausscheidungen zurückzuführen ist, da Ausscheidungsvorgänge mit einer Erhöhung der Festigkeit und Verminderung der Zähigkeit verbunden sind. Der zur Ausscheidung gelangende Stoff muß in normalem Kesselflußeisen in größerer Menge vorhanden sein, da seine Ausscheidung in stärkerem Maße und über einen größeren Temperaturbereich sich auswirkt, während die in dem Sonderflußeisen „Izett" noch vorhandenen Mengen dieses ausscheidenden Stoffes derartig gering sind, daß die Ausscheidung sich nur in viel schwächerem Maße, vor allem auch in einem entsprechend kleineren Temperaturbereich, bemerkbar macht. Da einwandfrei ein Zusammenhang zwischen diesem Verhalten und der Behandlung mit sehr scharf desoxydierenden Mitteln, wie Aluminium, nachgewiesen werden konnte, lag es nahe, die genannte Erscheinung des Alterns auf Ausscheidung von Sauerstoffverbindungen zurückzuführen. Ein exakter Nachweis hierfür glückte bis jetzt noch nicht; wenn die Annahme zutrifft, dürfte nicht so sehr der absolute Sauerstoffgehalt, als vor allem wiederum die Bindungsform des Sauerstoffs und die Art seiner Ausscheidung von ausschlaggebender Bedeutung sein.

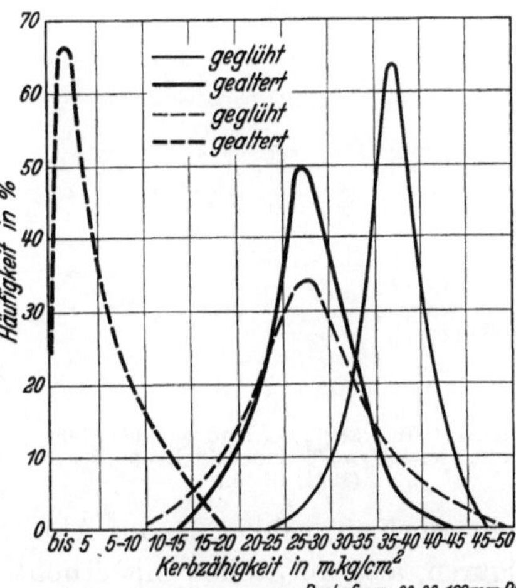

Abb. 493. Häufigste Lage der Kerbzähigkeit von Izettstahl im Vergleich zu gewöhnlich unruhigem Flußeisen im geglühten und gealterten Zustand bei Prüfung von etwa 100 Chargen. (Entnommen aus Druckschrift Krupp: „Alterungsbeständige Izettstähle" S. 15.]

——— Sonderstahl Izett I.   — — — Gewöhnl. Flußstahl I (unruhig).

Daß es durch geeignete Schmelzführung mit Sicherheit gelingen kann, die Erscheinung des Alterns im Flußeisen zu vermeiden, geht aus Abb. 493 hervor. Es ist selbstverständlich, daß man dem Sonderflußeisen für die Fälle, bei denen Beanspruchungen, Reckungen mit gleichzeitigem oder nachträglichem Erwärmen oder langem Lagern in Frage kommen, infolge seiner erhöhten Sicherheit den Vorzug geben wird.

b) „Laugensprödigkeit" (interkristalline Korrosion).

Zu den Vorzügen des alterungsfreien Werkstoffs hinsichtlich Unveränderlichkeit der mechanischen Eigenschaften kommt noch hinzu, daß sich dieses Material auch gegen eine bestimmte Art der Korrosion, die sog. Laugensprödigkeit, wesentlich besser verhält als normales Flußeisen. Es hat sich herausgestellt, daß alterungsanfälliges Flußeisen brüchig wird, wenn es unter Zugspannungen stehend dem Angriff von heißen Laugen oder Salzlösungen (schwach saurer oder alkalischer Natur) ausgesetzt wird. Diese Brüchigkeit wird durch einen interkristallinen Korrosionsangriff hervorgerufen (Abb. 494). Derartige Korrosionsbeanspruchungen kommen sehr häufig in der chemischen Industrie bei Laugeneindampfern und dergleichen vor; sie machen die verwendeten Apparaturen unbrauchbar, obwohl der allgemeine, abtragende Oberflächenangriff durch diese Agenzien praktisch bedeutungslos ist. Auch in Dampfkesseln können derartige Zerstörungen eintreten, wenn sich die im Kesselwasser vorhandenen Salze oder Speisewasserzusätze an geeigneten Stellen, z. B. zwischen Nietnähten, anreichern. Für alle diese Zwecke hat sich die Verwendung alterungsfreier Werkstoffe als sehr wertvoll erwiesen. Es sei bemerkt, daß es noch keineswegs feststeht, ob die mechanische Alterungsanfälligkeit und die Neigung zur interkristallinen Korrosion auf dieselbe Ursache zurückzuführen sind; es hat sich zwar herausgestellt, daß mechanisch alterungsanfällige Werkstoffe immer auch laugenspröde sind, dagegen genügt normale Beständigkeit gegen mechanische Alterung noch nicht, um auch unbedingte Laugensicherheit zu gewährleisten. Die Eignung eines Flußeisens als laugensicherer Werkstoff muß also jeweils durch eine besondere Korrosionsprüfung festgestellt werden. Daß aber immerhin Zusammenhänge zwischen diesen beiden Erscheinungen vorhanden zu sein scheinen, geht z. B. aus Abb. 490 hervor, die zeigte, daß in Kraftwirkungsfiguren, also an Stellen mit erhöhter Korrosionsneigung, Korngrenzenstörungen beobachtet werden können.

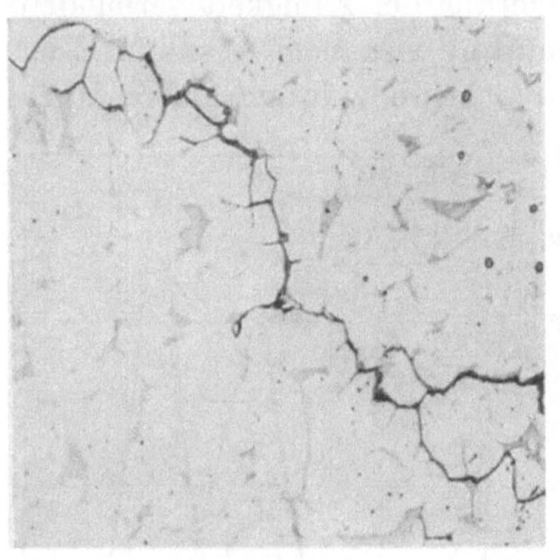

$V = 200$

Abb. 494. Interkristalline Korrosion bei Flußstahl. [Nach Fry: Techn. Mitt. Krupp. 2. Jg. (1934) S. 39.]

c) Einfluß von Wärmebehandlung und Legierung auf die Alterung von Stahl.

Um den Einfluß der Alterungsanfälligkeit von Werkstoffen genau erfassen zu können, müssen nochmals die Arten der Alterungsprüfung, die sich im Laufe der Zeit herausgebildet hatten, herausgeschält werden. Auf Grund der historischen Entwicklung bezeichnet man mit Alterungssprödigkeit denjenigen Abfall an Kerbzähigkeit, den ein Flußeisen nach dem Recken, sei es bei Raumtemperatur oder im Blausprödigkeitsbereich, und darauffolgendem Altern, sei es durch Lagern oder durch kurze Erwärmung ins Gebiet der Blausprödigkeit, erfahren hatte. Hierbei erfolgt die Prüfung der Kerbzähigkeit von gealtertem und nichtgealtertem Werkstoff bei Raumtemperatur. Diesen Fall der Alterungsprüfung wollen wir im weiteren mit I bezeichnen.

Wie aus Abb. 488 ersichtlich, äußert sich die Alterungssprödigkeit, genauer betrachtet, in dem Verschieben der Kerbzähigkeitstemperaturkurve von niedrigen zu höheren Temperaturen. Man kann somit als Maß für die Alterungsempfindlichkeit eines Werkstoffes auch den Abstand der Temperaturkerbzähigkeitskurve im gealterten und nichtgealterten Zustand wählen. Diese Art der Alterungsempfindlichkeitsprüfung soll im folgenden mit II bezeichnet werden.

Die Beurteilung nach Fall I auf Alterungsempfindlichkeit gab nur dann wirklich deutliche Werte, wenn der zu untersuchende Werkstoff in seiner Temperaturkerbzähigkeitskurve so lag, daß durch die Alterung gerade die Linie der Raumtemperatur (Prüftemperatur) zwischen dem Steilabfall der Kerbzähigkeitstemperaturkurven von gealtertem und nichtgealtertem Werkstoff zu liegen kam und hierdurch die großen Kerbzähigkeitsunterschiede bei der einmal festgelegten Prüftemperatur zutage traten (Kurve *1* und *3* in Abb. 488). Bei Stählen, die sehr hohe Zähigkeit aufweisen und bei denen der Steilabfall der Zähigkeitstemperaturkurve im nicht gealterten Zustande bei sehr tiefen Temperaturen liegt, kann es vorkommen, daß die Alterung eine Veränderung der Temperaturkerbzähigkeitskurve nach rechts ergibt, die genau so groß ist wie z. B. bei gewöhnlichem Flußeisen. Trotzdem gelangt die Temperaturkerbzähigkeitskurve des gealterten Werkstoffs nicht so weit nach rechts, daß auch bei Raumtemperatur bereits Sprödigkeit auftritt (etwa Kurve *2* in Abb. 488).

Dieser Fall, daß Stähle also nach dem Prüfverfahren II als alterungsspröde gelten, nach dem Prüfverfahren I dagegen nicht, ergibt sich z. B. bei legierten Stählen. Ein typisches Beispiel ergeben 3—5 proz. Nickelstähle (Abb. 495), wie sie für den Kesselbau in großen Mengen Verwendung gefunden haben. Werden solche Legierungen nur oberhalb der Raumtemperatur verwendet, so wird sich die Verlagerung der Kerbzähigkeitskurve durch Alterung auch nicht ungünstig auf die Kerbzähigkeit im Gebrauch auswirken können. In diesem Sinne wurden daher gerade diese Nickel-Flußeisen-Sorten mit an erster Stelle als sog. alterungssichere Baustoffe für den Kesselbau empfohlen[1].

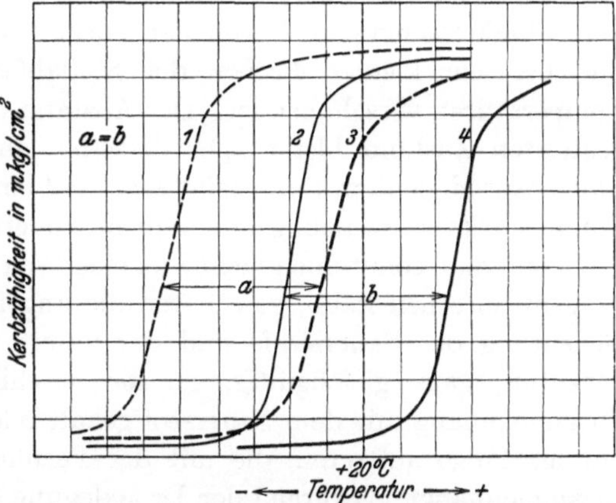

Abb. 495. Verlagerung der Kerbzähigkeitstemperaturkurve für normalisierten und gealterten Flußstahl durch Nickelzusatz.

——— Flußstahl normalisiert, ——— Nickelstahl normalisiert, ——— Flußstahl gealtert, ——— Nickelstahl gealtert.

In gleichem Sinne wie Legierungselemente, die kornverfeinernd und kerbzähigkeitserhöhend wirken, z. B. Nickel, muß sich auch die Kornverfeinerung durch Vergütung im Alterungsverhalten geltend machen. Auch durch das Vergüten von Flußeisen und von allen Stählen findet eine Verschiebung der Kerbzähigkeitstemperaturkurve nach tieferen Temperaturen statt. Infolgedessen zeigt sich ein Stahl nach einer Vergütung bei Prüfung durch die Kerbschlagprobe bei Raumtemperatur frei von Alterungsempfindlichkeit.

Wenn nun vorhin gesagt wurde, daß z. B. Nickelstähle nach der Prüfung I frei von Alterungssprödigkeit sind, nicht aber nach der Prüfung II, so gilt das nicht für alle legierten Stähle. Man kann z. B. auch bei molybdän- und chromlegierten Stählen Alterungsanfälligkeit im Sinne des Prüfverfahrens I feststellen. Durch dieselben schmelztechnischen Maßnahmen wie beim Flußeisen, also durch desoxydierende Behandlung, kann man aber bei allen Stählen die Empfindlichkeit gegen Alterung beseitigen. Durch solche Maßnahme wird dann z. B. auch bei Nickelstählen nicht nur die Temperaturkerbzähigkeitskurve nach niedrigeren Temperaturen verschoben, sondern gleichzeitig auch der Abstand zwischen den

---

[1] Goerens: Z. VDI Bd. 68 (1924) S. 41/47.

Kurven im gealterten und nichtgealterten Zustand verringert; die Stähle werden also dadurch auch alterungssicher im Sinne des schärferen Prüfverfahrens II.

Es wird bisweilen behauptet, daß die Kornverfeinerung durch weitgehende Verwalzung mit tiefer Walzendtemperatur in ähnlichem Sinne wie eine Vergütung wirkt, und daß dementsprechend z. B. dünnwandige Rohre aus an sich alterungsanfälligem Flußeisen in starkem Verwalzungszustand frei von Alterungsempfindlichkeit sind[1]. Diese Behauptung trifft nicht in vollem Umfange zu. Zwar wird man bei der Kerbschlagprüfung bei Raumtemperatur in diesen dünnen Querschnitten meist keinen Unterschied zwischen normalisiertem und gealtertem Material finden können; das liegt aber daran, daß die Lage der Temperaturkerbzähigkeitskurve auch von der Form von der Kerbschlagprobe abhängig ist und bei sehr kleinen Proben der Steilabfall der Kerbzähigkeit nach tieferen Temperaturen verschoben ist. Der Abstand der Kurven im gealterten und nichtgealterten Zustand bleibt aber derselbe, und vor allem im Verhalten bei der Laugensprödigkeitsprüfung zeigt sich, daß eine Verbesserung der Laugenrissigkeit durch starke Verwalzung allein nicht zu erreichen ist.

Wenn man somit auch nicht von einer Wirkung des Sauerstoffs als Legierungselement sprechen kann, so dürften die angeführten Tatsachen genügen, um die Bedeutung des Sauerstoffs und der damit zusammenhängenden Desoxydation darzutun, ganz gleichgültig, ob die geschilderten Vorgänge im ursächlichen Zusammenhang mit dem Sauerstoffgehalt oder seiner Bindungsform stehen oder nur als Folge auftreten, die mit der Fernhaltung des Sauerstoffs nur indirekt zusammenhängt. Während der Drucklegung erschien eine Arbeit von Eilender, Fry und Gottwald[2], aus der abgeleitet werden kann, daß bisher kein Beleg für eine Ausscheidung von Sauerstoffverbindungen im Stahl vorhanden ist, so daß die Vermutung über den Zusammenhang von Alterung und Kraftwirkungsfiguren mit dem Sauerstoffgehalt danach hinfällig wäre; andererseits weist eine ebenfalls neu erschienene Arbeit von Schmidt[3] wieder darauf hin, daß zwischen mechanischer Alterung und Sauerstoffgehalt doch irgendwelche Zusammenhänge bestehen. Diese Widersprüche zeigen, daß das Problem der Alterung noch eingehender Bearbeitung bedarf.

3. Verzunderung.

Bei der Verzunderung von Eisenlegierungen ist die Beziehung des Eisens und seiner Begleitelemente zum Sauerstoff ebenfalls von Wichtigkeit. Verzundertes reines Eisen weist bei der Untersuchung am Übergang von Metall zur Oxydschicht eine Lösung von FeO im Eisen auf. An diese schließt sich, entsprechend dem Eisen-Sauerstoff-Diagramm, eine Schicht FeO an, der Schichten der sauerstoffreicheren Eisen-Sauerstoff-Verbindungen folgen. Die Zusammenhänge mit dem Eisen-Sauerstoff-Diagramm zeigt Abb. 496.

Bezüglich des Verzunderungsproblems sind die Begleitelemente des Eisens einzuteilen in zwei Gruppen, und zwar diejenigen Elemente, die leichter oxydierbar als Eisen sind, z. B. Si, Al, Mn, Cr, W, V, Zr, und diejenigen, die

---

[1] Daeves: Stahl und Eisen als Werkstoff [Gesammelte Vorträge der Werkstofftagung Bd. 3 (1927) S. 11].
[2] Stahl u. Eisen 54. Jg. (1934) S. 554—564, 680/681.
[3] Arch. Eisenhüttenwes. 8. Jg. (1934/35) S. 263—267.

schwerer oxydierbar als Eisen sind, wie Ni, Cu, Co, Mo. Glüht man einen
aluminium- oder siliziumhaltigen Stahl in sauerstoffhaltiger Atmosphäre, so
entstehen im Mischkristall zuerst die Oxyde des leichter oxydierbaren Aluminiums
oder Siliziums. Bei Aluminiumstählen lassen sich die feinen Tonerdeausscheidungen direkt im Schliffbild feststellen; die Oxydation des Siliziums im Gußeisen

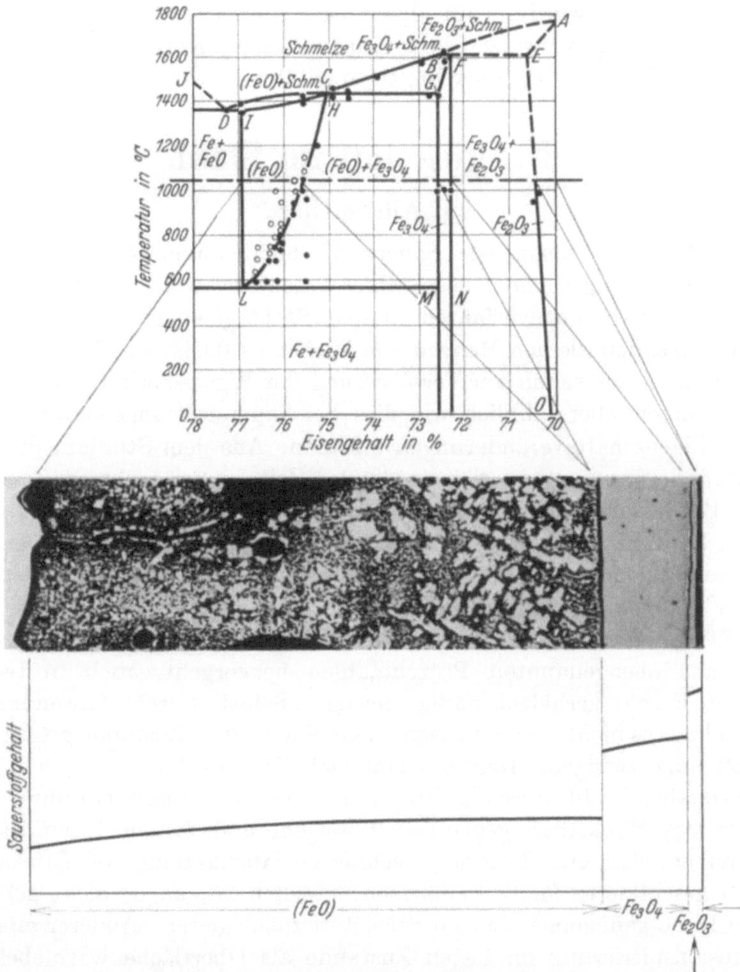

Abb. 496. Zusammenhang von Oxydbildung mit dem Eisen-Sauerstoff-Diagramm. [Nach Pfeil: J. Iron Steel
Inst. Bd. 119 (1929) S. 501/560. Entnommen von Heindlhofer u. Larsen: Trans. Amer. Soc. Stl. Treat.
Bd. 21 (1933) S. 868.]

(Scheil[1]) zu SiO_2 ist ebenfalls genügend bekannt. Bei den Elementen Chrom,
Silizium, Aluminium wurde auf die Anreicherung dieser leichter oxydierbaren
Elemente in der Zunderschicht und die Entstehung von Überzügen aus Chromoxyd, Kieselsäure, Tonerde bei genügend hoher Legierung hingewiesen. Sind
die gebildeten Oxyde der leichter oxydierbaren Elemente selbst feuerfest, so
gelingt es auf diese Weise, zunderbeständige Stähle zu erzeugen, während Ele-

---

[1] Scheil: Arch. Eisenhüttenwes. 6. Jg. (1932/33) S. 61/67.

mente, deren Oxydationsprodukte nicht feuerfest sind, wie z. B. Mangan, die Zunderbeständigkeit verschlechtern.

Bei Legierungen des Eisens mit schwerer oxydierbaren Elementen wird beim Zundervorgang das Eisen bevorzugt oxydiert, und es kann im Extremfall zu so starken Anreicherungen an Legierungsmetall kommen, daß sich unter der Zunderschicht Ablagerungen an Reinmetall bilden, wie dieses bei Nickel- und Kupferstählen geschildert wurde. Auf die Folgen dieser Ablagerungen (Rotbrucherscheinungen beim Auswalzen von Kupferstählen, Korrosion durch Schwefel- und Sauerstoffangriff bei nickelhaltigen Stählen) wurde ebenfalls dort hingewiesen.

N. Stickstoff im Stahl.

1. Allgemeines.

Stickstoff kann, genau wie Sauerstoff, nicht im gewöhnlichen Sinne des Wortes als Legierungselement des Stahles bezeichnet werden. Der bei den technischen Stahlherstellungsverfahren in den Stahl gelangende Stickstoff übt in den vorkommenden kleinen Mengen von höchstens 0,03% bestimmte Wirkungen aus, die aber bisher selten zur Verbesserung der Eigenschaften ausgenutzt wurden; sie können aber, ähnlich wie dies bei Sauerstoff angedeutet wurde, verschiedene Eigenschaftsveränderungen erklären. Aus dem Studium dieser Eigenschaftsveränderungen ergab sich in letzter Zeit immer mehr, daß die metallurgische Bedeutung des Stickstoffs nicht zu unterschätzen ist. Im allgemeinen wird man bestrebt sein, die meist unerwünschte Wirkung dieses Elementes durch möglichstes Fernhalten bei der Stahlerschmelzung oder durch Denitrierung nach beendeter Schmelzung zu beseitigen.

Die Stickstoffaufnahme geschmolzenen Eisens aus stickstoffhaltigen Gasen ist, wie aus obengenannten Prozentzahlen hervorgeht, auch in technischen Schmelzprozessen verhältnismäßig gering. Selbst unter Anwendung hoher Drücke gelingt es nicht, reinem Eisen im geschmolzenen Zustande größere Mengen Stickstoff aufzuzwingen. Dagegen läßt sich Stickstoff bis zu hohen Gehalten verhältnismäßig leicht durch Diffusion in das feste Eisen einführen. Diesem Verhalten des Stickstoffs gegenüber flüssigem und festem Eisen ist es auch zuzuschreiben, daß eine legierungstechnische Ausnützung von Stickstoff über das oben geschilderte Maß hinaus nicht möglich ist, da es nicht gelingt, dem flüssigen Eisen genügende Mengen Stickstoff zuzulegieren. Andererseits hat aber die Diffusionsnitrierung im festen Zustande als Oberflächenwärmebehandlung, ähnlich wie die Zementation, infolge der Arbeiten von Fry[1] große Bedeutung erlangt, weil die stickstoffangereicherten Zonen einzelner legierter Stähle außerordentlich hohe Härten aufweisen.

Das System Eisen-Stickstoff. Bereits das Zustandsschaubild Eisen-Stickstoff (Abb. 497) konnte nur auf dem Diffusionswege und nicht, wie bei den anderen Systemen üblich, auf dem Wege der Erschmelzung verschiedener Legierungen ermittelt werden. Infolge dieser Schwierigkeiten läßt sich das Schaubild Eisen-Stickstoff auch nur bis zu begrenzten Stickstoffgehalten und mit entsprechend begrenzten Genauigkeitsgraden aufstellen. Den besten Einblick in die bestehen-

---

[1] Stahl u. Eisen Bd. 43 (1923) S. 1271/79; Kruppsche Mh. 1923 S. 140.

den Verhältnisse gewinnt man bei einer Verfolgung der Fryschen Arbeit, die zur Aufstellung des Diagramms führte.

Durch Glühung von feinverteiltem Eisen im Ammoniakstrom bei Temperaturen von 600—700° gelingt es, das bekannte Eisennitrid Fe_2N mit 11,2%

Stickstoff synthetisch herzustellen. Bei einer Erwärmung des so gewonnenen Eisennitrids Fe_2N im Vakuum tritt bei 440—550° eine Zersetzung ein unter Abspaltung von Stickstoff, die einen Rückstand mit etwa 5,9% Stickstoff ergibt, was ungefähr einer Verbindung Fe_4N entsprechen würde. Steigert man die Glühtemperatur im Vakuum über 560°, so tritt eine weitere Zersetzung der mutmaßlichen Verbindung Fe_4N ein, und es bleibt ein Rückstand

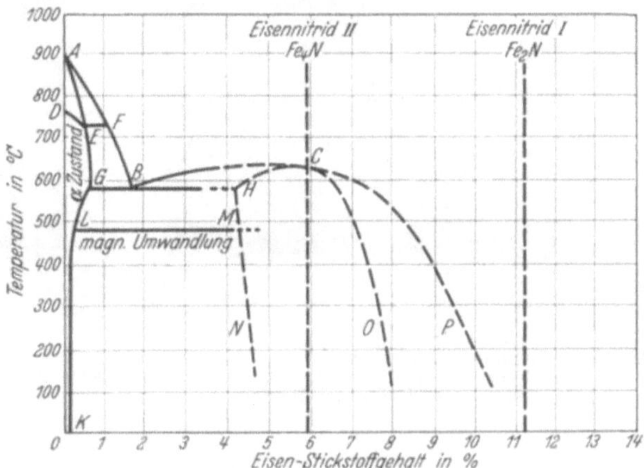

Abb. 497. Zustandsschaubild Eisen-Stickstoff. [Nach Fry: Kruppsche Mh. 4. Jg. (1923) S. 148]

mit einem Stickstoffgehalt von 0,5%. Dieser Gehalt von 0,5% Stickstoff muß, wie insbesondere aus später erwähnten Untersuchungen über niedrig stickstoffhaltige Eisensorten hervorgeht, als Höchstkonzentration der festen Lösung von Stickstoff im Eisen bei der Temperatur von 560° angesehen werden.

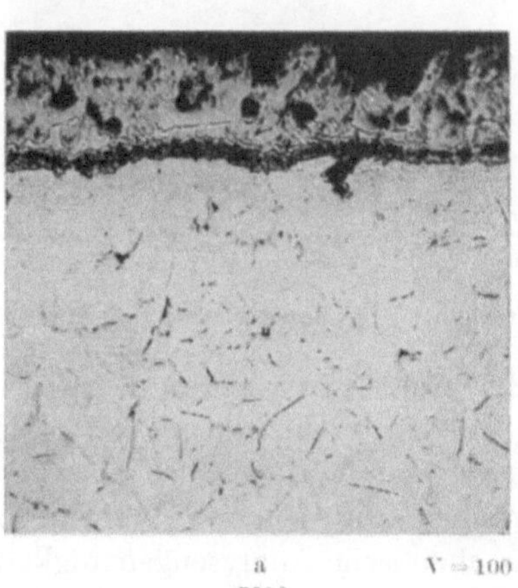
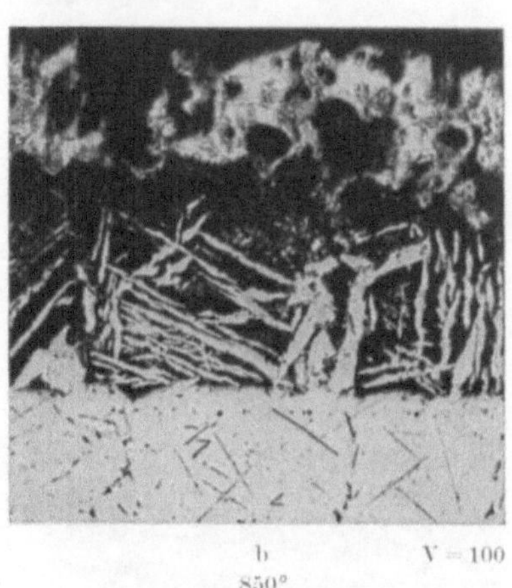

Abb. 498. Randgefüge von in Ammoniak nitriertem Elektrolyteisen.

Glüht man nun nicht feinverteiltes Eisen, sondern Stababschnitte von Elektrolyteisen, längere Zeit im Ammoniakstrom bei 680°, so bilden sich ebenfalls an der Oberfläche ausgeprägte Nitridschichten aus (Abb. 498). Dadurch ergeben sich hohe Gehalte von Stickstoff im äußersten Rande derartig nitrierter Proben, die verhältnismäßig rasch zum Kern abfallen.

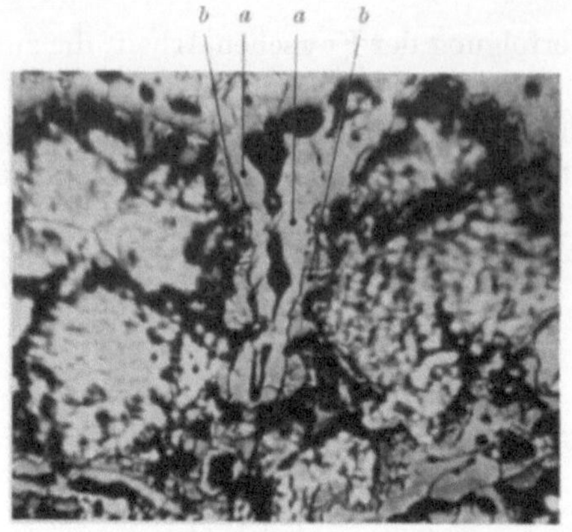

V = 1000

Elektrolyteisen, 53 Stunden in NH₃ bei 680° nitriert, langsam abgekühlt.

Abb. 499. Eisennitrid I-Mischkristalle (*a*) und Eisennitrid II-Mischkristalle (*b*). [Nach Fry: Kruppsche Mh. 4. Jg. (1923) S. 140.] Ätzung: Pikrinsaure.

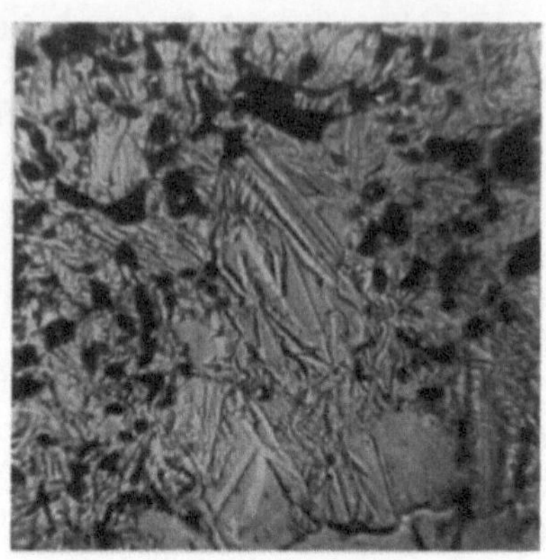

V = 600

Elektrolyteisen, 12 Stunden in NH₃ bei 680° nitriert, von 680° in Wasser abgeschreckt.

Abb. 500. Eisennitrid II-Mischkristalle. [Nach Fry: Kruppsche Mh. 4. Jg. (1923) S. 142.] Ätzung: Pikrinsäure.

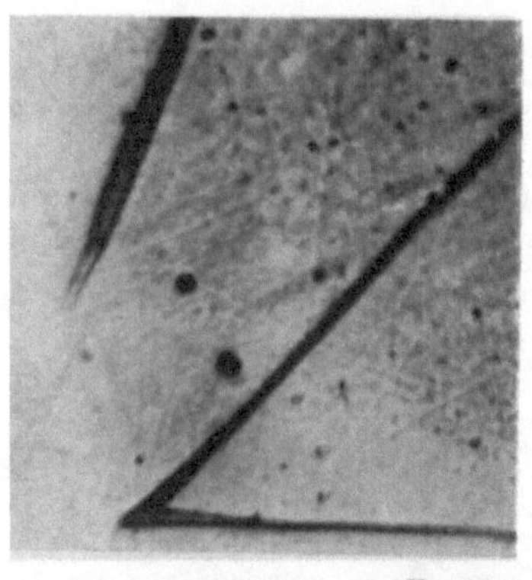

a   V = 1200

Eisennitridnadeln. Anlaßätzung

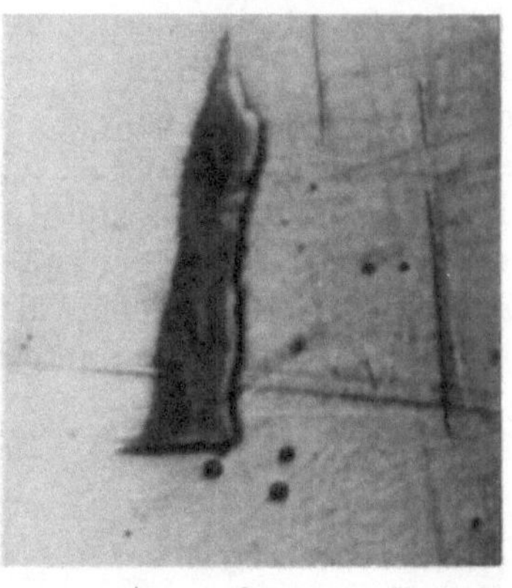

b   V = 1200

Eisennitridnadel, schräg geschnitten. Anlaßätzung

Elektrolyteisen, 24 Stunden in NH₃ bei 680° nitriert langsam abgekühlt.

Abb. 501. [Nach Fry: Kruppsche Mh. 4. Jg. (1923) S. 143.]

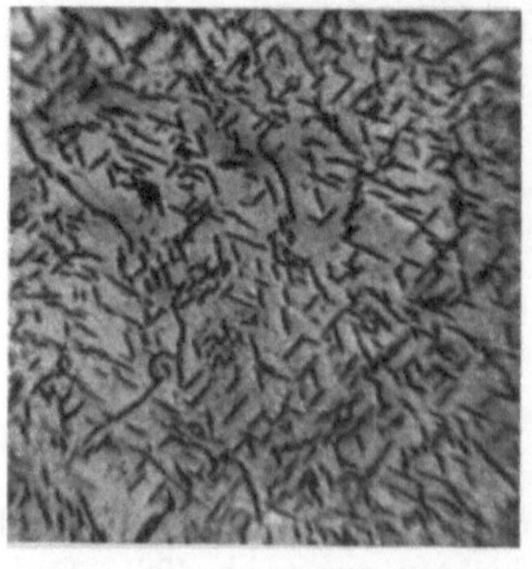

c   V = 1000

Eisennitridnadeln in Weicheisen, im Lichtbogenofen erschmolzen. Ätzung: Pikrinsäure.

Bei einer langsamen Abkühlung von der Nitriertemperatur (680°) zerfällt der nitrierte Rand deutlich in zwei Bestandteile, von denen der eine, soweit es die chemische Analysengenauigkeit bei der Entnahme von feinen Oberflächenspänen festzustellen zuläßt, nahe an die Zusammensetzung Fe_2N herankommt, während der zweite Bestandteil in der Hauptsache als Fe_4N mit geringen Anteilen gelösten Fe_2N angesprochen wurde. Wahrscheinlich haben die Verbindungen eine gewisse Löslichkeit für Eisen. Die

Gefügebilder, die hierbei erhalten werden, zeigt Abb. 499, wobei mit *a* die Eisennitridmischkristalle, die dem Fe_2N entsprechen, mit *b* die dem Fe_4N entsprechenden Mischkristalle bezeichnet sind.

Schreckt man Proben, die in gleicher Weise bei 680° nitriert wurden, direkt von der Nitriertemperatur ab, so findet keine Veränderung der Eisennitridmischkristalle I (Fe_2N) statt, während der Mischkristall II (Fe_4N) eine martensitartige Struktur (Abb. 500) annimmt. Hieraus geht hervor, daß bei der Nitriertemperatur von 680° das letztere Nitrid in Lösung gegangen sein muß.

Zwischen dem Nitridmischkristall II und dem eisenreicheren Bestandteil tritt, wie dies bereits die Abb. 499 zeigte, ein dunkles Eutektoid, nach Fry „Braunit" genannt, auf, das allerdings selten in ähnlich klarer Weise wie der Perlit aufgelöst werden kann, sondern mehr troostitähnlichen Aufbau besitzt. Für dieses Eutektoid, das nach Fry bei 1,5% Stickstoff liegen soll, werden durch neuere Arbeiten 2% Stickstoff angegeben, gleichzeitig aber seine Existenz einwandfrei durch diese Arbeiten bestätigt[1]. Auch dieses Eutektoid ergibt nach der Ablöschung von Temperaturen oberhalb 600° ein martensitisches Gefüge, so daß man mit Recht annimmt, daß das Eutektoid aus dem Mischkristall II und Eisen gebildet wird.

Die am meisten bekannte Gefügeausbildung stickstoffhaltigen Eisens sind die bekannten Nitridnadeln, die bereits in dem nitrierten Elektrolyteisen (Abb. 498) erkennbar und noch deutlicher aus der Abb. 501 zu ersehen sind. Diese Nitridnadeln, die

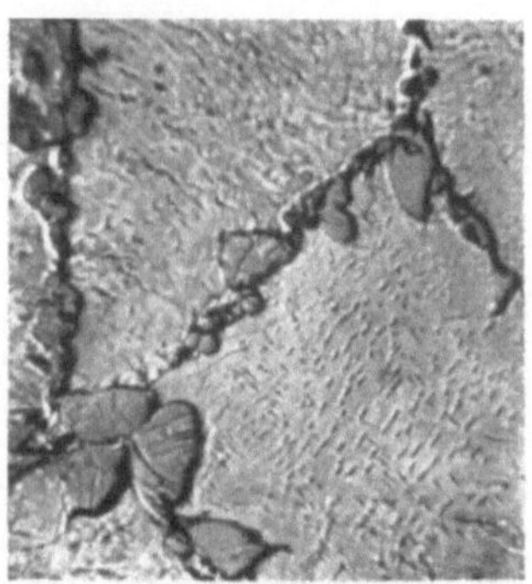

V = 600

Elektrolyteisen, 12 Stunden in NH_3 bei 680° nitriert von 550° in Wasser abgeschreckt.

Abb. 502. Eisennitrid II-Mischkristalle in Eisengrundmasse. [Nach Fry: Kruppsche Mh. 4. Jg. (1923) S. 142.] Ätzung: Pikrinsäure.

sich vor allem innerhalb der Körner befinden, dürften dem bei der Nitriertemperatur in Lösung gehenden Anteil an Eisennitrid II ihre Entstehung verdanken und in ihrer Zusammensetzung dieser Verbindung entsprechen. Wie sehr das Eindringen von Stickstoff bevorzugt den Korngrenzen entlang erfolgt, zeigt Abb. 502, bei der die Korngrenzen starke Ansammlungen von Nitrid II aufweisen, während im Innern der Körner nur die feinverteilten Nitridnadeln beobachtet werden können. Da die Eisennitridnadeln bei langsamer Abkühlung erst bei 0,01% Stickstoff vollkommen verschwinden, ergibt sich die Löslichkeit von Nitrid II und somit Stickstoff im Ferrit bei Raumtemperatur mit etwa 0,015% N_2. Nitriert man unterhalb 600°, so entsteht das Eutektoid Braunit nicht. Hieraus ergibt sich der Beweis, daß die Bildungs- bzw. Lösungstemperatur des Braunits bei etwa 600° liegen muß. Dementsprechend ergeben sich bei der Nitrierung die Gefügeverhältnisse in Abhängigkeit von der Nitrier temperatur so, wie dies die Abb. 503 veranschaulicht.

Bei Nitriertemperaturen unter 600°, beispielsweise 500°, bilden sich daher im Reineisen Nitrierränder aus, die vor allem aus dem unterhalb des eutektoiden Punktes beständigen Fe_4N bestehen (s. analog die Zementitbildung bei der Zementation unterhalb A_1). Nach dem Kern zu entstehen außerdem die bekannten Nitridnadeln.

[1] Epstein, S.: Trans. Amer. Soc. Stl. Treat. Bd. 16 (1929) S. 19. — Eisenhut, O., u. E. Kaupp: Elektrochem. Bd. 36 (1930) S. 392.

Bereits aus den geschilderten Untersuchungen geht hervor, daß die Aufstellung eines Zustandsdiagramms auf Grund der vorgenommenen Diffusionsversuche nicht denselben Anspruch auf Genauigkeit haben kann, wie dies bei Aufstellung normaler Zweistoffsysteme der Fall ist. Immerhin sind die Untersuchungen der grundlegenden Arbeit von Fry durch die Arbeiten von O. Eisenhut und E. Kaupp sowie von S. Epstein weitgehend bestätigt worden, so daß das hypothetische Diagramm der Eisen-Stickstoff-Verbindungen (Abb.497) wenigstens nach der Eisenseite zu als ziemlich zutreffend gelten kann. Die einzelnen Zustandsfelder dieses Diagramms ergeben sich wie folgt:

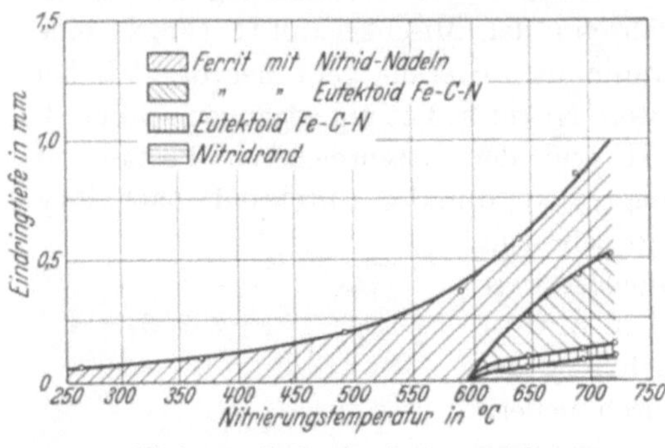

Abb. 503. Nitrierungsgefüge von Eisen mit 0,1% C in Abhängigkeit von der Nitrierungstemperatur. [Nach Fry: Kruppsche Mh. 4. Jg. (1923) S. 147.]

Oberhalb ABC γ-Mischkristalle, auf der Linie AFB beginnende Ausscheidung eisenreicher Mischkristalle, bestehend aus einer festen Lösung von Fe_4N (Analogie im Eisen-Kohlenstoff-Diagramm: Ausscheidung von Ferrit, gesättigt mit Zementit); Linie AEG Beendigung der Ausscheidung dieses Mischkristalls; Linie BC Ausscheidung des Eisennitridmischkristalles II (Fe_4N) (analog der Zementitlinie ES im Eisen-Kohlenstoff-Diagramm); B eutektoider Punkt „Braunit" (analog dem Perlit); GBH die entsprechende eutektoide Linie; Linie GLK Temperaturlöslichkeitslinie für den Nitrid II-Mischkristall im α-Eisen; die Linie DEF sowie LM entsprechende magnetische Umwandlungen des stickstoffhaltigen Ferrits bzw. der Verbindung Fe_4N.

Ist es bereits schwierig, die Verhältnisse in reinen Eisen-Stickstoff-Legierungen zu klären, so mehren sich die Schwierigkeiten in noch höherem Maße, wenn es sich darum handelt, das ternäre Schaubild der Eisen-Stickstoff-Kohlenstoff-Legierungen aufzustellen. Bei geringen Mengen von Kohlenstoff — bis zu 0,1 % — wird das Eutektoid Braunit besonders fein und läßt sich mikroskopisch schwerer auflösen als im nitrierten Elektrolyteisen; gleichzeitig scheint der eutektoide Punkt durch Zusatz von Kohlenstoff nach niedrigen Gehalten verschoben zu

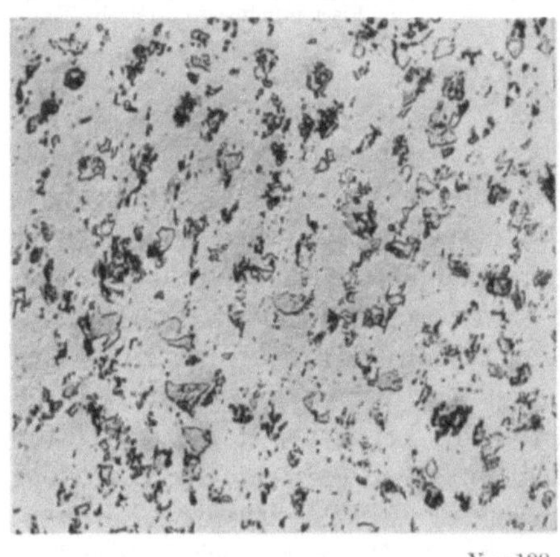

Abb. 504. Hellgelbe, gut abgegrenzte Gefügebestandteile in nitriertem Flußeisen „Flavit". (Aus einer unveröffentlichten Untersuchung von Schottky.)

werden. Die Nitridmischkristalle I und II erhalten bei Anwesenheit von Kohlenstoff sehr verschiedene Färbungen beim Ätzen, was darauf schließen läßt, daß verschiedene Kristalle mit unterschiedlicher Löslichkeit für Stickstoff, Eisen und Kohlenstoff vorliegen. In Stählen mit 0,7 % C wurden von Fry besonders häufig hellgelbe Flecken von sorbitischer Struktur aufgefunden, die er als Flavit bezeichnete (Abb. 504).

Wenn man schon bei derartigen nitrierten Proben über die Zusammensetzung der betreffenden Gefügebestandteile keine genaueren Angaben machen kann, so vermehren sich die Schwierigkeiten selbstverständlich noch, wenn man zu troostitischen vergüteten Stählen, z. B. Chrom-Nickel-Stählen, übergeht. Bei nitrierten vergüteten Chrom-Nickel-Stählen kann man am Rand ein Gefüge von martensitischem Aussehen entsprechend Abb. 505 feststellen, das wahrscheinlich aus komplexen Mischkristallen besteht und von Fry als Straussit bezeichnet wurde.

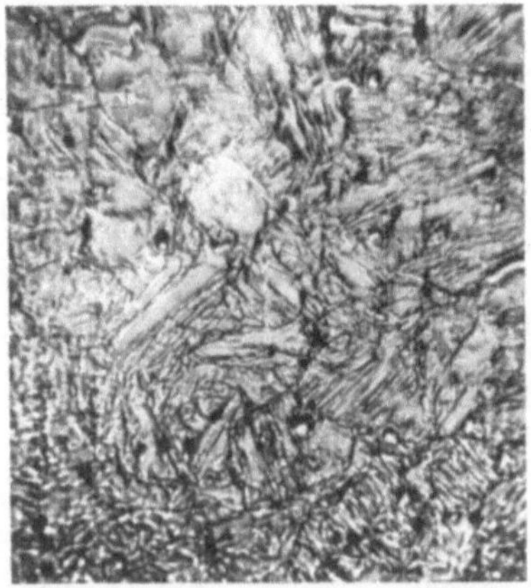

Abb. 505. Nadliges Nitrierungsgefuge am Rand eines ursprunglich troostitischen Chrom-Nickel-Stahles „Straussit". [Nach Fry: Kruppsche Mh. 4. Jg. (1923) S. 151.]

2. Oberflächenhärtung durch Nitrieren.

Aus den bisher geschilderten Vorgängen bei der Nitrierung geht hervor, daß man zu ähnlichen Ergebnissen gelangt wie bei der Zementation von Stählen, die mit stark karbidbildenden Elementen legiert sind, nämlich am Rande stärkere Erhöhung des Stickstoffgehaltes — wie dort des Kohlenstoffgehaltes — mit entsprechendem Abfall zur Kernzone. Die große Ähnlichkeit eines derartigen durch Diffusionsnitrierung behandelten Stückes mit einem zementierten Stück ergibt Abb. 506. Die Analogie der verschiedenen Zonen und des allmählichen Übergangsgefüges zum weichen Kern mit zementierten Proben ist unverkennbar, wobei der Stickstoffgehalt allerdings in viel schärferem Maße abfällt, als dies für Kohlenstoff bei zementierten Proben der Fall ist. Da der Stickstoffgehalt der sich bildenden Nitridschichten mit steigender Nitriertemperatur bei 600° (Übergang von Nitrid II zu Nitrid I) stark anwächst und die dabei entstehenden Nitridschichten infolge ihrer hohen Härte und Sprödigkeit leicht abbröckeln, wird man bei der Nitrierung zum Zweck der Oberflächenhärtung praktisch unterhalb dieser Temperatur bleiben, also die Nitrierung z. B. bei etwa 500—550° vornehmen, da die Bildung des Nitridrandes mit um so schärferem Übergang sich ausbildet, je höher die Nitriertemperatur ist.

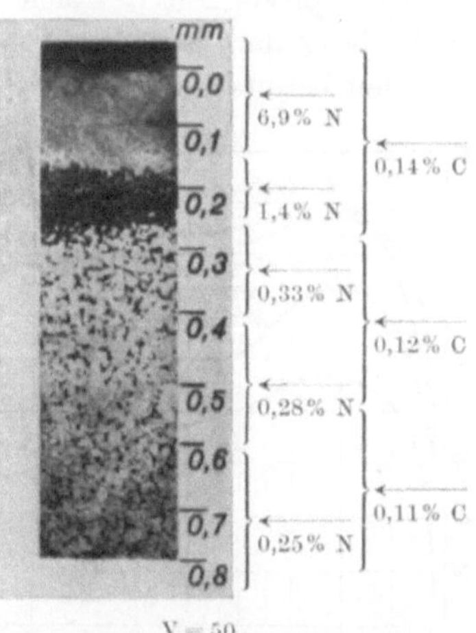

30 Stunden in NH_3 bei 680° nitriert, langsam abgekuhlt.
Abb. 506. Nitriergefuge von Flußeisen mit 0,12% C. [Nach Fry: Kruppsche Mh. 4. Jg. (1923) S. 146] Ätzung: Pikrinsäure.

Wenn auch auf die Analogie mit der Kohlenstoffzementation oben hingewiesen wurde, so ist folgender Unterschied zwischen einer Oberflächennitrierung bei 500—550° und einer Zementation oberhalb $A_{1/3}$ doch erwähnenswert: Die Kohlenstoffzementation oberhalb $A_{1/3}$ erfolgt in einem Temperaturgebiet, in welchem eine große Löslichkeit für Kohlenstoff im γ-Mischkristall vorhanden ist. Die Stickstoffeinwanderung hingegen wird besonders in den später aufgezählten legierten Spezialnitrierstählen durch die Bildung schwer löslicher Nitride behindert. Die hohe Härte der Nitrierschichten kann man sich als Folge blockierter Gleitflächen durch sehr harte Nitridverbindungen vorstellen[1].

Zahlentafel 127. Einfluß der Zusätze zum Eisen auf die Nitrierungshärte nach Fry[2].

Bezeichnung der Stähle	C %	Zusätze %	%	Brinellhärten[3] vor der Nitrierung	nach der Nitrierung	Hartesteigerung
Elektrolyteisen	0,051	—	—	90	140	50
C-Stahl	0,62	—	—	215	234	19
,, ...	1,27	—	—	278	285	7
Si-Stahl	0,48	1,95 Si	0,33 Mn	244	317	73
,, ...	0,17	3,2 Si	0,17 Mn	207	288	81
Mn-Stahl	0,43	0,06 Si	1,50 Mn	215	285	70
Si-Mn-Stahl	0,46	1,3 Si	1,60 Mn	229	388	159
Ni-Stahl	0,33	3,6 Ni	—	191	191	0
Co-Stahl	0,20	4,93 Co	—	138	222	84
V-Stahl	0,18	0,22 V	—	157	317	160
Cr-Stahl	0,22	2,81 Cr	—	219	404	185
Al-Stahl	0,28	3,28 Al	—	174	389	215
,, ...	0,13	2,50 Al	—	145	485	340
Ti-Stahl	0,18	3,85 Ti	—	161	393	232
Cr-Ti-Stahl	0,17	2,25 Cr	0,80 Ti	147	294	247
Cr-Mn-Stahl	0,44	1,00 Mn	1,90 Cr	298	500	202
Cr-Al-Stahl	0,50	2,30 Cr	1,75 Al	310	592	282

Die Sprödigkeit der sich ausbildenden Nitridschichten kann in Stählen mit nicht besonders ausgewählter Legierung ziemlich groß sein, so daß unter Umständen bereits bei der Herstellung von Schliffproben die äußerste Randschicht abbröckelt und bei der metallographischen Untersuchung nicht mehr genau erfaßt wird. Diese Nitridschichten besitzen aber eine Härte, die nahe an die Diamanthärte heranreicht. Die Härtebestimmung oberflächennitrierter Stücke ist mit Schwierigkeiten verbunden, da entweder bei der Härteprüfung diese dünnen Schichten abplatzen können, oder der Prüfkörper durch die harte aber dünne Randschicht sich in die weiche Grundmasse eindrückt. Erst in neuerer Zeit konnten durch Verwendung ganz feiner Härtemeßmethoden (Vickers-, Firth-Härteprüfer) derartige Härte-

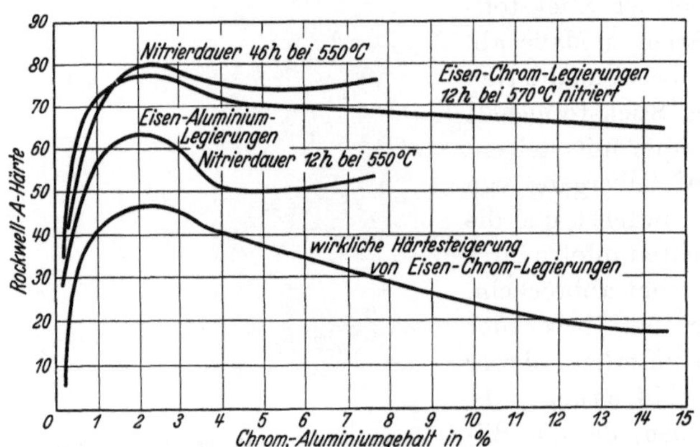

Abb. 507. Oberflächenhärte von nitrierten Eisen-Chrom- und Eisen-Aluminium-Legierungen. [Nach Eilender u. Meyer: Arch. Eisenhüttenwes. 4. Jg. (1931) S. 349.]

[1] Meyer und Hobrock: Arch. Eisenhüttenwes. 5. Jg. (1931/32) S. 251—260.
[2] Kruppsche Mh. 4. Jg. (1923) S. 149.　　[3] Vgl. hierzu das auf S. 497 Gesagte.

bestimmungen mit genügendem Genauigkeitsgrad ausgeführt werden. Die Brinell-härtebestimmungsmethode ist hierfür als ungeeignet zu verwerfen, während verfeinerte Rockwellhärtebestimmungen mit geringen Vorlasten schon eher geeignet sind.

Die bei reinen Eisen- oder Eisen-Kohlenstoff-Legierungen gewonnenen Erkenntnisse auf dem Gebiete der Stickstoffdiffusion ließen infolge der geringen Tiefe der nitrierten Schichten und ihrer hohen Sprödigkeit dieses Verfahren nicht ohne weiteres praktische Anwendung finden. Erst die weiter durch Fry gewonnenen Erkenntnisse, daß durch Zusatz von Legierungselementen zu Eisenlegierungen, insbesondere solcher, die selbst starke Nitridbildner sind, wie Chrom, Aluminium, Titan, wesentlich verbesserte Nitridschichten erzielt werden können, haben zur praktischen Nutzanwendung der Diffusionsoberflächenhärtung durch Nitrierung geführt.

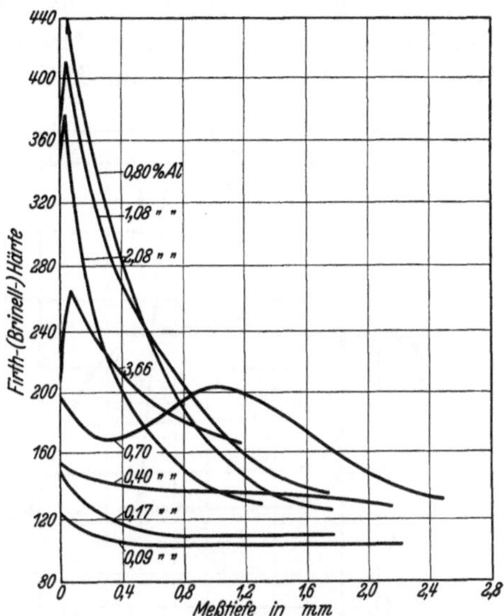

Abb. 508. Hartetiefe nitrierter Eisen-Aluminium-Legierungen (48 Stunden bei 550° nitriert). [Nach Meyer u. Hobrock: Arch. Eisenhuttenwes. 5. Jg. (1931) S. 256.]

Einen Überblick über die Wirkung verschiedener Legierungselemente ergibt Zahlentafel 127.

Da diese Untersuchungen schon nahezu ein Jahrzehnt zurückliegen, und die ehemalige Härtemeßmethode eine genauere Erfassung der wirklichen Ober-flächenhärtung nicht zuließ, sind die dort angegebenen Zahlen nicht als Absolutwerte anzusprechen[1]. Immerhin dürfte sich aber für die Wirkung des Legierungselementes auf Ausbildung der Nitrierschicht, Nitriertiefe, Sprödigkeit und Härtesteigerung ein gewisser Aufschluß ergeben, da nur diejenigen Legierungen bei der Härtemessung einwandfreie hohe Härte zeigen,

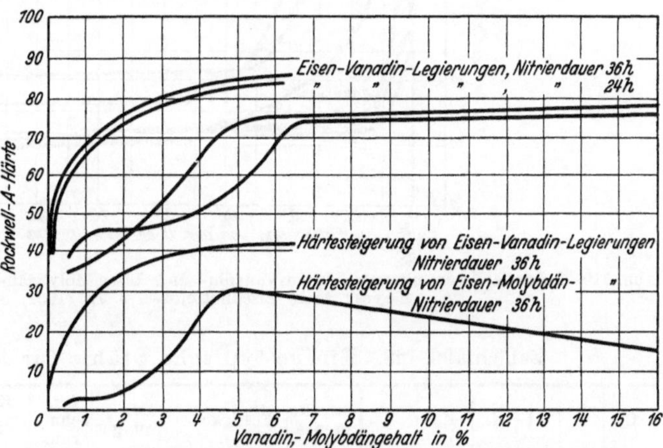

Abb. 509. Oberflachenharte von nitrierten Eisen-Vanadin- und Eisen-Molybdan-Legierungen. [Nach Eilender u. Meyer: Arch. Eisenhuttenwes. 4. Jg. 1931) S. 350.]

die eine entsprechende Nitriertiefe bei gleichzeitiger Zähigkeit der Nitrierschicht aufweisen. Wie aus der obigen Zahlentafel hervorgeht, heben sich sehr deutlich die nitridbildenden Elemente Chrom, Aluminium, Titan mit günstigen Härtewerten

---

[1] Vgl. hierzu das auf S. 496 Gesagte.

ab. Hinzu kommt Vanadin, das ebenfalls wegen seiner Verwandtschaft zu Stickstoff bekannt ist. Vanadin trägt bei höheren Gehalten ebenfalls wesentlich zur Verbesserung der Nitrierschicht bei. Im gleichen Sinne verdienen Zusätze von Molybdän Beachtung. Neuere Messungen zeigen die Abb. 507—510. Auf der Basis Chrom-Aluminium, Chrom-Molybdän-Aluminium, Chrom-Nickel-Aluminium,

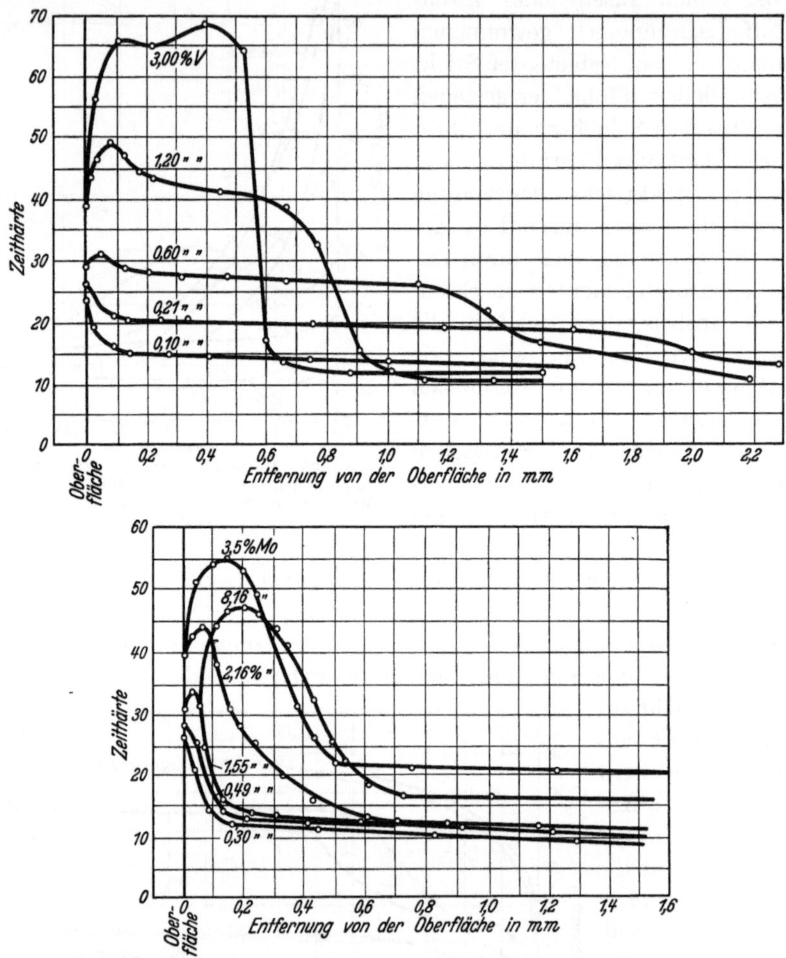

Abb. 510. Härtetiefe von nitrierten Eisen-Vanadin- und Eisen-Molybdän-Legierungen. [Nach Eilender u. Meyer: Arch. Eisenhuttenwes. 4. Jg. (1931) S. 350.]

Zahlentafel 128. Einige typische Stähle für Nitrierhärtung.

C	Cr	Al	Ni	Mo	V	Streck-grenze	Festigkeit	Deh-nung	Ein-schnü-rung	Kerb-zähig-keit	Behandlung
%	%	%	%	%	%	kg/mm²	kg/mm²	%	%	mkg/cm²	
0,30	1,3	1,0	—	—	—	45	65— 80	24—18	60	18	wasservergütet
0,35	1,1	1,0	—	0,20	—	65	85—100	22—16	50	15	öl- oder wasservergütet
0,35	1,4	1,1	1,8	0,20	—	65	85—100	22—16	45	15 }	ölvergütet
						80	100—115	16—10	40	10 }	
0,30	2,5	—	—	0,25	0,25	85	90—110	18—14	50	12 }	öl- oder wasservergütet
						100	110—130	14—10	45	8 }	

Chrom-Vanadin-Molybdän usw. haben sich eine ganze Reihe von Spezialnitrierstählen entwickelt, mit denen es gelingt, genau wie bei den Einsatzstählen im Kern alle gewünschten Eigenschaften bei wesentlich höherer Randhärte zu erzeugen (Zahlentafel 128).

Am günstigsten lassen sich derartige Sonderstähle nitrieren, wenn sie vergütet, d. h. im mehr oder weniger troostitisch-sorbitischen Zustand vorliegen. Der geglühte Zustand hingegen ergibt im allgemeinen sprödere Nitrierschichten mit schlechterem Übergang zur Kernzone. Die Ausbildung des Nitriergefüges bei derartigen Sonderstählen zeigt Abb. 511. Von der harten Nitridaußenschicht, in der sich zum Teil in den Korngrenzen, ähnlich wie bei der Zementation, harte Nitride festsetzen, geht das Gefüge über einen strukturlosen Zustand, in dem man keinerlei Korngrenzen erkennen kann, allmählich zum weichen Kern über. Im Bruchgefüge und Feinschliff zeigen derartige Stähle große Ähnlichkeit mit zementierten und gehärteten Stahlproben (Abb. 512). Beim Biegen von Nitrierproben treten wie bei zementierten Proben die be

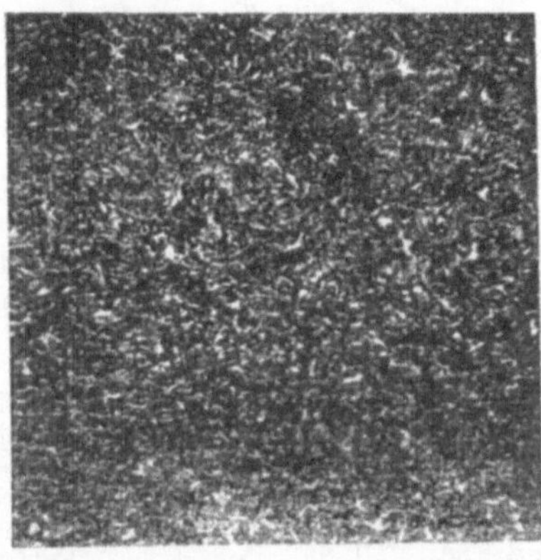

Abb. 511. Randgefüge von nitriertem Sonderstahl (0,37% C, 1,06% Cr, 1,29% Al, 0,30% Mo).

kannten Rißerscheinungen in der harten Oberflächenschicht auf, während das zähe Kernmaterial der Biegung standhält.

Da das Eindringen des Stickstoffs bei der verhältnismäßig geringen Löslichkeit für Stickstoff im α-Eisen (bei 500° etwa 0,4%) nur langsam vor sich geht, erfordern Nitrieroberflächenhärtungen verhältnismäßig lange Zeiten. Man hat sich den Vorgang der Härtung so vorzustellen, daß die Diffusion über das Eisennitrid erfolgt; der eindringende gelöste Stickstoff führt zur Ausscheidung der schwer löslichen Al-, Cr- und V-Nitride; erst nach Absättigung der im Mischkristall enthaltenen nitridbildenden Legierungsbestandteile mit Stickstoff erfolgt ein weiteres Eindringen, wieder über das Eisennitrid. Die Nitrierschicht besitzt nur eine geringe Tiefe, die bei den heute bekannten Stählen meistens über 1 mm nicht hinauskommt. Man hat es also bei Nitrierstahl nicht in der Hand, ähnlich

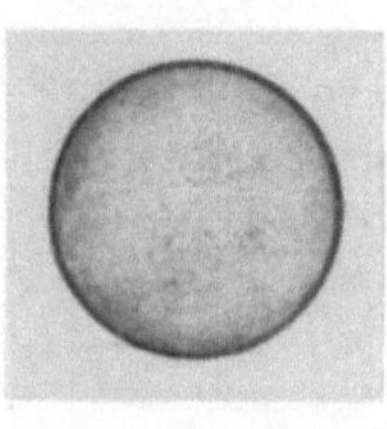

Abb. 512. Querbruch sowie mit Pikrinsäure geätzter Querschliff von durch Nitrierung gehärtetem Sonderstahl (0,37% C, 1,06% Cr, 1,29% Al, 0,30% Mo).

wie bei Einsatzstählen die Erhöhung der Nitrierschicht — analog der Zementationsschicht — wesentlich zu beeinflussen. Man kann vor allem die Tragfähigkeit nicht durch Vergrößerung der Nitriertiefe erhöhen, sondern ist gezwungen, dafür den Festigkeitseigenschaften im Kern besondere Beachtung zu schenken. Gegenüber den nach dem Zementationsverfahren gehärteten Stählen ist man also auf geringe Härtetiefe beschränkt, trotz langer Nitrierzeiten, wie dies z. B. aus den Nitriertiefe-Zeitkurven (Abb. 513) hervorgeht. Es hat nicht an Versuchen gefehlt, den Nitrierungsvorgang zu beschleunigen. Am bekanntesten sind die Bestrebungen, unter Anwendung hochfrequenter Schwingungen, die die kleinsten Teilchen in ihrer Schwingungsenergie beeinflussen sollten, zu schnellerem Diffusionsvorgang bei der Nitrierung zu gelangen[1]. Nach anfänglich erfolgversprechenden Mitteilungen haben sich leider noch keine praktischen Erfolge bei der Nitrierung ergeben. Wesentlich ist es, bei der Nitrierung blanke saubere Oberflächen zu haben, damit nicht durch Oxydschichten, Fettschichten usw. die Aufnahmefähigkeit für Stickstoff stellenweise vermindert wird.

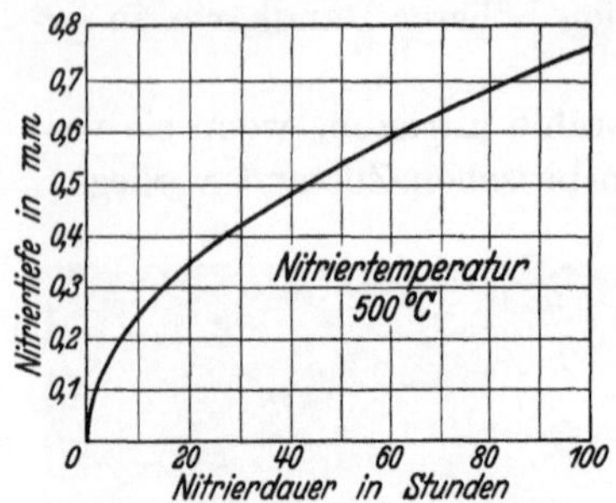

Abb. 513. Abhängigkeit der Nitriertiefe von der Nitrierdauer bei einem Stahl mit 0,30% C, 1,5% Si, 1% Al. [Entnommen aus Automob.-techn. Z. 36. Jg. (1933) S. 486.]

Wenn auch das Oberflächenhärteverfahren durch Nitrierung bezüglich der erreichbaren Tiefe gegenüber der leichten Anpassungsfähigkeit der Zementationstemperatur und Zementationszeit an die gewünschte Härtetiefe hinter den normalen Zementationsverfahren zurücksteht, so bietet die Nitrierung doch andererseits große Vorteile. Diese Vorteile sind begründet in der erzielbaren Härte und in der Ausführung des Verfahrens. Nitride besitzen eine Härte, die derjenigen des Diamants nahezu gleichkommt und infolgedessen höher liegt als die Martensithärte bei abgeschreckten zementierten Kohlenstoffstählen. Die Überlegenheit nitrierter Stähle bezüglich der Härte gegenüber zementierten zeigt Abb. 514. Bei den genauestens vorgenommenen Härtemessungen zeigt sich eine Überlegenheit in der Härte um etwa 30%. Diese höhere Härte muß sich überall da vorteilhaft auswirken, wo Verschleißbeanspruchungen vorliegen. Da außerdem die Härte der Nitride bis zu ihrer Zersetzungstemperatur, also nahezu 500°, auch in der Wärme nicht wesentlich abnimmt, haben wir in den Nitridschichten anlaßbeständige verschleißfeste Oberflächen, die bis zu den genannten Temperaturen von 500° ihre Eigenschaften beibehalten, während im Gegensatz hierzu die Martensitschicht einsatzgehärteter Stähle bei Temperaturen von 200° aufwärts ihre Härte einbüßt. Nitrierte Stähle

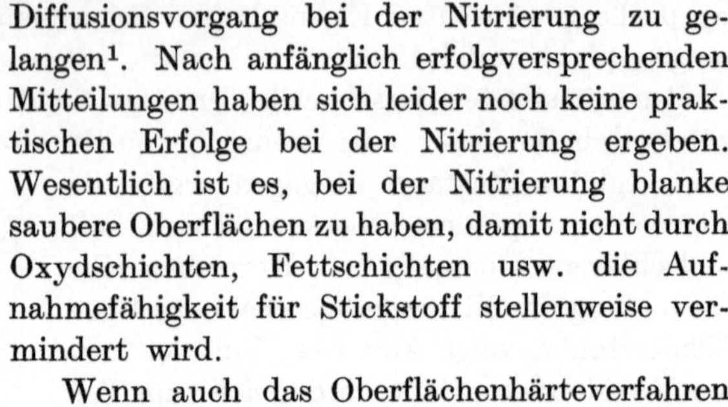

Abb. 514. Vergleich des Härteverlaufes in der gehärteten Randschicht bei Nitrierhartung und Einsatzhärtung.

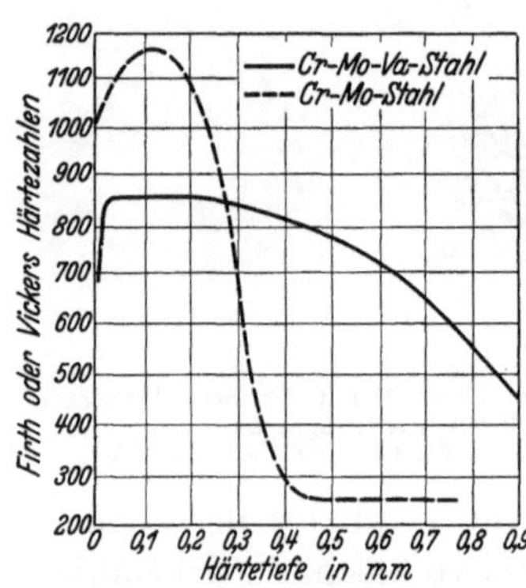

Härte-Tiefe-Kurven für einen Cr-Mo-V-Stahl mit 0,22% C, 1,5% Cr, 0,4% Mo, 0,35% V, und für einen Cr-Mo-Stahl mit 0,18% C, 3,0% Cr, 0,4% Mo.

Abb. 515. Einfluß der Legierung auf die Randhärte zweier Stähle nach der Nitrierung.

---

[1] Mahoux: C. R. Acad. Sci., Paris Bd. 191 (1930) S. 1328—1330; ferner Meyer, Eilender u. Schmidt: Arch. Eisenhüttenwes. 6. Jg. (1932/33) S. 241—245.

haben somit nicht nur den Vorteil, nach Erwärmungen auf höhere Temperaturen im genannten Bereich hart zu bleiben, sondern sie sind auch in dem genannten Temperaturbereich entsprechend hart und verschleißfest.

Da man heute auch durch geeignete Wahl der Legierung die Härte und den Verlauf der Härtetiefekurven nitrierter Stähle in gewissen Grenzen beeinflussen kann (Abb. 515), ergibt sich eine weitgehende Anpassungsfähigkeit nitrierter Stähle an die verschiedenen Verwendungszwecke. Während ein Cr-Mo-Stahl (entsprechend der gestrichelten Kurve) mit außerordentlich hoher Randhärte für hoch auf Verschleiß beanspruchte Teile am geeignetsten ist, wird der Cr-Mo-V-Stahl (ausgezogene Kurve) dann am Platze sein, wenn wegen gleichzeitiger Beanspruchung auf Verschleiß und Schlag oder hohen Druck Wert auf besondere Zähigkeit der Nitrierschicht gelegt werden muß. Als Vorteil des Cr-Mo-V-Stahles tritt dann der flachere Verlauf der Nitrierhärtekurve, also die größere Nitriertiefe in Erscheinung. Stähle mit der hohen Nitrierhärte sind in der Lage, Glas zu ritzen.

Die weiteren Vorteile der Anwendung nitrierter Stähle sind in dem Nitrierverfahren selbst begründet. Das Vorgehen bei der Nitrierhärtung ist folgendes: Nach dem Walzen, Schmieden, evtl. Vorarbeiten erfolgt die Vergütung des betreffenden Stahles auf die gewünschte Festigkeitsstufe. Nach dem Vergüten empfiehlt es sich, die oxydierte Außenhaut durch eine Nacharbeitsoperation wieder zu entfernen. Das bis auf Fertigmaß bearbeitete Stück wird in einen Ofen eingebracht, langsam unter Ammoniakstrom auf 500° erwärmt, die gewünschte Zeit von 1—4 Tagen auf Temperatur gehalten, und im Ofen unter Ammoniakstrom wieder langsam abgekühlt. Bei der Herausnahme aus dem Ofen sind die betreffenden Stücke fertig gehärtet. Im Gegensatz zu einsatzgehärteten Stücken bedürfen diese Teile somit keinerlei Abschreckoperation, die beim Einsatzhärteverfahren zwecks Erzielung der gewünschten Kornfeinheit unter Umständen sogar mehrfach vorgenommen werden muß. Die durch das Abschrecken erzeugten Spannungen führen bei zementierten Teilen zu mehr oder weniger starkem Verzug bei der Härtung, und bei komplizierten Teilen ergeben sich hierdurch sogar leicht Spannungsrisse usw. Die Nitrierhärtung erfolgt hingegen praktisch verzugsfrei, falls darauf geachtet wird, daß die zu nitrierenden Stücke keine Spannungen mehr enthalten, die sich sonst während der Nitrierung bei 500° durch Verwerfen der betreffenden Stücke auslösen. Man muß deshalb unbedingt Wert auf größtmögliches Spannungsfreiglühen vor dem Nitrieren legen.

Bei spannungsfrei vergüteten und bearbeiteten Teilen wird die Nitrierung nur infolge der Volumenvergrößerung durch Stickstoffaufnahme an der Oberfläche eine Dickenzunahme von 0,02—0,03 mm herbeiführen, die man von vornherein in etwa berücksichtigen kann. Bei einseitiger Nitrierung sehr dünner Teile kann die einseitige Volumenvergrößerung zum Verziehen des betreffenden Stückes führen.

Im allgemeinen sind diese kleinen Formveränderungen regelmäßig. Den nur geringen Verzug derartiger nitrierter Teile gegenüber einsatzgehärteten zeigt Abb. 516. Die hier gehärtete Spirale, die vor dem Härten genau senkrecht angekreuzt worden war, zeigt deutlich die Veränderungen, die bei normaler Ablöschung gegenüber der Nitrierhärtung auftreten und bei stark ungleichmäßig geformten Teilen ein sehr erhebliches Maß annehmen können.

Durch Überzüge von Zinn, Nickel usw. ergibt sich die Möglichkeit, einzelne Teile vor der Nitrierung zu schützen, so daß lokale Härtungen auf einfache Art und Weise vorgenommen werden können. Man überzieht die Stellen, die weich gehalten werden sollen, mit entsprechenden Schutzüberzügen bzw. verzinnt das ganze Stück und arbeitet den Überzug an den zu härtenden Stellen ab. Ähnlich wie die Einsatzhärtung ergibt auch die Nitrierung eine Erhöhung der Schwingungsfestigkeit,

Abb. 516. Formänderung von Spiralen beim Härten. [Nach Fry: Kruppsche Mh. 7. Jg. (1926) S. 19.]

wobei die Gründe dieselben sind, wie dies bei der Einsatzhärtung angeführt wurde. Zahlentafel 129 zeigt die Überlegenheit nitrierter Proben gegenüber nicht nitrierten. Vor allem ist hervorzuheben, daß durch die Nitrierung auch

Zahlentafel 129. Wirkung einer Oberflächenhärtung durch Nitrierung auf die Dauerschwingungsfestigkeit (Mailänder und Hengstenberg[1]).

Stahlart	Be-handlung	Schwingungs-festigkeit kg/mm²	Verhältnis von Schwingungs-festigkeit zu		Schwingungs-festigkeit im Bruchausgangs-punkt kg/mm²
			Zugfestigkeit	(Zugfestig-keit + Streck-grenze)	
Cr-Al	a	42	0,52	0,29	—
	b	40—41	0,51	0,28	—
	c	55	0,66	0,36	44
Cr-Al	a	50—51	0,53	0,29	—
	b	52	0,5	0,28	—
	c	67	0,62	—	53
Cr-Al	a	46—47	0,5	0,28	—
	c	59	0,63	0,35	48
Cr-Mo-Al	a	48—49	0,53	0,29	—
	c	62—63	0,62	0,34	49
Cr-Ni-Al	a	55	0,5	0,27	—
	c	68	0,57	—	58
Cr-Mo	a	43	0,55	0,29	—
	b	46—47	0,59	0,32	—
	c	67—68	0,9	—	47
Mittel für nicht nitrierte Proben:			0,53	0,29	

a = vergütet; b = vergütet, dann 48 Stdn. bei 500° geglüht; c = vergütet, dann 48 Stdn. bei 500° nitriert.

die Oberflächenempfindlichkeit gegen Kerben vermindert und bei geringer Kerbtiefe überhaupt praktisch aufgehoben wird. Der Grund hierfür ist darin zu suchen, daß der Dauerbruch vom Übergang zwischen nitrierter Randzone und nicht nitriertem Kern ausgeht und meistens nicht von außen her

---

[1] Kruppsche Mh. Bd. 11 (1930) S. 253.

erfolgt. Hierauf beziehen sich die in der letzten Spalte der Zahlentafel 129 umgerechneten Zahlenwerte für die Schwingungsfestigkeit. Es wurde zur Spannungsberechnung nicht der äußere Durchmesser der Probe, sondern nur der Kerndurchmesser zugrunde gelegt. Die umgerechneten Werte entsprechen den Werten eines polierten nicht nitrierten Stabes. Bleiben die Kerbtiefen im Vergleich zur Nitriertiefe gering, so wird immer noch der Bruch von der Übergangszone Rand-Kern ausgehen und infolgedessen eine Verminderung der Dauerschwingungsfestigkeit nicht eintreten; erst im Vergleich zur Nitriertiefe größere Kerben veranlassen eine Verminderung der Schwingungsfestigkeit. Zum Teil dürfte die starke Wirkung der nitrierten Oberfläche auf die Schwingungsfestigkeit auch auf die Druckspannungen zurückzuführen sein, die beim Nitrieren infolge der Stickstoffaufnahme in der Randzone entstehen. Eine Erhöhung der Schwingungsfestigkeit zeigt sich u. U. auch bei gleichzeitigem Korrosionsangriff, da die äußerste Nitridschicht gegenüber dem Gefüge normaler Vergütungsstähle korrosionsbeständiger ist, wenn sie möglichst reich an Nitriden ist, also nach dem Nitrieren nicht abgeschliffen wurde. Der bessere Korrosionswiderstand dürfte auf die bekannte Erhöhung der chemischen Beständigkeit durch Bildung stabiler Verbindungen zurückzuführen sein. Geringe Korrosionsangriffe werden deswegen keine so starke Verminderung der Dauerschwingungsfestigkeit herbeiführen, so lange nicht der entsprechende Korrosionsangriff eine bestimmte Tiefe (= Nitriertiefe) erreicht. Selbstverständlich ist die Verbesserung des Korrosionswiderstandes nitrierter Schichten nicht vergleichbar mit dem Korrosionswiderstand der chromhaltigen rostfreien Sonderstähle usw.

Die Vorteile der Oberflächenhärtung durch Nitrierung kann man wie folgt zusammenfassen:

1. Die hohe Oberflächenhärte nitrierter Gegenstände macht sie außerordentlich verschleißfest.

2. Die Härtebeständigkeit der nitrierten Schicht bis zu Temperaturen von 500° erweitert den Bereich der Beanspruchungsmöglichkeit, insbesondere auf Verschleiß, bis zu dieser Temperatur.

3. Die Stickstoffaufnahme bewirkt eine Erhöhung der Schwingungsfestigkeit und macht die Oberfläche unempfindlicher gegen Kerbwirkungen und Korrosionswirkungen.

4. Die Nitrierhärtung läßt sich praktisch verzugsfrei durchführen und vermeidet die bei der Martensithärtung unausbleiblichen Ablöschspannungen.

5. Die Nitrierhärtung ermöglicht bei Verwendung von Schutzschichten partielle Härtungen an nahezu beliebig geformten Teilen.

Der Vorteil der hohen Oberflächenhärte und Verschleißfestigkeit führt zur Verwendung nitrierter Stähle überall dort, wo starker Verschleiß zu erwarten ist, also z. B. bei Plungern und Kolbenstangen, die beim Hin- und Hergleiten in der Stopfbüchse stark auf Verschleiß beansprucht werden, insbesondere auch bei Maschinen, die bei höheren Temperaturen arbeiten, und bei denen oft mangelhafte Schmiermöglichkeiten gegeben sind. Das gleiche gilt für gleitende Maschinenteile jeder Art. Guten Eingang hat Nitrierstahl vor allem im Präzisionsmaschinenbau (Werkzeugmaschinenbau) gefunden, wo die hohe Präzision durch den geringen Verschleiß der nitrierten Stähle besser gewährleistet werden kann, als bei Verwendung anderer Stähle; ferner für Ölpumpen, z. B. bei Kraftwagen, bei denen infolge kleinerer Staubteilchen unter Umständen mit starkem Verschleiß zu rechnen ist. Dies gilt auch für Kurbelwellen, die sowohl für Gleitlagerung als auch Rollenlagerung im nitriergehärteten Zustand Verwendung finden. Nitrierstahl wird auch bei Landmaschinen, die dauernd in starkem Staub mit wenig sorgsamer Pflege (Ölwechsel) arbeiten müssen, am Platze sein. Das gleiche gilt für Zahnräder, bei denen man mit starkem Verschleiß rechnen muß.

Infolge der Eigenart der Nitrierhärtung — geringe Tiefe und hohe Härte der Nitrierschicht — ist es selbstverständlich, daß man beim Übergang von Einsatzhärtung zur Nitrierhärtung jeweils nachprüfen muß, ob die Konstruktion für Nitrierhärtung geeignet ist oder erst diesem Verfahren angepaßt werden muß.

Der Vorteil der Beständigkeit der Härte und der Verschleißfestigkeit bis zu 500° hat die Nitrierstähle in weitem Umfange im Hochdruckdampfgebiet Verwendung finden lassen, und zwar für Schieberventile usw., ferner für Zylinder von Verbrennungsmotoren. Allen diesen Teilen kommt neben der hohen Verschleißfestigkeit die durch Nitrierung erhöhte Dauerschwingungsfestigkeit und Ermüdungsfestigkeit zugute. Der geringe Verzug bei der Härtung und die lokalen Härtungsmöglichkeiten haben schließlich eine große Anzahl Verwendungszwecke erschlossen, bei denen diese Vorteile voll ausgenutzt werden. Dies trifft außer für Teile bei Präzisionsmaschinen auch für solche zu, die wegen der Schwierigkeiten bei der Härtung praktisch nicht im Einsatz gehärtet werden können. Besonders wichtig sind diese Vorteile z. B. bei der Härtung von komplizierten Zahnrädern mit Schraubenverzahnung (Differentialtellerräder im Kraftwagenbau). Während man normale Zahnräder mit einfachen glatten Zahnflanken ohne weiteres nach der Einsatzhärtung nachschleifen kann, wird diese Operation bei komplizierten Verzahnungen außerordentlich erschwert und kostspielig. Hier läßt sich bei genauer Anpassung der Nitrierhärtung an die Zahnart der Härtungsvorgang so beherrschen, daß praktisch verzugsfreie Härtung erzielt wird und irgendwelche Nacharbeit im gehärteten Zustand nicht mehr notwendig ist. Ähnliche Verhältnisse liegen bei manchen Teilen von Textilmaschinen, z. B. Nadelbetten, vor. Diese oft mit dünnen Stegen und Einarbeitungen versehenen Teile können überhaupt nur durch Nitrierung gehärtet und entsprechend verschleißfest gemacht werden. Das gleiche gilt für die Herstellung von komplizierten Meßwerkzeugen, wie Kaliberringen, Bolzen, Lehren. Bei der Herstellung von Meßwerkzeugen fällt ins Gewicht, daß nitriergehärtete Stücke frei von Ablöschspannungen sind, infolgedessen auch bei langem Lagern keine wesentlichen Maßveränderungen erleiden. Bei der Herstellung von Feinmeßwerkzeugen, die nach direktem Härteverfahren behandelt werden, treten noch nach Jahren kleine Veränderungen auf, die die Genauigkeit der Werkzeuge in Frage stellen (Abb. 78). Durch künstliche Alterung — langes Auskochen bei Temperaturen von 100—150°, bei denen noch keine wesentliche Veränderung der Martensithärte eintritt — hat man diesen Übelstand bereits weitgehend beseitigt. Nitriergehärtete Stücke bieten hier eine noch größere Gewähr gegen Spannungen, da während des Nitriervorganges, der bei 500° vorgenommen wird und mehrere Tage dauert, evtl. noch vorhandene Spannungen ausgelöst werden.

Infolge der außerordentlichen Härte der äußeren Nitrierschicht einzelner Nitrierstähle muß man bei der Herstellung von Werkzeugen, Konstruktionsteilen usw. darauf achten, daß bei den betreffenden Gegenständen keine scharfen

Kanten vorhanden sind, da diese ja nur noch aus einer harten Nitrierschicht bestehen würden und infolgedessen zu einer Abbröckelung und Beschädigung führen könnten.

3. Einfluß kleiner Stickstoffmengen auf die Stahleigenschaften.

Die mehr metallurgische Bedeutung des Stickstoffs gründet sich auf den Verlauf der in Abb. 497 eingezeichneten Linie *LK*. Diese Linie wachsender Löslichkeit für Eisennitrid II mit steigender Temperatur kennzeichnet in bekannter Weise die Möglichkeiten zu Ausscheidungshärtungseffekten, wie sie auch bei Eisen-Kohlenstoff-Legierungen, bei Kupfer-Eisen-Legierungen, Eisen-Wolfram-Legierungen, Eisen-Molybdän-Legierungen usw. erwähnt sind. Köster[1] hat besonders diesem Teil des Eisen-Stickstoff-Diagramms größere Aufmerksamkeit zugewandt und die hier vorliegenden Verhältnisse genauer geklärt. Aus dem Verlauf der Linie *LK* ist zu entnehmen, daß durch Ablöschen von Temperaturen von 550° bei Anwesenheit von Stickstoffgehalten zwischen 0,01 und 0,5% der gesamte Stickstoff voraussichtlich in Lösung gehalten werden kann, während er bei langsamer Abkühlung in Form von Nitridnadeln abgeschieden werden muß. Daß diese Verhältnisse tatsächlich so liegen, zeigt deutlich die Abb. 517. Das schwach nitrierte Elektrolyteisen zeigt nach der langsamen Erkaltung bei Ätzung mit dem Fryschen Kraftwirkungsmittel deutlich dunkel gefärbte Nitridnadeln, während es abgeschreckt ein vollkommen homogenes Mischkristallkorn erkennen läßt. Gleichzeitig zeigt aber auch die Abbildung, daß eine derartig abgeschreckte Probe nach dem Anlassen auf 250° wieder deutlich die Ausscheidungen aufweist. Auch bei Zerreißversuchen zeigen die verschiedenen Behandlungszustände verschiedene Eigenschaften. Vor allem äußert sich der unterschiedliche Behandlungszustand in der Zähigkeit, z. B. in der Einschnürung. Die langsam abgekühlte Probe unterscheidet sich in nichts von dem normalen Elektrolyteisen. Desgleichen besitzt die im abgelöschten Zustande sofort nach der Ablöschung geprüfte Probe gute Zähigkeitseigenschaften. Aber es genügen bereits geringe Lagerzeiten, um trotz des immer noch homogenen Gefüges außerordentlich große Sprödigkeitserscheinungen auftreten zu lassen, die zu einer Verringerung der Einschnürung bis auf 5% und weniger führen können. Beim Anlassen auf 250° sind aber wieder verhältnismäßig gute Einschnürungswerte zu erzielen (Zahlentafel 130). Die Sprödigkeit der abgelöschten Probe zeigt an, daß nach dem Ablöschen bei Raumtemperatur sofort eine gewisse Alterung infolge Platzwechsel der Atome oder bereits submikroskopisch

Zahlentafel 130. Mechanische Eigenschaften von nitriertem Elektrolyteisen nach verschiedenen Warmebehandlungen nach Köster[1].

Wärmebehandlung	Streckgrenze kg/mm²	Zugfestigkeit kg/mm²	Dehnung %	Einschnurung %
Ausgangszustand nicht nitriert	15,4	26,5	48	87
Nitriert und langsam erkaltet	16,0	28,4	35	81
Von 550° abgeschreckt	20,0	31,5	0	0
Nach dem Abschrecken bei 250° angelassen .	17,2	31,9	30	80

[1] Arch. Eisenhüttenwes. 3. Jg. (1930) S. 553—558.

feiner Ausscheidungen eintritt. Ist eine gewisse Zusammenballung der Ausscheidungen eingetreten, wie dies z. B. nach dem Anlassen auf 250° der Fall ist, so verschwindet auch die entsprechende Sprödigkeitserscheinung wieder.

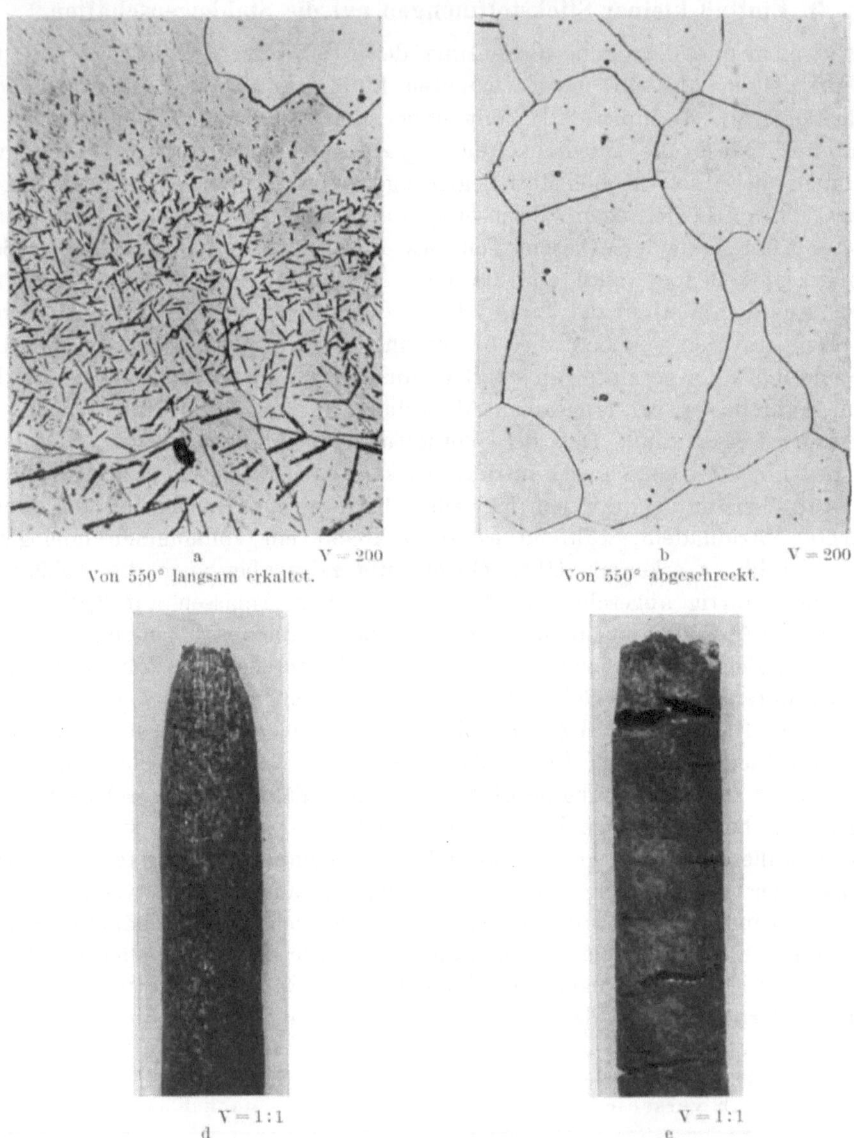

Abb. 517. Stickstoff im Gefüge nach Abschreckung und Anlassen und seine Auswirkung auf die Form der Zerreißprobe. [Nach Köster: Arch. Eisenhuttenwes. 3. Jg. (1930) S. 554.]

Sehr deutlich werden die sich abspielenden Vorgänge durch Messung der elektrischen Leitfähigkeit, der Koerzitivkraft, Remanenz nach verschiedenen Behandlungen gekennzeichnet (Abb. 518—519). Oberhalb 200° tritt deutlich ein steigendes Inlösunggehen des Nitrids ein, das sich in einer Verminderung der Leitfähigkeit und der Koerzitivkraft äußert. Das Maximum an Lösungsfähigkeit für Stickstoff wird entsprechend der Leitfähigkeitskurve bei 600° erreicht. Beim Anlassen (Abb. 519) steigt die Koerzitivkraft bei 100° bereits auf einen Höchstwert in Übereinstimmung mit der Veränderung der elektrischen

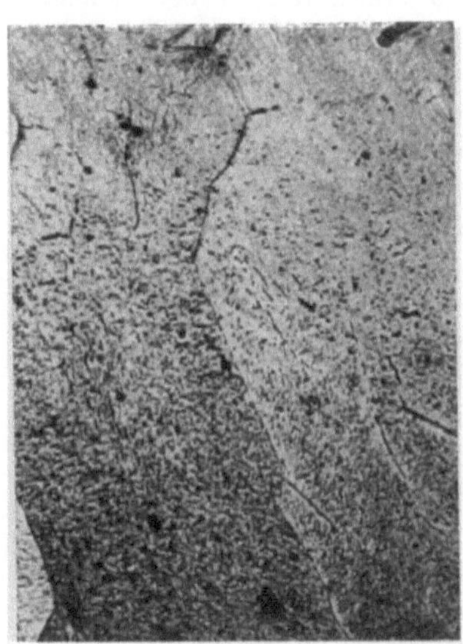

c V = 200

Von 550° abgeschreckt und bei 250° angelassen.

V = 1 : 1

f

Zu Abb. 517.

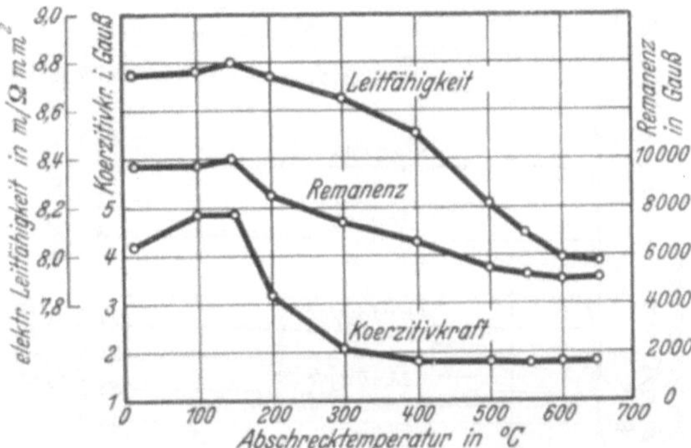

Abb. 518. Einfluß des Abschreckens auf die Koerzitivkraft, Remanenz und elektrische Leitfähigkeit nitrierten Elektrolyteisens. [Nach Köster: Arch. Eisenhuttenwes. 3. Jg. (1930) S. 556.]

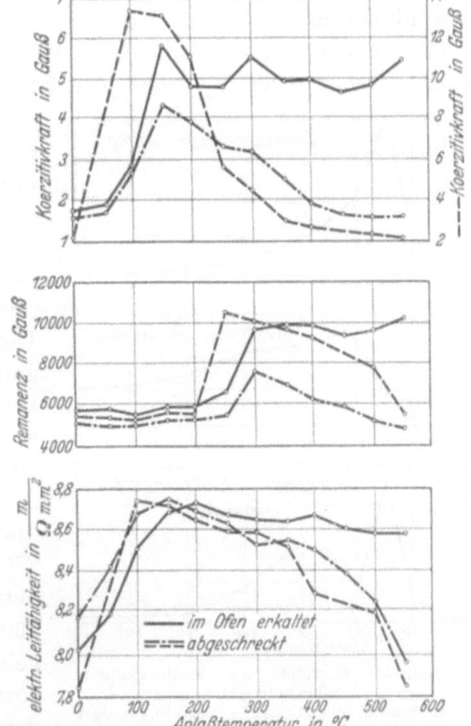

Abb. 519. Einfluß des Anlassens auf die Koerzitivkraft, Remanenz und elektrische Leitfähigkeit nitrierten Elektrolyteisens nach Abschreckung von 550°. [Nach Köster: Arch. Eisenhuttenwes. 3. Jg. (1930) S. 557.]

Leitfähigkeit. Die Erzeugung eines Zwangszustandes durch sehr feine Ausscheidung von Nitriden bewirkt also auch die bekannte Erhöhung der Koerzitivkraft. Die erzielten Veränderungen sind selbstverständlich verschieden, je nachdem, ob nach dem Anlassen die Proben im Wasser oder im Ofen erkalten. Die abgeschreckten Proben werden beim Anlassen von 200° aufwärts wieder einen Teil des Stickstoffs aufnehmen und bei einer schnellen Abkühlung dementsprechend Effekte ähnlich wie in Abb. 518 zeigen müssen. Die nach dem Anlassen im Ofen erkalteten Proben erleiden dagegen oberhalb 150° Anlaßtemperatur, also nach vollendeter Ausscheidung des Nitrids, keine wesentlichen Veränderungen der Koerzitivkraft und ebenso der elektrischen Leitfähigkeit.

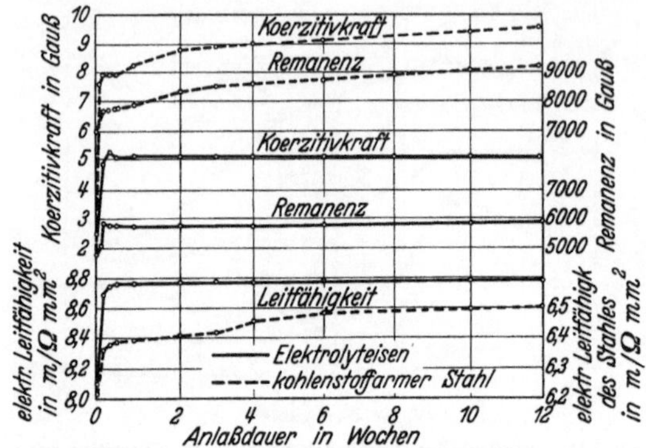

Abb. 520. Einfluß der Anlaßdauer bei 100° auf die Koerzitivkraft, Remanenz und elektrische Leitfähigkeit nitrierten Elektrolyteisens nach Abschrecken von 550°. [Nach Köster. Arch. Eisenhuttenwes. 3. Jg. (1930) S. 557.]

Bei 100° spielt sich der Ausscheidungsvorgang noch verhältnismäßig langsam ab, wie dies aus den Isothermen gemäß Abb. 520 hervorgeht. Auffallend ist allerdings die frühere Beendigung der Ausscheidung bei nitriertem Elektrolyteisen gegenüber kohlenstoffarmem Flußeisen. Letzteres hat bei 100° auch nach 12 Wochen Anlaßdauer noch nicht den maximalen Effekt der Veränderung seiner physikalischen Eigenschaften erreicht. Der N_2-Gehalt des Elektrolyteisens war offenbar wesentlich höher, und es ist bekannt, daß Ausscheidungsvorgänge um so schneller verlaufen, je größer die Übersättigung ist.

Bei kohlenstoffhaltigem Stahl wird man deutlich unterscheiden müssen zwischen dem durch Stickstoff und dem durch Kohlenstoff verursachten Effekt. Die Unterscheidung der beiden Vorgänge ist dadurch möglich, daß sie sich bei etwas verschiedenen Temperaturen abspielen, wie dies aus Abb. 521 zu ersehen ist. Während das Maximum der Veränderung der Eigenschaften durch Kohlenstoffausscheidung bei etwa 250° liegt (mittlere Kurve), liegt das betreffende Maximum für Stickstoff bei 150° (obere Kurve). Infolgedessen ergeben sich Eigenschaftsveränderungen entsprechend der untersten Kurve, in der beide Ausscheidungsvorgänge zum Ausdruck kommen.

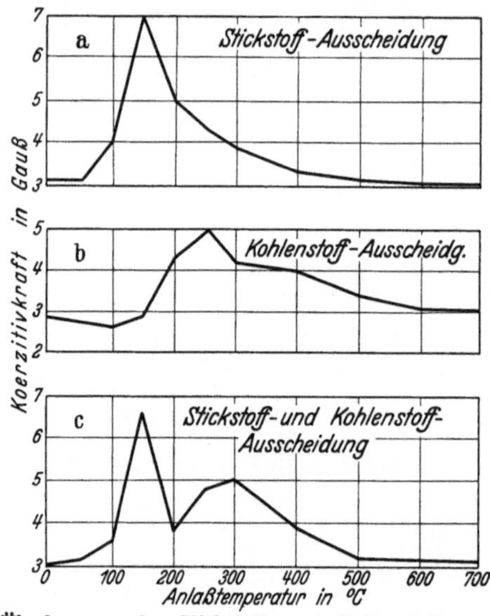

Überlagerung der Stickstoff- und Kohlenstoffausscheidung.
Abb. 521. Einfluß des Anlassens bei einstündiger Anlaßdauer auf die Koerzitivkraft. [Nach Koster: Arch. Eisenhuttenwes. 3. Jg. (1930) S. 644.]

Berücksichtigt man, was in dem Abschnitt über Sauerstoff vermutet wurde, daß Sauerstoffausscheidungen bei tieferen Temperaturen eine Rolle spielen können, und nun innerhalb eines Temperaturgebietes von 100—300° Kohlenstoff, Stickstoff und evtl. auch Sauerstoffausscheidungen sich überlagern können, so sieht man, daß ein sehr genaues Studium der Chemie der kleinsten Mengen bei Eisen- und Stahllegierungen erforderlich ist, um eine Klärung der sehr verwickelt liegenden Verhältnisse herbeizuführen[1].

Auch bei handelsüblichen Eisensorten muß man der Wirkung des Stickstoffs Rechnung tragen, da die Stickstoffgehalte bei den technischen Herstellungsverfahren immerhin so groß werden können, daß Ausscheidungsvorgänge und die dadurch bedingten Veränderungen der Eigenschaften, wie sie geschildert wurden, auftreten können. Die bei den verschiedenartigsten Herstellungsverfahren gefundenen Stickstoffgehalte sind in Zahlentafel 131 wiedergegeben. Nimmt man an, daß durch Anwesenheit von Kohlenstoff

Zahlentafel 131. Stickstoffgehalt verschiedener Stahlsorten nach Köster[2].

Stahlbezeichnung	Stickstoffgehalt in Proz.
Schweißstahl	0,003—0,005
Siemens-Martin-Stahl . .	0,001—0,008
Thomasstahl	0,01 —0,03
Tiegelstahl	0,001—0,008
Elektrostahl	0,008—0,016

die Linien im Eisen-Stickstoff-Schaubild nach niedrigeren Konzentrationen verschoben werden, so erniedrigt sich auch die Löslichkeitsgrenze von Stickstoff bei Raumtemperatur zu tieferen Stickstoffgehalten. Infolgedessen ist zu erwarten, daß außer Schweißstahl und besonders gut denitrierten Siemens-Martin- und Tiegelstählen alle anderen Stähle, insbesondere aber Thomasstähle zu Ausscheidungserscheinungen von Stickstoff führen können, da schon in reinem Elektrolyteisen die Löslichkeitsgrenze bei Raumtemperatur mit 0,01% angegeben worden war. Die große Analogie im Verhalten bezüglich Koerzitivkraft usw. zwischen nitriertem

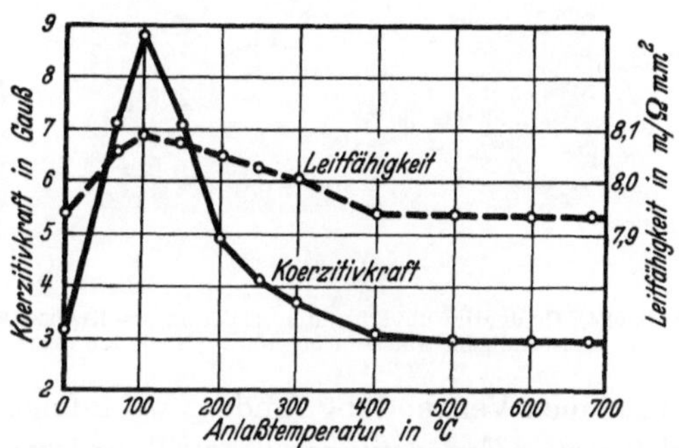

Abb. 522. Koerzitivkraft und Leitfähigkeit eines langsam erkalteten Thomasstahles in Abhängigkeit von der Anlaßtemperatur nach 14tägiger Anlaßdauer. [Nach Koster: Arch. Eisenhüttenwes. 3. Jg. (1930) S. 640.]

Elektrolyteisen und Thomasstahl mit höherem Stickstoffgehalt zeigt Abb. 522.

Die Steigerung der Koerzitivkraft bei 100° steht in vollkommener Übereinstimmung mit der früher gezeigten Abb. 519 für Elektrolyteisen. Das gleiche

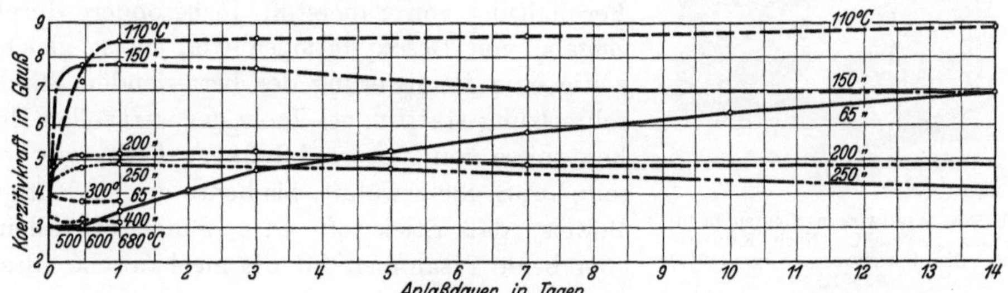

Abb. 523. Zeitliche Änderung der Koerzitivkraft eines langsam erkalteten Thomasstahles bei verschiedenen Anlaßtemperaturen. [Nach Köster: Arch. Eisenhüttenwes. 3. Jg. (1930) S. 639.]

gilt für die Isothermenveränderungen (Abb. 523). Die bereits bei 65° auftretende Erhöhung der Koerzitivkraft bei langer Anlaßdauer dürfte eine Erklärung für

---

[1] Vgl. hierzu S. 488.　　　[2] Arch. Eisenhüttenwes. 3. Jg. (1930) S. 638.

die magnetische Alterung von Thomasflußeisen geben. Es konnte beobachtet
werden, daß bei Verwendung von weichstem Thomaseisen mit geringer Hysteresis
im Laufe der Zeit eine wesentliche Verschlechterung der magnetischen Eigenschaften eintritt, insbesondere dann, wenn derartige Eisensorten in elektrischen

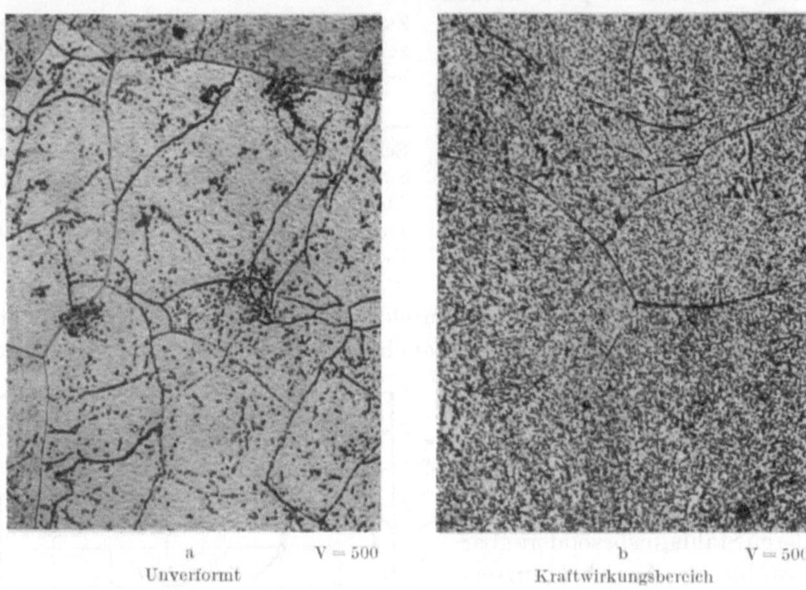

Abb. 524. Gefüge im unverformten Teil und im Kraftwirkungsbereich bei Thomasstahl mit 0,021% N nach
einstundigem Anlassen bei 100°. [Nach Koster: Arch. Eisenhüttenwes. 3. Jg. (1930) S. 652.]

Maschinen Verwendung fanden, wo infolge der auftretenden Wirbelströme auch
gleichzeitig Erwärmungen bis zu Temperaturen von 50—60° vorkommen können.

Es liegt nahe, die bei der Stickstoffausscheidung auftretende Erhöhung der
Sprödigkeit im Zusammenhang mit der mechanischen Alterung von Flußeisen

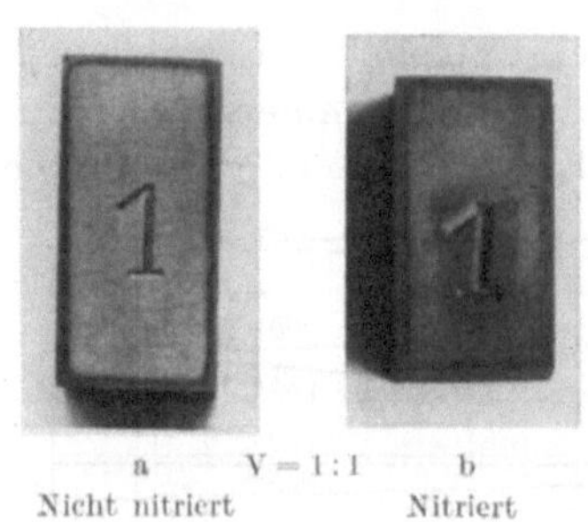

Abb. 525. Kraftwirkungsfiguren in ni-
triertem Izettstahl. [Nach Köster:
Arch. Eisenhuttenwes. 3. Jg. (1930)
S. 651.]

zu bringen und dieselbe nicht, wie im vorigen
Abschnitt erwähnt, dem Einfluß von Sauerstoff,
zu mindesten nicht von Sauerstoff allein, zuzuschreiben. Das könnte möglich sein, da bei der
Fernhaltung von Sauerstoff, insbesondere durch
Zugabe von Desoxydationsmittel, meist gleichzeitig eine Denitrierung der betreffenden Stahl-
schmelzung stattfindet. Trotz der wertvollen Erkenntnisse von Fry und Köster fehlt, wie bereits auf S. 488 erwähnt, bis heute der eindeutige
Beweis, daß Stickstoff oder Sauerstoff allein
oder beide zusammen für die mechanische Alterung verantwortlich sind.

Daß auch bei der mechanischen Alterung ein gewisser Einfluß von Stickstoff vorhanden sein könnte, wäre daraus zu entnehmen, daß die Fryschen
Kraftwirkungsfiguren, wie Köster gezeigt hat, durch Ausscheidung von
Stickstoff in kaltdeformierten Teilen hervorgerufen werden können. Abb. 524
zeigt den Unterschied in der Dunklung von Thomasflußeisen in verformten und

unverformten Stellen nach entsprechendem Anlassen auf 100° und Ätzen mit dem Fryschen Ätzmittel. Einen besonders guten Beweis für den Einfluß von Stickstoff auf die Kraftwirkungsfiguren konnte Köster dadurch erbringen, daß er Proben, die infolge ihrer metallurgischen Herstellungsart an sich frei von Kraftwirkungsfiguren waren (Izett-Flußeisen), durch Nitrierung und darauffolgende Kaltverformung gegen die Kraftwirkungsfigurenätzung empfindlich machen konnte (Abb. 525).

Die Hauptschwierigkeiten, in dieser Frage eine restlose Klärung herbeizuführen, dürften nach wie vor in der Schwierigkeit der Beherrschung der Chemie der kleinsten Beimengungen beruhen, vor allem der außerordentlich schwierigen Bestimmung der Sauerstoffmengen und Sauerstoffbindungsarten,

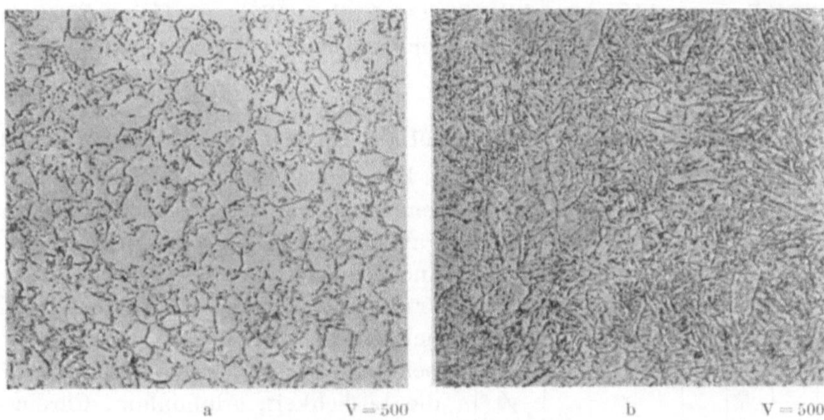

Abb. 526. Verringerung des Ferritgehaltes eines Cr-Si-Stahles nach Behandlung von 800° Luft durch Stickstoff als Folge eines erweiterten γ-Bereiches.

sowie der Schwierigkeit, Eisenlegierungen herzustellen, die nicht gleichzeitig geringe Mengen Sauerstoff und Stickstoff enthalten. Die weitere differenzierte Erforschung dieser verschiedenen Einflüsse wird Sache der nächsten Jahre bleiben.

Praktische Anwendung stark nitridhaltiger Speziallegierungen.

Bei Herstellung von Formguß hat man sich die impfende Wirkung von Nitriden zur Gefügeverfeinerung ferritischer Chromlegierungen zunutze gemacht, indem diese unter Zusatz stark stickstoffhaltigen ($>2\%$ N_2) Ferrochroms erschmolzen werden. Auf die starke Stickstoff- und Kohlenstoffbindung durch Elemente, wie Vanadin, Titan, ist wahrscheinlich auch deren kornverfeinernde Wirkung im gegossenen Stahlgefüge zurückzuführen.

Stickstoff gehört zu den Elementen, die das γ-Gebiet erweitern. Auch bei den korrosionsfesten Chromstählen macht sich dieser Einfluß in dem Sinne bemerkbar, daß ferritische Stähle mit etwa 25% Cr bei Zusatz von Stickstoff bis zu $0,5\%$ beim Erwärmen wieder teilweise eine Umwandlung im γ-Gebiet erfahren und bei halbferritischen Legierungen mit 18% Chrom und weniger mit steigendem Stickstoffgehalt eine Verminderung, ja völliges Verschwinden des ferritischen Gefüges erfolgt[1] (vgl. Abb. 526). Ob dieser Einfluß nur auf Ab-

---

[1] Krivobok: Met. Progr. 26. Jg. (1934) Novemberheft S. 21—25.

bindung von Chrom als Nitrid oder auf die starke Erweiterung des γ-Gebietes durch Stickstoff zurückzuführen ist, ist nicht ganz geklärt. Wahrscheinlich wirkt Stickstoff in den beiden angedeuteten Richtungen. Auch die austenitischen Legierungen des V2A-Typs mit 18% Cr und 8% Ni erfahren eine weitere Stabilisierung des Austenits durch Zusatz von Stickstoff.

O. Wasserstoff im Stahl.

Wasserstoff kann nicht als Stahllegierungselement im gebräuchlichen Sinne bezeichnet werden. Da aber manche Erscheinungen in Stählen auf den Einfluß von Wasserstoff zurückzuführen sind, ist es angebracht, in diesem Rahmen etwas näher hierauf einzugehen.

Trotz all der zahlreichen Arbeiten[1, 2, 3, 4] über Wasserstoff im Eisen ist es nicht möglich, die Beziehungen zwischen den beiden Elementen in Form eines Zweistoffsystems darzustellen.

1. Lösungsfähigkeit von Wasserstoff in Eisen- und Stahllegierungen.

Im schmelzflüssigen Zustande können Eisen- und Stahllegierungen Wasserstoff in mehr oder weniger starkem Grade gelöst enthalten. Die Lösungsfähigkeit von Wasserstoff im Eisen ist abhängig von der Zusammensetzung der Stahllegierung, der Temperatur und dem Wasserstoffdruck. Über den Einfluß der verschiedenen Stahllegierungselemente auf die genauere Löslichkeit an Wasserstoff ist noch wenig bekannt; Nickel, Mangan, Kobalt erhöhen die Löslichkeit, Aluminium, Chrom und Kohlenstoff hingegen vermindern sie. Ein Einfluß der Legierung liegt somit zweifellos vor.

Die Lösungsfähigkeit des geschmolzenen Eisens für Wasserstoff nimmt mit fallender Temperatur etwa geradlinig ab und erfährt beim Übergang aus dem flüssigen in den festen Zustand eine sprunghafte Verminderung (Abb. 527 und 538). Im kristallisierten Zustande kann Eisen bei hohen Temperaturen ebenfalls noch erhebliche Mengen Wasserstoff in fester Lösung enthalten. Mit fallender Temperatur nimmt auch diese im festen Zustand

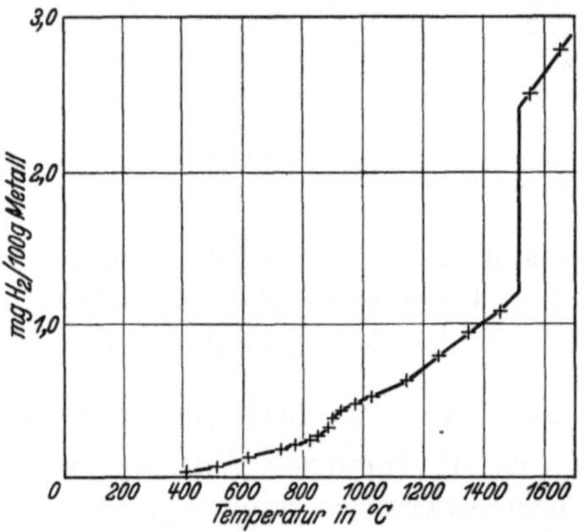

Abb. 527. Wasserstoffaufnahme von Eisen beim Erhitzen in Wasserstoffatmosphare unter konstantem Druck in Abhangigkeit von der Temperatur. [Nach Sieverts: Z. Metallkde. Bd. 21 (1929) S. 37—46.]

gelöste Menge ab (Abb. 527). Die Umwandlung von γ- in α-Eisen zeichnet sich durch eine sprunghafte Verminderung der Löslichkeit aus. Der Austenit kann somit größere Mengen Wasserstoff als der Ferrit lösen. Die Menge des gelösten

---

[1] Sieverts: Z. physik. Chem. Bd. 77 (1911) S. 591.
[2] Hüttig: Z. angew. Chem. Bd. 39 (1926) S. 67; hier auch Literaturübersicht.
[3] Sieverts: Z. Metallkde. Bd. 21 (1929) S. 37.
[4] Gmelins Handb. d. anorg. Chem., 8. Aufl., System Nr. 59: Eisen, Teil B, Lfg. 1. Berlin: Verlag Chemie G. m. b. H. 1929.

Wasserstoffes ist bei den verschiedenen Temperaturen annähernd der Quadratwurzel des Wasserstoffdruckes proportional.

Bei Raumtemperatur ist die bei normalem Druck im Eisen verbleibende Wasserstoffmenge verhältnismäßig gering. Bei langsamer, z. B. Ofen-, evtl. auch Luftabkühlung, von bei hohen Temperaturen mit Wasserstoff beladenen Proben tritt bei nicht zu großen Probenabmessungen nahezu der gesamte Wasserstoff entsprechend der Löslichkeitsabnahme mit fallender Temperatur aus. Bei größeren mit Wasserstoff beladenen Proben werden die Randzonen wasserstoffärmer, während die Kernzonen wegen der zur vollständigen Diffusion nicht ausreichenden Zeit mindestens bei Luftabkühlung noch größere Mengen Wasserstoff in übersättigter Lösung enthalten.

Durch Erwärmen von Eisen und Stahl in Wasserstoffatmosphäre lösen sich die dem Druck und der Temperatur entsprechenden Anteile Wasserstoff (Abb. 527).

Bringt man jedoch Eisenlegierungen bei Raumtemperatur mit naszierendem Wasserstoff, also Wasserstoff in atomarem Zustande, in Berührung, so diffundiert er in größerer Menge in das Eisen ein. Der Hinweis von Bodenstein[1], daß atomarer Wasserstoff bei Raumtemperatur durch Eisen diffundiert, molekularer Wasserstoff hingegen nicht, kann durch die von Bardenheuer und Thanheiser[2] durchgeführten Versuche anschaulich bestätigt werden. Ein hohlgebohrter Zylinder aus Stahl, dessen Bohrung durch einen mit Manometer versehenen Deckel abgeschlossen ist, wird dem Angriff einer Säure an der Außenseite ausgesetzt. Der sich entwickelnde atomare Wasserstoff dringt durch die Wandungen des Stahlzylinders und scheidet sich in molekularer Form im Hohlraum des Zylinders aus. Bei genügend langer Versuchszeit kann der Innendruck hierbei ganz beträchtliche Werte von einigen hundert Atmosphären annehmen. Ein Zurückdiffundieren des molekular im Innenraum ausgeschiedenen Wasserstoffes findet trotz des hohen Innendruckes nicht statt. Atomar gelöster Wasserstoff kann sich mithin im Innern von Hohlräumen in Eisenlegierungen· unter starker Druckentwicklung in molekularer Form ausscheiden.

Wie Körber und Ploum[3] zeigen konnten, ist die Fähigkeit von Eisenlegierungen und technischen Eisensorten, atomaren Wasserstoff aufzunehmen, dem reinen Eisen nicht eigen. Beim Lösen sehr reinen Eisens in reiner Säure tritt kein Wasserstoff in das Eisen ein, sondern es ist hierzu anscheinend die Mitwirkung katalytisch wirkender Elemente, die mit Wasserstoff selbst gasförmige Hydride bilden, wie z. B. Arsen, Silizium, Schwefel, Phosphor usw. erforderlich. Diese die Wasserstoffaufnahme vermittelnden Elemente, wie Si, P, S, gehören zum großen Teil zu den ständigen Beimengungen technischer Eisensorten und gelangen beim Beizen automatisch in das Beizbad, wo sie die katalytische Wirkung hervorrufen. Technische Eisensorten zeigen daher immer Wasserstoffbeladung durch Beizen. Hierbei ist wegen der bei Raumtemperatur behinderten Diffusionsgeschwindigkeit die Wasserstoffaufnahme am Rand größer als im Kern.

Die absolute bei Raumtemperatur diffundierende Wasserstoffmenge ist ebenfalls von der Legierung abhängig. Die Frage der Veränderung der Diffusionsfähigkeit für Wasserstoff in Abhängigkeit von den verschiedenen Legierungs-

---

[1] Z. Elektrochem. Bd. 28 (1922) S. 517—526.
[2] Mitt. Kais.-Wilh.-Inst. Eisenforschg., Düsseld. Bd. 10 (1928) S. 324.
[3] Mitt. Kais.-Wilh.-Inst. Eisenforschg., Düsseld. Bd. 14 (1932) S. 229—248.

zusätzen bedarf noch genauerer Klärung. Wie die Abb. 528 zeigt, vermindert Kohlenstoff insbesondere als lamellarer Perlit die Wasserstoffdurchlässigkeit.

Der Gegensatz der Beladung von Eisenlegierungen bei Raumtemperatur durch Beizen oder Elektrolyse zur Sättigung durch Wasserstoff bei hohen Tem-

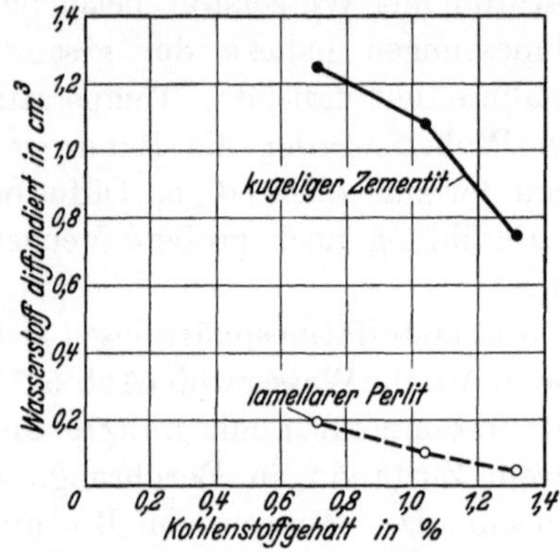

Schwefelsäure mit 387 g H_2SO_4 je Liter.
Blechstärke 1,2 mm. Versuchstemperatur 40°.

Abb. 528. Abhängigkeit der Wasserstoffdiffusion vom Kohlenstoffgehalt des Bleches. [Nach P. Barden- heuer u. G. Thanheiser: Mitt. Kais.-Wilh.-Inst. Eisenforschg., Dusseld. Bd. 10 (1928) S. 324—342.]

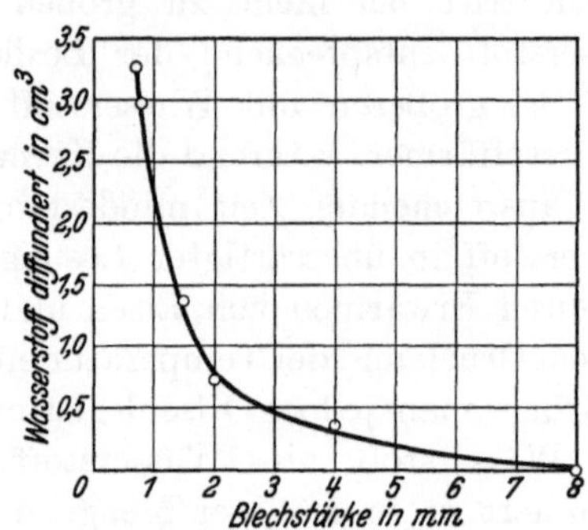

Schwefelsäure mit 387 g H_2SO_4 je Liter.
Versuchstemperatur 25°. Oberflache 0,594 dm².

Abb. 529. Abhängigkeit der nach 6 Stunden durch Flußeisen diffundierten Wasserstoffmenge von der Blechstarke. [Nach P. Bardenheuer u. G. Than- heiser: Mitt.Kais.-Wilh.-Inst.Eisenforschg., Düsseld. Bd. 10 (1928) S. 324—342.]

peraturen (Glühen in Wasserstoffatmosphären) besteht somit vor allem in einer stärkeren Anreicherung der Randzonen bei Raumtemperatur. Für die stärkere

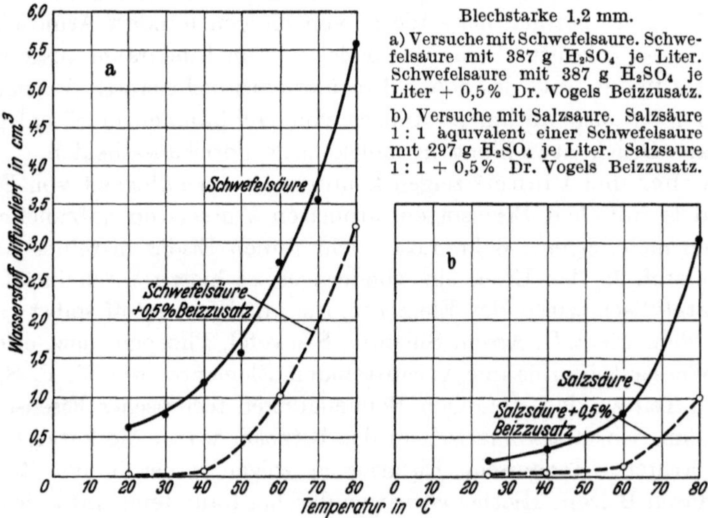

Blechstarke 1,2 mm.
a) Versuche mit Schwefelsaure. Schwe- felsäure mit 387 g H_2SO_4 je Liter. Schwefelsaure mit 387 g H_2SO_4 je Liter + 0,5% Dr. Vogels Beizzusatz.

b) Versuche mit Salzsaure. Salzsaure 1 : 1 äquivalent einer Schwefelsaure mit 297 g H_2SO_4 je Liter. Salzsaure 1 : 1 + 0,5% Dr. Vogels Beizzusatz.

Abb. 530. Abhangigkeit der bei verschiedenen Beizsäuren durch Flußeisen diffundierenden Wasserstoffmenge von der Temperatur. [Nach P. Bardenheuer und G. Thanheiser: Mitt. Kais.-Wilh.-Inst. Eisenforschg., Düsseld. Bd. 10 (1928) S. 324—342.]

Wasserstoffansammlung an der Oberfläche spricht die geringere Aufnahme bei den dickeren Proben, bei denen das Verhältnis von Oberfläche zu Volumen un- günstiger wird. Abb. 529 zeigt diese Abhängigkeit der Wasserstoffdiffusion von der Blechstärke. Die Menge des diffundierenden Wasserstoffes ist auch von der Art der Beizsäure (Abb. 530), d. h. von dem beim Beizen in der entsprechenden Säure entstehenden atomaren Wasserstoffdruck abhängig.

Bei längerem Lagern mit Wasserstoff beladener Proben hat der Wasserstoff das Bestreben, aus dem Eisen auszutreten. Schneller erfolgt der Austritt beim Erwärmen auf höhere Temperaturen, beispielsweise 100—200°. Die Diffusionsfähigkeit steigt rasch mit steigender Temperatur an (Abb. 530).

Durch Kaltverformung wird einerseits die Aufnahmefähigkeit von Wasserstoff in Eisenlegierungen vermindert, andererseits einmal gelöster Wasserstoff schneller zur Ausscheidung gebracht. Der durch Beizen usw. bei Raumtemperatur ins Eisen diffundierte Wasserstoff ruft im Mischkristall einen Zwangszustand hervor, der mit einer inneren Verspannung verknüpft ist. Ein an sich verspannter Zustand, wie er durch Kaltverformung erzeugt wird, wird dementsprechend natürlicherweise einer weiteren Beladung mit Spannungen (in diesem Falle durch Wasserstoff) größeren Widerstand entgegensetzen.

2. Einfluß von Wasserstoff auf die mechanischen Eigenschaften.

Wasserstoff erhöht die Festigkeit von Eisen- und Stahllegierungen unter gleichzeitiger starker Verminderung der Zähigkeit. Dies gilt sowohl für den bei Raumtemperatur als den bei höheren Temperaturen aufgenommenen und beim Abkühlen auf Raumtemperatur, z. B. durch Abschrecken im Mischkristall festgehaltenen Wasserstoff. Tammann und Neubert[1] versuchten zahlenmäßig festzustellen, ob in Metallen aufgenommene Gase, wie Wasserstoff, die elastischen Eigenschaften von Metallen verändern. Für Eisen gibt Zahlentafel 132 die Ergebnisse für die Zugspannung bezogen auf gleiche Dehnungswerte im mit Wasserstoff beladenen und unbeladenen Zustand wieder. Die Zugspannung bei gleicher Dehnung ist im mit Wasserstoff beladenen Zustande größer. Deutlich zeigen auch die Versuche von Ludwik[2] (s. auch Zahlentafel 133) die Erhöhung der Festigkeit und Streckgrenze durch Wasserstoffaufnahme unter starker Ab-

Zahlentafel 132. Zugspannung von elektrolytisch mit Wasserstoff beladenen Eisendrähten im Vergleich zu unbeladenen Drähten gleicher Dehnung. [Nach Tammann u. Neubert: Z. Metallkde. Bd. 23 (1931) S. 280—281.]

Dehnung in %		1	2	4	6	8
Eisen mit Wasserstoff						
beladen . . . . . }	Zugspannung	17,7	32,2	40,4	40,4	40,4
unbeladen . . . . }	in kg/mm²	14,5	28,4	38,2	38,2	38,0

nahme der Dehnung und Einschnürung. Die Reißfestigkeit (Zugspannung, bezogen auf den Probestabquerschnitt im Augenblick des Bruches — Maß für die Kohäsionsfestigkeit) nimmt mit steigendem Wasserstoffgehalt ab. Das mit Wasserstoff beladene Eisen verhält sich nach Ludwik so wie ein Eisen, das unter starken inneren Zugspannungen steht, was auch infolge des mehr oder weniger zwangsweise im Mischkristall verteilten Wasserstoffes sehr wahrscheinlich ist. Daß es sich um zwangsweise Verteilung handelt, geht daraus hervor, daß der Wasserstoffgehalt eines beladenen Eisens unter normalem Druck bei Raumtemperatur wieder langsam abnimmt und die Koerzitivkraft des mit

---

[1] Z. Metallkde. 1931 S. 280—281.   [2] Z. VDI 1926 S. 385.

Zahlentafel 133. Veränderung der Festigkeitseigenschaften von Flußstahl durch Aufnahme und Abgabe von Wasserstoff beim Beizen und Anlassen. [Nach Ludwik: Z. VDI Bd. 70 (1926) S. 379—386.]

Flußstahl (0,13 C; 0,616 Mn; 0,011 Si; 0,075 S; 0,074 P) von 6 mm Durchm.	1 Std. bei 900° ausgeglüht	In H_2SO_4 (1 : 40) gebeizt					10 Std. gebeizt und dann bei 100° angelassen			bei 200° angelassen		
		½ Std.	1 Std.	3 Std.	5 Std.	10 Std.	½ Std.	3 Std.	10 Std.	½ Std.	3 Std.	10 Std.
	26,2											
Streckgrenze	26,1	26,9	27,2	27,5	27,5	27,5	27,2	25,7	25,4	24,7	26,1	25,4
kg/mm²	26,4	27,1	27,2	27,5	27,5	27,5	27,1	25,8	27,2	25,9	25,6	26,1
	26,2											
	37,3											
Zugfestigkeit	37,3	37,6	38,1	37,7	38,0	37,9	37,9	37,7	37,3	37,1	37,4	36,5
kg/mm²	37,6	37,9	37,9	37,8	38,0	38,0	38,0	37,5	37,4	37,3	37,4	37,0
	37,4											
	93,3											
Reißfestigkeit	92,5	70,1	60,0	56,1	53,0	51,9	55,2	71,9	83,5	79,3	81,3	87,3
kg/mm²	90,1	68,2	61,0	54,1	52,9	51,8	56,1	72,7	85,6	74,1	82,9	85,8
	93,7											
	—[1]											
Bruchdehnung	34,6	28,7	27,0	22,0	21,0	18,0	21,0	23,7	31,7	—[1]	35,0	—[1]
%	—[1]	27,7	23,7	22,7	17,5	19,7	20,8	30,0	28,7	31,3	32,7	35,0
	33,4											
	73,7											
Einschnürung	72,9	66,6	55,0	41,5	30,8	28,0	36,3	54,8	67,1	63,7	69,3	72,0
%	71,9	63,5	52,0	39,0	28,4	28,0	37,6	58,5	68,0	63,3	70,6	72,0

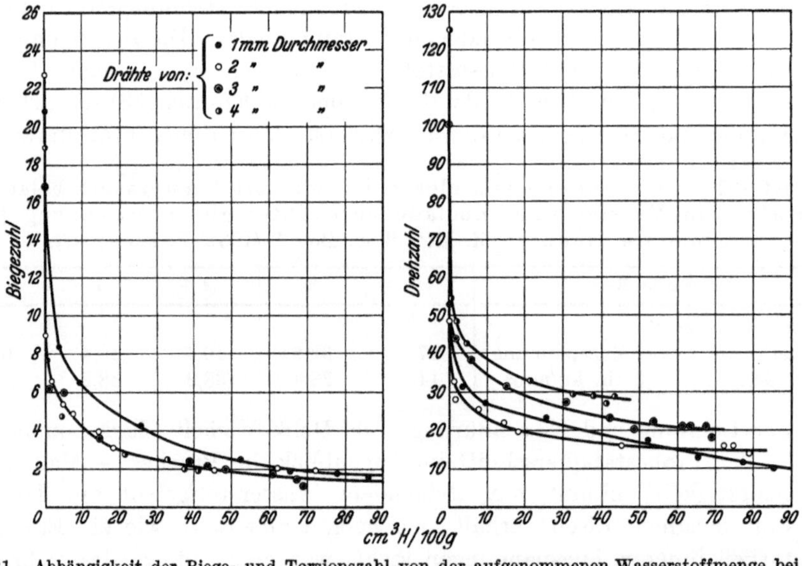

Abb. 531. Abhängigkeit der Biege- und Torsionszahl von der aufgenommenen Wasserstoffmenge bei elektrolytischer Wasserstoffbeladung von Drähten aus weichem Stahl mit 0,04% C; Spur: Si; 0,31% Mn; 0,058% P; 0,028% S; 0,11% Cu. [Nach P. Bardenheuer u. H. Ploum: Mitt. Kais.-Wilh.-Inst. Eisenforschg., Düsseld. Bd. 16 (1934) S. 129—136.]

Wasserstoff beladenen Eisens größer ist als diejenige des unbeladenen Eisens. Die Zahlentafel 133 bestätigt ebenfalls das Entweichen von Wasserstoff beim

---

[1] Außerhalb der Meßlänge gerissen.

Anwärmen auf 100 und 200°, wobei die normalen mechanischen Eigenschaften wieder erreicht werden.

Am frühesten wurde der Einfluß von Wasserstoff auf die Versprödung von Eisen und Eisenlegierungen bei der Wasserstoffaufnahme infolge Beizens erkannt, ferner auch die Tatsache, daß Elektrolyteisen infolge Wasserstoffaufnahme so hart wird, daß es Glas ritzt und spröde wird[1,2,3]. Frisch gebeizter Draht kann so spröde sein, daß er beim Biegen bzw. bei nachfolgendem Kaltziehen und Kaltwalzen bricht. Die Sprödigkeit ist um so höher, je größer die Wasserstoffaufnahme, d. h. je länger die Beizdauer ist. Abb. 531 zeigt den Einfluß steigenden Wasserstoffgehaltes auf die Biegezahl. Es genügen bereits geringe Mengen Wasserstoff, um die Biegungs- und Torsionszahlen eines Drahtes zu vermindern. Der bei höheren Temperaturen aus der Ofenatmosphäre oder beim Glühen in Wasserstoffatmosphäre aufgenommene Wasserstoff macht sich — falls ihm keine Zeit zum Entweichen durch sehr langsame Abkühlung gegeben wird — in gleichem Sinne bemerkbar (Abb. 532). Bereits Heyn hat die Versprödung aus wasserstoffhaltiger Atmosphäre abgeschreckter Eisenproben geprüft und auf die Wichtigkeit des Wasserstoffgehaltes in der Glühatmosphäre bei technologischen Proben (Abschreckbiegeprobe[4]) hingewiesen. Hierbei hob er schon die Tatsache hervor, daß die Randpartien einer derartigen Probe stärker mit Wasserstoff angereichert und versprödet sein können als der

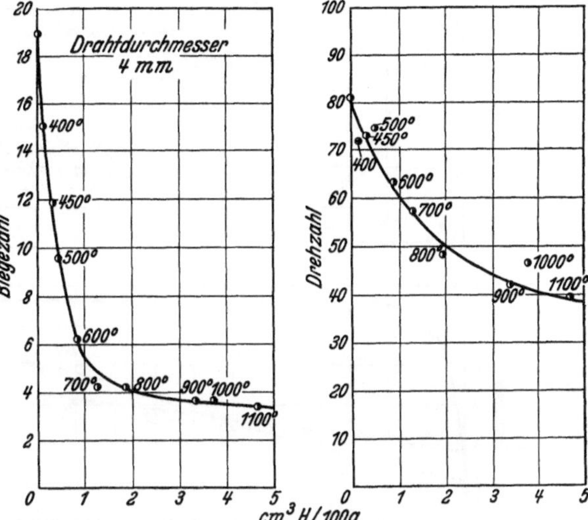

Abb. 532. Abhängigkeit der Biege- und Torsionszahl von der aufgenommenen Wasserstoffmenge bei Beladung durch Erhitzen in einer Wasserstoffatmosphäre mit nachfolgendem Abschrecken (Draht aus weichem Stahl mit 0,04% C; Spur Si; 0,31% Mn; 0,058% P; 0,028% S; 0,11% Cu). [Nach P. Bardenheuer und H. Ploum: Mitt. Kais.-Wilh.-Inst. Eisenforschg., Düsseld. Bd. 16 (1934) S. 129—136.]

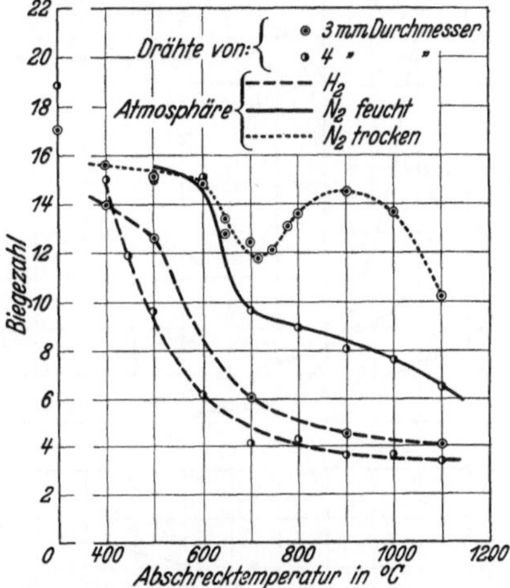

Abb. 533. Einfluß des Abschreckvorganges auf die Biegezahl. Erhitzung der Drähte aus weichem Stahl mit 0,04% C; Spur Si; 0,31% Mn; 0,058% P; 0,028% S; 0,11% Cu in feuchtem bzw. trockenem Stickstoff. [Nach P. Bardenheuer u. H. Ploum: Mitt. Kais.-Wilh.-Inst. Eisenforschg., Düsseld. Bd. 16 (1934) S. 129—136.]

---

[1] Cailletet: C. R. Acad. Sci., Paris 1875 S. 319—321.

[2] Austen: Proc. Instn. mech. Engr., Februar 1899.

[3] Heyn: Stahl u. Eisen 1900 S. 837.

[4] Die Abschreckbiegeprobe ist eine im Dampfkesselbau häufig vorgenommene technologische Prüfung. Es wird eine Biegeprobe auf bestimmte Temperaturen, z. B. 600—700°, erwärmt, in Wasser abgelöscht und sodann dem Biegeversuch unterworfen.

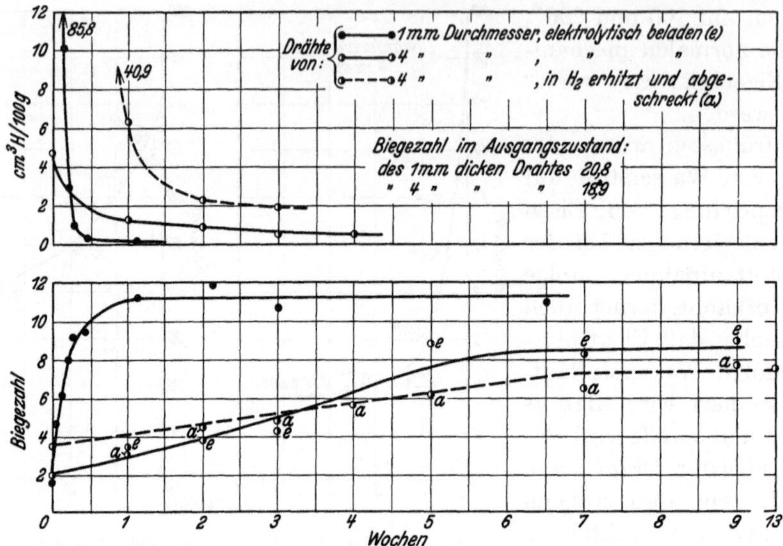

Abb. 534. Wirkung des Lagerns nach der Wasserstoffbeladung durch Elektrolyse bzw. Erhitzen in Wasserstoff auf den Wasserstoffaustritt und die Biegezahl bei einem weichen Stahldraht mit 0,04% C; Spur Si; 0,31% Mn; 0,058% P; 0,028% S; 0,11% Cu. [Nach P. Bardenheuer u. H. Ploum: Mitt. Kais.-Wilh.-Inst. Eisenforschg., Dusseld. Bd. 16 (1934) S. 129—136.]

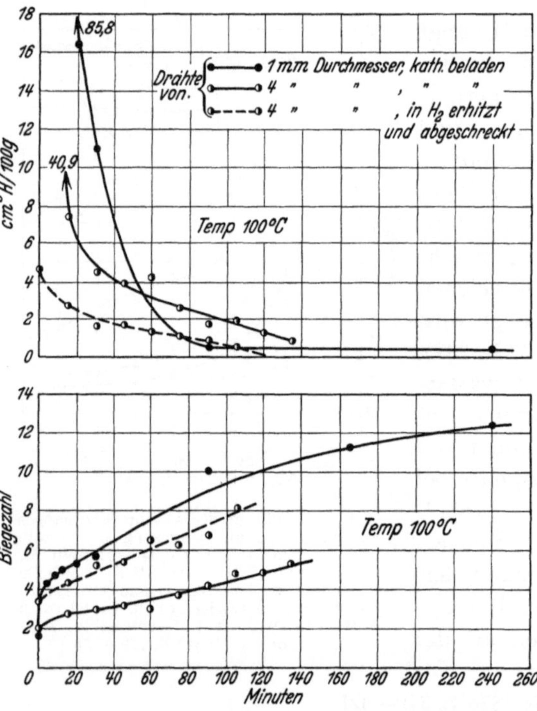

Abb. 535. Einfluß der Temperatur des siedenden Wassers auf den Wasserstoffaustritt und die Biegezahl des elektrolytisch bzw. durch Erhitzen in Wasserstoff beladenen Drahtes aus weichem Stahl mit 0,04% C; Spur Si; 0,31% Mn; 0,058% P; 0,028% S; 0,11% Cu. [Nach P. Bardenheuer u. H. Ploum: Mitt. Kais.-Wilh.-Inst. Eisenforschg., Dusseld. Bd. 16 (1934) S. 129—136.]

Kern. Abb. 533 zeigt den Einfluß des bei höheren Temperaturen aufgenommenen Wasserstoffs nach dem Abschrecken an Hand von Biege- und Torsionszahlen, und zwar getrennt nach Einfluß des Abschreckens von höherer Temperatur allein und Einfluß des Abschreckens nebst Wasserstoffbeladung. Auch bei austenitischen korrosionsfesten Legierungen mit 18% Cr, 8% Ni, die längere Zeit in Hydrieranlagen bei höheren Temperaturen gearbeitet haben, kann man entsprechend der verhältnismäßig großen Aufnahmefähigkeit des nickelhaltigen Austenits für Wasserstoff Versprödungserscheinungen feststellen.

Da Eisen- und Stahllegierungen vor dem Kaltwalzen und Ziehen stets entzundernd gebeizt werden, könnte sich die Beizsprödigkeit beim Verformungsprozeß unliebsam bemerkbar machen. Man macht sich daher den Umstand zunutze, daß Wasserstoff bei längerem Lagern, schneller noch beim Erwärmen auf 100—200° unter gleichzeitiger Zunahme an Zähigkeit entweicht (Zahlentafel 133 und Abb. 534 und 535). Gebeizter Werkstoff ist vor der Kaltverarbeitung entsprechend zu lagern oder auf 100—200° zu erwärmen. Beim Eintauchen eines frisch gebeizten Drahtes in Wasser kann man das Heraustreten des Wasserstoffs an einer Blasenbildung beobachten; beim Eintauchen in warmes Wasser erfolgt sie sehr stürmisch und plötzlich. Der Druck des sich ausscheiden-

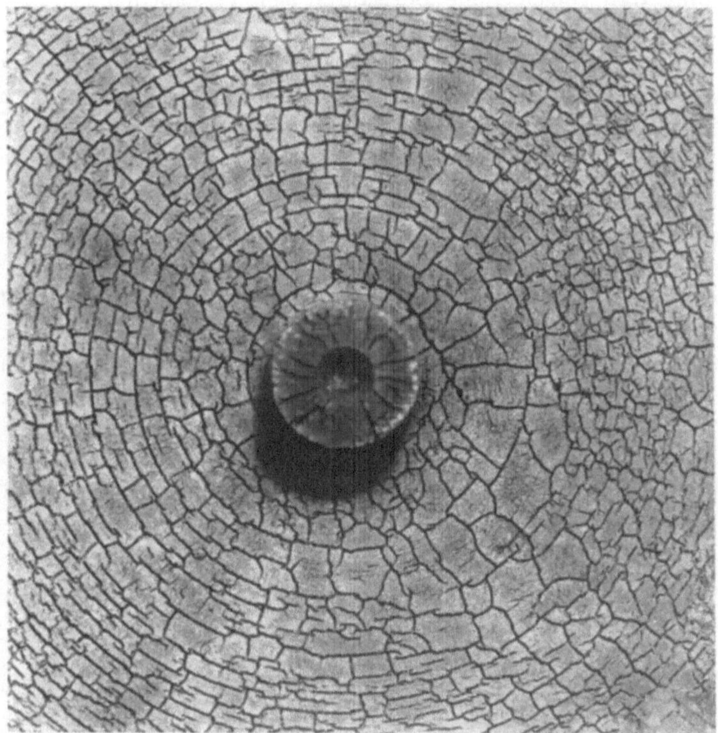

Abb. 536. Beizrisse an einem in verdünnter Salzsäure (1:1) warm gebeizten Stempel aus gehärtetem Cr-Ni-W-Stahl.

den Wasserstoffes kann hierbei so groß werden, daß die Drahtstücke reißen[1]. Bereits auf Seite 68 ist auf die Rißgefahr beim Beizen gehärteter Stahlstücke hingewiesen und die Unsitte erwähnt worden, mit einem derartigen Beizverfahren auf Härterisse zu prüfen. Da schon Wasserstoff allein Drücke erzeugen kann, die zur Rißbildung genügen, ist es verständlich, daß bei bereits vorhandenen Härtespannungen die Rißgefahr beim Beizen stark erhöht wird. Abb. 536 zeigt derartige Beizrisse, die entsprechend den von der mechanischen Bearbeitung vor dem Härten herrührenden Drehriefen angeordnet sind. Die schnellere Abgabe des Wasserstoffs beim Erwärmen auf Temperaturen von beispielsweise 200° kann, wie Bardenheuer und Ploum zeigten, zu inneren Lockerstellen im Gefüge führen, so daß derartige Stücke auch nach der Wasserstoffabgabe

---

[1] Bardenheuer u. Ploum: Mitt. Kais.-Wilh.-Inst. Eisenforschg., Düsseld. 1934 Abhandl. 257 Bd. 16 Lief. 118.

nicht mehr die gleiche Zähigkeit wie vor der Wasserstoffaufnahme zeigen. Die langsamere Wasserstoffabgabe beim Lagern bei Raumtemperatur wirkt hingegen in diesem Sinne günstiger und führt vielfach nach entsprechender Zeit zu besseren Zähigkeitszahlen, die denjenigen des Ausgangswerkstoffes gleichkommen.

Diese Ausführungen zeigen, daß das Beizen von Metallen, insbesondere von Eisen- und Stahllegierungen, erhöhte Aufmerksamkeit verlangt, im Gegensatz zu dem vielfachen Gebrauch, diese Vorgänge im Betrieb allzu leicht zu nehmen. Hinzu kommt, daß verschiedene Beizsäuren sich verschieden verhalten, so löst z. B. Salzsäure den Zunder stärker, während Schwefelsäure ihn durch Wasserstoffentwicklung besser absprengt usw.[1] Auch der Beizvorgang erfordert entsprechend seiner Einschaltung in irgendeinen Fabrikationsprozeß ein genaues Studium und eine sorgfältige Überwachung.

3. Wasserstoff als Ursache von Fehlern im Stahl.

Beizblasen. Man beobachtet vielfach, daß Bleche mit glatter Walzoberfläche direkt nach dem Beizen oder bei nachfolgenden Erwärmungen, z. B. zum Verzinken, Emaillieren usw. aufgeworfene Oberflächen (Abb. 537) zeigen. Das Blech ist blasig geworden. Diese Beizblasen weisen bei der Untersuchung nach dem Aufbrechen meist blanke Oberflächen auf und treten bevorzugt an Stellen auf, wo Gasblasenseigerungen, Lunker oder Einschlüsse vorhanden sind. Man hat sich den Vorgang nach Bardenheuer und Thanheiser[1] so vorzustellen, daß der durch das Eisen beim Beizen atomar diffundierende Wasserstoff beim Austritt an Lockerstellen (Schlacken, Lunker usw.) oder Stellen, durch die er nicht diffundieren kann (Einschlüsse, bei emaillierten Teilen Emaille), sich unter Druck molekular ansammelt und zur Blasenbildung, zum Abspringen emaillierter Schichten oder gar zur Rißbildung führt. Vielfach entstehen die Blasen erst beim Erwärmen, insbesondere bei dickeren Wandstärken der Stücke, wenn der Druck bei Raumtemperatur nicht ausreicht, um eine Ausbauchung zu bewerkstelligen. Beim Erwärmen tritt eine Drucksteigerung durch das Ausdehnungsbestreben des Gases und eine Verminderung der Festigkeit des Werkstoffes ein, wodurch das Aufbauchen der Blasen nun leichter erfolgen kann.

Abb. 537. Beizblasen in einem Flußeisenblech (von Herrn Dr. Bardenheuer freundlichst zur Verfügung gestellt).

---

[1] Bardenheuer u. Thanheiser: Mitt. Kais.-Wilh.-Inst. Eisenforschg., Düsseld. 1928 S. 323, nebst Literaturangaben.

Flockenbildung im Stahl. Wenn auch schon aus vorstehendem hervorgeht, welch starke Drücke mit entsprechenden Folgeerscheinungen Wasserstoff in Eisen- und Stahllegierungen hervorzurufen vermag, so war es doch das Verdienst von H. Schenck[1], darauf hingewiesen zu haben, daß auch durch die metallurgisch bei der Stahlherstellung festgehaltenen kleinen Wasserstoffmengen bei der Abkühlung außerordentlich hohe Drücke im Stahl entstehen können.

Von betrieblichen Beobachtungen ausgehend hatte H. Müller[2] auf die Möglichkeit eines Zusammenhanges zwischen Wasserstoffgehalt des Stahles und Flockenrißbildung hingewiesen. H. Bennek[2] gelang es, den Nachweis zu erbringen, daß Flocken durch Wasserstoff im Stahl erzeugt werden können und die Beobachtungen bei der Entstehung von Flocken im Betriebe[3] (s. auch S. 284) gut mit der Wasserstofftheorie in Einklang zu bringen sind. Abb. 538 zeigt die Wasserstoffentwicklungsdrücke in einem Flußstahl in Abhängigkeit von der Temperatur für verschiedene Wasserstoffgehalte. Wie hieraus hervorgeht, steigen die Wasserstoffdrücke bei Temperaturen von 200° bis Raumtemperatur auf recht beträchtliche Werte an, die die Festigkeit, auch die Trenn-(Kohäsions-)festigkeit des Stahles übersteigen können. Der Schmelzpunkt und der Übergang vom γ- zum α-Mischkristall sind entsprechend dem einleitend Gesagten durch sprunghafte Veränderungen des Wasserstoffentwicklungsdruckes

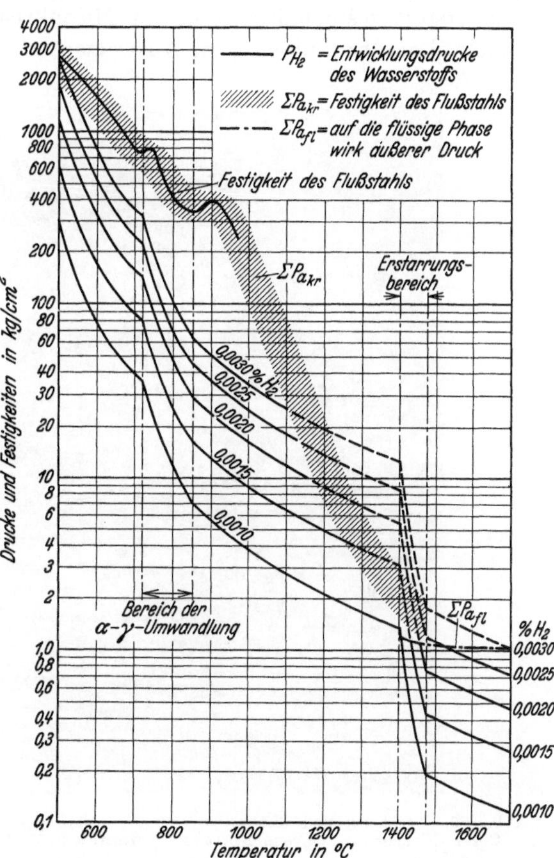

Abb. 538. Veranderung der Entwicklungsdrücke von Wasserstoff mit der Temperatur bei Flußstahl (berechnet). [Nach L. Luckemeyer-Hasse u. H. Schenck: Arch. Eisenhuttenwes. 6. Jg. (1932/33) S. 209—214.]

ausgezeichnet. Derartige Wasserstoffgehalte können bei normaler Stahlherstellung vorkommen, und zwar um so mehr, als es wahrscheinlich ist, daß Wasserstoff, wie viele andere Elemente, ebenfalls bei der Erstarrung seigert, also sich in der Restschmelze beim Erstarrungsbeginn anreichert. Es braucht hier nur auf den bekannten Zusammenhang zwischen Gasblasenseigerung und Gasen hingewiesen zu werden. Abb. 539 zeigt deutlich den Einfluß von Wasserstoff auf die Ausbildung sog. Schattenstreifen in kleinen 15 cm-Güssen, die den Weg von Gasblasen kennzeichnen und insbesondere in größeren Schmiedestücken

[1] Luckemeyer-Hasse u. Schenck: Arch. Eisenhüttenwes. Bd. 6 (1932/33) S. 209—214.
[2] Bennek, Schenck u. Müller: Stahl u. Eisen Bd. 55 (1935) S. 321—331.
[3] Houdremont u. Korschan: Stahl u. Eisen Bd. 55 (1935) S. 297—304.

beobachtet werden können. Die Gasentwicklungsdrücke werden gegenüber Abb. 538 noch wesentlich höher, wenn man an eine Reaktion zwischen Wasserstoff und Kohlenstoff unter Bildung von Methan denkt.

Abb. 540 zeigt den Einfluß von Wasserstoff bei Stählen sonst gleicher metallurgischer Herstellung auf die Flockenbildung. Den Vorgang der Flockenrißbildung hat man sich wie folgt vorzustellen: Im gegossenen Stahl wird Wasserstoff festgehalten und im Mischkristall gelöst. Gelangt der erstarrte Block ohne abzukühlen zum Auswalzen oder Schmieden, so scheidet sich beim

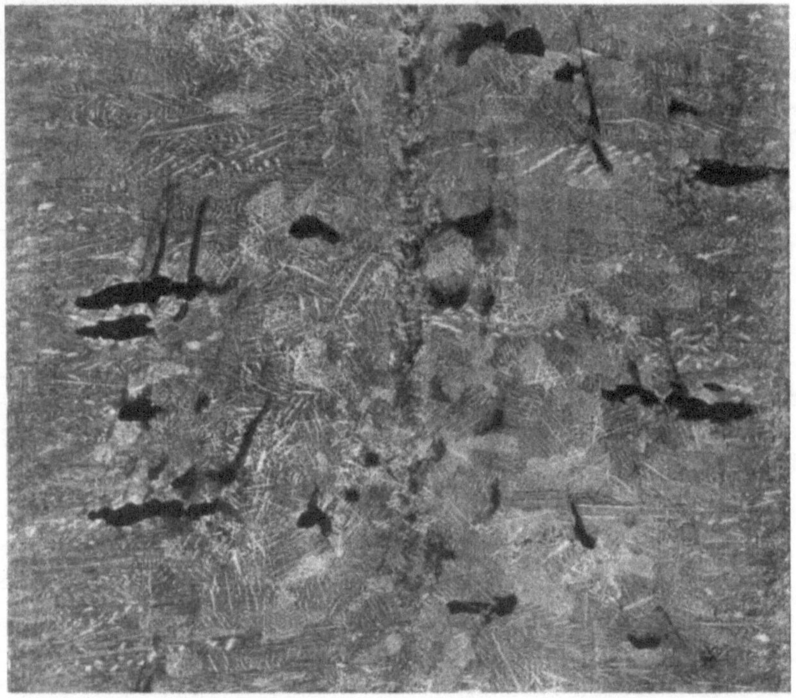

Abb. 539. Gasblasen und davon ausgehende Seigerungsstreifen in einem mit Wasserstoff angereicherten Chrom-Nickel-Stahl. [Nach Bennek, Schenck u. Müller: Stahl u. Eisen 55. Jg. (1935) S. 321/31.]

Erkalten nach der Warmformgebung Wasserstoff unter entsprechender Druckentwicklung aus. Erfolgt die Abkühlung langsam und sind die Stahlstücke nicht zu groß, so steht dem Wasserstoff genügend Zeit zur Verfügung, um aus dem Stahl ohne schädliche Wirkung herauszudiffundieren. Bei schneller Abkühlung kann die Diffusion nicht über den ganzen Querschnitt erfolgen. Höchstens in den Randpartien gelingt sie; im Innern steigt der Wasserstoffdruck — unter Umständen über die Reaktion mit Kohlenstoff als Methan — an und führt in der kritischen Temperatur von 200—100° in Übereinstimmung mit den Versuchen auf Seite 287 zur Flockenbildung. Direkt nach dem Gießen ohne Abkühlung verschmiedete Blöcke zeigen erfahrungsgemäß große Flockenempfindlichkeit; andererseits sind die Randpartien nach dem Schmieden an Luft abgekühlter Stücke meist flockenfrei.

Kühlen die Gußblöcke nach dem Gießen ab, so kann bei entsprechender schneller Abkühlung auch bereits im Gußzustand Rißbildung (Primärkorn-

grenzenrisse, Abb. 263, S. 276) auftreten. Bei langsamer Abkühlungsgeschwindigkeit werden auch diese unterdrückt. Trotzdem kann sich ein Teil des Wasserstoffes in Gasblasen und Hohlräumen des Gusses unter Druck ansammeln, um
beim nächsten Erwärmen auf Schmiede- oder Walztemperatur, insbesondere

Abb. 540. Durch Wasserstoffzusatz absichtlich erzeugte Flocken in einem Chrom-Nickel-Stahl (a) im Vergleich mit einem Stahl gleicher Herstellungsart und Behandlung ohne Wasserstoff (b). [Nach Bennek,
Schenck u. Müller: Stahl u. Eisen 55. Jg. (1935) S. 321/31.]

unter der Wirkung des Schmiededruckes, wieder gelöst zu werden. Auch diese
Mengen können noch genügen, um bei nachfolgender schneller Abkühlung von
Schmiede- oder Walzendtemperatur Flocken zu erzeugen.

Wenn Wasserstoff somit zwar die Primärursache der Flockenbildung ist, so
werden aber alle Arten von Spannungen, wie Abkühlungsspannungen, Umwandlungsspannungen, die Flockenbildung begünstigen. Seigerungen und Einschlüsse
können die Veranlassung zu lokalen Wasserstoffausscheidungen ergeben und
somit die Lage der Flocken im Schmiedestück mitbestimmen, abgesehen davon,

daß Seigerungen und Einschlüsse meist Stellen schwächeren Materialzusammenhanges darstellen und somit zur Rißbildung bevorzugt geeignet sind.

Entkohlung. Wasserstoff ist ein scharfes Entkohlungsmittel bei höheren Temperaturen. Insbesondere ist feuchter Wasserstoff in Glühöfen in dieser Beziehung außerordentlich ungünstig. Bei der Umstellung kohlegefeuerter Öfen auf Gasbeheizung, insbesondere bei Verwendung sehr wasserstoffhaltiger Gase, haben sich bei Nichtbeachtung entsprechender Vorsichtsmaßnahmen oft unangenehme Entkohlungserscheinungen gezeigt, die sich nur unter genauer Regulierung der Verbrennung, evtl. unter Zusatz karburierender Mittel, vermeiden ließen.

Bei tiefen Temperaturen wirkt Wasserstoff unter hohen Drücken ebenfalls stark entkohlend. Auf diese besonders bei Hydrieröfen zu beobachtenden Verhältnisse ist bereits auf Seite 268 hingewiesen worden. Reine Kohlenstoffstähle sind bis zu Temperaturen von rund 250° und 300 Atmosphären Druck noch einigermaßen gegen Wasserstoff beständig. Bei höheren Temperaturen tritt ein Angriff unter Entkohlungserscheinungen bei gleichzeitiger Rißbildung ein, ein Beweis für die Möglichkeit des Einflusses einer Methanbildung bei der Flockenrißbildung. Stähle mit von Wasserstoff schwerer angreifbaren Sonderkarbiden, wie z. B. Stähle mit steigendem Chromgehalt, zeigen die genannten Erscheinungen auch bei Temperaturen von 600° noch nicht. Derartige Stähle neigen auch weniger zur Flockenbildung.

Die entkohlende Wirkung von Wasserstoff beim Glühen in wasserstoffhaltigen Atmosphären wird auch technisch ausgenutzt. In dem Abschnitt Silizium (Dynamoflußeisen, S. 444) wurde darauf hingewiesen, daß durch Wasserstoff eine wesentliche Verbesserung der Wattverlustziffern erreicht werden kann. Auch bei reinen Eisensorten wird durch eine Wasserstoffglühung (oberhalb 1100°) eine weitgehende Entfernung von Spuren von Kohlenstoff, evtl. auch Sauerstoff, Stickstoff, Schwefel stattfinden. Hierdurch werden vor allem die magnetischen Eigenschaften — Permeabilität, Hysteresis usw. — wesentlich verbessert. Ein Beispiel für diese Verbesserung gab Abb. 444.

4. Wasserstoff bei der Stahlherstellung.

Die Aufnahmefähigkeit eines Stahlbades für Wasserstoff ist um so größer, je größer der Partialdruck des Wasserstoffes über der Schmelze und je geringer der Partialdruck anderer Gase in der Schmelze ist. Während der Oxydationsperiode mit starker Kohlenoxydentwicklung im Stahlbad sind die Bedingungen für eine Wasserstoffaufnahme ungünstig. Am günstigsten sind sie während einer längeren Desoxydationsperiode, wie sie z. B. im basischen Lichtbogenofen betrieben wird. Die hohe Flockenempfindlichkeit dieses Stahles bestätigt das. Die Zusammensetzung des Stahles spielt ebenfalls eine Rolle für die Aufnahme von Wasserstoff.

Nickel, Kobalt, Mangan vermehren und erleichtern allgemein die Aufnahme, Silizium verhindert das Austreten des Wasserstoffes auch beim Übergang vom flüssigen in den festen Zustand in etwa. Hoher Kohlenstoffgehalt und Aluminiumzusätze wirken aufnahmevermindernd.

Wasserstoffunruhiger Stahl. Erstarrt ein stark wasserstoffhaltiger Stahl, so verhält er sich zuerst normal. Die Erstarrung beginnt mit normaler Einlunkerung und dann setzt nachträglich infolge der Wasserstoffabgabe am Soliduspunkt ein Steigen und Spucken des Stahles ein. Im Gegensatz hierzu steht die Sauerstoffunruhe bei der Erstarrung, die während der ganzen Erstarrung ein Kochen des Stahles unter CO-Bildung hervorruft.

P. Phosphor und Schwefel im Stahl.

Wenn auch normalerweise die Elemente Phosphor und Schwefel in hochwertigen Sonderstählen als unerwünschte Verunreinigungen angesehen werden,

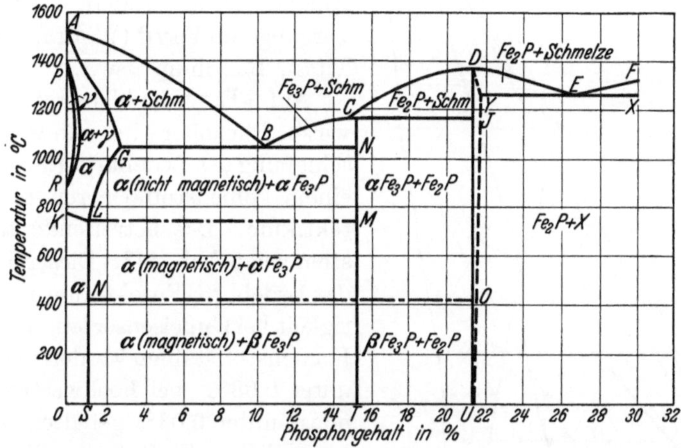

Abb. 541. Zustandsschaubild Eisen-Phosphor. [Nach Haughton: Stahl u. Eisen 47. Jg. (1927) S. 1461.] ———— Thermische Analyse. —·—·— Magnetische Analyse.

so sind doch die Eigenschaften, die durch diese Elemente den Stahllegierungen verliehen werden können, für einzelne Verwendungszwecke von Interesse.

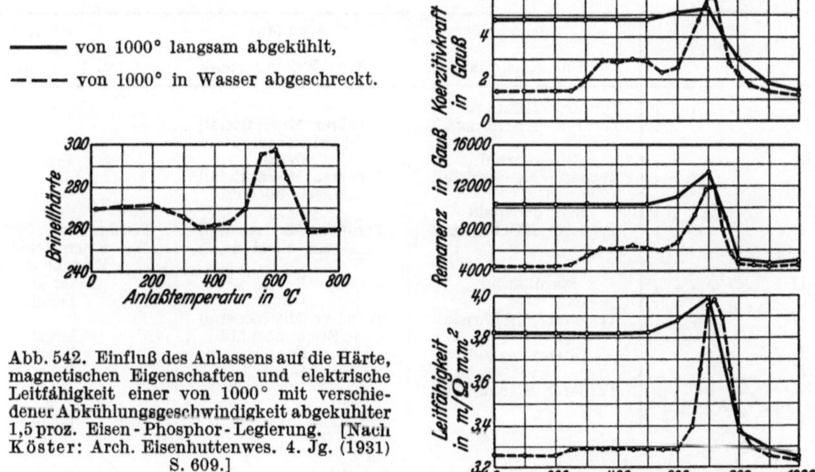

Abb. 542. Einfluß des Anlassens auf die Härte, magnetischen Eigenschaften und elektrische Leitfähigkeit einer von 1000° mit verschiedener Abkühlungsgeschwindigkeit abgekuhlter 1,5 proz. Eisen-Phosphor-Legierung. [Nach Köster: Arch. Eisenhuttenwes. 4. Jg. (1931) S. 609.]

Phosphor. Wie Abb. 541 zeigt, gehört Phosphor ebenfalls zu den Elementen, die das γ-Gebiet abschnüren. Oberhalb 1,7% Phosphor hat man es nur mit rein ferritischen umwandlungsfreien Legierungen zu tun. Das Gebiet der ferritischen Mischkristalle wird durch die Ausscheidung des Eisenphosphids begrenzt. Die Löslichkeit des Eisenphosphids nimmt im festen Zustand mit steigender Temperatur zu. Infolgedessen lassen sich auch hier Ausscheidungsvorgänge mit den bekannten Eigenschaftsveränderungen erzielen. Einen Einblick in die Verhältnisse gibt Abb. 542. Die Temperatur des maximalen Härteanstieges liegt zwischen 600—650° in einer gewissen Anlehnung an andere Ausscheidungsvorgänge im Ferrit (Wolfram, Molybdän, Titan, Beryllium usw.).

Auf Eisen-Kohlenstoff-Legierungen wirkt Phosphor im Sinne einer Verschiebung des Ledeburit-Eutektikums zu einem kohlenstoffärmeren ternären Eutektikum. Das betreffende ternäre System zeigt Abb. 543. Dieser Einfluß auf das Ledeburit-Eutektikum ist von Wichtigkeit bei Gußeisensorten. Bei normalen Kohlenstoffstählen werden die P-Gehalte unter 0,08%, bei hochwertigen Stählen meist unter 0,03% gehalten, so daß ein wesentlicher Einfluß des Phosphors auf die Härtungs- und Vergütungsvorgänge

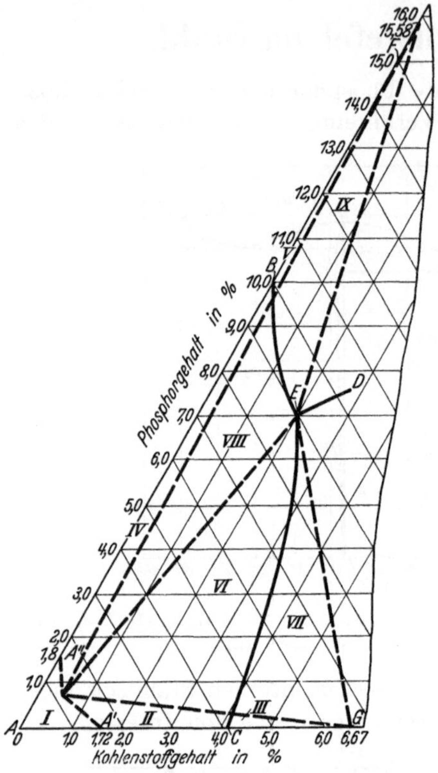

Abb. 543. Eisenecke des ternären Zustandsdiagramms Eisen-Kohlenstoff-Phosphor. (Nach Wust: Metallurgie 1908 S. 73 sowie Goerens u. Dobbelstein: Metallurgie 1908 S. 561.)

	Primar I (Eine Kristallart)	Sekundär II (Zwei Kristallarten)	Tertiar III (Drei Kristallarten)
Gebiet I	Ternärer Mischkristall	—	—
Gebiet II	Ternärer Mischkristall	Ternärer Mischkristall + Eisenkarbid	—
Gebiet III	Eisenkarbid	Desgl.	—
Gebiet IV	Ternarer Mischkristall	Ternärer Mischkristall + Eisenphosphid	—
Gebiet V	Eisenphosphid	Desgl.	—
Gebiet VI	Ternarer Mischkristall	Ternärer Mischkristall + Eisenkarbid	Ternärer Mischkristall + Eisenkarbid + Eisenphosphid
Gebiet VII	Eisenkarbid	Desgl.	Desgl.
Kurve EC	—	Desgl.	Desgl.
Gebiet VIII	Ternärer Mischkristall	Ternärer Mischkristall + Eisenphosphid	Desgl.
Gebiet IX	Eisenphosphid	Desgl.	Desgl.
Kurve BE	—	Desgl.	Desgl.
Kurve HE	Ternärer Mischkristall	—	Desgl.
Punkt E; 953°, 6,89% P, 1,96% C	—	—	Desgl.

nicht erwartet werden kann. Allerdings neigt Phosphor stark zur Seigerung. Die Höhe mikroskopischer P-Anreicherungen in Kristallseigerungen und deren Einfluß auf die Eigenschaften (Ferritbildung, Ausscheidungsvorgänge) ist ungeklärt. Die Tatsache, daß verschieden legierte Stähle auf die Primärätzung nach Oberhoffer bei gleichem P-Gehalt verschieden stark ansprechen, spricht für eine starke Beeinflussung der Phosphorseigerung bei verschiedener Legierungsart. Rein makroskopisch läßt sich die Phosphorseigerung in Gußblöcken durch Entnahme von Spänen an verschiedenen Stellen verfolgen. Bei der Herstellung sehr hochwertiger Sonderstähle hält man daher den P-Gehalt so tief wie möglich (unter 0,03%).

Die Veränderung der Festigkeitseigenschaften durch Phosphor zeigt Abb. 544. Phosphor erhöht die Festigkeit und Streckgrenze. Bei höheren P-Gehalten fällt die spezifische Schlagarbeit stärker ab. Diese hohe Kaltsprödigkeit ist oft mit einer Kornvergröberung verbunden. Es liegt hier eine gewisse Ähnlichkeit mit Silizium-Eisen-Legierungen vor. Auf die Möglichkeit, daß lokale P-Anreicherungen in Seigerungen eine Rolle spielen können, ist oben hingewiesen worden. Den ungünstigen Einfluß von Phosphor auf die Anlaßsprödigkeit zeigte Abb. 108.

Die Veränderungen der physikalischen Eigenschaften zeigt Abb. 545. Auch hier liegen ähnliche Verhältnisse wie bei Eisen-Silizium-Legierungen

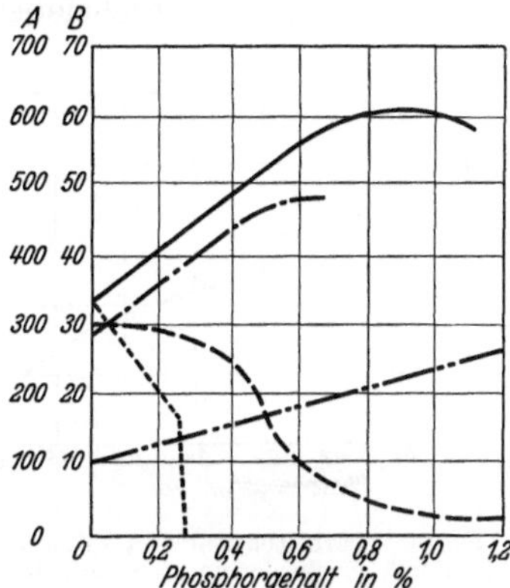

Abb. 544. Einfluß des Phosphors auf die Festigkeitseigenschaften von weichem Flußeisen. [Nach d'Amico: Ferrum Bd. 10 (1912/13) S. 294.]

Maßstab   Eigenschaften
B ——— Zugfestigkeit kg/mm²
B – – – Dehnung %
B —·—·— Streckgrenze kg/mm²
A —··—··— Härte (Brinell)
B ········ Schlagfestigkeit mkg/cm²

vor. Die ferritischen Eisen-Phosphor-Legierungen mit über 1% Phosphor zeichnen sich durch geringe Koerzitivkraft, geringe Hysteresisverluste aus bei gleichzeitigem Ansteigen des elektrischen Widerstandes. Zusätze von Phosphor zu siliziumhaltigem Dynamoflußeisen dürften ähnlich wirken wie entsprechende Zusätze von Aluminium.

Praktische Verwendung hat Phosphor nur als Zusatzelement in Gehalten bis zu etwa 0,3% für die Herstellung von Preßmuttereisen gefunden. Der Zusatz von Phosphor vermindert das Schmieren weichen Flußeisens bei der spanabhebenden Bearbeitung. Die Bearbeitbarkeit selbst dürfte, an der Lebensdauer der Bearbeitungswerkzeuge gemessen, durch Phosphor nicht erhöht, sondern eher vermindert werden, insbesondere läßt sich dies beim Bohren von Flußeisensorten mit verschiedenem P-Gehalt feststellen. Auch hier ergibt sich eine gewisse Analogie mit Silizium (Abb. 546). Bei einfacher drehender Beanspruchung treten diese Unterschiede nicht so deutlich in Erscheinung. Die vielfach beträchtlich höhere Ver-

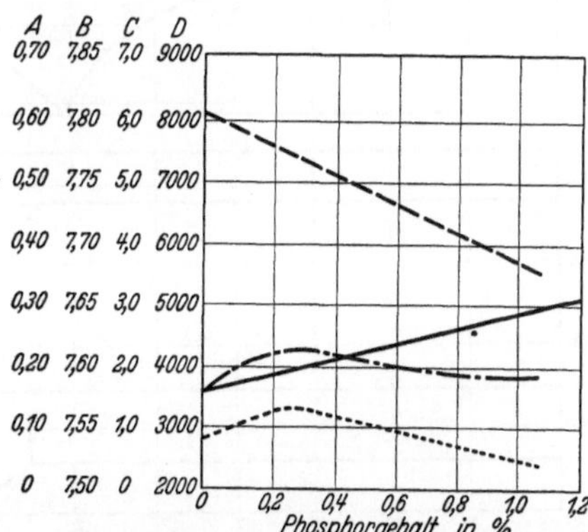

Abb. 545. Einfluß des Phosphors auf die physikalischen Eigenschaften von weichem Flußeisen. [Nach d'Amico: Ferrum Bd. 10 (1912/13) S. 299.]

Maßstab   Eigenschaften
A ——— Elektrischer Widerstand in Ohm/m/mm²
B ······ Spezifisches Gewicht
C – – – Koerzitivkraft (B = 13000)
D —·—·— Hysteresis (B = 10000)

schleißfestigkeit von Thomas- gegenüber Siemens-Martin-Stahl dürfte zum Teil in dem höheren P-Gehalt begründet sein. Stähle für Granaten (0,6—0,9% C, 0,6 bis 1,0% Mn) haben oft erhöhten P-Gehalt zwecks Erhöhung der Sprödigkeit (größere

Anzahl von Sprengstücken). Verschiedentlich wird dem Phosphor ein günstiger Einfluß auf die Beständigkeit des Stahles gegen den korrodierenden Einfluß der Atmosphäre zugeschrieben. Ebenso sollen Zusätze von Phosphor bis zu 1%[1] zu Chrom-Aluminium-Stählen eine gewisse Verbesserung der Zunderbeständigkeit ergeben.

Schwefel. Eine größere Bedeutung hinsichtlich Verbesserung der Bearbeitbarkeit, insbesondere Erzielung guter Oberflächenbeschaffenheit bei Automatenbearbeitung, haben Beimengungen von Schwefel gewonnen.

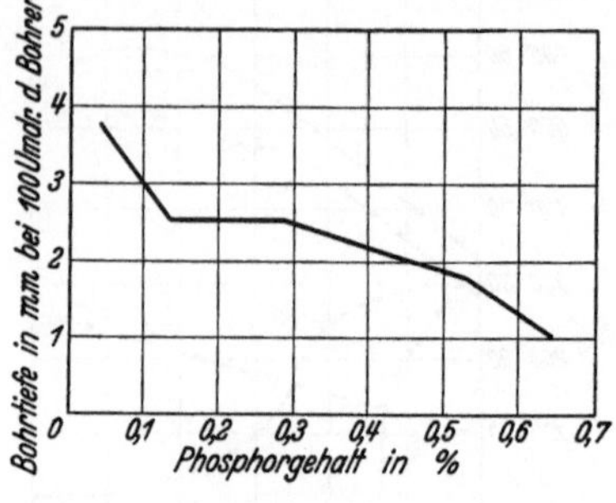

Abb. 546. Bearbeitbarkeit von Eisen mit 0,1 % C mit verschiedenem Phosphorgehalt.

Die Wirkung von Schwefel in Stahllegierungen ist vor allem an den Begriff „Rotbruch" und „Heißbruch" gebunden. Eisen und Eisensulfid bilden ein niedrigschmelzendes Eutektikum (Abb. 547), das bei Zusatz von Sauerstoff, also in Gegenwart von Eisenoxydul zu noch tieferen Temperaturen verschoben wird. Bei hohen Schwefelgehalten umschließt das Eisensulfid netzartig die Primärkörner (Abb. 548). Untersucht man Eisenlegierungen, die erhöhten Schwefelgehalt haben, z. B. 0,3%, so wird man feststellen können, daß diese Legierungen bei der Warmformgebung zwei Brüchigkeitsbereiche haben, und zwar ein Rotbruchgebiet bei Temperaturen von etwa 800—1000° und ein sog. Heißbruchgebiet bei Temperaturen von über 1200°. Die netzartige Umhüllung der einzelnen Körner durch Schwefel mag schon die Erklärung für die mangelnde Plastizität im Rotbruchgebiet geben, da derartige nichtmetallische Einschlüsse in den Korngrenzen Veranlassung zu Aufplatzungen beim Schmieden und Walzen geben. Die Beeinträchtigung der Schmiedetemperatur nach oben im Gebiete des Heißbruches dürfte ihre Erklärung in der starken Schmelzpunktherabsetzung durch Eisensulfid finden; das vorzeitige Schmelzen der schwefelhaltigen Korngrenzen bildet den Grund für die auftretende Heißbrüchigkeit S-haltigen Eisens.

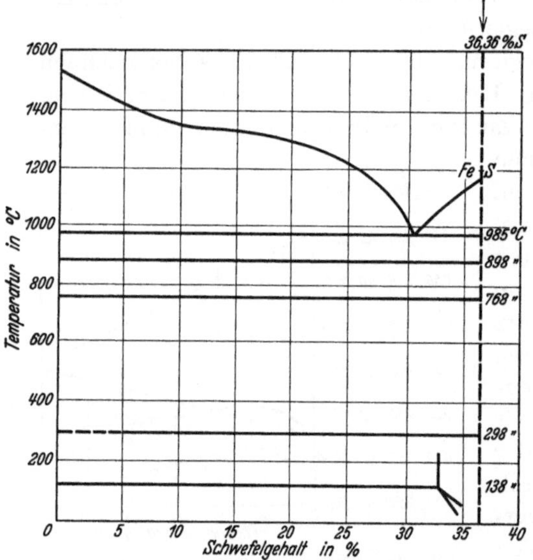

Abb. 547. Zustandsschaubild der Eisen-Schwefel-Legierungen. [Nach Becker, Oberhoffer S. 93; Stahl u. Eisen 32. Jg. (1912) S. 1017.]

Das zwischen diesen beiden Gebieten mangelnder Verformbarkeit liegende Temperaturgebiet genügender Schmiedbarkeit deutet darauf hin, daß Veränderungen in der Natur der Schwefelausscheidung beim Erwärmen in dieses Gebiet eintreten müssen. Diese Veränderungen könnten derart sein, daß die eingelagerten Schwefelverbindungen selbst eine höhere Plastizität und

---

[1] DRP. 609127.

Verformbarkeit erhalten oder aber infolge Diffusion das in den Korngrenzen ausgetretene Sulfid bei bestimmten Temperaturen mehr oder weniger aufgelöst wird. Nach Untersuchungen von Niedenthal und Bennek[1] scheint vor allem letzterer Umstand eine Rolle zu spielen, da es nach den Ergebnissen dieser Arbeit

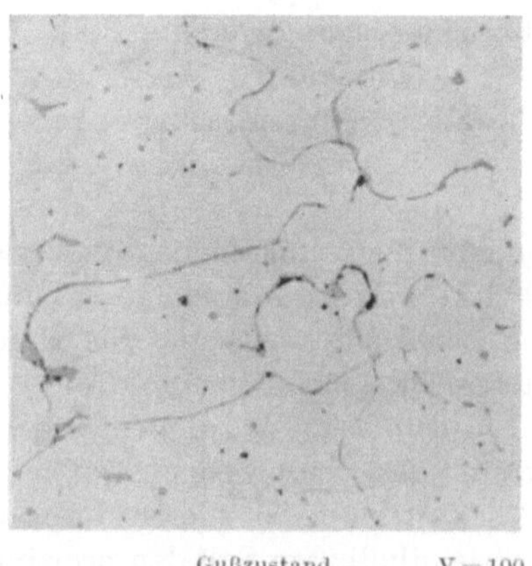

Abb. 548. Netzförmige Einschlüsse von Eisensulfid. [Nach Niedenthal u. Bennek: Arch. Eisenhüttenwes. 7. Jg. (1934) S. 683—686.]

Abb. 549. Veranderung netzförmiger Eisensulfide (s. Abb. 548) durch Glühung bei 1000°. [Nach Niedenthal u. Bennek: Arch. Eisenhüttenwes. 7. Jg. (1934) S. 683—686.]

möglich ist, durch langes Glühen in dem Temperaturbereich die netzförmigen Schwefelausscheidungen fast völlig zum Verschwinden zu bringen. Zur Erzielung der guten Verformbarkeit ist daher neben Einhaltung bestimmter Temperaturen genügend langes Erwärmen auf diese Temperaturen notwendig. Ein Beispiel einer Veränderung von Sulfidausscheidungen in den Korngrenzen gibt Abb. 549 im Vergleich zu Abb. 548.

Bei dem Studium der einzelnen Legierungselemente ist bei allen karbidbildenden Elementen auf die grundlegende Veränderung des Karbids durch Legierungselemente hingewiesen worden. Auch bei Schwefel ist der Einfluß der verschiedenen Legierungselemente auf die Ausbildungsform der Sulfide, insbesondere für die Frage der Rotbrüchigkeit und Heißbrüchigkeit von ausschlaggebender Bedeutung. Die Erkenntnis über den Einfluß von Mangan in dieser Hinsicht gehört zu den klassischen Erkenntnissen in der Metallurgie des Eisens. Wie Abb. 550 zeigt, erhöht ein Zusatz von Mangansulfid zu Eisensulfid den Schmelzpunkt des Sulfideutektikums, wie überhaupt der Schmelzpunkt von Schwefelmangan über dem Schmelzpunkt von reinem Eisen liegt. Da außerdem die Affinität von Schwefel zu Mangan groß ist, werden bei genügenden Mangan-

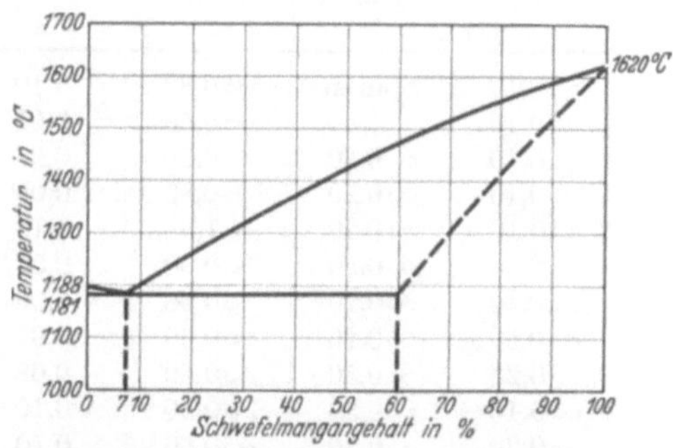

Abb. 550. Zustandsdiagramm Schwefeleisen-Schwefelmangan. [Nach Röhl, s. Oberhoffer: Das technische Eisen (1925) S. 96.]

---

[1] Arch. Eisenhüttenwes. 7. Jg. (1933/34) S. 683—686.

zusätzen in der Hauptsache Mangansulfide vorliegen, die infolge ihres hohen
Schmelzpunktes wie andere hochschmelzende Einschlüsse punktförmig im Stahl
verteilt sind. Den charakteristischen Unterschied gegenüber Eisensulfid zeigt
Abb. 551. Selbstverständlich können derartige Sulfideinschlüsse jetzt keinerlei Rot-
oder Heißbrucherscheinungen im Stahl hervorrufen. Die Vermeidung des Rot- und
Heißbruches bei stärker schwefelhaltigen Stählen durch Manganzusatz ist seit langem
bekannt.

Bei anderen Legierungselementen werden ebenfalls stärkere Einwirkungen auf die Sulfidausbildung beobachtet, wie dies die Ergebnisse weiterer Untersuchungen von Niedenthal und Bennek im Zusammenhang mit dem Auftreten des Heißbruchgebietes zeigen
(Abb. 552). Man kann bei diesen durch die Legierung beeinflußbaren Sulfiden prinzipiell
zwei Arten unterscheiden, erstens diejenigen, die infolge ihres tiefen Schmelzpunktes zur

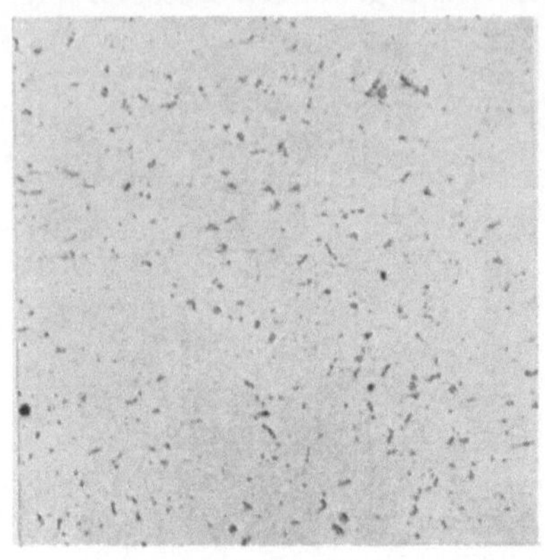

Gußzustand   V = 100

Abb. 551. Kuglige Einschlüsse von Mangansulfid. [Nach Niedenthal u. Bennek:
Arch. Eisenhuttenwes. 7. Jg. (1934) S. 683
bis 686.]

netzförmigen Ausbildung neigen, zweitens diejenigen, die wie bei Manganzusatz
infolge ihres verhältnismäßig hohen Schmelzpunktes mehr punktförmige Ver-

Zahlentafel 134. Zusammensetzung und Erschmelzungsart einiger unlegierter
und legierter Stähle mit erhöhtem P- und S-Gehalt.

C %	Si %	Mn %	P %	S %	Ni %	Cr %	Herstellungsart
∞0,10	Spuren	∞0,80	0,10	0,15	—	—	unberuhigt
∞0,10	,,	∞0,50	0,09	0,22	—	—	,,
∞0,10	∼0,20	∞0,60	0,06	0,15	—	—	beruhigt
∞0,10	∞0,20	∞0,80	0,09	0,22	—	—	,,
∼0,10	∞0,20	∞1,0	0,10	0,30	—	—	,,
∞0,20	∞0,20	∞0,60	0,07	0,20	—	—	,,
∞0,40	∞0,20	∞0,60	0,06	0,15	—	—	,,
∞0,60	∞0,20	∞0,60	0,07	0,15	—	—	,,
∞0,25	∞0,30	∞0,60	0,08	0,15	—	∞ 0,35	,,
∞0,15	∞0,30	∞0,50	0,10	0,15	∞2,5	∞ 0,75	,,
∞0,20	∞0,30	∞0,50	0,10	0,15	∞3,5	∞ 0,75	,,
∞0,10	∞0,50	∞0,50	0,03	0,20	—	∞13,0	,,
∞0,40	∞0,50	∞0,50	0,03	0,20	—	∞14,0	,,
∼0,10	∞0,50	∞0,50	0,03	0,20	—	∞17,0	,,
∞0,12	∞0,50	∞0,50	0,03	0,20	∞8,0	∞18,0	,,
0,08/0,16 [1]	—	0,60/0,90	0,09/0,13	0,10/0,18	—	—	halb beruhigt
0,15/0,25 [1]	—	0,60/0,90	max 0,06	0,075/0,15	—	—	,,
0,10/0,20 [1]	—	1,25/1,55	,, 0,050	0,08/0,13	—	—	beruhigt

teilung aufweisen. Dementsprechend ist auch das Verhalten bezüglich Heiß-
und Rotbruch. Zur netzförmigen Ausbildung und somit zu Rotbrüchigkeit und
zum Heißbruch neigen daher Stähle, die mit Elementen legiert sind wie z. B.

---

[1] S.A.E.-Stähle Nr. 1112/1120/1315, dem S.A.E.-Handbuch entnommen.

Nickel, Kobalt, Molybdän, zu Einschlußsulfiden ungefährlicher Art hingegen z. B. Elemente wie Chrom, Mangan, Zirkon usw. (Abb. 552).

Praktische Bedeutung haben Schwefelzusätze erlangt zur Erhöhung der Bearbeitungsfähigkeit und zur Erzielung guter Oberfläche (Automatenbearbeitung). Der hervorragende Einfluß von Schwefel liegt hierbei in der Unterbrechung des Metallzusammenhanges infolge feinverteilter Sulfideinlagerungen. Während bei

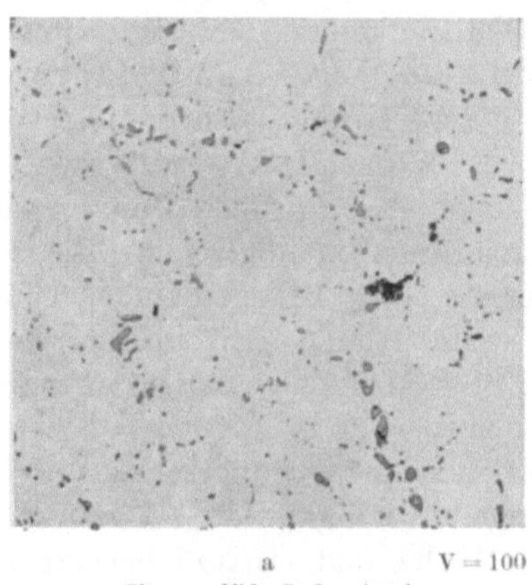

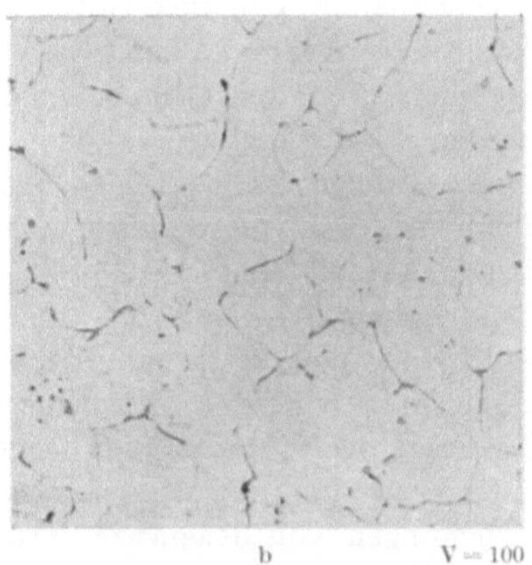

Abb. 552. Wirkung verschiedener Legierungselemente auf die Sulfidausbildung. [Nach Niedenthal u. Bennek: Arch. Eisenhüttenwes. 7. Jg. (1934) S. 683—686.]
Eisensulfid in Abb. 548.   Mangansulfid in Abb. 551.
Molybdänsulfid in Abb. 351.

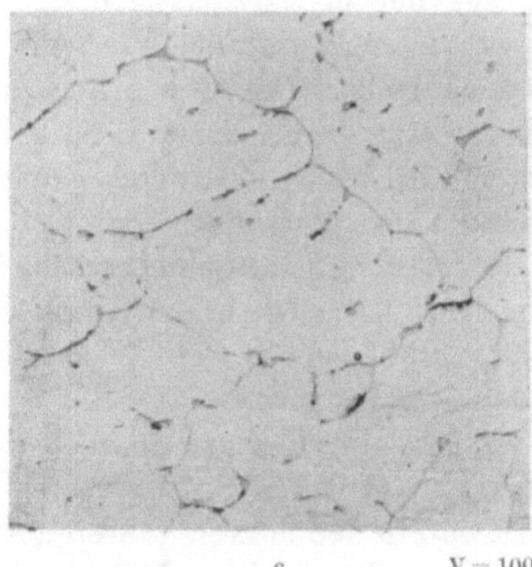

weichem Flußeisen infolge der außerordentlich hohen Zähigkeit bei der Bearbeitung lange und zähe Späne entfallen, werden infolge der Metallunterbrechungen bei hochschwefelhaltigen Automatenstählen kurz abbrechende Späne erzeugt. Gleichzeitig damit verschwindet das sog. Schmieren, das man beim Bearbeiten weicher oder zäher Werkstoffe beobachten kann. Infolgedessen werden heute eine ganze Reihe von Stählen für Automatenbearbeitung mit erhöhtem Schwefelzusatz bis 0,3% und gleichzeitig etwas erhöhtem Phosphorgehalt (0,06—0,12%) hergestellt, wie dies aus Zahlentafel 134 hervorgeht. Bei den unlegierten Flußeisensorten kann man, wie ebenfalls obige Zahlentafel zeigt, zwischen unruhig und ruhig vergossenen Stählen unterscheiden. Bereits in der Zusammensetzung unterscheiden sich die beiden Arten durch die Höhe des Silizium- und Mangangehaltes. Während bei den unruhig vergossenen Stählen naturgemäß eine ungleichmäßige Schwefelverteilung über den Querschnitt erzielt wird, ist bei vollkommen ruhig vergossenen Stählen eine gleichmäßige Schwefelverteilung anzutreffen. Der Vorteil des unruhigen Materials liegt in der starken Anhäufung der Verunreinigungen im Kern. Diese Kernzone verhält sich vor allem günstig bei der Automatenbearbeitung. Da bei der Verarbeitung zu Schrauben und Muttern das Gewinde meistens in dieser Zone liegt, werden derartige Automatenstähle für solche Zwecke auch bevorzugt. Für manche anderen Teile, bei denen Außenzone und Kernzone gleichen Bearbeitungsbedingungen unterworfen wird, ist es zweckmäßig, auf den gleichmäßiger geseigerten beruhigten Werkstoff zurückzugreifen. Gleichzeitig werden sich die beruhigten Stähle mit gleichmäßiger Schwefelverteilung günstiger bei der Einsatzhärtung verhalten, der viele Automatenteile (Fahrradkonusse usw.) unterworfen werden; sie werden vor allem gleichmäßigere Härtung aufweisen. Die unruhig vergossenen Automatenstähle lassen die höchste Bearbeitungsgeschwindigkeit zu. Es werden Schnittgeschwindigkeiten von 90—130 je nach Querschnitt usw. angetroffen. Infolge der verschiedenen Abhängigkeiten von Querschnitt, Spanabnahme usw. sei von weiteren zahlenmäßigen Angaben abgesehen. Die beruhigten Automatenstähle sind bereits meistens etwas härter (höhere Festigkeit und höhere Streckgrenze). Schon aus diesem Grunde tritt ein schnellerer Verschleiß der Werkzeuge ein. Je höher der Si- und Mn-Gehalt ist, in um so stärkeren Maße wird sich dies bemerkbar machen.

Die Frage der sauberen Oberflächenbeschaffenheit hängt, abgesehen von der Werkstoffbeschaffenheit, von der Bearbeitungsgeschwindigkeit ab. Wie aus den Untersuchungen von Rapatz[1], Opitz[2], Wallichs und Opitz[3] hervorgeht, steigt die Glätte der Oberfläche mit erhöhter Schnittgeschwindigkeit (vgl. Abb. 44). Die Frage der höchstzulässigen Schnittgeschwindigkeit bei Automatenstählen spielt in diesem Zusammenhang für die Glätte der Oberflächenbeschaffenheit somit eine Rolle. Der Steigerung der Bearbeitungsgeschwindigkeit wird eine Grenze gesetzt durch die Haltbarkeit der Werkzeuge. Derjenige Automatenwerkstoff wird bevorzugt, der bei bestimmter Schnittgeschwindigkeit die längste Haltbarkeit der Werkzeuge ergibt oder bei bestimmter vorgesehener Werkzeughaltbarkeit die höchste Schnittgeschwindigkeit zuläßt. Feinste und gleichmäßige Schwefelverteilung bei höchstmöglichem Schwefelgehalt ergeben die besten Ergebnisse; grobkörniges Gefüge ist außerdem günstiger für die Bearbeitbarkeit als zähes feinkörniges.

Diese Erleichterung der Bearbeitung durch Schwefel hat wegen der besonders bei legierten Stählen oft beobachteten schwierigen Bearbeitungsmöglichkeit dazu geführt, daß in den letzten Jahren auch legierte hochschwefelhaltige Automatenstähle hergestellt werden. Insbesondere gilt dies für die rostfreien Stähle mit 13% Cr und sogar auch für den Stahl mit 18% Cr, 8% Ni. Bekanntlich neigen gerade die weichen Chromstähle sehr leicht zum Schmieren. Lange Zeit stand der Verwendung dieser Stähle für Massenartikel die Schwierigkeit der Bearbeitbarkeit entgegen. Heute steht der Herstellung von Stählen mit Zusätzen bis 0,35% Schwefel nichts mehr im Wege.

Korrosionstechnisch wirken sich diese Einschlüsse bei stärkeren chemischen Angriffen ungünstig aus. Für normalen Rostwiderstand sind sie von untergeordneter Bedeutung. Die Lösung der Frage der Bearbeitbarkeit derartig hochlegierter Stähle durch Schwefel dürfte auf jeden Fall ihrer Verbreitung für

---

[1] Arch. Eisenhüttenwes. 3. Jg. (1929/30) S. 717—720.
[2] Dissert. Aachen 1930.
[3] Arch. Eisenhüttenwes. 4. Jg. (1930/31) S. 251—260.

viele Teile dienlich sein. In neuerer Zeit finden auch Selenzuschläge[1] als Ersatz der Schwefelzuschläge Anwendung mit dem gleichen Ziel der Verbesserung der Bearbeitbarkeit.

Wie aus diesem Beispiel zu ersehen ist, werden aus Gründen der wirtschaftlicheren Herstellung auch bei hochlegierten Stählen große Mengen von Sulfideinschlüssen in Kauf genommen. So werden heute schon legierte Stähle, insbesondere Chrom-Nickel- und Chrom-Nickel-Molybdän-Baustähle mit erhöhten Schwefelzusätzen zwecks Erleichterung der Bearbeitung verwandt. Während die Entwicklung der letzten 20 Jahre dahin ging, diese hochwertigen Werkstoffe in immer größerer Reinheit herzustellen, um die mechanischen Eigenschaften, vor allem die Zähigkeit und wieder besonders die Querzähigkeit zu verbessern, dürfte bestimmt für manche Teile mit einer rückläufigen Entwicklung bezüglich Sulfideinschlüssen zu rechnen sein zugunsten der wirtschaftlicheren und leichteren Bearbeitung. An erster Stelle werden sich die Verwendungszwecke dort ergeben, wo man an große Massenfabrikation denken muß, so z. B. in der Automobilindustrie, ferner dort, wo der Konstrukteur auf Grund reichhaltiger Erfahrungen nicht mehr darauf angewiesen ist, mit übertrieben hohen Sicherheitskoeffizienten zu arbeiten und die durch die Einschlüsse eintretende Verminderung der Eigenschaften in Kauf genommen werden kann.

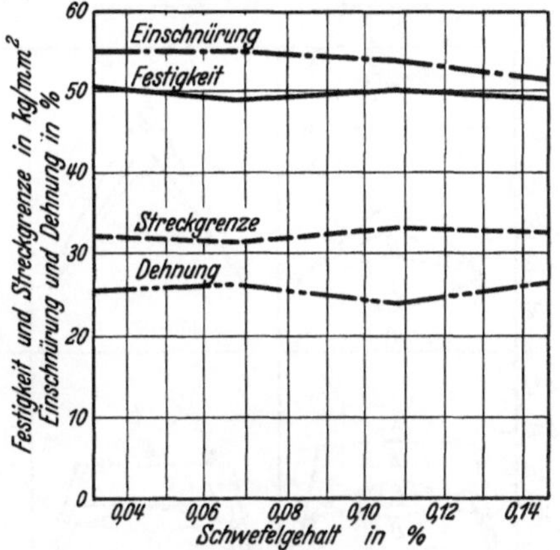

Abb. 553. Einfluß des Schwefels auf die Festigkeitseigenschaften von Stahl mit 0,32% C (Walzzustand).

Wie Abb. 553 zeigt, wird durch Schwefelzusatz in der Längsrichtung keine Veränderung der Festigkeit und Streckgrenze erzielt. Die Quereigenschaften werden durch die nach dem Walzen und Schmieden gestreckten Sulfideinschlüsse verschlechtert. Da praktisch fast jeder legierte Stahl durch Schwefelzusatz zum Automatenstahl gemacht werden kann, wird die Entwicklung derartiger hochschwefelhaltiger Automatenstähle unbehindert ihren Fortgang nehmen können. Man wird allerdings hierbei möglichst bei den legierten Stählen diejenigen Elemente verwenden, die Rot- und Heißbrucherscheinungen vermeiden helfen.

Für den Stahlwerker selbst erwächst hierdurch eine weitere Aufgabe. Wenn es bisher schon einer großen Kenntnis bedurfte, um hochwertige Stähle höchster Reinheit herzustellen, so wird es erst recht großer Erfahrungen und Umgehung großer Schwierigkeiten bedürfen, um absichtlich verunreinigte Stähle in einem hohen Gütegrad herzustellen. Selbstverständlich werden diese Legierungen mit hohen Schwefelgehalten auf kleine Abmessungen beschränkt bleiben. Die Neigung derartiger Stähle, während der Erstarrung zu seigern, wird es stets wünschenswert erscheinen lassen, bei Herstellung großer Schmiedestücke auf den minimalsten Schwefelgehalt hinzuarbeiten. Einen Einblick in die Schwefelver-

---

[1] Iron Age 1932 II S. 404; Amer. Patent Nr. 1846100 (1932).

teilung bei verschiedenen Querschnitten gibt Abb. 554. Wie aus ihr hervorgeht, seigert Schwefel am stärksten von allen Stahlbeimengungen. Der Schwefelgehalt im Kern und oberen Blockteil großer Güsse kann oft das Vielfache des durchschnittlichen Schwefelgehaltes ausmachen, und manche Fehlerscheinungen im Innern großer Schmiedestücke werden zum Teil auf mit Schwefel angereicherte Korngrenzen zurückgeführt werden können. Auch bei der Verarbeitung der gewöhnlichen Flußeisen-Automatenstähle wird man immer wieder feststellen können, daß Oberflächen- und Spannungsrisse infolge der hohen Verunreinigungen auftreten. Da Automatenstahl wegen der geforderten geringen Toleranzen in den Abmessungen meist einem Kaltzug unterworfen sind, treten die Spannungsrisse besonders oft nach dieser Kaltbearbeitung auf.

Für die schmelztechnische Herstellung von Automatenstählen hat sich gezeigt, daß es günstiger ist, den Schwefelgehalt von vornherein hochzuhalten, als nachher künstlich aufzuschwefeln. Nachträglich z. B. in der Pfanne künstlich aufgeschwefelte Stähle haben meistens eine weniger feine Sulfidverteilung. Die günstigsten Ergebnisse sind bisher bei der Herstellung in der Thomasbirne erzielt worden.

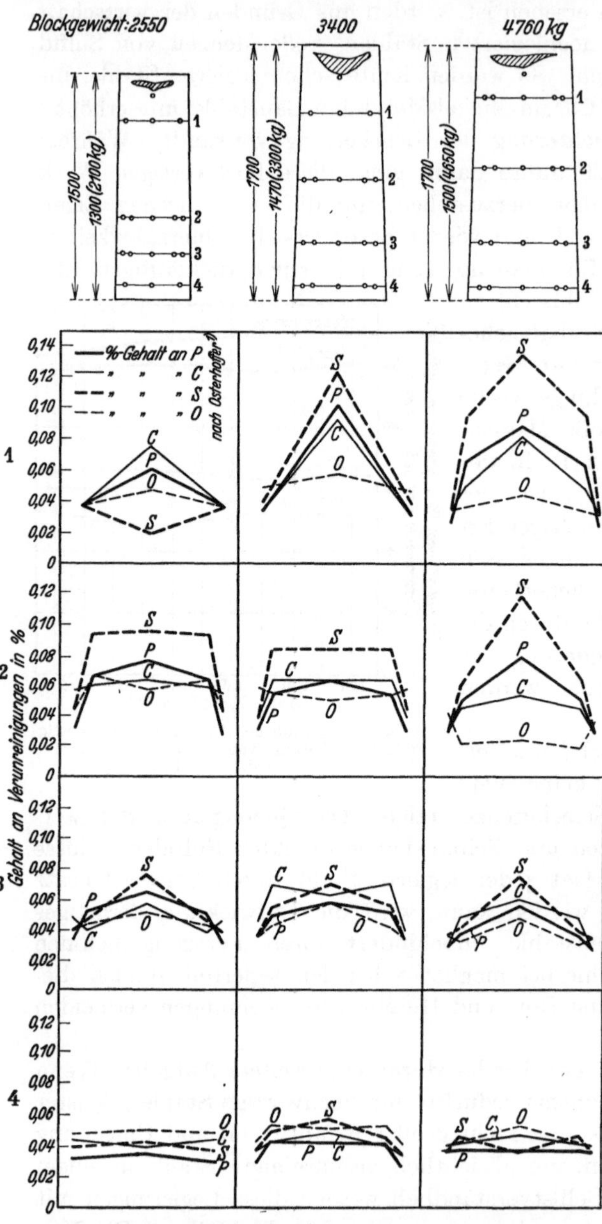

Abb. 554. Einfluß der Blockgröße auf die Seigerung bei einem Flußeisen mit einer mittleren Schmelzungsanalyse von 0,06 % C, 0,06 % P, 0,043 % S. [Nach Oberhoffer: Stahl u. Eisen 47. Jg. (1927) S. 1782.]

Praktisch machen sich die Schwefeleinschlüsse hinsichtlich der Bearbeitbarkeit bereits im unterschiedlichen Verhalten von hochwertigem Elektro- und Siemens-Martin-Stahl bemerkbar. Vergleicht man insbesondere bei hochwertigen Chrom-Nickel-Stählen

die Bearbeitbarkeit zwischen Elektro- und Siemens-Martin-Stählen, so kann
man meist eine bessere Bearbeitbarkeit der Siemens-Martin-Stähle feststellen.
Das unterschiedliche Verhalten findet eine gewisse Er-
klärung durch die verschiedene Färbung des Schwefel-
abzuges, der die Unterschiede trotz des an sich sehr
niedrigen Schwefelgehaltes zum Ausdruck bringt
(Abb. 555). Sogar zwischen verschiedenen Elektro-
ofenschmelzungen mit ähnlichem Schwefelgehalt
können derartige Unterschiede in der Schwefelverteilung im Schwefelabzug festgestellt werden.

Aus dem geschilderten Verhalten des Schwefels
und Phosphors ist zu ersehen, daß auch die sog.
Stahlschädlinge für gewisse Zwecke nutzbar gemacht
werden können.

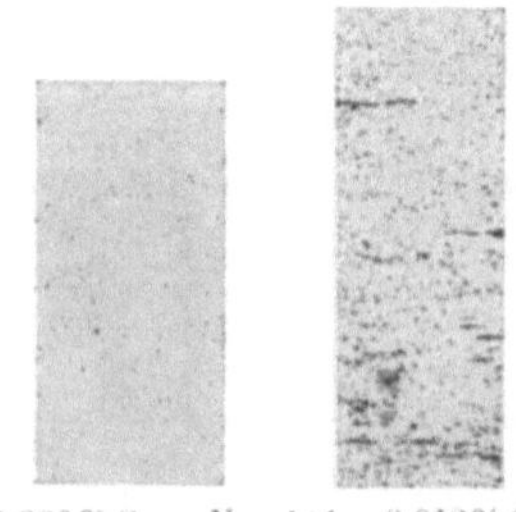

Abb. 555. Unterschiede im Gehalt
an Schwefeleinschlussen zwischen
Elektro- und S.-M.-Stahl.

Q. Titan im Stahl.

Die Erkenntnis der letzten Jahre, daß Legierungen des Eisens mit verschiedenen Elementen weitgehend die Möglichkeit zu Ausscheidungshärtungen
mit den entsprechenden Eigenschaftsveränderungen ergeben können, hat die
Aufmerksamkeit auf eine ganze Anzahl von Elementen gelenkt, die bis dahin
in der Stahltechnik als Legierungselement weniger beachtet geblieben waren.
Zu diesen Elementen gehörten u. a. Titan,
Beryllium und Bor.

1. Das System Eisen-Titan.

Titan gehört zu denjenigen Elementen,
die im binären System Eisen-Titan das γ-
Gebiet abschnüren und deren ferritische
Mischkristalle durch die Ausscheidungslinie
einer Eisen-Titan-Verbindung begrenzt werden. Abb. 556 zeigt das Diagramm Eisen-
Titan von Lamort, in das die Abschnürung
des γ-Gebietes eingetragen ist.

Von Wichtigkeit für das Verhalten der
Eisen-Titan-Legierungen ist die Tatsache,
daß die Begrenzungslinie der Mischkristall-
bildung, die in dem Diagramm bei 6,3%
Titan gezogen ist, nicht senkrecht bis zur
Raumtemperatur durchläuft, sondern im

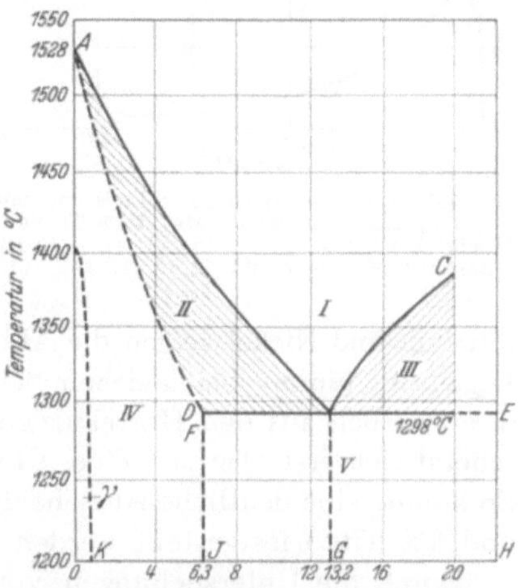

Abb. 556. Zustandsschaubild Eisen-Titan.
[Nach Lamort: Ferrum 11. Jg. (1913/14)
S. 225—235.]

Gegenteil einen ähnlichen Verlauf haben muß, wie bei Eisen-Molybdän und
Eisen-Wolfram. Die wirkliche Löslichkeitslinie ist bisher bei den reinen Eisen-
Titan-Legierungen noch nicht festgestellt worden. Da aber Ausscheidungseffekte bei Eisen-Titan-Legierungen beobachtet werden können[1,2], muß man
einen ähnlichen Verlauf, wie bei Eisen-Wolfram und anderen bekannten

---

[1] Kroll, W.: Metallwirtsch. 9 (1930) S. 1043—1045.

[2] Wasmuht, R.: Arch. Eisenhüttenwes. 5. Jg. (1931/32) S. 45—56; ferner Kruppsche
Mh. 12. Jg. (1931) S. 159—178.

Legierungen voraussetzen. Bis nahezu 4% Titan lassen sich allerdings diese Ausscheidungseffekte in reinen Eisen-Titan-Legierungen noch nicht beobachten, so daß immerhin bis zu diesem Bereich mit einer festen Lösung gerechnet werden kann. Sehr deutlich tritt aber der Ausscheidungseffekt bei Legierungen mit 7% Titan hervor, wie dies aus Abb. 557 hervorgeht. Als günstigste Ablöschungstemperaturen kommen Temperaturen von 1200—1250° in Frage. Das Maximum der Ausscheidungshärtung liegt bei einer Temperatur von 500—550°. Die erzielbare Härte ist mit der bei C-Stählen erreichten Martensithärte vergleichbar.

2. Titan in komplexen Eisenlegierungen.

Infolge der stark oxydierenden und denitrierenden Wirkung von Titan und dem damit verbundenen Titanabbrand beim Schmelzen lassen sich so hochprozentige Titanstähle schwerer herstellen als entsprechend hochlegierte Molybdän- und Wolframstähle. Infolgedessen kann es von Wert sein, durch Zusatz von anderen Legierungselementen die Löslichkeitsgrenze von Titan zu tieferen Titangehalten zu verschieben. Als besonders geeignet hierzu haben sich Zusätze von Nickel und Silizium erwiesen, während Mangan und Aluminium keinerlei Einfluß erkennen ließen. Ungünstig wirkt Kohlenstoff infolge der Abbindung des Titans zur Bildung von Titankarbid, wodurch die Grundmasse an Titan verarmt. Den Einfluß von

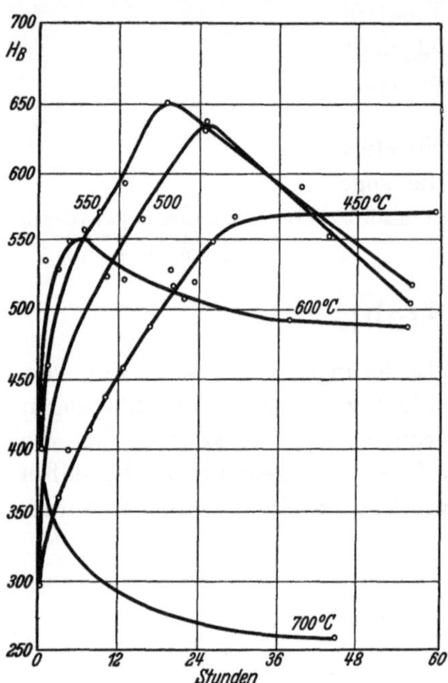

Abb. 557. Anlaßisothermen einer Legierung mit 0,02% C, 2,15% Si, 0,98% Mn, 7,3% Ti nach Abschreckung von 1250° in Wasser. [Nach Wasmuht: Kruppsche Mh. 12. Jg. (1931) S. 161.]

Silizium und Nickel zeigen die Abb. 558 u. 559. Die Ausscheidungsfähigkeit der Legierung nimmt bei gleichem Titan- und steigendem Siliziumgehalt zu, wie dies deutlich aus den Härtekurven zu entnehmen ist. Ein Einfluß von Chrom scheint sich erst oberhalb eines Chromgehaltes von 10% bemerkbar zu machen. So konnte eine deutliche Ausscheidungshärtung bei Legierungen mit 17% Chrom und 3% Titan festgestellt werden.

Durch die Untersuchungen von Köster über die Systeme Eisen-Wolfram-Kobalt und Eisen-Molybdän-Kobalt ist der Einfluß von Legierungszusätzen auf die Ausscheidung nachgewiesen worden. Zur genauen Kenntnis des Einflusses verschiedener Legierungselemente wäre es notwendig, jeweils die Dreistoffsysteme genau zu kennen. Es ist anzunehmen, daß durch Zusatz von Nickel zu Eisen-Titan-Legierungen und ebenfalls durch Zusatz von Kobalt sich ähnliche Schaubilder ergeben wie bei den erwähnten Eisen-Wolfram-Kobalt-Legierungen. Infolge der Erweiterung des γ-Gebietes durch Nickel bzw. Kobalt wird man auf Legierungen stoßen, die ins Umwandlungsgebiet fallen, d. h. die Ausscheidungshärtung mit Umwandlung und solche ohne Umwandlung im rein ferritischen bzw. rein austenitischen Gebiet geben werden. Die genauere Erforschung der betreffenden Dreistoffsysteme ist noch nicht erfolgt, so daß die entsprechenden Gebiete noch nicht genau gegeneinander abgegrenzt sind.

Die Tatsache, daß Zusätze von Nickel die Ausscheidungshärtung durch Titan begünstigen, daß außerdem bei 18% Cr Ausscheidungseffekte beobachtet werden konnten, führte zu dem Versuch, die korrosionstechnisch hochwertige Legierung mit 18% Cr, 8% Ni (V 2 A) durch Ausscheidungshärtung auf höhere Festigkeitseigenschaften und Härte zu bringen. Der erhöhte Korrosionswiderstand der austenitischen 18/8-Legierungen gegenüber den rein martensitischen Cr-C-Legierungen hat es von jeher wünschenswert erscheinen lassen, diese Legierungen auch für solche Teile zu verwenden, bei denen es auch auf höhere Härte ankommt, also z. B. Schneidinstrumente, chirurgische Instrumente usw. Der Verwendung für diese Zwecke entgegen stand die außerordentliche Weichheit der austenitischen V 2 A-Legierungen. Nur durch starke Kalthärtung gelang es bisher, die

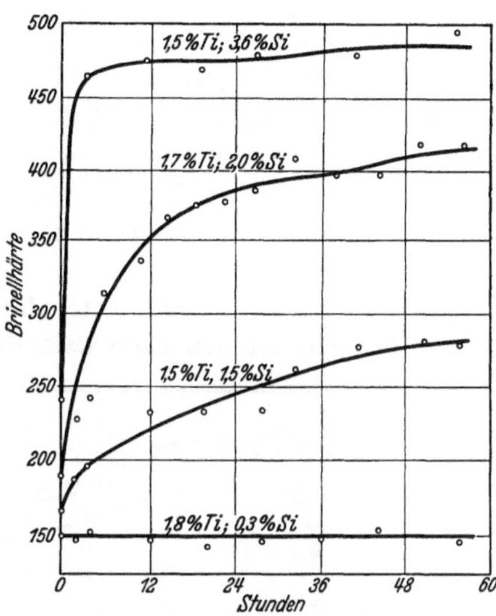

Behandlung: 1000° Wasser
500° angelassen.

Abb. 558. Einfluß des Siliziumgehaltes auf die Ausscheidungshärtung durch Titan. [Nach Wasmuht: Kruppsche Mh. 12. Jg. (1931) S. 169.]

gewünschten Eigenschaften zu erzielen. Diese Kalthärtung, die durch Kalthämmern, Kaltwalzen vorgenommen werden mußte, ist verhältnismäßig kostspielig und kann nicht bei allen Teilen ausgeführt werden. Es lag somit nahe,

Elemente, die Ausscheidungseffekte hervorrufen können, bei diesen Legierungen anzuwenden, um zu den gewünschten Härtungen bei gleichzeitig hohem Korrosionswiderstand zu kommen.

Wie Abb. 560 zeigt, lassen sich auch beim V 2 A-Stahl die gewünschten Ausscheidungseffekte erzielen. Es ist ohne weiteres möglich, bei Titangehalten zwischen 4 und 5% nach Abschrecken von 1160° und Anlassen bei 500° Härten von über 600 Brinelleinheiten zu erhalten. Leider haben sich aber die großen Hoffnungen, die man diesen Legierungen entgegengebracht hat, nicht

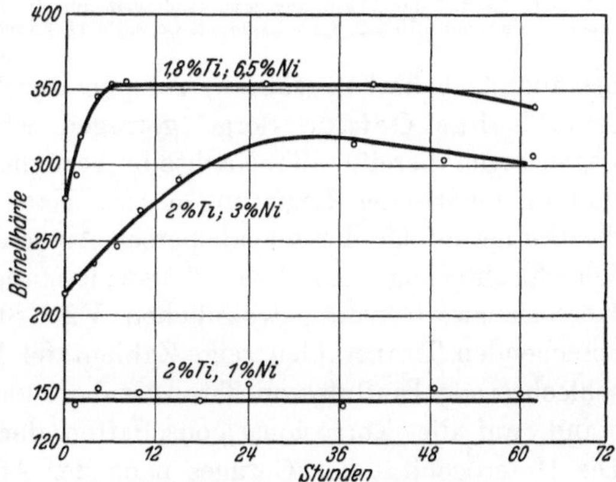

Behandlung: 1000° Wasser
500° angelassen

Abb. 559. Einfluß des Nickelgehaltes auf die Ausscheidungshärtung durch Titan. [Nach Wasmuht: Kruppsche Mh. 12. Jg. (1931) S. 169.]

erfüllt. Durch Zusatz von Titan in diesen Mengen mußte infolge der abschnürenden Wirkung auf das γ-Gebiet eine grundlegende Veränderung des Gefüges des austenitischen V 2 A herbeigeführt werden. Bei Zusatz von 0,8% Ti zu Stählen mit 18% Cr, 8% Ni treten bereits ferritische α-Mischkristalle neben dem austenitischen γ-Mischkristall in Erscheinung, die mit wachsendem Titangehalt an Menge zunehmen. Bei 3% Titan liegt eine nahezu vollkommen ferritische Legierung vor. Weitere Steigerung des Titangehaltes bringt naturgemäß keine grundlegende Veränderung des Gefüges mehr hervor. Durch stärkeren Zusatz von Nickel läßt sich der Austenitcharakter in stärkerem Maße auch bei höheren Titanzusätzen erhalten, doch sind bisher bei diesen austenitischen Chrom-Nickel-Eisen-Legierungen noch keine Ausscheidungseffekte beobachtet worden. Die niedrige Temperatur der Ausscheidung bei 500° deutet darauf hin, daß die Ausscheidungseffekte nicht im Austenit, sondern im Ferrit vor sich gehen.

Der rein ferritische Charakter der ausscheidungshärtbaren V2A-Titan-Legierungen braucht an sich noch keineswegs eine Verschlechterung der Korrosions-

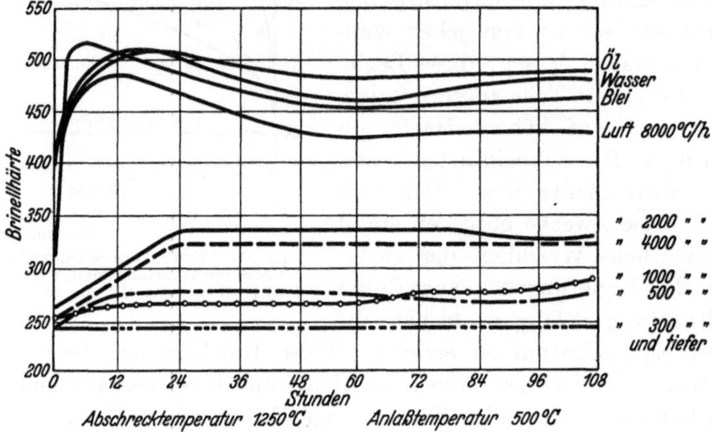

Abb. 560. Einfluß der Abkuhlungsgeschwindigkeit auf die Ausscheidungshärtung eines titanhaltigen Chrom-Nickel-Stahles mit 0,15% C, 8,4% Ni, 17,5% Cr, 3,6% Ti. [Nach Wasmuht: Kruppsche Mh. 12. Jg. (1931) S.174.]

beständigkeit herbeizuführen, solange durch Ablöschung für ein homogen ferritisches Gefüge Sorge getragen wird. Immerhin treten bei solchen Legierungen bereits alle Nachteile bezüglich Rekristallisation und Grobkornbildung ferritischer Legierungen ein. Nach der Ausscheidung werden aber die Gefüge infolge der hochdispersen Ausscheidung derartig heterogen, daß eine Verschlechterung des Korrosionswiderstandes eintritt. Die entsprechenden Korrosionswerte von gewöhnlichen V2A-Stählen, einem Cr-C-Stahl und entsprechenden Titanstählen zeigt Zahlentafel 135. Hieraus geht deutlich der verschlechternde Einfluß von Titan, insbesondere im ausscheidungsgehärteten Zustand, auf die Korrosionseigenschaften der betreffenden Legierungen hervor. Die Heterogenität des Gefüges nach der Aushärtungsbehandlung, die man bei Titanstählen gut beobachten kann (Abb. 561), deutet schon zur Genüge an, daß man mit einer Verschlechterung des Korrosionswiderstandes infolge der feinen Verteilung des ausgeschiedenen Bestandteiles rechnen muß.

Ähnlich wie bei Eisen-Kohlenstoff-Legierungen ist es notwendig, für alle Ausscheidungslegierungen die kritische Abkühlungsgeschwindigkeit festzustellen, d. h. diejenige Geschwindigkeit, bei der das Maximum der festen Lösung bei der Abkühlung und somit beim darauffolgenden Anlassen die maximalen Härtungseffekte (oder Veränderung sonstiger Eigenschaften) auftreten. Die Ab-

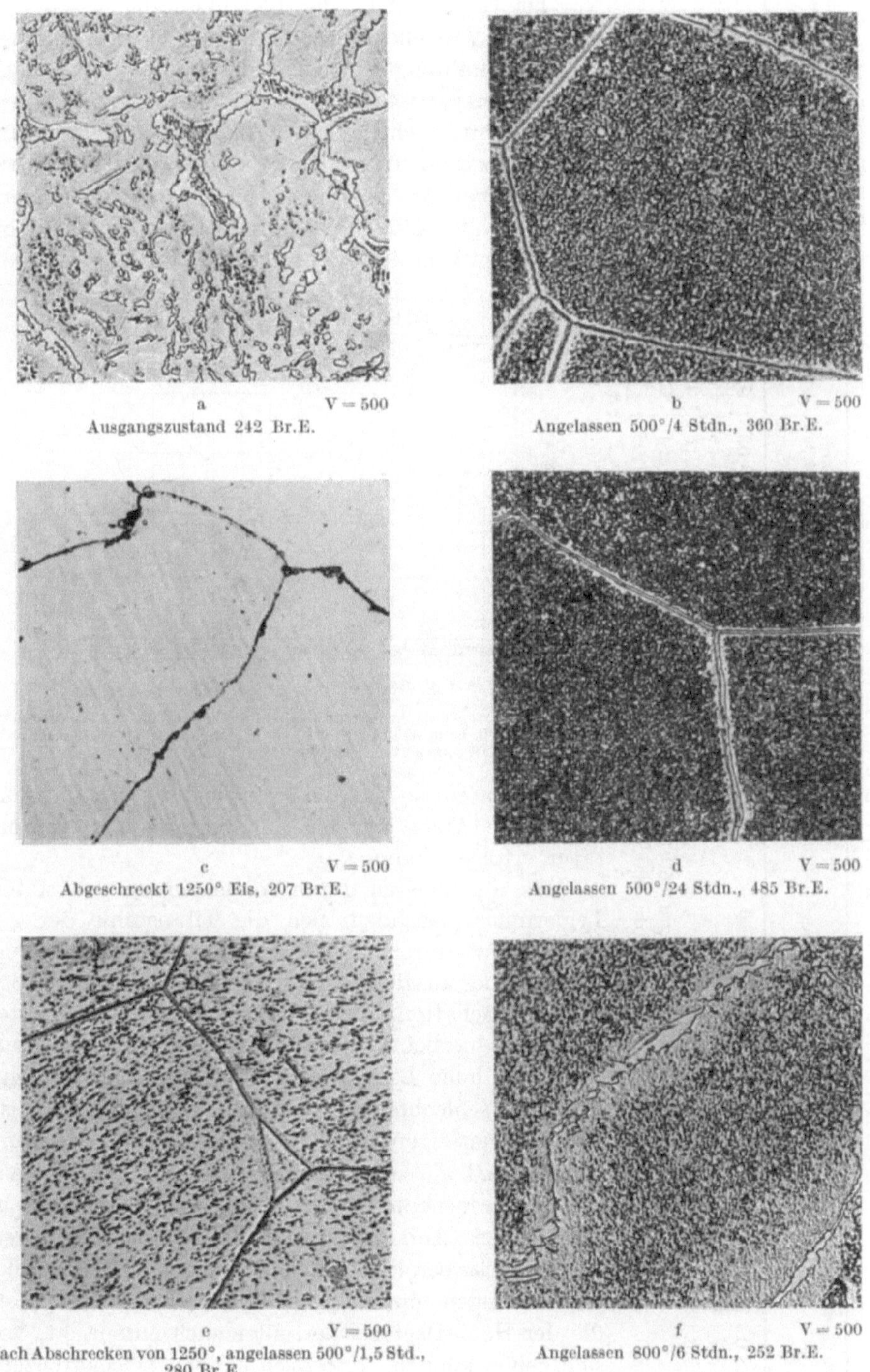

Abb. 561. Gefüge eines Titanstahles mit 0,2% C, 1,86% Si, 0,88% Mn, 5,19% Ti in verschiedenen Behandlungszuständen. [Nach Wasmuht: Kruppsche Mh. 12. Jg (1931) S. 165.]

Zahlentafel 135. Korrosionsbeständigkeit von durch Ausscheidung gehärteten V 2 A-Stählen im Vergleich zu gewöhnlichem V 2 A-Stahl sowie einem 14proz. Chromstahl nach Bennek und Schafmeister[1].

| Zusammensetzung | | | Zusatz | Wärmebehandlung | Brinell-härte | Salpetersäure (spez. Gew. 1,04) | | Salpetersäure (spez. Gew. 1,23) | | Essigsäure (spez. Gew. 1,06) | | Salzsäure (spez. Gew. 1,017) | Schwefelsäure (spez. Gew. 1,102) |
C %	Cr %	Ni %	%			kalt	kochend	kalt	kochend	kalt	kochend	kalt	kalt
0,12	18,0	8,5		normal vergütet	—	0,00	0,00	0,00	0,03	0,00	0,05	0,00	0,00
0,34	13,7	0,45		gehärtet	—	0,05	0,20	0,07	rd. 4	0,05	unbest.	rd. 3	unbest.
0,1	18,0	8,1	2,16 Ti	1150° Wasser	211	0,003	0,03	0,004	0,16	0	1,22	1,77	0
				1150° Wasser, 24 Stdn. 450°	306	0,006	0,04	0,007	0,24	0,004	0,84	10,5	1,6 (85)
0,12	18,0	7,8	3,02 Ti	1200° Wasser, 7 Stdn. 500°	—	0,02	0,27	0,01	1,05	—	2,4	—	0,5

hängigkeit für Eisen-Titan-Legierungen zeigt Abb. 562. Nur bei Wasser-, Öl- oder Bleiabkühlung lassen sich maximale Ausscheidungseffekte erzielen. Bei langsamer Abkühlung spielen sich die Ausscheidungseffekte bereits teilweise während der Abkühlung ab, so daß beim nachträglichen Anlassen das Maximum nicht mehr erreicht werden kann. Besonders geeignet sind solche Ausscheidungslegierungen für Stufenhärtung, d. h. Ablöschen in Blei- oder Salzbäder von bestimmten Temperaturen, längeres Halten auf diesen

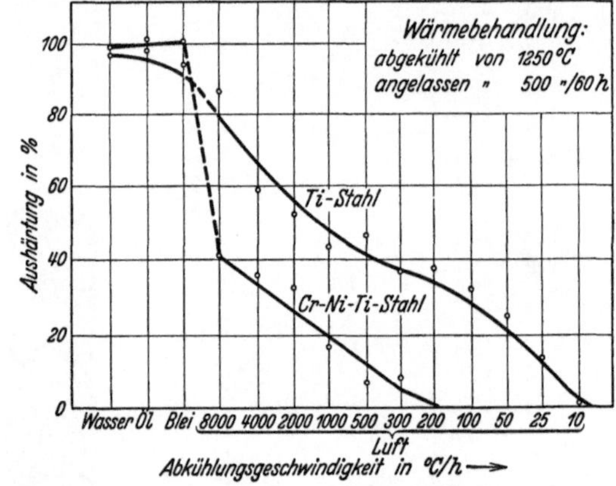

Abb. 562. Prozentuale Aushärtung in Abhängigkeit von der Abkühlungsgeschwindigkeit beim Abkühlen von hoher Temperatur vor dem Anlassen. [Nach Wasmuht: Kruppsche Mh. 12. Jg. (1931) S. 173.]

Temperaturen, so daß die Ausscheidung schon direkt nach dem Ablöschen bei der betreffenden Temperatur erfolgen kann.

Wie die meisten durch Ausscheidung gehärteten Legierungen zeichnen sich die Titanstähle der genannten Art durch verhältnismäßig hohe Sprödigkeit aus, wie dies aus der Gegenüberstellung einiger Festigkeitseigenschaften (Abb. 563) hervorgeht. Charakteristisch ist hierbei vor allem die niedrige Kerbzähigkeit sowie die hohe Lage von Streckgrenze zu Zugfestigkeit. Die schlechte Kerbzähigkeit ausscheidungshärtbarer Legierungen ist vor allem infolge Verlagerung der Kerbzähigkeitstemperaturkurve, ähnlich wie wir sie bei der mechanischen Alterung angetroffen haben, zu erklären (Abb. 564). Infolge der Ausscheidungen ist das Gitter bereits stark verspannt, so daß plastische Verformungen nur mehr dicht unterhalb einer Last, die der Höchstlast bei Zerreißversuch entspricht, vor sich gehen können. Praktisch können Streckgrenzenlast und Höchstlast zusammenfallen.

---

[1] Arch. Eisenhüttenwes. 5. Jg. (1932) S. 620.

In neuester Zeit werden als Legierungen für Dauermagnete solche mit 30% Kobalt und 10% Titan, Rest Eisen empfohlen mit einer Koerzitivkraft bis zu 900 Oerstedt und 7000 Remanenz. Diese von Honda geschaffenen neuen Magnetlegierungen werden also auch die auf S. 458 angeführten Aluminium-

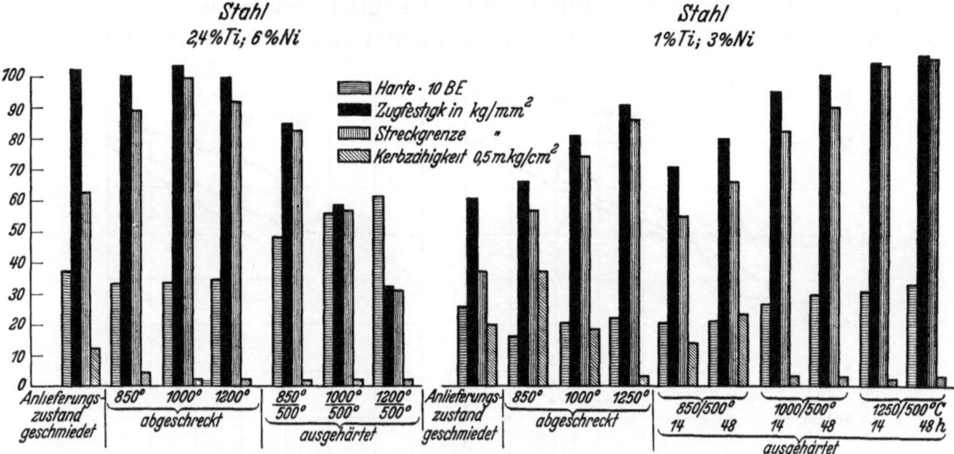

Abb. 563. Festigkeitseigenschaften von Nickel-Titan-Stählen bei verschiedenen Wärmebehandlungen.
[Nach Wasmuht: Kruppsche Mh. 12. Jg. (1931) S. 175.]

Nickel-Legierungen in der magnetischen Leistung übertreffen. Hier zeigt es sich, daß der modernen Forschung auf dem Magnetstahlgebiet noch keine Grenzen gesetzt sind.

3. Titan in kohlenstoffhaltigen Eisenlegierungen.

Von Interesse ist noch der Einfluß von Kohlenstoff auf Eisen-Titan-Legierungen. Titan weist von allen bisher untersuchten Legierungselementen mit die stärkste Neigung zur Karbidbildung auf. Durch Zusatz von Titan zu kohlenstoffhaltigen Stählen wird der Kohlenstoff bzw. das Titan in Form eines stabilen Karbids abgebunden, das erst bei hohen Temperaturen dicht unterhalb des Schmelzpunktes in geringen Mengen in Eisen gelöst wird. Von dieser starken kohlenstoffabbindenden Wirkung hat man bei der Herstellung nichtrostender (18/8-) Stähle zur Verhütung der Karbidausscheidung an den Korngrenzen und Verhinderung der interkristallinen Korrosion (Kornzerfall) Gebrauch gemacht (s. auch Zahlentafel 138).

Es muß der weiteren Erforschung von mehrfach legierten Eisen-Titan-Stählen

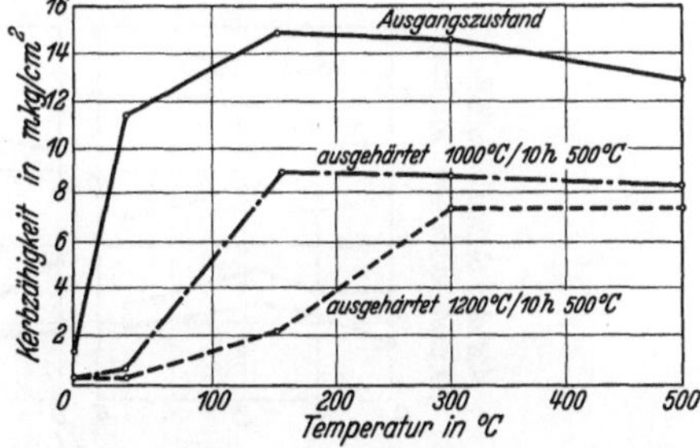

Abb. 564. Kerbzähigkeitstemperaturkurve eines Stahles mit 1 % Silizium, 3 % Nickel und 1,5 % Titan nach verschiedener Wärmebehandlung. [Nach Wasmuht: Kruppsche Mh. 12. Jg. (1931) S. 177.]

überlassen bleiben, festzustellen, ob noch weitere praktische Anwendungsmöglichkeiten für diese Legierungen gefunden werden. Von Mathesius wurden titanhaltige Stähle als besonders verschleißfest bezeichnet und auf ihre hohe Streckgrenze und Festigkeit hingewiesen[1]. Bei Flußeisen mit geringen Mengen

---

[1] DRP. 408668 (1921); DRP. 606791 (1927).

Titan und Kohlenstoff kann tatsächlich eine gewisse Verbesserung der Streckgrenze schon im Walzzustand gefunden werden. Erwähnenswert ist noch die
durch Titan hervorgerufene Verfeinerung des Grundgefüges von mit Titan (0,1 %)
behandelten Stählen im Gußzustand.

Der stark karbidbildende Einfluß von Titan kommt auch bei der Zementation
zum Ausdruck. Während bei geringen Zementationstiefen nach Guillet[1] und

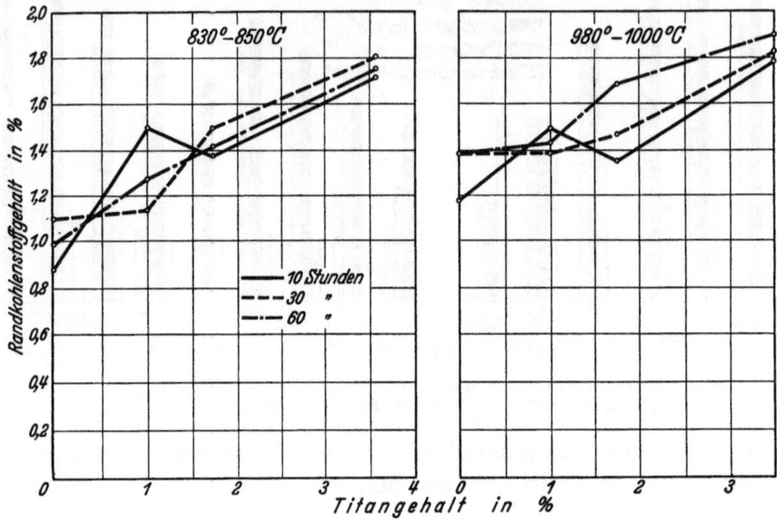

Abb. 565. Einfluß von Titan auf den Randkohlenstoffgehalt bei Zementation in Holzkohle und Bariumkarbonat.
[Nach Houdremont u. Schrader: Arch. Eisenhüttenwes. 8. Jg. (1935) S. 455.]

Giesen[2] durch Titan im Einsatzstahl eine Herabsetzung der Eindringtiefe festgestellt wird, können sich diese Verhältnisse bei Betrachtung größerer Zementationstiefen infolge der starken Erhöhung des Randkohlenstoffgehaltes bei Titan-

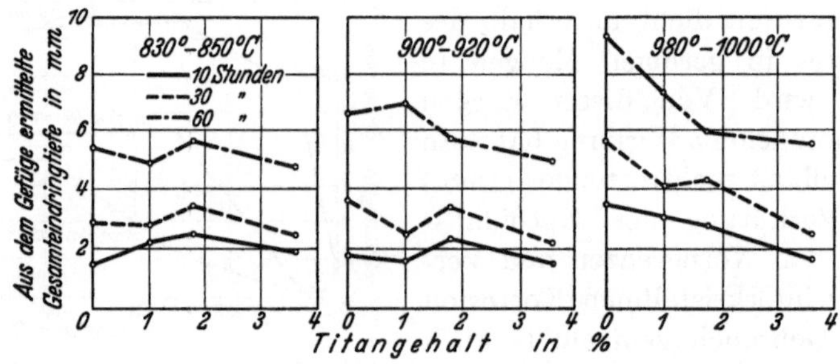

Abb. 566. Einfluß von Titan auf die Eindringtiefe bei Zementation in Holzkohle und Bariumkarbonat.
[Nach Houdremont u. Schrader: Arch. Eisenhüttenwes. 8. Jg. (1935) S. 455.]

stählen vollkommen verändern. Wie aus Abb. 565 ersichtlich, verursacht Titan
mit zunehmendem Legierungsgehalt ein Anwachsen des Randkohlenstoffgehaltes
bis auf etwa 1,9 % C. Bei niedrigen Zementationstemperaturen von 830—850°

---

[1] Mém. C. R. Trav. Soc. Ing. civ. France 1904 S. 177—207.
[2] Die Spezialstähle in Theorie und Praxis. Freiburg: Craz & Gerlach 1909.

unter Verwendung von Holzkohle und Bariumkarbonat als Zementationsmittel tritt, wie aus Abb. 566 zu ersehen ist, eine wesentliche Beeinflussung der Eindringtiefe nicht in Erscheinung. Es wird sogar, vor allem bei kürzeren Zementationszeiten, infolge der starken Anhäufung von Randkarbiden und des damit verbundenen vergrößerten Konzentrationsgefälles, eine Vergrößerung der Eindringtiefe mit dem Titangehalt beobachtet. Bei höheren Zementationstemperaturen liegt eine mit dem Titangehalt fortschreitende Herabsetzung der Eindringtiefe vor. Das Titan schließt sich damit in seiner Wirkung bei der Zementation vollkommen den früher beschriebenen karbidbildenden Legierungselementen, wie Chrom, Wolfram, Vanadin usw., an, die durchweg bei ziemlich starker Erhöhung des Randkohlenstoffgehaltes eine Verminderung der Eindringtiefe beobachten ließen, die für eine verzögerte Diffusion der mehr oder weniger schwerlöslichen Sonderkarbide spricht. Ähnlich wie bei Wolfram wird bei Titanstählen eine weitgehende Zusammenballung der in der Randzone angehäuften Randkarbide angetroffen (Abb. 567). Fernerhin zeichnet sich der titanhaltige Einsatzstahl, ebenso wie der höher wolfram- und vanadinhaltige, durch eine hohe Feinkörnigkeit auch bei hoher Zementationsüberhitzung aus. Die stark kornverfeinernde Wirkung von Titanzusätzen von mehr als 1 % ist gegen-

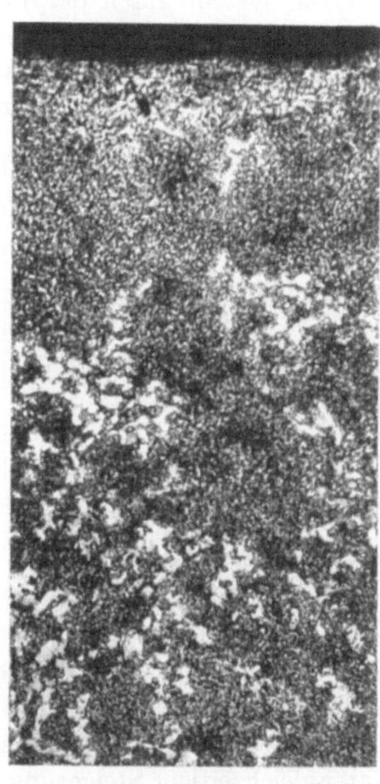

Abb. 567. Ausbildung von Titan-Karbiden in der Randschicht eines zementierten Titanstahles. [Nach Houdremont u. Schrader: Arch. Eisenhüttenwes. 8. Jg. (1935) S. 445—459.]

über Kohlenstoffstählen aus der beträchtlichen Verminderung der Korngröße in der untereutektoiden Zone der Einsatzschicht in Abb. 568 festgehalten.

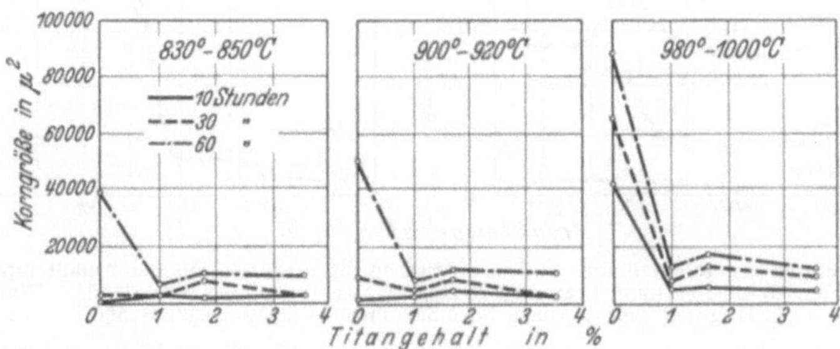

Abb. 568. Einfluß von Titan auf die Korngröße bei Zementation in Holzkohle und Bariumkarbonat. [Nach Houdremont u. Schrader: Arch. Eisenhüttenwes. 8. Jg. (1935) S. 455.]

Da durch Titanzusätze und die dadurch bedingte Abbindung des Kohlenstoffs zu schwerlöslichen Titankarbiden die Härtbarkeit von Einsatzstählen in hohem Maße beeinträchtigt wird, ist von dem Vorteil dieses Legierungszusatzes bisher praktisch noch kein Gebrauch gemacht worden.

R. Beryllium im Stahl.

Das System Eisen-Beryllium (Abb. 569) weist große Ähnlichkeit mit dem System Eisen-Titan auf (Abschnürung des γ-Gebietes, steigende Löslichkeit für Eisen-Beryllium-Verbindungen im Ferrit). Die Löslichkeitslinie im obigen System ist nur gestrichelt eingetragen. Auch hier wird es eines eingehenderen

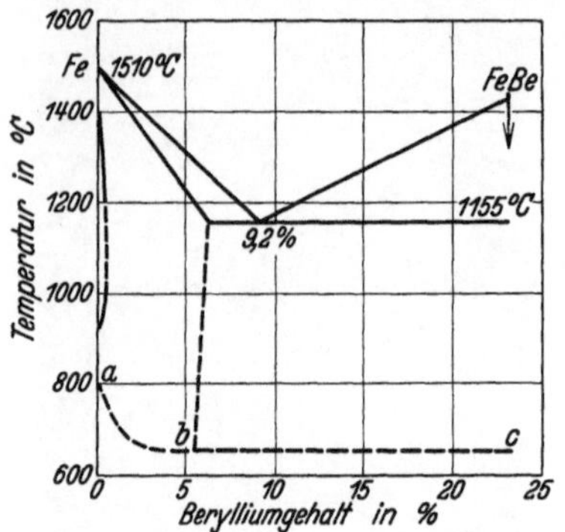

Abb. 569. System Eisen-Beryllium. [Nach Wever u. Müller: Mitt. Kais.-Wilh.-Inst. Eisenforschg., Düsseld. Bd. 11 (1929) S. 219.]

Studiums bedürfen, um den genauen Verlauf festzulegen. Feststehend ist aber auch bereits das Auftreten von Ausscheidungshärtung durch Zusatz von Beryllium zu Eisenlegierungen[1, 2] (Abb. 570).

Ähnlich wie bei Eisen-Titan ist auch durch Berylliumzusatz die Ausscheidungshärtung austenitischer Legierungen, insbesondere wiederum des austenitischen rostfreien Stahles, versucht worden. Die Verhältnisse hierbei liegen ganz ähnlich wie bei Eisen-Titan. Da Beryllium in viel stärkerem Maße das γ-Gebiet abschnürt als Titan, wird der austenitische Charakter der betreffenden Legierungen bereits bei 1% Beryllium weitgehend verändert (Abb. 571). Auch hier sind nur noch geringe Reste Austenit im Gefüge vorhanden. Da Chrom und Beryllium sich in ihrer Wirkung bezüglich der Verringerung des γ-Gebietes unterstützen, kann man nur erwarten, daß bei Verringerung des Chromgehaltes unter gleichzeitiger Steigerung des Nickelgehaltes noch einigermaßen austenitische Cr-Ni-Be-Legierungen erhalten werden. Als Beispiel kann eine Legierung mit

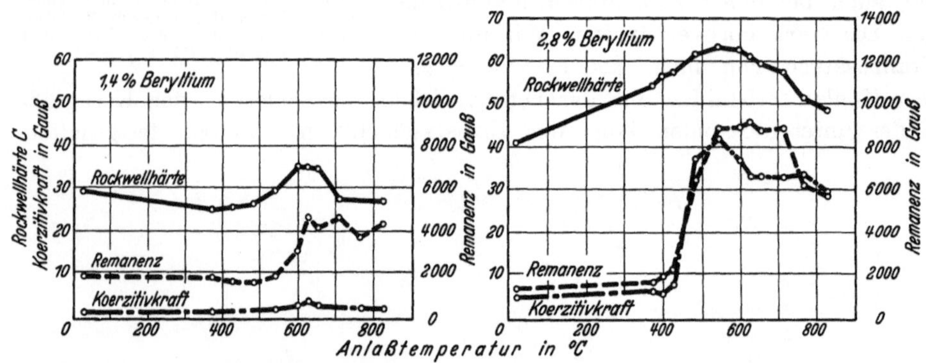

Abb. 570. Veränderung der Rockwellhärte und magnetischen Eigenschaften mit der Anlaßtemperatur bei ausscheidungsgehärteten Eisen-Beryllium-Legierungen nach Wasserablöschung von 1120°. [Nach Seljesater u. Rogers: Trans. Amer. Soc. Stl. Treat. Bd. 19 (1932) S. 560.]

12% Ni, 13% Cr, 0,6% Be angegeben werden. Wie aus Abb. 571 hervorgeht, lassen sich bei V 2 A-Beryllium-Legierungen mit so hohem Be-Gehalt auch beim Ablöschen von hohen Temperaturen nicht mehr vollkommen homogen feste Lösungen erzielen. Der Ausscheidungsvorgang geht selbst bei Wasserablöschung

---

[1] Masing: Z. Metallkde. Bd. 20 (1928) S. 19—21.

[2] Kroll: Wiss. Veröff. Siemens-Konz. Bd. 8 (1929) S. 220—235; Metallwirtsch. Bd. 9 (1930) S. 1043.

zum Teil schon während der Abschreckung vor sich. Man muß also annehmen, daß die Sättigungsgrenze bereits bei 0,6—0,8% Be überschritten ist.

Charakteristisch ist wiederum der Ausscheidungscharakter in Abhängigkeit von der Art des Grundgefüges. Gerade an Hand dieser Legierungen gelang der auch von Köster[1] bei den Eisen-Wolfram-Kobalt-Legierungen geführte Nachweis, daß Ausscheidungshärtungen im austenitischen Gefüge anders verlaufen als im ferritischen, und zwar erfolgt die Ausscheidung im ferritischen Gebiet bei tieferen Temperaturen als im austenitischen Gebiet. Auf die Analogie mit den unterschiedlichen Rekristallisationsverhältnissen ist bereits hingewiesen worden. Der Austenit scheint in jeder Beziehung dasjenige Gefüge zu sein, in dem Umwandlungen und Veränderungen am trägsten verlaufen.

Es dürfte kein Zweifel bestehen, daß dies auf die dichtere Atombesetzung des austenitischen Gitters gegenüber dem ferritischen zurückzuführen ist. Sehr deutlich geht das unterschiedliche Verhalten aus der Abb. 572 hervor. Die nahezu rein ferritische Lösung (oben) zeigt nur einen Ausscheidungseffekt bei 500°. Die halbferritische Legierung (Mitte) weist ebenfalls noch in der Hauptsache einen Anstieg bei 500°, aber bei verlängerter Anlaßzeit auf. Außerdem macht sich bereits ein zweites Ausscheidungsgebiet bei 500 bis 700° und sogar 800° bemerkbar. Bei der rein austenitischen Legierung (unten) erfolgt die maximale Härtung bei höheren Temperaturen oder längeren Anlaßzeiten. Die absoluten Härten sind bei den ferritischen Legierungen größer als bei den austenitischen.

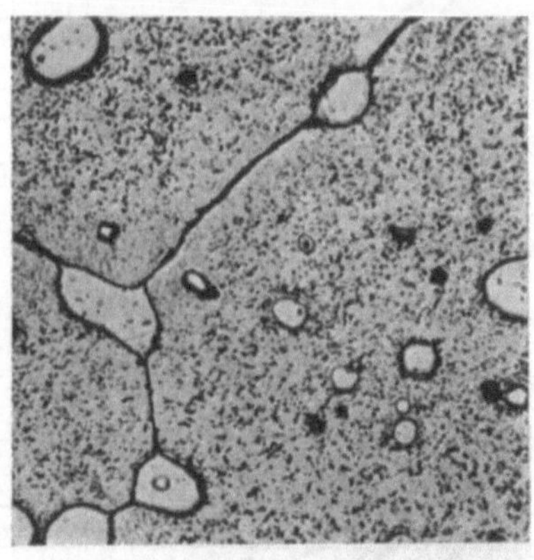

Abb. 571. Gefüge eines Berylliumstahles mit 8% Ni, 18% Cr und 1,2% Be nach Abschreckung von 1150° in Wasser. [Nach Bennek u. Schafmeister: Arch. Eisenhüttenwes. 5. Jg. (1932) S. 615.]

Einige Festigkeitseigenschaften derartiger V 2 A-Legierungen mit Berylliumzusatz zeigt die Zahlentafel 136. Wie aus den Zahlen hervorgeht, zeigen die

Zahlentafel 136. Festigkeitseigenschaften von berylliumhaltigen V 2 A-Stählen nach Bennek und Schafmeister[2].

| Zusammensetzung | | | | Wärmebehandlung | Brinell-härte | Streck-grenze kg/mm² | Zug-festig-keit kg/mm² | Dehnung ($l = 5\,d$) % | Ein-schnü-rung % |
C %	Cr %	Ni %	Zusatz %						
0,12	18,0	8,5		1150° Wasser	150	20	58	58	60
0,11	19,0	8,7	1,19 Be	950° Öl, 2 Stdn. 500°	505	—	61,2*	0	0
0,12	19,4	6,9	0,91 Be	1150° Öl, 2 Stdn. 500°	534	—	82,1*	0	0
0,14	13,3	11,6	0,67 Be	950° Öl, 8 Stdn. 700°	313	38	107,3	21,5	38
				1150° Öl, 8 Stdn. 700°	325	—	84*	0	0

* Vorzeitig abgerissen.

ausscheidungsgehärteten Proben große Sprödigkeit, die vor allem bei den rein ferritischen Legierungen in Erscheinung tritt. Die von 950° abgelöschten austenitischen Legierungen liegen günstiger in ihren Zähigkeitseigenschaften, dafür

---

[1] Arch. Eisenhüttenwes. 6. Jg. (1932/33) S. 17—23.
[2] Arch. Eisenhüttenwes. 5. Jg. (1932) S. 618.

ist die Streckgrenze verhältnismäßig wenig erhöht, die Festigkeit hingegen ziemlich stark angewachsen.

Ähnlich wie ausscheidungshärtende Titanstähle verlieren auch diese Berylliumlegierungen teilweise ihren Korrosionswiderstand, so daß das Endziel, die austenitischen Chrom-Nickel-Stähle durch Zusatz von Beryllium bei gleichbleibendem Korrosionswiderstand zu härten, sich nicht in vollkommener Weise erzielen ließ.

Besonderes Interesse verdienen diese ausscheidungshärtenden Legierungen wegen ihrer Warmfestigkeit, da man annehmen kann, daß sie unterhalb der Ausscheidungstemperatur besonders hohe Warmfestigkeitseigenschaften aufweisen werden. Normalerweise kann man dies nur für kurze Beanspruchungszeiten annehmen und für Temperaturen, die tief unter der Ausscheidungstemperatur liegen. Bei Dauerbeanspruchungen verläuft unter dem Einfluß der Spannungen der Ausscheidungsvorgang meistens etwas schneller, und nach beendeter Ausscheidung nähern sich die Warmfestigkeitswerte bald denen der nicht ausscheidungshärtenden Legierungen. Von besonderer Bedeutung wären diese Stähle zur Herstellung warmfester Federn, die auch bei höherer Temperatur ihre Federhärte nicht verlieren sollen. Über die praktische

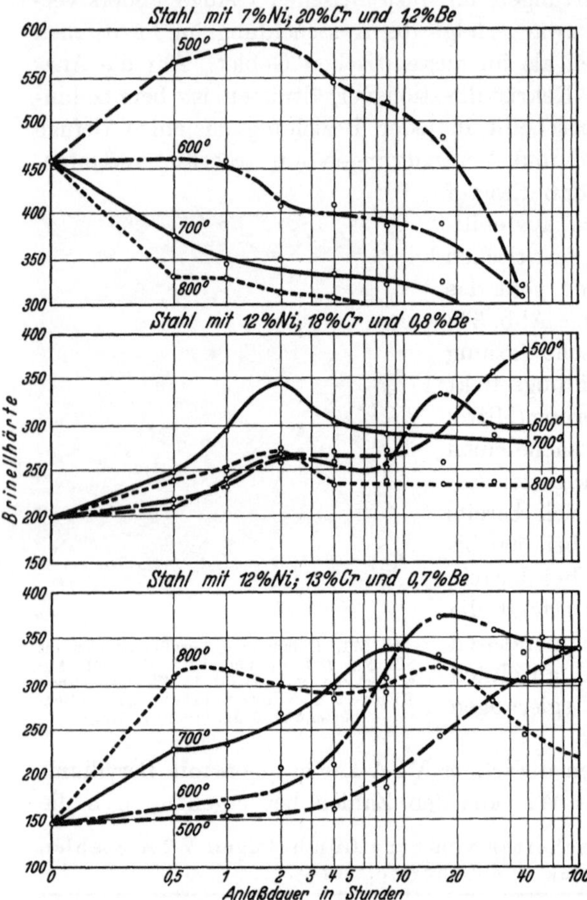

Abb. 572. Härteveränderung verschiedener Berylliumstähle nach Abschreckung von 1250° Öl und verschieden langem Anlassen auf 500—800°. [Nach Bennek u. Schafmeister: Arch. Eisenhüttenwes. 5. Jg. (1932) S. 616.]

Bewährung solcher Stähle können aber heute noch keine Aussagen getroffen werden. Bei einigen Versuchen mit Federn unter Dauerbelastung bei 500° trat bei mäßiger Beanspruchung bald ein starkes Setzen der ausscheidungsgehärteten Federn ein. Größere Verwendung hat Beryllium zum Härten von Kupfer-Nickel- und Nickellegierungen gefunden. So ist auch versucht worden, den 36proz. Nickelstahl mit 12% Cr durch Zusatz von Beryllium zu härten und verschleißfest zu machen.

Bezüglich der metallurgischen Bedeutung des Berylliums sind bisher mit Rücksicht auf den hohen Preis dieses Elementes nur einige wenige Versuche ausgeführt worden. Beryllium wirkt stark desoxydierend, ähnlich wie Aluminium und Titan. Es hat ferner hohe Affinität zum Schwefel und wirkt, da sein Sulfid im Stahlbad leicht aufsteigt, in gewissem Grade entschwefelnd. Die Wirkung des Berylliumsulfides auf die Warmverformbarkeit scheint ähnlich zu sein wie die des Mangansulfides; es verringert bei hohen Schwefelgehalten die Neigung zum Rotbruch.

S. Bor im Stahl.

Bor hat in der Metallurgie als Legierungselement noch keine große Verwendung gefunden. Es ist des öfteren darauf hingewiesen worden, daß durch geringen Borzusatz eine Gefügeverfeinerung sowohl im Guß- als im Walzzustand erzielt werden kann. Aus dem System Eisen-Bor (Abb. 573) ersieht man, daß Bor nur eine geringe Löslichkeit im Eisen besitzt. Infolgedessen werden schon bei geringen Zusätzen Keimwirkungen durch Ausscheidung von Boriden vorliegen, die sich bezüglich Kornfeinheit ähnlich auswirken können wie Vanadin-, Titan-, Chrom-Karbide, -Nitride usw. Die geringe Löslichkeit von Bor ließ gleichzeitig erwarten, daß vielleicht in geringen Grenzen Ausscheidungseffekte durch Bor auftreten können. Bei reinen Eisen-Bor-Legierungen scheinen allerdings die Verhältnisse nicht so eindeutig klar erfaßbar zu sein, da die Löslichkeit so gering ist, daß nahezu

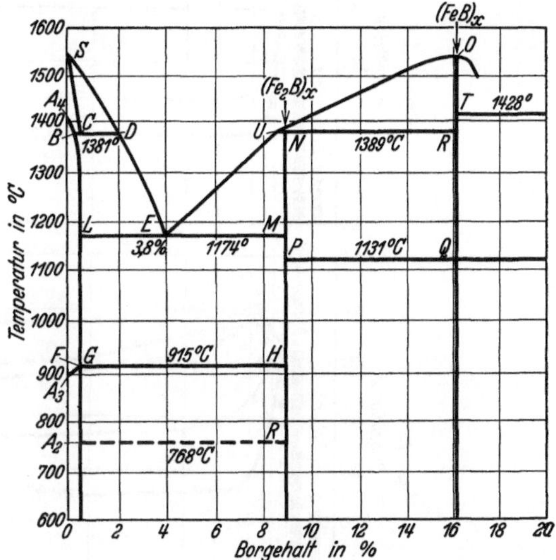

Abb. 573. Zustandsschaubild Eisen-Bor. [Nach Wever u. Muller: Mitt. Kais-Wilh.-Inst. Eisenforschg., Dusseld. Bd. 11 (1929) S. 195.]

in jedem Falle eine gewisse Härtesteigerung durch Bor schon beim Abschrecken auftritt. Immerhin lassen Eisen-Bor-Legierungen beim Ablöschen und Anlassen beachtenswerte Veränderungen ihrer Härte erkennen (Abb. 574).

Da im abgelöschten Zustand nahezu das Härtemaximum erreicht wird, muß man annehmen, daß bei diesen Legierungen entweder beim Ablöschen selbst bereits Ausscheidungseffekte auftreten oder doch größere Löslichkeitsunterschiede für Bor zwischen den einzelnen Phasen des Eisens (γ—α) bestehen, so daß ähnliche Effekte wie im Eisen-Kohlenstoff-System erzielt werden.

Um die Frage zu entscheiden, ob Bor Ausscheidungseffekte hervorruft, ist es von Interesse, rein austenitische Legierungen zu untersuchen. Für den rostfreien austenitischen V2A-Stahl sind Versuche durchgeführt worden, deren Ergebnisse in Abb. 575 gezeigt werden. Von 0,5% Bor aufwärts zeigen diese Legierungen typische Ausscheidungseffekte, deren Maximum nach Ablöschen von 1230° und Anlassen auf 830° erreicht wird. Aus der Lage des Maximums kann man schließen, daß durch Bor keine wesentlichen Gefügeveränderungen

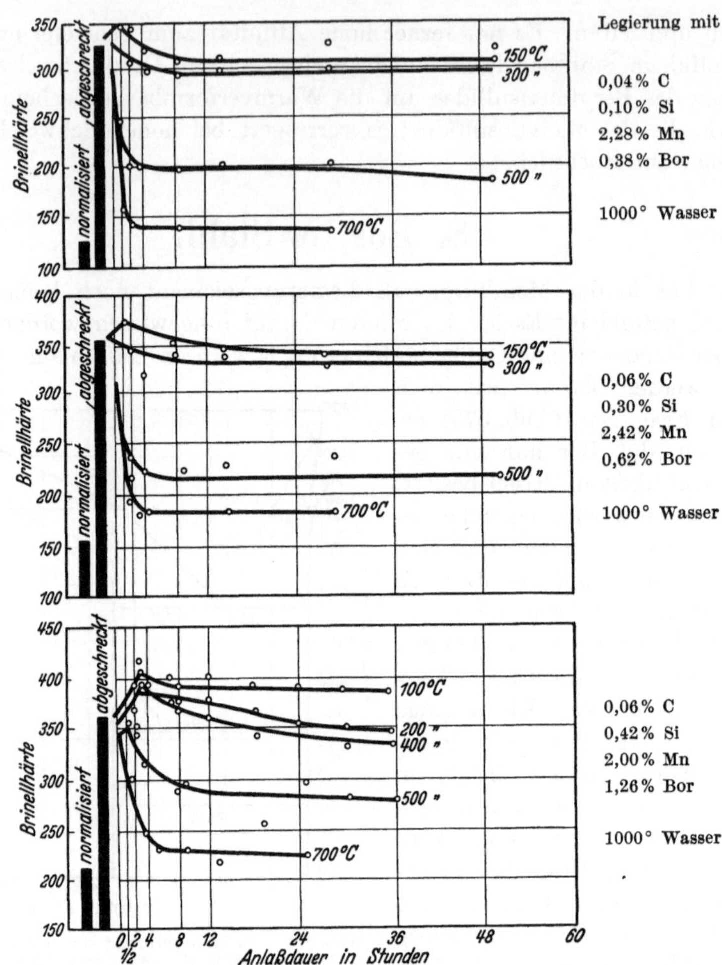

Abb. 574. Härteveränderung von manganhaltigen Eisen-Bor-Legierungen beim Anlassen. [Nach Wasmuht: Kruppsche Mh. 12. Jg. (1931) S. 275.]

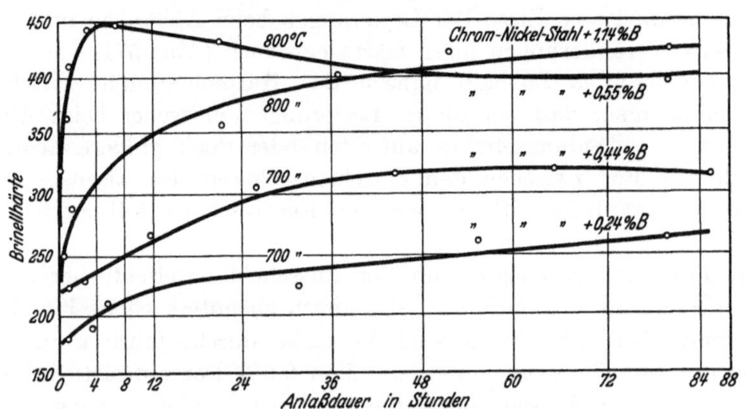

Wärmebehandlung: Abgeschreckt: 1230° Wasser. Angelassen: 800 bzw. 700°.
Abb. 575. Abhängigkeit der Aushärtung beim (18) Chrom - (8) Nickel-Bor-Stahl vom Borgehalt. [Nach Wasmuht: Kruppsche Mh. 12. Jg. (1931) S. 276.]

stattfinden, d. h. der Austenitcharakter der Stahllegierungen bleibt auch bei dem hier angeführten Borgehalt zunächst erhalten. Allerdings konnte bei längerem Anlassen ein Austenitzerfall beobachtet werden. Bedeutsame Ausscheidungs-effekte ergeben sich bei rascher Abkühlung von Temperaturen oberhalb 1000°. Zum Abkühlen empfiehlt sich Wasser, Öl oder Luft. Im wasserabgelöschten Zu-

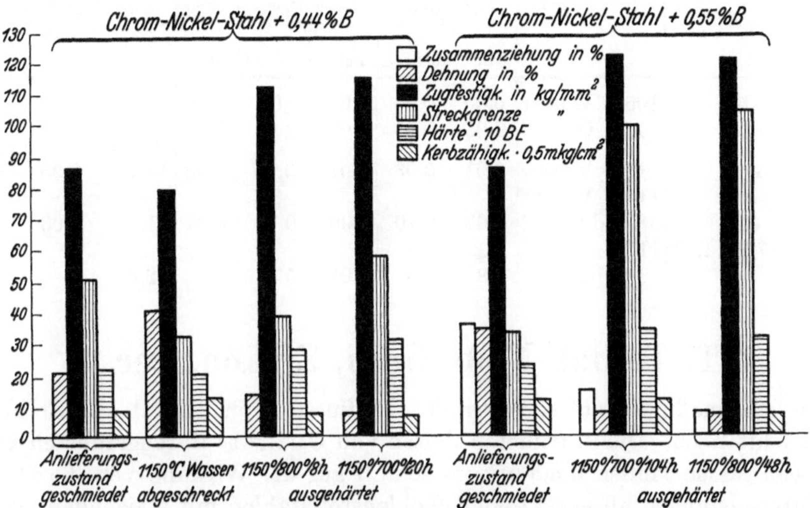

Abb. 576. Festigkeitseigenschaften von Chrom-Nickel-Bor-Stählen nach verschiedener Wärmebehandlung. [Nach Wasmuht: Kruppsche Mh. 12. Jg. (1931) S. 280.]

stand sind die Legierungen nach der Abschreckung am weichsten und zeigen auch den höchsten Ausscheidungseffekt beim Anlassen. Bei anderen Abkühlungs-arten findet eine weitgehende Ausscheidungshärtung schon während der Ab-kühlung statt. Von allen Zusätzen, die Ausscheidungshärtung in austenitischen rostfreien Stählen hervorrufen, verdient Bor die größte Beachtung, da die im Austenit verlaufende Ausscheidung durch Bor nicht derartig sprödigkeitssteigernd wirkt, wie andere Ausscheidungsarten. Angaben über Festigkeitseigenschaften gibt Abb. 576. Wenn auch hier eine starke Verminderung der Kerb-zähigkeit und Dehnung auftritt, so sieht man andererseits den Gewinn an Streckgrenze und Festigkeit, den man durch Bor erzielen kann. Dieser Gewinn zeigt sich auch in der Ver-besserung der Schwingungsfestigkeit. Selbst-verständlich gelten für die Warmfestigkeit ähnliche Überlegungen wie für alle ausschei-

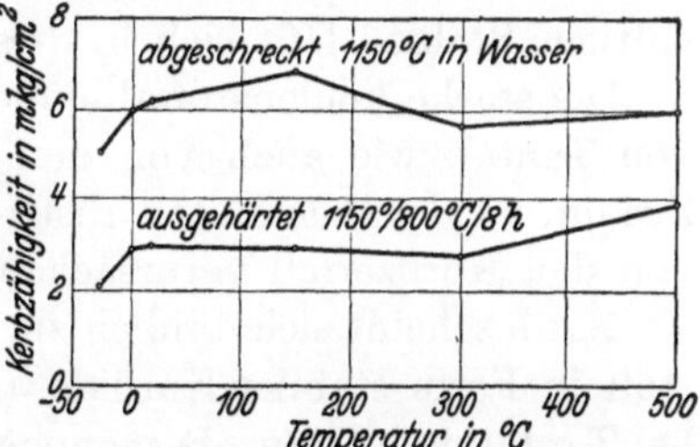

Abb. 577. Kerbzähigkeitstemperaturkurve eines Chrom-Nickel-Bor-Stahles mit 0,44% Bor. [Nach Wasmuht: Kruppsche Mh. 12. Jg. (1931) S. 281.]

dungshärtenden Legierungen. Die geringere Sprödigkeit der ausscheidungs-härtenden Borstähle geht aus dem Verlauf der Kerbzähigkeitskurve (Abb. 577) hervor. Korrosionstechnisch wirkt Bor aber auch verschlechternd, wie dies Zahlentafel 137 zeigt. Inwiefern daher diese Legierungen eine praktische Ver-wendung finden werden, läßt sich heute mit Sicherheit noch nicht fest-stellen.

Zahlentafel 137. Korrosionsbeständigkeit von durch Borausscheidung gehärtetem V 2 A-Stahl im Vergleich zu normalen V 2 A sowie Chromstahl nach Bennek und Schafmeister[1].

Zusammensetzung				Wärme-behandlung	Gewichtsabnahme in g/h m²							
					Salpetersäure (spez. Gew. 1,04)		Salpetersäure (spez. Gew. 1,23)		Essigsaure (spez. Gew. 1,06)		Salzsäure (spez. Gew. 1,017)	Schwefelsäure (spez. Gew. 1,102)
c %	cr %	Ni %	Bor %		kalt	kochend	kalt	kochend	kalt	kochend	kalt	kalt
0,12	18,0	8,5	—	1050° Wasser	0,00	0,00	0,00	0,03	0,00	0,05	0,00	0,00
0,34	13,7	0,45	—	950° Öl	0,05	0,20	0,07	rd. 4	0,05	unbe-standig	rd. 3	unbe-ständig
0,16	17,7	8,0	0,59	1150° Wasser	0,01	0,03	0,01	0,15	0,00	1,72	0,35	0,12
				1150° Wasser 48 Stdn. 700°	0,02	0,10	0,008	0,7	0,01	1,59	0,63	1,36
0,16	17,0	7,9	1,03	1150° 8 Stdn. 800°	0,8	5,5	0,01	5	—	2,8	—	7,4

T. Tantal, Niob, Uran, Zirkon, Cer.

Eine planmäßige Untersuchung des Einflusses von Tantal auf Stahllegierungen fehlt noch. Die in früheren Zeiten von Guillet[2] durchgeführten Untersuchungen lassen keinen eindeutigen Schluß auf die Wirkung von Tantal zu. Aus Untersuchungen an eutektoiden Kohlenstoffstählen mit steigendem Tantalzusatz ließ sich keine sehr bedeutende Wirkung von Tantal entnehmen. Tantal bildet augenscheinlich mit Kohlenstoff ein ähnliches stabiles Karbid wie Titan, das aber auch mit steigender Temperatur nur in geringen Mengen in Lösung geht. Infolgedessen kann man sogar nach dem Ablöschen von 1200° in Wasser nur eine verhältnismäßig geringe Erhöhung der Härte und Anlaßbeständigkeit der betreffenden Stähle feststellen. In neuerer Zeit werden auch Schnellstähle mit Tantalzusätzen bis zu etwa 4% hergestellt. Über den technischen und wirtschaftlichen Vorteil dieser Stähle gegenüber den bekannten vanadin- und kobalthaltigen Stählen läßt sich in diesem Augenblick noch nichts Endgültiges sagen.

Die starke kohlenstoffabbindende Wirkung von Tantal bewirkt, daß Zusätze von Tantal, wie auch von den nachfolgend kurz erwähnten Elementen Uran, Zirkon, zu den bekannten rostfreien Stählen mit 18% Ni, 8% Cr das Auftreten von den Kornzerfall verursachenden feinen Karbidausscheidungen verhüten.

Niob scheint sich ähnlich zu verhalten wie Tantal. Die Neigung, den Kohlenstoff in Form stabiler Karbide abzubinden, dürfte annähernd so stark sein wie bei Tantal und Titan. Dementsprechend gelingt es, auch durch Zusatz von Niob den Kornzerfall in austenitischen Chrom-Nickel-Stählen zu verhüten. Hierzu ist es erforderlich, etwa die 16fache Menge an Tantal, die 11fache Menge an Niob oder die 4fache Menge an Titan im Verhältnis zum Kohlenstoffgehalt zuzusetzen. Die starke Affinität von Elementen wie Niob und Titan zum Kohlenstoff zeigen z. B. auch die Ergebnisse in Zahlentafel 138. Legierungen mit 3,5 und 13% Chrom härten bereits stark, wenn sie nach dem Walzen oder nach einer Erwärmung auf 900° an Luft abgekühlt werden. Bei Zusatz von Titan oder Niob wird aber

[1] Arch. Eisenhüttenwes. 5. Jg. (1932) S. 620.
[2] C. R. Acad. Sci., Paris Bd. 145 (1907) S. 327 (vgl. Mars: „Die Spezialstähle" 1922 S. 441).

Zahlentafel 138. Wirkung von Titan- und Niobzusätzen auf die Festigkeitseigenschaften von Chromstählen nach Becket und Franks[1].

C	Cr	Ti	Nb	Behandlungszustand	Brinell-harte	Streck-grenze kg/mm²	Festig-keit kg/mm²	Deh-nung (für eine Lange von 50 mm) %	Ein-schnü-rung %	Kerb-zähig-keit (Jzod-Prb.) mkg/cm²
0,10	5,44	—	—	gewalzt	375	105	127,0	5	12	3,8
0,10	5,44	—	—	bei 750° 4 Stdn. mit nach-folgender Luftabkühlung geglüht	153	52	65,0	26	74	16,3
0,11	5,41	0,75	—	gewalzt	163	59	70,3	18	68	4,2
0,11	5,41	0,75	—	bei 750° 4 Stdn. mit nach-folgender Luftabkühlung geglüht	112	20	42,9	37	78	10,9
0,11	5,41	0,75	—	normalisiert durch Luftab-kühlung von 900° nach 10 Min. Halten	112	20	43,6	44	79	19,4
0,09	5,62	—	1,04	gewalzt	192	69	78,0	16	62	10,2
0,09	5,62	—	1,04	bei 750° 4 Stdn. mit nach-folgender Luftabkühlung geglüht	112	23	43,6	29	78	18,7
0,09	5,62	—	1,04	normalisiert durch Luftab-kühlung von 900° nach 10 Min. Halten	143	43	57,6	27	70	18,2
0,13	13,60	—	—	gewalzt	418	104	143,4	3	8	5,2
0,13	13,60	—	—	bei 750° 4 Stdn. mit nach-folgender Luftabkühlung geglüht	143	43	64,0	24	60	11,8
0,13	13,60	—	—	normalisiert durch Luftab-kühlung von 900° nach 10 Min. Halten	241	82	104,8	4	6	1,4
0,11	13,35	0,85	—	gewalzt	126	25	44,5	25	70	1,7
0,11	13,35	0,85	—	bei 750° 4 Stdn. mit nach-folgender Luftabkühlung geglüht	112	27	44,5	28	70	3,5
0,11	13,35	0,85	—	normalisiert durch Luftab-kühlung von 900° nach 10 Min. Halten	112	25	45,0	33	75	5,2
0,10	12,42	—	1,18	gewalzt	121	28	44,4	30	53	2,6
0,10	12,42	—	1,18	bei 750° 4 Stdn. mit nach-folgender Luftabkühlung geglüht	116	26	45,4	31	65	6,4
0,10	12,42	—	1,18	normalisiert durch Luftab-kühlung von 900° nach 10 Min. Halten	112	27	44,3	37	73	13,3
0,34	13,32	1,76	—	gewalzt	143	34,4	53,5	25	55	0,5
0,34	13,32	1,76	—	normalisiert durch Luftab-kühlung von 1000° nach 5 Min. Halten	124	31	52,3	27	53	2,6
0,58	13,34	2,13	—	gewalzt	179	45	70,3	21	47	0,5
0,58	13,34	2,13	—	normalisiert durch Luftab-kühlung von 1000° nach 5 Min. Halten	159	39	58,3	26	51	0,7

[1] Trans. Amer. Inst. min. metallurg. Engr. Bd. 113 (1934) S 130.

der Kohlenstoff nicht mehr von Chrom abgebunden, sondern findet sich als Karbid jener Elemente in der Stahllegierung. Weil diese Karbide in der Grundmasse praktisch unlöslich sind, liegt der Kohlenstoff in Form von Einschlüssen im Gefüge verteilt. Eine Lufthärtung kann daher nicht mehr erfolgen; die Legierungen bleiben weich. Auch im Gefüge findet man nur Karbide in ferritischer Grundmasse eingebettet, ohne Anzeichen von Martensit, Troostit oder Perlit. Zahlentafel 138 zeigt ebenfalls, daß Chrom in der Grundmasse kaum festigkeitssteigernd wirkt. 5- und 13proz. Chromstähle zeigen etwa gleiche Festigkeit, wenn durch Zusetzen der stärker karbidbildenden Elemente dem Chrom die Möglichkeit zur Karbidbildung entzogen wird.

Karbidbildung tritt auch durch Uran ein; hochgekohltes Ferro-Uran löst sich selbst im Schmelzfluß nur schwer im Eisen auf. Das Urankarbid ist bis zu einem ziemlich hohen Grade im Austenit löslich, so daß sich eine merkliche Erhöhung der Anlaßbeständigkeit durch Uran erzielen läßt[1]. Allerdings tritt in Uranstählen mit höherem C-Gehalt schon bei recht niedrigen Abschrecktemperaturen ein Schmelzeutektikum (Urankarbid-Urannitrid?) auf, das eine weitere Erhöhung der Härtetemperatur und volle Ausnutzung des Urankarbidausscheidungseffektes verhindert. Eine praktische Nutzanwendung von Uranzusätzen hat bis heute noch nicht stattgefunden, wenn auch in verschiedenen Patentanmeldungen, besonders bei Schnellstahllegierungen, Zusätze von Uran empfohlen worden sind.

Auch Zirkon ist nach dem bisher Bekannten[2] zu den karbidbildenden Elementen zu rechnen. Trotz der starken Neigung zur Karbidbildung begünstigt Zirkon die Graphitbildung in Eisen-Zirkon-Kohlenstoff-Legierungen (Analogie zu Wolfram, Silizium). Die spezifische Wirkung des Zirkons auf die Härte- und Anlaßvorgänge ist ebenfalls noch nicht näher studiert. Hingegen hat Zirkon bereits eine weitgehendere Verwendung wegen seiner metallurgischen Bedeutung gefunden.

Zirkon ist ein gutes Desoxydations- und Denitrierungsmittel. Infolgedessen werden Si-Zi- oder Al-Si-Zi-Verbindungen zur Herstellung gut desoxydierter und denitrierter Stähle verwendet. Es wird dem Zirkon vor allem nachgerühmt, daß es weniger Desoxydationsprodukte im Stahl zurückläßt als z. B. stark aluminiumhaltige Desoxydationsmittel. Noch bevor man den günstigen Einfluß anderer Elemente, z. B. Chrom, auf die Sulfidbildung und damit die Vermeidung von Rot- und Heißbrucherscheinungen erkannt hatte, war bereits die diesbezüglich gute Wirkung von Zirkon festgestellt worden. Aus diesem Grunde finden Zirkonzusätze insbesondere praktische Anwendung zur Herstellung von vollkommen beruhigtem Automatenstahl mit höherem Schwefelgehalt (0,3%). Infolge der starken Sulfidbildung scheint durch Zirkon auch eine entschwefelnde Wirkung einzutreten.

Cer-Eisen-Legierungen (mit etwa 70% Cer) sind bekannt geworden als Zündsteine für Feuerzeuge. Ein besonderer Einfluß auf die Eigenschaften von Stahllegierungen durch Cer ist noch nicht bekanntgeworden. Ebenso ist die metallurgische Brauchbarkeit von Cer in seiner Wirkung als Desoxydationsmittel noch wenig erforscht.

---

[1] Bennek u. Holzscheiter: Techn. Mitt. Krupp, demnächst.

[2] Löhrberg, K.: „Das ternäre System Fe-C-Zr“. Dr.-Diss. Göttingen 1933.

V. Schlußbemerkung.

Betrachtet man den heutigen Stand der Erkenntnisse auf dem Gebiete der Eisen- und Stahllegierungen, so drängt sich der Eindruck auf, an einem Wendepunkt der Sonderstahlentwicklung angelangt zu sein. In den letzten vier bis fünf Jahrzehnten war die Entwicklung von Sonderstählen und die Erforschung ihrer Eigenschaften fast rein empirisch erfolgt. Die erste Einführung legierter Stähle (Nickel und Chrom) fällt noch in eine Zeit, in der die genaueren Kenntnisse des binären Systems Eisen-Kohlenstoff fehlten; wie nahezu auf dem gesamten Gebiete der Technik, insbesondere der Metallurgie des Eisens, blieben lange Zeit wissenschaftliche und theoretische Erkenntnis hinter der praktischen Entwicklung zurück. Die empirische Entwicklung bedingte die mühselige Erforschung der tausendfachen Legierungsmöglichkeiten in bezug auf die mannigfaltigen Eigenschaften chemischer, mechanischer und physikalischer Art, und man darf mit Recht erstaunt sein, wie rasch trotzdem die Einführung und Verwendung von Sonderstählen erfolgte. Für denjenigen, der sich zum ersten Male mit dem Studium der Sonderstähle befaßt, wirken diese Tausende von Ergebnissen empirischer Forschung verwirrend, und zu ihrer Beherrschung gehört meist jahrelange Erfahrung.

In jeder derartigen technischen Entwicklung setzt nun der Zeitpunkt ein, wo die rein theoretische wissenschaftliche Forschung bestehende Einzeltatsachen in ihrer Wirkung erkennt, zu klassifizieren beginnt und die großen Zusammenhänge herausschält. Bald ergibt sich dann der Schnittpunkt zwischen wissenschaftlicher, theoretischer Erforschung und Empirie, wo jene an Bedeutung gewinnt, diese hingegen verliert. In der Entwicklungsgeschichte legierter Sonderstähle scheint dieser Wendepunkt nahe bzw. erreicht zu sein. Bereits die Einteilung der Elemente in ihrem Verhalten zu den Umwandlungen des Eisens (Erweiterung und Einschnürung des γ-Feldes) vermittelt in großen Gruppen prinzipielle Eigenschaftsveränderungen und gemeinsame Gesichtspunkte für Wärmebehandlung und Verarbeitung (kritische Abkühlungsgeschwindigkeit, Rekristallisation ferritischer und austenitischer Legierungen, magnetische Eigenschaften). Die Affinität einer besonderen Gruppe von Elementen zu Kohlenstoff und die Analogie in der Wirkung der Sonderkarbide in Stahllegierungen gestatten weitere zusammenfassende Schlußfolgerungen theoretischer und praktischer Natur.

Ergänzt werden diese Erkenntnisse in den letzten Jahren durch die Erforschung ausscheidungshärtender Legierungen. Während bisher alle legierten Stähle mehr oder weniger auf der Wirkung des Legierungselementes auf das Eisen-Kohlenstoff-Diagramm aufgebaut waren, werden hier neue Wege gezeigt, Eigenschaftsveränderungen zu erzielen, deren letzte Möglichkeiten heute noch nicht erschöpft sind. Immerhin sind auch auf diesem Gebiete die großen Analogien (Eisen-Wolfram, Eisen-Molybdän, Eisen-Titan, Eisen-Beryllium usw.) bereits angedeutet und die Zusammenhänge mit den wichtigen Eigenschaftsveränderungen (Härte, Anlaßbeständigkeit, Koerzitivkraft und Warmbehandlung) herausgeschält. Die Ergebnisse der Erforschung der ternären Systeme Eisen-Wolfram-Kobalt, Eisen-Molybdän-Kobalt und das Verhalten der Ausscheidungseffekte in Ferrit, Austenit und im Umwandlungsgefüge gestatten es, prinzipielle

Schlüsse auf das ähnliche Verhalten von Fe-Ti-Co, Fe-Ti-Ni, Fe-Be-Co usw. zu ziehen.

Beim Studium neuer Legierungselemente in ihrer Wirkung auf die Legierungen des Eisens wird man in Zukunft nicht mehr auf den empirischen Leidensweg allein angewiesen sein. Vorversuche im kleinen Rahmen und insbesondere die genaue Kenntnis der binären bzw. ternären Systeme werden Voraussagen ermöglichen, die zum mindesten die Richtung für weitere Forschung und Anhalte über erzielbare Eigenschaften geben werden.

Von großer Wichtigkeit für die Aufklärung systematischer Zusammenhänge wird in Zukunft sicherlich die Erforschung der Kristallstruktur mittels Röntgenstrahlen sein. Auf solche Gesetzmäßigkeiten zwischen Atomradius und Kristallstruktur weisen z. B. G. Hägg[1] sowie Jacobson und Westgren[2] hin. In vorstehendem ist bereits des öfteren darauf hingedeutet worden, daß die Kristallstruktur des α-Eisens und γ-Eisens mit bestimmten Eigenschaften — Kristallisationsvermögen, Warmfestigkeit, Bildsamkeit, Kaltverfestigung, Magnetismus — in Verbindung steht. Ebenso wie der größere Gitterabstand im Ferrit gegen den Austenit sicherlich das Kristallwachstum begünstigt, wird auch der Einfluß der verschiedenen Legierungselemente auf das Gitterparameter sich bemerkbar machen. Hinweise scheinen sich zu ergeben in der Verringerung des Kristallwachstums (geringere Überhitzungsempfindlichkeit) durch das das Gitterparameter verengende Element Kobalt gegenüber Nickel und Mangan, die das Gitter erweitern und bekanntlich im Sinne erhöhten Kristallwachstums wirken. Ebenso scheint dieses das Gitterparameter verengende Element alle Ausscheidungsvorgänge in Eisenlegierungen zu verzögern, damit höhere Zwangszustände im Gitter hervorzurufen unter entsprechender Veränderung der Eigenschaften, wie Vergrößerung der Koerzitivkraft usw.

Auch bei Eisen-Silizium-Legierungen scheinen besondere Verhältnisse im Gefügeaufbau des Mischkristalles vorzuliegen; der Einfluß sehr langsamer Abkühlung auf die Herabsetzung der bei normaler Abkühlung hoch liegenden Streckgrenze bei Si-Stählen kann nicht auf Zusammenballungen des Zementits zurückgeführt werden, sondern muß seine Ursache im Mischkristall haben. Die bei 4% Si bereits erschwerte Kaltbildsamkeit des Si-haltigen Mischkristalls ist für normale Mischkristallbildung ungewöhnlich. Besondere Verhältnisse werden hier durch den stark unterschiedlichen Kristallaufbau von Silizium und Eisen angedeutet. Ähnliche Erscheinungen liegen bei Phosphor vor. All diese Fragen werden durch näheres Studium des Aufbaues der kleinsten Teilchen sicherlich noch manche systematische Klärung erfahren. Wie durch die Einführung des periodischen Systems der Elemente die Möglichkeit geschaffen wurde, die Existenz noch nicht gefundener Elemente mit ihren mutmaßlichen Eigenschaften voraussagen zu können, ist man auch in der Erforschung von Metallegierungen an dem Wendepunkt angelangt, wo oftmals die praktische Bestätigung hinter der wissenschaftlichen Erkenntnis zurückbleiben wird.

---

[1] Z. physik. Chem. (B) Bd. 12 (1931) S. 33.
[2] Z. physik. Chem. (B) Bd. 20 (1933) S. 361—367.

Namenverzeichnis.

Sachverzeichnis.

Die Edelstähle. Von Dr.-Ing. **F. Rapatz**, Düsseldorf. Zweite, gänzlich umgearbeitete Auflage. Mit 163 Abbildungen und 112 Zahlentafeln. VIII, 386 Seiten. 1934. Gebunden RM 22.80

Die Konstruktionsstähle und ihre Wärmebehandlung. Von Dr.-Ing. **Rudolf Schäfer.** Mit 205 Textabbildungen und einer Tafel. VIII, 370 Seiten. 1923. Gebunden RM 15.—*

Rostfreie Stähle. Berechtigte deutsche Bearbeitung der Schrift: „Stainless Iron and Steel" von **J. H. G. Monypenny**, Sheffield. Von Dr.-Ing. **Rudolf Schäfer.** Mit 122 Textabbildungen. VIII, 342 Seiten. 1928. Gebunden RM 27.—*

Die Werkzeugstähle und ihre Wärmebehandlung. Berechtigte deutsche Bearbeitung der Schrift: „The Heat Treatment of Tool Steel" von **H. Brearley**, Sheffield. Von Dr.-Ing. **Rudolf Schäfer.** Dritte, verbesserte Auflage. Mit 226 Textabbildungen. X, 324 Seiten. 1922. Gebunden RM 12.—*

Die Einsatzhärtung von Eisen und Stahl. Berechtigte deutsche Bearbeitung der Schrift: „The Case Hardening of Steel" von **H. Brearley,** Sheffield. Von Dr.-Ing. **Rudolf Schäfer.** Mit 124 Textabbildungen. VIII, 250 Seiten. 1926. Gebunden RM 19.50*

Einführung in die physikalische Chemie der Eisenhüttenprozesse. Von Dr.-Ing. Hermann Schenck, Essen.
Erster Band: **Die chemisch-metallurgischen Reaktionen und ihre Gesetze.** Mit 162 Textabbildungen und einer Tafel. XI, 306 Seiten. 1932. Gebunden RM 28.50
Zweiter Band: **Die Stahlerzeugung.** Mit 148 Textabbildungen und 4 Tafeln. VIII, 274 Seiten. 1934. Gebunden RM 28.50

Die ferromagnetischen Legierungen und ihre gewerbliche Verwendung. Von Dipl.-Ing. **W. S. Messkin**, Leningrad. Umgearbeitet und erweitert von Regierungsrat Dr. phil. **A. Kussmann**, Berlin. Mit 292 Textabbildungen. VIII, 418 Seiten. 1932. Gebunden RM 44.50

Das Elektrostahlverfahren. Ofenbau, Elektrotechnik, Metallurgie und Wirtschaftliches. Nach **F. T. Sisco**, „The Manufacture of Electric Steel" umgearbeitet und erweitert von Dr.-Ing. **St. Kriz**, Stahlwerksleiter im Stahlwerk Düsseldorf, Gebr. Böhler & Co., A.-G. Mit 123 Textabbildungen. IX, 291 Seiten. 1929. Gebunden RM 22.50*

Ⓦ **Allgemeine und technische Elektrometallurgie.** Von Professor Dr. **Robert Müller**, Leoben. Mit 90 Textabbildungen. XII, 580 Seiten. 1932. Gebunden RM 32.50

** Abzüglich 10% Notnachlaß. — Ⓦ = Verlag Julius Springer-Wien.*

Die praktische Werkstoffabnahme in der Metallindustrie.
Von Dr. phil. **Ernst Damerow,** Vorsteher der Werkstoffprüfung der A. Borsig
Maschinenbau-A.G. Mit 280 Textabbildungen und 9 Tafeln. VI, 207 Seiten. 1935.
RM 16.50; gebunden RM 18.—

**Die Dauerfestigkeit der Werkstoffe und der Konstruktions-
elemente.** Elastizität und Festigkeit von Stahl, Stahlguß, Gußeisen, Nicht-
eisenmetall, Stein, Beton, Holz und Glas bei oftmaliger Belastung und Entlastung
sowie bei ruhender Belastung. Von **Otto Graf.** Mit 166 Abbildungen im Text.
VIII, 131 Seiten. 1929. RM 14.—; gebunden RM 15.50*

Ⓦ **Die Wechselfestigkeit metallischer Werkstoffe.** Ihre Bestimmung und Anwendung. Von Dr. techn. **Wilfried Herold,** Wien. Mit 165 Textabbildungen und 68 Tabellen. VII, 276 Seiten. 1934. Gebunden RM 24.—

**E. Preuß, Die praktische Nutzanwendung der Prüfung des
Eisens durch Ätzverfahren und mit Hilfe des Mikroskopes.**
Für Ingenieure, insbesondere Betriebsbeamte. D r i t t e, vermehrte und verbesserte
Auflage. Bearbeitet von Professor Dr. **G. Berndt** und Professor Dr.-Ing. **M. v. Schwarz.**
Mit 204 Figuren im Text und auf einer Tafel. VIII, 198 Seiten. 1927.
RM 7.80; gebunden RM 9.20*

**C. J. Smithells, Beimengungen und Verunreinigungen in
Metallen.** Ihr Einfluß auf Gefüge und Eigenschaften. Erweiterte deutsche
Bearbeitung von Dr.-Ing. **W. Hessenbruch,** Heraeus Vakuumschmelze A.-G.,
Hanau a. M. Mit 248 Textabbildungen. VII, 246 Seiten. 1931. Gebunden RM 29.—

Metallographie der technischen Kupferlegierungen. Von
Dipl.-Ing. **Alfred Schimmel.** Mit 199 Abbildungen im Text, einer mehrfarbigen Tafel
und 5 Diagrammtafeln. VI, 134 Seiten und 4 Seiten Anhang. 1930.
RM 19.—; gebunden RM 20.50*

Metallographie des Aluminiums und seiner Legierungen.
Von Dr.-Ing. **V. Fuß.** Mit 203 Textabbildungen und 4 Tafeln. VIII, 219 Seiten.
1934. RM 21.—; gebunden RM 22.50

Lehrbuch der Metallkunde, des **Eisens und der Nichteisenmetalle.**
Von Prof. Dr. phil. **Franz Sauerwald,** Breslau. Mit 399 Textabbildungen. XVI,
462 Seiten. 1929. Gebunden RM 29.—*

Praktische Metallkunde. Schmelzen und Gießen, spanlose Formung,
Wärmebehandlung. Von Professor Dr.-Ing. **G. Sachs,** Frankfurt a. M.
E r s t e r   T e i l : **Schmelzen und Gießen.** Mit 323 Textabbildungen und
5 Tafeln. VIII, 272 Seiten. 1933. Gebunden RM 22.50
Z w e i t e r   T e i l : **Spanlose Formung.** Mit 275 Textabbildungen. VIII, 238 Seiten.
1934. Gebunden RM 18.50
D r i t t e r   T e i l : **Wärmebehandlung.** Mit einem Anhang „Magnetische Eigenschaften" von Reg.-Rat Dr. A. K u s s m a n n. Mit 217 Textabbildungen. V,
203 Seiten. 1935. Gebunden RM 17.—